中国地质调查成果 CGS2016-013
川滇黔相邻区重要矿产成矿规律和找矿方向研究项目资助
西南地区矿产资源潜力评价成果系列丛书

上扬子陆块区成矿地质

THE METALLOGENIC GEOLOGY OF THE UPPER YANGTZE BLOCK

廖震文　蒋小芳　王生伟
周　清　侯　林　张林奎　等编著

内容提要

本书是对上扬子地区地质矿产特征的一次较全面系统的梳理集成。全书由区域成矿规律和找矿方向两大部分组成。对典型矿床和区域成矿规律进行了研究;初步构建了上扬子各构造单元地史演化与成矿过程;从地壳活动性的角度探讨了矿种和矿床类型的分布规律及内在机理;对9个主要Ⅲ级成矿区(带)、65个Ⅳ级找矿远景区带进行了总结,指出了找矿方向;有重点地对扬子西缘基础地质问题以及部分典型矿床进行了较为深入的研究。

本书可供读者对上扬子地区地质矿产特征能观其大略、掌其概貌,对某一成矿单元内的矿产情况能有所了解,并起到一定的查阅和索引作用,可供从事地质矿产调查研究的人员参考使用,也可供相关院校师生参考。

图书在版编目(CIP)数据

上扬子陆块区成矿地质/廖震文等编著. —武汉:中国地质大学出版社,2016.12
(西南地区矿产资源潜力评价成果系列丛书)
ISBN 978-7-5625-3962-9

Ⅰ. ①上…

Ⅱ. ①廖…

Ⅲ. ①成矿带-成矿地区-研究-西南地区

Ⅳ. ①P617.27

中国版本图书馆 CIP 数据核字(2017)第 000003 号

上扬子陆块区成矿地质		廖震文 等编著
责任编辑:陈 琪 张旻玥	选题策划:刘桂涛	责任校对:周 旭
出版发行:中国地质大学出版社(武汉市洪山区鲁磨路388号)		邮编:430074
电 话:(027)67883511	传 真:(027)67883580	E-mail:cbb@cug.edu.cn
经 销:全国新华书店		http://cugp.cug.edu.cn
开本:880毫米×1230毫米 1/16		字数:943千字 印张:29.75
版次:2016年12月第1版		印次:2016年12月第1次印刷
印刷:武汉市籍缘印刷厂		印数:1—1000册
ISBN 978-7-5625-3962-9		定价:328.00元

如有印装质量问题请与印刷厂联系调换

《西南地区矿产资源潜力评价成果系列丛书》

编委会

主　　任：丁　俊　秦建华

委　　员：尹福光　廖震文　王永华　张建龙　刘才泽　孙　洁

　　　　　刘增铁　王方国　李　富　刘小霞　张启明　曾琴琴

　　　　　焦彦杰　耿全如　范文玉　李光明　孙志明　李奋其

　　　　　祝向平　段志明　王　玉

序

中国西南地区雄踞青藏造山系南部和扬子陆块西部。青藏造山系是最年轻的造山系，扬子陆块是最古老的陆块之一。从地质年代来讲，最古老到最年轻是一个漫长的地质历史过程，其间经历过多期复杂的地质作用和丰富多彩的成矿过程。从全球角度看，中国西南地区位于世界三大巨型成矿带之一的特提斯成矿带东段，称为东特提斯成矿域。中国西南地区孕育着丰富的矿产资源，其中的西南三江、冈底斯、班公湖-怒江、上扬子等重要成矿区带都被列为全国重点勘查成矿区带。

《西南地区矿产资源潜力评价成果系列丛书》主要是在"全国矿产资源潜力评价"计划项目(2006—2013)下设工作项目——"西南地区矿产资源潜力评价与综合"(2006—2013)研究成果的基础上编著的。诸多数据、资料都引用和参考了1999年以来实施的"新一轮国土资源大调查专项""青藏专项"及相关地质调查专项在西南地区实施的若干个矿产调查评价类项目的成果报告。

该套丛书包括：

《中国西南区域地质》

《中国西南地区矿产资源》

《中国西南地区重要矿产成矿规律》

《西南三江成矿地质》

《上扬子陆块区成矿地质》

《西藏冈底斯-喜马拉雅地质与成矿》

《西藏班公湖-怒江成矿带成矿地质》

《中国西南地区地球化学图集》

《中国西南地区重磁场特征及地质应用研究》

这套丛书系统介绍了西南地区的区域地质背景、地球化学特征和找矿模型、重磁资料和地质应用、矿产资源特征及区域成矿规律，以最新的成矿理论和丰富的矿床勘查资料深入地研究了西南三江地区、上扬子陆块区、冈底斯地区、班公湖-怒江地区的成矿地质特征。

《中国西南区域地质》对西南地区成矿地质背景按大地构造相分析方法，编制了西南地区1∶150万大地构造图，并明确了不同级别构造单元的地质特征及其鉴别标志。西南地区大地构造五要素图及大地构造图为区内矿产总结出不同预测方法类型的矿产的成矿规律，为矿产资源潜力评价和预测提供了大地构造背景。同时对一些重大地质问题进行了研究，如上扬子陆块基底、三江造山带前寒武纪地质、秦祁昆造山带与扬子陆块分界线、保山地块归属、南盘江盆地归属、西南三江地区特提斯大洋两大陆块的早古生代增生造山作用。对西南地区大地构造环境及其特征的研究，为成矿地质背景和成矿地质作用研究建立了坚实的成矿地质背景基础，为矿产预测提供了评价的依据，为基础地质研究服务于矿产资源潜力评价提供了示范。为西南地区各种尺度的矿产资源潜力评价和成矿预测提供了全新的地质构造背景，已被有关矿产资源勘查决策部门应用于潜力评价和成矿预测，并为国家找矿突破战略行动、整装勘查部署、国土规划编制、重大工程建设和生态环境保护以及政府宏观决策等提供了重要的基础资料。这是迄今为止应用板块构造理论及从大陆动力学视角观察认识西南地区大地构造方面最全面系统的重大系列成果。

《中国西南地区矿产资源》对该区非能源矿产资源进行了较为全面系统的总结,分别对黑色金属矿产、有色金属矿产、贵金属矿产、稀有稀土金属矿产、非金属矿产等47种矿产资源,从性质用途、资源概况、资源分布情况、勘查程度、矿床类型、重要矿床、成矿潜力与找矿方向等方面进行了系统全面的介绍,是一部全面展示中国西南地区非能源矿产资源全貌的手册性专著。

《中国西南地区重要矿产成矿规律》对区内铜、铅、锌、铬铁矿等重要矿产的成矿规律进行了系统的创新性研究和论述,强化了区域成矿规律综合研究,划分了矿床成矿系列。对西南地区地质历史中重要地质作用与成矿,按照前寒武纪、古生代、中生代和新生代4个时期,从成矿构造环境与演化、重要矿产与分布、重要地质作用与成矿等方面进行了系统的研究和总结,并提出或完善了"扬子型"铅锌矿、走滑断裂控制斑岩型矿床等新认识。

该套丛书还对一些重点成矿区带的成矿特征进行了详细的总结,以区域成矿构造环境和成矿特色,对上扬子地区、西南三江(金沙江、怒江、澜沧江)地区、冈底斯地区和班公湖-怒江4个地区的重要矿集区的矿产特征、典型矿床、成矿作用与成矿模式等方面进行了系统研究与全面总结。按大地构造相分析方法全面系统地论述了区域地质背景,重新厘定了地层、构造格架,详细阐述了成矿的区域地球物理、地球化学特征;重新划分了区域成矿单元,详细论述了各单元成矿特征;论述了重要矿集区的成矿作用,包括主要矿产特征、典型矿床研究、成矿作用分析、资源潜力及勘查方向分析。

《西南三江成矿地质》以新的构造思维全面系统地论述了西南三江区域地质背景,重新厘定了地层、构造格架,详细阐述了成矿的区域地球物理、地球化学特征;重新划分了区域成矿单元;重点论述了若干重要矿集区的成矿作用,包括地质简况、主要矿产特征、典型矿床、成矿作用分析、资源潜力及勘查方向分析;强化了区域成矿规律的综合研究,划分了矿床成矿系列;根据洋-陆构造体制演化特征与成矿环境类型、成矿系统主控要素与作用过程、矿床组合与矿床成因类型等建立了成矿系统;揭示了控制三江地区成矿作用的重大关键地质作用。该研究对部署西南三江地区地质矿产调查工作具有重要的指导意义。

《上扬子陆块区成矿地质》系统论述了位于特提斯-喜马拉雅与滨太平洋两大全球巨型构造成矿域结合部位的上扬子陆块成矿地质。其地质构造复杂,沉积建造多样,陆块周缘岩浆活动频繁,变质作用强烈。一系列深大断裂的发生、发展,对该区地壳的演化起着至关重要的控制作用,往往成为不同特点地质结构岩块(地质构造单元)的边界条件,与它们所伴生的构造成矿带,亦具有明显的区带特征。较稳定的陆块演化性质的地质背景,决定了该地区矿床类型以沉积、层控、低温热液为显著特点,并在其周缘构造-岩浆活动带背景下形成了与岩浆-热液有关的中高温矿床。区内的优势矿种铁、铜、铅、锌、金、银、锡、锰、钒、钛、铝土矿、磷、煤等在我国占有重要地位。目前已发现有色金属、黑色金属、贵金属和稀有金属矿产地1494余处,为社会经济发展提供了大量的矿产资源。

《西藏冈底斯-喜马拉雅地质与成矿》对冈底斯、喜马拉雅成矿带"十二五"以来地质找矿成果进行了系统的总结与梳理。结合新的认识,按照岩石建造与成矿系列理论,将冈底斯-喜马拉雅成矿带划分为南冈底斯、念青唐古拉和北喜马拉雅3个Ⅳ级成矿亚带,对各Ⅳ级成矿亚带在特提斯演化和亚洲印度大陆碰撞过程中的关键建造岩浆事件与成矿系统进行了深入的分析与研究,同时对16个重要大型矿集区的成矿地质背景、成矿作用、成矿规律与找矿潜力进行了总结,建立了冈底斯成矿带主要矿床类型的区域预测找矿模型和预测评价指标体系,并采用 MRAS 资源评价系统对其开展了成矿预测,圈定了系列的找矿靶区,对指导区域找矿和下一步工作部署有着重要意义。

《西藏班公湖-怒江成矿带成矿地质》对班公湖-怒江成矿带成矿地质进行系统总结。班公湖-怒江成矿带是青藏高原地质矿产调查的重点之一。近年来,先后在多不杂、波龙、荣那、拿若发现大型富金斑岩铜矿,在尕尔穷和嘎拉勒发现大型矽卡岩型金铜矿,在弗野发现矽卡岩型富磁铁矿和铜铅锌多金属矿床等。这些成矿作用主要集中在班公湖-怒江结合带南、北两侧的岩浆弧中,是班公湖—怒江成矿带特提斯洋俯冲、消减和闭合阶段的产物。目前的班公湖-怒江成矿带指的并不是该结合带的本身,而主要是其南、北两侧的岩浆弧。研究发现,班公湖-怒江成矿带北部、南部的日土-多龙岩浆弧和昂龙岗日-班戈岩浆弧分别都存在东段、西段的差异,表现在岩浆弧的时代、基底和成矿作用类型等方面都各具特色。

《中国西南地区地球化学图集》在全面收集 1∶20 万、1∶50 万区域化探调查成果资料的基础上,利用海量的地球化学数据,进行了系统集成与编图研究,编制了铜、铅、锌、金、银等 39 种元素(含常量元素氧化物)的地球化学图和异常图等图件,实现青藏高原区域地球化学成果资料的综合整装,客观展示了西南地区地球化学元素在水系沉积物中的区域分布状况和地球化学异常分布规律。该图集的编制,为西南地区地质矿产的展布规律及其找矿方向提供了较精准的战略方向。

《中国西南地区重磁场特征及地质应用研究》在收集与总结前人资料的基础上,对西南地区重磁数据进行集成、处理和分析,编制了西南地区重磁基础与解释图件,实现了中国西南区域重磁成果资料的综合整装。利用重磁异常的梯度、水平导数等边界识别的新方法和新技术,对西南三江、上扬子、班公湖-怒江和冈底斯等重要矿集区的重磁数据进行处理,对异常特征进行分析和解释;利用区域重磁场特征对断裂构造、岩体进行综合推断和解释,对主要盆地的重磁场特征进行分析和研究。针对西南地区存在的基础地质问题,论述了重磁资料在康滇地轴、龙门山等重要地质问题研究中的应用与认识。同时介绍了西南地区物探资料在铁、铜、铅、锌和金等矿矿产资源潜力评价中的应用效果。

中国西南地区蕴藏着丰富的矿产资源,加强该区的地质矿产勘查和研究工作,对于缓解国家资源危机、贯彻西部大开发战略、繁荣边疆民族经济和促进地质科学发展均具有重要的战略意义。该套丛书系统收集和整理了西南地区矿产勘查与研究,并对所获得的海量的矿床学资料、成矿带的地质背景和矿床类型进行了总结性研究,为区域矿产资源勘查评价提供了重要资料。自然科学研究的重大突破和发现,都凝聚着一代又一代研究者的不懈努力及卓越成就。中国西南地区矿产资源潜力评价成果的集成和综合研究,必将为深化中国西南地区成矿地质背景、成矿规律与成矿预测研究、矿产资源勘查和开发与社会经济发展规划提供重要的科学依据。

该丛书是一套关于中国西南地区矿产资源潜力的最新、最实用的参考书,可供政府矿产资源管理人员、矿业投资者,以及从事矿产勘查、科研、教学的人员和对西南地区地质矿产资源感兴趣的社会公众参考。

编委会
2016 年 1 月 26 日

前　言

上扬子陆块区在大地构造上位于特提斯-喜马拉雅与滨太平洋两大全球巨型构造域结合部位,地质构造复杂、沉积建造多样、变质作用强烈、陆块周缘岩浆活动频繁,一系列深大断裂的发生、发展,对该区地壳的演化起着至关重要的控制作用,往往成为不同特性地质结构岩块(地质构造单元)的边界条件,与它们所伴生的构造成矿带,亦具有明显的区带特征。处于较稳定陆内演化性质的地质背景,则决定了其矿床类型以沉积-层控、低温热液为显著特点,而在其周缘构造-岩浆活动带背景下形成了与岩浆-热液有关的中高温矿床。区内的铁、铜、铅、锌、金、银、锡、锰、钒、钛、铝土矿、磷、煤等优势矿种在我国占有重要地位,目前已发现有色、黑色、贵金属和稀有金属矿产地约1494处,为社会经济发展提供了巨大的矿产资源保障。

上扬子之主体成矿区带——川滇黔相邻区,是21世纪初中国地质调查局首批确定的19个国家级重要成矿区带之一。经中国地质调查局组织相关专家反复研究编制的《地质矿产保障工程总体方案》(2010)中曾明确指出:"在冈底斯、西昆仑、川滇黔相邻区、天山-北山等重点成矿区带加强区域找矿工作。"

一、数据、资料、成果主要来源

《上扬子陆块区成矿地质》是在依托"川滇黔相邻区重要矿产成矿规律和找矿方向研究"工作项目成果基础上,结合"全国矿产资源潜力评价"计划项目(2006—2013)下设工作项目——"西南地区矿产资源潜力评价与综合"(2006—2013)的研究而编著的。

在成书过程中,收集了区内2446个矿床点基本数据,建立了矿产地数据库,编制了地质矿产图;收录整理了155个金、铜、铅锌、钨锡、铁、锰、铝土矿的主要矿床资料,限于篇幅,选取了其中34个典型矿床在文中予以较详细表述;全书以138个矿产调查评价类工作项目成果报告及阶段性资料、"西南地区矿产资源潜力评价综合研究"工作资料为基础,参阅了大量在该区地质科技工作者的文献,收集整理了200余个矿床测年数据及200多个岩浆-火山岩年代学数据;以13个矿床类型对区内矿床进行了归类;划分了成矿系列62个、成矿亚系列112个、186个矿床式和代表性矿产地;编制了7个单矿种的成矿规律及找矿远景区划图;系统划分了Ⅰ级成矿域3个、Ⅱ级成矿省4个、Ⅲ级成矿区(带)11个、Ⅳ级找矿远景区带65个、Ⅴ级找矿远景区167个,圈定优选了具小型以上找矿远景的靶区875个(找矿靶区的圈定:首先,根据"西南地区矿产资源潜力评价与综合"项目的工作结果,在其圈定的最小预测区中筛选出具小型以上找矿远景的靶区;其次,系统收集梳理了"川滇黔相邻区地质调查矿产资源评价"计划项目所获成果,在"十二五"期间共圈定找矿靶区206个,提交矿产地130处。将上述两方面结果进行比对、研究、筛选,最后优选了875个找矿靶区)。

二、主要内容和进展

《上扬子陆块区成矿地质》分为上、下两篇,总计21章,全书约95万字。

上篇以"区域成矿规律研究"为重点,具背景性、规律性等理论性质,共11章。

(1)第一章从区域地层岩石、大地构造、区域矿产、区域地球物理场、区域地球化学场等方面,较系统地对研究区区域地质成矿背景进行了阐述。

(2)第二章针对上扬子陆块区较为稳定的地质背景、独具特色和优势的沉积型矿产(如锰矿、铝土矿、铁矿、铜矿、磷矿等)、低温热液型"层控"矿产(如铅锌矿、金矿、铜矿、锶矿、钨锡矿)等特点,主要以资料收集、归纳总结方式,汇编了各主要地史时期岩相古地理略图,系统阐述了从前震旦纪以来之区域岩相古地理及海陆分布格局与成(赋)矿,在相应的沉积成矿时期表述了9个沉积型典型矿床(锰矿、铝土矿、铁矿、铜矿)的地质特征、成矿作用、成矿模式。

(3)在第三章至第九章,分别以上扬子北缘大巴山-米仓山地区、北西缘松潘-甘孜地区、西缘、东缘江南隆起西段、东南缘南盘江-右江地区、南缘滇东南逆冲推覆构造带以及上扬子陆块内部为单元,初步构建了并总结了上扬子陆块及周缘各构造单元的地史演化与成矿模式,并在相应的主成矿期表述了25个后生热液型典型矿床(金矿、铜矿、铁矿、铅锌矿、钨锡矿)的地质特征、成矿作用、成矿模式。其中,通过本书所依托的工作项目,重点对上扬子西缘基底基础地质及铜铁矿典型矿床成矿作用、上扬子东缘外生矿床成矿系列-内生矿床成矿系列等做了较多的研究,取得了新的认识和研究成果。

①在上扬子西缘康滇基底地区,获得了一大批古元古代晚期至中元古代早期的岩浆岩-成矿年龄及地化特征数据,得出了"古元古代晚期至中元古代早期的岩浆活动的时间主要集中在1600~1750Ma之间,可能是古—中元古代全球性Columbia超级大陆在区内的响应""元古宙基性岩浆岩总体上显示为偏碱性的洋岛玄武岩的特征,可能表明了扬子陆块西南缘这系列的双峰式岩浆活动和成矿事件(东川式铜矿的初始成矿作用及迤纳厂式铁铜矿床成矿作用)可能与一次重要的地幔柱活动有关——昆阳地幔柱""大量10亿年左右的基性-中性-酸性岩浆岩活动表明,在中元古代晚期,上述深大断裂应该是各个独立的小陆块汇聚的边界,表明康滇地区的基底为不同时代的陆块拼合而成。这一次拼合过程,也可能导致拉拉大型铜铁矿床的最终定型"等成果认识,进而以"三个地壳运动相对活跃期及相应的重大地质事件:前震旦纪区域性大陆聚合—裂解—陆内陆缘裂陷—岩浆火山及变质作用强烈,形成了独具特色的铜铁矿床;海西期地幔柱-攀西陆内裂谷作用,导致了大规模的岩浆型钒钛磁铁矿成矿作用;燕山-喜马拉雅山期受三江构造域的强烈影响,陆内斑岩型多金属矿床极为发育"为主体,以板块理论和地幔柱理论对以康滇地区为代表的扬子西缘构建其区域地质构造演化与成矿过程。

②通过对上扬子东缘锰矿、铅锌矿、汞矿、金矿等典型矿床研究,结合近年来诸多研究者在基础地质方面的研究进展和成果认识,综合认为:"大塘坡式"锰矿虽然属同生沉积型外生矿床,但具有"内源外生"的特点,与新元古代Rodinia超级大陆的裂解在本区表现的陆内裂谷背景有关,形成了与陆内裂陷相联系的深源沉积矿床(锰、钒、钼、镁、铀、重晶石等)系列;"花垣式"铅锌矿、"万山式"汞矿及"沃溪式"金矿虽然具有一定的"层控性"和岩性选择,但年代学研究表明其仍然属于后生低温热液型矿床,主成矿期集中在海西早期的早石炭世[(348.6±1.9)Ma,(343±32)Ma,(348±97)Ma,(361±29)Ma,(362±30)Ma],其成矿作用可能与加里东运动后期,华夏板块与扬子板块后碰撞过程中,沿中元古代末期上扬子古陆与江南古陆结合带(保铜玉深大断裂部位)继续活化—扭动—撕裂密切相关。

(4)第十章对"区域成矿规律"进行了系统总结,从"上扬子区域地史演化、主要矿床类型、矿床空间分布、矿床时间分布、成矿专属性(地层-岩性-地球化学块体、构造-地球物理)、主要成矿事件与成矿作用"等方面进行总结基础上,进而在各构造旋回下划分了成矿系列62个、成矿亚系列112个、186个矿床式和代表性矿产地,构建了成矿谱系,探讨了地壳活动性与成矿的关系。

①从区域地球化学角度讨论了"层控矿床"的成矿专属性及其特点。通过对赋矿地层岩性、地层岩石地球化学丰度、成矿年龄等综合分析,指出:上扬子地区诸多低温热液矿床表现出的"层控性",其成因不能机械地与同生沉积成矿作用相关联。"层控性"可能与硅钙面-地球化学障有关,可能是由于各岩层能干性差异对构造变形的反应不同造成的。对岩性的选择则可能与成矿地球化学过程和机理有关。

②通过"深大线性断裂构造控矿性及机理分析"结合区域地球物理特征综合研究,建立了深大断裂构造-应力场及控矿模型,论证并得出了"距深大断裂平面距离20km范围内内生矿床分布概率最大,与

该区上地壳厚度相当;其次为40km范围内内生矿床分布概率较大,与该区地壳厚度相当""深大断裂对外生矿床的平面分布不存在明显而直接的控制作用,但存在两方面的影响:与地壳变形而形成的剥蚀地貌和沉积地貌有关;与外生矿床形成后的埋藏、保存、出露及可观察勘查程度有关""地壳活动性与矿床尤其是内生矿床的空间分布密切相关,两者之间存在内在机理控制"等原创性成果。

(5)第十一章在区域成矿规律研究基础上,编制了金、铜、铅锌、钨锡、铁、锰、铝土矿等7个主攻矿种成矿规律及远景区划图,系统划分了Ⅰ级成矿域3个、Ⅱ级成矿省4个、Ⅲ级成矿区(带)11个、Ⅳ级找矿远景区带65个。

下篇以"找矿方向研究"为主,具有梳理、总结、阐述等应用性质,共10章。

(1)第十二章至第二十章,以9个主要Ⅲ级成矿区(带)为章、65个Ⅳ级找矿远景区带为节,系统阐述了每个Ⅲ级、Ⅳ级成矿区(带)的范围、区域地质背景、区域物化特征、区域矿产、主要矿床类型及代表性矿床等,确定其主攻矿种和矿床类型,进而划分Ⅴ级找矿远景区167个,圈定优选了具小型以上找矿远景的靶区875个,指出了找矿方向。

(2)第二十一章对研究区中长期地质矿产工作部署进行了展望,阐述了部署依据、部署原则,提出了主要部署范围及方向。

三、本书的意义、用途

本书是对上扬子地区地质矿产特征的一次较全面系统的梳理集成。其工作过程和成果为上扬子地区地质矿产调查工作的部署、实施提供了技术支撑。全书由区域成矿规律和找矿方向两大部分组成,具有一定"工具书"或"小型百科全书"性质,可供读者对上扬子地区地质矿产特征较快速地观其大略、掌其概貌,对某一成矿单元内的矿产情况能有所了解,并起到一定的查阅和索引作用。也可供从事地质、矿产研究的科研人员和相关院校师生参考使用。

四、专著编写人员的组成分工

本书是"川滇黔相邻区地质调查矿产资源评价"计划项目的成果集成,是集体智慧的结晶(表1)。全书由廖震文主编和最后统稿,由蒋小芳负责图件的修改和文稿的排版。

表1 主要编写人员表

内容	编写人员	备注
前言	廖震文	全书由廖震文汇总并定稿;由蒋小芳负责图件的修改和文稿的排版;参考了王永华提供的部分区域物化资料和孙志明提供的部分区域地质资料
第一章　区域地质背景	廖震文	
第二章　区域岩相古地理及海陆分布格局与成(赋)矿	廖震文	
第三章　上扬子北缘大巴山-米仓山地区地史演化与成矿	周清	
第四章　上扬子北西缘龙门山及松潘-甘孜地区地史演化与成矿	周清	
第五章　上扬子陆块西缘地史演化与成矿	王生伟　侯林	
第六章　上扬子东缘江南隆起西段地史演化与成矿	廖震文	
第七章　上扬子东南缘南盘江-右江地区地史演化与成矿	侯林	
第八章　上扬子南缘滇东南逆冲推覆带地史演化与成矿	廖震文　张林奎	
第九章　上扬子陆块内部地史演化与成矿	廖震文	
第十章　区域成矿规律	廖震文	

续表1

内容	编写人员	备注
第十一章 成矿区(带)划分	廖震文	全书由廖震文汇总并定稿；由蒋小芳负责图件的修改和文稿的排版；参考了王永华提供的部分区域物化资料和孙志明提供的部分区域地质资料
第十二章 马尔康成矿带(Ⅲ-30)	蒋小芳	
第十三章 龙门山-大巴山成矿带(Ⅲ-73)	廖震文	
第十四章 四川盆地成矿区(Ⅲ-74)	廖震文	
第十五章 盐源-丽江-金平成矿带(Ⅲ-75)	廖震文	
第十六章 康滇地轴成矿带(Ⅲ-76)	王生伟　廖震文	
第十七章 上扬子成矿带(Ⅲ-77)	廖震文	
第十八章 江南隆起西段成矿区(Ⅲ-78)	蒋小芳	
第十九章 黔西南-滇东成矿区(Ⅲ-88)	蒋小芳	
第二十章 滇东南成矿区(Ⅲ-89)	廖震文　张林奎	
第二十一章 中长期工作部署	廖震文	
结语	廖震文	

五、致谢

本项目及专著的策划立项、组织执行推进、关键问题探讨、提纲和编写内容的厘定得到了丁俊、秦建华、王方国等研究员的悉心指导；在基础资料收集方面还得了宁宪华、彭东的支持；在研究和编写过程中得到了王永华、尹福光、孙志明、林方成、张斌辉等同志的帮助；项目实施过程中还得到周邦国、罗茂金、郭阳、朱华平、王子正、杨斌等同志的大力协助；此外，还参阅了云、贵、川、渝4省(市)级矿产资源潜力评价成果报告，"川滇黔相邻区地质调查矿产资源评价"计划项目下属各工作项目设计报告以及部分地勘单位地质勘查报告，这些报告未在参考文献中一一列出，在此一并表示诚挚的感谢。

编著者
2016年10月

目 录

上篇　区域成矿规律篇

第一章　区域地质背景 ……………………………………………………………………………… (3)
　　第一节　区域地层 ……………………………………………………………………………… (4)
　　第二节　岩浆岩 ………………………………………………………………………………… (6)
　　第三节　变质岩及区域变质作用 ……………………………………………………………… (8)
　　第四节　大地构造分区 ………………………………………………………………………… (8)
　　第五节　区域矿产概述 ………………………………………………………………………… (11)
　　第六节　区域地球物理场特征 ………………………………………………………………… (12)
　　第七节　区域地球化学场特征 ………………………………………………………………… (12)

第二章　区域岩相古地理及海陆分布格局与成(赋)矿 ………………………………………… (22)
　　第一节　前震旦纪(太古宙(?)—元古代) …………………………………………………… (22)
　　第二节　震旦纪 ………………………………………………………………………………… (27)
　　第三节　寒武纪 ………………………………………………………………………………… (31)
　　第四节　奥陶纪 ………………………………………………………………………………… (31)
　　第五节　志留纪 ………………………………………………………………………………… (35)
　　第六节　泥盆纪 ………………………………………………………………………………… (37)
　　第七节　石炭纪 ………………………………………………………………………………… (40)
　　第八节　二叠纪 ………………………………………………………………………………… (40)
　　第九节　三叠纪 ………………………………………………………………………………… (48)
　　第十节　侏罗纪—第四纪 ……………………………………………………………………… (50)

第三章　上扬子北缘大巴山-米仓山地区地史演化与成矿 …………………………………… (52)
　　第一节　概　述 ………………………………………………………………………………… (52)
　　第二节　主要矿床类型及典型矿床 …………………………………………………………… (52)
　　第三节　区域地史演化与成矿 ………………………………………………………………… (57)

第四章　上扬子北西缘龙门山及松潘-甘孜地区地史演化与成矿 …………………………… (65)
　　第一节　概　述 ………………………………………………………………………………… (65)
　　第二节　主要矿床类型及典型矿床 …………………………………………………………… (65)
　　第三节　区域地史演化与成矿 ………………………………………………………………… (80)

第五章　上扬子陆块西缘地史演化与成矿 ……………………………………………………… (89)
　　第一节　概　述 ………………………………………………………………………………… (89)

| | | 第二节 主要矿床类型及典型矿床 | (89) |
| | | 第三节 区域地史演化与成矿 | (117) |

第六章 上扬子东缘江南隆起西段地史演化与成矿 (141)
 第一节 概述 (141)
 第二节 主要矿床类型及典型矿床 (141)
 第三节 区域地史演化与成矿 (145)

第七章 上扬子东南缘南盘江-右江地区地史演化与成矿 (150)
 第一节 概述 (150)
 第二节 主要矿床类型及典型矿床 (150)
 第三节 区域地史演化与成矿 (158)

第八章 上扬子南缘滇东南逆冲推覆带地史演化与成矿 (165)
 第一节 概述 (165)
 第二节 主要矿床类型及典型矿床 (165)
 第三节 区域地史演化与成矿 (171)

第九章 上扬子陆块内部地史演化与成矿 (175)
 第一节 概述 (175)
 第二节 主要矿床类型及典型矿床 (175)
 第三节 区域地史演化与成矿 (188)

第十章 区域成矿规律 (195)
 第一节 上扬子区域地史演化概述 (195)
 第二节 上扬子区主要矿床类型 (200)
 第三节 上扬子区矿床时空分布特征 (201)
 第四节 上扬子区域成矿专属性 (212)
 第五节 上扬子区主要成矿地质事件 (235)
 第六节 上扬子成矿系列及成矿谱系 (240)
 第七节 上扬子陆块成矿演化的一般规律 (259)

第十一章 成矿区(带)划分 (262)
 第一节 成矿远景区带划分原则 (262)
 第二节 上扬子区Ⅰ—Ⅳ级成矿远景区带划分方案 (262)
 第三节 上扬子区各找矿远景区主要矿床类型 (267)

下篇 找矿方向篇

第十二章 马尔康成矿带 (275)
 第一节 区域地质矿产特征 (275)
 第二节 找矿远景区-找矿靶区的圈定及特征 (278)

第十三章 龙门山-大巴山成矿带 (290)
 第一节 区域地质矿产特征 (290)

第二节　找矿远景区-找矿靶区的圈定及特征 …………………………………………………… (293)

第十四章　四川盆地成矿区 ………………………………………………………………………… (304)
第一节　区域地质矿产特征 ……………………………………………………………………… (304)
第二节　找矿远景区-找矿靶区的圈定及特征 …………………………………………………… (306)

第十五章　盐源-丽江-金平成矿带 ………………………………………………………………… (309)
第一节　区域地质矿产特征 ……………………………………………………………………… (309)
第二节　找矿远景区-找矿靶区的圈定及特征 …………………………………………………… (313)

第十六章　康滇地轴成矿带 ………………………………………………………………………… (327)
第一节　区域地质矿产特征 ……………………………………………………………………… (327)
第二节　找矿远景区-找矿靶区的圈定及特征 …………………………………………………… (332)

第十七章　上扬子成矿带 …………………………………………………………………………… (360)
第一节　区域地质矿产特征 ……………………………………………………………………… (360)
第二节　找矿远景区-找矿靶区的圈定及特征 …………………………………………………… (363)

第十八章　江南隆起西段成矿区 …………………………………………………………………… (405)
第一节　区域地质矿产特征 ……………………………………………………………………… (405)
第二节　找矿远景区-找矿靶区的圈定及特征 …………………………………………………… (407)

第十九章　黔西南-滇东成矿区 ……………………………………………………………………… (416)
第一节　区域地质矿产特征 ……………………………………………………………………… (416)
第二节　找矿远景区-找矿靶区的圈定及特征 …………………………………………………… (418)

第二十章　滇东南成矿区 …………………………………………………………………………… (430)
第一节　区域地质矿产特征 ……………………………………………………………………… (430)
第二节　找矿远景区-找矿靶区的圈定及特征 …………………………………………………… (433)

第二十一章　中长期工作部署 ……………………………………………………………………… (443)
第一节　部署依据 ………………………………………………………………………………… (443)
第二节　部署原则及主要任务 …………………………………………………………………… (443)
第三节　中长期工作部署 ………………………………………………………………………… (444)

结　语 ………………………………………………………………………………………………… (446)

主要参考文献 ………………………………………………………………………………………… (447)

上篇

区域成矿规律篇

第一章　区域地质背景

本书中"上扬子陆块区"在地理位置上涉及"鲜水河断裂—康定-锦屏山断裂—金沙江-哀牢山构造带"一线以东的川、渝、滇、黔地区，北部及东部至西南地区边界，南抵国界。地理坐标为：东经100°00′—110°00′，北纬22°00′—34°00′，面积约80万 km²；在构造单元上该区占据了上扬子陆块区的主体及巴颜喀拉地块之一部分，在以下章节中均以"上扬子"作为简称，但涉及系列统计数据和地质矿产的阐述仍限于上述地理范围内，不包括湘西、鄂西部分。

"上扬子地区"在大地构造位置上位于特提斯-喜马拉雅与滨太平洋两大全球巨型构造域结合部位（图1-1），地质构造复杂、沉积建造多样、变质作用强烈、陆块周缘岩浆活动频繁，一系列深大断裂的发生、发展，对该区地壳的演化起着至关重要的控制作用，往往成为不同特点地质结构岩块（地质构造单元）的边界条件，与它们所伴生的构造成矿带，亦具有明显的区带特征。其地质发展演化和成矿地质特征与其独特的地质背景密切相关。

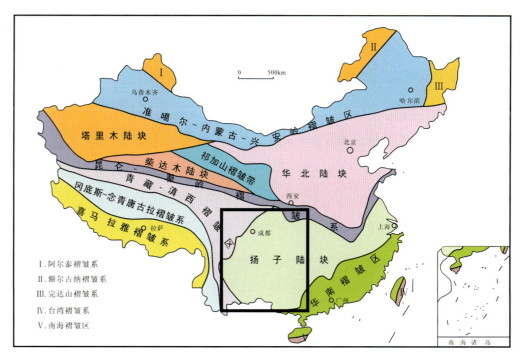

图1-1　研究区大地构造位置图

区内沉积地层覆盖面积约占全区的70%，自元古宙至第四纪均有出露，地层系统齐全。古生代至第三纪（古近纪+新近纪）地层古生物门类繁多，生物区系复杂，具有不同地理区（系）生物混生特点。区内沉积盆地类型多种多样，中、新生代盆地往往具有多成因复合特点，盆地的构造属性在地史演化过程中发生多阶段转换，形成独具特色的岩相组合与沉积建造。

在陆块边缘伴随较强烈的火山作用，发育有巨厚的火山岩系，时期从前震旦纪到第四纪都有不同程度的发育,每个时期的火山活动在空间上都具有各自的活动中心,形成特征的火山岩带。岩浆岩时代可划分为:晋宁期、加里东期、海西期、印支期、燕山早期、燕山晚期、燕山晚期—喜马拉雅早期、喜马拉雅晚期 8 个期次。

第一节 区域地层

按照全国 1∶250 万数字地质图地层区划分方案,本区地层主要属于华南地层大区,进一步划分为巴颜喀拉地层区、扬子地层区、东南地层区(表 1-1)。

表 1-1 上扬子地区岩石地层分区表

大区	区	分区
华南地层大区（Ⅱ）	巴颜喀拉地层区（Ⅱ$_1$）	喀拉塔格地层分区（Ⅱ$_1^1$）
		玛多-马尔康地层分区（Ⅱ$_1^2$）
	扬子地层区（Ⅱ$_2$）	丽江地层分区（Ⅱ$_2^1$）
		龙门山地层分区（Ⅱ$_2^2$）
		康滇地层分区（Ⅱ$_2^3$）
		上扬子地层分区（Ⅱ$_2^4$）
	东南地层区（Ⅱ$_3$）	右江地层分区（Ⅱ$_3^1$）
		黔南地层分区（Ⅱ$_3^2$）
		黔东南地层分区（Ⅱ$_3^3$）

华南地层大区大致以龙木错-双湖构造带和澜沧江断裂带为界,其以北、东的广大地区,涵盖西藏北部、东部,四川、重庆、贵州全境,以及云南东部。

一、扬子地层区

扬子地层区位于龙门山—康定—丽江及点苍山、哀牢山一线以东,开远—师宗—兴义—凯里一线以北的川、渝、黔、滇地区。地层发育齐全,自新太古界—第四系均有出露。其地壳具结晶基底、褶皱基底和盖层三元结构。古元古界至第四系沉积发育齐全,但间断较为频繁,相应矿产也以低温热液-层控型、火山热液型为特色,从新太古代至今各时代地层均有出露。

(一) 基底地层

结晶基底时限为新太古代（Ar_3）—古元古代（Pt_1）,在四川以康定群为代表,系由深变质穹状花岗岩被变基性火山杂岩包围组成"花岗-绿岩"型及"麻粒岩"型地体,具陆核(初始陆壳)特征(但近年的研究显示康定群可能由中新元古代沉积岩和岩浆岩深变质作用形成,Zhou et al,2002)。花岗-绿岩建造中常产出有喜马拉雅期构造-蚀变岩型金矿(如康定大渡河金矿带),在云南为苴林群,主要分布在元谋一带,主体由一套千枚岩、大理岩、变火山岩组成,厚度超过 3000m,属优地槽型火山(细碧角斑岩)-沉积岩系,变质程度一般为绿片岩相,与大红山群共同构成扬子地台的褶皱基底;褶皱基底时限为中新元古代（Pt_2—Pt_3）,早期沿陆核边缘发育着以盐边群、峨边群、黄水河群为代表的细碧-角斑岩型优地槽沉积,产铁铜矿;中—晚期陆核内出现了线型裂陷形成了巨厚的以会理群(昆阳群)、东川群为代表的冒地槽沉积,产出有东川式(黎溪式)铜矿、"大红山式"铜铁矿及滇中地区广布的沉积改造型菱铁矿床。其中昆阳群中的绿汁江组、鹅头厂组、落雪组、因民组是"东川式"铜矿的重要赋矿层;清水沟组是"拖布卡"金矿的重要赋矿层;绿汁江组、因民组还是武定新村富锌矿的重要赋矿层。1000Ma左右晋宁运动使基底拼合、固化、抬升并进入地台盖层形成期。

(二)盖层地层

盖层地层包括有新元古代震旦系(含南华系)及古生代、中新生代各系地层。

1. 震旦系

震旦系主要分布在滇中及贵州扬子地台区,与元古宇呈角度不整合,为稳定的盖层沉积。主要由白云岩、灰岩、砂岩、紫色页岩、砾岩组成,属潮坪-海陆交互-陆相沉积,厚度超过9500m。

震旦系是远景区内最重要的铅锌矿赋矿层位,产出有著名的"上扬子式"铅锌矿,其中上震旦统灯影组白云岩是最主要的铅锌矿赋矿层位。灯影组底部还是重要的含磷层位。

2. 寒武系

下寒武统见邛竹寺组黑色含磷层(厚70~280m),沧浪铺组杂色砂砾岩、白云岩(厚30~196m),龙王庙组白云岩偶夹多层石膏(厚36~186m),其中龙王庙组是区内铅锌矿含矿层位;中寒武统由陡坡寺组和西王庙组碎屑岩、白云岩组成,总厚11~223m;中—上寒武统二道水组或洗象池群,由块状白云质灰岩组成,厚18~327m。

下寒武统(含灯影组底部)含磷硅质岩建造是区内重要的含磷层位,形成的沉积磷矿床可达大型以上规模。下寒武统黑色岩系中含钼、钒、镍等金属元素,并形成小型以上矿床,是一个潜在的寻找黑色岩系贵金属矿床的层位。寒武系也是铅锌矿重要的赋存层位。

3. 奥陶系

奥陶系为一套滨海-浅海相碎屑岩、碳酸盐岩沉积,以峨边—马边一带发育较好,由罗汉坡组、大乘寺组、巧家组、宝塔组、大箐组、十字铺组或临湘组等组成。其中,中奥陶统见华弹式沉积赤铁矿,上奥陶统产轿顶山式菱锰矿。

4. 志留系

志留系受加里东运动影响,分布范围局限,仅见于康滇地轴东、西两侧。西侧盐源-丽江台缘坳陷区志留系的上、中、下三统俱全,为笔石页岩、介壳灰岩、介壳砂页岩相;东侧只有下志留统笔石页岩的零星分布。

5. 泥盆系

泥盆系与志留系呈平行不整合接触。岩性主要为灰岩、白云岩、泥灰岩、砂岩、页岩,滨海-海陆交互相沉积。厚度为1895m。中上泥盆统白云岩是区内重要的铅锌矿赋矿层位。

6. 石炭系

石炭系在区内广泛分布,与泥盆系呈平行不整合接触。岩性主要为灰岩、白云质灰岩、页岩,局部夹煤层。开阔台地-滨海-沼泽相沉积,厚度大于498m。石炭纪白云岩是区内最重要的铅锌矿(会泽矿山厂)赋矿层位之一。

7. 二叠系

二叠系在区内地层发育,分布广泛且划分统一。下二叠统由梁山组/树河组(盐源地区)、栖霞组、茅口组组成,下部为煤系、铝土矿、碎屑岩,中上部为碳酸盐岩;上二叠统下部统称峨眉山玄武岩组,上部为煤系碎屑岩或碳酸盐岩称宣威组及长兴组。峨眉山玄武岩中已发现上百处矿点级(小型矿床规模以下)的铜矿地,为民采铜矿的主要类型,此外在区域上峨眉山玄武岩又是中新生代砂岩铜矿的矿源层。

8. 三叠系、侏罗系、白垩系

中—晚三叠世印支运动结束了本区海相沉积历史,使康滇地轴及其以东抬升为陆,并形成若干个中新生代陆相断陷盆地,使三叠系、侏罗系、白垩系等的沉积类型出现差异,且组段划分亦不尽一致。总体上早期(晚三叠世)为煤体、中晚期(侏罗纪—白垩纪)为红色碎屑岩沉积,具河湖相特征,并为黔西南卡林型金矿赋存所在。侏罗系、白垩系见多层砂岩铜矿,白垩系见少量膏盐层。

9. 第三系

第三系受燕山晚期-喜马拉雅期运动影响形成了若干沿区域性走滑断裂分布的山间盆地格局,具拉分性质。古近系为红色砂砾岩、泥岩,称"红盆";新近系为灰色砂泥岩间褐煤,称"灰盆",反映了扬子地台整体由低纬度向高纬高的迁移及古气候的变化。古近系产石盐(盐源),新近系产褐煤及硅藻土。

10. 第四系

第四系在区内分布广泛,但较为零星。其沉积类型有湖盆、河流、冲积、洪积等。主要由砾石、砂、黏土等组成。厚度数米至数百米不等。

二、东南地层区

东南地层区位于扬子地层区之南,包括滇东南和黔南地区。本区地层普遍缺失志留系、侏罗系,白垩系和古近系分布也极为零星。

三、巴颜喀拉地层区

巴颜喀拉地层区位于扬子地层区之西北,金沙江断裂带以东。本区三叠纪盆地分布最为广泛,三叠系出露范围占全区面积的90%以上。

第二节 岩浆岩

本区岩浆岩可分为10期11个建造(表1-2)。康定期(?)—昆阳期四川段有大规模海底基性火山喷发形成康定群(?),并伴有小型超基性岩群侵入。晋宁期以花岗岩为主,分布在康滇地轴南北带,此外还有为数众多的基性—超基性岩体(群)。澄江期产出了早震旦世火山岩及岩浆岩,是基底褶皱成陆后内碰撞造山的产物。加里东期—海西期在康滇地轴分布有基性岩群。海西期—印支(燕山)期主要表现为在拉张环境下产生的基性—超基性岩系列。一为自泥盆纪—石炭纪—二叠纪并一直断续/持续到中三叠世,以晚二叠世为鼎盛时期的峨眉山玄武岩(大陆溢流拉斑玄武岩系),广布于本成矿区中西部;二为与此同源浅成侵入岩——岩墙状、岩床状辉绿岩,与玄武岩形影相随并零星分布;三为零星分布的地幔深处分异的富镁质基性岩浆侵位形成的偏碱性超基性岩;四为在安宁河断裂西侧冕宁、西昌至攀枝花约 300km 狭长地带分布的与"层状杂岩"及 $P_2\beta$ 有关的正长岩-花岗岩。喜马拉雅期四川段有壳幔混源型富碱浅成—超浅成侵入岩、幔源型碱性岩组合、钾质煌斑岩类及碱性杂岩体。

表 1-2 上扬子地区岩浆岩建造及赋矿性一览表

期次	时代	岩石建造	主要岩石类型	产状	赋存矿产
喜马拉雅期	新生代	碱性斑岩建造	石英正长斑岩	呈岩株、岩墙、岩脉状产出	铜铅锌金铁多金属矿、稀土
燕山期	侏罗纪	花岗岩建造	钾长花岗岩、二云母花岗岩、石英闪长岩和闪长岩	呈岩株、岩墙、岩脉状产出	个旧钨锡矿、雪宝顶、根深沟钨锡矿
印支期	三叠纪	花岗岩建造	碱长花岗岩、花岗斑岩	呈岩株、岩墙、岩脉状产出	东北寨、马脑壳金矿
海西期	二叠纪	泛流玄武岩建造	玄武岩、玄武质集块岩及砾岩、苦橄玢岩、橄榄辉绿岩、辉绿岩、辉绿玢岩	呈脉状、岩墙状分布于二叠系之中	铁钒钛、铜镍、铂钯、铅锌
加里东期	寒武纪—志留纪	花岗岩建造	陆壳改造型重熔岩浆高度分异演化的富 Sn、W、Li、F 及稀有金属淡色花岗岩类	呈似层状片麻状产于寒武纪碳酸盐岩中	都龙式钨锡多金属矿
澄江期	早震旦世	流纹质火山岩建造	流纹质凝灰岩、流纹质沉凝灰岩	呈层状分布于澄江期各组中	
		辉长辉绿岩建造	辉长辉绿岩、辉绿岩、辉绿玢岩、橄榄辉绿岩、闪长岩、磁铁磷灰岩、热液角砾岩	岩株、岩墙、岩床、岩脉	铁、磷、滑石
晋宁期		玄武质-流纹质双峰式火山岩建造	变玄武岩、变玄武质火山碎屑岩、变质沉火山碎屑岩、变钾长流纹岩、变流纹质凝灰岩、凝灰质千枚岩;变石英钠长粗面岩、变石英正长粗面质火山角砾岩及凝灰岩	玄武质、安山质、流纹质火山岩呈层状分布于会理群中。粗面岩呈岩床、岩脉状产出	金、铜、铅、锌、磷、金红石、稀有稀土、铁岔河锡矿、标水岩铜钨锡矿、乌牙钨锡矿等
昆阳期	前震旦纪	凝灰岩-流纹斑岩建造	昆阳群中—上部基性火山岩、火山碎屑岩、会理群上部英安质凝灰熔岩、沉凝灰岩,以及英安斑岩、流纹斑岩次火山岩侵入体。火成岩的岩浆源属拉斑玄武岩系列		金、铜、铁
河口期		钠质中基性细碧-角斑岩建造	细碧质凝灰岩、角斑质凝灰岩、钾角斑岩、石英钾角斑岩、含铁粗面状角斑岩、角斑质石英岩及火山角砾岩	呈层状、似层状分布于河口群地层之中	金、铜、钼、钴、铁、黄铁矿等,拉拉铜铁矿、大红山铜铁矿
康定期(?)		基性-中酸性混合岩建造	康定群下部巨厚的基性熔岩和基性-超基性岩体,经区域动热变质作用和混合岩化作用。古元古代中期发生海相火山喷发,形成了康定群上部与沉积碎屑岩互层的中基性、中酸性火山岩、火山碎屑岩	呈层状、似层状分布	金

近年来本项目在扬子西缘康滇地区获得了一大批古元古代晚期至中元古代早期以及燕山期基性岩墙/脉的岩浆岩成矿年龄及地化特征数据,并尝试以地幔柱观点来解释该区大陆裂解的动力学机制(见本书第五章)。

第三节 变质岩及区域变质作用

传统上扬子地层区广泛分布以前震旦系康定群、普登群(称为"结晶基底"),大红山群、河口群、会理群、昆阳群为"褶皱基底"的区域变质岩系。康定群代表康滇地轴上一套以中基性间有中酸性火山岩及沉积岩、混合岩化显著的中深变质岩地层。河口群、大红山群是一套浅-中等变质的富钠质火山-沉积岩。会理群、昆阳群、板溪群变质程度浅,岩石类型以板岩、千枚岩为主,变质矿物组合以绢云母、绿泥石为主,变质强度均匀,为绿片岩相的单相变质,岩石应力作用明显,褶皱、劈理等发育,变质作用当属区域动力变质类型。浅变质的原岩都是正常的海相沉积岩,属陆源碎屑岩-碳酸盐建造,为陆壳的组成部分。金沙江流域变质的震旦系—下二叠统是海西期低压型区域动力热流变质作用的产物。三叠系经受印支期区域低温动力变质作用。

此外,在区内还广泛发育后期动力叠加变质和热接触变质。区域动力变质发生后,随着褶皱和断裂的发生、发展,沿主要断裂带(如安宁河-绿汁江深大断裂)及褶皱轴部产生叠加变质。在绿片岩相的绿泥石带上,形成黑云母带、绿帘石带或高级绿片岩相的绿帘石角闪石带。热接触变质则主要发生在辉绿辉长岩岩体与围岩的接触带上,出现角岩化。角岩带中岩石类型有钠化石英角岩、云母角岩、粗晶大理岩等。

第四节 大地构造分区

根据构造、地层、岩浆岩等地质特征,结合全国资源潜力评价的大地构造单元统一划分结果,研究区所属Ⅰ级构造单元3个,即秦祁昆造山系、西藏-三江造山系、扬子陆块区,划分Ⅱ级构造单元4个、Ⅲ级构造单元14个、Ⅳ级构造单元36个(表1-3,图1-2)。

表1-3 上扬子地区大地构造分区表

Ⅰ级构造单元	Ⅱ级构造单元	Ⅲ级构造单元	Ⅳ级构造单元
Ⅰ秦祁昆造山系	Ⅰ₁东昆仑-秦岭弧盆系	Ⅰ₁₋₁南秦岭陆缘裂谷带	Ⅰ₁₋₁₋₁北大巴山逆推带
Ⅱ西藏-三江造山系	Ⅱ₁巴颜喀拉地块	Ⅱ₁₋₁松潘前陆盆地	Ⅱ₁₋₁₋₁阿坝地块
			Ⅱ₁₋₁₋₂松潘边缘海盆地
			Ⅱ₁₋₁₋₃摩天岭古地块
Ⅲ扬子陆块区	Ⅲ₁上扬子陆块	Ⅲ₁₋₁龙门山前陆逆冲带	Ⅲ₁₋₁₋₁龙门后山基底推覆带
			Ⅲ₁₋₁₋₂龙门前山盖层逆冲带
		Ⅲ₁₋₂米仓山-大巴山基底逆冲带	Ⅲ₁₋₂₋₁米仓山基底逆冲带
			Ⅲ₁₋₂₋₂城口基底逆冲带
			Ⅲ₁₋₂₋₃南大巴山盖层逆冲带

续表 1-3

Ⅰ级构造单元	Ⅱ级构造单元	Ⅲ级构造单元	Ⅳ级构造单元
Ⅰ 扬子陆块区	Ⅱ₁ 上扬子陆块	Ⅲ₁₋₃ 川中前陆盆地	
		Ⅲ₁₋₄ 康滇基底断隆带	Ⅲ₁₋₄₋₁ 康滇前陆逆冲带
			Ⅲ₁₋₄₋₂ 峨眉-昭觉断陷盆地带
			Ⅲ₁₋₄₋₃ 落雪褶皱基底隆起
			Ⅲ₁₋₄₋₄ 禄丰-江舟上叠陆内盆地
			Ⅲ₁₋₄₋₅ 嵩明上叠裂谷盆地
			Ⅲ₁₋₄₋₆ 玉溪褶皱基底隆起
			Ⅲ₁₋₄₋₇ 建水陆块周缘坳陷
		Ⅲ₁₋₅ 楚雄陆内盆地	Ⅲ₁₋₅₋₁ 元谋-盐边基底断隆
			Ⅲ₁₋₅₋₂ 大姚-新平坳陷盆地
		Ⅲ₁₋₆ 丽江-盐源陆缘褶-断带	Ⅲ₁₋₆₋₁ 鹤庆陆缘坳陷
			Ⅲ₁₋₆₋₂ 宁蒗陆缘坳陷
		Ⅲ₁₋₇ 扬子陆块南部碳酸盐台地	Ⅲ₁₋₇₋₁ 武隆-道真滑脱褶皱带
			Ⅲ₁₋₇₋₂ 金佛山-毕节前陆褶皱带
			Ⅲ₁₋₇₋₃ 黔江-遵义滑脱褶皱带
			Ⅲ₁₋₇₋₄ 秀山-凤冈滑脱褶皱带
			Ⅲ₁₋₇₋₅ 铜仁逆冲带
			Ⅲ₁₋₇₋₆ 黔中隆起
			Ⅲ₁₋₇₋₇ 曲靖-水城褶冲带
			Ⅲ₁₋₇₋₈ 都匀滑脱褶皱带
			Ⅲ₁₋₇₋₉ 峨眉山断块
			Ⅲ₁₋₇₋₁₀ 叙永-筠连叠加褶皱带
			Ⅲ₁₋₇₋₁₁ 威宁-昭通褶冲带
		Ⅲ₁₋₈ 雪峰山基底逆推带	
		Ⅲ₁₋₉ 哀牢山基底逆冲-推覆构造带	Ⅲ₁₋₉₋₁ 点苍山结晶基底断块
			Ⅲ₁₋₉₋₂ 哀牢山结晶基底断块
		Ⅲ₁₋₁₀ 金平陆缘坳陷	
	Ⅱ₂ 华南陆块	Ⅲ₂₋₁ 南盘江-右江前陆盆地	Ⅲ₂₋₁₋₁ 个旧凹陷
			Ⅲ₂₋₁₋₂ 普安-师宗凹陷
			Ⅲ₂₋₁₋₃ 丘北-兴义断陷
		Ⅲ₂₋₂ 滇东南逆冲-推覆构造带	

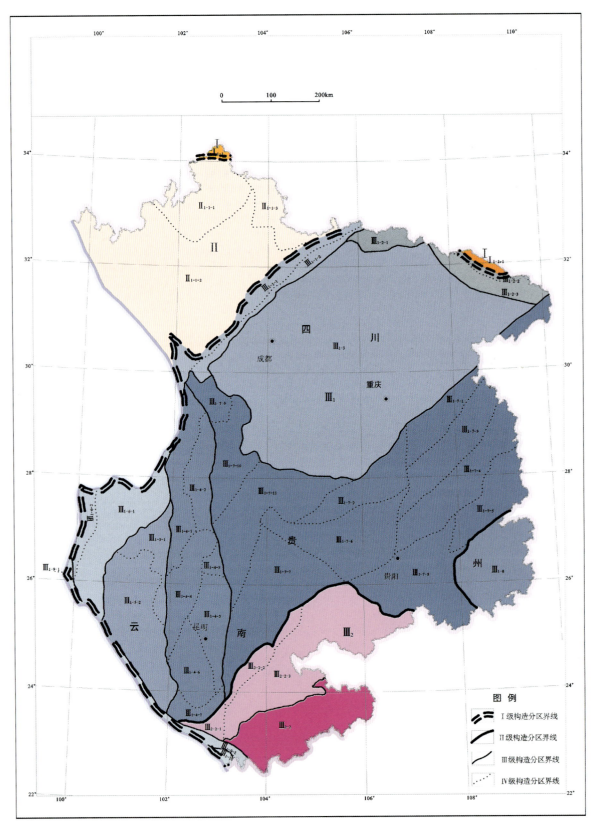

图 1-2 上扬子地区大地构造分区图

第五节 区域矿产概述

上扬子地区具有较稳定陆块演化性质的地质背景,决定了其矿产在类型上以沉积-层控、低温热液型为其显著特点,在矿种上以铝土矿、锰矿、磷矿、煤矿、铅锌银、钨锡、金矿为主,其次为铜、铁。

川、渝、滇、黔四省市金属矿产以铝土矿、锰矿、铅锌(银)矿、金矿、铜矿、铁矿、钨锡矿为主要矿种。综合《2011年中国统计年鉴》及2001年国土资源部规划司资料(图1-3):川、渝、滇、黔四省市铝土矿基础储量为26 055.4万t,占全国比例的31%,其中在全国排名贵州第三、重庆第五、云南第六;锰矿基础储量为5725.09万t,占全国比例的29.34%,其中在全国排名贵州第三、重庆第四、云南第六;铅基础储量为284.22万t,占全国比例的22.34%,其中在全国排名云南第二、四川第四;锌基础储量为934.85万t,占全国比例的28.75%,其中在全国排名云南第二、四川第四;铜矿基础储量为350.2万t,占全国比例的12.2%,在全国排名云南第三、四川第十一;铁矿基础储量为33.07亿t,占全国比例的14.87%,其中在全国排名四川第三、云南第十;原生钛铁矿基础储量为22 534.64万t,占全国比例的97.8%,在全国排名第一;钨矿基础储量为21.32万t,占全国比例的4%;锡矿基础储量为114.37万t,占全国比例的29.68%,在全国排名云南第二;金矿基础储量为485.82t,占全国比例的19.6%。

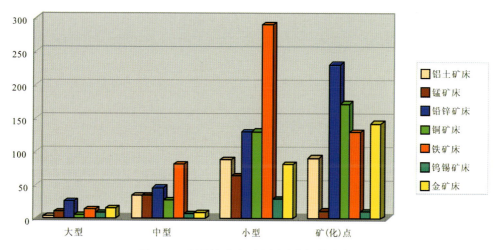

图1-3 川渝滇黔主要金属矿产规模分布图

据现有资料统计,区内的铝土矿床点共计216个,其中大型及以上矿床4个,中型34个,小型88个,矿(化)点90个;锰矿床点共计119个,其中大型及以上矿床10个,中型34个,小型64个,矿(化)点11个;铅锌矿床点共计430个,其中大型及以上矿床26个,中型46个,小型128个,矿(化)点230个;铜矿床点共计322个,其中大型及以上矿床5个,中型17个,小型129个,矿(化)点171个;铁矿床点共计511个,其中大型及以上矿床14个,中型81个,小型288个,矿(化)点128个;钨锡矿床点共计55个,其中大型及以上矿床9个,中型7个,小型29个,矿(化)点10个;金矿床点共计248个,其中大型及以上矿床16个,中型9个,小型81个,矿(化)点142个。

第六节 区域地球物理场特征

一、区域布格重力场特征

区域重力场特征

《中国布格重力异常图》(1:400万),主要反映了地壳以及部分上地幔物质的分布均匀程度和区域深部地质构造所引起的重力效应,表现了深层构造轮廓以及不同构造区的壳幔结构差异,以大兴安岭-太行山-武陵山重力梯级带和环绕青藏高原重力梯级带最为醒目,以此为界可将全国划分为东、中、西三部分,其中上扬子地区即位于大兴安岭-太行山-武陵山重力梯级带以西的中部区域。

中部地区线性异常走向以近南北向为主,构成了龙门山-大凉山-乌蒙山南北向重力梯级带,在贵州境内与大兴安岭-太行山-武陵山重力梯级带汇合,向南西经云南出境。南北向重力梯级带在六盘山以南长1600km,宽100~200km,变化幅度为$(80\sim120)\times10^{-5}m/s^2$,最大梯度达每千米$1.0\times10^{-5}m/s^2$;其以东地区,除四川盆地外大致在$(-190\sim-100)\times10^{-5}m/s^2$之间变化;以西地区的乌蒙山-洱海地区为$(-240\sim-200)\times10^{-5}m/s^2$变化平缓地带;会理-楚雄(康滇地轴南段)为$(-210\sim-200)\times10^{-5}m/s^2$相对重力高值带,其东、西两侧的东川和宾川分别为$-250\times10^{-5}m/s^2$和$-240\times10^{-5}m/s^2$的重力低值区。

区域重力场反映的深大构造对矿床具有重要的控制性,进一步的深入分析见本书第十章第四节。

二、区域航磁(ΔTa)异常场特征

根据1:500万航磁异常,在扬子地台区,四川台坳为一片平稳变化的高值正异常区及与其对应的负异常区,磁场总体走向为北东向,其间川中为北东向,川东为东西向,盆地西北部为一片北东走向的带状负异常区($-200\sim-100nT$),异常稳定,变化平稳;江南地轴西部为零值偏正的平静场区;上扬子台褶带则显示为大片零值偏负的平静场区;康滇地轴磁场为$-50nT$的负背景场上叠加了幅值分别为$100\sim200nT$与$-200\sim-100nT$串珠状正异常和负异常,其总体走向为南北向,局部有北西向与北东向。特提斯—喜马拉雅构造域东部地区基本为大面积($-20\sim-10nT$)负平静场区。北部沱沱河—昆仑山之间为一片$-75\sim-50nT$的负异常区,其向东南沿通天河延伸到玉树,呈北西西走向;其东南部至金沙江-红河边界断裂是一条北西向正、负背景磁场的分区界线,并分布有与超基性岩浆活动有关的串珠状正异常,其以西地带,基本为一片零值偏正平静场;沿澜沧江与元江两断裂带有零星的$50nT$珠状正异常分布(图1-4)。

第七节 区域地球化学场特征

一、区域地球化学场特征

化探异常的分布常受高背场、火山岩碎屑岩、地质构造等因素的控制。其中,铜异常主要出现于$P_2\beta$和元古宙地层中,而致矿异常则集中在下昆阳群及河口群;铅、锌、银异常各元素异常彼此套合好,

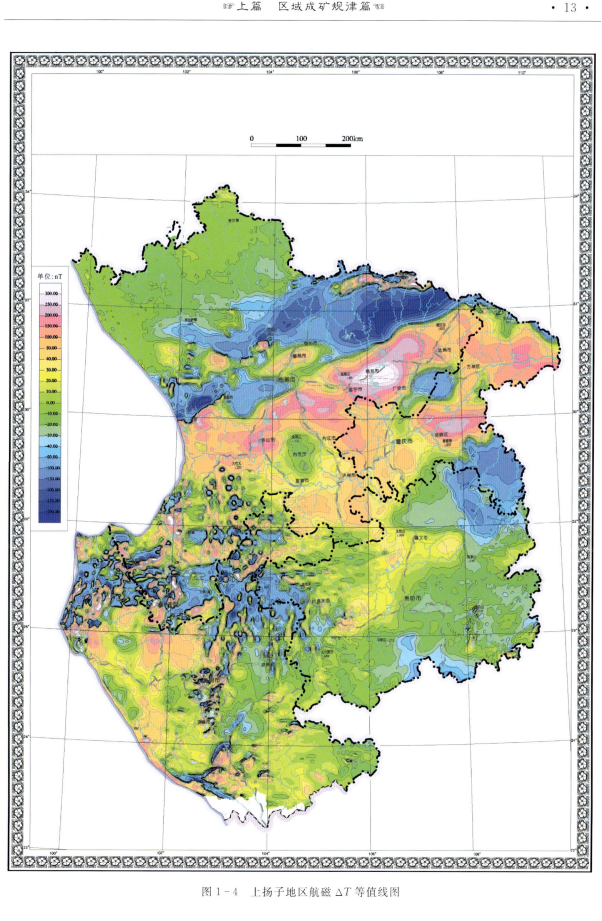

图1-4 上扬子地区航磁 ΔT 等值线图

范围大,含量高,成群成带分布,多受区域性构造、基底隆起和地层控制并与 $P_2\beta$ 的分布区有一定关系,或与震旦系灯影组和下寒武统分布区大体一致,并常与已知铅锌矿点分布吻合;金异常则主要沿深大断裂、大断裂及层间滑脱构造(黔西南)、台槽结合带、走滑断裂带分布,并受韧脆剪切构造控制;铂钯异常与峨眉山玄武岩有关,或与矿化基性—超基性岩体有关,与已知铂矿床(点)吻合。

以 Cu、Au、Pb、Zn、W-Sn 几个重要成矿元素为代表,对区内存在的主要地球化学域、地球化学省、地球化学异常区带特征及产出地质矿产背景简述如下(图 1-5~图 1-10)。

(1)Cu:区内最醒目的是三角形"川西南-滇东-黔西北铜地球化学域",面积约 30 万 km^2,是全国最醒目的铜含量最高的地球化学域,铜含量一般大于 50×10^{-6},呈楔状与峨眉山玄武岩分布范围大体一致,其成因主要受高铜背景的峨眉山玄武岩影响,且在峨眉山玄武岩中也发现诸多铜矿床点产出,如乌坡、鲁甸小寨、威宁铜厂河等,但在其西部边缘康滇一带也叠加了前震旦纪丰铜基底以及中生代红层盆地内砂岩型铜矿化作用的因素;扬子西缘盐源—丽江一带也分布有强度高、面积大的铜异常,其地质背景和成因主要有 3 个方面:一是玄武岩区,如永胜宝瓶厂;二是大量的燕山期—喜马拉雅期陆内斑岩群及所产生的铜多金属矿化作用所致;三是中生代红层盆地内砂岩型铜矿化作用的因素,并以前二者为主。沿大巴山-米仓山-龙门山构造带分布有断续带状的铜异常,其背景应与出露的一系列前震旦纪富铜基性火山岩有关,也产出有如黄铜尖子彭州式铜矿;沿滇东南弧形构造带也分布有弧形铜异常带,其西段异常靠北侧展布部分,主要地质背景为中生代三叠纪地层,可能与砂岩型铜矿化作用相关,未发现具规模的铜矿床,具体原因尚待深入分析。靠南侧呈点状围绕个旧、薄竹山、都龙三大铜铅锌钨锡多金属矿化岩体穹隆分布,与已有多个大型—超大型铜铅锌钨锡多金属矿床高度吻合;其东段富宁一带异常与基性岩群有关,有尾洞式铜镍矿产出。

(2)Au:沿扬子地台周边形成了一个巨大的环状金异常带,分别对应滇黔桂、丽江-祥云、滇东南、陕甘川几个金三角;在川滇黔交界一带分布的近三角形金异常区应与峨眉山玄武岩有关,但目前尚未发现具规模的金矿床;沿米仓山-龙门山构造带及以西阿坝地区金异常较为集中地、强度较高地沿北西向构造及米仓山-龙门山弧形构造展布,目前已有多个具规模的金矿床产出,如马脑壳、刷经寺、金木达、康定黄金坪等;扬子西缘盐源—丽江一带也分布有强度高、面积大的金异常,其地质背景和成因主要有两个方面:一是玄武岩区,目前未发现具规模的金矿;二是大量的燕山期—喜马拉雅期陆内斑岩群及所产生的铜多金属矿化作用所致,如北衙。滇黔桂金异常区与该区二叠纪—三叠纪地层中产出的受构造控制的众多微细浸染型金矿的分布高度一致;沿滇东南弧形构造带也分布有弧形金异常带,其西段异常靠北侧展布部分,主要地质背景为中生代三叠纪地层,可能与砂岩型矿化作用相关,未发现具规模的金矿床,具体原因尚待深入分析。靠南侧呈点状围绕个旧、薄竹山、都龙三大铜铅锌钨锡多金属矿化岩体穹隆分布,与已有多个大型—超大型铜铅锌钨锡多金属矿床高度吻合;其东段富宁一带异常与基性岩群有关,有尾洞式铜镍矿产出;沿四川盆地周缘有较弱的、分散的环状金异常的分布,与一些砂金分布点吻合。

(3)Pb-Zn:大致沿南北向小江断裂以东、与北东向弥勒-师宗断裂、北西向紫云垭都断裂围限的范围内,分布有三角形的"川西南-滇东-黔西北铅锌地球化学域",面积约 30 万 km^2,大地构造位置为扬子地台的西南部,南北向、北东向、北西向深大断裂的交会部位,呈楔状与峨眉山玄武岩以及昭通六盘水裂陷槽分布范围大体一致,其成因主要受一系列受断裂褶皱控制出露的古生代碳酸盐岩地层中赋存的铅锌矿集区影响最大,产出有众多的大型—超大型铅锌矿床,如黑区雪区、天宝山、大梁子、会泽麒麟厂、毛坪、金沙厂、茂租、猫榨厂、青山、顶头山、绿卯坪等,该异常区是否受峨眉山玄武岩的影响尚无定论;扬子西缘盐源—丽江一带也分布有强度高、面积大的铅锌异常,其地质背景和成因主要是大量的燕山期—喜马拉雅期陆内斑岩群及所产生的铜多金属矿化作用,如北衙。沿大巴山-米仓山-龙门山构造带分布有断续带状的铅锌异常,其背景应与出露的一系列产于古生代碳酸盐岩地层的铅锌矿有关,如城口、马元、南江沙滩、寨子坪等。其西侧阿坝地区有弱铅锌异常分布,强度弱,浓集不明显,大致与一些金多金属矿伴生产出;沿滇东南弧形构造带也分布有弧形铅锌异常带,其西段异常靠北侧展布部分,主要地质背景为古生代—中生代地层,可能与中生代铅锌矿化作用相关,如芦柴冲。靠南侧呈点状围绕个旧、薄竹山、

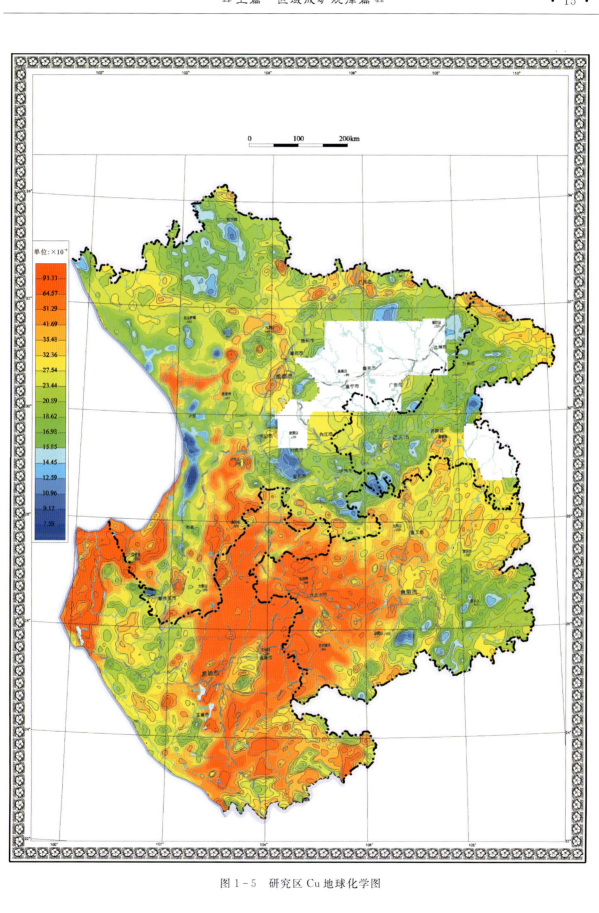

图 1-5 研究区 Cu 地球化学图

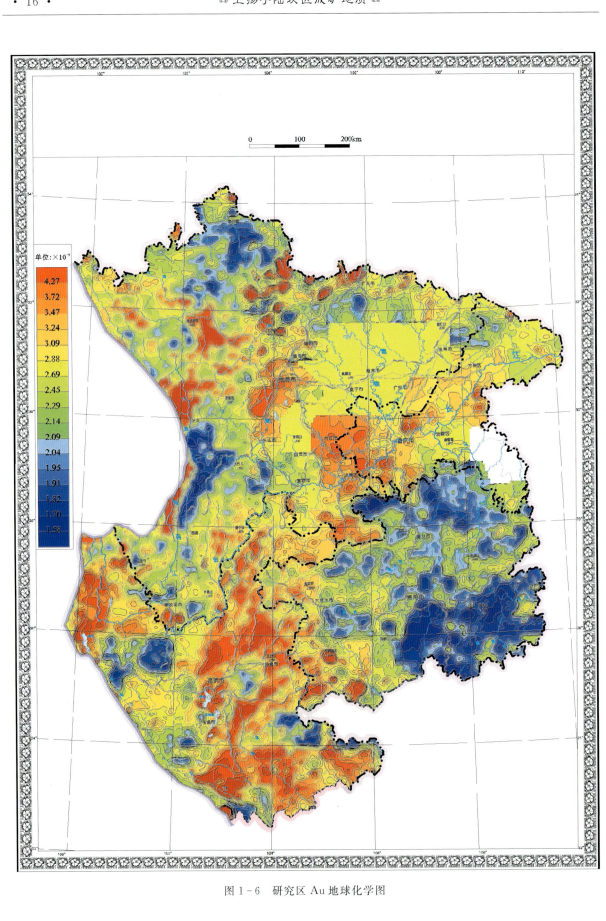

图 1-6 研究区 Au 地球化学图

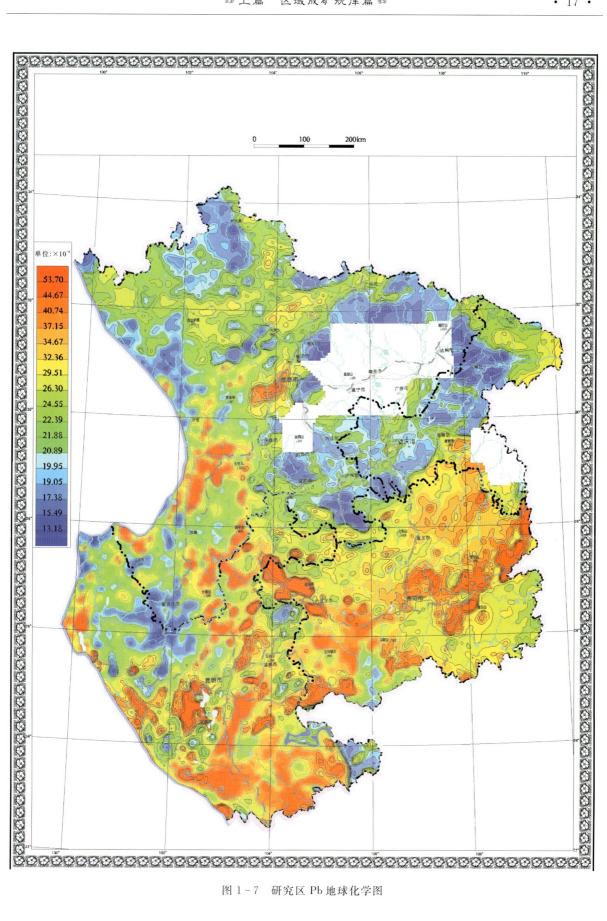

图 1-7 研究区 Pb 地球化学图

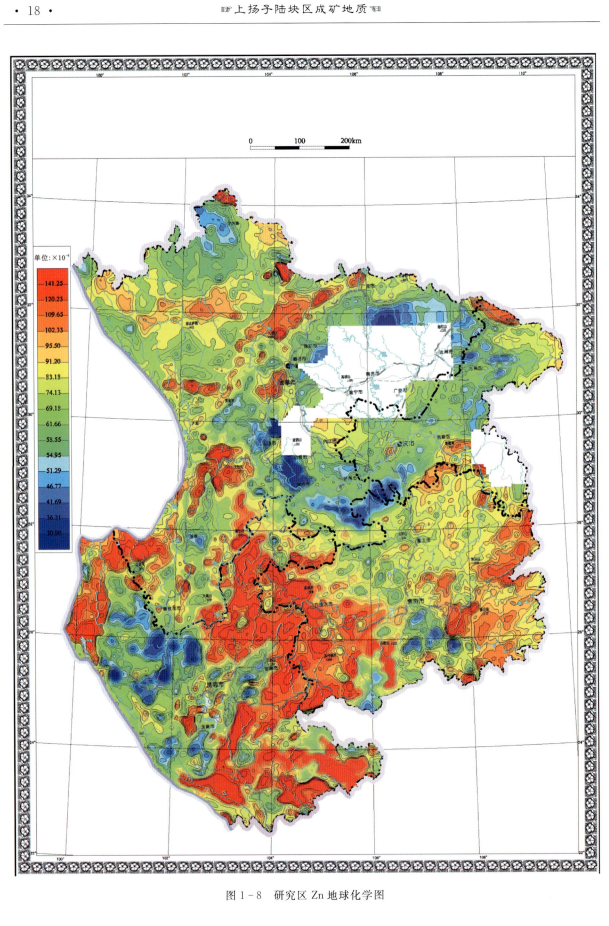

图 1-8 研究区 Zn 地球化学图

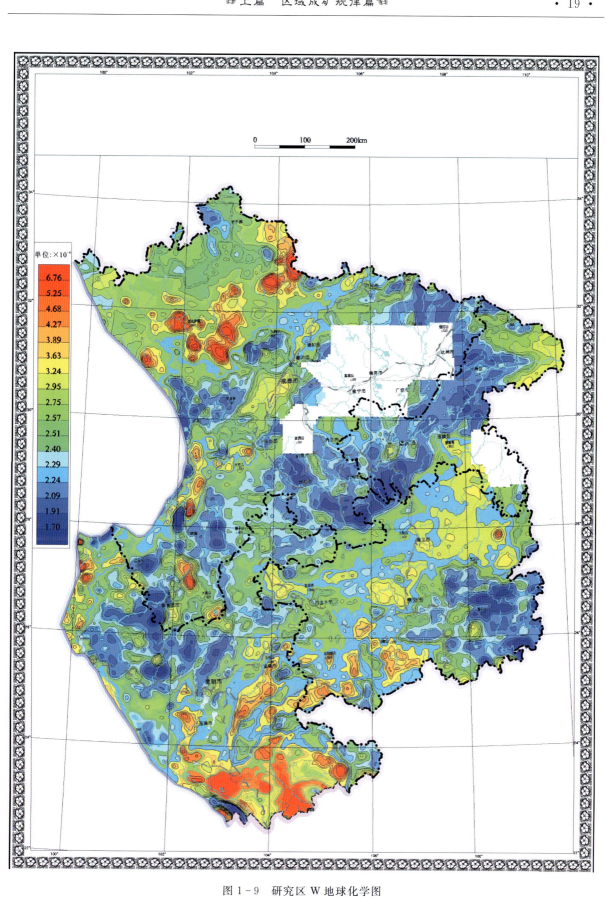

图 1-9 研究区 W 地球化学图

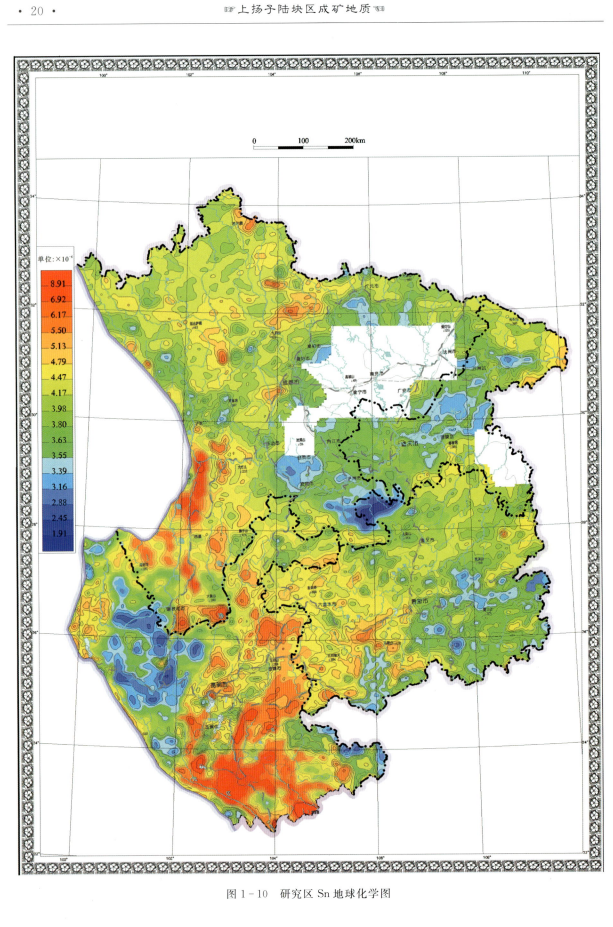

图 1-10 研究区 Sn 地球化学图

都龙三大铜铅锌钨锡多金属矿化岩体穹隆分布,与已有多个大型—超大型铜铅锌钨锡多金属矿床高度吻合;其东段富宁一带异常与基性岩群有关,有尾洞式铜镍矿产出;沿上扬子东缘铅锌异常带呈弧形展布,相对来说异常较弱较分散,构成了所谓上扬子铅锌东矿带,产出有赋存于早古生代尤其是寒武纪碳酸盐岩中的"花垣式"低温热液矿床,如松桃嗅脑、铜仁大硐喇、都匀牛角塘等;沿哀牢山-红河构造带亦有弱的铅锌异常带分布,除与燕山期—喜马拉雅期斑岩有关的热液交代型铜钼铅锌金铁多金属矿-姚安老街子中型铅矿外,目前尚未发现具规模的铅锌矿床,可能大多是与金矿化伴生的铅锌异常。

(4) W-Sn:W-Sn 异常的分布专属性很强,基本都围绕区上扬子周缘一些花岗岩体分布,也直接地指示了钨锡矿床的产出,如滇东南锡钨地球化学巨省,以锡为主,锡、钨丰度显著增高,已发现个旧、马关、卡房等多个大型锡多金属矿床;川西环四川盆地钨、锡异常带,呈近南北向分布,由康定-九龙、马尔康-理县、王朗-平武 3 个地球化学省组成,在雪宝顶花岗岩中有钨锡矿产出以及产于元古宙会理群浅变质岩中与晋宁期摩挲营花岗岩体有关的矽卡岩型锡矿床——会理县岔河中型锡铁矿床、产于前震旦纪登相营群大热渣组碳酸盐建造中与澄江期泸沽花岗岩体有关的锡铁矿床——冕宁泸沽铁矿区大顶山中型锡铁矿床。

第二章 区域岩相古地理及海陆分布格局与成(赋)矿

外生矿产及部分"层控"型内生矿产之赋矿建造,是在特定构造环境下沉积盆地内差异性沉积作用下形成的物质差异所致,岩相古地理的分布格局和海陆变迁是由区域构造演化决定的,相应的外生矿床及一些有利赋矿建造亦遵循了"构控盆、盆控相、相控岩-控矿"的内在联系。由于矿床的"层控性"并不一定意味着该矿床一定与沉积成岩作用有密切的成因联系,所以下文中对于与沉积成岩作用有直接成因联系的外生矿床将使用"某沉积建造中形成了某类矿床"的表述,而对一些与沉积成岩作用成因联系较不明确或争议较大的"层控"型内生矿床,则采用"某建造中赋存了某类矿床"的表述方式以示区分。

第一节 前震旦纪(太古宙(?)—元古代)

由于上扬子陆块在震旦纪以后相对稳定的地质背景,使得震旦纪及以后的地层(即所谓"盖层")极为发育,分布广泛且稳定,掩盖了绝大多数前震旦纪地质体,仅在陆块周缘由于构造抬升、剥蚀而零星出露,且不连续;另外,由于长期受构造-岩浆活动改造作用的影响,前震旦纪地层常具"局部有序、整体有序性差、前震旦纪各块体相互关系不清、时代及其构造属性争议大、地史演化混乱模糊"的特点。

对所谓"扬子地台结晶基底——康定群"的认识经历了4个阶段:第一阶段,自20世纪30年代至50年代,在扬子地台西缘陆续发现了一些结晶片麻岩,称为"康定片麻岩"(谭锡畴,李春昱,1931,1959)、"磨盘山结晶片岩"(黄汲清,1945,1954)、"康定杂岩"(张兆瑾,1940),并认为它们构成了康滇地轴的核心。第二阶段是20世纪60—80年代通过1:20万区测,获得了一批900~600Ma的K-Ar法同位素年龄数据,认为这套变质杂岩系主体是晋宁期—澄江期的岩浆杂岩。第三阶段是20世纪70—90年代,刘俨然(1988)、贺节明(1988)、冯本智(1983,1989)等相继发现了麻粒岩,认为它们应是老于会理群的一套有序的岩石地层单位。张兆瑾(1941)、程文祥和张应圭(1982)、冯本智(1983)等分别提出建立"康定群"。这一阶段多数研究者认为康定群是位于褶皱基底(会理群、登相营群、盐边群等)之下的结晶基底(四川省地质矿产局,1991),时代为古元古代(骆耀南等,1998)—太古宙(程文祥等,1990;冯本智等1990;李复汉等,1998),但也有少数研究者认为,康定群与会理群、盐边群等是同时代的产物,均划归前震旦纪早期构造层(陈世瑜,1987)。第四阶段是20世纪90年代至今,通过1:5万区域地质调查和专题研究,在第三阶段划分的康定群中划分出大量的岩浆成因的片麻岩,仅保留了少量的变质地层,仍将它们划归到太古宙—古元古代的康定群或红格群,这一阶段对划分出的岩浆成因的片麻岩进行了大量的锆石U-Pb同位素年龄测定,表明它们主要形成于新元古代。近年来耿元生等(2008)提出原划分的康定群(结晶基底)主要由大量的新元古代(850~750Ma)岩浆杂岩和少量的中—新元古代变质地层组成,所谓的结晶基底并不存在。

关于川中古陆核,《四川省区域地质志》、马杏垣等(1979)、劳秋元等(1983)以及石油部门钻孔资料指出,四川盆地压盖下的川中微大陆可能由康定群或更老地层构成。其西部坳陷内的基底,可能由中元古界构成,与川中微型大陆的康定群呈断层接触。其东部坳陷,一般认为是板溪群的分布区。合川及自贡两地无磁性岩块,可能是板溪群在康定群上的超覆部分。在威远-南充地区据物探资料推断,有深埋的与康定群相当的地层存在。事实上,从四川盆地及周缘发育的震旦纪以来的稳定盖层且构造变形较弱来看,应该存在一个相对稳定固结的太古宙晚期(?)—元古宙的刚性块体作为后来盖层沉积的基础,这从区域重磁资料也有明显反映。

关于元古宇各群的认识,潘杏南等(1987)认为康定群可能是新太古代—古元古代早期在薄壳和高热流背景上由于高热上地幔强烈上升导致的裂谷作用的产物。黎溪群(河口群)和大红山群属优地槽型火山-沉积岩系,沉积标志反映半深海盆地相沉积环境。中—新元古界东川群、昆阳群、会理群多为陆架浅海、滨海和潮坪相沉积,表明其下应有更老的大陆壳基底存在。盐边群形成于大陆边缘与海盆交接地带。板溪群属大陆架碎屑岩沉积。并将中元古代扬子西缘的构造面貌从北至南划分为:川中原地台、盐边-峨边陆间裂谷带(优地槽)、同德中间地块、会理-元谋冒地槽带、昆阳原地台。并认为在新元古代古陆的西缘是活动大陆边缘-康滇陆缘弧带,进一步分为龙门山-锦屏山前缘优地槽带和康定-新平构造岩浆再造带。川中-昆阳为古陆区。古陆的南部发育北北东向的东川-易门拗拉槽(潘杏南等,1987)。陈智梁等(1987)按建造特征将中元古代早期(1800~1400Ma)自北向南可划分为:盐边-峨边优地槽、元谋-会理冒地槽、大红山-河口优地槽和易门-玉溪冒地槽等沉积类型。《四川省区域地质志》认为褶皱基底地层由恰斯群、盐边群、黄水河群、通木梁群、火地垭群、会理群、峨边群、登相营群、盐井群、板溪群组成;前5群为优地槽型沉积,后5群为冒地槽型沉积,除板溪群时代为新元古代外,其余各群时代均为中元古代。《贵州省区域地质志》认为,中元古界以梵净山群、四堡群、冷家溪群为代表,属活动型边缘海槽沉积。中元古代早期扬子克拉通发生裂解,分裂出扬子陆块和华夏陆块,其间为南华狭窄洋盆和一些微陆块,随着南华狭窄洋盆的萎缩、消亡,扬子陆块东南缘出现沟-弧-盆格局(刘宝珺,1993),黔东及邻区该时期位于大陆边缘-弧后盆地位置,出现了中元古代梵净山群、四堡群、冷家溪群深水盆地相细碎屑岩沉积、岛弧型火山岩组合及由超基性岩-基性岩组成的(弧后)蛇绿岩组合。四堡群的蛇绿岩套是一种岛弧蛇绿岩套,代表弧后盆地的构造环境(丘元禧,1999)。新元古代早期,在武陵运动造就的古地理背景上,经过初期的夷平,贵州省全境被海水所淹没。自北而南并列排布着板溪群、下江群和丹洲群,三者分别代表斜坡上部、斜坡下部至盆地和盆地(或平原)沉积。新元古代晚期至早古生代的沉积从扬子陆块至窄洋盆,表现为由浅水碳酸盐岩、泥质岩为主的扬子型,变化到以深水砂泥质复理石为主的华南型(戴传固等,2010)。关于江南古陆及板溪群,许靖华(1987)认为板溪群的露头是受到侵蚀推覆体的残留体,为时代复杂的混杂岩带,可能包含了Pt_3、Pz_1、Pz_2地层成分,且有人在皖南、赣东北地区原认为是中、新元古代的浅变质地层中发现有古生代化石,对江南古陆的存在提出了质疑,滇东南地区有关越北古陆和猛洞岩群的研究也存在类似的问题。《云南省区域地质志》(1990)指出中元古界存在两种截然不同的沉积建造:以昆阳群为代表冒地槽型沉积建造,以大红山群为代表的优地槽型沉积建造。

近年来,尹福光等(2012)通过岩石学、地球化学、年代同位素数据的研究指出,上扬子陆块西南缘在古—中元古代也相应历经了4个演化阶段:1800~1600Ma,在大红山地区、河口地区、东川汤丹地区形成近东西向的裂谷盆地;1600~1300Ma,在东川因民地区表现为被动陆缘下的伸张环境;1300~1100Ma,在菜籽园-麻塘地区为板内裂谷-洋盆,老武山地区为裂谷盆地;1100~1000Ma,菜籽园-麻塘裂谷-洋盆向北俯冲或向北向南双向俯冲,在北边的天宝山地区和南边的富良棚地区形成火山岛弧,同时在扬子西缘也出现了1.0Ga左右(1014±8)~(1007±14)Ma的同造山或同碰撞型花岗岩,表明此时康滇地区已经拼贴到一起,并与整个上扬子陆块Rodinia超大陆形成同步(尹福光等,2012)。本项目王生伟及郭阳等(2014)研究认为,在17亿年左右康滇地区的基性岩浆岩具有明显的洋岛玄武岩(OIB),是地幔柱活动的产物,扬子陆块西南缘双峰式岩浆活动和成矿事件可能与一次重要的地幔柱——昆阳地幔柱活动有关,由此形成了具陆内裂谷性质的昆阳裂谷,并结合地层年代学等研究成果,构建了扬子西缘基底地质演化史(详见第五章)。

综上可知,由于受不同时期研究方法和测试手段所限,加之各地层群组之间先后叠置关系不清、对比划分困难,导致其构造性质和地史演化仍然有很大的争议,且随着将来测试手段的改进和研究的深入,这些争议将仍会持续存在。用基于现代已知的地球化学体系进行古老的前震旦纪地质构造环境投图和性质判别解释,"将今论古"往往流于"刻舟求剑"的偏颇。徐志刚等(2008)也指出早期微板块构造期的主要控制因素是热体制,岩石圈较易浮,地幔对流紊乱,由此产生一些小的互相推挤的岩石圈板块或小块的刚性不大的年轻大陆,边界也十分不稳定,因而不太可能有现代板块构造中那样的毕鸟夫俯冲带,故而尚不能将现代板块构造推溯至太古宙。基于此,笔者认为至少有两点是争议不大的:一为判别是否属前震旦纪地质体,二为可观察到的各地层群组岩性建造组合。因此在本小节采用王鸿祯(1981)以地壳构造活动程度为主要控制因素,将沉积分为稳定类型、活动类型和过渡类型的观点,将研究区前震旦纪各地层群组进行沉积分类并推测其形成的构造背景,按实际出露位置汇编成研究区前震旦纪岩相古地理略图以窥其端倪。

如图2-1所示,大致以前述推断的位于四川盆地之下的川中古陆核为轴心,其周边断续零星分布的前震旦纪地层主要有火地垭群、碧口群、黄水河群、康定群、峨边群、盐边群、河口群、大红山群、梵净山群、四堡群、猛洞岩群、登相营群、会理群、东川群、元谋群、昆阳群、板溪群、丹洲群等。各群主要岩性建造、构造背景、矿产情况如下。

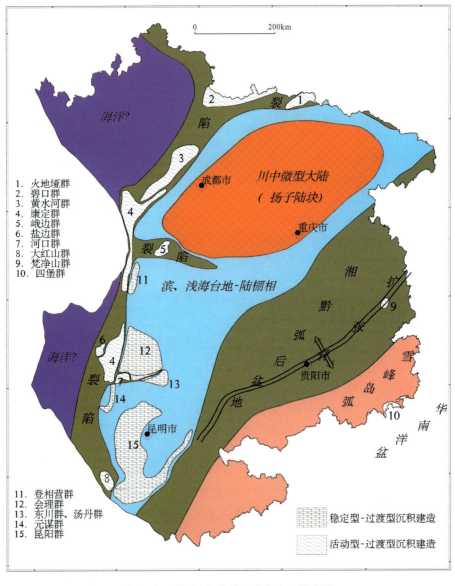

图2-1 研究区前震旦纪岩相古地理略图

(1) 火地垭群下部为一套变质碎屑岩及碳酸盐岩,含叠层石;上部为一套变质火山岩及变质碎屑岩、大理岩,属过渡型-活动型沉积建造,可能代表了由活动陆棚向岛弧海的演变。火地垭群碳酸盐岩夹板岩、片岩建造中赋存有"李子垭式"接触交代型磁铁矿。

(2) 碧口群、通木梁群、黄水河群和盐井群的建造组合相似,都是一套火山-沉积岩系。火山岩以中酸性岩为主,夹中基性熔岩,部分火山岩属细碧角斑岩系。在火山岩层中以火山碎屑岩和凝灰岩占优势,夹有火山集块岩系,沉积地层主要为绿片岩相的变质砂泥质岩层夹结晶灰岩层。属活动型沉积建造,整个岩系应归属于岛弧型火山-沉积组合,其上为震旦系不整合覆盖。黄水河群黄铜尖子组钠长绿泥片岩+绿泥石英片岩建造中赋存有彭州式火山沉积变质岩型铜矿(马松岭)。

(3) 康定群下部为一套中-基性火山岩建造,上部为中-酸性火山碎屑岩及复理石建造,其原岩组合具有太古宙绿岩带的层序,可能是新太古代—古元古代早期在薄壳和高热流背景上由于高热上地幔强烈上升导致的裂谷作用的产物,属活动型沉积建造。康定岩群高级变质岩建造中赋存有黄金坪式岩浆热液型-构造蚀变岩型金矿-黄金坪中型金矿。

(4) 峨边群与盐边群沉积建造序列相似。下部主要为变质基性玄武岩,夹变凝灰岩和硅质板岩、碧玉岩等;上部多为泥砂质岩石,具较典型的复理石韵律构造,为浊流沉积。巨大的沉积厚度和频繁的火山活动,反映出地质构造的活动性。属活动型沉积建造,代表了较深的海相沉积环境,可能相当于今天的红海这样的陆间裂谷盆地。在盐边群角闪(片)岩中有沙坝式铁矿断续产出,中段为变质火山岩中含碧玉-锰铁矿透镜体;在峨边群柳担桥组弧后正常浅海相沉积环境下之陆屑-碳酸盐建造中形成了大白岩式沉积变质型锰矿。

典型矿床1:产于前震旦纪峨边群柳担桥组中大白岩式沉积变质型锰矿——四川大白岩中型锰矿。
该矿床位于汉源县以东平距约45km,属金口河区所辖(E103°08′23″,N29°21′49″)。2001—2002年四川省地质调查院的"四川盆地西缘优质锰矿资源评价"项目估算大白岩锰矿床达中型规模。

区域构造位于康滇古陆东缘、扬子地台西缘之瓦山断穹和峨边穹断束内。主要含锰地层柳担桥组一段(Pt_2j^1)为灰—深灰色、灰黑色变质灰岩与同色板岩、碳质片岩组成的韵律互层。单个韵律厚5~15m,具绢云母化、绿帘石化,中部夹钢灰色锰矿层(图2-2)。底部以深灰色变质灰岩与下伏地层烂包坪组呈整合接触。厚150~180m。柳担桥组二段(Pt_2j^2)为灰白色中—厚层状大理岩、硅化大理岩,夹灰—深灰色变质灰岩。局部形成优质硅石矿床。厚120~150m。

区内矿体呈近东西向分布,西起大溪沟,经山王庙、凉水沟、蚂蝗沟东部至大湾,总长大于7km,宽600~800m。矿体呈层状、似层状展布于凉水沟向斜两翼,共发现8个矿体,位于矿区中部和东部,其中多工程控制矿体3个,单工程控制矿体5个。矿体长200~1800m,厚0.3~5.26m,含Mn 10%~34.8%。

本组岩石组合特征以及大理岩中常见变余层理,竹叶状同生角砾构造,板岩中见变余微细水平层理等特征判断,弧后正常浅海相沉积环境。

(5) 黎溪群(河口群)和大红山群属优地槽型火山-沉积岩系,似岛弧-弧后环境。下部为变钠质火山沉积岩系,上部以沉积岩系为主,夹多层火山岩,属活动型沉积建造,沉积标志反映半深海盆地相沉积环境。这套活动型火山-沉积岩系建造中赋存于拉拉式、大红山式大型层状铜矿和磁铁矿及迤纳厂小型铁铜矿。

(6) 梵净山群、四堡群、冷家溪群为巨厚的陆源碎屑复理石,夹细碧岩-角斑岩和火山碎屑岩组合,为深水盆地相细碎屑岩沉积、岛弧型火山岩组合及由超基性岩-基性岩组成的(弧后)蛇绿岩组合,属活动型边缘海槽沉积。四堡群的蛇绿岩套是一种岛弧蛇绿岩套,代表弧后盆地的构造环境(丘元禧,1999)。在梵净山群与板溪群之角度不整合接触界面上下附近的变质岩及辉绿岩中产出有小型金矿,在基性岩、变质岩中产出有电英岩型、云英岩型钨(锡)矿床、伴生铜矿床-标水岩小型钨(锡)矿、小型铜矿。

(7) 猛洞岩群为细碎屑—泥质岩的韵律、互层组合夹基性—中性海底火山喷溢和硅质、碳质岩沉积(硅质火山岩建造),属活动型沉积建造,构造背景可能为弧后盆地。在猛洞岩群南秧田岩组二母云片

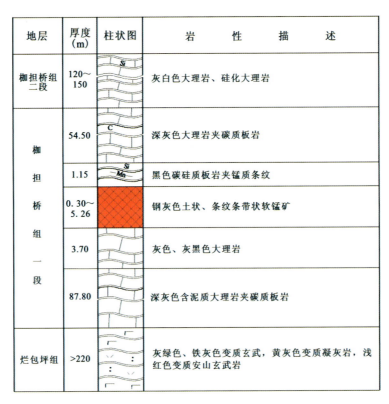

图2-2 大白岩锰矿含锰岩系柱状图(据《四川省潜力评价成果报告》,2011)

岩、二云斜长片麻岩赋存有南秧田式层状矽卡岩-岩浆热液型钨锡铅锌铜多金属矿——南秧田大型白钨矿床。

(8)登相营群(喜德群)中、下部主要为一套砂泥质沉积,粒级韵律发育,局部夹火山岩、结晶灰岩;上部为含叠层石块状白云大理岩、灰岩,顶部仍为砂质沉积。属过渡型沉积建造,构造背景多为陆架滨-浅海。在九盘营组碳酸盐沉积变质岩建造中赋存有与澄江期泸沽花岗岩体有关的泸沽式锡铁多金属矿床——大顶山中型锡铁矿床。在则姑组浅变质碎屑岩建造中赋存有与澄江期泸沽花岗岩体有关的锡铁矿床——喜德拉克铁矿。

(9)元谋群下部为石英岩、千枚岩、碳质板岩,以及云英片岩、绿片岩,有粒级韵律出现;中部为结晶灰岩;上部为砂页岩碎屑沉积。属过渡型沉积建造,构造背景多为陆架滨-浅海。在路古模组含铁石英片岩及凤凰山组碳酸盐建造中产出有沉积变质型磁铁矿。

(10)会理群下部力马河组为一套砂泥质沉积,粒级递变韵律层发育,顶部还见有交错层理;中部凤山营组灰岩,具韵律层、斜层理和同生角砾等原生沉积构造,局部有菱铁矿产出;上部天宝山组由砂泥质岩夹中酸性火山岩组成。各群总体特征为:建造类型上都反映为砂泥质复理石建造、碳酸盐建造;为次深海-浅海的沉积环境;沉积厚度巨大,但一般都无火山活动,代表了相对稳定的构造环境。在天宝山组火山-沉积变质岩中赋存有似层状—脉状火山沉积变质型铅锌矿——四川会理小石房大型铅锌矿床;在凤山营组变质碳酸盐建造中赋存有沉积变质改造型铁矿——会理县凤山营中型铁矿床;在会理群浅变质岩中赋存有与晋宁期摩挲营花岗岩体有关的矽卡岩型锡矿床-会理县岔河中型锡铁矿床;此外在淌塘组浅变质岩中产出有热液脉型铜矿——会东油房沟中型铜矿,产于中元古代地层中的风化沉积型铁矿——会东满银沟大型赤铁矿。

(11)东川群沉积(因民组、落雪组、黑山组、青龙山组、大营盘组)主要为潮坪相、潟湖相和浅海相碎屑岩和碳酸盐岩的互层。因民组红色陆屑建造发育有各种浅水沉积标志,它的底部产生鲕状/豆状赤铁矿层,落雪组为白云岩-蒸发岩建造,各种叠层石广泛发育,为潮坪环境,黑山组为潟湖-浅海相页岩-灰岩建造,青龙山组为白云岩建造,大营盘组为红色—杂色陆屑建造。它们构成一个完整的海进—海退大旋回。属稳定型-过渡型沉积建造,构造背景多为陆架浅海、滨海和潮坪。在因民组落雪组中形成了沉积变质改造型东川式铜矿,如东川汤丹大型铜矿,易门铜厂中型铜矿,狮子山、凤山矿、白龙厂小型铜矿;在大营盘组与青龙山组不整合界面上产出有风化沉积型铁矿——东川包子铺中型赤铁矿;此外还有构造热液型金矿——东川播卡小型金矿。

(12)昆阳群中、下部黄草岭组和黑山头组为一套砂泥质沉积,显粒级韵律和条带构造,见小型斜层理和波痕出现;上部大龙口组为含叠层石灰岩,为潮坪环境,顶部美党组为板岩夹泥灰岩透镜体和石英砂岩。上述岩性组合特征属砂泥质复理石-类复理石建造和碳酸盐建造类型,有菱铁矿产出。鹅头厂组为一套板岩夹砂岩,属浅海环境,但水体较落雪组沉积时为深。绿汁江组为一套含叠层石白云岩,属潮坪环境。稳定型-过渡型沉积建造,构造背景多为陆架浅海、滨海和潮坪。在大龙口组碳酸盐岩中的层状菱铁矿(赤铁矿)——新平县鲁奎山中型磁铁矿;在黑山头组地层中热液型磁铁矿——安宁王家滩中型磁铁矿;此外还有产于元古宙变质岩中构造热液脉型铅锌矿——云南省武定县杨柳河中型铅锌矿。

(13)板溪群、下江群、丹洲群自北向南排列,板溪群的主体是紫红色泥岩和粉砂岩(台地相),属稳定型沉积建造;下江群则是巨厚的灰绿色陆源碎屑浊积岩和火山碎屑浊积岩,并伴有滑塌沉积(斜坡相、裂陷火山岩相),属过渡型沉积建造;丹洲群为不厚的经典陆源碎屑浊积岩和细屑沉积(深水盆地相、洋盆蛇绿岩相),属活动型沉积建造。三者分别代表斜坡上部、斜坡下部至盆地和盆地(或平原)沉积。在这套浅变质碎屑岩建造中产出有丰富的多金属矿,如构造热液脉状铅锌矿、锑矿、金矿——贵州南省小型铅锌矿、贵州榕江八蒙中型锑矿、铜鼓小型金矿;新元古代摩天岭花岗岩体外接触带的下江群甲路组中构造热液脉型铜铅锌多金属矿——地虎小型铜金多金属矿。

从上述前震旦系各群岩组之沉积建造类型和产出构造背景阐述可知,火地垭群、碧口群、通木梁群、黄水河群、盐井群、康定群、峨边群、河口群(黎溪群)、大红山群、猛洞岩群、梵净山群、四堡群、丹洲群等属活动型沉积建造(或称优地槽沉积),总体分布于"上扬子古陆"靠外缘,属地台外缘沉积,水体较深,可能为裂陷深海环境;而登相营群(喜德群)、元谋群、会理群、东川群、昆阳群、板溪群、下江群属过渡型-稳定型沉积建造,总体分布于"上扬子古陆"靠内缘,属地台内部沉积,水体较浅,可能属滨浅海-陆棚环境;如前所述,以四川盆地为中心可能有前震旦纪川中古陆核的存在,为后来扬子陆块的发生、发展、演化奠定了基础。沉积建造的特征反映了围绕川中古陆核从内向外由陆至海的变化,在峨边和菜籽园—麻塘一带可能存在伸向古陆块内的次级裂陷。按这一变化趋势推断,在更外侧是否存在深海-大洋所包绕或与其他块体相隔(?)是将来值得进一步研究的问题。元古宙末的晋宁运动使地台克拉通化,开始了较为稳定的盖层沉积阶段。

围绕以川中前陆盆地和扬子陆块南部碳酸盐台地为浅水台地或陆地,向四周倾斜下降、水体逐渐加深,表明裂陷沉降总是在陆块外缘发生,这一海陆分布的总体格局基本一直延续至晚三叠世海水全面退出而抬升成陆为止,只是范围时宽时窄、海陆分界线有所移动而已。

第二节 震旦纪

一、早震旦世

古元古代末的晋宁运动以后,震旦纪地层普遍不整合超覆于前震旦纪变质地层之上,上扬子地壳进入了较稳定的准地台发展阶段。这一时期扬子原地台的范围有所扩大,可能西至三江造山带中中咱、昌都、澜沧前寒武纪微陆块,北到神农架海槽和武当海槽以及陡岭地块、佛坪地块等,成为统一的"泛扬子陆块"。

主要剥蚀区及陆相区位于龙门山断裂—箐河-程海断裂以东、沿河—石阡—都匀一线以西的广大区域,为河湖相沉积。大理—楚雄一带存在滇中古陆,是主要的蚀源区,古陆东侧即元谋—绿汁江以东地区,为广大的沉积区。重庆—贵阳广大范围内为古陆,沿河—都匀一线南东侧则为海洋环境,有很狭窄的滨岸带,更向南东从铜仁到黔东南、黔南广大地区则为陡峻的斜坡环境,形成了以杂砾岩为主体的中粗碎屑沉积,在铜仁一线有近东西向水下脊状隆起;箐河-程海断裂以西推测为较陡峻和斜坡相或海相;川西高原及城口之北为活动性的地槽型建造;滇东南地区屏边群,处于次深海相环境(图2-3)。

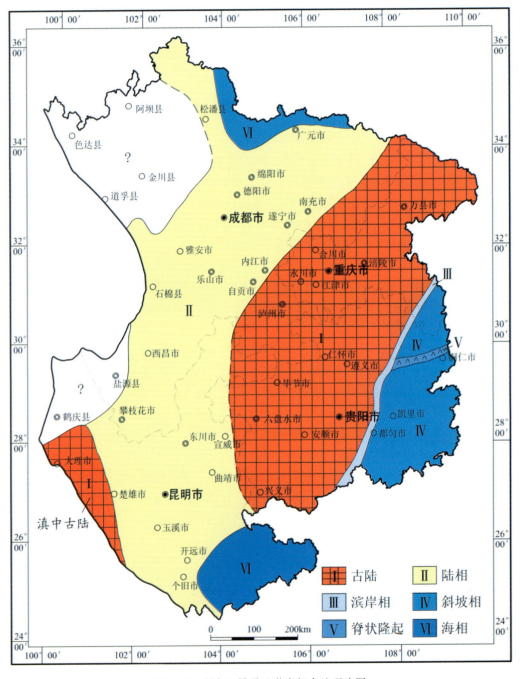

图 2-3 研究区早震旦世岩相古地理略图
(资料来源:根据《四川省区域地质志》《云南省区域地质志》《贵州省区域地质志》修编)

这一时期主要有锰、磷、铁、铜、石膏、岩盐等沉积矿产,如在下南华统大塘坡组中沉积形成了大塘坡式海相沉积型锰矿——贵州大塘坡大型锰矿,在"丰铜古陆"基础上于观音崖组(陡山沱组)中形成了古砂砾岩型铜矿——东川烂泥坪中型铜矿,在陡山沱组白云岩页岩中形成了高燕式沉积型锰矿——城口高燕大型锰矿。

典型矿床2:产于早南华世大塘坡组中大塘坡式海相沉积型锰矿——贵州大塘坡大型锰矿。

矿区位于松桃县普觉区寨英、落满乡境内(E108°51′50″,N27°58′55″)。1958—1961年,贵州省地矿局103队于大塘坡铁矿坪发现氧化锰矿、沉积型菱锰矿。

大地构造位置上处于上扬子古陆块之南部被动边缘褶冲带北东缘。矿区出露地层为青白口系、南华系、震旦系及第四系等(图2-4),锰矿主要产于下南华统大塘坡组中。大塘坡组分为3个岩性段,由粉砂质黏土岩层、含碳质粉砂页岩和含锰岩系组成。与下伏两界河组呈整合接触;与上覆南沱组呈不整合或假整合接触。碳酸锰矿产于大塘坡组第一段即"含锰岩系"的中下部位黑色碳质页岩、白云岩中。铁矿坪向斜为矿区基本构造形态,向斜轴向北东10°~20°,核部地层为下震旦统南沱组,两翼为下震旦统大塘坡组和两界河组。地层产状平缓,倾角10°~30°。

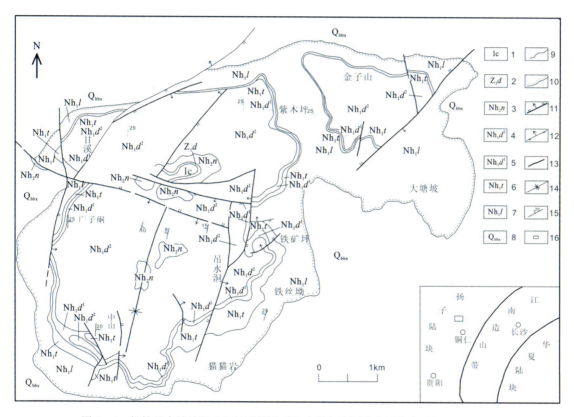

图2-4 松桃县大塘坡锰矿区地质简图(据《贵州省资源潜力评价成果报告》,2011)

1. 留茶坡组;2. 陡山沱组;3. 南沱组;4. 大塘坡组第二段;5. 大塘坡组第一段;6. 铁丝坳组;7. 两界河组;8. 板溪群;9. 地层界线;10. 不整合界线;11. 正断层;12. 逆断层;13. 性质不明断层;14. 向斜轴;15. 地层产状;16. 矿区位置

锰矿床分布于铁矿坪向斜东南段,东起铁丝坳,西至二道水;南起青龙嘴,北至两界河范围内。主含矿层位稳定,北段(铁矿坪矿段)出露长2100m,宽1600m,呈北东-南西延伸,略向东突出,呈弧形展布;南段(万家堰矿段),出露长3500m,宽800~1000m,呈向南突出半圆形展布,工业矿体主要分布于矿段东部及中部。锰矿体呈层状、似层状、透镜状等缓倾斜产出,层位固定,产状与围岩基本一致(图2-5)。按锰矿体产出部位,以凝灰质细砂岩为标志层,可分为上、下两层矿。

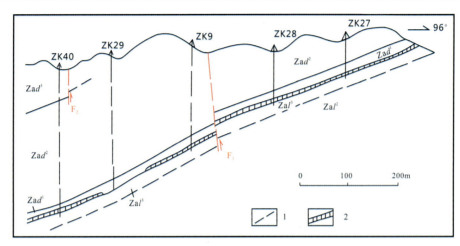

图 2-5 大塘坡锰矿铁矿坪矿段 9 线剖面图(据《贵州省资源潜力评价成果报告》,2011)
Zad^3.下震旦统大塘坡组第三段;Zad^2.下震旦统大塘坡组第二段;Zad^1.下震旦统大塘坡组第一段;Zal^3.下震旦统两界河组第三段;Zal^2.下震旦统两界河组第二段;1.断层;2.锰矿

碳酸锰矿石由菱锰矿、钙菱锰矿、锰方解石、锰白云石、碳质、黏土矿物,少量石英、玉髓、沥青及微量磷灰石、胶磷矿等组成。含 Mn 10.10%～33.50%,平均 21.63%～22.06%。锰矿品位变化大,其变化系数 17.40%～72.51%。

据区域岩相古地理研究资料,该区南华纪大塘坡早期为浅海陆棚盆地相,水动力条件微弱,能量低,水体较平静。关于大塘坡式锰质的来源,主要有大陆风化来源、海底火山来源、渗流热卤水来源或多来源等观点。一直存在热水成因、生物成因或化学成因以及"外源外生"与"内源外生"的争议。因此,大塘坡式锰矿的成因和形成环境一直未能形成较为统一的认识。矿床成因类型属海相沉积锰矿床,工业类型属高磷低铁贫碳酸锰矿。

本项目采集条纹条带状同生沉积黄铁矿进行硫 Re-Os 同位素示踪研究,表明其具幔源性质(图 2-6),表明大塘坡式锰矿的成矿物质可能主要源于地幔,支持了"内源外生"的观点。

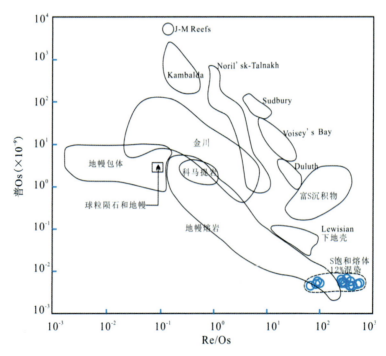

图 2-6 大塘坡式锰矿黄铁矿硫 Re-Os 同位素示踪图

二、晚震旦世

晚震旦世南沱期，随着全球性冰期的来临，形成以南沱组为代表的大陆冰川堆积。南沱期之后，随着气候变暖，冰川消融，海水泛滥，引起震旦纪以来第一次较大规模的海侵，致使滇中古陆向南收缩至楚雄以南西，其东曲靖与兴义之间只有范围不大的牛首山古岛等，在川西北若尔盖为剥蚀区。其余广大地区皆被来自下扬子区的海水淹没，接受海相沉积。这一时期以灯影组中上部台地相白云岩中赋存的后生热液型铅锌矿最具特色和优势，有似层状和脉状两种产状类型。

第三节　寒武纪

晚震旦世末，由于地壳上升，广元—石棉—攀枝花—玉溪一线以西成为陆地，牛头山古陆范围扩大，屏边地区为北西向陆岛；向东至合川—宣威—兴义一线为滨岸相；依次南东至酉阳—都匀—滇东南一线为台地相；在铜仁—镇远—都匀一线上为台地边缘滩（丘）相；再往南东，玉屏—丹寨—三都一线则为斜坡相沉积；在贵州东南隅则为暗色薄层碳硅质岩，为广海盆地沉积（图2-7）。四川西部及城口—巫溪一带以北，为地槽型建造的变质寒武系。寒武系发育良好，下、中、上统皆有分布，富含磷、稀土、多金属（钒、银、钼、镍）、石膏、石盐等沉积型矿产以及铁锰矿层及其中伴生的钴、铀、镍、钒、铜、锌等多金属矿产。

寒武纪碳酸盐建造中赋存的矿产以后生热液型铅锌矿最具特色和优势，主要集中产出于早寒武世筇竹寺期—沧浪铺期碎屑岩层上下的碳酸盐岩中；在中晚寒武世碳酸盐建造中也往往赋存有似层状-脉状铅锌矿。沉积型矿产以磷矿、锰矿为主。

典型矿床3：产于早寒武世邱家河组碳酸盐岩碳硅质板岩建造中石坎式沉积型锰矿——四川平武马家山小型锰矿。

该矿床位于四川省平武县县城115°方位平距38.3km石坎乡（E104°53′58″，N32°15′44″），为小型矿床。

矿区大地构造位置为上扬子陆块-龙门山前陆逆冲带—龙门山前山盖层逆冲带。区内下寒武统邱家河组为海相次稳定型碳酸盐岩、含锰粉砂岩、碳硅质板岩建造。

矿体呈层状、似层状、透镜状产出，一般长900～4800m，平均倾角20°，厚0.84～2.91m，平均1.84m，Mn品位11.45%～31.44%，平均20.11%。共圈出主要锰矿体4个，另于南东侧和西侧有不成规模的零星矿（化）体出露。矿石结构以粒状结晶结构为主，矿石构造以条（纹）带状为主，次为脉状，团块状，致密块状等。

马家山锰矿为海相沉积型，严格受下寒武统邱家河组控制。成矿作用分为3个阶段：①陆源区含锰高的岩石或矿床风化、剥蚀，即形成含锰风化带（壳）阶段；②含锰物质的搬运、沉积，即矿源层的形成阶段；③成岩过程中铁锰质的迁移、富集，即矿体的形成阶段（图2-8）。

第四节　奥陶纪

奥陶纪时，米仓山、龙门山、康滇古岛链是四川东、西两部海盆的陆障。川东该时期为地台型建造，地层发育完整，岩性、岩相稳定，厚千米以内，从西向东碎屑岩减少，碳酸盐岩增加。川西高原则为冒地槽型建造，多见中、下奥陶统，以复陆屑建造、复理石碎屑岩建造为主。滇东北、滇东、宁蒗、大理—金平、

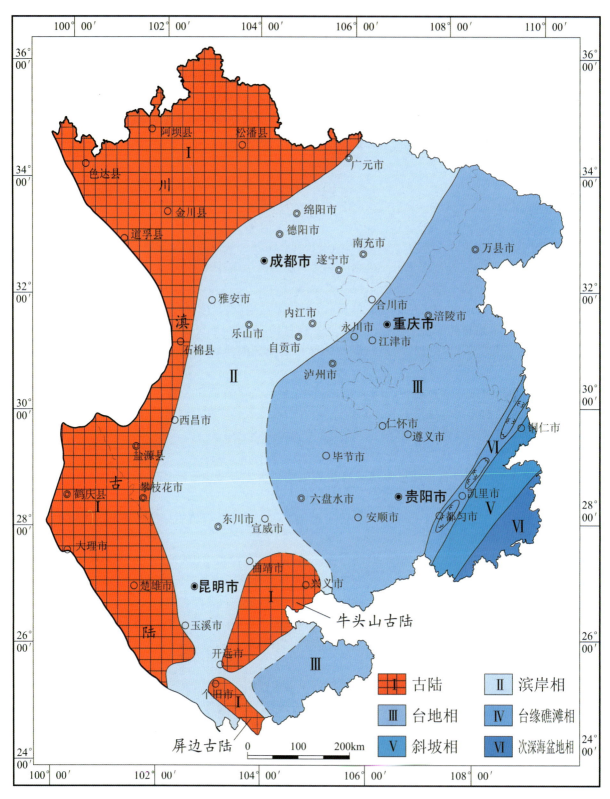

图 2-7 研究区早寒武世岩相古地理略图

(资料来源:根据《四川省区域地质志》(1991)、《云南省区域地质志》(1990)、《贵州省区域地质志》(1987)修编)

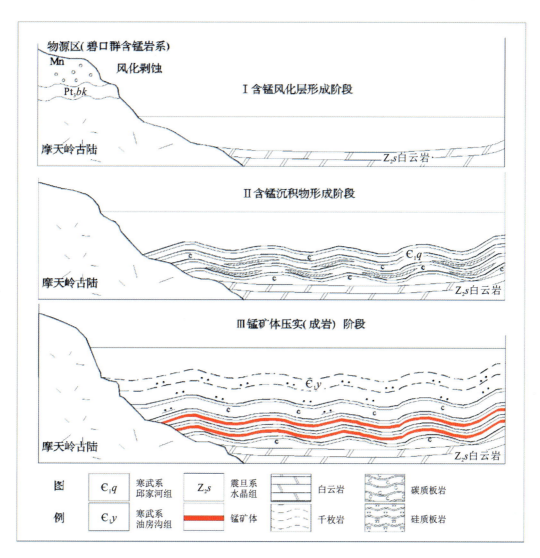

图 2-8 石坎式沉积型锰矿成矿模式图（据《四川省潜力评价成果报告》，2011）

滇东南一带，以滨海-浅海相为主。

早奥陶世早期陆地面积扩大，中晚期海侵扩大，在米仓山、龙门山和康滇一带形成广泛超覆。在宁蒗—昆明一带，主要为滨海潮坪相砂、页岩，局部地区有铁矿、石膏生成，或夹锰土矿、含磷砂岩。

晚奥陶世，整体地势南高北低，米仓山、龙门山、康滇为古岛链，是东、西两部海盆的陆障，黔中古陆扩大并与滇东古陆相连，攀枝花-昭通-遵义以南大片地区均为陆地剥蚀区，除贵州天柱—三都一线以东属陆棚沉积外，其余地区均为浅海-开阔台地相沉积（图 2-9）。

在奥陶纪碳酸盐建造中赋存有后生热液型铅锌矿，沉积型矿产则主要有华弹式赤铁矿、轿顶山式锰矿。

典型矿床 4：产于中奥陶世上巧家组碳酸盐建造中沉积型赤铁矿床——四川省宁南县华弹中型赤铁矿。

该矿床位于宁南县方位 145°直线距离 20km（E102°49′41″，N26°55′00″）。已知大小矿床、点 10 余处，包括宁南华弹、棋树坪、大岩洞 3 个中、小型矿床。

矿区所在大地构造单元属上扬子台褶带之凉山陷褶束，为位于康滇前陆逆冲带东侧并与之平行展

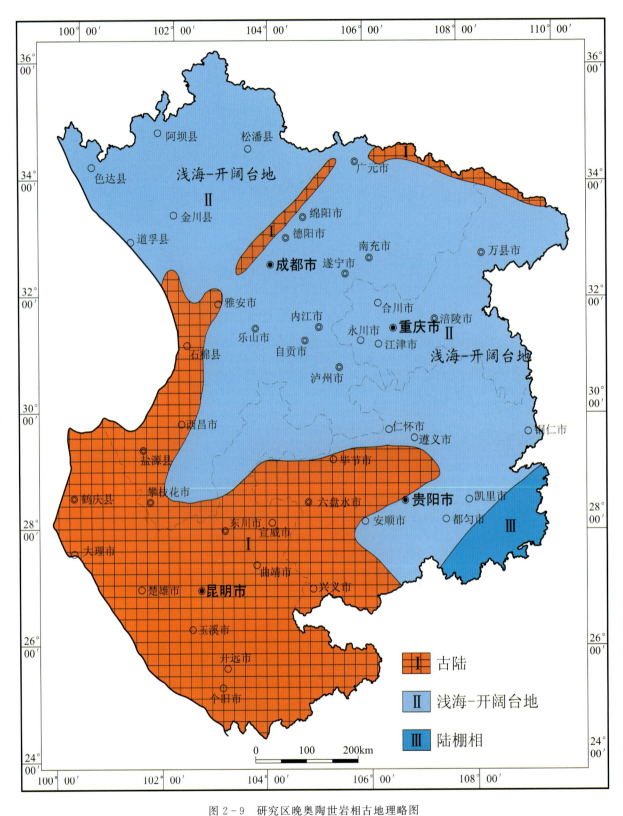

图 2-9 研究区晚奥陶世岩相古地理略图

(资料来源:根据《四川省区域地质志》(1991)、《云南省区域地质志》(1990)、《贵州省区域地质志》(1987)修编)

布的一条南北向坳陷带。

含矿岩系为下—中奥陶统巧家组一套浅海相碳酸盐建造,厚69~86m,与上、下地层均呈整合接触。铁矿赋存于岩系底部,顶、底板多为碳酸盐岩。矿体呈层状、似层状或凸镜状,一般可分上、下两个矿层。铁矿体为大扁豆体,矿体长10km,宽数百米至两千余米,厚2~6m,矿区中部达9.45m,向北变至0.2m,向南薄至3.28m,沿倾向渐变为含铁泥砂质石英、泥质及微量黄铁矿;下矿层厚1.5~3.9m,以鲕状赤铁矿、鲕绿泥石为主,少许黄铁矿、方解石。胶结物为碳酸盐和泥质成分。矿石呈鲕状结构;致密层状构造。品位上富下贫:上矿层上部TFe为40%,下部为35%~40%;下矿层上部赤铁矿较多,TFe 20%,下部绿泥石较多,TFe<15%。倾斜方向,矿石品位与矿体厚度呈正相关,自上而下有变贫趋势。矿石平均品位(%):TFe 40.22(表外矿平均25.62),S 0.006,P 0.05,上矿层风化矿石品位可提高到45%以上。

矿床类型属海相沉积型赤铁矿床。在岩相古地理上矿区处于扬子古陆块西缘与灌县宝兴古陆、滇黔古陆间的半局限陆表海环境。主成矿区紧靠会理、会东前震旦纪古隆起区,前震旦纪会理群富铁岩石通过地表风化为北东浅海区提供了大量富铁沉积物;再加之寒武纪以后康滇古陆东侧海岸线向东推进(由越西—米易一线推至越西—普格一线)。早期的大陆架边缘在中奥陶世时成为有利于铁矿沉积的海岸浅滩地带。由陆向海依次划分为3个沉积相带(图2-10):碳酸盐台地—滨海后-前滨带泥坪(滩)相、碳酸盐台地—滨海前-近滨带生物屑碳酸盐浅滩-泥坪(滩)相(产鲕状赤铁矿)、碳酸盐台地—滨海近滨-滨外带生物屑(骨屑)泥质浅滩相。

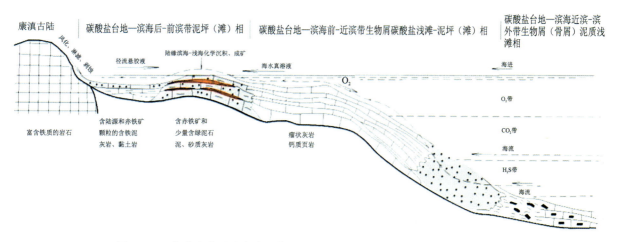

图2-10 华弹式典型矿床成矿模式图(据《四川省潜力评价成果报告》,2011)

第五节 志留纪

晚奥陶世的海退,使志留纪海域更加缩小,川中和康滇古陆成为四川东部及西部海槽的水障。总的趋势东部陆地面积逐渐增大,西部沉降加速。川东为地台型建造,以滨海、浅海碎屑岩、碳酸盐岩相沉积为主。川西为冒地槽建造,属以海相碎屑岩、硅质岩、碳酸盐岩相及复理石、火山碎屑岩相为主的变质地层。

早志留世早期,川滇古陆为主体及中甸、黔中、滇桂诸隆起连为一体,使陆表海成为半封闭的滞流海盆,海盆主体处于非补偿状态。

中志留世海陆格局与早志留世相似,海侵有所扩大,总体地势南东高、北西低,可能表明其东部加里东褶皱造山-抬升的效应。大巴山、米仓山、龙门山、石棉、西昌、大理一线为古岛链,其东部水更浅,为浅海台地相,其西部更趋活跃,地壳沉降、火山活动渐强,为浅海斜坡相。云南大部及黔中为陆地剥蚀区。川滇黔桂古陆开始解体,曲靖一带已成海湾,昭通地区的海域向南推进至巧家—鲁甸一带(图2-11)。贵州除瓮安至威宁一线隆起成陆外,北部、东部和中南部为海水所淹没,接受碎屑沉积及碳酸盐沉积。

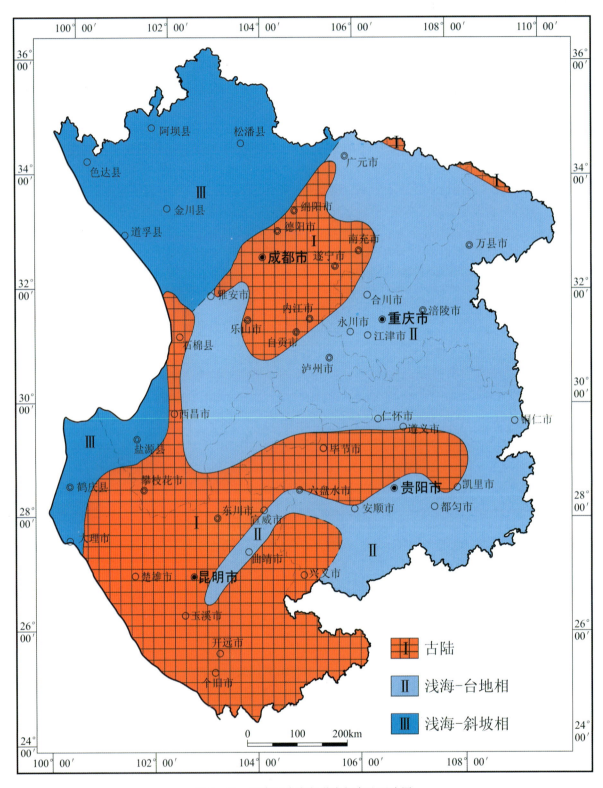

图2-11 研究区中志留世岩相古地理略图

(资料来源:根据《四川省区域地质志》(1991)、《云南省区域地质志》(1990)、《贵州省区域地质志》(1987)修编)

由于加里东运动的影响，晚志留世大部分地区海水退出、上升成陆，仅局部地区残留有海域接受泥盆纪的沉积。

第六节 泥盆纪

早古生代末期，由于加里东运动的影响，在上扬子内部地壳抬升，表现为川中古陆迅速扩大，与米仓山-大巴山古陆、康滇古陆连成一片，除曲靖-盘溪、丽江-大理-金平，可能还有墨江-江城等低凹地区继晚志留世残留海接受早泥盆世初期沉积外，其余地区上升成陆，遭受剥蚀，在上扬子边缘如贵州东南部褶皱成山，与扬子古陆拼合成巨大的陆块，而且奠定了晚古生代海陆分布的基础，由海洋逐渐向陆地转化。赋存有铁、磷、油页岩等矿产。

早泥盆世古地理继承了上述加里东运动造就的海陆格局。该时期受加里东运动的影响，上扬子大部抬升为陆，只在其西北部和东南部有沉降、裂陷海侵而沉积，表现由陆到海、由浅到深、古地势下降的格局，西北部龙门山两侧为滨岸相，中部为链状古陆，再向西马尔康地区为陆棚斜坡-深海相。东南部表现为向陆北西向伸入、向南东敞开的喇叭状海湾（图2-12），水体向南东呈现由陆到海、由浅到深、古地势下降的格局，可能为在加里东褶皱基底上拉裂发育的右江盆地向陆块伸入部分，是昭通-六盘水裂陷槽的雏形。该喇叭状海湾向北西深入至四川石棉一带，内含牛首山、东川-昭通两个古陆岛；向南东平塘-关岭-盘县弧形线以南个旧—关岭一带为礁滩相，再向南东之滇东南、黔西南广大地区则为滨外相。毛健全等（1992）称该裂陷槽为水城断陷，认为是滇黔桂裂谷的一部分，边界是由西侧的小江断裂与东侧的垭都-紫云-都安断裂所控制，有人将这一深坳陷带的北段称为"六盘水裂谷"（毛健全等，1992）。该裂陷格局大体上一直持续至二叠纪。

中泥盆世古地理轮廓与早泥盆世相似，只是海侵有所扩大，陆地变小。晚泥盆世的海陆分布轮廓与中泥盆世晚期基本相同。

泥盆纪碳酸盐建造中赋存有似层状脉状热液型铅锌矿；泥盆纪碎屑岩建造中赋存有钨铍矿、锑矿、金矿。在中泥盆世碎屑岩碳酸盐建造中形成了著名的宁乡式沉积型铁矿。

典型矿床5：产于中泥盆世宁乡式海相沉积型铁矿——重庆巫山桃花大型铁矿。

该矿床位于重庆市巫山县抱龙镇和笃萍乡（E110°00′08″—110°05′26″，N30°54′23″—30°58′08″）。区内的桃花、邓家矿段已做过详查工作，金狮进行了普查工作。

矿区大地构造位置处于上扬子陆块-扬子陆块南部碳酸盐台地-武隆凹褶束内。铁矿主要分布于邓家复式背斜（贺家坪背斜—石磙槽向斜—和尚头背斜）构造带内。铁矿主要赋存于上泥盆统黄家磴组上部及写经寺组中部，多呈层状、似层状产出，在桃花矿区为黄家磴组顶部，矿层为1层，在邓家、矿洞及金狮矿区，另有写经寺组矿层出现，矿层为2~3层。

区内赤铁矿露头主要分布于贺家坪背斜、和尚头背斜的轴部附近，之间的石滚槽向斜地区埋藏较深，在2000m以下（图2-13）。贺家坪背斜南西段桃花一带及和尚头背斜轴部附近的邓家、金狮一带，有含矿岩系及铁矿体出露。

区内铁矿（赤铁矿）分布于上泥盆统写经寺组及黄家蹬组石英砂岩中。矿体产状总体上与地层产状一致，受地层延伸及构造形态控制，产状与地层产状一致。主要矿体（包括桃花矿区的北矿体、南矿体及邓家矿区的II矿层等）单个矿体长5900~6300m，宽400~2000m，真厚度为0.85~5.92m，一般厚度2~3m，平均2.76m。厚度有较大变化但无明显规律性。单个矿体资源量可达亿吨，属大型矿体。

主要矿石矿物为赤铁矿，占矿石矿物总量的90%以上，偶含微量菱铁矿。脉石矿物以石英为主。赤铁矿矿石化学成分比较简单，据已有资料，桃花矿区矿石TFe含量25.04%~56.80%，平均42.76%；邓家矿区矿石TFe含量25.30%~51.04%，平均37.53%；金狮矿区目前正在进行普查工作，

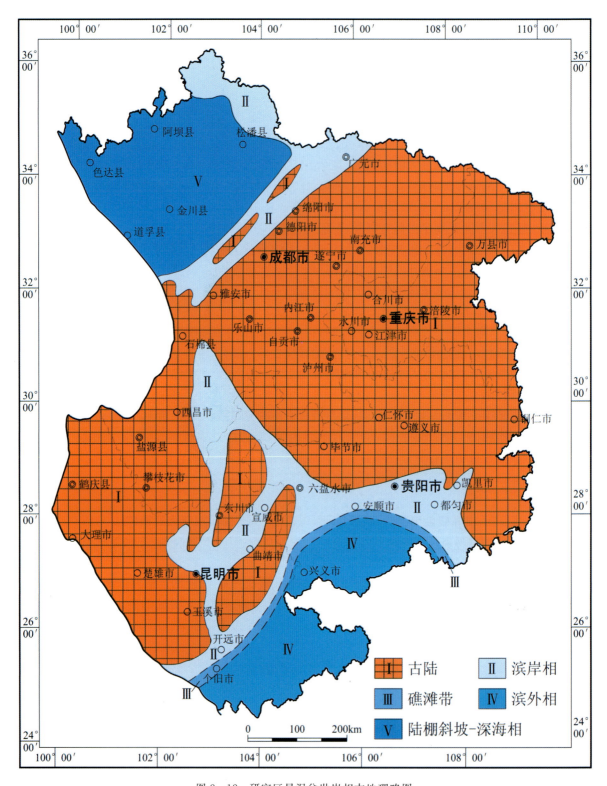

图 2-12 研究区早泥盆世岩相古地理略图

(资料来源:根据《四川省区域地质志》(1991)、《云南省区域地质志》(1990)、《贵州省区域地质志》(1987)修编)

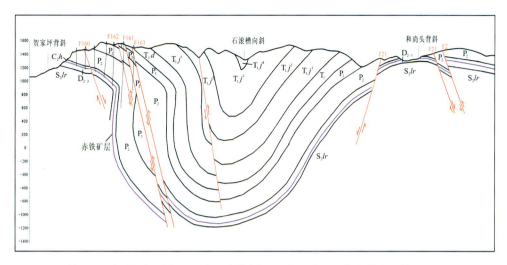

图 2-13 桃花矿区褶皱、断裂构造及其组合横剖面示意图(据《重庆市潜力评价成果报告》，2011)

已知矿石 TFe 含量 35.23%～42.72%。但 TFe≥50%的矿体一般难以单独圈定。矿石结构主要有豆鲕粒状结构、鲕砂状结构。矿石构造主要有条带状构造及块状构造。

成矿模式：中志留世时因广西运动影响，区内海退上升成陆，先前的沉积物广遭剥蚀。志留纪末本区抬升隆起，仅在边缘局部有陆表海存在。泥盆纪—石炭纪海侵曾波及本区，残留有中、上泥盆统和中石炭统。晚古生代区内沉积环境已进入从海相到陆相的演变阶段，为陆表海沉积环境-陆表海亚相。中晚泥盆世沉积的主要为一套铁质碎屑建造，属海进序列滨海陆缘碎屑沉积，铁质来源与大陆古风化壳有关，铁的富集程度决定于古地理环境。含矿层及其围岩均位于志留系不整合面之上，并形成自南而北的海岸上超关系，铁物质的来源主要是基底长期风化剥蚀，并经红土风化壳富集，在海侵过程中形成粉砂岩-赤铁矿-页岩-生物碎屑岩含铁建造，产宁乡式铁矿(图 2-14)。

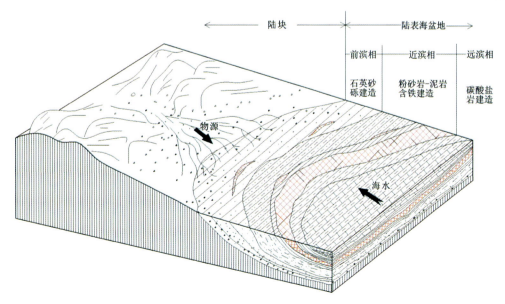

图 2-14 宁乡式沉积型铁矿成矿模式图(据《重庆市潜力评价成果报告》，2011)

第七节 石炭纪

石炭纪古地理与泥盆纪时的古地理相似(图2-15)。泥盆纪末期地壳普遍上升,海水退出,海域面积缩小;之后海侵,开始石炭纪的沉积。上扬子西段属特提斯洋与扬子古陆交界之边缘海的一部分,北为巴颜喀拉海南部,南东为右江盆地。第一次海侵发生在早石炭世岩关期,程度较弱。后经短暂的海退以后,从早石炭世大塘期开始,海侵逐步扩大,至晚石炭世早期达到最高峰。川东石炭系属地台型建造,下石炭统为碳酸盐岩夹少许紫红色砂岩、泥岩及赤铁矿;上石炭统全为碳酸盐岩。川西属地槽型建造,为区域变质岩系。在茂汶、宝兴、康定及南坪等地,岩性以浅变质碳酸盐岩为主,夹碎屑岩。在黑水、理县等地为硅质灰岩、条带状硅泥质灰岩夹千枚岩。在丹巴、小金等地为大理岩、二云片岩、变粒岩。

石炭纪碳酸盐建造中最为显著的矿产属低温热液型铅锌矿,较集中地产于昭通-六盘水裂陷槽范围内;在下石炭统—上泥盆统板岩中赋存有老王寨式构造蚀变岩型-韧性剪切带型金矿。在滇东南地区,还有尾洞式印支期基性—超基性侵入岩型铜矿、板仓式印支期基性—超基性侵入岩体型铁矿分布。此外还蕴藏有丰富的石灰岩、煤、铝土矿和石膏等沉积型矿产。

典型矿床6:产于早石炭世九架炉组中猫场式沉积型铝土矿——贵州猫场大型铝土矿。

该矿床位于贵阳西60km处,属清镇市犁楼乡所辖(E106°14′00″,N26°36′00″)。划分为红花寨、白浪坝、将军岩、周刘彭、猫场5个矿段。

大地构造上位于扬子陆块南部被动边缘褶冲带,跨凤岗南北向褶断区、织金宽缓褶皱区和都匀南北向褶皱3个四级构造单元。上覆地层大埔组与下伏地层寒武系间的九架炉组(C_1j)是含铝铁矿地层。上段含铝岩系(C_1j^2),厚0.30~25.09m,由黏土岩、黄铁矿、铝土岩、铝土矿等组成,为铝土矿矿体的产出层位。下段含铁岩系(C_1j^1),厚0~10.75m,由铁质黏土岩、绿泥石岩、赤铁矿等组成,为区内铁矿产出层位,假整合于寒武纪不同地层之上。

矿体产出于九架炉组(C_1j)中段,铝土矿呈似层状、透镜状产出(图2-16)。矿体形态受下伏基岩喀斯特古地貌制约,铝土矿体平面形态很不规则。Ⅰ号矿体是矿区主要矿体之一,大部分矿体在1020m标高以上,呈东西向展布,东西长4500m,南北宽500~2500m,面积6.3km²。矿体和围岩产状基本一致,呈层状、似层状,缓倾斜,一般单层,主矿层上下局部地段偶有透镜状小矿体,矿体中偶见铝土岩、黏土岩及黄铁矿夹层。平面形态为一东宽西窄的不规则"丁"字形,边界曲折多呈港湾状。矿体平均含Al_2O_3 68.81%、SiO_2 7.3%、Fe_2O_3 3.73%、S 0.99%、A/S 9.43。

矿石矿物成分以铝矿物为主,次为黏土矿物、铁矿物、硫化物及钛矿物。在铝土矿中,一水硬铝石占整个矿石矿物组合的50%~95%(韦天蛟,1995)。

成矿模式可概括为:原岩分解成红色黏土阶段、Al、Fe的氧化物和氢氧化物初步富集阶段、经搬运沉积铝土矿最终形成阶段(图2-17)。

第八节 二叠纪

石炭纪晚期地壳短暂上升后(黔桂运动),除局部残留海外,大部露出水面。中二叠世栖霞早期复受海侵,范围逐渐扩大,至栖霞中期全部变为碳酸盐沉积,至茅口中晚期达到最高峰,茅口末期至晚二叠世乐平早期又大规模海退,乐平晚期至长兴期海侵规模较弱。晚二叠世川西由于海底裂谷的扩张,形成裂陷海槽,进入活跃时期,晚二叠世后期逐渐进入被动大陆边缘发展阶段,为变质海相二叠系。

早—中二叠世海陆总体格局为:以上扬子陆块为主体,地势向北西和南东倾斜,由于始于栖霞早期

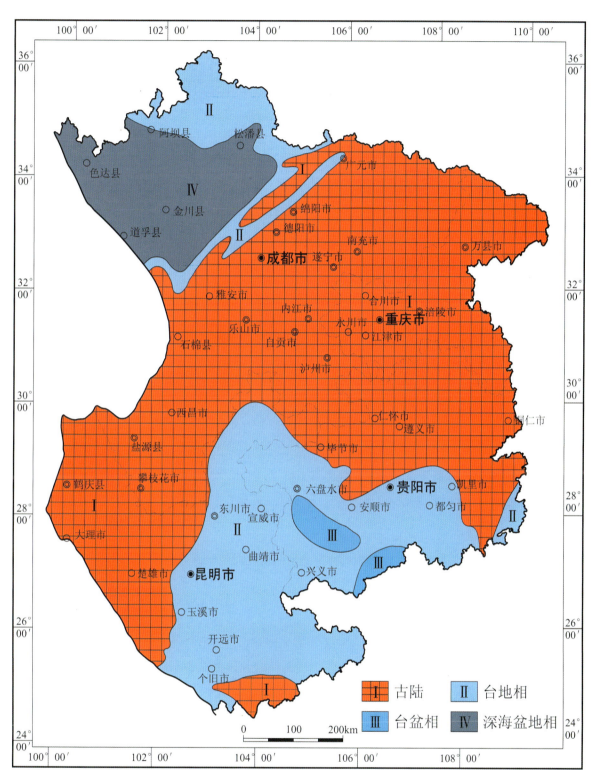

图 2-15 研究区早石炭世岩相古地理略图

(资料来源:根据《四川省区域地质志》(1991)、《云南省区域地质志》(1990)、《贵州省区域地质志》(1987)修编)

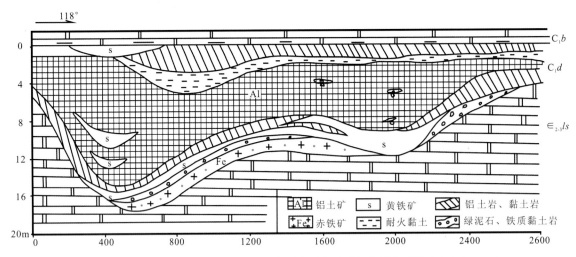

图 2-16 猫场铝土矿(红花寨矿段)矿体形态示意图(据《贵州省区域矿产志》,1992)

的大范围海侵,古陆剥蚀区缩小为岛链和孤岛,如大巴山、米仓山、龙门山、石棉-西昌岛链,滇中古陆,牛首山陆岛、越北陆岛、黔中陆岛等,原大块陆区转为滨岸沼泽相,内含诸多淡化潟湖,沉积了 Al、Fe、S 等矿产(图 2-18)。

晚二叠世龙潭期,东吴运动上扬子大部上升为陆,康滇古陆急剧抬升,海水向东退却,海域范围缩小。四川九龙一带发生裂陷槽,造成广泛的玄武岩浆溢流。晚二叠世乐平早期为大规模的陆相玄武岩浆喷发溢流,形成广泛分布但厚薄不一的岩被。

二叠纪地层中主要赋存有热液型金属矿产金、铅锌、铜等,往往与二叠纪火山活动有关。沉积型矿产以铝土矿、锰矿、铁矿、煤矿最具特色。

典型矿床 7:产于中二叠世大竹园式沉积型铝土矿——贵州大竹园大型铝土矿。

该矿床位于务川自治县北部,分布在该县濯水镇、砚山镇、泥高乡和分水乡辖地内,矿区面积 31.25km²(E107°49′45″—107°53′45″,N28°51′15″—28°54′00″)。2006—2007 年贵州省地质矿产开发局 106 地质大队完成详查工作,矿床规模为大型。

大地构造位于扬子陆块南部被动边缘褶冲带之凤冈南北向褶皱区,属稳定的陆块区。

含矿层为大竹园组(P_2d):系区内铝土矿赋存层位,习惯称作铝土矿含矿岩系。下部为灰色、灰绿色、紫红色黏土岩,黄铁矿黏土岩及绿泥石黏土岩和绿泥石岩,偶夹赤铁矿或菱铁矿透镜体、扁豆体和结核;中上部为灰色、黄灰色半土状铝土矿,碎屑状铝土矿,铝土岩,偶见灰色鲕状铝土矿、灰绿色绿泥石铝土矿及灰色致密状铝土岩、黏土岩等。黏土矿物主要为伊利石。总厚 0.78~13.2m,据岩性组合特征大致归纳为黏土岩-铝土矿型、黏土岩-铝土岩型和黏土岩型 3 种剖面类型。大竹园组与下伏韩家店组(S_1hj)页岩或上石炭统黄龙组灰岩呈假整合接触。与上覆地层中二叠统梁山组(P_2l)页岩或栖霞组(P_2q)灰岩呈假整合接触。

大竹园铝土矿区地质构造较为简单,为两翼不对称的平缓向斜(图 2-19),断裂构造很不发育。矿区内主体褶皱是栗园向斜。总体为一个东缓西陡的不对称向斜。矿体产于栗园向斜北段两翼上石炭统大竹园组含铝岩系中上部,为一呈层状、似层状产出的连续矿体,产状与地层产状基本一致,南东翼倾向由北往南从 220°逐渐过渡为 332°,北西翼走向为 55°~80°。以向斜轴为界,将矿区分为Ⅰ号矿体、Ⅱ号矿体。矿体在倾向上变化特征较走向上明显,越往深部 Al_2O_3 含量呈逐渐降低、A/S 逐渐减小的变化趋势。

矿石矿物成分以一水硬铝石为主,其次为高岭石、伊利石和绿泥石等。矿石化学成分:Al_2O_3

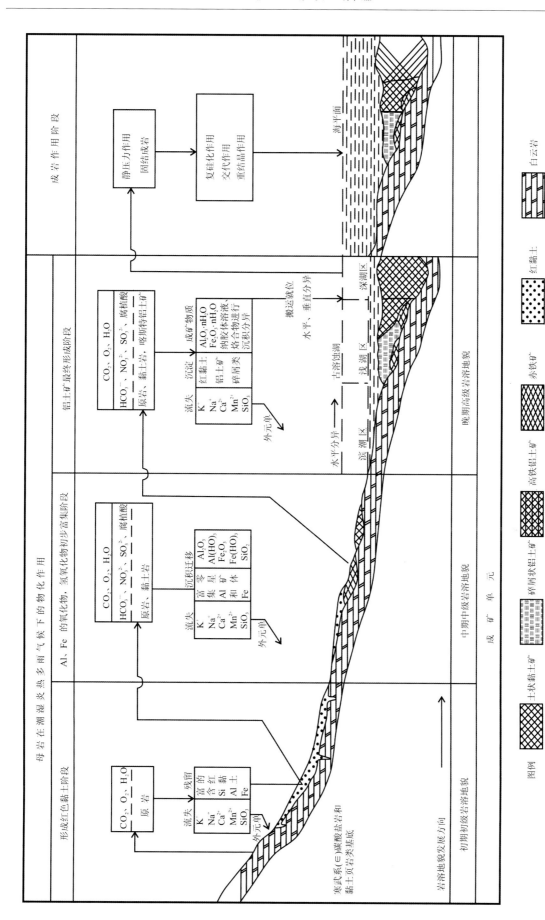

图 2-17　猫场式铝土矿成矿模式图（据《贵州省资源潜力评价成果报告》，2011）

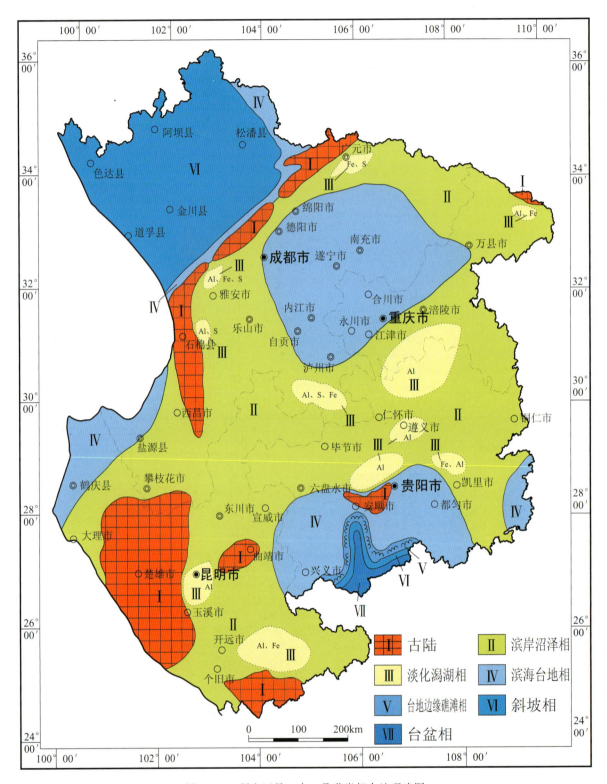

图 2-18 研究区早—中二叠世岩相古地理略图

(资料来源：根据《四川省区域地质志》(1991)、《云南省区域地质志》(1990)、《贵州省区域地质志》(1987)修编)

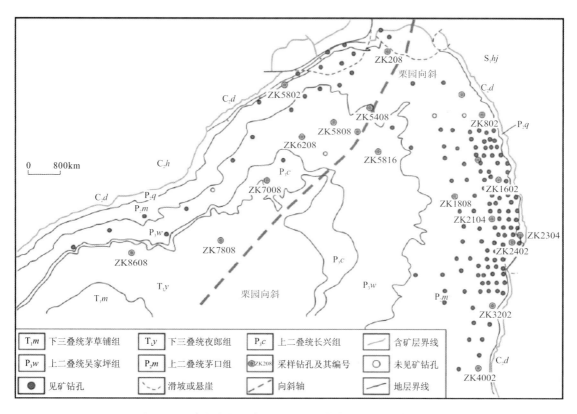

图 2-19 贵州大竹园大型铝土矿地质简图(李沛刚等,2012)

42.57%~81.17%,平均 66.16%;SiO_2 平均 9.50%;Fe_2O_3 平均 4.89%;TS 平均 0.48%;TiO_2 平均 2.55%。铝土矿矿石结构有碎屑结构、豆鲕结构、粉晶结构和泥晶结构等,矿石构造有块状构造、半土状构造和致密状构造。

成矿过程及成矿模式(图 2-20):志留纪末和泥盆纪初发生的加里东运动,使黔中-黔北-渝南广大地域隆起为陆,为隆起区的中二叠世早期铝土矿含矿岩系沉积提供了重要的区域构造背景。晚泥盆世末至早石炭世中、晚期的紫云运动期间,区域地壳发生了向南的漂移,古地磁测定表明遵义—道真一带为北纬8°12′,处于靠近赤道的湿热气候区,与现代对比,其年均气温为20~26℃,年降水量为1000~3000mm,且雨季和旱季相互交替,在这种气候条件下,为区内岩石红土化风化及三水铝石铝土矿的形成提供了重要的成矿地质背景。中二叠世早期海侵之前,在湿热气候条件下,韩家店组黏土岩、页岩经原地化学风化形成富铝(三水铝石)的红土型化风化壳(铝土矿成矿母质),并大致同时达到准平原化。为嗣后铝土矿的形成提供了有利的基底地貌。中二叠世早期的海侵之后,残留在高地的富三水铝石红土型风化壳于马平期被地表径流冲刷、搬运、沉积-堆积在附近的滨海沼泽或湖沼中。在成岩过程中,由于黄龙组基底排水通畅,杂质随水带走;以韩家店组黏土岩、页岩为基底者排水不畅,保留杂质较多,局部形成透镜状绿泥石铁矿、硫铁矿或层状黄铁矿黏土岩及富铁的绿泥石黏土岩。从铝土矿含矿岩系形成并被上覆地层覆盖,一直到喜马拉雅期,主要经历了成岩作用和变质作用,铝土矿中三水铝石变成一水铝石,泥炭、腐泥变成无烟煤。喜马拉雅运动以来,地壳不断抬升,部分含矿岩系暴露于地表或近地表,在氧化条件下,一些高硫、高铁铝土矿发生了变化,形成低铁低硫铝土矿,而在地下深处,特别是潜水面以下仍多为高硫型铝土矿。

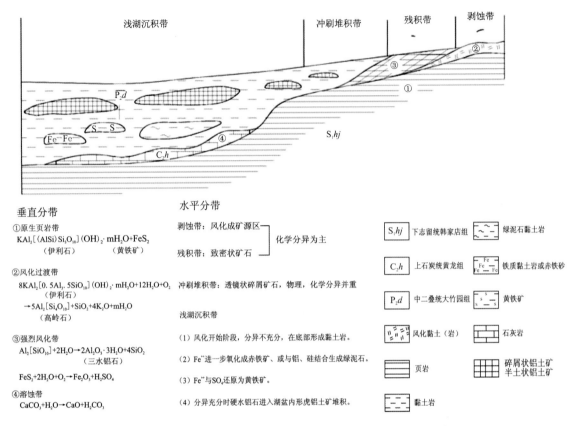

图 2-20 大竹园式铝土矿成矿模式图(据《贵州省资源潜力评价成果报告》,2011)

典型矿床 8:产于中二叠世茅口组中遵义式海相沉积型锰矿——贵州铜锣井大型锰矿。

该矿床位于遵义市南东铜锣井,距遵义市 6km(E106°55′27″,N27°37′38″)。

大地构造为上扬子古陆块之扬子陆块南部被动边缘褶冲带的凤冈滑脱褶皱带、毕节前陆褶皱带、黔中隆起 3 个构造单元,属稳定的陆块区。

与成矿有关的地层为上二叠统龙潭组。碳酸锰矿层产在龙潭组下段黏土岩中,其含矿层厚度受茅口组顶面喀斯特岩溶面起伏控制。该套沉积物总体是处在海退体系潮坪环境中的产物,为泥质-硅质岩建造。

矿区主体构造为铜锣井背斜。背斜轴向呈北东至过东西向,北西翼陡立,南翼平缓,向南西倾没,轴部出露上寒武统娄山关组,两翼地层出露完整。北西翼控制黄土坎、铜锣井、石榴沟矿段;南翼控制长沟、沙坝、深溪沟矿段的展布(图 2-21)。

矿层为一大透镜体,自中心部位向四周矿体变薄,品位变贫,矿体间隔增大,并由碳酸锰矿带过渡为锰铁矿混合带→含锰铁黏土岩相带→黏土岩相带。锰矿床共有两层矿:上矿层为铁锰矿或锰铁矿层,无工业意义;下矿层为主矿层,从上至下为砾状、条带状、块状碳酸锰矿层。

主矿体产状稳定,与围岩一致,呈似层状,走向总长为 6200m,倾向平均宽 320～800m,以 10 线最宽达 1100m,矿体厚 0.53～6.69m,平均 1.79～2.00m。主矿体的产状在各矿段有差异,南翼沙坝、长沟等矿段倾向南;北西翼铜锣井、黄土坎等矿段倾向北西或南东,受褶皱产状控制。矿体倾角变化较大,通常浅部陡、深部缓,北西翼陡、南翼缓(图 2-22)。主矿体厚度变化系数为 31%～54.81%,矿体厚度与含矿岩系中黏土质岩相关,当含矿黏土岩厚 3～5m 时,矿层厚度稳定在 2m,当黏土岩厚度大于 5m 或小于 3m 时,矿体厚度变化大。

矿石中具有氧化锰矿石和碳酸锰矿石两种自然类型。主矿体矿石以钙菱锰矿为主,其含量占锰碳

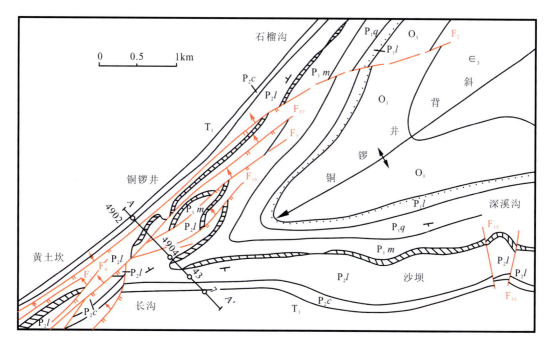

图 2-21 遵义锰矿铜锣井矿区地质图

T_1.下三叠统；P_2c.上二叠统长兴组；P_2l.上二叠统龙潭组；P_1q.下二叠统栖霞组；P_1m.下二叠统茅口组；P_1l.下二叠统梁山组；O_1.下奥陶统；$\in_3$.上寒武统

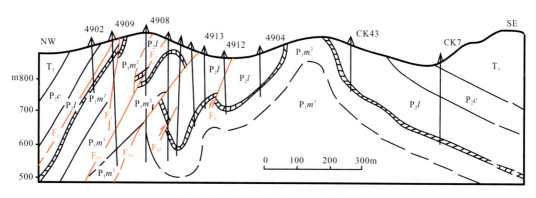

图 2-22 铜锣井矿区 A—A' 剖面图

T_1.下三叠统；P_2c.上二叠统长兴组；P_2l.上二叠统龙潭组；P_1m^2.下二叠统茅口组二段（白泥塘层）；P_1m^1.下二叠统茅口组一段

酸盐矿物总量的 82%～83%。锰矿石平均品位为 Mn 20.40%，属高硫高铁高造渣组的低磷低硅碳酸盐贫锰矿石。

成矿作用及过程（图 2-23）：扬子准地台西部中二叠世茅口晚期是峨眉山地幔热柱强烈活动时期，地幔柱的托升作用（何斌等，2005），引起区内早已存在的贵阳深断裂、紫云-垭都深断裂活动，由于地壳不均衡裂陷（拉张和同沉积断裂的影响），在碳酸盐台地的基础上发生了分异，形成了一条自云南，经贵州水城、纳雍、黔西到遵义的北东向黔中台沟（陈文一等，2003），该台沟水深较大（>60m），发育了一套与浅海盆地相区岩性、生物群十分相似的沉积，而台沟两侧为浅水半局性台地，水深小于 10m。东吴运动是较强烈的造陆运动，使区内早二叠世晚期沉积的以碳酸盐岩为主的地层遭受较长时期的剥蚀，形成广阔的准平原。晚二叠世初期的海水就侵入到这个准平原上。矿区即处于川滇古陆东侧的滨海台坪环境中(《中华人民共和国石油地质图册》,1978)。发育有紫云-垭都深断裂和纳雍-瓮安深断裂、盘县-师宗深断裂等,这些断裂影响该区火山活动、沉积作用、成矿作用和矿产分布(陶平等,2005)。

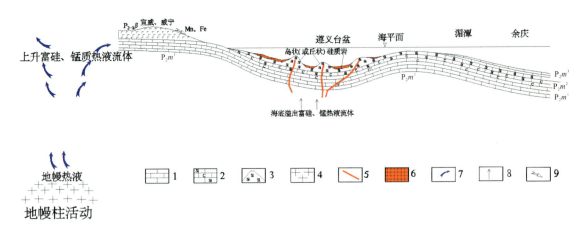

图 2-23 滇黔地区晚中二叠世晚期遵义式/格学式锰矿成矿模式图(据《贵州省资源潜力评价成果报告》,2011)
1.石灰岩;2.碳质硅质灰岩;3.岛状(或丘状)硅质岩;4.超基性岩;5.次级断裂;6.菱锰矿;
7.地幔热液喷溢方向;8.海底喷发热液溢方向;9.地表 Mn、Fe 质运移方向

第九节 三叠纪

三叠纪早期,本区中东部为上扬子陆表海,北西部为特提斯洋北支的一部分。中三叠世时,由于雪峰古陆的扩大和升起,形成东高西低的地势,沉积中心迁移至四川盆地西部,逐渐形成封闭-半封闭海湾环境,咸化程度逐渐增大,川中一带广布石膏及钠盐层(图 2-24)。晚三叠世,盆地海水萎缩,为重要的成煤期,从东向西沉积物由细变粗直至出现巨厚砾岩层,成煤期也渐次变晚,在纵向上,由潮坪—浅海(咸化海湾)—潮坪—陆相呈一完整的沉积旋回。在川西高原,三叠系属地槽型建造。从东向西,从冒地槽过渡到优地槽型沉积。

晚三叠世末期,受印支运动的影响,地壳整体抬升,海水全面退出,绝大部分地区形成古陆,在陆内形成众多的湖泊相、沼泽相及河流相沉积。西部印支地槽强烈褶皱回返,从此结束了海相沉积的历史,也结束了华夏古陆自晚古生代以来北陆南海的大格局。

三叠系出露广泛、发育齐全,赋存着丰富多样的矿产。在扬子西北缘"陕甘川金三角"的三叠系赋存多种有色金属和贵金属矿产。在扬子东南缘滇黔桂地区三叠纪地层中赋存有著名的"卡林型金矿",构成了又一个"金三角"。在扬子西缘盐源-丽江地区,与喜马拉雅期斑岩有关的多金属矿也大多赋存于三叠纪地层中。在扬子南缘,有赋存于中三叠统法郎组白云岩中与燕山期酸性侵入岩有关的个旧式锡铅锌铜多金属矿——个旧大型锡矿、个旧老厂大型铅锌矿。在扬子北东缘有赋存于早三叠世碳酸盐建造中脉状铅锌矿——重庆白鹤洞中型铅锌矿。三叠纪地层中沉积型矿产也十分发育,主要有虎牙式锰矿、云南斗南式锰矿、锶矿、铝土矿等。

典型矿床 9:产于早三叠世菠茨沟组碳酸盐岩夹碎屑岩中沉积(变质)型铁锰矿——四川平武大坪虎牙中型铁锰矿。

该矿床位于平武县城 289°方位平距约 49.5km 虎牙藏族乡(E103°55′37″,N32°30′46″)。1955 年重庆地质勘探公司到川西北进行调查,11 月发现了大坪铁锰矿。

在大地构造位置上处于扬子地台西缘之松潘-甘孜地槽褶皱系巴颜喀拉冒地槽褶皱带茂汶-丹巴背

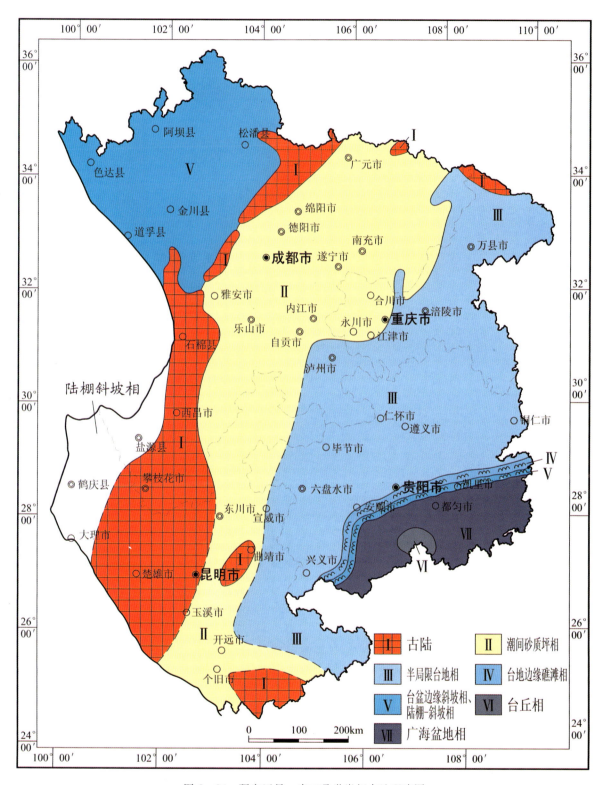

图 2-24 研究区早—中三叠世岩相古地理略图

(资料来源:根据《四川省区域地质志》(1991)、《云南省区域地质志》(1990)、《贵州省区域地质志》(1987)修编)

斜与秦岭地槽系西秦岭冒地槽褶皱带摩天岭背斜的结合部位。大坪锰矿位于大坪东西向复式背斜中。锰矿层位于二叠系—三叠系菠茨沟组上段（PTb^2）的顶部，宏观为碳酸盐岩向碎屑岩巨型海退沉积建造的转换部位沉积，主要为碳酸盐岩夹碎屑岩组成，由于褶皱作用导致本区地层层位倒转。根据矿体（层）赋存规律和矿物、岩石组合特征，可细分为上锰矿层（新）和下铁锰矿层（老）。

含矿层结构剖面（图 2-25）以实际空间位置分述如下。

顶板：为蜡白色大理岩夹浅绿色、浅灰绿色绿泥石片岩或硅化千枚岩，细粒结构、鳞片变晶结构，薄板状构造、片状构造。

铁矿层：灰黑色、青灰色、紫红色，微—细粒结构，致密块状、条带状、斑状构造。矿石含 TFe 45.37%，Mn 1.16%，厚 1.93m。属下含矿层。

锰矿层：矿石呈黑色、灰色，微—细粒结构，块状构造、条带状构造。矿石含 Mn 28.09%，TFe 10.65%，厚 0.95m。属下含矿层。

含铁绿泥石片岩：灰绿色、浅绿色绿泥石片岩，鳞片变晶结构，片状构造，含 Mn 0.78%，TFe 3.12%，厚 0.40m。属上含矿层。

锰矿层：黑色、灰色、蔷薇色等，微晶、隐晶质结构，块状、层状构造。矿石含 Mn 22.30%，TFe 6.80%，厚 0.45m。局部含铁较高，为锰矿。矿层沿走向、倾向呈透镜状，仅部分具工业意义。属上含矿层。

底板（Tz）：浅灰色、灰色绿泥石千枚岩或绢云母千枚岩，显微鳞片变晶结构，千枚状构造。

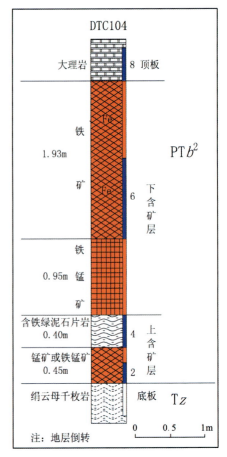

图 2-25 虎牙铁锰矿含矿层结构剖面图

锰矿体呈层状、似层状产出，层位较稳定。矿体倾向 151°～191°，倾角 14°～39°。矿体厚 0.51～1.82m，平均厚 0.69m，变化系数 35.22%。TFe＋Mn 25.32%～44.23%，平均 34.04%，变化系数 13.34%，其中 Mn 的含量一般为 15.22%～29.38%，平均 20.92%；有害元素 P 0.111%～1.186%，平均 0.471%；SiO_2 14.73%～38.21%，平均 26.44%。按矿石矿物组合及矿石类型不同分为锰矿石、铁矿石。

成矿模式：在靠近摩天岭古陆近缘的虎牙海槽浅海陆棚过渡带的低洼区富氧，水介质为弱酸—弱碱性，水循环通畅，但环境比较安静，位于浪基面附近。在古陆（摩天岭古陆、龙门山岛链）风化剥蚀提供铁、锰来源的条件下形成以赤铁矿为主的高磷贫锰矿、铁锰矿层，在距古陆较远的半封闭黑水浅海陆棚相区缺氧，水介质为弱碱—碱性，属滞流环境，位于浪基面以下，主要由周期性远源火山（喷气）提供锰质来源，龙门山古岛风化剥蚀也补给一定锰质，形成高硅富铝低磷铁锰矿层（图 2-26）。

第十节 侏罗纪—第四纪

晚三叠世末的印支运动，使西部褶皱成山，缺失侏罗系。由于稳定的龙门山-康滇古陆的存在，这一运动对东部影响较小，但须家河期已形成的冲积盆地周边山系进一步抬升。此时，气候转变为炎热、干旱。四川东部侏罗纪到第三纪的大型红色内陆盆地便在这种古构造和古气候背景下发展起来。汉源—昭觉一带可能存在相对隆起，造成东、西部的沉积时有差异。东部习惯称作四川（湖）盆地，西部习惯称

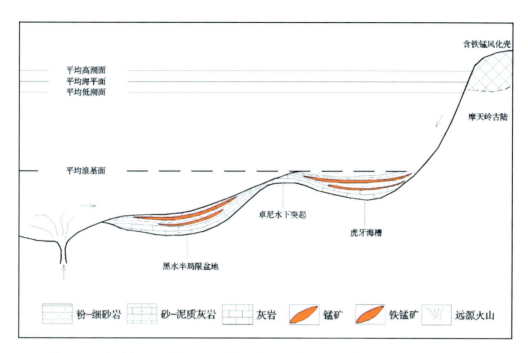

图 2-26 虎牙式沉积型铁锰矿区域成矿模式图（据《四川省潜力评价成果报告》，2011）

作攀枝花（湖）盆地。四川（湖）盆地侏罗系十分发育、层序完整。除广元—万源地区的白田坝组前人称"黑侏罗系"外，其余皆为"红侏罗系"，均属不变质的河湖碎屑岩及泥质岩相地层，厚1500～3500m。整合、假整合、不整合于三叠系之上。含铜、膨润土、煤、铁等矿产。四川的白垩系，除上白垩统灌口组及小坝组局部层段为含海生有孔虫生物相的地层外，其余皆为陆相红色地层。沉积环境主要为河湖环境，局部为山麓冲积扇及风成沙漠环境。白垩纪末的燕山运动表现不甚明显，仅表现为升降运动，只造成沉积盆地的扩大、缩小和转移。早侏罗世至早白垩世早期，在贵州主要为紫红色碎屑沉积，属大型内陆河湖相的产物。早白垩世晚期直至整个新生代，仅有孤立分散的粗碎屑沉积，主要为小型内陆河湖相。云南白垩纪地层集中分布在滇中盆地，有较好的沉积型铜矿，是含铜砂岩的主要赋存层位。由西部的滇西古陆、北部的玉龙山古陆、东部的牛头山古陆及中部哀牢山古陆等围绕构成的滇西及滇东两大内陆沉积盆地，盆地内局部具成煤条件，古气候及沉积环境为炎热半干燥、半氧化环境。

第三系为陆相断陷盆地和山间盆地沉积。第四系分布十分广泛、成因类型众多，冰川、冰川堆积物发育。

这一时期地层中赋存矿产以沉积型铁矿、铜矿、铝土矿及砂矿为主，如产于下侏罗统珍珠冲组綦江段砂岩中重庆綦江县新盛-土台中型铁矿，产于上白垩统小坝组砂砾岩中的四川会理县大铜厂小型铜矿等。

第三章 上扬子北缘大巴山-米仓山地区地史演化与成矿

第一节 概 述

本区大地构造上位于Ⅲ扬子陆块区-Ⅲ₁上扬子陆块-米仓山-Ⅲ₁₋₂大巴山基底逆冲带。地层分区为：华南地层大区（Ⅱ）的扬子地层区（Ⅱ₂）的龙门山地层分区（Ⅱ₂²）及华北地层大区（Ⅰ）的南秦岭-大别山地层区（Ⅰ₂）的迭部-旬阳地层分区（I_2^1）、十堰-随州地层分区（I_2^3）。矿产以锰矿、铁矿、磁铁矿、铬铁矿、金矿、铅锌矿等为特点。

在其东段之城巴地区，以城口至房县深断裂为界，其北侧在晚震旦世—下古生界（箭竹—北屏—黄安一线）为陆间裂谷深海槽环境，主要沉积了一套与陆间裂谷火山作用或岩浆活动有关的黑色岩系，形成了海底喷流及热水沉积有关的含贵多金属元素的巨厚岩层；断裂南侧（万源—城口一线）属稳定陆块型建造，震旦纪地层为一套浅海碳酸盐岩和碎屑岩，在陡山沱组顶部一套锰质岩建造中，赋存有"高燕式"层状菱锰矿层；灯影组上段为黑色薄层状硅质岩、块状硅质岩夹条带状灰岩、白云质灰岩及碳质页岩，有铅锌矿化异常显示。

在其西段米仓山之南江地区，元古宇火地垭群为一套碳酸盐岩夹板岩、片岩，接触交代型磁铁矿及多金属矿产多沿下部交代富集；震旦系观音崖组、灯影组，灯影组三段主要由粉晶白云岩、硅质条带纹层状白云岩及砂屑白云岩，少量藻纹层白云岩组成。为富硅质的潮坪-潟湖相碳酸盐岩沉积，该段厚约150～300m，有铅锌矿化异常，陕西马元地区铅锌矿产自该层位，此外在中泥盆统西汉水组下部碳酸盐岩中也有似层状铅锌矿产出。南江地区岩浆岩广泛分布，与成矿关系密切。侵入岩岩石类型复杂多样，基性、中性、酸性及过碱性岩均有出露，晋宁期闪长岩与"李子垭式"接触交代型磁铁矿关系密切。在该带西延部分之中泥盆统三河口组（D_2s）的浅变质岩系中产出有微细浸染型阳山式金矿。在北秦岭构造带的南部边缘部位基性—超基性岩体中产出有岩浆岩型铬铁矿。

第二节 主要矿床类型及典型矿床

本区处于较稳定的扬子陆块与活动性强的秦祁昆造山系分界上，向陆块一侧为四川盆地中生代—新生代红层盆地，主要矿床类型及典型矿床有沉积型锰矿（高燕式锰矿）、接触交代型磁铁矿（李子垭式磁铁矿）、岩浆岩型铬铁矿（松树沟铬铁矿）、微细浸染型金矿（阳山金矿）、热液型铅锌矿（马元式铅锌矿）等。除沉积型矿产已在第二章中阐述外，现将主要的典型矿床地质特征阐述如下。

典型矿床 10：以中元古代麻窝子组为变质碳酸盐岩围岩的与中元古代晋宁期基性—中性岩浆岩有关的李子垭式接触交代型磁铁矿——南江李子垭中型磁铁矿。

1. 地理位置

李子垭铁矿位于四川省南江县，地理坐标：E106°54′30″，N32°33′24″。

2. 区域地质

该矿床位于米仓山基底逆冲带之南江-旺苍褶皱带，区内主体构造线为北东东向。区域构造有官坝-水磨大断裂，位于旺苍以北，呈北东东向延伸，长80余千米，该断裂对中元古代沉积有明显的控制作用。

区内地层除泥盆系、石炭系、白垩系完全缺失外，其余地层均有存在。最老出露太古宇—古元古界后河岩群汪家坪岩组和河口岩组，元古宇火地垭群上两组和麻窝子组。含矿地层主要为中元古界麻窝子组为变质碳酸盐岩（大理岩、白云岩）间夹少量变质碎屑岩和火山碎屑岩，区域内已知接触交代型铁矿（点）以产出在麻窝子组下部为主，次为中部和上部的变质碳酸盐地层中，是形成李子垭式铁矿的必要条件之一。

该带内褶皱基底（火地垭群）被广泛出露的晋宁期中基性岩浆岩侵入，分布着若干岩体（群）。侵入岩带的二重山岩体 Rb-Sr 法同位素测年为 870Ma，官坝岩体 K-Ar 法同位素测年为 976.7Ma，在南江庙垭的石英闪长岩 U-Pb 法同位素测年为 956Ma；此外，在南江椿树坪 K-Ar 法同位素测年为 1065Ma。这些资料可大致反映成岩成矿时代均为中元古代。

3. 矿床地质

地质特征：李子垭矿区位于庙坪-尖山背斜南翼，铁矿赋存于贾家寨闪长岩北东端与麻窝子组下段碳酸盐岩接触带及碳酸盐岩残留体中。晋宁期贾家山闪长岩体沿北东向断裂侵入。岩体与围岩为侵入接触，接触带和顶盖残留体热变质现象明显，形成的蚀变带，接触交代作用在局部形成矽卡岩，围岩一侧主要是透辉石化、石榴石化，岩体一侧主要为钠化，在接触带和顶盖残留体形成与岩体有关的热液矿化。

矿体特征：铁矿产于闪长岩体北东端与麻窝子组下段碳酸盐岩接触带及碳酸盐岩捕房体中。自北而南有3个矿带，主要矿体皆产于中矿带，即岩体北东端的捕房体中。该矿带呈东西向长达700m，由14个板柱状、囊状、透镜状矿体组成，单矿长30～60m，最长125m；厚10～30m，最厚40m，最大延深410m。矿体严格受层间裂隙控制，在平面上呈雁行排列；剖面上呈叠瓦状分布。受接触带及捕房体边界制约。目前查明主矿体长度达405m，平均厚24.28m，含铁38.06%。

金属矿物：矿石中金属矿物以磁铁矿为主，次为黄铁矿、磁黄铁矿和微量黄铜矿；脉石矿物以蛇纹石、透辉石、白云石、方解石为主，次为透闪石、阳起石、金云母、绿泥石等。

矿石结构：以半自形粒状结构为主，次为海绵陨铁和交代残余结构。常见矿石构造为条带状，次为致密浸染、致密块状和浸染状构造。

蚀变特征：常见蚀变现象于闪长岩内，有帘石化、透辉石化和钠化；围岩中有透辉石化、石榴石化、透闪石化等。

矿化特征：从成矿地质条件和矿物共生组合分析，磁铁矿有两个成矿阶段。早期为粗晶磁铁矿，解理清楚，含较多以透辉石为主的脉石矿物；晚期矿石以细晶为主，自形程度差，伴生叶蛇纹石、金云母化和硫化物。

此外，尚有热液充填型矿（化）点12处。铁矿与石英脉、钠长斑岩脉关系密切，呈脉状、透镜状产于前震旦纪变质岩及晋宁期基性或酸性岩裂隙内。矿体规模小，分布零散，一般不具工业意义。

4. 矿床规模

该矿床规模为中型。

5. 矿床成因

李子垭式铁矿赋存于元古宇火地垭君麻窝子组马家垭段白云质大理岩与晋宁期中—基性侵入岩接触带，为中—高温热液接触交代型磁铁矿床。矿体呈板柱状、囊状、透镜状。区内成矿岩体与非成矿岩体比较，碱总量和 Na_2O 含量相对偏高，区域李子垭式铁矿成矿母岩的近矿部位，均有比较明显的钠质交代作用，成为区别接触带有矿或无矿的一种重要蚀变标志。区域与成矿密切相关的构造是控制成矿岩浆岩的构造，控制了区域成矿岩浆岩的分布，亦控制了李子垭式铁矿的形成与分布，是区域成矿要素中的必要要素之一。区域蚀变带是麻窝子组碳酸盐地层与晋宁二期中—基性岩接触处形成的蚀变带，围岩一侧主要是透辉石化、石榴石化，岩体一侧主要为钠化，是李子垭式铁矿形成的重要要素。总结其成矿作用有：一是与晋宁一期基性杂岩直接有关的岩浆分异型钒、钛磁铁矿，二是与晋宁二期中偏基性岩浆热液有关的李子垭式铁矿（图 3-1）。

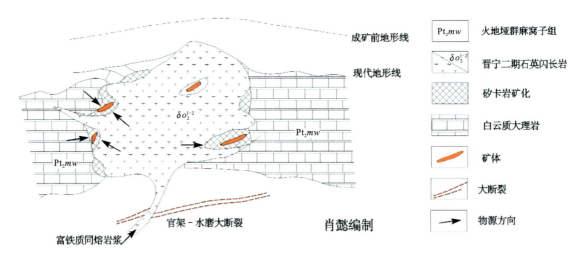

图 3-1 李子垭式铁矿体成矿模式图（据《四川省潜力评价成果报告》，2011）

典型矿床 11：产于晚震旦世灯影组碳酸盐岩中似层状热液型铅锌矿——陕西南郑马元铅锌矿。

1. 地理位置

马元铅锌矿位于陕西省南郑县碑坝穹隆东南部（图 3-2）。

2. 区域地质

碑坝穹隆位于上扬子地块北缘，汉南古陆南侧，地处米仓山大型复式背斜东段，东临大巴山前陆构造带。碑坝穹隆核部由前震旦纪火地垭群变质岩系和晋宁—澄江期侵入杂岩体构成，震旦系灯影组—中三叠统沉积盖层围绕穹隆核部呈环形分布，总体上表现为一大型穹隆构造。穹隆核部及周缘盖层中发育多组北东-南西向断裂，有的断裂只发育于穹隆核部，有的切穿基底并延伸至寒武纪盖层（图 3-2），表明该组断裂形成于灯影组沉积之前，或在后期地壳运动过程中继续活动（陈宝赟等，2014）。

3. 矿床地质

含矿地层上震旦统灯影组与下伏火地垭群变质杂岩体呈角度不整合或断层接触，与上覆下寒武统

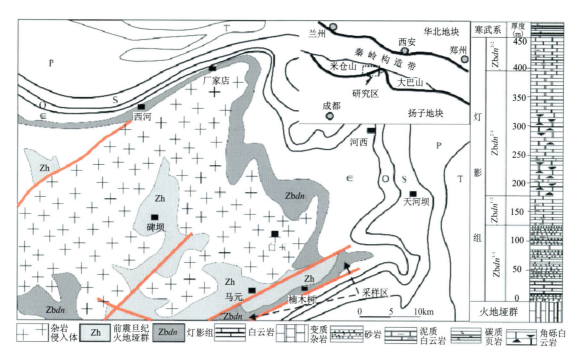

图 3-2　马元铅锌矿区域构造及地层分布简图(陈宝赟等,2009)

郭家坝组碳质页岩呈平行不整合接触。马元地区碑坝穹隆构造周缘上震旦统灯影组上段第二岩性层中已圈出铅锌含矿构造带长度达60km以上,呈向西开口的马蹄形,按所处位置分南、东、北3个矿带。铅锌矿受地壳上升和穹隆基底隆起造成的角砾状、裂隙状的岩石和放射状横向断裂组成的容矿构造带控制。矿化连续性较好,在整个容矿构造带中基本都有铅锌矿化现象,特别是在构造角砾岩中铅锌矿化较强。反映成矿具有明显的层位和构造双重因素控制的特点。经工程控制,圈出铅锌矿共40多条。矿体呈似层状、透镜状顺构造带产出。矿体在空间上往往有膨大收缩、分支复合、尖灭再现现象,在含矿构造带较宽的地段可出现几条矿体平行产出的情况,矿体之外一般为小于边界品位的矿化体(图3-3)。

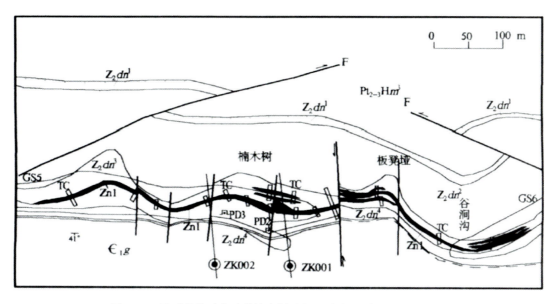

图 3-3　马元铅锌矿南矿带楠木树矿段地质略图(陈宝赟等,2009)

含矿构造带的发育程度与矿化强度成正相关,破碎程度越高,铅锌品位越高,特别在构造角砾岩带与放射状横向断裂交会部位往往形成厚大富矿体。例如楠木树矿段在横向小断层与构造角砾岩带交会处矿体厚度较大品位较富。

矿化主要以胶结物的形式充填在构造角砾岩的角砾之间和以网状脉的形式充填在碎裂岩石的裂隙之中,形成角砾状矿石和网脉状矿石两种主要矿石类型,局部可见斑点状、团斑状矿石。具有明显的后生充填成矿特征。网脉状矿石位于角砾状矿石两侧,矿体与围岩之间是渐变过渡的,没有明显的界线,位于含矿带中心部位的角砾状矿石品位较高,位于矿体边部的网脉状矿石品位较低,再向外则过渡到围岩。角砾状矿石的角砾成分与其围岩成分一致,以白云岩为主,以硅质白云岩、藻白云岩为次,除藻白云岩角砾中有栉壳状铅锌矿化外,白云岩和硅质白云岩角砾本身无矿化,无明显蚀变,仅在孔溪沟见有部分角砾边缘存在很薄的暗色热反应边(牛眼睛)。胶结物成分有白云石、闪锌矿、方铅矿、重晶石、石英、沥青,及少量黄铁矿、萤石等。

铅锌多呈中粗粒半自型晶状,方铅矿、闪锌矿和沥青可见相互镶嵌、相互包裹的现象,沥青呈乳滴状浑圆体,重晶石呈脉状。网脉状矿化的矿物一般呈深色细晶—隐晶质状,其成分、形态不易观察,网脉周围的白云岩亦无矿化,无明显蚀变。

4. 成矿模式

王党国等(2009)提出了马元铅锌矿床的成矿模式:晚震旦世灯影期,在浅表陆缘碳酸盐台坪下方基底内通过基底断裂及裂隙通道产生的海水循环系统不断地萃取并吸收了基底杂岩中的Pb、Zn等有用组分,运移到台坪相被藻类吸附富集,这是区内铅锌矿的初步富集。灯影世末期,基底隆起产生灯影组的容矿构造系统,同时台地中的"卤水"进入构造带与灯影组成岩压实水等形成构造热卤水,并活化、迁移吸附在藻屑白云岩中的铅锌等成分形成含矿热液,在构造角砾岩带和放射状横向小断层组成的构造带中充填进一步富集成矿,部分有机质造成了广泛的沥青化现象(图3-4)。另外,胡鹏等(2014)依据马元铅锌矿床闪锌矿分散元素In-Ge含量特征,结合矿床地质与地球化学特征,认为该矿床属于密西西比河谷型铅锌矿床。

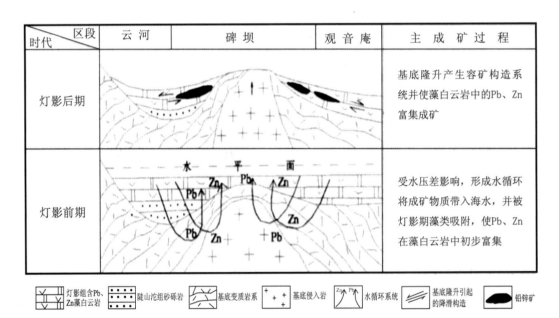

图3-4 马元铅锌矿成矿模式示意图(王党国等,2009)

第三节 区域地史演化与成矿

扬子北缘地区地处特提斯-喜马拉雅构造域,北邻秦岭造山带,西邻松潘-甘孜造山带,中部涉及大巴山-米仓山-龙门山推覆构造带。前人研究结果表明扬子克拉通具有太古宙太华群和(古元古代?)秦岭群结晶老基底(霍福臣,李永军,1996);华北克拉通具有太古宙鱼洞子群基底[Sm - Nd 年龄(2688±100)Ma,$MSWD=3.62,2\sigma$;张宗清等,2001]。Zhang Benren 等(1994)研究认为扬子克拉通和华北克拉通的太古宙老基底有着截然不同的地球化学特征,表现在 Mg、Al、Ti、V、Mo、Cu、REE 等元素的差异上,暗示这两个克拉通在早期可能有着独立不同的演化过程。本项目组通过分析、总结前人大量的研究成果,系统构建了华北板块—北秦岭—南秦岭—大巴山—米仓山一带(南北向)的地史演化与成矿作用模式分为构造基底的形成、被动大陆边缘及碰撞造山 3 个不同的演化阶段。

1. 古元古代中期(Pt_1^2)

大约在古元古代中期,有着上述基底的秦岭统一原始超大陆开始裂解,内部开始形成一系列的断陷盆地(Gao et al,1996,张国伟等,1996;李文全等,2001;霍福臣,李永军,1996;冯益民等,2002;姚书振等,2002)[图 3 - 5(a)]。近年来,不少观点认为古秦岭裂解的起始时限可能与全球哥伦比亚超大陆(Columbia supercontinent)的裂解时限相一致,后者被认为形成于中元古代早期(Pt_2^1,1.6Ga)。

2. 古元古代晚期(Pt_1^3)—中元古代早中期(Pt_2^{1-2})

区内裂解持续,可能持续到中元古代早中期(Pt_2^{1-2}),断陷盆地最终发育成洋盆。区内形成三大构造单元,即两陆(华北古陆、华南古陆)一洋(古秦祁昆洋)(Gao et al,1996;张国伟等,1996;李文全等,2001;霍福臣,李永军,1996;冯益民等,2002;姚书振等,2002)[图 3 - 5(b)]。华北和华南被动古陆边缘在太古宙鱼洞子群(Ar)和古元古代(Pt_1)早期秦岭群老基底(霍福臣,李永军,1996;冯益民等,2002)上面,接受了一套复理石相沉积,由深至浅分别沉积了一套泥质岩、粉砂岩、砂岩和碳酸盐岩[图 3 - 5(b)]。

据陶洪祥等(1993)研究,南秦岭碧口一带的蓟县系—青白口系(Pt_2^2—Pt_3^1)属洋盆沉积建造,其组合构成沟-弧-盆体系。区内火山岩属大洋拉斑玄武岩和岛弧玄武岩。碧口之西的毛衣沟一带与之相当的层位中,有蛇绿岩套分布(毛裕年,1990)。对祁连-北秦岭分区的陇山群(宽坪群)也有洋盆沉积之倾向性认识,至少存在洋盆-陆盆过渡组合,可能属弧后盆地沉积。依据上述证据,他们认为中新元古代秦岭存在洋盆的可能性很大。Gao Shan 等(1996)同样认为在华南和北秦岭带发现的古—中元古代的双峰式碱性火山岩[图 3 - 5(a)、(b)]和硬砂岩。均为洋盆存在的重要证据。

在上述 1—2 阶段持续漫长的大伸展构造背景下,秦岭造山带—扬子板块北缘一带以裂谷与小洋盆兼杂并存为特色,大量的幔源物质以壳幔相互作用的底侵作用和扩张裂谷喷发方式垂向涌入地壳,导致海底火山及岩浆侵入活动非常强烈,形成秦岭地区广泛分布的(碧口群)双峰火山岩系[图 3 - 5(a)、(b)]和壳下基性岩浆的板底垫托作用,使地壳明显垂向加积增厚;同时形成多陆块裂谷与多个小洋盆并存共生的复杂构造古地理格局(张国伟等,2001;姚书振等,2002)。

本阶段带内发育了与上述双峰式火山作用相关的,以 Cu、Pb、Zn、Au、Ag 等多金属为主的一套与海底火山喷流沉积(VMS)成矿系统(姚书振等,2002;朱赖民等,2008)[图 3 - 5(a)]。姚书振等(2002)提出,秦岭元古宙以伸展体制为主,局部发育块体汇聚、板块裂解与拼合并存,既发育与裂谷-洋盆扩张有关的成矿亚系统,又发育块体汇聚过程产生的成矿亚系统。其中,前者主要产于裂谷-小洋盆环境的海相火山岩地层中,发育了与海底火山活动相关的热水喷流沉积成矿作用,形成以 Cu、Pb、Zn 等多金属为主的喷流沉积矿床系列。如南秦岭碧口群海相细碧-角斑岩系筏子坝铜矿、阳坝铜矿坡铜(钴)矿床、

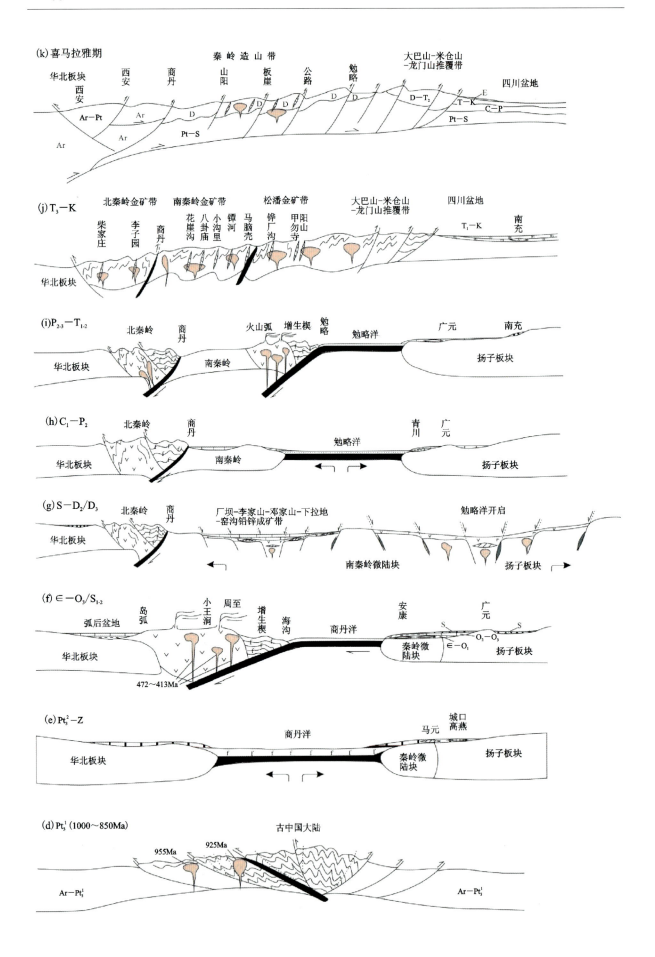

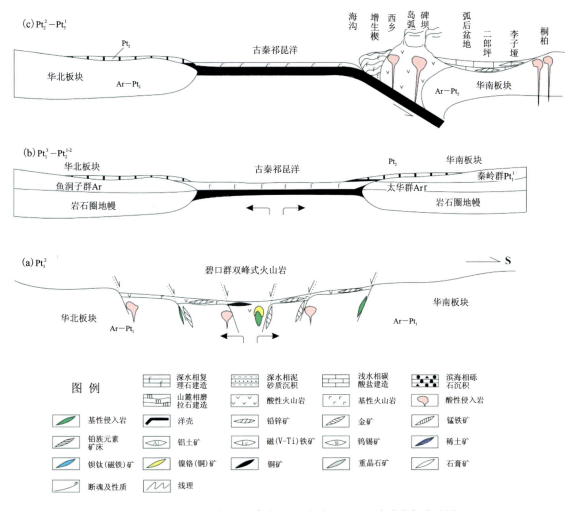

图 3-5 上扬子北缘大巴山-米仓山地区地史演化与成矿图

大茅坪铜矿和银厂沟铅锌矿,武当山群变火山岩中的银洞沟 Pb-Zn-Au-Ag 矿床,北秦岭宽坪群火山岩中的商州龙庙 Pb-Zn 矿床等。同时发育了海底扩张过程中形成的与超基性岩有关的铬、镍等岩浆矿床系列,如发育在北秦岭商丹蛇绿混杂构造带中的松树沟铬铁矿和南秦岭煎茶岭超基性岩体中的镍矿、峡口驿-黑木林超基性岩带的小型铬铁矿点等。

当然,关于古秦祁昆洋形成的具体时限,包括碧口群双峰式火山岩的时代归属,目前尚未有精确的年代学证据,究竟是形成于中元古代以前还是形成于中新元古代,尚需做更进一步的年代学研究工作。

3. 中元古代中期(Pt_2^2)—新元古代早期(Pt_3^1)

上面的伸展构造大约持续到中元古代中期(Pt_2^2),古秦祁昆洋开始由北至南斜向俯冲(Zhang Ben-ren et al,1994;Gao Shan et al,1996;霍福臣,李永军,1996;王涛等,2005)[图 3-5(c)],在华南古陆弧后盆地及华北板块被动陆缘形成碳酸盐台地相沉积。在华南活动大陆边缘形成了消减环境下的一套岛弧岩浆系统[图 3-5(c)]及与岛弧构造岩浆作用有关的成矿系统(姚书振等,2002)。

该成矿作用的特点,可细分为与岛弧火山热液活动有关的成矿系列以及和侵入岩浆热液有关的成矿系列。前者以发育在碧口变安山岩-流纹岩(豆坝群)中的黑矿型矿床系列为代表,如略阳东沟坝 Pb-Zn-Ag-Au-重晶石矿床、二里坝硫铁矿等矿床,以及与该古岛弧基底变质岩系变质作用有关的石墨矿成矿系列。后者以铜厂岩浆热液 Cu-Fe 矿床及南江麻窝子组马家垭段白云质大理岩与晋宁期中—

基性侵入岩接触带中李子垭接触交代型磁铁矿为代表[图3-5(c)],成矿分别受及岛弧火山作用有关的喷流沉积过程和与侵入岩浆活动有关的热液成矿过程控制。与上面1—2阶段共同构成了从裂谷-洋盆到岛弧带比较完整的盆-弧成矿系统(姚书振等,2002)。

4. 新元古代早期(Pt_3^1:1000～850Ma)

在新元古代初期,古秦祁昆洋俯冲结束,洋片消失,两个大陆在晋宁期对接关闭,古中国统一大陆形成(霍福臣,李永军,1996;王涛等,2005;肖力等,2009);区内开始碰撞造山,形成了一套造山期的岩浆系统[图3-5(d)];并开始大面积缺失该时代的沉积记录。在扬子北缘一带(如城巴地区)广泛出露的南华纪(<780Ma)砾岩、含砾砂岩则是该事件的有力证据。

虽然秦岭造山带内显生宙时期造山活动信息非常强烈,但仍然保留一些先前元古宙(晋宁期)构造热事件的信息(李曙光,1991;杨巍然等,1991;游振东等,1991;张宗清等,1994,1997;王涛等,1998;姜常义等,1998;裴先治等,1999),即区内很可能存在新元古代碰撞造山带的残迹(王涛等,2002;Wang Tao et al,2003)。霍福臣和李永军(1996)认为南秦岭东侧地区出露上述的南华纪南沱组砾岩、含砾砂岩代表晋宁运动后的磨拉石建造。西秦岭地区由于断裂破坏,造成该套地层的缺失。但其上覆地层与东秦岭及扬子地区同套地层可逐一对比,据此推断西侧的南秦岭也有莲沱组磨拉石建造的沉积史。北秦岭的晚震旦世—早古生代地层的变质和变形明显弱于下伏的陇山群等。罗圈组不整合于与研究区相邻的东秦岭北淮阳地区中元古代地层之上,表明两者间曾发生重要的构造运动。这些证据均指示了区内存在着强烈的晋宁期造山事件。

王涛等(2005)测定了带内岩浆岩的锆石U-Pb年龄分别为(955±13)～(929±25)Ma[图3-5(d)]。并通过以岩体为区域应变标志体的应变分解,证明该时期发生过强烈的区域变形,可以代表陆壳开始碰撞(至少是早期阶段)的时限。他们还通过对上述岩浆岩的物质组成,特别是Sr、Nd同位素地球化学组成及变形改造等多方面的综合分析,进一步证明两者均形成于同碰撞环境。

这些年代学及同位素研究的结果表明,秦岭造山带核部的碰撞造山作用和陆块汇聚的时间为新元古代,与中国南方华夏板块和扬子板块间碰撞拼接形成华南大陆的时间相一致,略晚于全球格林威尔碰撞造山(~1.1 Ga)的时间。表明中国古大陆的形成为全球在中新元古代之交形成罗迪尼亚超大陆(Rodinia supercontinent)事件下的产物。

5. 新元古代中期(Pt_3^2)—震旦纪(Z)

大约在新元古代中期(Pt_3^2),古中国超大陆在秦岭一带开始裂解,预示着北秦岭洋(商丹洋)的开启(Gao Shan et al,1996;杜远生等,1999;刘淑文等,2013)[图3-5(e)]。Gao Shan等(1996)指出至早震旦世(Z_1),北秦岭-华北地区的陆内裂谷开始形成,伴随着一系列的岩浆作用形成了双峰式火山岩和碱性玄武/粗面岩,覆盖于前面的南华纪陆相含砾砂岩或砾岩之上,并同时形成与火山岩相伴而生的碱性辉长岩和A型花岗岩。杜远生等(1999)同时提出在早震旦世(Z_1)后期,区内应该发生一次强烈的构造运动,使南秦岭成为扬子板块北部边缘的一部分[图3-5(e)]。其主要表现为南秦岭大范围的晚震旦世陡山沱组-灯影组、雪花太坪群与下伏元古宙地层(耀岭河岩群、碧口岩群和秧田坝岩群)之间的不整合。

该期间在大洋南侧的扬子陆块转换为被动陆缘环境,伴随着地壳频繁震荡式升降的反复海陆变迁,区内形成了浅海碳酸盐台地相沉积-半深海相黑色页岩,泥质粉砂岩的交替沉积旋回;同时形成了一套可能与沉积成因有关的铅锌矿(如马元铅锌矿)和锰、铁、铝土矿(如城口高燕式锰矿)矿床系列[图3-5(e)]。

6. 寒武纪($\in$)—晚奥陶世(O_3)/早中志留世(S_{1-2})

至寒武纪开始,北秦岭洋即商丹洋由南向北朝华北板块斜向俯冲(Zhang Benren et al,1994;张国伟等,1995,2004;赖绍聪等,2003)[图3-5(f)],在华北板块南缘广泛形成一套岛弧岩浆岩系统(472~413Ma;孙卫东等,1995)。Gao Shan 等(1995)通过对秦岭地区志留系、泥盆系、石炭系和二叠系的 pelites 和 graywackes 进行了系统的元素地球化学研究,结果表明其物质来源与岛弧火成岩序列紧密相关,并在扬子和秦岭地区形成了独特的磷矿床(Gao Shan et al,1996)。这些证据有力地支持了该时期存在洋片俯冲环境的可能性。

关于加里东期商丹洋俯冲结束的时限问题,既有结束于早中志留世(S_{1-2})或是晚奥陶世(O_3)的观点,也有结束于早泥盆世(D_1)的观点。在洋片俯冲期间,南侧的秦岭微陆块与扬子板块北缘共同接受碳酸盐台地相沉积,形成了一套滨浅海相的碳酸盐岩序列。但除局部地区外,南秦岭和扬子北缘一带大面积缺失上—中志留统至泥盆系的记录,甚至局部地区缺失上奥陶统的记录(蓝光志,1995;崔智林等,1997)[图3-5(f)],这表明保守估计到中—晚志留世,北秦岭一带已经开始碰撞造山,包括南秦岭和扬子板块在内的地区全面抬升成陆地相。因此,本书倾向于商丹洋北向倾俯冲结束的时限在中晚志留世(S_{2-4}),此后进入北秦岭碰撞造山期。

从晚震旦世至早寒武世,南秦岭地区的海水一度从高水位转换为低水位,区内基本上接受稳定型的滨岸浅水沉积,如摩天岭-勉略带的雪花太坪群(Z_2)-断头崖组($\in_{1-2}$)的滨浅海碎屑岩-碳酸盐岩沉积(杜远生等,1999)。随后被动大陆边缘迅速沉降,在华北板块、扬子板块和秦岭造山带形成厚度巨大的中寒武世—志留纪的连续碳酸盐台地相沉积。

该阶段在被动扬子陆块北缘的米仓山-大巴山基底逆冲带形成了与海相黑色页岩有关的 V-Mo-Ni-Ag-U-P-Au-Ag-Sb-重晶石矿床成矿系列[图3-5(f)]。

7. 志留纪(S)—中泥盆世(D_2)—晚泥盆世(D_3)

海西期是秦岭构造体制发生重要转折的时期。志留纪时期北秦岭洋即商丹洋朝华北板块之下继续斜向俯冲,扬子与华北板块开始点式碰撞,直至俯冲结束。早古生代洋盆消失,仅以残留洋盆或海盆存在,在商洛、丹凤一带形成了分割南北秦岭的商丹缝合带[图3-5(g)]。

大地构造属性上,南秦岭被普遍认为是扬子地块的一部分(前面提及),中—晚泥盆世(D_{2-3})时期,在秦岭微板块总体处于挤压收缩的构造背景下,受北部俯冲及块内深部地幔上隆作用的影响,在南侧的南秦岭-扬子板块被动陆缘的北缘勉略一带开始新的开裂(杜远生等,1999;张国伟等,2004),南秦岭微陆块从扬子板块北缘裂离出来而形成独立块体。当然,也有其他研究学者提出南秦岭是由岛弧增生杂岩带、弧前盆地系、弧后盆地系和弧后陆坡带等不同大地构造相组成的晚古生代增生造山带,经受了早中生代弧陆碰撞造山作用的改造(闫全人等,2007;闫臻等,2007;王宗起等,2009a,2009b)。

在持续的张性构造应力作用下,南秦岭板块内部发育一系列堑垒式断陷盆地,发育了受地热异常控制的南秦岭海底大规模热水喷流(SEDEX)成矿系统,沿同生断裂形成了以铅、锌为主的多种元素富集的大型多金属矿床系列(姚书振等,2002),即当今著名的南秦岭 Pb、Zn 多金属成矿带。带内由众多的大型矿床组成,并分段集中于西成、凤太和山柞3个地区。著名的有厂坝铅锌矿、李家山铅锌矿、邓家山铅锌矿、下拉地铅锌矿、八方山铅锌矿、窑沟铅锌矿等矿床,同时还有一些小型铜矿床产出。

除此之外,该成矿系统也使金预富集,为泥盆纪微细浸染型矿床的形成奠定了重要的物质基础。初步研究显示,微细浸染型金矿与多金属矿床具有共同的赋矿岩系,具有同位而不同时的特点,金矿赋矿层位一般较铅锌矿偏上,成矿具有明显的后生改造特征。以往对泥盆纪矿床的研究,从宏观角度比较多地关注了盆地同生断裂对成矿的贡献以及有关同生喷流沉积的厘定,对改造型矿床也较多地注意了后生构造对矿床改造的影响,而对成岩期流体产生的水力破裂以及不同类型岩石组合对矿床改造、定位的影响考虑不多。后来汪劲草等(2001)对双王钠长角砾岩提出了水压破裂的认识,弥补了这些不足。秦岭微细浸染型矿床赋矿层位多是富钙质岩石与细碎屑岩石互层的位置,反映出岩性组合对成矿的控制。

8. 早石炭世(C_1)—中二叠世(P_2)

裂解作用大约持续到早石炭世(C_1),勉略一带开始形成开放洋盆,即勉略洋(张国伟等,1995,

2004;姚书振等,2002;赖绍聪等,2003;杜远生等,2004),大洋南、北两侧分别为扬子板块和南秦岭微陆块,前者处于被动陆缘,接受浅海碳酸盐台地相沉积,形成了一套以碳酸盐岩为主的沉积岩序列[图3-5(h)]。

赖绍聪等(2003)对勉略构造带蛇绿岩及相关火山岩的系统研究表明,该带由德尔尼-南坪-琵琶寺-康县至略阳-勉县地区,并越巴山弧型构造向东到达随县花山,最东延伸至大别山南缘清水河地区。从西到东1500余千米断续残存蛇绿混杂岩,包括蛇绿岩及相关的岛弧、洋岛等火山岩,揭示了沿线曾存在已消失的古洋盆与古碰撞缝合带。洋盆主要扩张形成时期是在石炭纪—二叠纪期间[图3-5(h)]。德尔尼蛇绿岩为洋脊型蛇绿岩,由变质橄榄岩、辉石岩、辉长岩、变质玄武岩和含放射虫硅质岩、硅泥质岩组成玄武岩为典型的N-MORB类型,前人的地球化学研究表明玄武岩岩浆来自亏损的软流圈地幔,形成时代为345~336Ma(C_1)(陈亮等,2001)。南坪-琵琶寺-康县洋壳蛇绿岩及洋岛火山岩略阳-勉县蛇绿混杂岩该区段包含洋壳蛇绿岩、岛弧火山岩、双峰式火山岩等多种类型的岩块,带内超基性岩类主要为方辉橄榄岩和纯橄榄岩,文家沟-庄科洋脊玄武岩来自亏损的软流圈地幔,岛弧火山岩集中分布在三岔子、桥梓沟及略阳以北横现河一带。均为非碱性系列火山岩,具典型岛弧火山岩的地球化学特征。黑沟峡双峰式火山岩系由玄武岩及少量英安岩、流纹岩组成,形成于裂陷环境。其中,玄武质岩石均属拉斑系列,地球化学特征与一些大陆溢流玄武岩类似。这恰好反映了该玄武岩是由初始大陆裂谷向成熟洋盆转化阶段的产物(赖绍聪等,2003)。Xu Jifeng等(2000)通过对勉略带蛇绿岩的地球化学研究结果同样论证了勉略洋盆的存在。

从一些矿床沿沉积厚度变化的梯度带分布来看,不排除在海西后期,南秦岭-扬子北缘内的一些矿床成因可能与盆地流体从内部压实区向边部欠压实区运移成矿相关,对该问题的重视和研究有助于拓宽找矿思路(姚书振等,2002)。另外,沿勉略一带随海底扩张的进一步加剧,在勉略洋盆形成过程中,发育了与洋壳增生相伴的超基性岩有关的矿床系列,如略阳三岔子铬铁矿、勉县鞍子山铬铁矿等小型矿床,与海底火山岩有关的青海玛沁县德尔尼大型铜矿(姚书振等,2002);在上扬子陆块北东缘形成与海相-海陆过渡相沉积作用相关的铁锰铝(镓)煤硫矿床成矿系列[图3-5(h)]。

9. 中晚二叠世(P_{2-3})—早中三叠世(T_{1-2})

该阶段处于南秦岭造山带与扬子地块的碰撞之前,南秦岭洋开始由南向北斜向俯冲,二者之间的南秦岭洋(勉略洋)处于收缩期,大洋逐渐变窄,但尚未关闭,南秦岭造山带与扬子地块仍处于分离状态(肖安成等,2011)。此时在南秦岭南缘形成了消减环境下的一套岛弧岩浆系统,扬子陆块北缘继续碳酸盐台地相沉积[图3-5(i)];并形成与海相沉积蒸发岩建造有关的石膏盐类(卤水)成矿系列[图3-5(i)]。

李曙光等(2003)获得勉略构造带三岔子古岩浆弧的岩浆锆石U-Pb年龄为(300±61)Ma,金维浚等(2005)依据西秦岭印支期夏河—礼县一带的岛弧花岗岩锆石U-Pb年龄为(245±6)~(238±4)Ma(T_2),表明早—中三叠世时期南秦岭洋仍处于北向俯冲的消减环境[图3-5(i)]。

10. 晚三叠世(T_3)—白垩纪(K)

南秦岭洋即勉略洋俯冲完毕,洋壳消失,华北板块与扬子板块最终重新实现了拼接聚合,在二者之间的勉县、略阳一带形成了重要的古板块缝合带——勉略构造带[图3-5(j)](李亚林等,2001;裴先治等,2002;李三忠等,2003;张国伟等,2004)。区内开始了印支期间强烈的陆陆碰撞造山作用,至造山期后,地壳由印支期的挤压收缩状态转化为拉张伸展状态,岩石圈内发育大量的张性构造;燕山晚期,地壳处于不均匀抬升与南北向挤压收缩状态,西秦岭地区构造体系发育成熟。由西至东形成了米仓山、大巴山逆冲推覆带。在四川盆地内部则沉积了一套磨拉石建造,并形成了风化沉积型的铝土矿床,如南充铝土矿[图3-5(j)]。

关于南秦岭与扬子地块最终的拼合时间,也就是南秦岭洋的形成和消亡时间存在争议,大致有晚二叠世末期到早中生代碰撞造山(Yin,Nie,1993)、晚三叠世碰撞闭合(Meng,Zhang,1999;张国伟等,

2003)等观点。

大巴山和米仓山晚古生代—早中生代的构造活动记录有可能反映南秦岭洋关闭的最早时间,前人大致从两个方面研究这一重要碰撞期的时代下限:一方面南秦岭造山带火成岩的同位素定年结果,其关键是对于火成岩大地构造环境的判释和对同位素定年数据地质意义的解读;另一方面来自于扬子地块北缘沉积体系的约束。前面提到前人(李曙光等,2003;金维浚等,2005)的研究结果表明早—中三叠世时期南秦岭洋仍处于北向俯冲的消减环境,陆陆碰撞尚未开始。有学者认为扬子地区在晚三叠世(T_3)须家河组时期陆相碎屑岩沉积层序的出现代表了残余洋盆的最终关闭,亦即华北板块与扬子板块陆陆碰撞的开始,该观点与上述板片俯冲消减的时限是非常吻合的。

然而,沈中延等(2010)在四川盆地北部米仓山地区下三叠统(T_1)内部(奥伦尼阶)发现了局部控制沉积的角度不整合面,认为是南秦岭造山带和上扬子地块早期发生碰撞的地层记录。肖安成等(2011)通过对大巴山和米仓山地区的研究则认为开始碰撞的时间可能早于早三叠世。

需要指出的是,华北、华南板块的碰撞具有自东向西的穿时过程(张国伟等,2003;Yin A,Nie S Y,1993;Liu S F et al,2001,2005),会导致不同位置碰撞造山作用的起始时代不同(李继亮,孙枢,1999)。这表明南秦岭造山带与扬子地块北缘之间的南秦岭洋关闭不是等时的,首先会在其中的某些板块突出的部位产生接触(点碰撞)。

肖安成等(2011)认为南秦岭洋由东向西关闭导致点碰撞的起始时间在东部为早二叠世,西部为晚二叠世(长兴组沉积的晚期)—早三叠世(飞仙关组沉积的早期)。在华北、扬子两个不同的大地构造单元之间形成了与碰撞相关的裂谷盆地群(包括开江-梁平裂谷、城口-鄂西裂谷和东部的当阳裂谷等),碰撞裂谷群的持续演化时间为6~5Ma,这一阶段典型的沉积标志为水下早期阶段形成的海相磨拉石层序。

至早三叠世的嘉陵江二段沉积时期,两个不同地块的持续拼合导致大巴山和米苍山地区与周缘前陆盆地相关的古冲断带的形成,该阶段在缝合带接触部位发育角度不整合和河流相沉积,扬子地块其余大部仍然是保持连续的海相碳酸盐岩沉积。

晚三叠世南秦岭造山带与扬子北缘之间的残余大洋消失,为整体闭合的碰撞后期阶段,开始沉积了须家河组的陆相碎屑岩系,大巴山和米苍山地区进入到了以陆相磨拉石为主的前陆盆地阶段,在扬子北缘形成了神农架-黄陵隆起和米苍山隆起。

综合考虑上述前人的研究结果,本书将南秦岭洋完全消失,亦即扬子和华北板块的最终碰撞时间限定于晚三叠世(T_3)。此后区内进入了比较复杂的后期改造阶段,产生了多期的收缩性构造活动。侏罗纪晚期是大巴山和米仓山冲断带的低幅度活动期,以形成区域性的假整合和小角度不整合为特征;早白垩世代表了大巴山和米仓山冲断带的强烈改造期,形成大规模的薄皮冲断构造;直至喜马拉雅晚期现代的大巴山弧形冲断带和米仓山基底卷入的冲断带形成(现今米仓山和大巴山弧形冲断褶皱带的形成)。

中生代即是秦岭造山带完成板块拼合、发生陆-陆碰撞和陆内构造活动的时期,也是秦岭-扬子板块北缘主要的构造变形变质和岩浆活动期。伴随扬子板块沿勉略带向南秦岭板块之下的俯冲和勉略洋盆闭合,秦岭转入陆内构造演化阶段。由于扬子与华北陆块继续向秦岭造山带之下俯冲,原有的断裂构造进一步复活,与陆内俯冲有关的花岗岩和逆冲推覆构造广泛发育。而中生代中晚期开始的造山带伸展垮塌过程,激发了主造山期后的深源岩浆活动,发育了以深源浅成富碱的斑岩体。与该构造-岩浆体系相伴,秦岭许多矿床在该阶段形成或在先期预富集基础上进一步工业富集和定位,造就了秦岭成矿范围最广、矿种类型最多、成矿作用最为复杂的大规模热液成矿系统。该成矿系统主要表现在成矿受造山及造山期后构造-岩浆活动带的控制,在空间上矿床多沿构造带或岩浆岩体展布,在时间上表现为成矿与碰撞造山或陆内构造岩浆活动近于同时或略滞后。例如,秦岭控制金矿成矿的断裂、岩浆活动年代主要为230~131.7Ma,秦岭大型金矿成矿主要集中于210~120Ma(谢巧勤等,2000;张复新等,2000;毛景文,2001;邵世才和汪东波,2001)。

与秦岭造山带由主造山到后造山伸展垮塌转化阶段地壳增温、构造性质由挤压向伸展转化有利于不同来源流体活动的演化阶段相耦合。成矿流体在不同部位可以岩浆热液为主，也可以天水为主，部分矿床可能有幔源组分的加入。造山活动造就了多个矿化集中区，如小秦岭的金矿集中区、华北地块南缘与中生代斑岩有关的钼矿集中区、秦岭微细浸染型金矿带等集中区。秦岭地区属于该系统的矿床有北秦岭斑岩-爆破角砾岩型铜、钼多金属矿床系列，南秦岭低温热液汞锑矿床系列，秦岭微细浸染型金矿系列及韧性剪切带-蚀变岩型金矿系列——由北至南密集分布着柴家庄、李子园、花崖沟、八卦庙、小沟里、谭河、马脑壳、铧厂沟、甲勿寺、阳山等众多金矿床[图3-5(j)]。

11. 喜马拉雅期

喜马拉雅早期，受西边印度板块与欧亚大陆板块由西向东陆陆碰撞的影响，地壳发生强烈伸展和急剧隆升，沿不同方向断裂产生继承性活动的断陷构造盆地，并在其内形成红色磨拉石快速堆积；喜马拉雅晚期，地壳处于挤压收缩状态，发生逆冲推覆构造的改造和多重构造复合。近地质时期，该区处于全面抬升阶段，形成高原夷平的地貌景观。伴随着地壳抬升，在高原配生出第四纪的伸展断陷沼泽盆地（如尕海盆地）。岩石进一步发生变形、变质，形成了区内现今的地貌、地质格局[图3-5(k)]。前人（雷永良等，2009；袁玉松等，2010）对磷灰石裂变径迹研究结果证实了在新生代晚期，区内的米仓山和川东构造带具有强烈隆升的特点，形成现代的大巴山弧形冲断带和米仓山基底卷入的冲断带，即现今米仓山和大巴山前陆弧形推覆与冲断褶皱带[图3-5(k)]。该时期在区内形成造山型的岩浆系统和热液成因的脉状金矿，并叠加了原先形成于印支期—燕山期的金矿床[图3-5(k)]。

12. 小结

综上所述，在新元古代（>800Ma）以前，秦岭造山带经历了哥伦比亚超级大陆裂解，古秦祁昆大洋形成，晋宁期的俯冲碰撞造山-罗迪尼亚超大陆形成这几个过程。但自新元古代（<800Ma）以来，秦岭造山带一直处于统一的深部地幔动力学机制，以华北、扬子及中后期分裂出来的秦岭3个板块之间的长期相互作用为主导。经历了新元古代北秦岭洋（商丹洋）的开启和形成——对应于全球罗迪尼亚超大陆的裂解事件，古生代华北板块与南秦岭微陆块拼合及后者从扬子板块北缘裂离成南秦岭洋（勉略洋），直至印支后期秦岭微板块与扬子板块沿勉略缝合带碰撞，形成了南秦岭造山带，并发生沿秦岭—大别山一带的华北与扬子块体的全面碰撞，最终完成秦岭造山带的造山过程（Sengobr，1985；Hsu et al，1987），显示了华北、扬子及秦岭三板块沿商丹和勉略两缝合带的侧向运动与相互作用的漫长复杂的多阶段俯冲碰撞造山（Meng et al，1999；张国伟等，2001）或由南向北递进的俯冲增生的（Ratschbacher et al，2003）演化历程。因此，秦岭造山带不是一个单一的碰撞造山带，而是一个多期多阶段的造山带，以印支期的造山活动为主造山期（张国伟等，2001，2003）。

第四章　上扬子北西缘龙门山及松潘-甘孜地区地史演化与成矿

第一节　概　　述

本区大地构造上涵盖了扬子陆块区Ⅲ-上扬子陆块Ⅲ$_1$-龙门山前陆逆冲带Ⅲ$_{1-1}$以及西藏-三江造山系（Ⅱ）巴颜喀拉地块（Ⅱ$_1$）松潘前陆盆地（Ⅱ$_{1-1}$）-阿坝地块（Ⅱ$_{1-1-1}$）、松潘边缘海盆地（Ⅱ$_{1-1-2}$）、摩天岭古地块（Ⅱ$_{1-1-3}$）等Ⅲ级构造单元；地层分区为：华南地层大区（Ⅱ）-巴颜喀拉地层区（Ⅱ$_1$）-喀拉塔格地层分区（Ⅱ$_1^1$）、玛多-马尔康地层分区（Ⅱ$_1^2$）及扬子地层区（Ⅱ$_2$）-龙门山地层分区（Ⅱ$_2^2$）。矿产以锰矿、铁矿、铝土矿、金矿、铅锌矿等为特点。

沿龙门山断裂带，地层分为基底和沉积盖层两部分。结晶基底以康定杂岩、彭灌杂岩等为代表，可分为变质表壳岩和深成侵入体两部分，前者以康定群为代表，后者为(10～8)亿年侵入的各类岩浆岩，与黄金坪式金矿有关的地层为古元古代康定岩群之冷竹关岩组、咱理岩组；在黄水河群黄铜尖子组钠长绿泥片岩＋绿泥石英片岩建造中产出有彭州式火山沉积变质岩型铜矿（马松岭）；在平武-青川地区邱家河组磷质岩系中有海相沉积型锰矿，如石坎式锰矿；在汉源-峨边地区晚奥陶世大箐组中有海相沉积型锰矿产出，如轿顶山式锰矿；在江油一带中泥盆统养马坝组及观雾山组有赤铁矿，局部见菱铁矿，灌县地区观雾山组仅见菱铁矿；宝兴地区铁矿产于上泥盆统顶部，为赤铁矿。在晚泥盆世碳酸盐建造中有热液型铅锌矿产出；在马桑坪地区下二叠统栖霞组白云质灰岩中有铅锌矿体的存在，在中二叠世梁山期有大白岩式沉积型铝土矿。东部区的三叠系为铁、石盐、石膏、天然气、煤和天青石的重要含矿层位。

在川西高原松潘-甘孜地区，三叠系赋存多种有色金属和贵重金属等矿产，如东北寨金矿、马脑壳金矿等，虎牙式铁锰矿即位于川西高原东部的下三叠统菠茨沟组；阿坝地块中产出有金木达金矿、南木达金矿、刷经寺金矿；松潘边缘海盆地中产出有松潘东北寨金矿、桥桥上金矿；摩天岭古地块则产出有马脑壳金矿。

第二节　主要矿床类型及典型矿床

本区处于我国东部太平洋构造域及西部特提斯构造域的结合部扬子古陆块（Ⅰ级构造单元）西缘松潘-甘孜造山带，其大型变形构造域北以玛曲-略阳断裂带为界，西南面以金沙江断裂带为界，东南面以后龙门山-小金河断裂带为界。这个特殊的倒三角形地理位置和构造部位，是我国著名的川甘陕"金三角"金成矿远景区之一部分，也是我国有色金属和稀有贵金属集中产出地区之一。其矿产以微细浸染型金矿（如东北寨式、金木达式、马脑壳式）、沉积型锰矿（如虎牙式）、岩浆热液型铅锌矿（如道孚农戈山）为主。在龙门山构造带及向陆块一侧四川盆地，矿产以沉积型铁矿［如江油-灌县地区碧鸡山式（宁乡式）］、铝土矿（如大白岩式）、锰矿（如石坎式）为特点，向造山带一侧由于构造岩浆活动强烈且频繁，其矿产则以岩浆热液型-构造蚀变岩型金矿（如黄金坪式）、碳酸盐建造中热液型铅锌矿（如寨子坪）、火山沉积变质型铜矿（如彭州式-马松岭）、构造岩浆热液型铜锌多金属矿（如里伍）为特征。除沉积型矿产已在

第三章中阐述外,现将主要的典型内生矿床地质特征阐述如下。

典型矿床 12:产于新元古代晚期里伍岩群片岩中构造变质热液型铜锌矿——四川九龙里伍铜锌矿。

1. 地理位置

里伍铜锌矿位于四川甘孜州九龙县东南。

2. 江浪穹隆地质特征

构造:松潘-甘孜造山带的江浪变质杂岩穹隆中(图 4-1),核部长 20km,宽 12km,轴向北北西。核部为前震旦纪里伍岩群堆垛地层系统(颜丹平等,1996),翼部为自内向外由老而新的震旦系、志留系、石炭系、二叠系、三叠系,组成的褶皱地层系统,两套构造系统之间及各系统内部岩组、岩带之间均为剥离断层,这些剥离断层在平面上围绕穹隆呈环形分布,向外倾斜,倾角 20°～50°,上盘向下作正滑运动。

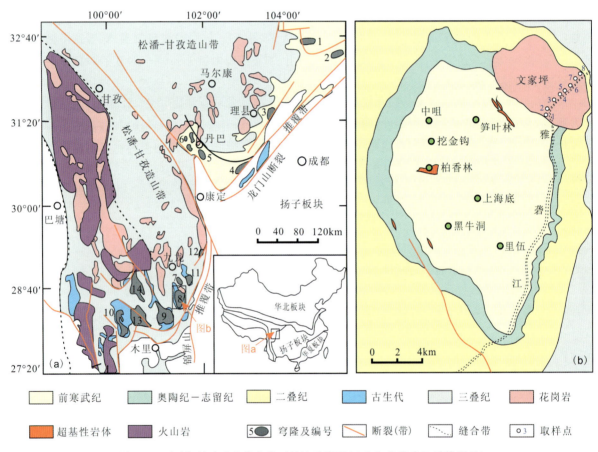

图 4-1 松潘-甘孜造山带东缘区域地质简图(a)和江浪穹隆地质简图(b)

图(a)中各穹隆分别为:1.摩天岭;2.桥子顶;3.雪龙包;4.雅斯德;5.格宗;6.公差;7.踏卡;8.江浪;9.长枪;10.恰斯;11.三垭;12.田湾;13.瓦厂;14.唐央;图(b)中附采样位置图

岩浆岩:穹隆北端有燕山期花岗岩侵入,岩石呈灰白色,风化面可呈土灰—黄褐色,具有块状构造,中粒似斑状花岗结构[图 4-2(a)]。斑晶主要为长石,宽 5～10mm,长 10～30mm,含量 10%～25%。基质主要为黑云母(8%～10%)、白云母(5%～8%)、斜长石(～10%)、钾长石(5%～10%)、微斜长石(30%～40%)、石英(30%～35%)[图 4-2(b)～(d)]。副矿物有锆石、磷灰石、铁钛氧化物、榍石等。依据这些特征定名为二云母碱长花岗岩。我们对松潘-甘孜带江浪穹隆中燕山期花岗岩的锆石 U-Pb

定年结果约为159Ma(图4-3),其元素地球化学特征指示该岩浆活动形成于典型的造山环境,为松潘-甘孜造山过程中的产物(图4-4)。

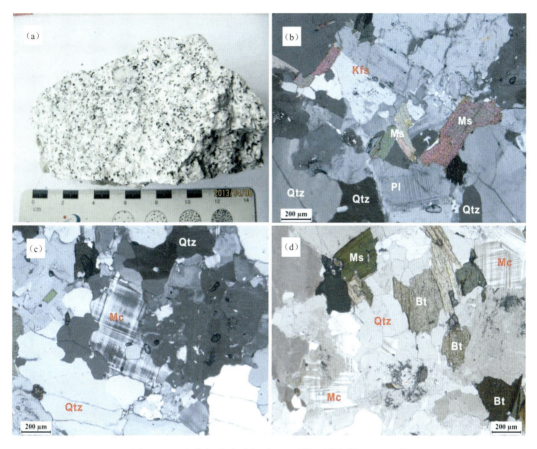

图4-2 文家坪花岗岩标本(a)及镜下特征[(b)~(d)]

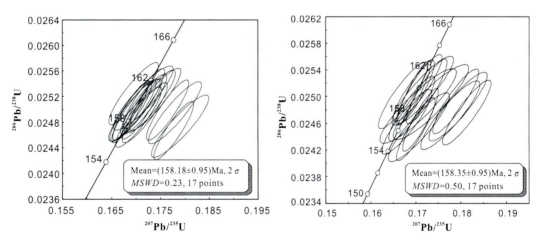

图4-3 松潘-甘孜带江浪穹隆中燕山期花岗岩锆石U-Pb谐和年龄图

地层:里伍岩群由云母片岩、云母石英片岩、片状石英岩互层组成,夹斜长角闪岩及变基性岩,原岩为含火山凝灰岩的砂、泥质浊积岩,夹中—基性火山岩、次火山岩,锆石U-Pb年代学表明形成于新元古代晚期(图4-5)。

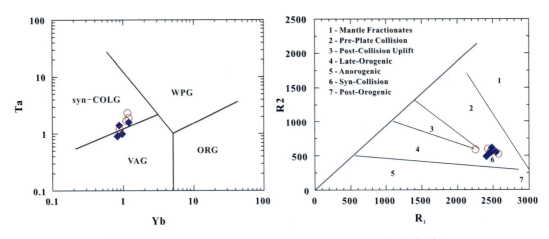

图 4-4 松潘-甘孜带江浪穹隆中燕山期花岗岩构造环境判别图解

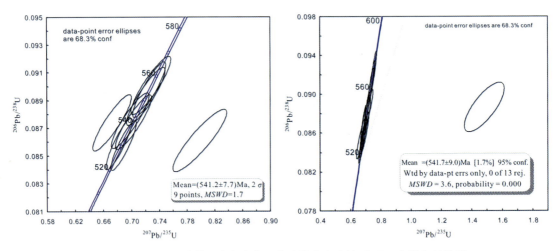

图 4-5 松潘-甘孜带江浪穹隆中咀变基性火山岩锆石 U-Pb 谐和年龄图

3. 矿床地质

矿体特征：里伍式铜矿矿体严格受伸展前脆韧性构造控制，受控于堆垛层内由 S_2 面褶皱构成的大型平卧褶皱，后者受先矿体呈带状分布韧性逆冲后脆性正滑的断面限制。在褶皱转折端，常形成大而富的铜矿体，随岩层内 S_2 面理无根褶皱形态而显分支、复合现象。矿体多沿 S_3 与 S_{1-2} 交面线理方向侧伏，多具侧伏向长度大于矿体倾向或走向长度的特点。在次级滑动面再扩张部位，形成呈雁行排列的扁豆状、似层状矿体群，并与主滑断面低角度相交；部分呈脉状切穿围岩，与围岩呈突变接触关系[图 4-6 (c)～(d)]。似层状矿体可与黑云母石英岩相关，也可与绢云母石英岩抑或二云石英岩相关[图 4-6 (c)，图 4-6(i)]，亦可与类似的石英片岩相关，由此可见，矿体并非受控于岩性地层。且可见似层状矿体局部呈楔状充填于围岩中[图 4-6(d)]，且矿区内广泛发育(石英)脉型矿石/化[图 4-6(e)～(i)]，指示为典型的(岩浆)热液充填成因。另外，所有矿相学研究结果也指示充填成因，并见条带状矿石中的金属矿物(如磁黄铁矿和黄铜矿)具有定向拉伸现象，表明早期存在一起矿化事件，在后期的韧性剪切作用下形成变形。

围岩蚀变：整个江浪穹隆中的铜矿床具有非常一致的蚀变，早期石榴石、十字石蚀变，中期为绿泥石蚀变，后期为绢云母、黑云母蚀变[图 4-6(a)～(b)]。这些蚀变虽然在时间上具有严格的顺序，但是在

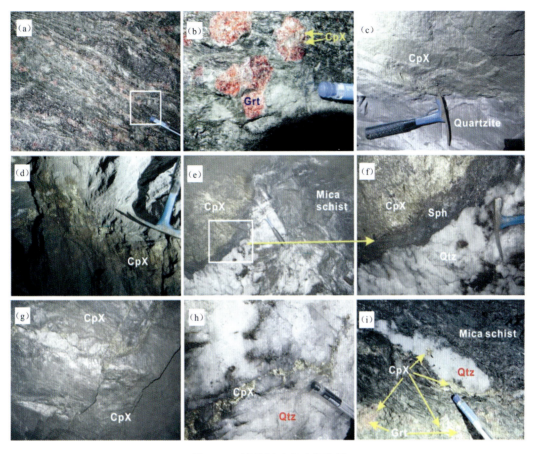

图 4-6 里伍铜矿床矿体特征

空间上并没有分带性,而是叠加于同一个韧性剪切带中,因此本研究首次提出将该蚀变类型定义为原位混合蚀变带,具有一套与岩浆岩相关的矽卡岩蚀变特征。

矿石矿物:主要为黄铜矿、黄铁矿、磁黄铁矿、闪锌矿,少量方黄铜矿、斑铜矿、方铅矿、钛铁矿,伴生金银矿。脉石矿物主要为石英、绢云母、白云母、黑云母、绿泥石、长石。

矿石结构构造:矿石结构有粒状、破碎胶结、溶解交代残余、固溶体分离、包含结构等。矿石构造为致密块状、角砾状、条带状、浸染状,以及含铜石英脉状(图 4-6)。浸染状、条带状矿化沿 S_3 面理分布,致密块状、角砾状矿化与脆性断裂破碎带有关。

成矿时代:对穹隆内外乌拉溪矽卡岩型辉钼矿点中辉钼矿单矿物的 Re-Os 定年及里伍铜矿床中黄铜矿单矿物的 Re-Os 定年获得了良好的年代学结果,分别为(161.0 ± 3.7)Ma(2σ)和(149.6 ± 3.8)Ma(2σ)[图 4-7(a)~(b)],表明这些矿床/化与燕山期的岩浆活动密切相关:前者与岩浆期气液相关,形成时代与岩体较为一致;后者则与岩浆期后热液相关,形成时代略晚于岩体。并获得早期条带状矿石的 Re-Os 年龄(346.0 ± 13)Ma(2σ),表明早期的一次成矿事件形成于中石炭世。

成矿物质和流体来源:前人提出地幔$^{187}Os/^{188}Os$比值为 0.12~0.13,大陆地壳平均值为 3.63。本区两阶段成矿年龄对应的$^{187}Os/^{188}Os$初始值分别为 3.65 和 2.32[图 4-7(b)~(c)],反映成矿物质主要来自地壳,这与文家坪花岗岩的成因是一致的,也印证了该期成矿为岩浆期后热液成因。结合矿石 Pb-S-H-O-B 同位素的研究结果,表明里伍矿集区的成矿物源和流体来源均为同时代的岩浆岩(图 4-8~图 4-10)。

4. 矿床成因

本书依据上述的研究成果，提出新的两期成矿模式（图4-11）：在早中石炭世—早二叠世时期，区内处于大规模伸展环境，古特提斯洋开启并发展成大洋盆，伴随着同期岩浆侵入和喷发活动，形成了江浪穹隆内广泛的火山岩和侵入岩，并在346Ma时在穹隆内形成了条带状的铜矿化；之后受区域上印支期碰撞造山的影响，区内地壳增厚，在晚侏罗世时深部前寒武纪古老下地壳的部分熔岩形成了文家坪-乌拉溪花岗质岩浆岩（U-Pb年龄160Ma），挤压构造和岩浆上涌的共同作用形成江浪穹隆，并伴随着同期的钨锡钼矿化（Re-Os年龄161Ma）；10Ma后（~150Ma），区内转化为伸展环境，穹隆地层发生顺层拆离，文家坪岩浆期后热液充填至顺层滑脱带中，形成脉状—块状矿体。

典型矿床13：产于元古宙康定岩群高级变质岩建造中的黄金坪式岩浆热液型-构造蚀变岩型金矿——四川康定黄金坪金矿。

1. 地理位置

黄金坪金矿位于四川省康定县北东方向22km，矿区中心地理坐标为：E102°09′30″，N30°07′50″。

2. 区域地质

该矿床位于龙门后山基底推覆带。基底以康定杂岩为主要特征，由康定群及侵入其中的奥长花岗岩、辉长岩组成。康定杂岩构成轴向南北、向北倾伏的背形构造。与金矿有关地层主要为金川小区、九顶山小区地层。岩浆活动方式有侵入和喷出两类，侵入岩有基性—超基性岩脉、中酸性侵入岩体、岩株、岩枝、岩脉；火山岩则以基性为主，酸性火山岩甚少，中性火山岩罕见。

3. 矿床地质

黄金坪金矿赋矿岩石（地层）为中元古代康定群杂岩，岩石普遍遭受变质和混合岩化作用，95%以上为混合岩；岩石变形强烈，往往出现糜棱岩（化）。矿

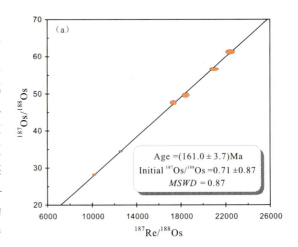

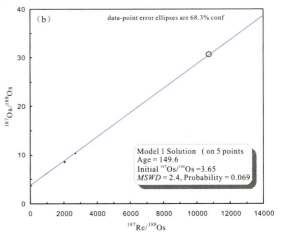

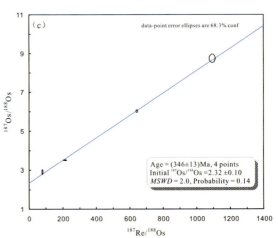

图4-7 松潘-甘孜带江浪穹隆中乌拉溪辉钼矿点中辉钼矿(a)和里伍铜矿床中黄铜矿(b)~(c)的Re-Os定年等时线图

区岩脉较发育，有角闪石岩、变质辉绿岩脉和长英质岩脉。角闪石岩原岩为含橄紫苏辉石岩，属中条期侵入岩（图4-12）。奥长花岗岩则是晋宁期—澄江期侵入岩，活动强烈，规模大。金矿主要赋矿层位为咱里（岩）组（$Pt_{1-2}zl$），分布于康定大渡河沿岸以及大渔溪等地。岩性为灰色、灰黑色中—细粒斜长角闪岩、黑云斜长角闪岩夹黑云阳起斜长变粒岩、角闪斜长变粒岩及暗绿色变质玄武岩、变余杏仁状-枕状玄

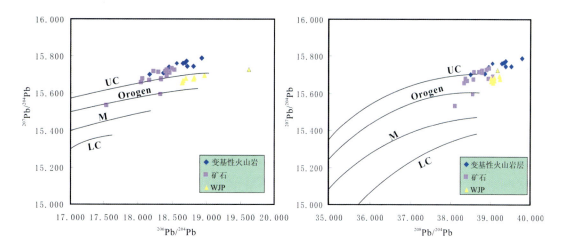

图 4-8 黄铜矿 Pb 图解

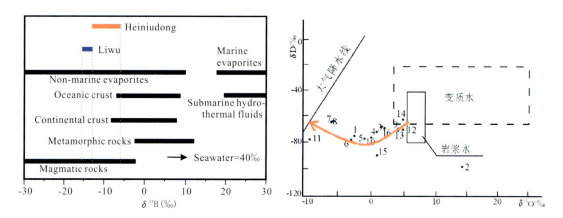

图 4-9 含矿电气石 B 同位素及石英 H-O 同位素图解

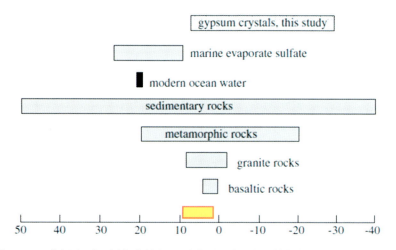

图 4-10 黄铜矿 δ^{34}S 同位素特征（红色框为里伍 δ^{34}S；数据来自宋鸿林，1995；姚鹏等，2011）

武岩、黑云角闪斜长片岩和硅质岩组成的火山喷发-沉积韵律,厚度大于1326.2m。构造上金矿床主要产于主剪切滑脱带附近的前震旦纪次级剪切断裂中,且多数产状较陡,规模较小,金矿体呈透镜状、豆荚状产于其中。据统计,远景区已发现的金矿60%以上与北北东、北东向构造有关。

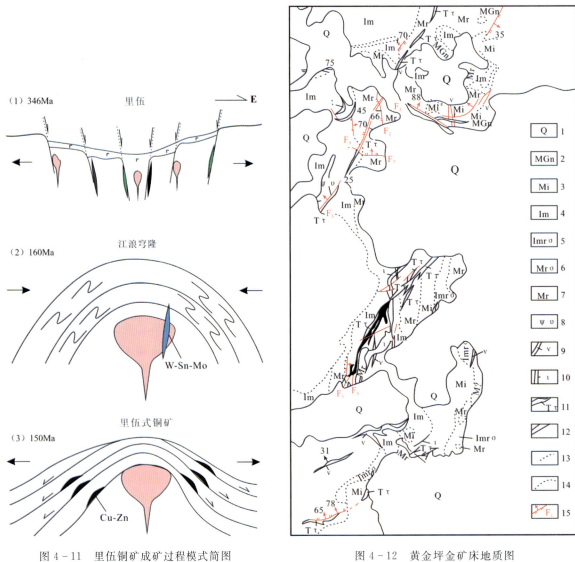

图4-11 里伍铜矿成矿过程模式简图

图4-12 黄金坪金矿床地质图
1.残坡积层;2.混合岩化斜长角闪岩;3.角砾状混合岩;4.闪长岩混合岩;5.花岗闪长混合片麻岩;6.混合花岗闪长岩;7.混合花岗岩;8.角闪石岩;9.变质辉绿岩脉;10.长英岩脉;11.蚀变破碎带;12.金矿体;13.实测及推测地质界线;14.混合岩界线;15.实测及推测断层

矿体特征:矿区1号和3号工业矿体,分别赋存于Ⅰ号和Ⅲ号金矿带中。1号金矿体长540m,勘探垂深590m,总体走向15°,平均产状106°∠75°;形状为陡倾较规则薄脉状,厚0.2~5m,平均品位9.5×10^{-6}。3号金矿体长185m,勘探垂深189m,总体走向25°,平均产状115°∠85°。形态为较规则陡倾薄脉状。厚0.25~0.90m,平均品位5.32×10^{-6}。

矿石类型:主要为黄铁矿石英脉型,分布于矿体上部;多金属硫化物石英脉型,分布于矿体下部;黄铁矿蚀变岩型,分布于全矿体。其次为褐铁矿型,分布于近地表氧化带中。矿石工业类型属低硫化物自然金。

矿石矿物：成分较复杂，已知矿物达40余种。金属矿物不足10%，主要为黄铁矿，其次为方铅矿、黄铜矿和自然金，含微量闪锌矿、斑铜矿、磁黄铁矿和碲-金-银矿物系列。脉石矿物主要为石英和长石，次为角闪石、绢云母等。矿体浅部金属矿物以黄铁矿为主，向深部矿物的种类和含量增加，含金品位变富。

矿石化学成分：除金达工业要求外，伴生银平均$12×10^{-6}$，可综合回收利用，但是银未估算资源储量。矿石有害成分砷、锑、硫等含量甚微，对选冶无影响。

矿石结构：以自形粒状结构、半自形粒状结构、他形粒状结构、残余结构、溶蚀结构为主。矿石构造以浸染状、脉状、网状、网脉状、角砾状为主，其次为斑点状、条带状、蜂窝状、土状等构造。

围岩蚀变：分布于金矿带中。黄铁矿化、硅化、绢云母化、碳酸盐化与金矿化关系密切，为近矿蚀变，属中低温热液蚀变组合。其次为绿泥石化和高岭土化，多分布于断裂面、裂隙、劈理发育处，为动力退变作用的产物。

4. 矿床规模

四川省地质矿产勘查开发局20世纪70年代对康定大渡河两岸的石英脉型金矿（以黄金坪金矿为代表）以及偏岩子金矿、灯盏窝金矿等开展过勘查，确定矿床规模为中型。

5. 矿床成因

黄金坪金矿赋矿岩石（地层）为康定杂岩中基性混合岩化变质岩，岩石普遍遭受变质和混合岩化作用。矿区控矿构造为脆-韧性剪切断裂破碎带，经矿液充填交代形成含金矿化带和矿体。矿体形状多为陡倾较规则薄脉状。矿区岩脉较发育，有角闪石岩、变质辉绿岩脉和长英岩脉，变质辉绿岩脉和长英岩脉局部有金矿化，并被金矿带切割，形成于成矿之前。围岩蚀变分布于金矿带中。黄铁矿化、硅化、绢云母化、碳酸盐化与金矿化关系密切，为近矿蚀变，属中低温热液蚀变组合。其次为绿泥石化和高岭土化，多分布于断裂面、裂隙、劈理发育处，为动力退变作用的产物。

按成矿时期和成矿地质作用不同，矿床的形成可分为热液成矿期和表生期。

矿床均一温度100~392℃；爆裂温度210~380℃，硫同位素地质温度374℃。成矿温度多数小于300℃，属中低温热液矿床。矿液pH=6.75~7.62，属弱酸偏碱性；氧逸度$f_{O_2}=-37~37.42$，推断为封闭系统还原环境成矿。

成矿深度依据成色初步判别，矿床金的成色平均为931，属中深矿床范围（870~990），与浅成矿床（445~770）（段瑞炎，1980）差异甚大，结合矿石组分简单，出现固溶体分离结构等标志判断，应属中深成金矿床（1.5~4.5km）。

根据矿床石英中包体水的氢氧同位素测定结果，$\delta O^{18}_{H_2O}=5.3‰~6.3‰$，属岩浆水范围（+6‰~+9.5‰）；$\delta D=-49.9‰~-89.4‰$，具岩浆水特征（-50‰~-85‰）。

矿床硫同位数$\delta^{34}S$变化范围狭窄，在-1.54‰~+3.35‰之间，极差4.89‰，平均值1.034‰，相当于玄武岩。显然硫来自康定杂岩的原岩——基性火山岩。

矿床铅同位素模式年龄为（9~8）亿年，与本区混合岩化变粒岩测得的年龄8.556亿年相当，说明矿床铅来自晋宁期—澄江期运动所形成的变质混合岩。

矿床热液蚀变绢云母K-Ar法年龄（26.09±0.35）Ma，为主成矿期——喜马拉雅期。

根据成矿作用和成矿物质来源，本矿床属于岩浆热液成因石英脉-蚀变岩型金矿床。含矿围岩形成时间与矿床定位时间时差较大；其间矿液可能受到了剪切变形变质和地下热水作用的改造（图4-13）。矿床矿体由石英脉和蚀变构造岩近乎对等组成，应属石英脉型向蚀变岩型的过渡类型。

典型矿床 14：产于晚三叠世杂谷脑组砂板岩复理石建造中似层状脉状微细浸染型金矿——四川九寨沟马脑壳大型金矿。

1. 交通位置

该矿床位于九寨沟县城北西平距约 45km 的黑河乡。地理坐标 E104°04′10″，N33°38′59″。

2. 区域地质

马脑壳金矿床位于阿坝地块的东缘，地处秦岭褶皱系西段南亚带、巴颜喀拉褶皱系和扬子准地台的交合部位，是新特提斯洋东支的一部分。

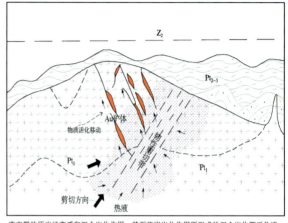

图 4-13 黄金坪金矿床成矿模式图（据《四川省潜力评价成果报告》，2011）

本区构造复杂，褶皱呈紧密线状水平排列，断层多与褶皱延伸方向一致。区域性的羊布梁子断裂（即玛曲-略阳大断裂的一部分）穿越矿区北侧，并以该断裂为界，北东侧分布一套中晚石炭世碳酸盐建造地层，南侧为一套中晚三叠世的砂板岩复理石建造地层。

矿区位于马脑壳向斜的北东翼，为一单斜构造；矿区内未发现岩浆岩（仅在矿区西侧 35km 处八顿有花岗斑岩脉出露）；矿区地层为中上三叠统的砂板岩，其中三叠统杂谷脑组第三段（T_3z^3）为容矿层，岩性主要为富含钙质的泥质粉砂岩和砂质板岩。在容矿地层中发育一系列相互平行、与地层产状近于一致的断裂破碎带，为主要的容矿构造（图 4-14）。

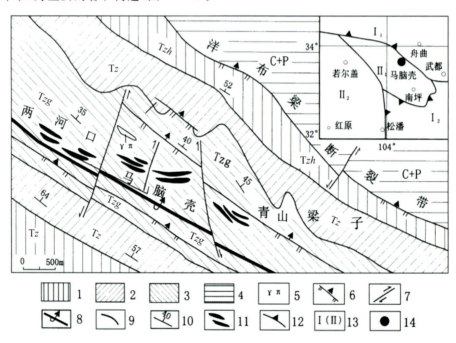

图 4-14 马脑壳金矿床地质图（据《四川省金矿资源潜力评价报告》，2011，有修改）
1. 侏倭组；2. 杂谷脑组；3. 扎尕山组；4. 石炭系—二叠系；5. 花岗斑岩脉；6. 压性断层；7. 剪切断层；8. 倒转背斜轴；9. 地质界线；10. 地层产状；11. 矿体；12. 冲断层；13. Ⅰ级（Ⅱ级）构造单元；14. 马脑壳矿区。Ⅰ. 南秦岭纬向造山带；Ⅰ$_1$. 白龙江构造带；Ⅰ$_2$. 摩天岭构造带；Ⅱ. 巴颜喀拉弧形造山带；Ⅱ$_1$. 阿尼玛卿褶皱带；Ⅱ$_2$. 阿坝（若尔盖）中间地块

矿区岩石发生区域变质作用,主要有变质粉砂岩、变质泥质粉砂岩及钙质粉砂质板岩、绢云绿泥石化板岩,在断裂构造附近,发育有构造角砾岩、碎裂岩。矿区蚀变作用活动频繁,蚀变作用主要发育有:硅化、褐铁矿化、黄铁矿化、碳酸盐化、绿泥石化;其次是雄黄、雌黄矿化、辉锑矿化、绿帘石化,均表现出以中低温热液蚀变为主。

3. 矿区地质及矿床规模

矿体明显受地层岩性及构造的双重控制。马脑壳金矿化带主要产于区内倒转背斜北翼扎尕山组地层中发育的北西向顺层强劈理化构造破碎带内,其总体呈北西向延伸,平均走向310°~320°,倾向北东,平均倾角30°。该矿化带具较大规模,长度约4km,宽200~500m;受后期断层切割破坏,分成两河口、马脑壳,及青山梁西、中、东3段,其中马脑壳矿段矿化较好,为主要矿体部分(图4-15)。

矿区主要发育蚀变岩及石英脉两种类型的金矿化作用。蚀变岩按其原岩性质可分为蚀变板岩型、蚀变砂岩型及蚀变灰岩型3类,前者矿化相对较强,金品位一般为$(3.9\sim9.69)\times10^{-6}$;后两者矿化相对较弱,金品位一般为$(1.79\sim2.32)\times10^{-6}$。该类型金矿化沿走向和倾向有较大延伸,为工业矿化的主体。

石英脉型金矿化依其矿物共生组合可划分为石英-黄铁矿-毒砂、辉锑矿-石英及石英-雄(雌)黄3种类型,其中前两者金矿化相对较强,品位一般为$(1.8\sim14.0)\times10^{-6}$;后者矿化较弱,品位一般小于$2\times10^{-6}$。该类型金矿化总体规模相对较小,长度一般几米至几百米,厚几厘米至几十厘米,沿走向、倾向延伸不大,除少数规模较大的辉锑矿-石英脉外,一般构不成独立金矿体。

两类金矿化空间上往往叠加发育在一起,石英脉型金矿化多沿次级脆性构造裂隙穿插于蚀变岩型金矿体之中。空间上,辉锑矿-石英脉型金矿化在马脑壳矿段最为发育,而石英-雄(雌)黄脉型多发育于青山梁矿段;尤其在有辉锑矿-石英脉型矿化叠加发育处,往往构成金的工业富矿体。

矿石类型:按主要工业矿物及金属硫化物的发育特征,有以下几种类型。金-黄铁矿-毒砂-石英型:是矿区分布最为广泛的主要矿石类型,约占矿石总量的70%,其含金量变化于$(0.2\sim13.0)\times10^{-6}$,大多数为$(1\sim2)\times10^{-6}$;主要矿石矿物为黄铁矿和毒砂,脉石矿物为石英;蚀变岩及石英-毒砂-黄铁矿脉型矿石均属此类。金-辉锑矿-石英型:含金量为$(1.8\sim14.0)\times10^{-6}$,大多数约$10\times10^{-6}$,矿石矿物以辉锑矿为主,局部含有白钨矿,脉石矿物以石英为主,呈脉状矿化形式产出。金-雄(雌)黄-石英-方解石型:为次要矿石类型,其矿物组合以雄(雌)黄、石英、方解石为主,含金量一般较低,以脉型矿化形式产出。

矿石矿物成分及结构构造:矿区各类矿石中,主要矿石矿物有自然金、黄铁矿、毒砂、辉锑矿,次为白钨矿及雄(雌)黄;脉石矿物则以石英为主,少量方解石及绢云母等。矿石发育多种结构构造,常见的矿石结构有结晶粒状、葡萄状、填隙、环边、环带、放射状、胶状和交代残余结构等;常见构造则主要有块状、浸染状、疏松粉末状、脉状穿插及碎裂状构造等。

4. 矿床勘查发现史及矿床规模

自四川省地质矿产局205地质大队20世纪80年代末期发现以来,至1995年曾开展了从普查、详查、勘探等多次不同勘查程度的勘探工作,并进行多次试验以查明矿石的矿物组成、化学成分、金的赋存状态、有益有害组分的种类、含量、矿石选冶性能等。同时,中国科学院地质研究所、中国地质大学、成都地质学院等多家科研、教育机构在近20年间曾多次对该矿床进行考察和研究,发表过众多有关马脑壳金矿的科研报告、论著及论文。该矿床规模达到大型。

5. 矿床成因

季宏兵等(1999)通过测定热液成矿期所形成的石英中流体包裹体的Rb-Sr同位素组成,获得46Ma的等时线年龄,并认为该年龄与特提斯洋的关闭及印度板块和欧亚板块的碰撞时间相一致;付绍洪(2004)通过测定石英矿物包裹体的Rb-Sr同位素组成,获得(210 ± 35)Ma的成矿年龄,该年龄与容

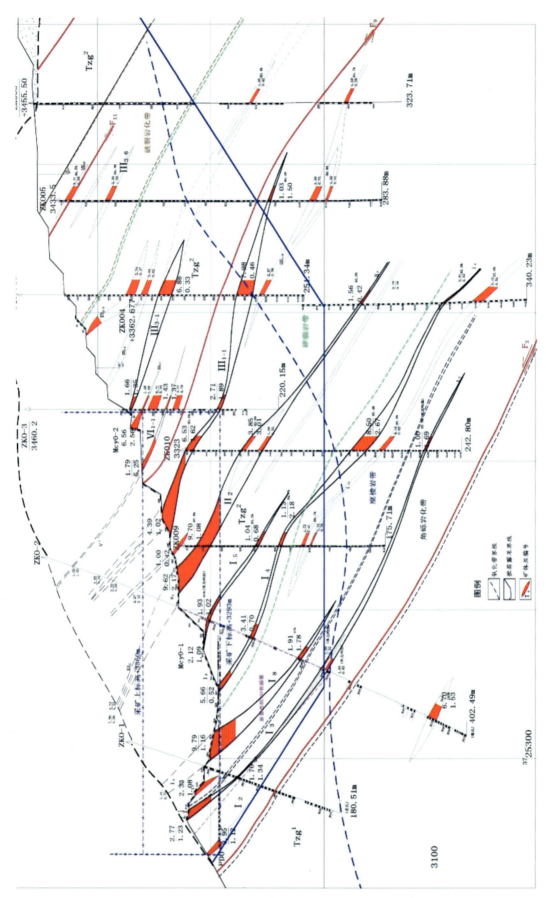

图4-15 马脑壳金矿床地质剖面图(据《四川省金矿资源潜力评价报告》,2011修改)

矿地层的形成时代相近，认为作为矿床主体的层状矿体是同生沉积的产物，脉状网脉状矿体则是由后期造山运动体制下产生的成矿热流体沿裂隙构造交代充填所形成；张国见(2012)认为马脑壳金矿床以构造控矿为主，构造变形程度控制着矿体的空间分布、产出形态和矿化富集程度。矿床表现出的层控性特点，主要与不同物理化学性质岩层的岩石组合有关，能干性(渗透障)与非能干性(不渗透障)岩层的交互叠置和有序排列，导致所有金矿体都产于能干性和非能干性的转换部位，即砂岩、板岩的接触部位。马脑壳矿床的成矿与传统的卡林型金矿有较大的差异，构造-岩浆活动对成矿起了重要的控制作用，有深部流体参与成矿的迹象，属多因复式成矿特征的大型中低温热液金矿床。

综上，其成矿模式可总结为(图4-16)：中新元古代碧口群形成原始的含金地质建造，之后的泥盆纪黑色碎屑岩成为衍生的含金地质建造。印支末期—燕山早期，地层发生强烈褶皱、变形和区域变质，并有中酸性岩体侵位。不同构造单元接触界线产生大规模的韧性剪切滑脱带和韧脆性逆冲推覆构造带，控导矿断裂形成，地温逐渐升高，部分矿质活化，成矿流体开始形成。随着板块运动的加剧，先成构造继续活动，同时相互导通、改造，派生众多的容矿构造。形成于中深层封闭系统中的含矿热液，经构造动力和岩浆活动的双重作用，在温差、压力差的驱动下，沿区域性断裂上升，途径中进一步萃取围岩的成矿物质。与此同时，天水沿断裂及裂隙系统下渗，补充和参与地下热卤水。成矿热卤水向上迁移至较浅部的减压带，随着温度压力的减低，硅及各种金属络合物解络、沉淀于主断裂和分支断裂的构造岩带内。遇断裂面、不同岩层界面等物理化学屏障更是富集沉淀，形成富矿体。喜马拉雅期—挽近期，本区继续上隆，矿床被小规模脆性断裂切割并开始出露地表，氧化作用使其遭轻微改造。

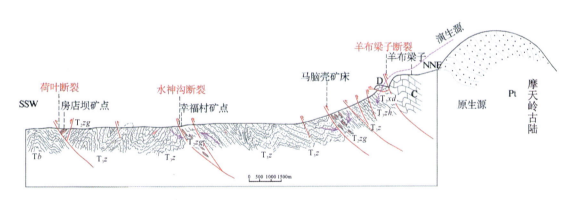

图4-16 马脑壳式金矿区域成矿模式图(据《四川省潜力评价成果报告》，2011)

典型矿床15：以中三叠世杂谷脑组绢云石英片岩为围岩与燕山期—喜马拉雅期花岗岩有关的岩浆热液充填型铅锌矿——四川道孚农戈山大型铅锌矿。

1. 交通位置

农戈山铅锌矿床位于四川省甘孜藏族自治州之道孚、丹巴、康定三县交界处，为道孚县八美区协德乡所辖。地理坐标：E101°42′15″—101°43′15″，N30°26′30″—30°27′30″。

2. 区域地质

农戈山铅锌矿床处于我国西南三江造山带的唐古拉-杂多玉树-义敦-中甸岛弧隆起带东侧的金沙江-红河断裂带中，属三江成矿带中的玉树-中甸矿带范畴。规模宏大的北西向炉霍-道孚-康定压扭性区域断裂带(长达30km)贯穿矿区中部。矿区位于区域构造牦牛-卡子复式向斜西翼，由炉霍-道孚-康定压扭性区域断裂带与次级农戈山背斜及热桑山向斜构成本区域北西向构造基本格架。

3. 矿区地质及矿体特征

燕山—喜马拉雅运动期间使本区域和本工作区内的早期同生断裂再次复活,在农戈山侵入岩体内部及与三叠纪地层接触边缘产生强烈韧脆性剪切构造带,深源含矿溶液沿构造剪切带上升,于岩体内的浅部张性断层、裂隙发育的碎裂岩带内部及岩体与围岩接触边缘的三叠纪地层内层间裂隙空间进行充填,形成农戈山式热液充填型铅锌矿床(图4-17)。

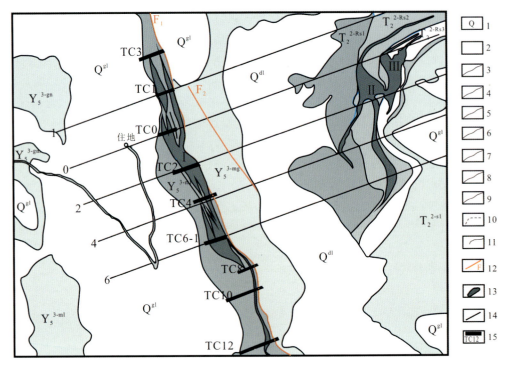

图4-17 农戈山铅锌矿床地质图

1.第四系;2.花岗糜棱岩;3.含矿碎裂花岗岩;4.碎裂花岗岩;5.片麻状碎裂花岗岩;6.透辉石英角岩;7.黑云石英(片)岩;8.绢云(英)片岩;9.钙质黑云(斜长)石英岩;10.推测地质界线;11.实测地质界线;12.断层;13.铅锌矿体;14.勘探线及编号;15.探槽及编号

矿区出露地层简单,主要为中生界中三叠统杂谷脑组(T_2z)和新生界第四系(Q)。杂谷脑组(T_2z):主要分布在矿区东部及中部山脊一带。

矿区内构造较为简单,以断层为主,褶皱次之。断裂构造皆隶属于区域NW—SE向压扭性炉霍-道孚-康定大断裂带构造体系所派生的一系列次级断层,节理、裂隙构成矿区基本构造格架。与成矿最为密切相关的为矿区中部沿农戈山岩体东侧与中三叠统接触的一条NW向规模较大的农戈山断层破碎带(F_1)。

占整个农戈山铅锌工业储量97%的Ⅰ号铅锌矿体产于农戈山花岗岩体碎裂岩带中,而整个碎裂岩带即为铅锌矿带或铅锌矿化带,没有明显的矿体界线,通过系统工程控制,在整个铅锌矿化带中所圈定的Ⅰ号铅锌矿体紧靠农戈山断裂带中的糜棱岩下盘,碎裂花岗岩带内部,简称西矿带。产于中三叠统杂谷脑组中的Ⅱ号、Ⅲ号矿体规模较小,只占整个矿区工业储量的3%,简称东矿带。

Ⅰ号矿体走向NW,倾向35°~85°,倾角5°~58°,目前控制长度,北至7线附近,南至12线以南,长达1200m左右。厚度最大为85.97m,最小为0.98m,平均为23.80m,厚度变化系数为74.35%。根据目前工程控制矿体延深大于300m。Pb+Zn一般为3%~4%,Pb最高可达50.2%,Zn达14.1%,变化系数为44.73%。

Ⅱ号、Ⅲ号矿体均位于矿区东侧,呈扁豆状产于中三叠统杂谷脑组下段角岩带中的条带状含透闪石、透辉石大理岩和绢云石英片岩中,两矿体上下相隔40m。矿体产状与围岩一致,矿体走向NNE,倾向97°～125°,倾角24°～64°。其中Ⅱ号矿体长400m,厚2.5～8.94m,延深大于140m,Pb+Zn平均为3.19%。Ⅲ号矿体长200m,厚1.69～14.35m,延深小于100m。

Ⅰ号、Ⅱ号、Ⅲ号铅锌矿体的矿物组分均以方铅矿为主,次为闪锌矿和少量黄铁矿、黄铜矿,偶见白铅矿、菱锌矿、异极矿、磁铁矿、辉银矿。脉石矿物以钾长石、石英为主,含少量斜长石、绢云母、黑云母、白云母、绿泥石、方解石等,偶见电气石、萤石。

4. 矿床勘查发现史及矿床规模

四川省地质局402地质队于20世纪80年代发现。矿床规模大型。

5. 矿床成因

胡有山等(2010)认为主要控矿因素是地层、断裂构造和岩浆活动,其中断裂构造是最主要的控矿因素,认为该矿床成因类型为深源构造-热液成因。欧阳志强等(2011)确定矿床成因类型为受断裂构造控制的中低温热液充填型铅锌矿床。结合方铅矿、黄铜矿、闪锌矿铅同位素测定资料,$^{206}Pb/^{204}Pb$ 18.30～18.36,$^{207}Pb/^{204}Pb$ 15.56～15.61,$^{208}Pb/^{204}Pb$ 38.54～38.71,为正常铅,模式年龄值计算为219～178Ma。而花岗岩中长石铅测定$^{206}Pb/^{204}Pb$ 18.67～18.70,$^{207}Pb/^{204}Pb$ 15.65～15.82,$^{208}Pb/^{204}Pb$ 39.40～39.64,为异常铅,说明矿床金属物质主要源于围岩而不是岩体本身。硫同位素$\delta^{34}S$ 0.8‰～3.8‰,属深部幔源硫,爆裂温度200～240℃。因此将矿床富集定为喜马拉雅期,矿床成因属深源构造-热液成因,并具有多期成矿特征。

申大元(2011)建立成矿模式为:折多山花岗岩体于燕山晚期沿炉霍-道孚-康定断裂带上盘形成北西向花岗岩带,喜马拉雅期由于炉霍-道孚-康定断裂带的持续活动,在一定深度范围内于岩体上部与围岩接触带形成韧-脆性剪切带,剪切带形成过程中产生的热量形成大范围的热液循环系统,在热液循环作用下,由三叠纪地层中萃取Pb^{2+}、Zn^{2+}、Ag^+、Cu^{2+}等有用组分、由岩体中带入S^{2-}于脆-韧性带沉淀堆积,即第一期矿化,形成大范围的低品位矿化带(图4-18)。随着地壳的不断抬升,矿化带抬升至近地表,韧性剪切作用逐渐减弱,脆性作用逐渐增强,叠加于初始矿化带上的脆性构造使得矿化进一步富集形成工业矿体;本次矿化过程不仅局限于第一期矿化带内,也可以沿脆性构造于第一期矿化带外形成小规模的富矿体;矿体升至地表,遭受后期构造破坏及风化剥蚀,现今矿体形态形成,显示出多期成矿特点。

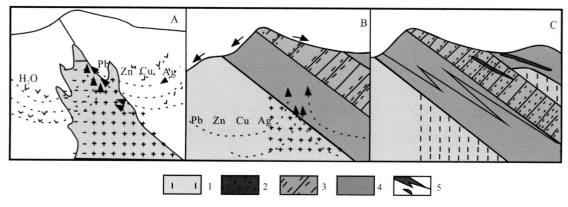

图4-18 农戈山铅锌矿成矿模式图(据申大元,2011)

1.花岗岩;2.矿化带;3.花岗糜棱岩;4.三叠纪地层;5.铅锌矿体

第三节　区域地史演化与成矿

该区地史演化经历了构造基底的形成、被动大陆边缘及碰撞造山3个不同的演化阶段。

1. 中元古代早中期(Pt_2^1—Pt_2^2:1600~1200Ma)

该时期处于大陆裂谷环境,以康定杂岩和同德杂岩为代表的太古宙和古元古代形成的原始扬子大陆板块很可能发生过一次大规模的裂解事件(孙传敏,1994)。在该持续漫长的大规模伸展构造背景下,形成一些断陷和拉分盆地并伴随着强烈地碱性火山喷发及岩浆侵入活动,造就了区内的黄水河群、里伍岩群双峰式火山岩基底及盐边群复理石基底[图4-19(a)]。前人对会理群河口组的碱性玄武岩(1500Ma)、攀枝花层状辉长岩(1508Ma)、湾东辉长岩(1600Ma)的年代学研究结果表明这些火成岩的形成时代为中元古代。本阶段同时伴随着Cu多金属的富集,形成了彭州马松岭铜矿等矿床[图4-19(a)]。

区内的基底岩系主要是指震旦系之下的古老变质岩系,自北而南,主要包括黄水河群、白水河群、康定群、峨边群、喜德群(或登相营群)、会理群、盐边群、河口群、元谋群、昆阳群和大红山群等,它们一般沿造山带呈带状出露。前人对这些基底的形成时代研究主要存在太古宙—古元古代(2.9~1.7Ga)和中—新元古代(1.6Ga~850Ma)的两种不同意见。

笔者对潘-甘孜带江浪穹隆中的变基性岩(原岩为玄武岩)锆石进行了U-Pb年代学研究,结果表明其形成时代为(2369±17)Ma(2σ)(图4-20),证实了区内古元古代早期结晶基底的存在。结合对区内地史演化的研究,我们认为上述观点都是合理的,因为该区内存在的是双重基底:太古宙原有的老基底,经过裂谷作用(前已提及)、俯冲消减和拼合造山(后将提及)的一系列演化过程后形成的中—新元古代新基底。老基底则是以北边康定群为代表的较老变质岩系,主要由斜长角闪岩、角闪岩、角闪斜长片麻岩及黑云变粒岩等岩性组成。变质一般以中—低压角闪岩相为主,局部达到麻粒岩相,并普遍遭受混合岩化作用。经原岩恢复和层序对比(骆耀南等,1998),应为一套由火山-沉积组成,下部以基性火山岩为主,向上变为中酸性火山岩及火山碎屑岩-火山质浊积岩,最后转为正常的沉积,总的以基性火山岩占绝对优势,它们构成本区的结晶老基底。新基底以南边盐边群和会理群为代表的新变质岩系,前者为一套复理石和拉斑质玄武岩组合,变质达低绿片岩相;后者以深水或浅水陆缘碎屑岩和碳酸盐岩组合为主,局部可见浊积岩和火山岩,它们构成新的构造-褶皱基底。上述新老基底最终通过晋宁造山运动(后文将提及),共同组成了区内的双层基底结构。运用该新认识,反过来解释区内的构造-地层沉积-岩浆活动和成矿等地质作用过程,就极为合理了。

中元古代时期经历了海底喷发沉积,经历沉降、成岩作用,后经区域变质、褶皱回返以及多期次的岩浆侵入的复杂过程,最终致使含矿元素活化运移,在形成的次级断裂、复背向斜构造等低压区富集形成彭州式火山沉积变质型铜矿。前震旦纪宝兴杂岩产出有与基性—超基性岩浆岩有关的岩浆熔离型和岩浆晚期贯入型铜镍矿、与元古宙黄水河群变质岩有关的铜矿、与花岗闪长斑岩有关的斑岩型铜(钼)矿。区内与黄金坪式金矿有关的地层仅为康定地层分区的古元古代康定岩群之冷竹关岩组、咱理岩组,以高级变质岩建造为主,可能有混合岩化岩相。该矿床属于岩浆热液成因石英脉-蚀变岩型金矿床。含矿围岩形成时间与矿床定位时间时差较大;其间矿液可能受到了剪切变形变质和地下热水作用的改造。矿床矿体由石英脉和蚀变构造岩近乎对等组成,应属石英脉型向蚀变岩型的过渡类型。

2. 中元古代晚期—新元古代早期(Pt_2^3—Pt_3^1:1200~940Ma)

该时期为海洋化及海洋扩张阶段(1200~1000Ma)(孙传敏,1994);区内进一步裂解,发育成石棉元古大洋,在活动大陆边缘对称发育碳酸盐台地相沉积岩[图4-19(b)]。

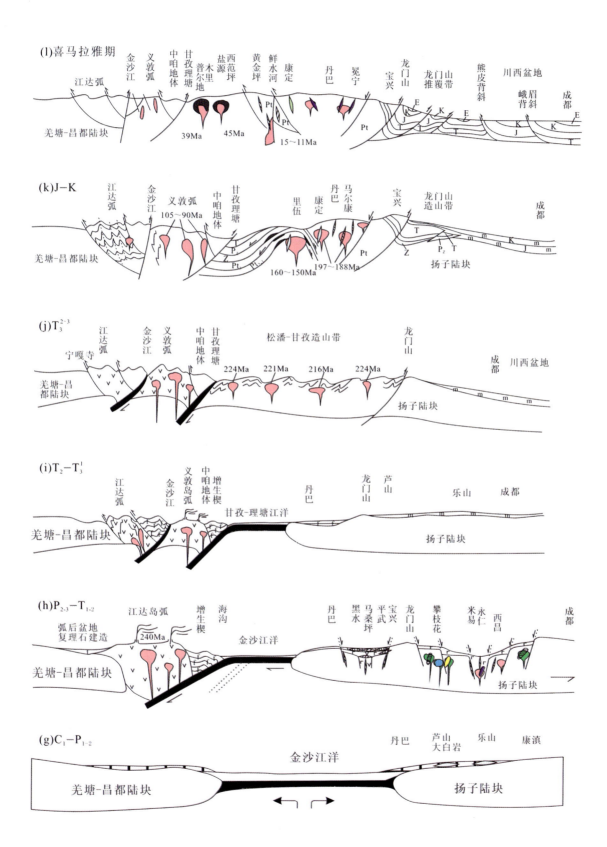

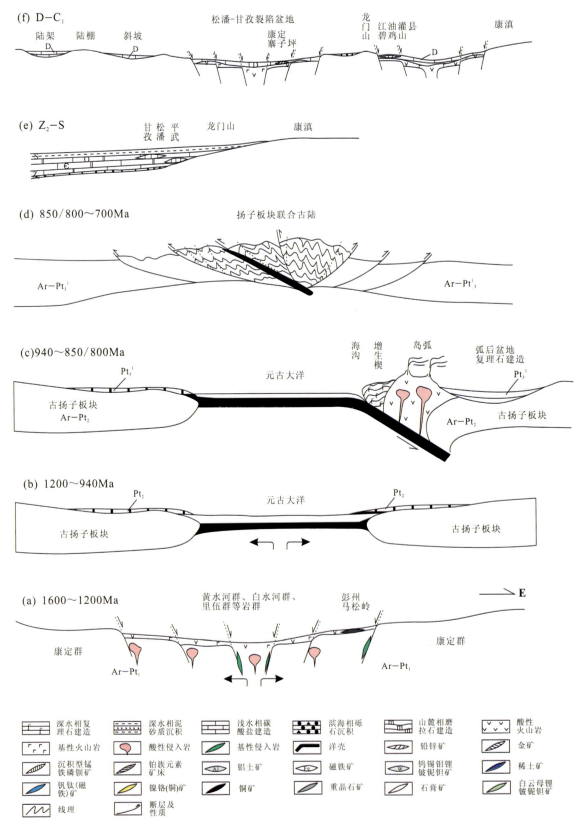

图 4-19 上扬子北西缘龙门山及松潘-甘孜地区地史演化与成矿图

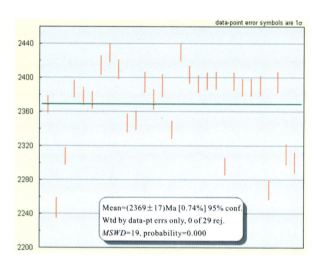

图 4-20 松潘-甘孜带江浪穹隆中变质玄武岩锆石加权平均年龄图

川西蛇绿岩的发现为该大洋的存在提供了证据,其同位素年龄为 1200～1000Ma(孙传敏,1994)。初期阶段类似于现代加利福尼亚湾(出现席状熔岩和岩床并伴有大量沉积物),尔后可能发展到现代东太平洋隆起或大西洋中脊的某些地段(以枕状熔岩为主夹少量沉积物,有铁锰质深海沉积),洋壳遭受到海洋变质作用。区内报道的蛇绿岩为川西蛇绿岩和石棉蛇绿岩。

川西元古宙蛇绿岩最初发现于盐边。该认识的提出主要基于下盐边群火山岩中枕状熔岩的发现及与高家村基性—超基性深成岩的岩石组合,并给出了 112Ma 和 1250Ma 两个深成岩的同位素年龄(骆耀南,1983;李继亮等,1983;赖明宗,1983)。此后许多研究者又做了大量直接和间接的工作,并给出了变质火山岩年龄为 1006Ma 这一重要数据(李继亮等,1983)。但对盐边这套深成火山岩组合是否为蛇绿岩,却存在着很大的分歧。持否定意见的研究者认为:①盐边的深成岩与火山岩系之间缺乏典型的"席状岩墙群";②岩石化学成分明显不同于世界上最典型的蛇绿岩——赛普路斯 Troodos 蛇绿岩;③未出现地幔橄榄岩或构造橄榄岩。

区内另一个元古宙蛇绿岩发现于石棉,主要由变质橄榄岩和辉长岩组成,玄武岩出露零星。方辉橄榄岩和辉长岩的全岩 Sm-Nd 等时线年龄和锆石 U-Pb 年龄分别为(938±30)Ma(沈渭洲等,2002a)、(906±46)Ma(沈渭洲等,2003),表明它是新元古代早期岩浆活动的产物。变质橄榄岩具有低的 Al_2O_3 和 CaO 含量,高的 MgO 含量和 $Mg^{\#}$ 值,与世界上典型蛇绿岩中方辉橄榄岩的值一致。玄武岩具有较高的 SiO_2 和 TiO_2 含量,较低的 Al_2O_3 和 K_2O 含量;LREE 略亏损,基本无 Eu 异常;在不相容元素方面,玄武岩具有较低的 $(La/Yb)_N$、$(La/Sm)_N$、Ce/Zr、Th/Y、Th/La 和 Ti/Y 值,较高的 La/Nb、Zr/Nb 和 Y/Nb 值,Nb 负异常较为明显;玄武岩的主要地球化学特征与 MORB 相似,但与 IAT 和 OIB 区别明显。在构造环境判别图解中,玄武岩均投影于 MORB 区域。根据上述特征并结合区域地质构造特征,沈渭洲等(2003)认为石棉蛇绿岩可能形成于成熟的弧后盆地环境。该蛇绿岩带目前尚未引起研究者的争议,但是弧后盆地的张性环境下是否能够生成一套蛇绿岩组合,尤其是形成其中的超基性端元,还是存在疑问的;弧后盆地中的洋壳,应是与大洋洋壳同期形成的产物。我们最近对该区内的蛇绿岩(主要为橄榄岩和辉长岩)进行了大量的锆石 U-Pb 年代学研究,结果为 1050～937Ma,表明该时期的元古洋仍然处于扩张状态。

孙传敏(1994)认为,"席状岩墙群"并不是不可缺少的必要单元,如西地中海的亚平宁-阿尔卑斯带的蛇绿岩,以及世界上最年轻的分布于我国台湾省的蛇绿岩。因而,盐边元古宙蛇绿岩中缺乏"席状岩墙群"和岩石化学成分不同于 Troodos 蛇绿岩并不能构成否定它为蛇绿岩的依据。相反,岩相学和岩石化学特征,正是研究和确定蛇绿岩形成时大地构造环境的重要依据。石棉和盐边两处均位于"康滇地轴"上。石棉蛇绿岩与苏雄组常呈断层接触，但局部地段为非断层接触。苏雄组的岩性特征与盐边的上盐边群窄古组相似，而后者正是覆于盐边蛇绿岩之上。由此推断盐边和石棉两地的蛇绿岩，很可能为被肢解分割的同一蛇绿岩套(孙传敏，1994)。

综上所述，本书将石棉元古大洋扩张成最大洋盆的时间限定为新元古代早期(940Ma)。

3. 新元古代早期(Pt_3^1：940~850/800Ma)

该时期处于洋壳俯冲阶段，元古大洋开始由西向东斜向俯冲，形成了消减环境下的一套岛弧岩浆系统，以天宝山组的钙碱性火山岩和石英闪长岩带(1000~850Ma)(孙传敏，1994)为代表。在弧后形成盆地深水相复理石建造沉积[图4-19(c)]。下盐边群的蛇绿岩可能在此阶段构造侵位于活动大陆边缘(或岛弧边缘)并由上盐边群的复理石建造所覆盖。

扬子板块北西缘新元古代花岗岩类分布较广。沈渭洲等(2000a)自北向南依次对丹巴县春牛场混合花岗岩，康定县下索子花岗岩、野坝石英闪长岩和瓦斯沟斜长花岗岩，石棉县田湾闪长岩、扁路岗角闪花岗岩和黄草山花岗岩进行了一系列的研究。这些岩石类型有闪长岩类和花岗岩类型，包括斜长花岗岩、石英闪长岩、英云闪长岩。

采用$^{205}Pb-^{235}U$混合同位素稀释法进行锆石U-Pb定年的结果表明，黄草山岩体中锆石结晶年龄为$(786±36)$Ma，下索子岩体中锆石结晶年龄为$(805±15)$Ma(沈渭洲等，2000b)，揭示上述岩体均是晋宁期岩浆活动下的产物。

元素地球化学测试结果则表明这些花岗质岩石具有准铝质化学成分(ACNK)<1.03；贫Rh、U、Th、Nb、Hf，相对富Sr、Ba、Zr；稀土总量较低，轻、重稀土分馏不明显；εNd较高(>4.3)，I_{sr}较低(<0.7050)，δO低(<7.6‰)(沈渭洲等，2000a)。这些特征与华南同熔型花岗岩类的值十分相似，反映其源区具有壳幔混合特点。新元古代花岗岩类的Nd模式年龄(1.81~1.14Ga)介于该区初生地壳(1.0Ga左右)和古老地壳(>2.0Ga)之间，推测这些花岗岩类主要是由上述两端元按不同比例组成的混合源区衍生的母岩浆形成的，可能同新元古代早期(晋宁期)滇青藏大洋板块向扬子古板块的俯冲有关(沈渭洲等，2000a)。

另外，沈渭洲等(2002b)还对扬子板块西缘的四川泸定桥头基性杂岩体中辉长岩的锆石进行定年，结果[$(853±42)$Ma]表明其形成于新元古代早期。该岩体的主量元素显示钙碱性分异趋势；微量元素呈现典型的岛弧环境地球化学特征，即相对富集大离子不相容元素，亏损高场强元素和LREE轻微富集，配分型式略呈右倾型；地球化学特征表明它们都投影于岛弧拉斑玄武岩区域内。上述特征表明，泸定桥头杂岩体可能是在一个相对原始的岛弧环境中形成的，岩浆源区已受到俯冲组分影响而产生不同程度富集。

4. 新元古代早中期(Pt_3^{1-2}：850/800~700Ma)

陆块碰撞阶段(850~700Ma)：元古洋俯冲结束，洋片消失，形成了古扬子大陆，区内开始碰撞造山[图4-19(d)]。

并伴随着造山期的岩浆作用，以苏雄组的钙碱性火山岩及与其同源的过铝质S型花岗岩为代表。石棉蛇绿岩可能在此阶段构造侵位，仰冲于扬子板块西缘上。碰撞带西部的陆块可能大部分被覆盖该带以西的显生宙的沉积物或推覆体之下，本阶段相当于狭义造山运动的最后阶段(相当于晋宁晚期)，伴有强烈的挤压变形作用。整个区内开始形成南华纪南沱组(660~630Ma)砾岩。

5. 震旦纪(Z)—志留纪(S)

通过晋宁造山运动，本区形成前震旦纪基底以后，又随同扬子陆块一起，进入一个相对稳定的演化阶段，古扬子大陆处于被动陆缘环境。海侵海退循环变化，形成了区内的震旦纪—志留纪半深海相-滨浅海相-碳酸盐台地相-陆棚相等多种环境下的交替沉积，并形成了石坎式沉积型锰矿，如产于下寒武统邱家河组碳酸盐岩-碳硅质板岩建造中的平武马家山小型锰矿和产于震旦系陡山沱组中的城口高燕式锰矿[图4-19(e)]。

6. 泥盆纪(D)—早石炭世(C_1)

松潘-甘孜地区及龙门山一带发育张性裂谷环境，形成了大量的类似于双峰式火山岩，在松潘-甘孜裂谷盆地和龙门山-江油灌县裂谷盆地内形成了碳酸盐台地相沉积，并在前者的碳酸盐岩层中形成Pb、Zn矿床，如康定寨子坪铅锌矿床；在后者的碳酸盐岩层中形成Fe、Mn矿床，如碧鸡山铁矿床[图4-19(f)]。

在中—晚泥盆世时期，由于康滇古陆与川中古陆连成一片，致使西部海域(华西海和东喜马拉雅海)与东部海域(华南海)完全被隔开互不相通，此时扬子古陆西侧由于古陆分裂的微地块构成障壁岛，加之海岸线过回曲折，从而在古陆剥蚀区西侧形成一些海湾和局限—半局限泥质碳酸盐台地，对铁矿沉积十分有利。这些地区既可以通过海流搬运从浅海区获得铁硅酸盐沉积物，也可以从附近剥蚀区取得大量含铁物质补给，并在相对闭塞的水盆中进行充分的机械和化学分解，使碧鸡山式(宁乡式)沉积型铁矿得以富集成矿。

泥盆系沉积成岩阶段：沿五龙、陇东深大同生断裂形成的含铅、锌等成矿物质的热卤水，在正常沉积作用的参与下沉淀出与地层整合并具有层纹构造的似层状铅锌矿化体，后期由于海西期的区域动力热液变质作用与岩浆活动改造，使铅锌物质产生活化成为含矿热液迁移，在向斜两翼的层间破碎带中充填富集成寨子坪式似层状热液型铅锌矿定型。

泥盆纪至二叠纪：经历了海侵、海退两个阶段，形成了一套巨厚层碳酸盐沉积及碎屑沉积建造，为寨子坪铅锌矿的赋矿层位。在泥盆系沉积成岩阶段，沿深大同生断裂形成的含铅、锌等成矿物质的热卤水，在正常沉积作用的参与下沉淀出与地层整合并具有层纹构造的似层状铅锌矿化体，后期由于海西期的区域动力热液变质作用与岩浆活动改造，使铅锌物质产生活化成为含矿热液迁移，在向斜两翼的层间破碎带中充填富集成寨子坪式似层状热液型铅锌矿定型。

7. 早石炭世(C_1)—早中二叠世(P_{1-2})

从早石炭世(C_1)开始，南古特提斯洋即金沙江洋开始开启，并至早中二叠世(P_{1-2})时期形成大洋盆，泛扬子古陆分裂成羌塘-昌都板块和扬子板块；两者呈东西分布，均处于被动陆缘构造环境，接受具对称性的碳酸盐台地相沉积，形成了一套以碳酸盐岩为主的沉积岩序列[图4-19(g)]。并在扬子西缘沉积了铝土矿矿床，主要分布于北部广元-青川地区、芦山-天全地区，如芦山大白岩铝土矿、乐山铝土矿[图4-19(g)]。

许志琴等(1990)通过研究认为，松潘-甘孜造山带西侧形成一个由火山岛弧、弧前及弧间复理石增生楔及俯冲杂岩(蛇绿岩、混杂堆积及高压变质滑脱带)组成的庞大的俯冲体系。提出自西往东"海沟倒退俯冲"模式，强调了蛇绿岩带表示了一个而非两个规模较大的南古特提斯洋盆的存在。根据金沙江蛇绿岩带放射虫硅质岩时代为C_1—P_1，甘孜-理塘带放射虫时代为P_2—T_1，表明古特提斯洋盆开启时限为C_1—T_1。俯冲时限P_2—T_3，这是依据昌都陆缘火山弧(P_2—T_2)、义敦火山岛弧(T_3)及活动大陆边缘增生楔(P_2—T_3)的时代而推断确定的。T_3末期南古特提斯洋关闭，继而板块碰撞造山。

曾经存在而现在消失的洋盆，在碰撞造山带内，均无一例外地呈蛇绿杂岩出现。松潘-甘孜造山带中的蛇绿岩分布较广，其中能与深海洋壳对比的主要有甘孜-理塘和金沙江两个蛇绿岩带。

1)甘孜-理塘蛇绿岩带

该蛇绿岩带沿甘孜-理塘断裂带断续出露于玉树、甘孜、理塘、木里一带，因遭受多次构造变形改造，大多已被肢解为蛇绿杂岩，在宽约5～20km范围内代表洋壳残片的铁镁质岩体、岩墙，深海放射虫硅质岩、浊积岩与由构造作用、滑塌作用及火山作用形成的构造岩片与混杂岩相互混杂。该带最早被划为深大断裂和印支优地槽褶皱带，张之孟(1979)、李春昱(1980)推断为弧后扩张带，后经刘宝田(1983)、侯立玮等(1983,1986)以及王连成等(1980)研究,均先后将其作为蛇绿混杂岩,并视为晚二叠世至晚三叠世卡尼克期深海洋壳存在的证据。认为与之相伴出现的还有"垮塌型混杂岩"及火山混杂岩。

带内的铁镁质—超铁镁质岩体、岩墙及各种堆晶岩一般规模不大,多成群成带沿断裂带产出;枕状和块状玄武岩、硅质岩分布较广,放射虫硅质岩仅于理塘附近发现。从目前已获资料来看,在理塘热水塘、禾尼地区蛇绿岩套的各组成单元出露较全,可组成相对完整的蛇绿岩剖面。

2)金沙江蛇绿岩-混杂岩带

该岩带主要出露于金沙江断裂中南段主断裂西侧的巴塘—得荣一带,向北仅零星出露规模较小的超基性岩。自张之孟(1979)提出金沙江带是一古板块缝合线的认识后,又有不少地质学家发表了相似的认识。

金沙江蛇绿岩带主要由被肢解的海西中晚期(C_1—P_1)洋脊型玄武岩与蛇纹石化超基性岩、堆晶辉长岩、辉绿岩及放射虫硅质岩等组成,进一步确认为洋壳残片。

8. 中晚二叠世(P_{2-3})—早中三叠世(T_{1-2})

金沙江洋开始由东向西斜向俯冲,在羌塘-昌都板块东缘形成了消减环境下的一套岛弧岩浆系统,扬子板块西部地区处于海侵状态,在被动陆缘形成了一套巨厚层的碳酸盐沉积和碎屑沉积建造[图4-19(h)]。

许志琴等(1992)曾明确提出扬子板块向北俯冲于昆仑地体之下,而同时往西俯冲于羌塘-昌都陆块之下的近直交的双向俯冲模式。扬子北西缘巴颜喀拉与昆仑的关系主要依据姜春发(1989)的资料。而扬子西缘的俯冲作用由于两条蛇绿混杂岩带(金沙江带及甘孜-理塘带)的出现而使问题复杂化,并曾产生过多种假设,前人观点主要有:①金沙江带为古特提斯洋闭合的缝合带,义敦火山弧带为洋壳往东俯冲的产物,甘孜-理塘带为弧后扩张洋脊,西康群为弧后盆地;②甘孜-理塘带为主缝合带,洋壳往西俯冲形成义敦岛弧;③金沙江带及甘孜-理塘带代表两个古特提斯洋盆及两条缝合带存在,并产生往西的俯冲作用;④多岛弧观点。

许志琴等(1992)则认为具古洋壳性质的金沙江带及甘孜-理塘带为古特提斯洋的自西往东"海沟倒退俯冲作用"而留下的两条蛇绿混杂岩带,其主要依据是:①甘孜-理塘带洋壳生成时代(P_1—T_1)及俯冲时间(T_{2-3})比金沙江带生成时间(C_1—P_1^1)及俯冲时间(P_1^2—T_{1-2})稍晚;②羌塘-昌都地块东部江达-德钦陆缘火山弧的确定(侯立玮等,1983),以及陆缘弧时代(P_1^2—P_2)比义敦岛弧生成时代要早;③弧-沟-盆体制的多重特征及往东迁移特点;④变形构造研究表明伴随俯冲作用存在自西往东剪切指向。"海沟倒退动力学"模式基于羌塘-昌都陆块的增生与海沟的倒退都是向东进行,持续时限为P_1^2—T_3^2,约50Ma。

鉴于目前对金沙江和甘孜-理塘两个古特提斯洋俯冲动力学的认识还存在重大的分歧,本书暂时选择参考许志琴等(1992)提出的"海沟倒退俯冲作用"模式作为扬子北-西缘晚古生代以来的地史演化与成矿作用的大地动力学基础。即在P_1^2—P_2时期,金沙江洋壳往西俯冲出现"安第斯山"型的"江达-德钦"陆缘火山弧,继后形成T_{1-2}弧前增生楔盆地,由于该增生楔盆地位于陆缘斜坡的位置,因此发育了台盆相的浊积相沉积。

康滇古陆在海侵之前,处于湿热气候条件下,在古陆或隆起区形成红土型风化壳,为铝土矿的富集和成矿提供了重要物质条件;并大致同时达到准平原化,为以后铝土矿的形成提供了有利的基底地貌。在中二叠世梁山期的海侵之后,残留在高地的富铝质红土型风化壳于梁山期被地表径流冲刷、搬运、沉积-堆积在附近的滨湖沼泽、浅湖等中,形成大白岩式沉积型铝土矿。喜马拉雅运动以来,地壳不断抬升,部分含矿岩系暴露于地表或近地表,在氧化条件下,一些高硫、高铁铝土矿发生了变化,形成低铁低硫铝土矿,而在地下深处,特别是潜水面以下仍多为高硫型铝土矿。

在中—晚二叠世(P_{2-3})时期,扬子西缘受地幔柱活动的影响,形成大规模的张性环境,其产物为著名的攀西裂谷。该拉张作用使攀西两侧的陆块裂而不离,在整个带内产生一系列近南北向张性断裂。

基性岩浆沿金河-菁河等主控断裂侵入或喷发,形成著名的峨眉山大玄武岩省。并在北侧丹巴—宝兴一线形成了与之密切相关的 Pb、Zn、Au 多金属成矿系统,如黑水锰矿、平武锰矿、芦山马桑坪铅锌矿等矿床;在康滇陆地内部龙门山—峨眉山一线形成了 V-Ti 磁铁矿、Ni-Cu 矿、铂族元素矿、稀土矿等多个成矿系统,如攀枝花 V-Ti 磁铁矿等矿床。在哀牢山—红河构造带南段,古生代基性—超基性岩体沿北西向的压扭性断层侵入哀牢山群中,基性岩体侵入和冷缩的过程中,在岩体内部边缘部分,与岩体同源的含钒钛磁铁矿熔浆沿围岩中的软弱带或间隙面贯入,形成棉花地式岩浆分异型铁矿床。

之后的火山活动由中心喷发演变为大规模裂隙喷发,以至在金河-菁河断裂带西侧海陆交替的滨海地区构成南北展布的暗色岩带。本区基性喷发岩属大陆裂谷碱性玄武岩和拉斑玄武岩之间的过渡类型。除火山-沉积岩系外,次火山相辉绿辉长岩体和基性超基性岩体则发育于大板山主火山口附近。铁矿体主要赋存于基性火山角砾岩、熔岩、凝灰岩等火山碎屑岩中,呈似层状、透镜状产出;矿体与围岩产状基本一致,其顶、底板多为凝灰岩和凝灰角砾岩;部分矿体产于玄武岩中。与次火山相有关的扮岩铁矿多赋存于苦橄岩、辉绿辉长岩中。

在晚二叠世(P_3)时期,广泛喷溢并覆盖广大地区的玄武岩,分4个喷发旋回,其中第四喷发旋回与成矿关系密切,赋铜岩系多出现在火山活动的间歇期,为熔岩向沉积岩过渡的凝灰岩或碎屑岩。火山岩是铜矿质的主要物源,后期的构造、热液活动等使火山岩中的铜质活化转移富集成宝坪式火山岩型铜矿。

9. 中晚三叠世(T_{2-3})

中三叠世开始(T_{2-3}),羌塘-昌都陆块往东增生,原金沙江洋片折断,海沟往东后退,在江达岛弧及增生楔东侧,形成金沙江缝合带;到退后的海沟以东,则为甘孜-理塘洋,该洋片继续由东向西斜向俯冲,在江达弧东缘形成了消减环境下的一套岛弧(义墩岛弧)岩浆系统[图4-19(i)];扬子板块仍然处于被动陆缘,龙门山已抬升至水面以上,其东高西低,西侧为一套深海相复理石建造,东侧为一套陆相磨拉石建造[图4-19(i)]。

第四阶段(T_3^1—T_3^2):义敦岛弧前缘形成由海底扇、浊积岩、滑塌岩及复理石岩系组成的以洋壳为基底的弧前增生楔,即现今的中咱地体。由于义敦岛弧与羌塘-昌都陆块之间拼贴,形成弧-陆碰撞型弧后火山叠置在江达-德钦(P_1^2—T_{1-2})火山弧上,早先生成的增生楔变成为弧间盆地或弧间楔。

10. 晚三叠世晚期(T_3^{2-3})

大约从晚三叠世时期开始,甘孜-理塘洋俯冲消减完毕,洋壳消失,羌塘-昌都板块与扬子板块最终实现了拼接,义敦岛弧与新生增生楔成为连接两个陆块之间最后的拼贴增生体,致使洋壳的残片——蛇绿杂岩带被夹持在陆-陆之间,并在甘孜、理塘一带形成了甘孜-理塘缝合带[图4-19(j)]。区内进入了强烈的印支期陆陆碰撞造山的新阶段,在甘孜—理塘一带形成了广泛分布的造山期花岗岩。龙门山以东沉积一套陆相磨拉石建造[图4-19(j)]。

在南侧木里—盐源—丽江一带,构造环境同样处于陆缘碰撞造山带,是被动陆缘逆冲-推覆大型变形构造带中带范围的逆冲-推覆型向斜构造区,并形成与楚雄前陆盆地(T_3)分界的逆冲推覆前锋带;在鹤庆陆缘坳陷松桂组下段($T_3 sn^1$)位于滨岸沼泽相中,它的北东边靠近陆地,南西边是滨海相沉积。在盐源—丽江凹陷背景上形成的异向叠加次级洼地内,陆源来源和热水循环带来的深部物源的 Mn^{2+},随着富氧、碱性、动能大的海水,在强水动力条件下(风暴流、浊流、海流、潮汐等)形成颗粒流,越过水下暗砂坝,进入比较宁静的、动能小的局限凹地,在氧化环境中 Mn^{2+}、Ca^{2+}、Mg^{2+} 和 SiO_2 胶体化学沉积分异,分别形成鹤庆小天井式锰矿及硅质、钙质层。松桂向斜周边晚三叠世灰岩古岩溶侵蚀面上的以残留堆积物形式产出有鹤庆中窝式古风化壳异地堆积型铝土矿。

11. 侏罗纪(J)—白垩纪(K)

燕山期持续造山运动,形成了区内造山作用成因的花岗岩,西侧义敦岛弧带内的岩浆岩时代主要集中于105～90Ma之间,东侧松潘-甘孜带内的岩浆岩时代主要集中于197～150Ma之间[图4-19(k)]。局部岩浆穹隆引发了岩层顺层滑脱,形成韧性剪切带,富集了Cu-Zn等矿体,如里伍铜矿;在康定—马尔康一带形成金矿床系列;整个松潘-甘孜地区迅速抬升,并缺失该时期的沉积记录;龙门山推覆构造带岩石变形强烈,以东沉积一套陆相磨拉石建造[图4-19(k)]。

12. 喜马拉雅期

受西边印度板块与欧亚大陆板块由西向东陆陆碰撞的影响,带内被剧烈抬升,岩石进一步发生变形、变质,形成大规模的左行走滑-拉分构造。区内受构造-岩浆活动叠加改造作用,成为受逆冲-推覆变形构造控制的高钾高碱斑岩集中产出的造山区地带以及陆内造山-造盆作用及构造岩浆活动继承性叠加改造的造盆区[图4-19(l)]。

喜马拉雅期断裂控制的浅成—超浅成富碱斑岩侵入到不同地层围岩中,同时形成喜马拉雅期造山型的岩浆系统和可能与岩浆热液成因密切相关的脉状金矿、稀土矿、斑岩铜金矿系列。如北侧的康定黄金坪金矿(15～11Ma),康定—冕宁一带的稀土矿;南侧的木里普尔地斑岩(～39Ma)铜矿[图4-19(l)],以中三叠统北衙组含铁灰岩为主要围岩的与喜马拉雅期中酸性富碱斑岩有关的北衙式斑岩型金多金属矿,以下奥陶统向阳组碎屑岩夹灰岩为围岩的与喜马拉雅期中酸性富碱斑岩有关的马厂箐式斑岩型铜钼金多金属矿,以下三叠统青天堡组碎屑岩为围岩的与喜马拉雅期中酸性斑岩有关的西范坪式斑岩(～35Ma)型铜矿[图4-19(l)],以下奥陶统向阳组碎屑岩夹灰岩为围岩的与喜马拉雅期中酸性富碱斑岩有关的长安式斑岩型金矿,产于下石炭统—上泥盆统板岩中与喜马拉雅期酸性—碱性浅成斑岩有关的老王寨式构造蚀变岩型-韧性剪切带型金矿,以古元古界哀牢山岩群为围岩的与超基性—基性岩有关的棉花地式岩浆型钒钛磁铁矿,产于泥盆纪浅变质碎屑岩大理岩中可能与酸性岩有关的麻花坪式构造脉状岩浆型钨铍矿等。

第五章 上扬子陆块西缘地史演化与成矿

第一节 概述

本区跨4个Ⅲ级构造单元：Ⅲ$_{1-4}$康滇基底断隆带、Ⅲ$_{1-6}$丽江-盐源陆缘褶-断带、Ⅲ$_{1-9}$哀牢山基底逆冲-推覆构造带、Ⅲ$_{1-10}$金平陆缘坳陷；地层分区为华南地层大区（Ⅱ）-扬子地层区（Ⅱ$_2$）-康滇地层分区（Ⅱ$_2^3$）及盐源-丽江-金平地层分区（Ⅱ$_2^1$）。总体而言，本区表现为3个地壳运动相对活跃期及相应的重大地质事件：前震旦纪区域性大陆聚合-裂解-陆内陆缘裂陷-岩浆火山及变质作用强烈，形成了独具特色的铜铁矿床；海西期地幔柱-攀西陆内裂谷作用，导致了大规模的岩浆型钒钛磁铁矿成矿作用；燕山期—喜马拉雅期受三江构造域的强烈影响，陆内斑岩型多金属矿床极为发育。长期而复杂的地史演化背景，造就了成矿作用多样、矿种丰富、矿床类型复杂齐全，在矿种上如Au、Cu、Mo、Fe、Co、Pb、Zn、W、Sn、Be、Pt、Pd、REE、Mn、Al等均有产出，矿床类型有岩浆型、岩浆热液型、云英岩型、斑岩型、火山沉积型、陆相火山岩型、海相火山沉积变质改造型、沉积变质改造型、风化沉积型、古砂砾岩型、低温热液型、热液脉型、构造蚀变岩型等。

上扬子陆块西缘位于扬子陆块、青藏地块、印支地块交会处，传统上被称为康滇地区，地貌上位于青藏高原台地向东部盆地转换部位。区内是我国著名的钒钛磁铁矿基地、重要的稀土矿带、IOCG成矿带、扬子型铅锌成矿带。岩浆岩也极为发育，构造作用复杂。因此一直以来，受到地质学家、地球物理学家的广泛关注。黄汲清（1954）称之为康滇地轴，至今还有不少学者沿用此名；张文佑（1958，1982）称其为康滇台背斜及裂谷构造；李四光（1962）称之为川滇经向构造带；陈国达（1978）称其为川滇地洼系；丛柏林（1973）从岩石学角度提出康滇地区为大陆裂谷；而骆耀南（1985）则认为该带属海西期的古裂谷带，并称为攀西裂谷带，此后的很多地质工作者也沿用此名。根据曾融生等（1995）的深部地球物理研究结果，中国大陆可以分为8个地壳块体，其中Ⅷ号块体大致与康滇地区相当。深地震测深（DSS）表明，康滇地区是一个厚度相当均匀的块体；莫霍界面深度为52～58km，（深部）构造和演化特征与扬子地台其他部分有明显差异。崔作舟等（1987）通过对横切康滇地区的地震测深资料，大致勾勒出了本区深部地壳结构与构造特征，并计算了不同地段硅铝质层、硅镁质层、莫霍面、壳幔过渡带界面的厚度、深度。

第二节 主要矿床类型及典型矿床

扬子陆块西缘是我国重要的成矿区带，区内矿产资源种类十分丰富。主要矿床类型及典型矿床如下：

岩浆型矿床：与晋宁期—澄江期泸沽花岗岩体有关的锡铁矿床（大顶山、拉克、岔河中型锡铁矿床），与晋宁期岩浆岩有关的岩浆热液型-接触交代型磁铁矿床（菜园子小型磁铁矿床），燕山期花岗岩有关的云英岩型钨矿床（龙潭大型钨矿床），产于海西期基性—超基性岩中之攀枝花式岩浆型钒钛磁铁矿床（攀枝花、红格、白马、太和、牟定安益大型磁铁矿床，棉花地小型钒钛磁铁矿床），构造脉状岩浆型钨铍矿床（麻花坪大型钨铍矿床)。

火山岩型矿床:产于晚二叠世黑泥哨组火山碎屑岩中似层状宝坪式火山岩型铜矿床(宝坪小型铜矿床);与海西期陆相基性火山岩有关的矿山梁子式陆相火山岩型铁矿床(矿山梁子中型磁铁矿床);产于元古宙变质岩及岩浆角砾岩体中海相火山沉积变质改造型铜铁矿床(大红山、拉拉、迤纳厂大型铜铁矿床);产于元古宙会理群天宝山组火山-沉积变质岩中似层状-脉状火山沉积变质型铅锌矿床(小石房大型铅锌矿床)。

斑岩型矿床:与燕山期—喜马拉雅期斑岩有关铜钼金多金属矿床(北衙大型金多金属矿床、马厂箐大型铜钼金多金属矿床、西范坪中型铜矿床、长安大型金矿床、老王寨大型金矿床、直苴中型铜钼矿床、姚安老街子中型铅矿床、姚安小型金矿床)。

热液型矿床:产于中元古代浅变质岩中热液脉型铜矿床(油房沟中型铜矿床)、铅锌矿床(杨柳河中型铅锌矿床),产于中元古代因民组落雪组浅变质岩建造中沉积变质改造型铜铁矿床(东川式汤丹大型铜矿床,铜厂、狮子山、凤山中型铜矿床,白龙厂小型铜矿床),产于碳酸盐建造中似层状脉状热液型铅锌矿床(天宝山、大梁子、赤普大型铅锌矿床,跑马中型铅锌矿床,黄草坪、暮阳小型铅锌矿床),构造蚀变岩型金矿床(小水井中型金矿床、播卡小型金矿床)。

沉积型矿床:锰矿床(小天井中型锰矿床),铝土矿床(中窝、老煤厂矿床),铜矿床(烂泥坪、六苴中型铜矿床,大铜厂小型铜矿床),赤铁矿床(华弹中型赤铁矿床),风化沉积型铁矿床(满银沟大型赤铁矿床、包子铺中型赤铁矿床),宁乡式沉积型铁矿床(碧鸡山式、鱼子甸大型磁铁矿床);产于中元古代地层中铁矿床(王家滩、鲁奎山、凤山营中型磁铁矿床)。

除沉积型矿床已在第二章中阐述外,现将主要的典型内生矿床地质特征阐述如下。

典型矿床16:产于元古宙变质岩及岩浆角砾岩体中海相火山沉积变质改造型铜铁矿——云南新平大红山大型铜铁矿床。

1. 地理位置

大红山铁铜矿床位于云南中部的新平县,交通位置便利。矿区中心地理坐标:E101°39′00″,N24°06′00″。

2. 区域地质

大红山铁铜矿床大地构造位置位于康滇地轴南端,其南侧为红河-哀牢山深大断裂,东侧为绿汁江断裂,大红山群则夹于上述两大断裂北西侧的三角地带。

3. 矿床地质及矿体特征

矿区内的主要地层为古元古代晚期的大红山群片岩和晚三叠世及侏罗纪地层,而大红山群在中生界中呈"天窗"出露。铁铜矿分布在古元古界大红山群地层内,据最近研究显示,大红山群凝灰岩锆石U-Pb年龄以及Sm-Nd同位素年龄都集中在17亿年左右,与河口群中火山岩、东川地区辉绿岩时代基本一致。

区内岩浆岩广泛发育,主要有大红山群红山组中的大量变质基性、富Na火山岩和次火山岩等,时代为古元古代末期,属海相喷发的细碧角斑岩组合,时代约1.7Ga。除了上述火山岩外,矿区还出露大量时代不明的辉绿辉长岩。

矿区内东西向构造是矿区的主要构造,由一系列断层和褶皱构造组成(图5-1),形成于古元古代,在燕山运动中活化。北西向构造也较发育,其走向与南侧的红河深大断裂一致,形成时代晚于东西向构造。

大红山铁矿明显受红山组古火山构造控制,包括火山口、火山锥、火山通道以及此火山岩体等(图5-

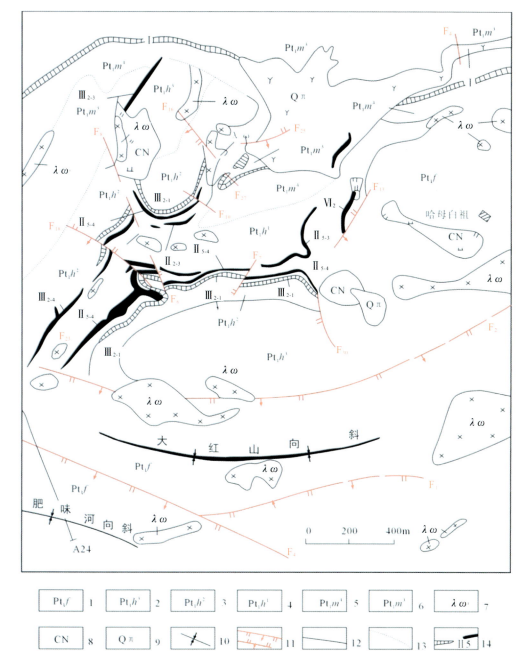

图 5-1　大红山矿区东段前震旦纪基底地质构造图(《云南大红山古火山岩铁铜矿》,1990)
1.肥味河组;2.红山组三段;3.红山组二段;4.红山组一段;5.曼岗河组四段;6.曼岗河组三段;7.辉长辉绿岩;8.白云石钠长石岩;9.石英钠长斑岩;10.向斜轴;11.正断层、逆断层;12.实测地质界线;13.推测地质界线;14.矿层及编号

2)。古火山锥位于 F_1 与 F_4 交会部位,剖面形态为一锥体。在锥体近中心部位火山物质堆积厚度达 800m,向外逐渐变薄,直至消失,总面积可达 $4km^2$。火山口富集,喷发相广泛分布,由集块岩、火山角砾岩、熔岩凝灰岩、次火山岩组成;远离火山口则出现含火山碎屑岩的碳质、泥质岩和碳酸盐沉积。

主要铜矿为范围很大的薄板状似层状矿体,厚 7.18～9m,大—超大型规模。主要铁矿为沿层的厚大透镜体或似层状,平均厚 72.58m,最大厚 221.61m,其中富矿平均厚 35.45m。矿区共有 5 个主要矿带(Ⅰ—Ⅴ),大小 71 个矿体。其中大型矿体 3 个(铁矿体 2 个,铜矿体 1 个),中型矿体 7 个(铁矿体 6 个,铜矿体 1 个),其余 61 个为小型铁矿体和小型铜矿体。铁、铜矿规模均属大型矿床。

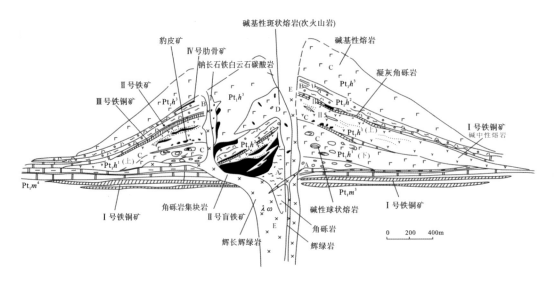

图5-2 大红山矿区古火山机构与铁铜矿关系示意图(《云南大红山古火山岩铁铜矿》,1990)
A.近火山口爆发碎屑岩相;B.喷发沉积相;C.熔岩流相;D.次火山岩相;E.浅层侵入相

红山组为赋矿主要层位,5个矿带中有4个赋存于该层的不同部位。大红山矿床成因复杂,根据矿体形态、矿物组合、矿体产状以及含矿岩石类型,可分为火山喷溢熔浆型铁矿、火山气液充填交代型铁矿、受变质火山喷发沉积型铁铜矿3类。

4. 矿床成因

吴孔文等(2008)对大红山铁铜矿床进行了详细的流体地球化学研究,发现了富液相(L+V)、含子晶多相(L+S±V)和纯CO_2三类主要包裹体。其显微测温结果表明,其均一温度在103~456℃之间;盐度范围为0.53%~59.76% $NaCl_{equiv.}$,密度为0.80~1.45g/cm³;纯CO_2包裹体均一温度为-34.3~20.8℃,对应密度为0.77~1.095g/cm³。稳定同位素测定结果表明,硫化物$δ^{34}S$分布范围为-0.6‰~+10.9‰,表明岩浆硫和海水硫酸盐还原成因硫参与了早期成矿过程。方解石$δ^{13}C$ PDB值范围为-5.6‰~-3.1‰,与地幔碳同位素值(-5‰±2‰)完全吻合,暗示了热液中碳质有地幔来源。根据氧同位素方解石-水及石英-水之间的分馏方程,计算得到成矿流体中水的$δ^{18}O_{SMOW}$值在-1.9‰~13.7‰之间,与火成岩$δ^{18}O$范围(5‰~15‰)基本一致。根据矿体地质特征、岩相学、流体包裹体以及稳定同位素等方面的综合研究,认为在喷流沉积之后的挤压环境下,从地幔分异出来的高温、中高盐度并富含CO_2的流体和海水一起改造了原岩,形成了变质火山-沉积岩,并使原先的铜矿矿胚活化富集,其成矿主要分为两个阶段:早期火山喷流作用形成了层状铜矿矿胚,而后期热液对原先的矿胚进行了改造和富集。

近年来,香港大学周美夫教授及赵新福博士倾向于把滇中地区基底地层中的铁铜矿床均划入IOCG型矿床之列,建立了3期IOCG成矿序列,由于大红山铁铜矿床本身还没有相关的成矿时代的报道,因此大红山铁铜矿的成矿时代、机制、大地构造背景还有待进一步工作,目前只能推测最终定位时间可能在1.0Ga~800Ma之间。

典型矿床17:产于古中元古代变质地层中海相火山沉积变质改造型铜铁矿——四川会理拉拉大型铜铁矿床。

1. 地理位置

该矿床位于四川省会理县黎溪区绿水乡辖区,矿区中心地理坐标:E104°04′04″,N26°13′26″。矿区面积6.36km²。拉拉式典型矿床包括落凼、老羊汗滩沟、石龙等矿床,它们属同一含矿层位。

2. 区域地质

大地构造上地处扬子地块西缘康滇地轴中段之东川断拱,南邻东西向构造带和川滇南北构造带交会部位。拉拉式铜矿分布于河口复式背斜之次级构造红泥坡向斜。河口复式背斜轴部在黎溪—河口一带,轴向近东西。背斜核部出露河口岩群下部层位,但大部分已被辉长岩体侵位(图5-3)。

3. 矿床地质及矿体特征

含矿岩系(落凼组)原岩为一套细屑—细碧角斑岩,可分为3个大的火山-沉积旋回,火山岩从下到上基性向酸性连续演化。赤铜矿、磁铜矿富集部位与富钠火山岩($Na_2O+K_2O\geqslant 8\%$,$Na_2O>K_2O$)发育部位吻合,富钾($K_2O>Na_2O$)或富钙(碳酸盐)岩石则多为铜矿的产出部位。矿床矿体集中于古元古代河口群落凼组(火山活动最强烈的)第二段,总厚度545m。岩性为白云石英片岩、二云石英片岩、黑云角闪钠长片岩和层纹-条纹状石英钠长岩,石英钠长岩具变余粗面结构,偶见变余残斑结构;基质中长条状微晶略具定向排列,块状构造,局部见杏仁构造。主要矿物成分为钠长石,次为石英及磁铁矿、磷灰石等。经变质作用有新生白云母及钾长石析出。岩石以富钠为特征,变角斑质凝灰岩是铜矿体的赋存层位(图5-3)。

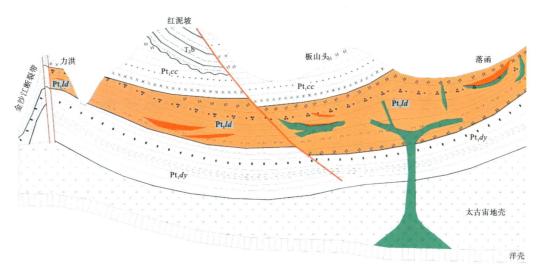

图5-3 拉拉矿区地质构造剖面图

矿体严格地赋存于落凼组的中、下部,距其底350m范围内;其岩性组合为石英钠长岩与黑云片岩,尤其是按接触处和交替频繁的部位。据此,划分了3个黑云片岩带,其发育程度决定于矿体规模和部位。

落凼矿段铜矿体地表露头较少,多为隐伏—半隐伏状态,共有32个矿体,其中①~⑤号矿体规模较大,占全矿区总储量的97%。其余矿体规模均较小。矿体长度大于1000m者有4个,500~1000m者有2个,100~500m有18个。矿区内钻孔见矿厚度最大的Ⅶ线ZK2孔表内加表外可达145.60m,平均品位0.82%,其中表内矿厚131.93m,平均品位0.90%。单个矿体平均厚度大于20m的有2个,7~20m的有7个,3~7m的有15个。矿体一般呈似层状、透镜状,以叠瓦形式产出,膨胀现象明显,有分支复合、尖灭再现等现象。矿体产状与围岩产状基本一致,严格受岩性和层位的控制,当围岩受力形成背斜或向斜褶曲时,矿体亦同时褶曲。矿体总体走向近东西或北西西,倾向南或南南西,倾角15°~40°,一般20°~30°。

全矿区铜含量变化不大,一般0.67%～1.26%,平均品位约0.9%。金属矿物主要为黄铜矿、黄铁矿、斑铜矿。矿石以粒状结构为主,次为交代包含结构,具浸染状、条带状及条纹状构造。围岩蚀变有黑云母化、磷灰石化、阳起石化、萤石化、硅化等。

拉拉铜矿赋存于深变质的河口群,变质作用与该矿的最终定型具有非常重要的意义,区内主要的变质作用有区域变质作用、接触变质作用及动力变质作用。

4. 矿床成因

陈伟等(2012)对拉拉铜矿区矿石中的辉钼矿进行了Re-Os同位素研究,其时代多集中在1080Ma,并认为该矿的主成矿期为中元古代末期。然而,Zhu et al(2012)通过对拉拉铜矿的矿石矿物黄铜矿的Re-Os同位素测年,发现黄铜矿的Re-Os等时线年龄和加权平均年龄在(13～12)亿年,二者相差较大,原因不清。目前对中元古代晚期研究活动的报道较多,如拉拉铜矿西南侧的元谋黄瓜园地区的片麻状花岗岩、安宁河断裂中的片麻状花岗岩、会东菜园子花岗岩、天宝山组流纹岩等,其时代都集中在10亿年左右,与拉拉铜矿的辉钼矿Re-Os同位素年龄高度一致,可能反映了这一期岩浆活动对拉拉铜矿有着非常重要的改造作用。尽管测试数据有较大差异,但大致表明拉拉铜矿主成矿期为中元古代中晚期,可能经历了早期火山沉积阶段和晚期岩浆-变质作用改造阶段(图5-4)。

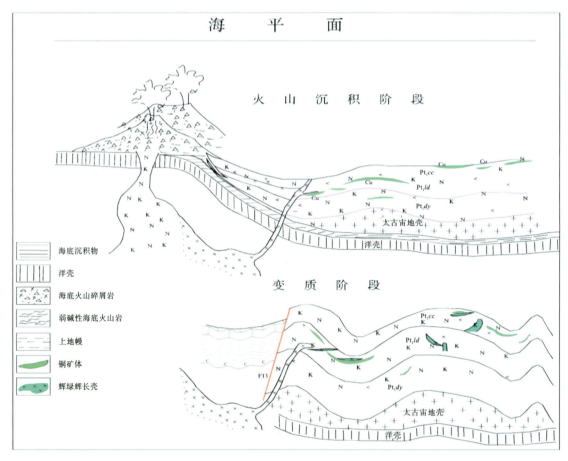

图5-4 拉拉式铜矿火山沉积变质型典型矿床成矿模式图(据《四川省潜力评价成果报告》,2011)

典型矿床 18：产于元古宙变质岩中沉积变质热液型铁铜矿——云南武定迤纳厂小型铁铜矿床。

1. 地理位置

该矿床属武定县猫街镇永泉大村管辖。矿区处于 N 25°31′57″—25°33′28″，E 102°13′00″—102°15′26″之间，面积 32km²。

2. 矿床地质及矿体特征

迤纳厂矿区共有 8 个矿段。其中大宝山、辣椒矿、东部矿 3 个矿段分布于东部，称东部矿；东方红、下狮子口、八层矿、过水沟、撒卡拉 5 个矿段分布于西部，称为西部矿。两个矿带总展布长 4.5km，宽 1~1.7km。矿体均赋存于因民组中上部和落雪组铁白云石碳酸盐岩地层中，矿体上下盘围岩主要为灰绿色变斑状石榴石黑云母片岩、石英二云片岩等。矿体与之呈整合接触。矿体产出严格受岩浆角砾岩控制，呈似层状分布（图 5-5）。

矿石的主要构造包括块状构造、纹层状构造、浸染状构造、条痕状构造、片状定向构造、透镜状角砾构造以及细脉状构造和眼球状构造等；主要的结构包括粒状变晶结构、包嵌结构和交代结构等。矿石的矿物成分复杂，共计 40 多种，大部分产于矿石内，部分产于蚀变带。主要矿物有：磁铁矿、菱铁矿、赤铁矿、镜铁矿、黄铜矿、黄铁矿、辉钼矿、辉铜矿、石英、萤石、方解石、钠长石、黑云母、铁铝榴石、磷灰石、独居石、氟碳铈矿、绿泥石等。

3. 矿床成因

迤纳厂铁-铜-金-稀土矿区的矿化作用划分为矿化前期、主矿化期和矿化后期 3 个矿化期，主矿化期进一步划分为铁氧化物-稀土矿化阶段和硫化物-金矿化阶段。其中，矿化前期主要表现为中酸性岩浆侵位、围岩角砾岩化和钠化；主矿化期分别为铁氧化物-稀土和铜硫化物-金的沉淀期，富含稀土矿物的铁氧化物呈似层状、块状、角砾状分布，并被后期富含金的铜硫化物脉穿插，分别伴随强烈的类矽卡岩蚀变和低温蚀变；成矿后期为矿化不明显的石英、方解石脉。

本项目对条纹状矿石中黄铜矿测试得到的 Re-Os 年龄(1648±14)Ma(图 5-6)，与赵新福(2012)得到的脉状矿石中的辉钼矿 Re-Os 年龄(1674±84)Ma，以及杨耀民(2003)所取得的矿石全岩 Sm-Nd 年龄(1621±110)Ma 和萤石单矿物 Sm-Nd 年龄(1538±43)Ma 基本一致，均统一地指示了 1.7~1.6Ga 这个年龄段，略晚于目前广泛认可的昆阳裂谷拉张时段 1.7Ga，而这个时段也与全球 Columbia 超大陆完全汇聚和初始开始裂解的时间一致(Windley,1993；Rogers et al,2002；Zhou et al,2002)，说明致使 Columbia 超级大陆裂解的地幔柱活动(在滇中表现为地幔上涌形成昆阳裂谷)，是迤纳厂矿床形成的成矿动力背景。

迤纳厂铁-铜-金-稀土矿流体包裹体主要见于萤石、石英和方解石中，其中以石英中最多。包裹体以原生为主，个体大小差异大，类型较复杂。包裹体在石英脉中均匀分布或沿结晶学方位定向排列[图 5-7(a)]。根据包裹体的成分和在室温下的相态，可区分出包裹体类型如下。

G+W 型-溶-流包裹体[图 5-7(b)~(e)]。这类包裹体在矿化前期岩浆角砾岩石英和主矿化期铁氧化物-稀土阶段石榴石中可见，在室温下表现为熔融包裹体与气液两相流体包裹体共存。

H 型-含子矿物包裹体[图 5-7(f)~(i)]。这类包裹体在主矿化期两个阶段的萤石、石英以及石榴石中出现较多，其捕获流体即为成矿的主热液。室温下为两相($L_{H_2O}+H_{子矿物}$)或三相($L_{H_2O}+H_{子矿物}+V_{H_2O}$)组成。包裹体大小为 3~40μm，在 10~20μm 范围内集中。气液比变化范围较大，为 10%~75%，富含大量矿物[图 5-7(h)、(f)]，形态为椭圆形、次圆形等。

W 型-盐水溶液包裹体[图 5-7(j)]室温下为单相液体(L_{H_2O})或两相($L_{H_2O}+V_{H_2O}$)包裹体，加温后均一呈液相。形态为次圆状、长条状、不规则状，大小 2~10μm。此类包裹体主要赋存于矿化后期方解石和石英中。

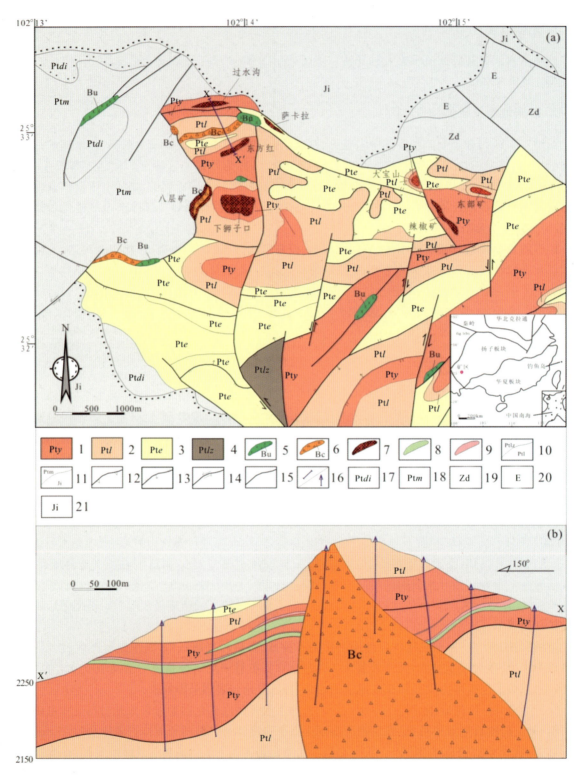

图 5-5 迤纳厂矿区地质略图

1.中元古代东川群因民组;2.中元古代东川群落雪组;3.中元古代东川群鹅头厂组;4.中元古代东川群绿枝江组;5.辉绿岩;6.岩浆角砾岩;7.矿段;8.铁矿体;9.铜矿体;10.整合界线;11.不整合界线;12.推覆构造;13.逆断层;14.平移断层;15.断层;16.勘探线/钻探;17.中元古代大营盘组;18.中元古代美党组;19.震旦系;20.寒武系;21.侏罗系

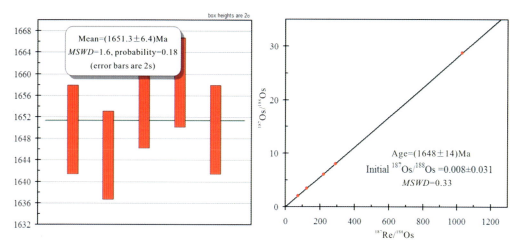

图 5-6 迤纳厂铁铜矿床黄铜矿的 Re-Os 同位素年龄图

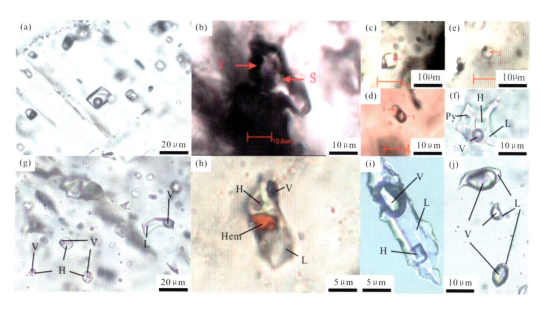

图 5-7 迤纳厂铁-铜-金-稀土矿包裹体特征
V. 气相;L. 液相;H. 石盐;Py. 黄铁矿;Hem. 赤铁矿

流体包裹体以及由其延伸出来的流体成矿系统研究一直以来都是矿床学研究的重要方面(Deng et al,2001,2003,2005,2009,2010,2011;Wang et al,2008)。从表 5-1 中可以最直观地看出,矿化前期的熔-流包裹体温度、盐度、密度均最高,岩浆角砾岩中钠长石含量高,说明其属高温富钠质岩浆。其内可见熔融包裹体和流体包裹体共存的现象,这是岩浆不混熔的最直接表现,说明矿化前期的富钠质岩浆和主矿化期的中高温、高盐度成矿流体有着密不可分的成因关系;富钠质岩浆分馏出的富钠岩浆热液,与围岩发生强烈的反应使之钠化,并从中萃取铁质进入岩浆热液;主矿化期铁氧化物-稀土矿化阶段流体温度为中高温,从冰点温度和子矿物熔化温度判断其盐度介于 14.1%~59.5%之间。一般认为氟是深源物质的指示剂,主矿化期铁氧化物-稀土矿化阶段成矿热液包裹体中的 F 含量高,表明成矿流体应属高盐度、中高温的岩浆热液。这一期次的包裹体中常见铁氧化物以子矿物形式存在,说明其富含铁质;随着成矿作用的进行,成矿流体的温度逐渐降低,主矿化期硫化物-金矿化阶段包裹体类型发生变化,由先前代表岩浆热液的 G+W 型包裹体和 H 型包裹体共存变为 H 型和 W 型包裹体共存。

表 5-1 迤纳厂铁-铜-金-稀土矿成矿流体特征表

期次 参数	Ⅰ 矿化前期	Ⅱ 主矿化期		Ⅲ 矿化后期
		铁氧化物-稀土阶段	铁氧化物-稀土阶段	
包裹体类型	G+W、H	G+W、H	H、W	W
主矿物	石英	萤石、石英、石榴石	石英、方解石	方解石
大小(μm)	5～65	3～20	2～20	2～10
充填度(%)	10～75	10～65	10～65	10～45
测次	100+	300+	200+	50+
T_m(ice)(℃)		−16.7～−10.4	−12.9～−2.7	−14.1～−0.6
子矿物熔化温度	340～530	340～420	320～460	
T_h(℃)	500～600+	170～550	120～360	95～270
盐度(wt%)NaCl$_{eqv}$	37.4～59.5	14.1～47.5	4.5～42.3	1.0～17.9
密度(g/cm³)	2.0～3.0	0.89～1.32	0.65～1.40	0.93～0.97
压力(MPa)	150～200	75～155	31～112	26～61
深度(km)	5.6～7.6	3.2～6.6	3.4～6.2	1.2～4.6

迤纳厂铁-铜-金-稀土矿成矿各阶段流体的 $\delta^{18}O_{v-SMOW}$ 值逐渐增高,主矿化期铁氧化物-稀土矿化阶段与花岗岩浆近似,但热液期 $\delta^{18}O$ 含量逐渐增多,这么高的含量说明其只能来源于岩石建造的变质脱水作用。图 5-8 所表现出来的各类样品的 δD_{H_2O} 值较为复杂,其中萤石样品则落入岩浆热液范围,石英和方解石样品主要介于变质热液和高岭土风化线之间,可以看出,随着矿化作用的进行,有一条从岩浆热液向变质热液逐渐靠近,而后又逐渐趋于高岭土化线的同位素值变化轨迹。据 Robert(1993)和 Taylor(1974)的文献,在年代古老的矿床中(本矿床成矿年龄 1.6Ga 左右),由于风化作用,矿物中保留的氧同位素发生分馏,从而更为富集重氧,导致在图 5-8 的投点上发生向高岭土线的偏移。整个流体的演化过程简单化即为:岩浆-岩浆热液-变质热液+大气降水-大气降水。

包裹体形成压力及成矿深度:熔融包裹体中硅酸盐熔体的压缩性极低,压力对捕获温度

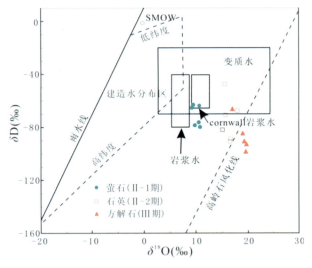

图 5-8 武定迤纳厂铁铜矿床成矿流体的 $\delta^{18}O_{v-SMOW}$ 对 δD_{v-SMOW} 投影图

岩浆水、建造水和变质水的范围引自 Taylor(1974),Cornwall 花岗岩岩浆水范围引自 Sheppard(1977),雨水线引自 Epstein et al(1965)

的影响远小于均一温度测量误差(卢焕章,1990)。因此这类包裹体的压力很难得出。不过,利用与熔融包裹体共存不混熔的流体包裹体,可以与 H 型和 W 型包裹体一样,利用绍洁连(1990)计算流体压力的

经验公式 $P=P_0T_h/T_0$（其中 $P_0=219+26.20w$，$T_0=374+9.20w$）计算出它们的压力值。经计算，与熔融包裹体共存的流体包裹体的捕获压力为150~200MPa，平均169MPa；H包裹体压力位于75~155MPa之间，平均116MPa；W型包裹体压力位于26~61MPa之间，平均36MPa。

流体的成矿深度可以根据流体包裹体捕获压力估算。对于受断裂控制的脉状热液矿床而言，其成矿流体系统可为静岩压力，也可为静水压力，抑或二者交替的临界状态（即断层阀模式；Sibson，1988；祁进平，2007）。在这种状态下，流体可以脉动的形式间歇性喷出，导致流体压力不断变化于静岩和静水之间。当断层阀开启时，流体系统处于静水系统下，压力相对较低；当断层阀关闭时，流体系统处于静岩系统下，压力相对较高。本次计算得出具有截然不同的压力G+W类包裹体和H、W类包裹体，显然是成矿流体系统压力处于临界状态的标志，因此我们可将高压包裹体解释为静岩压力系统流体，低压包裹体解释为静水压力系统流体，这也对应了在不同阶段下不同的流体类型，岩浆流体处于静岩压力系统下，普通流体处于静水压力下。利用压力与深度关系的通式 $P=H\rho g$，当流体处于静岩压力系统下时，取 ρ 为大陆平均岩石密度 $2.7g/cm^3$，当流体处于静水压力系统下时，取 ρ 为各类型包裹体当时计算得到的密度，取 g 为重力加速度0.0981，计算出G+W型包裹体的流体深度处于5.6~7.6km之间，平均6.4km；H型包裹体流体深度处于3.2~6.6km之间，平均4.9km；W型包裹体的流体深度处于1.2~4.6km之间，平均2.8km。

迤纳厂铁铜矿床中伴生大量稀有、稀土元素，一直以来被认为是我国典型的IOCG型矿床。矿物种类繁多，通过扫描电子显微镜，结合电子探针，本项目对迤纳厂铁铜矿床进行了详细的矿物学研究工作。发现迤纳厂矿床中除普遍存在的磁铁矿、镜铁矿、菱铁矿、黄铜矿、黄铁矿以外，还存在自然金、晶质铀矿、硅酸铀矿、锡石、氟碳铈矿、辉钼矿、独居石、碲银矿、辉砷钴矿、铌钨铀矿、磷灰石、碲铋矿等。从矿物和元素的组合特征上来看，与典型的铁氧化物铜金（IOCG）矿床非常吻合。

以铁氧化物为主，有丰富至少量的磁铁矿和（或）赤铁矿（镜铁矿），有少量的黄铜矿、斑铜矿、辉铜矿、磁黄铁矿、黄铁矿。铜矿物是较低硫的铜矿物，通常是黄铜矿、斑铜矿和（或）辉铜矿。铜矿物含量低（常小于5%）。SiO_2 含量低，石英脉少。有特征的金属元素组合为铁-铜-金，常含异常量轻稀土元素、氟和磷，含不同量银、砷、钡、铋、钴、钼、铌、镍、锌、铅、钍和（或）铀富集，个别矿床还有汞和锑。Cu/(Cu+Pb+Zn)的比值较高（常大于0.9），Cu/Au比值变化范围有限（10 000~15 000）。有些矿床有金属分带现象。早期的矿物共生组合大部是以铁氧化物为主，接着是铜的硫化物和金为主的晚期组合，但也有例外。矿化的性质通常也有变化。早期为浸染型，后期则以裂隙与剪切带控制为多。早期铁氧化物和硅酸盐矿物的淀积温度约达600℃，铜金矿化为200~500℃。矿液盐度高（可高达50%NaCl当量），矿液通常以酸性、氧化性为主。

关于基底地层中的铁铜矿床如拉拉铁铜矿床、迤纳厂铁铜矿床、大红山铁铜矿床和稀矿山铁铜矿床，由于目前获得准确年龄的只有迤纳厂铁铜矿床和拉拉铁铜矿床，前者用不同方法获得的成矿年龄均集中在(17~14)亿年，与昆阳裂谷有关的岩浆岩、地层年龄基本一致，而拉拉铁铜矿床目前获得年龄稍晚，Re-Os同位素加权平均年龄为(1086±5)Ma，等时线年龄为(1089±250)Ma，黄铜矿的等时线年龄分别为(1305±150)Ma和(1290±38)Ma，二者相差较大，原因不清。目前对中元古代晚期研究活动的报道较多，如拉拉铜矿西南侧的元谋黄瓜园地区的片麻状花岗岩、安宁河断裂中的片麻状花岗岩、会东菜园子花岗岩、天宝山组流纹岩等，其时代都集中在10亿年左右，与拉拉铜矿的辉钼矿的Re-Os同位素年龄高度一致，可能反映了这一期岩浆活动对拉拉铜矿有着非常重要的改造作用。其成矿模式如图5-9所示。

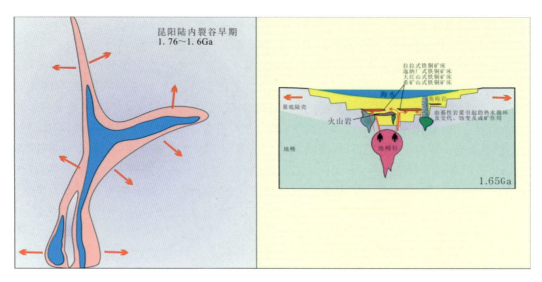

图 5-9 康滇地区基底地层中铁铜矿床的成矿模式图

典型矿床 19：产于中元古代因民组落雪组中沉积变质改造型东川式铜矿——云南东川式汤丹大型铜矿床。

1. 地理位置

该矿床位于云南省东北部的东川区（原东川市）汤丹镇至因民镇，广义的东川铜矿涵盖汤丹矿区和因民-落雪矿区。矿区中心地理坐标：E 103°03′19″，N 26°10′28″。

2. 区域地质

东川铜矿矿区位于康滇地轴中部。赋矿地层为元古宇东川群因民组顶部白云岩和落雪组白云岩。区内由于经历多期构造运动，断层、褶皱极其发育，整个东川群位于大型落因向斜构造（图 5-10）。纵

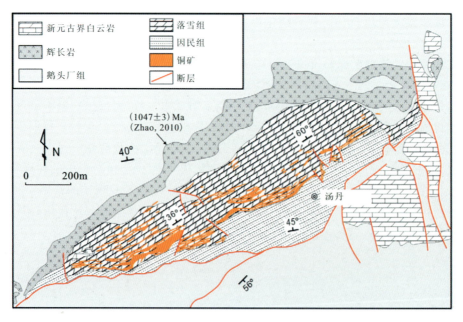

图 5-10 汤丹铜矿地质简图

向贯穿整个矿区的断裂为近南北走向的落因破碎带。本区岩浆岩发育，以古元古代末期大规模的基性岩群为主，主要分布在落雪—因民一带，总体变质程度不高，以富 Na 为主，地球化学显示为陆内裂谷的特点。此外还有澄江期辉绿岩、二叠纪辉绿岩，以小型岩脉、岩株状产出。本区地层、岩浆岩变质程度总体偏低，多为低绿片岩相，主要为板岩、千枚岩等，少数大理岩化和绢英岩化，因民组下伏的菜园弯组灰岩保持较好的原始结构、构造，仅仅少量有重结晶现象。

3. 矿床地质及矿体特征

矿体呈层状、似层状，受层位控制明显(图 5 - 11)。矿化带沿东川群走向展布，总体呈宽缓的褶皱构造，即落因向斜展布。

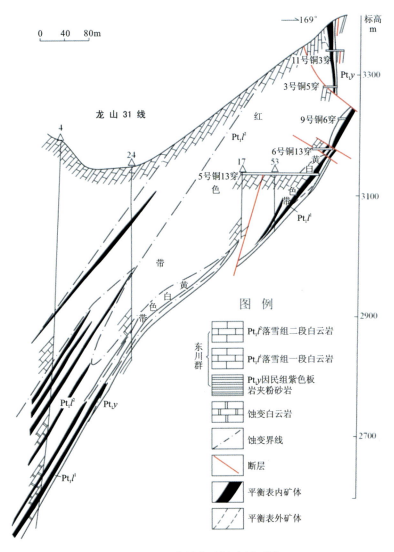

图 5 - 11　东川落雪铜矿剖面图

东川铜矿风化淋滤较强，所开采出来的矿石大多都已风化蚀变为孔雀石，呈皮壳状、薄膜状以及小团块状分布于白云岩中。

矿石矿物：黄铜矿、斑铜矿、黄铁矿、辉铜银矿(硫铜银矿)、针镍矿、黝铜矿、辉砷钴矿、方铅矿、闪锌矿、自然铜等。氧化矿物：孔雀石、蓝铜矿、蓝辉铜矿、赤铜矿等。脉石矿物：白云石、方解石、绢云母、石英、碳质和长石等。

矿石结构构造：主要为中—细粒不等粒粒状结构、交代残余结构、充填交代结构、残余假象结构、微晶结构。矿石构造：主要为星点状、条纹条带状、浸染状、细脉状构造，马尾丝状、薄膜状、团块状、角砾状构造次之。

矿物共生组合：据矿石光片鉴定，主要矿石矿物呈中—细粒粒状，矿物共生组合主要有黄铜矿-黄铁矿，辉钴矿-黄铁矿-黄铜矿-石英，辉钼矿-黄铜矿，硫镍钴矿-黄铜矿，针硫镍矿-黄铜矿-长石。

根据含矿岩石划分为两种矿石类型。氧化矿石：以皮壳状、小团块状、薄膜状为主，分布在白云岩裂隙中。原生矿石：主要以黄铜矿等硫化物为主，多呈不均匀浸染状、星点状、马尾丝状及少量团块状。

主要有硅化、黄铁矿化、碳酸盐化等。硅化：以白云岩的强烈硅化为主，表现为白云岩 SiO_2 含量增高，硬度增大，其次表现为后期裂隙中的石英脉，石英呈不规则脉状、网脉状、团块状出现，伴随铜质产生局部迁移，铜矿物在石英脉体中或边缘富集。黄铁矿化：黄铁矿呈团块状、浸染状分布在白云岩裂隙中。碳酸盐化：主要指发生在白云岩裂隙中的方解石脉，与硅化相伴。

4. 矿床成因

矿床时代、成因：本次工作对东川铜矿原生沉积硫化物中的黄铜矿和后期团块状样品进行了 Re-Os 同位素测年（图 5-12），结果显示，原生黄铜矿的年龄为 $(1768±65)$ Ma，表明原生硫化物沉积时代为古元古代晚期。团块状黄铜矿的等时线年龄为 $(874±32)$ Ma，与油房沟铜矿成矿时代一致，也与新元古代康滇地区大规模的酸性岩浆事件吻合，可能在这次岩浆事件中活化富集并提供一些物质来源。

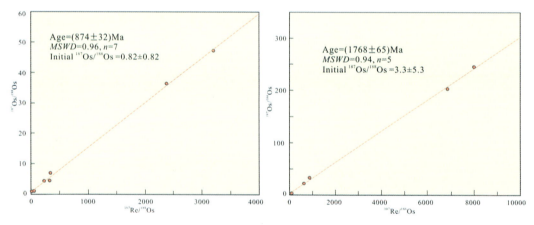

图 5-12　东川铜矿原生黄铜矿（左）及块状黄铜矿（右）的 Re-Os 同位素年龄

常向阳（1997）等采用 Pb-Pb 等时线方法测定了落雪组白云岩的年龄为 $(1716±56)$ Ma，因民组中凝灰岩夹层中锆石的 U-Pb 年龄为 $(1742±13)$ Ma（Zhao et al, 2010），黑山组顶部凝灰岩中锆石的 SHRIMP U-Pb 年龄为 $(1503±17)$ Ma（$n=18$, $MSWD=1.2$, 据孙志明等, 2008），表明因民组和落雪组的沉积时代为古元古代晚期，东川铜矿原生硫化物时代为 $(1768±65)$ Ma，说明硫化物的时代与赋矿地层的沉积时代基本一致，因此东川铜矿是典型的热水沉积型铜矿，这也是为什么东川铜矿矿体主要沿因民组和落雪组白云岩展布的根本原因。

古元古代末期，康滇地区由于地幔柱作用发生了大规模的昆阳陆内裂谷拉张事件，东川群为裂谷拉张形成的断陷盆地中的沉积相，因民组底部低成熟度角砾岩反映了其动荡的沉积环境，随着盆地的不断拉张，沉积环境趋于稳定，逐渐过渡为高氧逸度的白云岩沉积，海底喷发出来的低氧逸度含 Cu 的硫化物热液在氧化环境中随着白云岩一起沉淀下来，形成最初的沉积型铜矿（图 5-9）。后期构造运动对矿床的最终成型可能起到了一定的富集作用。

典型矿床 20：产于中元古代浅变质岩中热液脉型铜矿——四川会东油房沟中型铜矿床。

1. 地理位置

该矿区属四川省凉山彝族自治州会东县淌塘乡所辖。矿区中心地理坐标：E102°43′30″，N26°25′00″。中元古界中的热液脉型铜矿床（点）数量小，规模不大，分布在四川会东县、滇中等地，有油房沟铜矿床、元江岔河铜矿床、易门和尚庄铜矿（点）等。

2. 区域地质

区域上位于扬子地台康滇地轴中段东缘双会-东川坳拉槽北部，米市江舟断陷和东川断拱区中部，即老油房向斜南部沿踩马水-小街断裂带、麻塘断裂带与德干断裂带围限断块的西南一隅，德干断裂带之黑家村断层以东，该区经过多期构造变形，构造形迹复杂。油房沟铜矿是新近发现的一个中型铜矿，尽管规模较小，但由于是康滇地区基底地层中一类新的矿床类型，对拓宽本区找矿思路具有重要意义。

3. 矿床地质及矿体特征

矿区出露地层为中元古代变质岩系，主要包括：青龙山组（Pt_2q）的碳酸盐岩，会理群淌塘组（Pt_2t）的千枚岩、板岩及白云质大理岩、结晶灰岩，力马河组（Pt_2lm）的绢云千枚岩夹变粉砂岩。区内总体有近南北向、北西向、北东向3组断裂构造，主要分布于矿区中、西部。石英钠长岩充填于北东向F_3张性断裂破碎带中。矿区总体褶皱形态为轴向近南北的紧密复式褶皱，中部为一向斜，东部为一背斜，次级构造为一系列近东西向的次级褶皱叠加近南北向褶皱。矿区北部有一北东走向石英钠长岩体分布，基性岩脉偶有出露，主要为辉绿-辉长岩脉，见于北东部。石英钠长岩体呈岩株产出，地表出露长4100m，宽110~320m，总体走向北东，沿F_3张性断裂破碎带分布。根据地表追溯及工程控制情况，可划分为3个岩相带，即边缘相（角砾岩）、过渡相（角砾状石英钠长岩）、中心相（石英钠长岩）；矿化主要与前两个相带相关。前震旦系普遍经受区域变质作用。后期热动力叠加变质，使各类岩石蚀变作用加强，岩石的矿物组合变复杂，矿（化）体富集程度增高，在有利构造部位形成富矿体。

含矿层位于前震旦系淌塘组中亚组第二段第二层（Pt_2t^{2-2}）中上部，含矿岩石为深灰至灰黑色含碳质（绢云）千枚岩夹凝灰质绢云千枚岩，矿体呈层状、似层状受层位控制（图5-13）。经工程控制，圈定出①、②号2个铜矿体，均为隐伏—半隐伏矿体。②号矿体产于①号矿体上部，平面上位于①号矿体西侧10~70m，两条矿体呈近平行产出，中部相距稍远。另在矿化层下部见沿裂隙充填的不连续透镜状矿体。其中①号矿体为区内最大的工业铜矿体。矿体工程控制长度为1000m，厚度从南至北有变薄趋势，向深部则趋于厚大，平均厚11.10m，厚度变化系数为80%。矿体平均Cu品位为1.15%。

矿石矿物：黄铜矿、斑铜矿、黄铁矿、辉铜银矿（硫铜银矿）、针镍矿、黝铜矿、辉砷钴矿、方铅矿、闪锌矿、自然铜等；氧化矿物有孔雀石、蓝铜矿、蓝辉铜矿、赤铜矿等。

脉石矿物：绢云母、白云石、石英、方解石、碳质、白云母、黑云母及长石等。

矿石构造：主要为条纹条带状、浸染状、细脉—网脉状构造，马尾丝状、薄膜状、团块状、角砾状构造次之。

矿石结构：主要为中—细粒不等粒粒状变晶结构、交代残余结构、充填交代结构、残余假象结构、微晶结构。

矿物共生组合：据矿石光片鉴定，主要矿石矿物呈中—细粒粒状，矿物共生组合主要有辉钴矿-黄铁矿-黄铜矿-石英，辉钼矿-黄铁矿，硫镍钴矿-黄铜矿，针硫镍矿-黄铜矿-长石，自然铜与赤铜矿紧密共生。

矿石类型：矿石基本只有硫化矿石，仅在地表和老硐中局部见氧化矿石。根据含矿岩石划分为两种矿石类型：碳质（绢云）凝灰千枚岩型铜矿石为主要类型，呈细脉浸染状分布；石英-碳酸盐岩型铜矿石为次要类型，呈不均匀浸染状、星点状及少量团块状分布。

围岩蚀变：主要为黄铁矿化、硅化、碳酸盐化、石墨化、绢云母化。

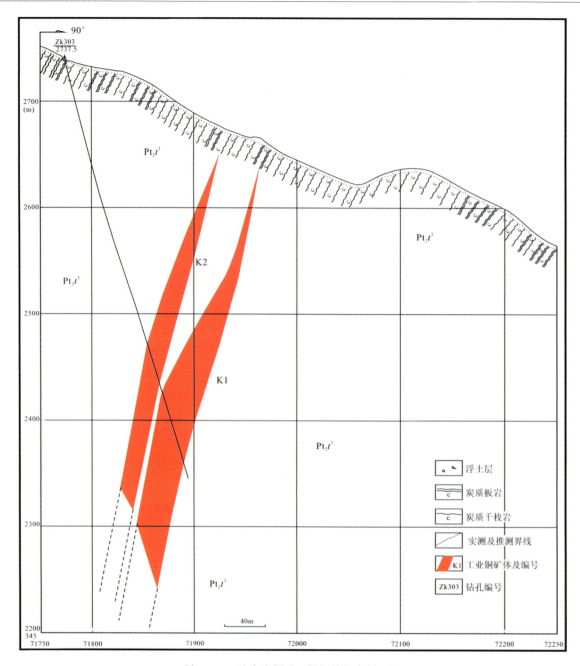

图 5-13 油房沟铜矿 3 勘探线综合剖面图

4. 矿床成因

对油房沟铜矿的黄铜矿样品进行了 Re-Os 同位素测年,获得了 4 件黄铜矿等时线年龄为 (881 ± 65) Ma ($MSWD=1.08, n=4$)(图 5-14);此外还获得其中一个样品石英脉的 Ar-Ar 年龄为 (875 ± 16) Ma ($MSWD=1.2, n=8$)(图 5-15),两者基本一致,均说明油房沟铜矿的成矿时代为新元古代中期。

由 Re-Os 等时线得到样品的 $^{187}Os/^{188}Os$ 初始值为 0.588,高于 881Ma 时地幔值 0.121,低于 881Ma 时地壳值 2.586,反映了油房沟铜矿的成矿物质为壳幔混合来源。这种认识利用地幔-地壳-矿石中 $^{187}Os/^{188}Os$ 随时间的演化关系图解可以清晰地反映出来(图 5-16)。地幔初始演化时间为地球形成时间,即 4.558Ga,其初始值为 0.095 31,当地球演化 2.7Ga 时,原始地幔分异形成原始地壳,此时二者 $^{187}Os/^{188}Os$ 值均为 0.108 25,此后二者各自演化,由于 Re 为不相容元素,导致 Re 在地壳富集,而在地幔则相对亏损,因此地壳中有^{187}Re衰变产生的^{187}Os更多,导致地壳的^{187}Os/^{188}Os值随着时间的增加而快速增长,而地幔的^{187}Os/^{188}Os值则增长缓慢。

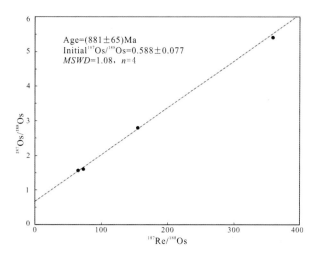

图5-14 油房沟铜矿硫化物的Re-Os同位素等时线年龄图

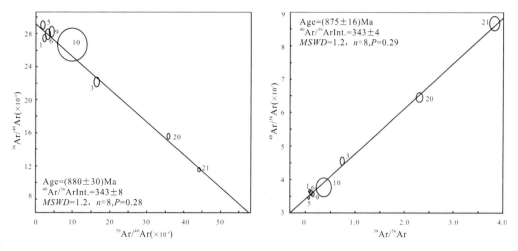

图5-15 油房沟铜矿石英脉的Ar-Ar年龄(样品号D096)

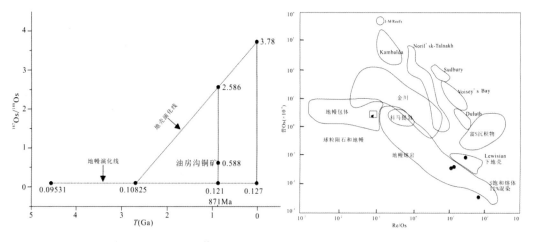

图5-16 油房沟铜矿T(Ga)-^{187}Os/^{188}Os及Re/Os-普Os图解(据Lambert et al,1999)

当演化到881Ma,即油房沟铜矿形成时,地壳的$^{187}Os/^{188}Os$值为2.586,远高于油房沟铜矿矿石的初始值0.588,而此时地幔值为0.121,表明油房沟铜矿形成时矿物质虽然为壳幔混合来源,但主要以幔源为主,这也可以从Re/Os-普Os图解中得到进一步证实(图5-16)。

成矿背景及矿床成因:油房沟铜矿成矿时代为881Ma,新元古代中期,扬子地台西南缘岩浆活动极为频繁,区内发育大量的基性和中酸性岩浆岩,如自北向南延伸数百千米的新元古代酸性岩浆岩,研究显示,时代集中在约880~800Ma(徐士进等,1996;郭建强等,1998;沈渭洲等,2000;李献华等,2001b,2002a,2002b,2002c;陈岳龙等,2004;Zhou et al,2002;Li X H et al,2003a;Li Z X et al,2003;杜利林等,2006;林广春等,2010);此外,还出露少量的基性—超基性岩浆活动,时代约936~782Ma(徐士进等,1998;沈渭洲等,2002a,2002b;2003a;朱维光等,2004;杜利林等,2009)。尽管前人对大地构造背景有很大争议,主要有岛弧环境(颜丹平等,2002;Zhou et al,2002;沈渭洲等,2003b;杜利林等,2009)与地幔柱导致的裂谷拉张(李献华等,2001b,2002a,2002b;Li X H et al,2002,2003a,2003b;Li Z X et al,2003;朱维光等,2004)两种不同意见,但都表明在880~800Ma,整个扬子地台西缘存在一次重要的岩浆事件,在油房沟铜矿区,也发育石英钠长岩体和辉绿岩体,其时代尚不清楚,但在其北西侧的会理益门镇及北东部云南巧家县境内,存在(872 ± 11)Ma$(MSWD=3.0,n=11)$和(875 ± 5)Ma$(MSWD=1.4,n=20)$的酸性岩(内部交流),与油房沟铜矿成矿时代基本一致。

虽然新元古代扬子地台西缘岩浆活动强烈,但从目前来看,康滇地区与该期大规模的酸性岩浆活动本身带来Cu的成矿作用并不明显,到目前为止没有新元古代成规模的斑岩型铜矿报道,仅有零星的铜矿化点,且在盐边地区发现与基性侵入岩有关的冷水箐铜镍硫化物矿床(张成江等,1999;沈渭洲等,2002;朱维光等,2004;吕林素等2007;苟体忠等,2010),上述特征可能与大地构造背景有关。油房沟铜矿位于康滇地区中部麻塘断裂北侧,王生伟等(2013a,2013b)分别从花岗岩和蛇绿岩角度证实,近东西走向的麻塘-踩马水-菜子园断裂带是一条中元古代末期的缝合带,即沟通地幔的深大断裂带。该断裂带南侧即为我国著名的东川式铜矿矿集区,邱华宁等(1997,2000,2001,2002a,2002b)对东川式铜矿伴生石英脉进行了较为详细的Ar-Ar年代学研究,获得了810~770Ma以及(794 ± 33)Ma和(712 ± 33)Ma等年龄,与油房沟铜矿成矿时代接近,并认为东川铜矿主成矿期为新元古代晋宁期,或澄江期,与岩浆热液密切相关,但黄小文等(2011)的Re-Os同位素地质年代学研究不支持该观点,本项目组也对东川铜矿原生黄铜矿进行的Re-Os同位素研究表明,其原生的马尾丝状黄铜矿的时代为(1765 ± 57)Ma$(MSWD=0.36,n=3)$(王生伟等,2012);后期块状富黄铜矿的Re-Os同位素等时线年龄和$^{187}Os/^{188}Os$初始值(≈0.8)也与油房沟铜矿时代基本一致,表明东川铜矿确属沉积改造型铜矿,原生铜矿石中硫化物多呈顺层、星点状分布于白云岩中,品位相对较低,少见方解石和石英等热液矿物;后期团块状富矿石品位较高,伴生大量方解石、热液白云石和石英脉,而早期贫矿石是重要的物质基础,没有贫矿石存在,也难形成大规模的富铜矿体,后期改造过程中岩浆热液也提供了部分成矿物质。

油房沟铜矿中发育大量的白云石、石英脉,厚度可达数十厘米,延伸较好,表明热液活动非常强烈,强度远远超过断裂南侧的东川式铜矿后期的热液活动,伴生石英脉的Ar-Ar年龄为(875 ± 16)Ma$(n=8,MSWD=1.2)$(王生伟等,2011),与黄铜矿的Re-Os等时线年龄相当,$^{187}Os/^{188}Os$初始值为0.588,属壳幔混合来源,但以幔源为主,在Re/Os-普Os图解中,油房沟铜矿的样品均位于地幔熔岩和Lewisian地壳之间;油房沟铜矿赋矿围岩为中元古代晚期的淌塘组凝灰质板岩、千枚岩,其Cu的背景值较高,为$(60\sim1520)\times10^{-6}$(沈和明等,2006),Cu含量虽低于东川式铜矿原始贫矿体,但也是油房沟铜矿成矿的重要物质基础;强烈的热液活动,表明新元古代本区深部较高的热流值,可能与岩浆活动有关,并提供大量的成矿物质,可能与麻塘-踩马水-菜子园缝合带在880Ma左右岩浆事件过程中进一步活动有关,深部大量含矿物质向上运移,与早期凝灰质碎屑岩中的成矿物质一起活化,在有利的构造部位沉淀,形成油房沟铜矿床,因此,我们倾向于将油房沟铜矿归入热液脉型铜矿,其物质主要来源于深部地幔,其次为淌塘组富Cu凝灰质碎屑岩,扬子地台西缘新元古代大规模岩浆事件过程中强烈的热液活动是导致二者Cu富集并最终形成油房沟铜矿最关键的因素。

典型矿床 21：产于震旦纪—寒武纪碳酸盐建造中构造热液脉型铅锌矿——四川会东大梁子大型铅锌矿床。

1. 地理位置

大梁子大型铅锌矿床位于四川省会东县境内，矿区中心地理坐标：E102°52′29″，N26°38′08″。

2. 区域地质

大地构造上位于扬子地台西南缘、甘洛-小江深大断裂带西缘约16km。太古宙—中元古代的结晶基底和褶皱基底组成本区的基底地层；新元古代以来一系列不同岩性特征的沉积岩层，构成本区的沉积盖层。

3. 矿床地质及矿体特征

矿区内出露的地层有震旦系灯影组白云岩，下寒武统筇竹寺组、沧浪铺组、龙王庙组砂页岩，下寒武统与震旦系灯影组呈平行不整合接触。灯影组为主要赋矿层，厚928m，岩性主要为白云岩，下部富含藻类化石，中部细碎屑成分较多，上部富含磷质条带及燧石条带。

矿区控矿构造发育，断裂构造以南北向高角度断层最发育，东西向次之，北东向和北西向的断裂更次之。南北向断裂成组出现，具有多期活动和继承性，断距大而延伸远。它们控制着古生代以来的地层分布、岩浆侵入和喷出，是区内最主要的断裂构造；东西向断裂发育于前南华纪变质岩系中，多属基底断裂，其特点是早期属压性和压扭性，晚期属张性或张扭性，并沟通基底和盖层构造，活动时间长，对区内矿体的矿化富集有明显的控制作用（图5-17）。

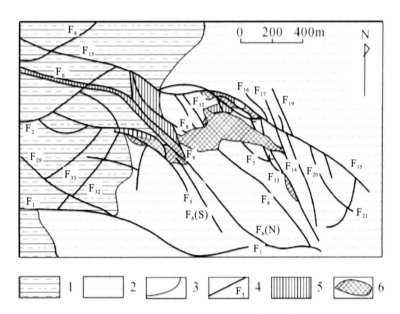

图5-17 会东县大梁子铅锌矿床矿区地质简图（据林方成，1994）
1.寒武系；2.震旦系灯影组；3.地层界线；4.断层及编号；5."黑破带"；6.矿体

大梁子铅锌矿床由两个矿体组成，赋存于由F_{15}和F_1所构成的地堑式构造中。矿体在破碎带中呈大透镜状产出，于破碎带两侧呈大脉体产出，并有分支现象。在构造交叉部位形成筒状矿体。大梁子铅锌矿主要为Ⅰ号、Ⅱ号矿体。其中以Ⅰ号矿体为主，Ⅱ号矿体规模较小，均呈脉状、透镜状产出。Ⅰ号矿体呈东西向展布，受断层控制，将矿体划分为8个矿段。矿体长630m，矿体厚1～163m，勘探深度

200m。矿石品位：锌0.97%~27.07%，平均13.66%；铅0.01%~4.22%，平均0.66%。Ⅱ号矿体长90m，矿体厚3.78m；矿石平均品位：锌13.66%；铅0.73%。矿石中有用组分为镉，品位0.1%~0.53%。

金属矿物除闪锌矿、方铅矿外，还有黄铁矿、白铁矿、白铅矿、菱锌矿、异极矿等，主要为脉状、细脉浸染状、角砾状、致密块状铅锌矿石。脉石矿物主要有白云石、方解石、石英。矿石的结构主要为粒状结构、交代溶蚀结构和表生结构；构造主要为胶结状、充填交代、残余胶状、多孔状、土状构造等。围岩蚀变较弱，主要有硅化、黄铁矿化和碳酸盐化。

蚀变类型有硅化、碳酸盐化和炭化相当强烈；闪锌矿、方铅矿强烈交代白云岩。

张长青等（2008）采用超低本底单颗粒闪锌矿Rb-Sr同位素测年方法，测得大梁子铅锌矿床成矿年龄为(366.3 ± 7.7)Ma，代表了矿床的主成矿阶段年龄，并通过地球动力背景探讨，认为该矿床的形成可能与晚加里东期扬子地台西缘构造活动有关。锶同位素测试结果表明大梁子铅锌矿床成矿物质来源可能主要源自围岩碳酸盐岩或基底地层。

典型矿床22：产于海西期富铁质基性岩中之岩浆型钒钛磁铁矿——四川攀枝花大型钒钛磁铁矿床。

1. 地理位置

攀枝花铁矿区位于攀枝花市方位33°直线距离11km。矿区中心地理坐标：E101°45′33″，N26°38′10″。自北东向南西将攀枝花矿床划分为太阳湾、朱家包包、兰家火山、尖包包、倒马坎等赋矿地段，其中朱家包包、兰家火山和尖包包3个赋矿地段矿层厚、矿石质量好（占全部储量的95%），为目前攀枝花矿区的主采场。

2. 区域地质

攀枝花钒钛磁铁矿床位于基性层状岩体内，矿区以攀枝花断裂带、昔格达断裂带等近南北向的构造为主，其次发育近东西向构造。南北向构造在区内为一系列南北向或近于南北向断裂或断裂带及南北向褶皱组成，具有控岩控矿的作用，为岩浆的上升提供了通道，同时控制着基性—超基性岩体及与层状基性—超基性岩体相关的钒钛磁铁矿矿床的分布，从而在区域形成近南北向分布的基性—超基性岩体及钒钛磁铁矿。南北向的边缘深大断裂，具有二级控矿意义，对基性—超基性岩体群起了定带的作用；区内基性—超基性岩体沿南北向断裂呈断续带状展布，似与追踪断裂剪切拉张开裂转弯部位相吻合，这种部位对产钒钛磁铁矿的辉长岩层状杂岩体起了定位作用，具有三级控矿意义。区域除了发育近南北向的导矿构造以外，在成矿期后还发育破矿构造。区域钒钛磁铁矿床大大小小数十个，主要沿攀西裂谷，也就是安宁河断裂两侧展布，主要的大型及特大型矿床有太和、白马、红格及攀枝花钒钛磁铁矿床。向南延伸至云南牟定，产有安益大型磁铁矿床。

3. 矿床地质及矿体特征

攀枝花含矿辉长岩体中原生层状构造发育，出露面积约30km²。产状与岩体延伸方向和围岩产状一致，大致走向NE60°，倾向北西，倾角50°~60°，长19km，宽2km（图5-18），厚2000~3000m。各矿带中钒钛磁铁矿产状与岩体层状构造一致。含矿辉长岩层具有韵律构造，岩浆分异作用十分清晰，自上而下可分为5个岩带：①顶部浅色层状辉长岩带，偶见铁、钛氧化物矿条；②上部含矿层，位于岩体中部，以含铁辉长岩为主，夹稀疏浸染状矿石，本层富含磷灰石；③下部暗色层状辉长岩带，层状构造清晰，夹含铁辉长岩薄层及钒钛磁铁矿条，与底部含矿层为过渡关系；④底部含矿层，为主要赋矿层位，厚60~500m，夹有暗色辉长岩条带，自下而上暗色辉长岩增多，逐步过渡为暗色辉长岩带；⑤边缘带，以暗色细粒辉长岩为主，具一定层状构造，为辉长岩内变质带。

朱家包包矿段的各矿带发育完整，矿体呈层状，与围岩产状近乎一致；矿层最厚可达500m，累计厚

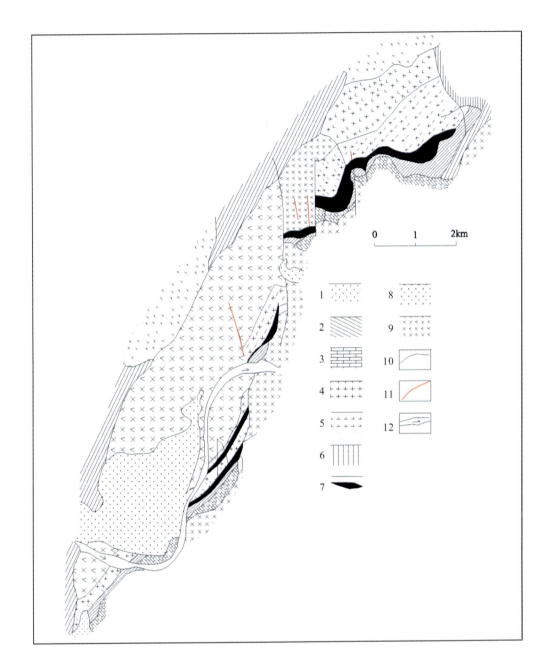

图 5-18 攀枝花钒钛磁铁矿床地质略图(据何政伟,2013)

1. 新近系和第四系;2. 三叠系;3. 上震旦统;4. 花岗岩和花岗闪长岩;5. 正长岩;6. 底部边缘带;7. 下部含矿带;
8. 下部辉长岩相;9. 上部辉长相带;10. 实测及推测界线;11. 断层;12. 河流

度为230m;含矿率为65%,平均 TFe 33.23%、TiO_2 11.63%、V_2O_5 0.30%;矿层以致密块状矿石为主,夹浸染状矿石,夹石很少。兰家火山北东紧邻朱家包包矿段,被 F_{38} 断层隔断;南西紧邻尖包包矿段,被 F_{41} 断层隔断;矿体主要穿越Ⅳ、Ⅴ、Ⅵ、Ⅷ、Ⅸ矿带。尖包包矿段介于勘查区 F_{41} 与 F_{42} 断层之间,往深部方向,品位有降低的趋势。太阳湾矿段位于矿区北东边,紧邻朱家包包矿段,主要为Ⅳ、Ⅸ矿带。

攀枝花铁矿石中有用组分计有钛、钒、镓、锰、钴、镍、铜、钪和铂族元素。致密块状、致密浸染状、稀疏浸染状和条带状构造。填隙结构、嵌晶结构,至韵律层下部海绵陨铁结构。

4. 矿床成因

峨眉地幔柱发生在海西晚期,大约 250Ma 前后,峨眉地幔柱导致短时间内大规模的陆内玄武岩溢流和岩浆岩侵入,地幔柱活动巨大的能量和深部带来的巨量成矿物质。含钒钛磁铁矿熔体与硅酸盐熔体主要有现今的峨眉山高 Ti 玄武岩熔离形成,侵位后由于温度、压力等物理化学条件的改变,含钒钛磁铁矿熔体与硅酸盐熔体二元体系发生分离,晚期岩浆结晶分异形成,矿体赋存于岩体的中、下部,层状、似层状产出,含矿层分为基性岩-辉长岩型(攀枝花、白马、太和)和基性超基性岩类-辉长岩-辉石岩-橄辉岩型(红格、新街),二者成矿特征可以对比,类型为侵入岩体型,不管是物质上还是能量上最主要受控于峨眉地幔柱(图 5-19)。

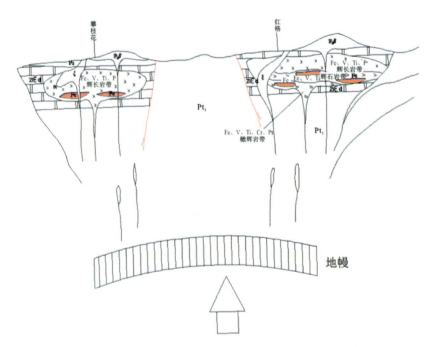

图 5-19 攀枝花式钒钛磁铁矿区域成矿模式图(据《四川省潜力评价报告》,2011)

峨眉地幔柱的活动在区内造就了世界级的钒钛磁铁矿床、点多量少的岩浆硫化物铜镍铂族矿床以及少量的玄武岩型铜矿。不少学者甚至把本三级带东侧的会泽等铅锌矿床的成矿作用归因于峨眉地幔柱活动。

典型矿床 23:与燕山期—喜马拉雅期斑岩有关的热液交代型铜钼矿床——云南永仁直苴中型铜钼矿床。

1. 地理位置

矿区位于永仁县城 270°方向的中和乡直苴村。地理坐标:E 101°22′58″—101°23′19″,N 26°04′07″—26°04′28″。

2. 区域地质

构造上位于楚雄凹陷与元谋凸起的交接部位,区域上构造活动频繁,岩浆活动强烈,沉积红层具高铜背景值,成矿地质条件十分有利,形成了多旋回丰富多样的铜、钼、金等多金属矿产资源。

3. 矿床地质及矿体特征

本区地层出露以中生代砂岩为主,区域构造以褶皱为主,断裂不发育(图5-20)。主要构造有:乍木打老背斜、中和街向斜、大村背斜和么苴地背斜。区内岩浆活动单一,主要出露喜马拉雅期直苴黑云正长斑岩($\xi\pi_5^3$)体及其东部的么苴地正长斑岩($\xi\pi_5^3$)体,面积小于1km²,呈岩株及岩脉产出,并有小规模的云煌岩脉(χ)侵入。区域变质作用较为普遍,变质岩石发育,分布较广。

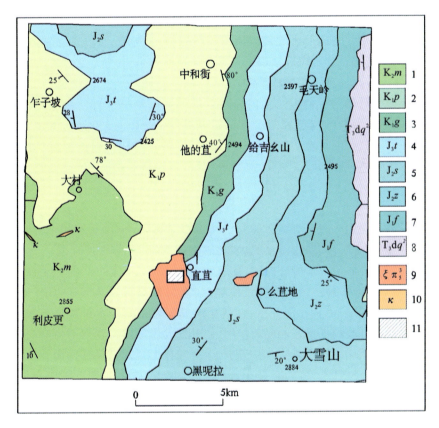

图5-20 直苴铜矿区区域地质略图

1. 上白垩统马头山组;2. 下白垩统普昌河组;3. 下白垩统高丰寺组;4. 上侏罗统妥甸组;5. 中侏罗统蛇店组;6. 下侏罗统冯家河组;7. 下侏罗统冯家河组;8. 上三叠统大箐组;9. 燕山晚期直苴黑云正长斑岩;10. 煌斑岩;11. 直苴采矿区

矿区及外围周边出露地层仅有中生界下白垩统,由于喜马拉雅期岩浆热液活动强烈,受接触变质作用影响,矿区内均角岩化形成长英质角岩。受直苴黑云母正长斑岩影响,在岩体边部围岩及岩体中形成一些规模较小的张性裂隙、节理、断裂等,为后期成矿提供了良好的赋矿空间。

矿区内岩浆岩主要出露喜马拉雅期直苴黑云正长斑岩($\xi\pi_5^3$),岩石斑状结构,块状构造。斑晶1～2mm,部分5～10mm,矿物成分:钾长石30%～60%,黑云母2%～7%,石英<5%;基质:碱性长石53%～58%,石英15%,黑云母2%～8%。具微晶状结构,块状构造。该岩体面积小于1km²,呈岩株及岩脉产出,在其演化过程中,具有酸性—中酸性—中性的特点,是寻找斑岩型铜、钼矿床的有利母岩体,岩体中铜含量介于$(100\sim4000)\times10^{-6}$之间,平均含铜$1220\times10^{-6}$,其中$600\times10^{-6}$以上者占66.7%,$1000\times10^{-6}$以上者占44%,反映岩浆中含铜较丰富。根据中国铜钼矿床总量统计,含矿斑岩体规模小于1km²的占57.5%。

矿区目前共圈定铜铅矿(化)体7个,具有一定规模的矿体为V_1、V_2、V_3、V_5、V_6;V_4、V_7仅为地表单工程圈定,尚达不到工业要求。

V_1 矿体:矿体产于正长斑岩内,呈脉状、板状产出,倾向 $16°\sim40°$,倾角 $80°$,矿体走向长 172m,倾向延伸 113m,厚 $0.77\sim0.87m$,平均厚 0.82m;矿体顶底板均为正长斑岩,具硅化、褐铁矿化、黄铁黄铜矿化、方铅矿化;矿体铜品位 $0.71\%\sim1.07\%$,平均品位 0.95%;矿体中伴生铅平均为 Pb 9.63%。矿体向深部厚度变小但较稳定,铜品位、铅品位相对变高。

V_2 矿体:矿体产于正长斑岩外接触带,呈脉状、板状产出,走向 $106°$,倾向 $16°$,倾角 $80°$;矿体走向长 94m,倾向延伸 113m,厚 $0.88\sim1.04m$,平均厚 0.96m;矿体顶板为正长斑岩,底板均为石英砂岩,具硅化、角岩化、褐铁矿化、黄铁黄铜矿化、方铅矿化;矿体铜品位 $0.70\%\sim0.73\%$,平均品位 0.71%;矿体中伴生铅平均为 Pb 4.69%。矿体向深部厚度变化较小,铜品位相对变高,铅品位相对变低。

矿石矿物主要有黄铜矿、孔雀石、蓝铜矿、方铅矿、黄铁矿、褐铁矿;脉石矿物有石英、方解石、长石、黑云母、角闪石、绿泥石、蛇纹石等。矿石结构以他形—半自形粒状结构为主。矿石构造主要有星点浸染状、细脉状、网脉状、条带状、块状、团块状构造。

据矿区圈定矿体的矿石样基本分析:Cu 含量为 $0.36\%\sim52\%$,平均 1.16%;Pb $0.64\%\sim4.13\%$,平均 1.23%;据 2006 年核实和本次所采组合样品分析成果,矿石中含 Au 0.18×10^{-6}、Ag 53.38×10^{-6},无砷、锌等有害组分。

围岩蚀变主要有角岩化、硅化、矽卡岩化、碳酸岩化等,角岩化形成长石石英角岩。

4. 矿床成因

本项目组获得了直苴铜钼矿含矿斑岩体的 U-Pb 年龄,为 31Ma(图 5-21)。云南省潜力评价报告认为直苴铜矿床具有多期、多阶段、多物质来源、多成矿作用的特点,喜马拉雅期广泛的花岗岩浆演化,形成侵入-浅成斑岩体,斑岩体受隐伏构造控制,具明显的被动侵位特征;区域上短轴背斜(乍木打老背斜,大村背斜,么苴地背斜)应力部位使斑岩体产生破裂,上升的高挥发热流体(Cl_2、SO_2、H_2S、CO_2)活化金属元素,萃取围岩地层(K_1)有用金属元素,使成矿金属元素 Cu 进一步富集,白垩纪沉积地层对斑岩岩浆侵位和含矿流体上升起到了良好的屏蔽作用,使其挥发组分和矿物质不易散逸,为有用金属硫化物在斑岩内部有利部位堆积成矿提供条件;地下水与上升流体形成对流循环作用,混合热流体在成矿过程中发挥了积极的作用,在之前的岩体破碎等有利部位富集成矿,初步推断该矿床为与斑岩有关的热液交代矿床。

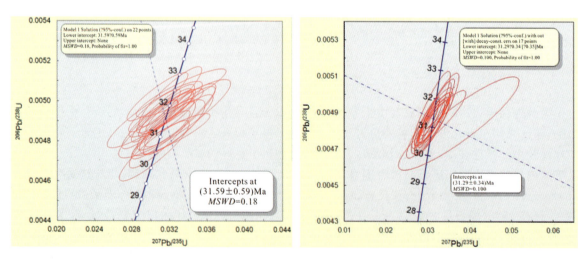

图 5-21 直苴含铜花岗岩锆石的 U-Pb 年龄

典型矿床24：以中三叠世北衙组含铁灰岩为主要围岩的与喜马拉雅期中酸性富碱斑岩有关的北衙式斑岩型金多金属矿——云南鹤庆北衙大型金多金属矿床。

1. 地理位置

该矿床位于鹤庆县178°方向约45km。地理坐标：E100°12′10″，N26°08′45″。矿区面积约22km²，矿区展布南北长5.5km，东西宽4km，已达到超大型金矿床规模。

2. 区域地质

矿区处于印支期（T_3）被动陆缘逆冲-推覆大型变形构造带中带范围的逆冲-推覆型向斜构造区；成矿构造环境为由喜马拉雅期北西向金沙江-哀牢山走滑-拉分构造带与北东-南西向程海-宾川次级主走滑-拉分构造共同控制的陆内造山-造盆作用及构造岩浆活动继承性叠加改造的造盆区。属于喜马拉雅期高钾高碱斑岩带中松桂-北衙岩（脉）体集中区。矿区属扬子陆块西部边缘富碱斑岩带，带内断续出露大小斑岩体70余处，从北往南分为剑川、大理、永平、姚安和金平斑岩区。在该富碱斑岩带上，除北衙金矿外，尚有众多的矿床（点）分布，如拉巴、甫哥、松桂、马厂箐、姚安、哈播、长安冲等金矿床（点）（李志钧，2010）。

3. 矿床地质及矿体特征

区内出露的主要地层有二叠系玄武岩组（Pe），下三叠统（T_1）碎屑岩及火山沉积岩，杂色—紫色含砾、砂黏土（岩）和角砾岩，第四系全新统（Q）。以中三叠统北衙组（T_2b）含铁灰岩为主要内生金矿含矿地层，第三系始新统丽江组（E_1）砂砾岩及其与下伏地层的不整合面有外生型含砂砾黏土岩型金矿产出。

主要控矿断裂为南北向断裂，次为东西向断裂。控制了红泥塘、万硐山等斑岩体、岩株和隐伏岩体的产出及分布。近东西向隐伏构造控制着红泥塘、笔架山、白沙井等斑岩体产出和分布。褶皱主要为北衙向斜，为10km长的北北东向宽缓短轴向斜，椭圆形盆地。矿床受北衙向斜（鹤庆-松桂-北衙宽缓复式向斜的次级构造）的控制，已发现的矿体均产于向斜两翼。矿区北自锅厂河，南至金沟坝，西自红泥塘，东至笔架山，以北衙向斜轴（北衙盆地中心）为界分为东、西两个矿带，其中东矿带包括桅杆坡、笔架山、锅盖山矿段；西矿带包括万硐山、红泥塘、金沟坝矿段（图5-22）。

本区为扬子西缘富碱斑岩带的一部分，岩浆活动频繁，岩浆侵入从65～3.65Ma都有发生，基性、中性、酸性及碱性岩类均有。海西期以基性辉长岩、二叠纪玄武岩为主，与零星铜矿化有关；喜马拉雅期主要为中酸性富碱斑岩侵入及苦橄玄武岩、橄斑玄武岩、碱性岩的喷溢，与金、银、铜、铅、锌、铁矿化关系密切，北衙矿区万硐山—红泥塘一带还发育有少量次火山角砾岩（爆破角砾岩）。

内生型原生矿体主要有：①隐伏斑岩体内细脉浸染型硫化物Cu-Au矿体；②爆破角砾岩中Fe-Au和Pb-Zn矿体；③斑岩上、下接触带中层状、似层状或透镜状、缓倾斜含Au磁铁矿矿体；④斑岩体平行接触带含Cu黄铁矿、方铅矿石英脉脉状矿体；⑤远离斑岩接触带灰岩中构造破碎带脉状、透镜状、似层状矿体（图5-23）。

主要矿体有①红泥塘矿段4、5、7号矿体，矿体上陡下缓，产于石英正长斑岩上盘接触带矽卡岩内，走向355°，倾向北西或南西，倾角32°～58°，地表断续延长440m，深部控制长170m，斜深300m，矿体水平厚0.7～10.6m，平均3.24m，Au品位（0.69～18.81）×10^{-6}，平均6.34×10^{-6}，品位变化系数77%，属较均匀。②万硐山矿段52号矿体，主矿体产于石英正长斑岩下盘，褐（磁）铁矿矿体缓倾，呈脉状、透镜状、似层状产出，控制长度1360m，延深210m，矿体厚0.45～36.02m，平均10.75m，Au品位（0.26～38.40）×10^{-6}，平均3.14×10^{-6}。③笔架山矿段22号矿体，产于斑岩岩脉底部东侧围岩（T_2b^4）中，矿体走向北北东，倾向北西，倾角35°～68°，控制长度160m，斜深60m，平均厚2.68m，平均金品位7.64×10^{-6}。

外生型矿体：主要矿体有万硐山80号矿体，产于丽江组（E_2l）底部砂砾黏土型含金褐铁矿矿体，总

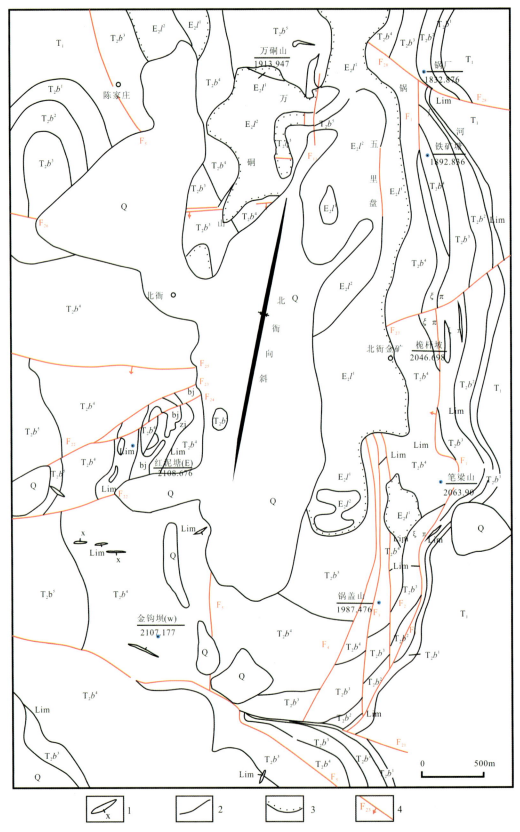

图 5-22 北衙金矿区地质简图(李志钧,2010)

1.煌斑岩脉;2.地质界线;3.不整合地质界线;4.断层及编号

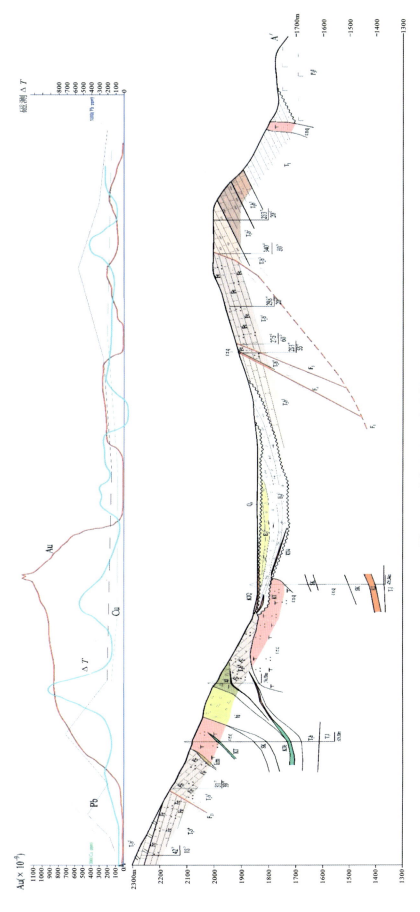

图 5-23 北衙金矿区地物化剖面图

体产于古风化剥蚀面上,呈缓倾似层状面型分布,已控制南北长 800m,倾斜宽 220m,矿体厚 1.00～17.42m,平均 6.66m,金品位(0.60～4.18)×10^{-6},平均 1.64×10^{-6}。

原生型金矿石矿物组合有①磁铁矿-黄铁矿-自然金-石英;②黄铁矿-黄铜矿-自然金-白云石、透辉石-石英;③黄铁矿-黄铜矿-自然金-石英;④褐铁矿-磁(赤)铁矿-自然金-石英、方解石、泥质矿物;⑤自然金-石英-泥质矿物;⑥自然金-角砾岩等。氧化型金矿石矿物组合有①赤铁矿-褐铁矿;②胶状氧化矿;③蚀变斑岩氧化矿;④蚀变角砾岩氧化矿等。

矿化蚀变仅与内生型成矿作用密切相关。在正长斑岩类岩体内部的蚀变类型为硅化、钾化、绢云母化、绿泥石化、高岭土化,以黄铁矿化为主的金属硫化物矿化;在岩体接触带富碱的接触交代蚀变为矽卡岩化、菱铁矿化、磁(赤)铁矿化,从正长斑岩到围岩具有明显分带性。

4. 矿床成因

北衙金多金属矿为内生、外生复合型金矿床。由于受喜马拉雅期多期次高钾富碱斑岩构造-岩浆-流体内生成矿和沉积-表生外生成矿作用的叠加、复合,形成多种成矿类型:包括斑岩体内的爆破角砾岩型及岩体内外接触带型,以及围岩中构造破碎带、裂隙带中的构造蚀变岩型;还有第三纪山间盆地河湖沉积和第四纪表生残坡积、岩溶洞穴堆积型等。主要控矿因素为喜马拉雅期高钾富碱斑岩-煌斑岩浅成—超浅成侵入体,内生成岩成矿时代年龄为 60～3.65Ma,主成岩成矿年龄为 34～32.5Ma。其成因机制为喜马拉雅期断裂控制的浅成—超浅成富碱斑岩侵入到三叠纪地层中,岩浆在中等深度与碳酸岩反应,生成矽卡岩,在浅部接触带,强大的岩浆热液压力形成爆破角砾岩,成岩及其期后岩浆热液沿着岩体及其外接触带的断裂,混合部分其他来源流体,在合适部位充填交代形成脉型金矿,其中热液和金矿物质主要来源于岩浆,围岩地层也有部分贡献。古近纪时内生金矿出露地表,经过风化剥蚀和沉积作用,形成丽江组含砂砾黏土岩型金矿。这些金矿第四纪时经过风化作用,部分氧化和淋滤到下部还原带成矿,多数被冲积形成砂金矿(图 5-24)。

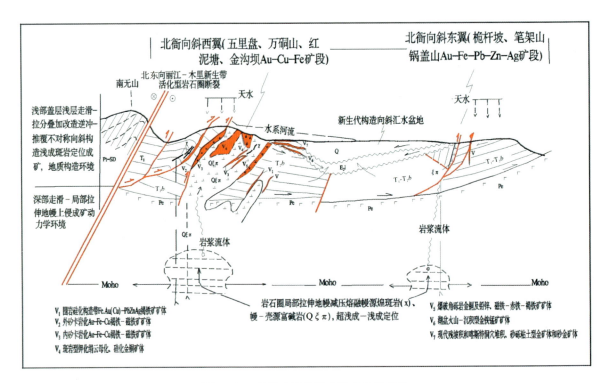

图 5-24 北衙式斑岩型矿床成矿模式图

(据《云南省铜、铅锌、金、钨、锑、稀土矿资源潜力评价成果报告》,2011)

第三节 区域地史演化与成矿

本项目经过几年来的调查研究工作,获得了一大批古元古代晚期至中元古代早期的岩浆岩-成矿年龄及地化特征数据,取得了一系列的认识,如"古元古代晚期至中元古代早期的岩浆活动时间主要集中在1750~1600Ma之间,可能是古—中元古代全球性Columbia超级大陆在区内的响应","本区元古宙基性岩浆岩总体上显示为偏碱性洋岛玄武岩的特征,表明了扬子陆块西南缘一系列的双峰式岩浆活动和成矿事件(东川式铜矿的初始成矿作用及迤纳厂式铁铜矿床成矿作用)可能与一次重要的地幔柱活动有关——昆阳地幔柱","大量10亿年左右的基性—中性—酸性岩浆岩活动表明,在中元古代晚期,上述深大断裂应该是各个独立的小陆块汇聚的边界,表明康滇地区基底为不同时代的陆块拼合而成。这一次拼合过程,也可能导致拉拉大型铜铁矿床的最终定型"。

本书以上述前震旦纪基底研究成果为基础,系统收集诸多工作者对盖层演化研究的认识,以"三个地壳运动相对活跃期及相应的重大地质事件:前震旦纪区域性大陆聚合-裂解-陆内陆缘裂陷-岩浆火山及变质作用强烈,形成了独具特色的铜铁矿床;海西期地幔柱-攀西陆内裂谷作用,导致了大规模的岩浆型钒钛磁铁矿成矿作用;燕山期—喜马拉雅期受三江构造域的强烈影响,陆内斑岩型多金属矿床极为发育"为主体,以板块理论和地幔柱理论对以康滇地区为代表的扬子西缘构建其区域地质构造演化与成矿过程(图5-25)。

一、基底形成阶段(≥680Ma)

(一)太古宙(>25亿年)

在康滇地区所有的基底变质岩系中,以康定群变质程度最高,主体为片麻岩,局部达麻粒岩相。袁海华等(1985)获得了攀枝花市北西侧康定群混合片麻岩的Pb-Pb年龄为(2957±304)Ma,因此一直以来,康定群被认为是中国南方最为古老的地质体。后来一些学者(周美夫等,2002;杜利林等,2007;耿元生等,2008)对康定群进行了详细的同位素地质年代学研究后发现,康定群变质沉积岩和岩浆杂岩中富含大量的中—新元古代非变质成因锆石,据此推翻了康定群作为本区最古老地层的认识。由此看来康滇地区地质体的新老与变质程度的深浅没有必然联系。

从近年采用的锆石原位测试的研究结果来看,康滇地区目前尚未发现被证实的太古宙地质体,但最近的研究表明(Sun W H et al,2009;Zhao X F et al,2010;朱华平等,2011;叶现韬等,2013),显示在很多基底地层中均发现了有太古宙的残留碎屑锆石(年龄37~26Ma;Zhao X F et al,2010;朱华平等,2011;叶现韬,2013),这似乎暗示在康滇地区或扬子陆块区存在太古宙地质体,但对太古宙晚期而言,目前也没有实体的地质体,因此太古宙的陆核是否存在尚需做更进一步的研究。

(二)古元古代早—中期[汤丹期(25~16)亿年]

近年来的高精度同位素地质年代学研究显示,康滇地区古元古代地层出露较多。除了东川群、河口群、大红山群之外,在东川地区东川群之下还下伏4组地层,自下而上分别为洒海沟组、望厂组、菜园湾组和平顶山组。一直以来,上述4组地层分别被认为是滇中地区黄草岭组、黑山头组、大龙口组和美党组4组往北延伸,也被认为是紧邻的麻塘断裂北部会理群(淌塘组、力马河组、凤山营组和天宝山组)在南侧对应的地层。然而,我们通过近年一系列的研究后提出,将东川(或整个康滇地区)地区,与东川群成明显不整合(而非断层)接触关系的下伏地层单独定义为汤丹群,以区别于会理群和昆阳群的各4组地

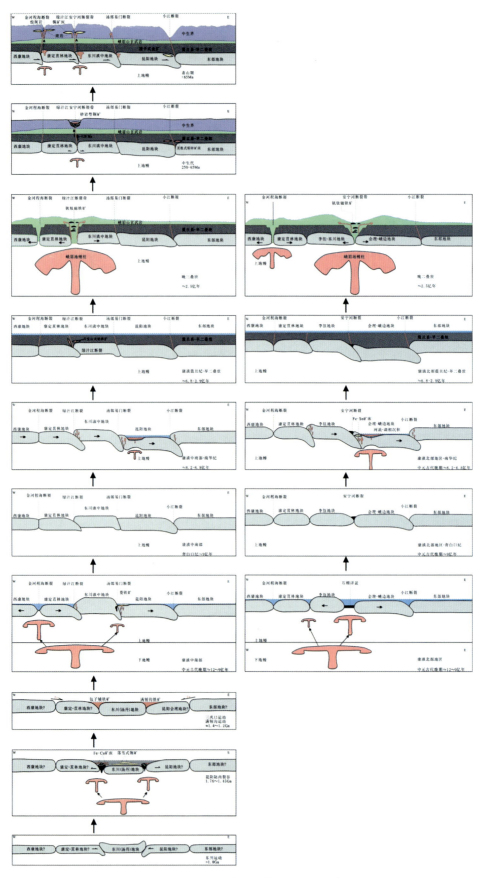

图 5-25 上扬子西缘地史演化与成矿示意图

层,其证据如下。

(1)周邦国等(2012)对东川黄草岭和牛厂坪一带识别出的众多熔结凝灰岩进行了 SHRIMP 锆石 U-Pb 测年,获得沉积时代约为23亿年;这意味着东川下伏4组地层与会理群和昆阳群的沉积时代差别是非常显著的。

(2)东川地区 1.7Ga 的辉绿岩非常发育,这已被 Zhao X F(2010)和朱华平等(2011)报道证实;上述辉绿岩切穿下伏4组地层,并侵入至东川群的因民组和落雪组中,从岩浆岩的角度证明下伏4组地层较 1.7Ga 辉绿岩要老。

(3)本项目组在东川地区识别出了东川群与下伏地层平顶山组的不整合接触关系,其接触界面为一套典型的底砾岩、黏土层和铁锰质层;这也间接印证了下伏4组地层与上述地层间的不整合接触关系。

(4)在滇中地区昆阳群的大龙口组和四川南部的会理群凤山营组中,普遍均有菱铁矿层,即凤山式铁矿和鲁奎山式铁矿,但在东川地区的下伏4组地层中,如菜园湾组中却没有,而且东川地区的平顶山组灰岩交会理群凤山营组灰岩和昆阳群大龙口组灰岩相比而言,显得非常的薄,仅在汤丹望厂村一带略厚,其他地区一般为薄层砂质板岩互层。

(5)当前的研究结果证实区内在17亿年左右发生大规模的陆内裂谷拉张作用。而东川群、河口群和大红山群是这次陆内裂谷拉张的沉积产物,并非沉积前已存在的基底陆块。因此,在其裂解拉张前必然存在更老的陆块,而东川群下伏的4组地层应该就是先前存在的古老基底了。

(6)会理群顶部和昆阳群的黑山头组与大龙口组之间均有凝灰岩和火山岩分布,如天宝山组顶部的流纹英安岩非常发育,厚度较大。在滇中富良棚村和铜厂乡的黑母云村一带均有流纹岩和安山岩、安山玄武岩出露。相反,在东川地区下伏4组地层中,火山岩则欠发育。

汤丹群目前主要分布于东川地区和武定-禄丰地区,其沉积相类似于槽台学说中的复理石建造,沉积环境相对较为稳定,可能是新太古代陆核之间相对稳定的水体中的沉积产物,沉积时代应为古元古代早—中期。我们近年在武定地区的东川群因民组下面识别有类似于东川地区汤丹群类似的建造组合,因而推测汤丹群应该是广泛存在的,至少发育于东川群、河口群和大红山群地层分布的地区。此外,在麻塘断裂以北淌塘组之下的一套灰岩,先前被认为与麻塘断裂南侧的东川群青龙山组为同一组地层;但最近我们对麻塘断裂以北菜园子地区辉绿岩、石英斑岩的定年结果表明,这些岩浆岩的侵位时代为17亿年左右,表明麻塘断裂以北的"青龙山组"可能并非南侧对应的青龙山组,而可能是对应的汤丹群菜园湾组。

由于汤丹群沉积时间(汤丹期)并没有明显的岩浆活动,也没有大规模的成矿作用发生,沉积矿产也不发育,只是在东川地区茂麓村一带的板岩中有小规模的铅锌矿成矿,但就规模较大的大梁子、天宝山、铁柳等铅锌矿而言,则小得多,而且时代也应是显生宙,与汤丹期地层沉积作用没有必然联系。

(三)东川运动(约为18亿年)

东川运动是由花友仁(1959)首先提出的,原来的意思是指东川地区因民组与下伏地层的不整合接触,可以理解为东川群沉积之前,下伏地层受到的构造挤压产生的褶皱变形作用。此后关于本次运动是否存在及其活动时限等问题长期有争议(邓家藩等,1963;王可南等,1963;谢振西等,1965;龚琳,1973;张伟察,1973;孙师舜,1975;陈和生等,1978;匡立人,1980;潘杏南等,1985;李复汉等,1988)。

根据最新的研究成果,本项目在东川地区,重新建立了古元古界汤丹群,并将区内的元古宙基底分成3个构造层:底部为古元古界汤丹群,中部为古—中元古界东川群,上部为中元古界大营盘组。汤丹群的褶皱形态较东川群更复杂,反映了在沉积东川群之前,汤丹群已经历过构造挤压变形,即东川运动。东川运动发生在古元古代中—晚期,大致对应华北地台的吕梁运动和中条运动,而不是广西的四堡运动。东川运动可能是在全球性 Columbia 超级大陆形成过程中,汤丹群(地块)与扬子古陆核之间的碰撞和造山运动,其时代约发生在18亿年前。

(四)古元古代晚期至中元古代早期[昆阳裂谷期(18~14)亿年]

近年来高精度的锆石原位测试表明,康滇地区古元古代晚期至中元古代早期的地层含东川群、河口群、大红山群以及滇中地区的迤纳厂组。古元古代晚期至中元古代早期是昆阳裂谷发生—发育—成熟阶段,从槽台学说的角度上来讲,经历较为完整的地槽沉积和回返的过程,从板块角度上来讲,这一时期经历了裂谷拉张—岩浆活动—沉积—消亡阶段,也是地质历史上本区岩浆作用、IOCG成矿作用最强烈的时期之一。昆阳裂谷是一次大规模的陆内裂谷拉张构造事件,其发生、发展直至最后闭合经历了漫长的地质历史过程,也是一次较明显的岩浆-成矿作用过程,现将昆阳裂谷沉积岩系统、岩浆岩系统、成矿系统详述如下。

1. 昆阳裂谷的沉积-成矿体系

根据近年的研究结果,大致可以把东川群、河口群及大红山群的沉积时代相对应,只是沉积环境相差较大,这与它们处在裂谷拉张的部位有关。上述基底地层在康滇地区大致沿东川—会理—武定—易门—元江呈带状断续出露,前人分别称其为东川-会理裂陷槽、易门-元江裂陷槽。

(1)东川群:含因民组、落雪组、黑山组和青龙山组,主要分布在东川地区、四川的会理、滇中的武定-禄丰-易门-峨山-元江,在滇中地区呈狭长的带状分布。总体特征是下部因民组的底部发育大量极其复杂的角砾岩,向上逐渐过渡为相对稳定的浅海和半深海、深海相的浊流沉积,沉积了巨厚的白云岩和页岩,即相当于冒地槽的复理石建造。该地层的沉积时限为1740~1503Ma(Zhao X F et al,2010;陈好寿等,1992;龚琳等,1996;孙志明等,2009;赵新福等,2010;郭阳等,2014)。该群因民组底部角砾岩赋存铜矿,是东川汤丹、因民等铜矿床的含矿层之一,中部是铁矿的赋存层位,在东川稀矿山、武定迤纳厂、禄丰鹅头厂等地形成矿床。

东川期[(18~14)亿年]的成矿作用主要发生在落雪组沉积阶段,由大规模的裂谷拉张,伴随这剧烈的基性岩浆活动,导致落雪组白云岩沉积时也伴随着明显的含硫化物的沉积,形成初始的星点状贫铜矿体,这些初始矿体黄铜矿的年龄与地层年龄基本一致。这一阶段是否形成马尾丝状矿体值得商榷,因为Huang X W(2013)报道汤丹铜矿层状黄铜的Re-Os年龄为(1401 ± 30)Ma和(1397 ± 71)Ma,与Zhao X F(2013)报道的迤纳厂铁铜矿床辉钼矿的Re-Os年龄(1487 ± 110)Ma和Rb-Sr年龄(1453 ± 28)Ma较为接近。上述年龄与初始星点状矿石的年龄相差近3亿年,这可能与昆阳陆内裂谷拉张、落雪式铜矿床沉积演化的持续时间较长有关。此外在东川地区,还存在另外一类矿床,以及稀矿山式铁铜矿床,由于稀矿山铁铜矿床目前缺乏准确的成矿年龄,而这类矿床的矿化、蚀变特征与迤纳厂、拉拉和大红山相似,推测其成矿作用可能与基性岩浆岩侵位引起的大规模钠化蚀变作用有关,铜矿的成矿物质可能主要来源于基性岩浆岩。

(2)河口群:该群主要分布在会理南部的河口,向南延伸至云南姜驿,由李复汉和覃家铭等于1980年创建,沉积建造和时代与大红山群基本一致。河口群可以细分为白云山组(Pt_1b)、小铜厂组(Pt_1xt)、大团箐组(Pt_1d)、落凼组(Pt_1l)、新桥组(Pt_1xq)及天生坝组(Pt_1t)6个组。近年来,不少学者对河口群中变质基性火山岩及石英斑岩开展了锆石的U-Pb年代学研究,获得(1722 ± 25)~(1680 ± 16)Ma(Chen,Zhou,2012;周家云等,2011;王冬兵等,2012)的年龄,表明河口群的时代可以限制在古元古代晚期,证实了该群与康滇地区南部的大红山群的时代基本一致。

河口群中赋存拉拉大型铁铜矿床,由于该矿床的成矿时代不清楚,以至于其成因争论较大,一直以来沉积-变质-改造成因为主流观点。近年来,Chen和Zhou(2012)对拉拉铜矿区矿石中的辉钼矿进行了Re-Os同位素研究,其时代多集中在1080Ma,并认为该矿的主成矿期为中元古代末期。然而,Zhu Z M et al(2013)等通过对拉拉铜矿的矿石矿物黄铜矿的Re-Os同位素测年,发现黄铜矿的Re-Os等时线年龄和加权平均年龄在(13~12)亿年,二者相差较大,原因不清。目前对中元古代晚期研究活动的报道较多,如拉拉铜矿西南侧的元谋黄瓜园地区的片麻状花岗岩、安宁河断裂中的片麻状花岗岩、会东菜园子花岗岩、天宝山组流纹岩等，其时代都集中在10亿年左右，与拉拉铜矿的辉钼矿Re-Os同位素年龄高度一致，可能反映了这一期岩浆活动对拉拉铜矿有着非常重要的改造作用。

(3)大红山群：位于云南中南部，夹持于绿汁江断裂和红河断裂之间的三角地带，由一套深变质岩系构成，分布于大红山、腰街、漠沙、希拉河、撮科等地，以大红山矿区出露最全，其他地区仅部分出露，区域上具有稳定的含矿层。大红山岩群沉积建造可分为3部分：下部碎屑岩建造（混合岩）；中部海相火山岩建造（变质火山岩）；上部碳酸盐岩及复理石建造。主要铜铁矿无一例外均赋存于中部火山岩建造中。岩性为中—深变质岩系，属优地槽型沉积。大红山群从老到新分别为底巴都岩组、老厂河岩组、曼岗河岩组、红山岩组、肥味河岩组、坡头岩组6个组20个岩性段，总厚度大于2900m。其中老厂河岩组厚377～1601m，其时代为(18～16)亿年(杨红等，2012)，为铜、铀、金含矿层位，岔河铜矿即产于该组地层中；曼岗河岩组厚438～685m，其时代为(1675±8)Ma(Greentree et al，2008)，下部为铜、铁、金、银、钴、镓、钯含矿层，上部是铁含矿层。

2. 昆阳裂谷的岩浆岩体系

1) 时空分布

该时期的岩浆活动高峰期集中在1750～1600Ma之间，少量约为1500Ma，时间跨度较大。岩浆岩分布与古元古界密切相关，主要分布于东川地区北部的金沙江两岸、会东县南部金沙江两岸、会理南部的金沙江两岸、滇中地区武定地区、新平红河断裂北东部大红山地区。此外，在滇中易门（狮子山铜矿区）、元江等出露东川群的诸多地区，也有大量的基性侵入岩出露。但到目前为止，该地区没有古元古代晚期至中元古代早期岩浆活动的报道。侵入岩边部往往发育复杂的岩浆角砾岩，尤其以东川地区为甚。

2) 岩石类型

主要的岩石类型有超基性岩、基性岩和酸性岩，超基性岩数量较少，分布范围局限，目前发现的超基性岩仅分布在会理关河乡的菜子园村，近东西向展布于尘河两岸，且大多数均已强烈变质，蛇纹石化和滑石化为主，在该处的超基性岩风化表面形成较小规模的红土型镍矿。前人及本项目组大量的年代学研究(表5-2)表明这些岩浆岩主要形成于(18～15)亿年。

表5-2 昆阳裂谷期地质体年龄数据表

编号	采样点	测试对象	测试方法	结果(Ma)	作者，年代
1	大红山群	曼岗河组变凝灰岩锆石	SHRIMP U-Pb	1675±8	Greentree et al，2008
2	大红山群	曼岗河组变凝灰岩锆石	LA-ICP-MS	1681±13	Zhao X F et al，2011
3	大红山群	红山组辉绿岩锆石	LA-ICP-MS	1659±16	Zhao X F et al，2011
4	大红山群	红山组和曼岗河组	Sm-Nd等时线	1657±82	Hu A Q et al，1991
5	大红山群	红山组辉绿岩锆石	U-Pb	1665.55	Hu A Q et al，1991
6	大红山群	老厂河组变质中酸性岩	LA-ICP-MS	1711±4	杨红等，2012
7	大红山群	变质基性岩	LA-ICP-MS	1686±4	杨红等，2012
8	东川地区	辉绿岩锆石	SHRIMP U-Pb	1676±13	朱华平等，2011
9	东川地区	辉绿岩锆石	LA-ICP-MS	1690±13	Zhao X F et al，2010
10	东川地区	辉绿岩锆石	LA-ICP-MS	1686±16	本项目组数据
11	东川地区	辉绿岩锆石	LA-ICP-MS	1693±17	本项目组数据
12	东川地区	原生黄铜矿	Re-Os等时线	1765±57	王生伟等，2011
13	东川地区	落雪组白云岩	Pb-Pb等时线	1716±56	常向阳等，1997

续表 5-2

编号	采样点	测试对象	测试方法	结果(Ma)	作者,年代
14	东川地区	黑山组板岩	Pb-Pb 等时线	1607±128	常向阳等,1997
15	东川地区	黑山组凝灰岩锆石	SHRIMP U-Pb	1503±17	孙志明等,2009
16	东川-滇中	因民组	古地磁	≈1800~1 750	范效仁等,1999
17	东川-滇中	落雪组	古地磁	≈1 680,1 650,1 650	范效仁等,1999
18	东川-滇中	黑山组	古地磁	≈1 550	范效仁等,1999
19	会东菜园子	花岗岩锆石	LA-ICP-MS	1686±12	本项目组数据
20	会东菜园子	含磁铁矿辉绿岩	LA-ICP-MS	1677±13	本项目组数据
21	滇中地区	因民组凝灰岩锆石	LA-ICP-MS	1742±13	Zhao X F et al,2010
22	河口地区	辉绿岩锆石	SHRIMP U-Pb	1710±8	关俊雷等,2011
23	河口地区	辉绿岩-闪长岩锆石(两个样品)	LA-ICP-MS	1513±13 1531±18	耿元生等,2012
24	河口地区	方辉橄榄岩斜锆石(ZrO_2)	LA-ICP-MS	1496±19	本项目组数据
25	河口-皎平度	辉绿岩锆石	LA-ICP-MS	1694±16	王冬兵等,2013
26	河口地区	石英角斑岩锆石	SHRIMP U-Pb	1722±25	王冬兵等,2012
27	河口地区	变质玄武岩中锆石	SHRIMP U-Pb	1680±13	周家云等,2011
28	河口地区	变质玄武岩中锆石	LA-ICP-MS	1669±6	Zhu Z M et al,2013
29	武定地区	铁铜矿石	Sm-Nd 等时线	1617±100	杨耀民等,2005
30	武定地区	铁铜矿床	辉钼矿 Re-Os 等时线	1674±84	周美夫,内部交流
31	武定地区	铁铜矿床	黄铜矿 Re-Os 等时线	1685±37	叶现韬等,2013
32	武定地区	铁铜矿床	黄铜矿 Re-Os 等时线	1648±14	侯林等,2014
33	武定地区	岩浆角砾岩锆石	LA-ICP-MS	1739±13	侯林等,2013
34	武定地区	花岗岩锆石	LA-ICP-MS	1730±15	王子正等,2013
35	武定地区	流纹岩锆石?	LA-ICP-MS	1724±10	本项目组数据
36	武定地区	辉绿岩锆石	LA-ICP-MS	1767±15	郭阳等,2014
37	武定地区	辉绿岩锆石	LA-ICP-MS	1746±24	本项目组数据
38	武定地区	辉绿岩锆石	LA-ICP-MS	1744±15	本项目组数据
39	武定地区	辉绿岩锆石	LA-ICP-MS	1757±17	本项目组数据
40	武定地区	辉绿岩锆石	LA-ICP-MS	1744±22	本项目组数据
41	武定地区	变质基性火山岩锆石	LA-ICP-MS	1702±24	本项目组数据
42	武定地区	花岗岩锆石	LA-ICP-MS	1725±20	本项目组数据
43	武定地区	花岗岩锆石	LA-ICP-MS	1731±13	本项目组数据
44	武定地区	花岗岩锆石	LA-ICP-MS	1733±11	本项目组数据
45	武定地区	花岗岩锆石	LA-ICP-MS	1725±19	本项目组数据
46	武定地区	花岗岩锆石	LA-ICP-MS	1722±14	本项目组数据
47	武定地区	花岗岩锆石	LA-ICP-MS	1734±18	本项目组数据
48	会理菜子园	方辉橄榄岩斜锆石	LA-ICP-MS	1496±19	本项目组数据
49	东川	铜矿石	Pb-Pb 等时线	1893±270	龚琳等,1996
50	东川	落雪组白云岩	Pb-Pb 模式年龄	1764	陈好寿等,1992
51	里伍岩群	斜长角闪岩	Sm-Nd 等时线	1674±112 1677±62.5	傅昭仁等,1997

3）地球化学特征及构造背景

本项目对昆阳裂谷阶段主要岩浆岩进行了较为详细的同位素地质年代学、地球化学研究，主要有东川地区辉绿岩、武定地区辉绿岩和酸性岩，主要特征如下。

东川地区古元古代晚期辉绿岩的主量元素中 MgO 含量较高，为 6.16%～9.65%，$Mg^{\#}$平均为 72.2；富 Na_2O，Na_2O/K_2O 为 1.3～9.8；低 SiO_2，45.61%～49.34%；低 TiO_2，0.74%～2.74%；$FeO/MgO<1$，表明本区辉绿岩初始岩浆相对较原始，MgO 与主要组分的相关性表明岩浆早期出现过轻微的橄榄石、斜方辉石及铬铁矿、钛铁矿结晶分异。$(La/Yb)_N$ 为 1.66～4.37，δEu 为 1.04～1.22，稀土元素球粒陨石的配分呈平缓右倾模式，出现 Eu 的弱正异常。富集 Rb、Ba 等大离子半径元素，MORB 配分为向右陡倾模式，出现突出的 Rb、Ba 峰，Zr、Hf 弱负异常，多数样品没有明显的 Nb、Ta 异常。$\varepsilon_{Nd}(t)$ 为 -0.2～3.8，初始 $^{87}Sr/^{86}Sr_i$ 值为 0.7055～0.7084。东川地区辉绿岩的源区为尖晶石二辉橄榄岩相，为较亏损的过渡型地幔部分熔融的产物，轻度混染主要源于陆下岩石圈地幔及少量的下地壳物质。

武定地区古元古代晚期辉绿岩锆石的 U-Pb 年龄为 (1767 ± 15) Ma（图 5-26），岩石化学表现为低 SiO_2、MgO 以及高 TiO_2（3.24%～4.02%）、碱（K_2O+Na_2O）和 P_2O_5 含量（0.32%～0.45%），具有偏碱性的拉斑质玄武岩的岩石化学特征。辉绿岩的大离子半径元素如 K、Rb、Ba 等富集，高场强元素如 Ta、Nb 和 Zr、Hf 没有明显的亏损，其地球化学参数也多与夏威夷碱性洋岛玄武岩相近。辉绿岩的微量、稀土元素的配分模式与典型的 OIB 和峨眉山高 Ti 玄武岩具有高度的一致性。海孜辉绿岩原始岩浆形成于相对较富集的过渡型地幔的部分熔融，其源区为尖晶石橄榄岩相，演化过程中，有少量下地壳物质的加入。

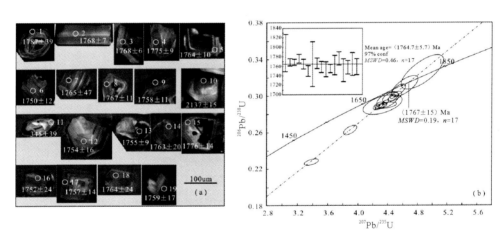

图 5-26 武定地区海孜辉绿岩锆石阴极发光照片(a)U-Pb 年龄及谐和曲线(b)，其中图(a)数据为锆石的 Pb^{207}/Pb^{206} 年龄

武定地区酸性岩体岩石具有高硅（$SiO_2=69.77\%\sim73.83\%$）、高碱（ALK=5.46～6.65）、低钾（$K_2O/Na_2O=0.02\sim0.14$）等特征，里特曼指数 1.04～1.65，A/CNK 值为 1.11～1.25，平均值为 1.18 （>1.1），10 000Ga/Al=3.96～7.34（均值为 5.18>2.6），较高的含铁指数=[FeO/(FeO+MgO)=0.95～0.99]，总体显示了低钾钙碱性强过铝质(SP)铁质 A 型花岗岩的特点。岩石富集 Nb、Ta、Zr、Hf 等高场强元素；强烈亏损 K、Sr、Ba 等大离子亲石元素，稀土元素总量 $\Sigma REE=(390.70\sim674.91)\times10^{-6}$，LREE/HREE=1.74～3.29（均值 2.18），轻稀土分馏作用明显，相对富集，表现出强烈的负 Eu 异常。LA-ICP-MS 锆石 U-Pb 定年方法获得海孜花岗斑岩的形成年龄为 (1730 ± 15) Ma（MSWD=4.0）。地球化学特征表明，海孜花岗斑岩岩体形成于板内伸展构造环境的 A 型花岗岩（图 5-27、图 5-28）。

3. 昆阳裂谷的动力学机制-昆阳地幔柱

研究表明，大规模板块运动的动力学机制多数与地幔柱活动有关，目前广泛认可有晚二叠世的超级

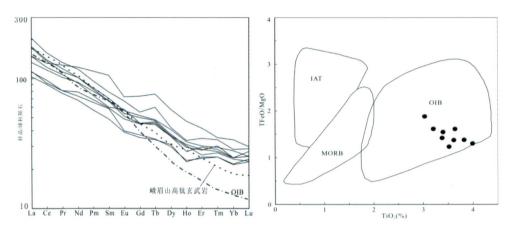

图 5-27 武定海孜辉绿岩稀土元素球粒陨石标准化配分模式和 TiO$_2$ - TFeO/MgO 图解

(球粒陨石引自 McDonough and Sun,1995;OIB 数据引自 Bevins et al,1984;峨眉山高钛玄武岩
数据引自 Xu Y G et al,2001)

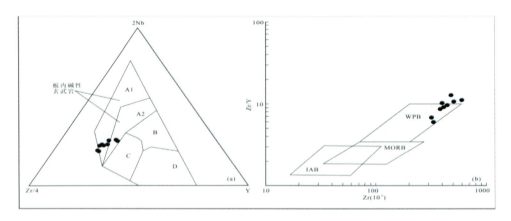

图 5-28 武定海孜辉绿岩微量元素构造环境判别图

(图中,(a)据 Meschede M,1986;(b)据 Pearce,1979)

A1+A2.板内碱性玄武岩;A2+C.板内拉斑玄武岩;B.P 型 MORB;D.N 型 MORB;C+D.火山弧玄武岩;WPB.板内玄武岩;MORB.洋中脊玄武岩;IAB.岛弧拉斑玄武岩

地幔柱、燕山期的太平洋超级地幔柱以及喜马拉雅期的非洲超级地幔柱等,峨眉地幔柱及同期全球超级地幔柱形成了峨眉山、德干、西伯利亚大规模的溢流玄武岩。地幔柱在形成巨量玄武岩的喷发同时也带来了巨量的成矿物质,并伴随大规模的成矿作用。识别地幔柱的主要地球化学依据为基性岩浆岩的高 Ti、MgO、P$_2$O$_5$,富集大离子半径元素,高场强元素不亏损或弱亏损以及正的 δNd 值等。通过对东川地区和武定地区古元古代晚期辉绿岩以及河口群变质玄武岩的地球化学研究表明,康滇地区古元古代晚期的基性岩浆岩几乎均具有上述特征。因此本项目组提出,导致本区古元古代晚期—中元古代早期大规模陆内裂谷拉张、沉积、成矿作用内在的动力学机制可能与地幔柱活动有关,即昆阳地幔柱。

(五)中元古代中期满银沟运动或三风口运动[约为(14~11)亿年]

中元古代中期,也就是在会理群和大营盘组沉积之前,青龙山组沉积之后的这一段时间,区内发生过一次重要的构造运动,这一次构造运动的强度并不大,因为到目前为止,该时间段没有发现有岩浆活动的报道。该时期的运动主体表现为大面积的隆升,在东川、会理、会东地区的表现为青龙山组暴露地表,接受陆相沉积,以大营盘组与青龙山组之间的包子铺、青龙山村赤铁矿床和淌塘组与青龙山组之间的雷打牛、满银钩等赤铁矿床为重要标志,也就是三风口运动和满银钩运动。

三风口运动的动力学机制,有可能是在东川群-河口群-大红山群等昆阳裂谷期沉积作用结束之后,安宁河-元谋-绿汁江断裂西侧的康定-苴林地块向东初步汇集,导致东川地块、会理地块、昆阳地块等早期的震荡性隆升。

(六)中元古代晚期至新元古代早期晋宁运动[(11～9)亿年]

中元古代晚期至新元古代早期被地学界统称为晋宁期或晋宁运动,康滇地区以绿汁江-安宁河断裂为界,两侧的运动方式差别较大。晋宁运动的主体表现为沿安宁河-元谋-绿汁江断裂近东西方向的汇聚造山作用过程,其次还体现在东川地块与昆阳-会理地块之间的碰撞造山,除了造山作用之外,还在弧前、弧后盆地中沉积作用,主要有现今保存较为完整的昆阳群(黄草岭组-美党组,下同)、会理群(淌塘组-天宝山组,下同)、苴林群、康定群、登相营群及峨边群等。根据近年的研究结果,分别以沉积体系、岩浆岩体系和成矿体系对晋宁运动进行简要描述。

1. 晋宁期的沉积岩体系

近年来,通过对基底地层中的凝灰岩、火山岩夹层锆石的 U-Pb 年龄测试,获得了不少高精度的同位素年龄,这些年龄精确的制约了该组地层的沉积时代,同样也可以对该地层所在的群的沉积时代进行限定,大致可以将会理群(淌塘组、力马河组、凤山营组、天宝山组)、昆阳群(黄草岭组、黑山头组、大龙口组、美党组)、苴林群(普登组、路古模组、海子哨组、凤凰山组)、登相营群(松林坪组、深沟组、则姑组、朝王坪组、大热渣组及九盘营组)以及康定群和峨边群等划入中元古代晚期至新元古代早期的地层,详细的锆石 U-Pb 年龄研究结果见表 5-3。主要为一套碎屑岩及台地相碳酸盐沉积序列夹火山岩建造。

2. 晋宁运动的岩浆岩体系

1)岩浆岩特征及时空分布

晋宁期的岩浆活动在康滇地区较为发育,单数量相对稀少,多呈小面积的零星分布,可见其强度稍逊于昆阳裂谷时期的岩浆活动。这些岩浆岩主要分布于安宁河断裂—绿汁江断裂(石棉橄榄岩、辉绿岩,米易垭口、兴隆、岔河锡矿等地)带的峨山、麻塘断裂(会东菜园子)、苴林群(路古模组变质基性火山岩)、会理群(天宝山组流纹岩-英安岩)、昆阳群(富良棚段玄武安山岩-英安岩等)地层中。该时期的岩浆岩岩石类型较为丰富,超基性—酸性岩均有出露,以侵入岩为主,次为喷出岩。21世纪以来,本项目组及前人获得了一大批区内火成岩的年代学数据(表5-3);结合本项目组的大量研究成果(图5-29～图5-31),表明其形成时限集中于1100～950Ma之间。

表 5-3 康滇地区晋宁期岩浆岩及矿床年龄数据表

编号	采样点	测试对象	测试方法	结果(Ma)	作者,年代
1	会东菜园子	Ⅰ号花岗岩	SHRIMP	1040.6±6.1	王生伟等,2013
2	会东菜园子	Ⅲ号花岗岩	SHRIMP	1063.2±6.9	王生伟等,2013
3	元谋黄瓜园	片理化花岗岩	LA-ICP-MS	1069.4±6.9	本项目组数据
4	元谋黄瓜园	片理化花岗岩	LA-ICP-MS	1066.2±5.3	本项目组数据
5	元谋黄瓜园	片理化闪长岩	LA-ICP-MS	1045.9±4.2	本项目组数据
6	米易垭口	片理化花岗岩	LA-ICP-MS	1061.2±5.1	本项目组数据
7	米易垭口	片理化花岗岩	LA-ICP-MS	1015.7±6.6	本项目组数据

续表 5-3

编号	采样点	测试对象	测试方法	结果(Ma)	作者,年代
8	米易新龙	片理化花岗岩	LA-ICP-MS	1036.1±5.4	本项目组数据
9	米易新龙	辉绿岩	LA-ICP-MS	1034.2±7.6	本项目组数据
10	米易新龙	闪长岩	LA-ICP-MS	1047.0±6.0	本项目组数据
11	米易新龙	片理化花岗岩	LA-ICP-MS	1017.0±4.0	本项目组数据
12	石棉新康矿区	辉绿岩	LA-ICP-MS	937.0±5.0	本项目组数据
13	石棉新康矿区	橄榄岩	LA-ICP-MS	1039.0±5.7	本项目组数据
14	石棉新康矿区	橄榄岩	LA-ICP-MS	1030.7±6.3	本项目组数据
15	石棉县石棉矿区	橄榄岩	LA-ICP-MS	1056.0±33	本项目组数据
16	石棉县石棉矿区	辉长岩	LA-ICP-MS	1043.6±8.5	本项目组数据
17	会理天宝山	天宝山组英安岩	LA-ICP-MS	1015.7±6.6	本项目组数据
18	会理天宝山	天宝山组流纹岩	LA-ICP-MS	1036.7±6.3	本项目组数据
19	滇中易门铜厂	玄武安山岩	LA-ICP-MS	1075.0±10	本项目组数据
20	滇中易门铜厂	流纹岩	LA-ICP-MS	1074.0±11	本项目组数据
21	会理岔河锡矿区	片理化花岗岩	LA-ICP-MS	1018.0±5.2	本项目组数据
22	米易垭口	片理化花岗岩	SHRIMP	1014±8	杨崇辉等,2009
23	米易垭口	TTG 片麻岩	SHRIMP	1027±8	耿元生等,2007
24	会理天宝山组	流纹岩	SHRIMP	1027±9	耿元生等,2007
25	会理天宝山组	英安岩	SHRIMP	1036±12	尹福光等,2012
26	滇中易门	富良棚段凝灰岩	SHRIMP	1031±12	尹福光等,2012
27	滇中易门	富良棚段凝灰岩	SHRIMP	1047±15	尹福光等,2012
28	滇中易门	富良棚段凝灰岩	SHRIMP	1032±9	张传恒等,2007
29	滇中易门	富良棚段凝灰岩	SHRIMP	1142±16	Greentree et al,2006
30	滇中峨山	富良棚段凝灰岩	SHRIMP	996±15	Greentree et al,2006
31	攀枝花回箐沟	花岗质片麻岩	SHRIMP	1007±14	Li Z X et al,2002
32	元谋路古模	苴林群变质基性火山岩	LA-ICP-MS	1037±11	周美夫,2012
33	元谋路古模	苴林群变质基性火山岩	LA-ICP-MS	1048±10	周美夫,2012
34	元谋路古模	苴林群变质基性火山岩	LA-ICP-MS	1048.2±9.0	本项目组数据
35	登相营群	变质火山岩	SHRIMP	1030±19	耿元生等,2007
36	石棉	橄榄岩、辉长岩、玄武岩	Sm-Nd 等时线	938±30	沈渭洲等,2002
37	拉拉铜铁矿床	辉钼矿	Re-Os 年龄	1086±8	Chen and Zhou,2013
38	东川	辉绿岩	K-Ar	1059	龚琳等,1996
39	会理天宝山组	流纹岩	U-Pb	960?	牟传龙等,2003
40	东川白锡腊铜矿	碱性辉绿岩	SHRIMP	1067±21	方维萱等,2013
41	东川白锡腊铜矿	碱性辉绿岩	SHRIMP	1047±15	方维萱等,2013

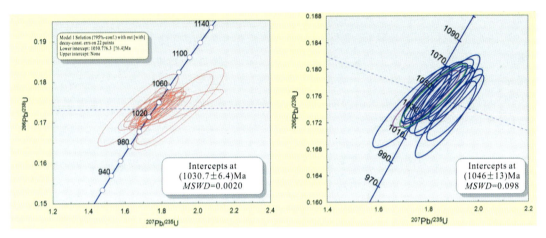

图 5-29 石棉地区辉绿岩及橄榄岩(左)和辉长岩(右)锆石的 U-Pb 年龄

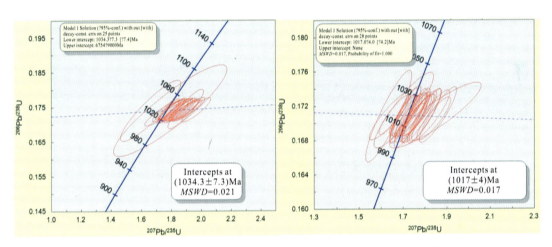

图 5-30 米易新龙辉长岩(左)和花岗岩(右)锆石的 U-Pb 年龄

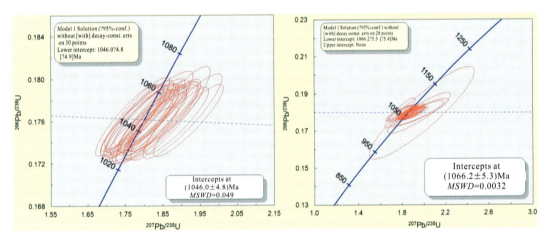

图 5-31 元谋黄瓜园闪长岩(左)和花岗岩(右)锆石的 U-Pb 年龄

2) 岩浆岩的成因及动力学机制

石棉地区10亿年岩浆岩为方辉橄榄岩＋辉绿岩＋玄武岩岩性组合，为典型的残留蛇绿岩。沈渭洲等(2002)曾对其进行过较为详细的研究，同样认为10亿年左右，在石棉地区存在扩张的小洋盆；为离散背景的典型证据。本项目组(王生伟等，2013；付宇等，2015)对菜园子和黄瓜园地区的花岗岩进行了详细的研究，结果表明两地岩浆岩均显示碰撞后的伸展环境；与耿元生等(2009)、杨崇辉等(2009)对天宝山组流纹英安岩和米易垭口片麻状花岗岩的地球化学性质相似。此外，表5-3中列举的兴隆一带10亿年的辉绿岩-闪长岩-花岗岩岩性组合，也许暗示从天宝山—米易新龙—垭口—元谋一线在10亿年左右应为岛弧环境。

Chen et al(2014)在云南昆明报道了对苴林群路古模组变质基性火山岩年代学和地球化学特征的研究结果，提出其具有E-MORB的地球化学特征，指示了陆内裂谷环境。方维萱等(2013)报道了东川地区1067～1047Ma的碱性钛铁质辉绿岩，根据地球化学特征推测该辉长岩类的岩浆源区属板内洋岛玄武岩(OIB)，地幔流体交代作用导致上涌侵位，并认为与区内铁铜矿床成矿作用有关，即富铁地幔源区为区域上大规模铁铜金属超量聚集，提供了良好的成矿动力学条件和丰富成矿物质。

大地构造背景及区域地质演化的依据一般根据岩浆岩的同位素年龄和地球化学特征，前寒武纪发生了几次重要的岩浆、构造、成矿时间，如1.8Ga的Columbia的汇聚，1.8～1.4Ga的Columbia的裂解，1.0Ga的Rodinia汇聚及820Ma左右Rodinia的裂解。上述构造、岩浆事件均为全球性构造事件，很多学者研究过程中都倾向于将研究过程中的结论与上述构造事件联系起来。但是，当今的全球地质构造格局大致由大洋中脊的扩张、洋陆汇聚消减、印度-欧亚大陆碰撞造山、东非-红海裂谷拉张几大构造控制，由此看来，即使有扩张必然伴随消减、有裂谷拉张必然伴随碰撞造山，二者皆为矛盾的统一，当今尚且如此，那么在1.8Ga、1.8～1.4Ga、1.0Ga及820Ma是否也是这样呢？

根据目前已经获得的岩浆岩的年龄和地球化学特征，我们大致勾勒出康滇地区晋宁运动的轮廓：康定-苴林地块向东俯冲至东川-河口地块之下，推挤东川地块在滇中地区向东汇集，俯冲至昆阳地块之下；同时北侧的东川地块俯冲至会理地块之下；而在安宁河断裂北侧，则出现狭长的洋盆一直延伸至石棉-泸定，甚至有可能延伸至龙门山断裂及以北的地区。在这些洋盆或弧后盆地中逐渐沉积登相营群、峨边群等基底地层。此后，整个康滇地区的基底连为一体，但晋宁运动后的较短时间内，在康滇地区很多地方仍然存在大量的水体，如滇中地区、安宁河断裂北段的东西两侧、元谋-绿汁江断裂的西部地区等，只不过不同地段的水体深浅不一致。

3. 晋宁(期)运动的成矿体系

前面提到，晋宁期不如昆阳裂谷期的岩浆活动剧烈，但晋宁期的岩浆活动范围却超过前者。从现有的研究获得的成矿年龄数据来看，晋宁运动所带来的成矿作用并不强烈，远逊于昆阳裂谷期，这一时期的成矿作用主要表现为以下几个方面：首先表现在昆阳群大龙口组和会理群凤山营组中菱铁矿床，如王家滩、鲁奎山以及凤山铁矿，根据本区菱铁矿矿床的地质特征、结构构造、矿物组合等判断为外生成因，产自沉积岩中：近矿含矿层碳质、绢云母增多，颜色变深，叠层石发育，这些层状的碎屑沉积岩大多带有来自生物的有机组分——(黑色)页岩、煤层等，换言之，菱铁矿是在低氧的情况下藉生物作用形成，最初以沉积型为主，只是不同地区的菱铁矿矿床受到不同程度的改造，矿石类型、品位等有所变化。晋宁运动成矿作用还表现对已有矿床的改造作用，如Chen和Zhou(2012)获得拉拉铁铜矿床中辉钼矿的Re-Os同位素年龄为(1086±8)Ma，于邻近的黄瓜园地区花岗岩的时代高度一致，这表明拉拉铁铜矿床至少有一期成矿作用与中元古代晚期的岩浆活动密切相关。

(七)新元古代早中期澄江运动[(9～6.8)亿年]

澄江运动指南华纪内部的一次褶皱运动，是根据云南中东部澄江南华纪南沱冰碛层与下伏澄江砂岩之间的微弱角度不整合关系确定的，其发生于距今7.5亿年左右，此运动发生在晋宁运动的后造山磨拉石建造出现之后,属早兴凯(萨拉伊尔)期的地壳运动范畴。传统上南华纪的时代为(8~6.8)亿年,即澄江期或南华纪,康滇地区有其特殊性,9亿年前后相差较大,属于一次构造运动的两个构造幕,尤其是820Ma左右,发生了强烈酸性岩浆活动,与9亿年之前相差较大,故本书把本区的澄江运动的时间限制为(9~6.8)亿年。

1. 澄江期的沉积岩体系

康滇地区南华纪地层在本区非常发育,自下而上分别划分为苏雄组(云南为澄江组)、开剑桥组、列古六组(南沱组),四川境内由北往南主要分布在汉源县、石棉、越西、冕宁、喜德、德昌-普格、盐边县以东安宁河断裂以西,以北东东走向的菜子园-踩马水-麻塘断裂为界,在南、北两侧发育程度大相径庭,北部缺失,而南部(云南省境内)相对而言较为发育,分布在金沙江两岸,有河流的深切出露地表。云南境内的南华纪地层主要出露于滇中地区,大面积展布于澄江县城周边、澄江县东南部、富民县以西—安宁市以北、玉溪至江川、峨山-石屏-通海三角地带以及石屏以南红河断裂以北的广大地区。该时期区内主要沉积了一套河流相-浅水相的紫红色碎屑岩序列夹火山岩序列。

关于南华纪各组地层的沉积时代,前人开展了大量的研究工作(刘鸿允,1991;孙家聪,1985;胡世玲等,1991;王剑等,2003;Li X H et al,2003;Wang L Q et al,2011;江新胜等,2012),江新胜等(2012)认为,苏雄组、澄江组和开剑桥组的沉积时代高度一致,即800~725Ma,持续了约80Ma时间。

2. 澄江期的岩浆岩体系

1)时空分布

澄江期是本区地质历史上岩浆活动最强烈的时期之一,广泛出露,岩石类型以酸性岩浆岩为主,超过90%,酸性侵入岩主要分布在康定石棉—冕宁—德昌—米易—元谋一线,主体沿安宁河断裂、元谋-绿汁江断裂展布,其次分布在云南峨山、东川荒田等地;基性侵入岩主要分布在康定、泸定、米易、盐边等地;超基性侵入岩主要有攀枝花西北部的同德苦橄岩、盐边冷水箐橄榄岩。基性—酸性喷出岩主要分布在汉源县、甘洛县、越西县、冕宁、喜德县大相岭、小相岭、螺髻山至德昌一带等地的苏雄组中,其次是澄江组、苏雄组中的大量凝灰岩。形成时代集中于900~700Ma(表5-4)。

表5-4 澄江期岩浆岩及成矿年龄表

编号	采样点	测试对象	测试方法	结果(Ma)	作者,年代
1	峨边金口河	辉绿岩锆石	SHRIMP	812±8.2	崔晓庄等,2012
2	茨达	变质基性火山岩锆石	SHRIMP	830±7	耿元生等,2008
3	泸定	变质基性火山岩锆石	SHRIMP	818±8	耿元生等,2008
4	康定	变质基性火山岩锆石	SHRIMP	826±13	耿元生等,2008
5	冷碛	辉长岩锆石	SHRIMP	808±12	李献华等,2002
6	冷碛	辉长岩锆石	LA-ICP-MS	835.8±5.0	本项目数据
7	盐边冷水箐	基性—超基性岩	$^{40}Ar-^{39}Ar$	821±1	Zhu W G et al,2007
8	盐边冷水箐	基性—超基性岩	SHRIMP	825±12	Zhu W G et al,2006
9	同德	辉长岩锆石	SHRIMP	820±13	Sinclair et al,2001
10	苏雄组	玄武岩锆石	SHRIMP	803±12	Li X H et al,2002
11	泸定	辉长岩	TIMS U-Pb	853±42	沈渭洲等,2002
12	摩挲营	基性岩墙	SHRIMP	842±14	郭春丽等,2007

续表 5-4

编号	采样点	测试对象	测试方法	结果(Ma)	作者,年代
13	同德	苦橄岩	SHRIMP	796±5	Li X H et al,2010
14	盐边	高家村基性岩脉Ⅰ	SHRIMP	792±13	Zhu W G et al,2008
15	盐边	高家村基性岩脉Ⅱ	SHRIMP	758±37	Zhu W G et al,2008
16	盐边群	玄武岩锆石	SHRIMP	782±53	杜利林等,2005
17	康定	基性岩墙锆石	SHRIMP	779±6	林广春等,2006
18	康定	基性岩墙锆石	SHRIMP	758±57	林广春等,2006
19	冕宁	沙坝辉长岩	SHRIMP	752±12	Li Z X et al,2003
20	冕宁	沙坝辉长岩	SHRIMP	751±11	Li Z X et al,2003
21	康定	基性岩脉	SHRIMP	768±7	Li Z X et al,2003
22	康定群	斜长角闪岩	SHRIMP	830±7	杜利林等,2007
23	康定群	黑云斜长片麻岩	SHRIMP	820±10	杜利林等,2007
24	大渡口	辉长岩锆石	SHRIMP	746±10	Zhao J H et al,2007
25	大渡口	辉长岩锆石	SHRIMP	738±23	Zhao J H et al,2007
26	会理岔河	含锡矿花岗岩	LA-ICP-MS	760.4±6.7	本项目组数据
27	东川	荒田花岗岩	LA-ICP-MS	801.1±6.6	武煜东等,2014
28	东川	汤丹铜矿石英脉	$^{40}Ar-^{39}Ar$	712±33	邱华宁等,1997
29	东川	汤丹铜矿石英脉	$^{40}Ar-^{39}Ar$	778±31	邱华宁等,1998
30	东川	富钾矿物	$^{40}Ar-^{39}Ar$	696±57	邱华宁等,2000
31	东川	铜矿	Pb-Pb	794±73	邱华宁等,1997
32	东川	铜矿石石英	$^{40}Ar-^{39}Ar$	807±25	邱华宁等,2002
33	东川	铜矿石石英粉末	$^{40}Ar-^{39}Ar$	782±5	邱华宁等,2002
34	东川	铜矿石石英粉末	$^{40}Ar-^{39}Ar$	776±18	邱华宁等,2002
35	东川	黄铜矿	Re-Os	826±23	叶霖等,2004
36	东川	石英	$^{40}Ar-^{39}Ar$坪年龄	768±0.6	叶霖等,2004
37	东川	石英	$^{40}Ar-^{39}Ar$等时线年龄	770±5	叶霖等,2004
38	会东	油房沟铜矿	Re-Os	881±65	蒋小芳等,2015
39	东川	块状黄铜矿	Re-Os	879±70	本项目组数据
40	盐边	关刀山花岗岩	SHRIMP	857±13	李献华等,2002
41	川西北	轿子顶花岗岩	SHRIMP	793±11	裴先治等,2009
42	川西北	轿子顶花岗岩	SHRIMP	792±11	裴先治等,2009
43	石棉	闪长岩	U-Pb	823±12	郭建强等,1998
44	石棉	花岗岩	U-Pb	876±40	郭建强等,1998
45	丹巴	花岗岩	U-Pb	864±26	徐士进等,1996
46	丹巴	花岗岩	U-Pb	798±24	徐士进等,1996

续表 5-4

编号	采样点	测试对象	测试方法	结果(Ma)	作者,年代
47	康定	麻粒岩	SHRIMP	721±42	陈岳龙等,2004
48	康定	花岗片麻岩	SHRIMP	772±15	
49	康定	角闪变粒岩	SHRIMP	773±11	
50	滇中	陆良组凝灰岩	SHRIMP	818.6±9.2	卓皆文等,2013
51	滇中	陆良组凝灰岩	SHRIMP	805±14	
52	滇中	澄江组凝灰岩	SHRIMP	797.8±8.2	江新胜等,2012
53	滇中	澄江组凝灰岩	SHRIMP	803.1±8.7	
54	甘洛	开剑桥组凝灰岩	SHRIMP	801.3±7.2	江新胜等,2012
55	扬子北缘	西乡群凝灰岩	LA-ICP-MS	789±4.4	邓奇等,2013
56	扬子北缘	西乡群凝灰岩	LA-ICP-MS	760.4±4.5	
57	峨边	牛郎坝花岗岩	LA-ICP-MS	825±21.4	汪正江等,2011
58	攀枝花	奥长花岗岩	SHIRMP	778±11	杜利林等,2006
59	西昌	磨盘山花岗岩	SHRIMP	776±2	胥德恩等,1995
60	川西	苏雄组流纹岩	SHRIMP	803±12	李献华等,2001
61	川西	雪龙堡花岗岩	SHRIMP	748±7	Zhou M F et al,2006
62	康定	杂岩	SHRIMP	797±10	Zhou M F et al,2002
63	康定	杂岩	SHRIMP	795±13	
64	康定	杂岩	SHRIMP	796±14	
65	米易	花岗岩	SHRIMP	764±9	
66	元谋	花岗岩	SHRIMP	746±13	
67	禄丰县	德古老花岗岩	LA-ICP-MS	812.6±2.3	本项目数据
68	禄丰县	德古老花岗岩	LA-ICP-MS	796.1±2.6	本项目数据
69	滇中峨山	花岗岩	SHRIMP	819±8	Li X H et al,2003
70	盐边	高家村岩体	单颗粒锆石 U-Pb	842±5	朱维光等,2004
71	盐边	高家村岩体	单颗粒锆石 U-Pb	840±5	
72	盐边	高家村岩体	Ar-Ar 坪年龄	790±1	
73	盐边	高家村岩体	Ar-Ar 等时线年龄	787±4	
74	盐边	高家村岩体	SHRIMP	822±8	杜利林等,2009
75	大红山群	老厂河组	白云母	837.7±4.2	杨红等,2013
76	大红山群	老厂河组	白云母	839.6±4.2	
77	大红山群	老厂河组	白云母	844.2±4.2	
78	大红山群	变质基性火山岩锆石	LA-ICP-MS	849±12	杨红等,2012

2)岩石成因及动力学机制

澄江期构造-岩浆活动强烈,前人已进行了较为详细的研究,对大地构造背景有很大的争议,主要有岛弧环境(颜丹平等,2002;Zhou et al,2002;沈渭洲等,2003;杜利林等,2009)与地幔柱导致的裂谷拉张

(李献华等，2001b，2002a，2002b；Li X H et al，2002，2003a，2003b；Li Z X et al，2003；朱维光等，2004）两种不同观点。地质学研究的一个重要方法是将今论古，当代全球构造运动的主要格局为印度板块与欧亚板块的汇聚、太平洋板块东向俯冲的消减环境背景，但同时也存在大西洋的扩张、非洲大陆的裂解。因此在探讨地质历史的演化过程中，汇聚、消减与裂谷、拉张二者并不是矛盾的。现代地幔柱理论认为，地壳运动的动力学机制源于地幔柱，地幔柱又可以进一步划分为不同级别的构造单元，地壳运动的是二级、三级甚至更高级地幔柱的具体表现，以一条缝合带为例，如果两侧均有不同规模的地幔柱活动，那么较大规模的地幔柱必定推挤地体向规模较小的地幔柱活动一侧运动，在缝合带附近形成大规模的酸性岩浆活动，而在规模较小的一侧形成弧后盆地，弧后盆地中也可能出现地幔柱形成的岩浆岩，鉴于此，综合近年的研究成果，我们认为，康滇地区晋宁期至澄江期的情况就可能是双地幔柱模式。

3. 澄江期的成矿作用

该时期的成矿类型大致有以下几类。

与酸性岩浆作用有关的矽卡岩型铁-锡矿床，主要分布在冕宁-喜德等地，形成泸沽式铁锡矿床，主要有大顶山铁锡矿床、猴子崖锡矿、铁厂乡锡矿、拉克铁矿、铁矿山铁矿；会理县岔河锡矿、东星锡铜矿；攀枝花市平地锡矿等。

与基性—超基性岩浆岩有关的岩浆硫化物矿床，目前仅有盐边冷水箐铜镍硫化物矿床。

与澄江期岩浆热液有关的热液脉型铜矿床，主要有会东油房沟铜矿、易门和尚庄铜矿、元江岔河铜矿等。此外本项目组获得了东川铜矿块状黄铜矿的 Re-Os 年龄，以及前任活动的脉状铜矿石中的热液石英脉的 Ar-Ar 年龄均集中在澄江期，表明澄江期的构造-岩浆热事件对已有的矿床具有叠加富集成矿作用。

从成矿作用的强弱程度来看，在康滇地区古元古代晚期和晚二叠世的地幔柱活动中心在康滇地区，这两次构造-岩浆事件的成矿作用也最强烈，可能暗示了晋宁期至澄江期，康滇地区可能远离地幔柱活动中心，或者远离较大规模地幔柱的活动中心，即使是地幔柱导致本区构造-岩浆-成矿事件，那么在本区较小范围的地壳尺度上，地幔柱的规模也是较小的，可能是地幔柱演化的更高级别的构造单元，即幔枝构造。

二、扬子陆块形成和发展阶段（680～260Ma）

南华纪以后，包括康滇在内的整个上扬子陆块区进入了整体演化阶段，也就是现在扬子板块的雏形基本形成。扬子陆块区内部再也没有发生大规模的拉张分离为洋盆和碰撞造山过程，主要以一个整体与其周缘块体进行碰撞造山、伸展拉张等作用，大多数是被动地接受其他板块的应力作用过程，扬子板块自身总体表现为升降运动，或是整体上升、下降，或是跷跷板、扁担式的上升或下降，作为扬子陆块西南缘的康滇地区，也同时受到影响，由于其康滇地区为典型的双层（甚至多层）结构，且基底是由不同陆块拼合起来的岩石圈结构，从而导致其在受到外力作用时特征更为明显。

1. 震旦纪

随着全球性冰期的来临，形成以南沱组为代表的大陆冰川堆积。南沱期之后，随着气候变暖，冰川消融，海水泛滥，引起震旦纪以来第一次较大规模的海侵，致使滇中古陆向南收缩至楚雄以南西，其东曲靖与兴义之间只有范围不大的牛首山古岛等，本三级带内，除了楚雄南西至红河断裂，全部下沉，海进，接受台地相沉积。到了震旦纪晚期，区内的海进面积进一步扩大，滇中古陆继续缩小，本区普遍处于碳酸盐台地相环境，沉积了灯影组白云岩；震旦纪末期至寒武纪初期，沿石棉—西昌—攀枝花—玉溪一线以西的区域逐渐隆升为陆，大致沿安宁河-元谋-绿汁江断裂展布，该线以东，由晚震旦世浅海台地相逐渐过渡为滨岸相，峨眉-会理区，梅树村期海水入侵，连续于震旦系之上沉积一套滨海、浅海含磷镁质碳酸盐岩相及硅质岩相夹少量泥质碎屑岩相的麦地坪组，而在昆明往西一直延伸至中甸地区处于滨海潮间-潮下带，主要为白云岩夹磷块岩，并伴生稀土及铀等。该时期的构造可能还与扬子陆块周缘的华夏板块、华北板块、印支板块自南华纪后逐渐远离扬子板块有关——动力学机制受控于华南超级地幔柱的活动。

2. 加里东期至海西早中期

加里东期至海西早中期，扬子陆块整体以被动的、震荡性的、不均匀的升降运动为主，康滇地区也不例外。在加里东运动过程中，由于受到华夏板块、华北板块、印支板块和青藏地块4个方向的挤压（图5-32），扬子陆块周缘均处于被动大陆边缘；各向不均匀压力使扬子板块产生旋转，导致扬子板块内部的古老基底断裂活化，尤其是康滇地区，基底陆块多块体的结合部更容易被撕裂，上覆盖层也被拉裂，为成矿热液的运移提供了良好的通道和赋存空间。由于基底断裂的复活，也导致软流圈上隆，低温梯度增加，容易在基底断裂之上的盖层碳酸盐岩地层断裂破碎带中形成了一系列的热液矿床，主要矿种为扬子型铅锌矿床，如天宝山、大梁子、铁柳、乌斯河、红花、赤普及杨柳河等。加里东期至海西早中期，来自扬子板块南东、北西方向的挤压造山，导致康滇地区不均一抬升，由于汇集造山作用较弱或者较远离活动边缘，区内岩浆岩到目前为止，尚未有报道，但在古陆边缘形成了较多的陆相沉积的宁乡式赤铁矿床，典型的有越西碧鸡山式赤铁矿、宁南华弹式赤铁矿、武定鱼子甸式赤铁矿。

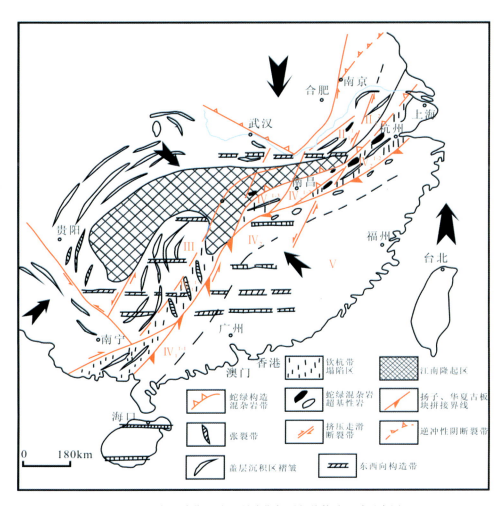

图5-32 加里东期至海西早中期扬子板块构造运动示意图

3. 加里东至海西早中期

从寒武纪—奥陶纪，区内沉积一套由深海相的泥质、粉砂质岩-滨浅海台地相碳酸盐岩沉积，下—中奥陶统在区内岩性变化不大，与下伏红石崖组杂色石英砂岩呈平行不整合接触。岩系底部发育铁矿化，多与锰矿共生，尚未形成工业矿体。

至晚奥陶世，康滇古陆几乎全部出露地表，绝大部分区域缺失沉积记录。宁南一带，上奥陶统大箐组碳酸盐建造中赋存有热液型脉状铅锌矿，即黄草坪小型铅锌矿，但其成矿作用可能发生在印支期或海西期。

志留纪至泥盆纪：康滇地区总体上成为古陆出露，志留纪地层几乎全部缺失，而泥盆系也仅在越西、昆明附近等地局部范围内有滨岸相沉积，在武定中泥盆统鱼子甸组和越西地区中泥盆统缩头山组产有鱼子甸大型和碧鸡山中型宁乡式铁矿。

石炭纪：康滇地区沉积主要发生在小江断裂以西和东川—昆明—玉溪一线夹持的三角地带，以滨海相、滨海-浅海相、浅海相为主。

早—中二叠世：本区除了楚雄盆地、西昌至石棉两地为古陆外，其余均为滨海沼泽相，在昆明周边，以淡化潟湖相为主，在本三级带内沉积所谓的"黑栖霞"生物碎屑灰岩、泥质岩、泥质粉砂岩等；在云南境内，栖霞中晚期海侵扩大，直至茅口晚期全区皆为浅海相云朵状白云质灰岩、白云岩、生物碎屑灰岩，即白茅口。二叠纪在昆明周边地区，沉积了 Al、Fe、S 等矿产，如富民县老煤山铝土矿。

三、裂解及俯冲碰撞阶段(260～205Ma)印支旋回

1. 峨眉地幔柱

晚二叠世，康滇古陆急剧抬升，海水向东退却，海域范围缩小。晚二叠世，康滇古陆急剧抬升，海水向东退却，海域范围缩小。本区发生了历史上规模最大、成矿作用最强、保留最好的一次构造-岩浆-成矿事件，即峨眉山玄武岩的喷发，几乎整个康滇地区均被峨眉山玄武岩覆盖，向东延伸至贵阳、云南富宁一带，峨眉山玄武岩的喷发中心尽管争议较大，但在康滇地区至少西昌—攀枝花—谋定一线，即大致沿古老的安宁河-元谋-绿汁江断裂应存在一个张性的喷溢口，剧烈的构造运动、巨量的岩浆活动带来了大规模的成矿物质和成矿作用，主要体现在西昌—攀枝花一带的世界级规模的钒钛磁铁矿床，如西昌太和、米易新街、米易白马、攀枝花红格、攀枝花安宁、谋定安益钒钛磁铁矿床，以及一些零星小规模的铜镍铂族元素矿床，如力马河、青矿山、大岩子、朱布、安益等岩浆铜镍铂族元素矿床。

2. 三叠纪(印支期)

印支期，扬子周缘的主要构造事件有太平洋板块向北西方向俯冲至扬子陆块之下，而北西侧的松潘-甘孜地块向南东方向与扬子陆块汇聚——印支运动。沉积岩方面，早中三叠世，本三级带几乎全部被古陆占据，金在昆明—玉溪一线南东侧沉积潮间砂质坪相，以中细粒碎屑岩为主；到了晚三叠世，滇中地区分布有以湖泊相、沼泽相及河流相沉积；晚三叠世末期的印支运动，使西部龙门山—安宁河一线以西的印支地槽强烈褶皱回返，从此结束了海相沉积的历史。印支期造山运动尽管在康滇地区腹地岩浆活动表现不明显，但近年对本区茂租等铅锌矿床的研究结果表明，200Ma 左右在本区也出现了一次较大规模的低温热液成矿作用，形成了一系列的铅锌矿床，如宁南跑马铅锌矿和建水暮阳铅锌矿等矿床。这次成矿事件可能为扬子板块南东部和北西部印支造山运动在本区的产物。

四、褶皱隆升阶段(205～65Ma)燕山旋回

侏罗纪至白垩纪松潘-甘孜地块继续向南东方向与扬子陆块汇集造山，而太平洋板块则由南东—东

向扬子板块俯冲,越北地块、印支地块则由南向北与扬子陆块汇集,沉积岩方面,康滇地区整体隆升为陆地,并在其中断续分布较大规模的内陆盆地、湖泊、河流,这一时期的沉积主要以河流、湖泊相为主,大多数时间均为炎热的内陆环境,红色泥质岩、砂岩发育,主要分布在楚雄盆地、滇中、攀枝花-会理-会东等地。

近年来,本项目组在康滇地区中部东川地区识别出一系列燕山期基性岩脉(图5-33),SHRIMP锆石U-Pb年龄为(128.2±1.5)Ma(MSWD=2.0,n=16)(图5-34),与长江中下游、华北地区早白垩世大规模岩浆活动及同期全球性太平洋超级地幔热柱事件高度一致。

图5-33 东川地区白垩纪基性岩脉野外(a)、(b)及显微镜下照片(单偏光)(c)、(d)

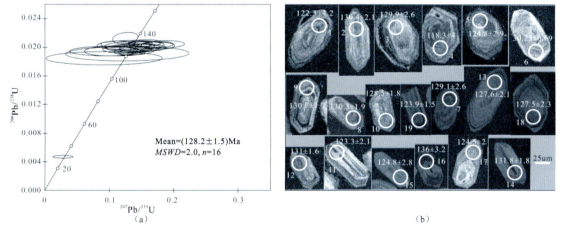

图5-34 东川地区白垩纪基性岩脉的SHRIMP锆石U-Pb年龄(a)和阴极发光图(b)

基性岩脉岩石化学显示为低 SiO_2(44.3%～47.28%,平均值为 45.68%)、高 MgO 含量(6.8%～9.64%,平均值为 7.99%)和高 $Mg^{\#}$ 值(65.3～70.4,平均值为 67.9),$Na_2O/K_2O>1$,总体上与拉斑玄武岩的岩石化学相似。原始岩浆为石榴石二辉橄榄岩较低部分熔融(～2.2%)与尖晶石二辉橄榄岩较高部分熔融(15%～20%)混合形成,岩浆演化过程中发生过轻度的橄榄石、斜方辉石和铬铁矿结晶分异。基性岩脉的轻/重稀土元素分异不明显,原始地幔标准化配分模式呈向右平缓倾斜的曲线;微量元素地球化学参数与 OIB 相似,MORB 标准化配分模式图中没有明显的高场强元素,如 Nb、Ta、Zr 和 Hf 的异常(图 5 - 35),但 Ba、K 相对富集。基性岩脉具有较高的$(^{87}Sr/^{86}Sr)_i$初始比值,且变化较明显,为 0.710 03～0.714 99,可能为后期较强的热液蚀变作用所致,根据锆石年龄计算出来的 $\varepsilon_{Nd}(t)$ 值为 -1.5～3.1(均值为 2.4),反映了其初始岩浆的同位素组成。原始岩浆演化过程中没有明显岩石圈的物质混染,但可能有较多相对亏损的软流圈地幔物质加入,导致较高的 $\varepsilon_{Nd}(t)$ 值和平缓的稀土元素配分模式。康滇中部地区白垩纪基性岩脉的成因可能与大尺度的岩石圈减薄无关,可能是白垩纪全球性太平洋超级地幔柱的分支(幔枝构造-地幔柱的第三级或更高级构造单元)。由于其规模较小,且岩石圈较厚,未能形成大规模的大陆溢流玄武岩,仅能选择构造薄弱部位快速侵位冷却,形成具有独特细晶结构的基性岩脉(图 5 - 36、图 5 - 37)。

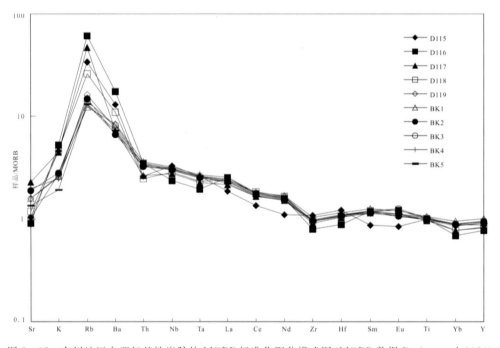

图 5 - 35　东川地区白垩纪基性岩脉的 MORB 标准化配分模式图(MORB 数据 Bevins et al,1984)

白垩纪初期,小规模的地幔柱快速上涌,沿古老的基底断裂脆弱部位侵入,撕裂基底断裂和基底地层,形成一些小的裂陷,为河流相的砂砾岩沉积提供了良好的场所,成矿作用主要表现在楚雄盆地边缘、安宁河断裂、益门断裂一带的砂砾岩型铜矿。此外,受到越北地体和印支地块向北、北东向俯冲碰撞的影响,在石屏一带发育(可能的,缺乏年龄依据)燕山期酸性岩体,并伴随较明显的钨锡矿化,如龙潭钨矿。前面提到,印支运动晚期至燕山运动早期,还导致康滇地区古老基底断裂的活化、撕裂,可能形成巧家茂租、建水荒田等铅锌矿。

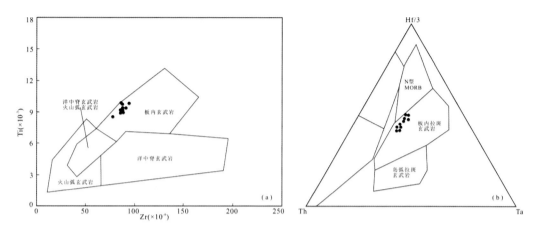

图 5-36 东川白垩纪基性岩脉的 Zr-Ti 和 Hf/3-Th-Ta 图解
(a)据 Pearce and Cann,1973;(b)据 Wood,1980

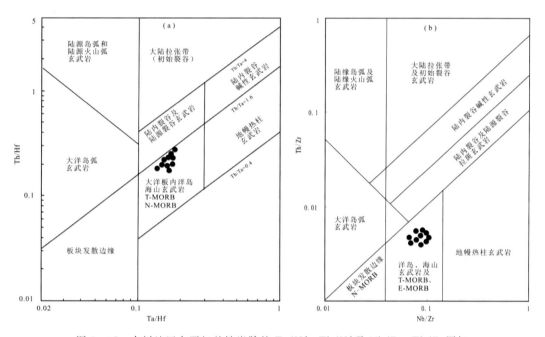

图 5-37 东川地区白垩纪基性岩脉的 Ta/Hf-Th/Hf 及 Nb/Zr-Th/Zr 图解
(a)据汪云亮等,2001;(b)据孙书勤等,2003

五、差异性断块升降阶段(≤65Ma)喜马拉雅旋回

(一)喜马拉雅期的沉积岩体系

喜马拉雅期,受印度-欧亚大陆碰撞造山作用的影响,康滇地区总体以隆升为主,第三系为陆相断陷盆地和山间盆地沉积。古近纪气候干燥炎热,咸化湖泊较多,分布在多个互不相连的中、小型盆地中,赋存有石膏、岩盐、褐煤、芒硝、含铜砂页岩型矿产、可燃性有机岩及多种非金属矿产。早—中始新世末期,普遍遭受喜马拉雅运动第Ⅰ幕的强烈影响,该运动表现为强烈的褶皱造山运动,并伴以断裂活动。伴随着盆地的消亡和新生,在砚山一带发生酸性岩浆喷发活动,在曲靖盆形成中—碱性凝灰岩夹层。古近纪

末至新近纪初,受喜马拉雅运动第Ⅱ幕的强烈影响,强烈的差异性升降运动,导致原有断裂强烈地复活,使云南地壳整体上升,在新山系形成的同时,于低洼处出现众多的中小型沉积盆地,普遍含褐煤,局部尚有含油页岩及含油砂岩出现。新近纪古气候转为温润,植物繁茂,为良好的成煤期。

(二)喜马拉雅期的岩浆岩体系

1. 时空分布

康滇地区喜马拉雅期岩浆活动主要分布在折多山-贡嘎山、冕宁-喜德、盐源-丽江、楚雄盆地边缘等,从年龄数据来看,主要集中在40~30Ma,其次为10Ma左右,成矿时间大致与主要岩浆活动期次较吻合,主要集中在40~30Ma(表5-5)。

表5-5 康滇地区喜马拉雅期岩浆-成矿年龄数据表

编号	采样点	测试对象	测试方法	结果(Ma)	作者,年代
1	冕宁牦牛坪	碱性花岗岩	锆石 U-Pb	12±2	袁忠信等,1993
2	折多山	折多山花岗岩	SHRIMP	18±0.3	刘树文等,2006
3	冕宁木洛寨稀土矿床	英碱正长岩	微斜长石 Ar-Ar 坪年龄	31.2±0.56	田世洪等,2006
4	冕宁木洛寨稀土矿床	英碱正长岩	微斜长石 Ar-Ar 等时线	30.6±2.6	
5	冕宁木洛寨稀土矿床	矿石金云母	矿石金云母 Ar-Ar 坪年龄	35.5±0.5	
6	冕宁木洛寨稀土矿床	矿石金云母	矿石金云母 Ar-Ar 等时线	35±1	
7	贡嘎山	花岗岩	锆石 U-Pb	12.8±1.4	Roger et al.,1995
8	贡嘎山	变形花岗岩	Rb-Sr 等时线	11.6±0.4	
9	贡嘎山	伟晶岩	Rb-Sr 等时线	10.4±1.2	
10	贡嘎山	未变形花岗岩	Rb-Sr 等时线	9.9±1.6	
11	折多山	早期热事件	Ar-Ar	12~10	张岳桥等,2004
12	折多山	晚期热事件	Ar-Ar	5~3.5	
13	西范坪铜矿	细粒花岗岩	LA-ICP-MS	31.60±0.29	本项目组数据
14	西范坪铜矿	粗粒花岗岩	LA-ICP-MS	31.8±1.3	
15	西范坪铜矿	辉钼矿	Re-Os 等时线	35.8±1.6	曾普胜等,2007
16	西范坪铜矿	石英二长岩	K-Ar	51.9	骆耀南等,1998
17	西范坪铜矿	蚀变二长岩	黑云母 K-Ar	34.6	徐士进等,1997
18	西范坪铜矿	蚀变二长岩	角闪石 K-Ar	33.5	徐士进等,1997
19	西范坪铜矿	石英二长岩	Ar-Ar	47.5	Fu DM et al,1996
20	姚安老街子	蚀变石英正长岩	黑云母 K-Ar	35	骆耀南等,1998
21	姚安白马寨	蚀变石英正长岩	黑云母 K-Ar	31	骆耀南等,1998
22	姚安马厂箐铜矿	辉钼矿	Re-Os 等时线	32.1±1.7	曾普胜等,2007
23	姚安马厂箐铜矿	花岗岩	K-Ar	48	张玉泉等,1998
24	姚安马厂箐铜矿	花岗岩	Rb-Sr 等时线	36	骆耀南等,1998
25	姚安马厂箐铜矿	花岗岩	SHIRMP	35±0.2	Liang H Y,2002

续表 5-5

编号	采样点	测试对象	测试方法	结果(Ma)	作者,年代
26	姚安马厂箐铜矿	石英正长岩	Rb-Sr 等时线	34	Fu D M et al,1996
27	姚安马厂箐铜矿	辉钼矿	Re-Os 等时线	33.9±1.1	王登红等,2004
28	铜厂铜矿	辉钼矿	Re-Os 等时线	34.4±0.5	
29	直苴铜矿铜矿	细粒花岗岩	LA-ICP-MS	31.59±0.59	本项目组数据
30	直苴铜矿铜矿	粗粒花岗岩	LA-ICP-MS	31.29±0.34	
31	鹤庆萝卜地	正长岩	Rb-Sr 等时线	52.76±11.3	骆耀南等,1998
32	鹤庆萝卜地	正长岩	斜长石 Ar-Ar	23.82±0.03	
33	鹤庆萝卜地	正长岩	K-Ar	32.37±0.58	
34	北衙铜金多金属矿床	笔架山蚀变正长岩	绢云母 K-Ar	37.8±1.3	
35	北衙铜金多金属矿床	红泥塘石英正长岩	全岩 K-Ar	47.75±1.07	王登红等,2005
36	北衙铜金多金属矿床	红泥塘石英正长岩	钾长石 K-Ar	37.50±1.36	
37	北衙铜金多金属矿床	万硐山石英正长岩	全岩 K-Ar	35.98±1.43	
38	北衙铜金多金属矿床	红泥塘正长岩	斜长石 Ar-Ar	24.82±0.04	
39	北衙铜金多金属矿床	五里盘石英正长岩	全岩 K-Ar	38.36±0.57	
40	北衙铜金多金属矿床	炭窑石英正长岩	SHRIMP	31.5±1.1	肖晓牛等,2009
41	北衙铜金多金属矿床	炭窑石英正长岩	SHRIMP	31.34±0.73	
42	北衙铜金多金属矿床	红泥塘正长岩	正长石 Ar-Ar 坪年龄	25.89±0.13	
43	北衙铜金多金属矿床	红泥塘正长岩	正长石 Ar-Ar 等时线	25.72±0.7	
44	北衙铜金多金属矿床	万硐山石英正长岩	正长石 Ar-Ar 坪年龄	25.53±0.25	应汉龙等,2004
45	北衙铜金多金属矿床	万硐山石英正长岩	正长石 Ar-Ar 等时线	25.50±0.07	
46	北衙铜金多金属矿床	万硐山石英正长岩	白云岩 Ar-Ar 坪年龄	32.50±0.09	
47	北衙铜金多金属矿床	万硐山石英正长岩	白云岩 Ar-A 等时线	32.34±0.04	
48	北衙铜金多金属矿床	辉钼矿	Re-Os 等时线	37.9±2.5	牛浩斌等,2015
49	北衙铜金多金属矿床	辉钼矿	Re-Os 加权平均年龄	38.48±0.54	
50	北衙铜金多金属矿床	辉钼矿	Re-Os 模式年龄	36.87±0.76	和文言等,2013
51	北衙铜金多金属矿床	石英正长斑岩	LA-ICP-MS	36.48±0.26	
52	北衙铜金多金属矿床	煌斑岩	LA-ICP-MS	34.96±0.66	和文言等,2014
53	东川播卡金矿	含金石英脉	Ar-Ar	41.25~59.43	应汉龙等,2004

2. 岩石类型

岩石类型以碱性、酸性岩为主,如北衙多金属矿区的正长岩、萝卜地正长岩、姚安老街子及白马寨正长岩、西范坪铜矿床的二长花岗岩、冕宁—喜德一带正长岩等。此外直苴铜钼矿床中以花岗斑岩为主,折多山-贡嘎山则为中细粒花岗岩。其次在冕宁—喜德一带的稀土矿床中还发育较多的喜马拉雅期火成碳酸盐,与稀土矿床的成矿作用密切。此外在云南北衙矿区,云南直苴铜钼矿区也发育较多超基性的煌斑岩脉,其锆石 U-Pb 年龄为(34.96±0.66)Ma(和文言等,2014)。

3. 地球化学特征及构造背景

根据刘树文等(2006)对折多山二长花岗岩的研究表明,折多山地区喜马拉雅期酸性岩体铝饱和到过饱和,中等的稀土总量,高的$(La/Yb)_N$比值和明显的Eu正异常,大离子亲石元素富集,Nb、Ta和Ti亏损,形成与岛弧钙碱性火山岩的低度部分熔融。粗粒似斑状二长花岗岩形成于元古宙上部陆壳物质——砂页岩较低程度部分熔融。

北衙矿田内大规模斑岩-热液型多金属成矿系统的成岩成矿作用在成因上也受控于喜马拉雅期印-亚碰撞造山过程中深层次构造岩浆活动这个统一的地球动力学机制,而表现为正向碰撞造山带在东南缘构造转换带的远程效应。它们是在碰撞造山带东缘构造转换带的走滑、剪切和伸展构造背景下,壳幔混合层发生大规模东挤出汇聚,诱发加厚玄武质下地壳或上地幔的局部熔融形成壳幔过渡层,分异的富碱岩浆和成矿流体沿金沙江-红河断裂、盐源-丽江断裂及其次级断裂通道上侵,形成具埃达克岩亲合性的富碱斑岩(薛传东等,2008)。北衙金多金属矿床成岩与哀牢山-金沙江富碱斑岩成矿带的成岩年龄相一致(40~35Ma),表明其形成受控于相同的地球动力学背景,是在印度与欧亚大陆碰撞背景下,构造体制发生转变,导致加厚下地壳或上地幔的部分熔融而引起的岩浆事件(和文言等,2013)。而袁忠信等(1993)则认为,冕宁—喜德一带的碱性岩浆岩是喜马拉雅期攀西裂谷继续活动的结果。

北衙地区煌斑岩岩石地球化学和同位素特征反映该区花岗岩源自经俯冲板片交代富集了的岩石圈地幔,源区可能为含金云母的尖晶石相橄榄岩与石榴石相橄榄岩地幔的过渡区,起源深度75~85km,是对印度-欧亚大陆强烈碰撞的响应,都产在强烈伸展的动力学背景下,为岩石圈减薄的产物(和文言等,2014)。

4. 成矿作用

喜马拉雅期岩浆活动从本区的南西侧向北东侧有减弱的趋势,与喜马拉雅期岩浆活动有关的主要矿床有北衙金矿、马厂箐金矿、大姚金矿、盐源西范坪铜矿、永仁直苴铜矿、铜厂-长安冲、姚安老街子铅矿等斑岩型矿床,以及往北的冕宁-喜德稀土成矿作用,以牦牛坪稀土矿床为代表。斑岩型矿床以北衙金多金属矿床规模最大,研究表明成岩和成矿年龄与哀牢山-金沙江富碱斑岩成矿带的成岩与成矿作用年龄相一致(40~35Ma),表明其形成受控于相同的地球动力学背景,是在印度与欧亚大陆碰撞背景下,构造体制发生转变,导致加厚下地壳或上地幔的部分熔融而引起的岩浆-热液-成矿事件(和文言等,2013)。

此外,由于印度-亚洲大陆碰撞过程,康滇地区内部的一些基底断裂也在应力作用下响应,如东川地区落因剪切破碎带,一些受构造应力最强,被撕裂、活化及剪切作用过程中形成一些造山型金矿床,如播卡金矿、新田铜金矿、小溜口金矿、小水井金矿床,等等。

5. 对地质演化历史的制约

研究表明,本区喜马拉雅期较大规模的岩浆活动的诱因为印度-欧亚大陆的汇聚碰撞,岩浆活动主要背景为大陆内部不同部位岩石圈增厚或减薄。加厚与减薄是相对的,总体上还是岩石圈加厚的结果,只是某些部位相对减薄。另外,对于靠近康滇腹地的酸性岩浆活动,其基底构造不得不考虑,因为基底断裂尤其在古—中元古代就已经强烈活动的那些构造部位,如安宁河断裂、元谋绿汁江断裂以及一些尚未出露地表的断裂等,由于中生代该层的掩盖未出露地表,印-亚大陆碰撞汇聚过程中,上述断裂更容易活化,为成矿物质运移和卸载提供了良好的空间。

第六章 上扬子东缘江南隆起西段地史演化与成矿

第一节 概 述

本区大地构造上位于Ⅲ扬子陆块区-Ⅲ$_1$上扬子陆块-Ⅲ$_{1-8}$雪峰山基底逆推带，地层分区为：华南地层大区(Ⅱ)-扬子地层区(Ⅱ$_2$)-黔东南地层分区(Ⅱ$_3^3$)。矿产以浅变质碎屑岩热液型金矿、(石英脉型)型金矿、沉积型锰矿、岩浆热液型铜多金属矿以及岩浆热液型的钨锡矿为特点。青白口系是区内出露最广的地层，也是该区主要的金矿含矿层位。震旦系以碳质岩、硅质岩、页岩为主，是区内锰矿的主要含矿层位；区内岩浆岩出露面积较小，但岩石类型复杂，主要有元古宙的超基性岩、基性岩、花岗岩及基性火山岩，其次是古生代的偏碱性超基性岩侵入体。花岗岩为摩天岭花岗岩体北缘部分，是铜多金属矿的主要赋矿岩体。古生代的偏碱性超基性脉岩多呈脉状侵入在早古生代地层内或构造裂隙中，部分岩体产金刚石。产于区域变质岩内的动力变质岩是构造蚀变岩型金矿和石英脉型金矿的主要赋矿岩石，产于花岗岩体中的动力变质岩、岩体与围岩的接触变质岩是铜矿的主要赋矿岩石。

第二节 主要矿床类型及典型矿床

区内构造运动和岩浆活动频繁，矿产资源丰富。主要有金、砷、锑、铜、银、铅锌、锰、铁、钨、锡、铌、钽、钒、镍、钴、钾等金属矿产和煤、重晶石、硅石、蛇纹石、大理岩、高岭土等非金属矿产资源。重要矿床有铜鼓式金矿、大塘坡式贵州岜扒锰矿、地虎铜多金属矿。除沉积型矿产已在第三章中阐述外，现将主要的内生性典型矿床地质特征阐述如下。

典型矿床25：产于新元古代摩天岭花岗岩体外接触带的下江群甲路组中构造热液脉型铜铅锌多金属矿——贵州从江地虎小型铜金多金属矿。

1）地理位置

地虎铜多金属矿位于贵州省从江县境内，地理坐标：E 108°38′09″，N 25°38′16″，属小型多金属矿床。

2）区域地质

矿区位于上扬子陆块南东缘的雪峰山基底逆推带上(江南地轴之九万大山隆起部位)摩天岭花岗岩体(复式背斜)北西缘之吉羊穹状背斜—加车鼻状背斜部位，区内下江群甲路组一段为海相陆源碎屑建造及基性—超基性海相火山岩建造，二段为碳酸盐建造，其中一段顶部的"黑层"起地球化学屏障作用。滑脱构造带内各种变质岩组合是有利的岩石建造。

3）矿床地质

矿区位于吉羊穹隆西侧加车鼻状背斜之加磨背斜轴部北东倾末端，是多级褶曲复合部位，区内主要发育的构造是大规模发育的滑脱构造带。该带沿甲路组第二段与第一段的接触界面发育，即甲路组第二段与第一段的接触界面为其主滑脱面(图6-1中M带)。据贵州省有色地勘局六总队资料(1988)记载,矿区内出露火山岩主要为蚀变基性火山岩,其厚度变化大,呈透镜体产出,是区域变质作用和混合岩化作用下形成的含长石残斑状绢云绿泥石岩。

矿床矿体产出主要受滑脱构造带控制,矿体主要产出于带内强硅化绢云母千枚岩、铁锰质绢云母千枚岩、块状石英片岩、绿泥石片岩、变余石英砂岩等岩石中。矿体呈似层状、透镜状;按容矿岩性的不同可分为Sia、Sib、Sic、j13四个矿带,现将Sia主矿带矿体特征叙述如下。

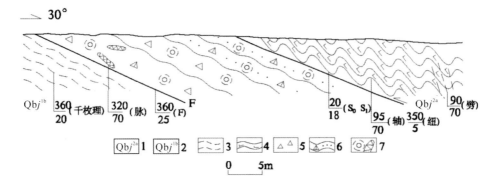

图6-1 地虎河边(地质点D500)滑脱带素描图(据贵州省地调院,2003)
1.甲路组二段a亚段;2.甲路组一段b亚段;3.粉砂质千枚岩;4.钙质千枚岩;5.断层角砾岩;
6.碎裂状变砂岩;7.硅化及石英脉

矿带中共探明6个矿体。矿体产于Sia硅化绿泥石化蚀变体中,少量的矿体向Sib延伸,为区内主要含矿带,矿体规模较大连续性较好,埋藏浅。北侧蚀变体保存完好,呈椭圆形分布,长轴近东西向约600m,短轴近南北向约380m,主要为Ⅰ号矿体分布;南部蚀变体基本出露地表,受风化剥蚀分割成数块,特别是南部硅化体顺地形坡向呈零星分布。矿带探明的矿石量占地虎矿段总数的61%,金、银金属量分别占总数的75%和81.5%,铜金属量占总数的53.6%,铅占87.6%,锌占83.6%。矿带内探明8个矿体。产在Sib蚀变体及下部千枚岩中,其矿体分布范围与Sib蚀变体范围相当,但矿带规模小,该矿带仅有Ⅱ-2矿体规模尚可,产于Ⅰ-1矿体的西部呈南北向分布,长约200m,宽40m,北部以锌为主,南部以铜为主,矿厚1.02～5.27m,平均1.65m,呈扁豆状产出。

主要金属矿物有黄铜矿、黝铜矿、方铅矿、闪锌矿,脉石矿物主要有石英、绿泥石、绢云母、白云母、黑云母、绿帘石等。矿石结构有包晶结构、自形-半自形晶结构、他形晶粒结构、交代溶蚀结构、斑状变晶结构;矿石构造以块状、细脉浸染状、条带状、脉状充填交代角砾状矿石构造多见。

区内围岩蚀变主要表现为与构造有关的动力热液变质作用,蚀变类型主要有硅化、黄铁矿化、磁铁矿化、绿泥石化,次为高岭石化。

4)矿床成因

南加地区二长花岗斑岩铜含量一般在$(30～40)×10^{-6}$之间,比地壳克拉克值高。该矿床直接产于花岗岩体的断裂带内,表明摩天岭花岗岩很可能为南加地区铜矿的矿源。据南加铜矿资料,氢氧同位素:δO_{H_2O}为$-1.01‰～-5.62‰$,δD_{H_2O}为$-59.2‰～-75.5‰$,具大气降水特征,说明在成矿作用过程中的部分地表水加入。花岗岩侵入体用铷锶同位素年龄测定为802Ma,而针对黄铜矿、方铅矿采用铅同位素年龄测定为687～60Ma。根据测年及地质因素综合分析认为南加地区铜矿成矿始于新元古代中期,到燕山期结束。由于区域地幔柱的上涌导致罗迪尼亚超大陆裂解,诱发大量基性火山岩的侵位,为矿床形成提供了丰富的成矿物源与热源。同时区内隐伏花岗质岩浆的上侵导致了区内大规模滑脱构造带的发育,并引发带内岩石变形变质;该变质作用形成的含矿热液活化萃取基性火山岩、基底地层等围岩中的成矿元素,运移至滑脱带、层间破碎带、裂隙、揉皱空间等容矿构造中富集成矿(地虎式)(图6-2);受后期构造运动(如加里东运动、燕山运动)的影响,在花岗岩体内形成近东西向、北西向断层;而构造热等作用则使热液不断淋滤萃取出岩体及围岩中的铜元素,并在岩体断裂带中淀积成矿

（南加式）。

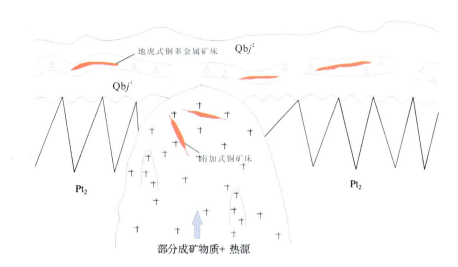

图 6-2 从江地区岩浆变质热液型铜多金属（铜）矿区域成矿模式图

典型矿床 26：产于新元古代浅变质碎屑岩系中的石英脉型金矿与构造蚀变岩金矿——贵州锦屏铜鼓小型金矿。

1）地理位置

该矿床位于贵州省东部锦屏县铜鼓镇，地理坐标：E109°17′38″—109°20′57″，N26°31′05″—26°34′54″。

2）区域地质

铜鼓金矿位于上扬子陆块南东缘的雪峰山基底逆推带上，属天锦黎 Au 水晶重晶石钒成矿带（Ⅳ-10）。矿床产于加里东期山洞背斜带上，矿体受山洞背斜层间虚脱空间和伴生 Fx 断裂控制（图 6-3、图 6-4）。

3）矿床地质

矿区分布地层主要为青白口系隆里组第二段。矿床位于山洞背斜轴部带上，矿区发育一系列北东向断裂构造。背斜轴向北东，属较开阔的基本对称型复式背斜。

矿体为含金石英脉，主要产于隆里组变余细砂岩（砂砾岩）和粉砂质板岩间的层间滑脱构造带中，计 6 条含金脉带，自上而下分别为 M_1—M_6。

M_1—M_3 产于浅表范围，充填于层间剥离裂隙的含金单脉所组成的脉带，勘查前已采空。其中，M_2 以层间单脉为主，勘查前已采空；M_3 由 10~20 条复脉、网脉交织组成，长 1500m，宽 120~200m，厚 10~20m，品位（0.02~0.94）×10^{-6}。M_4—M_6 产于 100m 深，含金极不均匀，产状分顺层整合型和切层交错型两类，含金石英脉以层间脉和破碎带脉为主，次为节理脉，可分为呈单脉、复脉和网脉等，受构造控制。

矿物成分包括自然金、黄铁矿、方铅矿、闪锌矿、毒砂，少量磁黄铁矿、黄铜矿、黝铜矿、金红石、锐钛矿、金银矿、石英、长石、白云石等。矿石结构构造包括半自形晶粒状结构、他形晶粒状结构、交代结构；网脉状构造、角砾状构造、条带状构造、块状构造。

4）矿床成因

据漠滨金矿、沃溪金矿资料，氢氧同位素：$\delta^{18}O_{H_2O}$ 为 $-0.44‰~+13.8‰$，δD_{H_2O} 为 $-37‰~-81‰$。以变质水为主，另有部分大气水渗合的混合溶液。据余大龙（1990）对黔东南金矿包裹体研究，采用均一法测温表明，矿床（点）的均一温度区间在 100~150℃ 和 200~250℃ 之间，属于中—低温热液

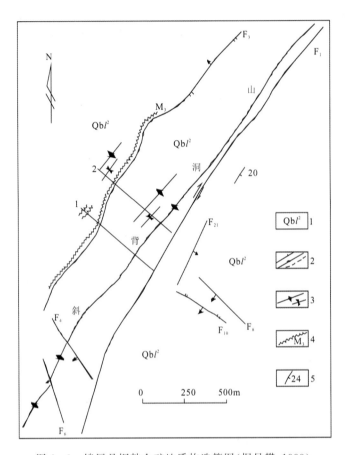

图 6-3 锦屏县铜鼓金矿地质构造简图(据吴攀,1999)
1.青白口系隆里组第二段;2.逆冲、平移及推测断层;3.背斜及向斜;4.石英脉;
5.地层产状

矿床。初步认为成矿作用的热源主要是①构造热,本区经历了武陵期、加里东期和印支—燕山期、喜马拉雅期等多期构造,每次构造运动都产生了大量的热能;②岩浆热,每次岩浆活动都产生岩浆热;③变质热:本区出露的中元古界—下古生界普遍发生区域浅变质作用,为区内的成矿作用提供了巨大的热源;加之深部地热构成本区巨大的热流。

成矿模式总结:青白口系沉积了巨厚的浅变质陆源碎屑沉积岩夹火山碎屑岩复理石建造(以及其中某些金丰度可能较高的地质体),为区内金矿的含金建造即矿源层,含金沉积建造在加里东期经成岩改造、埋深静压变质、褶皱造山构造变形变质及其热动力作用,使建造水逐渐演化成为由改造水、变质水以及部分远(深)源岩浆水组成的以变质水为主的含矿热液,在演化过程中常有大量大气水的参与;区内金矿属于加里东褶皱造山(中—低温)变质热液矿床类型;矿体主要为含金石英脉,就位于背斜轴部及其附近翼侧层间滑脱空间及其伴生断裂和轴面劈理构造中,另外沉积建造中砂(砾)岩层也形成层控蚀变岩型金矿(化)。一系列区域性断裂构造与金的成矿作用关系不大,背斜为控矿构造。顺层(含金)石英脉可划分为褶皱初期水平顺层充填(含金)石英脉和褶皱期及后期倾斜"整合"充填(含金)石英脉,由于造山褶皱轴在其演化过程中的迁移原因,由背斜控制的顺层含金石英脉往往偏集于背斜轴部北西翼一侧。

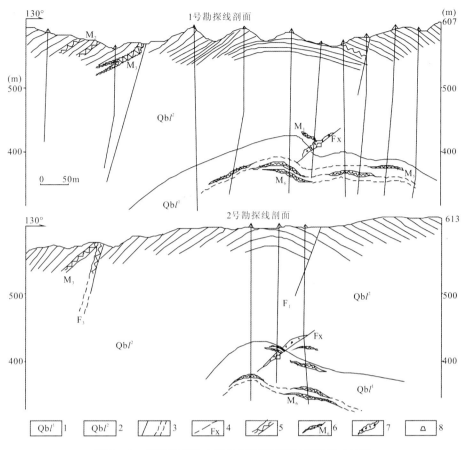

图 6-4 锦屏县铜鼓金矿勘探线剖面图(据吴攀,1999)

1.青白口系隆里组第一段;2.青白口系隆里组第二段;3.断层及破碎带;4.剪切破碎带;5.石英脉;6.含金石英脉矿体;7.含金网脉状矿体;8.平硐

第三节 区域地史演化与成矿

江南隆起西段位于扬子陆块与华夏陆块之间,为扬子陆块东缘与南华活动带的过渡部位,在大地构造性质上属亲扬子的大陆边缘沉积区。由于有大片前寒武纪地层分布,长期以来广大地质工作者把它作为长期遭受剥蚀的物源区还作为"江南古陆"的西南段之"雪峰古陆"。20 世纪 80 年代中期以后,大量翔实的地质资料证明"雪峰古陆"并不是一个前寒武纪以来的古隆起,而是新元古代—早古生代扬子地台东南缘的大陆斜坡部位。程裕淇等(1994)认为该地区是武陵-晋宁期造山带的裸露部分,是一个受到强烈推覆作用的山链。丘元禧(1999)认为该区地质构造演化发生在大陆地壳背景之上,其构造环境经历了由陆缘向陆的变化:武陵(四堡)—晋宁期处在大陆边缘,洋陆俯冲是其造山期的主要动力学机制,属于大陆边缘造山带性质;自晋宁期以后,逐步转为陆,自震旦纪至早古生代已属陆内裂陷;在加里东期裂陷旋回结束时,陆内俯冲和顺层滑脱已成为其主要的地球动力学过程和变形机制。王剑(2000)认为四堡(武陵)造山运动使古华南洋盆关闭(时间上限应小于 968Ma),扬子古陆与华夏古陆拼合形成华南统一的大陆基底,新元古代早期,华南裂谷作用开始(820Ma),裂陷中心大致位于现今的桂北—湘中(南)—赣北地区,810Ma 左右为裂谷作用的高峰期,裂谷盆地直到加里东期造山运动关闭。戴传固等(2010)认为该区从早到晚经历了从活动型地壳(洋陆转换阶段)向稳定型地壳(板内活动阶段)的演化:洋陆转换阶段为武陵旋回(中元古代)和加里东旋回(新元古代—早古生代),具有洋陆 B 型俯冲、弧陆碰撞造山的特点；板内活动阶段为燕山旋回（晚古生代—侏罗纪）和喜马拉雅构造旋回（白垩纪—新生代），具板内 A 型俯冲造山的特点。

本区结晶基底尚未出露；中层基底是中元古界四堡岩群的变质火山-沉积岩系；上层基底则是不整合于四堡岩群之上的新元古界—下古生界的浅变质岩系，原岩主要是硅质陆源碎屑岩、火山碎屑岩。其中，在新元古代早期，有与 Rodinia 超大陆裂解有关的基性火山岩与规模较大的基性—超基性侵入岩和中酸性侵入岩。加里东造山作用使之褶皱成山，并与扬子陆块贴合成统一陆块。晚古生代至中生代早期（中二叠世），本区大部分时间处于隆起状态，偶有不发育的沉积盖层。燕山造山作用使本区发生较强烈的褶皱断裂，奠定了当今构造格局。新生代后一直抬升，遭受剥蚀。区内有影响的运动有武陵运动（四堡运动）、广西运动（晚加里东运动）及燕山运动，其余均为振荡运动。

按戴传固（2010）方案，分为洋陆转换阶段（中元古代—早古生代末）、陆内造山阶段（晚古生代以来）。洋陆转换阶段主要成矿作用有：与雪峰期岩浆作用有关的 W、Sn、Cu、Nb、Ta、Au、Ag 矿床成矿作用，与寒武纪海相沉积有关的石煤、磷、V、Ni、Mo、Mn、U、REE、PGE、重晶石、石膏、石盐矿床成矿作用，与加里东期岩浆热液有关的 Au、As、水晶矿床成矿作用，该阶段也同时形成了作为区内后生低温热液矿床如碳酸盐建造中的铅锌、汞、金、锑等矿产的有利赋矿建造和岩性组合；陆内造山阶段主要成矿作用有与后加里东期地下热流作用有关的 Pb、Zn、Hg、Au、Ag、Sb、As、萤石、重晶石矿床成矿作用（图 6-5）。

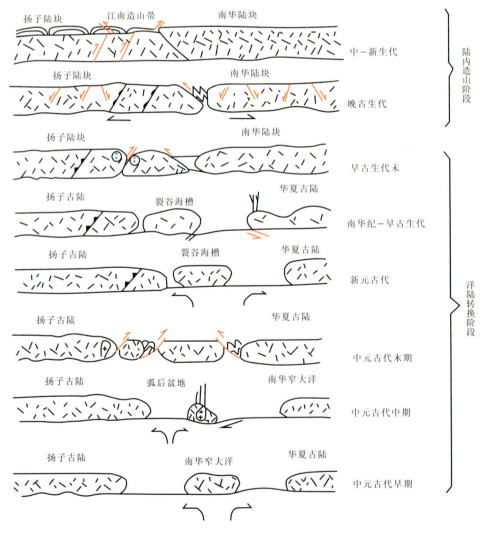

图 6-5　江南造山带西南段构造演化示意图（据戴传固，2010，修改）

1. 武陵构造旋回期（中元古代 Pt_2）

关于区内中元古代地层主要年龄数据有：贵州从江-广西四堡地区产于四堡群的超基性岩锆石 U-Pb 年龄为（1662±28）Ma（1∶5万滚贝幅资料，1995）；唐晓珊等（1994）在湖南浏阳冷家溪群变基性熔岩中获 Sm-Nd 全岩等时线年龄为 1262.97Ma；Wang L J et al（2010）认为梵净山群年龄为（870～800）Ma，Zhou J C et al（2009）认为梵净山群的平均年龄为（872±3）Ma，属新元古代地层。本书采纳戴传固等（2010）的观点，四堡群、冷家溪群、梵净山群可以对比，均属中元古代同时异相的产物。

中元古代早期古扬子克拉通发生裂解，分裂出扬子陆块和华夏古陆，其间为南华狭窄洋盆和一些微陆块。南华狭窄洋盆可能位于师宗—松桃—慈利—九江一带。随着南华狭窄洋盆的萎缩、消亡，南华狭窄洋盆的洋壳向扬子陆块俯冲，其东南缘出现沟-弧-盆格局（刘宝珺，1993），黔东及邻区该时期位于大陆边缘-弧后盆地位置，出现了中元古代梵净山群、四堡群、冷家溪群深水盆地相细碎屑岩沉积、岛弧型火山岩组合及由超基性岩-基性岩组成的（弧后）蛇绿岩组合。四堡群的蛇绿岩套是一种岛弧蛇绿岩套，代表弧后盆地的构造环境（丘元禧，1999）。

中元古代末扬子、华夏古陆块碰撞，发生武陵运动，形成广阔的陆间造山带，华南陆块形成，武陵运动是南华狭窄洋盆萎缩、消亡、扬子古陆与华夏古陆汇聚碰撞形成华南板块，洋陆转换历程的具体体现。武陵运动（四堡运动）导致中元古代变形变质，使中、新元古代地层出现角度不整合关系，形成一系列 NE 向褶皱。

元古代沉积作用阶段主要形成含 Au 背景值较高的基性火山岩、火山碎屑岩、含有机质碎屑岩及侵入体。

2. 加里东构造旋回期（新元古代—早古生代）

关于新元古代地层年代学方面：下江群中的拉斑玄武岩的年龄值为 837Ma（锆石 U-Pb 法，董宝林，1988）。在从江地区基性火山岩中，经天津地质矿产研究所采用锆石 U-Pb 法测年结果为（815±4.9）Ma。据 Wang L J et al（2010）认为下江群年龄为 800～740Ma。在 1∶5 万高武幅区域地质调查工作中对侵位于下江群甲路组中的岩床状辉绿岩获得锆石 U-Pb 年龄为（788.4±2.6）Ma。在南加地区有铜矿产于花岗岩及其与围岩接触部位，铜矿体的产出与二长花岗岩、黑云母花岗岩关系密切（南加-高武地区的铜矿），部分矿体产于新元古界沉积浅变质岩（如地虎小型铜矿床）。花岗岩侵入体用铷锶同位素年龄测定为 802Ma，而针对黄铜矿、方铅矿采用铅同位素年龄测定为 687～60Ma。在丹洲群中获得的锆石 U-Pb 年龄为（761±8）Ma（Li Z et al，2000）。据尹崇玉等（2007）大塘坡组一段凝灰岩 U-Pb 年龄为（667.3±9.9）Ma。周传明等对大塘坡组下部凝灰岩层中测定的 U-Pb 年龄为（662.9±4.3）Ma（Zhou et al，2004）。本项目在从江地区下江群甲路组基性火山岩中所获锆石 U-Pb 年龄为 814Ma。

新元古代早期，古地貌北高南低，处于下江群沉积的下斜坡环境中。武陵运动（1000Ma）表现在区内上、下青白口系（或下江群与梵净山群）之间的不整合。在雷公山及其邻区形成了 EW 向紧密褶皱基底。

新元古代早期末，雪峰运动（相当于晋宁运动、梵净运动）使区域西北部上升成陆，东南部则由于区域的引张环境使地壳伸展变薄，沦为弧后盆地构造环境，形成了浅海相的以杂砾岩为主的碎屑重力流沉积。在南华系大塘坡组中有沉积型锰矿产出（如黎平县肇兴锰矿）。

新元古代扬子陆块与华南陆块再次发生裂解，其间南华裂谷海槽形成，戴传固等（2010）认为南华裂谷海槽位于罗城—龙胜—桃江—景德镇一带。黔东地区下江群中产出的基性火山岩、辉绿岩也反映了裂陷作用的存在，形成于拉张裂谷背景。在扬子古陆的边缘雪峰山地区大致以湘潭—溆浦—凯里为界，西侧为"红板溪"，东侧为"黑板溪"即现称的下江群、丹洲群，也反映出大陆裂谷边缘的性质（丘元禧，1999）。

晚震旦世，随着区域地壳进一步沉降，东南部九阡—茂兰一带出现盆地相的暗色碳硅质沉积；而西北部的古陆也被逐渐加深的海水浸没，首次出现了台地碳酸盐沉积；在两者之间的凯里—都匀—三都—独山一带则处于台缘斜坡环境，地层厚度变化大，岩性变化迅速。至此，区域形成了西北高、东南低，沉积相带呈北东向展布的大陆边缘沉积盆地，即湘西-黔东早古生代沉积盆地，并在相当长的地质历史中延续了这一格局。

寒武纪至早奥陶世，西北部扬子陆块区一直处于稳定碳酸盐及碎屑沉积地台构造环境；东南部则由于地壳伸展作用形成了以西江-排调断层为主剥离断层的黔东南巨型伸展滑脱构造。区内的铜铅锌多金属矿产和铅锌矿产的形成大多与该滑脱构造有密切的关系，在整个早古生代，这些同沉积断层持续活动，使盆地内早古生代地层剧烈相变，形成丰富的岩石组合，在凯里—都匀一带形成了对矿床就位极为有利的矿储——台地边缘滩（丘）相碳酸盐岩和泥质白云岩、页岩的岩石组合。

中奥陶世末，都匀运动使区内发生上隆剥蚀，造成了区域上志留系与奥陶系之间的不整合。伴随着地幔热活动高潮的到来，区内出现偏碱性超基性岩侵位，据地球物理资料推断，区内雷公山一带深部还可能存在花岗岩侵入体，地壳伸展作用进入了高峰期，在丹寨—三都一带形成了地堑式构造。关于加里东期岩浆岩，据贵州地矿局101队资料记载：马坪含金刚石的镁铝榴石云母钾镁煌斑岩用钾-氩法和铀-钍-铅法，测得年龄值为 438～340Ma；细粒云母钾镁煌斑岩全岩钾-氩法年龄值为 467Ma；与钾镁煌斑岩相伴产出的橄辉云煌岩、斑状云母橄榄岩的钾-氩法年龄值为 536～316Ma。所获年龄数据的高峰值约 500～400Ma，大致相当地质年代的奥陶纪—志留纪。本项目对雷公山追里云煌岩测得年龄为 436Ma。都匀运动后，区域构造演化进入了地壳沉降的阶段，除北缘的黔中隆起一带仍为遭受剥蚀的古陆外，其余地区接受了志留系台地相的碎屑及碳酸盐沉积。

志留纪末，扬子、华夏陆块碰撞，由于强烈的挤压作用，区域东南部发生强烈的造山运动（广西运动），早古生代沉积盆地褶皱上升形成华南加里东褶皱带，并与扬子陆块合并为统一的古陆。在韩家店组沉积之后，海水退出该区，结束早古生代沉积，抬升为陆。加里东运动使广大东南地区形成辽阔的南华加里东褶皱区，并与扬子陆块连为一体，进入了统一的华南陆块发展阶段。加里东运动是本区极为重要的构造运动，使前寒武系的基底岩层普遍发生大面积的区域变质作用，并伴有一系列的岩浆活动，同时还使本区与扬子陆块拼贴成统一的陆块。加里东期构造作用产生较多的断层、剪切带、虚脱空间及节理裂隙等，这为矿液的流动和聚集形成较好的流通管道和空间，同时构造作用中的岩浆侵入也带入一些矿液加入储集层中。至此，本区结束了洋陆转换阶段（武陵—加里东期）而向板内活动阶段（燕山—喜马拉雅期）演化。

丘元禧等（1996，1998）、侯光久等（1998）、戴传固等（2010）诸多学者指出了该地区存在加里东期变质核杂岩及其伸展剥离断层系。在从江地区沿滑脱构造带有铜、金银多金属矿点分布如地虎多金属矿床。次级滑面主要分布在新元古代至早古生代地层中，分别以下江群和丹洲群中部、震旦系顶部、寒武系底部为代表，形成一系列层间滑脱带，在黔东南地区由次级滑面构成的层间滑脱带控制了石英脉型金矿的产出；滑面系统之上的伸展剥离断层系控制了三都、铜仁地区金、锑、汞矿的产出。据余大龙（1998）等研究成果，该地区断裂带金含量普遍高于地壳克拉克值。在变质核杂岩构造的不同部位具有不同的矿物组合及控矿构造，同时在成矿温度上随之也出现中温—中低温—低温的有规律变化，反映出该地区金及多金属矿产是受控于变质核杂岩构造的一个完整的、相互具有机联系的成矿系统。

3. 燕山构造旋回期（晚古生代—古近纪始新世）

晚古生代开始至早白垩世，在濒太平洋陆缘和特提斯域的共同影响下，本区进入板内活动裂陷、挤压阶段，经历了板内裂陷到挤压的动力学演化过程。在挤压背景下的燕山运动，形成了一系列前陆隆起、前陆坳陷、盆地坳陷、前陆逆冲褶皱带。黔东及邻区位于湘西-桂北-黔东南前陆隆起和黔中-四川盆地坳陷位区，构造运动方向由东向西，变形以脆性变形为主要特点，具浅部层次构造变形特征。盖层褶皱从早期到晚期逐次向四川盆地方向推进。印支—燕山运动发生侏罗山式褶皱及由 E 向 W 的逆冲推覆,转化为地壳浅部的脆性变形环境,构造线的延展继承了加里东运动的 NNE 向主要方位,沿加里东期逆冲推覆面发育而叠加在过渡性剪切带上的规模较大的 NNE 向断层,伴有派生 NE 向断裂构造,构成了将贮存于大陆地壳中部或中—下部"库房"中的成矿热液输导至浅部,并分流到容矿构造的断裂构造系统。在叠加或穿越过渡性剪切带的断裂构造密集分布且破碎带构造岩发育的地段沉淀成矿。区内锑金矿成矿热液形成及活动经历了较长的地质时期,但沉淀富集成矿是在印支—燕山期。

4. 喜马拉雅构造旋回期(古近纪渐新世—第四纪)

晚白垩世至第四纪,本区进入板内隆升活动阶段。喜马拉雅运动主要表现为区域性的抬升和断块活动,使白垩系以上的地层发生变形。

第七章 上扬子东南缘南盘江-右江地区地史演化与成矿

第一节 概　述

本区所处大地构造位置为：Ⅲ扬子陆块区-Ⅲ$_2$华南陆块-南盘江-Ⅲ$_{2-1}$右江前陆盆地。地层分区为：华南地层大区(Ⅱ)-东南地层区(Ⅱ$_3$)-右江地层分区(Ⅱ$_3^1$)和黔南地层分区(Ⅱ$_3^2$)。区域出露地层从早古生界寒武系到中生界三叠系，缺失奥陶系。岩浆岩主要分布在滇东南个旧地区，从基性至碱性、从喷出岩至侵入岩均有分布，其基性喷出岩主要产于中三叠统法郎组内，酸性至碱性岩则大面积出露。个旧杂岩体的晚期岩浆侵入活动控制了大中型锡铜铅锌银矿床的展布。主要含矿围岩为中寒武统田蓬组、龙哈组及中三叠统个旧组，矿化于碳酸盐岩中。矿产以微细浸染型金矿、沉积型锰矿、堆积型铝土矿、陆相火山岩型铅锌矿、矽卡岩型铜铅锌锡多金属矿为特点。

第二节 主要矿床类型及典型矿床

微细浸染型金矿主要分布在黔西南贞丰-兴义和册亨-望谟地区，赋矿层位主要为二叠系龙潭组茅口组和阳新组；陆相火山岩型铅锌矿分布于个旧断褶带西端建水虾洞、荒田和石屏大冷山一带，区内与成矿作用有关的地层为下二叠统茅口组，下二叠统玄武岩组，玄武岩底部与灰岩接触面是矿区内铅锌矿化的主要层位；矽卡岩型铜铅锌锡多金属矿多为共(伴)生多金属矿床，主要分布在个旧矿田以个旧老厂铜锡多金属矿为典型矿床的个旧酸性花岗岩体周围；沉积型锰矿主要分布在云南，以砚山斗南、建水白显为代表性矿床；堆积型铝土矿主要分布在云南丘北一带，主要含矿地层为二叠系龙潭组和吴家坪组。风化壳型铁矿分布在贵州兴仁兴义安龙一带，热液型仅有一个小矿点分布在本区西南角。除沉积型矿产已在第二章中阐述外，现将主要的典型内生矿床地质特征阐述如下。

典型矿床 27：产于中三叠统法郎组白云岩中与燕山期酸性侵入岩有关的个旧式锡铅锌铜多金属矿——个旧大型锡矿、个旧老厂大型铅锌矿。

1）地理位置

老厂矿田位于个旧市东南155°方向的老厂镇，距市区平距10km，公路里程23km。老厂矿田是个旧矿区最大的矿田，是一个以锡、铜、铅为主的多金属矿田，矿床类型极为复杂。工作程度均为勘探。矿床规模为大型。

2）区域地质

大地构造位置为Ⅲ级构造单元"南盘江克拉通盆地"之个旧凹陷内。

3）矿区地质及矿体特征

矿区出露地层主要为中三叠统个旧组马拉格段下部(T_2gl^2)和卡房段($T_2gl^6 - T_2gl^1$)碳酸盐类岩

石,厚度在1550m左右,属浅水台地潮坪环境形成的浅滩、潟湖或萨布哈式沉积岩相,在(T_2gl^6-T_2gl^5)中常见多层由生物岩所形成的还原性层位及膏盐蒸发岩,易为淡水溶解产生层间溶蚀带。由灰岩、白云岩及其过渡性岩石频繁交替所组成的互层带,是层间氧化矿的主要赋矿地层。全区探明的Sn、Cu、Pb储量中,卡房段(T_2gl)占90%,Sn储量主要集中于T_2gl^5、T_2gl^6,Cu储量主要集中于T_2gl^3和T_2gl^1地层中(图7-1)。

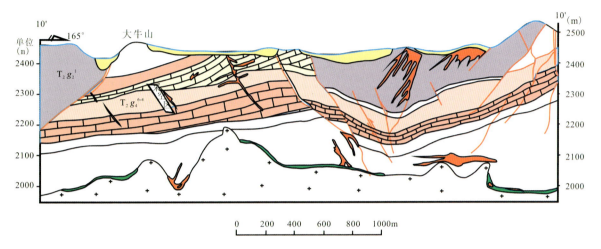

图7-1 个旧老厂矿区10号勘探线剖面图

构造主要有褶皱构造和断裂构造,老厂矿田褶皱构造属五子山复式背斜上的次级褶皱。矿田内断裂构造发育,其中个旧断裂及甲介山断裂是矿区一级断裂,为矿田的东西两侧边界断裂;近东西向的背阴山断裂及老熊硐断裂是矿区的二级断裂,控制着老厂矿田的南北边界;北东向的拗头山断裂、黄泥硐断裂及东西向的蒙子庙断裂等是矿田内的主要导矿容矿断裂,对隐伏花岗岩体及矿体展布具控制作用。

矿田岩浆活动主要有两期,第一期为中三叠纪安尼期基性火山喷发于T_2gl^1灰岩中形成的玄武岩及火山凝灰岩。第二期为燕山期花岗岩,在老厂矿田均隐伏于地下。矿床主要有花岗岩接触带矽卡岩锡铜多金属矿床、变玄武岩铜多金属矿床、锡石-电气石铁锂云母细脉带型等,在内接触带局部可形成含锡石花岗岩型及个旧组内形成层间氧化矿床。花岗岩接触带矽卡岩锡铜多金属矿床占探明储量总量的60%左右。

老厂矿田目前保有资源储量的矿体共有187个矿体,其中氧化矿74个,网状矿42个,硫化矿71个。赋存标高1700~2350m。

本区矿石类型较复杂,除砂锡矿外,原生锡矿的矿石类型有四大类,即硫化矿、氧化矿、细脉带矿和含锡白云岩。

常见矿石构造有:块状构造、稠密浸染状构造、稀疏浸染状构造、条带状构造、脉状构造等。常见的矿石结构有:自形晶粒状结构、半自形、他形晶粒状结构、放射状结构、乳浊状结构、反应边结构、残余结构等。

4)矿床成因

通过云南省个旧市老厂锡铜多金属矿典型矿床成矿地质构造环境、控矿的各类及主要控矿因素、矿床三度空间分布特征、矿床物质组分、成矿期次、矿床地球物理特征及标志、矿床地球化学特征及标志、成矿时代、矿床成因等的研究,根据典型矿床的控矿因素、成矿特征的资料,建立了该区典型矿床的成矿模式,采用二维空间图形的方式表达成矿作用的空间特征,建立一个较系统并有广泛代表性的成矿模式(图7-2)。

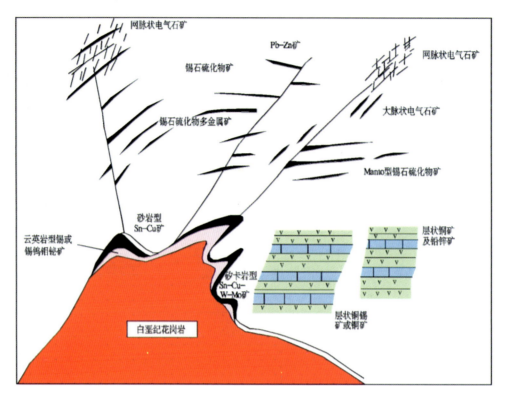

图 7-2 个旧式侵入岩型老厂锡多金属矿典型矿床成矿模式图
(据《云南省铜、铅锌、金、钨、锑、稀土矿资源潜力评价成果报告》,2011)

典型矿床 28:产于二叠系—三叠系不纯碳酸岩中之微细浸染型金矿——贞丰水银洞大型金矿。

1)地理位置

水银洞微细粒浸染型金矿床位于贵州省西南部贞丰县北西部。地理坐标:东经 105°30′30″—105°34′00″,北纬 25°31′00″—25°33′00″。1981 年贵州省地质矿产局一○五地质大队在区内东部发现雄黄岩金矿点。

2)区域地质

水银洞微细粒浸染型金矿位于三级构造单元南盘江-右江前陆盆地(Ⅴ-2-10)北部,弥勒-师宗断裂带和紫云-六盘水断裂带的夹持地带。成矿构造环境表现为地块边缘裂陷槽地拉张与挤压两种环境的交替发展与演化。裂谷带广泛发育各种不同级别和类型的断裂构造和裂隙,其既是深部物质流和能量流集中释放的有利场所,也是成矿物质超常富集的有利空间。

3)矿区地质及矿体特征

水银洞矿床位于兴仁-安龙金矿带之灰家堡背斜东段(图 7-3),矿体主要赋存于灰家堡背斜轴部 500m 附近龙潭组中下部碳酸盐岩和中上二叠统不整合界面的构造蚀变体(Sbt)中,为全隐伏(矿体埋深 250~1400m)的以"层控型"为主、"断裂型"为辅的超大型金矿床,目前控制金矿体 150 余个,获得金资源量超过 200t。2004 年完成的中矿段为区内勘查和研究程度最高、形成地质资料最齐全的部分,控制"层控型"和"断裂型"金矿体大小共 23 个。

矿区地表出露及钻遇地层有:下三叠统永宁镇组、夜郎组;上二叠统大隆组、长兴组、龙潭组、构造蚀变体及下二叠统茅口组。

水银洞金矿位于灰家堡背斜东段中部,背斜核部向两翼 500m 范围内大致限制了区内金矿产出。灰家堡背斜轴部及附近 F_{105}、F_{101} 轴向断裂构造是区内金矿主要控矿构造。金矿体主要产出于灰家堡背

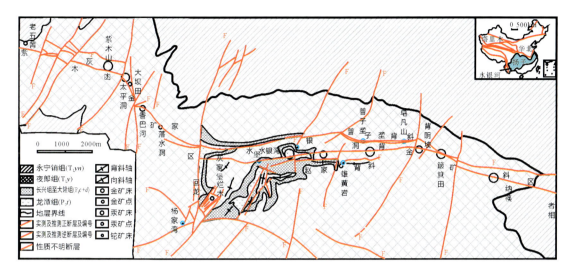

图 7-3 灰家堡金矿田地质图（据刘建中等，2006）

斜核部向两翼约 500m 范围内的二叠系硅化生物碎屑灰岩和中、上二叠统不整合面间因区域构造热液作用形成的构造蚀变体 Sbt 中。这是由于岩石能干性的差异，在中二叠统茅口组灰岩与上二叠统龙潭组含煤岩系间的不整合面附近产生了区域性滑脱作用形成的，平均厚度 16.23m。普遍具硅化、黄铁矿化、萤石化、雄（雌）黄化、锑矿化、金矿化等。F_{101} 断层位于灰家堡背斜北翼近轴部，东西向贯穿全区，为区内重要控矿构造之一。F_{105} 断层位于灰家堡背斜南翼近轴部，为水银洞金矿床"楼上矿"之控矿断层。

水银洞金矿为赋存于上二叠统龙潭组（P_3l）地层中的矿体以层控型为主、断裂型为辅的复合型隐伏矿床，主矿体呈似层状、透镜状产出于灰家堡背斜核部向两翼近 500m 范围内的生物碎屑灰岩中，产状与岩层产状一致，走向上具波状起伏向东倾没，空间上具有多个矿体上下重叠、品位高、厚度薄的特点。

层控型矿体主要呈似层状、透镜状产于灰家堡背斜轴部。层控型矿体资源量占总资源量的 94.82%。由 F_{105} 控制的"楼上矿"和龙潭组中由 F_{162}、F_{163}、F_{164}、F_{165} 等隐伏的盲断层控制的矿体两部分组成。断裂型矿体金资源量仅占 5.18%。

金属矿物：以黄铁矿、毒砂、赤铁矿为主，偶见辉锑矿、辰砂、雄黄。非金属矿物：主要有石英、白云石、方解石、高岭石，其次有水云母、绢云母、长石、绿泥石、石膏，见少量萤石、海绿石、沸石、有机炭、变质沥青。

不同类型矿石化学成分有所差异，但其有用组分仅有 Au，其他如 Ag（$0.28 \times 10^{-6} \sim 46 \times 10^{-6}$）、Sb、Cu、Zn、Pb 等有益元素含量甚微，不具综合利用价值。

矿石结构：主要有草莓状结构、球状结构、胶状结构、自形晶结构、交代结构、假象结构、碎裂结构。
矿石构造：有星散浸染状构造、缝合线构造、脉（网脉）状构造、晶洞状构造、生物遗迹构造、角砾状构造、条纹状构造、薄膜状构造等。

矿物生成顺序为粉砂屑（石英为主、次为黄铁矿）→碳酸盐化（方解石、白云石）→硅化（新生石英、玉髓）→弱白云石化→硫化矿化（黄铁矿、毒砂）→黏土化（高岭石、水云母）。

4）矿床成因

通过与成矿有密切关系的方解石脉进行的钐、钕同位素定年，水银洞金矿床的成矿年龄为 145～135Ma（早白垩世），与区域岩石圈的伸展构造背景相对应（Su et al，2009）。与深部构造岩浆作用有关的富含 CH_4、N_2、CO_2 和 Au^{2+}、Sb^{2+}、Hg^{2+}、As^{2+}、H_2O 的热液，在印支—燕山期区域构造作用下沿深大断裂上涌，沿 P_2m 与 P_3l 间的不整合界面（区域构造滑脱面）侧向运移（与岩石产生交代形成构造蚀变体-Sbt，局部形成金矿体或矿床。热液向上运移过程中，碳酸盐岩的顶底板黏土岩形成良好的封闭层阻止热液扩散而导致含矿热液沿孔隙度大的碳酸盐岩侧向运移并富集而成矿（图 7-4）。

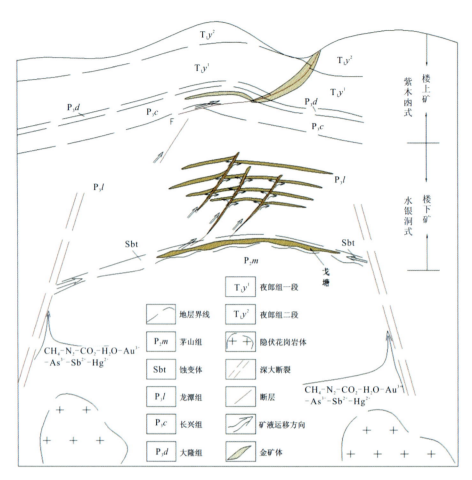

图 7-4 水银洞金矿成矿模式(据刘建中等,2005)

典型矿床 29:产于中三叠统硅质碎屑岩中受构造控制的微细浸染型金矿——烂泥沟大型金矿。

1)地理位置

该矿床位于黔西南贞丰县沙坪乡。地理坐标:东经 105°05′34″—105°54′08″,北纬 25°06′48″—25°10′36″。自贵州省地质矿产局 117 地质大队 1987 年发现以来,至 2005 年曾开展了从普查、详查、勘探等多次不同勘查程度的勘探工作,矿床规模达大型。

2)区域地质

烂泥沟微细粒浸染型金矿主要位于南盘江褶断带南东部的册亨-望谟褶皱带,为挟持在师宗-弥勒断裂带和紫云-垭都断裂带之间较强的构造变形带,是由扬子被动边缘碳酸盐台地演化而成的一个中晚三叠纪周缘前陆盆地。卷入这个带的地层为上古生界至中生界,其中三叠统的三套浊积岩系是本带微细粒浸染型金矿的主要容矿岩石。成矿流体沿板劈理密集带发育的陡倾斜逆冲断层活动,造就了与印支—燕山造山进程有关的浅成低温热液金砷锑矿床。

3)矿区地质及矿体特征

矿床位于赖子山碳酸盐台地边缘,位于陆源碎屑岩盆地一侧(图 7-5)。主要可分为赖子山背斜台地相碳酸盐岩层序和盆地相陆源碎屑岩层序两套岩性。

矿区西部主要出露二叠系浅水台地相碳酸盐岩。矿区东侧广泛出露中三叠世安尼期、拉丁期浅水陆棚相和深水盆地相之类复理石建造,主要有三叠系中统新苑组、许满组、尼罗组、边阳组。其中边阳组具典型的陆源碎屑浊积岩特征,是区内主要赋金层位,最厚 800 余米。近年的勘探表明,浅部和中深部主要的赋矿层位为边阳组,但深部则为许满组。因此,成矿没有地层专属性,只与岩性组合有关。由于

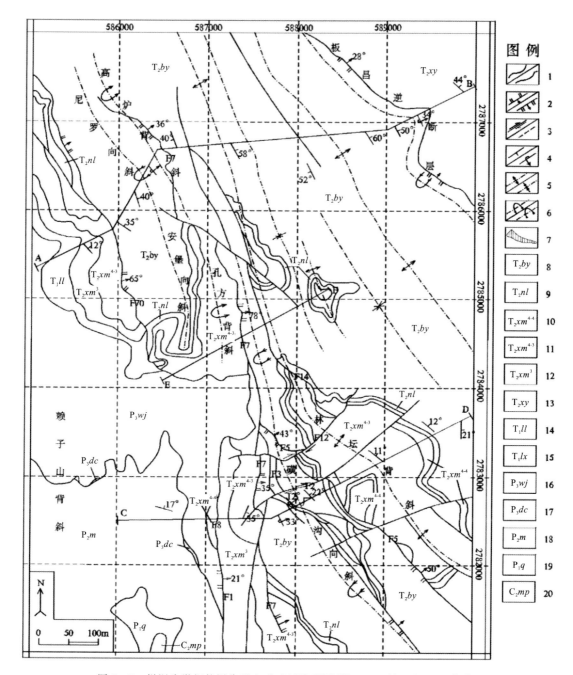

图 7-5 烂泥沟微细粒浸染型金矿矿区地质图（据 Sinogold Ltd,2006 修改）

1.地质界线/地质剖面线；2.逆断层/正断层；3.走滑断层/推测断层；4.正常/倒转岩层产状；5.背斜/向斜；6.倒转背斜/向斜；7.金矿体；8.中三叠统边阳组砂岩夹泥岩；9.中三叠统尼罗组泥岩夹瘤状灰岩；10.中三叠统许满组第四段第四层块状砂岩；11.中三叠统许满组第四段第三层泥岩；12.中三叠统许满组第三段泥灰岩夹泥岩；13.中三叠统新苑组砂泥岩夹灰岩；14.下三叠统罗楼组薄层灰岩；15.下三叠统灰岩角砾岩楔；16.上二叠统吴家坪组厚层灰岩；17.上二叠统大厂组泥岩夹凝灰岩；18.中二叠统茅口组厚层灰岩；19.下二叠统栖霞组灰岩；20.上石炭统马平组灰岩

边阳组岩性比较均一，因此发育于其中的矿体比较均匀；而许满组中的砂岩分布不均匀，故矿体厚度和品位均变化较大。

矿区成矿褶皱以明显的北西向为主，叠加有北东向褶皱。北西向褶皱常形成大型的复式背向斜，构成矿区的主要构造格局。北东向褶皱规模小，常对北西向褶皱进行改造。矿区北部还存在南北向的褶皱，且被北西和北东向褶皱所改造。

南北向褶皱主要分布在矿区北部安堡一带,以安堡向斜、孔方背斜为代表。为紧闭或倒转褶皱,核部岩层陡立甚至倒转(图7-6)。

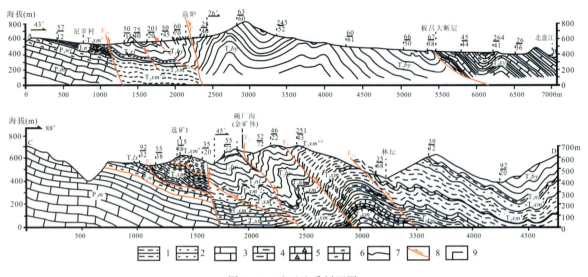

图7-6 矿区地质剖面图
1.泥岩;2.砂岩;3.灰岩;4.泥灰岩;5.角砾灰岩;6.礁灰岩;7.地质界线;8.断层;9.岩层产状

烂泥沟微细粒浸染型金矿床为典型的断层控矿的金矿床。矿体主要赋存于断层破碎带中,其形态和矿化富集规律受断层几何特征和动力学特征控制。以F_2为界,可将矿床分为两个矿段。北西为冗半矿段,南东为磺厂沟矿段。矿体主要赋存于磺厂沟矿段的北西向断层F_3(占储量的81%)及其与北东向断层F_2的交叉部位。

磺厂沟矿段矿体规模大,品位高,矿体垂向连续性极好。其中300号矿体受北西向F_3断裂破碎蚀变带控制,是矿床最主要的矿体;200号矿体受北东向F_2断裂带控制;330号矿体受F_3下盘的北东向F_7断裂带控制。

300号矿体单工程真厚度为0.62~32.66m,工程平均真厚度为7.9m;矿体样品金品位在0.0~43.75×10^{-6}之间,矿体平均品位6.53×10^{-6}。200号矿体单工程真厚度为0.67~17.67m,矿体平均厚3.94m;品位0~19.54×10^{-6},矿体平均品位5.42×10^{-6}。330号矿体形态呈似层状;矿体产状与F_7断裂带基本一致,倾向北北东,倾角30°左右。

勘探表明,200号矿体往深部急剧变缓,甚至上扬,这与F_3一直保持陡立的产状不符,因此,推测深部矿体受F_3和F_7联合控制所致。在二者的构造复合部位形成一个富矿包(图7-7),厚度大,品位富。

矿石类型为碎屑岩类之砂岩、粉砂岩、黏土岩及其过渡类型。矿石中非金属矿物是矿石组分的绝对主量,占总量的96.11%,金属矿物含量极少,仅占总量的3.89%,主要为金属硫化物,并以黄铁矿为主,其次有毒砂等。微细粒金主要赋存于金属矿物之中。矿石结构常见有自形、半自形粒状结构,他形粒状结构等。矿石构造常见浸染状、细脉状、条带状、角砾状构造等。

矿化蚀变类型有十余种,以硅化、黄铁矿化为主,次为毒砂、辰砂、雄黄、辉锑矿、碳酸盐及黏土等。黄铁矿是矿石中的主要载金矿物。

4)矿床成因

(1)硫同位素:据张兴春、王砚耕(1998)研究,烂泥沟微细粒浸染型金矿早期黄铁矿$\delta^{34}S$+9.1‰~+12.6‰,中期黄铁矿$\delta^{34}S$+13‰~+13.6‰,晚期辰砂、雄黄、辉锑矿$\delta^{34}S$+9.3‰~+11.9‰,成岩期黄铁矿$\delta^{34}S$+11.7‰~+13.2‰。成岩期黄铁矿$\delta^{34}S$与热液成矿期$\delta^{34}S$基本一致,说明热液期黄铁矿及其他金属硫化物是成岩期沉积S基础上演化而来。S同位素变化小,自然界$\delta^{34}S$分配情况对比结果,亦主要显示沉积硫的特征,同时也可能有火山作用参与。

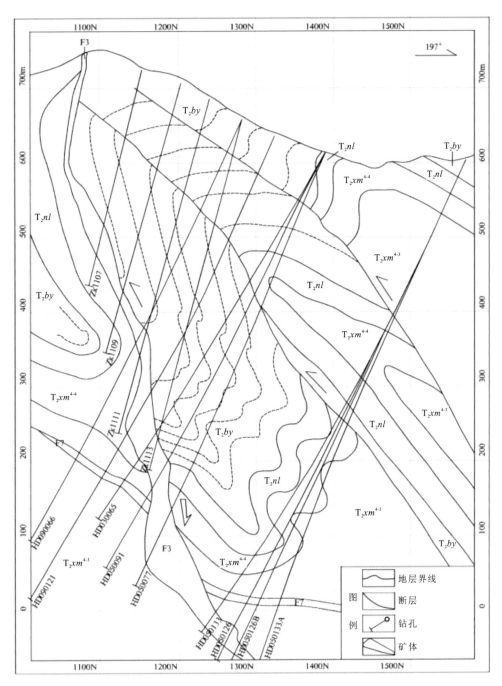

图 7-7 磺厂沟矿段 1880E 勘探线剖面图

(据 Sinogold Ltd,2006 综合)

(2)碳同位素:对烂泥沟微细粒浸染型金矿三件样品中的方解石碳同位素测定,δC^{13} 值在 $-8.55‰\sim+2.49‰$ 之间,平均 $-2.80‰$。据统计资料 δC^{13}(POB)介于 $-2‰\sim-6‰$ 时,指示为由大气降水或建造水与岩浆演化形成流体混合而成的成矿流体形成的方解石。

(3)氧同位素:据对烂泥沟微细粒浸染型金矿两件石英样品氧同位素测定,$\delta^{18}S$(SMOW)为 $+16.94‰\sim+21.19‰$。与沉积岩和变质岩氧同位素相似,这说明成矿流体与围岩发生过强烈的氧同位素交换。同时,成岩或成矿过程中可能经历了浅变质作用。据索书田等(1994)对右江中生代构造研究成果,该区三叠纪陆源碎屑盆地的沉积岩系主体,属浅层(近)变质带或极低级变质带,该盆地内部存在与沉积埋藏深度相关的热状态。

(4) 氢同位素：据李文亢(1989)对烂泥沟微细粒浸染型金矿方解石及石英矿物氢同位素的测定：方解石 $\delta D = -80.2‰$，石英 $\delta D = -83.2‰$。两种矿物氢同位素相近，说明两种矿物的形成属同一成矿流体或来源。

(5) 铅同位素：据李文亢等(1989)对烂泥沟微细粒浸染型金矿辉锑矿、黄铁矿矿物中铅同位素研究，铅同位素组成变化不大。属普通铅范围，相当于 200Ma 左右普通铅标准年龄。

(6) 温度：据刘显凡等(1996)研究，烂泥沟微细粒浸染型金矿包裹体均一温度：早期 251℃、中期 205℃、晚期 143℃，从早期—晚期逐渐降低。主矿化期为中期，温度 205℃，这与黄铁矿热电系数温标显示的 200℃ 左右十分吻合。

(7) 盐度：随着成矿作用过程的进行，从早期到晚期，成矿流体盐度逐渐减小。早期 10.19%(wt)、中期 7.05%(wt)、晚期 4.67%(wt)。

(8) 密度：则是随着成矿作用的发展过程而逐渐增高，早期 $0.88g/cm^3$、中期 $0.89g/cm^3$、晚期 $0.93g/cm^3$，总体来看密度为中等。

(9) 流体酸碱度(pH 值)、氧化还原电位(Eh)及分压逸度：据刘显凡(1996)研究成果，烂泥沟微细粒浸染型金矿成矿流体显弱酸性，pH 值为 5.45~6.74，从成矿早期至晚期，pH 值有增高的趋势，并逐步接近中性(pH=7)，氧化还原电位 EH 为 -0.66~0.53(V)，为弱还原环境。氧逸度值较低，为 -40.77~53.98；硫逸度值为 -13.95~21.04。氧、硫逸度值均显示出从早期到晚期逐渐降低。氢逸度值为 -0.65~2.45，总体也有从早期至晚期逐渐降低的趋势。CO_2 逸度值为 -1.18~4.28，总体亦具上述特征。各逸度值随成矿过程发展而降低，这一变化规律，反映了成矿过程中从早期—晚期，成矿系统由封闭向开放系统转变的整个过程。

(10) 矿床成因机制：烂泥沟微细粒浸染型金矿区已经查明的金矿化域无一例外地受挤压断裂破碎带、褶皱劈理化带、层间张性破碎带的控制，而且矿化域的产状与各种构造带产状相一致。矿床中各金矿化域与构造的这种空间依存关系和时间上的一致性表明两者有着密切的成生联系。即构造作用成矿。换言之，该区构造作用与成矿作用基本上是在同一时间、同一地域，受同一机制启动、发展、演化和终结的，这个机制就是构造运动产生断裂及断裂带。构造运动强大的机械能转变为热能(同时亦不排除地热增温、岩浆活动、放射性元素衰变等热能的参与)加热地下水形成动力热液，并在构造力的驱使下在其运移过程中萃取围岩中的金等成矿元素，最后就位于有利的赋矿空间，如 F3 走滑引张所产生的宽大的减压扩容带中堆积成矿(图 7-8)。区域含金背景值的的研究，表明右江盆地斜坡相带为一高背景值区，平均含量为 $16.78×10^{-9}$。高出地壳丰度的 5 倍以上，这为烂泥沟这一特大型金矿的形成提供了丰厚的物质准备。综上所述，烂泥沟微细粒浸染型金矿床系构造作用成矿，其矿床之成因类型属沉积-构造低温热液型金矿床。中国地质大学(武汉)索书田教授在多次考察了烂泥沟微细粒浸染型金矿后，初步提出了烂泥沟微细粒浸染型金矿床成矿作用的三阶段模式：膝折带(成矿)—挤压逆冲(成矿)—水动力(引张)破裂(成矿)。这一新的成矿理论在贵州地矿局《黔西南构造与卡林型金矿研究报告》中有全面而系统的论述。

第三节 区域地史演化与成矿

右江盆地或称滇黔桂盆地，是海西—印支期出现的边缘盆地，主体呈 NNW 向延伸至南开口的三角形裂谷区。该区大地构造位置处于扬子准地台与华南褶皱系西南缘的结合部位，与扬子古陆块以弥勒-师宗断裂(北西)和紫云-垭都断裂(北东)为界；南邻越北古陆；于南西部以红河断裂与印支板块相邻，于南东部以凭祥-南宁断裂与华夏古陆相邻。其主体位于扬子板块之上，其东以钦防海槽为界，南邻特提斯洋(郑荣才等，1989；陈洪德等，1990；曾允孚等，1992)。其演化同时受到古南华洋构造系和古特提斯

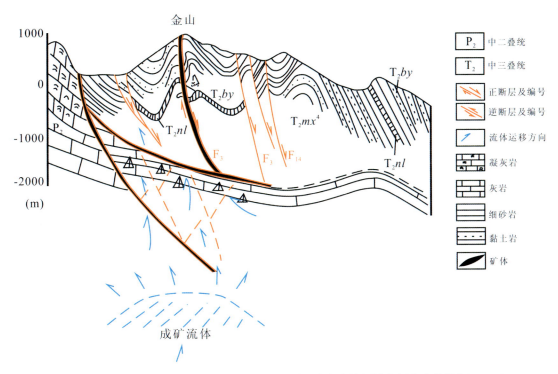

图 7-8 烂泥沟微细粒浸染型金矿成矿模式图(据《贵州省资源潜力评价成果报告》,2011)

构造系两套板块系统的影响,加之新生代环太平洋构造系的远程效应,其构造、岩浆作用相当复杂。区内岩浆活动发育,于望谟、罗甸间有海西期的辉绿岩墙产出,在贞丰、镇宁、望谟交界地带有印支—燕山期超基性岩侵入,它们属于右江盆地强烈裂陷阶段的标志和产物(何立贤,1993)。该区发育一系列 Au-Hg-Sb-Ti-U-As 有机组合的低温热液矿床(翟裕生,1999)。

晚古生代—中三叠世右江盆地是在夷平的南华加里东造山带基础上再生裂陷的大陆边缘盆地,该盆地的形成与金沙江-哀牢山古特提斯洋盆关系密切,是一个具有台地与台间海槽相间结构的大陆边缘裂谷盆地。右江盆地自早泥盆世埃姆斯晚期开始裂陷,到石炭纪盆地与越北地块之间出现一个与古特提斯洋相关的局限小洋盆或深海盆。至二叠纪,该洋盆开始向西南俯冲于越北地块之下,形成活动大陆边缘。早三叠世晚期以后,随着该洋盆的闭合和碰撞造山,在凭祥、那坡等地出现同碰撞型的火山活动,右江盆地也于中三叠世转变为以复理石为特征的前陆盆地。因此右江盆地经历了裂谷盆地(早泥盆世晚期—晚泥盆世)、被动大陆边缘(早石炭世—早三叠世)、前陆盆地(中三叠世)的构造演化阶段(杜远生等,2013)。

右江盆地的形成也可能与早古生代晚期扬子陆块和华夏古陆的顺时针旋转速率差以及印支板块-古特提斯构造域向东运动所致,这一时期在其北东部江南隆起西段地区仍为汇聚隆起剥蚀区,这可能也表明了在不同地段上差异性汇聚和拉张的结果(图 7-9)。又由于在右江盆地区前加里东基底地质记录较少,所以该区地史演化以加里东期为界,基本可分为两段:前加里东期地质演化史主要参照其周缘存在可观察地质记录地区进行推断;加里东期以后,其经历了独自的盆地-造山带-陆内活动的历史。因此,加里东期及以前地史演化基本可参考本书第六章"上扬子东缘江南隆起西段地史演化与成矿"(图7-10),本章不再详述。仅从加里东期以后阐述如下。

1. 前震旦纪

大约在 1.7Ga,发生了强烈的吕梁运动使地层褶皱上升,并伴有中压区域动力和热力变质作用,形成了区域上最古老的结晶基底岩系,华南地槽褶皱区北西康滇古陆上的昆阳群和北东江南古陆上的四

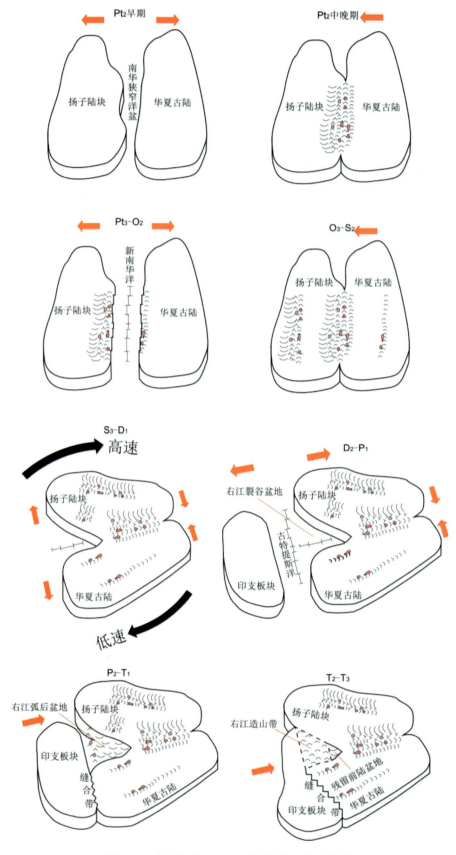

图 7-9 右江地区 Pt_2-T_3 构造演化立体示意图

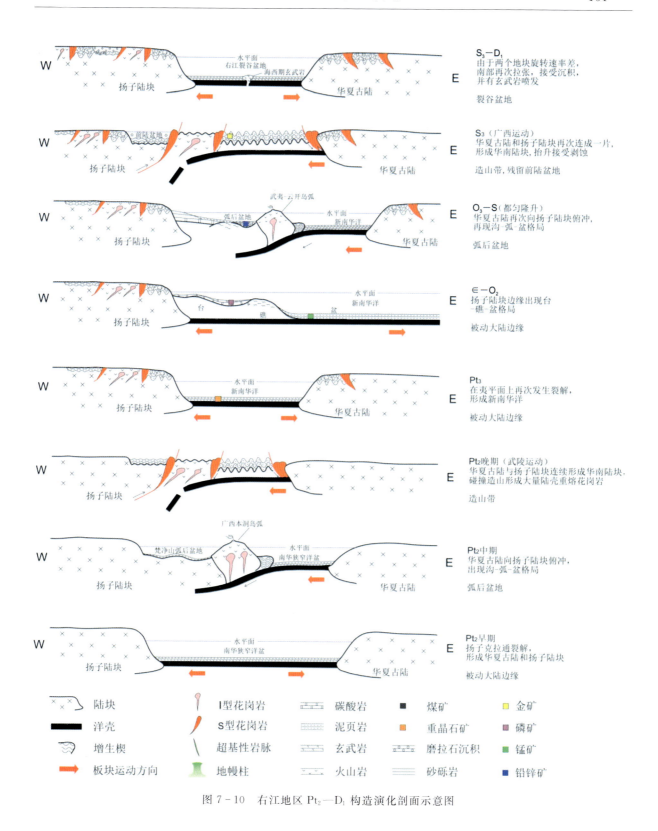

图 7-10 右江地区 Pt_2—D_1 构造演化剖面示意图

堡群、板溪群，为一套浅变质的陆源碎屑、碳酸盐岩层中夹基性火山岩建造，属中晚元古代地槽沉积产物，为褶皱基底，与下伏结晶基底和上覆显生宙地层不整合接触。0.9Ga 左右的晋宁运动使地层褶皱上升，并发生了广泛低温区域浅变质作用，同时伴有酸性岩浆侵入及其有关的安宁九道湾、石屏龙潭、桂北红岗、九毛等锡钨矿床的形成。

2. 震旦纪—早古生代

震旦系在区域上主要分布于滇东和屏边地区。(寒武纪及早、中奥陶世)连续沉积了泥砂质建造和碳酸盐建造、中奥陶世本区隆起成陆,缺失上奥陶统及志留系。寒武系为优地槽型中基性火山-沉积建造,形成老君山火山喷流沉积变质-花岗岩叠加改造锡锌多金属矿床和蒙自白牛厂喷流沉积-花岗岩叠加改造型银多金属矿床,早古生代末受广西运动影响,褶皱作用强烈,在马关等地发生了不同程度的变质作用。形成了构造线方向以北东向为主的断裂和褶皱,说明这一时期的主压应力方向以北西-南东为主。

3. 海西-印支-燕山构造旋回（D_1—T_3）

区内金矿的形成与南盘江-右江前陆盆地发生、发展、消亡以及之后的陆内造山运动密切相关。晚古生代以来,本区发生北西和北东向的裂陷,形成台盆沉积格局;伴随沉积盆地由大陆边缘裂陷盆地向周缘前陆盆地的演化,在区内二叠纪晚期形成潮坪环境的碳泥质沉积,三叠纪早期形成浅海陆棚相的细碎屑夹不纯碳酸盐岩沉积;在晴隆—兴仁一线以西,还伴随大面积玄武岩浆喷发和火山碎屑堆积,共同构成区内金矿的成矿背景与物质基础。在盆地关闭并褶皱造山过程中的低级变质作用、褶皱-断裂作用导致了地壳物质分异、重组与汇集,从而形成区内金、汞、砷、锑等浅成低温热液型矿床(图7-11)。

1) 被动大陆边缘（D_1）

该阶段由于古特提斯洋的形成,华南陆块(扬子陆块-华夏古陆)以顺时针旋转的方式逐渐远离冈瓦纳大陆。由于扬子陆块的旋转速率相对华夏古陆较快,扬子陆块和华夏古陆的旋转速率差,实际上在华南陆块南部(现今右江地区)表现为被动大陆边缘(陈毓川等,2007)。该模式为该区各地段古地磁之磁偏角演化特征所确证:扬子地块从古元古代→长城纪→蓟县纪→青白口纪发生顺时针转动,转动角平均值依次为20.4°、21.2°和26.6°,累计转动68.2°;华夏地块 从古元古代→长城纪→蓟县纪也依次顺时针转动了13.0°和20.1°,累计转动33.1°,较"扬子地块之相应转动角为小"。此特征显示古元古代末形成的扬子-华夏古陆自中元古代起总体顺时针转动,而桂湘黔地区开裂的扩张应力加速了扬子地块的顺时针转动,减阻了华夏地块的顺时针转动,亦即使华夏地块相对于扬子地块作逆时针转动。

2) 被动大陆边缘（早泥盆世—早二叠世,D_2—P_1）

这个阶段大致是从泥盆纪延续到早二叠世。从泥盆纪开始,因扬子陆块和华夏古陆旋转差造成的大陆伸展作用,华南板块南缘发生裂陷,导致了该地区北东向裂谷系的产生;自中泥盆统开始,古特提斯洋的拉张占据主要动力,形成新的北西向展布裂谷系,并与之前的北东向同沉积断裂一起控制了此时右江地区的沉积,从而形成了堑、垒相间、"槽台相间"的构造和古地理格局。伸展作用造成的裂谷系由南向北发展,右江盆地南部早泥盆世至早二叠世的裂陷槽盆沉积,以深水放射虫硅质岩为主(陆源物质补给很少),并断续有海底玄武岩的喷发;而在北部地区则由裂陷槽盆与被其分割的台地构成了盆、台相间的古地理景观;槽盆间的台地上以浅水碳酸盐岩为主,并在阳新组有生物礁形成。北部地区火山活动较右江盆地南部明显减弱。右江盆地在晚古生代总体处于陆内裂谷演化期,二叠纪为被动大陆边缘期,而在二叠纪晚期为裂陷向挤压转换期,以区域上峨眉地幔柱强烈活动在右江盆地北西部形成大片峨眉山玄武岩为标志。我们认为峨眉山玄武岩喷发时期为裂陷盆地最大裂陷期,属一转换界面,即其下为盆地逐渐扩张、发展时期;而其上至二叠纪末、三叠纪初为盆地逐渐萎缩、消亡期,总体表现为向上变粗的逆粒序。控制了右江盆地金锑砷汞、铅锌矿、锰矿、煤矿及页岩气的成矿地质背景。

3) 弧后盆地（P_2—T_1）

在中二叠世至中早三叠世,印支板块开始向华南板块边缘消减俯冲,哀牢山一带石炭纪、二叠纪变质地层中,存在大量的洋岛型玄武岩,以及若干镁铁质、超镁铁质岩体,表明这个地区古洋盆和古岛弧的存在。而在右江地区也就是从这个时期开始进入弧后盆地发展阶段。由于当时冲断推覆体未露出水面,右江盆地得不到较充分的陆源物质补给,所以盆地的主体在早三叠世一直处于饥饿状态,只沉积了

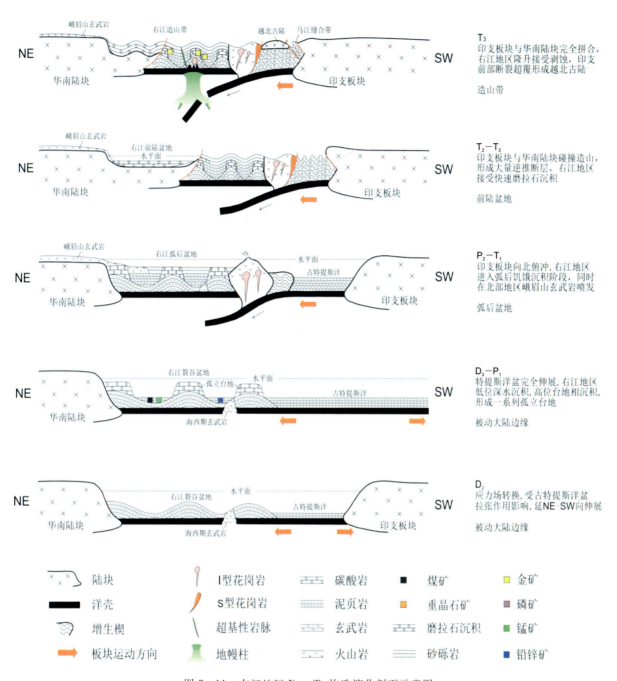

图 7-11 右江地区 $D_2—T_3$ 构造演化剖面示意图

较薄的深水灰泥和陆源泥等。向盆缘斜坡地带,各种重力流沉积夹层增多。盆地边缘浅水沉积的岩相,厚度变化也不大,主要为亮晶颗粒灰岩、生物屑灰岩及泥粉晶白云岩等;具平行层理、波状层理、鸟眼构造、帐篷构造及藻叠层等显示浅水环境的标志。晚古生代时在离散陆缘上因地壳伸展、断陷造成的槽台相间格局,此时已不复存在。

4) 前陆盆地($T_2—T_3^1$)

中三叠世早期至晚三叠世早期为前陆盆地的演化阶段,它从强烈的火山喷发活动开始,并以强烈的冲断推覆活动、盆地的高速充填和盆缘隆起的出现及位移为特征。其中,中三叠世初期的推覆加载最为强烈并使褶皱冲断体高耸于海面之上,成为右江盆地的主要沉积物源区。中三叠世末期至晚三叠世早期的推覆体加载活动则主要是在海面以下进行,且冲断体加载的位置似乎比中三叠世初期的冲断体更靠北。

中三叠世初期构造冲断体推覆活动结束后,右江盆地内的浊流沉积仍在继续。中三叠世晚期晚阶段浊流强度减弱,沉积物变细,说明其物源区(原来高出海面的冲断推覆体)已渐被夷平。晚三叠世早期,由于构造加载的位置更靠北且冲断体未露出海面以及中三叠世早期冲断体已被剥蚀夷平,导致右江盆地沉降中心北移,故在贵州南部(当时的盆地中心处)沉积了较厚的黑苗湾组深水黑色泥岩及灰泥岩等(广西境内未发现该期地层),同时还使贞丰—关岭一带(原中三叠世右江盆地边缘的碳酸盐台地前缘)下沉为台缘斜坡,沉积了法郎组竹杆坡段的深水瘤状灰岩及瓦窑段富含关岭动物群化石的黑色泥岩、灰泥岩等。同当时盆地中心北移相反,晚三叠世早期的盆缘隆起中心却南移到了黔北金沙附近。之后,右江盆地已基本被填平。

5)造山带(晚三叠世中晚期,T_3^{2-3})

晚三叠世中晚期是右江盆地演化的晚期阶段。约在晚三叠世中期,右江盆地变成了接受砂泥质沉积(把南组)的浅海盆地,这时盆地主要受沉积负载均衡沉降的控制。在晚三叠世晚期早阶段右江盆地进入了最后的陆相磨拉石超补偿充填阶段,并最终于晚三叠世晚阶段被从四川内陆盆地中超覆过来的须家河组(二桥组)陆相砂岩不整合覆盖。自晚三叠世后期上升成陆,由淡水湖泊相的陆源碎屑为主,渐变为以河流沉积相占优势。即侏罗纪以细碎屑沉积为主,河流及湖泊相沉积特征明显,含植物及淡水双壳类化石群落;而早白垩世则以粗碎屑为主,主要显示河流相的沉积特点。此阶段及其之后的喜马拉雅期造山运动,是本区 Au-As-Sb-Hg-Tl 成矿系列的主要阶段。在泥盆纪-二叠纪早期的初始沉积基础上,由于三叠纪晚期的挤压造山作用,引发地层增厚拆沉重熔,与地幔混合形成玄武质岩浆上涌。上涌的基性岩浆来到下地壳促使其重熔形成中酸性岩浆房,其释放的挥发份携带金等成矿元素以脉动的形式到达上地壳,与天水/地下水混合后,在有利部位沉淀形成矿床,著名的滇黔桂金三角即由此而成。

第八章 上扬子南缘滇东南逆冲推覆带地史演化与成矿

第一节 概　述

本区大地构造单元为Ⅲ扬子陆块区-Ⅲ$_2$华南陆块-Ⅲ$_{2-2}$滇东南逆冲-推覆构造带。地层分区为华南地层大区(Ⅱ)-东南地层区(Ⅱ$_3$)之右江地层分区(Ⅱ$_3^1$)。北大致以蒙自—砚山—广南一线与南盘江-右江前陆盆地分界，与上扬子古陆块邻接，向南西直达金沙江-红河断裂带与"三江"造山系的哀牢山断块毗邻，其沉积建造、岩浆活动、变质作用等方面都具有明显的过渡性质。本区从晚古生代以来沉积相发生明显分异，岩浆活动极为频繁，矿产复杂多样。下古生界寒武系和上古生界是本区较为重要的银、铅锌、锑、金矿赋矿层位，代表矿床有蒙自白牛厂超大型银矿、广南木利大型锑矿、砚山芦柴冲大型喷流沉积型铅锌矿、马关曼家寨大型锡锌矿、富宁中型金矿等。区内以燕山期花岗岩类岩浆活动与成矿关系较为密切，是都龙、白牛厂等超大型锡多金属矿床的成矿动力和物质基础。围绕着主要岩体形成矽卡岩型、热液型矿床，构成钨、锡、铜、铅锌成矿系列。此类矿床的就位又受一定地层层位控制，具有岩控、层控的复控特点。已形成大、中型矿床多处，均与燕山期的酸性侵入岩有关。薄竹山岩体和都龙老君山岩体，是该区两个主要的酸性岩基，与其有关的晚期岩浆侵入活动控制了大中型铅锌银矿床的展布。主要含矿围岩为中寒武统田蓬组、龙哈组及中三叠统个旧组，矿化于碳酸盐岩中。此类矿床以铅锌银为主金属。区内主要构造格架，受边界深大断裂严格控制，发育北东、北北东及北西向几组断裂，褶皱不明显，只有少量夹持在断裂中的小型弧形向斜及北东向褶皱，形成短轴背斜及穹隆构造，往往是上述铅锌矿床(点)的产出部位。中生代地层中尚产出有外生沉积型锰矿(如斗南式、白显式)、铝土矿(如铁厂式、卖酒坪式)等。

第二节 主要矿床类型及典型矿床

华南陆块滇东南逆冲-推覆构造带处在康滇、江南、屏马-越北三大古陆之间，是海西—印支期右江被动陆缘裂谷盆地西端的一个断(凹)陷盆地。其矿产以内生型为主，如与花岗岩有关的侵入岩型银锡钨铅锌铜多金属矿(如白牛厂式、都龙式、南秧田式)、印支期基性—超基性侵入岩型铁铜镍矿(如尾洞式铜镍矿、板仑式磁铁矿)产于下泥盆统碳酸盐建造铅锌矿(如芦柴冲式)、产于碎屑岩建造中的类卡林型金矿(如老寨湾式、那能式)；其次尚产出有外生沉积型锰矿(如斗南式、白显式)、铝土矿(如铁厂式、卖酒坪式)等。除沉积型矿产已在第二章中阐述外，现将主要的典型内生矿床地质特征阐述如下。

典型矿床30：以元古宇猛洞岩群深变质岩为主要围岩的南秧田式层状矽卡岩-岩浆热液型钨锡铅锌铜多金属矿——南秧田大型白钨矿床。

1)地理位置

南秧田矿区位于云南省麻栗坡县南西部南温河一带，距县城17km。地理坐标：E 104°37′32″，N 22°57′57″。达超大型矿床规模。

2) 区域地质

矿区属越北古陆边缘坳陷带，河江黄树皮花岗岩-构造穹隆北部局部突起的次级穹隆构造。该穹隆构造为新元古界猛洞岩群形成的变质热穹隆和燕山期花岗岩-构造穹隆组成的复合穹隆构造。区内地层除缺失奥陶系、侏罗系、白垩系外，其余从新元古界猛洞岩群至第四系全新统底层均有出露。其中古元古界猛洞岩群为本区主要的白钨矿床产出层位，其中新寨岩组已发现有多处矿床，如新寨大型锡多金属矿床。寒武系主要分布于变质穹隆构造的边部盖层区，底部与新元古界新寨岩组呈断层接触，是本区铜、铅、锌、银矿床的主要赋矿地层。都龙超单元复式花岗岩与区内钨、锡、铅、锌、银矿（化）关系密切，为主要的成矿母岩。

3) 矿区地质及矿体特征

矿区地层出露较简单，为新元古界猛硐岩群，岩性以各类片岩、斜长角闪岩、斜长角闪片麻岩、变粒岩为主及少量钙硅酸岩，呈捕虏体分布在志留纪混合花岗片麻岩中，是主要赋矿地层。根据目前年代学资料，认为 (761 ± 12) Ma 为猛洞岩群的原岩结晶，时代似乎归属于中—新元古界（刘玉平等，2006）；目前，猛硐岩群中发现了石英角斑岩-细碧岩组合，可能代表了海相火山喷发沉积，结合已有的猛硐岩群岩石地球化学特征分析，认为猛硐岩群原始构造环境为大陆裂谷环境，是新元古代越北古陆生长阶段产物。构造主体上表现为沟秧河背斜及断裂构造。矿区断裂构造较发育，主要为 F_1、F_2、F_3、F_4，均属成矿后断层，错断了矽卡岩和矿体，部分被燕山期花岗斑岩脉充填（图8-1）。

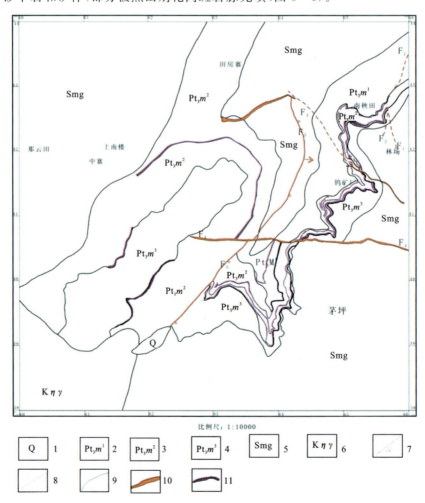

图 8-1 南秧田钨矿地质简图

1.第四系；2.猛硐岩群上段片岩夹矽卡岩扁豆体；3.猛硐岩群中断片岩夹矽卡岩；4.猛硐岩群下段片岩夹矽卡岩；5.南捞片麻状花岗岩；6.燕山期花岗岩；7.正断层；8.性质不明断层；9.地层界线；10.花岗斑岩脉；11.矽卡岩层及矿体

白钨矿体呈层状、似层状和透镜状产于绿帘石透辉石矽卡岩（原岩分析为钙质砂岩）或黑云长英质变粒岩中，直接围岩为二母云片岩、二云斜长片麻岩等（原岩分析应为泥质岩、泥质砂岩、粉砂岩），矿体产状大部分与地层产状一致（图8-2）。矿体长120～800m，厚1.0～2.80m，钻孔中厚度可达5～6m。一般WO_3品位0.104％～5.45％，钻孔中样品WO_3品位最高有8.235％和8.290％。

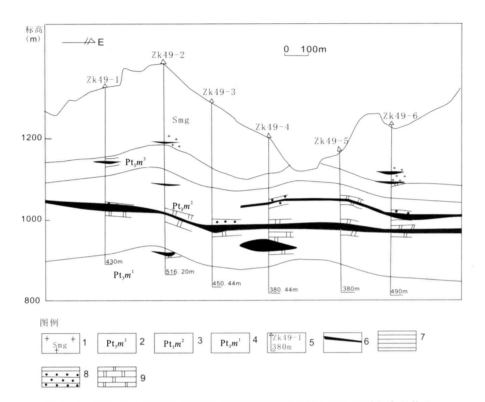

图8-2 南秧田白钨矿床49勘探线剖面图（据紫金钨业文山地质部资料修改）

1.南温河岩体；2.猛硐岩群上段；3.猛硐岩群中段；4.猛硐岩群下段；5.钻孔编号及井深；6.矿体；7.片岩；8.变粒岩；9.矽卡岩

矿石类型主要为矽卡岩型，次为石英脉型。矿床中主要金属元素为钨，伴生有Bi、Cu、Mo、Sn等有用元素，但含量均较低微。金属矿物主要为白钨矿、磁黄铁矿、黄铁矿、褐铁矿和黄铜矿等，局部有辉钼矿；非金属矿物主要为石英、长石、云母、透辉石、透闪石、阳起石、帘石类、符山石、榍石、电气石、萤石、磷灰石、方解石、绿泥石及高岭石等。矿石构造主要有条带状、层纹状、浸染状、块状等构造。

南秧田矿床围岩蚀变较强，主要蚀变类型有矽卡岩化、硅化、萤石化、碳酸盐化及少量黄铁矿化、黄铜矿化和高岭石化等。矽卡岩化是该矿床主要的蚀变类型，其主要蚀变矿物有透辉石、透闪石、阳起石、帘石类及符山石等钙质矽卡岩矿物。

4）矿床成因

区内白钨矿体有三种类型存在，即层状矽卡岩型白钨矿体、石英细脉型钨锡矿体和长英大脉型钨矿体，分别代表了不同的成矿专属性。认为层状矽卡岩型（变粒岩）白钨矿的赋矿岩层为本区古老的矿源层，与当时的海底火山热液沉积有关，并经后期变质热液活动叠加改造后形成本区分布范围广的矿层；长英大脉型钨矿的形成可能与志留纪岩浆活动有关，这与本区片麻状花岗岩中普遍存在的不规则的含白钨矿石英脉得到佐证；而石英（长英）细脉型钨（黑钨矿）锡矿体与燕山期花岗岩密切相关，且对本区铜铅锌矿化作用至关重要（图8-3）。初步认为区内锡、钨及其他有色金属成矿作用，应是在古元古界猛硐岩群原始富集成矿元素的基础上，经海西期区域动力热流变质分异、交代，Sn、W、Zn等成矿元素迁移富集，形成层状富集带或变质再造型层状矿床。在燕山期，由于富含Sn、W的花岗岩侵入，使变质再造

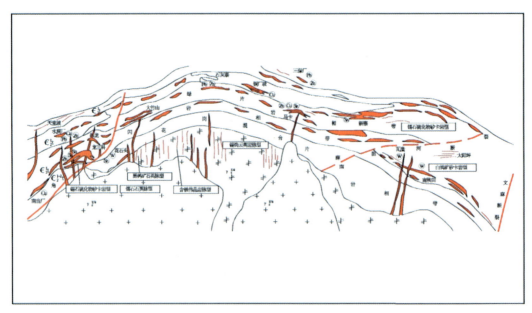

燕山期：改造富集矿体最终定形定位期

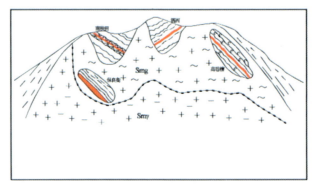

加里东期：岩浆侵位及成穹改造期

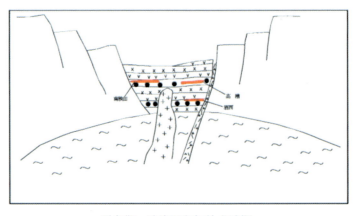

晋宁期：喷流沉积初始成矿期

图 8-3 都龙式-南秧田式侵入岩型钨锡铅锌铜多金属矿成矿模式图

型层状矿床和层状金属富集带受到叠加矿化的同时,岩浆期后含矿气-热流体对围岩和已固结的花岗岩发生充填交代,形成与花岗岩有成因关系的锡石-多金属硫化物型和锡石-黑钨矿云英岩型矿床。

典型矿床31:以中寒武统田蓬组变质类复理石式沉积建造为主要围岩的都龙式与花岗岩有关的侵入岩型锡铅锌铜矿多金属矿——马关县都龙大型铅锌矿。

1)地理位置

都龙矿区位于云南省马关县东南部都龙区,距县城17km。地理坐标:东经104°32′48″,北纬22°54′25″。矿区自北向南由铜街、曼家寨、辣子寨、南当厂4个矿段组成,其工作程度均为普查以上,其中铜街、曼家寨两个矿段为勘探。矿床规模达大型。

2)区域地质

矿区大地构造位置为扬子陆块区(Ⅲ)-华南陆块(Ⅲ$_2$)-滇东南逆冲-推覆构造带(Ⅲ$_{2-2}$)。区域地质构造单元为文山-马关隆起东南端,老君山变质核杂岩之西南翼外接触带的背斜断裂中,以寒武系为基底,出露地层自南向北逐渐由老变新。其构造单元为花岗岩背斜,轴部大致呈南北向分布,东翼为下寒武统冲庄组,西翼为中寒武统田蓬组。区域内大断裂为文山-麻栗坡大断裂,锡钨多金属成矿区位于其与次级文华-腻科街大断裂之间。区内主要由寒武系的中、浅变质岩系组成,属寒武系龙哈组、田蓬组、冲庄组,为地槽型类复理石建造。中寒武统田蓬组$\in_2 t^3$、$\in_2 t^2$地层是区内重要的含矿地层,厚40~220m。

3)矿区地质及矿体特征

寒武系田蓬组经区域变质形成绿片岩及角闪岩相。受变质的原岩为类复理石式沉积建造。下部以碎屑岩为主夹钙、泥质岩;中部以泥质岩、碳酸盐岩为主夹少量碎屑岩;上部以碳酸盐岩为主夹泥质岩。田蓬组总厚度为2528m。按岩石组合分为5个岩性段,其中$\in_2 t^4$、$\in_2 t^5$层分布于矿区西部外围。在$\in_2 t^1$层片麻岩、变粒岩之下,尚有花岗片麻岩出露,见于矿区东部曼家寨大沟东端。矿区内$\in_2 t^3$、$\in_2 t^2$地层大致呈南北向分布。构造特点为宽缓型褶皱及纵向断裂组成的背斜断裂构造带,为区域复式褶皱的组成单元。铜街-曼家寨背斜为宽缓型褶皱,大致呈南北向分布,长约5km,轴向20°~355°。矿区内主要断裂构造为F_0、F_1等断层,与铜街-曼家寨背斜大致并列分布,组成背斜断裂构造带。

老君山花岗岩属白垩纪燕山晚期壳源花岗岩。岩体性质具有复式、中低侵位继承演化的特点。以混合岩为先导,随岩石演化,SiO_2、K、Na含量增加,Fe、Mg等组分下降,Sn、W等亲花岗岩成矿元素逐步富集。岩体的侵位空间由原地至半原地渐次上升,岩体的形态规模逐步减小。从γ53(a)岩基→γ53(b)岩株→γ53(c)岩脉的变化等特征。

矿床自北向南分为铜街、曼家寨、辣子寨、南当厂4个矿段,位于花岗岩体南西侧,中寒武统田蓬组内,具有铅、锌、铜、锡矿化,呈现按层位金属分带特征。上部以铅锌为主,向下逐渐过渡为锡锌铜矿化。矿区西部外围水碉厂一带,$\in_2 t^4$层大理岩中,含扁豆状铅锌矿体,长十余米至百余米,厚0.5~3m,铅0.407%~10.74%,锌1.28%~8.13%。矿区内$\in_2 t^2$层片岩、大理岩、矽卡岩带中含锡锌工业矿体,是都龙多金属矿带的主体。在矿区东部下曼家寨一带,尚有石英脉型锡铜多金属矿体分布。

矿体赋存于$\in_2 t^2$、$\in_2 t^3$层组成的缓倾背斜-断裂构造带内,长1400多千米,宽400~600m。矿化带最厚达200余米,内有多层规模大小不一、数量不等,产状形态不同的似层状、扁豆状、脉状矿体成带状分布(图8-4)。

都龙锡多金属矿矿石类型为锡石多金属硫化物-矽卡岩型,具有多金属矿化,主金属锡呈锡石产出,微细粒状,大致均匀嵌布。锌矿物为铁闪锌矿,呈粗粒状。含铜、银、硫、砷、锗、镉等伴生有益组分。矿石构造以块状、浸染状构造为主。矿石类型绝大部分为硫化矿,混合矿次之,以锡锌共生为主。矿石内常见的主要金属矿物为铁闪锌矿、磁黄铁矿、锡石、磁铁矿。脉石矿物为透辉石、透闪石、阳起石、绿泥石、绿帘石、斜黝帘石、云母、长石、石英、方解石、萤石、黏土矿物等。

区内与成矿关系较密切的围岩蚀变为矽卡岩化,形成组分复杂的各类矽卡岩。岩浆热液阶段的锡

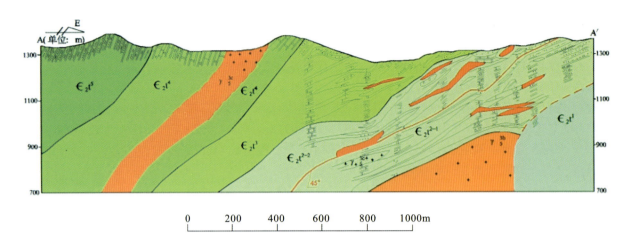

云南省马关县都龙矿区A—A′地质剖面图

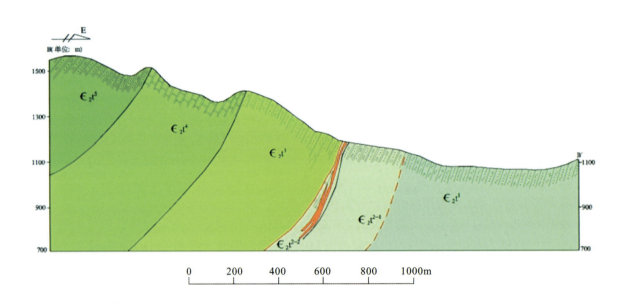

云南省马关县都龙矿区B—B′地质剖面图

图8-4 都龙矿区地质剖面图

多金属硫化物矿化与萤石化、绿泥石化关系较密切。

4) 矿床成因

矿床的形成过程,在时间序列上,经历了加里东拗陷矿源层阶段,晚加里东—印支期区域变质阶段,燕山晚期岩浆热液阶段等(图8-3),在空间上,形成层、带、圈的分布规律,即中寒武统田蓬组的矿源层成面型展布。在区域变质阶段形成角闪岩、绿泥石相带,锡锌矿床均赋存于绿片岩相的下部。晚阶段花岗岩侵位,构成热液矿化活动圈。矿床的富集与层、带、圈的地质演化及叠加的矿化作用有关。矿床成因属层控岩控复合矿床。

第三节 区域地史演化与成矿

滇东南地区是扬子、华夏、印支地块等几个大的构造单元的结合部位(马文璞,1998;钟大赉等,1998;Carter et al,2008;Lepvrier et al,2008;Cai J X et al,2009;Guo I G et al,2009),长期以来其大地构造归属存在较大的争议。越北-滇东南-桂西地区发现了一批镁铁质-超镁铁质岩石,这些岩石被认为是与洋壳有关的岩石(张伯友等,1995;钟大赉等,l998;董云鹏等,1999;张旗等,1999;吴根耀等,2000;胡丽沙等,2012),因而越来越多的学者把八布蛇绿岩带作为一个重要的构造缝合带来看待(Cai J X et al,2009;Guo I G et al,2009;Metcalfe,2011)。但对八布蛇绿岩带构造意义还存在较大的分歧,一种观点认为其为 MOR 型蛇绿岩,代表了闭合的古特提斯洋盆分支——右江洋盆的残留洋壳(马文璞,1998;钟大赉等,1998;Wu G Y et al,1999;Zhang Q et al,2008;Cai J X et al,2009),一种则认为它是 SSZ 型蛇绿岩,代表了华南内部古太平洋向 NW 俯冲的产物(徐伟等,2008),李兴振等(2004)认为八布-Phu Ngu 超镁铁质岩带与越南 Song Chay 南部的超镁铁质岩石组成的蛇绿岩带代表了华南洋的闭合。由于缺乏精确的年代学、岩石组成、地球化学特征的系统报导,其蛇绿岩属性在国际上还存在质疑(Lepvrier et al,2011)。另外由于八布蛇绿岩片推覆压盖在三叠纪浊流沉积之上,为外来系统,其来源不清,推测可能来自西边哀牢山带或南边越南北部(马文璞,1998;Wu G Y et al,1999;李兴振等,2004;Carter et al,2008;Hai,2008;Lepvrier et al,2011)。滇东南地区八布蛇绿岩由钟大赉等(1998)首次提出,其时代曾被认为是中三叠世(云南省地质矿产局,1990),早—中古生代(李兴振等,2004),泥盆纪—石炭纪(Zhang Q et al,2008)。吴根耀等(2001)的综合研究表明,八布蛇绿岩具有较完整的组合,包括地幔橄榄岩、堆晶辉长岩、辉绿岩墙群、枕状玄武岩和放射虫硅质岩,但其是外来系统推覆在原地系统三叠系兰木组浊流沉积之上;吴根耀等(2001)曾报导其 Sm-Nd 年龄为 328.3 Ma,认为该年龄代表了蛇绿岩的年龄,而角闪片岩的 Ar-Ar 年龄 231Ma 则代表了蛇绿岩的构造侵位时间(Wu G Y et al,1999)。冯庆来等(2002)根据硅质岩中的放射虫化石判断时代应在早二叠世中期;张斌辉等(2013)的研究认为其属 MOR 型蛇绿岩,斜长角闪岩 SHRIMP 锆石 U-Pb 年龄为(272±8)Ma,为早二叠世晚期,代表了二叠纪早期右江洋盆剧烈扩张期的残留洋壳。关于"猛洞岩群",前人有归属于前寒武纪二腾岩组(云南省冶金厅地质勘探公司 310 队,1962);1:20 万马关幅区调资料将其时代推断为早寒武世—中寒武世(云南省地质局二区测队,1976);薛玺会等(1989)将该套地层归属于下寒武统-震旦系;印支那三国 1:100 万地质图(1991)划属新元古界—下寒武统;1:5 万麻栗坡、都龙区调资料将其放于古元古代;刘玉平等(2006)测得该套地层中石英角闪斜长片麻岩的 SHRIMP U-Pb 锆石结晶年龄为(761±12)Ma 和(829±10)Ma,将其归入新元古代,并指出该套地层为一套前寒武纪变质沉积-岩浆杂岩,存在于古元古代的结晶基底(残留锆石 SHRIMP U-Pb 年龄为 1.83Ga)。《1:5 万云南麻栗坡地区矿产远景调查报告》(2011)测得侵入于南秧田岩组的辉绿岩脉的锆石年龄为 825Ma,认为将其归入新元古界青白口系-南华系是较为合理的,认为区域上伴随新元古代裂谷作用后期沉积充填,于早古生代从 SW 至 NE 逐渐超覆,分别沉积了寒武系和奥陶系;加里东期褶皱造山使区域上缺失晚奥陶世—志留纪沉积记录,之后泥盆系与其下伏之前沉积的地层角度不整合,同时转入相对稳定的连续沉积,直到早泥盆世晚期(海西期)地壳升降运动,导致台地、台盆沉积发生分野。

综合以上认识,本书总结滇东南-越北地区地史演化与成矿如下(图 8-5)。

1. 前寒武纪

区内处于泛扬子古陆块边缘活动沉积区。在青白口纪时期,本地区可能属岛弧大环境中的弧后盆地或优地槽环境,位于黔阳-三江边缘海的西南延伸部位;其南侧可能属龙胜岛弧的西南延伸,西南—西面则属处于扬子和印支地块之间尚未闭合的元古大洋。区内的马关老君山地区位于裂陷最深区,有中

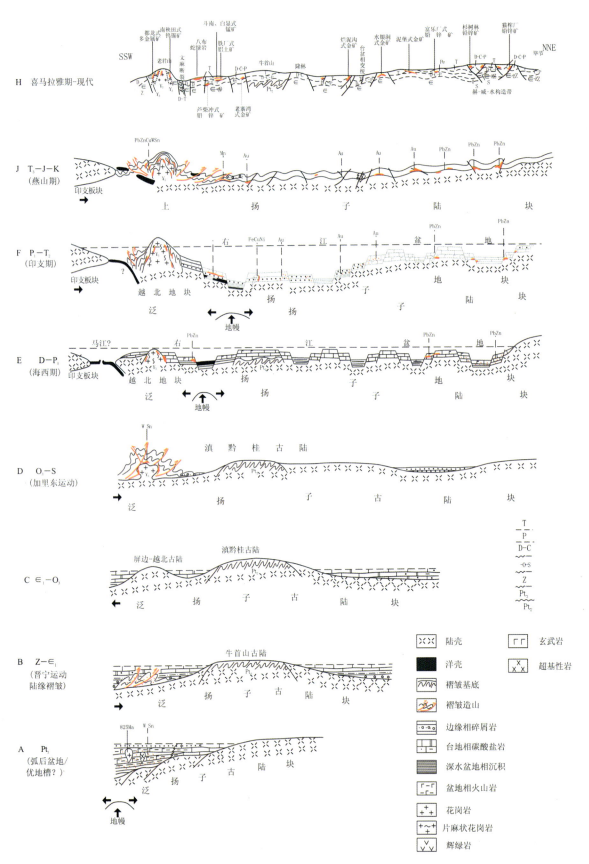

图 8-5 上扬子东南缘(越北-右江)地质构造演化与成矿响应示意图

基性海底火山喷溢和硅质、碳质岩沉积(深海相硅质火山岩建造),具细碎屑-泥质岩的韵律组合。火山喷发及伴生的热水热卤作用为本区带来了大量的"W"元素,形成了区内"南秧田式"层状、似层状白钨矿的雏形(初始矿源层)。南华纪早期本区仍为沉降的半深海—深海环境,沉积了一套复理石建造,并伴随着一定的花岗质岩浆侵入活动[锆石 U-Pb 年龄为(761 ± 12)Ma],晚期出现冰期沉积。此后,受澄江运动Ⅱ幕离陆向洋、离隆向坳的构造迁移影响,源于扬子区固化基底隆升所致的侧向推挤,使其东邻的滇东南区沉积域渐次收缩和上隆,不同地域时断时续地相继露出水面。在震旦纪早期,构造运动的非均一性导致横向三分格局:在建水—屏边区段,仍有沉积间断与连续沉积的联合,地层遭轻度变形;在屏边—马关区段,为褶皱、断裂发育的变形区,变质作用不强且随埋深加大而递增;在马关—天保口岸区段,构造-热事件反映则较强,变形、变质强度加剧,并伴以酸性岩浆的侵入作用。

2. 早古生代

在震旦纪晚期—寒武纪及早、中奥陶世期间,本区内连续沉积了泥砂质建造和碳酸盐建造;至中奥陶世则隆起成陆;此后缺失上奥陶统及志留系。在寒武纪时期为优地槽型中基性火山-沉积建造。早古生代末受广西运动影响,本区表现形式主要为隆升造陆,伴以不均衡造山,导致晚奥陶世—早泥盆世初期缺失沉积,以及早泥盆世早期坡松冲组($D_1 ps$)或坡脚组($D_1 p$)呈平行不整合-角度不整合超覆于前泥盆系不同层位之上。广西运动的另一表现形式乃为深部构造-热事件导致局部基底活化而形成南温河花岗片麻岩穹隆构造,伴随强烈的混合岩化及其气液交代作用,形成了南秧田式层状白钨矿床。

3. 晚古生代

该时代主要为地台型沉积,除下泥盆统砂泥质建造属海陆交互相以外,其余均为浅海相碳酸盐建造,局部夹硅质岩建造。泥盆纪早期,南华地区遭受海侵,在动荡的沉积环境中沉积了浅水陆源碎屑沉积-浅海沉积的坡松冲组-坡角组,为区内卡林型金矿有利的赋矿层位。自晚埃姆斯期开始,碳酸盐台地和台间裂陷槽盆地分道扬镳各自演化,断陷盆地内水体变深,沉积了含铁锰质层的达莲塘组及榴江组,其主要岩性为一套灰白—灰黑色中—薄层状硅质岩,夹浅黄灰色泥岩,灰黑色粉砂质页岩、粉砂岩、铁锰质层,为第四系岩溶堆积型锰矿床形成奠定了物质基础。受东吴运动影响,本区自晚石炭世开始隆起抬升,并有二叠纪峨眉山玄武岩的广泛分布。玄武岩等遭受长期的、较为强烈的风化剥蚀。长时间的风化剥蚀堆积物,在古岩溶作用下,经充分分解、运移、富集,形成红土化风化壳,为晚二叠世龙潭组(吴家坪组)形成厚薄不等、规模不一的原生沉积型铝土矿床提供了物质条件,也为第四系岩溶堆积型铝土矿床形成奠定了物质基础。海西期由于哀牢山洋盆裂开,处于坳拉谷环境,形成了石炭纪—二叠纪碱基性、中酸性双峰式火山岩套。火山岩呈北东向狭长形的带状分布,厚千余米,含铜(金锡)背景值高,可能为个旧锡多金属矿床的成矿提供了铜等部分物质来源。

4. 晚二叠世时期

滇东南地区整体沉降,形成总体向东倾斜的陆缘盆岭沉积区,以陆源碎屑沉积建造为主,其南部有越北古陆、屏马古陆环绕,中部有丘北以南的古隆起,显示了较为复杂的古地形、地貌格局。在此古地形构造格局条件下,越北古陆、屏马古陆与丘北—广南—富宁一线的断陷槽之间,为地势较平缓的八布平原,西畴—富宁之间为半局限海台地,从而形成环绕丘北古陆的、有利于含铝土矿岩系沉积的沉积区。在古陆边缘的滨海准平原地带和断块隆升区,暴露地表的石炭系灰岩和下二叠统灰岩、玄武岩及玄武质凝灰岩,经古红土化和钙红土化作用,形成富含铝的古风化壳,与其毗邻的半局限海台地板边缘地带,则有碎屑沉积型铝土矿的产出。滇东南地区赋存于龙潭组中的铝土矿层,受基底岩性差异的影响及成矿方式的不同而有较大的变化:有的铝土矿与下伏基岩直接接触,呈铝-铁-煤沉积系列特征,主要矿产以铝土矿为主;有的矿层产于含矿岩系的上部,覆于同期火山沉积岩之上;有的呈复层状夹于碳酸盐岩中,间隔以碳酸盐岩或铁铝岩。

5. 印支中早期

伴随哀牢山洋盆封闭隆起，个旧—罗平—晴隆一带再度裂陷，下、中三叠统陆源碎屑岩、碳酸盐岩、硅质岩夹碱基性火山岩建造厚 2000～5400m，也呈北东向狭长形的带状分布。中三叠世伴随裂谷-基性火山活动，发生了火山喷流-沉积成矿作用、喷流热水沉积成矿作用，在弥勒-师宗-开远前陆盆地，形成了建水白显锰矿、砚山县斗南锰矿。伴随个旧矿区中三叠世碱性基性火山作用，形成了层状、似层状整合型铜（锡、铅、锌）矿体和矿源层。

6. 印支中期

在大规模的火山喷发活动之后，间断地发生了多次火山喷流成矿作用。来自岩浆房的气液本身就携带有丰富的成矿物质，加之热系统驱动产生的对流循环作用，萃取了下伏基底地层和火山-沉积岩系中的成矿物质，形成的成矿热液沿断裂上升，到达海底发生了喷流热水沉积成矿作用，在火山岩系上覆地层中形成了似层状、透镜状整合型矿体和矿源层。晚三叠世裂谷上升关闭，形成滨海—沼泽相碎屑建造和含煤建造。

7. 侏罗纪—第四纪

区域上的伸展作用导致了地壳减薄、软流圈上涌，也导致了下地壳的熔融产生了晚白垩世白垩纪花岗岩的多期次侵位，导致了区域上大规模的钨锡成矿事件，形成了个旧、白牛厂、都龙等与白垩纪花岗岩有关的多种类型的 W、Sn、Pb、Zn 等矿床。同时进入侏罗纪后的燕山运动晚期，受强烈造山运动的影响，使原有封闭的深大断裂再次复活，形成超深大断裂，使早已聚集处于一触即发状态的上地幔分异成矿流体形成巨流穿越壳幔界进入地壳，使流体中的 Au 呈微粒自然金胶粒迁移并在有利部位形成微细浸染型金矿床。

喜马拉雅期构造运动在区内主要表现为近南北向的断裂构造，对矿床有一定的破坏作用。

第九章 上扬子陆块内部地史演化与成矿

第一节 概 述

本章所称"上扬子陆块内部"主要指的是两个Ⅲ级构造单元:扬子陆块南部碳酸盐台地、川中前陆盆地;地层分区为华南地层大区(Ⅱ)-扬子地层区(Ⅱ$_2$)之上扬子地层分区(Ⅱ$_2^4$)。地层结构是以前震旦纪地层为基底的稳定型台地盖层沉积为其主要特征,除海西期峨眉大火成岩活动外,总体来说岩浆活动微弱,岩浆岩-火成岩较不发育,故而矿床类型以沉积型锰、铝、铁、磷、煤、锶矿、砂岩型铜矿、砂金及油气、石膏、钙芒硝、石盐、煤、煤层气等,以及中低温热液层控型铅锌银、金、锑、汞、铁矿为主。铅锌矿主要产在二叠系以前各时代地层内,三叠系以后各时代地层偶见脉状铅锌矿。重晶石、萤石主要赋存于下奥陶统红花园组、桐梓组中,少数分布在中奥陶统大湾组,上寒武统毛田组,下寒武统清虚洞组、茅口灰岩和石炭系摆佐组白云岩中。

第二节 主要矿床类型及典型矿床

扬子陆块南部碳酸盐台地矿床类型以沉积型锰、铝、铁、磷、煤及中低温热液层控型铅锌、金、锑、汞、铁矿为主要特征,仅在极少量布露的基底浅变质地层地区如梵净山穹隆产出,有在基性岩(辉绿岩)和变质碎屑岩中的电英岩型和云英岩型钨(锡)矿床(标水岩小型钨锡铜矿)、梵净山群与板溪群之角度不整合接触界面上下附近的变质岩及辉绿岩中的金矿,其他还有少量的与海西期峨眉山玄武岩有关的乌坡式陆相火山岩型铜矿、可能与海西期峨眉火成活动中凝灰岩有关的金矿(如云南胜境关、贵州泥堡)、与海西期辉绿岩有关的贵州菜园子式层控内生型铁矿。区内最具特色的占主导地位的沉积-层控型矿产,分矿种按层位主要有:锰矿(前震旦系峨边群柳担桥组中大白岩式沉积变质型锰矿、南华系下统大塘坡组中大塘坡式海相沉积型锰矿、上奥陶统大箐组中轿顶山式海相沉积型锰矿、中二叠统茅口组中遵义式-格学式海相沉积型锰矿);铝土矿(早石炭世九架炉组中猫场式-后槽式沉积型铝土矿、中二叠世大竹园式-大佛岩式沉积型铝土矿、晚二叠世宣威组中新华式沉积型铝土矿);铁矿(中泥盆统宁乡式海相沉积型铁矿如重庆巫山桃花及贵州独山平黄山、中泥盆统中与海西期辉绿岩有关的菜园子式层控内生型铁矿、中二叠统梁山组下部之苦李井式沉积型铁矿);铅锌矿(元古宙浅变质碎屑岩建造中脉状铅锌矿-贵州南省铅锌矿)、震旦系—下寒武统碳酸盐建造中的似层状脉状铅锌矿(如四川黑区/雪区、云南巧家茂租、贵州织金杜家桥)、下寒武统碳酸盐建造中的脉状-似层状铅锌矿(如贵州牛角塘、嗅脑,重庆石柱老厂坪)、中上寒武统碳酸盐建造中的脉状-似层状铅锌矿(如贵州大峒喇、重庆小坝、云南盐津县乐可坝)、上寒武统耿家店组灰质白云岩中似层状-脉状铅锌矿(重庆黔江五峰山)、下奥陶统红花园组碳酸盐建造中的铅锌矿-贵州福泉市高坡窑、中奥陶统碳酸盐建造中的层控型铅锌矿床-四川乌依、中—上奥陶统碳酸盐建造中的脉状铅锌矿-四川荥经宝贝凼、晚古生代泥盆系-石炭系碳酸盐建造中的脉状-似层状铅锌矿(如云南会泽、毛坪、乐马厂、贵州天桥、猫猫厂、杉树林、绿卯坪、半边街)、中二叠统碳酸盐建造中与火山岩有关的铅锌矿-云南富乐厂、下三叠统碳酸盐建造中脉状铅锌矿-重庆白鹤洞;金矿(产出于梵净山群与板溪群之角度不整合接触界面上下附近的变质岩及辉绿岩中的金矿、早古生代碳酸盐建造中的苗龙式卡林型金矿、中二叠统阳新组峨眉山玄武岩组不整合面之胜境关式卡林型金矿);汞矿(寒武系碳酸盐建造中的低温热液汞矿-贵州丹寨水银厂、三都交梨、务川、开阳白马洞、重庆羊石坑、坝竹坨);锑矿主要有产于下泥盆统丹林群陆缘碎屑岩层中断裂型脉状锑矿-贵州独山县半坡。

四川盆地为一中生代—新生代红层盆地,其周缘出露古生代地层,岩浆岩及变质岩均不发育,构造变形不强,这种地质背景决定了其矿产以沉积型铁矿、锶矿、铝土矿、砂岩型铜矿、砂金及油气、石膏、钙芒硝、石盐、煤、煤层气为特点。

除主要沉积型矿产已在第二章中阐述外,现将主要的典型内生矿床地质特征阐述如下。

典型矿床32:产于震旦系—下寒武统碳酸盐建造中的层控型铅锌矿床——四川黑区/雪区式大型铅锌矿。

1)地理位置

该矿床位于乌斯河火车站北东方向约4km处的大渡河谷北岸(E102°54′00″,N29°16′00″)。2006年四川省地质矿产局二零七地质队提交了《四川省汉源县乌斯河铅锌矿资源储量核实报告》,矿床规模达到大型,工作程度达到普查,局部达到详查。

2)区域地质

大地构造上位于康滇地轴北段四川汉源—峨边东西向基底隆起构造带内。2000年以来相继发现了同类型的汉源红花、深溪坪、白熊沟、核桃坪、养善坪、中溪坪、白塔、宝水溪、双凤沟、牛心山、莲花岩等铅锌矿床或矿化。在大渡河南岸的甘洛田坪也有铅锌矿化分布(图9-1)。各矿床或矿点的矿体均呈整合层状产于上震旦统—下寒武统灯影组上部麦地坪段中,沿大渡河谷沿岸分布构成了长约40km规模宏大的铅锌矿带。

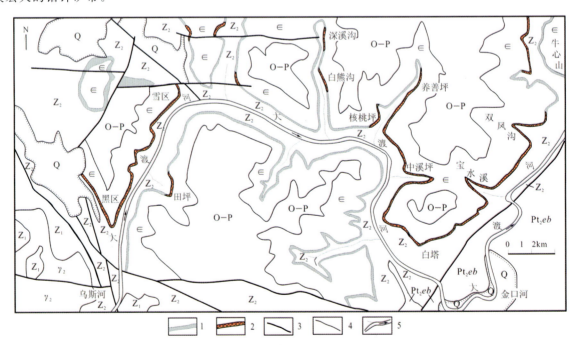

图9-1 大渡河谷层状铅锌矿带地质简图

(据四川省地质矿产局207地质队,1993;四川省地质调查院,2003资料综合编制)

Pt₂eb.中元古界峨边群变质岩;γ₂.中元古代晋宁期花岗岩;Z₁.下震旦统苏雄组陆相火山岩、碎屑岩;Z₂.上震旦统观音岩组碎屑岩-灯影组白云岩;∈.寒武系碎屑岩、碳酸盐岩;O—P.奥陶系—二叠系碎屑岩、碳酸盐岩;Q.第四系;1.灯影组麦地坪段含磷及硅质条带白云岩(铅锌矿赋矿层位);2.铅锌矿(化)层;3.断层;4.地质界线;5.河流及方向

3) 矿床地质

大渡河谷铅锌矿带出露的最老地层为褶皱基底中元古界峨边群。盖层地层底部下震旦统为火山岩、碎屑岩；上震旦统—古生界（缺失中—上志留统、泥盆系、石炭系）为海相碎屑-碳酸盐岩；缺失中生界。在乌斯河一带有晋宁期花岗岩出露。盖层地层发育燕山期及喜马拉雅期形成的开阔短轴褶皱及断裂构造。地层产状平缓，倾角仅几度至20多度（图9-2）。

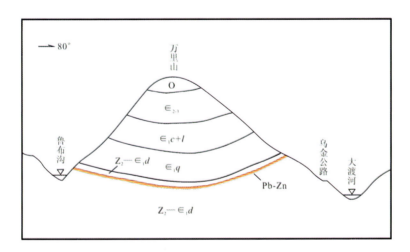

图9-2 大渡河谷铅锌矿带万里村向斜构造剖面图

（据四川省地质矿产局207地质队，1993资料编制）

$Z_2—\in_1 d$.上震旦统—下寒武统灯影组；$\in_1 q$.下寒武统筇竹寺组；$\in_1 c+l$.下寒武统沧浪铺组、龙王庙组；$\in_{2+3}$.中、上寒武统；O.奥陶系；Pb-Zn.铅锌矿化层位

赋矿地层灯影组在区域上的厚度一般为900~1100m，在大渡河谷铅锌矿带仅出露上部300多米。其中灯影组第三岩性段又称麦地坪段，时代属早寒武世，厚37~68m，为灰色薄至中厚层状微晶、粉晶白云岩，角砾状白云岩，含砂砾屑状、条带状磷块岩，并含薄层状硅质岩或硅质条带。麦地坪段上部所夹黑色硅质岩及角砾状白云岩为铅锌矿的赋矿围岩。灯影组与上伏地层下寒武统筇竹寺组滨浅海相含海绿石砂页岩呈平行不整合接触。

矿床产于近南北向开阔的万里山向斜南段，地层倾角4°~18°。矿体产于灯影组麦地坪段白云岩所夹的黑色硅质岩层和角砾状白云岩中。按Zn≥1.0%或Pb≥0.5%圈出上、下两层矿体。上层矿体为主矿体，呈整合层状产出，矿体厚度为0.50~4.86m，平均厚度为1.81m，矿体横向延伸规模大，从黑区向北东方向延至雪区，地表露头断续长达6000m以上。

矿体的平均品位Zn=8.62%，Pb=1.96%，Zn+Pb=10.58%，Zn：Pb=4.4：1，说明矿石以锌为主、铅次要。矿石的矿物成分较简单。金属矿物以闪锌矿为主，其次为黄铁矿、方铅矿，有极少量白铁矿；非金属矿物主要为微晶石英，其次为玉髓、白云石，含少量重晶石、胶磷矿、水云母等以及沥青。

矿石构造有层纹状、条带浸染状、块状、脉状、角砾状等，部分闪锌矿角砾形成次生加大边结构；层状矿体的围岩蚀变不甚明显，但在脉状矿石分布带的围岩蚀变相对发育，有硅化、白云石化、黄铁矿化、沥青化、黑色有机质浸染等。

4) 矿床成因

经林方成研究其成因为海底地震作用形成的震积岩（林方成等，2006；Lin F C et al, 2006）。成矿温度为140~285℃，平均197℃。矿石铅同位素组成稳定，具有单阶段演化特征。矿石铅来源于上地壳。铅同位素模式年龄介于493~365Ma，平均405Ma。该矿床具典型的沉积特征，实际成矿年龄应与麦地坪段地质年龄一样（540Ma），铅同位素模式年龄略小于成矿实际年龄；矿石的流体包裹体研究表明，层纹状矿石所含的微小的单一液相的包体，反映了水/岩界面之上含矿流体与海水混合后矿石沉淀的温度低于100℃;而较粗粒石英气液二相包体的均一温度(140~285℃)可能代表水/岩界面之下含矿流体未与海水混合或与海水混合不充分的情况下矿石的沉淀温度;含矿硅质岩具有较高的Ba(117.67×10^{-6})、As(40.20×10^{-6})、Sb(24.74×10^{-6})、Hg(19.81×10^{-6})等的含量;矿石存在少量重晶石,这些现象是热水成因的重要标志。由此推测黑区矿床的含矿硅质岩应属于海底热水沉积的产物,属海底喷流沉积成因。地震是诱发盆地含矿流体发生大规模运移和喷流成矿的一种重要的动力学机制。

黑区式碳酸盐岩型铅锌矿的成矿作用过程与区域构造演化过程紧密相关,可归于海底喷流沉积(SEDEX)型。主要经过三大构造演化成矿阶段(图9-3)。①成矿前:晚震旦世—早寒武世在浅水碳酸盐台地潮坪、潟湖及潮下浅滩环境白云岩沉积阶段;②成矿期:早寒武世海底地震使深部流体库震荡破裂,含矿流体向同生断裂汇集运移,并喷出海底成矿阶段;③成矿后:早寒世喷流成矿结束后,在滨浅海环境沉积筇竹寺砂页岩。

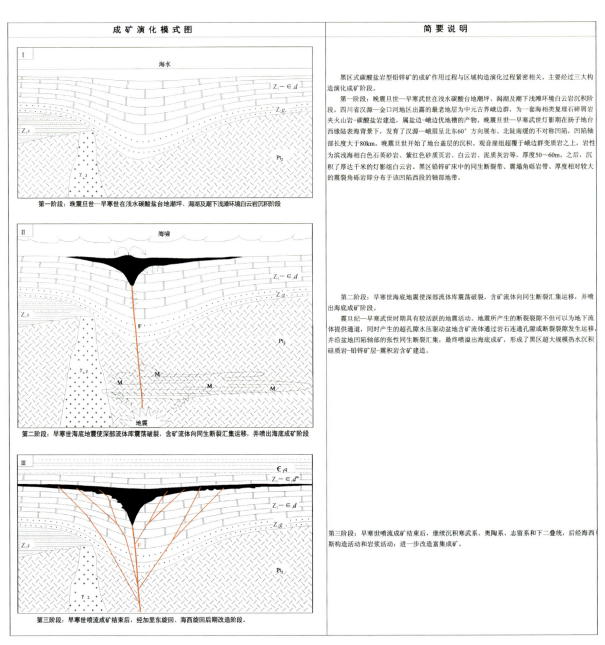

图9-3 黑区式铅锌矿成矿模式图(林方成,2005,2006)

典型矿床 33：上扬子东缘湘西黔东铅锌汞矿带——产于下、中寒武统碳酸盐建造中的层控型汞铅锌矿带地质特征及成矿（贵州嗅脑小型铅锌、卜口场小型铅锌矿、大硐喇汞锌矿、万山特大型汞矿）。

1）区域地质特征

成矿带大地构造位置处于上扬子陆块东南缘与雪峰山基底逆推带（晚古生代为江南古陆西段之雪峰古陆、加里东运动后为江南造山带之西部）接合部位，为台地被动边缘褶冲带之铜仁逆冲带东缘。区域性构造为向 NW 凸出的张家界-保靖-花垣-铜仁-玉屏弧形深大断裂，既是大地构造单元的分界，同时也是晚震旦世—早古生代地层岩相的分界，其西侧为上扬子台地相区，向南东依次为台地边缘礁滩相-保铜玉深大断裂带-陆棚斜坡相，在湖南怀化以东则为盆地相区（图 9-4）。赋矿的寒武系以上述保铜玉深大断裂为界，西侧和东侧为相变关系：西侧为浅海台地相及台缘礁滩相碳酸盐岩；东侧为深水斜坡相页岩夹碳酸盐岩。区内岩浆岩不发育，仅在矿带西侧梵净山地区中、新元古代地层发育有 820Ma 基性熔岩、白岗岩及酸性脉岩等（王敏等，2011），矿带南部镇远一带有加里东期钾镁煌斑岩发育（江万，1995；方维萱等，2002）。

以保铜玉深大断裂-中下寒武统相变线为界，可分为东、中、西 3 个成矿亚带：中亚带以铅锌矿为主，从湖南花垣—贵州松桃—铜仁—玉屏，长达 120km，宽 10~20km，已发现矿床（点）30 余处，产于下寒武统清虚洞组第二段上部的藻泥晶灰岩中，其北段李梅-渔塘矿区规模最大，据多方报道，近年来控制资源量达 1000 万 t 级，为一超大型矿床（陈明辉等，2011）。其南延进入贵州铜仁市南西侧附近，在几个孤立小山丘顶剥蚀残留的藻灰岩中，产出有卜口场小型铅锌矿床；东、西亚带为以汞（锌）矿为主，东亚带的如贵州大硐喇汞锌矿床、万山汞（锌）矿、湖南新晃汞（锌）矿床，汞矿为世界著名的超大型-巨型矿田，共生有铅锌矿，大硐喇汞矿床中共生的锌矿规模可达中型，西亚带从重庆酉阳、秀山向南东延伸至贵州松桃、江口一线，规模较大的矿床有重庆的羊石坑汞矿等。

2）大硐喇汞锌矿

位于铜仁市北东部平距约 20km，紧邻保铜玉深大断裂-早古生代地层相变线东侧，矿区构造简单，地层产状比较平缓，仅表现为规模小的北东向次生褶曲，轴部（背斜）多发育有北东向断层及节理。矿区主要断层以高角度正断层-平移断层性质为主。

出露地层为中寒武统敖溪组（ϵ_2a）和花桥组（ϵ_2h）。敖溪组第二段为含矿层位（图 9-5）：上部为灰白色层纹状含泥质白云岩；中部为深灰色角砾状白云岩，夹少量细晶白云岩或泥质白云岩，为该区汞、铅锌矿主要容矿部位；下部为灰色厚层细晶白云岩夹燧石团块或结核。厚 54~96m。

整个大硐喇汞锌矿田至少包含四个以上的大、中型汞矿床及一个中型锌矿床（冯学仕，1995）。铅锌矿体赋存于敖溪组第二段中部的深灰色角砾状白云岩中，与汞矿产出层位一致。层控特征十分明显。Ⅰ号主矿体长 2750m，宽 600m，矿体产状与围岩一致，倾向北西，倾角 5°~10°，矿体平均厚 3.14m。矿石中含锌平均为 4.11%。矿体主要分布在 NE、NWW 向断层两侧，并受 NW 向背斜控制，一般在背斜轴部富集，而向翼部矿化强度减弱（廖震文，1999）。

围岩蚀变有白云石（脉）化、硅化、方解石化、沥青化、重晶石化、重结晶化六种。矿化强弱与蚀变强弱呈正相关关系。沥青往往与矿化脉石团块共生产出，表现出明显的矿化同生特征。

矿石矿物主要为辰砂、闪锌矿；脉石矿物主要为白云石，次为方解石、石英、沥青、重晶石等。矿石具有自形-半自形晶粒结构、相嵌结构、交代溶蚀结构；具有浸染状、角砾状、块状构造。

3）卜口场铅锌矿田

位于铜仁市以西平距约 8km，紧邻保铜玉深大断裂-早古生代地层相变线西侧，矿区构造极为简单，地层产状平缓，倾角 4°~8°。矿体主要产于清虚洞组第二段二亚段中下部浅灰色厚层藻泥晶灰岩中，含矿地层厚 80~125.00m。铅锌矿体呈似层状和透镜状，产状与围岩产状基本一致，矿体倾角在 4°~8°，主要受地层控制。主矿体呈 NE 向展布，走向长约 380~470m，倾向延伸近 200~330m，矿体平均厚度 2.65m，平均品位 Pb 2.94%，Zn 3.55%，闪锌矿和方铅矿呈星状、细脉状及浸染状分布岩石中，在方解石细脉较发育地段铅锌品位相对富集。矿石矿物组成极为简单，原生金属矿物主要为闪锌矿、方铅矿、

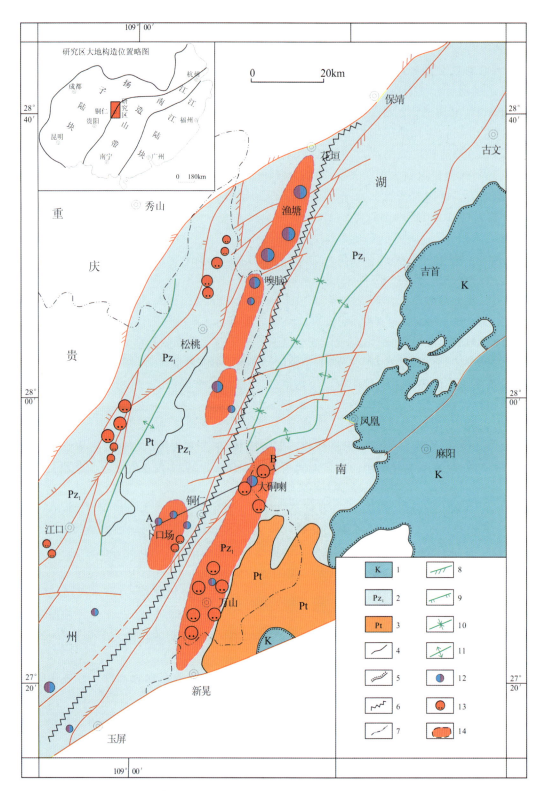

图 9-4 黔东北及邻区地质矿产简图

1.白垩系；2.下古生界；3.元古宇；4.地层界线；5.不整合面；6.相变线；7.省界；8.主要断裂；9.次要断裂；10.向斜；11.背斜；12.铅锌矿床点；13.汞矿床(点)；14.主要汞、锌矿田

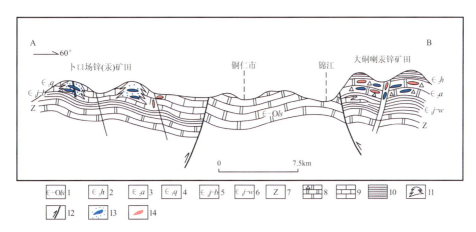

图 9-5 黔东北汞锌矿带 A-B 地质矿产剖面图

1.娄山关组；2.中寒武统花桥组；3.中寒武统敖溪组；4.下寒武统清虚洞组；5.下寒武统九门冲组-变马冲组；6.下寒武统九门冲组-乌训组；7.震旦系灯影组；8.白云岩及角砾白云岩；9.灰岩；10.粉砂质页岩；11.藻泥丘；12.断层；13.团块状、细脉状及浸染状铅锌矿；14.汞矿体

次为黄铁矿；脉石矿物以方解石、碳泥质为主，次为萤石和沥青等。

区内铅锌矿围岩蚀变明显，主要有重结晶作用、黄铁矿化、白云石化、方解石化、沥青化及褪色现象，其中以重结晶作用、方解石化、白云石化和黄铁矿化较为发育。

4）样品与测试结果

本次分析测试的样品分别采集的黔东北地区下寒武统清虚洞组卜口场矿段（PCK02、PKC07）、塘边坡矿段（TBP2、TBP3、TBP10、TBP11）以及中寒武统敖溪组黄婆田矿段（HPT2、HPT7）和杉木湾矿段（SMW2、SMW4）。闪锌矿 Rb-Sr 测试的分析结果见表 9-1。下寒武统清虚洞组中的卜口场、塘边坡矿段的 5 件闪锌矿的等时线年龄为 $(349.6±9.1)$Ma$(MSWD=0.51,n=5)$；中寒武统敖溪组中大峒喇汞锌矿床中的 4 件伴生闪锌矿计算等时线年龄为 $(349.2±5.2)$Ma$(MSWD=0.031,n=4)$。由此看来，尽管含矿地层不一致，但黔东北地区中寒武统的大峒喇汞锌矿床和下寒武统内的卜口场铅锌矿床成矿时代是一致的。将上述大峒喇矿床 4 件样品和卜口场矿床 5 件样品统一进行分析，9 件样品的等时线年龄为 $(348.6±1.9)$Ma$(MSWD=0.46,n=9)$（图 9-6）。

表 9-1 黔东北地区汞锌矿床闪锌矿的 Rb-Sr 同位素分析结果

样品编号	采样位置	样品名称	质量分数		同位素原子比率	
			Rb$(×10^{-6})$	Sr$(×10^{-6})$	^{87}Rb/^{86}Sr	^{87}Sr/^{86}Sr$<2\delta>$
PKC02	卜口场矿段	闪锌矿	0.3705	8.1345	0.1318	0.710 161<6>
PKC07	卜口场矿段	闪锌矿	0.3263	20.1311	0.0469	0.709 738<5>
TBP2	塘边坡矿段	闪锌矿	0.2007	14.8568	0.0391	0.709 701<16>
TBP3	塘边坡矿段	闪锌矿	0.4298	5.6237	0.2211	0.710 605<4>
TBP10	塘边坡矿段	闪锌矿	0.3437	15.9718	0.0623	0.709 832<28>
TBP11	塘边坡矿段	闪锌矿	6.0475	24.1806	0.7237	0.710 391<18>
HPT2	黄婆田矿段	闪锌矿	0.9006	10.5363	0.2473	0.710 735<2>
HPT7	黄婆田矿段	闪锌矿	1.0508	22.4508	0.1354	0.710 179<22>
SMW2	杉木湾矿段	闪锌矿	0.5068	4.8977	0.2994	0.710 987<5>
SWM4	杉木湾矿段	闪锌矿	0.5380	3.5239	0.4418	0.711 702<1>

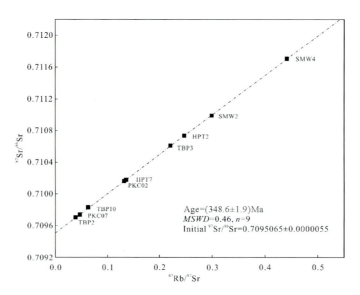

图 9-6 黔东北地区汞锌矿床闪锌矿的 Rb-Sr 等时线年龄及热液沥青 Re-Os 等时线年龄

本项目另采集与闪锌矿紧密共生的热液沥青进行 Re-Os 同位素年龄测试结果为 (343 ± 32) Ma、(348 ± 97) Ma、(361 ± 29) Ma、(362 ± 30) Ma(图 9-7),与闪锌矿的 Rb-Sr 年龄结果保持了较好的一致性。

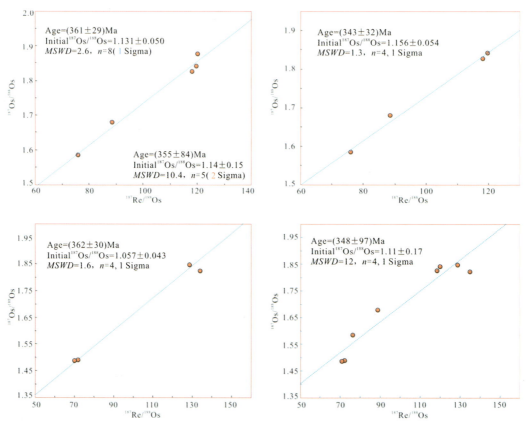

图 9-7 黔东北地区汞锌矿床热液沥青 Re-Os 等时线年龄

5) 成矿时代的讨论

碳酸盐岩层控型汞锌矿床的定年曾经是一直困扰地质学家的一大难题，主要原因在于大多数该类矿床中没有适合的测试对象，不少学者研究表明，硫化物的 Rb-Sr 同位素测年是一种较为可靠的研究手段。通过研究，不同地质学家先后获得了美国中部 MVT 型矿床的成矿时代为 (377 ± 29)Ma、(347 ± 20)Ma 和 (269 ± 6)Ma 及 (270 ± 4)Ma(Nakai et al,1990,1993;Brannon et al,1992)。近年来，我国先后有学者对包括 MVT 矿床在内的不同类型矿床的硫化物开展了 Rb-Sr 同位素测年工作，获得了胶东地区金矿(杨进辉等,2000;侯明兰等,2006)、长江中下游地区铜金矿(王彦斌等,2004)、云南会泽铅锌矿床(黄智龙等,2004)、四川大梁子铅锌矿床(张长青等,2008)、河北寿王坟铜矿(张瑞斌等,2008)、青海玉树地区东莫扎抓和莫海拉亨铅锌矿床(田世洪等,2009)、河南王坪西沟铅锌矿床(姚军明等,2010)、陕西省凤太矿集区二里河铅锌矿床(胡乔青等,2012)、广东天堂铜铅锌多金属矿床(郑伟等,2013)等矿床中硫化物可靠的 Rb-Sr 同位素等时线年龄。本项目通过对黔东北地区的汞锌矿床中闪锌矿的 Rb-Sr 同位素研究结果表明，$1/Rb$ 与 $^{87}Rb/^{86}Sr$ 以及 $1/Sr$ 与 $^{87}Rb/^{86}Sr$ 没有明显的相关性，表明本次获得的 Rb-Sr 等时线年龄可靠，该区不同含矿地层中的矿床的成矿时代均集中在 350Ma 左右，同本区广泛发育的热液沥青的 Re-Os 同位素年龄大致相似，为早石炭世，与美国中部东田纳西矿区的 MVT 型铅锌矿床、中国西南地区震旦系灯影组中的大梁子铅锌矿床的成矿时代基本一致(Nakai et al,1990;Brannon et al,1992;张长青等,2008)。

6) 物质来源讨论

黔东北地区汞锌矿中的闪锌矿的初始 $^{87}Rb/^{86}Sr$ 比值集中在 0.7095。前人研究表明，海相碳酸盐岩化学风化的初始 $^{87}Rb/^{86}Sr$ 比值为 0.708 ± 0.001，现代海水平均 $^{87}Sr/^{86}Sr$ 比值为 0.7093 ± 0.0005(尹观等,1998);古生代海水的 $^{87}Rb/^{86}Sr$ 比值为 0.70675，大陆地壳 $^{87}Rb/^{86}Sr$ 比值为 0.719(孙省利,2001);地幔 $^{87}Rb/^{86}Sr$ 比值为 0.707(Faure,1986);我国扬子地台西缘震旦系碳酸盐岩 $^{87}Rb/^{86}Sr$ 范围为 $0.70834\sim0.70861$，平均值为 0.70846(张自超,1995);黔东北地区的闪锌矿的 $^{87}Rb/^{86}Sr$ 初始值与现代海水和上扬子陆块内部广泛出露的震旦系灯影组碳酸盐岩更接近，但显然成矿物质不可能来自现代海水。钟九思等(2007)统计了区内震旦系和寒武系中的 Zn、Pb 和 Hg 的含量，区内的赋矿地层清虚洞组和敖溪组中并未出现高值，这表明赋矿地层本身不大可能提供成矿物质，也就是说沉积成岩期并未出现初始成矿物质的富集过程(陈祥伦,1991)。综合本次闪锌矿 $^{87}Rb/^{86}Sr$ 比值和前人对区内矿石 S、Pb 同位素特征研究(曾若兰等,1988;花永丰等,1995,1996;杨绍祥等,2007)，表明区内汞锌矿床的物质可能主要源于包括震旦系碳酸盐岩在内的下伏地层甚至更深源。

7) 成矿讨论

黔湘渝地区作为我国重要的汞锌矿集区，前人也对区内成矿时代、物质来源、成矿地质背景进行过探讨(王华云等,1996)，但一直缺乏的成矿年龄数据。关于成矿时代问题，前人大多倾向于多期多阶段成因(孙玉娴等,1985;张碧志等,1994;花永丰等,1995;李同柱等,2006;肖军等,2009;杨弘忠等,2008;吴自成等,2012)，沉积成岩期成矿物质初步富集，加里东期(运动)叠加，燕山期(运动)最终定型。通过本次同位素地质年代学的研究表明，区内的汞锌矿床的主成矿期集中在海西早期的早石炭世，相对于含矿建造而言为后生热液矿床。但可能与印支运动、燕山运动没有明显的关系，武陵山—雪峰山一直往西，直至四川盆地东缘的华蓥山，燕山期构造表现最为显著，但向台地内部方向随着构造动力作用的减弱其矿化强度亦在变弱，因此，燕山期成矿作用在研究区的表现并不明显。

前人对区内矿床控矿因素的研究认为，从湖南西部花垣铅锌矿、到贵州嗅脑铅锌矿和卜口场锌汞矿，其赋矿地层为下寒武统清虚洞组灰岩，含矿岩性多为藻、礁相灰岩，也是找矿的重要经验标志，因此层控、相控一直成为主流观点(孙玉娴等,1985;刘宝珺等,1989,1990;刘铁庚等,2000;杨绍祥等,2007;罗卫等,2009;周云等,2011;吴自成等,2012)，此外有构造控矿(向茂木,1989;钟九思等,2007)、古海底热水流体与海水的对流混合控矿(双燕等,2011)等观点。从更大范围内来看，保铜玉深大断裂向南延伸至都匀地区，诸多铅锌矿的赋矿地层并非藻、礁灰岩相，此外区内大硐喇矿床内的(汞)锌矿体也非藻、礁灰岩相,而往北西方向进入重庆境内,或者就在本区的松桃县城北东至嗅脑铅锌矿一带,也出露藻、礁灰岩,即使发育大量的方解石脉和团块,但其矿化极其微弱,甚至根本就没有矿化。向茂木(1985)统计了贵州全省含汞矿的地层,产有大、中、小汞矿床的有 18 个层位,有汞矿点分布的有 49 个层位,具有汞矿化的有 19 个层位,合计汞成矿及矿化层位有 59 个。总之,地质事实是相同的地层具有不同的沉积相,而产相同的矿床;不同的地层具有不同的沉积相,也产相同的矿床;相同的地层相同的沉积相却又产不同的矿床(陈祥伦,1991)。上述地质特征表明,层控、相控仅仅是一种外在的表现形式,结合本次获得的成矿时代,表明区内的汞锌矿床属于后生矿床,多期次构造活动(保铜玉深大断裂及其分支)才是最关键的控矿因素。

综合多方学者在大地构造演化、典型矿床等方面研究成果,根据上述测试结果,初步勾绘出本区地质构造演化与成矿响应如下(图 9-8)。

中元古代末扬子、华夏古陆块碰撞,与全球性的 Rodinia 超级大陆汇聚有关(Chen et al,2001;Li et al,2002;颜丹平等,2002),研究区即位于两陆块碰撞结合部位,为保铜玉深大断裂形成初始萌发期,该断裂西侧松桃、铜仁一带莫霍面深度大于 43km,断裂带东侧的麻阳地区莫霍面深度为 38km,布格异常等值线组成了一条宽大的 NNE—NE 向弧形重力梯度带;新元古代随着 Rodinia 超级大陆的裂解,华夏板块脱离(王剑等,2000;Li et al,1999,2003;夏林圻等,2009),然而上扬子陆块与江南古陆并没有彻底分离,而是以陆内裂谷为主,以梵净山—黔东南地区发育 820 Ma 左右的双峰式岩浆岩为标志(陈文西等,2007;王敏等,2011;王劲松等,2012),这一时期形成了与陆内裂陷相联系的深源沉积矿床(锰、钒、钼、镁、铀、重晶石等)系列(丘元禧,1996,1998,1999);震旦纪—早古生代随着扬子古陆与华夏古陆的汇聚,南华裂谷海槽的萎缩、消亡,并向华夏古陆俯冲,研究区位于被动大陆边缘盆地的位置(戴传固,2010)。保铜玉深大断裂这时表现为台盆边缘同生断裂且控制了台盆格局及台缘礁滩相的展布,为沉积-压实-成岩阶段,形成了有利的赋矿建造及岩性组合;加里东期,随着南华洋的逐步闭合,华夏陆块再次向北西对接,在南岭—云开广泛出露约 430 Ma 的花岗岩(李献华等,1990;曾雯等,2008;李晓峰等,2009;徐先兵等,2009;王永磊等,2010;翟伟等,2010;张爱梅等,2010;陈懋弘等,2011;程顺波等,2011;赵海杰等,2012),在保铜玉深大断裂的南段发育有同时代的煌斑岩脉(江万,1995;邱元禧等,1998;方维萱等,2002),贵州省地矿局 101 地质大队在黔东北地区曾经发现过金刚石砂矿,反映区内应存在深源的碱性岩类,为加里东运动导致了上述断裂活化的产物(胡召齐等,2010)。华夏板块向扬子板块俯冲的后期,受其远程影响,在上扬子东南缘发生陆内碰撞褶皱造山,也导致湘西至黔东南地区隆升,缺失泥盆系和石炭系(邱元禧等,1996,1998,1999;马文璞等,1995),在此过程中,保铜玉深大断裂进一步被活化扭动,成矿流体沿保铜玉深大断裂运移,在早期沉积形成的有利含矿建造如礁灰岩相中结晶沉淀下来从而形成黔湘渝地区巨型汞锌矿田,同时早古生代末扬子、华夏陆块碰撞,发生加里东运动后,进入了统一的华南陆块发展阶段,至此,本区结束了洋陆转换阶段(武陵—加里东期)而向板内活动阶段(海西—喜马拉雅期);本阶段在上扬子陆块东南缘雪峰陆内碰撞褶皱造山环境下,在早期台盆边缘同生断裂的基础上,鄂湘黔弧形断裂带继续活化变形,由构造(岩浆)热驱动、约 3~4km 厚的上覆盖层增温增压、还伴随着雪峰山以西、武陵山以东广大地区油气藏的剧烈破坏(刘宝珺等,1990;叶霖等,2000,2005)而参与了成矿过程、天水-地下水沿构造循环萃取形成混合成矿流体,在上下粉砂质页岩的屏蔽下,沿早前形成的有利赋矿建造及岩性组合横向发生不均衡的面型热液蚀变及较弱的交代充填作用,形成受层滑构造控制的"层控"汞锌矿床,为主成矿阶段,早海西期前上覆地层($\in$—D)厚度约 2731~3599m,平均约 3km,与王华云(1996)计算的约 4km 的成矿深度较为一致,按 25℃/km 地温梯度计算其自然增温就达 75℃ 左右;印支期以来多旋回构造活动对加里东-海西期已有铅锌矿起到两方面的改造作用:①使已有矿体遭受破坏或随地层构造褶冲变形、剥蚀后主要背斜轴部或掀起端出露;②对已有矿体进一步改造富集,沿含矿层或上覆地层切层构造充填(交代)形成脉状矿体,即所谓"交错型"矿体,本阶段应为次要成矿期。

综合以上,汞锌矿主要控矿因素应为长期活动的超壳深大断裂及其派生构造(内因),而层控、相控、

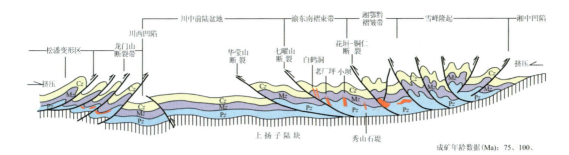

a 上扬子陆块印支-燕山-喜马拉雅期
  西缘北特提斯洋关闭碰撞褶皱回返造山，全面隆升成陆。
  东缘太平洋板块向西推挤逆冲推覆形成侏罗山式褶皱。
  对加里东期-海西期已有铅锌矿起到两方面改造作用：
  ① 破坏已有矿体或使已有矿体随地层褶冲变形，剥蚀后主要在背斜轴部显露。
  ② 对已有矿体改造富集，并在含矿层及上覆地层中沿切层构造充填（交代）成矿，为更次要成矿期

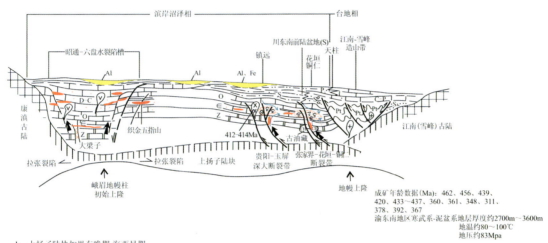

b 上扬子陆块加里东晚期-海西早期
  西缘峨眉地幔柱初始上隆-地壳拉张裂陷-泥盆系和石炭系沉积成岩-初始富集铅锌矿层并对下伏铅锌矿层改造富集阶段
  南东缘江南-雪峰陆内碰撞褶皱造山环境下-鄂湘黔弧形断裂带继续活化发展-构造-岩浆热驱动-古油藏破坏-有机流体参与-改造富集主成矿阶段
  沿构造循环-在有利岩性组合中侧向不均衡面型热液蚀变交代-形成受层构造控制的"层控"铅锌矿床

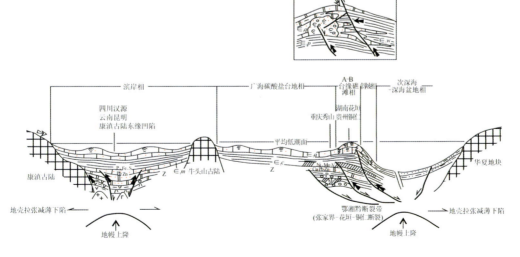

c 上扬子陆块新元古代晚期-古生代早期
  地幔上隆-上扬子陆块周缘陆内拉张裂陷构造阶段
  沉积-压实-成岩阶段
  陆-台-盆缘同生断裂沟通循环形成PbZn元素高丰度层（矿源层-矿胚层）初始成矿阶段图

图9-8 上扬子陆块地史演化与（汞铅锌锰铝）成矿模式图

岩控等是外因和表象,只是赋矿的有利载体而已。"层控"特征往往是由于沿地层横向物化条件差异性要远小于纵向物化条件差异性所致,渗透性较差的上下屏蔽层夹多孔隙度碳酸盐岩组合对成矿的控制亦从另一方面反映了后生矿床的特点;不同层位、岩性中产出的汞、锌矿成矿机制相同,只不过是差异性就位的结果;特定的相控、岩控因素(如礁相、滩相、台地白云岩蒸发相等)往往只在特定的构造区位上有效,只是提供了流体运移晶出成矿的有利载体而已,并不能将此因素机械地在区域上推而广之。区内陆-洋转化、陆内拉张拗陷及碰撞机制是区域成矿的大陆动力学背景;台盆边缘同生断裂(保铜玉古断裂)控制了台盆格局及台缘礁滩相的展布从而形成了有利的赋矿建造及岩性组合;随着早古生代末加里东运动后扬子、华夏陆块碰撞,原有古断裂进一步活化变形,在构造(岩浆)(热)动力驱动下物质再分配成矿,从而控制了矿带的展布;次一级的褶冲、层滑构造往往控制了矿床、矿体的分布。因此,在区域找矿标志及找矿方向上,应该首先在确定对成矿有利的大地构造位置的基础上,进一步考虑层控、相控、岩控、上下屏蔽层的存在等外在控矿因素,同时亦要注意成矿流体沿构造运移-蚀变的差异性和不均衡性,不能单纯简单地沿层、沿相找矿。构造热液蚀变现象存在与否及其强度和类型是最重要、最直观的找矿标志。

8)结论

同位素测年结果表明,黔东北地区不同碳酸盐地层中矿床的成矿时代是一致的,为后生矿床类型;成矿物质可能主要来源于包括震旦系碳酸盐在内的下伏地层;区内汞锌矿床成矿作用可能与加里东运动后期,华夏板块与扬子板块后碰撞过程中,沿中元古代末期上扬子古陆与江南古陆结合带(保铜玉深大断裂部位)继续活化-扭动-撕裂密切相关。

典型矿床 34:产于晚古生代碳酸盐建造中的层控型铅锌矿床——云南会泽大型铅锌矿。

1)地理位置

该矿床位于会泽县城 63°方向,平距 45km 附近(E103°32′00″,N26°37′00″),达超大型规模。

2)区域地质

矿区大地构造上位置处于小江深断裂带和昭通-曲靖隐伏深断裂带间的北东构造带、南北向构造带及北西向垭都构造带的构造复合部位。因受加里东运动的影响,矿区范围内的下古生界,除下寒武统外,全部缺失,晚古生代呈北东向展布,为主要赋矿层位。上二叠统玄武岩沿小江深部断裂及北东向矩形断裂区喷溢,面积达 4.2 万 km^2,小江断裂西侧厚 2700m;东侧厚 350~600m,矿山厂矿区厚 1300m。

3)矿床地质

矿区出露震旦纪——二叠纪各时代的地层,构造以北东-南西向矿山厂逆断层、麒麟厂逆断层和银厂坡逆断层为主体,岩浆岩仅分布有大面积峨眉山玄武岩。矿区上古生界发育完整,下古生界缺失寒武系中上统、奥陶系、志留系及泥盆系下统,中上泥盆统也只在局部地段出露(图 9-9)。石炭系下统摆佐组(C_1b)在矿区内广泛出露,是矿区最主要的赋矿地层,厚达 40~60m,与上覆、下伏地层均呈整合接触。

矿区构造以发育北东-南西向褶皱与断层组成破背斜为特征。矿山厂、麒麟厂和银石坡断层为矿区主干构造,也是矿区重要的控矿构造,分别控制了矿山厂矿床、麒麟厂矿床和贵州银厂坡矿床。大面积的玄武岩广泛分布于矿区西南部和矿山厂断层西北。

矿山厂矿段 1♯、13♯ 矿均产出在逆断层上盘,其间以 NW 向 F_4 横断层为界,F_4 南西为 1♯ 矿群,北东为 13♯ 矿群。单矿体呈沿层透镜状,沿走向及倾斜均有分支、复合、尖灭、再现等热液矿化特征;麒麟厂矿段已探明规模不等的矿体 50 多个,其中有工业价值的矿体 12 个。矿体无例外地沿层产于白云岩中。矿体走向长达 700m,倾斜延伸大于 1000m,厚 0.7~40m。主矿体在纵剖面上呈阶梯状向南侧伏,单个矿体形态不规则,多为似筒状、囊状、扁柱状、透镜状、脉状、多脉状、网脉状及似层状。矿体在平面上形态也不规则,如 6 号矿体不同中段具有不同形态,均为中部厚大,沿走向端部变薄或分支尖灭;10 号矿体和矿山厂矿床深部 1 号矿体也有这样特征;在剖面上均为上部薄或分支尖灭,向深部、逐渐变厚,局部出现小的膨胀和收缩。矿体在摆佐组粗晶白云岩中沿层产出,其顶底板与围岩界限清楚,受顺层陡

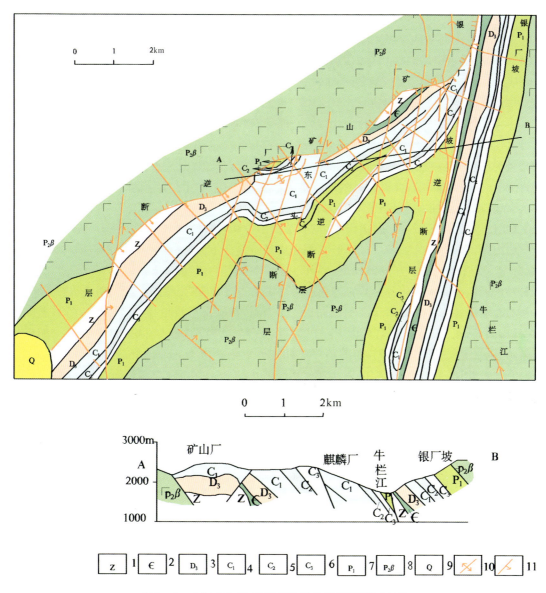

图9-9 会泽矿山厂、麒麟厂地质略图(郑庆鳌,1997)

1.上震旦统白云岩;2.下寒武统页岩夹薄层灰质白云岩;3.上泥盆统上段灰岩、白云岩夹页岩;4.下石炭统夹薄层白云岩;5.中石炭统灰岩夹白云质灰岩;6.上石炭统灰岩、白云岩夹页岩;7.下二叠统底部砂岩、页岩互层夹煤线,中、上部位灰岩、白云岩互层;8.上二叠统峨眉山组玄武岩;9.第四纪砂、泥岩;10.拖曳背斜;11.断层及倾向

倾的断裂带控制。

矿石自然类型有氧化矿石、混合矿石和原生矿石。矿石多为块状矿石,浸染状矿石占的比例较少,零星分布。金属矿物最主要是闪锌矿、方铅矿和黄铁矿。脉石矿物主要为方解石,其次为白云石,偶见重晶石、石膏、石英和黏土矿物。

麒麟厂矿床3、6、8、10号矿体和矿山厂矿床1号矿体是会泽超大型矿床规模最大的矿体,5个矿体铅锌金属量占整个矿床总储量约90%。铅锌品位高(平均大于30%)是该矿床最明显、最重要的特征。此外,矿石中伴生的银、锗、镓、镉等元素均达到可综合利用的品位,其储量也非常可观。

矿石结构有粒状结构、包含结构、交代环状结构、固溶分解结构、揉皱结构、压碎结构、细(网)脉状结构、斑状结构、共结边结构、交代结构、填隙式结构;矿石的构造有条带状构造、层状-似层状构造、浸染状构造和脉状构造等。

矿体与围岩接触界限清楚,围岩蚀变相对简单是会泽超大型铅锌矿床又一明显特征。最常见的围岩蚀变作用为白云岩化和黄铁矿化,偶见方解石化、硅化和黏土化等。

4)矿床成因

沉积阶段:柳贺昌(1999)在其专著中提出渔户村组($\in_1 y$)、筇竹寺组($\in_1 q$)、灯影组($Zbdn$)为最重要的矿源层。实际$Zbdn$组平均含Pb 3.1×10^{-6}(3件)、Zn 4.5×10^{-6}(2件);$\in_1 q$组含Pb 21.4×10^{-6}、Zn 62.9×10^{-6};$D_3 zg$组含Pb 3.5×10^{-6}(5件)、Zn 2.4×10^{-6}(3件);$C_1 b$组含Pb 3.6×10^{-6}(7件)、Zn 4.3×10^{-6}(2件);中国东部碳酸盐岩(鄢明才等,1997)含Pb 8×10^{-6}、Zn 18×10^{-6}。说明除$\in_1 q$组外,其他各组均不具矿源层的特征,但$\in_1 q$组厚仅347m,仍不具有提供巨大矿质的能力。

海西期火山(玄武岩)热液矿化:以矿山厂、麒麟厂上部大量氧化矿石为代表,平均Pb+Zn 14.91%(矿山厂)、15.87%(麒麟厂),此期成矿的残留硫化矿石,仅见于矿山厂胜利坑(2233高程)836穿脉,矿体水平厚30m,Pb+Zn 15.63%(Pb 5.02%、Zn 10.61%),与矿山厂、麒麟厂大量氧化矿石的品位一致。此期硫化矿石,Pb、Zn矿物粒度细,肉眼不可见,黄铁矿占矿物量的95%,含S 48.93%(陈士杰,1986),与印支-燕山期,在矿山厂、麒麟厂深部形成的块状富矿完全不同,此期块状硫化矿Pb+Zn>30%,如转变为氧化矿,其Pb+Zn亦为30%以上。

印支-燕山期与隐伏岩体有关的岩浆热液叠加矿化:第二期矿化叠加在第一期火山热液矿体之上,但并未全部叠加覆盖第一期的矿化高程(1331~2527m),在矿山厂仅覆盖至1825m高程;麒麟厂仅在1700m高程,因而,至1825m高程(矿山厂)与1700m高程(麒麟厂)之上,才能保留由第一期矿化转变成的氧化矿石,其Pb+Zn仅14.91%(矿山厂此期残留硫化矿为15.63%;麒麟厂氧化矿为15.87%)。由第二期叠加矿化形成的硫化富矿,矿山厂1# Pb+Zn为43.35%(Pb 13.71%、Zn 28.64%);麒麟厂6# Pb+Zn 34.61%、8# 33.54%(Pb 10.91%、Zn 22.63%)、10# Pb+Zn 25.07%(Pb 8.34%、Zn 6.73%),显然与第一期形成的矿石不同。

第三节 区域地史演化与成矿

本区属上扬子陆块内部较稳定的核心腹地,中元古代以来地层发育较齐全,前震旦纪基底地层主要在该区周缘布露。构造变形变质不强烈,岩浆岩极不发育。

在上扬子陆块南部碳酸盐台地区,其基底可能为中元古代红海裂谷型盆地→新元古代板溪期弧后盆地,进而演化至震旦纪被动大陆边缘裂谷盆地→寒武纪扬子克拉通上碳酸盐台地。震旦纪至晚三叠世早期的盖层,主要为被动大陆边缘和地台内部裂陷沉积,以海相碳酸盐岩为主,但由于地壳结构的不均一性,以及各地地壳运动强度和作用方式的差异,造成不同地质时期、不同地区盖层和构造变形的差别。特别是广西运动(加里东运动),曾使贵州北部一度隆起,缺失志留纪、泥盆纪及大部分石炭纪地层。中生代中期的安源运动(印支运动)使之上升为陆,燕山运动又使其褶皱成山,形成规模宏大的侏罗山式褶皱。喜马拉雅运动以后则为面型上升,遭受剥蚀。

在川中前陆盆地区,澄江运动之后,经历加里东运动,特别是海西运动,为大陆板内台型沉积,主要为陆表海滨海—浅海沉积,总体沉积以稳定型陆源建造为主。古生代时为相对隆起区,盆地中心在华蓥山以西,华蓥山断裂以东为北东向的相对坳陷盆地,在华蓥山断裂以西,其上盖层普遍缺失泥盆系和石炭系;华蓥山断裂以东则普遍缺失部分古生界,且为北东向的相对坳陷盆地。早三叠世晚期,该区发育成为半封闭的内海盆地,发育蒸发式建造。晚三叠世末的印支运动,秦岭、松潘-甘孜褶皱带强烈褶皱,褶皱作用波及龙门山、大巴山地区,秦岭褶皱带最终与扬子陆块碰撞,拼合在一起,海侵历史随之结束。经燕山—喜马拉雅运动,龙门山、康滇地区进一步褶皱、抬升、推覆造山,并形成山前前陆磨拉石建造盆地类型,开始了前陆盆地及周边推覆滑脱-盆山耦合演化新阶段(图9-10)。

综上所述,作为上扬子陆块的主体,其地史演化经历了:基底形成阶段(≥800Ma中条旋回、晋宁旋

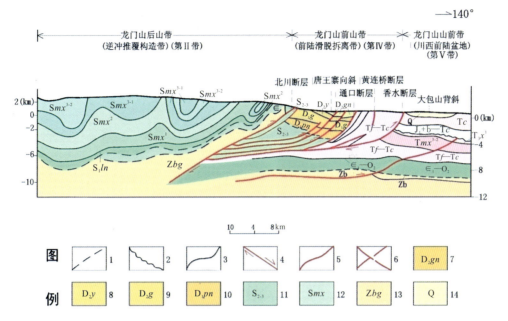

图 9-10 龙门山推覆构造带横剖面(据《四川省潜力评价成果报告》,2011)

1.整合接触;2.平行不整合接触;3.角度不整合接触;4.推测地质界线;5.冲断层;6.推测冲断层;7.中泥盆统观雾山组;8.中泥盆统养马坝组;9.下泥盆统甘溪组;10.下泥盆统平驿铺组;11.中、上志留统;12.志留系茂县群;13.上震旦统邱家河组;14.第四系

回)→扬子陆块形成和发展阶段(800~260Ma 兴凯旋回、加里东旋回、海西旋回)→裂解及俯冲碰撞阶段(260~205Ma 印支旋回)→褶皱隆升阶段(205~65Ma 燕山旋回)→差异性断块升降阶段(≤65Ma 喜马拉雅旋回)5 个阶段。相应的,其主要成矿响应经历了:新元古代晚期—古生代早期,可能由于地幔上隆,导致扬子陆块边缘拉张裂陷,在沉积形成了赋矿有利的碳酸盐建造的同时,由台-盆边缘同生断裂构造沟通循环可能形成了成矿元素的高丰度层;加里东晚期—海西早期,在陆块西缘,峨眉地幔柱初始上隆-地壳拉张裂陷-泥盆系和石炭系沉积成岩-初始富集铅锌矿层并对下伏铅锌矿层改造富集成矿,在陆块南东缘陆内碰撞褶皱造山背景下,鄂湘黔弧形断裂带继续活化发展、构造-岩浆热驱动-古油藏破坏-有机流体参与下,沿构造循环从而在有利岩性组合中侧向不均衡面型热液蚀变交代,进而形成受层滑构造控制的层控型铅锌矿床;印支—燕山—喜马拉雅期,在陆块西缘北特提斯洋关闭、碰撞褶皱造山,全面隆升成陆,在陆块东缘,由太平洋板块向西推挤逆冲推覆形成侏罗山式褶皱,进而对加里东期-海西期已形成的铅锌矿起到叠加改造作用,表现为:①破坏已有矿体或使已有矿体随地层褶皱变形、剥蚀后主要背斜轴部显露;②对已有矿体的改造富集并在含矿层及上覆地层形成切层的脉状铅锌矿(图 9-8)。

1. 基底形成阶段(≥800Ma)

(1)2600Ma 之前,四川盆地中部古陆核形成。

(2)2600~1800Ma,中条旋回,原地台形成,古元古代早、中期,原始岩浆质地壳风化剥蚀,在小盆地内沉积汤丹群、川中古陆核等,并伴随火山活动;古元古代晚期,汤丹群与川中古陆核等汇聚拼贴,形成初始的 Columbia 超级大陆。

(3)1800~800Ma,晋宁旋回,罗迪尼亚大陆,扬子地台形成。中元古代—新元古代,华夏、扬子两个陆块碰撞,扬子陆块大部分地区初步固结,并有同造山期酸性岩侵入,形成扬子陆块的褶皱基底。晋宁运动使得扬子克拉通成型,并且与华北克拉通拼合成统一的中国克拉通。

在上扬子南东部,武陵旋回(1700~1400Ma)华夏与扬子古陆离散,形成南华小洋盆,扬子古陆在其周边地区形成一系列大型裂陷盆地和陆缘裂合带,并有漂向南华洋的微陆块。中元古代早期梵净山群下部发育细碧岩-石英角斑岩、基性—超基性岩建造。青白口系板溪群属半深海沉积环境,沉积一套凝灰质碎屑岩,其上南华世为陆相冰川沉积环境,沉积了南沱冰碛层与溶溪冰碛层,在间冰期中沉积了含锰岩系。中元古代晚期—新元古代变质碎屑岩中产有石英脉型金矿及锑矿。武陵运动(1000～800Ma)有同造山期酸性岩浆的侵入及相关的钨、锡、铜和铌钽等矿产的生成。

2. 扬子陆块形成和发展阶段(800～260Ma)

(1)800～490Ma,兴凯旋回,冈瓦纳大陆,扬子陆块沉积第一套盖层。扬子陆块周缘地区发生裂离,并伴有大量火山岩喷发与酸性岩侵入,华夏与扬子陆块再分离,形成华南洋。扬子克拉通北缘拉张减薄作用,形成扬子克拉通北缘大巴山裂谷带,火山活动作用频繁,沉积火山复陆屑式建造及冰碛砾岩建造。现今四川盆地区大部为稳定古陆,南西为陆相火山碎屑沉积环境,大巴山以北为秦岭海,以西为汉南古陆,海水由南东向北西侵入。大巴山地区处于陆缘裂谷环境,南西的大量陆源碎屑及火山碎屑经短暂搬运后沉积。由于全球气候变冷,区域冰雪覆盖严重,近海地带以冰川泥石流形式于城巴断裂南北两侧分别形成了明月组冰碛层及南沱组冰水冰筏沉积。渝东南被大陆冰川覆盖,沉积了冰盖型的大塘坡组、南沱组紫红色、灰绿色冰碛泥砾岩建造。该期末的澄江运动使区域大面积上升,遭受广泛剥蚀,形成了南华系与上覆震旦系之间的平行不整合关系。该期为古隆起与古凹陷分异的初期,也是城巴断裂构造发展演化时期。渝东南地区处于板块陆缘裂谷环境,南华系沉积物为碎屑岩、冰碛砾岩建造,部分地段产菱锰矿。

澄江运动表现为南沱组冰碛层不整合在澄江组紫红色砂岩之上,导致扬子陆块西缘地壳破裂,故而岩浆活动相当强烈。经过澄江运动,扬子克拉通基底固结,之后裂谷活动中心进一步往北迁移,形成南秦岭早古生代裂谷系。从早南华世莲沱期开始,裂谷盆地由裂陷沉降逐渐过渡萎缩,至南沱期冰碛岩广布于扬子陆块。

基底形成以后,在雪峰运动(晋宁运动)的基础上,在晚震旦世,由于差异性的升降运动,形成了有利于磷矿沉积的水下隆起,在早寒武世产生大面积分布的黑色页岩和镍钼、铂钯多金属沉积。扬子陆块西缘有大规模花岗岩浆侵入;黔东南地区拉张裂陷-摩天岭花岗岩,边缘海盆地及其边部形成含锰、铁沉积。

在震旦纪—寒武纪海相沉积时期,盆地常为欠通畅的局限海环境,同生和后生断裂活动频繁,为矿源和热流活动创造了颇为有利的条件。震旦纪灯影期—麦地坪期,扬子西缘区域南北向安宁河断裂、甘洛-小江断裂、峨边-金阳断裂等拉张,形成同生断裂,沿同生断裂发育凹陷盆地,盆地边缘及底部的热水活动,沉积多期热水成因的层状、条带状、透镜状或结核状硅质岩,形成含铅锌白云岩-硅质岩赋矿建造。梅树村阶—新厂阶期,半深水槽盆-浅海台地相沉积过程中海水中的锌组分在沉积岩层中吸附沉积,在成岩作用阶段组分活化迁移,部分形成早期的星点状矿石,导致区内矿(化)带具有顺层分布的特点,局部形成低品位矿体。

(2)490～417Ma,加里东旋回,早加里东运动。

震旦纪—志留纪的加里东旋回,古隆起及凹陷分异,扬子陆块沉降,形成扬子台地。加里东期主要为陆表海。

震旦纪,澄江隆升运动结束,全球气候由冷变暖,冰川消融,扬子陆块早期为陆缘裂谷滞流海盆,沉积了陆源碎屑岩、碳酸盐岩,同时形成磷锰矿层;晚期为更广范围的海盆,沉积碳酸盐岩、硅质岩、陆源碎屑岩及蒸发岩等,灯影期沉积盖层的广泛超覆,构筑了初始碳酸盐台地,扬子陆块沉积了第一套盖层。震旦纪末,遭受大面积地壳上升,导致扬子区普遍与上覆寒武系假整合。中志留世,扬子陆块向华夏陆块俯冲,扬子陆块东南缘挠曲沉降,而在黔中一带矿成前陆隆起,扬子陆块周边隆升进一步扩大,因广西运动影响,本区上升为陆,先期沉积物广遭剥蚀,从而造成与上覆泥盆系/石炭系/二叠系间的平行不整合。

在上扬子陆块南部边缘褶冲带,加里东旋回处于被动陆缘。该区为上扬子陆块古生代的坳陷中心,下古生界发育齐全。震旦纪,本区处于陆缘裂谷边缘,为潮坪相、潮上-潮下带沉积。寒武纪—志留纪,本区沉积环境为陆棚碎屑岩盆地—陆棚碳酸盐台地—陆棚碎屑岩盆地演变。该区的碳酸盐建造中有广泛的层控热液型铜、铅、锌、汞矿化。加里东期构造运动,沿区域性断层上升的热卤水进入清虚洞组和娄山关组中,叠加在早期初始形成的矿(化)带上,使矿化带局部得到富集成矿体,形成区内铅锌矿体的主要格架;晚震旦世—早寒武世浅海相碳酸盐建造赋存铅锌矿、磷矿、金矿。

志留纪末,由于强烈的挤压作用,区域东南部发生强烈的造山运动(广西运动),早古生代沉积盆地褶皱上升形成华南褶皱带,并与扬子陆块合并为统一的古陆。

在上扬子中部之黔中地区及黔北地区,奥陶纪末到志留纪初,由于都匀运动影响,使该区上升为陆,缺失晚奥陶世及早志留世早期沉积。早古生代末的加里东运动后转变成上扬子古陆的组成部分,并大幅度地发生隆起,中晚寒武世—早奥陶世宁国早期在贵州西部的盘县—六盘水一线以西形成了牛首山古陆,中奥陶世—中志留世形成了滇黔桂古陆,并在早志留世与江南古陆相连结;早志留世开始,西部的威宁—盘县以西的牛首山古陆继续存在,在赫章—安顺—清镇—贵阳—瓮安—凯里—三都—荔波佳荣一线以北东为上扬子古陆,形成所谓的"黔中古陆"或"黔中隆起",不同程度地缺失了奥陶系、志留系、泥盆系和石炭系,总体沉积了大陆边缘重力流组合、碳硅泥质-碳酸盐沉积组合,拉张上隆环境磨拉石组合、浅水碳酸盐及碎屑沉积组合。在风化剥夷面上,形成了石炭系九架炉组含铝土质页岩系沉积,黔中铝土矿即产于此套沉积岩系中。黔中隆起与铅锌成矿的关系密切,主要体现在隆起周缘形成拉张环境,发育张性断裂,形成对有利成矿的局限台地相环境。在隆起的周边地区发育一些古断裂一方面控制了沉积盆地的古地貌进而控制沉积相,一方面深部含矿热液通过断裂进入盆地在沉积盆地中富集成矿,或运移到有利的部位成矿。在上扬子古陆边缘黔北地区形成了内陆盆地的溶蚀丘陵,为中二叠系底部的铝土矿造就了良好的原始成矿环境,控制了本区铝土矿带。晚二叠世初期,海水同时从北(川中)、南西(桂西北、黔南)浸入,整个黔北、川南地区处于川滇古陆东侧边缘碳酸盐台地,在台地中出现铜锣井、团溪等台沟相,广泛而有规律地分布着硫铁矿-高岭石黏土岩相,水云母黏土岩相,黏土质碳酸盐铁、锰矿相、含铝水云母黏土岩相、硅质岩相等。

受广西运动影响,海水发生退缩,上升为陆,先期沉积物广遭剥蚀。志留纪末本区抬升隆起,沉积环境已进入从海相到陆相的演变阶段,为陆表海沉积环境——陆表海亚相。在渝东-鄂西地区,早泥盆世上扬子地区仍为古陆,铁质从古陆以胶体和悬浮凝胶的方式搬运,并经红土风化壳富集,在海侵过程中形成粉砂岩-赤铁矿-页岩-生物碎屑岩含铁建造,产宁乡式铁矿。

在上扬子中部昭通-六盘水地区,广西运动(晚加里东运动)之后,进入陆内裂谷演化阶段,从中泥盆世中晚期开始到石炭纪末期,地壳拉张作用强烈沉陷,在六盘水裂陷槽内沉积形成了巨厚的局限台地相、盆缘缓坡相、潮坪-潟湖相等岩石组合,裂陷槽也为初始阶段的Pb、Zn富集提供了有利场所,来自古陆风化产物中的Pb、Zn随海水不断进入裂陷槽中,或被潮坪相的碳酸盐软泥吸附,或被藻类生物吸收而堆积于沉积物中。由于裂陷槽边界及内部生长断裂的活动,由外围渗来的大气降水的补给,在断裂引导下来自下部的较高密度的含Pb^{2+}、Zn^{2+}的热水在裂陷槽底与海水发生有限混合时,随温度、压力等条件的改变,形成斑点状、浸染状、条带状等具有同生构造的矿体(矿化体)。

在上扬子北缘大巴山地区(南秦岭陆缘裂谷带),加里东旋回处于陆缘裂谷,城巴断裂带活性显著增强,南北拉张形成活性强烈的裂谷阶段,至早寒武世形成由南向北的阶梯状断块;志留纪末期挤压活性增强,城巴断裂北侧岩浆活动频繁,有辉绿岩、辉长岩、闪长岩岩脉、岩床侵入。青白口纪—南华纪—震旦纪—寒武纪—奥陶纪,本区沉积环境呈半深海喷发沉积相—冰海半深水冰海相、潮汐带—陆缘碎屑浅海、半深海斜坡—陆缘碎屑滨海相演变,未发生沉积间断。早寒武世早期,陆缘碎屑浅海陆架泥相沉积,有毒重石矿产出。在震旦纪陆棚碳酸盐台地-陆缘碎屑-碳酸盐台地环境,形成了沉积型锰、磷矿。

在上扬子腹地现今四川盆地区,古生代是相对隆起区,盆地中心在华蓥山断裂以西。加里东旋回处于被动陆缘,震旦纪—寒武纪,为陆棚碳酸盐台地环境。不同程度地缺失寒武纪—志留纪。

(3)417~260Ma,海西旋回。晚加里东-早海西(417~354Ma),扬子陆块及华南后加里东地台陆表海沉积,形成第二套沉积盖层,扬子陆块周缘以伸展裂陷为主,在南盘江-右江地区形成"台沟"古地理格局;中海西(354～260Ma),早期(C_1/D_3:354Ma)扬子陆块在赤道附近徘徊,大部地区以伸展沉陷为特征,西南部受特提斯洋活动影响裂陷较强,南部有较强的造山作用。泥盆纪海水自西南向北东侵漫,地层渐次向北东发生超覆,形成陆海交替的特定环境。中海西期紫云运动(C_2/C_1:320Ma)除黔南和黔西的部分地区早石炭世早期与晚泥盆世末期的地层为连续沉积关系之外,贵州南、中部地区则表现为早石炭世中、晚期地层超覆于早石炭世早期至晚寒武世不同层位之上。东吴运动(P_3/P_2:257Ma)晚海西期,峨眉山玄武岩事件。在晚二叠世海西期为主的峨眉地裂达到高潮,扬子陆块上隆并产生强大的地壳裂张,峨眉地幔柱活动使幔源玄武岩浆沿安宁河、甘洛-小江、峨边-金阳等开裂带喷发,峨眉山玄武岩岩浆活动引发区域大规模流体运移,并淋滤灯影组中的陆源铅锌成矿物质和会理群中的海底火山源铅锌成矿物质,沿区域性控矿断裂向上迁移,受上覆筇竹寺组砂页岩隔挡层阻挡,沿主断裂旁侧白云岩层间破碎带交代、沉淀,形成铅锌矿体。二叠纪中—晚期大规模基性岩浆喷发,既提供了较丰富的相关矿源,也提供了充足的热源。

二叠纪—晚三叠世早期,扬子陆块裂解,内部相对稳定,边缘强烈拉张,玄武岩喷发及基性—超基性岩侵位。随之有基性岩浆的侵入,形成康滇地轴及其邻区的基性或超基性岩体。海西期早期岩浆活动较为微弱,晚期主要为玄武岩喷溢及超基性—基性岩浆侵位,形成钒钛磁铁矿、铜镍铂钯矿、铅锌矿等。泥盆系、石炭系碳酸盐岩地层赋存铅锌矿、铁矿、锑矿、金矿。晚二叠世早期华南为热带雨林,植物繁茂,是重要的成煤时期。中二叠统梁山组和晚三叠统宣威组中的铝土矿与其所处于的滨海及滨海沼泽相有关。

从晚石炭世黄龙期后至中二叠世梁山期,黔中北—渝东南长达0.4亿年侵(剥)蚀时间,基岩裸露地表,处于物理、化学风化场中,所处地理位置在北纬8.2°±,即古赤道附近,属赤道热湿地带,被剥蚀的地层风化成红土,形成了黔北-渝东南原始铝土矿分布区,在形成原始铝土矿层过程中,海西期的升降运动是区内沼泽化的主要地质营力。

在上扬子东部,加里东运动后,东部褶皱成山,与扬子古陆合并成为统一的陆块。泥盆世早期,区域继承了早古生代末上隆作用,区内为剥蚀区,缺乏沉积记录。早泥盆世中、晚期,区内南部出现滨浅海相的类磨拉石沉积,反映区内由于地壳拉伸变薄而开始向浅海沉积盆地演化。中、晚泥盆世—早二叠世,由于受南邻右江地区裂谷活动(六盘水裂谷)的影响,区内地壳伸展作用进一步加强,发生不均衡的断陷作用,沿先期构造形成了一系列北西向和东西向展布的地垒-地堑式构造,造成了受其控制的台、盆相间的沉积格局——地垒之上为浅海台地相沉积,地堑中则形成较深水的台盆(或台沟)相深色泥硅质-碳酸盐沉积组合,使区内沉积格局变化迅速,沉积物丰富多样,在相对下降的台沟和相对上升的台地间发育礁相地层,成为含矿热卤水沉淀良好的障壁和热液矿床理想的容矿空间。发生于早二叠世末的海西运动使区内普遍上升成陆遭受剥蚀,幔源的玄武岩浆沿地壳薄弱地带(紫云-垭都断裂)发生大规模喷溢,强烈的构造-岩浆活动为区域铅锌银金锑汞等成矿物质的富集、迁移提供了丰富的物源、热源和动力,使这个时期继加里东期之后成为区内又一个重要的成矿期。

在上扬子北缘米仓山-大巴山基底逆推带,中二叠世为陆内盆地陆表海,为三角洲平原相—碳酸盐台地相,三角洲平原相碎屑岩建造中产煤。缺失中晚志留世—早二叠世的沉积,中二叠世,本区沉积环境在上扬子现今川中前陆盆地区,石炭纪—中二叠世为陆内盆地陆表海,沉积环境呈开阔台地相—三角洲平原相—碳酸盐台地演变。碎屑岩建造中局部产铝土矿、煤、硫铁矿等。

3. 裂解及俯冲碰撞阶段(260～205Ma)印支旋回

(1)早印支期(T_2/P_3:277Ma)。扬子陆块周缘褶皱造山,并向扬子克拉通逆冲,形成前陆盆地,本区处于陆内盆地陆表海构造古地理单元。中二叠世末的东吴运动使区内上升为陆遭受剥蚀。晚二叠世初,渝西南地区继承了中二叠世末的古地理面貌,地壳抬升,海水由南西向北东退缩,沉积了碎屑岩与泥灰岩组合的铝土质含煤建造;渝东北则沉积了滨海沼泽—浅海单陆屑碳酸盐建造。晚二叠世晚期,海水复进,沉积了浅海碳酸盐建造。早三叠世海侵加大,海水从东向西侵进,四川盆地成为一个半封闭状态的内海盆地,周缘为陆地,海水南西浅、北东深,依次为三角洲—滨海—浅海环境,沉积红色复陆屑建造和异地碳酸盐建造、膏盐蒸发岩建造。在右江盆地区这一时期建造中赋存有微细浸染型金矿、沉积型锰矿、铝土矿。

(2)晚印支期安源运动(T_3/T_2:205Ma)。龙门山、锦屏山、玉龙山推覆构造带演化与前陆盆地形成。结束了海相沉积的历史,标志着地壳演进中的一次重大变革,为海西印支构造阶段的上限。扬子-华南陆表海沉积。中三叠世初,随着四川盆地周边古陆逐步抬升,大巴山—七曜山—金佛山一带及以西的重庆西部地区为潮间缓坡至滨岸海盆,沉积了复陆屑碳酸盐建造→膏盐蒸发岩建造。晚三叠世早—中期地壳持续稳定上升,至晚期大规模海退发生,本区处于微咸水—半咸水湖泊环境,大量碎屑物质经由河流进入湖盆,形成了富含有机质的沉积物。南秦岭、右江大陆边缘裂谷系(海盆)形成。晚三叠世大规模海退,结束海相进入陆相,形成砂岩型铜铁矿,同时由于中特提斯向东俯冲消减,台缘地裂带闭合,裂谷盆地后期的沉积层又可覆盖已成的铅锌矿层,起到屏蔽保护作用。

四川盆地在晚古生代至早中三叠纪为台地碳酸盐沉积,沉积环境呈三角洲平原相—碳酸盐台地—潮坪相演变,上二叠统三角洲平原相碎屑岩建造中产煤、硫铁矿,中三叠统碎屑岩建造中时夹含铜砂岩。盆地边缘各古陆上大量含锶岩石,经风化剥蚀、化学分解,锶呈离子状态进入溶液,带入海盆,华蓥山基底断裂的不断活动,还能带来大量深源的锶进入海盆。古龙锶矿(玉峡式)经历了三次潮间—潮上咸化沉积,形成三层天青石膏质藻层纹白云岩—矿源层,完成了锶的第一次富集。

在米仓山-大巴山基底逆推带,晚二叠世、早三叠世—中三叠世,本区沉积环境呈三角洲平原相—碳酸盐台地—潮坪相演变,下三叠统碳酸盐建造中偶有层控热液型铅、锌矿化,上二叠统三角洲平原相碎屑岩建造中产煤、硫铁矿,中三叠统碎屑岩建造中时夹含铜砂岩。

印支晚期至燕山早期的构造运动,使地壳深部和上地幔形成了富含挥发份活动元素的成矿流体,并浸取了基底和深部富含Au和Hg、Sb、As、Tl等的地层岩石中的成矿元素而形成原始成矿超压流体。

4. 褶皱隆升阶段(205~65Ma)燕山旋回

晚三叠世末的印支运动,秦岭、松潘-甘孜褶皱带强烈褶皱,褶皱作用波及大巴山地区,秦岭褶皱带最终与扬子陆块碰撞,拼合在一起,海侵历史随之结束。开始了前陆盆地及周边推覆滑脱-盆山耦合演化新阶段。燕山旋回(205~65Ma),前陆逆冲带继续向陆块中心推覆,前陆传播带及前陆隆起带上隆,缺失沉积。扬子陆块南部边缘褶冲带褶皱回返,接受剥蚀。

早白垩世末,燕山运动有Ⅰ幕发生,使下白垩统及老地层发生轻微褶皱。黔北一带在山间盆地内有红色砂、砾粉碎屑堆积。在山地前缘形成四川、楚雄等前陆盆地堆积了一套红色陆相的磨拉石或亚磨拉石建造。由于背式逆冲的间息性活动,形成了侏罗系—白垩系中的多次不整合和假整合。随着西部洋盆褶皱回返,产生自西向东挤压,龙门山-哀牢山逆冲断裂逐渐发育,形成西、中、东3个构造断片,自西向东发生背式逆冲超覆、地壳增厚、形成西缘地壳增厚梯度带。前陆逆冲带继续向陆块中心推覆,前陆传播带及前陆隆起带上隆,缺失沉积。南盘江右江褶皱回返,接受剥蚀。

太平洋板块向中国大陆俯冲,使全区褶皱隆升,构造线由EW向转向NE—NNE向。对铅锌矿初始矿胚层进行改造富集,使得区内铅锌矿局部又一次富集。中生代红层产砂岩型铜铁矿。燕山期的褶皱变动,不仅为铝土矿的成熟化创造了复杂的水文地质背景,对进入地表浅部氧化带的中二叠统梁山组中的雏始铝土矿进行后生改造,形成了大小不等的铝土矿体。造山运动形成的区域性褶曲、断裂,控制了现今矿床(点)的空间分布,故铝土矿床(点)的产出均赋存在主要褶曲构造的特定部位。

在上扬子东部,印支—燕山期旋回:早三叠世继承上二叠世的古地理沉积格局,地壳进一步沉陷,深水沉积区进一步加深扩大,沉积了斜坡-陆棚边缘相泥灰岩、泥晶灰岩建造(T_1l),继后,海水逐渐加深过渡为深水滞留盆地钙质砂泥岩浊积岩建造(T_2xm)。发生于晚三叠世的印支运动使晚古生代裂谷褶皱关闭,整体抬升为陆,结束海相沉积,同时,区内挤压上隆,成为稳定的地台,缺乏盖层沉积,早期形成的沉积物也遭到不同程度的剥蚀。区内构造形变及断裂多发生于燕山期,侏罗纪末,在燕山运动强大的挤压应力的作用下,区内地台活化,形成了最为醒目的侏罗山式褶皱和逆冲推覆构造,强大的应力和前陆造山作用形成的地势差为成矿流体的流动提供了动力,使区内先期形成的矿床受到强烈改造,同时,形成区内颇具特色的低温热液矿床,例如独山半坡大型锑矿和丹寨四相厂大型汞矿的主成矿期便是燕山期。

早侏罗世:地壳下降不断湖浸的过程中,在陆相须家河组含煤建造与自流井群红色建造之间,处于古气候由潮湿到炎热,水介质由弱还原酸性到强氧化碱性,水动力条件由强烈到较弱的转折点。綦江式铁矿产于下侏罗统水浸旋回底部侵蚀面之上,其成因类型应属内陆湖沼相化学沉积型铁矿床或大陆湖沼型碎屑岩-泥质岩-有机岩的层状赤铁矿-菱铁矿矿床。

在川中前陆盆地,受晚三叠世印支运动末幕的影响,进入陆相沉积阶段,构造古地理单元为陆内盆地压陷盆地环境。晚三叠世—侏罗纪—白垩纪,本区沉积环境呈曲流河相—湖泊相交替演变,主要为杂色、红色碎屑岩建造,局部夹煤层、赤铁矿、菱铁矿、含铜砂岩等。受燕山运动及喜马拉雅山早期运动影响,随北西-南东向挤压应力的进一步增大,华蓥山断裂的再次活动及次级断层相继出现,背斜轴部及近轴部两翼地层形成层间剥离、层间破碎,构造运动使热液运移通道进一步贯通,此时背斜逐渐剥蚀开启,在构造挤压下深部富 Sr^{2+} 的再生热卤水沿华蓥山一系列断裂通道向西山背斜负压区运移,不断萃取沿途岩石中的锶,选择性交代嘉陵江组二段一亚段的含天青石藻纹层白云岩,并富集成矿,形成工业锶矿体。

在米仓山-大巴山基底逆推带,晚三叠世—白垩纪为陆内盆地压陷盆地环境,为曲流河相,沉积物为砾岩、杂砂岩、砂岩,夹泥质砂岩、煤层等。早白垩世,在北东向挤压应力场的强劲持续作用下,南大巴山推覆面沿基底活动,切割深部盖层,并且呈上叠式往北东方向扩展,形成北西向隐伏逆冲断层系,向上为盖层北北西—北西—北西西向背斜隆起所取代。至此米仓山-大巴山推覆滑脱弧形构造带形成,形成构造地貌意义上的四川盆地。晚白垩世的燕山运动,来自近南北向的挤压应力场,基底逆冲推覆断面向上发展,进一步切穿上部盖层,推覆体往南逆冲推覆。与此同时,由于深部推覆滑脱位移,导致上部形成复式背斜隆起成型。大巴山构造-地貌盆地及盆周山系逐渐盆山分野,沉积收缩在前陆盆地范围内。气候转为炎热干旱、成为大型红色内陆盆地。

在扬子陆块南部边缘褶冲带,晚三叠世—侏罗纪为陆内盆地压陷盆地环境。沉积环境晚为曲流河相、湖泊相,沉积物为杂色、红色碎屑岩,夹煤层。

5. 差异性断块升降阶段(≤65Ma)喜马拉雅旋回

喜马拉雅运动,由于印度与欧亚大陆碰撞,使中国西部受印度洋动力体系的影响最强烈,青藏高原急剧抬升,并影响中国东部-滨太平洋构造域演化,亚洲东部边缘裂解,中国现代构造-地貌形成,此过程中再次激活上扬子陆块边界断裂-龙门山断裂、城巴断裂,均产生了大规模推覆构造、逆掩构造、大型走滑、重力滑覆构造,地壳强烈缩短。到推覆构造活动晚期,盆地深部地块向北东楔入,城巴断裂带复活使大巴山滑脱带上部强烈褶皱,其北西段褶皱横跨叠加在米仓山早期的东西向复式褶皱之上。南东段则与扬子陆块南部边缘被动褶冲带(南部碳酸盐台地)叠加(八字型联合双弧),云贵地区逐渐抬升。康滇地区走滑拉张,形成一系列走滑拉张盆地。至此构造-地貌盆地及周边山系耦合成型,四川盆地范围大为缩小。长江逐渐改为东流,成为剥蚀区。古近纪,西部造山带的新、老断裂活动性较强,在一些小型断陷或山间盆地内接受沉积;东部沉积区多继承晚白垩世发展。之后,西部地区持续、间歇上升,扬子盆地中心经常变迁,在冷暖气候的交替环境中,沉积物横向变化很大。喜马拉雅期构造运动还表现在旧有的断裂较为活跃,温泉密布,地震频繁发生。新近纪以来,现代地貌、构造意义上的四川盆地才真正开始形成,西部高原也逐渐降升。新近纪和第四纪地质有明显的继承性和过渡性,而同古近纪地质有显著的差异,古近纪与晚白垩世地质有密切的联系。在第四系有砂砾岩型矿产出。

第十章 区域成矿规律

区域成矿规律是指矿床在某一区域内产出和分布的规律性。成矿规律主要研究矿床形成的空间关系、时间关系、物质共生关系及内在成因等关系的总和,其研究内容主要有:成矿背景与环境分析;矿床时空分布规律的总结;矿床类型划分与成矿模式的构建;总结关键控矿因素和找矿标志;成矿系统与矿床成矿系列的划分;划分成矿区(带),编制成矿规律图;进而指导矿产勘查部署选区和预测评价。虽然上扬子作为一个相对稳定的地质块体,具有拉张、裂陷、汇聚闭合、碰撞造山、褶皱变形主要在陆块周围边缘强烈发生的整体特征,但受周边相邻板块的交叉、联合影响,其构造运动期次、发生发展演化以及运动方向、构造样式在陆块的不同部位是不同步的,具此起彼伏、此聚彼离的特征,在地史演化与成矿方面又具有其特殊性,这在本书第三章至第十章中已有具体阐述。

本章将从上扬子区域地史演化、主要矿床类型、矿床空间分布、矿床时间分布、成矿专属性(地层-岩性-地球化学块体、构造-地球物理)、主要成矿事件与成矿作用等方面进行总结的基础上,进而在各构造旋回下划分成矿系列、构建成矿谱系,探讨地壳活动性与成矿的关系。

第一节 上扬子区域地史演化概述

上扬子陆块区区域地史演化是全球尺度及全国尺度上区域地史演化的局部表现和响应。

在全球尺度上,Goodwin(1981)认为地壳演化经历了最早期(4600~3800Ma)陆核形成和早期(3800~2600Ma)高度活动的微板块构造期,经较稳定的较大克拉通内硅铝层活动带的板内构造期(2600~1300Ma),到包括现代大陆和洋盆的大而刚性的岩石圈板块的大板块期(1300Ma至现代)。Windley(1984,1995)认为大陆在3800Ma期间内演化至现今,经历了大致对应于太古宙、元古宙和显生宙这样3个明显不同的阶段。

中国大陆是由一些小克拉通(陆块或准地台)、众多的微陆块和造山带拼合而成的复合大陆,几个前寒武纪陆块较非洲、北美、西伯利亚和俄罗斯诸克拉通(地台)小得多,实是活动带中的大型中间地块(任纪舜等,1990)。

扬子陆块就是中国大陆中众多的小克拉通(陆块或准地台)、微陆块之一,从新太古代以来为一部较典型的稳定陆块地质演化史,总体来说经历了基底形成(古陆核—结晶基底—褶皱基底,800Ma以前)、扬子陆块形成和发展(800~260Ma)、陆内裂解及陆块周缘逆冲推覆(260~205Ma)、褶皱隆升(205~80Ma)、差异性断块升降(80Ma以来)五大阶段(图10-1、图10-2、表10-1)。

(一)基底形成阶段(800Ma以前)

1. 中条旋回(1800Ma以前)

新太古代可能在四川盆地中部形成古陆核;古元古代早、中期,原始岩浆质地壳风化剥蚀,在小盆地内沉积汤丹群、川中古陆核等,并伴随火山活动;古元古代晚期,汤丹群与川中古陆核等汇聚拼贴,形成初始的Columbia超级大陆。

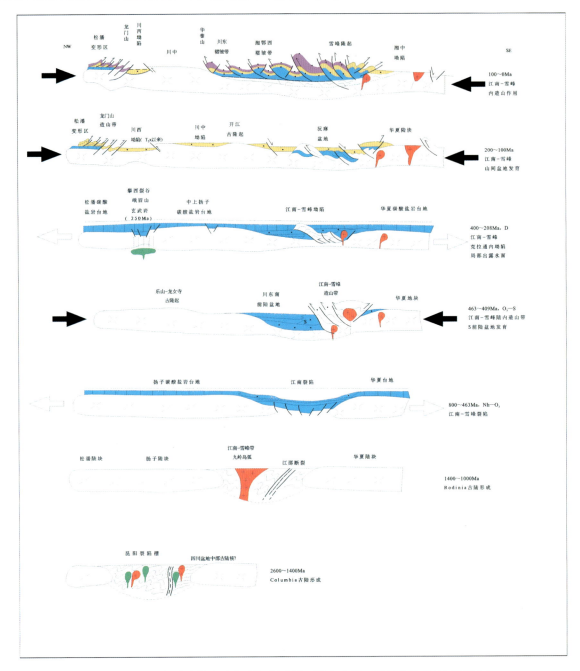

图 10-1　上扬子陆块大地构造演化图(E-W向表达)(据何登发,2011 略修改)

2. 大红山(河口)旋回(1850~1700Ma)(中元古界/古元古界,与华北的吕梁运动相当)

吕梁旋回时期,该区处于地槽环境,堆积了康定群、普登群以基性、中基性火山岩为主和部分陆源碎屑岩,即类似于原地槽绿岩建造。以英云闪长岩、石英闪长岩为主的钠质花岗岩系列与康定群(?)、普登群及其边缘混合片麻岩共同组成扬子陆块的结晶基底,据同位素年龄测定,时限为(29.5~17)亿年,应属古元古代至太古宙。

1850~1700Ma 左右的以河口群和大红山群为代表的火山-碎屑岩的存在,表明在古元古代末期已经形成了陆壳,但推测当时的地壳较薄,也不太稳定,经常伴有强烈的海底火山活动,随之有 TTG 岩套以及花岗片麻岩穹隆的形成,陆核周边地壳不断增生。古元古代末,经大红山运动(与华北的吕梁运动相当)形成的扬子克拉通,其规模大于现今的扬子陆块,并可能与华北、塔里木等克拉通联结,成为泛克

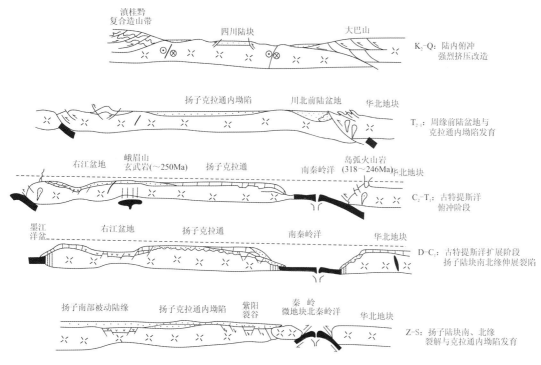

图 10-2 上扬子陆块大地构造演化图（S-N 向表达）（据何登发，2011）

拉通的一部分（即哥伦比亚超大陆的一部分）。与扬子克拉通的形成同时或稍后，印支陆核也相继萌生，成为华南板块另一个古老的增生点。

表 10-1 上扬子陆块地质发展简表

地质年代（Ma）			构造运动	主要地质事件	地质发展阶段	
新生代	晚第四纪 古近纪	65	喜马拉雅运动	新特提期闭合	欧亚大陆形成	
中生代	白垩纪		燕山运动 澜沧运动	印度洋扩张，印度大陆从冈瓦纳分离	欧亚大陆联合 古特提斯洋演化	特提斯阶段 古特提斯阶段
	侏罗纪	180 205±		怒江闭合		
				金沙江带闭合		
	三叠纪			古特提斯闭合和澜沧江结合带形成		
晚古生代	二叠纪	250		南、北古陆向赤道方向漂移藏滇古陆冰筏沉积		
	石炭纪					
	泥盆纪					
早古生代	志留纪	410	加里东运动	南北两古陆盖层沉积	劳亚古陆离散，冈瓦纳古陆聚合	萌特提斯阶段
	奥陶纪					
	寒武纪	540	泛非运动	藏滇古陆基底变质，元古大洋潜没于冈瓦纳之下	藏滇古陆基底形成	
新元古代	震旦纪	1000	澄江运动	元古大洋封闭，潜没于扬子古陆之下	扬子古陆盖层发育	元古大洋闭合阶段
中元古代		1800	晋宁运动	原生地壳增生，活动型、稳定型沉积分异明显，原始洋壳硬化	古陆基底形成	元古大洋阶段
古元古代			吕梁运动	结晶基底地层沉积	原生地壳形成	

3. 扬子(晋宁)旋回早期(1700～1400Ma)

随同全球性裂谷活动而发生裂解,华夏古陆发生离散,两古陆间可能为南华小洋盆。扬子古陆在其周边地区形成一系列大型裂陷盆地(川中、滇中、鄂北等)和陆缘裂谷带(江南、川中、滇中西侧、南秦岭等),并有漂向南华洋的微陆块。

4. 扬子(晋宁)旋回晚期(1400～1000Ma)

伴随着盐边-峨边洋盆的褶皱回返,产生南北向挤压,使西昌-滇中裂陷盆地发生东西向褶皱、冲断。金沙江以南的滇中地区,由于强大的南北向挤压进一步发展产生由南北向小江断裂、安宁河-绿汁江断裂控制的具有拉张特征的裂陷盆地、沉积了昆阳群(?),完成了中元古代早期裂陷盆地向中元古代晚期裂陷盆地演化阶段的转化。

5. 四堡旋回(1000～800Ma)

中元古代南华狭窄洋盆萎缩、消亡,华夏、扬子两个陆块碰撞形成了广阔的陆间造山带。青白口纪早世,对接不久的扬子、华南陆块发生离散,南华裂谷系开始形成。康滇地区未受到四堡运动显著影响而继续沉降。在黔中地区中元古代洋盆向新元古代裂陷盆地转化-武陵运动,大约是距今1000～800Ma的构造运动事件,是华南地区已知最古老的造山运动。青白口纪末,扬子、塔里木-华北、印支古陆块聚合成为中国古地台的组成部分。

(二)扬子陆块形成和发展(800～260Ma)

1. 澄江旋回(800～543Ma)- Rodinia解体(820Ma)、伸展不整合

扬子陆块西缘由于澄江运动影响,导致地壳破裂,故而岩浆活动相当强烈。在康滇地轴南北带上有大量酸性岩浆侵入,形成分布广泛的花岗岩基。另外陆相火山喷发也很强烈,在地轴北段形成大量的中酸性及中基性火山岩,成为下震旦统苏雄组或开建桥组的重要组成部分。华南地区南部的南华裂谷系由发展到消亡,震旦纪—寒武纪洋盆内形成的锰碳硅质、硅铁质、黑色页岩,以及冰筏堆积等一套标志性建造,与扬子区震旦系、寒武系可对比,表明二者当时距离不远。

2. 加里东旋回(543～417Ma)

1)扬子陆块区

(1)震旦纪—寒武纪—早奥陶世构造演化。

震旦纪(800Ma)开始,沿江绍缝合带的斜向俯冲转变为左行走滑,形成江绍转换断层系,使华夏陆块向东运动,扬子板块向西运动,导致古华南洋扩张,两个陆块边缘形成复合的转换拉张型裂谷盆地系。裂谷盆地系由华南裂谷盆地、扬子东南大陆边缘盆地和华夏西北大陆边缘盆地三部分组成,形成不同级别的复杂的堑垒构造系。单个构造呈北东—北北东走向,在平面上呈东西向左行雁列。

寒武纪—早奥陶世为被动大陆边缘演化阶段,扬子克拉通上发育碳酸盐岩大陆块,扬子陆块东缘和东南缘形成陆块镶边,以及大规模的台缘斜坡滑塌堆积,向东为深海盆地。华夏的西缘也具大陆边缘性质,但为碎屑岩堆积。

晚震旦世—奥陶纪的地层分布,沉积特征和发育状况,表明本区在这一地史阶段经历了三次升降运动,产生三次海侵和海退,且各有不同特点。在总体升降的基础上形成一些大型隆起和坳陷,最终导致构造格局和古地理面貌的改变及康滇古陆的初步形成。

(2)晚加里东运动(410Ma)(广西运动—加里东运动)。

黔中-雪峰山断续抬升,接受剥蚀,扬子陆块中下志留统与上覆地层普遍为假整合。这次运动在扬

子陆块上形成极为宽缓的褶皱和大量小规模的断裂,褶皱仍以黔中背斜较清楚,北东、北西向的断裂均较显著,伴随广西运动的发生,在扬子陆块与华南褶皱带之间由差异性隆升所形成的张裂地带,有金伯利岩等偏碱性超基性岩的侵入。

2)造山带

早古生代泛华夏大陆西部边缘存在近东西向的昆仑前锋弧,在其北侧经历了早古生代多岛弧、弧后海底扩张与弧后盆地萎缩、俯冲消亡和弧弧碰撞、弧陆碰撞的演化历史。碰撞之后该区的大部分地区于泥盆纪已转化为陆地,成为泛华夏大陆群华北陆块西南缘的一部分;在石炭纪—二叠纪碰撞后的地壳伸展背景下又形成了裂陷或裂谷盆地。

3. 海西旋回(417~260Ma)

1)扬子陆块区

(1)早海西期(C_1/D_3:354Ma)。

扬子陆块大部分地区以伸展沉陷为特征,其西南部受特提斯洋活动影响裂陷较强,而南部有较强的造山作用。泥盆纪—石炭纪,川滇黔桂地区由于裂陷作用形成了独特的台沟古地理景观。

(2)中海西期——紫云运动(C_2/C_1:320Ma)。

晚泥盆世末的海退与早石炭世中期和晚期逐步扩展的海进之间,贵州北部和中部有一次明显的升降运动——紫云运动,也有少量极平缓的褶曲形成。

(3)黔桂运动。

黔桂运动在贵州表现为岩石圈张裂沉陷不均,部分陆块作间歇性相对抬升,也可看作海西—印支构造阶段的一幕。扬子陆块内二叠系与石炭系间多为平行接触关系,扬子陆块边缘及南盘江盆地为连续沉积。

(4)东吴运动(P_3/P_2:257Ma)——晚海西期,峨眉山玄武岩事件。

主要表现在由于海西构造影响,扬子陆块上隆并产生强大的地壳裂张,有大量玄武岩浆喷出地表,在康滇地轴、川滇坳陷及西部盆地内形成大量陆相、海相喷发的二叠纪玄武岩,其分布十分广泛,厚达2~5km;随之有基性岩浆的侵入,形成康滇地轴及其邻区的基性或超基性岩体,同位素年龄(3.56~2.51)亿年。

2)造山带

在扬子陆块西北侧,从昆仑前锋弧和康滇陆缘弧以"日本群岛裂离型"裂离出唐古拉-他念他翁残余弧,构成泛华夏大陆西南缘的晚古生代前锋弧。夹持于该前锋弧与早古生代昆仑前锋弧之间的羌塘、澜沧江、昌都、兰坪、金沙江、中咱、义敦、甘孜-理塘等地的广大区域记录了晚古生代—中生代弧后扩张、多岛弧盆系发育、弧-弧碰撞、弧-陆碰撞的地质演化历史。碰撞之后该区的大部分地区于晚三叠世转化为陆地,并形成碰撞后地壳伸展背景下的裂陷或裂谷盆地。扬子陆块西侧之滇西经历了范围广泛的伸展作用,在伴随高热的裂陷作用和迅速沉降过程中,可能发生硅铝层甚至上地幔一部分的深熔作用及活动化作用。

(三)陆内裂解及陆块周缘逆冲推覆(260~205Ma)——印支旋回

1. 扬子陆块区

印支运动从根本上促进了西部造山带和东部陆块的强烈分野。扬子陆块东部仍处于比较平静的构造环境之中。除扬子陆块西部边缘有大陆裂谷到层状基性岩浆侵入和玄武岩浆喷发外,大部分地区未见岩浆岩。三叠纪,东部逐渐抬升,沉积区中心不断向西迁移,多为浅滨环境,沉积了稳定型蒸发岩和灰色陆屑建造。

2. 造山带

在松潘-甘孜造山带，扬子陆块向西的斜向楔入，首先是以亲冈瓦纳的滇缅泰马（含保山地块）与扬子陆块裂离的前锋弧、印支、昌都、中咱等岛陆及其相邻的岛弧发生弧弧碰撞、弧陆碰撞。在扬子陆块西缘先在哀牢山弧后洋盆于中三叠世末消减，向北在川西藏东发育的弧盆系统于晚三叠世消亡。相应地在扬子陆块北缘，从西秦岭向西昆仑、可可西里，表现为从中三叠世→晚三叠世→晚三叠世末的斜向连续的碰撞过程。巴颜喀拉晚古生代弧后盆地东部边缘在拉丁期（T22）—晚三叠世的西康群表现为前陆盆地的特点（颜仰基、吴应林，1995），证明了扬子大陆西向、斜向、双向俯冲，最终关闭了古持提斯巴颜喀拉洋盆。

（四）褶皱隆升（205～80Ma）——燕山旋回

1. 扬子陆块区

随着西部洋盆褶皱回返，产生自西向东挤压，该带逆冲断裂逐渐发育，形成以后山、中央、前山断裂带为主体的西、中、东3个构造断片，自西向东发生背式逆冲超覆、地壳增厚、形成西缘地壳增厚梯度带。西缘哀牢山、龙门山、锦屏山、玉龙山脉可能也在这一时期形成。在山地前缘形成前陆盆地，堆积了一套红色陆相的磨拉石或亚磨拉石建造。由于背式逆冲的间息性活动，形成了侏罗系—白垩系中的多次不整合和假整合。

2. 造山带

在侏罗纪—中始新世基本上处于大陆内部的发展阶段，除中侏罗世于贡山-腾冲区曾发生短暂的海侵外，其余地区皆发育陆相的红色碎屑沉积或为隆起剥蚀区。滇西-川西的中生代沉积盆地受到明显改组，造成晚白垩世沉积盆地大规模的萎缩及古新世—始新世早中期沉积盆地的侧向迁移。

3. 南盘江地区

受太平洋板块对欧亚板块斜向俯冲形成的滨太平洋活动带构造作用的影响，南盆江-右江盆地关闭。使晚白垩世以前的地层普遍发生褶皱断裂，奠定了现今所见地质构造和地貌发育的基础。零星分布的上白垩统与下伏不同时代地层均为明显的角度不整合接触。

（五）差异性断块升降（80Ma以来）——喜马拉雅旋回

新近纪以来，现代地貌、构造意义上的四川盆地才真正开始形成，西部高原也逐渐降升。从气候、沉积建造、生物和地理环境诸方面来看，新近纪和第四纪地质有明显的继承性和过渡性，而同古近纪地质有显著的差异，古近纪与晚白垩世地质有密切的联系。喜马拉雅期构造运动还表现在旧有的断裂较为活跃，温泉密布，地震频繁发生。

第二节 上扬子区主要矿床类型

陈毓川等（1999）将中国矿床划分为岩浆岩型、伟晶岩型、斑岩型、海相火山岩型、陆相火山岩型、接触交代型、热液型、受变质-变成型、沉积型、风化壳型、砂矿型和成因不明型12个类型。在上述基础上本书将沉积型进一步细化为陆相沉积型、海相沉积型，共13个主要基本类型，考虑到一些过渡类型、比较通用或习惯称呼的类型如卡林型、喷流沉积型、矽卡岩型、层控热液型等，为保持文图表库一致性，本书确定类型分类方案如表 10-2 所示。

表 10-2 矿床类型分类方案

成矿作用	矿床类型
与岩浆作用有关的	岩浆型、斑岩型、热液型、矽卡岩型（接触交代型）、云英岩型
与火山作用有关的	陆相火山岩型、海相火山岩型
与沉积作用或沉积变质作用有关的	沉积型、堆积型、海相沉积型、陆相沉积型、沉积变质型或沉积改造型、砂岩型、喷流沉积型、风化壳型、砂矿
与构造有关的、或其他	层控热液型、卡林型/微细浸染型、构造蚀变岩型、成因不明型（可能含热液脉型、层控型）

据现有资料统计：与岩浆作用有关的矿床总计 359 个；与火山作用有关的矿床总计 130 个；与沉积作用或沉积变质作用有关的矿床总计 1057 个；与构造有关的或其他（含构造蚀变岩型、层控热液型、卡林型、成因不明的热液脉型等）矿床总计 900 个。从统计分布图（图 10-3）可知，上扬子地区矿床类型总体以与沉积作用或沉积变质作用有关的沉积型、构造蚀变岩型、层控热液型、卡林型、成因不明的热液脉型矿床为主，占总矿床数的 80%，而与岩浆作用、火山作用有关的矿床仅占 20%，这是由长期以来上扬子地区较稳定的陆块演化性质的地质背景所决定的，使得在矿床类型上以沉积-层控、低温热液为其显著特点，在矿种上以铝土矿、锰矿、磷矿、煤矿、铅锌银、钨锡、金矿为主，其次还有铜、铁等。

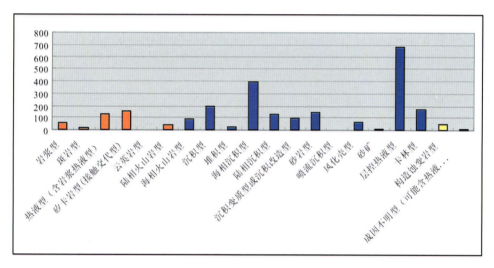

图 10-3 上扬子地区主要矿床类型统计分布图

第三节 上扬子区矿床时空分布特征

一、矿床空间分布

由于上扬子陆块陆内腹地较稳定而周缘活动性较强的差异特点，也造就了在空间上矿种及矿床类型分布的差异,显示了陆块内部和边缘不同的特征。沿上扬子周缘如大巴山、龙门山、松潘-甘孜造山带、锦屏山、金沙江-哀牢山、康滇构造带、滇东南逆冲-推覆构造带、雪峰山基底逆推带等构造活动带,岩浆-火山-变质-构造作用相对强烈,形成了与岩浆火山作用及构造变质作用关系密切的铜铁金铅锌钨锡多金属矿床,而在相对稳定的陆块内部,则以沉积型磷、铁、锰、铝土矿、煤、层控低温热液型铅锌、金、锑、汞矿为主要特色,各时期岩相古地理、沉积环境、表壳构造及其形成的大陆动力学背景是主要的成矿地质事件。

在上扬子腹地川南-滇东北-黔西北以及渝东南-黔中之大片地区,以低温热液层控型铅锌银矿床、古风化壳再沉积型铝土矿(铁矿)、热水沉积型锰矿为主。铅锌银矿具有多层位的特点,以震旦系灯影组最集中,其次为寒武系、泥盆系、石炭系碳酸盐岩地层。铝土矿赋存层位主要为晚石炭世大竹园组、早石炭世大塘期九架炉组、二叠系中统梁山组。锰矿赋存层位主要为震旦系大塘坡组及上二叠统龙潭组底部。

在上扬子陆块西南缘的康滇地轴前震旦系裂陷地质背景下,形成了区内独具特色的铜铁矿,如赋存于前震旦系基底变质地层中的东川式、大红山式、拉拉式铜铁矿,矿化与一定的地层岩性建造密切相关,具区域性层控特征,但具体矿床体则受构造控制明显,具有良好的分带性,大致以安宁河-绿汁江断裂为界,西侧以海相火山喷发沉积变质成因的大红山式为主,且发育有未变质的中生界红层型铜矿,东侧以昆阳群浅变质岩中的东川式铜矿,尚有震旦系烂泥坪式砾岩型铜矿;在海西晚期裂谷地质背景下,大规模的峨眉山基性超基性火成岩活动,形成了攀西地区规模巨大的岩浆熔离型钒钛磁铁矿。

在上扬子西缘盐源-丽江-金平地区台缘坳陷地质背景下,由于临近特提斯构造域,受其影响,形成了区内独具特色的与喜马拉雅期沿陆内深断裂发育的富碱斑岩体有关的成群分布的金、铜、铅锌多金属矿床。各类富碱斑岩有一定的成矿专属性,金矿床主要与正长斑岩和二长斑岩有关,次为花岗斑岩。

在上扬子东南缘滇黔桂金三角地区的卡林型、红土型金矿,为与印支-燕山造山进程有关的浅成低温热液金砷锑矿床。赋矿层位主要为中、下三叠统,含矿岩石为黏土岩、粉砂质黏土岩、粉砂岩等。矿体赋存于三叠统浊积岩中,矿体均产于断裂蚀变带内及旁侧或褶皱挠曲部位,局部常有大致顺层呈似层状产出的特征。区域内晚古生代隐伏或暴露的碳酸盐穹隆构造和中生代硅质碎屑岩中发育的线性构造(褶皱和断裂),是金矿重要的成矿和控矿构造。

在上扬子南缘滇东南地区属华南陆块东南地层区,燕山期花岗岩浆的强烈侵入活动,在本区形成了个旧、薄竹山和老君山3个较大的花岗岩体。与花岗岩有关的钨锡、铜铅锌银多金属硫化物矿床主要赋存于中寒武统、下泥盆统、下二叠统和中三叠统的碎屑岩及碳酸盐岩地层中,空间上多围绕上述3个花岗岩体分布。此外还广泛分布有沉积-堆积型铝土矿、沉积型锰矿、微细浸染型金矿、岩浆熔离型钒钛磁铁矿等。

在上扬子东缘黔东南地区中、新元古代浅变质碎屑岩地层中产出有石英脉型金矿、蚀变岩型铜铅锌金铁多金属矿,前者往往沿北北东向背斜轴部或穿层或多层产出,后者则主要产于摩天岭花岗岩北缘外侧区域性滑脱构造中。此外围绕雪峰期黑云母二长花岗岩复式岩体周边还分布大大小小数十个基性-超基性侵入岩,在本区形成了两个成矿系列,一是与雪峰期壳源超酸性花岗岩有关的高温热液铜、钨锡矿成矿系列,二是与幔源海相基性岩浆活动有关的高-低温热液成矿作用形成的铜、金、银、铅锌矿成矿系列。黎平地区还产出有大塘坡式沉积型锰矿。天柱大河边一带产于下寒武统留茶坡组中热水沉积型重晶石矿床规模巨大。

在扬子北西缘马尔康-松潘地区,以产于泥盆系、三叠系浅变质地层中之微细浸染型金矿为其主要特色。泥盆系由浅海相陆源碎屑岩、碳酸盐岩组成,是区内重要含金层位,如松潘沟金矿床赋存于该层位中;三叠系分布于色达、壤塘、马尔康、九寨沟、松潘等地,为一套浅变质浅海相类复理石沉积及浊流沉积,是区内重要的衍生矿源层及容矿岩石,也是最重要的含金层位,如东北寨、天池、马脑壳等矿床。下三叠统菠茨沟组为一套海侵初期的不稳定沉积物,其砂岩、千枚岩是区内锰矿赋存层位,如平武县虎牙锰矿。区内岩浆活动严格受北西向构造控制,与金矿有关的岩浆活动主要是印支晚期中酸性火山岩-次火山岩及燕山期中酸性侵入岩。

二、矿床的地史分布

(一)成矿年代学

矿床学研究最基本内容之一是要对矿床(体)进行空间定位、对成矿作用进行时间约束,矿床(体)的空间定位往往可以通过直接观察分析的方式,结合基础地质研究成果加以确定,而成矿作用的时间约束或主成矿期的精确限定,则显得较为复杂困难,也是典型矿床研究中争议较为集中的方面。相对而言,沉积型矿床的成矿时代、岩浆-火山岩型矿床的主成矿期较易确定。但对于上扬子地区独具特色而具优势的大量低温热液型多金属矿床,如微细浸染型金矿、石英脉型金矿、碳酸盐建造中的铜金铅锌银汞锑多金属矿等,由于矿物组合较为单一、代表主成矿期的且能用于测年矿物的判断、采集、制样以及测试技术方法的局限,加以这类矿床往往经过多期构造叠加改造具有多期成矿的特点,故一直是该类典型矿床和成矿规律研究中的难点。为此,本书除本项目尝试性地开展了部分铅锌矿、铜矿年代学测试获得一些结果外,还广泛地收集了散见于各类文章、文献、报告中的测年数据,形成上扬子地区主要矿床类型成矿期表(表10-3、表11-4、表11-5、图10-4),以便于区域成矿规律的研究总结。

从表10-2、表10-3可分析,以铁矿、锰矿、铝土矿、磷矿为代表的沉积型矿床,除古元古代地层因布露极少、构造改造强烈以及可能还与古元古代早期地质构造环境相对活跃而欠稳定等原因,从而导致其沉积型矿床较不发育外,从中元古以来各地史时期均有沉积型矿产产出,但不同矿种有其相对集中、优势的固定产出层位。其中,铁矿产出层位最多,主要集中于中元古界、中奥陶统、中泥盆统碳酸盐建造以及中二叠统梁山组下部、下侏罗统碎屑岩建造中;最大规模的锰矿、磷矿主要产于新元古界震旦纪早期,此外在前震旦系峨边群、下寒武统邱家河组、上奥陶统大箐组、中二叠统茅口组、下三叠统菠茨沟组、中三叠统法郎组、上三叠统灰岩碎屑岩中亦有锰矿的产出;铝土矿主要(古)风化壳型,集中在石炭纪与二叠纪之间不整合面上由风化剥蚀沉积而成,并在其附近由随后的长期进一步搬运堆积形成堆积型铝土矿。

内生热液型金属矿产的地史分布相对复杂。与岩浆-火山作用无明显直接关系的系列低温热液型铅锌银金锑汞矿产主要集中分布于新生代之前的显生宙时期,应与这一地史演化时期构造-岩浆-火山地质作用不强、地质构造环境相对平静稳定相关,而岩浆-火山岩型铜铅锌金铁钨锡则主要分布于地史早、晚两期,即前震旦纪和中、新生代,也表明了上扬子陆块一早一晚的构造-岩浆相对活跃期。在两者间隔期,除了加里东运动以垂向升降为主、海西期在扬子西缘出现陆内裂谷-峨眉山大火成岩活动外,整个古生代则相对较为平静。

(二)上扬子地质历史时期成矿作用的演化

从纵向时间轴上,扬子陆块从可观察到的地质记录信息以来,是一个地壳逐步增厚、由以幔壳物质交换到壳内物质交换、地质作用从活跃-稳定-平静、岩浆火山作用总体上逐步减弱、温度逐步降低的过程,在中、新生代以来,受到西侧特提斯构造域的强烈影响,在扬子西缘构造岩浆活动又趋强烈,因此,与之相应匹配的成矿作用亦从以内生为主的成矿作用→内源外生成矿作用→外源外生→向内生(如燕山期—喜马拉雅期陆内斑岩型多金属矿)及外生为主的成矿作用(如砂矿)演化。

元古宙开始以来,扬子陆块总体处于伸展背景下,在陆块周缘多次出现裂解,形成多裂谷/裂陷槽,沉积岩的厚度往往达到数千米,其中与火山作用有关的矿床非常重要。古元古代末形成的中国古大陆再次经历裂解,坳拉谷、裂陷槽、大陆边缘裂谷和内陆盆地相继出现,华南古大陆裂解,形成扬子和华夏两个陆块,其间为古华南洋,北侧为古秦岭洋。新元古代在古大陆内部形成了稳定型沉积,以广泛出现冰水沉积为特点。元古宙通过沉积作用或沉积作用参与形成的重要矿床中,包括锰矿、铅锌矿、铁矿、铜

表 10-3 上扬子主要热液型金属矿床成矿期统计表（测年数据 Ma）

矿种	含矿建造矿床类型	早元古代 (2500~1800Ma)	中元古代 (1800~1000Ma)	新元古代 (1000~543Ma)	早古生代 (543~410Ma)	晚古生代 (411~250Ma)	中生代 (250~65Ma)	新生代 (<65Ma)
钨锡	与燕山期花岗岩有关的石屏式石英脉型钨矿							
	产于中三叠统法郎组白云岩中与燕山期酸性侵入岩有关的个旧式锡铅锌铜多金属矿						147±3,102~84.97~60①;82.3~81.6.85~79,91.5②	
	产于泥盆系浅变质碎屑岩大理岩中可能与酸性岩有关的麻花坪式构造脉状钨矿							
	以中寒武统田蓬组白云质灰岩为主要围岩的白牛厂式与花岗岩有关的侵入岩型银铅锌铍矿						115~84.5,87~60.99.9~73.8①	
	以中寒武统郭龙式复理石建造沉积岩为主要围岩的都龙式花岗岩有关的侵入岩型锡锌铅铜矿多金属矿					253.73±4.05①	80~79.8⑤;96~83.3⑤;186.2,207.9,217~200①	
	产于新元古代天岭花岗岩群深变质岩外接触带的南秧田式层状矽卡岩—岩浆热液型钨锡铅铜多金属矿			829~761⑤	445~411;390.49①		214.1~209.1⑤;118.14;186.2①	
	产于江群甲路组之间的层间滑脱构造蚀变岩带与云英岩（锡）矿床							
	产于基性岩,变质岩中的电英岩和云英岩型钨（锡）矿床							
	产于前震旦系登相营群与澄江期泸沽花岗岩体有关的锡铁矿床							
	产于元古宇会理群浅变质岩中与晋宁期摩挲营花岗岩体有关的矽卡岩型锡矿床							
稀土	产于燕山期-喜马拉雅期碱性杂岩中的牦牛坪式超大型稀土矿						40.3~12.2③;27.47±0.54,26.31±0.53,21.33±0.54④	

数据来源：①罗君烈,1995；②冶金部西南冶勘公司,1984；③袁忠信等,1995；④王登红,2007；⑤云南省潜力评价资料,2011

续表 10-3

矿种	含矿建造矿床类型	早元古代 (2500~1800Ma)	中元古代 (1800~1000Ma)	新元古代 (1000~543Ma)	早古生代 (543~410Ma)	晚古生代 (411~250Ma)	中生代 (250~65Ma)	新生代 (<65Ma)
铜钼金	以下奥陶统碎屑岩夹灰岩为围岩与喜马拉雅期中酸性富碱斑岩有关马厂箐式铜多金属矿							48.36、46.5②；64.8、45.70③；48.00①；34.00⑤；33.90 55.49、23.18①
	以下三叠统碎屑岩为围岩的与喜马拉雅期中酸性斑岩有关的西范坪式斑岩型铜矿							51.9⑥；49.57⑦；47.52⑧；52.76⑨；58.96、32.37、24.60、23.82、25.17①
	金平铜厂斑岩铜钼矿							34.38①
	与燕山期-喜马拉雅期斑岩有关的苴铜矿床							
	产于上白垩统小坝田组下段砂砾岩建造中大铜厂沉积型铜矿							
	产于中生代内陆红色盆地砂岩型铜矿							
	以石炭系碎屑岩夹碳酸盐岩为主要围岩的尾洞式印支期基性-超基性侵入岩型铜矿							
	与海西期峨眉山玄武岩有关的乌坡式陆相火山岩型铜矿							
	产于上二叠统黑泥哨组火山岩中似层状宝坪厂式火山岩型铜矿							
	产于震旦系观音崖组（陡山沱组）地层中古砂砾岩型铜矿							
	产于新元古代摩天岭花岗岩体内外接触带的岩浆期后热液脉型铜铅锌多金属矿			870				
	产于中元古代黄水河群火山群发沉积变质建造中彭家湾式火山沉积变质型铜矿		1765±57	879、810~770⑩				
	产于中元古代浅变质岩中脉型油房沟铜矿							
	产于中元古代因民组落雪组中沉积中沉积变质改造型东川式铜矿		1655；1085					
	产于古中元古代变质地层中构造沉积变质改造型铜铁矿							
	产于元古宙变质岩中构造热液型播卡金矿							59.93~42.3①；59.81①；48.41①

数据来源：①王登红等，2000、2001、2002、2005、2006；②赖健清等，1997；③有色310队，1992；④胡祥昭等，1997；⑤傅德明，1996；⑥胡祥昭等，1986；⑦贵阳所，1995；⑧骆耀南，1996；⑨吕伯西等，1990；⑩邱华宁等，2002。未注明的为本项目所测数据

续表 10-3

矿种	含矿建造矿床类型	早元古代 (2500~1800Ma)	中元古代 (1800~1000Ma)	新元古代 (1000~543Ma)	早古生代 (543~410Ma)	晚古生代 (411~250Ma)	中生代 (250~65Ma)	新生代 (<65Ma)
金锑	产于第四纪松散堆积物中红土型金矿							
	与喜马拉雅期斑岩有关的姚安金矿							36.33④.19②
	以中三叠统北衙组含铁岩灰岩为主要围岩的与喜马拉雅期中酸性富碱斑岩有关的北衙斑岩型金多金属矿							36~32.26~24.25.5.32.5. 47.75.37.50.37.81.35.60. 27.76.24.30①;34~31.35±5. 33~3.48.66⑥;61.0⑤;
	产于下石炭统-上泥盆统板岩中与喜马拉雅期酸性浅成斑岩有关的老王寨式构造蚀变岩型-碱性剪切带型金矿-镇沅老王寨大型金矿							54.2.37.90⑦;46.50⑧;49.30 ⑨;43.00.35.60.36.10.30.95 ⑩;28.20⑪;30.8±0.4.34.3± 0.2.26.4±0.2⑫
	墨江金厂金矿							66.40.44.80.29.00.平均46.7 ⑧;60.45.63.09.54.02.91±1 ⑬;61.55±0.23~63.09± 0.16.59.67±0.16.60.45± 0.37.56.49±0.34.55.70± 0.34.54.02±0.19.39.78± 0.19①.61⑩;114.64±4.01⑭
	以下奥陶统向阳组碎屑岩夹灰岩为围岩的与喜马拉雅期中酸性富碱斑岩有关的长安斑岩型金矿							49.38⑩;平均49.2(58.0. 41.3.48.3)⑧;
	产于上三叠统云南驿组浊流相碎屑岩建造中构造蚀变岩型小水井金床							50.95.45.15±0.22.39.40± 0.28①
	产马尔康地区中上三叠统浊积岩碎屑岩中微细浸染型金矿						210±35.117.1.73.1. 66.5.57.1.130~127. 47±20⑮;187±12⑯;210±11 ⑱;210±11⑲	46⑰

续表 10-3

矿种	含矿建造矿床类型	早元古代 (2500~1800Ma)	中元古代 (1800~1000Ma)	新元古代 (1000~543Ma)	早古生代 (543~410Ma)	晚古生代 (411~250Ma)	中生代 (250~65Ma)	新生代 (<65Ma)
金锑	产于滇东黔西南地区二叠系—三叠系微细浸染型金矿						259±27,105.6,83~82,193±13,140~75,105.6,83~82,194.6±2,145~135(7)	46.0,55.4,63.4②
	产于下泥盆坡松冲组碎屑岩建造中老寨湾式卡林型金矿						65.4—114±6(7)	
	产于古生代碳酸盐岩建造中的苗龙式卡林型金矿							
	产于古中新元古代浅变质岩系中之构造热液脉型锑矿及蚀变岩型金多金属矿			900~800(7)	407±2, 514±4, 475±9, 431±12③			
	产于元古代康定岩群高级变质岩建造中的黄金坪式岩浆热液型—构造蚀变岩型金矿						65.0④	26.09±0.35(7),58.95,26.67,17.00,25.35,24.70①,21.41(1),15.4⑤,21—15.4(2),10.56①,9.55(3)
	杨柳坪正子岩窝铂钯矿							64.14,62.3,11.38,13.34①
	冕宁机器房金矿							64.8(4)
	冕宁茶铺子金矿							31.9⑤
	四川冕宁毛牛坪稀土							40.3(5);31.8(6);27.47①

数据来源:①王登红等 2000,2001,2002,2005,2006;②昌伯西等 1999;③卢焕章、①张玉泉等 1987;⑤傅德明 1996;⑥甫为民 1992;⑦何明友等 1997;⑧毕献武等 1996;⑨谭雪春 1991;⑩胡云中等 1995;(1)陈智梁等 1997;(2)喻安光等 1997;(3)罗鸿书等 1987;(4)毛裕年 1981;(5)罗鸿书等 1996;(7)全国矿产资源潜力评价 2012;四川 109 队 2011;(6)施泽民等 1996;(11)罗君烈 1994;(12)王江海等 2001;(13)应汉龙 1992,2002;(14)李元 1992,2002;(15)刘家军等 1996,1998;(16)张晓军等 1998,1999;(17)季宏兵等 1998,1999;(18)王可勇等 2001;(19)付绍洪等 2002;(20)朱赖民等 1998

续表 10-3

矿种	含矿建造矿床类型	早元古代 (2500~1800Ma)	中元古代 (1800~1000Ma)	新元古代 (1000~543Ma)	早古生代 (543~410Ma)	晚古生代 (411~250Ma)	中生代 (250~65Ma)	新生代 (<65Ma)
铅锌	与喜马拉雅期斑岩有关的铅银矿"姚安老街"子中型铅矿						67.90②	38.5⑱
	以中三叠统片岩为围岩与燕山-喜马拉雅期花岗岩有关的会文山式铅锌矿							15.10、10.66、10.19、8.01、12.64①;12.8Ma③;11.6④
	产于下三叠统碳酸盐岩锶矿							
	产于下三叠统碳酸盐岩白鹤洞铅锌矿							
	产于三叠系茅口组灰岩中与峨眉山组玄武岩组有关的陆相火山岩型荒田铅锌矿					253.1±5.1⑲		
	产于中二叠统碳酸盐岩建造中与火山岩有关的富乐厂铅锌矿							
	产于上扬子西缘晚古生代碳酸盐岩中的铅锌银矿床						192~134⑤;245⑥;176.5±2.54⑦;220±14⑧;225.1±2.9、225.9±3.1、226±15、225±38⑨;225.9±1.1、224.8±1.2、226.0±6.9⑩	
	产于上泥盆统望坡组碳酸盐岩建造中的半边街铅锌矿					392⑲;378(1)		
	产于上奥陶系碳酸盐岩铅锌矿							
	产于上扬子北-东缘震旦系-早古生代碳酸盐岩建造中的铅锌矿	2150⑱		637~420(2);534.41~456.12(3);529~439(4);437~433(5);523~311(6);506~462(1);348(19);439~318(7);75(8);100(6);98.3±6.9. 99.6±7.4(19)				
	产于上扬子西缘震旦系灯影组-下寒武统碳酸盐岩中铅锌矿		528(11);1485~300、579、1530~389、959(12);366.3±7.7⑦;200.1±4.0(13);478~91(14);1230~193(15);1485~300(16);277~19(17)					
	产于上扬子西缘元古宙会理天宝山组小石房铅锌矿		927.78、909.01~849.76(8)					
	产于元古宙变质岩中构造热液脉型锌矿		840(8)					

数据来源:①王登红等 2005;②云南潜力评价(有色地研所)2011;③骆耀南等 1998;④许志琴等 1992;⑤欧锦秀 1996;⑥管士平等 1999;⑦张长青 2005、2008;⑧刘峰 2005;⑨李文博等 2004;⑩黄智龙等 2010;(1)陈国勇 2009、(3)王党国 2009;(3)陈明辉 2011;(5)王华云 1996;(6)付胜云 2004;(7)花永丰 1987;(11)赵准 2005;(12)柳贺昌等 1994;(13)蔺志永等 2010;(14)周永民 1992;(15)王小春 1995;(17)孙志伟 1998;(8)全国矿产资源潜力评价 2012;(19)本项目

续表 10-3

矿种	含矿建造矿床类型	早元古代 (2500~1800Ma)	中元古代 (1800~1000Ma)	新元古代 (1000~543Ma)	早古生代 (543~410Ma)	晚古生代 (411~250Ma)	中生代 (250~65Ma)	新生代 (<65Ma)
铁	以石炭系大理岩为主要围岩的板仓式印支期基性-超基性侵入岩体型铁矿-富宁县板仓小型磁铁矿							
	广于海西期基性岩-超基性岩中钒铁磁铁矿					263(云南省潜力评价, 2012)		
	以古元古界哀牢山岩群为围岩的与超基性-基性岩有关的棉花地式岩浆型钒铁磁铁矿							
	以中元古界峨子组为变质碳酸盐岩为围岩的与中元古代晋宁期基-中性岩浆岩有关的李子坪式接触交代型磁铁矿							
	与晋宁期岩浆岩有关的岩浆热液型-接触交代型磁铁矿-会东莱园子小型磁铁矿							
	产于中元古界黑山头组中热液型磁铁矿-安宁王家滩中型磁铁矿							
	产于元古宙变质碳酸盐岩建造中沉积变质改造型铁矿							

表 10-4 上扬子地区主要沉积型矿床成矿期统计表

矿种	主要含矿建造及矿床	早元古代(2500~1800Ma)	中元古代(1800~1000Ma)	新元古代(1000~543Ma)	早古生代(543~410Ma)	晚古生代(410~250Ma)	中生代(250~65Ma)	新生代(<65Ma)
铁	产于下侏罗统碎屑岩建造綦江沉积型菱(赤)铁矿						■	
	产于中二叠统梁山组下部之苦李井式沉积型赤铁矿					■		
	产于中泥盆统宁乡式沉积建造中沉积型华弹赤铁矿床					■		
	产于中奥陶统碳酸盐岩中沉积型风化沉积型铁矿				■			
	产于中元古界中的风化沉积型铁矿		■					
	产于第四系松散层中攀酒坪式堆积型铝土矿							■
	产于喜马拉雅期朝霞石正长岩中白云山式岩浆型Al-K矿							59.50(薛步高,1999)
铝	产于上三叠统合铝含矿系中鹤庆窝古风化壳早期堆积型铝土矿						■	
	产于上三叠统沉积型铝土矿						■	
	产于中二叠统梁山组沉积型铝土矿					■		
	产于早石炭世九架炉组中古风化壳沉积型铝土矿					■		
锰	产于上三叠统灰岩碎屑岩鹤庆式沉积型锰矿						■	
	产于中三叠统法郎期沉积型锰矿						■	
	产于下三叠统波茨沟组碳酸盐岩夹碎屑岩中虎牙式沉积(变质)型铁锰矿						■	
	产于中二叠统茅口组中沉积型锰矿					■		
	产于上奥陶统大箐组大箐顶山桥中沉积相沉积型锰矿-四川轿顶山小型锰矿				■			
	产于下寒武统邱家河组碳酸盐岩中高燕式沉积型锰矿				■			
	产于震旦系陡山沱组白云岩页岩中高燕式沉积型锰矿			■				
	产于南华系下统大塘坡组大塘坡式海相沉积型锰矿			■				
	产于前震旦系峨边桥梆柑桥组中大台岩式沉积变质型锰矿-四川大台岩中型锰矿	■						

表 10-5 上扬子地区主要矿种成矿期统计表

矿种	前寒武纪		加里东期		海西期		印支期—燕山期		喜马拉雅期		时代不明		矿床点总数（个）
	矿床点数（个）	比例（%）	矿床点数（个）	比例（%）	矿床点数（个）	比例（%）	矿床点数（个）	比例（%）	矿床点数（个）	比例（%）	矿床点数（个）	比例（%）	
金矿	0	0.00	54	0.22	0	0.00	135	0.54	60	0.24	0	0.00	249
铜矿	113	0.34	13	0.04	22	0.07	175	0.53	1	0.00	8	0.02	332
铅锌矿	5	0.01	407	0.56	5	0.01	264	0.36	20	0.03	30	0.04	731
钨锡矿	7	0.13	0	0.00	0	0.00	45	0.82	3	0.05	0	0.00	55
铁矿	323	0.44	6	0.01	234	0.32	103	0.14	64	0.09	4	0.01	734
锰矿	59	0.50	9	0.08	24	0.20	27	0.23	0	0.00	0	0.00	119
铝土矿	0	0.00	0	0.00	200	0.89	2	0.01	22	0.10	0	0.00	224

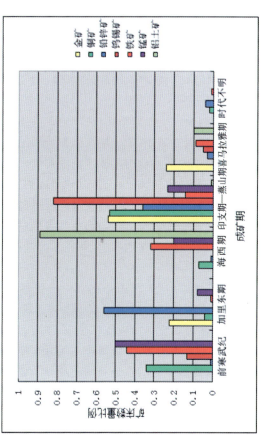

图 10-4 上扬子地区主要矿种成矿期统计图

矿、磷块岩、硫铁矿、滑石等，如东川式、通安式、易门式铜矿、大塘坡式锰矿、开阳式磷矿、满银沟式铁矿、大梁子式铅锌矿等。

在古生代，晋宁运动使离散的中华古陆块群相互连接形成古中国地台，地台型沉积的发育是古生代的沉积特点，如扬子陆块的磷块岩、重晶石、石膏、硫铁矿和黑色岩系中的矿床。如宁乡式铁矿、昆阳式磷矿、新华式稀土磷矿、天宝山式铅锌矿、铜锣井式锰矿、猫场式铝土矿、大河边式重晶石矿。古生代沉积成矿作用具有继承性，加里东旋回成矿元素来自海盆内，以铁、锰、磷、钡为主，海西旋回特别是稳定性高的陆块区，首次形成大规模与红土型风化壳有亲缘关系的、产于海陆过渡相、浅海相地层中的铝土矿、耐火黏土、鲕状赤铁矿床；首次大规模形成与陆生植物有关的煤矿和产于煤系地层下部的硫铁矿矿床，随着地壳稳定性增高，还首次形成局限分布的超大型膏盐矿床。在局限台盆环境沉积喷流成矿作用形成点式分布的锰矿床、黄铁矿矿床及 Pb、Zn 等元素的贫矿体或矿化预富集；受同生断裂控制，在碳酸盐台地上首次形成大规模铅锌矿床、黄铁矿床。

中生代，东部太平洋板块与欧亚大陆的碰撞，陆内-陆缘东西向构造向北东向构造的转换，西部强大的印支运动，均伴随有强烈的构造-岩浆活动。中生代与岩浆或内生热液作用有关的成矿作用集中在以下环境：①大陆边缘活动带；②陆内壳源为主构造-岩浆带，如个旧式、都龙式锡多金属矿；③陆内幔源为主构造-岩浆带；④陆内壳-幔混源构造-岩浆带；⑤陆内碱性-偏碱性岩浆活动带；⑥板块缝合带；⑦陆内沉积岩容矿的低温热液型 Au、Sb、Hg、Ag 等矿床，包括滇黔桂和陕甘川等地的卡林型金矿等。中生代受多方面因素的影响而出现强烈活化，在陆内和陆间形成数量众多而大小不一的断陷/坳陷盆地，印支运动后沉积作用主体转为陆相，燕山期在强烈板内活化和构造-岩浆活动的同时，断陷/坳陷作用进一步加剧，沉积作用在很多内陆盆地内形成了巨厚的侏罗系和白垩系，形成了大量有机能源矿床、重要蒸发沉积盐类矿床和膨润土、耐火黏土、部分沉积形成的铁、铜、锰矿床。中生代沉积矿床主要出现在三类环境中：①大陆断陷-坳陷沉积盆地，与陆相及海陆过渡相碎屑岩、泥质岩有关，如滇中盆地发现明显的含铜砂岩；②大陆断陷-坳陷沉积盆地，与陆相及海陆过渡相碳酸盐岩、碎屑岩有关，如四川盆地中石膏、芒硝、石盐矿床；③陆浅海-潟湖盆地，以与海相及海陆过渡相碳酸盐岩及碎屑岩有关的石膏、芒硝、石盐、铁、锰为主，如广阔的上扬子三叠纪蒸发海盆地中锰矿。

新生代的成矿背景和成矿作用是在对中生代继承基础上的新发展，大陆成矿环境是其显著特点。西部受印度板块与亚洲板块碰撞影响，青藏高原不断隆升，中酸性偏碱性岩浆侵入和火山活动发育，构造-流体活动强烈，发育相应的内生成矿作用，主要形成铜、铜-钼、铅锌、金、银、铁、稀土等矿床，如斑岩型、矽卡岩型、热液型及火山岩型，成矿作用可从中生代延续到新生代。新生代的沉积作用也是在中生代基础上的继续，受印度板块与欧亚板块碰撞及青藏高原隆升制约，出现许多与造山有关的山间沉积盆地或前陆沉积盆地，青藏高原地区含盐湖泊、泥炭沼泽盆地及断陷深盆发育，蕴含有丰富的盐类、石油及天然气。

综上所述，包括扬子陆块在内的中国现今大陆地壳的形成，经历了复杂但有规律的演化：太古宙是花岗岩地体及绿岩带，元古宙由于克拉通陆块边缘和内部裂解出裂陷/裂谷，古生代演变成板块缝合、碰撞及陆缘/陆内深大断裂和地幔热柱，中生代大陆构造体制大转换，岩石圈减薄，强烈的构造-岩浆-热液活化是成矿主要地质背景，新生代地质构造环境更多的是对中生代的继承与发展，但东降西隆的构造大反转造就了现今的大陆构造格局（钱壮志等，2003；汤中立，2005）。

第四节　上扬子区域成矿专属性

上扬子地区矿床的空间产出和分布与地质背景关系密切，表现出较为鲜明的区域规律性和一定的成矿专属性。除沉积型矿产外，如层控型铅锌矿、铜矿、金矿、铁矿往往具有几个优势赋存层位和优势赋存岩性，而钨锡多金属矿、钒钛磁铁矿等均毫无例外地与某类岩体密切相关；在构造上，显而易见的是，矿床尤其是内生矿床的平面空间分布往往具有不均匀性和丛集性，并常常沿构造-岩浆岩带集中分布，从而构成一系列带状矿化集中区，更大尺度的矿床-矿段-矿体则往往与背斜-断裂构造直接相关。而沉积型矿床则往往受限于一些盆地内固定的层位，这些盆地在更大尺度上又往往受构造的控制。因此本节将从数理统计的角度阐述区域成矿专属性的同时，尝试从岩石地球化学丰度方面探讨"层控型"矿床形成的内在机理、从地球物理-地壳活动性方面探讨深大超壳构造对矿床-矿带的控制机理。

一、地层-岩性赋矿性及元素地球化学丰度特征分析

本节以系为地层单元、以主要岩性如碎屑岩、碳酸盐岩、基性岩、中性岩、酸盐岩、变质岩为岩性单元，对上扬子地区主要矿种如金铜铅锌铁钨锡锰铝进行统计，形成统计图表如表10-6、图10-5、图10-6所示，从中可较直观地看出，除铅锌矿赋矿地层则以古生界为主外，铜铁金锰铝钨锡等矿产主要表现为寒武纪之前、石炭纪之后的地层中为一早一晚两个赋矿高峰期，在赋矿岩性上，铅锌矿主要赋矿围岩为碳酸盐岩占据绝对优势，铜铁金对岩性的选择不明显，钨锡多金属矿则全部产于酸性岩中，锰铝沉积型矿产主要与碎屑岩相关。

从前几章典型矿床特征可知，层控矿床在上扬子地区独具优势和特色。层控矿床（stratabound ore deposit）产于一定的地层中，并受一定地层层位限制的。层控矿床的概念最初由德国毛赫尔（1939）提出，是指矿床与地层之间的几何形态特征或产状关系，而没有特定的成因概念。不同学者关于其含义、范围与分类一直存在不同认识，总起来说，可分为狭义的和广义的两种概念。狭义的指由沉积、火山-沉积作用初步形成的矿胚层或经后期改造富集或再造叠加而形成的矿床；而广义的是指不管其成因如何，受地层或层状岩石控制的矿床。所谓受地层层位控制的矿床，一般理解为：在一定区域范围内，产于一个或几个特定的地层单元内的矿床，它们常与一定的沉积、火山-沉积岩类相组合，明显受其层位、岩性和岩相控制。有的层控矿床可局部交切围岩层理。因此，层控矿床并不一定是层状矿床。限定层控矿床的地层单元一般是组和统，但有时也扩大到群或建造。层控矿床主要可分为：沉积-成岩型层控矿床、后成层控矿床、喷流-沉积型层控矿床、火山沉积（或沉积）-热液叠加改造型层控矿床、变质型层控矿床5类。

由于上扬子地区诸多层控矿床成矿年代学研究尚存在很多困难，部分所获年龄数据分散、跨度较大，导致对其矿床成因的不确定性和争议亦较大，因而使得众多研究者和勘查工作者在建立典型矿床模式时，自觉或不自觉地、含糊地提到同生沉积成矿作用-矿源层-矿胚层-初始富集层等这样一些推测。

沉积岩的形成过程实质上是上部地壳物质再分配的过程，因此，沉积岩（尤其是细碎屑岩）的化学元素的丰度，能够近似地代表区域大陆上部地壳的化学成分。研究沉积岩化学元素的丰度和时序演化特征，对揭示区域沉积作用的地球化学特征，探讨不同构造演化阶段的沉积岩成矿元素的富集贫化规律，以及区域地壳生长及演化不仅具有理论意义，而且对探讨成矿区带的成矿物质来源、赋矿层位也具有重要实际意义。如强烈富集的Cr、Ni、Co、Ti、Mn、V、Sc等亲铁基性元素和Cu、Au，可能反映了地壳和岩石圈活动强烈幔壳物质交换频繁（胡云中等，2006）。

据胡云中等人（2006）研究，上扬子东缘江南台隆西缘地区富集较多的成矿元素，按同类沉积岩中高背景成矿元素出现的频率，可以划定15个富集层位，结果与该区优势矿种金矿、铅锌矿、锑矿的赋存层位上存在一定的错位，可能表明了赋矿地层沉积成岩时并未形成成矿元素的特别富集，从而也表明了这些矿床的后生性。上扬子西缘哀牢山金矿带各时代地层中，Au元素的丰度以古生界最高（4.9×10^{-9}），中、上三叠统最低，古元古界哀牢山群仅为0.9×10^{-9}；在岩浆岩中的Au丰度也没发现高值的记录。研究结果认为金是在三叠系及其以前地层形成之后，经多次构造运动逐渐富集成矿的。根据哀牢山金矿的地质研究成果，模拟成矿地质环境而设定的矿区含金源岩的浸滤实验结果表明，金在一些络合剂存在条件下能够从岩石中活化出来，并与其络合成络合阴离子团（在酸性介质中主要是以Au^{3+}态阴离子团，在碱性介质中主要是以Au^{+}阴离子团）。因此，矿源层是否存在，关键问题不取决于金丰度的高低，而取决于金在地层（或地质体）中的赋存状态。

表 10-6 上扬子地区地层岩石赋矿性简表

时代	系(群)	统	组	岩性	厚度(m)	赋矿性
新生代	第四系			更新统主要为冰川及冰水沉积物,全新统为现代河流、河漫滩冲积层、洪积层及残、坡积层等。更新统与全新统之间以及与下伏地层均呈不整合接触		金铅锌钨锡钛等砂矿
	古近系和新近系			山间盆地堆积和河湖相沉积	0~1000	
中生代	白垩系			河湖相红色碎屑岩沉积。川西南发育,滇、黔缺失。与下伏侏罗系呈假整合或不整合接触	0~4000	
	侏罗系	上统	蓬莱镇组(官沟组)	紫红、灰紫色砂岩、泥岩,夹泥灰岩及不稳定煤线,底部含铜	200~1000	砂岩铜矿,煤
		中统	遂宁组(牛滚凼组)	为紫红色泥(页)岩,常含钙质,夹泥灰岩,砂岩,粉砂岩	159~1190	砂岩铜矿
			沙溪庙组(新村组)	为一套紫红、黄绿色泥岩,砂质泥岩,长石石英砂岩组成的韵律层	218~1023	铅锌矿,砂岩铜矿
		下统	自流井组(益门组、下禄丰群)	紫红色泥岩、粉砂岩、细砂岩,底部具砾岩。西昌、会理一带偶含赤铁矿透镜体(益门组)	40~1200	砂岩铜矿,赤铁矿
	三叠系	上统	须家河组(白果湾组、干海子组+舍资组)	为块状岩屑长石石英砂岩、粉砂岩、页岩夹黏土岩及煤,底部常见砾岩透镜体。西昌地区为陆相含煤碎屑沉积(白果湾组)。与下伏层多呈假整合接触	100~612	铅锌矿,砂岩铜矿,鹤庆小天井式锰矿、铝土矿、煤
			小塘子组(火把冲组)	泥(页)岩、石英砂岩,夹碳质页岩和煤线	0~197	煤
			垮洪洞组(鸟格组、赖石科组+把南组)	由砂泥岩、页岩、泥灰岩、灰岩等组成。与下伏层呈假整合或整合接触	0~400	松潘地区东北寨式、马脑壳式金矿
		中统	法朗组	下部为灰岩,泥质灰岩,上部为页岩,粉砂岩	0~300	砂岩铜矿,钨锡,斗南式、白显式锰矿,虎牙式锰矿
			雷口坡组(关岭组)	灰岩、白云质灰岩、白云岩。下部多夹杂色泥岩、粉砂岩。底部含水云母黏土岩("绿豆岩")	0~912	
		下统	嘉陵江组(永宁镇组)	川西南为白云岩、灰岩,夹钙质页岩、岩盐、石膏。向滇、黔方向递变为以砂、页岩为主的"永宁镇组"	0~670	白鹤洞式铅锌矿、砂岩铜矿、石膏、锶矿
			飞仙关组(夜朗组)	紫红色、黄绿色砂页岩夹灰岩。与下伏二叠系多呈整合、有时呈假整合接触	0~800	铅锌矿,砂岩铜矿,烂泥沟式金矿

续表 10-6

时代	系(群)	统	组	岩性	厚度(m)	赋矿性
晚古生代	二叠系	上统	大隆组	硅质页岩、硅质灰岩,夹砂泥岩	0~30	
			宣威组	黄绿色页岩、砂质页岩、泥岩,夹铁质岩、铝土岩及煤(与龙潭组+长兴组为同时异相)	5~435	铝土岩、煤
			长兴组	中至厚层灰岩、燧石灰岩夹砂页岩	0~139	
			龙潭组	砂岩、砂质页岩、页岩及煤组成的韵律层。底部为黄铁矿黏土岩或铁绿泥石岩	4~440	水银洞式金矿、煤
			峨眉山玄武岩	致密状、杏仁状、气孔状玄武岩,拉斑玄武岩,有时夹凝灰岩及凝灰质页岩、黏土岩、碳质页岩和劣质煤。与上二叠呈假整合、不整合接触	0~3000	铜镍 PGE-Au、Fe-V-Ti
		下统	茅口组	中厚层灰岩,生物碎屑灰岩,常含燧石结核及白云质	50~620	富乐厂式铅锌矿、遵义式、格学式锰矿
			栖霞组	厚层状至块状灰岩,白云质灰岩	40~430	铅锌矿
			梁山组	石英砂岩、粉砂岩与砂岩、碳质、铝土质页岩	0~228	煤、铝土矿、菱(赤)铁矿
			"过渡层"	黔西地区为灰岩、泥质灰岩、泥灰岩、砂页岩,其古生物兼有上石炭统及二叠统的化石分子,故称"过渡层"或"龙吟层"。川、滇两省与下伏石炭系多呈假整合接触	0~910	
	石炭系	上统	马平群	为厚层灰岩,具生物碎屑及鲕状、豆状结构。滇东夹白云岩,黔西夹泥灰岩及泥(页)岩	0~837	
		中统	威宁组(黄龙群)	厚层至块状灰岩、白云岩。滇东多生物碎屑灰岩,并夹硅藻岩	0~545	铅锌矿
		下统	摆佐组	厚层至块状灰岩、白云质灰岩、白云岩	0~513	铅锌矿重要层位
			大塘组(阶)	下部(旧司段)为黑色页岩、碳质页岩夹煤及泥灰岩、砂岩;上部(上司段)为薄至厚层状灰岩、白云岩、燧石灰岩、夹砂页岩与硅质岩薄层	22~1448	铅锌矿
			岩关组	灰岩、燧石灰岩、白云质灰岩、白云岩,夹泥灰岩及黑色页岩。与下伏泥盆系呈假整合接触	0~562	
	泥盆系	上统	在结山组(尧梭组、代化组)	灰岩、白云岩、白云质灰岩,底部偶夹页岩、硅质岩条带	0~344	铅锌矿
			一打得组(望城坡组、响水洞组)	中至厚层状灰岩、白云质灰岩、白云岩、薄层硅质岩、硅质页岩	0~462	宁乡式铁矿

续表 10-6

时代	系(群)	统	组	岩性	厚度(m)	赋矿性
晚古生代	泥盆系	中统	罗富组	泥灰岩、泥质灰岩、灰岩、硅质岩	0~716	
			独山组	厚层白云岩、石灰岩,夹少量泥灰岩、石英砂岩、泥质砂岩	0~380	铅锌矿
			华宁组	灰岩、白云质灰岩、白云岩、砂岩、泥岩	0~1370	
			罐子窑组	灰黑色灰岩、泥质灰岩、泥灰岩、白云岩	0~605	
			利山组+邦寨组	利山组为灰色泥质白云岩、白云岩,其上的邦寨组为石英砂岩、泥质砂岩	0~200	
			箐门组	页岩、粉砂岩,夹生物碎屑灰岩及瘤状泥质灰岩	10~113	
			养马坝组	厚层至块状泥质灰岩夹珊瑚礁灰岩及薄层黑色页岩	356	
		下统	边箐沟组	灰黑色页岩、粉砂岩、泥质白云岩,夹生物灰岩及瘤状泥质灰岩	0~97	广南老寨湾式金矿
			坡脚组(张家沟组+甘溪组+谢家湾组)	页(泥)岩、砂质页岩、砂岩、粉砂岩,夹灰岩、泥质灰岩	0~221	
			翠峰山组(平驿铺组、丹林群)	泥(页)岩、砂岩、石英砂岩,夹灰岩、泥岩、泥质白云岩。与下伏志留系均假整合接触	0~1557	
早古生代	志留系	上统	妙高组(玉龙寺组、菜地湾组、陈香岩组)	瘤状灰岩、泥质灰岩及钙质页岩、页岩、砂岩等	0~350	
		中统	回星哨组(关底组)	页岩、钙质页岩、砂质页岩、粉砂岩、石英砂岩。曲靖一带夹灰岩、白云质灰岩	0~795	
			大关组(韩家店组、嘶风崖组-大路寨组)	砂泥质白云岩、白云岩、灰岩、泥质灰岩及钙质页岩、粉砂岩等	0~524	铅锌矿
		下统	罗惹坪组(石牛栏组、黄葛溪组)	砂岩、长石石英砂岩、钙质粉砂岩、泥(页)岩及泥灰岩	0~510	
			龙马溪组	页岩,钙质、碳质和砂质页岩,砂岩。与下伏地层呈整合或假整合接触	0~455	
	奥陶系	上统	五峰组	碳质、钙质、硅质页岩,细砂岩,粉砂岩,夹泥质灰岩、泥灰岩	0~37	轿顶山式菱锰矿
			临湘组(涧草沟组)	页岩、钙质页岩、条带状及瘤状泥质灰岩、泥岩、灰岩	0~44	铁锰矿
			宝塔组(大箐组)	宝塔组为中厚层状龟裂纹灰岩、泥质灰岩,大箐组为厚层状至块状白云岩、白云质灰岩、上部夹灰岩及粉砂岩与页岩	0~530	铅锌矿
			上巧家组(十字铺组)	泥质灰岩、灰岩、钙质、砂质页岩夹砂岩	0~166	铅锌矿,华弹式鲕状赤铁矿

续表 10-6

时代	系（群）	统	组	岩性	厚度(m)	赋矿性
早古生代	奥陶系	下统	下巧家组（湄潭组）	下巧家组为白云岩、白云质灰岩、结晶灰岩与生物碎屑灰岩，湄潭组为页岩、砂岩、生物灰岩	0~399	铅锌矿
早古生代	奥陶系	下统	大乘寺组（红石崖组、红花园组）	灰白色石英砂岩、紫红及黄绿色页岩、砂质页岩及灰岩、生物灰岩夹白云岩	0~350	铅锌矿
早古生代	奥陶系	下统	罗汉坡组（汤池组、桐梓组）	浅灰、紫红色页岩，砂质泥岩，石英砂岩夹灰岩、白云岩及生物碎屑灰岩。与下伏寒武系呈假整合或整合接触	0~200	铅锌矿
早古生代	寒武系	上统	二道水群（娄山关组）	白云岩、泥质白云岩，含燧石结核及条带，常见角砾状、竹叶状构造。局部夹砂页岩	0~740	铅锌矿
早古生代	寒武系	中统	西王庙组（双龙潭组、石冷水组）	泥质粉砂岩、砂质泥岩、白云岩、泥质灰岩等，部分地区见石膏	0~252	钨锡
早古生代	寒武系	中统	陡坡寺组（高台组）	白云岩、泥质白云岩、灰岩、泥岩、粉砂岩、细砂岩	0~132	钨锡
早古生代	寒武系	下统	龙王庙组（清虚洞组）	白云岩、灰质白云岩、白云质灰岩、灰岩夹少量石膏及页岩	0~384	铅锌矿含矿层位，苗式金矿，偏岩子金矿，石膏
早古生代	寒武系	下统	沧浪铺组（明心寺组、金顶山组）	页（泥）岩、泥质粉砂岩、砂岩及泥质灰岩、白云质灰岩	50~600	铅锌矿
早古生代	寒武系	下统	筇竹寺组（牛蹄塘组、梅树村组）	下部为黑色页岩、粉砂岩，常含钙质结核及硅质岩、磷块岩，上部为黄绿页岩、粉砂岩、石英砂岩。与下伏灯影组假整合接触	67~650	少数铅锌矿床点，平溪式铁锰矿、磷矿
新元古代	震旦系	上统	灯影组	下段为含藻白云岩，发育层纹石及葡萄状、雪花状构造；中段为白云岩、条带状燧石白云岩，底部为紫红色页岩、粉砂岩、燧石层；上段（麦地坪段）：含磷白云岩，夹燧石条带及薄层硅质岩，盛产多门类小壳动物化石	200~1300	铅锌矿最重要的产出层位；下部产石膏，麦地坪段产磷矿
新元古代	震旦系	上统	陡山沱组/观音崖组	陡山沱组为滨海相碎屑岩，观音崖组主要为碳酸盐岩	0~178	烂泥坪式铜矿，高燕式锰矿
新元古代	震旦系	下统	南沱组/列古六组	南沱组下部冰碛砾岩，上部紫红色砂、页岩；列古六组紫红色粉砂岩、泥岩。与下伏地层不整合接触	0~282	
新元古代	震旦系	下统	开建桥组	酸性火山岩及火山碎屑岩	2000~5700	大塘坡式锰矿
新元古代	震旦系	下统	澄江组	紫红色砂砾岩及页岩	229~1173	大塘坡式锰矿
新元古代	震旦系	下统	苏雄组	中—基性夹少量酸性火山岩、火山碎屑岩。与下伏地层呈不整合接触	2028	大塘坡式锰矿

续表 10-6

时代	系(群)	统	组	岩性	厚度(m)	赋矿性
新元古代	大营盘群			板岩、千枚岩、砂岩、粉砂岩等	1600	三碉金矿、黔东地区金矿，底部含赤铁矿或菱铁矿，满银沟式铁矿
中元古代	东川群		青龙山组	巨厚的碳酸盐岩	550～598.59	东川式铜矿
			黑山组	黑色板岩，夹碳酸盐岩、石英砂岩		
			落雪组	白云岩		
			因民组	紫红色砂板岩、夹碳酸盐岩。与下伏地层不整合接触		
	昆阳群(会理群、盐边群、峨边群、元谋群、盐边群、峨边群)		美党组	砂板岩，夹少量火山岩	8800	小石房式铅锌矿、油房沟式铜矿、播卡式金矿、钨锡多金属、大龙口组似层状菱铁矿、凤山营式铁矿
			大龙口组	浅变质碳酸盐岩		
			富良棚组	浅变质的中、基性火山岩、火山碎屑岩和粉砂岩		
			黄草岭组	浅变质砂岩、粉砂岩、板岩、千枚岩。与下伏地层不整合接触		
早元古代	大红山群(河口群)		尘河组	泥灰岩、千枚岩、碳质板岩、碳硅质板岩、枕状玄武岩	7455	
			莲塘组	碳质板岩、碳质粉砂岩及千枚岩		
			肥味河组	厚层白云石大理岩		黎溪黑箐铜矿
			红山组	钠霏细岩、钠粗面岩为主的细碧角斑岩		大红山铁矿主要的分布层位
			曼岗河组	角闪片岩、角闪钠长片岩夹大理岩，显示了以细碧角斑岩为主的火山-沉积 3 个旋回		拉拉式铜铁矿，彭州马松岭式铜矿
			老厂河组	石英岩、石榴云母片岩、白云石大理岩、碳质板岩		
	康定群?		瓦斯沟组	原岩主要为沉积碎屑岩、酸性火山岩、凝灰岩	>6000	康定黄金坪式金矿
			泸定组	斜长角闪岩、麻粒岩、变粒岩、闪长质混合岩、混合片麻岩、混合质石英闪长岩、云英闪长岩。原岩主要为拉斑玄武岩-钙碱性玄武岩，上部夹火山碎屑岩		

注：据林方成，2006 补充，以扬子地层区地层单元及岩性为主，将其他地层区按地层时代对应补充。

根据鄢明才等(1997)的对扬子北缘南秦岭地层元素丰度的研究成果，赋矿层位往往与元素丰度相对富集层位之间存在不一致性。

向茂木(1985)在《论贵州汞矿成因——地慢(裂隙)喷气成矿》一文中，通过全省岩层剖面及化石汞量测定及分析研究得出了"贵州汞矿化与岩层含汞高低的影响不大。主汞矿化层位(或高含汞层位)的沉积海盆中汞丰度并未明显增高，且生物的富汞作用也是不明显的"的结论，间接地论证了各层控型汞

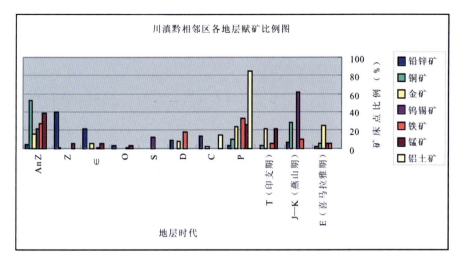

图 10-5 上扬子地区地层赋矿性统计图

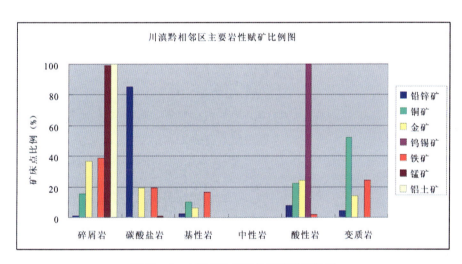

图 10-6 上扬子地区岩性赋矿性统计图

矿的物质来源和成因可能与同生沉积作用关系不大。

据湖南省地质调查院《湖南龙山-保靖铅锌矿评价地质报告》(2007)资料记载,区域地层铅、锌元素含量分布特征表明较高的 Pb、Zn 丰度值均出现在下寒武统杷榔组($\in_1 p$)及以下的地层中,而其上的地层 Pb、Zn 丰度值仅相当于本区的背景值或低于背景值。这与花垣式铅锌矿赋存层位为杷榔组之上的清虚洞组之间仍然存在矿床与地层元素丰度背景错位的特点,这一结果并不支持同生沉积成矿-相控的观点。

综上所述,上扬子地区诸多低温热液矿床表现出的"层控性",其成因并不能千篇一律地去与同生沉积成矿相关联,其另一成因的解释可能与硅钙面-地球化学障有关,对后生矿床而言,"层控性"可能仅仅是由于各岩层能干性差异对构造变形的反应不同造成的:当构造活动时,总是容易沿岩层能干性差异最大的界面形成滑脱,同时当成矿流体运移时,由于顺岩层方向比垂直岩层方向物理化学差异更小,因而运移、交代充填作用往往更易顺层发育。因此,层控性绝不就意味着同生沉积。对岩性的选择则可能与成矿地球化学过程和机理有关。

二、深大线性断裂构造控矿性及机理分析

深大线性断裂构造对内生矿床的控制是一个显而易见的现象。线性构造意指地球表面上笔直的或

稍弯曲的很长的地形地貌,并常表现为线状坳陷、巨型断裂、线性排列火山群和强烈拼接带那样确证的构造要素。线性体的形迹有助于对构造得出新认识,并引起对深部的、被不同盖层所覆盖的基底构造的注意。用"遥感"追踪线性构造,进行线性构造的内插和外推,有助于其他矿床的发现。Kutina(1969,1985)详细论述北美大陆内生矿床分布与基底断裂之间的关系,揭示大型内生矿床常位于几组深断裂交会处或其附近,控矿断裂常有等距分布趋势。苏联学者 Фаворская(1971)就强调巨型断块或断块线性体系相对于地壳构造的独立性质,称其为"穿透构造";某些穿透构造对巨型矿床起着重要的控制作用,成为"聚矿构造"。产在穿透聚矿构造中的大型内生金属矿床实际上是与上地幔物质成分密切相关的地球化学,可与岩浆形成物一样作为深部构造的标志。扎根于地幔的构造或上地幔不连续面可能相当于超壳断裂乃至超岩石圈断裂。如此深的断裂构造必然引起地幔物质(岩浆或流体)向上运动、混染或交代地壳物质,并于适宜地点特别是与其他方向深成构造交会部位,发生成矿作用,形成巨矿量堆积(邓晋福等,2008)。

本书采用"现象-统计规律-机理分析"的方法,拟从"上扬子地区深大断裂构造特征及矿床分布"的现象入手,采用 MapGIS 中对线性构造进行缓冲分析的方法,定量统计距"深大断裂构造"不同距离范围内矿床的分布特征,构建"均匀分布"和"非均匀分布"两种数学曲线模型进行比对,结合区域地球物理特征,探讨深大断裂构造的控矿机理。

(一)上扬子地区深大断裂构造特征及矿床分布现象

深大断裂是指一种规模大、切割深的断裂带,一般长达几百到几千千米,宽几千米到几十千米,深可达几十千米到百千米。其主要标志为:①沿深断裂形成大规模的挤压带或破碎带,并产生糜棱岩带;②深断裂两侧的沉积作用有显著区别;③沿深断裂带有各种岩浆活动,形成基性、超基性岩带,火山岩带或花岗岩带;④沿深断裂带常有强烈的动力变质现象,形成变质岩带;沿断裂带出现各种地貌特征,如断裂谷、断层崖等,因此在卫星照片或航空照片上常具有明显的线性特征;⑤沿断裂带常表现为区域性地球物理异常,如磁异常带、重力梯度带等。我国地质学家黄汲清等(1977)按深断裂切割深度分为壳断裂、岩石圈断裂和超岩石圈断裂等。

结合区域地质和区域地球物理,确定以①玛沁-略阳断裂、②玛曲-荷叶断裂、③鲜水河断裂、④青川断裂、⑤茂汶断裂带、⑥金汤弧形断裂、⑦锦屏山断裂、⑧三江口-小金河断裂、⑨金沙江断裂、⑩金沙江-红河断裂带、⑪哀牢山断裂带、⑫藤条河大断裂、⑬江油-灌县断裂、⑭官坝-水磨断裂、⑮城口-房县断裂带、⑯小江断裂带、⑰磨盘山-绿汁江断裂带、⑱金河(箐河)-程海-宾川断裂带、⑲石门断层、⑳七曜山断裂带、㉑松桃断层、㉒安顺-贵阳断裂带、㉓垭都断裂带、㉔南丹-紫云(紫云-水城)断裂带、㉕纳雍-贵阳-三穗东西向断裂带、㉖万山-三都-荔波断裂带、㉗铜仁断裂、㉘三都断层、㉙弥勒-师宗断裂、㉚南盘江断裂带、㉛蒙自-丘北-广南构造带 31 条深大断裂构造作为代表(图 10-7),这些断裂往往处于区域重力梯度带上,且区域延伸大于几百千米,对其两侧地层-构造-岩浆岩及变质岩的发育起到控制作用。择其主要深大断裂构造特征及矿床分布现象简要阐述如下:

玛沁-略阳断裂和玛曲-荷叶断裂:该断裂带为秦祁昆造山系与西藏之分界构造,呈北西向延伸长大于 300km。其次一级构造如北西向壤塘-马尔康断裂变形构造带则分布有金木达式金矿;玛曲—略阳北西—北西西向大型逆冲走滑断裂变形带则分布有马脑壳式金矿等;而岷江南北向对冲式推覆变形构造带则分布有东北寨式金矿;与岷江南北向对冲式推覆变形构造带垂直的雪山梁子东西向对冲式推覆变形构造带则分布有桥桥上金矿。

青川断裂、茂汶断裂带、金汤弧形断裂和江油-灌县断裂:龙门山一带区域构造形迹总体走向为北东向,为扬子陆块西缘与松潘甘孜地槽褶皱系交界构造。在这一系列断裂构造带夹持带及两侧彭州式铜矿、康定黄金坪式金矿、寨子坪式铅锌矿、农戈山式铅锌矿、东北寨式金矿、雪宝顶白钨矿、平武县广子岩钨矿、松潘县日火沟锡矿、道孚县玉科锡钨矿、大白岩式铝土矿、虎牙式锰矿、黑水锰矿、江油县大康磁铁矿等集中分布。康定黄金坪式金矿主要产于主剪切滑脱带附近的前震旦系次级剪切断裂中,已发现的

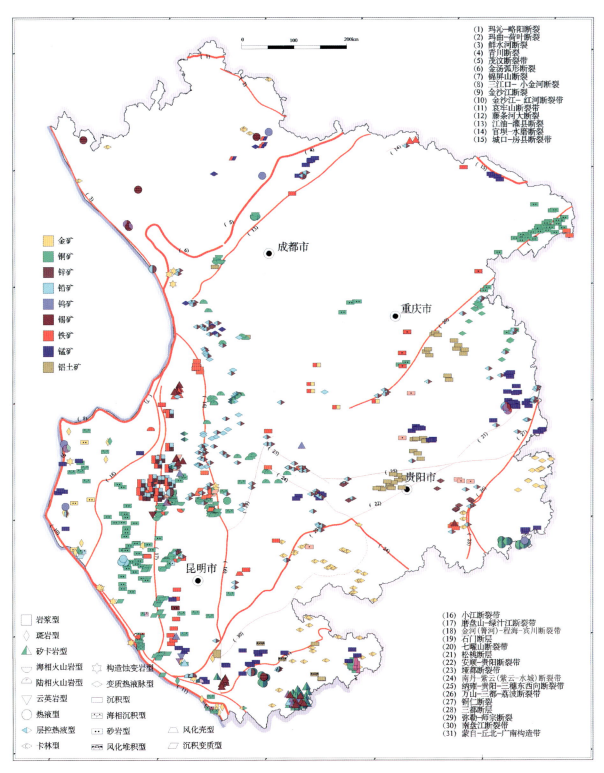

图 10-7 上扬子地区主要断裂构造与矿床分布图

金矿60%以上与北北东、北东向构造有关。

小金河断裂:东起盐源县瓜别经小金河、野洛抵木里县经堂,向西进入云南省。断裂呈弧形在展布,长度大于120km。宽约100m。以小金河断裂为界,北为木里前陆盆地褶皱带(即巴颜喀拉双向早期边缘前陆盆地褶皱带),南为碧基边缘坳陷带(即盐源-丽江中生代边缘坳陷带)。沿该断裂两侧有一系列斑岩型铜多金属矿分布。

金沙江断裂、红河断裂带、哀牢山断裂带和藤条河大断裂:全带由九甲、哀牢山断裂、红河断裂,以及其所夹持的浅、深两套变质岩带组成,以北北西向延伸。该断裂经多期构造活动,地貌上为一狭长条带状深切断陷槽谷。派生大断裂发育并形成新生代盆地。沿裂带可见基性超基性岩成群成带分布,并有海西期中酸性岩体及喜马拉雅期的浅成(酸—碱性)斑岩类分布。岩体周围见局部混合岩化和递增变质现象,沿带曾发生过深部热流活动,表明断裂切深较大达岩石圈附近。本变形带为构造-改造、构造蚀变岩型金矿的主要产出地区之一,老王寨金矿、墨江金矿、大坪金矿、元阳金矿即为其代表。除金矿外,沿该断裂带东侧尚有麻花坪式钨铍矿、北衙式斑岩型多金属矿、大红山式铜铁矿、棉花地式钒钛磁铁矿及沉积型锰、铁、铝土、铜矿密集分布。

官坝-水磨断裂:该断裂主体属米仓山推覆隆起带。米仓山推覆隆起带是中生代以来,扬子陆块深部地壳向秦岭地壳深部陆内俯冲楔入。沿该构造产出有南江县沙滩铅锌矿、李子垭式磁铁矿床。

城口-房县断裂带:城巴深断裂走向近东西向,总体上呈向南突出的弧形,是秦祁昆造山系与扬子陆块的分界断裂,断裂两侧的沉积作用、岩浆作用、变质作用、成矿作用及构造形迹等各个方面,均有着十分明显的差异特征,其南区陡山沱组中沉积了丰富的锰、磷矿产,灯影组中铅锌矿化现象明显,而北区相应时代的地层中无上述矿产。

小江断裂带和磨盘山-绿汁江断裂带:小江断裂带由北部四川进入云南省东川小江,向南可分成两支,呈南北向延伸,全长530km,古生代以张性为主,有强烈的火山活动,并控制了两侧沉积建造。中、新生代挤压、扭动表现强烈,形成南北向的湖泊和新生界盆地,而且是一条重要的地震活动带。在本断裂带北部东川播卡一带的早期脆韧性剪切带中分布有播卡式金矿床,此成矿作用与剪切带的活动密切相关。该断裂带两侧集中分布有所谓扬子型铅锌矿。该两区域性断裂大致共同夹持了南北向延伸的康滇前陆逆冲带,具有一级构造控岩控矿意义,对岩浆岩和各种内生、外生、变质矿床起了定向的作用;南北向的边缘深大断裂,具有二级控矿意义。对基性超基性岩体群起了定带的作用;区内基性超基性岩体沿南北向断裂呈断续带状展布,似与追踪断裂剪切拉张开裂转弯部位相吻合。这种部位对岩、对产钒钛磁铁矿的辉长岩层状杂岩体起了定位作用,具有三级控矿意义。两大断裂带夹持地带及两侧构成了扬子西缘最醒目的南北向多矿种多类型矿床密集带,除上述钒钛磁铁矿、铅锌矿外,还有东川式铜矿、拉拉式铜铁矿、大红山式铜铁矿、岔河式锡铁矿以及沉积型铁、铝、铜矿等。

金河(箐河)-程海-宾川断裂带:该断裂带北起石棉,向南到盐源-德昌间则转向南西,至云南永胜与程海断裂带相连,呈北东向展布,全长200km。主要控制了晚古生代火山活动和中生代滇中红层盆地的西界。断裂带两侧自古生代以来的构造环境明显不同。沿断裂带还分布有较多晚二叠世小型超基性、基性侵入体,表明其在晚二叠世是一个深达上地幔的岩石圈断裂,前人称其为金河-箐河裂谷带。金河-箐河断裂带是扬子陆块与松潘-甘孜陆缘活动带间的推覆构造带,也是一条被掩盖了的晋宁期板块潜没带,海西—印支—喜马拉雅期都有强烈活动。新生代时期沿断裂有大量的中酸性—碱性斑岩活动,并伴有斑岩铜、铅、锌、金等矿床(点)分布(小龙潭、磺矿厂等)。

安顺-贵阳断裂带和纳雍-贵阳-三穗东西向断裂带:该断裂是贵州省中部重要的隐伏深断裂,表现为一重力值低异常带,一系列等值线向东凸起的同形扭曲。不仅对奥陶纪、志留纪沉积有一定控制作用,而且对黔中隆起的形成有一定的影响,还具有明显的多期活动特点和对表层构造变形的控制作用。加里东期,在施秉、黄平、镇远一带有幔源偏碱性超镁铁质岩(钾镁煌斑岩)的侵入。燕山期再次活动,形成断续的东西向断层组合,并具左行运动特征。上述两断裂夹带中有猫场式铝土矿、五指山铅锌矿集区分布。

垭都断裂带和南丹-紫云(紫云-水城)断裂带:紫云-水城断裂是滇黔桂毗邻地区北西向断裂体系的

重要组成部分,表现为重力高低异常带分界和不连续磁场高低分界线,遥感线性影像清晰。该断裂实为一同生正断层,对沉积环境具明显的控制作用并有多期活动特点,初期裂陷形成北西向槽盆,控制了泥盆纪东岗岭期—二叠纪茅口期的沉积环境;燕山构造阶段,其断裂再次活动,从表层褶皱形态与基底断层的关系上看,具明显的左行走滑特点。而地球物理、遥感解译和地质特征的综合标志判译为隐伏断裂。该断裂与其南侧的威水构造带一起组成了六盘水裂陷槽,在晚古生代碳酸盐岩地层中沿次级构造产出有大量密集分布的铅锌矿床,并与南北向小东断裂、北东向弥勒-师宗断裂一起构成了上扬子西部著名的铅锌矿密集分布区。

万山-三都-荔波断裂带:该断裂是上扬子东部重要的深断裂,北起万山,东经三都,再往南至荔波。表现为一重力梯级带,是东部的一条台阶异常带。区域上该断裂的断层断距大,延长远。东南侧除西南隅荔波一带存在中泥盆统至中三叠统与扬子准地台的台地型相似的一套盖层沉积外,其余大部地区残缺不全。北西侧为早古生代中晚期台地相—台缘斜坡相沉积,南东侧则为盆地相沉积,反映出活动的特点是北西侧上升隆起,南东侧下降拗陷。断裂带与早古生代中晚期台地相—台缘斜坡相相带变化界线大体一致,可能是在继承同沉积古构造基础上发展起来的。沿该断裂带西侧台区分布有大量铅锌、汞、锑、金、铜钨锡多金属矿、金刚石、锰矿、铝土矿、铁矿,构成了一条醒目的上扬子东矿带,而其东侧斜坡-盆区,则以金锑矿为其特色。

弥勒-师宗断裂:呈北东走向。是右江区与扬子陆块之间的一条分划性边界断裂,全长310km。由数条平行的断裂组成。断面陡倾,深约30~40km,北东相对较浅,重力等值线同步转折高低异常带;毗邻地球化学分区界线,北西侧主要为Pb、Zn、Cu异常,产出有普安一带的铅锌矿集区,南东侧主要为Hg、Sb、As、Au异常,是滇黔桂卡林型金矿分布范围。晚古生代时期曾有基性岩浆侵入和火山活动,中生代控制了本区三叠纪西北界及内部的沉积建造。为一条多期活动的复合成因(压性、扭性)的壳断裂。两侧早二叠世早期—中三叠世沉积相变化显著,区内主要表现在中三叠世的沉积相变,北西侧中三叠世为台地—台地边缘相沉积,南东侧则为斜坡-盆地相沉积,反映出活动的特点是北西侧上升隆起,南东侧下降坳陷。

南盘江断裂带:主要为印支—燕山期形成的造山型褶皱和断裂,以紧闭线状复式褶皱为主,并伴有冲断层,且岩石有明显的缩短应变,区域性劈理比较发育。划分为南北向前陆冲断褶皱构造、东西向造山型构造带、北西向挤压-走滑构造带、大型逆冲推覆构造及高角度网状断裂系统5个世代的构造变形及其组合样式。其中以南北向、东西向及北西向三组构造最为醒目,该区金矿则主要产于三组构造所构成的三角形变形区的顶点部位。

蒙自-丘北-广南构造带:该带受边界深大断裂严格控制,走向北西-南东的金沙江-红河断裂是其南部边界,也是南盘江-右江盆地与哀牢山地块(推覆体)的南西分界线;文山-麻栗坡断裂带是一条长期间断性活动、控制岩相和地层类型分布的断裂。富宁断裂带为右江盆地的南西边界,同时也是南盘江地层区与右江地层区的界线,亦是一条长期活动的同沉积断裂。沿断裂带,在泥盆纪、早石炭世、二叠世及三叠纪时,均有海底火山喷发活动以及密集分布的印支期—燕山期基性侵入岩活动。该带围绕个旧、薄竹山、都龙3个构造岩浆活动中心依次向外,分布了钨锡多金属矿、铅锌矿、铜镍矿、卡林型金矿、沉积型锰矿、铝土矿。

(二)深大断裂构造对矿床控制的数理统计特征及内在机理分析

从上述主要深大断裂构造特征与矿床分布的阐述和图10-7可直观地看出,主要矿床尤其是内生矿床大都是沿深大断裂带夹持地带及两侧密集分布而构成一系列矿带,而在远离深大断裂构造的区域,矿床的分布密度明显较为稀疏。本小节将采用MapGIS中对线性构造进行缓冲分析的方法,首先构建均匀型平面分布和非均匀型平面分布两种数学曲线模型,然后以图10-7为基础,实际定量统计上扬子地区距深大断裂构造不同平面距离范围内矿床的分布特征,进而发现其统计规律,结合区域地球物理特征,探讨深大断裂构造的控矿机理。

1. 构建数理模型

首先设想一条平直的断裂(线),对在其两侧平面空间上矿床呈均匀型分布和非均匀型分布的两种情况进行考察(注:此处非均匀型平面分布图是按照矿床距断裂越近越密集、越远越稀疏的假设而设计的),然后以距离该断裂不同平面距离(10、20、30、40、50、60、70、80km)为缓冲区半径(D_i),在 MapGIS 平台下对断裂(线)进行缓冲分析(图 10-8),求取其缓冲区面积(S_i),再用该缓冲区面积(S_i)与矿床做区对点相交分析,得出该缓冲区面积(S_i)下所涵盖的矿床数量(M_i),进而计算单位面积(百平方千米)内矿床分布的密度(σ_i)以及该矿床数量(M_i)所占总矿床数量(M)的比例(η_i),以 D_i 为横坐标,以 σ_i、η_i 为纵坐标,构建数理曲线,考察在均匀分布和非均匀分布的两种情况下 σ 值、η 值随平面距离(D)变化而变化的特征,进而构建起矿床沿断裂均匀型平面分布和非均匀型平面分布的数理模型。

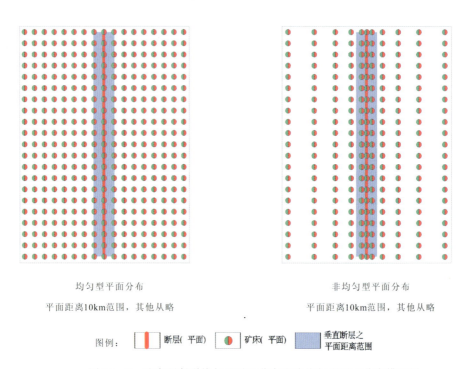

图 10-8 矿床距断裂均匀型平面分布和非均匀型平面分布模型图

计算公式及过程如下:
$$D_i(i=10、20、30、40、50、60、70、80)$$
$$M=\sum M_i(i=10、20、30、40、50、60、70、80)$$
$$\sigma_i=M_i/S_i(i=10、20、30、40、50、60、70、80)$$
$$\eta_i=M_i/M(i=10、20、30、40、50、60、70、80)$$

式中,D_i 为距离该断裂不同平面距离($i=10、20、30、40、50、60、70、80$),单位为千米;$S_i$ 为不同 D_i 下计算机自动求取的缓冲区面积($i=10、20、30、40、50、60、70、80$),单位为百平方千米;$M$ 为矿床总量,单位为个;M_i 为不同 S_i 面积范围内所包含的矿床量($i=10、20、30、40、50、60、70、80$),单位为个;$\sigma_i$ 为每百平方千米范围内所包含的矿床量($i=10、20、30、40、50、60、70、80$),单位为个/百平方千米,简称"矿床面密度";$\eta_i$ 为不同 S_i 面积范围内所包含的矿床量(M_i)占矿床总量(M)的比例($i=10、20、30、40、50、60、70、80$),单位为%,简称"矿床比例"。

统计计算结果如表 10-7、图 10-9、表 10-8、图 10-10。

(1) 矿床与断裂均匀型平面分布模型。

从表 10-7、图 10-9 可分析出：当矿床在平面上均匀分布时，不论其距断裂距离远近，其每百平方千米范围内所包含的矿床量（σ_i）亦即矿床的面密度曲线为一条水平线，其值稳定不变；而距断裂不同距离所代表的不同 S_i 面积范围内所包含的矿床量（M_i）占矿床总量（M）的比例（η_i）亦即矿床当量比例呈一条具固定斜率（k）的直线特征，这一固定斜率（k）代表了不论距断裂远近矿床的分布没有变化。这一模型的内在含义表明了矿床的平面分布与距断裂的平面距离不相关，从成因的角度可看着断裂对矿床的平面分布无明显直接的控制作用。

表 10-7　矿床与断裂均匀型平面分布特征参数统计表

D_i(km)	η_i(%)	σ_i(个/百平方千米)
10	0.126 050 42	0.1125
20	0.252 100 84	0.1125
30	0.378 151 261	0.1125
40	0.504 201 681	0.1125
50	0.630 252 101	0.1125
60	0.756 302 521	0.1125
70	0.882 352 941	0.1125
80	1.008 403 361	0.1125

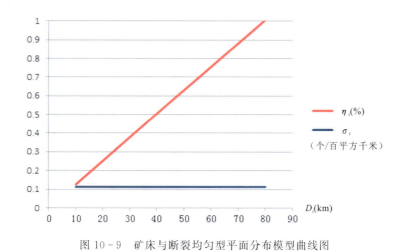

图 10-9　矿床与断裂均匀型平面分布模型曲线图

(2) 矿床与断裂非均匀型平面分布模型。

从表 10-8、图 10-10 可分析出：当矿床在平面上相对断裂以非均匀型分布、且矿床距断裂越近越密集、越远越稀疏时，随着距断裂越来越远，其每百平方千米范围内所包含的矿床量（σ_i）亦即矿床的面密度曲线以一条斜率（k）为负值的近似直线为特征，表明了矿床距断裂越近越密集、越远越稀疏这一分布特征；而距断裂不同距离所代表的不同 S_i 面积范围内所包含的矿床量（M_i）占矿床总量（M）的比例（η_i）亦即"矿床当量比例"呈一条由陡到缓、斜率（k）从大到小的曲线特征，这曲线变化特征代表了距断裂越近矿床分布变化越大，距断裂越远矿床分布的变化越小。这一模型的内在含义表明了矿床的平面分布与距断裂的平面距离是相关的，从成因的角度可看着断裂对矿床的平面分布存在明显而直接的控制。

表 10-8　矿床与断裂非均匀型平面分布特征参数统计表

D_i(km)	η_i(%)	σ_i(个/百平方千米)
10	0.286 821 705	0.092 5
20	0.496 124 031	0.08
30	0.651 162 791	0.07
40	0.767 441 86	0.061 875
50	0.860 465 116	0.055 5
60	0.922 480 62	0.049 583 333
70	0.968 992 248	0.044 642 857
80	1	0.040 312 5

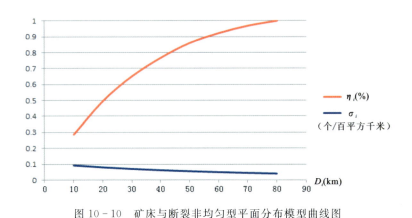

图 10-10　矿床与断裂非均匀型平面分布模型曲线图

2. 上扬子地区距深大断裂构造不同平面距离范围内矿床的分布特征

从上述思路出发,结合区域地质和区域地球物理,选择以前述大巴山-米仓山-龙门山-锦屏山-金沙江-哀牢山等 31 条深大断裂构造作为代表,按内生矿床(含内源外生矿床如锰矿)、外生矿床(亦含内源外生矿床如锰矿),以 $D=5$、10、20、30、40、50、60、70、80km 为缓冲区半径,采用 MapGIS 中对线性构造进行缓冲分析的方法,定量统计距深大断裂构造不同距离范围内矿床的分布特征(表 10-9、表 10-10、图 10-11)。

表 10-9　上扬子地区总面积、内生矿床数量及矿床当量数据计算表

M	矿床总数	特大型	大型	中型	小型及矿点	总面积 S(百平方千米)
实际数量(个)	1673	6	69	155	1443	7920
当量数量 M	2077	48	276	310	1443	

需要说明的是,与前述理想模型比较,由于在实际操作过程中涉及的矿种较多且不同矿种其矿床规模划分标准不一致,为统一量纲,需先对矿床数量按一定规则作预处理,处理方法引入矿床当量的概念:即以任一矿种的小型矿床(含矿点矿化点)为一个基本的单元,称为 1 个矿床当量,1 个中型矿床相当于 2 个矿床当量,1 个大型矿床相当于 4 个矿床当量,1 个特大型矿床相当于 8 个矿床当量。上扬子地区总面积 79.2 万 km²,涵盖:内生矿床总数为 1673 个,其中特大型 6 个、大型 69 个、中型 155 个、小型及矿点 1443 个,依此计算其矿床总当量为 2077 个,其中特大型矿床当量为 48 个、大型矿床当量为 276

个、中型矿床当量为310个、小型矿床当量为1443个;外生矿床总数为891个,其中特大型4个、大型14个、中型128个、小型及矿点745个,依此计算其矿床总当量为1089个,其中特大型矿床当量为32个、大型矿床当量为56个、中型矿床当量为256个、小型矿床当量为745个;相应地,σ_i为每百平方千米范围内所包含的矿床当量($i=5$、10、20、30、40、50、60、70、80km,单位:个/百平方千米),简称矿床当量面密度。η_i为不同S_i面积范围内所包含的矿床当量(M_i)占矿床总当量(M)的比例($i=5$、10、20、30、40、50、60、70、80km,单位:%),简称矿床当量比例。

表10-10 上扬子地区内生矿床当量与断裂平面距离关系特征参数计算表

D_i	M_i	矿床总数	特大型	大型	中型	小型及矿点	面积S_i(百平方千米)	矿床当量比例η_i(%)	矿床当量面密度σ_i(当量数/百平方千米)
5km	实际数量(个)	285	1	8	26	250	869		
	当量数量 M5	342	8	32	52	250		0.164 660 568	0.393 555 811
10km	实际数量(个)	509	1	18	40	450	1683.29		
	当量数量 M10	610	8	72	80	450		0.293 692 826	0.362 385 566
20km	实际数量(个)	879	3	35	78	763	3168.78		
	当量数量 M20	1083	24	140	156	763		0.521 425 132	0.341 771 912
30km	实际数量(个)	1101	4	45	104	948	4487.84		
	当量数量 M30	1368	32	180	208	948		0.658 642 273	0.304 823 701
40km	实际数量(个)	1271	5	51	116	1099	5683.49		
	当量数量 M40	1575	40	204	232	1099		0.758 305 248	0.277 118 461
50km	实际数量(个)	1356	5	54	127	1170	6715.27		
	当量数量 M50	1680	40	216	254	1170		0.808 858 931	0.250 176 091
60km	实际数量(个)	1448	5	57	137	1249	7635.48		
	当量数量 M60	1791	40	228	274	1249		0.862 301 396	0.234 562 857
70km	实际数量(个)	1520	5	59	141	1315	8450.63		
	当量数量 M70	1873	40	236	282	1315		0.901 781 416	0.221 640 28
80km	实际数量(个)	1587	6	64	145	1372	9210.91		
	当量数量 M80	1966	48	256	290	1372		0.946 557 535	0.213 442 537

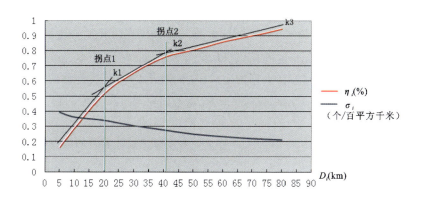

图10-11 上扬子地区内生矿床与断裂关系平面分布特征曲线图

缓冲半径 D 的选择：从图 10-11 可以看出，距断裂 80km 时并未涵盖全境，尚余松潘盆地和四川盆地核心地带，导致其面积又大于实际总面积的原因是作缓冲区分析时，沿外边界存在范围扩展。因此综合考虑，最大缓冲半径选择 80km 较为适宜。

(1) 内生矿床平面分布特征及分析。

从图 10-11 中可观察到，上扬子地区内生矿床与断裂关系平面分布特征曲线图的形态符合前述构建的矿床与断裂非均匀型平面分布模型（图 10-10），首先表明了内生矿床的平面分布与距断裂的平面距离是相关的，且代表了距断裂越近矿床分布变化越大、距断裂越远矿床分布的变化越小。从成因的角度可看着断裂对内生矿床的平面分布存在明显而直接的控制作用。

A. η_i 特征线的分析。

图 10-11 中"矿床当量比例 η_i 值"随距深大断裂构造平面距离 D_i 值的变化为一条非线性曲线，表明在不同平面距离范围内断裂对内生矿床平面分布存在不同强度的控制性。该曲线大致可分解为三段呈一次线性方程。

① $D_i=5\sim20$km 回归方程为：

$\eta=0.0236D+0.0508$　　$k_1=0.0236$　　$R^2=0.999$（k 值为回归系数，R^2 为相关系数，下同）

② $D_i=20\sim40$km 回归方程为：

$\eta=0.0118D+0.2908$　　$k_2=0.0118$　　$R^2=0.9917$

③ $D_i=40\sim80$km 回归方程为：

$\eta=0.0047D+0.0508$　　$k_3=0.0047$　　$R^2=0.997$

回归方程式 $Y=kX+a$ 中之斜率 k，称为回归系数，表 X 每变动一单位，平均而言，Y 将变动 b 单位。回归系数在回归方程中表示自变量 X 对因变量 Y 影响大小的参数。回归系数越大表示 X 对 Y 影响越大，正回归系数表示 Y 随 X 增大而增大，负回归系数表示 Y 随 X 增大而减小。相关系数是用以反映变量之间相关关系密切程度的统计指标。

上述 k 值 >0 且 $R^2>0.99$ 表明了矿床当量比例 η_i 值随距深大断裂构造平面距离 D_i 值的变化为高度正相关。

η_i 曲线明显出现两个拐点，即图中 k_1 线与 k_2 线的交点、k_2 线与 k_3 线的交点，对应的距断裂平面距离范围为 20km 和 40km，且呈 $k_1>k_2>k_3$ 的变化趋势，表明了不同平面距离范围内断裂对内生矿床平面分布存在不同强度的影响：距断裂越近，其影响越强，距断裂越远其影响减弱。$(k_1-k_2=0.0118)>(k_2-k_3=0.0071)$ 表明在上述两个拐点所分隔的 3 个距离范围内，其变化幅度有所不同，亦即在距断裂平面距离 20km 范围内内生矿床的分布变化幅度最大，断裂对内生矿床的影响最强；20~40km 范围内变化中等，断裂对内生矿床的影响减弱至中等；大于 40km 之外变化趋于平缓，断裂对内生矿床的影响进一步减弱。

从表 10-9、表 10-10 中可直接分析出，在距断裂平面距离 20km 范围内大型—特大型内生矿床为 38 个，40km 范围内大型—特大型内生矿床为 56 个，所占总的大型—特大型内生矿床个数 75 个的比例分别为 50.7% 和 74.7%，而到 80km 范围时，其比例达到了 93.3%，但在 20km 及 40km 范围内其大型—特大型内生矿床所占总的大型—特大型内生矿床比例远远超过了其距离所占最大统计距离的比例亦即：20/80=25%、40/80=50%，因此可以说在距断裂平面距离 20km 范围内大型—特大型内生矿床的分布概率最大；其次为距断裂平面距离 40km 范围内；当距断裂平面距离 40~80km 以上范围时大型—特大型内生矿床的分布概率已大为减小。

B. σ_i 特征线的分析。

图 10-11 中矿床当量面密度 σ_i 值随距深大断裂构造平面距离 D_i 值的变化近似为一条斜率为负的直线，表明随着平面上距断裂距离的增加、内生矿床的平面分布密度近于均匀地下降或由密到稀的变化。该曲线大致可回归为一次线性方程：

$\sigma=-0.0024D+0.3869$　　$k=-0.0024$　　$R^2=0.961$（k 值为回归系数，R^2 为相关系数）

$k=-0.0024<0$、$R^2=0.961$ 表明矿床当量面密度 σ_i 值随距深大断裂构造平面距离 D_i 值的变化为高度负相关。

但仔细考察近于直线的 σ_i 特征线仍可看出，20km 范围内和 40km 范围内的 k 值仍明显小于 40～80km 范围内的 k 值：$k_{20}=-0.0033$，$k_{40}=-0.0032$ 小于 $k_{40\sim80}=-0.0016$。这一结果表明了不同平面距离范围内断裂对内生矿床平面分布存在不同强度的控制性：距断裂越近，其控制性越强，距断裂越远其控制性减弱。在距断裂平面距离 40km 范围内内生矿床的分布面密度最大，但由密变稀的下降幅度也最大，断裂对内生矿床的控制性最强；大于 40km 之外，内生矿床的分布面密度逐步变小，但由密变稀的下降幅度趋于平缓，断裂对内生矿床的控制性已大为减弱。

综上所述，可得出距深大断裂平面距离 20km 内生矿床分布概率最大、其次为 40km 范围内内生矿床分布概率较大这一统计分布规律。

(2) 外生矿床平面分布特征及分析(表 10-11、表 10-12)。

表 10-11　上扬子地区总面积、外生矿床数量及矿床当量数据计算表

M	矿床总数	特大型	大型	中型	小型及矿点	总面积 S(百平方千米)
实际数量(个)	891	4	14	128	745	7920
当量数量 M	1089	32	56	256	745	

表 10-12　上扬子地区外生矿床当量与断裂平面距离关系特征参数计算表

D_i	M_i	矿床总数	特大型	大型	中型	小型及矿点	面积 S_i(百平方千米)	矿床当量比例 η_i(%)	矿床当量面密度 σ_i(当量数/百平方千米)
5km	实际数量(个)	93	0	1	20	72	869		
	当量数量 M5	116	0	4	40	72		0.106 519 743	0.133 486 766
10km	实际数量(个)	197	0	2	34	161	1683.29		
	当量数量 M10	237	0	8	68	161		0.217 630 854	0.140 795 704
20km	实际数量(个)	380	2	4	53	321	3168.78		
	当量数量 M20	459	16	16	106	321		0.421 487 603	0.144 850 7
30km	实际数量(个)	509	3	6	79	421	4487.84		
	当量数量 M30	627	24	24	158	421		0.575 757 576	0.139 710 863
40km	实际数量(个)	621	3	6	97	515	5683.49		
	当量数量 M40	757	24	24	194	515		0.695 133 15	0.133 192 809
50km	实际数量(个)	710	3	6	101	600	6715.27		
	当量数量 M50	850	24	24	202	600		0.780 532 599	0.126 577 189
60km	实际数量(个)	786	3	8	113	662	7635.48		
	当量数量 M60	944	24	32	226	662		0.866 850 321	0.123 633 354
70km	实际数量(个)	824	3	10	118	693	8450.63		
	当量数量 M70	993	24	40	236	693		0.911 845 73	0.117 506 032
80km	实际数量(个)	846	4	14	123	705	9210.91		
	当量数量 M80	1039	32	56	246	705		0.954 086 318	0.112 801 015

从图 10-12 中可以观察到,上扬子地区外生矿床与断裂关系平面分布特征曲线图的形态大致接近于前述构建的矿床与断裂均匀型平面分布模型(图 10-9),首先表明了外生矿床的平面分布与距断裂的平面距离的相关性不大,亦即距断裂平面距离的远近对外生矿床的分布影响不大。从成因的角度可看出断裂对外生矿床的平面分布不存在明显而直接的控制作用,或者说相对于内生矿床,断裂对外生矿床的平面分布的控制作用较不明显。

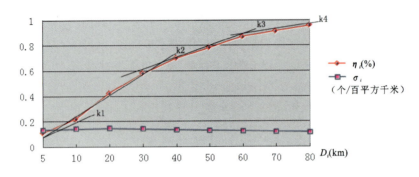

图 10-12　上扬子地区外生矿床与断裂关系平面分布特征曲线图

虽然如此,图 10-12 中特征曲线相对于均匀型平面分布模型(图 10-9),仍然表现出较细微的不同性,具体分析如下。

A. η_i 特征线的分析。

图 10-12 中矿床当量比例 η_i 值随距深大断裂构造平面距离 D_i 值的变化近似为一条具固定斜率的直线(趋势线回归系数 $k=0.1095$,$R^2=0.951$),表明在不同平面距离范围内断裂对外生矿床平面分布影响不大。但作为细部变化,该曲线大致可分解为四段呈一次线性方程。

①$D_i=5\sim20$km 回归方程为:

$\eta=0.0209D+0.0047$　$k_1=0.0209$　$R^2=0.9995$(k 值为回归系数,R^2 为相关系数,下同)

②$D_i=10\sim30$km 回归方程为:

$\eta=0.0179D+0.0468$　$k_2=0.0179$　$R^2=0.994$

③$D_i=30\sim60$km 回归方程为:

$\eta=0.0096D+0.2982$　$k_3=0.0096$　$R^2=0.993$

④$D_i=60\sim80$km 回归方程为:

$\eta=0.0044D+0.6056$　$k_4=0.0044$　$R^2=0.9997$

上述 k 值>0 且 $R^2>0.99$ 表明了矿床当量比例 η_i 值随距深大断裂构造平面距离 D_i 值的变化仍为高度正相关。

但相比内生矿床,外生矿床 η_i 曲线不具明显的拐点,即图中 k_1 线、k_2 线、k_3 线、k_4 线虽然具有逐渐变缓的特征,其交角不大、呈平缓渐变过渡式的变化,表明了不同平面距离范围内断裂对外生矿床平面分布存在程度较小的影响,但仍在一定程度上表现出距断裂越近,其影响较强,距断裂越远其影响减弱的趋势。

对大型—特大型外生矿床而言,从表 10-11、表 10-12 可直接分析出,在距断裂平面距离 5km 范围内大型—特大型外生矿床为 1 个,10km 范围内为 2 个,20km 范围内为 6 个,30km 范围内为 9 个,40km 范围内为 9 个,50km 范围内为 9 个,60km 范围内为 11 个,70km 范围内为 13 个,80km 范围内为 18 个,所占总的大型—特大型内生矿床个数 18 个的比例分别为 5.5%、11%、33%、50%、50%、50%、61.1%、72.2%、100%,与其距离所占最大统计距离的比例亦即:6.25%、12.5%、25%、37.5%、50%、62.5%、75%、87.5%、100% 比较,20km 范围内其矿床比例随距离的增大而平稳增大,但在 30~50km 范围内则其矿床比例随距离的增大而无所变化,60km 以外范围其矿床比例随距离的增大又平稳增大,这一特征与前述内生矿床分布特征有所差异,其内在原因将在后面予以分析。

B. σ_i 特征线的分析。

图 10-12 中矿床当量面密度 σ_i 值随距深大断裂构造平面距离 D_i 值的变化近似为一条水平直线,表明外生矿床的平面分布密度不随着平面上距断裂距离的变化而变化,亦即从成因的角度可看着断裂对外生矿床的平面分布不存在明显而直接的控制作用。

3. 上扬子地区距深大断裂构造不同平面距离范围内矿床的分布统计规律的内在机理分析与结论

内生矿床往往与内营力作用有关,内营力是地壳运动产生强大水平挤压力,来自地球内部;而外生矿床往往与外营力有关,外营力是来自地球外部的改变地球表面形态的力量,它使地面趋向平坦,剥蚀-沉积作用是其常见表现。这一内在差异性是我们分析上述统计规律的内在机理之基础。

1)"深大断裂构造"对内生矿床的控制机理

如前所述,在上扬子陆块区,无论从现象或是统计规律可知,深大断裂构造、内营力对内生矿床的控制是显而易见的,其控制性在可观察统计的浅表范围内表现出了距深大断裂平面距离 20km 及 40km 范围内内生矿床分布概率最大的规律,其内在原因是什么?本小节将从地球层圈结构-上扬子陆块区壳幔结构、深大断裂的超壳性-地球物理证据、构造-应力场的思路,对其内在机理作出初步分析。

(1)地球层圈结构-上扬子陆块区壳幔结构。

地球具同心状圈层构造。其内部圈层构造分为地核、地幔和地壳,之间的分界面主要依据地震波传播速度的急剧变化推测确定:地壳和地幔之间以莫霍洛维奇面(简称莫霍面)分界,地幔与地核之间以古登堡面分界。地核约为 2998km 古登堡面以下的地球核心部。地幔指莫霍面以下至古登堡面以上的圈层,其中上地幔物质状态属固态结晶质,但具较大的塑性,也有把它和过渡带一起叫作软流圈。莫霍面深度或地壳厚度在地球不同部位不一致。

地壳为地球的表层部分,现多把莫霍面规定为地壳的下界面,地壳由各种岩石组成,上部主要由沉积岩、花岗岩类岩石组成,叫硅铝层,下部主要由玄武岩或辉长岩类岩石组成,称为硅镁层。由花岗岩和玄武岩组成的地壳称为大陆型地壳;主要由玄武岩组成的地壳称为大洋型地壳。大陆地壳又以康拉德不连续面为界分为上、下两层,上层为花岗岩质,又称硅铝层,是富硅的岩浆岩;下层为玄武岩质层,又称硅镁层,富铁镁质。大洋地壳广泛发育玄武岩物质。地壳呈连续分布,但厚薄不等,其平均厚度,大陆地区为 35km,大洋地区 5~10km;我国西藏高原厚达 60~80km,西部地区为 50~70km,东南沿海地区为 20 余千米,太平洋地区最薄,仅 4~7km。地壳岩石具弹性和塑性,越到深处塑性越大,这对地壳演变起了很大作用(摘自地质大辞典)。

从图 10-13 可知,上扬子陆块区地壳厚度或莫霍面深度,大致以龙门山断裂带—紫云垭都断裂带—弥勒师宗断裂带一线为界,其西约 45~50km,其东为 37~45km,成都盆地莫霍面呈等轴丘状凸起,地壳最薄处位于重庆大足县城附近以及湘黔一带,仅 37km,是一个近椭圆形地幔凸起区。因此,上扬子陆块区地壳平均厚度在 40~45km 之间。

(2)深大断裂的超壳性-地球物理证据。

由上可知,上扬子陆块区地壳平均厚度在 40~45km。而深大断裂的超壳性亦即意味着这些深大断裂的活动性可能切穿地壳直达收敛于莫霍面附近,其所在部位的地壳厚度(40km 左右)均在这些深大断裂活动时的应力场影响范围内。关于这一点,本书拟引用王绪本等(2013)在《扇形边界条件下的龙门山壳幔电性结构特征》一文中的研究就该予以佐证说明。

从图 10-14 可知,该区莫霍面深度或地壳厚度大约在 40~50km,且西厚东薄,这与上述西南地区莫霍面等深度图的结果是一致的。在 20km 左右存在一个高阻和低阻层界面,他们也认为在茂汶断裂以西浅部表现为高阻,中下地壳存在壳内低阻层,而茂汶断裂以东浅部为低阻,无壳内低阻层。那么,该区上地壳厚度可能在 10~20km 左右,可能相当于康腊间断面之上部分,而康腊间断面与莫霍洛维奇间断面之间的地震带,也有人称为下地壳层(地质大辞典)。从图10-14还可判读出,如龙门山这类深大断裂带可能以浅陡深缓的方式切穿地壳后并收敛于下地壳-莫霍面外,可能次一级的壳内断裂活动(即图中F_1—F_7)在上地壳(10～20km)表现尤为强烈。

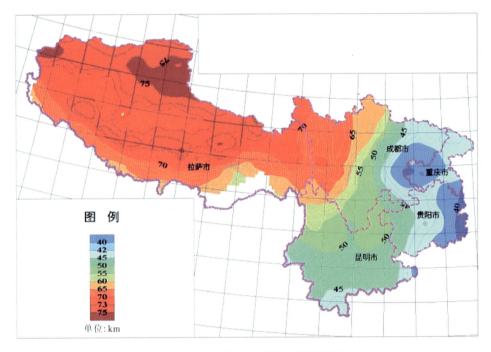

图10-13 西南地区莫霍面等深度图

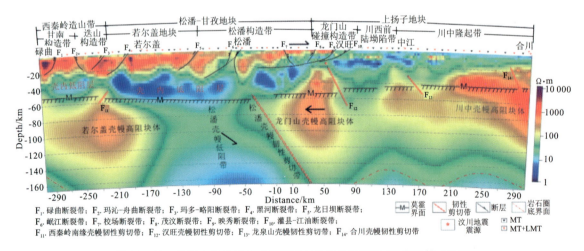

图10-14 龙门山壳幔结构二维反演电性结构解释图(王绪本等,2013)

(3)深大断裂构造-应力场及控矿模型。

内生矿床成矿作用机制以地球内力作用为主,地球内力作用往往较为直观地表现为构造-地壳的活动性如地壳破裂和变形(褶皱)以及岩浆-火山、变质作用等。因此,研究构造-地壳的活动性或地壳运动对探寻控制内生矿床分布规律的机制就显得非常重要。

地壳内部不同深度处的变形性质与变形机制有明显差异的构造分层性。由地表至深处地壳的变形分为上部、中间、下部三个构造层次。上部构造层次又称表构造层次,位于地壳浅表部分,主要发生脆性变形,主导变形机制是脆性剪切作用,是断层分布区;中间构造层次又称浅构造层次,其深度在约4km

至12~15km，主要发生弹塑性变形，主导变形机制是弯曲作用，是等厚褶皱分布区；下部构造层次又称深构造层次，其深度约为12~15km，主要发生塑性变形，主导变形机制是剪切作用和压扁作用，是相似褶皱并伴有广泛发育的劈理的分布区。

矿床学的研究历来强调不同尺度构造带及其交切对储矿空间的约束。众多矿床学家注意到深和大的构造带对储矿空间的控制，例如，沿克拉通边缘（华北克拉通和扬子克拉通）的边缘及其邻近的造山带分布超大型矿床（Tu，1995），具深断裂性质的长江破碎带是长江中下游Cu-Fe成矿带的聚矿构造（常印佛等，1991），超大型矿床与大型构造有关等（翟裕生等，1997）。Kutina（1991，1995）提出，矿床群集于扎根在地幔的区域不连续与克拉通边缘及其邻近的活动带的横向交切地区，它们是造山运动期间，热和岩浆上升以及金属富集的有利构造。一般认为，深和大的构造带或扎根于地幔的不连续性构造带是控制成矿带的储矿空间。邓晋福等（2000）强调，对于一个拼合组装的中国东部大陆来说，岩石圈尺度的再活化的不连续对于热岩浆和流体上升的通道和成矿带（以大型和超大型矿床群集为特征）的储矿空间有着关键的控制作用。如扬子克拉通西缘的攀枝花V-Ti-Fe矿带、扬子克拉通内元古造山带在燕山期的活化，成为长江中下游Cu-Fe矿带、龙门山山前的逆冲构造带大规模的流体远距离的分别运移到扬子前陆盆地内形成巨大的油气汇集等。岩石圈三维不连续，不管它处于活动期（即形成期）还是被活化期，均是大尺度成矿带的有利储矿空间。成矿带的金属及其组合类型则取决于注入岩石圈与陆壳的来自对流地幔的炽热的新生物质的性质、活化岩石圈与陆壳物质的性质、壳幔物质的相互交换作用等（邓晋福等，2008）。

成矿作用主要包括金属元素从源区被萃取出来（简称"源"）-被介质输运（简称"运"）-在某一场所堆积（简称"储"）的3个阶段。因而，在内生成矿过程中，成矿流体的形成、运移、在某一场所成矿物质从成矿流体中卸载、晶出而成矿，总是离不开动力、通道、赋矿空间三大要素。如前所述，在上扬子陆块区，无论从现象或是统计规律可知，深大断裂构造对内生矿床平面分布的控制性是存在的。由于在地壳内部不同深度处构造又存在分层性，因而可以推测不同深度构造层次对成矿作用的控制是不同的。综合以上分析，本书提出在地壳三维空间上构造-地壳活动性的强弱（或深大断裂构造应力场影响范围及强弱）与内生矿床的分布密切相关这一假说，并构建其控矿模式如图10-15所示，以此为基础，试图对距深大断裂平面距离20km内生矿床的分布概率最大、其次为40km范围内内生矿床的分布概率较大这一统计规律作出内在机制的合理解释，从而反向证明这一假说的成立。

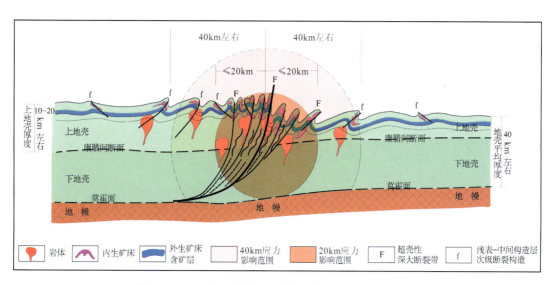

图10-15 上扬子陆块区深大断裂构造控矿机制模式图

各种因素引起的地壳活动,从而导致的深大超壳断裂构造及其应力场和相应的岩浆-火山、变质作用往往作为成矿流体形成、运移的动力源和通道;由于内生成矿流体往往是从高温高压区向低温低压区进行运移,在这一自然过程中会发生扩容减压、不同介质的混入等物理化学条件的变化,从而导致在浅表层次的、次一级的构造空间中,成矿流体内成矿物质的卸载、晶出而成矿,因此浅表层次的、次一级的构造一般就成为容矿空间,这也是人们能够直接观察、测量的所在。

从图 10-15 中可以看出,在地壳活动过程中,一般而言,超壳性深大断裂构造(F)向中间-浅表构造层发散,性质上由脆-韧性向脆性过渡,且向浅表断裂产状逐渐变陡,并在浅表层次上往往形成一系列次级脆性断裂构造(f);反之,其向深部构造层收敛,最深可收敛于莫霍面附近,且向深部断裂产状逐渐变缓。地壳变形强弱及次级脆性断裂构造(f)的发育与否和疏密程度与距离超壳性深大断裂构造(F)的远近密切相关,亦即距离越近变形越强、次级脆性断裂构造(f)越密,反之则越弱越疏。由于深大断裂构造(F)切穿整个地壳的性质,其活动时应力影响的三维空间范围应不小于地壳的厚度,具体范围的大小与深大断裂构造(F)的产状有关,倾角越陡影响范围可能相对较窄但可能强度更大、倾角越缓影响范围可能相对较宽但强度可能相对小一些。深大断裂构造(F)的浅陡深缓的产状特征,大致可以将其平均产状视为中等倾角即 45°左右,则其平面影响范围大致相当于其垂向影响范围(即地壳厚度 40km 左右),也略等于其深部收敛端到其浅表发散端的水平投影范围,这一应力影响的范围应是内生成矿作用相对较强的范围;又由于现实中人类目前可观察发现、可勘查的矿床大多位于超浅层次(一般小于 2000m),前述统计的矿床样本全都位于这个深度以上,故其控矿构造也属于上地壳超浅层次的表层脆性构造。按上述思路分析,中等倾角的深大断裂对浅表岩层变形的最强影响的平面范围应大致与上地壳内垂向影响范围(本区上地壳厚度小于 20km)相当,即在 20km 以内,这一应力影响的最强范围应是内生成矿作用最强的范围。上述分析结果及认识就较好地、合理地解释了距深大断裂平面距离 20km 范围内内生矿床分布概率最大,其次为 40km 范围内内生矿床分布概率较大这一统计分布规律,也说明了图 10-11 中出现的 20km 和 40km 这两个明显的曲线拐点不是偶然的,它与地壳厚度及其活动性密切相关。

2)深大断裂构造对外生矿床的影响

从图 10-15 可以看出,外生矿床赋矿地层随着距深大断裂越近、变形越强、褶皱幅度越大,也意味着外生矿床出露地表的概率也越大,反之,随着距深大断裂越远、变形越弱、褶皱幅度越小,就意味着外生矿床深埋地下的可能性也越大,出露分布的概率变小。本书以四川盆地为例,在区域地质图上量取几个地层褶皱幅度变化的数据予以说明:在邻近七曜山断裂带 150km 范围内,其西部靠四川盆地一侧,两背斜轴之间距离大致为 30km 左右,更远在 150km 以外时,两背斜轴之间距离大致扩展至 40km 左右,表明其地层褶皱变形越来越弱;其东部靠台地一侧,两背斜轴之间距离大致为 30~40km。这一结果较好地与前述外生矿床的统计分布规律一致:20km 范围内外生矿床比例随距离的增大而平稳增大,但在 30~50km 范围内则其矿床比例随距离的增大而无所变化,60km 以外范围其矿床比例随距离的增大又平稳增大。

由于外生矿床成矿机理与地球外营力相关,它主要牵涉到两个方面:与地壳变形而形成的剥蚀地貌和沉积地貌有关,这方面可能使得深大构造间接地对外生矿床的形成起到了影响,即构控盆、盆控矿;另一方面,是与外生矿床形成后的埋藏、保存、出露及可观察勘查程度有关,这方面可能表现为地壳活动导致的褶断变形进而对赋矿地层的影响。这一分析能较好地解释前述断裂对外生矿床的平面分布不存在明显而直接的控制作用的分布规律。

3)结论

(1)地壳活动性与矿床尤其是内生矿床的空间分布密切相关,两者之间存在内在机理控制。超壳性深大断裂构造对内生矿床控制的有效距离大致与所在区域的地壳厚度相当,在上扬子陆块区为 40km 左右,其中最有效距离与所在区域的上地壳厚度相当,在上扬子陆块区为 20km 以内。换言之,在上扬子地区距深大断裂平面距离 20km 范围内内生矿床分布概率最大,与该区上地壳厚度相当;其次为

40km 范围内内生矿床分布概率较大,与该区地壳厚度相当,这一统计分布规律表明了内生矿床的分布与地壳厚度及其活动性密切相关,在地球上其他区域可能也存在类似的规律。

(2)深大断裂对外生矿床的平面分布不存在明显而直接的控制作用,但存在两方面的影响:与地壳变形而形成的剥蚀地貌和沉积地貌有关,即构控盆、盆控矿;与外生矿床形成后的埋藏、保存、出露及可观察勘查程度有关。

(3)由于地壳存在分层性、构造存在分级性,使得构造控矿亦存在分级控制的特点和规律:区域性深大断裂构造带往往控制区域性的成矿区带,如Ⅰ级成矿域、Ⅱ级成矿省、Ⅲ级成矿区带;次一级的构造带则控制了Ⅳ-Ⅴ级成矿远景区(图10-16);更低级序的褶皱-断裂构造则控制了矿田、矿床、矿段直至矿体,如上扬子地区碳酸盐建造中的铅锌矿、黔西南地区的卡林型金矿等往往都产于所谓"背斜加一刀"的控矿构造样式中,此处不再细述,具体见前面章节之典型矿床,需要说明的是,在一定范围内那些控制了矿田、矿床、矿段直至矿体的更低级序的褶皱-断裂构造往往表现出一定区域方向性,但综观整个上扬子陆块区,这一方向性并不是固定而特有的,其一般受该区域所处在陆块什么部位而定。

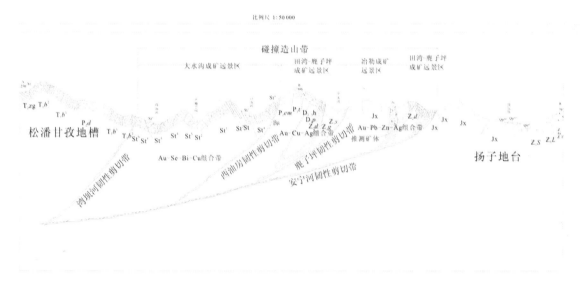

图 10-16　上扬子陆块西缘造山构造分析及成矿预测剖面图(据四川省冶金地质勘查局,2014)

(4)综上所述,本书提出,成矿区带的划分不应该以深大断裂为界,而应以其两侧应力影响最有效范围为界,在深大断裂两侧常常密集产出有同类型矿床,这一点在上扬子陆块区如攀枝花式钒钛磁铁矿、碳酸盐建造中的铅锌矿、黔西南地区的卡林型金矿等均有特征的表现。

第五节　上扬子区主要成矿地质事件

地壳构造发展是由相对平静时期到激烈运动周期性交替出现的历史,每次更迭便构成一个旋回,称为构造旋回,从槽台学角度其用来表述地槽从下沉起至造山隆起止的构造演化全过程,从板块构造学角度其表述为从大陆内部的裂谷形成开始,经过裂谷扩展成大洋,再经大洋收缩至最终闭合的全过程,即威尔逊旋回。构造运动是由地球内力引起地壳乃至岩石圈的变位、变形以及洋底的增生、消亡的机械作用和相伴随的地震活动、岩浆活动和变质作用。按照地壳运动方向可分为垂直运动(造陆运动)、水平运动(造山运动),两者是相互联系、相互影响的。每一构造运动的确定主要是通过沉积场所的特征、构造变形和地层接触关系等地质遗迹来进行。

从"矿产资源"的概念(由地质作用形成的,具有利用价值的,呈固态、液态和气态的自然资源)以及"矿床"的概念(由一定的地质作用,在地壳的某一特定地质环境内形成,并在质和量方面适合于开采利用并有经济效益的矿物堆积体)可知,成矿作用只是某种对人类而言较为特殊的地质作用而已,而成矿事件亦只是大大小小的诸多地质事件中能形成人类开发利用的资源的地质事件之一,且往往是一种小概率事件。所以,要较好地阐述某一地质单元内成矿作用、成矿事件及其形成的主要矿种和矿床类型,必然要对该地质单元之地质构造演化历史、地质作用、主要地质事件有较为清晰、深刻、科学的认识。

上扬子地区从新太古代以来为一部较典型的稳定陆块地质演化史,总体来说经历了基底形成(古陆核—结晶基底—褶皱基底,800Ma 以前)、扬子陆块形成和发展(800~260Ma)、陆内裂解及陆块周缘逆冲推覆(260~205Ma)、褶皱隆升(205~80Ma)、差异性断块升降(80Ma 以来)5 大阶段,可分为 7 个构造旋回:中条旋回(2600~1800Ma)、晋宁旋回(1800~800Ma)、兴凯旋回(800~490Ma)、加里东旋回(490~417Ma)、海西旋回(417~260Ma)、燕山旋回(205~65Ma)、喜马拉雅旋回($\leqslant$65Ma),每一构造旋回中发生了多次构造运动如:四堡/雪峰/晋宁运动、武陵运动、澄江运动、加里东运动(都匀运动、广西运动)、海西运动(紫云运动、东吴运动)、印支运动(安源运动)、燕山运动、喜马拉雅运动等。在基底形成、大陆边缘多岛弧盆系演化、盆山转化及造山系形成和陆内变形等四个大类的历史事件中,发生了多期成矿地质事件。每一期构造旋回、每一次构造运动及相应的重大地质事件都制约了各具特色的成矿作用,进而形成了不同类型的矿床及矿床组合。从元古宙以来,上扬子陆块区的地史演化是一个地壳逐步增厚、由以幔-壳物质交换到壳内物质交换、地质作用从活跃-稳定-平静、岩浆火山作用总体上逐步减弱、温度逐步降低的过程,因此,总体上与之相应匹配的成矿作用亦从内生成矿作用→内源外生成矿作用→内生成矿作用和外源外生成矿作用的演化。初步厘定上扬子陆块重大地质事件及成矿响应主要有:

上扬子陆块 Columbia 超级大陆聚合-裂解与成矿作用(2.0~1.0Ga),上扬子陆块罗迪尼亚大陆聚合-裂解与成矿作用(1.0 Ga~850Ma),上扬子陆块新元古代—早古生代沉积盆地演化与沉积-层控型矿产成矿作用,加里东期华夏陆块与扬子陆块陆弧碰撞造山成矿响应(金铜铅锌汞锑钨锡矿),上扬子陆块晚古生代沉积盆地演化与沉积-层控型矿产成矿作用,上扬子陆块晚古生代地幔柱成矿作用,上扬子陆块中生代沉积盆地演化与沉积-层控型矿产成矿作用,印支—燕山期南盘江褶皱造山与低温成矿作用(卡林型金矿),印支—燕山期特提斯洋演化、关闭与上扬子陆块西-北缘碰撞褶皱造山成矿响应(卡林型金矿、铜铅锌钨锡多金属矿),上扬子陆块燕山期岩浆成矿作用,上扬子陆块西缘喜马拉雅期陆内斑岩成矿作用等。

一、上扬子陆块 Columbia 超级大陆聚合-裂解与成矿作用(2.0~1.0Ga)

1. 古元古代末—中元古代早期的裂解事件

古元古代末—中元古代早期以汤丹群、河口群、大红山群的形成为代表,该时期主要表现为与哥伦比亚超大陆的裂解相关的拉张盆地(或拉张裂谷),在扬子陆块西缘形成东西向的拉张盆地。

2. 中元古代早期—中元古代中期的拉张事件

中元古代早期—中元古代中期,以东川群及通安组为代表,形成于东西向哥伦比亚超大陆的裂解相关的拉张盆地(或拉张裂谷)中。

3. 中元古代晚期的汇聚事件

中元古代中晚期的沉积和岩浆作用也主要集中于康滇地区,以会理群、昆阳群为代表,区域分布上也基本上延续了早期分布的规律,大致上也可以分为两个带,北带的登相营群和会理群主要分布于四川会理、会东等区域；南带的昆阳群主要分布于滇中的峨山—玉溪一带。已经获得的年龄数据表明，会理群(在登相营一带被称为登相营群)、昆阳群形成于中元古代晚期。该时期，随着大量的中—新元古代的岩浆岩(1000～850Ma)的出现，揭示了Rodina超大陆汇聚事件的存在。

在这一时期，由于地壳较薄，加之可能存在的古地幔柱活动形成的西昌-滇中南北向裂陷盆地中，同时伴随着强烈的岩浆火山作用，幔-壳物质交换频繁，矿种以铜铁金为主，成矿作用以岩浆-火山-变质为特点，形成了区内独具特色的与海相火山喷溢作用有关的沉积-变质改造型铜铁矿床如大红山、拉拉、迤纳厂等，其他还有与岩浆火山作用关系密切的如：黄金坪式岩浆热液型-构造蚀变岩型金矿、小石房式火山沉积变质型铅锌矿、与晋宁期—澄江期花岗岩体有关的锡铁矿、与晋宁期岩浆岩有关的岩浆热液型-接触交代型菜园子磁铁矿等。在上扬子陆块周缘零星出露的基底地层中亦表现这一特点，如：产于新元古代摩天岭花岗岩体接触带内外的多金属矿、南秧田式层状矽卡岩—岩浆热液型钨锡铅锌铜多金属矿、产于基性岩、变质岩中的电英岩型和云英岩型钨(锡)矿床-标水岩小型钨(锡)矿、彭州式火山沉积变质型铜矿，产于中新元古代浅变质岩系中之构造热液脉型锑矿及蚀变岩型金多金属矿、棉花地式岩浆型钒钛磁铁矿、李子垭式接触交代型磁铁矿等。

二、上扬子陆块罗迪尼亚大陆聚合-裂解与成矿作用(1.0Ga～850Ma)

1. 新元古代早期(青白口期)的汇聚事件

新元古代岩浆岩活动主要分布于上扬子陆块的周缘地区。被普通认为形成于中元古代(张洪刚等，1983；辜学达等，1997；四川省地质调查院，2002)的黄水河群、盐井群、盐边群等可能形成于新元古代早期(耿元生等，2008；任光明等，2013)，它们与苏雄组中的流纹岩形成的时代(803±12)Ma大致相当。黄水河群干河坝玄武岩锆石SHRIMP U-Pb年龄为(799±8)Ma，捕获的锆石加权平均年龄为(875±12)Ma(任光明等，2013)。盐井群石门坎组中变凝灰岩锆石SHRIMP U-Pb年龄为(809±9)Ma(耿元生等，2008)，近年来盐边群中的玄武质岩石以及一些岩体的同位素测年主体集中于840～810Ma之间(李献华等，2002；沈渭洲等，2003；朱维光等，2004；杜利林等，2005；Sun WH et al，2008；Zhang CH et al，2008)，部分年龄在(936±7)～(866±8)Ma之间。这些岩浆岩的年龄数据表明，它们可能是同一幕岩浆作用的产物(任光明等，2013)，但由于这些岩浆岩形成的环境和大地构造背景存在明显的争议，因此，这些岩浆岩的年龄是否能代表它们所在的各自的地质单元的形成时代也有争议。

2. 南华纪与罗迪尼亚超大陆的解体相关的地质事件

扬子陆块经历过格林威尔造山之后，在1.0Ga±形成了罗迪尼亚超大陆。

证据表明，扬子陆块西缘大多缺失了1.0～0.86Ga的岩浆岩事件和沉积记录，仅在扬子陆块北缘的西乡群有945～931Ma的捕获锆石的记录及946～904Ma(该年龄值得商榷)的火山岩的报导(Ling W L et al，2002；凌文黎等，2006)，表明该时期的扬子陆块主体可能处于隆升剥蚀为主的构造环境。

大量的岩浆岩事件出现在0.85～0.74Ga之间850Ma(Li Z X et al，2003；Ling W L et al，2003；刘玉平等，2006；Wang Jian et al，2003；郑永飞等，2004；Li W X et al，2005；朱维光等，2004；尹崇玉等，2003)，以中酸性火成岩为主；而基性—超基性岩分布范围相对较少，主要以岩墙、岩席和岩脉的形式侵位于中新元古界变质基底岩系之中，近年来，在扬子陆块、华南陆块与印度陆块三大构造单元之间的越北古陆也有新元古代岩浆岩的报导(刘玉平等，2006)，在其西侧的瑶山群和哀牢山群中也有该时期的岩浆岩(李宝龙等，2012)，表明该时期的岩浆岩具有广泛的影响，在整个扬子陆块和华南陆块均大量存在。大部分人的观点认为该时期的岩浆岩与罗迪尼亚超大陆的汇聚或裂解有关，但具体的成因存在明显的分歧。

目前对这些岩浆岩的成因主要有两种观点,一种是地幔柱的观点(Li Z H et al,1999;Li X H et al,2002;李献华等,2008),一种是岛弧的观点(颜丹平等,2002;Zhou M F et al,2002,2006;杨崇辉等,2008;马铁球等,2009),也有观点认为扬子陆块周缘的新元古代经历了早期弧-陆碰撞、晚期伸展垮塌和大陆裂谷再造3个构造演化阶段(周金诚等,2003;Wang X L et al,2004,2008;Zhou J C et al,2009)。

3. 主要成矿作用

进入中、新元古代—早古生代,随着上扬子古陆块的初步形成,地质作用已开始进入了漫长的稳定盖层发展演化阶段,物质交换主要以壳内为主,但与早期幔源物质方面可能存在较直接的继承性关系,随之而来的沉积成矿作用得以加强,形成了与沉积关系较为密切的铁、锰及古砂岩型铜矿床,如烂泥坪式古砂砾岩型铜矿、东川式沉积变质改造型铜矿、满银沟式-包子铺式风化沉积型铁矿、沉积变质改造型凤山营铁矿-鲁奎山磁铁矿、高燕式沉积型锰矿、大塘坡式海相沉积型锰矿、大白岩式沉积变质型锰矿。在新元古代晚期尤其是震旦纪—寒武纪过渡期的一些相对封闭的局限盆地或台盆转换部位,可能由于陆缘、台缘、盆缘同生深大断裂与基底地层中多金属元素的沟通运移作用,使得在碳酸盐建造沉积的同时,亦形成了铅锌银汞金等多金属元素高丰度层,为产于上扬子北-东缘震旦纪—早古生代碳酸盐建造中铅锌汞矿床、产于上扬子西缘震旦系灯影组—下寒武统碳酸盐建造中铅锌矿床的最终富集提供了初始基础。

中元古代—新元古代青白口纪是扬子陆块十分重要的大规模铜成矿期,主要是分布在康滇裂谷中段东缘的昆阳群下亚群的因民组、落雪组内东川地区的汤丹、因民、落雪、新塘等和易门地区的铜石、狮山、三家厂凤山等一批大、中型铜矿床。邱华宁等(2002)在东川式落雪铜矿的两个石英样品中,获得810~770Ma的^{40}Ar/^{39}Ar等时线年龄,可能反映铜矿床在晋宁—澄江期的成矿年龄或富集改造年龄。

三、古生代地质事件与成矿

1. 南华纪—志留纪,第一沉积盖层的形成

这一时期在上扬子东缘的裂谷盆地系由华南裂谷盆地、扬子东南大陆边缘盆地和华夏西北大陆边缘盆地三部分组成,形成不同级别的复杂的堑垒构造系。单个构造呈北东—北北东走向,在平面上呈东西向左行雁列。

寒武纪—早奥陶世为被动大陆边缘演化阶段,扬子克拉通上发育碳酸盐岩大陆块,扬子陆块东缘和东南缘形成陆块镶边,及大规模的台缘斜坡滑塌堆积,向东为深海盆地。华夏的西缘也具大陆边缘性质,但为碎屑岩堆积。

志留纪末经加里东运动裂谷封闭,形成辽阔的南华加里东褶皱区,与扬子陆块联为一体,进入了统一的华南陆块发展阶段。

2. 晚二叠纪扬子陆块的分裂

晚二叠早期,由于地裂运动,使统一的扬子陆块发生分裂,西部地区继续拗陷且更加强烈。除沉积物增多加厚外,还有广泛的基性火山喷发。三叠纪时完全进入地槽发展的鼎盛时期,有俯冲、消减、岩浆侵入、火山喷发,沉积物迅速堆积,呈现出极为活动的环境。

东部扬子陆块地裂虽有一定影响,但裂而无谷,只表现为二叠纪玄武岩在大陆上大量地喷溢。早、中三叠世康滇地轴上海水已经退出为陆地,但在东侧的川滇拗陷仍是海洋环境,沉积了地台相碳酸盐岩和碎屑岩。

3. 主要成矿作用

在古生代,为扬子陆块形成和发展阶段,内部相对稳定,边缘强烈拉张,玄武岩喷发及基性—超基性岩侵位。澄江期扬子陆块基本形成,西缘有大规模花岗岩浆侵入,黔东南地区拉张裂陷-摩天岭花岗岩,边缘海盆地及其边部形成含锰、铁沉积;加里东期主要为陆表海,晚震旦世—早寒武世浅海相碳酸盐建造赋存铅锌矿、磷矿、金矿,滇东南地区中、下寒武统碳酸盐建造赋存铜铅锌钨锡银多金属矿,加里东期构造改造作用亦使得黔东南地区产于中新元古代浅变质岩系中之构造热液脉型锑矿及蚀变岩型金多金属矿富集成矿;海西早期岩浆活动较为微弱,晚期主要为玄武岩喷溢及超基性—基性岩浆侵位,形成钒钛磁铁矿、铜镍铂钯矿、铅锌矿等,由于海西期地幔柱上隆,在其萌发期引起地壳减薄拉张下陷形成的六盘水裂陷槽,沉积了巨厚的泥盆系、石炭系,可能沿裂陷槽边界深大断裂富铅锌矿质的热液热水沟通循环,使得在碳酸盐建造沉积的同时,可能形成了铅锌银等多金属元素高丰度层,为后来产于晚古生代碳酸盐建造中的会泽式铅锌矿最终富集提供了初始基础,在泥盆纪碳酸盐建造沉积成岩的同时亦可能形成了铅锌矿床。海西晚期峨眉地幔柱活动达到顶峰,为区内又一大重要的地质成矿事件,形成了攀枝花式岩浆熔离型钒钛磁铁矿、火山岩型铜矿、铅锌矿等。晚二叠世早期华南为热带雨林,植物繁茂,是重要的成煤时期。中二叠统梁山组和晚三叠统宣威组中的铝土矿与其所处的滨海沼泽相有关。

新元古代—早古生代,扬子古大陆西缘的川滇裂谷带东侧的边缘活动带是著名的铅锌矿成矿带,北从四川荥经、汉源,南经甘洛、会理、会东进入云南巧家、会泽等地,长达480km,分布铅锌矿床(点)382处,其中特大型矿床1处,大型矿床4处,中型矿床18处,小型矿床27处。矿床赋存在震旦纪灯影组二段含藻层白云岩,在地层中还经常有膏盐层相伴产出。按矿体产状分为层状和脉状两类,其中以脉状矿床规模较大,如大梁子、天宝山、团宝山均属此类。刘文周等(2002)认为以大梁子矿床代表的这类矿床属MVT型(密西西比河谷型)。

四、中生代—新生代陆内改造阶段及成矿

印支运动使西部地槽关闭,地层强烈褶皱,岩浆大量侵入,形成广布的花岗岩和极复杂的构造变形,岩石轻度变质。之后,年轻的褶皱带上除了古新世一些山间洼地沉积了古近系红层之外,以后不再有沉积而受削刨,仅在河谷、山坡有第四系堆积。

东部地区印支运动的影响,使扬子陆块进入陆内改造。在西昌、会东、会理、武定、大姚、楚雄等地,因断陷形成大小不等,星棋罗布的内陆湖盆,侏罗纪至古新世之间沉积了巨厚的红色地层。

喜马拉雅运动使西部急剧地、大幅度地隆升,形成今日高原景观,东部结束了扬子地台上残留的内陆湖盆沉积历史,并使盖层褶皱、断裂或发生推覆,滇中西部还发生花岗斑岩和碱性岩浆侵入,呈现出该区现在的地质构造格局和形态。

(1)中生代印支期陆块边缘俯冲碰撞及裂解阶段(260~205Ma),区内以卡林型金矿为特征,在川西高原马尔康地区岩浆活动频繁和强烈形成变质碎屑岩型金铁锰矿。在扬子陆块区由于太平洋板块向中国大陆俯冲,华夏块体向扬子块体进一步推移,使区内微细浸染型金矿受构造改造得以富集。

(2)中生代燕山期陆块褶皱隆升阶段(205~80Ma),太平洋板块向中国大陆俯冲,使全区褶皱隆升,构造线由EW向转向NE—NNE向。对铅锌矿初始矿胚层进行改造富集,同时形成脉状铅锌矿。在滇东南地区燕山期岩浆活动改造富集定位了铜铅锌钨锡银多金属矿。在中生代红层盆地中形成沉积型(砂岩型)铜铁矿。

(3)新生代喜马拉雅期差异性断块升降阶段(80Ma以来),在扬子西缘丽江—楚雄一带随同三江新生代构造岩浆岩带的活动,形成了喜马拉雅期斑岩型铜金铅锌矿,在第四系中有砂砾岩型矿产。

第六节 上扬子成矿系列及成矿谱系

以特定的地质构造环境中形成的矿床自然体为矿床成矿系列,以同构造旋回、同构造单元内形成的各类矿床成矿系列为矿床成矿系列组,以产出于相似地质构造环境和相似矿床组的矿床成矿系列为矿床成矿系列类型,以地质成矿作用的不同构造矿床成矿系列组合(陈毓川等,1993,2007,2010)。成矿谱系是在对阿尔泰成矿省的矿床成矿系列和区域成矿规律进行研究时提出来的,即把矿床成矿系列在区域内的演化规律总结为成矿谱系,具体表达为矿床的时空分布及成矿作用和产物(陈毓川等,1993,2007,2010)。

一、各地质历史时期形成的主要矿床成矿系列

本书共划分成矿系列62个(含多期次成矿的成矿系列),进一步划分成矿亚系列112个,相关矿床式及代表矿产地见表10-13。以中条期、晋宁期、兴凯期、加里东期、海西期、印支期、燕山期、喜马拉雅期等8个构造旋回划为矿床成矿系列组,涵盖了岩浆-火山成矿作用、变质成矿作用、沉积成矿作用、表生成矿作用、流体成矿作用四大类成矿系列组合。

二、成矿谱系

结合前述区域成矿地质背景、地史演化、矿种矿床类型及典型矿床特征、矿床的时空分布等特征,在划分区内成矿系列的基础上,进而构建成矿谱系。

从成矿谱系图10-17可知,上扬子陆块区岩浆-火山热液成矿作用具有明显的阶段性,在时间上主要为三个高峰期:前寒武纪、海西期、燕山-喜马拉雅期,在空间上则以扬子周缘较为发育,在四川中生代盆地及上扬子碳酸盐台地极为微弱;变质成矿作用在时间上以前寒武纪为主的埋藏变质成矿作用,在上扬子陆块边缘则主要表现为构造变质成矿作用;流体成矿作用(主要指与岩浆火山作用无明显直接关系的后生热液成矿作用)从显生宙以来均较发育,在空间上则主要分布于上扬子稳定腹地与活动边缘之间的过渡带上;沉积成矿作用从新元古代以来广泛发育,但在空间上主要在四川中生代盆地及上扬子碳酸盐台地分布;表生成矿作用则主要表现为第四纪砂矿的形成,在全区都有存在。

表10-13 上扬子地区成矿系列划分表

Ⅲ级成矿区带	矿床成矿系列	矿床成矿亚系列	矿床式	成因类型	成矿元素	代表产地
北巴颜喀拉-马尔康成矿带(Ⅲ-30)	Mz2-3/Kz-5上扬子陆块北西缘松潘前陆盆地与侏罗纪-古近纪逆冲-滑脱构造剪切作用和地下热流活动有关的Au成矿系列	摩天岭古地块与侏罗纪-古近纪岷江韧性剪切带破碎蚀变岩有关的Au矿成矿亚矿系列	东北寨式	构造破碎蚀变岩型	Au	东北寨(大)、桥桥上(中)
		松潘边缘海盆地与侏罗纪-古近纪韧-脆性剪切带破碎蚀变岩有关的Au矿成矿亚系列	金木达式	构造破碎热液蚀变岩型	Au	金木达(中)、南木达(中)、刷金寺(大)
		阿坝地块与侏罗纪古地块边缘活动带中酸性岩有关的Au、Fe、Cu、(Ag、As、Sb)成矿亚系列	巴西式	热液交代型	Au、Fe、Cu、(Ag、As、Sb)	阿西(中)团结(小)哲波山(小)喀嘎(点)

续表 10-13

Ⅲ级成矿区带	矿床成矿系列	矿床成矿亚系列	矿床式	成因类型	成矿元素	代表产地
北巴颜喀拉-马尔康成矿带（Ⅲ-30）	Mz2-2/Kz-4 上扬子陆块北西缘松潘前陆盆地边缘与新近纪陆内碰撞花岗岩有关的 Pb、Zn、(Ag)、Fe 矿床成矿系列		农戈山式	接触交代-热液充填型	Pb、Zn、(Ag)	农戈山(中)
			菜子沟式	矽卡岩型	Fe	菜子沟(小)
	Mz1-4/Kz-2 上扬子陆块北西缘松潘前陆盆地边缘与晚古生代—晚三叠世炉霍-道孚陆缘裂谷蛇绿混杂岩有关的 Au 矿成矿系列		丘洛式	构造热液型	Au	丘洛(中)、拉普(小)、普弄巴(小)
	Mz2-1 上扬子陆块北西缘松潘前陆盆地边缘与三叠纪-侏罗纪花岗岩有关的花岗伟晶岩型白云母、Li、Be、Nb、Ta、水晶成矿系列	松潘边缘海盆地与侏罗纪后碰撞花岗岩有关的 Li、Be、Nb、Ta 矿床成矿亚系列	甲基卡式	花岗伟晶岩型	Li、Be、(Nb、Ta)	可尔因(大)
		松潘边缘海盆地与侏罗纪丹巴陆缘裂谷混合岩有关的伟晶岩型云母、水晶、稀有矿成矿亚系列	丹巴式	混合岩化花岗伟晶岩型	白云母、稀有	丹巴云母(大)
	PZ2-9 上扬子陆块北西缘松潘前陆盆地边缘与晚二叠世大陆裂谷基性-超基性岩有关的 Cu、Ni、Pt、Pd、Co 矿成矿系列		杨柳坪式	岩浆熔离-热液叠加改造型	Cu、Ni、Pt、Pd、(Co、Au、Ag)	杨柳坪(中)、正子岩窝(大)、鱼海子(小)协作坪
	PZ2-8 上扬子陆块北西缘松潘海盆东缘金汤弧形构造与晚古生代碳酸盐建造有关的 Pb、Zn 矿成矿系列		寨子坪式	热水喷流沉积-改造型	Pb、Zn	寨子坪(中)、二郎(中)、猫子湾(小)
	Mz1-5 上扬子陆块北西缘松潘海盆东缘与早中三叠世浅海沉积变质碎屑-碳酸盐岩有关的 Fe、Mn 矿成矿系列		虎牙式	沉积型变质	Fe、Mn	虎牙(中)、简竹垭(中)、四望堡(中)、火烧桥(小)
	PZ1-4 上扬子陆块北西缘松潘海盆东缘与早古生代浅海沉积-变质作用有关的 Fe 矿成矿系列		威州式	沉积变质型	Fe	威州茅岭(中)

续表 10-13

Ⅲ级成矿区带	矿床成矿系列	矿床成矿亚系列	矿床式	成因类型	成矿元素	代表产地
东秦岭成矿带（Ⅲ-66）	PZ1-6 上扬子陆块北缘米仓山-大巴山基底逆冲带与新元古代—早古生代与海相黑色页岩有关的 V-Mo-Ni-Ag-U-P-Au-Ag-Sb-重晶石矿床成矿系列	大巴山地区震旦纪—寒武纪与黑色泥质岩碳酸盐岩有关的 Ag、V 重晶石、毒重石矿床成矿亚系列	巴山式毒重石矿	沉积型	Ag、V 矿化	万源庙子（中）、广元朝天（点）
	PZ1-5 上扬子陆块北缘米仓山-大巴山基底逆冲带与加里东期构造-岩浆作用有关的 Au-Ag-云母矿床成矿系列	大巴山加里东期与中基性侵入岩有关的 Au 成矿亚系列	城口石门口金矿化点	构造-岩浆热液型	Au	城口石门口金矿化点
龙门山-大巴山成矿带（Ⅲ-73）	PZ1-2 上扬子陆块北西缘与早古生代被动大陆边缘形成期沉积作用有关的 Mn、P、Ba 成矿系列	米仓山-大巴山基底逆冲带与震旦纪沉积作用有关的锰、磷、钡成矿亚系列	高燕式 Mn、荆襄式 P	沉积型	Mn、P、Ba	万源田坝、大竹河（小）、杨家坝（中）
			宁强式 P	沉积型	P	南江新立（小）
		龙门山前陆逆冲带与早寒武世沉积作用有关的锰、磷矿成矿亚系列	石坎式 Mn	沉积型	Mn	平武石坎（中）、平溪（中）、马家山（中）、青川马公（小）
			清平式 P	沉积型	P	绵竹天井沟（大）
	PZ2-7 上扬子陆块北西缘与晚古生代大陆架环境稳定沉积作用有关的 P、Fe、Al 成矿系列	龙门山前陆逆冲带与泥盆纪沉积作用有关的铁、磷矿成矿亚系列	什邡式 P	岩溶堆积沉积	P	绵竹马家坪（大）、麦棚子（中）、安县五郎庙（中）、什邡岳家山（中）
			碧鸡山式 Fe	沉积型	Fe	江油老君山（小）、观雾山（点）、赵家山（点）
		龙门山前陆逆冲带与早二叠世沉积作用有关的 Al 矿成矿亚系列	大白岩式	沉积型（古风化壳型）	Al	芦山大白岩（中）、天全杉木山（小）、天全干河（小）

续表 10-13

Ⅲ级成矿区带	矿床成矿系列	矿床成矿亚系列	矿床式	成因类型	成矿元素	代表产地
龙门山-大巴山成矿带（Ⅲ-73）	Pt2-3 上扬子陆块北西缘与元古代古岛弧岩浆作用有关的 Fe、Cu、Zn、硫、蛇纹石矿床成矿系列	米仓山-大巴山基底逆冲带与新元古代古岛弧中酸性岩浆侵入作用有关的 Fe、Al 矿成矿亚系列	李子垭式 Fe	矽卡岩型	Fe	南江李子垭（中）、红山（中）、五铜包（小）、水马门（小）
			坪河式	岩浆分异型	Al	南江霞石铝矿（大）
		龙门山前陆逆冲带与中、新元古代古岛弧火山-沉积-变质作用有关的 Cu、Zn 矿床成矿亚系列	彭州式 Cu	火山沉积-变质型	Cu、Zn	彭县马松岭（小）、大宝山（小）、铜厂坡（点）、青川通木梁（中）
	PZ2-6/Mz1-3 上扬子陆块北缘与晚三叠世基底逆推带地下热流作用有关的层控 Pb、Zn 矿床成矿系列		沙滩式 PbZn	热液型	PbZn	南江沙滩（小）、南江尖山村（点）
	PZ2-5/Mz2-4 上扬子陆块北西缘古生代—新近纪龙门山逆冲推覆构造地下热流体有关的 Pb、Zn、S 矿床成矿系列	龙门山前陆逆冲带与志留纪—泥盆纪推覆地下热流活动有关的黄铁矿成矿亚系列	打字堂式 S	热液型	S	天全打字堂（中）、宝兴磨子岩（点）
		龙门山前陆逆冲带与晚三叠世—侏罗纪持续逆冲作用地下热流活动有关的 Pb、Zn、(Ag)S 矿床成矿亚系列	马鞍山式 PbZn	层控热液型	PbZn	平武马鞍山（中）、楼房沟（中）、江油燕子硐（小）、北川黑铅槽（小）
			杨家院式 S	层控热液型	S	江油杨家院（中）
	Pt2-4 上扬子陆块北西缘与中元古代米仓山古岛弧基底变质岩系变质作用有关的石墨矿成矿系列		坪河式	沉积-变质型	石墨	南江坪河（大）、大河（中）、尖山（中）
	PZ2-11 上扬子陆块北东缘与热液（水）成矿作用有关的汞铜铅锌萤石重晶石矿床成矿系列	城口基底逆冲带与热液（水）成矿作用有关的铜铅锌矿床成矿亚系列	小坝式	构造热液型	PbZn	城口高燕铅锌矿点、巫溪白鹤洞铅锌矿点
	Mz1-6 上扬子陆块北东缘中生代与海相沉积蒸发岩建造有关的石膏盐类（卤水）矿床成矿系列（中生代）	城口基底逆冲带早三叠世与蒸发岩建造有关的石膏盐类（卤水）矿床成矿亚系列		热卤水沉积型	盐类	城口明通盐矿、城口龙门石膏矿

续表 10-13

Ⅲ级成矿区带	矿床成矿系列	矿床成矿亚系列	矿床式	成因类型	成矿元素	代表产地
龙门山-大巴山成矿带（Ⅲ-73）	PZ2-10 上扬子陆块北东缘晚古生代与海相海陆过渡相沉积作用有关的铁锰铝（镓）煤硫矿床成矿系列	城口基底逆冲带晚二叠世与海陆过渡相碎屑岩建造有关的煤硫矿床成矿亚系列		沉积型	S	城口白水洞硫铁矿
		城口基底逆冲带早二叠世与海陆过渡相碎屑岩建造有关的煤矿床成矿亚系列		沉积型	煤	城口聚马坪煤矿
四川盆地成矿区（Ⅲ-74）	Mz2-5 上扬子陆块中部川中前陆盆地与中生代沉积作用有关的铁、锶、煤、硫、天然气、石膏、石盐、杂卤石、含钾卤水、芒硝成矿系列	川中前陆盆地中部与早中三叠世海相沉积作用有关的石盐、石膏、杂卤石、含钾卤水、天然气矿床成矿亚系列	邓井关式、平落坝式、农乐式、威西式、合川式	热卤水沉积型	盐类	邓井关（小）、罗家坪（小）、邛崃平落坝（小）、渠县农乐（中）、威西（特大）、合川大石盐矿、北碚八字岩石膏矿、万州高峰盐矿、奉节青龙石膏矿
		川中前陆盆地中部与早三叠世与蒸发岩建造有关的锶矿床成矿亚系列	玉峡式锶矿	层控热液型	Sr	大足锶矿（特大）
		川中前陆盆地北部与晚三叠世—早侏罗世陆相沉积作用有关的煤、铁、硫成矿亚系列	万源式、华蓥山式、綦江式铁矿、永荣煤矿	沉积型	煤、铁、硫	万源庙沟（中）、万源红旗（小）、华蓥煤田
		川中前陆盆地南部与侏罗纪陆相河流沉积作用有关的 Re、Mo 矿成矿亚系列	沐川式	沉积型	Re、Mo	沐川（中）
		川中前陆盆地西部与晚白垩世—始新世盐湖沉积作用有关的芒硝矿床成矿亚系列	新津式	沉积型	芒硝	新津金华（大）、彭山牧马（大）、洪雅联合（大）

续表 10-13

Ⅲ级成矿区带	矿床成矿系列	矿床成矿亚系列	矿床式	成因类型	成矿元素	代表产地
盐源-丽江-金平（Ⅲ-75）	Q-1 上扬子陆块西缘丽江-盐源陆缘褶-断带与第四纪风化、冲积作用有关的锰、钛、金成矿系列	鹤庆陆缘坳陷与第四纪风化淋滤作用有关的锰成矿亚系列	鹤庆小天井式	风化壳型	Mn	鹤庆小天井（中）
		宁蒗陆缘坳陷与第四纪风化残积作用有关的钛砂矿成矿亚系列	邓川腊坪式	风化壳型	Ti	邓川腊坪式
		宁蒗陆缘坳陷与第四纪风化-冲积作用有关的砂金成矿亚系列		风化壳型	Au	永胜金江街
	Kz-8 上扬子陆块西缘丽江-盐源陆缘褶-断带与新近纪沉积作用有关的褐煤成矿系列		盐源式	沉积型	褐煤	合哨（大）、梅雨（大）、洼水河（小）、东方食堂（中）
	Kz-7 上扬子陆块西缘丽江-盐源陆缘褶-断带与古近纪造山后构造-岩浆活动有关铅、铜、钼、金成矿系列	鹤庆陆缘坳陷与古近纪走滑及幔壳花岗斑岩-正长斑岩-煌斑岩岩浆-流体作用有关的 Au、Cu、Mo、PbZn、Fe 成矿亚系列	马厂箐式、北衙式	斑岩型	Au、Cu、Mo、PbZn、Fe	马厂箐（大）、北衙（大）
		金平陆缘坳陷与幔源花岗斑岩和碱性斑岩和煌斑岩有关的 Au、Cu、Mo 成矿亚系列	长安式、铜厂式	斑岩型	Au、Cu、Mo	长安（大）、铜厂（小）
	Mzl-1 上扬子陆块西缘陆缘坳陷与三叠纪沉积作用有关的铝、锰、铜、煤、盐成矿系列		黑盐塘式	沉积型	盐类	黑盐塘（大）、小盐井（小）
	Mzl-2/Kz-5 上扬子陆块西缘丽江-盐源陆缘褶-断带与三叠纪（古近纪叠加）造山作用及地下热水（非岩浆水）作用有关的有色、贵金属成矿系列	容矿围岩为古生代海相陆源碎屑岩、基性火山岩的金亚系列	老王寨式	碳酸盐化蚀变岩型	Au	老王寨（特大）
	PZ2-2 上扬子陆块西缘与二叠纪陆缘裂谷海相拉斑玄武岩有关的富铁矿、Cu 成矿系列	宁蒗陆缘坳陷与晚二叠世海相陆缘裂谷基性火山-次火山热液作用有关的富铁矿成矿亚系列	矿山梁子式	海相基性火山热液型	Fe	矿山梁子（中）、牛厂（小）、烂纸厂（小）
		宁蒗陆缘坳陷与晚二叠世海相基性火山热液作用有关的铜矿成矿亚系列	巴折式	海相基性火山热液型	Fe、Cu	盐源巴折（小）、平川代石沟（小）、后龙山（小）

续表 10-13

Ⅲ级成矿区带	矿床成矿系列	矿床成矿亚系列	矿床式	成因类型	成矿元素	代表产地
盐源-丽江-金平（Ⅲ-75）	PZ2-1 上扬子陆块西部陆缘裂谷与二叠纪岩浆作用有关的铜、镍、铂钯岩浆成矿系列	与二叠纪岩浆侵入活动有关的铜、镍、铂钯成矿亚系列	金宝山式、白马寨式	岩浆热液型	Cu、Ni、Pt、Pd	白马寨(小)
		与二叠纪岩浆喷出活动有关的铜(锰)成矿亚系列	乌坡式	玄武岩铜矿	Cu	昭觉乌坡(小)
	PZ1-3 上扬子陆块西缘陆缘坳陷与中奥陶世沉积作用有关的铁、锰矿成矿系列		东巴湾式	沉积型	Fe、Mn	盐边东巴湾(小)、盐水河(小)、择木龙(点)
康滇隆起成矿带（Ⅲ-76）	Kz-9 上扬子陆块西部与新近纪—第四纪陆内变形有关的钛铁、稀土、重晶石、天然气成矿系列	第四纪风化壳型轻稀土矿、钛铁矿砂矿成矿亚系列	风化壳型		REE、Ti、Fe	元谋-牟定一带离子吸附型稀土矿、武定-富民风化残积型钛砂矿、残积型重晶石矿
	Kz-1 上扬子陆块西部康滇基底断隆带与古近纪陆内汇聚阶段陆内走滑-挤压期大陆隆升环境,碱性杂岩体有关的 Nb、Mo、Th、U、REE 矿床成矿系列		牦牛坪式	岩浆热液型	Nb、Mo、Th、U、REE	牦牛坪(大)、三岔河(中)、德昌大陆乡(大)、冕宁木洛(中)
	Kz-2 上扬子陆块西部康滇基底断隆带与古近纪陆内发展阶段陆内走滑挤压期构造热液活动有关的 Pb、Cu、Mo、Au(Fe、Ag、Cu、Te) 矿床成矿系列	落雪褶皱基底隆起与昆阳群板岩有关的喜马拉雅期剪切带蚀变岩 Au 成矿亚系列	播卡-拖布卡式	构造热液型	Au	播卡(大)
		康滇前陆逆冲带与前震旦纪基底杂岩中喜马拉雅期网络状含金剪切带有关的 Au 矿成矿亚系列	黄金坪式	构造热液型	Au	黄金坪(中)、白金台子(小)、三碉(小)
		康滇前陆逆冲带与古生界碳酸盐岩燕山-喜马拉雅期含金剪切带有关的 Au(Ag、Cu)矿成矿亚系列	田湾式	构造热液型	Au	石棉田湾(小)、杜河坝(点)、金鸡台(点)、安美乐(点)
			偏岩子式	构造热液型	Au	康定偏岩子(小)、灯盏(小)、菜子地(小)

续表 10-13

Ⅲ级成矿区带	矿床成矿系列	矿床成矿亚系列	矿床式	成因类型	成矿元素	代表产地
康滇隆起成矿带（Ⅲ-76）		康滇前陆逆冲带与晚二叠世基性火山岩中韧脆性剪切带有关的Au(Ag、Cu)矿床成矿亚系列	茶铺子式	构造-岩浆热液型	Au	茶铺子（小）、猴子堡（点）
		楚雄陆内盆地西缘与三叠纪云南驿组有关的构造破碎带蚀变岩型金矿成矿亚系列	小水井式	构造热液型	Au	小水井（中）
		大姚-新平坳陷盆地白垩系—古近系沉积岩有关的Au-多金属（Pb、Zn、Ag）成矿亚系列	姚安式	热液型	Au、Pb、Zn、Ag	姚安（小）
		康滇前陆逆冲带与前震旦纪基底与盖层间燕山-喜马拉雅期滑脱-推覆带花岗糜棱岩有关的Au矿成矿亚系列	机器房式	构造-岩浆热液型	Au	机器房（小）、金林（点）、菩萨岗（小）
	Mz1-9 上扬子陆块西部楚雄陆内盆地晚三叠世—古近纪陆相沉积有关铜、(Ag)、煤矿床成矿系列	元谋-盐边基底断隆与晚白垩世内陆盆地河流沉积有关的Cu、(Ag)矿成矿亚系列	大铜厂式	沉积型	Cu、Ag	大铜厂（中）、鹿厂（小）、白草（小）
		大姚-新平坳陷盆地晚白垩世砂岩铜矿成矿亚系列	滇中式铜矿	沉积型	Cu	直苴（中）
	PZ2-4 上扬子陆块西部康滇基底断隆带与晚二叠世—白垩纪地下热流体有关的Pb、Zn(Ag)蛇纹石、石棉(Ni)矿床成矿系列	康滇前陆逆冲带侏罗纪锦屏山逆冲推覆构造下热流蚀变作用有关的蛇纹石、石棉(Ni)矿床成矿亚系列	石棉式	构造热液型	蛇纹石、石棉(Ni)	石棉（大）、红岩山（点）、兴隆（点）
		康滇基底断隆带东缘坳陷与晚二叠世基性岩浆地下热流再造作用有关的Pb、Zn(Ag、S、Cd、Ga、Iu、Ge)成矿亚系列	大梁子式、天宝山式	构造热液型	Pb、Zn	大梁子（大）、天宝山（大）、银厂（中）

续表 10-13

Ⅲ级成矿区带	矿床成矿系列	矿床成矿亚系列	矿床式	成因类型	成矿元素	代表产地
康滇隆起成矿带（Ⅲ-76）	PZ2-3 上扬子陆块西部康滇基底断隆带与晚二叠世泛大陆裂解阶段大陆裂谷中心带有关的 Fe、V、Ti、Pt、Ni、Cu、(Cr、Pd、Co、S)矿床成矿系列	元谋-盐边基底断隆与晚二叠世陆内裂谷层状超基性—基性岩有关的 Fe、V、Ti、Pt、Ni、Co、Cu、S 矿成矿亚系列	攀枝花式、红格式、新街式铂矿	岩浆型	Fe、V、Ti	攀枝花(大)、红格(大)、白马(大)、太和(大)、新街(铂)、元谋—牟定、武定—富民、安益等地(钛)铁矿
		元谋-盐边基底断隆与晚二叠世弧后扩张裂谷基性—超基性侵入岩有关的 Cu、Ni(Pt、Pd)矿床成矿亚系列	力马河式	岩浆型	Cu、Ni、(Pt、Pd)	力马河(小)、清水河(中)、打矿山(点)
		元谋-盐边基底断隆与二叠纪晚期—三叠纪早期陆内裂谷环境碱性岩浆侵入活动有关的 Nb、Ta、Zr、Be、REE 矿床成矿系列	路枯式	岩浆型	Nb、Ta、Zr、Be、REE	路枯(中)、白草(小)
	PZ1-1 上扬子陆块西部康滇基底断隆带周缘与古生代沉积作用有关的磷、重晶石、铁、煤、铝矿床成矿系列	康滇隆起东缘与震旦纪—早寒武世沉积作用有关的磷矿、重晶石成矿系列	昆阳式磷矿	沉积型	P、Ba	昆阳(大)
		康滇隆起东缘与奥陶纪被动大陆边缘沉积作用有关 Fe 矿成矿系列	华弹式	沉积型	Fe	华弹(中)、棋树坪(小)
		康滇隆起东缘泥盆纪沉积型赤铁矿成矿亚系列	宁乡式铁矿	沉积型	Fe	鱼子甸赤铁矿(大)
		康滇隆起东缘二叠纪沉积型煤、铝矿成矿亚系列	老煤山铝土矿	沉积型	Al	富民老煤山(小)
	Pt3-2 上扬子陆块西部康滇基底断隆带与新元古代古陆块汇聚阶段碰撞型花岗岩有关的 Sn、Fe 矿床成矿系列	康滇前陆逆冲带与早震旦世陆缘弧后碰撞花岗岩有关的富铁矿 Sn 矿床成矿亚系列	泸沽式富铁矿	岩浆热液型	Fe、Sn	泸沽大顶山(中)、铁矿山(小)、拉克(小)
		康滇前陆逆冲带与新元古代弧陆碰撞花岗岩有关的 Sn 矿成矿亚系列	岔河式	岩浆热液型	Sn	岔河(中)、尖子洞(小)、顺河(小)

续表 10-13

Ⅲ级成矿区带	矿床成矿系列	矿床成矿亚系列	矿床式	成因类型	成矿元素	代表产地
康滇隆起成矿带（Ⅲ-76）	Pt3-1上扬子陆块西部康滇基底断隆带与新元古代古陆块汇聚阶段剥蚀沉积有关的古砂砾岩型Cu矿床	落雪褶皱基底隆起震旦纪碳酸盐岩砾岩中热水-沉积铜矿成矿亚系列	滥泥坪式铜矿	沉积型	Cu	滥泥坪（中）
	Pt2-2上扬子陆块西部康滇基底断隆带与前南华纪基底形成阶段大洋裂谷环境基性—超基性侵入岩有关的Cu、Ni(Pt)矿成矿系列		冷水箐式	岩浆型	Cu、Ni(Pt)	冷水箐（中）、阿布郎当（小）、高家村顶（点）
	Pt2-1上扬子陆块西部康滇基底断隆带与中元古代基底形成阶段沉积（火山）-变质（改造）作用有关的Fe、Cu、Au矿床成矿系列	落雪褶皱基底隆起与中元古代沉积(火山)-变质作用有关的Cu、Fe、(Au)成矿亚系列	满银沟式富铁矿	火山-沉积-变质型	Fe	满银沟（中）、双水井（中）、雷打牛（小）
			淌塘式	变质热液脉型	Cu、Fe	淌塘（中）、大箐沟（中）、老厂（点）、黑菁（小）
			东川式铜矿	火山-沉积-变质型	Cu、Fe	落雪（中）、因民（中）、新塘（中）、白锡腊（中）
		落雪褶皱基底隆起中元古代(晋宁旋回)火山-沉积-变质Fe、Cu(Au)矿床成矿系列	鲁奎山式菱铁矿	沉积-变质改造型	Fe	鲁奎山（中）、王家滩（中）
			鹅头厂式磁铁矿	沉积-变质改造型	Fe	鹅头厂（小）
		落雪褶皱基底隆起与中古元代沉积-变质改造作用有关的Cu、Fe、Au、成矿亚系列	小街式	沉积-变质改造型	Fe	小街（小）、大生地（点）、干沟（点）
			凤山营式	沉积-变质改造型	Fe	凤山营（中）、白杨树（点）、姜家包包（点）
		元谋-盐边基底断隆与古元古代海底火山喷发-浅层侵入作用有关的富Fe(Cu)矿成矿亚系列	石龙式富铁矿	海相火山-沉积-变质改造型	Fe	石龙（小）、官地（点）
			新铺子式富铁矿	海相火山-沉积-变质改造型	Fe	新铺子（小）、龙潭箐（小）、香炉山-腰棚子（小）、玉新村（点）

续表 10-13

Ⅲ级成矿区带	矿床成矿系列	矿床成矿亚系列	矿床式	成因类型	成矿元素	代表产地
康滇隆起成矿带（Ⅲ-76）	Pt1-1 上扬子陆块西部康滇地轴与古元古代基底形成阶段海相火山-沉积-变质作用有关的 Fe、Cu 矿床成矿系列	元谋-盐边基底断隆与中元古代火山喷气（流）沉积-变质作用有关的 Pb、Zn(Ag)重晶石矿成矿亚系列	小石房式	火山-沉积-变质改造型	Pb、Zn	会理小石房（中）、梅子沟（小）
		大姚-新平坳陷盆地及元谋-盐边基底断隆与古元古代火山喷气-沉积-变质作用有关的 Cu、Fe、Co、Mo、S 矿成矿亚系列	大红山式铁铜矿	海相火山-沉积-变质改造型	Cu、Fe	大红山（大）
			拉拉式	海相火山-沉积-变质改造型	Cu、Fe	落函（大）、老羊汉滩（中）、菖蒲箐（小）、红泥坡（小）
上扬子中东部成矿带（Ⅲ-77）	Q-2 上扬子陆块南部碳酸盐台地与新生代风化-沉积作用有关的稀有、稀散元素、镍、金、铂族元素、钛铁矿、砂锡、褐煤成矿系列	黔中隆起周缘与第四纪风化作用有关的锰、铁成矿亚系列	水城式锰矿	风化壳型	Mn、Fe	水城徐家寨（中）
			榨子厂式铅锌矿	风化壳型	Pb、Zn	赫章县榨子厂（中）
		威宁-昭通褶-冲带与第三纪风化-沉积作用有关的褐煤、硅藻土矿床成矿亚系列	昭通式褐煤矿	风化-沉积型型	褐煤	昭通褐煤矿
	PZ1-8/Mz2-7 上扬子陆块南部碳酸盐台地与加里东期、海西期、燕山期地下热流作用有关的 Pb、Zn、Hg、Au、Ag、Sb、As、萤石、重晶石矿床成矿系列	昭通-六盘水裂陷上古生界碳酸盐岩容矿的 Pb、Zn、Ag、菱铁矿成矿亚系列	杉树林式铅锌矿	层控热液型	Pb、Zn	水城杉树林（中）
			菜园子式菱铁矿	层控热液型、岩浆热液型	Fe	赫章县菜园子（中）
		都匀滑脱褶皱带下古生界碳酸盐岩、碎屑岩容矿的 Sb、Hg、Au 成矿亚系列	排带式硫铁矿	沉积型	S	三都县排带
			半坡式锑矿	热液型	Sb	独山县半坡
			丹寨式汞矿	层控热液型	Hg	丹寨县宏发厂
			苗龙式金矿	微细浸染型	Au	丹寨县苗龙（中）
			胜境关式金矿	微细浸染型	Au	富源胜境关金矿（中）

续表 10-13

Ⅲ级成矿区带	矿床成矿系列	矿床成矿亚系列	矿床式	成因类型	成矿元素	代表产地
上扬子中东部成矿带（Ⅲ-77）		上扬子陆块南部碳酸盐台地南东缘古生代碳酸盐岩容矿的 Zn、Pb、Cd、重晶石成矿亚系列	牛角塘式铅锌矿	层控热液型	Pb、Zn	都匀市牛角塘（中）、松桃嗅脑（小）、酉阳小坝（小）
			天桥式铅锌矿	层控热液型	Pb、Zn	织金县天桥（中）
			顶罐坡式重晶石矿	层控热液型	Ba	施秉县顶罐坡（中）
		上扬子陆块南部碳酸盐台地南东缘寒武系碳酸盐岩容矿的 Hg、As、Se、Sb、U、Au、萤石、重晶石成矿亚系列	务川式汞矿	层控热液型	Hg	务川县木油厂（中）
			万山式汞矿	层控热液型	Hg	万山区杉木董（大）
			白马硐式汞矿	层控热液型	Hg	开阳县白马洞（中）
			丰水岭式萤石矿	构造热液型	F	沿河县丰水岭、彭水二河水
			老厂式萤石矿床	构造热液型	F	富源老厂
	Mz1-7 上扬子陆块南部碳酸盐台地与中生代沉积作用有关的 Fe、Cu、石膏、盐、杂卤石、煤矿床成矿系列	上扬子陆块南部碳酸盐台地北缘与侏罗纪沉积作用有关的 Fe 矿床成矿亚系列	綦江式铁矿	沉积型	Fe	仁怀市沙滩（小）、綦江（中）
		上扬子陆块南部碳酸盐台地北缘与三叠系陆相沉积煤成矿亚系列	龙头山式	沉积型	煤	贞丰县龙头山、水富太平
		上扬子陆块南部碳酸盐台地北缘与下三叠世海相沉积有关的铜矿床成矿亚系列	大桥式	沉积型	Cu	会泽大桥
	PZ2-14 上扬子陆块南部碳酸盐台地西部与晚二叠世峨眉山玄武岩、辉绿岩有关的铜矿矿床成矿系列	昭通-六盘水裂陷二叠纪玄武岩容矿的 Cu 矿成矿亚系列	铜厂河式铜矿	玄武岩铜矿	Cu	威宁县铜厂河（小）
		曲靖-水城褶冲带与晚二叠世大陆溢流玄武岩有关的 Cu 矿成矿系列	乌坡式	玄武岩铜矿	Cu	昭觉乌坡（小）、荥经花滩（小）、昭觉古鲁（点）、鲁甸小寨（小）

续表 10-13

Ⅲ级成矿区带	矿床成矿系列	矿床成矿亚系列	矿床式	成因类型	成矿元素	代表产地
上扬子中东部成矿带（Ⅲ-77）	PZ2-13 上扬子陆块南部碳酸盐台地与晚二叠世地下热流作用有关的 Pb、Zn、Ag、Cd、重晶石、菱镁矿成矿系列	上扬子陆块南部碳酸盐台地中西部以古生界碳酸盐岩容矿的 Pb、Zn、Ge、Ag、重晶石矿床成矿亚系列	会泽式铅锌锗矿	构造热液型	Pb、Zn	会泽(大)、巧家茂租(大)、彝良毛坪(中)、罗平富乐厂(中)
			乐马厂式银矿	构造热液型	Pb、Zn	巧家乐马厂(大)
			纳章式重晶石矿	构造热液型	Ba	马龙纳章
			乌依式铅锌矿	构造热液型	Pb、Zn	布拖乌依(中)、宁南松林(中)、银厂(中)、底舒(中)
			黑区式铅锌矿	层控热液型	Pb、Zn	黑区(大)、赤普(大)、唐家(中)
			团宝山式铅锌矿	层控热液型	Pb、Zn	汉源团宝山(中)
			银厂坡式	构造热液型	Pb、Zn	威宁县银厂坡(中)
	PZ2-12 上扬子陆块南部碳酸盐台地与晚古生代沉积作用有关的 Fe、Mn、Al、S、Sr、V、Ga、煤、膏盐、重晶石、磷矿床成矿系列	上扬子陆块南部碳酸盐台地中西部及北缘与二叠纪海陆交互相沉积岩有关的 S、Mn、Fe、铝土矿、煤矿床成矿亚系列	叙永式硫铁矿	沉积型	S	兴文先锋(大)、叙永大树(大)、叙永五角山(大)、遵义三岔河、大方猫场、镇雄黑树庄、石壕
			六盘水式煤矿	沉积型	煤	盘县土城、沾益大明、恩洪、松藻
			楚米铺式铁矿	沉积型	Fe	桐梓县楚米铺
			新华式铝土矿	沉积型	Al	乐山新华(小)、雷波大谷堆(小)、四峨山(小)、巧家阿白卡、鲁甸三合场
			格学式锰矿	沉积型	Mn	宣威格学(中)

续表 10-13

Ⅲ级成矿区带	矿床成矿系列	矿床成矿亚系列	矿床式	成因类型	成矿元素	代表产地
上扬子中东部成矿带（Ⅲ-77）	PZ2-12 上扬子陆块南部碳酸盐台地与晚古生代沉积作用有关的 Fe、Mn、Al、S、Sr、V、Ga、煤、膏盐、重晶石、磷矿床成矿系列	上扬子陆块南部碳酸盐台地中东部与石炭纪海陆交互相沉积作用有关的铝土矿、黏土、Ga、煤、铁矿床成矿亚系列	大竹园式铝土矿	沉积型	Al	务川县大竹园（大）、大佛岩（大）
			遵义式铝土矿	沉积型	Al	遵义县后槽（中）
			猫场式铝土矿	沉积型	Al	清镇猫场（大）
			凯里式铝土矿	沉积型	Al	凯里市鱼洞（小）
			苦李井式铁矿	沉积型	Fe	凯里市苦李井（中）
			龙里式煤矿	沉积型	煤	龙里县营屯、彝良小法路煤矿等
		上扬子陆块南部碳酸盐台地中西部与晚泥盆世海相蒸发岩有关的石膏矿床成矿亚系列		沉积型	石膏	巧家鲁纳田
		上扬子陆块南部碳酸盐台地中西部与泥盆纪沉积作用有关的 Fe 矿床成矿亚系列	宁乡式赤铁矿	沉积型	Fe	赫章铁矿山（中）、独山平黄山（中）、敏子洛木（中）、拉基宝珠（中）、切罗木（中）、彝良寸田铁矿、巫山桃花（中）
		上扬子陆块南部碳酸盐台地中西部晚泥盆世—早石炭世碳硅泥岩（黑色岩系）中 Mn、V、U、重晶石矿床成矿亚系列	乐纪式重晶石矿	沉积型	Mn、V、U、Ba	镇宁县乐纪重晶石矿床

续表 10-13

Ⅲ级成矿区带	矿床成矿系列	矿床成矿亚系列	矿床式	成因类型	成矿元素	代表产地
上扬子中东部成矿带（Ⅲ-77）	PZ1-7 上扬子陆块南部碳酸盐台地与早古生代沉积作用有关的磷、Mn、重晶石、P、V、Ni、Mo、PGE、U、石盐、石膏、石煤矿床成矿系列	上扬子陆块南部碳酸盐台地西部与晚奥陶世陆源碎屑-碳酸盐岩沉积作用有关的 Mn(Co、Ni)成矿亚系列	轿顶山式	沉积型	Mn	汉源轿顶山（中）、乐山金口河（中）
		上扬子陆块南部碳酸盐台地中西部与早、中寒武世海相碳酸盐岩有关的石膏矿床成矿亚系列		沉积型	石膏	巧家大包厂、永善河口
		上扬子陆块南部碳酸盐台地西部与早寒武世早期碳酸盐沉积作用有关的磷矿成矿亚系列	昆阳式	沉积型	P	昆阳（大）、马边老河坝（大）、雷波马颈子（大）、雷波牛牛寨（大）
		上扬子陆块南部碳酸盐台地西部与早寒武世陆源碎屑沉积作用有关的含钾磷矿成矿亚系列	汉源式	沉积型	P	水桶沟（大）、富泉（大）、市荣（中）
		上扬子陆块南部碳酸盐台地中部与早寒武世黑色岩系有关的重晶石、P、V、Ni、Mo、PGE、U、石煤矿床成矿亚系列	遵义式镍钼钒矿	沉积型	V、Ni、Mo	汇川区杨家湾、陈大湾、得泽
			镇远式钒矿	沉积型	V	镇远县江古
		上扬子陆块南部碳酸盐台地中西部与蒸发岩有关的石盐、石膏成矿亚系列		沉积型	盐类	镇雄羊二井膏盐矿
	Pt3-5 上扬子陆块南部碳酸盐台地东南部与新元古代火山-热水-沉积作用有关的磷、Fe、Mn矿床成矿系列	上扬子陆块南部碳酸盐台地东部与新元古代（热水）沉积（黑色岩系）-变质作用有关的重晶石、磷块岩、Mn、Ni、Mo、V、I、REE矿床成矿亚系列	大河边式重晶石	沉积型	Ba	天柱县大河边（大）
			新华式磷（稀土）矿	沉积型	P、REE	织金县新华（大）
			开阳式磷（碘）矿	沉积型	P	开阳县洋水、高坪
			大塘坡式锰矿	沉积型	Mn	松桃县大塘坡（大）

续表 10-13

Ⅲ级成矿区带	矿床成矿系列	矿床成矿亚系列	矿床式	成因类型	成矿元素	代表产地
上扬子中东部成矿带（Ⅲ-77）	Pt3-4 上扬子陆块南部碳酸盐台地南东部与雪峰期岩浆作用有关的 W、Sn、Cu、Nb、Ta、Au、Ag 矿床成矿系列	上扬子陆块南部碳酸盐台地东部与壳源花岗质岩有关的 W、Sn、Cu、Nb、Ta 矿床成矿亚系列	梵净山式钨锡铜矿	岩浆热液型	W、Sn	江口黑湾河(小)、印江标水岩(小)
		上扬子陆块南部碳酸盐台地东部与伟晶岩有关铌钽矿成矿亚系列	磨槽沟式铌钽矿	岩浆热液型	Nb、Ta	印江县磨槽沟(小)
	Pt3-3 上扬子陆块南部碳酸盐台地与晚元古代基性—超基性岩有关的 Ni、Cu、Au 矿床成矿系列	上扬子陆块南部碳酸盐台地东部与超基性岩有关的熔离型的 Ni、Cu 矿床成矿亚系列		岩浆熔离型	Ni、Cu	江口县桑木沟(小)
江南隆起西段成矿带（Ⅲ-78）	PZ1-11/Mz2-9 上扬子陆块东缘雪峰山基底逆推带西段与燕山期地下热流作用有关的 Pb、Zn、Hg、Au、Ag、Sb、As、萤石、重晶石矿床成矿系列	雪峰山基底逆推带西段前寒武系浅变质岩容矿的 Sb、Hg、Au 矿床成矿亚系列	八蒙式锑矿	变质热液脉型	Sb、Hg、Au	榕江县八蒙
	PZ1-10/Mz2-8 上扬子陆块东缘雪峰山基底逆推带西段与加里东期岩浆热液有关的 Au、As、水晶矿床成矿系列	雪峰山基底逆推带西段浅变质细碎屑岩容矿的 Au、W、Sb、Pb、Zn、Cu 矿床成矿亚系列	铜鼓式金矿	变质热液脉型	Au	锦屏铜鼓(小)
			地虎式铜多金属矿	变质热液脉型	Au、W、Sb、Pb、Zn、Cu	从江县地虎(小)
	PZ1-9 上扬子陆块东缘雪峰山基底逆推带西段与寒武纪海相沉积有关的石煤、磷、V、Ni、Mo、Mn、U、REE、PGE、重晶石、石膏、石盐矿床成矿系列	雪峰山基底逆推带西段与早寒武世黑色岩系有关的重晶石、P、V、Ni、Mo、PGE、U、石煤矿床成矿亚系列	大河边式重晶石	沉积型	Ba	天柱大河边(大)
	Pt3-6 上扬子陆块东缘雪峰山基底逆推带西段与雪峰期岩浆作用有关的 W、Sn、Cu、Nb、Ta、Au、Ag 矿床成矿系列	雪峰山基底逆推带西段与壳源花岗岩有关 W、Sn、Cu 矿成矿亚系列	乌牙式钨矿	岩浆热液型	W	从江县乌牙(小)
			南加式铜矿	岩浆热液型	Cu	从江县南加(小)

续表 10-13

Ⅲ级成矿区带	矿床成矿系列	矿床成矿亚系列	矿床式	成因类型	成矿元素	代表产地
桂西-黔西南成矿区（Ⅲ-88）	Q-3 上扬子陆块南东部南盘江-右江前陆盆地与第四纪风化作用有关的稀有、稀散元素、镍、金、铂族元素、钛铁矿、砂锡矿床成矿系列	丘北-兴义断陷与岩溶石山地区风化作用有关的金矿床成矿亚系列	老万场式金矿	风化壳型	Au	黔西南老万场（代表）、豹子洞、砂锅厂（小）
	Mz2-6 上扬子陆块南东部南盘江-右江前陆盆地与燕山期地下热流作用有关的 Pb、Zn、Hg、Au、Ag、Sb、As、萤石、重晶石矿床成矿系列	丘北-兴义断陷二叠系及三叠系碳酸盐岩容矿的 Au、Ag、As、Sb、Hg 矿床成矿亚系列	水银洞式金矿	层控热液型	Au	贞丰水银洞（特大）
			滥木厂式汞矿	层控热液型	Hg	兴仁县滥木厂
		丘北-兴义断陷二叠系及三叠系硅质陆源碎屑岩容矿的 Au、Sb、Hg、As 矿床成矿亚系列	烂泥沟式金矿	构造热液型	Au	贞丰县烂泥沟（特大）
		丘北-兴义断陷上二叠统碎屑岩和火山凝灰岩容矿的 Au、Sb 矿床成矿亚系列	者桑式金矿	构造热液型	Au、Sb	者桑（小）
		丘北-兴义断陷二叠系（含）火山碎屑岩（凝灰岩）容矿的 Sb、Au、萤石矿床亚系列	泥堡式金矿	层控热液型	Au	普安泥堡（大）、兴仁大垭口、兴义雄武、盘县青山坡、陇英大地（小）
			晴隆式锑矿	层控热液型	Hg	晴隆县大厂、碧康、固路、支余、后坡锑矿
			晴隆式萤石矿	热液型	萤石	晴隆县后坡、西舍、碧康
		丘北-兴义断陷下泥盆统碎屑岩、碎屑岩容矿的金、锑成矿亚系列	老寨湾式金矿	层控热液型	Au	老寨湾（大）
			木利式锑矿	层控热液型	Sb	木利

续表 10-13

Ⅲ级成矿区带	矿床成矿系列	矿床成矿亚系列	矿床式	成因类型	成矿元素	代表产地
桂西-黔西南成矿区（Ⅲ-88）	Mz1-8 上扬子陆块南东部南盘江-右江前陆盆地与中生代沉积作用有关的 Pb、Zn、Mn、Sr、石膏、盐、杂卤石、煤矿床成矿系列组之海相沉积成矿系列	丘北-兴义断陷与中三叠统法郎组碎屑岩有关的锰、铁、铝矿床成矿亚系列	斗南式锰矿	沉积型	Mn	斗南（中）
		丘北-兴义断陷与三叠系陆相沉积作用有关的煤成矿亚系列	龙头山式煤矿	沉积型	煤	贞丰县龙头山
		上扬子陆块南部碳酸盐台地中西部与泥盆纪沉积作用有关的 Fe 矿床成矿亚系列	宁乡式赤铁矿	沉积型	Fe	
		丘北-兴义断陷与晚泥盆碳硅泥岩（黑色岩系）有关的 Mn、V、U、重晶石矿床成矿亚系列	乐纪式重晶石矿	沉积型	Ba	镇宁县乐纪重晶石矿床
			下雷式锰矿	沉积型	Mn	罗甸县甲戎锰矿点
滇东南成矿带（Ⅲ-89）	Q-4 上扬子陆块南东缘-华南陆块西部滇东南逆冲-推覆构造带与第四纪风化-残积作用有关的铝、锰矿成矿系列		卖酒坪式	风化壳型	Al	卖酒坪（小）
	Pt3-7/PZ1-12/Mz2-13 上扬子陆块南东缘-华南陆块西部滇东南逆冲-推覆构造带与加里东期燕山期岩浆作用有关的锡、钨、银、铅、锌、铜多金属矿成矿系列（中生代）（南秧田式为新元古代-古生代）	与个旧岩体有关的锡、铜、铅、锌多金属成矿亚系列	个旧式	岩浆热液型	Sn、Cu、Pb、Zn	个旧（大）
		与薄竹山岩体有关的银、锡、铅、锌、钨、锗、铟等多金属成矿亚系列	白牛厂式	岩浆热液型	Ag、Sn、Pb、Zn	白牛厂（大）
		与都龙岩体有关的锡、钨、铅、锌、锗、铟等多金属成矿亚系列	都龙式	岩浆热液型	Sn、W、Pb、Zn	都龙（大）
			南秧田式	岩浆热液型	W	南秧田（大）
	PZ2-16/Mz2-12 上扬子陆块南缘-华南陆块西部滇东南逆冲-推覆构造带与晚二叠世-白垩纪地下热流体有关的 Pb、Zn、Ag、Au、Sb、Mn 矿成矿系列	个旧凹陷与二叠纪陆相火山岩有关的铅、锌、银、锑、铜成矿系列	荒田式铅锌矿	火山热液型	Pb、Zn	建水荒田（大）
			虾洞式铅锌矿	火山热液型	Pb、Zn	虾洞（中）
		丘北-兴义断陷产于晚二叠世碎屑岩和火山碎屑岩中金、锑成矿亚系列	者桑式金矿	构造热液型	Au、Sb	者桑（小）

续表 10-13

Ⅲ级成矿区带	矿床成矿系列	矿床成矿亚系列	矿床式	成因类型	成矿元素	代表产地
桂西-黔西南成矿区（Ⅲ-88）	PZ2-16/Mz2-12 上扬子陆块南缘-华南陆块西部滇东南逆冲-推覆构造带与晚二叠世-白垩纪地下热流体有关的 Pb、Zn、Ag、Au、Sb、Mn 矿成矿系列	滇东南逆冲-推覆构造带北部产于下泥盆统灰岩中铅、锌、锰成矿亚系列	芦柴冲式	喷流沉积型	Pb、Zn	芦柴冲（大）
		滇东南逆冲-推覆构造带北部产于下泥盆统碎屑岩或硅质岩中的金、锑成矿亚系列	老寨湾式金矿	层控热液型	Au	老寨湾（大）
			木利式锑矿	层控热液型	Sb	木利
	PZ2-15/Mz2-11 上扬子陆块南东缘-华南陆块西部滇东南逆冲-推覆构造带与基性—超基性岩有关的铜、镍、铁、钼、钛成矿系列	华南陆块西部富宁地区碳酸盐岩接触带、构造裂隙容矿的 Ti、Fe、Cu、Ni 矿床成矿亚系列	板仑式含钛磁铁矿	构造-岩浆热液型	Ti、Fe、Cu、Ni	板仑（小）
		华南陆块西部富宁地区与基性—超基性岩浆分异作用有关的铜镍矿床成矿亚系列	尾洞式铜镍矿	岩浆热液型	Cu、Ni	尾洞（小）
	Mz2-10 上扬子陆块南东缘-华南陆块西部滇东南逆冲-推覆构造带与二叠纪沉积作用有关的铝、锰矿成矿系列		卖酒坪式	沉积型	Al	卖酒坪（中）

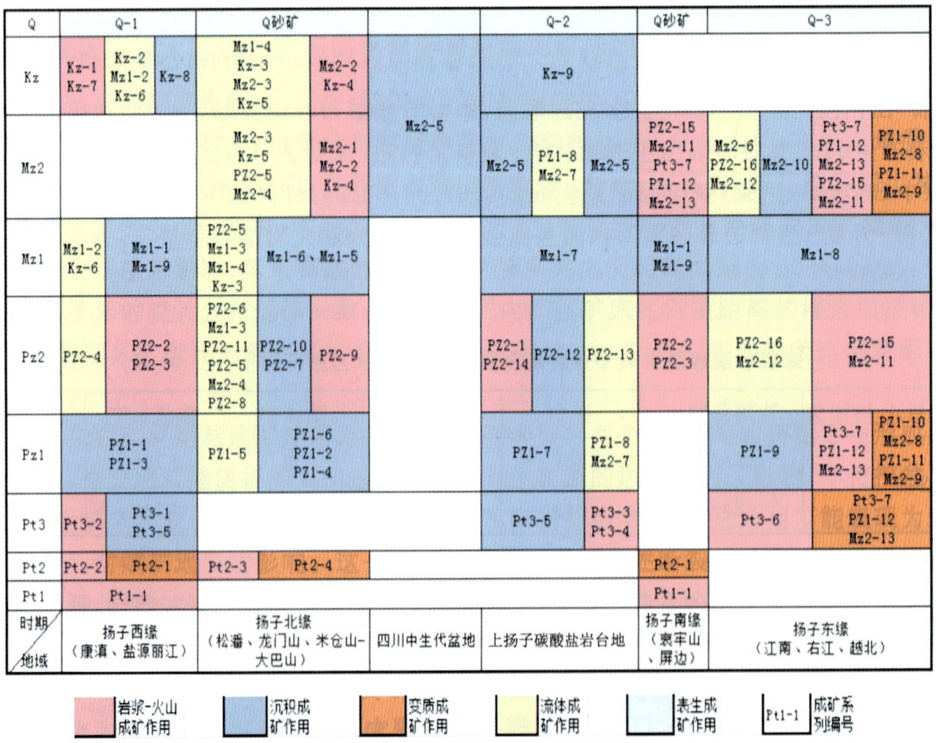

图 10-17 上扬子地区成矿谱系图

第七节　上扬子陆块成矿演化的一般规律

上扬子地区长期以来处于较稳定的陆块演化环境，其成矿作用应属大陆板块内部的成矿作用。陆内成矿作用是指发生在大陆板块内部、主要由大陆板块内部动力学过程（地幔柱活动、岩石圈拆沉、幔源岩浆底侵、陆内岩石圈伸展等）诱导的成矿作用。大陆板块内部发生的强烈壳幔相互作用是陆内大规模成矿作用的内在机制，同时受相邻块体的影响，在其周缘也表现了较为强烈的拉张裂解、碰撞造山作用及相关的成矿作用。

肖庆辉等（1993）、邓晋福等（1999，2004）提出对流地幔（或软流圈）向大陆的输入是大陆成矿作用的直接驱动力，认为从软流圈中分出的新生物质（主要是玄武质岩浆）温度很高，它或者直接输入大陆，或者底侵于壳底 Moho 之上，或者内侵于地壳内，诱发壳底和壳内的岩石再活化，导致大陆再活化，诱发岩浆流体活动，萃取并迁移深部的有用金属元素进入浅部成矿。

上扬子地区较稳定的陆块演化性质的地质背景，决定了其矿产在类型上总体以与沉积作用或沉积变质作用有关的沉积型、构造蚀变岩型、层控热液型、卡林型、成因不明的热液脉型矿床为主，占总矿床数的80%，而与岩浆作用、火山作用有关的矿床仅占20%，这是由长期以来上扬子地区较稳定的陆块演化性质的地质背景所决定的，使得在矿床类型上以沉积-层控、低温热液为其显著特点，在矿种上以铝土矿、锰矿、磷矿、煤矿、铅锌银、钨锡、金矿为主，其次还有铜、铁等。

与岩浆有关的热液型金矿，其成矿母岩岩性控制具有明显的地域性，如个旧-都龙地区、会理岔河地区、平武-松潘雪宝顶地区钨锡多金属矿等。沉积型或层控型锰矿、铅锌矿大多与碳酸盐岩有关，但在不同地区、不同地层具有各自的成矿专属性。扬子地台内的沉积和层控型铅锌矿，在康滇古陆东缘震旦系灯影组中的茂租等矿床主要赋存于白云岩中，而湘黔寒武系中的铅锌矿（如渔塘）则产于礁灰岩相，而白云岩中有锌汞矿床。对于蒸发岩型盐类矿床，与超基性、基性镁铁质岩浆侵入有关的铜镍矿、铬铁矿、钒钛磁铁矿及金刚石矿床，岩相或岩性的控制作用十分明显（胡云中等，2006）。

上扬子地区独具优势的层控低温热液型矿床如铅锌、金矿等，年代学和岩石地球化学丰度证据表明，对赋矿地层而言，可能大多不存在所谓同生沉积成岩作用造就了初始的成矿富集从而形成贫矿层或矿胚层这一过程，之所以在一定区域内表明为明显的层控性，极有可能的原因之一是与硅钙面-地球化学障有关，对后生矿床而言，层控性可能仅仅是由于各岩层能干性差异对构造变形的反应不同造成的：当构造活动时，总是容易沿岩层能干性差异最大的界面形成滑脱，同时当成矿流体运移时，由于顺岩层方向比垂直岩层方向物理化学差异更小，因而运移、交代充填作用往往更易顺层发育。因此，层控性绝不就意味着同生沉积。对岩性的选择则可能与成矿地球化学过程和机理有关。区域地球化学场化学元素的演化与丰度变异，对成矿区带的形成分布有着重要的控制作用。由区域地质构造单元中地层及花岗岩类所富集的成矿元素，与该区域中已经形成的主要矿产（矿种）对比，可以清楚地看到二者的耦合相关关系。关于这一点将在未来工作中作进一步深入系统的研究。

以铁矿、锰矿、铝土矿、磷矿为代表的沉积型矿床，除古元古代因布露极少、构造改造强烈以及可能还与古元古代早期地质构造环境相对活跃而欠稳定等原因，从而导致其沉积型矿床较不发育外，从中元古代以来各地史时期均有沉积型矿产产出，但不同矿种有其相对集中、优势的固定产出层位；与岩浆-火山作用无明显直接关系的系列低温热液型铅锌银金锑汞矿产主要集中分布于新生代之前的显生宙时期，应与这一地史演化时期构造-岩浆-火山地质作用不强、地质构造环境相对平静稳定相关；而岩浆-火山岩型铜铅锌金铁钨锡则主要分布于地史早、晚两期，即前震旦纪和中、新生代，也表明了上扬子陆块一早一晚的构造-岩浆相对活跃期；在两者间隔期，除了加里东运动以垂向升降为主、海西期在扬子西缘出现陆内裂谷-峨眉山大火成岩活动外，整个古生代则相对较为平静，以沉积型矿床及"层控"低温热液型矿床为特点。

在平面空间上,由于上扬子陆块陆内腹地较稳定而周缘活动性较强的差异特点,也造就了区内空间上矿种及矿床类型的差异,显示了陆块内部和边缘不同的特征,总体而言,沿上扬子周缘如大巴山、龙门山、松潘-甘孜造山带、锦屏山、金沙江-哀牢山、康滇构造带、滇东南逆冲-推覆构造带、雪峰山基底逆推带等构造活动带,岩浆-火山-变质-构造作用相对强烈,形成了与岩浆火山作用及构造变质作用关系密切的铜、铁、金、铅、锌、钨、锡多金属矿床,而在相对稳定的陆块内部,则以沉积型磷、铁、锰、铝土矿、煤、层控低温热液型铅锌、金、锑、汞矿为主要特色,各时期岩相古地理、沉积环境、表壳构造及其形成的大陆动力学背景是主要的成矿地质事件。

不同的地质构造环境决定了不同成矿作用的发生和矿床类型的产出。对成矿区带的控制因素因矿种(组)和矿床类型而异,并受不同的构造成矿域制约。①陆内盆地成矿环境,成矿作用以沉积作用为主,包括风化作用、机械沉积作用、化学沉积作用、生物化学沉积作用;②在陆内(部分陆缘)裂谷、深断裂带成矿环境,成矿作用以岩浆作用、热水沉积作用、生物化学沉积作用为主;③陆缘裂陷槽成矿环境,成矿作用以海底热水沉积作用和沉积作用为主,沉积期后普遍发生改造成矿作用;④陆缘活动带-碰撞造山成矿环境,成矿作用主要表现为岩浆热液成矿作用、剪切带动力-流体作用以及造山后伸展阶段深源岩浆成矿作用(钱壮志等,2003;汤中立,2005)。

就上扬子陆块区而言,在每个构造旋回的不同阶段形成的矿床类型各有特色,如图10-18所示,在上扬子陆块每个大的构造旋回早、中期离散构造背景下,陆块外缘拉张-裂解形成的陆缘裂谷或裂陷槽中,有海相火山沉积型矿床如大红山、拉拉、彭州式铜铁矿,以及内源外生型沉积矿床如锰矿的产出,在陆块内部裂开下陷形成的陆间盆地和陆内裂谷中发育沉积型矿床、岩浆熔离型矿床如攀枝花钒钛磁铁矿等。

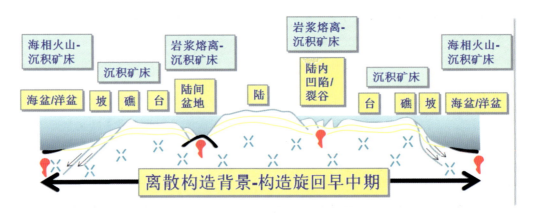

图10-18 上扬子离散构造背景下主要矿床类型分布图

如图10-19所示,在上扬子陆块每个大的构造旋回中、晚期汇聚构造背景下,陆块外缘碰撞造山带构造变形-岩浆活动强烈,形成构造-岩浆-变质热液矿床,而在陆块内部坳陷盆地则一般形成外源外生矿床如砂矿,以及盆地卤水沉积矿床如盐类等,在上述两者之间的过渡区域,则广泛发育内源外生、低温流体层控型矿床,如铅锌矿、金矿等。

内生金属成矿与火山作用和岩浆活动密切相关,并具有明显的空间分布特征。显示刚性特征的盆地几乎没有金属成矿作用发生,已知的金属矿床均分布断裂褶皱或断裂的山系内(郭文魁,1987)。实际上,金属矿床成矿区带全都分布在地槽区的褶皱造山带,地台区的台(缘)褶带、地轴、台隆、断隆,以及大陆边缘活动带等隆起部位上。金属成矿区带空间分布的这一明显规律性,是与地壳(甚至包括上地幔)结构不均匀密切相关。在这些隆起部位,不仅磁场变化剧烈,岩层密度分布也不均匀。特别是断裂褶皱(造山)带,它们多为重力梯级带,深部对应着地壳厚度陡变带以及上地幔剪切波垂向低速带。深大断裂的发育,为深部壳幔物质向上运移提供了良好的通道,对金属成矿区带的分布起到了控制作用(胡云中

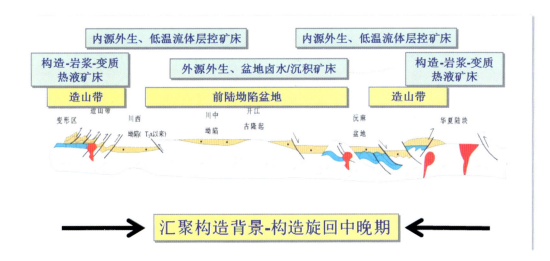

图 10-19 上扬子汇聚构造背景下主要矿床类型分布图

等,2006)。

综上所述,地壳活动性的强弱与矿种矿床类型的分布密切相关。就上扬子陆块的地壳活动性而言,大体上表现为陆块内部活动性弱、陆块四周边缘活动性强的特点,呈现出以较稳定的陆块腹地为轴心向外缘以环带状展布的格局,作为地壳地质活动的产物之一矿种-矿床类型-成矿作用也大体表现为环带状展布的规律,在陆块外缘地壳活动区,矿床类型以中高温热液型矿床为主,向内依次为次活动区中低温层控热液型矿床、次稳定区内源外生型矿床,直至四川中生代盆地为代表的稳定区外源外生型矿床及盆地热卤水矿床等。

第十一章 成矿区(带)划分

第一节 成矿远景区带划分原则

本书主要参照《中国主要成矿区带矿产资源远景评价》(陈毓川,1999),确定Ⅰ—Ⅳ级成矿远景区带地质含义如下。

Ⅰ级成矿远景区带:又称"成矿域",属全球成矿体系范畴,反映了全球范围地幔的不均一性,但与地壳的不均一性关系不甚密切。它常与全球性的巨型构造带相对应,可能由几个大地构造-岩浆旋回发育而成,而每一旋回有其独特的矿化类型。

Ⅱ级成矿远景区带:是在Ⅰ级成矿远景区带范围内圈定的次级成矿区带。它受区域构造岩浆活动、沉积作用和变质作用特点及演化程度的制约,其成矿作用形成于几个或一个大地构造-岩浆旋回的地质历史时期,并发育有特定的矿化类型;区域成矿作用受构造的多级或多序次控制;成矿物质的富集往往受地壳物质的不均匀性控制,受控于特定的成矿构造环境中。

Ⅲ级成矿远景区带:指Ⅱ级成矿远景区带内的次一级成矿区带,它往往是独特的一种或多种矿种的集中分布区,其中的矿床或矿床组合(系列)在成矿时代、成因类型方面有明显的相似性或关联性。Ⅲ级成矿远景区带受某一构造-岩浆带、岩相带、区域性构造以及区域变质作用的严格控制。

Ⅳ级成矿远景区带:Ⅲ级成矿区带中次一级构造单元、由相似的成矿环境-相似的或密切联系的成矿机制的,或能构成一个成矿系列的空间相近的一个,或几个矿化异常集中区带划分为一个Ⅳ级成矿区带。Ⅳ级成矿远景区带主要受区域褶断带和断裂带控制。

第二节 上扬子区Ⅰ—Ⅳ级成矿远景区带划分方案

为了与全国成矿远景区带划分方案保持统一,在通过与《全国重要矿产资源潜力预测评价及综合》(2006—2009)项目反复研讨、沟通、修改的基础上,根据上述划分原则,将研究区划属Ⅰ级成矿域3个、Ⅱ级成矿省4个、Ⅲ级成矿区(带)11个、Ⅳ级找矿远景区带65个,其中Ⅳ级找矿远景区面积约32万km^2,约占全区总面积的40%。具体如图11-1、表11-1所示(Ⅰ—Ⅲ级采用全国统一编号,Ⅳ级是按Ⅲ级顺序采用流水编号)。

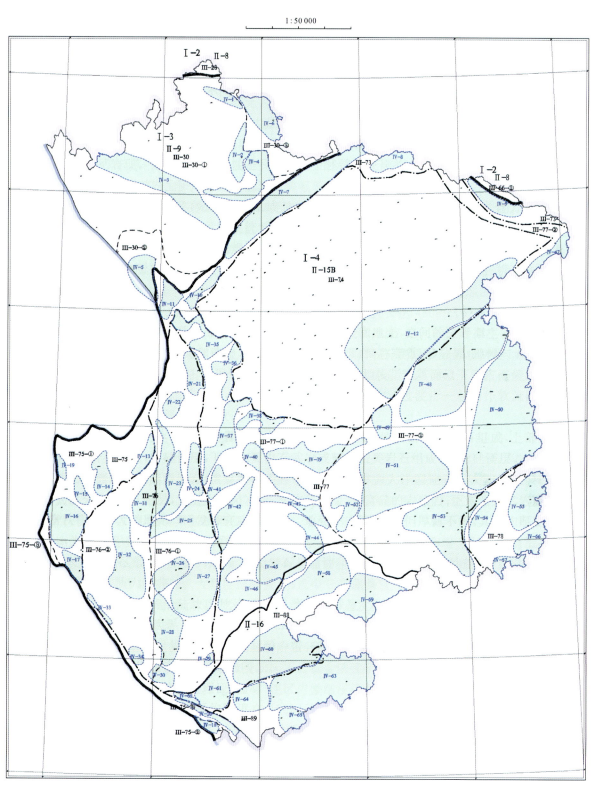

图 11-1 上扬子区成矿区带划分图

表 11-1 上扬子区成矿(区)带划分表

Ⅰ级成矿域	Ⅱ级成矿省	Ⅲ级成矿区(带)	Ⅲ级成矿亚带	Ⅳ级找矿远景区	Ⅳ级区面积(km²)
Ⅰ-2 秦祁昆成矿域	Ⅱ-8 秦岭-大别(造山带)成矿省	Ⅲ-28 西秦岭 Pb Zn Cu(Fe)Au Hg Sb 成矿带			
		Ⅲ-66 东秦岭 Au-Ag-Mo-Cu-Pb-Zn-Sb 非金属成矿带	Ⅲ-66② 南秦岭 Au-Pb-Zn-Fe-Hg-Sb 稀有稀土 V 蓝石棉重晶石成矿亚带($Pt_3;\in;Pz_1;Pz_2;I-Y;Q$)		
Ⅰ-3 特提斯成矿域	Ⅱ-9 巴颜喀拉-松潘(造山带)成矿省	Ⅲ-30 北巴颜喀拉-马尔康 Au-Ni-Pt-Fe-Mn-Pb-Zn-Li-Be 云母成矿带	Ⅲ-30-① 松潘-平武 Au-Fe-Mn 成矿亚带($Cl;I;Q$)]	Ⅳ-1 若尔盖-巴西金矿远景区	1298
				Ⅳ-2 松潘金锰矿远景区	2242
				Ⅳ-3 壤塘-红原金矿远景区	10 232
				Ⅳ-4 平武-黑水锰金矿远景区	4232
			Ⅲ-30-② 色达-金川-丹巴 Ni-Pt-Cu-Au-Li-Be-云母成矿亚带	Ⅳ-5 丹巴-康定铂镍铜金银铅锌矿远景区	3527
			Ⅲ-30-③ 摩天岭(碧口)Cu-Au-Ni-Fe-Mn 成矿亚带($Pt_2;Pz_1$)	Ⅳ-6 九寨沟-南坪金锰矿远景区	3608
Ⅰ-4 滨太平洋成矿域	Ⅱ-15 扬子成矿省-Ⅱ-15B 上扬子成矿亚省	Ⅲ-73 龙门山-大巴山(台缘坳陷)Fe-Cu-Pb-Zn-Mn-V-P-S 重晶石铝土矿成矿带($Pt_1;Zd;\in_1;P_1;P_2;Mz$)		Ⅳ-7 青川-汶川铅锌铁锰铝土矿远景区	12 507
				Ⅳ-8 南江铅锌铁矿远景区	2011
				Ⅳ-9 重庆城口钡锰铅锌矿远景区	2613
				Ⅳ-10 宝兴-芦山铜铅锌铝土矿远景区	1384
				Ⅳ-11 康定铜金铅锌矿远景区	1896
		Ⅲ-74 四川盆地 Fe-Cu-Au 油气石膏钙芒硝石盐煤和煤层气成矿区($T_{1-2};J_1;K_2;C_2$)		Ⅳ-12 大足-綦江-石柱锶矿铁矿远景区	26 991

续表 11-1

Ⅰ级成矿域	Ⅱ级成矿省	Ⅲ级成矿区（带）	Ⅲ级成矿亚带	Ⅳ级找矿远景区	Ⅳ级区面积(km^2)
Ⅰ-4滨太平洋成矿域	Ⅱ-15扬子成矿省-Ⅱ-15B上扬子成矿亚省	Ⅲ-75盐源-丽江-金平（台缘坳陷）Au-Cu-Mo-Mn-Ni-Fe-Pb-S成矿带	Ⅲ-75-①盐源-丽江（陆缘坳陷）Cu-Mo-Mn-Fe-Pb-Au-S成矿亚带	Ⅳ-13盐源金河断裂带铁矿远景区	1387
				Ⅳ-14盐源-宁蒗铜金铅锌多金属远景区	2240
				Ⅳ-15丽江-永胜铜矿远景区	1007
				Ⅳ-16鹤庆金铜铅锌铁锰铝土矿多金属矿远景区	5298
				Ⅳ-17祥云金铜多金属矿远景区	1427
			Ⅲ-75-②金平（断块）Cu-Ni-Au-Mo成矿亚带	Ⅳ-18绿春-金平金矿找矿远景区	707
			Ⅲ-75-③点苍山-哀牢山（逆冲推覆带）Cu-Fe-V-Ti-宝玉石成矿亚带	Ⅳ-19中甸麻花坪钨矿找矿远景区	634
				Ⅳ-20棉花地钒钛磁铁矿找矿远景区	1276
		Ⅲ-76康滇地轴Fe-Cu-V-Ti-Sn-Ni-REE-Au石棉盐类成矿带(Pt_1;Pt_2;Pt_{1-3};V;Mz;Kz)	Ⅲ-76-①康滇Fe-Cu-V-Ti-Sn-Ni-REE-Au-蓝石棉成矿亚带	Ⅳ-21甘洛铅锌铜铁矿远景区	2359
				Ⅳ-22冕宁-喜德锡铅锌铜铁矿远景区	1360
				Ⅳ-23德昌-会理铜铅锌锡镍铂金铁矿远景区	2941
				Ⅳ-24宁南铅锌铜银铁矿远景区	2222
				Ⅳ-25会理-会东-东川铅锌铜铁金矿远景区	5283
				Ⅳ-26禄丰-武定铁铜铅锌矿远景区	2707
				Ⅳ-27昆明-玉溪铝土矿远景区	6871
				Ⅳ-28易门-峨山铁铜矿远景区	5357
				Ⅳ-29建水苏租-暮阳铅锌矿远景区	321
				Ⅳ-30元江铜铁金矿远景区	1356
			Ⅲ-76-②楚雄盆地Cu钙芒硝石盐成矿亚带（Mz）	Ⅳ-31攀西地区钒钛磁铁矿远景区	6563
				Ⅳ-32大姚-牟定铁铜金铅锌矿远景区	7020
				Ⅳ-33楚雄小水井金矿远景区	541
				Ⅳ-34新平大红山铜铁金矿远景区	789

续表 11-1

Ⅰ级成矿域	Ⅱ级成矿省	Ⅲ级成矿区（带）	Ⅲ级成矿亚带	Ⅳ级找矿远景区	Ⅳ级区面积（km²）
Ⅰ-4 滨太平洋成矿域	Ⅱ-15 扬子成矿省-Ⅱ-15B 上扬子成矿亚省	Ⅲ-77 上扬子中东部（台褶带）Pb-Zn-Cu-Ag-Fe-Mn-Hg-Sb磷铝土矿硫铁矿成矿带	Ⅲ-77-①滇东-川南-黔西Pb-Zn-Fe-REE磷硫铁矿钙芒硝煤和煤层气成矿带（$\in_1;O_2;D_{2-3};P_2;P_3-T_{1-2};H;Q$）（注：Pb-Zn矿例后的时代指赋矿地层）	Ⅳ-35 泸定-荥经-汉源铅锌铜矿远景区	3694
				Ⅳ-36 峨边-马边铅锌铜铝土矿远景区	2418
				Ⅳ-37 雷波-金阳铅锌铁铝土矿远景区	4314
				Ⅳ-38 永善-盐津铅锌矿远景区	1931
				Ⅳ-39 镇雄-毕节铅锌矿远景区	5080
				Ⅳ-40 赫章-彝良铁铅锌矿远景区	4073
				Ⅳ-41 鲁甸铅锌矿远景区	2021
				Ⅳ-42 会泽铅锌矿远景区	4939
				Ⅳ-43 威宁-水城铁锰铅锌矿远景区	2277
				Ⅳ-44 普安-猴场铅锌矿远景区	2301
				Ⅳ-45 富源-盘县金矿远景区	4280
				Ⅳ-46 寻甸-陆良铅锌矿远景区	5781
			Ⅲ-77-②湘鄂西-黔中南Hg-Sb-Au-Fe-Mn（Sn-W）磷铝土矿硫铁矿石墨成矿亚带（$Pt_1;Nh_{12}x;Z_1d;\in_1;D_{2-3};C_{12};P_2;Mz;Q$）	Ⅳ-47 巫山马驿山-金狮赤铁矿远景区	1796
				Ⅳ-48 黔江-南川-正安铅锌铁铝土矿远景区	22 240
				Ⅳ-49 习水-仁怀铅锌矿远景区	1938
				Ⅳ-50 酉阳-秀山-铜仁汞锰铅锌矿远景区	25 681
				Ⅳ-51 黔中铝土矿锰矿远景区	18 043
				Ⅳ-52 纳雍-织金铅锌矿远景区	1980
				Ⅳ-53 凯里-都匀-龙里铅锌金锑铝铁矿远景区	12 683
		Ⅲ-78 江南隆起西段Sn-W-Au-Sb-Cu 重晶石滑石成矿区（$Pt_{31};Z-\in_1;Ym;Yl$）		Ⅳ-54 雷公山金锑矿远景区	2312
				Ⅳ-55 天柱-锦屏金矿远景区	5285
				Ⅳ-56 黎平锰金矿远景区	2425
				Ⅳ-57 从江铜金钨锡铅锌银矿远景区	1261
	Ⅱ-16 华南成矿省	Ⅲ-88 桂西-黔西南-滇东南北部（右江地槽）Au-Sb-Hg-Ag 水晶石膏成矿区（I;Y）		Ⅳ-58 贞丰-兴义金砷锑汞铅锌矿远景区	7628
				Ⅳ-59 册亨-望谟金矿远景区	6513
				Ⅳ-60 丘北-广南锰金铝土矿远景区	11 776
				Ⅳ-61 个旧锡铅锌银铜锰矿远景区	3531
				Ⅳ-62 石屏大冷山-建水虾硐铅锌银铁矿远景区	531
		Ⅲ-89 滇东南Sn-Ag-Pb-Zn-W-Sb-Hg-Mn 成矿区（I;Y）		Ⅳ-63 砚山-富宁铁铜金铅锌锑铝土矿远景区	14 770
				Ⅳ-64 蒙自白牛厂锡钨铅锌银锰矿远景区	3025
				Ⅳ-65 马关-麻栗坡锡铅锌银铜矿远景区	1720

第三节　上扬子区各找矿远景区主要矿床类型

各Ⅳ级找矿远景区主要矿床类型见表11-2。

表11-2　上扬子陆块区成矿(区)带主要矿床类型表

Ⅰ级成矿域	Ⅱ级成矿省	Ⅲ级成矿区	Ⅲ级成矿亚带	Ⅳ级找矿远景区	矿床类型	矿种	主要矿床
Ⅰ-2	Ⅱ-8	Ⅲ-28			层控热液型铅锌矿		厂坝-李家沟超大型矿床(区外)
		Ⅲ-66	Ⅲ-66②				
Ⅰ-3	Ⅱ-9	Ⅲ-30	Ⅲ-30-①	Ⅳ-1 若尔盖-巴西金矿远景区	卡林型	金矿	阿西、磨房沟、洼欠沟矿点
					热液型	铁铜矿	阿西乡矿点
				Ⅳ-2 松潘金锰矿远景区	卡林型	金矿	东北寨大型
				Ⅳ-3 壤塘-红原金矿远景区	卡林型	金矿	金木达大型、刷经寺矿点
				Ⅳ-4 平武-黑水锰金矿远景区	沉积改造型	铁锰矿	虎牙中型
					沉积变质型	磁铁矿	西沟、大坪中型
					岩浆热液型	钨锡矿	日火沟小型、广子岩小型
			Ⅲ-30-②	Ⅳ-5 丹巴-康定铂镍铜金银铅锌矿远景区	岩浆热液型	铅锌多金属矿	农戈山中型
			Ⅲ-30-③	Ⅳ-6 九寨沟-南坪金锰矿远景区	卡林型	金矿	马脑壳大型
Ⅰ-4	Ⅱ-15-Ⅱ-15B	Ⅲ-73		Ⅳ-7 青川-汶川铅锌铁锰铝土矿远景区	层控热液型	铁铅锌矿	马鞍山中型、青山中型
					海相沉积变质型	铁锰矿	平溪中型、陶平山中型、石坎中型
					海相沉积型	磁铁矿	大康中型
					海相火山岩型	铜矿	马松岭小型
					沉积型	铝土矿	武垭小型
				Ⅳ-8 南江铅锌铁矿远景区	矽卡岩型	磁铁矿	李子垭中型、红山中型
					层控热液型	铅锌矿	沙滩小型
				Ⅳ-9 重庆城口钡锰铅锌矿远景区	海相沉积型	锰矿	高燕、上山坪、大渡溪中型
					层控热液型	铅锌矿	东安矿点
				Ⅳ-10 宝兴-芦山铜铅锌铝土矿远景区	沉积型	铝土矿	大河(大白岩)中型、杉木山小型
					海相沉积型	磁铁矿	紫云小型
					层控热液型	铅锌矿	马桑坪矿点
					海相火山岩型	铜矿	白铜尖子矿点
				Ⅳ-11 康定铜金铅锌矿远景区	构造蚀变岩型	金矿	黄金坪中型
					层控热液型	铅锌矿	寨子坪、二郎小型
		Ⅲ-74		Ⅳ-12 大足-綦江-石柱锶矿铁矿远景区	陆相沉积型	铁铜锶矿	綦江大型铁、干沟大型锶、张家村小型铜

续表 11-2

Ⅰ级成矿域	Ⅱ级成矿省	Ⅲ级成矿区	Ⅲ级成矿亚带	Ⅳ级找矿远景区	矿床类型	矿种	主要矿床
Ⅰ-4	Ⅱ-15	Ⅱ-15B	Ⅲ-75	Ⅲ-75-①	Ⅳ-13 盐源金河断裂带铁矿远景区	陆相火山岩型	磁铁矿	矿山梁子中型
					矽卡岩型	磁铁矿	道坪子小型
					海相沉积型	锰矿	择木龙小型
				Ⅳ-14 盐源-宁蒗铜金铅锌多金属远景区	斑岩型	铜矿	西范坪中型
					斑岩型	金矿	余家村、白牛厂小型
					海相沉积型	铜矿	树札小型
				Ⅳ-15 丽江-永胜铜矿远景区	海相沉积型	铜矿	米厘厂、宝坪厂、文通、劳马古小型
				Ⅳ-16 鹤庆金铜铅锌铁锰铝土矿多金属矿远景区	斑岩型	金矿	北衙大型
					岩浆热液型	钨矿	马头湾小型
					海相沉积型	锰矿	小天井中型
					沉积型	铝土矿	中窝小型
				Ⅳ-17 祥云金铜多金属矿远景区	斑岩型	金矿	人头箐大型、白象厂、笔架山小型
						铜铅锌矿	马厂箐乱硐山小型
					海相沉积型	铜钼矿	马厂箐大型
					陆相火山岩型	磁铁矿	白象厂小型
				Ⅲ-75-②	Ⅳ-18 绿春-金平金矿找矿远景区	斑岩型	金矿	大坪、长安大型
					海相沉积型	铜矿	铜厂小型
						铜镍矿	白马寨Ⅰ号小型
			Ⅲ-75-③	Ⅳ-19 中甸麻花坪钨矿找矿远景区	岩浆热液型	钨铍矿	麻花坪大型
				Ⅳ-20 棉花地钒钛磁铁矿找矿远景区	岩浆型	钒钛磁铁矿	棉花地小型
					热液型		太平寨小型
		Ⅲ-76	Ⅲ-76-①	Ⅳ-21 甘洛铅锌铜铁矿远景区	层控热液型	铅锌矿	赤普大型、阿尔中型
					海相沉积型	赤铁矿	碧鸡山中型
				Ⅳ-22 冕宁-喜德锡铅锌铜铁矿远景区	矽卡岩型	磁铁矿	拉克、大顶山、泸沽中型
						锡矿	大顶山中型
				Ⅳ-23 德昌-会理铜铅锌锡镍铂金铁矿远景区	层控热液型	铅锌矿	天宝山大型
					变质热液型		小石房大型
					矽卡岩型	锡矿	岔河中型
					沉积变质型	菱铁矿	凤山营中型
					砂岩型	铜矿	大铜厂、鹿厂小型

续表 11－2

Ⅰ级成矿域	Ⅱ级成矿省	Ⅲ级成矿区	Ⅲ级成矿亚带	Ⅳ级找矿远景区	矿床类型	矿种	主要矿床
Ⅰ-4	Ⅱ-15-Ⅱ-15B	Ⅲ-76	Ⅲ-76-①	Ⅳ-24 宁南铅锌铜银铁矿远景区	层控热液型	铅锌矿	跑马、银厂沟、松林中型
					海相沉积型	赤铁矿	华弹中型
				Ⅳ-25 会理-会东-东川铅锌铜铁金矿远景区	海相火山岩型	铁铜银矿	拉拉落凼大型
					沉积变质型	赤铁矿	双水井大型、满银沟中型、包子铺中型
						菱铁矿	二台坡中型
						铜矿	汤丹大型、因民、落雪中型
					热液型	铜矿	淌塘中型
					层控热液型	铅锌矿	大梁子大型、铁柳中型
					岩浆型	磁铁矿	菜园子小型
					构造蚀变岩型	金矿	播卡大型
				Ⅳ-26 禄丰-武定铁铜铅锌矿远景区	海相沉积型	磁铁矿	鱼子甸大型
					海相火山岩型	铁铜矿	仁兴中型、鹅头厂中型、迤纳厂小型
					沉积变质型	铜矿	观天厂小型
					热液脉型	铅锌矿	大平地中型
				Ⅳ-27 昆明-玉溪铝土矿远景区	沉积型	铝土矿	老煤山、耳目山小型
				Ⅳ-28 易门-峨山铁铜矿远景区	沉积变质型	铜矿		铜厂中型
						铁矿	鲁奎山中型
				Ⅳ-29 建水苏租-暮阳铅锌矿远景区	层控热液型	铅锌矿	暮阳小型
				Ⅳ-30 元江铜铁金矿远景区	云英岩型	钨金矿	石屏大型、龙潭大型
					沉积变质型	铜铁矿	青龙厂、红龙厂、岔河小型
			Ⅲ-76-②	Ⅳ-31 攀西地区钒钛磁铁矿远景区	岩浆型	钒钛磁铁矿	攀枝花、红格、白马、太和大型
				Ⅳ-32 大姚-牟定铁铜金铅锌矿远景区	砂岩型	铜矿	大村中型
					岩浆型	磁铁矿	安益大型
					斑岩型/热液型	铅锌矿	姚安中型
					构造蚀变岩型	金矿	白马苴、茶铺梁子小型
				Ⅳ-33 楚雄小水井金矿远景区	构造蚀变岩型	金矿	小水井中型
				Ⅳ-34 新平大红山铜铁金矿远景区	海相火山岩型	铁铜矿	大红山大型

续表 11-2

Ⅰ级成矿域	Ⅱ级成矿省	Ⅲ级成矿区	Ⅲ级成矿亚带	Ⅳ级找矿远景区	矿床类型	矿种	主要矿床
Ⅰ-4	Ⅱ-15-Ⅱ-15B	Ⅲ-77	Ⅲ-77-①	Ⅳ-35 泸定-荥经-汉源铅锌铜矿远景区	层控热液型	铅锌矿	黑区、雪区、宝水溪大型,宝贝凼中型
					沉积改造型	锰矿	大白岩中型
				Ⅳ-36 峨边-马边铅锌铜铝土矿远景区	层控热液型	铅锌矿	猴儿沟、细石坝、干溪埂小型
					沉积型	铝土矿	新华中型
					陆相火山岩型	铜矿	关田坝小型
				Ⅳ-37 雷波-金阳铅锌铁铝土矿远景区	层控热液型	铜铅锌矿	茂租大型、松梁、乌依、金沙厂中型
					沉积型	铝土矿	大岩硐、大谷堆小型
				Ⅳ-38 永善-盐津铅锌矿远景区	层控热液型	铅锌矿	乐可坝小型
				Ⅳ-39 镇雄-毕节铅锌矿远景区	层控热液型	铅锌矿	小木拉矿点
				Ⅳ-40 赫章-彝良铁矿铅锌矿远景区	层控热液型	铅锌矿	毛坪、洛泽河、五里坪、榨子厂中型
					海相沉积型	赤铁矿	菜园子大型、雄雄夏中型
				Ⅳ-41 鲁甸铅锌矿远景区	层控热液型	铅锌矿	小河中型、乐红、火德红小型
				Ⅳ-42 会泽铅锌矿远景区	层控热液型	铅锌矿	麒麟厂、矿山厂大型、五星厂中型
				Ⅳ-43 威宁-水城铁锰铅锌矿远景区	层控热液型	铅锌矿	青山、杉树林中型
					岩浆热液型	菱铁矿	观音山中型
					海相沉积型	锰矿	徐家寨、沙沟中型
				Ⅳ-44 普安-猴场铅锌矿远景区	层控热液型	铅锌矿	猴子场、顶头山、绿卵坪中型
					热液型	菱铁矿	小山坡小型
					海相沉积型	锰矿	格学中型
				Ⅳ-45 富源-盘县金矿远景区	卡林型	金矿	胜境关中型
			Ⅲ-77-②	Ⅳ-46 寻甸-陆良铅锌矿远景区	层控热液型	铅锌矿	富乐厂中型、螺丝塘小型
				Ⅳ-47 巫山马驿山-金狮赤铁矿远景区	海相沉积型	赤铁矿	桃花、邓家中型
				Ⅳ-48 黔江-南川-正安铅锌铁铝土矿远景区	沉积型	铝土矿	大竹园、大佛岩、瓦厂坪大型
					层控热液型	铅锌矿	三层崖、接龙中型
					海相沉积型	菱铁矿	锅厂坝、三义乡小型

续表 11-2

Ⅰ级成矿域	Ⅱ级成矿省	Ⅲ级成矿区	Ⅲ级成矿亚带	Ⅳ级找矿远景区	矿床类型	矿种	主要矿床
Ⅰ-4	Ⅱ-15-Ⅱ-15B	Ⅲ-77	Ⅲ-77-②	Ⅳ-49 习水-仁怀铅锌矿远景区	层控热液型	铅锌矿	谢家坝小型
				Ⅳ-50 酉阳-秀山-铜仁汞锰铅锌矿远景区	层控热液型	铅锌矿	五峰山、高洞子、小坝中型，巴巴寨、大硐喇、塘边坡、三角塘小型
					海相沉积型	锰矿	大塘坡、大屋、杨立掌大型
					岩浆热液型	锡钨铜矿	标水岩中型
				Ⅳ-51 黔中铝土矿锰矿远景区	沉积型	铝土矿	猫场大型、苟江中型
					海相沉积型	锰矿	铜锣井大型
				Ⅳ-52 纳雍-织金铅锌矿远景区	层控热液型	铅锌矿	新麦大型、杜家桥小型
				Ⅳ-53 凯里-都匀-龙里铅锌金锑铝铁矿远景区	层控热液型	铅锌矿	牛角塘中型
					卡林型	金矿	苗龙中型
					沉积型	铝土矿	黄猫寨小型
						赤铁矿	平黄山中型
						菱铁矿	鱼洞中型
		Ⅲ-78		Ⅳ-54 雷公山金锑矿远景区	构造蚀变岩型/热液型	金锑矿	
				Ⅳ-55 天柱-锦屏金矿远景区	变质热液脉型	金矿	铜鼓、辣子坪、金井、下达、平秋小型
				Ⅳ-56 黎平锰矿金矿远景区	变质热液脉型	金矿	水口、古邦矿点
					海相沉积型	锰矿	岜扒、肇兴小型
				Ⅳ-57 从江铜金钨锡铅锌银矿远景区	构造蚀变岩型/热液型	铜金铅锌矿	地虎小型
					岩浆热液型	钨	乌牙小型
	Ⅱ-16	Ⅲ-88		Ⅳ-58 贞丰-兴义金砷锑汞铅锌矿远景区	卡林型	金矿	紫木凼、水银洞、泥堡大型，戈塘中型
				Ⅳ-59 册亨-望谟金矿远景区	卡林型	金矿	烂泥沟大型、丫他中型
				Ⅳ-60 丘北-广南锰金铝土矿远景区	卡林型	金矿	堂上、别力、底圩、斗月小型，戈寒矿点
					堆积型	铝土矿	飞尺角中型
					沉积型	铝土矿	板茂中型
					海相沉积型	锰矿	老乌、斗南中型

续表 11-2

Ⅰ级成矿域	Ⅱ级成矿省	Ⅲ级成矿区	Ⅲ级成矿亚带	Ⅳ级找矿远景区	矿床类型	矿种	主要矿床
Ⅰ-4	Ⅱ-16	Ⅲ-88		Ⅳ-61 个旧锡铅锌银铜锰矿远景区	矽卡岩型	锡锌铜矿	老厂、高松、卡房大型,神仙水、阿西小型
					构造蚀变岩型	金矿	芦子箐矿点
					海相沉积型	锰矿	白显平台、芦寨中型,卧龙谷、麻栗坡小型
				Ⅳ-62 石屏大冷山-建水虾蚂铅锌银铁矿远景区	陆相火山岩型	铅锌矿	荒田大型、虾洞中型、大冷山小型
					构造蚀变岩型	金矿	荒田小型
		Ⅲ-89		Ⅳ-63 砚山-富宁铁铜金铅锌锑铝土矿远景区	喷流沉积型	铅锌矿	芦柴冲大型、大花园中型
					卡林型	金矿	老寨湾、那能大型,下格乍中型,洞波、峨里小型
					堆积型	铝土矿	卖酒坪、红舍克、黄家塘中型
					岩浆型	铜镍矿	安定、拉赛、瓦窑、弄楼、尾洞小型
					矽卡岩型	磁铁矿	板仓小型
					海相沉积型	锰矿	平比村、洞波乡、坡油村小型
				Ⅳ-64 蒙自白牛厂锡钨铅锌银锰矿远景区	矽卡岩型	钨矿	老君山大型
					岩浆热液型	铜铅锌矿	白牛厂大型
					海相沉积型	锰矿	岩子脚中型
				Ⅳ-65 马关-麻栗坡锡铅锌银铜矿远景区	矽卡岩型	钨锡铜铅锌矿	大丫口、新寨、都龙大型

下篇

找矿方向篇

第十二章 马尔康成矿带

本成矿带全称为"Ⅲ-30 北巴颜喀拉-马尔康 Au Ni Pt Fe Mn Pb Zn Li Be 云母成矿带",范围位于 E99°35′—105°35′,N30°09′—34°19′之间,呈近等轴状展布于四川盆地西北缘,东西长约 556km,南北平均宽约 448km,总面积约 11 万 km²。其东南面以龙门山断裂带(北川-映秀断裂带)为界与Ⅲ-74 四川盆地成矿区相邻;北面以阿尼玛卿断裂带(玛沁-略阳断裂带)为界与Ⅲ-28 西秦岭成矿带相接。

第一节 区域地质矿产特征

一、区域地质

(一)地层

巴颜喀拉地层区(Ⅱ₁)为次稳定-非稳定碎屑岩、火山岩夹碳酸盐建造。以三叠系分布最广,且厚度巨大,岩性岩相变化大。该地层区由理塘蛇绿混杂岩带为界分为两个分区。其中玛多-马尔康地层分区总体以复理石碎屑岩为主。金矿多发育于巴颜喀拉地层区(Ⅱ₁)的玛多-马尔康地层分区之中,重要代表有东北寨金矿、桥桥上金矿、金木达金矿、刷经寺金矿等;南秦岭-大别山地层区的九寨沟小区产有马脑壳金矿。两大地层区总体以复理石碎屑岩建造为主,形成的金矿主要为微细浸染型。

早三叠世(飞仙关、大冶、领麦沟、菠茨沟期),大巴山、龙门山、康滇等古陆分隔了上扬子海和巴颜喀拉边缘海,海水从东向西侵入华夏古大陆、康滇古陆和龙门山古陆,在这些地区形成列岛、海湾,形成陆相→潮坪→浅海的碎屑岩、碳酸盐岩、蒸发岩等紫红色砂泥岩建造,此期海水东深西浅,气候湿热。中三叠世,华夏古陆东侧抬升,造成海水东浅西深,自西向东碎屑岩增多。由于周边隆起日盛,上扬子陆表海变成局限盐化海盆。这时,川西高原由于受到全球泛大陆解体的影响则开始强烈下降,自二叠纪以来所形成的四川西部重要裂谷系(西秦岭、炉霍-道孚、玉树-甘孜和金沙江)进一步扩张,形成了规模宏大的秦祁昆巴颜喀拉海。晚三叠世早期,四川盆地的沉积限于龙门山东侧,川西高原成为广阔的复理石盆地。晚三叠世晚期,海水从东向西渐次退出,四川盆地成为内陆含煤沉积盆地,从西向东地层渐次超覆,从此结束了华夏古陆自晚古生代以来北陆南海的大格局。

下三叠统菠茨沟组属松潘-甘孜浅海陆棚-斜坡碎屑岩夹碳酸盐岩相,为次稳定型复陆屑建造。黑水地区下段为灰绿色变质凝灰质砂岩,上段为粉砂岩、绢云板岩夹薄层灰岩;平武-松潘地区下段以灰岩为主,自上而下岩石色调由深灰—灰白—灰绿(含绿泥石),灰岩结晶程度也递次增高,部分已成白色大理岩,上段以碎屑岩为主,由含铁锰质砂岩、千枚岩、薄层灰岩组成,厚约 117m。岩性和厚度都有较大变化,本身也表现为海侵初期的不稳定环境,代表早三叠世的沉积。

川西高原的三叠系赋存多种有色金属和贵金属等矿产,如东北寨金矿、马脑壳金矿等,虎牙式铁锰矿即位于川西高原东部的下三叠统菠茨沟组;侏罗系—新近系主要以发育巨厚的陆相红色砂、泥岩系为特征,层序完整而连续,岩系总厚度达5000m以上。龙门山前缘红色岩系粒度增粗、大套砾岩出现,组成了特殊的山前磨拉石堆积物,横向变化极大。第四系以四川盆地西部的成都平原第四系堆积物较集中而厚度较大,多以砂砾、粉砂及亚砂土为主,厚200~400m。

(二)岩浆岩

本区岩浆岩较发育,一般多成带状分布,火山活动期次较多,岩类复杂多样。沿巴颜喀拉地块马尔康岩浆构造带中新生代侵入的花岗岩、二长花岗岩、石英正长岩及基性—超基性岩,与金的矿化存在某种联系,至少为该区域金矿成矿提供了充分的热源,如金木达金矿等。

马尔康岩浆构造带中,古生代主要为花岗闪长岩岩枝,中生代主要为花岗岩、二长花岗岩、石英正长岩,沿构造带有基性—超基性岩分布。

(三)变质岩及变质作用

本区有川西变质区和秦岭变质区,其中川西变质区位于龙门后山-小金河断裂带以西地区,可划分为3个变质带,龙门山后山变质带、松潘-甘孜变质带、金沙江变质带。秦岭变质区位于四川北部大巴山—西倾山一线。由大巴山变质带、摩天岭变质带、迭部-康县变质带3个变质带构成。受变质地层为震旦系和古生界;均属低绿片岩相,为海西期变质作用之产物。这一变质区包括的类型有马脑壳式金矿等。

松潘-甘孜变质带:东界北段以岷江-虎牙断裂、三叠系底部之平行不整合面为界,与龙门山后山变质带毗邻,东界南段是金河-小金河断裂;西以欧巴纳-定曲河-中甸断裂与金沙江变质带分界,总体呈倒三角形。受变质地层为三叠系及上二叠统,区内变质矿物组合单调,属低绿片岩单相变质。根据原岩建造不同,进一步可分为阿坝-马尔康、石渠-雅江、义敦3个三级变质单元。虎牙式锰矿即位于该变质带的阿坝-马尔康区内,含矿地层三叠系下统菠茨沟组普遍经历了变质作用,属低绿片岩相。

(四)构造

本区大地构造位置处于我国东部太平洋构造域及西部特提斯构造域的结合部扬子古陆块(Ⅰ级构造单元)西缘松潘-甘孜造山带,其大型变形构造域北以玛曲-略阳断裂带为界;西南面以金沙江断裂带为界;东南面以后龙门山-小金河断裂带为界。这个特殊的倒三角形地理位置和构造部位,是我国著名的川甘陕"金三角"金成矿远景区之一部分,也是我国有色金属和稀有贵金属集中产出地区之一。

在大型变形构造演化的不同时期,都有矿化作用发生,但主要成矿作用,则发生在晚三叠世印支构造运动末期—侏罗纪、白垩纪—古近纪燕山构造运动期。区内主要有色及贵金属矿产,大多形成于这一时期。而且在不同的变形构造单元,有显示出不同类型的金矿。北西向壤塘-马尔康断裂变形构造带则分布有金木达式金矿。玛曲-略阳北西—北西西向大型逆冲走滑断裂变形带则分布有马脑壳式金矿等。而岷江南北向对冲式推覆变形构造带则分布有东北寨式金矿。与岷江南北向对冲式推覆变形构造带垂直的雪山梁子东西向对冲式推覆变形构造带则分布有桥桥上金矿。

二、区域物化特征

本区布格重力异常全为负值,总体表现为东高西低,场值变化的基本趋势是由川东南(-70×10^{-5} m/s^2)向川西北(-500×10^{-5} m/s^2)逐渐降低,平均每千米变化约 0.35×10^{-5} m/s^2;宽大的龙门山重力异常梯级带纵贯全省中部,在石棉一带,该梯级带一分为二;西支顺大雪山西拐,与喜马拉雅山梯级带相连;东支经马边向南东方向弯转,沿乌蒙山南下,将四川划分为重力场特征明显不同的三大块:四川盆地重力高异常区、川西高原重力低异常区、攀西南北向重力异常区。本成矿带跨这三大区块的两块包括川西高原重力低异常区、攀西南北向重力异常区,其间巨大的异常梯级带,构成了本区区域重力场的概貌,它是地壳不同深度各密度体的总体反映,也是不同地史时期地壳构造运动结果的综合反映。

本区航磁异常强弱层次分明,区带特征明显,展布形态规律性强,清楚地反映了不同地质构造单元的磁场面貌。磁场以低值负异常为主,局部有低值正异常,多呈块状、带状、串珠状沿北西向、南北向展布,负异常强度低且平稳,反映地表及一定深度无强磁性体存在的可能。

根据元素的地球化学分布特征,本区地球化学场主要属川西高原地球化学分区。可进一步分为黑水-理塘地球化学子分区、阿坝-红原-若尔盖地球化学子分区和川主寺-九寨沟地球化学子分区三个子分区。

黑水-理塘地球化学子分区:Al、As、B、Be、Bi、W 等指标呈高背景和正异常,Cd、Hg 等指标呈显著负异常。

阿坝-红原-若尔盖地球化学子分区:Au、Bi、Ca、Cd、Co、Cr、Cu、F、Fe、Hg、La、Mg、Pb、Ti、U、V、Zn 等大部分指标呈低背景和负异常,仅 Na_2O 呈现为高背景。

川主寺-九寨沟地球化学子分区:Ag、Au、Ca、Cd、Co、F、Hg、Mg、Mo、Sb、Sr、Zn 等指标呈显著正异常,异常强度大,浓集分带明显;Zr、Al、Ba、Co、Fe、K、La、Si、Ti 为低背景和负异常分布。

在松潘东北寨式金矿内,地球化学主要是根据 1:20 万水系沉积物测量,按 Au、As、Sb、Hg 四元素地球化学背景值、异常下限值及三级浓度分带划分标准,共计圈定 Au-As-Sb-Hg 四元素组合异常 4 处,Au-As-Sb 或 Au-As-Hg 三元素组合异常 6 处,Au-As、Au-Sb 或 Au-Hg 二元素组合异常 8 处,单 Au 元素异常 5 处,合计 23 处。

马脑壳金矿所在地区 1:20 万区域化探水系沉积物测量成果显示,Au、As、Sb、Hg 等元素异常清晰,浓集分带明显。尤其是 Au、As、Sb、Hg 四项指标异常空间套合较好,浓集中心基本重合。金矿位于异常的浓集中心带。

金木达金矿所在区水系沉积物中 Au 含量为 $(1\sim49.86)\times10^{-9}$,As、Sb、Hg 异常显著,具有三级浓度分带,异常展布与区域构造线的方向一致。

三、主要矿床类型及代表性矿床

本区大地构造位置处于我国东部太平洋构造域及西部特提斯构造域的结合部扬子古陆块(Ⅰ级构造单元)西缘松潘-甘孜造山带其大型变形构造域北以玛曲-略阳断裂带为界,西南面以金沙江断裂带为界,东南面以后龙门山-小金河断裂带为界,这个特殊的倒三角形地理位置和构造部位,是我国著名的川甘陕金三角金成矿远景区之一部分,也是我国有色金属和稀有贵金属集中产出地区之一。其矿产以微细浸染型金矿(如东北寨式、金木达式、马脑壳式)、沉积型锰矿(如虎牙式)、岩浆热液型铅锌矿(如道孚龙戈山)为主,如产于上三叠统新都桥组黑色含碳质板岩建造中似层状脉状微细浸染型金矿——东北寨大型金矿、产于上三叠统杂谷脑组砂板岩复理石建造中似层状脉状微细浸染型金矿——马脑壳大型金矿、产于上三叠统新都桥组黑色岩系中似层状脉状微细浸染型金矿——金木达大型金矿、产于下三叠统菠茨沟组碳酸盐岩夹碎屑岩中沉积(变质)型铁锰矿——平武大坪虎牙中型铁锰矿;以中三叠统杂谷脑组绢云石英片岩为围岩与燕山—喜马拉雅期花岗岩有关的岩浆热液充填型铅锌矿——农戈山大型铅锌矿。

金矿主要为微细浸染型,主要有东北寨式、金木达式以及马脑壳式,分别分布于松潘、壤塘以及九寨沟一带,代表性矿床有松潘县东北寨金矿、壤塘县金木达金矿、九寨沟县马脑壳金矿。东北寨金矿、马脑壳金矿等产于三叠系下统菠茨沟组千枚岩、片岩、灰岩中。

锰矿分布于可可西里-松潘前陆盆地内,黑水、平武、九寨沟一带分布,北为荷叶断裂带、东为虎牙断裂带,为陆内断陷盆地碳酸盐岩-碎屑岩建造,含矿层位为下三叠统菠茨沟组上段千枚岩、片岩、灰岩,盆地东为摩天岭古陆、有大片前震旦系含锰岩系分布,风化剥蚀为其提供了丰富的物质来源。

铅锌矿以产于中生代中三叠统杂谷脑组与花岗岩体内接触带及外接触带的角岩内的岩浆热液型为主,如道孚农戈山铅锌矿,矿体严格受 NNW、近 NS 断裂带控制,从矿体形态、产状、规模及品位,矿石类型、组成及组构,围岩蚀变等方面论述了矿床的地质特征。主要控矿因素是地层、断裂构造和岩浆活动,其中断裂构造是最主要的控矿因素。其他还零星分布有层控热液型的铅锌矿点。

第二节 找矿远景区-找矿靶区的圈定及特征

一、Ⅳ级找矿远景区划分

本Ⅲ级成矿区带内划分Ⅳ级找矿远景区 6 个、Ⅴ级找矿远景区 13 个,进一步圈定找矿靶区 40 个,其中 A 类靶区 18 个、B 类靶区 10 个、C 类靶区 12 个。

Ⅰ-3 特提斯成矿域
 Ⅱ-9 巴颜喀拉-松潘(造山带)成矿省
  Ⅲ-30 北巴颜喀拉-马尔康 Au Ni Pt Fe Mn Pb Zn Li Be 云母成矿带
   Ⅲ-30-①松潘-平武 Au Fe Mn 成矿亚带
    Ⅳ-1 若尔盖-巴西金矿远景区
    Ⅳ-2 松潘金锰矿远景区(V1,V2,V3)
    Ⅳ-3 壤塘-红原金矿远景区(V4,V5)
    Ⅳ-4 平武-黑水锰金矿远景区(V6,V7)
   Ⅲ-30-②色达-金川-丹巴 Ni Pt Cu Au Li Be 云母成矿亚带
    Ⅳ-5 丹巴-康定铂镍铜金银铅锌矿远景区(V8,V9)
   Ⅲ-30-③摩天岭(碧口)Cu Au Ni Fe Mn 成矿亚带($Pt_2;Pz_1$)
    Ⅳ-6 九寨沟-南坪金锰矿远景区(V10,V11,V12,V13)

Ⅴ级找矿远景区及找矿靶区将在以下Ⅳ级找矿远景区特征及找矿方向中阐述。

二、Ⅳ级找矿远景区特征及找矿方向

(一)Ⅳ-1 若尔盖-巴西金矿远景区

1. 地质背景

范围:远景区地处四川盆地西北缘和甘肃省交界,属若尔盖所辖,沿北西西向玛曲-荷叶断裂南侧展布。长约 85km,宽约 20km,呈北西带状展布,极值坐标范围为 E102°46′—103°37′,N33°28′—33°52′,总面积约 0.13 万 km^2。

构造:远景区处于扬子、印度、华北三板块会聚所形成独特的倒三角形构造域内、巴颜喀拉推覆造山带与南秦岭推覆造山带的复合部位。由于印支及其以后强大、剧烈的造山运动,使本区展现的构造面貌丰富、复杂。印支期以来,由于扬子板块向北往华北板块下俯冲、向西往羌塘-昌都陆块下俯冲,造就了规模宏伟的松潘-甘孜造山带和秦岭造山带,并随由北往南的滑脱-推覆造山作用,形成了南秦岭纬向推覆造山带叠置于巴颜喀拉推覆造山带之上的区域地质构造格局。本区因处于两者的复合部位,构造格架完全受其控制,并被玛曲-略阳断裂、荷叶断裂和岷江断裂分割成若干构造单元,各单元因所处构造部位、所受应力作用、边界条件等均不一致,其变形构造各具特色。在由北往南的推覆运动中,形成了一系

列大小不等、弧顶向南的弧形构造，如武都、文县弧形构造，南坪地区正处于两弧形构造带的西翼，受其影响玛曲-略阳断裂带和荷叶断裂带及所岩片内发育的主要断裂、褶皱均呈北西向线性展布。在降扎地区，构造线总体呈近东西向展布，玛曲-略阳断裂带在此转变为略向南突出的弧形。若尔盖中间地块作为造山带中的刚性地块，内部变形相对较弱，而周边地区的构造变形则十分强烈，并因地块边界的变化，其东部总体构造线呈北西向南北向转变，并主要由京格尔-班佑断裂、阿西-卡美断裂和木哈隆-东北断裂所反映。区内次级断裂构造特别发育，且构造形迹受边界断裂影响亦主要呈北西-南东向展布。主要断裂构造有阿西柯断裂及科隆断裂，横贯全区，构成的断裂带控制了区内主要的中酸性侵入岩及金矿床(点)的分布，为最主要的控矿构造。该断裂带以阿西柯断裂、科隆断裂为主，与次级断裂分支复合，宽6～8km，总体走向北西西-南东东，主断面总体倾向南—南西，倾角37°～52°。断裂具多期活动，显示出由韧性到脆性变形演化特征，即主期(第一期)变形以脆性为主，单条断裂一般见10～30m厚的破碎带，运动学特征具由南向北的剪切滑移特点；第二期变形为浅表层次脆性变形，破裂面追踪先期断层成生发育，运动方向及性质具继承性；第三期变形为右行走滑，断面具近水平擦痕并沿断裂带形成直立倾竖褶皱。另据采自断裂带的脉石英ESR测年值179ka表明，其在挽近期仍有活动。断裂带早期的韧性变形结果，形成了印支末期—燕山期中酸性岩浆侵位的通道，后期强烈的脆性改造、叠加，更提供了矿液运移、特别是贮集的空间。

地层：区内除第四系外，出露地层主要为中-上三叠统(西康群)以海槽型浊流复理石为特征的一套地层，由下而上有中三叠统扎尕山组、上三叠统杂谷脑组、侏倭组和新都桥组；扎尕山组(T_2zg)为该区含矿层位，其岩性为变质石英砂岩、变质钙质砂岩、粉砂岩、板岩与灰岩的多韵律互层，属浊积碎屑岩及浊积硫酸盐岩建造。按岩石组合特征，可将本组进一步划分为6个岩性段，其中一、三、五岩性段以砂岩、板岩的韵律互层夹少量灰岩为特征，二、四、六段以灰岩占优势，夹灰色中—薄层状变质钙质石英砂岩、粉砂岩。

岩浆岩：在区内集中分布于西部阿西和东部玛涅两处较小的范围内，主要为燕山期地壳重熔形成的中酸性源岩浆侵入岩，且多呈岩脉状、个别呈岩株形式产出。按花岗岩类谱系单位划分原则，有且让闪长岩单元和玛涅石英闪长岩单元。基本岩石类型为(蚀变)黑云闪长岩，个别为辉石角闪闪长岩、闪长玢岩、(蚀变)石英闪长岩。

区域重磁特征：1：100万布格重力异常图表明，本区处在负重力场梯度带上，东侧南坪一带为−300mGal，向西逐渐降低，到麦溪一带为−375mGal，梯度变化缓慢，又具东陡西缓之特点，布格重力异常特征线表现为东密西疏，近SN走向，且东西两侧局部有向NE或NW偏转之势。在漳腊和铁布附近，各有一规模较小、且封闭的重力低，其重力值分别为−350mGal和−375mGal，反映其深部为宽缓、完整的负向塑性构造地质体。在川主寺附近有一规模较小且封闭的重力高，其重力值为−340mGal，反映深部有一完整的高密度地质体。据1：50万航磁异常图，本区处在ΔT值接近0的±30nT的平静磁场区，磁异常等值线以NNE走向为主，东侧南坪—郭元一带，ΔT值为−40nT，向西逐渐增加，且梯度变化逐渐减小，到西部麦溪—京格尔一带，ΔT值为0nT。在京格尔、大水、邛莫、益哇所围成的近似三角形区，主要为0～30nT的低缓正磁异常，强烈的地壳运动、岩浆活动和变质作用，导致了该区磁异常的形成；在温泉-益哇断裂的北侧占洼一带，有0～40nT的负磁异常显示，且梯度相对较陡，与温泉-益哇断裂带上的正磁异常遥相呼应，由此可推断在温泉-益哇断裂带的深部，有向北倾斜的隐伏岩体存在。在阿西-求吉、罗依-葫芦沟、九寨沟等地段，出现有ΔT值由−20nT向内逐渐增加至接近0nT的闭合圈，推测为具弱磁性的中—酸性岩浆岩所引起。

通过阿西地区地面高精度磁测，本区共有6个磁异常集中区。这些磁异常都有共同的特点，即以椭圆状展布，异常中心明显，强度较低，梯度较缓，起伏变化不大，反映出隐伏岩体(脉)异常特征。从上延100m、200m、500m的磁异常分布特征也可以说明6个异常区的存在，并且可以从上延500m时，且让、架干山、格日3个异常清晰可见，推断其为深部岩体所引起，而且具有向深部变大的趋势；洼欠、团结、栋槽沟3个异常无踪迹可寻，说明为浅部脉岩所致，向深部逐渐变小而尖灭。

区域地球化学：Au 元素在远景区为贫乏型,反映本区金的分布极不均匀,在局部成矿带上有高浓度聚集,于成矿最有利部位形成了金矿(化)体；Sb、Mo、W 也为高度离散型,与金的分布特征类似,反映出与金存在某种相关关系,可能存在一定的局部富集,有成矿地球化学特征,也可作为该区域找金的指示元素。

金在本区各地层中的分布特征：区域平均含量为 1.2549×10^{-9},与地壳克拉克值 4.0×10^{-9} 相比,明显属贫乏型。在 D_2、D_1、S—D 地层中,Au 平均含量分别为 1.3623×10^{-9}、7.4151×10^{-9}、2.6695×10^{-9},与区域平均含量 1.2549×10^{-9} 相比显示出区域富集型特征,特别是 D_1 地层中,Au 的平均含量已远大于地壳克拉克值,居全区各地层之首,表明该地层中富集了丰富的含金物质；在 T_3、T_2、T_{1-2}、P、C 地层中,Au 的平均含量较低,小于全区平均含量,为区域贫乏型,特别是 T_{1-2} 地层中,Au 平均值仅 0.5855×10^{-9},为全区最低,表明在此地层中富集的含金物质极少。观察各地层中的含 Au 量,还可发现本区古生代地层中的金相对富集,三叠系中的金相对贫乏。各地层中 Au 的标准离差(S)、变化系数(Cv)均较其他元素高,表明本区 Au 的分布极不均匀,具有高度的离散性和局部聚集成矿特征,是找寻金矿的重要依据。

远景区 Au、Sb、Mo 具有良好的局部富集成矿条件,与金矿关系密切的 Au、As、Hg、Sb、Ag 等元素组合异常具有定向排列或呈群分布,远景区所在的阿西-天池异常带：处于荷叶大断裂南侧的次级构造带内,中酸性脉岩发育,地球化学沉积环境较好。西段巴西地区,主要为 Au、As、Sb 异常组合,呈稀疏间断性串珠状分布,阿西、马涅异常为 Au、As、Sb 组合异常,Au 的聚集极强,异常的矿致特征明显；东段天池地区,Au、As、Hg、Sb、Ag 异常均较发育,单元素异常呈断续串珠状分布,组合异常展布成连续长带状,表明该段具有极好的地球化学沉积环境,形成了地化元素高浓度聚集带,是找矿前景巨大的岩浆蚀变矿化带。沿该异常带已发现多处金矿床(点)。经 1∶20 万地球化学勘查,该异常带上共有 7 个主要异常集中区。根据 1∶5 万化探展布特征,开展了阿西、磨房沟、团结 3 个测区的 1∶1 万土壤化探测量。

区域矿产：区内金矿床、矿点均沿荷叶断裂南侧的主干断裂阿西柯断裂、科隆断裂展布,并主要集中于西段,有阿西矿床、团结矿床、磨房沟矿点、洼欠沟矿点等,构成一个矿化集中区；东段亦有甲吉矿点、喀嘎矿点分布。金矿化与断裂及岩浆活动关系密切,矿体主要产于侵入岩体与围岩的内、外接触带,赋矿围岩均为中—上三叠统浊积岩,矿床成因类型以岩浆及(期后)热液改造成因层控型金矿床为主。

2. 找矿方向

主攻矿种和主攻矿床类型：产于中—上三叠统浊积岩中岩浆及(期后)热液改造成因层控型或微细浸染型金矿。

找矿方向：本远景区面积偏小、矿化异常较为集中于阿西地区,故未再划分 V 级找矿远景区,直接圈定微细浸染型金矿找矿靶区 3 个(表 12-1),阿西、洼欠沟为 A 类靶区,磨房沟为 C 类靶区；其中阿西、洼欠沟找矿靶区具有大型找矿远景；磨房沟找矿靶区具中型找矿远景。

表 12-1 Ⅳ-1 若尔盖-巴西金矿远景区找矿靶区特征表

主攻矿种	主攻类型	典型矿床	找矿靶区	编号	面积(km²)	远景
金	微细浸染型	马脑壳金矿、邛莫金矿	A 阿西金矿找矿靶区	Au-A-1	5.5	金大型
			A 洼欠沟金矿找矿靶区	Au-A-2	4	金大型
			C 磨房沟金矿找矿靶区	Au-C-1	2.3	金中型

(二) IV-2 松潘金锰矿远景区

1. 地质背景

范围:远景区地处四川省松潘县,沿南北向岷江断裂呈近南北向条带状分布,南北最长处110km,东西最宽处38km,极值坐标范围为E103°18′—103°47′,N32°13′—33°15′,总面积约0.45万km²。

大地构造位置:属于Ⅱ西藏-三江造山系-Ⅱ₁巴颜喀拉地块-Ⅱ₁₋₁松潘前陆盆地-Ⅱ₁₋₁₋₂松潘边缘海盆地。位于可可西里-松潘前陆盆地松潘边缘海盆地与摩天岭古陆块的构造结合部位。远景区为以若尔盖古地块为基础演化而成印支造山带,在地块东缘地带构造形迹展布呈现为由西向东突出的弧形,南、北两侧构造线呈NW-SE展布。若尔盖构造亚带内可以划分为巴西-哲波前缘推覆构造带和红原伸展断陷带两个组成部分。巴西-哲波构造带是较特征的构造岩浆带,亦是重要的铜-金成矿带。金成矿表现出与断裂构造和中、酸性岩浆侵位关系密切的事实,已知有东北寨金矿、阿西铜-金矿和哲波山金矿等。在化探异常信息中,反映出该构造带有较好的找矿前景。

区内主要构造带有雪山东西向逆冲断裂带、小西天-达波俄南北向逆冲断裂带、岷江南北向对冲式推覆构造带。

地层分区:华南地层大区(Ⅱ)-巴颜喀拉地层区(Ⅱ₁)-玛多-马尔康地层分区(Ⅱ₁²)-金川地层小区。远景区跨居于巴颜喀拉地层区马尔康地层分区金川地层小区与南秦岭地层区摩天岭地层分区九寨沟地层小区之间。出露地层除第四系外,从石炭纪到三叠纪地层均有出露,但已知大、中、小型东北寨式岩金矿床、矿点和矿致Au元素化探异常的绝大多数均赋存或源出于上三叠统新都桥组黑色泥板岩系中。

松潘地区的中生代岩浆活动相对微弱,分布零散,但从基性—酸性侵入岩和喷出相皆有所发现。根据各类岩浆岩与地层、构造的时空分布关系及同位素测年成果,可以大致划分为中—晚三叠世变质火山熔岩-火山碎屑岩和早燕山期侵入岩两部分。

区域重磁特征:区域布格重力异常全为负值,总体表现为东高西低,场值变化的基本趋势是由川东南(-70×10^{-5}m/s²)向川西北(-500×10^{-5}m/s²)逐渐降低,平均每千米变化约0.35×10^{-5}m/s²;远景区属龙门山重力异常梯级带西侧之川西高原重力低异常区。远景区在航磁上位于松潘—金川—康定—木里一线以西,磁场以低值负异常为主,局部有低值正异常,多呈块状、带状、串珠状沿北西向、南北向展布,负异常强度低且平稳,反映地表及一定深度无强磁性体存在的可能。

区域地球化学:远景区内1:20万水系沉积物测量所获Au、As、Sb、Hg单元素异常特征:Hg元素含量介于$(11.2\sim9680)\times10^{-9}$之间,平均为$85\times10^{-9}$,剔除特异值后背景平均值为$29.87\times10^{-9}$,低于全国水系沉积物背景平均值$50\times10^{-9}$,同时低于四川省水系沉积物中Hg的背景平均值$36.11\times10^{-9}$,全域标准离差为399,变异系数达4.69,表现为极不均匀分布,有显著的集中富集趋势。地球化学图显示在预测区内Hg的分布为北高南低、东高西低。以垮石崖—元坝子—黄龙乡一线为界,北部Hg含量显著高于南部;As元素含量介于$(2.6\sim895)\times10^{-6}$之间,平均为$25.94\times10^{-6}$,剔除特异值后背景平均值为$25.26\times10^{-6}$,是全国水系沉积物中As背景平均值$(12\times10^{-6})$的2倍多,约为四川省水系沉积物中As的背景平均值$9.59\times10^{-9}$的2.5倍,全域标准离差为294,变异系数达2.64,表现为极不均匀分布,有显著的集中富集趋势,局部异常发育。高背景或正异常主要分布在预测工作区的中部和南部;Sb元素含量介于$(0.07\sim93)\times10^{-6}$之间,平均为$1.15\times10^{-6}$,剔除特异值后背景平均值为$0.74\times10^{-6}$,低于全国水系沉积物中Sb的背景平均值$0.96\times10^{-6}$,与四川省水系沉积物中Sb的背景平均值$0.74\times10^{-6}$相当,全域标准离差为325.81,变异系数达5.57,表现为极不均匀分布,有显著的集中富集趋势。地球化学图显示在预测区内Sb的高背景或正异常呈环形分布;Au元素含量介于$(0.22\sim498.45)\times10^{-9}$之间,平均为$4.27\times10^{-9}$,剔除特异值后背景平均值为$1.46\times10^{-9}$,略低于全国水系沉积物中Au的背景平均值$1.8\times10^{-9}$,同时低于四川省水系沉积物中Au的背景平均值$1.62\times10^{-9}$,全域标准离差为17.53,变异系数达4.11,表现为极不均匀分布,有显著的集中富集趋势。地球化学图显示在预测区内 Au 的高背景或正异常呈环形分布,与 Sb 吻合的挺好。

远景区内以 Au 为主元素的综合异常可分为奥季-郎盖、若尔沟、筛嘎沟等异常区,通过综合分析认为,奥季以南为成矿远景区,有进一步工作的价值,尚须加大投入。而奥季以北地区可进一步探索;若尔沟异常区通过 1∶5 万分散流测量证实了异常确实存在并确定出泥巴夹夹沟及东龙沟两个浓集中心,通过路线踏勘发现了一些矿化线索,初步认为异常是由矿化所引起的;筛嘎沟等异常区已达到矿点规模。

2. 找矿方向

主攻矿种和主攻矿床类型:产于上三叠统新都桥组黑色含碳质板岩建造中东北寨式似层状脉状微细浸染型金矿、产于下三叠统菠茨沟组碳酸盐岩夹碎屑岩中虎牙式沉积(变质)型铁锰矿。

找矿方向:远景区从北至南共划分为 3 个 V 级找矿远景区(表 12-2)。

表 12-2 Ⅳ-2 松潘金锰矿远景区找矿靶区特征表

主攻矿种	主攻类型	典型矿床	V 级找矿远景区	面积 (km²)	找矿靶区	编号	面积 (km²)	远景
金、锰	微细浸染型、沉积型	东北寨金矿、虎牙式锰矿	V1 箭安塘-葫芦沟锰矿找矿远景区	90	C 箭安塘锰矿找矿靶区	Mn-C-1	0.98	锰小型
					C 葫芦沟锰矿找矿靶区	Mn-C-2	1.91	锰中型
			V2 东北寨金矿找矿远景区	298	A 松潘金矿找矿靶区	Au-A-3	0.07	金大型
					A 桥桥上金矿找矿靶区	Au-A-4	1	金中型
					B 盐水沟金矿找矿靶区	Au-B-1	1.5	金中型
			V3 郎盖-石不烂金矿找矿远景区	404	B 郎盖金矿找矿靶区	Au-B-2	3.4	金中型

V1 箭安塘-葫芦沟锰矿找矿远景区面积 90km²,圈定虎牙式沉积变质型锰矿找矿靶区 2 个,均为 C 类靶区,葫芦沟找矿靶区具中型找矿远景,箭安塘找矿靶区具小型找矿远景。

V2 东北寨金矿找矿远景区面积 298km²,共圈定金找矿靶区 3 个,其中 A 类靶区 2 个,B 类靶区 1 个,松潘金矿找矿靶区具大型找矿远景,桥桥上、盐水沟找矿靶区具中型找矿远景。

V3 郎盖-石不烂金矿找矿远景区面积 404km²,圈定具中型找矿潜力之 B 类金矿找矿靶区 1 个:郎盖金矿找矿靶区。

(三)Ⅳ-3 壤塘-红原金矿远景区

1. 地质背景

范围:远景区沿四川省壤塘县城-马尔康县城-理县城一线以北呈北西-南东向展布,构造上为北西向壤塘-马尔康断裂变形构造带。远景区长约 250km,宽约 40km。极值坐标范围为 E100°35′—103°14′,N31°21′—32°51′,总面积约 1 万 km²。

大地构造位置:属西藏-三江造山系(Ⅱ)-巴颜喀拉地块(Ⅱ₁)-松潘前陆盆地(Ⅱ₁₋₁)-松潘边缘海盆地(Ⅱ₁₋₁₋₂);远景区是以马尔康地块为基础演化而成的印支造山带。范围涉及黑水断裂以南、鲜水河断裂北东和青川-茂县断裂以西区域。马尔康地区在构造形迹展布上呈现为往南凸出的弧形构造,现称作为马尔康弧形构造,属于金汤弧形构造的内弧。弧的西翼构造形迹呈 NW 向,东翼呈北东向展布。按褶皱形迹有序性可分成丹巴复背斜、壤塘复向斜及沙坝复背斜 3 个组成部分。断裂构造比较发育,控制性断裂有杜柯-松岗断裂带、鲜水河-安宁河断裂带。这些断裂对地层的区域展布、岩浆活动、新生代断陷盆地展布及成矿均有不同程度的控制作用。

地层分区：华南地层大区（Ⅱ）-巴颜喀拉地层区（Ⅱ₁）-玛多-马尔康地层分区（Ⅱ₁²）。区域广泛出露中—上三叠统岩性较单一的冒地槽型复理石建造砂板岩，以互层为主，偶见少许灰岩。砂板岩大多具浊流沉积的特征，部分显示等深沉积岩的特征。区内出露三叠纪地层大面积出露，中二叠统雷口坡组黄灰色中厚层白云岩，夹灰岩、膏盐、盐溶角砾岩；上三叠统侏倭组深灰色薄—厚层变质长石石英砂岩、含砾砂岩，与碳质板岩互层；上三叠统新都桥组灰黑色碳质绢云板岩、千枚岩、粉砂质板岩，夹变砂岩；扎尕山组、杂谷脑组变砂岩、板岩，夹灰岩。其中新都桥组黑色岩系与金矿（或金异常）的关系密切，它既是金矿的主要赋矿层之一，也是金矿的主要矿源层之一。

区内印支期岩浆活动以大规模的中性岩侵入为主，主要在马尔康、黑水一带出露；燕山期的中—酸性岩浆侵入活动强烈。根据岩体间的穿插关系，将燕山期岩浆岩划分为早、晚两期。工作区（南木达一带）侵入的岩浆岩为燕山早期侵入岩，主要侵入于南木达褶断带，与三叠系西康群呈侵入接触，围岩蚀变明显。自西向东有孔纳岩体、巴亚措岩体、措阿尔玛岩体。

区域重磁特征：区域地球重力场主要反映地壳中地质构造和地球内部物质分布特征。沿龙门山布格异常值变化梯度大，在理县—都江堰一带，梯度值每千米 2.7×10^{-5} m/s²；向龙门山南北两边有撒开的趋势，川西异常等值线扭向明显；测区内重力场以松潘—黑水—小金为界、东侧至北川-映秀断裂带之间为等值线急剧下降区，变化梯度每千米 $(1.88 \sim 2.5) \times 10^{-5}$ m/s²，其两侧为等值线宽缓区，梯度值每千米 $(0.38 \sim 0.71) \times 10^{-5}$ m/s²。

在龙门山和鲜水河断裂两断裂以北的广泛区域内，除金川花岗岩体显正异常外，其余地区均为南北向的平缓负异常区。上述磁异常长轴走向除与龙门山地表构造走向基本平行一致外，其西侧磁异常轴向呈南东或近东西走向，皆与地表构造走向斜交。

在壤塘所在地区，据 1∶50 万航磁异常图资料，整个壤塘地区均为低缓磁异常区，磁场强度均在 $0 \sim 20$ nT 之间，只在壤塘南西地带有零星的 10 nT 短轴状正磁异常，面积多在 $25 \sim 100$ km² 左右，壤塘北东侧无明显磁异常出现。现有航磁异常可能反映了地壳一定深度的磁场信息。但不能对地表构造和（中酸性）岩浆岩分布提供判别信息。该区出现的低缓磁异常可能是厚度巨大的区域变质岩大面积分布所致。

区域地球化学：1∶20 万区域化探扫面成果表明，测区内以 Au、As、Sb 为主的元素异常成片成带分布，在壤塘成矿带自西向东可划为 3 个异常集中区：龙尔甲-浪布-年木里异常区、红原县刷经寺-壤口异常区和黑水县班木加异常区。其中以红原县刷经寺-壤口异常区内的新康猫异常规模宏大，强度高，异常套合好，元素组合主要为 Au、As、Sb、Hg、W、Sn、Bi、B 等；其中 Au、As、Sb 为高背景强富集区。2000 年对异常主体部分进行踏勘性检查，发现 2 个矿（化）露头，品位 $(1 \sim 7) \times 10^{-6}$。被作为进一步工作的重点普查区域。划分为新康猫-刷经寺金、锑Ⅰ级找矿远景区。异常组合中伴有 W、Bi、B、Be、Cu、Pb、Zn、Mo 等元素异常，一方面指示了本区存在明显的不同期次不同阶段的热液成矿作用，另一方面表明测区金矿化可能与岩浆活动有一定成因上的联系。

金木达金矿所在区 1∶20 万水系沉积物中 Au 含量为 $(1 \sim 49.86) \times 10^{-9}$，As、Sb、Hg 异常显著，具有三级浓度分带，异常展布与区域构造线的方向一致，Au、As、Sb、Hg 等元素异常清晰，浓集分带明显。尤其是 Au、As、Sb、Hg 四项指标异常空间套合较好，浓集中心基本重合。金矿位于异常的浓集中心带。单元素金的异常浓集中心有 14 处，其中大型矿床金木达正好位于浓集中心。

区域矿产：区域上金矿床主要分布于阿坝地块东缘，产于中—上三叠统浊积岩中，已知有许多金矿床、矿点和矿化点，如大水、阳山、东北寨、马脑壳、银厂、哲波山、桥桥上、巴西、郎盖、龙滴水、水神沟、结克、多隆塘、金木达金矿等。又可分为与蚀变构造带有关的微细浸染型金矿床和与中酸性侵入岩有关的微细浸染型金矿床两类，与蚀变构造带有关的微细浸染型金矿床，较为典型的为松潘东北寨金矿、九寨沟马脑壳金矿、平武银厂金矿；与中酸性侵入岩有关的微细浸染型金矿床，较为典型的为玛曲大水金矿和壤塘金木达金矿。

2. 找矿方向

主攻矿种和主攻矿床类型：产于上三叠统新都桥组黑色岩系中金木达式似层状脉状微细浸染型金矿。

找矿方向：在远景区北西段及南东段划分Ⅴ级找矿远景区2个（表12-3）。

北西段之V4壤塘金矿找矿远景区，面积1916km²，进一步圈定金矿找矿靶区4个，其中A级靶区1个，B级靶区2个，C级靶区1个，金木达、南木达金矿找矿靶区具中型找矿远景，如伊沟、安纳尔措金矿找矿靶区具小型找矿远景。

南东段之V5红原金矿找矿远景区，面积84km²，进一步圈定A类金矿找矿靶区1个：刷经寺（新康猫）金矿找矿靶区具大型找矿远景。

表12-3 Ⅳ-3壤塘-红原金矿远景区找矿靶区特征表

主攻矿种	主攻类型	典型矿床	Ⅴ级找矿远景区	面积(km²)	找矿靶区	编号	面积(km²)	远景
金	微细浸染型	金木达金矿、新猫康金矿	V4壤塘金矿找矿远景区	1916	A 金木达金矿找矿靶区	Au-A-5	0.1	金中型
					B 如伊沟金矿找矿靶区	Au-B-3	1.7	金小型
					B 南木达金矿找矿靶区	Au-B-4	2.2	金中型
					C 安纳尔措金矿找矿靶区	Au-C-2	5.7	金小型
			V5红原金矿找矿远景区	84	A 刷经寺（新康猫）金矿找矿靶区	Au-A-6	52.25	金大型

（四）Ⅳ-4 平武-黑水锰金矿远景区

1. 地质背景

范围：远景区处于四川省松潘县、平武县、黑水县，构造上为阿坝地块东缘、摩天岭古陆块南部，夹持于南北向小西天漳腊断裂东侧、东西向雪山断裂南侧、弧形虎牙断裂西侧与龙门山断裂带北西侧之间，呈向东、南弧形突出展布。远景区弧长约180km，宽约25～45km。极值坐标范围为E102°49′—104°17′，N31°51′—32°46′，总面积约0.42万km²。

大地构造位置：属西藏-三江造山系（Ⅱ）-巴颜喀拉地块（Ⅱ₁）-松潘前陆盆地（Ⅱ_{1-1}）-松潘边缘海盆地（Ⅱ_{1-1-2}）；是巴颜喀拉地块的主体，由巨厚的三叠系复理石组成。本区具变质基底和沉积盖层二元结构，基底由震旦系和下古生界岩系构成，盖层为各种形态的褶皱，以带状、斜列式、弧形等组合形式出现。区域褶皱构造带属松潘-金汤-甘孜弧形构造，区域构造多属印支运动发展起来的线型-紧密褶皱，远景区位于较场-石大关-摩天岭弧形构造带。区域构造可划分为7组：摩天岭东西向构造，较场-石大关弧形构造，知木林弧形构造，热务沟旋卷构造，龙门山北东向多字型构造，九顶山华夏系构造，薛城-卧龙"S"型构造。

地层分区：华南地层大区（Ⅱ）-巴颜喀拉地层区（Ⅱ₁）-玛多-马尔康地层分区（Ⅱ₁²）-金川小区。本区地壳总厚度为46～55km。出露地层有上古生界泥盆系危关组（Dw）、石炭系西沟组（Cx）、二叠系三道桥组（Ps）、二叠系—三叠系菠茨沟组（PTb）；中生界三叠系扎尕山组（Tzg）、杂谷脑组（T₂z）、侏倭组（Tzw）及新都桥组（Txd）。赋矿地层为三叠系菠茨沟组（上段）碳酸盐岩夹碎屑岩，在东部虎牙一带两分性明显，可分为上、下两段，下段以碳酸盐岩为主夹少量碎屑岩；上段则以碎屑岩夹碳酸盐岩为主。

区域重磁特征：1:50万布格重力异常中，东部为北东向重力梯级带。西南部为局部重力低，西北部为北西向重力梯级带。剩余重力异常:东部北东向条带状正异常带推断与老地层相关,其余地区局部正异常与中酸性岩相关,局部负异常与酸性岩相关;根据1:20万~1:50万航磁资料,航磁ΔT以负异常为主,其中南东地区为北东向磁异常梯级带,其余地区为平缓弱负异常区。航磁化极垂向一阶导数西部地区正异常为南北向条带状分布,中部为椭圆状局部正异常区,东部负异常区走向北东,条带状分布。推断局部正异常区与中酸性岩相关,局部负异常与酸性岩相关。

川西高原航磁资料表明,穿过黑水县东西境界的86km路段,出现一条走向北西西,相对升高的磁异常,宽3~5km。磁性体最小埋藏深度2.5km。这个磁异常带,西起刷金寺,东至石碉楼,磁化强度具有西高东低的倾斜磁化特点,磁化方向北西,表现为梯度陡,宽度窄,延伸长,有区域线性延展之势。推测此异常带,很可能为一条近东西向的隐伏断裂及所伴随的隐伏侵入岩体引起。它们是南北不同磁性的天然分界线,其南区为磁力正负变化异常块体,北区为磁力变化平稳的正磁场块体。

区域地球化学:本区地球属川西高原地球化学分区之黑水-理塘地球化学子分区,Al、As、B、Be、Bi、W等指标呈高背景和正异常,Cd、Hg等指标呈显著负异常。Mn异常分布在本区黑水一带,与已知矿点套合好。

区域矿产:区内已知矿种有铁、锰、铜、铅锌、白钨矿、辉钼矿、汞、砷、金、黄铁矿、重晶石、脉石英、石棉、煤及石灰石15种。已知矿床、矿点、矿化点58处,其中矿床13处。含锰地层(菠茨沟组)由西南至东北蜿蜒延伸180km,宽60km。目前已评价的大型锰矿2处(黑水下口锰矿及平武大坪锰矿),还有多处铁锰矿(化)点(如瓦布梁子、卡尔寺、西沟、火烧桥等)。

2. 找矿方向

主攻矿种和主攻矿床类型:产于下三叠统菠茨沟组碳酸盐岩夹碎屑岩中虎牙式沉积(变质)型铁锰矿。

找矿方向:在远景区北东段及南西段划分V级找矿远景区2个(表12-4)。

表12-4 Ⅳ-4平武-黑水锰金矿远景区找矿靶区特征表

主攻矿种	主攻类型	典型矿床	V级找矿远景区	面积(km²)	找矿靶区	编号	面积(km²)	远景
锰	沉积改造型	虎牙锰矿	V6虎牙锰矿找矿远景区	1452	A四望堡-西沟锰矿找矿靶区	Mn-A-5	7.21	大型
					A磨河坝锰矿找矿靶区	Mn-A-6	4.60	大型
					A老队部-火烧桥锰矿找矿靶区	Mn-A-7	4.02	大型
					A大坪锰矿找矿靶区	Mn-A-8	3.82	大型
					B大草地锰矿找矿靶区	Mn-B-2	5.97	大型
					B三尖石锰矿找矿靶区	Mn-B-3	6.59	大型
					C二宝山-三道坪锰矿找矿靶区	Mn-C-5	2.62	中型
					C黄龙寺锰矿找矿靶区	Mn-C-6	3.28	中型
			V7瓦布梁子锰矿找矿远景区	532	A三支沟-四美沟锰矿找矿靶区	Mn-A-1	2.10	中型
					A下口锰矿找矿靶区	Mn-A-2	3.44	大型
					A徐古锰矿找矿靶区	Mn-A-3	0.84	中型
					A瓦布梁子锰矿找矿靶区	Mn-A-4	1.61	中型
					C徐古北锰矿找矿靶区	Mn-C-3	0.71	中型
					C姑俄夸锰矿找矿靶区	Mn-C-4	1.95	中型

北东段之V6虎牙锰矿找矿远景区,面积1452km²,进一步圈定锰矿找矿靶区8个,其中A级靶区4个,B级靶区2个,C级靶区2个,四望堡-西沟、磨河坝、老队部-火烧桥、大坪、大草地、三尖石锰矿找矿靶区具大型找矿远景,二宝山-三道坪、黄龙寺锰矿找矿靶区具中型找矿远景;南西段之V7瓦布梁子锰矿找矿远景区,面积532km²,进一步圈定锰矿找矿靶区6个,其中A级靶区4个、C级靶区2个,除下口靶区具大型远景外,其余5个找矿靶区具中型找矿潜力。

(五) Ⅳ-5 丹巴-康定铂镍铜金银铅锌矿远景区

1. 地质背景

范围:远景区位于四川省丹巴县、道孚县、康定县之间三角地带,沿北西向鲜水河-折多山构造带呈梨形展布,北西长约100km,宽约30~50km,极值坐标范围为E101°15′—101°57′,N30°07′—30°57′,总面积约0.35万km²。

大地构造位置:属西藏-三江造山系(Ⅱ)-巴颜喀拉地块(Ⅱ$_1$)-松潘前陆盆地(Ⅱ$_{1-1}$)-松潘边缘海盆地(Ⅱ$_{1-1-2}$);本区位于金汤弧形构造带,康滇地轴北缘,鲜水河-折多山褶皱带东缘,龙门山褶皱带西缘等多个构造单元聚合部位,组成形似"Y"字形构造带。鲜水河-折多山褶断带作北北西向纵贯全区,岩浆活动强烈,断烈密集。北北西向构造带内这种复杂的地质背景,相应地形成了多样的成矿作用类型。在鲜水河-折多山褶断带的东部,燕山晚期的折多山岩体沿断裂带侵入,构成了一个北北西向的燕山晚期酸性侵入岩体(带),大雪山-农戈山褶断带内分布着以中三叠统碎屑岩为主的沉积建造,北北西向断裂发育,该带内生成了受断裂破碎带控制的中低温热液充填型银铅锌多金属矿。就区域构造而言,远景区位于牦牛-卡子向斜西翼,地层多作北西—北北西走向,倾向北东—北东东,基本属单斜构造。主要褶皱构造有农戈山背斜、热桑山向斜。

地层分区:华南地层大区(Ⅱ)-巴颜喀拉地层区(Ⅱ$_1$)-喀拉塔格地层分区(Ⅱ$_{11}$)和玛多-马尔康地层分区(Ⅱ$_{12}$)。出露地层以三叠系分布最为广泛,少量泥盆系:中三叠统杂谷脑组(T_2z)、上三叠统如年各组(T_3r)、第四系(Q)等。中三叠统杂谷脑组(T_2z)接近岩体者多受热力变质作用而成为石英角岩。局部地段并有铅、锌矿化,东矿带即产于其中;上三叠统如年各组(T_3r)主要由千枚状碳质石英粉砂岩,夹少量千枚状钙质石英粉砂岩组成;第四系(Q)区内广泛分布。

岩浆岩:折多山黑云母花岗岩是区内的主要岩浆岩,也是贡嘎山黑云母花岗岩的北延部分。岩体呈北北西向沿鲜水河与磨西两条断裂带展布,南北长120km,宽7~16km。以康定为界,其北岩体侵入中三叠统砂板岩层中;南部东侧与古生代呈断层接触。岩体岩性单一,岩相分带清楚。边缘相及过渡相主体为粗粒(不等粒状)似斑状黑云母花岗岩;中心相为中粒(等粒状)黑云母花岗岩。

折多山花岗岩体内出现的规模巨大的糜棱岩及碎裂岩带,均是成岩后鲜水河断裂带后期构造活动的产物,与成矿作用有密切关系。

区内围绕印支期和燕山期岩浆岩形成了以钨、锡、银、金、铅、锌、铀、钍等的矿化带,其中酸性侵入岩与矿产关系最为密切,如燕山晚期较大的折多山花岗岩体与区内钨锡矿和部分重要的银铅锌矿的形成紧紧相连,它在空间分布上受北西向鲜水河断裂带及北北西向磨西断裂带控制,岩体内形成了多条规模巨大的糜棱岩及碎裂岩带,为成岩后鲜水河断裂带后期构造活动的产物,为后期成矿提供了良好的矿液通道和容矿空间。

区域航磁:从1∶100万航磁化极异常资料显示,本区的化极航磁异常特征显示清楚,异常以串珠状、椭圆状和不规则状,呈北西和近南北向展布,与区域构造线方向一致。折多山-鲜水河断裂构造带则为大范围负异常区。在区域上反映出航磁化极下延异常与大地构造单元十分吻合。本区已知的铅锌银矿产地均处在异常区内及其正负异常过渡带上,农戈山铅锌银矿床位于异常的西缘。

区域化探:根据1∶20万化探资料,区内Cu、Pb、Zn、Au、Ag等异常主要集中分布于矿产密集聚居地区,并成群成带,反映了异常与构造岩浆带或矿体间的内在联系,矿致异常多数为分带明显的复合异常,多与物探异常吻合较好。农戈山铅锌矿区通过土壤测量,获得以Pb、Zn为主的综合异常6处,面积一般为0.25～7.5km²。Pb、Zn、Ag、Cu异常具明显的共生组合关系,分带明显。Ag、Cu主体异常位于Pb、Zn异常浓集中心(内带)。异常形态以北西-南东向带状展布为主,部分为椭圆状和串珠状异常。其中Ⅰ、Ⅱ号异常与已知矿体吻合较好,其余4个异常找矿潜力亦较大。

2. 找矿方向

主攻矿种和主攻矿床类型:以中三叠统杂谷脑组绢云石英片岩为围岩与燕山-喜马拉雅期花岗岩有关的农戈山式岩浆热液充填型铅锌矿、产于晚古生代碳酸盐建造中层控热液型铅锌矿。

找矿方向:在远景区北东部折多山花岗岩体外围泥盆系—二叠系碳酸盐岩分布区圈定Ⅴ级找矿远景区1个——Ⅴ8烂寨子-大荒坡铅锌找矿远景区,面积232km²,已发现碳酸盐建造中层控热液型铅锌矿点2个;围绕折多山花岗岩体段圈定Ⅴ级找矿远景区1个——Ⅴ9农戈山铅锌找矿远景区,面积1506km²,进一步圈定了3个找矿靶区,其中大炮南山-塔子沟和农戈山及外围为A类靶区,金龙寺东面为C类靶区,3个靶区均具有大型铅锌找矿远景(表12-5)。

表12-5 Ⅳ-5丹巴-康定铂镍铜金银铅锌矿远景区找矿靶区特征表

主攻矿种	主攻类型	典型矿床	Ⅴ级找矿远景区	面积(km²)	找矿靶区	编号	面积(km²)	远景
铂镍铜金银铅锌	岩浆型、构造蚀变岩型	杨柳坪铂铜矿、农戈山铅锌矿	Ⅴ8烂寨子-大荒坡铅锌找矿远景区	232				
			Ⅴ9农戈山铅锌找矿远景区	1506	A 大炮南山-塔子沟铅锌多金属找矿靶区	PbZn-A-1	307	铅锌大型
					A 农戈山及外围铜铅锌多金属找矿靶区	PbZn-A-2	361	铅锌大型
					C 金龙寺东面铅锌多金属找矿靶区	PbZn-C-1	310	铅锌大型

农戈山矿区东矿带尽管矿体规模小、矿化较差,但它的发现,扩大了矿床远景,同时指出该地区新的找矿方向。今后在该区进一步普查找矿和勘查,应着重花岗岩体内的蚀变矿化破碎带及其外接触带的"角岩层"中寻找同类型矿床或隐伏矿体。

(六)Ⅳ-6九寨沟-南坪金锰矿远景区

1. 地质背景

范围:远景区地处四川盆地北缘南坪县、九寨沟县、平武县。呈北西向带状分布,构造上夹持于北西向迭山断裂与玛曲-略阳区域性断裂之间。北西长约100km,宽约40～50km。极值坐标范围为E103°30′—104°26′,N32°55′—33°43′,总面积约0.36万km²。

大地构造位置:属西藏-三江造山系(Ⅱ)-巴颜喀拉地块(Ⅱ₁)-松潘前陆盆地(Ⅱ₁₋₁)-摩天岭古地块(Ⅱ₁₋₁₋₃);处于扬子、印度、华北三板块会聚所形成的独特的倒三角形构造域内、巴颜喀拉推覆造山带与南秦岭推覆造山带的复合部位。由于所处大地构造位置的特殊性,以及印支及其以后强大、剧烈的造山运动,使本区现今展现的构造面貌丰富、复杂,以深、大断裂为界,将本区划分为若干构造单元。印支期以来,由于扬子板块向北往华北板块下俯冲、向西往羌塘-昌都陆块下俯冲,造就了规模宏伟的松潘-甘孜造山带和秦岭造山带，并随由北往南的滑脱-推覆造山作用，形成了南秦岭纬向推覆造山带叠置于巴颜喀拉推覆造山带之上的区域地质构造格局。本区因处于两者的复合部位，构造格架完全受其控制，并被玛曲-略阳断裂、荷叶断裂和岷江断裂分割成若干构造单元，各单元因所处构造部位、所受应力作用、边界条件等均不一致，其变形构造各具特色。在由北往南的推覆运动中，形成了一系列大小不等、弧顶向南的弧形构造，如武都、文县弧形构造，南坪地区正处于两弧形构造带的西翼，受其影响，玛曲-略阳断裂带和荷叶断裂带及所挟岩片内发育的主要断裂、褶皱均呈北西向线性展布。在降扎地区，构造线总体呈近东西向展布，玛曲-略阳断裂带在此转变为略向南突出的弧形。若尔盖中间地块作为造山带中的刚性地块，内部变形相对较弱，而周边地区的构造变形则十分强烈，并因地块边界的变化，其东部总体构造线呈北西向南北向转变，并主要由京格尔-班佑断裂、阿西-卡美断裂和木哈隆-东北断裂所反映。

地层分区：华南地层大区（Ⅱ）-巴颜喀拉地层区（Ⅱ$_1$）-喀拉塔格地层分区（Ⅱ$_{11}$）和玛多-马尔康地层分区（Ⅱ$_{12}$）。区域出露地层有中新元古界碧口群、古生界泥盆系、石炭系、二叠系，中生界三叠系。碧口群为一套中基性火山岩变质而成的富钠绿泥绿帘石千枚岩、片岩、变砂岩组成的细碧角斑岩建造；泥盆系为一套富含有机质的碎屑岩建造；石炭系及二叠系为相对较稳定的碳酸盐建造；三叠系有菠茨沟组、扎尕山组、杂谷脑组和侏倭组，以碎屑岩为主。扎尕山组为重要赋矿层位。扎尕山组由砂板岩建造夹碳酸盐建造组成。

本区印支期的南一里花岗岩岩体出露，展布面积约110km^2。该岩体分布于王坝楚至南一里一带，侵位于碧口群地层中，为印支晚期—燕山早期的产物，主要为黑云母花岗岩、二长花岗岩。紫柏杉岩株出露于紫柏杉背斜核部，为燕山早期的产物，由4个小岩株组成。岩体出露面积小于1km^2，侵位于中三叠统杂谷脑组地层中，主要为花岗岩。红石坝花岗岩株分布于雪宝顶背斜轴部，为燕山早期岩株，呈不规则椭圆状，面积小于1km^2，岩性为二云母花岗岩。区内有大量岩脉出露，沿雪山断裂两侧燕山期岩脉分布较广，在南北走向断裂中大多呈不规则"S"状分布于主裂面上盘附近。在西部以花岗闪长岩多见，东部胡家沟一带以花岗岩为主，闪长玢岩为次。岩性以酸性为主，除少量分布于二叠系外，绝大多数产出于泥盆系和碧口群中，呈脉状出现，大多数顺层侵入，仅少量与地层走向相交，与围岩成明显的侵入接触关系。

区域重磁特征：本区处在1∶100万布格负重力场梯度带上，东侧南坪一带为-300mGal，向西逐渐降低，到麦溪一带为-375mGal，梯度变化缓慢，又具东陡西缓之特点，布格重力异常特征线表现为东密西疏，近SN走向，且东西两侧局部有向NE或NW偏转之势。在漳腊和铁布附近，各有一规模较小、且封闭的重力低，其重力值分别为-350mGal和-375mGal，在川主寺附近有一规模较小且封闭的重力高，其重力值为-340mGal。

区域地球化学：本区1∶20万区域化探水系沉积物测量成果显示，Au、As、Sb、Hg等元素异常清晰，浓集分带明显。尤其是Au、As、Sb、Hg四项指标异常空间套合较好，浓集中心基本重合。本区元素组合特征表现为微细浸染型金矿的典型特征，通过对区域主要矿床的研究，其成矿元素组合特征是Au、As、Sb、Hg、S为显著正相关，并且与矿石中雄黄-黄铁矿-毒砂-辉锑矿矿物组合相吻合，是本区微细浸染型金矿的典型特征元素组合，对金矿有着直接的指示意义；Ag、Pb、Zn、Cu、Mo与Au的关系比较复杂，具弱的正相关或不相关；Sn、Co、Cr、Ni与Au的关系表现为不相关；Ba与Au的关系表现为负相关，但结合某些矿床上部往往有重晶石出现并伴有低值Au异常的情况分析，可将其视为矿上指示元素；从异常—矿化带—矿体，低温元素组合具清晰规律：异常场一般由Au、As、Sb、Hg组成，有时还有Ag、Zn、Cu、Mo、Ba等。矿化带Au、As套合好，有时参有Sb、Hg；本异常以Au为主，其他低温元素可与Au同步或不同步；从异常场—矿体，元素组合由复杂到简单。

经冶金西南地勘局605队1∶5万～1∶10万水系沉积物扫面，平武—松潘—南坪地区共获得百余个分散流异常，异常主要沿区域性断裂带集中成群分布，具体表现为北部沿松柏-梨坪-阳山断裂带，西部沿岷江断裂带，南部沿虎牙断裂带，中部沿雪山-白马断裂带分布。

本区地化元素异常，具有定向排列或呈群分布，按其分布规律，可划分为4个区带：阿西-天池异常带、唐迪克盖-联合村异常带、马脑壳异常带和八屯-幸福村异常带等。

区域矿产：区域金属矿产包括铁、锰、金、砷、汞、锑、钨等。区域上已知的金矿多沿大的断裂带成群分布。本区热液矿床具较好的成型体系，矿产的分布受物源、构造、围岩及热动力条件的影响，其分布具有一定的分带性，全区热液矿产以岩体为中心向外具有环带状分布特征。中心矿产为锡、钨矿，向外变为中、低温热液型铜矿，再外为低温微细粒浸染型及细脉型金、砷、汞矿。高温成矿元素和热液矿产主要分布于南一里-黄草坪、红石坝-紫柏杉两处岩体内环带，主要有钨、锡等。低温成矿元素和热液矿产主要分布在岩体的外环带，主要为金、砷、锑、汞。据不完全统计：锑矿点3处，汞矿点10处，金砷复合矿床2处，成型金矿床3处。

2. 找矿方向

主攻矿种和主攻矿床类型：产于上三叠统杂谷脑组砂板岩复理石建造中马脑壳式似层状脉状微细浸染型金矿、产于中泥盆统三河口组和中石炭统浅变质碎屑岩中与印支期浅成酸性岩浆岩有关的构造-岩浆-热液蚀变交代型层控金矿床（天池、联合村）。

找矿方向：依据区内地质背景和成矿特征及矿床、矿点、金异常分布规律，自北而南划分为4个找矿远景区（表12-6）：Ⅴ10两河口-马脑壳-青山梁金矿找矿远景区、Ⅴ11水神沟-幸福村-联合村金矿找矿远景区、Ⅴ12二道桥-罗依锰金矿找矿远景区、Ⅴ13天池金矿找矿远景区。

Ⅴ10两河口-马脑壳-青山梁金矿找矿远景区：面积173km²，圈定具大型找矿潜力的A类找矿靶区1个：马脑壳金矿找矿靶区；Ⅴ11水神沟-幸福村-联合村金矿找矿远景区：面积448km²，圈定金矿找矿靶区5个，其中B类3个、C类2个，青龙沟金矿找矿靶区具大型远景，水神沟金矿找矿靶区具中型潜力，其他靶区有小型远景；Ⅴ12二道桥-罗依锰金矿找矿远景区：面积366km²，圈定具小型远景的C类金矿靶区1个：二道桥金矿找矿靶区；圈定具中型远景的B类沉积型虎牙式锰矿靶区1个：隆康锰矿找矿靶区；Ⅴ13天池金矿找矿远景区：面积154km²，圈定具大型远景的A类金矿靶区1个：天池金矿找矿靶区。

表12-6　Ⅳ-6九寨沟-南坪金锰矿远景区找矿靶区特征表

主攻矿种	主攻类型	典型矿床	Ⅴ级找矿远景区	面积（km²）	找矿靶区	编号	面积（km²）	远景
金、锰	微细浸染型金矿、沉积型锰矿	结克金矿、漳腊金矿、东北寨金矿	Ⅴ10两河口-马脑壳-青山梁金矿找矿远景区	173	A马脑壳金矿找矿靶区	Au-A-8	2.84	金大型
			Ⅴ11水神沟-幸福村-联合村金矿找矿远景区	448	B香扎沟金矿找矿靶区	Au-B-5	2.13	金小型
					B水神沟金矿找矿靶区	Au-B-6	3.50	金中型
					B幸福村金矿找矿靶区	Au-B-7	1.90	金小型
					C青龙沟金矿找矿靶区	Au-C-3	7.00	金大型
					C稀泥巴山金矿找矿靶区	Au-C-4	4.00	金小型
			Ⅴ12二道桥-罗依锰金矿找矿远景区	366	C二道桥金矿找矿靶区	Au-C-5	3.00	金小型
					B隆康锰矿找矿靶区	Mn-B-1	2.14	中型
			Ⅴ13天池金矿找矿远景区	154	A天池金矿找矿靶区	Au-A-7	21.00	金大型

第十三章 龙门山-大巴山成矿带

本成矿带全称为Ⅲ-73 龙门山-大巴山(台缘坳陷)FeCuPbZnMnVPS重晶石铝土矿成矿带(Pt_1；Z_1d；$\in_1$；P_1；P_2；Mz)，范围位于东经102°00′—101°10′，北纬29°33′—32°53′之间，呈弧形带状展布于四川盆地北缘、西缘，东西长约800km，南北平均宽约50km，行政区划涉及四川省泸定、宝兴、茂县、安县、北川、广元、平武、青川、南江及重庆城口等县，成矿带范围总面积约3.2万km^2。

第一节 区域地质矿产特征

一、区域地质

(一)地层

在成矿带东段之城巴地区，以城口至房县深断裂为界，其北侧在晚震旦世—下古生代主要沉积了一套与陆间裂谷火山作用或岩浆活动有关的黑色岩系；断裂南侧(万源—城口一线)属稳定陆块型建造。中元古代中晚期沉积了跃岭河群的中基性火山-陆源碎屑岩建造；新元古代的南华系明月组、观音崖组为一套砂、砾建造；震旦系为一套浅海碳酸盐岩和碎屑岩，在陡山沱组顶部一套锰质岩建造中，赋存有"高燕式"层状菱锰矿层，灯影组下段为浅灰至灰黑色中厚层至厚层状微至细晶白云岩、泥质白云岩及层纹状灰岩，上段为黑色薄层状硅质岩、块状硅质岩夹条带状灰岩、白云质灰岩及碳质页岩，有铅锌矿化异常显示；中寒武世至晚寒武世，以城巴断裂和邡平断裂为界，划分为3个升降分异的断块：北部沉积了角砾状、竹叶状碳酸盐岩。中部沉积了云灰岩、钙泥质岩溶角砾岩、碳酸盐岩等，此后该断块长期隆起，再未接受沉积。南部断块继续坳陷，到奥陶纪南侧处于较动荡的环境，海水进退频繁，沉积物复杂多变，但沉积厚度小，仅100余米；志留纪为一套细碎屑岩夹一层碳酸盐岩。

在成矿带中段之南江地区，由元古宇至新生界，其间除泥盆系、石炭系、白垩系完全缺失外，其余地层均有存在。主要出露太古宇—古元古界后河岩群汪家坪岩组和河口岩组；震旦系观音崖组、灯影组；寒武系有筇竹寺组、仙女洞组、阎王碥组、石龙洞组、陡坡寺组，奥陶系湄潭组和宝塔组，志留系龙马溪组、小河坝组、韩家店组，二叠系梁山组、栖霞组、茅口组、吴家坪组，三叠系飞仙关组、铜街子组、嘉陵江组、雷口坡组和须家河组，侏罗系白田坝组、千佛岩组、沙溪庙组以及第四系。

在成矿带南西段沿龙门山断裂带，地层分为基底和沉积盖层两部分，基底分布于盆周山区，包括结晶基底及褶皱基底两个构造层；沉积盖层在东侧稳定分布于四川盆地内部及基底岩系周缘，沉积厚度超万米，西部分布极不均衡。结晶基底以康定杂岩、彭灌杂岩等为代表，多由中、深变质的杂岩及少量超镁铁岩组成，混合岩化作用强烈，形成于太古宙—元古宙；褶皱基底由浅变质的碎屑岩、碳酸盐岩及变质中基性—中酸性火山岩、火山碎屑岩组成，褶皱等形变剧烈，形成于中—晚元古代，包括了黄水河群、碧口群、火地垭群、通木梁群等地层单位。

(二)岩浆岩

城巴地区岩浆岩多分布于城巴断裂以北地区,侵入岩以规模不一的顺层脉体群产出,侵入于前震旦系—寒武系,形成浅成基性—超基性岩带。侵入岩多为加里东期岩浆活动的产物,偶见晋宁期侵入体。火山碎屑岩仅产出于耀岭河群中,主要岩性为变余玄武岩、变余玄武安山质的火山碎屑熔岩及变余含火山砾溶结凝灰岩。

南江地区岩浆岩广泛分布,与成矿关系密切。侵入岩岩石类型复杂多样,基性、中性、酸性及过碱性岩均有出露。侵入岩体外接触带广泛发育角岩化带。脉岩极为发育,包括基性、中性和酸性岩岩脉,属于中深成相、浅成及超浅成相,它们均沿岩体中各组节理贯入而成。

沿龙门山构造带,在平武石坎—青川地区轿子顶复背斜的核部分布有晋宁期及晚印支—燕山期中酸性侵入岩,岩石类型以斜长花岗岩为主,次为闪长岩及少量的辉绿岩脉等,在其外围有少量晚印支—燕山早期中—酸性侵入岩,岩石类型为石英闪长岩、二长花岗岩及花岗斑岩等;在宝兴复背斜中的宝兴杂岩,侵位于前震旦系中,其上常有震旦系不整合所超覆。在康定大渡河一带沿扬子地台西缘与松潘-甘孜褶皱带接合部两侧展布岩浆岩岩石类型较为齐全。其中侵入岩有基性—超基性岩脉、中酸性侵入岩体、岩株、岩枝、岩脉;火山岩则以基性为主,酸性火山岩甚少,中性火山岩罕见。岩浆活动历史悠久,从中元古代—新生代均有活动,显示多时代、多期次特征。相对而言,早期(中元古代—二叠纪)以火山岩为主,晚期(三叠纪—新近纪)以侵入岩为主。

(三)变质岩及变质作用

城巴地区:城巴断裂以北的南秦岭地槽北大巴山加里东褶皱变质带地层全部遭受区域变质,同时伴有大规模的造山运动和岩浆活动,其代表以板岩为主,次为千枚岩、片岩以及碳酸盐岩和硅质岩的变质岩。动力变质作用主要发生在城巴断裂带及其他规模较大断裂构造之中,形成线状或带状无序的变质体。在岩体内、外接触带有接触(交代)变质作用其岩石类型有角岩化板岩、钙硅酸盐角岩、大理岩以及交代变质的蛇纹石大理岩、钠长绿泥滑石化片岩、硅化大理岩和蛇纹石化蚀变辉长岩等。

南江地区:变质作用十分强烈、复杂,主要以区域变质作用和动力变质作用为主,接触变质作用局部存在,并普遍存在退变质现象。变质岩以田河沟韧性剪切变形带为界,其北西侧出露后河岩群,而南东侧为火地垭群,向家坝韧性剪切变形带则构成了汪家坪岩与河口岩组、八角树片麻杂岩的界线。

龙门山后山变质带受变质地层为震旦系—三叠系,变质作用类型有中压型区域动热变质作用,以热穹隆为中心的递增变质带(巴洛型),叠加巴肯型变质带,混合岩化作用,变质相达绿片岩相—高角闪岩相,局部叠加有晚印支造山带形成过程中的动力变质作用,岩浆侵位的热接触变质作用不占主要。变质作用方式有重结晶,变质分异及碎裂作用,除基底有中级(角闪岩相)和高绿片岩相变质作用外,盖层的变质作用仅达到低绿片岩相。岩石类型以区域变质的板岩、变砂岩为主,次为千枚岩,广泛分布。动力变质岩以构造角砾岩、碎裂岩为主,糜棱岩主要分布于测区较大的断裂带内。都江堰-南江变质带受变质地层为前震旦系黄水河群、火地垭群,为区域低温动力变质作用,达绿片岩相,赋存有铜铁矿。

(四)区域构造

城巴地区横跨秦祁昆造山系与扬子陆块两个一级构造单元,构造十分复杂。构造线总体呈北西-南东向展布,断裂主要为城巴深断裂、乌坪大断裂,褶皱主要为北大巴山冒地槽褶皱带、城口凹褶断束和南大巴山凹褶束。南江地区位于米仓山推覆构造南部中段,主体构造属米仓山推覆隆起带。米仓山推覆隆起带是中生代以来,扬子陆块深部地壳向秦岭地壳深部陆内俯冲楔入;秦岭造山作用过程中,中、上地壳向南水平侧向挤压和逆冲推覆,米仓山区刚性变质基底和岩浆杂岩深层次沿先存构造软弱带分层拆离、向扬子陆内逆(盲)冲推覆;推覆体——断片叠置和盖层层滑褶皱波长递进缩短、波幅增大而地壳南北横向收缩、垂向增厚隆升成山的一个特殊构造单元。横向上以水磨-关坝断裂带、谢家湾-烂菜坝(或基底、盖层间不整合面)层滑断层系为界,自南而北分为关坝-水磨逆冲叠瓦带、中部光雾山推覆体,后缘挤压-拉张层滑褶皱带;垂向上自下而上分为褶皱基底、结晶基底和盖层层滑褶皱层(简称曾家-吴家滑褶带)的横向分带、垂向分层的层-带叠置的变形构造格局。龙门山一带区域构造形迹总体走向为北东向,为扬子陆块西缘与松潘-甘孜地槽褶皱系交界,主体格架是晋宁—澄江期褶皱隆起、加里东—海西期地壳频繁升降的反复海陆变迁、印支期强烈构造变形和燕山—喜马拉雅期陆内推覆等长期多次构造活动的结果。主要断裂构造有龙门山茂县-汶川断裂(后山断裂)、江油-都江堰大断裂(前山断裂)、青溪大断裂、南坝大断裂以及基底杂岩中网络状剪切带、基底与盖层界面剪切带以及古生代盖层中的剪切带,构造上主要为一系列由北西向南东的逆冲-推覆断裂构造,在两断裂间形成了一系列与之平行的走向北东的次级断裂,另有近于平行的走向北西的晚期断裂产生。

二、区域物化特征

成矿带处于四川盆地重力高异常区与川西高原重力低异常区之间的龙门山-大雪山重力异常梯度带上,是夹于上述高低不同的两异常区之间的等值线特别密集的南北向异常带。在航磁异常上本成矿带为四川盆地西缘山地异常区,亦为东部、南部高强度磁异常向西部、北部磁低强度异常转换地带。该线以东磁场以高值正异常为主,呈线状、带状和块状,展布方向主要是北东向和南北向,并有北西向和东西向的磁异常走向;该线以西,磁场以低值负异常为主,局部有低值正异常,多呈块状、带状、串珠状沿北西向、南北向展布。

本成矿带区域地球化学以Au、As、Sb、Hg、Pb、Zn、Ag、Cu、Mo、Fe、W、Al、Mn异常为特征,总体沿地层构造线方向呈带状展布。由西向东主要异常集中区有康定黄金坪子-黑金台子(Au)、康定二郎(Pb-Zn-Ag)、大邑干河(Cu-Pb-Zn-Ag-Mn)、安县大竹坪(Mo-Al)、彭州马松岭北(Au-Cu-Ni-Pb-Zn-Ag-W)、平武平驿-青山(Pb-Zn-Ag-Mo)、平武平溪-青川(Au-As-Sb-Hg-Mo-Ag-Mn)、旺苍合儿山-南江李子垭(As-Sb-Mn)、广元-望苍-南江(Mo-Mn-Cu)、城口高燕(Mn)。西段康定黄金坪金矿所在地区水系沉积物中Au含量为$(13.2\sim265)\times10^{-9}$,异常浓集分带清晰,具有三级浓度分带;As异常显著,具有三级浓度分带,As异常主题分布在Au异常的外围。已知金矿产地主要分布在Au异常的中带,异常展布与区域构造线的方向一致。龙门山南段铜镍异常发育,铜镍元素在大部分地区超过了地壳的平均值,铜镍分散流异常吻合较好,大部分异常都有矿化显示,铜镍分散流异常共有四个:白铜尖子-关防山铜镍异常、关防山铜镍异常、大川黄脸平铜镍异常、宝兴天主堂铜镍异常和黄铜尖子-火石崖铜镍异常。龙门山北段平武—青川地区除Mn异常外,还表现有Cu、Pb、Zn、Ni、Co、Fe元素的组合异常特征。中部南江地区是以Cu、Pb、Zn、Sn、W、Ag、Au为主的区域地球化学场分布区,主要异常呈一长带状近北东-南西向展布于阴坝子—杨坝—西靖一带,该带几乎包括了绝大部分磁铁矿床(点)及金、铜、铅锌、石墨、黄铁矿等矿点(床)。东部城巴地区Ag、V、Mo、U、Au、As、Sb等元素呈高背景分布,以黄溪—高燕—修齐一带多金属异常最为突出,次为巴山—箭竹—北屏—黄安一带。多金属异常主要沿上震旦统陡山沱组及下寒武统水井沱组、巴山地层展布,与区域构造线方向一致。Pb-Zn-Ag-Cd综合异常与元古宙—古生代地层[Z(古城组)、O(南沱组、陡山沱组、灯影组并层)、∈(牛蹄塘组、石牌组、金顶山组并层)]分布密切相关。

三、主要矿床类型及代表性矿床

龙门山-大巴山成矿带处于较稳定的扬子陆块与活动性强的秦祁昆造山系分界上,向陆块一侧为四川盆地中生代—新生代红层盆地,其矿产以沉积型铁矿、铝土矿、锰矿为特点,向造山带一侧由于构造岩浆活动强烈且频繁,其矿产则以接触交代型铁矿、岩浆热液型-构造蚀变岩型金矿、碳酸盐建造中热液型铅锌矿、火山沉积变质型铜矿为主。代表性矿床有产于中上泥盆统碎屑岩碳酸盐建造中宁乡式沉积型铁矿——江油-灌县地区碧鸡山式铁矿、以中元古界麻窝子组为变质碳酸盐岩为围岩的与中元古代晋宁期基—中性岩浆岩有关的李子垭式接触交代型磁铁矿——南江地区李子垭中型磁铁矿、产于中二叠统梁山组碎屑岩中大白岩式沉积型铝土矿——芦山县大白岩中型铝土矿、产于震旦系陡山沱组白云岩页岩中的高燕式沉积型锰矿——城口高燕大型锰矿、产于下寒武统邱家河组碳酸盐岩碳硅质板岩建造中石坎式沉积型锰矿——平武马家山小型锰矿、产于元古宙康定岩群高级变质岩建造中的黄金坪式岩浆热液型-构造蚀变岩型金矿——黄金坪中型金矿、产于中元古界黄水河群黄铜尖子组海底火山喷发沉积变质建造中彭州式火山沉积变质型铜矿——马松岭小型铜矿、产于中下泥盆统捧达组变质浅海相镁碳酸盐岩夹泥砂岩建造中寨子坪式似层状热液型铅锌矿——寨子坪中型铅锌矿、其他碳酸盐建造中的热液型铅锌矿。

带内铁矿分为接触交代型和浅海相沉积型。接触交代型主要集中在川北米仓山地区官坝断裂带附近,以南江河为界,构成东(主)、西两个磁铁矿带。九顶山地区(汶川、什邡、灌县)有零星矿(化)点。与铁矿有成因联系的岩浆岩主要为晋宁期、中条期碱—基性岩及中酸性岩;成矿围岩为岩体本身或中元古代碳酸盐岩,蚀变强烈,可进一步细分为岩浆分凝型(李家河式)、岩浆分凝-混染型(桂花村式)及气液交代型(李子垭式)三种类型,其中以气液交代型较为重要;浅海相沉积型铁矿分布于江油、北川、灌县、大邑及宝兴等地。江油一带为中泥盆统养马坝组及观雾山组,以赤铁矿为主,局部见菱铁矿;灌县地区含矿层为观雾山组,仅见菱铁矿;宝兴地区中、下泥盆统缺失,铁矿产于上泥盆统顶部,为赤铁矿。金矿主要为岩浆热液型-构造蚀变岩型,主要分布于康定地区大渡河沿岸黄金坪—黑金台子一带,以黄金坪中型金矿床为代表,赋矿围岩为古元古代康定岩群之冷竹关岩组、咱理岩组高级变质岩建造,岩浆岩早期(中元古代—二叠纪)以火山岩为主,晚期(三叠纪—新近纪)以侵入岩为主。构造上主要产于主剪切滑脱带附近的前震旦系次级剪切断裂中,且多数产状较陡,规模较小,金矿体呈透镜状、豆荚状。铅锌矿以产于碳酸盐建造中的热液型为主,分布于康定寨子坪-二身小地区、芦山马桑坪地区、平武青山地区、南江地区。康定地区寨子坪铅锌矿分布于宝顶向斜,主要产于志留系、下泥盆统捧达组变质浅海相镁碳酸盐岩夹泥砂岩建造,矿体为脉状、似层状、层状,产状与围岩基本一致,见少量辉绿岩脉。铜镍矿集中分布于芦山、彭州、青川一带。含矿地层为中元古界黄水河群黄铜尖子组火山-沉积变质岩系、主体为钠长绿泥片岩+绿泥石英片岩建造,岩性为灰绿色钠长绿泥片岩、绿泥石英片岩夹变质英安岩、绢云石英片岩、绿帘角闪岩、斜长角闪岩及少量碳酸盐岩。由黄水河群组成轴向近SN的大宝山复向斜构造,及伴随的各类次级褶皱、断裂构造控制了铜矿的形成与分布。铝土矿主要分布于北部广元-青川地区、芦山-天全地区。属中二叠世梁山期大白岩式沉积型铝土矿,构造上位于龙门山前山盖层逆冲带中的宝兴褶断束东南缘。铝土矿层位为中二叠统梁山组。锰矿以沉积型为主,在赋矿层位上有下震旦统、下寒武统。前者分布于城口地区以高燕式沉积型锰矿为代表,含矿地层为下震旦统陡山沱组沉积岩系、岩性主要为碳质页岩、粉砂岩、灰岩建造;后者分布于平武地区以石坎式海相沉积型锰矿为代表,含矿地层为下寒武统邱家河组沉积岩系、岩性主要为碳硅质板岩、硅质岩、粉砂岩、灰岩建造。

第二节 找矿远景区-找矿靶区的圈定及特征

一、找矿远景区划分及找矿靶区圈定

本Ⅲ级成矿区带内划分Ⅳ级找矿远景区5个、Ⅴ级找矿远景区7个,进一步圈定找矿靶区32个,其中A类靶区15个,B类靶区8个,C类靶区9个。

Ⅰ-4滨太平洋成矿域

Ⅱ-15 扬子成矿省-Ⅱ-15B 上扬子成矿亚省
　　Ⅲ-73 龙门山-大巴山(台缘坳陷)FeCuPbZnMnVPS 重晶石铝土矿成矿带
　　　　Ⅳ-7 青川-汶川铅锌铁锰铝土矿远景区(Ⅴ14、Ⅴ15、Ⅴ16)
　　　　Ⅳ-8 南江铅锌铁矿远景区
　　　　Ⅳ-9 重庆城口钡锰铅锌矿远景区
　　　　Ⅳ-10 宝兴-芦山铜铅锌铝土矿远景区(Ⅴ17、Ⅴ18)
　　　　Ⅳ-11 康定铜金铅锌矿远景区(Ⅴ19、Ⅴ20)

二、找矿远景区特征

(一)Ⅳ-7 青川-汶川铅锌铁锰铝土矿远景区

1. 地质背景

范围:远景区地处四川盆地西北缘,南西到都江堰市—汶川一线,北东到广元、青川抵省界,长约 300km,宽约 40km,呈北东带状展布,极值坐标范围为 E103°14′—106°10′,N30°52′—33°03′,总面积约 1.25 万 km^2。

大地构造位置:扬子陆块区(Ⅲ)-上扬子陆块(Ⅲ$_1$)-龙门山前陆逆冲带(Ⅲ$_{1-1}$)。区域构造线及地层展布方向为北东向,其西接龙门山前陆逆冲带,东接四川中生代盆地,在经历晋宁—澄江期褶皱隆起、加里东—海西期地壳频繁升降的反复海陆变迁、印支期强烈构造变形和燕山—喜马拉雅期陆内推覆等长期多次构造活动后,形成一系列由北西向南东的逆冲-推覆断裂构造及夹块,夹块往往表现为轴向北东的复式背向斜,为成矿物质的活化迁移并富集成矿提供了有利的条件,常常控制了区内热液型金铜铅锌铁等多金属矿产。加里东—海西期地壳频繁升降的反复海陆变迁沉积了铁、锰、铝土矿。

地层分区:华南地层大区(Ⅱ)-扬子地层区(Ⅱ$_2$)-龙门山地层分区(Ⅱ$_2^2$)。受印支期强烈构造变形和燕山—喜马拉雅期陆内推覆构造影响,前中生代地层往往由西向东逆冲推覆压盖在三叠系—侏罗系之上。地层分为基底和沉积盖层两部分,基底分布于盆周山区,包括结晶基底及褶皱基底两个构造层;沉积盖层在东侧稳定分布于四川盆地内部及基底岩系周缘,沉积厚度超万米,西部分布极不均衡。结晶基底以彭灌杂岩等为代表,多由中、深变质的杂岩及少量超镁铁岩组成,混合岩化作用强烈,形成于太古宙—元古宙;褶皱基底由浅变质的碎屑岩、碳酸盐岩及变质中基性—中酸性火山岩、火山碎屑岩组成,厚度一般在 3000m 以上,褶皱等形变剧烈,形成于中—古元古代,包括了黄水河群、碧口群、火地垭群、通木梁群等地层单位;新元古界青白口系沉积了一套以陆相为主、局部地区有海相的火山熔岩、火山碎屑岩建造;南华系为一套含火山凝灰物质的砂、泥、砾碎屑岩;震旦系为浅海碎屑岩相、浅海碳酸盐建造;下寒武统为浅变质含锰磷地层;奥陶系为地台型建造,地层发育完备;泥盆系—石炭系均以碳酸盐岩占绝对优势;二叠系—三叠系平行不整合覆盖于古生界之上,向盆一侧中生代地层完整连续。

岩浆岩主要为轿子顶复背斜的核部分布的晋宁期及晚印支—燕山期中酸性侵入岩,岩石类型以斜长花岗岩为主,次为闪长岩及少量的辉绿岩脉等;沿龙门后山逆冲带震旦系—三叠系发生中压型区域动热变质作用,以热穹隆为中心的递增变质带(巴洛型),叠加巴肯型变质带,混合岩化作用,变质相达绿片岩相—高角闪岩相,局部叠加有晚印支造山带形成过程中的动力变质作用,岩浆侵位的热接触变质作用不占主要。

区域重磁特征:区域重力处于四川盆地重力高异常区与川西高原重力低异常区之间的龙门山-大雪山重力异常梯度带上,布格重力异常值大致为 $(-200\sim-350)\times10^{-5}m/s^2$。航磁异常为东部、南部高强度磁异常向西部、北部磁低强度异常转换地带。

区域地球化学:本成矿带区域地球化学属龙门山地球化学分区,Ag、Al、Au、B、Ba、Be、Bi、Ca、Cd、

Cu 等指标在该区域为高背景和显著正异常，Zr、As、Sb、Si、U、W 等主要为低背景和负异常，其他指标分布较均匀。主要异常组合有彭州马松岭北(Au-Cu-Ni-Pb-Zn-Ag-W)、平武平驿-青山(Pb-Zn-Ag-Mo)、平武平溪-青川(Au-As-Sb-Hg-Mo-Ag-Mn)。其中龙门山北段平武-青川地区除 Mn 异常外，还表现有 Ag、Au、Mo、As、Sb、Hg、Mn 地化异常呈北东向沿轿子顶复背斜下寒武统、震旦系及元古宙展布，面积约 1500km²，异常强度高、套合好，可能与前寒武纪地层中黑色岩系有关。Pb-Zn-Ag 套合异常在平武平驿-青山沿唐王寨向形中下泥盆统碳酸盐建造分布，与众多铅锌矿矿点范围一致。在大宝山复向斜北东端震旦系中亦有 Pb-Zn-Ag 异常套合。彭州马松岭北为 Au-Cu-Ni-Pb-Zn-Ag-W 异常组合。

区域矿产：有沉积型铁矿(D_{1-2})、铝土矿(P_2)、锰矿(ϵ_1)以及中下泥盆统碳酸盐建造中热液型铅锌矿(如青山)、中—晚元古代黄水河群中火山沉积变质型铜矿(如马松岭)。

2. 找矿方向

主攻矿种和主攻矿床类型：产于中上泥盆统碎屑岩碳酸盐建造中宁乡式沉积型铁矿、产于中二叠统梁山组碎屑岩中大白岩式沉积型铝土矿、产于下寒武统邱家河组碳酸盐岩碳硅质板岩建造中石坎式沉积型锰矿、产于中元古界黄水河群黄铜尖子组海底火山喷发沉积变质建造中彭州式火山沉积变质型铜矿、产于中下泥盆统捧达组变质浅海相镁碳酸盐岩夹泥砂岩建造中寨子坪式似层状热液型铅锌矿。

找矿方向：区内进一步划分Ⅴ级找矿远景区 3 个(表 13-1)。

Ⅴ 14 大宝山复向斜铜矿找矿远景区，面积 2167km²，唐王寨向斜热液型铅锌矿、大宝山复向斜中火山沉积变质型铜多金属矿及热液型铅锌矿、轿子顶复背斜中 Ag-Au-Mo 尚有找矿远景。

Ⅴ 15 江油铁矿找矿远景区，面积 1490km²，圈定宁乡式沉积型铁矿找矿靶区 3 个，均为 C 类靶区，其中有中型找矿远景的有江油老君山铁矿找矿靶区、江油赵家沟铁矿找矿靶区，有小型找矿远景的有江油观务山铁矿找矿靶区。

Ⅴ 16 高庄坝-董家沟锰矿找矿远景区，面积 1458km²，圈定石坎式沉积型锰矿找矿靶区 5 个，A 类 3 个，B 类及 C 类各 1 个，其中有中型找矿远景的有平溪-马公锰矿找矿靶区、马家山锰矿找矿靶区、高庄坝-石坎锰矿找矿靶区、石坝-东河口锰矿找矿靶区，有小型找矿远景的有董家沟锰矿找矿靶区(表 13-1)。

表 13-1 Ⅳ-7 青川-汶川铅锌铁锰铝土矿远景区找矿靶区特征表

主攻矿种	主攻类型	典型矿床	Ⅴ级找矿远景区	面积(km²)	找矿靶区	编号	面积(km²)	远景
铅锌铁锰铝土矿	低温热液型、沉积变质型、沉积型	青山、马鞍山(中型)、碧鸡山式	Ⅴ 15 江油铁矿找矿远景区	1490	C 江油老君山铁矿找矿靶区	Fe-C-1	16	铁中型
					C 江油观务山铁矿找矿靶区	Fe-C-2	17	铁小型
					C 江油赵家沟铁矿找矿靶区	Fe-C-3	21.5	铁中型
			Ⅴ 16 高庄坝-董家沟锰矿找矿远景区	1458	A 平溪-马公锰矿找矿靶区	Mn-A-10	18.12	锰中型
					A 马家山锰矿找矿靶区	Mn-A-11	12.97	锰中型
					A 高庄坝-石坎锰矿找矿靶区	Mn-A-9	12.23	锰中型
					B 董家沟锰矿找矿靶区	Mn-B-4	3.47	锰小型
					C 石坝-东河口锰矿找矿靶区	Mn-C-7	27.56	锰中型
			Ⅴ 14 大宝山复向斜铜矿找矿远景区	2167				

(二) Ⅳ-8 南江铅锌铁矿远景区

1. 地质背景

范围:远景区地处四川盆地北缘旺苍县-南江县以北至省界,东西向长约70km,南北宽约30km,极值坐标范围为 E106°10′—107°06′,N32°21′—32°46′,总面积约0.2万 km²。

大地构造位置:Ⅲ扬子陆块区-Ⅲ₁上扬子陆块-Ⅲ₁₋₁龙门山前陆逆冲带及Ⅲ₁₋₂米仓山-大巴山基底逆冲带,区域构造线及地层呈北东东向弧形展布,其北接秦岭造山带前陆区-米仓山推覆构造南部中段,南接四川中生代盆地。米仓山推覆隆起带是中生代以来扬子陆块深部地壳向秦岭地壳深部陆内俯冲楔入而形成;在秦岭造山作用过程中,中、上地壳向南水平侧向挤压和逆冲推覆,米仓山区刚性变质基底和岩浆杂岩深层次沿先存构造软弱带分层拆离、向扬子陆内逆(盲)冲推覆;推覆体-断片叠置和盖层层滑褶皱波长递进缩短、波幅增大而地壳南北横向收缩、垂向增厚隆升呈山的一个特殊构造单元。受区域性基底断裂和岩石力学性质差异成层(不整合面)控制,具有横向上以水磨-关坝断裂带、谢家湾-烂菜坝(或基底、盖层间不整合面)层滑断层系为界,自南而北分为关坝-水磨逆冲叠瓦带,中部光雾山推覆体,后缘挤压-拉张层滑褶皱带;垂向上自下而上分为褶皱基底、结晶基底和盖层层滑褶皱层(简称曾家-吴家滑褶带)的横向分带、垂向分层的层-带叠置的变形构造格局。

地层分区:华北地层大区(Ⅰ)-南秦岭-大别山地层区(Ⅰ₂)-迭部-旬阳地层分区Ⅰ₂¹),主要出露太古宇—古元古界后河岩群汪家坪岩组和河口岩组,元古宇火地垭群上两组和麻窝子组,震旦系观音崖组、灯影组,寒武系筇竹寺组、仙女洞组、阎王碥组、石龙洞组、陡坡寺组,奥陶系湄潭组、宝塔组,志留系龙马溪组、小河坝组、韩家店组,二叠系梁山组、栖霞组、茅口组、吴家坪组,三叠系飞仙关组、铜街子组、嘉陵江组、雷口坡组、须家河组,侏罗系白田坝组、千佛岩组、沙溪庙组以及第四系。区内主要赋矿层位为元古宇火地垭群和古生界震旦系灯影组。

区内岩浆岩广泛分布,与成矿关系密切。侵入岩岩石类型复杂多样,基性、中性、酸性及过碱性岩均有出露,晋宁期闪长岩与"李子垭式"接触交代型磁铁矿关系密切。火山岩分布于后河岩群汪家坪岩组、火地垭群上两组和麻窝子组中。变质作用十分强烈、复杂,主要以区域变质作用和动力变质作用为主,接触变质作用局部存在,并普遍存在退变质现象。

区域重磁特征:区域重力处于四川盆地重力高异常区与川北重力低异常区之间的重力异常梯度带上。航磁异常总体呈北东东向,场值高。局部异常排列紧密,其走向和分布形态主要受岩浆岩控制,而多数异常就是岩浆岩体的反映。对比区域地质资料,基性、超基性岩和中基性闪长岩磁异常强,范围大,形态与岩体相当;中酸性闪长岩磁异常相对较弱;酸性花岗岩则反映为负磁场背景,其中部分点状异常推断为花岗岩体内基性岩或中基性闪长岩捕虏体的反映或为被包围的磁铁矿的捕虏体的存在。本区共圈出航磁异常54个,已查证的异常41个,占全部异常的75.9%。其中一级查证(钻探)10个,占已查证的24.4%,二级查证(面积)13个,占已查证的31.7%,三级查证(面积)16个,占已查证的39.0%。除M23(李子垭)、M34-4(李家河)、M164(宪家湾)可直接反映磁铁矿床的3处航磁异常外,与磁铁矿床、矿点有关,但异常反映不明显的有13个,例如沙坝红山中型磁铁矿床等,其原因是因为本区已知磁铁矿床规模都比较小,引起的磁异常往往为大片岩体异常掩盖,难以分离出来。区内地磁异常强度大,连续性好,呈条带状,走向以EW向、NE向为主,以岩异常界线而划分。例如竹坝地区有两条北东走向的地磁异常带。北带异常从西向东分别为观音寺异常区—曾家沟异常区—杜家梁子异常区—李子垭磁铁矿床异常区—宪家湾磁铁矿床异常区,总长达2800m;南带异常区为贾家寨异常区,总长1000m。各个异常区均有磁铁矿体分布。与基性岩相关的磁铁矿异常同样具强度大,连接性好,呈条带状分布特征。例如椿树坪磁铁矿床。基性岩、中性岩引起的地磁异常因含磁铁矿多少,差异较大,引起的异常差异也较大,但从异常规模、强度、形态上能够与矿异常区分。

区域地球化学:区内是以Cu、Pb、Zn、Sn、W、Ag、Au为主体的区域地球化学场分布区,组合异常有

13个。刘家塘、李家河异常等为磁铁矿（化）引起，毛坡山、新民异常除与磁铁矿化有关外，还与岩浆、区域变质热液等作用有关的阴坝子、水磨乡、大河乡异常主要表现为受岩浆及区域变质热液作用；冯家垭异常则主要表现为地层局部富集所致。

区域矿产：远景区内磁铁矿成因类型有矽卡岩外接触带型、高温热液型和沉积变质型三种。铅锌矿成因类型可分为两类，一是沉积再造型，它受一定的地层层位控制，其特点是矿化带、矿体产状与围岩产状基本一致；二是热液型，与蚀变作用关系密切。另外有矽卡岩型铜矿。已知金属矿产存在一定水平分带性，从岩体→地层，Fe、Au、Cu等成矿展布表现为Fe(Cu)→Au(Cu)→Pb、Zn(U)等地球化学水平分带性特征。

2. 找矿方向

主攻矿种和主攻矿床类型：以中元古界麻窝子组为变质碳酸盐岩为围岩的与中元古代晋宁期基—中性岩浆岩有关的李子垭式接触交代型磁铁矿、产于震旦系灯影组上部硅质白云岩中层控热液型铅锌矿-南江沙滩小型铅锌矿。

找矿方向：本区未再进一步划分Ⅴ级找矿远景区。区内圈定接触交代型磁铁矿找矿靶区6个，A类靶区5个，C类靶区1个，其中有中型找矿远景的有李子垭铁矿找矿靶区、水马门铁矿找矿靶区、红山-草坝场铁矿找矿靶区、五铜包-汪家湾铁矿找矿靶区，有小型找矿远景的有宪家湾铁矿找矿靶区、郭家寨铁矿找矿靶区（表13-2）。此外，类似陕西马元式产于震旦系灯影组碳酸盐建造中热液型铅锌矿尚有一定找矿远景。

表13-2　Ⅳ-8南江铅锌铁矿远景区找矿靶区特征表

主攻矿种	主攻类型	典型矿床	找矿靶区	编号	面积(km²)	远景
铁铅锌	岩浆型-接触交代型、低温热液型	李子垭、沙滩	A 李子垭铁矿找矿靶区	Fe-A-1	1.27	铁中型
			A 宪家湾铁矿找矿靶区	Fe-A-2	0.5	铁小型
			A 水马门铁矿找矿靶区	Fe-A-3	1.49	铁中型
			A 红山-草坝场铁矿找矿靶区	Fe-A-4	2.34	铁中型
			A 五铜包-汪家湾铁矿找矿靶区	Fe-A-5	1.2	铁中型
			C 郭家寨铁矿找矿靶区	Fe-C-4	3.74	铁小型

（三）Ⅳ-9重庆城口钡锰铅锌矿远景区

1. 地质背景

范围：远景区地处四川盆地北东缘，属重庆市城口县及巫溪县所辖。北西-南东长约100km，南北宽约25km，极值坐标范围为E108°06′—109°17′，N31°30′—32°18′，总面积约0.26万km²。

大地构造位置：Ⅲ扬子陆块区-Ⅲ₁上扬子陆块-Ⅲ₁₋₂米仓山-大巴山基底逆冲带，区域构造线及地层呈北西-南东向弧形展布，其北接秦岭造山带前陆区-大巴山推覆构造，南接四川中生代盆地。由于沿城巴深大断裂上盘前震旦系自北向南推覆于扬子地台大巴山陷褶束的震旦系及寒武系上，形成了一系列复杂的复式向斜，直接控制了含锰岩系的展布形态，其轴面、断层面大多倾向北东，延深几千米至数十千米不等，主要由两个复式向斜组成，向斜核部地层为寒武系，两翼由震旦系陡山沱组和灯影组组成。

地层分区为：华北地层大区（Ⅰ）-南秦岭-大别山地层区（Ⅰ₂）-十堰-随州地层分区（Ⅰ₂³），以城巴深断裂为界，其北侧在晚震旦世—早古生代为一套与陆间裂谷火山作用或岩浆活动有关的黑色岩系，有含贵多金属元素异常;断裂南侧(万源—城口一线)属稳定陆块型建造。"高燕式"层状菱锰矿层产于陡山沱组顶部一套锰质岩建造中,在灯影组上段黑色薄层状硅质岩、块状硅质岩夹条带状灰岩、白云质灰岩及碳质页岩,有铅锌矿化异常显示。除城巴断裂以北产出有基性—超基性岩带外,远景区内岩浆岩不发育,沿断裂有动力变质作用。

区域重磁特征:远景区属大巴山航磁正异常、重力正负异常区。布格重力异常全为负值,总体表现为东高西低,场值变化的基本趋势是由渝东南向渝西逐渐降低;航磁异常分布总的趋势是中、北部磁异常强度较高,西部、东南部磁异常强度较低,磁异常多呈块状展布。

区域地球化学:表现为水系沉积物中SiO_2、Zr呈低背景和负异常,As、Au、B、Ba、Bi、Ca、Cd、Co、Cr、Cu、F、Fe、La、Li、Mg、Mn、Mo、Nb、Ni、P、Sb、Th、Ti、U、V、W、Y、Zn等指标主要呈高背景和正异常,多数指标含量起伏较大,局部异常发育。异常带主要呈NWW-SEE向展布,与区域地质构造线方向基本一致。Mn、P、Ni异常较为突出,基本围绕震旦系及寒武系分布,与锰含矿层等黑色岩系密切相关,在城口高燕锰矿床集中区Mn异常强度大、与锰矿床套合好;Zn主要呈较弱的小块异常分布于城巴断裂带上及以北,Sb、Mo、Ag异常在远景区北侧沿城巴断裂带及以北地区有较强分布。

区域矿产:主要为海相沉积型锰矿,其次产出有与碳酸盐建造有关的热液型铅锌矿如城口高燕、东安铅锌矿点。

2. 找矿方向

主攻矿种和主攻矿床类型:产于震旦系陡山沱组白云岩页岩中的高燕式沉积型锰矿、产于震旦系灯影组上部硅质白云岩中层控热液型铅锌矿。

找矿方向:本区未再进一步划分V级找矿远景区。区内圈定海相沉积型锰矿找矿靶区10个,A类靶区6个、B类靶区3个、C类靶区1个,其中城口高燕-上山坪锰矿找矿靶区具大型找矿远景;有中型找矿远景的有城口县保家山向斜南翼锰矿找矿靶区、城口县高燕复式向斜南翼梁家湾锰矿找矿靶区、城口县明月-城口复式向斜南翼高家坡段锰矿找矿靶区、城口县大渡溪锰矿找矿靶区、城口县修齐锰矿找矿靶区、田坝锰矿找矿靶区;有小型找矿远景的有大竹河锰矿找矿靶区、城口县黄家坪背斜北翼锰矿找矿靶区、城口县保家山背斜倾伏端锰矿找矿靶区(表13-3)。此外,类似陕西马元式产于震旦系灯影组碳酸盐建造中热液型铅锌矿尚有一定找矿远景。

表13-3 Ⅳ-9重庆城口钡锰铅锌矿远景区找矿靶区特征表

主攻矿种	主攻类型	典型矿床	找矿靶区	编号	面积(km²)	远景
钡锰、铅锌	沉积型、低温热液型	高燕锰矿	A 城口县保家山向斜南翼锰矿找矿靶区	Mn-A-12	0.51	中型
			A 城口高燕-上山坪锰矿找矿靶区	Mn-A-13	2.70	大型
			A 城口县高燕复式向斜南翼梁家湾锰矿找矿靶区	Mn-A-15	0.92	中型
			A 城口县明月-城口复式向斜南翼高家坡段锰矿找矿靶区	Mn-A-16	0.91	中型
			A 城口县大渡溪锰矿找矿靶区	Mn-A-17	1.49	中型
			A 城口县修齐锰矿找矿靶区	Mn-A-18	0.97	中型
			B 大竹河锰矿找矿靶区	Mn-B-5	0.48	小型
			B 田坝锰矿找矿靶区	Mn-B-6	0.83	中型
			B 城口县黄家坪背斜北翼锰矿找矿靶区	Mn-B-7	0.74	小型
			C 城口县保家山背斜倾伏端锰矿找矿靶区	Mn-C-8	0.24	小型

(四) Ⅳ-10 宝兴-芦山铜铅锌铝土矿远景区

1. 地质背景

范围：远景区地处四川盆地西缘，呈北东向分布于天全—宝兴—大邑西侧一线，长约90km，宽约15km，呈北东带状展布，极值坐标范围为 E102°27′—103°12′，N29°59′—30°48′，总面积约0.14万km²。

大地构造位置：Ⅲ扬子陆块区-Ⅲ₁上扬子陆块-Ⅲ₁₋₁龙门山前陆逆冲带，处于龙门山褶皱带南段之宝兴复背斜，总体构造方向呈北东-南西。宝兴复背斜核部由宝兴杂岩和前震旦系变质岩组成，其两翼由古生界和中生界所构成。复背斜内有一系列次级构造，尤其是断裂十分发育，主要为走向逆断层，其次为北西-南东向横断层。构成现今复背斜主体格架是晋宁—澄江期褶皱隆起、加里东—海西期地壳频繁升降的反复海陆变迁沉积了铁、铝土矿，印支期强烈构造变形和燕山—喜马拉雅期陆内推覆等长期多次构造活动的结果。

地层分区为：华南地层大区(Ⅱ)-扬子地层区(Ⅱ₂)-龙门山地层分区(Ⅱ₂²)，受印支期强烈构造变形和燕山—喜马拉雅期陆内推覆构造影响，前中生代地层往往由西向东逆冲推覆压盖在三叠系—侏罗系之上。地层分为基底和沉积盖层两部分，从新元古界—第四系，除缺失奥陶系、寒武系外，其余均有出露。主要地层有康定岩群(PtK)咱里组(Pt_1zl)、黄水河群(PtH)、干河坝组(Pt_2gh)、黄铜尖子组(Pt_2ht)、关防山组(Pt_2gf)、盐井群(ZY)石门坎组(Z_1sm)、峰桶寨组(Z_1f)、茂县群(SM)、观雾山组(D_3gw)、沙窝子组(D_3s)、梁山组(P_1l)、阳新组(P_1y)、峨眉山玄武岩(P_2em)、飞仙关组(T_1f)等。

区域晋宁—澄江期岩浆岩广泛出露于北东向构造带的宝兴复背斜核部-宝兴杂岩，形成基底。据1:20万邛崃幅区域地质调查资料，该杂岩侵位于前震旦系中，其上常有震旦系不整合所超覆。经同位素年龄值测定，结果为779~621Ma，故其时代暂定为晋宁—澄江期。该期岩浆岩进一步划分为4个期次：第一期为多旋回火山岩建造，为变质的基性—酸性火山岩，属前震旦系黄水河群；第二期为脉状超基性岩，主要为辉石岩；第三期为超基性—基性—中性，是宝兴杂岩的主要成员，主要岩石为辉橄岩、辉石岩、辉长岩和闪长岩；第四期为中酸性侵入岩，主要有花岗岩和花岗闪长岩等。但是，据1:20万宝兴幅区域地质调查资料，该杂岩被划分为5个期次，第五期为红色钾长花岗岩，呈零星分布。其次，区内尚有二叠纪玄武岩和零星分布的辉绿岩脉产出。

区域重磁特征：区域重力处于龙门山-锦屏山重力梯度带东西的低值异常区北段，以重力等值线近东西展布以及封闭的局部异常为主，由东到西重力异常值从-200mGal变化到-450mGal。农戈山铅锌银矿床位于异常的西缘，马桑坪铅锌矿床位于龙门山重力梯度带东缘；从1:100万航磁化极异常以串珠状、椭圆状和不规则状，呈北西和近南北向展布，与区域构造线方向一致。天芦宝地区正处于宝兴-泸定正异常的高值区，异常展布方向与宝兴背斜轴线走向一致；龙门山深断裂也正是航磁化极正负异常急剧变化的梯度带，金汤弧形构造带和折多山-鲜水河断裂构造带则为大范围负异常区。在区域上反映出航磁化极下延异常与大地构造单元十分吻合。本区已知的铅锌银矿产地均处在异常区内及其正负异常过渡带上。

区域地球化学：表现为铜镍异常非常发育，其次为铅锌银异常主要分布于远景北端外侧，在异常发育的地段均发现有矿化现象。镍分散流异常共有4个：白铜尖子-关防山镍异常、大川黄脸平镍异常、宝兴天主堂镍异常和黄铜尖子-火石崖镍异常。铜分散流异常共有5个：白铜尖子-圣唐沟铜异常、关防山铜异常、大川黄脸平铜异常、宝兴天主堂铜异常和黄铜尖子-火石崖铜异常。

区域矿产：外生矿产主要有泥盆系的石膏、赤铁矿，下二叠统梁山组的铝土矿如大白岩，三叠系的石膏、煤等，其形成严格受古构造和古地理的控制，而构造又控制和改造着沉积建造的发生及发展，进而控制外生矿产种类。内生矿产十分发育，计有铅、锌、铜、锑、黄铁矿、石棉、水晶等，次要的有铁、镍、重晶石、铜等矿化线索。铜镍硫化物矿产从成因上来看，主要有岩浆型矿床和中低温热液矿床，它们严格受构造与岩性控制，其中构造起决定性作用，矿体主要产于晋宁—澄江期的二、三期超基性、基性岩内，矿化类型主要有三类：与基性—超基性岩浆岩有关的岩浆熔离型和岩浆晚期贯入型铜镍矿、与元古宇黄水河群变质岩有关的铜矿、与花岗闪长斑岩有关的斑岩型铜（钼）矿；铅锌矿主要为产于二叠系栖霞组碳酸盐建造中的热液型如马桑坪。

2. 找矿方向

主攻矿种和主攻矿床类型：产于中二叠统梁山组碎屑岩中大白岩式沉积型铝土矿、产于二叠系下统栖霞组白云质灰岩中似层状热液型铅锌矿、岩浆热液型铜镍矿（如黄铜尖子）、前寒武沉积变质型磁铁矿（如宝兴县紫云）。

找矿方向：区内进一步划分Ⅴ级找矿远景区2个（表13-4）。

表13-4　Ⅳ-10宝兴-芦山铜铅锌铝土矿远景区找矿靶区特征表

主攻矿种	主攻类型	典型矿床	Ⅴ级找矿远景区	面积（km²）	找矿靶区	编号	面积（km²）	远景
铜铅锌铝土矿	火山沉积变质型铜矿、层控热液铅锌矿、沉积型铝土矿	马松岭铜矿、马桑坪铅锌矿、大白岩铝土矿	Ⅴ17宝兴复背斜及周缘铜铅锌铝土矿找矿远景区	595	A芦山马桑坪铅锌矿找矿靶区	PbZn-A-3	104	铅锌大型
					B杨开铝土矿找矿靶区	Al-B-1	7.33	铝土矿中型
					B大河铝土矿找矿靶区	Al-B-2	3.84	铝土矿小型
					B紫云黑沟铝土矿找矿靶区	Al-B-3	5.3	铝土矿小型
			Ⅴ18横山坪铝土矿找矿远景区	389	B横山坪铝土矿找矿靶区	Al-B-4	4.84	铝土矿小型

Ⅴ17宝兴复背斜及周缘铜铅锌铝土矿找矿远景区，面积595km²，圈定碳酸盐建造热液型铅锌矿找矿靶区1个：芦山马桑坪铅锌矿A类找矿靶区，具大型找矿远景。沉积型铝土矿B类找矿靶区3个：杨开铝土矿找矿靶区具中型找矿潜力、大河铝土矿找矿靶区、紫云黑沟铝土矿找矿靶区等具小型找矿远景。

Ⅴ18横山坪铝土矿找矿远景区，面积389km²，圈定具小型找矿潜力的B类横山坪铝土矿找矿靶区1个。此外，岩浆热液型铜镍矿研究及勘查程度较低，亦需加大工作力度。

（五）Ⅳ-11康定铜金铅锌矿远景区

1. 地质背景

范围：远景区地处四川盆地西缘，呈近南北向分布于丹巴-康定-泸定之间三角形地带，长约65km，宽约30km，极值坐标范围为E101°56′—102°28′，N29°48′—30°34′，总面积约0.19万km²。

大地构造位置：Ⅲ扬子陆块区-Ⅲ₁上扬子陆块-Ⅲ₁₋₁龙门山前陆逆冲带，位于金汤弧形构造带、康滇地轴北缘、鲜水河-折多山褶皱带东缘、龙门山褶皱带西缘等多个构造单元聚合部位，组成形似"Y"字型构造带。自晋宁运动至今，经历了前震旦纪基底形成、晚震旦世—三叠纪张裂性被动大陆边缘和中—新生代造山作用3个构造演化阶段，形成了复杂多变的构造样式。金矿床主要产于上述主剪切滑脱带附近的前震旦系次级剪切断裂中，且多数产状较陡，规模较小，金矿体呈透镜状、豆荚状产于其中。与金矿密切相关的剪切带有三类：基底杂岩中网络状剪切带、基底与盖层界面剪切带以及古生代盖层中的剪切带。基底杂岩中网络状剪切带主要为蚀变千糜岩-石英脉型金矿，如黄金坪金矿、白金台子金矿等；在基底杂岩上部，主要为石英脉型金矿，如三碉金矿；在盖层剪切带中见破碎蚀变岩型金矿及破碎蚀变岩-石英脉型金矿，如偏岩子金矿、铜炉房金矿等。据统计，远景区已发现的金矿60%以上与北北东、北东向构造有关。

地层分区：华南地层大区（Ⅱ）-扬子地层区（Ⅱ$_2$）-龙门山地层分区（Ⅱ$_2^2$），与大渡河式金矿有关地层主要为金川小区、九顶山小区地层。区域从新元古界—第四系，除缺失奥陶系、寒武系外，其余均有出露，但总体上金矿主要分布于康定群中，铅锌矿以志留系、泥盆系和三叠系为主含矿地层。

前震旦系为一套浅变质岛弧细碧-角斑岩及同质凝灰岩，间夹陆源碎屑岩、碳酸盐岩。其中与黄金坪式金矿有关的地层仅为康定地层分区的古元古代康定岩群之冷竹关岩组、咱理岩组，康定杂岩由康定群及侵入其中的奥长花岗岩、辉长岩组成。康定群是一套经受了中、深程度变质且局部有混合岩化的地层，时代为中元古代。咱里（岩）组（Pt$_{1-2}$zl）主要分布于康定大渡河沿岸以及大渔溪等地。岩性为灰色、灰黑色中-细粒斜长角闪岩、黑云斜长角闪岩夹黑云阳起斜长变粒岩、角闪斜长变粒岩及暗绿色变质玄武岩、变余杏仁状-枕状玄武岩、黑云角闪斜长片岩和硅质岩组成的火山喷发-沉积韵律。该组在康定野坝、三碉、拿哈沟等地，与Au矿化关系密切，是该区大渡河式金矿主要赋矿层位。冷竹关（岩）组（Pt$_{1-2}$zl）分布与咱里组大致相同，相对集中于康定瓦斯沟、大渡河沿岸下索子等地。岩性为浅灰色中细粒黑云斜长变粒岩、黑云角闪变粒岩及黑云二长变粒岩夹灰—浅灰色二长浅粒岩、斜长角闪岩及少量灰绿色变质英安岩，厚度大于941.3m。下部以黑云斜长变粒岩为主或细粒斜长角闪岩，上部主要为二长变粒岩、角闪黑云二长变粒岩及二长浅粒岩，其中二长变粒岩具条带状构造。

震旦系下部为冰碛砾岩、碎屑岩，上部为白云岩、白云质灰岩、砂板岩，目前未见矿化。志留系为浅海还原条件下类复理石建造，由黑色千枚岩、板岩、泥岩、泥质粉砂岩组成，在硅泥岩建造中，金、铀、铜元素明显富集，也是重要的铅、锌含矿层位，如寨子坪铅锌矿。泥盆系由浅海相陆屑岩、碳酸盐岩组成，是区内重要含金、铅、锌层位。石炭系—二叠系与上古生界构成相互叠置岩片，为浅海相碎屑岩、碳酸盐建造，在鲜水河断裂带见有二叠系基性火山岩残片。其中二叠系碳酸盐岩为区内新发现的铅锌含矿层位。侏罗系—白垩系分布于本区东南部，为一套砾岩及砂砾岩夹少量泥岩组成，未发现矿化。

区内岩浆岩出露广泛，从前震旦纪至二叠纪均有岩浆活动。主要集中分布于中部的大渡河一带，沿扬子地台西缘与松潘-甘孜褶皱带接合部两侧展布。岩浆活动方式有侵入和喷出两类，岩石类型较为齐全。其中侵入岩有基性—超基性岩脉、中酸性侵入岩体、岩株、岩枝、岩脉；火山岩则以基性为主，酸性火山岩甚少，中性火山岩罕见。相对而言，早期（中元古代—二叠纪）以火山岩为主，晚期（三叠纪—新近纪）以侵入岩为主。中条期、晋宁期岩浆岩均已受到中级（角闪岩相）区域动热变质，是扬子地台基底重要组成部分；澄江期、加里东期、海西期、印支期岩浆岩也经历了印支期低级（绿片岩相）区域动力变质，成为松潘-甘孜造山带重要组成部分；燕山期、喜马拉雅期是在欧亚大陆形成以后，陆内走滑机制导致的壳幔作用形成的岩浆岩组合。

在东部以澄江—晋宁期侵入岩为主，出露大渡河主流两岸和二郎山山岭，共同组成宏大的基底；震旦纪以来的岩浆作用，主要表现为基性火山喷发，这些喷出岩主要呈层状夹于正常沉积岩系或沉积变质岩系之间。

在西部以印支期和燕山期的岩浆活动为主，形成了以钨、锡、银、金、铅、锌、铀、钍等的矿化带，其中以酸性侵入岩与矿产关系最为密切，如燕山晚期较大的折多山花岗岩体与区内钨锡矿和部分重要的银铅锌矿的形成紧紧相连，它在空间分布上受北西向鲜水河断裂带及北北西向磨西断裂带控制，岩体内形成了多条规模巨大的糜棱岩及碎裂岩带，为成岩后鲜水河断裂带后期构造活动的产物，为后期成矿提供了良好的矿液通道和容矿空间。

区域重磁特征：区域重力处于龙门山-锦屏山重力梯度带东西的低值异常区北段，以重力等值线近东西展布和封闭的局部异常为主，由东到西重力异常值从-200mGal变化到-450mGal。农戈山铅锌银矿床位于异常的西缘，马桑坪铅锌矿床位于龙门山重力梯度带东缘；从1∶100万航磁化极异常以串珠状、椭圆状和不规则状，呈北西和近南北向展布，与区域构造线方向一致。天芦宝地区正处于宝兴-泸定正异常的高值区，异常展布方向与宝兴背斜轴线走向一致；龙门山深断裂也正是航磁化极正负异常急剧变化的梯度带，金汤弧形构造带和折多山-鲜水河断裂构造带则为大范围负异常区。本区已知的铅锌银矿产地均处在异常区内及其正负异常过渡带上。远景区北东侧寨子坪式沉积变质型铅锌矿位于航磁 ΔT 平稳变化负异常（$-150\sim-100\mathrm{nT}$）中，航磁 ΔT 化极垂向一阶导数为负异常梯级带（南北向）东侧（$-8\sim-7\mathrm{nT/km}$）。在布格重力异常负异常梯级带（北东向转南北向）中，剩余重力异常位于局部椭圆状负异常（南北向）中心（$-6\times10^{-5}\mathrm{m/s^2}$）与零值线中间地段（$-3\times10^{-5}\mathrm{m/s^2}$）。剩余重力异常中部地区以负异常为主（总体走向北东），推断与深部中酸性岩相关。东南地区北东走向大范围正异常区推断与老地层相关。其余地区正、负异常与基性岩和中酸性岩相关。黄金坪金矿床位于航磁 ΔT 和航磁 ΔT 化极垂向一阶导数平稳变化负异常中。布格重力异常位于南北负异常梯度带中。剩余重力异常位于椭圆状正异常鞍部。综合推断矿床与老地层和中酸性岩相关。

区域地球化学：1∶20万化探资料圈定了 Cu、Pb、Zn、Au、Ag 等异常主要集中分布于矿产密集聚居地区，并成群成带，反映了异常与构造岩浆带或矿体间的内在联系，矿致异常多数为分带明显的复合异常，多与物探异常吻合较好。区域化探水系沉积物中 Pb 含量（$22.9\sim223$）$\times10^{-6}$，平均 96.35×10^{-6}，具有三级浓度分带；Zn 含量 $84.6\sim733\times10^{-6}$，平均为 202×10^{-6}，具有三级浓度分带，高值区与 Pb 异常高值区吻合较好；综合异常区域内 Ag 含量（$70\sim90$）$\times10^{-9}$，为低背景区域，但在其外围有低缓的 Ag 异常显示，正异常出现在南西侧约 3km 处。综合异常呈椭圆形，面积约 $30\mathrm{km^2}$。区域化探水系沉积物中 Au 含量为（$13.2\sim265$）$\times10^{-9}$，异常浓集分带清晰，具有三级浓度分带；As 异常显著，具有三级浓度分带，As 异常主要分布在 Au 异常的外围。已知金矿产地主要分布在 Au 异常的中带。异常展布与区域构造线的方向一致。黄金坪金矿所在地区 1∶20万区域化探水系沉积物测量成果显示，Au、As 等元素异常清晰，浓集分带明显。尤其是 Au、As 等指标异常空间套合较好，浓集中心基本重合。异常区内有多个已知金矿产地，均位于异常外带。全区共圈定出 Au 单元素异常 17 个，其中 16 个异常具有二级以上浓度分带，7 个异常带内有已知金矿产地分布。全域共圈定出 As 单元素异常 21 处，其中具有二级以上浓度分带的 12 处，8 处异常内有已知金矿产地分布。区内 Au 的富集贫乏分布显著，高背景和正异常主要分布在预测远景区中西部，总体呈 SN 向展布，局部有 NE 向趋势。区内已知金矿产地均分布在高背景和正异常区域，但与高浓集区有一定的距离。低背景和负异常主要分布在菩萨山及其以东地区。

2. 找矿方向

主攻矿种和主攻矿床类型：产于元古宙康定岩群高级变质岩建造中的黄金坪式岩浆热液型-构造蚀变岩型金矿、产于中下泥盆统捧达组变质浅海相镁碳酸盐岩夹泥砂岩建造中寨子坪式似层状热液型铅锌矿。

找矿方向：区内划分 V 级找矿远景区 2 个（表 13-5）。

表 13-5 Ⅳ-11 康定铜金铅锌矿远景区找矿靶区特征表

主攻矿种	主攻类型	典型矿床	V级找矿远景区	面积（km²）	找矿靶区	编号	面积（km²）	远景
金铅锌铂镍	岩浆型、构造蚀变岩型、层控碳酸盐岩型	黄金坪金矿、寨子坪铅锌矿、二郎铅锌矿	V19 康定金矿找矿远景区	968	C 桃沟-巴身小沟-哈拿沟金矿找矿靶区	Au-C-6	6.3	金小型
					C 金台子-干沟金矿找矿靶区	Au-C-7	6.8	金小型
					C 金铜湾-若吉金矿找矿靶区	Au-C-8	9.5	金小型
			V20 寨子坪铅锌矿找矿远景区	82				

V19 康定金矿找矿远景区,面积968km²,圈定具小型找矿远景的岩浆热液型-构造蚀变岩型金矿 C 找矿靶区3个:桃沟-巴身小沟-哈拿沟、金台子-干沟、金铜湾-若吉。

V20 寨子坪铅锌矿找矿远景区,面积82km²,碳酸盐建造中热液型铅锌矿值得进一步研究和勘查。

第十四章 四川盆地成矿区

本成矿区全称为"Ⅲ-74 四川盆地 FeCuAu 油气石膏钙芒硝石盐煤和煤层气成矿区(T_{1-2},J_1,K_2,C_2)",范围位于东经 102°40′—101°00′,北纬 28°00′—32°30′之间,呈近等轴状,东西长约 700km,南北宽约 500km,行政区划包括四川省中东大部、重庆市中西部大部分区域,成矿区范围总面积约 19 万 km^2。

第一节 区域地质矿产特征

本成矿区所处大地构造位置为Ⅲ扬子陆块区-Ⅲ₁上扬子陆块-Ⅲ$_{1-3}$川中前陆盆地,地层分区为华南地层大区(Ⅱ)-扬子地层区(Ⅱ₂)-上扬子地层分区(Ⅱ$_2^4$)。矿产以沉积型铁矿、锶矿、铝土矿、砂岩型铜矿、砂金及油气、石膏、钙芒硝、石盐、煤、煤层气为特点。

一、区域地质

(一)地层

区内地层发育特点是:①侏罗系发育较完整,白垩系亦有零星分布;②二叠系、三叠系发育完整,主要分布于盆地边缘山麓或背斜核部,上二叠统、三叠系均呈显著的东西相变;③大部分地区泥盆系和石炭系剥蚀殆尽;④古近系、新近系缺失;⑤第四纪河流沉积相发育。

綦江式铁矿产于早侏罗世陆相沉积岩层中,涪陵式铁矿产于中二叠世海陆交互相沉积岩层中,锶矿产于下三叠统(T_1)含盐建造,盆地西缘乐山新华式古风化壳-沉积型铝土矿产于晚二叠世宣威组、龙潭组陆相、海陆交互相的细碎屑沉积岩中。

上古生界发育相对较好。泥盆系基本上为滨海-浅海相碳酸盐岩;中二叠统底部梁山组为陆相或海陆交互相的砂页岩,中二叠统的栖霞组—茅口组则为浅海相的碳酸盐建造,属扬子陆块上分布广阔的碳酸盐台地的一部分。上二叠统宣威组为页岩和夹铝质岩,在乐山-雷波地区属陆相湖泊铝铁沉积建造,有铝土矿体产出,下部为峨眉山玄武岩;下三叠统为紫红色砂泥岩、泥灰岩、灰岩;中统分布局限,为泥质白云岩、白云岩夹砂岩;上统为海陆交互相—陆相的砂、泥岩、页岩,含煤线。侏罗系—下第三系其岩性为陆相砂泥岩、砾岩、泥岩等组成的红色碎屑岩建造,总厚度达 3000m 以上。

区内无岩浆岩、变质岩布露。

(二)区域构造

区域构造形迹主要为一系列北东、北东东向断裂褶皱。盆地北以城巴断裂带与米仓山-大巴山逆冲带分界,东、南以七曜山断裂与扬子陆块南部被动边缘褶冲带为界,西以龙门山前陆逆冲带与西藏—三江造山系分界。在澄江运动之后,经历加里东运动,特别是海西运动,为大陆板内台型沉积,主要为陆表海滨海-浅海沉积,总体沉积以稳定型陆源建造为主。盆地的边缘同沉积断裂发育,在拉张断裂作用下,板内差异运动明显。在华蓥山断裂以西,其上盖层普遍缺失泥盆系和石炭系;华蓥山断裂以东则普遍缺失部分古生界,且为一北东向的相对坳陷盆地。早三叠世晚期,该区发育成为半封闭的内海盆地,发育蒸发式建造,受印支运动末幕的影响,三叠纪后本区进入陆相沉积阶段。经燕山—喜马拉雅运动,龙门山、康滇地区进一步褶皱、抬升、推覆造山,并形成山前前陆磨拉石建造盆地类型。

二、区域物化特征

四川盆地为重力高异常区。布格重力异常均为负值,布格重力异常总体表现为东高西低,场值变化的基本趋势是由川东南向川西北逐渐降低,平均每千米变化约 $0.35\times10^{-5}\mathrm{m/s^2}$,场值变化较缓,局部地方具圈闭重力异常,具地台内重力异常特征,异常走向总体呈北东和北北东向;从东到西异常值总体逐渐降低,最高值−118mGal,最低−132mGal,航磁异常以高值正异常为主,在一范围较大的负磁异常西部,航磁异常分布总的趋势是中、北部磁异常强度较高,西部、东南部磁异常强度较低,呈线状、带状和块状,展布方向主要是北东向和南北向,并有北西向和东西向的磁异常走向。向上延拓后场值降低,负磁异常范围加大且更加明显。

水系沉积物中以 F、B、Mn 地球化学高背景分布最为典型。其次有 As、Au、Ba、Be、Bi、Cd、Co、Cr、Cu、Hg、La、Li、Mo、Nb、Ni、Pb、Sb、Th、Ti、U、V、W、Y、Zn 和 Fe_2O_3、Na_2O 地球化学高背景。As、Au、B、Ba、Be、Bi、Cd、Co、Cr、Cu、F、Fe_2O_3、Hg、La、Li、Mn、Mo、Na_2O、Nb、Ni、Pb、Sb、Th、Ti、U、V、W、Y、Zn 等高背景带或异常带均呈 NNE—NE 向展布。水铝石重砂汇水盆地高值异常集中在示范区东部和南部部分地区,低值异常在示范区西部和中部,北部虽有已知矿点,却无重砂异常。高值异常由 1~3 个高值点的异常形成,且异常远离已知矿点(含矿层位)。

四川盆地地球化学分区:水系沉积物中各元素/指标分布均匀,局部异常不发育。

华蓥山地球化学分区:水系沉积物中 Au、Si、Sr 等指标相对富集,Bi、F、Fe、Mo、Na、Ni 等相对贫乏,多数指标含量起伏较大,局部异常发育,异常多呈 NNE—NE 向展布,与区域构造线走向基本一致。区内锶在地壳中碳酸盐岩的丰度值为 610×10^{-6},土壤中的丰度值约为 $(200\sim400)\times10^{-6}$,而锶矿含矿层位上覆、下伏岩层及其他碳酸盐岩锶元素平均含量为 710×10^{-6}(矿区除外),高出地壳中碳酸盐岩丰度值,显示为锶异常区域。

三、主要矿床类型及代表性矿床

四川盆地为一中生代—新生代红层盆地,其周缘出露古生代,岩浆岩及变质岩均不发育,构造变形不强,这种地质背景决定了其矿产以沉积型铁矿、锶矿、铝土矿、砂岩型铜矿、砂金及油气、石膏、钙芒硝、石盐、煤、煤层气为特点。重要矿床有綦江式新盛-土台铁矿区、玉峡式古龙锶矿,如产于下侏罗统珍珠冲组綦江段碎屑岩建造中綦江式沉积型菱(赤)铁矿——綦江县新盛-土台中型铁矿区;产于三叠系下统嘉陵江组碳酸盐建造中玉峡式沉积改造型锶矿——大足县古龙大型锶矿。

区内铁矿产出较为分散,在整个盆地均有分布,较集中在重庆—万州一线以东至彭水—巫山一线以西,呈北东向的条带状展布。目前发现的铁矿全为沉积型铁矿,包括海陆交互相沉积铁矿、陆相沉积铁矿等。区内含矿地层由老至新计有中二叠统梁山组、上二叠统龙潭组、上三叠统须家河组、下侏罗统珍珠冲组等。主要矿床类型有珙长式、威远式、綦江式、武隆式和长寿式等 6 种类型。矿石类型包括菱铁矿、赤铁矿和混合矿石 3 种。

区内锶矿主要集中分布于重庆大足、铜梁、合川一带。均分布在紧邻华蓥山基底断裂东侧的背斜,西山背斜北段东翼产出有铜梁玉峡、大足陈家坡、古龙、兴隆、宋家湾、黄泥堡等特大型、大型锶矿床,背斜西翼产出有玉峡李家院子小型锶矿床,沥鼻峡背斜北段西翼产出有合川干沟大型锶矿床,华蓥山背斜北段东翼有四川渠县杨家坰包-大竹仰天窝小型锶矿床。

区内铝土矿主要分布于盆地西南缘乐山新华一带,为产于晚二叠世宣威组、龙潭组陆相、海陆交互相的细碎屑沉积岩中的古风化壳-沉积型铝土矿。

第二节 找矿远景区-找矿靶区的圈定及特征

一、找矿远景区划分及找矿靶区圈定

根据四川盆地成矿区（III_{74}）内主要为沉积型矿产的特征,初步圈定了Ⅳ级找矿远景区1个、Ⅴ级找矿远景区6个,进一步圈定綦江式铁矿找矿靶区16个,其中A类靶区1个、B类靶区10个、C类靶区5个。

 Ⅰ-4 滨太平洋成矿域
  Ⅱ-15 扬子成矿省-Ⅱ-15B 上扬子成矿亚省
   Ⅲ-74 四川盆地FeCuAu油气石膏钙芒硝石盐煤和煤层气成矿区
    Ⅳ-12 大足-綦江-石柱锶矿铁矿远景区（Ⅴ21、Ⅴ22、Ⅴ23、Ⅴ24、Ⅴ25、Ⅴ26）

二、Ⅳ-12大足-綦江-石柱锶矿铁矿找矿远景区特征

1. 地质背景

范围：远景区地处重庆市东南部,南西到綦江—永川一线,北东抵云阳县,呈北东带状展布,极值坐标范围为 E105°35′—109°10′, N28°28′—30°54′,总面积约2.8万 km^2。

大地构造位置：Ⅲ扬子陆块区-III_1上扬子陆块-III_{1-3}川中前陆盆地之东部华蓥山帚状穹褶束及万州弧形凹褶束。区域构造线及地层展布方向为北北东、北东向。

地层分区为：华南地层大区（Ⅱ）-扬子地层区（II_2）-上扬子地层分区（II_{24}）之万州地层小区、荣昌地层小区。綦江式沉积型铁矿产于早侏罗世陆相沉积岩中。珍珠冲组厚180～320m,下部为灰、浅灰、黄色中厚层—厚层细—中粒石英砂岩,含铁质石英砂岩、砂质泥岩、粉砂岩,或为灰绿、浅灰、紫红、紫灰色中至厚层状细—中粒石英砂岩与含铁质细砂质水云母黏土岩不等厚互层,局部夹赤铁矿、菱铁矿,是綦江式铁矿的主要赋存层位。珍珠冲组上部为紫红色、灰绿色、黄灰色等杂色泥岩、砂质泥岩夹少量浅灰色、黄灰色薄至中厚层状细至中粒石英砂岩及石英粉砂岩。玉峡式沉积改造型锶矿含矿段为三叠系下统嘉陵江组二段一亚段（T_1j^{2-1}）地层,主要由泥岩、（矿化）脱白云石化次生灰岩、盐溶角砾岩、矿化白云岩、白云岩、白云质灰岩、水云母泥岩、白云质泥岩及锶矿体组成,中上部间夹白云质灰岩、泥质白云岩、角砾状灰岩透镜体。含矿段岩石溶孔、溶洞断续发育。厚13.52～27.23m。

区域重磁特征：区域重力为重力高异常区,并向北西方向降低。以南川—北碚北北西向宽缓负异常分布区为界分为东、西2个异常区。

(1)西部异常区可分为以下三个异常区：江津-重庆-北碚以西正异常区,推断由老地层（Ar—Pt_1）及背斜构造引起。沉积铁矿多数位于局部正异常靠近零值线区域,负异常中也有分布。綦江-江津负异常区,沉积铁矿分布于负异常中。綦江以南正负异常区,以土台铁矿为代表的沉积铁矿分布于正异常边部。

(2)东部异常区：为北东走向正负异常相间异常区,正、负异常推断为背、向斜引起。沉积铁矿主要分布于正异常区边部。

区域航磁特征以綦江、涪陵—北碚一带北西走向宽缓负异常分布区为界分为东、西两个异常区。

(1)西部正异常区航磁以宽缓正异常为主,航磁化极垂向一阶异数显示为南北走向正、负相间异常区。推断正异常为由老地层($Ar—Pt_1$、Pz_1)和火山岩(玄武岩)引起。

(2)东部近东西、南北走向椭圆状、等轴状正、负异常区。推断正异常主要为老地层($Ar—Pt_1$、Z)引起。

区域地球化学:在含矿地层出露区域 Be、Fe_2O_3、Ti、V、Co、Y 等指标显示局部正异常,异常峰值多出现在含矿地层出露区,强度差异较大,东部异常强度显著高于西部,异常带宽度是含矿地层出露宽度的10倍左右,不能圈定矿体和含矿地层。

2. 找矿方向

主攻矿种和主攻矿床类型:产于下侏罗统珍珠冲组綦江段碎屑岩建造中綦江式沉积型菱(赤)铁矿、产于下三叠统嘉陵江组碳酸盐建造中玉峡式沉积改造型锶矿。

找矿远景:区内大致以褶皱单元划分了Ⅴ级找矿远景区6个(表14-1)。

表14-1 Ⅳ-12大足-綦江-石柱锶矿铁矿远景区铁矿找矿靶区特征表

主攻矿种	主攻类型	典型矿床	Ⅴ级找矿远景区	面积(km²)	找矿靶区	编号	面积(km²)	远景
FeCuAu油气石膏钙芒硝石盐煤和煤层气、锶	层控热液型、沉积型、砂页岩型	大足古龙锶矿、綦江铁矿	Ⅴ21永川区黄瓜山铁矿找矿远景区	611	C永川区黄瓜山铁矿找矿靶区	Fe-C-5	28.66	铁中型
			Ⅴ22沥鼻峡背斜东翼铁矿找矿远景区	908	C沥鼻峡背斜东翼璧山大路-八塘铁矿找矿靶区	Fe-C-6	56.45	铁小型
			Ⅴ23温塘峡背斜-观音峡背斜铁矿找矿远景区	1345	C温塘峡背斜东翼沙坪坝-北碚铁矿找矿靶区	Fe-C-7	69.61	铁中型
					C观音峡背斜西翼铁矿找矿靶区	Fe-C-8	86.86	铁中型
			Ⅴ24龙山背斜铁矿找矿远景区	3020	A巴南区接龙-綦江县土台铁矿找矿靶区	Fe-A-6	1418.66	铁大型
					B南岸区黄桷垭-巴南区一品铁矿找矿靶区	Fe-B-1	132.91	铁中型
					B江津区夏坝铁矿找矿靶区	Fe-B-2	150.58	铁中型
					B龙山背斜北西翼大罗坝铁矿找矿靶区	Fe-B-3	22.33	铁小型
			Ⅴ25龙骨背斜-焦石背斜铁矿找矿远景区	4067	B长寿东山-涪陵大柏树铁矿找矿靶区	Fe-B-4	114.87	铁中型
					B龙骨背斜北西翼中心场铁矿找矿靶区	Fe-B-5	12.32	铁中型
					B焦石背斜北西翼河咀铁矿找矿靶区	Fe-B-6	22.96	铁中型

续表 14-1

主攻矿种	主攻类型	典型矿床	V级找矿远景区	面积（km²）	找矿靶区	编号	面积（km²）	远景
FeCuAu油气石膏钙芒硝石盐煤和煤层气、锶	层控热液型、沉积型、砂页岩型	大足古龙锶矿、綦江铁矿	V26 石柱向斜-龙驹坝背斜铁矿找矿远景区	3407	B 石柱向斜南东翼六塘铁矿找矿靶区	Fe-B-7	30.73	铁中型
					B 方斗山背斜南东翼鱼池铁矿找矿靶区	Fe-B-8	8.14	铁中型
					B 龙驹坝背斜北西翼龙驹铁矿找矿靶区	Fe-B-9	8.84	铁中型
					B 云阳县三龙滩-岐阳铁矿找矿靶区	Fe-B-10	29.2	铁中型
					C 石柱向斜南东翼冷水铁矿找矿靶区	Fe-C-9	31.3	铁中型

V21 永川区黄瓜山铁矿找矿远景区，面积 611km²，圈定具中型潜力的 C 类铁矿靶区 1 个——永川区黄瓜山铁矿找矿靶区。

V22 沥鼻峡背斜东翼铁矿找矿远景区，面积 908km²，圈定具小型远景的 C 类铁矿靶区 1 个——沥鼻峡背斜东翼璧山大路-八塘铁矿找矿靶区。

V23 温塘峡背斜-观音峡背斜铁矿找矿远景区，面积 1345km²，圈定具中型潜力的 C 类铁矿靶区 2 个——温塘峡背斜东翼沙坪坝-北碚铁矿找矿靶区、观音峡背斜西翼铁矿找矿靶区。

V24 龙山背斜铁矿找矿远景区，面积 3020km²，圈定铁矿靶区 4 个，其中 A 类 1 个——巴南区接龙-綦江县土台铁矿找矿靶区具大型潜力，B 类 3 个具中小型远景。

V25 龙骨背斜-焦石背斜铁矿找矿远景区，面积 4067km²，圈定具中型远景的 B 类铁矿找矿靶区 3 个。

V26 石柱向斜-龙驹坝背斜铁矿找矿远景区，面积 3407km²，圈定铁矿找矿靶区 5 个，其中 B 类 4 个，C 类 1 个，均具中型找矿潜力。

在华蓥山锶成矿带初步圈定了 6 个锶成矿远景区，从北向南分别是四川的大竹仰天窝（杨家垇包小型锶矿床和渠县李家槽锶矿点）、大竹天池、重庆市的合川大庙子（太阳坪-田坝子、周家院-田坝子、人头山-凉水铺等锶异常）、铜梁县的岚峰-中峰寺（可进一步圈定石山堡、岚峰、朱家井等找矿靶区）、郑家湾-接龙桥（可进一步圈定李家院子、鲁家院、郑家湾、接龙桥等找矿靶区）、永川新店子远景区。整个华蓥山锶矿带预测资源潜力可达 8000 万 t。

第十五章 盐源-丽江-金平成矿带

本成矿带全称为"Ⅲ-75 盐源-丽江-金平(台缘坳陷)AuCuMoMnNiFePbS 成矿带(P_1；T_{1-2}；V；H)"，进一步划分为3个成矿亚带：Ⅲ-75-①盐源-丽江(陆缘坳陷)Cu-Mo-Mn-Fe-Pb-Au-S 成矿亚带(3万 km^2)、Ⅲ-75-②金平(断块)Cu-Ni-Au-Mo 成矿亚带(0.1 万 km^2)、Ⅲ-75-③点苍山-哀牢山(逆冲推覆带)Cu-Fe-V-Ti-宝玉石成矿亚带(0.6 万 km^2)。成矿带范围位于东经99°45′00″—103°37′45″,北纬22°35′40″—28°42′00″之间,呈向西凸出弧形带状展布于扬子陆块西缘,北以小金河深断裂与雅江残余盆地分界,向南西接金沙江断裂,西南至金沙江-哀牢山大断裂(西移含九甲-安定或藤条河断裂),东界为金河-程海-宾川深大断裂至红河大断裂,南北向弧形延伸约400km,东西向宽约30～100km,行政区划涉及四川省盐源、盐边,云南省宁蒗、中甸、永胜、丽江、鹤庆、洱源、宾川、大理、祥云、弥渡、南华、镇沅、元江、元阳、红河、金平等地区,成矿带范围总面积约3.7万 km^2。

第一节 区域地质矿产特征

一、区域地质

(一)地层

在成矿带北段盐源-丽江(陆缘坳陷)Cu-Mo-Mn-Fe-Pb-Au-S 成矿亚带(Ⅲ-75-①),中部以丽江-木里隐伏深断裂将本区划分两部分,并沿此断裂及程海深断裂有大规模的二叠纪基性火山喷发。

(1)丽江-木里隐伏深断裂东南部:本区出露有前震旦系、古生界及中生界,少量石炭系,缺失侏罗系、白垩系,奥陶系、志留系仅见于洱海东侧及盐边县国胜一带,而二叠纪火山岩及上三叠统含煤地层则遍布全区。前震旦纪时期出露苍山群角闪岩相变质岩,构成扬子地台的结晶基底,震旦纪时期在丽江—剑川一线以西地区出露一套中级变质岩系称石鼓群。震旦系及古生界分布在东部金河拱褶断束内,呈北东向窄条带分布。上震旦统至下二叠统为陆缘沿海—浅海相碎屑岩建造和碳酸盐建造。下泥盆统由粗碎屑建造逐渐过渡到碳酸盐建造,最厚达3000m。中、上泥盆统为含磷灰岩,生物化石为底栖固着生物和浮游生物,沉积厚度达2278～3970m。上二叠统中与峨眉山玄武岩相当层位的火山岩是一套浅海相—陆相拉斑玄武岩,喷发自早二叠世开始,持续至晚二叠世,具海陆交替相喷发特征。

(2)丽江-木里隐伏深断裂西北部:区内二叠系和三叠系仍广泛出露,且无明显变化。

在成矿带南西侧之点苍山-哀牢山(逆冲推覆带)Cu-Fe-V-Ti-宝玉石成矿亚带(Ⅲ-75-③),区内中北段出露地层主要有元古宇哀牢山群、古生界及中生界三叠系,其他地层及新生界不太发育,仅有零星分布。

在成矿带南段之金平(断块)Cu-Ni-Au-Mo 成矿亚带(Ⅲ-75-②),指夹持于藤条河断裂和哀牢山断裂之间的三角形地带。本区出露地层以奥陶系、志留系、泥盆系、石炭系、二叠系为主，另有少量三叠系，各时代地层岩性特点、建造性质与大量海东地区颇为相似。

（二）岩浆岩

在成矿带北段盐源-丽江（陆缘坳陷）Cu-Mo-Mn-Fe-Pb-Au-S成矿亚带（Ⅲ-75-①），岩浆活动频繁，明显受深大断裂构造控制，呈条带状分布，组成规模不等的岩浆岩带，主要形成时期为海西期、印支期、燕山期、喜马拉雅期，极少产于晋宁期。岩浆种类繁多，从侵入相→喷发相，从超基性→基性→中酸性→碱性岩类十分齐全，这些岩浆活动带来了丰富的成矿物质，区内分布着数个喜马拉雅期中酸性—碱性斑岩群（体），以石英正长斑岩为主。其南段海西期环状铁质超基性岩和喜马拉雅期酸性—碱性斑岩发育，超基性岩一般均具铂（钯）矿化，但品位偏贫。斑岩均成群分布，主要岩性为石英二长斑岩，另有少量正长斑岩、钾质煌斑岩相伴产出，成岩年龄集中于30～40Ma，岩性分带不明显，单个岩体具由内向外粒度略微变细的特点。与晚二叠世玄武岩同源同期的基性超基性侵入岩在金河-程海断裂西侧有大板山、南天湾、大杉树、河坪子等岩体（群），构成了一个近南北向的岩带。在下古生界组成的背斜核部，有较广泛的基性岩呈岩床状侵入。在金河-程海深断裂西侧有印支期—燕山早期的小规模酸性、酸碱性岩浆侵。

在成矿带南西侧之点苍山-哀牢山（逆冲推覆带）Cu-Fe-V-Ti-宝玉石成矿亚带（Ⅲ-75-③），其北中段岩浆活动强烈，侵入岩从超基性—酸性均有分布，时代有元古宙、海西—喜马拉雅期，主要是印支—燕山期中酸性侵入岩和喜马拉雅期酸性—碱性浅成斑岩（煌斑岩）等，火山岩仅有海西期基性火山岩喷出。

在成矿带南段之金平（断块）Cu-Ni-Au-Mo成矿亚带（Ⅲ-75-②），岩浆活动复杂而强烈。喷出岩有晚海西期（二叠纪）和三叠纪玄武岩，侵入岩包括晚海西期超基性—基性岩、石英二长（闪长）岩、辉长辉绿岩，印支期花岗岩和喜马拉雅期花岗斑岩、石英正长斑岩等。喜马拉雅期富碱超浅成—浅成斑岩与长安式金矿密切相关。

（三）变质岩及变质作用

在成矿带北段盐源-丽江（陆缘坳陷）Cu-Mo-Mn-Fe-Pb-Au-S成矿亚带（Ⅲ-75-①），古元古界苍山群，集中出露于大理洱海西侧，构成苍山山脉主体，主要由片麻岩、片岩、变粒岩及少量混合岩、大理岩组成。

哀牢山断裂两侧岩石均强烈糜棱岩化，构成一宽达1000～2000m的糜棱岩-韧性剪切带。哀牢山断裂与九甲断裂之间的浅变质岩系总体为一套变质砂岩、板岩、千枚岩、片岩夹结晶灰岩、变质火山岩和绿泥片岩等，构成一系列大小不等的构造透镜体。中部的转马路-山神庙断裂，是浅变质带内一条重要的韧性剪切带，若干蛇纹岩透镜体沿之分布。九甲断裂为一脆-韧性断裂带，由一系列向东倾的逆冲-逆掩断裂组成，其西即为基本不变质的晚古生代及中生代地层。整个构造变质带，在印支以后各期构造变动中，又经历了进一步推覆和走滑剪切，并有热变质作用叠加。

在成矿带南西侧之点苍山-哀牢山（逆冲推覆带）Cu-Fe-V-Ti-宝玉石成矿亚带（Ⅲ-75-③），变质岩包括两部分：浅变质岩系和中—深变质岩系。深、浅变质岩二者在空间上彼此呈平行状展布，紧密联系，以哀牢山韧性剪切断裂带为界。中深变质带位于红河断裂和哀牢山断裂之间，受变质地层为哀牢山岩群，为一套含中基性火山岩成分的陆源碎屑岩夹碳酸盐岩的巨厚活动型火山-沉积岩系；哀牢山浅变质岩带位于九甲断裂和阿墨江断裂之间，总体为一套变质砂岩、板岩、千枚岩、片岩夹结晶灰岩、变质火山岩和绿泥片岩等，构成一系列大小不等的构造透镜体。哀牢山构造变质带南段浅变质带消失，深变质带加宽，变质火山岩发育。

(四)区域构造

成矿带区域构造呈向西凸出弧形带状展布于扬子陆块西缘,其西北—西—西南界分别为北东向的小金河深断裂转向南西接近南北向的金沙江断裂,进一步接北西向之哀牢山大断裂(西移含九甲-安定或藤条河断裂),东界为北东向金河-程海-宾川深大断裂转接北西向红河大断裂。区域褶皱构造随区域断裂亦呈弧形转变。以程海断裂为界,其西构造线为以南北向为主的断裂和褶皱,代表性褶曲有阿拉山背斜、大安向斜、炼硐河向斜、松桂向斜等,褶皱多为两翼对称、平缓开阔的短轴褶曲,点苍山一带,为北西向的逆冲-推覆构造带,伴有平移韧性剪切性质,剑川老君山一带则夹持于北西向和北东向构造复合部位;鹤庆—北衙一带主要为北东向与南北向构造交切复合,并含东西向构造残迹,其中南北向的松桂向斜及马鞍山断裂为区内主要的控岩控矿构造;南部则以挖色帚状构造及巍山河的弧形构造引人注目。程海断裂以东,其构造变动微弱,仅发育宽缓褶皱。喜马拉雅运动在成矿区内表现强烈,不仅造成古近系、新近系间的微角度不整合接触,而且使金河-程海和小金河源断裂在印支运动发育起来的推覆构造进一步发展,断裂带多期次活动,为地下水热液及其他热液成矿提供了有利的构造条件。现已在二断裂构造带上发现多处金、铜、铅、锌、汞矿产地。

二、区域物化特征

由北东向转为近南北向之龙门山-大雪山重力异常梯级带是夹于高低不同的两异常区之间的等值线特别密集的南北向异常带;其东侧为四川盆地重力高异常区、西侧为川西高原重力低异常区。布格重力异常值大致为$(-350 \sim -200) \times 10^{-5} m/s^2$,莫霍面埋深东南浅(幔隆)、西北深(幔凹),该区位于幔隆与幔凹过渡的龙门山-锦屏山幔坡陡倾带。异常带北段呈北北东向,经康定、雅安转为南北,在石棉处分开为两支;东支经雷波至滇、黔境内沿乌蒙山展布;西支沿九龙、木里向西延伸。两者之间形成南宽北窄,向北突出的楔型的攀西重力高异常区和昭觉、巧家重力低异常区。龙门山-大雪山重力异常梯级带向西接木里-丽江重力梯级带,在云南境内长约150km,宽约50km,其平均变化率约为$0.9 \times 10^{-5} m \cdot s^{-2} \cdot km^{-1}$;梯级带沿走向有微小波状变化,过丽江后往西则变为北西走向,往北东方向则逐渐向龙门山梯级带靠拢,甚至合并;在金沙江断裂和木里-丽江断裂夹持区域,布格重力异常等值线密集,以等值线同形扭曲叠加圈闭的重力高、低显示的重力异常带呈带状分布,由西向东异常带方向由北北西变为南北向。木里-丽江重力梯级带向南转接北西向哀牢山重力梯级带,在元江以东的滇中、东地区,主要分布南北向元谋-新平区域重力高和东川-建水区域重力低及永胜-大姚-南华重力低。元谋-新平重力高沿东经102°呈南北向展布,云南境内长约300km,宽约80km,南(新平)北(四川攀枝花)两端异常强度大,其幅值都有在$+10 \times 10^{-5} m/s^2$以上,这个重力高可能是康滇地轴中轴地幔隆起带的反映;西侧永胜-大姚-南华重力低亦近南北向展布,其强度和长度均比东侧重力低小,也可能是地幔坳陷的反映,只是坳陷幅度比东侧小。

成矿带北段总的趋势是东部、南部磁异常强度高,西部、北部磁异常强度低,其分界线大致在龙门山、康定到木里一线。该线以东磁场以高值正异常为主,呈线状、带状和块状,展布方向主要是北东向和南北向,并有北西向和东西向的磁异常走向;该线以西,磁场以低值负异常为主,局部有低值正异常,多呈块状、带状、串珠状沿北西向、南北向展布。向南接丽江-兰坪负磁异常区,此负磁异常与丽江-永胜异常区基本一致,但往西延至兰坪及国境一带,基本与重力资料显示的木里-丽江梯级带一致。丽江-永胜异常区在负背景场上叠的两异常带完全消失,变化为全负磁场;东侧负异常呈北东东向圈闭,负极值亦在$-25nT$以上,西侧负异常呈近南北向,负极值稍小($-20nT$)。此负异常区与地质构造极不一致,显然是深部磁场的表现,据其与木里-丽江重力梯级带反映的超壳断裂带的一致,推测是该超壳断裂的磁场反映,即超壳断裂使磁场降低的表现。在红河以东的广大地区,异常带整体为南北向分布,丽江-永胜地区为北东向分布。

在成矿带北西部大坝乡下坪子异常区,呈近东西向展布,东西长约20km,南北宽约10km,其异常中心位于普尔地—下坪子一带,表现为Mo、Cu、Au、Pb、Zn、As异常组合,其中Cu($300×10^{-6}$~$400×10^{-6}$)、Au($3×10^{-9}$~$40×10^{-9}$)、Zn($200×10^{-6}$~$300×10^{-6}$)异常位于中心,Pb异常位于周围。

前所乡陀罗梁子异常区,呈近东西向带状展布,东西长约20km,南北宽约2km;表现为Mo、Pb、Zn、As异常复合,异常值低,浓集中心不明显。

泸沽湖异常区,位于泸沽湖镇及其东侧,呈团块状分布,东西宽约13km,南北长约15km;表现为Mo、Cu、Au、Pb、Zn、As异常组合,异常中心为Cu、Au异常,东缘出现不连续的Mo异常及少量Pb异常,南部出现孤立的Zn、As异常。

西范坪-模范村异常区,呈北北东向展布,长约25km,宽约5km,表现为Cu、Au、Pb、Zn、As异常复合。异常中心位于盐源西范坪至云南永宁红旗乡一带,除As异常较连续外,其余元素异常较为孤立。

宁蒗-永胜-大理地球化学异常带,Cu、Ni、Cr、Co、V、Ti、Mn异常较强,分布广,具面型异常特征,沿宁蒗—程海—祥云一线近南北向分布,主要与二叠纪玄武岩相关,少数与超基性、基性侵入岩吻合;北部宁蒗—泸沽湖一带Pb、Zn、Ag、Au、Sb、As异常发育,已发现宁蒗白牛厂金、铅锌矿点;南部北衙-祥云出现一个明显的Cu、Pb、Zn、Ag、Mo、Au、As、Sb异常带,与带内浅成岩类有关,北衙、马厂箐金铜铅锌多金属矿位于异常内。

哀牢山地球化学异常带亲Cu元素及铁族元素含量普遍偏低,只元阳以南有少量Cu、Ni、Cr、Fe、Ti异常。与花岗岩及混合岩化有关的元素发育,稀土、稀有元素在其南段往往形成强异常。

成矿带最南段金平异常区,北西起于元阳黄茅岭,南东达中越边境线,呈楔形状;为古生界出露区,带内岩浆活动强烈,以基性、超基性岩为主,中酸性、碱性岩为辅;Au、As、Sb、Pb、Zn、Ag、Cu、Mo异常带,与碱性斑岩有关,已知有大平、长安、哈播金矿。另一类异常元素组合为Cu、Ni、Cr、Fe、Ti、Mn等,与基性、超基性岩密切相关,已知有金平铜厂铜矿、白马寨镍铜矿。

三、主要矿床类型及代表性矿床

矿产以斑岩型铜金铅锌铁多金属矿、构造蚀变岩型金矿、火山沉积型铜矿、陆相火山岩型铁矿、岩浆型钒钛磁铁矿、岩浆型钨铍矿、沉积型锰矿、铝土矿等为特点,主要矿床如:以中三叠统北衙组含铁灰岩为主要围岩的与喜马拉雅期中酸性富碱斑岩有关的北衙式斑岩型金多金属矿——鹤庆北衙大型金多金属矿、以下奥陶统向阳组碎屑岩夹灰岩为围岩的与喜马拉雅期中酸性富碱斑岩有关的马厂箐式斑岩型铜钼金多金属矿——祥云马厂箐大型铜钼金多金属矿、以下三叠统青天堡组碎屑岩为围岩的与喜马拉雅期中酸性斑岩有关的西范坪式斑岩型铜矿——盐源西范坪中型铜矿、以下奥陶统向阳组碎屑岩夹灰岩为围岩的与喜马拉雅期中酸性富碱斑岩有关的长安式斑岩型金矿——金平长安大型金矿、产于下石炭统—上泥盆统板岩中与喜马拉雅期酸性—碱性浅成斑岩有关的老王寨式构造蚀变岩型-韧性剪切带型金矿——镇沅老王寨大型金矿、产于上二叠统黑泥哨组火山碎屑岩中似层状宝坪式火山岩型铜矿——永胜宝坪小型铜矿、与海西期陆相基性火山岩有关的矿山梁子式陆相火山岩型铁矿——盐源矿山梁子中型磁铁矿、以古元古界哀牢山岩群为围岩的与超基性—基性岩有关的棉花地式岩浆型钒钛磁铁矿——金平棉花地小型钒钛磁铁矿、产于泥盆系浅变质碎屑岩大理岩中可能与酸性岩有关的麻花坪式构造脉状岩浆型钨铍矿——中甸麻花坪大型钨铍矿、产于上三叠统松桂组硅质灰岩碎屑岩中鹤庆式沉积型锰矿——鹤庆小天井中型锰矿、产于上三叠统含铝矿系中鹤庆中窝式古风化壳异地堆积型铝土矿——鹤庆中窝小型铝土矿。

铁矿主要类型有陆相火山岩型(盐源矿山梁子)、岩浆型钒钛磁铁矿(金平棉花地),其次还有印支—燕山期海相沉积型磁铁矿(如丽江象山、祥云王家山、新平十里河),但以前两者为主。

金矿主要有构造蚀变岩型(韧性剪切带型)、斑岩型两个类型。前者主要分布于哀牢山构造变形变质带,如金平县长安式金矿,镇沅老王寨式金矿与侵位于哀牢山岩群变质岩系中喜马拉雅期酸性—碱性浅成斑岩(煌斑岩)及韧性剪切构造相关。

与玄武岩相关的铜矿化分布广泛,但都未能集中形成矿床;在玄武岩之上砂岩中有多层铜矿化,此类矿床分布虽较广,但规模小,如丽江树底铜矿、永胜劳马古铜矿、米厘厂铜矿等,此类火山沉积铜矿含金较富,局部可达工业品位。在盐源西部,玄武岩之上的煤系地层与下三叠统之间有一层火山沉积含铜层(桃子铜矿)。

斑岩型铜钼金铅锌铁多金属矿主要分布于盐源-宁蒗-鹤庆-祥云地区,即盐源-丽江(陆缘坳陷)Cu-Mo-Mn-Fe-Pb-Au-S成矿亚带(Ⅲ-75-①),与成矿关系密切的喜马拉雅期中酸性岩分布面积广,南起马厂箐,北至宁蒗县,属同熔型岩浆岩,具有Cu、Mo、Pb、Au矿化,出露于不同的地质单元中。

钨铍矿主要为中甸县麻花坪岩浆型钨铍矿床,产出于中上泥盆统大理岩裂隙中,可能与本地湾背斜的核部存在的隐伏酸性岩浆岩体有关。

锰矿类型为沉积型,主要产出层位有上三叠统松桂组(T_3sh)中上部硅质岩、硅质灰岩、白云质灰岩薄层夹粉砂质泥岩中的鹤庆式锰矿,主要集中分布于小天井向斜核部,猴子坡—武君山一带零星出现,其他尚有南部的洱源县青山小型锰矿及北部的丽江县古都塘、玉湖等小型锰矿;其次还有中奥陶统碳酸盐岩中菱锰矿(盐边县国胜择木龙锰矿)。

铝土矿主要分布于鹤庆中窝、大理挖色,为古风化壳沉积型,产出于上三叠统中窝组与中三叠统百衙组接触带上,局部还可见第四系堆积型铝土矿。

第二节 找矿远景区-找矿靶区的圈定及特征

一、找矿远景区划分及找矿靶区圈定

本Ⅲ级成矿带圈定Ⅳ级找矿远景区8个、Ⅴ级找矿远景区11个。在Ⅴ级找矿远景区中进一步圈定找矿靶区55个,其中A类靶区17个、B类靶区13个、C类靶区25个。

Ⅰ-4 滨太平洋成矿域
 Ⅱ-15 扬子成矿省-Ⅱ-15B 上扬子成矿亚省
  Ⅲ-75 盐源-丽江-金平(台缘坳陷)Au-Cu-Mo-Mn-Ni-Fe-Pb-S成矿带
   Ⅲ-75-① 盐源-丽江(陆缘坳陷)Cu-Mo-Mn-Fe-Pb-Au-S成矿亚带
    Ⅳ-13 盐源金河断裂带铁矿远景区(Ⅴ27、Ⅴ28)
    Ⅳ-14 盐源-宁蒗铜金铅锌多金属远景区(Ⅴ29、Ⅴ30、Ⅴ31)
    Ⅳ-15 丽江-永胜铜矿远景区(Ⅴ32、Ⅴ33)
    Ⅳ-16 鹤庆金铜铅锌铁锰铝土矿多金属矿远景区(Ⅴ34、Ⅴ35)
    Ⅳ-17 祥云金铜多金属远景区(Ⅴ36、Ⅴ37)
   Ⅲ-75-② 金平(断块)Cu-Ni-Au-Mo成矿亚带
    Ⅳ-18 绿春-金平金矿远景区
   Ⅲ-75-③ 点苍山-哀牢山(逆冲推覆带)Cu-Fe-V-Ti-宝玉石成矿亚带
    Ⅳ-19 中甸麻花坪钨矿远景区
    Ⅳ-20 棉花地钒钛磁铁矿远景区

二、找矿远景区特征

(一) IV-13 盐源金河断裂带铁矿远景区

1. 地质背景

范围:远景区地处四川盐边、盐源一带,箐河北东向弧形逆冲断裂带(金河-程海断裂带)西盘(上盘),长约75km,宽约18km,呈北东带状展布,极值坐标范围为E101°28′—101°57′,N27°07′—27°55′,总面积约0.14万km^2。

大地构造位置:Ⅲ扬子陆块区-$Ⅲ_1$上扬子陆块-$Ⅲ_{1-6}$丽江-盐源陆缘褶-断带-$Ⅲ_{1-6-1}$鹤庆陆缘坳陷,金河-程海断裂带西侧金河拱褶断束内,区域构造线及地层展布方向为北北东向,其东以箐河北东向弧形逆冲断裂带(金河-程海断裂带)与康滇基底断隆带、楚雄陆内盆地分界,西邻盐源断陷带。

金河-程海断裂是康滇裂谷边缘的重要构造带,控制基性火山-次火山带分布,该带延长数十千米。金河-程海断裂西侧,震旦系—二叠系构成紧密的褶皱,总体组成复式背斜(官房沟背斜),但背斜东翼发育不全,被叠瓦状断层切割成一系列构造块体。官房沟复背斜西翼大面积出露海西期陆相基性火山岩,磁铁矿成矿与海西期陆相基性火山岩-次火山岩有关,由于二叠纪扬子古陆块西缘拉张断裂(谷)的发生,导致深部活化型岩浆的侵入和喷发(溢),在金河-箐河断裂带发育一套暗色火山-次火山含铁建造,形成重要的矿山梁子富铁矿,在西部的浅海陆棚地带有火山(喷气)-沉积铁矿生成。在北东向与北西向区域性断裂交会处形成若干矿段,总体为一轴向北东东的短轴向斜(矿山梁子向斜)。铁矿主要产于矿山梁子向斜轴部沉积-火山杂岩层间破碎带、剥离构造及弧形构造中。

地层分区:华南地层大区(Ⅱ)-扬子地层区($Ⅱ_2$)之盐源-丽江-金平地层分区($Ⅱ_2^1$)。区内出露地层除缺失泥盆系外,震旦系—二叠系均较齐全,大致走向南北,总体向西倾斜。与成矿有关的地层:石炭系—灰岩、泥灰岩、燧石灰岩、硅质岩等;二叠系下统梁山组—碎屑岩、栖霞组+茅口组—灰岩、硅质岩、平川组—玄武岩火山角砾岩、凝灰岩、碎屑岩、灰岩等;上二叠统峨眉山玄武岩组—玄武质角砾岩、斑状—杏仁状玄武岩、熔结凝灰岩、凝灰岩。已知铁矿多位于下二叠统灰岩层间破碎带,上二叠统中、下部凝灰角砾岩及凝灰岩,以及海西期辉绿辉长岩体接触带。

区域重磁特征:在区域重力处于龙门山-大雪山重力异常梯度带上,重力异常为形态规则走向近南北的长轴状异常,幅度达$25×10^{-5}m/s^2$以上,与出露的结晶基底对应较好;布格重力异常表明,沿锦屏山、木里一带形成一个北北东向延伸的-25~-340mGal重力场陡梯变带,这一梯变带是木里-盐源推覆构造主冲断面。本远景区位于攀西地区重磁异常区冕宁-攀枝花正异常区的西侧,该异常区以重力高和高正磁异常呈南北向规则排列、连续展布为主要特征,明显地反映了较强磁性较大密度的各类岩浆岩、玄武岩及晚太古代—古元古代结晶基底的分布情况,重磁异常的场源体多数是一致的。航磁异常沿成矿带呈弧形分布,与已知铁矿和辉绿辉长岩对应。石棉-盐边重力、航磁均表现为一重要的梯度带或分界线,是一特殊的深部构造过渡带。本区火山岩磁性远高于沉积岩的磁性。磁铁矿的磁化率变化范围为12 485~62 295($10^{-6}×4π·SI$),平均磁化率34 976($10^{-6}×4π·SI$)。

1965—1966年地质部航物902队在西昌地区所作1:20万航磁测量,于远景区发现M34、35、36、37、38、39、41、42、69等9个航磁异常,呈北东向分布,与矿山梁子断裂带和基性—超基性火山侵入-喷出岩展布范围重叠,明显反映了地质构造和岩体对异常的控制作用。航磁异常主要由玄武岩和基性岩引起。其中,由北向南(西)展布的M34—M38—M41—M43,正异常带为玄武岩带引起,强度大,范围大。M40、M42也为玄武岩引起。M35—M36—M37和M39、M69为基性岩为主引起,与磁铁矿密切相关。2008年成都地质矿产研究所提交的《四川攀西地区富铁矿评价成果报告》,依据磁测成果,结合物性、地质、矿产等有关资料,在该区共圈定出规模较大的局部异常25个,其中矿异常3个(C20、C22、

C23),推断的矿异常3个(C19、C21、C24),性质不明及其他异常19个(C01～C18、C25)。

区域地球化学:根据1:20万地球化学普查和零星的中大比例尺的地球化学工作综合分析,由于海西期玄武岩广泛分布,整个区内基本形成了Cu、Au、Hg、Fe等高背景地球化学带。从南至北呈带状贯通整个盐源幅,北延至金矿幅,南进入盐边幅,在盐源幅范围内长100km左右,宽4~10km,总面积达600km^2。

区域矿产:远景区内矿产除上述矿山梁子式陆相火山岩型铁矿(P_2)外,在盐边县国胜一带的中奥陶统碳酸盐建造中尚产有锰矿层,为菱锰矿,底板中常有赤铁矿,局部可构成铁矿体,但找矿远景不佳。

2. 找矿方向

主攻矿种和主攻矿床类型:与海西期陆相基性火山岩有关的矿山梁子式陆相火山岩型铁矿、沉积型锰矿(O_2)。

找矿方向:牛厂矿区主要矿体的深部延伸和尚未检查的地磁异常。Ⅱ号矿带的矿体,在大、小沟矿段向深部有增厚、质优的趋势。同时,断层上盘凝灰岩中层状矿体的发现,是扩大矿床远景的重要方向之一。其次,据磁测成果资料(C19～C24异常等),在被浮土所掩的Ⅲ号矿体北延部分,有纵长1000m的较稳定的高值磁异常(C19异常),其矿体延续的希望是很大的。南部的甘沟、小槽矿段,在凝灰岩中,也有稳定的高磁异常(C21异常等)反映,可期找到类似大沟的Ⅲ号矿体。

区内进一步划分Ⅴ级找矿远景区2个(表15-1):Ⅴ27矿山梁子铁矿找矿远景区,面积106km^2。Ⅴ28大板山-官房沟复背斜铁矿找矿远景区,面积524km^2,圈定矿山梁子式陆相火山岩型铁矿找矿靶区7个,均具中型找矿远景,其中A类靶区4个,矿山梁子铁矿找矿靶区、烂纸厂铁矿找矿靶区、寨子梁子-大杉树铁矿找矿靶区、麦地沟-大小沟铁矿找矿靶区;B类靶区1个,园山包-马道子铁矿找矿靶区;C类靶区2个,黄草坪-草坪子铁矿找矿靶区、南天沟铁矿找矿靶区。

表15-1 Ⅳ-13 盐源金河断裂带铁矿远景区找矿靶区特征表

主攻矿种	主攻类型	典型矿床	Ⅴ级找矿远景区	面积(km^2)	找矿靶区	编号	面积(km^2)	远景
铁	陆相火山-次火山沉积,气液交代-充填	矿山梁子	Ⅴ28大板山-官房沟复背斜铁矿找矿远景区	524	A 矿山梁子铁矿找矿靶区	Fe-A-7	1.803	中型
					A 烂纸厂铁矿找矿靶区	Fe-A-8	7.539	中型
					A 寨子梁子-大杉树铁矿找矿靶区	Fe-A-9	9.698	中型
					A 麦地沟-大小沟铁矿找矿靶区	Fe-A-10	5.8	中型
					B 园山包-马道子铁矿找矿靶区	Fe-B-11	8.748	中型
					C 黄草坪-草坪子铁矿找矿靶区	Fe-C-10	0.556	中型
					C 南天沟铁矿找矿靶区	Fe-C-11	2.699	中型
			Ⅴ27矿山梁子铁矿找矿远景区	106				

(二)Ⅳ-14 盐源-宁蒗铜金铅锌多金属远景区

1. 地质背景

范围:远景区地处四川盐源西范坪-云南宁蒗、永胜一带,木里-丽江深大断裂南东盘,南北长约

85km,东西宽约 25km。极值坐标范围为 E100°42′—101°10′,N26°43′—27°36′,总面积约 0.22 万 km²。

大地构造位置:Ⅲ扬子陆块区-Ⅲ₁上扬子陆块-Ⅲ₁₋₆丽江-盐源陆缘褶-断带-Ⅲ₁₋₆₋₁鹤庆陆缘坳陷。区域构造线及地层展布近南北向。深部构造主要有白牛场主干断裂以及马耳他-伟达断裂、苦荞湾-大丫口断裂、西范坪北东向断裂组成向西凸出的弧形断裂;褶皱主要是色都向斜、白牛场背斜和西范坪复式背斜,它们共同控制了区内主要斑岩群的分布。

地层分区:华南地层大区(Ⅱ)-扬子地层区(Ⅱ₂)之盐源-丽江-金平地层分区(Ⅱ$_2^1$)。地层除泥盆系、侏罗系、白垩系外,从奥陶系到第四系均有出露,以二叠纪峨眉山玄武岩组、乐平组,三叠纪地层为主。区内岩浆活动频繁,明显地受深大断裂的构造控制,组成规模不等的岩浆岩带,主要时期为海西期、印支期、燕山期、喜马拉雅期,极少量产于晋宁期。岩浆岩种类繁多,从侵入相→喷发相,从超基性→基性→中酸性→碱性岩类十分齐全,这些岩浆活动带来了丰富的成矿物质,成为三江成矿带东缘扬子地台西缘的喜马拉雅期富碱斑岩成矿带,为地中海—喜马拉雅斑岩铜矿带的一部分。区内分布着数个喜马拉雅期中酸性—碱性斑岩群(体),以石英正长斑岩为主。

区域重磁特征:布格重力异常显示,该区处于一个以北东走向贯穿龙门山-锦屏山的巨形重力梯度带(宽 80~100km)上,形成-350~-250mGal 重力等值密集带上,为滇西北布格重力异常宾川重力高(+215mg)与洱源重力低(-300mg)转换带,以重力高带为主,表明宁蒗向南西有一个地壳厚度变化的坡度带。永胜地区布格重力异常呈北东向排列,与断裂构造带走向一致。在剩余重力异常中跨宁蒗负异常与祥云正异常,负异常反映地幔下陷,同时具有低密度的新地层存在(也可能为沉积小盆地),异常的存在与盖层有关,也与基底性质有关,鹤庆—祥云一带正异常值达 15mGal,反映下地壳增厚,并向上凸起。断裂多位于正负异常分界的零值线处,以程海断裂及金沙江断裂为明显。远景区处于龙门山-锦屏山幔坡陡区(西部)和康滇幔隆区(东部)与滇西幔凹区(西南角)三者交会处,莫霍面深度在 55k 左右。

地磁异常特征表明:木里普尔地—云南丽江一线的小金河深断裂是扬子陆块与松潘-甘孜褶皱系的分界线,西部地壳是洋壳发展而成的地块,东部地壳由扬子地台结晶基底和褶皱基底发展而成地块。航磁异常显示了康滇"台隆"的西部边界性深断裂带,异常图上呈现大片的带状正负磁异常交替带,异常强度一般为 50~200γ,走向与金河-程海深断裂吻合。

区域地球化学:远景区位于康定-丽江 Cu、Au、Pb、Zn 地球化学带中部,属宁蒗-永胜-大理地球化学异常带,Cu、Ni、Cr、Co、V、Ti、Mn 异常较强,分布广,具面型异常特征,沿宁蒗—程海—祥云一线近南北向分布,主要与二叠纪玄武岩相关,少数与超基性、基性侵入岩吻合;宁蒗—泸沽湖一带 Pb、Zn、Ag、Au、Sb、As 异常发育,已发现宁蒗白牛厂金、铅锌矿点。区内成矿成晕元素可分为以下主要元素组合:Cu、Au、Mo、As、W、Sn、Bi(斑岩型铜矿)、Cr、Ni、Cu、Co、Ni、Au、Mn(玄武岩)、Cu、Au、Ag、Pb、Zn、As、Sb(热液硫化矿)、Pb、Zn、Ag、Sb、As、Hg(导矿元素)。

区域矿产:区域内以铜矿产为主,区域上矿产种类较多。铁矿、铜矿、煤矿是区内的优势矿种,其次是铅锌矿。铜矿成因类型有斑岩铜矿、砂岩铜矿、玄武岩型铜矿,其控矿因素分别为岩浆作用、沉积作用和构造作用。

2. 找矿方向

主攻矿种和主攻矿床类型:以下三叠统青天堡组碎屑岩为围岩的与喜马拉雅期中酸性斑岩有关的西范坪式斑岩型铜矿(如白牛厂、西范坪)。

区内划分Ⅴ级找矿远景区 3 个(表 15-2):Ⅴ29 普家火山金矿找矿远景区,面积 154km²,圈定具中型潜力的 C 类金矿靶区 1 个——普家火山金矿找矿靶区;Ⅴ30 西范坪-白牛厂铜金矿找矿远景区,面积 206km²,圈定金矿靶区 3 个,其中 A 类靶区 1 个,B 类靶区 1 个,C 类靶区 1 个,白牛厂金矿找矿靶区具中型潜力,圈定铜矿靶区 3 个,其中 A 类靶区 1 个,B 类靶区 2 个,西范坪铜矿找矿靶区具中型远景;Ⅴ31 烂泥箐-结米村金矿找矿远景区,面积 1256km²,圈定 C 类金矿靶区 3 个,结米村金矿找矿靶区具中型找矿远景,其他找矿靶区具小型找矿潜力。

表 15-2 Ⅳ-14 盐源-宁蒗铜金铅锌多金属远景区找矿靶区特征表

主攻矿种	主攻类型	典型矿床	V级找矿远景区	面积(km²)	找矿靶区	编号	面积(km²)	远景
铜金铅锌	斑岩型、岩浆型	白牛厂、西范坪	V29 普家火山金矿找矿远景区	154	C 普家火山金矿找矿靶区	Au-C-10	43.85	金中型
			V30 西范坪-白牛厂铜金矿找矿远景区	206	A 白牛厂金矿找矿靶区	Au-A-9	34.38	金中型
					B 三岔河金矿找矿靶区	Au-B-8	19.42	金小型
					C 华样金矿找矿靶区	Au-C-9	15.67	金小型
					A 西范坪铜矿找矿靶区	Cu-A-1	0.76	铜中型
					B 李家屋基铜矿找矿靶区	Cu-B-1	0.35	铜小型
					B 公母石山西岩体铜矿找矿靶区	Cu-B-2	0.41	铜小型
			V31 烂泥箐-结米村金矿找矿远景区	1256	C 烂泥箐乡金矿找矿靶区	Au-C-11	25.33	金小型
					C 结米村金矿找矿靶区	Au-C-12	34.93	金中型
					C 中村金矿找矿靶区	Au-C-13	18.54	金小型

(三) Ⅳ-15 丽江-永胜铜矿远景区

1. 地质背景

范围：远景区地处云南丽江、永胜一带，木里-丽江深大断裂南东盘，北西长约 50km，北东-南西宽约 20km。极值坐标范围为 E100°24′—100°45′，N26°35′—27°09′，总面积约 0.10 万 km²。

大地构造位置：Ⅲ扬子陆块区-Ⅲ₁ 上扬子陆块-Ⅲ₁₋₆ 丽江-盐源陆缘褶-断带-Ⅲ₁₋₆₋₁ 鹤庆陆缘坳陷。区域地层构造近南北向展布，其中宾川-程海岩石圈断裂控制上二叠统和中下三叠统火山玄武岩及碎屑岩沉积、构造演化、岩浆活动及成矿，它是一条滇西北东缘最明显的一条长期活动的岩石圈断裂，程海断裂带走向近南北，向西倾斜，倾角约 50°（国家地震局地质研究所，1990），区域延长达 200km，组成断裂带的几条近平行的断裂有自北向南撒开的态势。

地层分区：华南地层大区（Ⅱ）-扬子地层区（Ⅱ₂）之盐源-丽江-金平地层分区（Ⅱ₂¹）。远景区中心大面积出露上二叠统峨眉山玄武岩组（$P_2\beta$）玄武岩、上二叠统黑泥哨组（P_2h）海陆交替相含碳火山杂碎屑岩与玄武岩互层，可分为 5 个岩性段，1、3、5 段为沉积岩段，2、4 段为玄武岩段；其外围分布有下三叠统腊美组（T_1l）海陆过渡相碎屑岩系；中三叠统北衙组（T_2b）浅海-滨海相碳酸盐岩；新近系三营组（N_2s）砂砾岩夹褐煤岩系及第四系（Q）坡积、冲积砂砾岩和黏土。黑泥哨组是区内主要含矿地层。由于受古地理环境及火山喷发作用的影响，沉积环境较为复杂，岩性、厚度变化极大。永胜-丽江地区黑泥哨期沉积归结起来可划分为自西向东的 3 个岩相带，即玉龙雪山海相玄武岩带，该带由变质的玄武岩夹凝灰岩、板岩、结晶灰岩组成；宁蒗-丽江潮坪相碎屑岩带，该带以岩屑砂岩、长石砂岩、粉砂岩为主，夹玄武岩、凝灰岩、灰岩、砂砾岩和无烟煤层，最厚达 1355m。中部的窝木古、南溪等地，出现断续分布台地相碳酸盐岩型相区，由生物碎屑灰岩、灰岩、泥灰岩等组成；永胜海陆交互相玄武岩夹碎屑岩带，该带由玄武岩夹滨海沼泽相砂页岩、煤层组成。

岩浆活动主要为海西期(晚二叠世)玄武岩浆活动,侵入岩仅在白草坪、板桥等地见有少量煌斑岩脉。晚二叠世玄武岩包括峨眉山玄武岩组和黑泥哨组玄武岩,其厚度大于4km。根据喷发间隙、岩性组合、沉积夹层等特征可划分为4个喷发旋回。Ⅰ、Ⅱ、Ⅲ旋回属峨眉山玄武岩组,Ⅳ旋回属黑泥哨组。总体上早、中期为海底喷发,有枕状构造,晚期为海陆交替相。Ⅰ、Ⅱ旋回以低钾的玄武岩为主,Ⅲ旋回向上夹富钾玄武岩,Ⅳ旋回熔岩中辉斑、橄斑玄武岩夹层增多,厚度增大,局部夹苦橄玄武岩,反映出向上钾质和基性程度增加。火山岩主要集中分布于金沙江与程海断裂之间的地区,明显受程海断裂等南北向断裂控制,沿断裂玄武岩厚度巨大,火山岩带及多个喷发中心沿断裂带展布,体现出裂隙喷发特征。岩石化学分析结果表明以碱性玄武岩为主,并形成于非造山带的板内张裂环境属大陆裂谷拉斑玄武岩系列,并以高钛为特征。

区域重磁特征:根据区域物化探资料,远景区地处地壳厚度及重力值突变地带,与所处的大地构造位置相吻合,同时出现了两个斜列的南北向椭圆状的正磁异常,与区域内出露的玄武岩体相对应,这些都是大的铜矿带形成的重要条件。

区域地球化学:从1:20万区测化探资料可以看出,该带地处丽江-宾川-弥渡铜异常带上,值(10～200)×10^{-6},主要沿程海大断裂分布,场源主要由玄武岩引起,带内的异常属于玄武岩含铜及黑泥哨组含铜叠加引起。铜矿高值层有腊美组砂岩(高出4～5倍),黑泥哨组凝灰岩玄武岩。根据矿区类型元素组合特征:凝灰质砂岩型为铜、银、钼,凝灰岩型为铜、银、砷,玄武岩型为铜、银、次钼。从总来体上看,铜矿化以铜、银为主,次钼、砷,表明成矿组分简单,具有相同的地质背景。

1988—1990年云南省有色地质局物探队对金沙江背斜、团街向斜进行了1:5万的化探次生晕扫面,共获得109个次生晕异常带,30个异常群。1997年又对宝坪矿区进行了1:1万化探次生晕的详查,两次工作获得4个异常群,20个异常。在白草坪-扁担角地段形成规模较大的异常,均有浓集中心,具有较好的找矿前景;紧靠宝坪矿西边异常,其规模不亚于宝坪矿异常,是扩大宝坪铜矿远景规模最佳地段;梅子箐-卡码也具一定规模,且有浓集中心,有较好的找矿前景。

2. 找矿方向

主攻矿种和主攻矿床类型:产于上二叠统黑泥哨组火山碎屑岩中似层状宝坪厂式火山岩型铜矿(如宝坪厂)。

找矿方向:区内划分Ⅴ级找矿远景区2个(表15-3)。

Ⅴ33白草坪铜矿找矿远景区,面积63km²,圈定具小型远景的B类铜矿找矿靶区1个。

Ⅴ32松坪铜矿找矿远景区,面积76km²,圈定具小型远景的C类铜矿找矿靶区1个。

表15-3 Ⅳ-15丽江-永胜铜矿远景区找矿靶区特征表

主攻矿种	主攻类型	典型矿床	Ⅴ级找矿远景区	面积(km²)	找矿靶区	编号	面积(km²)	远景
铜	火山沉积型	宝坪	Ⅴ33白草坪铜矿找矿远景区	63	B白草坪铜矿找矿靶区	Cu-B-3	13.15	铜小型
			Ⅴ32松坪铜矿找矿远景区	76	C松坪铜矿找矿靶区	Cu-C-1	18.44	铜小型

(四) IV-16 鹤庆金铜铅锌铁锰铝土矿多金属矿远景区

1. 地质背景

范围：远景区地处云南鹤庆、剑川、洱源、永胜一带，木里-丽江深大断裂南东盘，近等轴状方圆约70km。极值坐标范围为 E99°55′—100°41′，N25°51′—26°44′，总面积约 0.52 万 km^2。

大地构造位置：Ⅲ扬子陆块区-$Ⅲ_1$上扬子陆块-$Ⅲ_{1-6}$丽江-盐源陆缘褶-断带-$Ⅲ_{1-6-1}$鹤庆陆缘坳陷。处于印支期（T_3）被动陆缘逆冲-推覆大型变形构造带中带范围的逆冲-推覆型向斜构造区；成矿构造环境为由喜马拉雅期 NW 向金沙江-哀牢山走滑-拉分构造带与 NE-SN 向程海-宾川次级主走滑-拉分构造共同控制的陆内造山-造盆作用及构造岩浆活动继承性叠加改造的造盆区。属于喜马拉雅期高钾高碱斑岩带中松桂-北衙岩（脉）体集中区。由于受到喜马拉雅期多期次高钾富碱斑岩构造-岩浆-流体内生成矿和沉积-表生外生成矿作用的叠加、复合，形成多种成矿类型：包括斑岩体内的爆破角砾岩型及岩体内外接触带型，以及围岩中构造破碎带、裂隙带中的构造蚀变岩型；还有第三纪山间盆地河湖沉积和第四纪表生残坡积、岩溶洞穴堆积型等。

主要控矿断裂为 SN 向断裂，次为 EW 向断裂。褶皱主要为北衙向斜，为一 10km 长的 NNE 向宽缓短轴向斜，椭圆形盆地，翼部出露三叠系北衙组等地层，核部为丽江组和第四系。

北衙地区的主要控岩构造为近南北向的马鞍山断裂和隐伏的东西向断裂。马鞍山断裂控制了红泥塘、万硐山等斑岩体、岩株和隐伏岩体的产出和分布。近东西向隐伏构造控制着红泥塘、笔架山、白沙井等斑岩体产出和分布。长期的构造、岩浆活动，为矿质的聚集和沉淀提供了必要条件，形成北衙特大型金多金属矿床。

地层分区：华南地层大区（Ⅱ）-扬子地层区（$Ⅱ_2$）之盐源-丽江-金平地层分区（$Ⅱ_2^1$）。区内出露的主要地层有二叠系玄武岩组（Pe），下三叠统（T_1）碎屑岩及火山沉积岩，中三叠统北衙组（T_2b）含铁灰岩，古近系始新统丽江组（E_1）杂色-紫色含砾、砂黏土（岩）和角砾岩，第四系全新统（Q）。北衙组为主要内生金矿含矿地层，丽江组及其与下伏地层的不整合面有外生型含砂砾黏土岩型金矿产出。

本区为扬子西缘富碱斑岩带的一部分，岩浆活动频繁，岩浆侵入从 65～3.65Ma 都有发生，基性、中性、酸性及碱性岩类均有。哀牢山深断裂的长期活动，使本区构造应力集中、地壳脆弱、地幔上隆，在三大超壳断裂附近，导致火山喷溢，岩浆侵入，自海西期—喜马拉雅期均有岩浆活动。岩石类型有基性、中性、酸性及碱性岩类，可分为三个时期：海西期，以基性辉长岩、二叠系玄武岩为主，与铜矿化有关；燕山—喜马拉雅期，主要为中酸性富碱斑岩，岩类有石英正长斑岩、辉石正长斑岩、花岗斑岩及石英闪长岩，并有较多的后期正长斑岩、煌斑岩脉插入，与金、银、铜、铅、锌、铁矿化关系密切；喜马拉雅期，主要为苦橄玄武岩及橄斑玄武岩，分布于洱海断裂附近。在北衙-松桂斑岩带内，计有 35 个岩体，按岩类划分，有石英正长斑岩 17 个、正长斑岩 12 个、花岗斑岩 4 个、石英二长斑岩 1 个，一般呈岩墙、岩床、岩株、岩脉产出，并常伴有煌斑岩脉。松桂岩体锆石同位素年龄值为 61Ma，属喜马拉雅期。与浅成斑岩体有关的矿产计有金矿床 1 处，铅锌矿点 5 处，铜、钼、钨矿点 1 处。

区域重磁特征：根据区域重力资料，本区西部的兰坪-思茅为负异常（-5～10mGal），东部三江口-中甸为负异常（-15～-10mGal），中部苍山-哀牢山为正异常（+10～+15mGal），均呈北西向排列，正负异常交替的变异线，即剩余异常零等值线附近，分别与红河（哀牢山）断裂、金沙江断裂、乔后断裂及澜沧江断裂相吻合，已知富碱斑岩铜多金属系列矿床，多位于零值线附近，即基底隆起与槽状坳陷的边缘地带，如金平铜矿、姚安、马厂箐、北衙等矿床，较好地反映出本区构造-成矿带特点。

区域地球化学：从地球化学分区来看，本区划属宁蒗-大理铜多金属区，Pb、Zn、Cu、Sn、Au、Ag、Sb、As 等元素含量较高。成型矿床地球化学异常规模大，化探异常组合分带与矿区围岩蚀变密切相关。一般在浅剥蚀区地表以铅、锌、银为主的垂直分带，深剥蚀区则有环状水平分带，由内向外为 Mo、Cu、Au、Ag、Pb、Zn 同心壳状地球化学晕。北衙矿区应属浅剥蚀区。

2. 找矿方向

主攻矿种和主攻矿床类型：以中三叠统北衙组含铁灰岩为主要围岩的与喜马拉雅期中酸性富碱斑岩有关的北衙式斑岩型金多金属矿（如北衙）、产于上三叠统松桂组硅质灰岩碎屑岩中鹤庆式沉积型锰矿（如小天井）。

找矿方向：区内划分Ⅴ级找矿远景区2个（表15-4）。

表15-4　Ⅳ-16鹤庆金铜铅锌铁锰铝土矿多金属矿远景区找矿靶区特征表

主攻矿种	主攻类型	典型矿床	Ⅴ级找矿远景区	面积（km²）	找矿靶区	编号	面积（km²）	远景
金铜多金属、锰矿	斑岩型金铜多金属矿、沉积型锰矿	北衙、小天井	Ⅴ34小天井向斜锰矿找矿远景区	452	B猴子坡-小天井锰矿找矿靶区	Mn-B-8	31.16	锰中型
					C旁南锰矿找矿靶区	Mn-C-9	29.26	锰中型
			Ⅴ35北衙向斜铜金多金属矿找矿远景区	812	A北衙金铜铅锌铁矿找矿靶区	Au-A-10	23.94	金大型、铜大型、铅锌大型、铁大型
					A马头湾金铜铅锌铁矿找矿靶区	Au-A-11	20.94	金大型、铜中型、铅锌大型、铁中型
					A南大坪金铜铅锌铁矿找矿靶区	Au-A-12	16.97	金大型、铜中型、铅锌大型、铁中型
					B松桂羊圈金铜铁矿找矿靶区	Au-B-9	6.33	金中型、铜小型、铁小型
					B芹菜塘金铜铅锌铁矿找矿靶区	Au-B-10	11.5	金中型、铜小型、铅锌中型、铁小型
					B锅厂河金铜铅锌铁矿找矿靶区	Au-B-11	12.74	金中型、铜小型、铅锌中型、铁中型
					C松桂上登金铜铁矿找矿靶区	Au-C-14	13.73	金中型、铜小型、铁小型
					C响水河金铜铅锌铁矿找矿靶区	Au-C-15	7.76	金中型、铜小型、铅锌中型、铁小型
					C炭窑金铜铅锌铁矿找矿靶区	Au-C-16	8.35	金中型、铜小型、铅锌中型、铁小型
					C焦石硐-团树村金铜铅锌铁矿找矿靶区	Au-C-17	4.39	金小型、铜小型、铅锌小型、铁小型
					C马鞍山金铜铁矿找矿靶区	Au-C-18	10.88	金中型、铜小型、铁小型

Ⅴ34小天井向斜锰矿找矿远景区，面积452km²，圈定具中型远景的锰矿靶区2个，其中B类靶区1个，C类靶区2个。

V35北衙向斜铜金多金属矿找矿远景区,面积812km²,圈定金多金属矿找矿靶区11个,其中A类靶区3个,B类靶区3个,C类靶区4个,北衙、马头湾、南大坪等靶区具大型找矿潜力。

(五)Ⅳ-17祥云金铜多金属矿远景区

1. 地质背景

范围:远景区地处云南祥云、大理、宾川之间,夹持于金沙江-哀牢山大型变形构造带与金河-程海-宾川断裂带向南汇合收敛处。北西长70km,北东宽约20km。极值坐标范围为E100°11′—100°38′,N25°16′—25°49′,总面积约0.14万km²。

大地构造位置:Ⅲ扬子陆块区-Ⅲ₁上扬子陆块-Ⅲ$_{1-6}$丽江-盐源陆缘褶-断带-Ⅲ$_{1-6-1}$鹤庆陆缘坳陷。北西向的金沙江-哀牢山缝合带与北北东向的程海-宾川断裂分别在矿区的西南和东部通过,在矿区南部交会,矿床即产出在这两大深断裂所夹持的三角地带。北西西及东西方向的一系列褶皱及断裂成为矿区的基础构造,控制着岩浆活动及斑岩型铜钼矿的形成,南北及近东西向的剪切断裂是脉金的主要控矿构造。区域地质历史背景始于元古宙,经古生代—早中生代(T_2)后、最后定型于新生代(E),属喜马拉雅期高钾富碱斑岩(脉)集中期。基础构造以北东向、北北东或近东西向的褶皱和断裂为主,代表性构造包括F_1断裂(NE向)、金厂箐背斜(NEE向)、乱硐山-铜厂向斜(EW向)等。这些构造是本区重要的控岩构造,它控制了研究区早期富碱岩体(脉)的侵位与分布,与区内铜钼矿化关系十分密切。

地层分区:华南地层大区(Ⅱ)-扬子地层区($Ⅱ_2$)之盐源-丽江-金平地层分区($Ⅱ_2^1$)。处于NW向金沙江-哀牢山喜马拉雅期岩石圈主走滑-拉分断裂带与NE-SN向程海-宾川喜马拉雅期岩石圈次级走滑-拉分断裂带夹持区域,属喜马拉雅期高钾富碱斑岩(脉)集中期。根据矿区多期次活动侵位的喜马拉雅期高钾高碱斑岩-煌斑岩组合,判断成岩成矿时代:最早为52Ma左右,中期为47~42Ma,活动最为频繁、强烈时期为晚期37~33Ma,依据马厂箐斑岩型铜-钼-金Re-Os定年成矿时代为(34.9 ± 0.8)Ma至(36.0 ± 0.5)Ma,按斑岩-热液成矿系统推断,已知构造破碎带蚀变岩型金成矿时代年龄应小于或等于36.0Ma。区域内金矿明显受控岩控矿的区域断裂系统、喜马拉雅期富碱斑岩、与有利的地层及不整合面控制。矿床成矿时代为喜马拉雅期古近纪,主要分布在新生代富碱斑岩侵入岩的外接触带。其主要控矿要素为:喜马拉雅期斑岩为区域内主要控矿侵入岩;NE向和NW向两组断裂;浅变质古生界奥陶系—志留系碎屑岩-碳酸盐岩;二叠系峨眉山玄武岩及其下伏地层的不整合面。

区域重磁特征:1:250 000布格重力异常总体表现为东高、西低的重力场特征。最高值位于东北部白象厂附近,为-234×10^{-5}m/s²,最低值位于西南部红岩乡附近,为-258×10^{-5}m/s²,场值变化为24×10^{-5}m/s²。东南-西北部为NW走向的线性梯级带展布,梯级带宽3.5~7.4km,梯度为$(1.1\sim1.7)\times10^{-5}$m/s²/km。梯级带西侧的西南部和西北部,为等值线同向扭曲形成的重力高;南部为等值线半圈闭形成的重力低。梯级带东侧的东南部和东北部为等值线半圈闭和圈闭形成的重力高;中部和北部为等值线同向扭曲形成的重力低。1:250 000剩余重力正、负异常与布格重力高、异常低对应,主要展布4个正异常和3个负异常。重力异常中,NW向重力梯级带为红河断裂在区内的反映;东南部、中北部(G滇-163)和西北部的正异常处于二叠系峨眉山组(Pe)玄武岩之上,为玄武岩异常;西南部正异常地质原因不明;南部(L滇-161)、东北部(L滇-164)、中东部负异常部位有二叠纪、古近纪中—酸性岩脉出露,推测为隐伏的中—酸性岩体引起。

自南而北航磁ΔT总体表现为在正的背景场之上形成的向东微凸的弧形正异常带为其特征。异常带主要由滇C1-1983-56,滇C1-1996-110及其次一级异常滇C1-1996-121和滇C1-1996-122等组成。航磁ΔT化极后,全区处于负的背景场上。航磁ΔT异常中,滇C1-1996-110、滇C1-1996-121和滇C1-1996-122推断为(隐伏)玄武岩异常,异常类别为丙类;滇C1-1983-56推断为隐伏花岗岩接触带异常,异常类别为乙3类。

区域地球化学:远景区金元素背景总体情况是中北部高,南部、东部边缘、西部边缘低。元素组合总体为 Au、Ag、As、Bi、Cu、Mo、Pb、Sb、Zn 组合,但不同的异常由于所处部位的地质、成矿环境不一又各有所不同。5 号异常为 Au、Ag、As、Bi、Cu、Mo、Pb、Sb、Zn 元素组合;2 号异常为 Au、Ag、As、Cu、Mo、Pb、Sb、Zn 元素组合;1、3 号异常为 Au、As、Cu、Mo 元素组合;4 号异常仅有 As、Sb 元素组合。区内异常可分为中部异常带和西北部异常带。中部异常带分布 As2 和 As5 号异常;As2 号异常元素组合为 Au、Ag、As、Cu、Mo、Pb、Sb、Zn,As5 号异常为 Au、Ag、As、Bi、Cu、Mo、Pb、Sb、Zn 元素组合;该带异常元素组合较全,总体强度高、规模大、具有明显的浓集特征;As2 号金异常虽然强度不算太高、无浓集中心和浓度分带,但面积大,与其他元素套合较好;出露地层为二叠系玄武岩组和阳新组,有正长斑岩体侵入玄武岩中,产有已知铅矿点 1 个。As5 异常强大极高、规模巨大、浓集中心明显、浓度分带非常清晰;异常分布于背斜构造核部,有小花岗斑岩、流纹斑岩体侵入,异常中心与已知铜钼金中型矿床极为吻合,异常边部分布有已知铂钯矿点一个、铅锌矿点两个。该异常带西北部异常带包含 As1、As3、As4 号异常;该带异常总体强度低、规模不大、元素组合相对差。As1、As3 号为成矿条件十分有利,是寻找斑岩型多金属矿的最佳地段。Au、As、Cu、Mo 组合,具有斑岩型特征元素组合,金异常强度低、规模小,但分布与正长斑岩、花岗斑岩体极为吻合,As3 号还与已知铂钯矿床相吻合;As1、As3 号异常具有较好找矿前景。As4 号异常元素组合差、异常弱,找矿前景不明。

2. 找矿方向

主攻矿种和主攻矿床类型:以下奥陶统向阳组碎屑岩夹灰岩为围岩的与喜马拉雅期中酸性富碱斑岩有关的马厂箐式斑岩型铜钼金多金属矿(如马厂箐)。

找矿方向:区内划分Ⅴ级找矿远景区 2 个(表 15-5)。

Ⅴ36 马厂箐金铜多金属找矿远景区,面积 521km^2,圈定金矿找矿靶区 8 个,其中 A 类靶区 4 个、B 类靶区 1 个、C 类靶区 3 个,毛粟坡、宝兴厂-笔架山、马厂箐等靶区具大型远景,其余可达中型潜力。

Ⅴ37 弥渡铅锌多金属找矿远景区,面积 204km^2,区内有弥渡县黄矿厂、弥渡县河东、祥云县干海子等斑岩型铅矿点,值得进一步工作。

表 15-5　Ⅳ-17 祥云金铜多金属矿远景区找矿靶区特征表

主攻矿种	主攻类型	典型矿床	Ⅴ级找矿远景区	面积(km^2)	找矿靶区	编号	面积(km^2)	远景
金铜多金属	斑岩型	马厂箐	Ⅴ36 马厂箐金铜多金属找矿远景区	521	A 白象厂金矿找矿靶区	Au-A-13	9.04	金中型
					A 毛粟坡金矿找矿靶区	Au-A-14	12.36	金大型
					A 宝兴厂-笔架山金矿找矿靶区	Au-A-15	20.42	金大型
					A 三家村西北金矿找矿靶区	Au-A-16	4.85	金中型
					B 马厂箐金矿找矿靶区	Au-B-12	11.82	金大型
					C 水磨箐金矿找矿靶区	Au-C-19	9.64	金中型
					C 云浪东北金矿找矿靶区	Au-C-20	6.25	金中型
					C 象鼻乡金矿找矿靶区	Au-C-21	6.67	金中型
			Ⅴ37 弥渡铅锌多金属矿找矿远景区	204				

(六)Ⅳ-18 绿春-金平金矿远景区

1. 地质背景

范围：远景区地处云南绿春-金平-元阳地区，夹持于藤条河大断裂和哀牢山深断裂之间。北西长约50km，北东宽约20km，呈向北西收敛的三角形。极值坐标范围为E102°47′—103°17′，N22°43′—23°02′，总面积约0.07万km^2。

大地构造位置：Ⅲ扬子陆块区-Ⅲ$_1$上扬子陆块-Ⅲ$_{1-10}$金平陆缘坳陷。处于NW向金沙江-哀牢山喜马拉雅期岩石圈主走滑-拉分断裂带南东金平断块中，金平推覆体呈楔形夹于绿春推覆体和哀牢山基底推覆体之间，分别以藤条河大断裂和哀牢山深断裂为界。区域地质历史背景始于元古宙，经古生代—早中生代(T_2)后，最后定型于新生代(E)，属喜马拉雅期高钾富碱斑岩(脉)集中期。区内主要历经：①印支期(T_3)陆缘盖层逆冲-推覆变形带；②经喜马拉雅期陆内走滑-拉分造山-造盆作用和构造-岩浆活动叠加改造成为受逆冲-推覆变形构造控制的高钾高碱斑岩集中产出的造山区地带；③受到喜马拉雅期走滑构造改造。

地层分区：华南地层大区(Ⅱ)-扬子地层区(Ⅱ$_2$)之盐源-丽江-金平地层分区(Ⅱ$_2^1$)。区域内从元古宙至今地层发育完备，长期以来经历了多次强烈的岩浆及构造活动。元古宙地层主要为古元古代哀牢山岩群和瑶山岩群、新元古代大河边岩组变质岩，NW向分布于哀牢山变质带。古生代地层为奥陶系—二叠系，中生代地层为三叠系—白垩系，新生代地层为古近系和新近系及第四系。区内断裂以NW向和NE向断裂为主。二叠系峨眉山玄武岩是主要火山岩，岩浆岩时代从元古宙到新生代都有发育，岩性从超基性—基性到酸性、碱性岩都有，喜马拉雅期大量富碱和酸性、基性的斑岩和脉岩，如石英正长岩、正长岩、正长斑岩、二长花岗岩、二长花岗斑岩、云煌岩等，与金矿关系密切。喜马拉雅期富碱斑岩、NW和NE向控岩控矿断裂和含矿地层等要素是主要控矿因素。

区域重磁特征：1∶250 000布格重力异常总体表现为南高、北低的重力场特征，最高值位于东南部会秧附近，为$-120×10^{-5} m/s^2$，最低值位于东北部，为$-200×10^{-5} m/s^2$，场值变化为$80×10^{-5} m/s^2$。西南部折东—欧黑一线、东北部马堵山—我贾一线，较明显地展布2条NW向的重力线性梯级带，是阿墨江断裂、红河断裂在区内的反映。布格重力高、低异常(带)总体呈NW走向，相间展布为其特征。航磁ΔT表现为负的NW向线性梯级带，梯级带宽1.6~2.8km，梯度5.1~11.4nT/km，该线性梯级带是红河断裂在区内的表现。以梯级带为界，西部航磁ΔT为正磁场区，在正背景场上展布的航磁ΔT异常(带)密集、强度大、梯度陡，总体走向NW或近EW；东北部主要为负磁场区，在负背景场上展布的相对高值异常或正异常分布零星，强度大、梯度陡。航磁覆盖区域，共圈出24个航磁ΔT异常。

区域地球化学：分为北东角高背景区、中部高背景带、北东部低背景区和西南角低背景区4个背景区块。共圈定2个异常区(带)：①Ⅰ号异常带，分布于中南部俄普—独远一带，呈北西向展布，包含As8、As9两个异常。As8号为Au、Ag、W组合异常，元素组合稍差，金异常规模大、强度高、具三级浓度分带和明显的浓集中心；出露地层为志留系浅变质岩和三叠系碎屑岩，找矿意义不明。As9异常是寻找斑岩型金矿的有利地段，具有较好找矿价值。②Ⅱ号异常带，分布于富龙—金平一带，是区内最重要的异常带，为哀牢山金成矿带(浅变质)的南东段，包含4个异常。As7号异常产有大型斑岩型金矿床和中型内生复合型金矿床2个(长安金矿、大坪)，矿点数个。As4、As5、As6号异常元素组合分别为Au、Ag、W，Au、Ag、Cu和Au、Ag、Cr，元素相对较单一，金异常具有一定规模，但强度不是很高，分带不清晰；出露地层为元古宇、古生界和三叠系，As5、As6号异常区分别有加里东期超基性岩和燕山期石英斑岩出露，具有较好找矿前景。

2. 找矿方向

主攻矿种和主攻矿床类型：以下奥陶统向阳组碎屑岩夹灰岩为围岩的与喜马拉雅期中酸性富碱斑

岩有关的长安式斑岩型金矿(如长安)。

找矿方向:区内未再划分V级找矿远景区。目前圈定金矿找矿靶区6个(表15-6)。进一步划分了A类靶区3个,B类靶区1个,C类靶区2个。其中元阳县大坪东金矿找矿靶区(Au-A-17)、元阳县大坪西金矿找矿靶区(Au-A-18)、金平县长安金矿找矿靶区(Au-A-19)、金平县金竹林金矿找矿靶区(Au-B-13)4个靶区具大型金矿找矿潜力;元阳县马鹿塘金矿找矿靶区(Au-C-22)、元阳县马店金矿找矿靶区(Au-C-23)2个靶区具中型找矿远景。

表15-6 Ⅳ-18绿春-金平金矿远景区找矿靶区特征表

主攻矿种	主攻类型	典型矿床	找矿靶区	编号	面积(km^2)	远景
铜金镍钼	斑岩型	长安	A 元阳县大坪东金矿找矿靶区	Au-A-17	30.61	大型
			A 元阳县大坪西金矿找矿靶区	Au-A-18	34.61	大型
			A 金平县长安金矿找矿靶区	Au-A-19	32.78	大型
			B 金平县金竹林金矿找矿靶区	Au-B-13	46.54	大型
			C 元阳县马鹿塘金矿找矿靶区	Au-C-22	11.96	中型
			C 元阳县马店金矿找矿靶区	Au-C-23	17.93	中型

(七)Ⅳ-19中甸麻花坪钨矿远景区

1. 地质背景

范围:远景区地处云南中甸—丽江地区。南北长约55km,东西宽约12km。极值坐标范围为E100°01′—100°15′,N27°01′—27°29′,总面积约0.06万km^2。

大地构造位置:Ⅲ扬子陆块区-Ⅲ$_1$上扬子陆块-Ⅲ$_{1-9}$哀牢山基底逆冲-推覆构造带-Ⅲ$_{1-9-1}$点苍山结晶基底断块。区内构造活动以喜马拉雅运动表现最为强烈,产生南北向褶皱构造,形成现在所见全区基本构造格架形迹,区内构造严格受北北西向与北北东向两组断裂构造控制,两组断裂构造以及近南北向褶皱、断裂和更次级近东西向横断裂及裂隙,为本区成矿创造了良好的条件。

地层分区:华南地层大区(Ⅱ)-扬子地层区(Ⅱ$_2$)之盐源-丽江-金平地层分区(Ⅱ$_2^1$)。区域地层主要为古生界的泥盆系、石炭系和二叠系。中生界的中、下三叠统仅在矿区边缘零星分布。矿区内未见中酸性岩浆岩,主要见有二叠系玄武岩、基性辉长岩和基性煌斑岩脉出露,岩体内未见矿化现象。从麻花坪充填交代强蚀变而成钨铍矿体,以及矿脉矿物组合特征,矿脉及矿体的分布严格受裂隙控制,矿脉具有多阶段形成等特征,推测麻花坪矿床本地湾背斜的核部可能有隐伏的酸性岩浆岩体存在。据区域资料介绍,矿区北西23°方向2km处发现有闪长玢岩脉侵入体,推测矿区深部可能隐伏有与钨铍矿化有关的酸性岩浆岩体。

区域重磁特征:远景区处于布格重力低异常中,以近南北走向的等值线向西突出而显示为重力低,最大值为$-346\times10^{-5}m/s^2$,最小值为$-364\times10^{-5}m/s^2$,南部梯度稍陡($2.9\times10^{-5}m\cdot s^{-2}\cdot km^{-1}$)。剩余重力特征与布格重力异常特征基本一致。在1:25万航磁ΔT等值线平面图上,远景区的异常特征是南部为负异常,向北西方向异常值升高,到北西角为正异常,最大值为70nT,最小值为-72nT;在航磁ΔT化极等值线平面图上,异常是以南北向的负异常为主,北东角有圈闭的负异常(幅值-142nT),异常梯度较大,异常最大值为-46nT,最小值为-146nT。

区域地球化学:远景区位于昆仑-三江地球化学省尼西、金江、双河Fe、Cu、Au地球化学带上。钨的地球化学特征表现北西—南东向的半圆状的强高值异常区,从西向东逐渐增高的趋势,在东缘坟坪子北达到最高,范围极小,并不太明显的低值区呈半环状围绕其高值异常区分布。区内只圈出了一个钨异常,并为典型矿床异常,编号 AS01(麻花坪),异常元素组合有 W、Sn、Mo、Bi、Pb、Zn、Cu。其中 W 异常呈半椭圆状异常,具内浓度带分带,最高含量 9152.0×10^{-6},分布面积约为 $15km^2$。Sn、Bi、Pb 异常相互套合较好,位于 W 异常的南部,Pb 异常具中浓度带分带,Sn、Bi 异常仅具外浓度带分带。Mo、Zn、Cu 异常相互套合也较好,与 W 异常分离,位于其异常的南西角,Cu 异常由 2 个独立的子异常组成,具中浓度带分带;Mo、Zn 异常仅具外浓度带分带。中甸麻花坪钨铍矿位于其异常的西缘,中甸老鹰药场、宝山坪子钨矿点上无异常显示。

2. 找矿方向

主攻矿种和主攻矿床类型:产于泥盆系浅变质碎屑岩大理岩中可能与酸性岩有关的麻花坪式构造脉状岩浆型钨铍矿(如麻花坪)。

找矿方向:区内未再划分 V 级找矿远景区。目前圈定钨矿找矿靶区 2 个(表 15-7)。进一步划分了 B 类靶区 1 个、C 类靶区 1 个。均具大型找矿远景。

表 15-7　Ⅳ-19 中甸麻花坪钨矿远景区找矿靶区特征表

主攻矿种	主攻类型	典型矿床	找矿靶区	编号	面积(km^2)	远景
钨矿	岩浆型	麻花坪	B 麻花坪钨矿找矿靶区	W-B-1	26.99	钨大型
			C 本地湾钨矿找矿靶区	W-C-1	29.65	钨大型

(八)Ⅳ-20 棉花地钒钛磁铁矿远景区

1. 地质背景

范围:远景区地处云南元阳-金平地区。北西向长约 130km,宽约 9km。极值坐标范围为 E102°25′—103°37′,N22°41′—23°20′,总面积约 0.12 万 km^2。

大地构造位置:Ⅲ扬子陆块区-Ⅲ₁ 上扬子陆块-Ⅲ$_{1-9}$ 哀牢山基底逆冲-推覆构造带-Ⅲ$_{1-9-1}$ 点苍山结晶基底断块。区域构造线总体走向北西—南东展布,褶皱为大寨背斜北翼之棉花地向斜,矿体产于向斜挠曲轴部。断裂为红河深大断裂及派生次级(新寨-勐坪、桥头、马鞍底)断裂。

地层分区:华南地层大区(Ⅱ)-扬子地层区(Ⅱ₂)之盐源-丽江-金平地层分区($Ⅱ_2^1$)。区内广泛出露古元古界哀牢山岩群阿龙组(Pt_1a)、小羊街组(Pt_1x)、青水河组(Pt_1q),由黑云母片岩、大理岩、片麻岩和片麻状花岗岩组成。在哀牢山岩群中,有酸性岩体和基性岩体侵入,酸性岩体为勐平岩体,岩性为角闪花岗片麻岩;基性岩体,北从元阳,南至中越边境,在长达 52km 范围内有 10 多个基性、超基性杂岩体侵位于哀牢山岩群中,岩体出露面积大小不等,大的可达 $10km^2$ 以上,小的仅 $100m^2$ 左右。岩体长轴方向与片理、片麻理方向一致。各个岩体的岩石均已变质,其中超基性岩已变质为变余辉石岩,基性岩变质为长石闪石片岩。

区内铁矿床,主要有两类:与基性—超基性岩浆侵入活动有关的铁矿床,产于古元古界哀牢山群深度变质岩系中的(棉花地式)变基性—超基性杂岩体中岩浆晚期钒钛磁铁矿床;产于古元古界哀牢山群深度质岩系中的高、中温热液交代充填型铁矿。

成矿岩体明显受区域构造和地层层位控制,矿床形成于基性—超基性杂岩体中。矿床与岩体关系密切,若矿区出露基性—超基性岩则有可能形成铁矿。矿床形成于古生界,铁矿形成于岩浆活动晚期渐弱至间歇阶段。成矿与岩浆活动有成因联系,成因属岩浆分异型铁矿。矿床常共伴生钒、钛等金属元属,若共生元素达工业品位时,形成含(共生)钒钛磁铁矿床。在矿带与围岩、矿体之间的夹层或矿体之中的夹石等接触处均产生明显的绿泥石化,其强烈程度与矿带或矿体的厚薄成正相关。

区域重磁特征:远景区南东位于重力高和重力低的过渡带上,其边界与北西向大规模分布的花岗岩对应的重力低相对应,马鞍底至牛塘寨为局部重力高;布格重力异常等值线由近南北平行排列向北西向平行排列转换,北西为重力低,长椭圆状重力低与遥感环形构造相对应,梯度变化较两侧都要小;剩余重力异常则显示南东马鞍底铁矿以 $5\times10^{-5}\,\mathrm{m/s^2}$ 圈闭的正异常。北西剩余重力正异常的低值部分被蔓耗、十里村两个长椭圆状负异常所夹持,强度为 $-10\times10^{-5}\,\mathrm{m/s^2}$ 以上。

磁异常分为两个带状异常,棉花地北西向带状异常分布在长石闪石片岩,以及辉石岩和闪长玢岩中,据异常特征棉花地带状异常又分为四个磁异常 C1~C4,马鞍山为独立的条带状异常 C5。

区域地球化学:区域地球化学总体特征表现为与基性、超基性岩有关的亲铁元素极大富集,出现中、高级浓度分带。亲铁元素异常分带严格受断裂构造控制,异常产于北西向(显性)、东西向(隐性)断裂与近南北向断裂交会处。据相关系数分为以下地球化学族群:Ⅰ族群,包括 Al、Ba、Sr、W,主要反映哀牢山群阿龙组碎屑岩;Ⅱ族群,包括 As、Li、Pb、Be、Sn、U、Nb、Si、Y、Zr、K、Na、La、Th、Mo、B、F,主要反映花岗岩侵入活动;Ⅲ族群,以亲铁元素为主,包括 Fe、Cr、Co、Ag、Cu、Ni、V、Mg、Au、Ag、Cd、Zn、Mn 等,主要反映基性、超基性侵入活动,伴有期后成矿热液作用,侵入围岩以富含 CaO、MgO、P 为特征。在哀牢山群风港组中,岩浆侵入作用后期热液阶段 Cd、Zn、Mn 相对富集,Au、Ag 矿化与铁矿化关系密切。

2. 找矿方向

主攻矿种和主攻矿床类型:以古元古界哀牢山岩群为围岩的与超基性—基性岩有关的棉花地式岩浆型钒钛磁铁矿(如棉花地)。

找矿方向:区内未再划分Ⅴ级找矿远景区。目前圈定岩浆型钒钛磁铁矿找矿靶区 7 个(表 15-8)。进一步划分了 A 类靶区 1 个、B 类靶区 3 个、C 类靶区 3 个。

表 15-8 Ⅳ-20 棉花地钒钛磁铁矿远景区找矿靶区特征表

主攻矿种	主攻类型	典型矿床	VFe	编号	面积(km^2)	远景
铜铁钒钛	岩浆型	棉花地	A 棉花地铁矿找矿靶区	Fe-A-11	3.33	铁中型
			B 火山铁矿找矿靶区	Fe-B-12	4.71	铁中型
			B 大寨铁矿找矿靶区	Fe-B-13	3.47	铁中型
			B 苗子寨铁矿找矿靶区	Fe-B-14	2.4	铁中型
			C 干巴香铁矿找矿靶区	Fe-C-12	1.5	铁小型
			C 马批邑铁矿找矿靶区	Fe-C-13	7.14	铁中型
			C 马批邑(东)铁矿找矿靶区	Fe-C-14	1.8	铁小型

第十六章　康滇地轴成矿带

本成矿带全称为"Ⅲ-76 康滇地轴 Fe-Cu-V-Ti-Sn-Ni-REE-Au 石棉盐类成矿带(含Ⅲ-76-①康滇 Fe-Cu-V-Ti-Sn-Ni-REE-Au-蓝石棉成矿亚带、Ⅲ-76-②楚雄盆地 Cu-钙芒硝-蓝石棉-石盐成矿亚带)"，范围位于东经 100°35′—103°10′，北纬 23°25′—29°48′之间，呈北窄南宽的南北向长条状，南北长约 700km，东西宽约 100~250km，行政区划包括四川凉山彝族自治州、攀枝花市和云南昆明市、玉溪市、昭通市、曲靖市、楚雄彝族自治州等地区。成矿带范围总面积约 10.7 万 km^2。

第一节　区域地质矿产特征

一、区域地质

(一)地层

康滇地区地层复杂，是扬子板块基底元古宇出露最集中的区域，但由于区域构造也极其复杂、各基底地层变质程度差异较大，加之大多呈不连续的断块出露，因此一直以来区内基底地层的对比划分就存在很大争议。

早期对区内地层划分总体上依据变质程度，划分为 3 个构造单元：①最古老的结晶基底，以深变质的康定群、苴林群、大红山群、河口群为主，主要为片麻岩、片岩，其中康定群局部达到麻粒岩相；②褶皱基底，以浅变质的元古宇基底为主，含峨边群、登相营群、会理群、昆阳群(含东川地区和滇中地区)、东川群(李复汉 1988 年单独将滇中地区和东川地区含 Cu 的因民组、落雪组及鹅头厂组、绿汁江组)；③盖层，包括新元古代及显生宙地层，盖层与下伏基底的不整合接触关系清晰，没有争议。

近年来通过对各断续基底地层中的凝灰岩、火山岩夹层以及侵入岩锆石的 U-Pb 同位素地质年代学的研究，各个基底的沉积时代得到了较为准确的制约，与早期的地层对比划分有着巨大的差异。

1. 康滇地区的太古宇

康滇地区存在太古宇(SHRIMP U-Pb 年龄(3710±23)~(2742±48)Ma，本项目)以及古元古界的古老基底(SHRIMP U-Pb 年龄：(2494±23)Ma，$n=11$，$MSWD=3.1$，关俊雷等，2011；2285+12/-11Ma，$MSWD=0.41$，$n=7$，周邦国等，2012；(2299±14)Ma，$MSWD=5.9$，$n=13$，朱华平等，2011)。

2. 康滇地区的古元古代晚期(16 亿~18 亿年)

就现有高精度的同位素测试结果来看，河口群、大红山群、东川群中的凝灰岩、变质火山岩、侵入岩锆石的 U-Pb 年龄集中在 15 亿~18 亿年之间(Greentree et al,2007；孙志明等,2009；Zhao et al,2010；王冬兵等,2012；周家云等,2012；Zhu Z M et al,2013)，以 17 亿年左右最为集中，表明河口群、大红山群、东川群的沉积时代基本一致。

3. 康滇地区的中元古代(15亿～10亿年)

通过近年来对基底地层中(变质)火山岩夹层(苴林群路古模组变质基性火山岩、会理群天宝山组流纹英安岩、昆阳群富良棚段玄武安山岩及流纹英安岩)、凝灰岩锆石以及沉积岩碎屑锆石的 U-Pb 同位素地质年代学的研究,登相营群、康定群、苴林群、昆阳群、会理群、峨边群等均集中在中元古代晚期(Zhou M F et al,2002;张传恒等,2007;耿元生等,2008;尹福光等,2012;任光明等,2012)。

4. 康滇地区的新元古代(10亿～5.7亿年)

康滇地区中元古代晚期的大汇聚之后形成统一的康滇古陆,至新元古代开始,进入盖层发育阶段,新元古代地层含南华系和震旦系,缺失青白口系。

5. 康滇地区的古生界

康滇地区的古生界总体不发育,以下寒武统及二叠系相对较发育,奥陶系、志留系、泥盆系、石炭系仅仅有零星分布。

6. 康滇地区的中生界

中生界在本区非常发育,以楚雄盆地、滇中地区为甚,此外在会理、会东地区也广泛出露,反应了在中生代本区普遍处于较低的位置,均接受沉积,中生界与多个不同时代的早期地层呈不整合接触关系,在基底地层出露区域,大部分中生代地层剥蚀。

7. 新生界

按古近系、新近系和第四系分述。古近系在本区仅零星出露,且层序不全,按下部和上部分述。新近系在本区出露极少,大部分地区缺失。

(二)岩浆岩

康滇地区岩浆岩极为发育,频繁的岩浆活动(直接或间接地)造就了丰富的矿产资源。古元古代晚期至中元古代早期的岩浆岩时间跨度较大,跨度约 2.5 亿年;空间上主要分布与古元古代地层如影随形,如东川地区北部的金沙江两岸、会东县南部金沙江两岸、会理南部的金沙江两岸、滇中地区武定地区、新平红河断裂北东部大红山地区,此外在滇中易门(狮子山铜矿区)、元江等出露东川群的诸多地区,也发育大量基性侵入岩。

中元古代晚期—新元古代早期岩浆活动时间上,主要集中在 1100～950Ma 之间。已发现的 10 亿年岩浆活动空间上分布在安宁河断裂-绿汁江断裂(石棉橄榄岩、辉绿岩、米易垭口、兴隆、岔河锡矿等地)、峨山、麻塘断裂(会东菜园子)、苴林群(路古模组变质基性火山岩)、会理群(天宝山组流纹岩-英安岩)、昆阳群(富良棚段玄武安山岩-英安岩等),限于目前的研究程度,很多没有被发现的岩体可能也是中元古代晚期—新元古代早期岩浆活动的产物。

新元古代岩浆岩在扬子陆块西缘地区最为发育,从扬子北缘的碧口群、火地亚群经龙门山断裂至石棉-康定,向南经金河断裂延伸至西昌,至泸沽—米易—元谋,并在滇中的峨山一带收尾,分布范围南北长超过 1000km,最集中出露在康定—石棉—西昌一线。扬子西缘新元古代中期的基性岩浆活动主要集中在两个时期 840～800Ma 和 780～745Ma 期间,而酸性岩浆岩的时间也多集中在 830～750Ma。

晚二叠纪岩浆活动主体为峨眉山玄武岩,其次为大规模侵入体,峨眉山玄武岩的分布面积可能超过 50 万 km^2,北至丹巴、南至云南金平,甚至越南北部,东到贵阳,西止于丽江-维西。峨眉山玄武岩的下伏地层一般为阳新组含生物碎屑灰岩,上覆地层为三叠系白果湾组砂岩。晚二叠纪侵入岩体主要分布在攀西地区、丹巴、盐源-丽江、牟定-安益、云南富宁、云南金平-越南北部等地区,一般成群成带出现。

燕山期岩浆活动报道较少，目前公开发表的文献仅有本项目组在金沙江沿岸识别出来的基性岩脉，SHRIMP U-Pb测年结果为(128.2±1.5)Ma(MSWD=2.0,n=16)，此外会东地区的中生代地层中也分布了较多基性岩体，推测其时代可能为燕山期。

喜马拉雅期岩浆活动主要分布在折多山-贡嘎山、冕宁-喜德、盐源—丽江、楚雄盆地等，从年龄数据来看，主要集中在30~40Ma，其次为10Ma左右，成矿是时间大致与主要岩浆活动期次较吻合，也集中在30~40Ma。

(三) 变质岩及变质作用

扬子地台西缘广泛分布以前震旦系康定群、普登群为结晶基底，大红山群、河口群、会理群、昆阳群为褶皱基底的区域变质岩系。

康定群代表康滇地轴上一套以中基性间有中酸性火山岩及沉积岩、混合岩化显著的中深变质地层，主要岩性为斜长角闪岩、变粒岩、条带状、角砾状混合岩、混合片麻岩以及云母片岩、石英片岩和少许大理岩。

河口群、大红山群是一套浅-中等变质的富钠质火山-沉积岩，主要变质岩性为细碧岩、角斑岩、石英角斑岩、变凝灰岩、变霏细岩、变钠斑岩、碳质板岩、大理岩。此外，在区内还广泛发育后期动力叠加变质和热接触变质。

二、区域物化特征

区域布格重力异常总体上由东南向北西逐渐降低，反映了地壳厚度逐渐增大的趋势，其中攀西构造带及东部四川盆地形成局部重力高值圈闭。此外，区内外各块体还表现了各自不同的重力场特征：松潘-甘孜地块的布格重力变化平缓，重力值普遍低于$-300\times10^{-5}m/s^2$；巴塘以北为青藏高原东南部，重力值最低。川滇菱形块体中北部的川西北次级块体布格重力异常等值线密集分布，异常值普遍小于$-350\times10^{-5}m/s^2$；南部的滇中次级块体则相对较高。其重力场特征变化相对平缓，与东侧的扬子地块更为相近。总体上，川滇菱形块体布格异常等值线形态呈向南东扭曲，开口朝北西的"U"字形。

龙门山断裂带在布格重力上表现为明显的密集梯度带，丽江-小金河断裂带的布格重力特征与龙门山断裂带相近，从走向上看，可能是龙门山断裂带向南西的延伸。各块体周边断裂带在布格重力上均表现为一定程度的等值线扭曲或呈梯度带分布，表明川滇地区的浅部地表变形在重力场中有着良好反映。

该区航磁异常特征清晰，展布规律性强，明显反映了较强磁性的各类岩浆岩，大片喷溢的峨眉山玄武岩以及前震旦纪变质基底的存在和分布。

磁场最显著的特点是航磁异常走向与深大断裂构造线方向一致，总体呈SN向展布。在康定、石棉、西昌、渡口、元谋一带，沿基底隆起带上的海西—印支期岩浆杂岩带形成一个规模宏大的强正异常带，长达510km，异常强度达160~480nT。异常带外形呈NW和NE向拐折的锯齿状。其生成明显受安宁河-易门和磨盘山-绿汁江岩石圈断裂及相伴的NE和NW向地壳断裂的控制。在裂谷轴部两侧的中生代断陷盆地，航磁异常表现为负异常，强度为-50~100nT，明显的展现出攀西裂谷带两堑夹一垒的构造格局。

从航磁化极上延20km异常图可更清晰得看出，在安宁河-易门岩石圈断裂以西，区域磁场呈宽缓的正异常，背景值为+30~+40nT，而安宁河-易门岩石圈断裂带以东地区，区域磁场为降低的负磁场，背景值为-30nT，表明裂谷带在安宁河-易门断裂带两侧的基底组成是不同的，前者为古元古界或太古宇一套深变质岩组成结晶基底的反映，后者为中元古界浅变质岩系的反映。

根据航磁异常计算的全区居里温度深度范围在22~35km之间，除去航磁飞行高度，其深度范围为20~33km。本区深钻孔实测的地温梯度为每100m 1.61~2.46℃，若居里温度为600℃左右，则其深度按地温梯度计算应为24~35km左右，二者大致相符合。研究区内居里等温面的起伏以SN走向为主，在渡口以北，沿裂谷带轴部岩浆杂岩带，居里深度相对较浅为22~26km，而轴部两侧的居里深度则加深到 30km 以下。在渡口以南，居里深度普遍小于 26km，说明至今裂谷带之下的热源物质仍较两侧丰富。

从 1:50 万及 1:20 万化探数据所处理的元素地球化学图上可以看出研究区所属的区域内有三条南北向的地球化学组合异常带，三条异常带均受攀西-昆阳裂谷深大断裂控制。

在元谋-绿汁江断裂与汤郎-易门断裂之间及普渡河断裂与小江断裂之间为与裂陷槽相对应的两条以 Cu 为主的 Cu、Au 组合异常带。分别分布着与前震旦系钠质火山岩、碳酸盐岩及沉积-变质岩有关的层状、似层状铜矿和震旦系观音崖组之下变质岩系不整合面上的似层状铜矿及其所引起的 Cu 异常、Au 异常。其中 Cu 异常均为强异常，含量$(60\sim1520)\times10^{-6}$。前震旦系中有与断裂或层间裂隙带有关的含铜石英脉、含铜黄铁矿浸染带、含铜硫化物及氧化物引起的 Cu 异常，其 Cu 含量为$(60\sim480)\times10^{-6}$。铜、金矿产主要分布于小街、通安、东川、易门等地区。

在小江断裂与昭通-曲靖隐伏断裂之间为以 Pb、Zn 为主的 Pb、Zn、Cu 组合异常带。Pb、Zn 元素以高背景集中分布于工作区中偏东部，异常与区域断裂构造、地层、岩性及元素的迁移有关。震旦系灯影组白云岩、前震旦系白云石大理岩中见铅锌矿化或铅锌石英脉产出，多富集成矿，与已知矿带及矿产地相一致。Pb 含量一般为$(100\sim400)\times10^{-6}$，最高 1000×10^{-6}；Zn 含量一般为$(150\sim500)\times10^{-6}$，高者$(1000\sim71\ 600)\times10^{-6}$。著名的会泽世界级铅锌矿即产于此带内。三条组合异常带内的异常密集区多沿裂谷边缘内侧分布，反映出裂谷边界断裂对矿化活动的控制。两条 Cu 组合异常带 Cu、Fe 及相关元素具有继承性的演化机理，从大红山群富 Cu、Fe 基性火山岩→昆阳群→古生界→中生界，Cu、Fe 及相关元素继承性转移特征明显。区内 Cu 异常广布，具有面积大、浓度高及元素组合形式多样的特征。异常面积一般数十平方千米，个别达百平方千米以上；异常含量：$Cu(50\sim400)\times10^{-6}$，$Pb(100\sim500)\times10^{-6}$，$Zn(150\sim500)\times10^{-6}$；元素组合有 Cu、Cu-Pb、Cu-Co-Ni、Cu-Co-Mo-As-Sb(Ag)等。

三、主要矿床类型及代表性矿床

康滇地轴是我国重要的成矿区带，区内矿产资源种类十分丰富，也是重要的经济支柱，主要的优势矿种有铁矿（含钒钛）、铜矿、铅锌、钨锡矿和稀土矿等。

1. 铁矿

(1) 古元古界基底地层中的铁氧化物铜金矿床(IOCG)，如新平大红山、会理拉拉、东川稀矿山、武定迤纳厂、禄劝笔架山铁矿等为典型的 IOCG 型矿床，与奥林匹克坝具有相似的成矿背景和成因，与古元古代晚期至中元古代早期昆阳陆内裂谷形成的岩浆活动关系密切。

(2) 中元古界会理群、昆阳群中的海相沉积型菱铁矿床、磁铁矿床，如德昌县红旗乡巴、鲁奎山、王家滩、会理凤山铁矿。

(3) 宁乡式铁矿，如东川包子铺铁矿、会东满银钩铁矿等。

(4) 矽卡岩型磁铁矿，主要分布在冕宁—喜德一带，如喜德拉克、喜德县朝王坪铁矿、冕宁泸沽大顶山、冕宁泸沽铁矿山、冕宁泸沽龙王潭等。

(5) 钒钛磁铁矿，这类矿床是攀西地区最著名的铁矿类型，总量约占中国该类铁矿的一半，主要有西昌太和铁矿，攀枝花朱家包包铁矿铁矿、红格铁矿、倒马坎铁矿、尖包包铁矿、兰尖火山铁矿、米易白马铁矿，会理县白草铁矿，牟定县安益铁矿等地。

(6) 热液型磁铁矿床，如会东菜园子铁矿、会东县大坪子含铁铜金、会东县朝阳乡菜园子铁、会理县通安区四一乡龙、会理县绿水铁矿、攀枝花市中坝乡罗卜地、米易县团结乡沙坝铁等。

2. 铜矿

1) 古元古代基底地层中的 IOCG 型铁铜矿床

该类铜矿床可以分为两个亚类，一是铁铜矿床，与澳大利亚的奥林匹克坝 IOCG 矿床相似，即铁铜共生,有大红山、拉拉、稀矿山和迤纳厂等,二类是落雪式铜矿床,如汤丹铜矿、白龙厂铜矿等,主要分布在东川群因民组顶部和落雪组下部的白云岩中。

2)砂岩型铜矿

砂岩型铜矿为沉积型矿床,其实广义的砂岩型铜矿也包括落雪式铜矿,只是为了表明落雪式铜矿床和稀矿山式铁铜矿床的成矿作用与古元古代晚期至中元古代早期的昆阳陆内裂谷作用有关,将上述二者列为一类。

南华纪陡山沱组的沉积型铜矿床,该类矿床成规模的仅有东川烂泥坪铜矿。

另外一类沉积型铜矿床分布在中生界白垩系小坝组中砂(砾)岩型铜矿,该类矿床数量较多,普遍规模较小,以铜矿化为主,同时伴生较多的银、钴等战略性金属。

3)热液脉型铜矿

该类矿床规模普遍较小,数量也不多,主要有会东油房沟铜矿、易门和尚庄铜矿等,其中油房沟铜矿规模为中型,具有大型铜矿的远景。

4)岩浆硫化物铜镍矿床

岩浆硫化物铜镍矿床在本区主要分布在会理、盐边等地,主要有晚二叠世的力马河铜镍矿床、青矿山铜镍矿床,盐边的新元古代冷水箐铜镍矿床。

3. 铅锌矿

铅锌矿也是本区带内重要的矿种之一,有碳酸盐层控热液型铅锌矿床,即 MVT 型铅锌矿床,如会东大梁子、铁柳铅锌矿床,会理天宝山铅锌矿床。另外一类是喜马拉雅期热液型铅锌矿床,如姚安铅矿、压美山、新村铅矿、取宝箐铅矿,石屏县育英村铅矿、法乌铅矿、佐哈莫铅矿、白木组铅锌矿(床)点等。第三类为前寒武纪热液型铅锌矿床,主要有会小石房铅锌矿床,规模达大型。

4. 钨锡矿

康滇地区也是我国重要的钨锡成矿带,矿床类型为矽卡岩型,成矿时代主要有两期,第一期为新元古代冕宁-喜德-会理钨锡带,典型矿床有泸沽大顶山锡矿。第二期为燕山期矽卡岩型钨锡矿,有石屏县龙潭钨矿、石屏县钨金矿,峨山县方丈、日期白钨矿等。

5. 铝土矿

本区铝土矿数量多,但规模较小,且品味较低,多为古风化壳沉积型矿床,形成于海西期;个旧市白云山铝土矿,达中型规模,是区内较大的铝土矿床,形成于喜马拉雅期。

6. 锰矿

主要分布在滇中地区,有易门县方屯乡大谷厂村小型锰矿,石屏县马扒岭小型锰矿、龙朋乡咪哺村小型锰矿,为前寒武纪海相沉积型类型;另外在石屏县还分布有前寒武纪风化壳型小型锰矿,即马鞍山锰矿。

7. 金矿

金矿不是区内的优势矿种,主要金矿为喜马拉雅期构造蚀变岩型金矿,其次为少量砂金矿点,前者有东川播卡大型金矿,楚雄市小水井中型金矿,南华马街乡官郎山小型金矿、大龙潭小型金矿、姚安老街小型金矿、白马苴小型金矿,大姚县茶铺梁子小型金矿。后者主要为永仁县白马河古砂金矿点、峨山城关安常村砂金矿点。

第二节 找矿远景区-找矿靶区的圈定及特征

一、找矿远景区划分及找矿靶区圈定

大致以绿汁江区域断裂为界,将"康滇地轴 Fe-Cu-V-Ti-Sn-Ni-REE-Au 成矿区(Ⅲ76)"划分为两个Ⅲ级成矿亚带:Ⅲ-76-①康滇 Fe-Cu-V-Ti-Sn-Ni-REE-Au-蓝石棉成矿亚带和Ⅲ-76-②楚雄盆地 Cu-钙芒硝-蓝石棉-石盐成矿亚带。并进一步分别划分出 14 个Ⅳ级、32 个Ⅴ级找矿远景区,圈定找矿靶区 198 个,其中 A 类靶区 51 个、B 类靶区 64 个、C 类靶区 83 个。

Ⅰ-4 滨太平洋成矿域
 Ⅱ-15 扬子成矿省-Ⅱ-15B 上扬子成矿亚省
  Ⅲ-76 康滇地轴 Fe-Cu-V-Ti-Sn-Ni-REE-Au-石棉盐类成矿带
   Ⅲ-76-①康滇 Fe-Cu-V-Ti-Sn-Ni-REE-Au-蓝石棉成矿亚带
    Ⅳ-21 甘洛铅锌铜铁矿远景区(Ⅴ38、Ⅴ39)
    Ⅳ-22 冕宁-喜德锡铅锌铜铁矿远景区
    Ⅳ-23 德昌-会理铜铅锌锡镍铂金铁矿远景区(Ⅴ40、Ⅴ41、Ⅴ42)
    Ⅳ-24 宁南铅锌铜银铁矿远景区(Ⅴ43、Ⅴ44、Ⅴ45)
    Ⅳ-25 会理-会东-东川铅锌铜铁金矿远景区(Ⅴ46、Ⅴ47、Ⅴ48、Ⅴ49、Ⅴ50)
    Ⅳ-26 禄丰-武定铁铜铅锌矿远景区(Ⅴ51、Ⅴ52)
    Ⅳ-27 昆明-玉溪铝土矿远景区(Ⅴ53、Ⅴ54、Ⅴ55、Ⅴ56)
    Ⅳ-28 易门-峨山铁铜矿远景区(Ⅴ57、Ⅴ58)
    Ⅳ-29 建水苏租-暮阳铅锌矿远景区
    Ⅳ-30 元江铜铁金矿远景区(Ⅴ59、Ⅴ60)
   Ⅲ-76-②楚雄盆地 Cu 钙芒硝石盐成矿亚带
    Ⅳ-31 攀西地区钒钛磁铁矿远景区(Ⅴ60、Ⅴ61、Ⅴ62、Ⅴ63、Ⅴ64)
    Ⅳ-32 大姚-牟定铁铜金铅锌矿远景区(Ⅴ65、Ⅴ66、Ⅴ67、Ⅴ68、Ⅴ69)
    Ⅳ-33 楚雄小水井金矿远景区
    Ⅳ-34 新平大红山铜铁金矿远景区

二、找矿远景区特征

(一)Ⅳ-21 甘洛铅锌铜铁矿远景区

1. 地质背景

范围:远景区北起四川省石棉县城—汉源县城一线,南到四川省越西县,东抵甘洛县城东 10 多千米,西达石棉—越西一线以东。南北长 90 多千米,东西约 30km。坐标极值范围为 E102°29′—102°55′,N28°33′—29°18′。总面积约 0.24 万 km²。

大地构造位置:Ⅲ扬子陆块区-Ⅲ₁ 上扬子陆块-Ⅲ₁₋₄ 康滇基底断隆带-Ⅲ₁₋₄₋₂ 峨眉-昭觉断陷盆地带。地处南北向甘洛-小江断裂带北段(马拉哈断裂),受一组近南北向平行的构造控制,西为近南北向越西断裂,东为马拉哈断裂,中部夹持碧鸡山向斜。甘洛-小江断裂规模最大纵贯全区。受其影响,区内发育一系列北北向断层构造,自东向西依次发育有磨房沟-拉尔断裂、镇西-白果断裂、越西河断裂,断层性质在喜马拉雅期前都表现为张性,构成一系列南北向狭长的断陷盆地;喜马拉雅期时强烈的东西向挤压,断层复活而转变为压扭性,同时形成一系列褶皱构造。断裂构造以南北向为主,北东及北西向次之,东西向少见。断层多发育在背斜核部,表现为逆冲断层。

地层分区:华南地层大区(Ⅱ)-扬子地层区($Ⅱ_2$)-康滇地层分区($Ⅱ_2^3$)。远景区属扬子陆块西缘,具有基底与盖层的双层结构。基底包括结晶基底和褶皱基底两部分。盖层包括下震旦统晋宁造山后裂谷沉积过渡性盖层、上震旦统—晚三叠世中期的海相沉积盖层和晚三叠世末—第四系陆相沉积盖层,以稳定-次稳定系列内源干旱型白云岩、藻白云岩建造为主。该区地层除缺失石炭系、在越西断裂一带缺失志留系外,从上元古界震旦系至中生界侏罗系均有分布。区内出露最老地层为早震旦世苏雄组灰绿-紫红色基性—酸性凝灰岩、熔岩夹火山碎屑岩;上震旦统灯影组白云岩;下寒武统筇竹寺组白云质含磷粉砂岩、细砂岩等,沧浪铺组泥质砂岩、泥质灰岩,龙王庙组白云质灰岩;中—上寒武统白云岩、白云质粉砂岩;奥陶系白云岩、杂砂岩;志留系粉砂岩夹灰岩;中—下泥盆统坡松冲组、坡脚组、曲靖组并层的下部碎屑岩、上部碳酸盐岩;二叠系梁山组、栖霞组、茅口组、吴家坪组并层的碳酸盐岩、底部页岩夹粉砂岩;峨眉山玄武岩组灰绿色致密状、杏仁状玄武岩,夹苦橄岩、凝灰质砂泥岩、煤线及硅质岩;在碧鸡山向斜核部为中生代红层。

铅锌矿赋矿地层主要是灯影组白云岩,其次为寒武系白云岩及志留系白云岩。碧鸡山式(宁乡式)沉积型铁矿含矿岩系为中泥盆统缩头山组。以甘洛及越西碧鸡山一带发育较全;上部为石英砂岩、粉砂岩;中部为杂色斑状白云岩;下部为石英砂岩夹赤铁矿。

区域重磁特征:区内布格重力异常全为负值,划属于攀西南北向重力异常区北段。宽大的龙门山重力异常梯级带在石棉处该梯级带一分为二,西支顺大雪山西拐,与喜马拉雅山梯级带相连,东支经马边向南东方向弯转,沿乌蒙山南下。在深部构造上,处于攀枝花幔隆与昭觉-巧家幔拗之间的过渡区域,据布格重力资料表明区内是深大断裂密集带,有壳断层和岩石圈断裂5~6条,主要为南北向,次为北西、北东向,具有明显的方向性和等距性特征。区域南北向断裂主要有甘洛-小江断裂、峨边-雷波断裂、越西河断裂、普雄河断裂;区域北东向断裂主要有宁南-会理断裂、峨眉-苏雄断裂;区域北西向断裂有石棉-昭觉断裂、西昌-则木河断裂;区域东西向断裂有石棉-峨边断裂、撮合伍-因民断裂等。磁场以高值正异常为主,呈线状、带状和块状,展布方向主要是北东向和南北向,并有北西向和东西向的磁异常走向,玄武岩分布区为火山跳跃场。

区域地球化学:区域地球化学分区属攀枝花-冕宁地球化学分区、宁南-汉源地球化学分区。安宁河断裂带以东,在褶皱基底之上广泛分布着下震旦统火山沉积岩系及一套从晚震旦世—二叠纪的陆表海碳酸盐岩系,至峨眉山玄武岩喷溢后,转为陆相红色盆地沉积,构成上地表二元结构;而在这一地域内的矿产,以Pb、Zn、Cu、Fe、Mn、P为主,其中铜以峨眉山玄武岩及由此为物质来源演化的砂岩铜矿为主,Fe、Mn、P为沉积矿产,有明显地层属性;而Pb、Zn矿产则是本区的特色矿产,集中分布在各大型断裂带上。区内Pb-Zn-Ag异常主要沿碧鸡山向斜东翼马拉哈构造带呈带状展布,强度大,套合好,与区内已有铅锌矿床点高度吻合。

区域矿产:区内矿产有铅锌矿、铁矿、铜矿、铝土矿等。铅锌矿主要分布于远景区东侧碧鸡山向斜东翼马拉哈构造带之早古生代碳酸盐岩地层中;铁矿主要分布于碧鸡山向斜西翼南端中泥盆统缩头山组中;铜矿与峨眉山玄武岩有关;铝土矿产于二叠系中。

2. 找矿方向

主攻矿种和主攻矿床类型:产于中泥盆统缩头山组中碧鸡山式(宁乡式)沉积型赤铁矿、产于震旦系灯影组顶部白云岩及寒武系白云岩中的似层状-脉状热液型铅锌矿。

找矿方向:如表16-1所示,区内大致以近南北向碧鸡山向斜为界,沿其东翼马拉哈褶皱断裂圈定Ⅴ38-马拉哈铅锌矿找矿远景区,面积450km²,其内圈定铅锌矿找矿靶区4个,其中A类2个、C类2

个,赤普靶区具大型找矿潜力,其余均具中型远景。值得指出的是,马拉哈复式背斜之次级苏雄向斜面积较大,已有工作主要在向斜东部及北部灯影组顶部含矿地层出露地段,已发现则板沟、高丰、岩岱中型铅锌矿床,对向斜中部及西翼工作较少,随着向斜西翼麻窝沟一带灯影组顶部含矿层间破碎带的发现,表明苏雄向斜是一个含矿层位较为完整的有利成矿含矿构造,具有大型—超大型沉积改造型铅锌矿床的成矿找矿前景;西翼南端越西断裂西侧划为Ⅴ39-碧鸡山向斜西翼铁矿找矿远景区,面积1013km²,其内圈定铁矿找矿靶区5个,均为C类中型远景。

表16-1 Ⅳ-21甘洛铅锌铜铁矿远景区铅锌矿铁矿找矿靶区特征表

主攻类型	典型矿床	Ⅴ级找矿远景区	面积(km²)	找矿靶区	编号	面积(km²)	远景
层控型-海底喷流热水沉积/热卤水改造型、宁乡式沉积型铁矿	赤普铅锌矿、敏子洛木铁矿、乌坡式铜矿	Ⅴ38-马拉哈铅锌矿找矿远景区	450	A尔呷地吉铅锌找矿靶区	PbZn-A-4	2.5	铅锌中型
				A赤普铅锌找矿靶区	PbZn-A-5	2.3	铅大型锌中型
				C岩岱铅锌找矿靶区	PbZn-C-2	0.28	铅小型锌中型
				C马拉哈铅锌找矿靶区	PbZn-C-3	0.55	铅小型锌中型
		Ⅴ39-碧鸡山向斜西翼铁矿找矿远景区	1013	C甘洛海棠铁矿找矿靶区	Fe-C-15	21	铁中型
				C越西切罗木铁矿找矿靶区	Fe-C-16	17	铁中型
				C甘洛色达铁矿找矿靶区	Fe-C-17	18	铁中型
				C越西拉基宝珠铁矿找矿靶区	Fe-C-18	16	铁中型
				C越西碧鸡山铁矿找矿靶区	Fe-C-19	48	铁中型

(二)Ⅳ-22冕宁-喜德锡铅锌铜铁矿远景区

1. 地质背景

范围:远景区北起四川省冕宁县城—越西县城一线,南到四川省冕宁泸沽南侧,东抵喜德县城,西达冕宁泸沽桂花村。呈北东向展布,主体位于箐河断裂带(金河-程海断裂带)东侧与越西断裂西侧之间,安宁河断裂带北延段从远景区中部穿过,地层西老东新。北东向长50多千米,宽约30km。坐标极值范围为E102°05′—102°30′,N28°08′—28°36′。总面积约0.14万km²。

大地构造位置:Ⅲ扬子陆块区-Ⅲ₁上扬子陆块-Ⅲ₁₋₄康滇基底断隆带-Ⅲ₁₋₄₋₁康滇前陆逆冲带北部中段安宁河断裂带东侧小相岭台穹,向东跨入Ⅲ₁₋₄₋₂峨眉-昭觉断陷盆地带。构造主体走向近南北向,次为北西向。区内背斜、向斜相间展布,部分褶皱具复式特征。由南北向安宁河断裂带、北东向断裂、泸沽复背斜以及东西向断裂构组成本区的基本构造格局,近南北向的泸沽复背斜是区内主干基底褶皱。

远景区内褶皱构造以近南北向为主,次为北西向。晋宁期与喜马拉雅期的褶皱发育。前者表现为强烈的褶皱,岩浆活动,变质作用及成矿作用强烈;后者无岩浆活动。晋宁期褶皱发育于扬子地台褶皱基底,多残破,规模较小;喜马拉雅期褶皱发育于盖层中,保存完整,规模较大。晋宁期褶皱主要有盐井沟背斜、盐井沟向斜、下山堡向斜、吉伍哈洛向斜、阿卡洛木背斜、沙西脚莫背斜;喜马拉雅期褶皱主要有大顶山背斜、铁厂沟复式向斜、娃来贺普复式背斜、尔诺和复式向斜、干河沟复式背斜、尔克背斜等。

地层分区:华南地层大区(Ⅱ)-扬子地层区(Ⅱ₂)-康滇地层分区(Ⅱ₂³)。本区由中元古代变质岩和晋宁—澄江期泸沽花岗岩构成褶皱基底,震旦系和中生界侏罗系-白垩系组成盖层。其前震旦系基底隆起位置较高,以上不整合覆盖震旦系及上三叠统。区域布露地层从西至东、由老至新有古元古代康定岩群、中元古代登相营群、早震旦世安河组、开建桥组、苏雄组、晚震旦世观音崖组、灯影组并层、晚三叠世白果湾组、早侏罗世益门组、中侏罗世新村组、晚侏罗世牛滚凼组及第四系，缺失整个中生代地层。赋矿地层为中晚元古代等相营群上部大热渣组、九盘营组的白云岩、白云石大理岩、白云质灰岩、绿泥绢云千枚岩、变质粉砂岩、变质细砂岩及白云石大理岩中。

区域岩浆岩沿安宁河断裂和甘洛-小江断裂集中分布，主要分布有中条期、澄江期、海西期、印支期和燕山期侵入岩和少量火山岩和脉岩。与成矿关系密切的岩体主要有澄江期泸沽花岗岩体、印支期—燕山期里庄侵入岩带马颈子碱性杂岩体、张家坪子花岗岩体、里庄钾长花岗岩体、牦牛山侵入岩带麻棚子碱性杂岩体等。

区内变质作用成因类型复杂，具多期性、多样性。有区域动力变质作用、接触变质作用和动力变质作用。区域动力变质作用主要发生在前震旦纪褶皱基底的会理群、登相营群中，与其有关的锡矿有岔河式锡矿、泸沽式锡铁矿。接触变质作用发生于岩浆岩体侵位后，分布于岩体外接触带以及附近的断层破碎带、捕虏体上。区内动力变质作用较强，动力变质作用具多期性，主要沿构造断层破碎分布。

区域重磁特征：区内布格重力异常全为负值，划属于攀西南北向重力异常区中北段。从中南攀枝花逐渐向西北至木里降低。攀枝花地区为近南北向相对重力高；西边为北东向的重力异常梯级带，东部为北北西向条带状相对重力低，区内布格重力异常总体上反映了康滇地轴的基本地质构造特点。

远景区所处攀西地区航磁总体分布呈现出明显的分带性和方向性，可明显地划分为两个磁场区和几个高磁异常集中带，后者与几个大的铁矿集中分布带或含铁高的基性—超基性岩带的空间分布相吻合。远景区圈出1∶2.5万地磁测量圈定地磁异常49个，异常基本围绕泸沽花岗岩体与登相营群接触带分布。按异常分布及特征分为大顶山异常群、拉克异常群、松林坪异常群、后山异常群和登相营异常群。大顶山异常群是目前矿产地质工作程度最高的地段，所控制的矿体均与磁异常吻合。拉克异常群包括的C3异常与已知的拉克磁铁矿体吻合。松林坪异常群的C19、C21、C41三个异常区内地表已发现磁铁矿体，为矿致异常。后山异常群铁矿找矿远景较好，但地质工作程度较低。登相营异常群具有良好的磁铁矿找矿前景。

区域地球化学：根据区域化探资料，有一条贯穿南北的Fe、Ni、Ti、V、Al、Co浓集带，与花岗岩的分布基本一致，已知铁矿床、矿点多分布在低值区域。远景区内Pb-Zn-Ag异常围绕登相营—朝王坪—铁矿山—大顶山一线北东向分布，套合较好，异常浓集中心在北端登相营—朝王坪一带，向南变弱；W-Sn异常分布范围大体与Pb-Zn-Ag异常一致，但异常浓集中心主要在中部拉克及以西，同时套合有较强的As-Sb-Hg异常；Au异常主要在Pb-Zn-Ag异常、W-Sn异常外围呈环状分布。

区域矿产：区内矿产资源丰富，主要有稀土、铁矿、钒钛、铜、铅、锌、锡、钼、滑石、花岗岩、高岭土等。其中，区内优势矿产为铁矿、锡矿、稀土等。区内铁矿成带主要沿安宁河大断裂呈近南向展布，富铁矿带已发现矿床(点)25处。带内已知铁矿床(点)均分布于泸沽花岗岩体外接触带0～600m范围内。矿体赋存于中元古界登相营群中，主要受层状矽卡岩控制，呈层状、似层状、透镜状顺层产出，矿石矿物主要为磁铁矿，属于沉积改造成因。区内铁矿工作程度高，详查矿区多数已被开采利用，部分矿床已闭坑。锡矿分布于泸沽花岗岩体接触带附近围岩中，含矿围岩为中元古界登相营群朝王坪组($Pt_{2}\bar{c}w$)、大热渣组($Ptdr$)的变质岩。已发现锡、铁锡小型矿床(点)3处，矿床类型有矽卡岩型、锡石-硫化物型，分布在泸沽花岗岩体外接触带0～600m范围内。属与花岗岩有关的中高温热液成因，锡矿工作程度较低。

2. 找矿方向

主攻矿种和主攻矿床类型：产于前震旦系登相营群中与澄江期泸沽花岗岩体有关的锡铁多金属矿床，矿床成因类型有岩浆热液型和矽卡岩型两类。

找矿方向：①澄江期泸沽花岗岩体外接触带沉积改造型富铁矿成矿地质条件优越，找矿潜力大。铁锡矿主要围绕泸沽花岗岩体外接触带，结合地磁异常及前期调查取得的矿化线索，重点是岩体北部外接触带。②以往勘查工作主要集中在花岗岩体东接触带到南部的铁矿山、大顶山、拉克等典型铁矿床，矿床的上、下边界，特别是下部边界，多数尚未完全圈定，在现有勘探深度范围内，矿层的连续性、稳定性仍然很好,厚度、品位没有减薄或变贫的趋势,一些分散的小岩体,按照航磁、地磁异常的分布特征预计在深部有可能连为一个大的岩体。③北部及西部矿床点勘查工作程度仅达矿点检查-预查程度,在岩体东西外接触带密集分布的1:2.5万地面磁异常多未验证,预测具有良好的富铁矿找矿前景。④锡矿找矿工作有待深入系统开展,与澄江期泸沽花岗岩体有关的高中温热液锡石硫化物型锡矿床是近期新发现矿床类型,近期在大顶山-黑林子地区开展的1:1万土壤测量圈定了黑林子、下山堡锡异常,初步证实异常区找矿潜力大,泸沽花岗岩体东部外接触带,成矿地质条件类似,通过土壤测量和异常查证,可望发现类似锡矿产地。⑤根据区内成矿地质条件、已知矿产和磁异常特征等的综合研究结果,提出拉克铁矿中南段东南、黄泥湾、登相营北找矿有利地段。⑥圈定铁矿找矿靶区3个(表16-2),其中A类2个、C类1个,铁矿山-大顶山找矿靶区具中型找矿潜力,其余靶区有小型远景;圈定A类锡矿找矿靶区1个,铁矿山-大顶山锡矿找矿靶区,具中型找矿潜力。

表16-2 Ⅳ-22冕宁-喜德锡铅锌铜铁矿远景区找矿靶区特征表

主攻矿种	主攻类型	典型矿床	找矿靶区	编号	面积(km²)	远景
锡、铜、铁、铅锌	岩浆型、矽卡岩型铁锡矿、高中温锡石硫化物型锡矿	泸沽大顶山锡铁矿	A 铁矿山-大顶山铁矿找矿靶区	Fe-A-12	6	铁中型
			A 拉克铁矿找矿靶区	Fe-A-13	4.9	铁小型
			C 登相营-朝王坪铁矿找矿靶区	Fe-C-20	5.5	铁小型
			A 铁矿山-大顶山锡矿找矿靶区	Sn-A-1	7.18	锡中型

(三)Ⅳ-23德昌-会理铜铅锌锡镍铂金铁矿远景区

1. 地质背景

范围:远景区北起四川省普格县地坪河,南到四川省会理县凤山营,西抵喜德县城,东达普格县-会东县西侧。呈南北向展布,主体位于南北安宁河断裂带、北东向宁会断裂、北北西向则木河断裂之间,地层西老东新。南北长130多千米,东西宽约25km。坐标极值范围为E102°04′—102°31′,N26°27′—27°36′。总面积约0.3万km²。

大地构造位置:Ⅲ扬子陆块区-Ⅲ₁上扬子陆块-Ⅲ₁₋₄康滇基底断隆带-Ⅲ₁₋₄₋₁康滇前陆逆冲带北部中段安宁河断裂带东侧。康滇前陆逆冲带呈南北向展布,处于攀枝花幔隆与昭觉-巧家幔拗之间的过渡区域。西为金河-箐河断裂带、东为小江断裂带。该带以安宁河断裂带和德干大断裂为界,从西向东依次为康滇基底断隆带、峨眉-昭觉断陷带、东川逆冲褶皱带。康滇基底断隆带康定-米易基底中央隆起,东跨江舟-米市裂谷盆地,西临金河-宝鼎裂谷盆地;该区经历了多期次的强烈的构造运动,断裂和褶皱构造极为发育。断裂有南北向、北东向、北西向及东西向等多组。主要断裂有南北向安宁河岩石圈断裂带之益门断裂、北东向宁南-会理壳断裂等。控矿构造主要为南北向与东西向构造交切、叠加复合部位;以上两组褶皱的横跨构造(尤其是叠加向斜)、剪切破碎带及层间剥离构造为具体矿区的重要容矿构造。受基底东西向褶皱影响,形成一系列近东西向的倒转线型褶皱。

地层分区:华南地层大区(Ⅱ)-扬子地层区(Ⅱ₂)-康滇地层分区(Ⅱ₂³)。区域地层从老到新分布的地层有中元古界会理群力马河-天宝山组,为一套从粗粒碎屑岩-碳酸盐岩-细粒碎屑岩夹火山岩的陆源-火山浅变质岩系。其上不整合覆盖有上震旦统观音崖组细碎屑岩、泥质白云质灰岩及灯影组白云岩,列古六组由水云母板岩、白云质灰岩、砾岩组成,局部见观音崖组白云质灰岩。缺失寒武系—下二叠统。上二叠统峨眉山玄武岩仅在矿区西北角有局部分布,其上为上三叠统白果湾组和第四系不整合覆盖。

区域岩浆活动频繁,自元古宙至中生代,有基性、超基性、酸性和碱性岩浆活动,不同时期的侵入活动都发生在安宁河断裂带两侧。晋宁期岩浆岩,从超基性、基性至中酸性岩均有分布。区域动力变质作用主要发生在前震旦纪褶皱基底的会理群、登相营群、峨边群中,为绿片岩相单相变质,属典型的区域低温动力变质作用。

区域重磁特征:区内布格重力异常全为负值,属攀西南北向重力异常区中段。从中南部攀枝花处的$-200\times10^{-5}m/s^2$逐渐向西北至木里降低为$-350\times10^{-5}m/s^2$。攀枝花地区为近南北向相对重力高,推断由结晶基底引起;西边为北东向的重力异常梯级带,推断梯级带与北东向发育的深大断裂带相关;东部为北北西向条带状相对重力低,推断与隐伏、半隐伏酸性岩相关。区内布格重力异常总体上反映了康滇地轴的基本地质构造特点。

地球化学特征:据1∶20万化探数据处理,远景区内Pb-Zn-Ag异常分布于北、中、南三段,以北段则木河断裂西侧早古生代地层分布区异常面积最大,套合较好,涵盖了四川米易县唐家垮、普格县干海子、四川普格县地坪河等铜铅锌矿;中部天宝山地区Pb-Zn-Ag组合异常面积大、强度高、套合好,呈等轴状围绕天宝山铅锌矿区分布,其北部乐跃镇地区有低缓、零星异常分布;南段凤山复式褶皱带会理群浅变质岩分布异常最弱、面积小,产出有小石房大型铅锌矿。W-Sn异常分布范围则仅仅分布于远景区中部安宁河断裂东侧岔河复式背斜元古宙会理群浅变质岩中与晋宁期岔河花岗岩体范围,面积大、强度高、套合好,浓集中心显著,极好地指示了岔河中型锡矿、东星锡铜矿、吕家坟山钨矿点的存在。Cu-Au-Fe组合:Cu、Au套合差,Cu为低缓异常,不具浓度分带,Au异常浓集中心3个,具三级浓度带;Cu异常则主要分布于北段则木河断裂西侧早古生代分布区及南部江舟中生代盆地,与北部铜铅锌矿化与南部砂岩铜矿分布范围一致。此外还在远景区北、中、南段均出现点状Au异常。

区域矿产:本远景区矿种较多,主要有铅锌矿、锡矿、铁矿、铜矿等。铅锌矿按产出层位主要有:分布于远景区南端凤山复式褶皱带中产于会理群浅变质岩中似层状小石房式铅锌矿、分布于远景区中部天宝山向斜中产于震旦系灯影组碳酸盐建造中的脉状天宝山式铅锌矿、分布于远景区北部沿则木河断裂西侧早古生代中铜铅锌矿等;锡矿则主要为分布于远景区中部安宁河断裂东侧岔河复式背斜中产于元古宙会理群浅变质岩中与晋宁期摩挲营花岗岩体有关的矽卡岩型锡矿床;铁矿分布于远景中南段,为产于元古宙会理群凤山营组变质碳酸盐建造中沉积变质改造型铁矿;铜矿分布于远景南段江舟中生代盆地中,为产于上白垩统小坝组下段砂砾岩建造中沉积型铜矿。

2. 找矿方向

主攻矿种和主攻矿床类型:产于元古宙会理群天宝山组火山-沉积变质岩中似层状-脉状火山沉积变质型铅锌矿、产于震旦系灯影组碳酸盐建造中的脉状铅锌矿、产于元古宙会理群浅变质岩中与晋宁期摩挲营花岗岩体有关的矽卡岩型锡矿床、产于元古宙会理群凤山营组变质碳酸盐建造中沉积变质改造型铁矿、产于上白垩统小坝组下段砂砾岩建造中沉积型铜矿。

找矿方向:区内从北至南划分为3个Ⅴ级找矿远景区(表16-3),远景区北段沿则木河断裂西侧早古生代地层呈近南北向展布,产出有铜铅锌矿,圈定为"Ⅴ40普格县地坪河-干海子铅锌矿找矿远景区",面积419km²;远景区中段安宁河断裂带与益门断裂带夹持的岔河复式背斜及天宝山向斜圈定为"Ⅴ41岔河复式背斜锡铅锌铁矿找矿远景区",面积830km²,其内进一步圈定A类铅锌矿找矿靶区2个,具中小型找矿潜力,圈定具中型找矿远景的A类锡矿找矿靶区1个,具中小型远景的C类铁矿靶区2个;远景区南段安宁河断裂带与宁会断裂交会处之凤山营褶断带-江舟盆地范围圈定"Ⅴ42凤山营褶断带-江舟盆地铅锌铁铜找矿远景区",面积230km²,圈定小石房式铅锌矿A类找矿靶区1个,具中型潜力,凤山营式铁矿B类靶区1个,具中型潜力,圈定具中小型远景的大铜厂式砂岩型铜矿A类靶区2个。

表16-3 Ⅳ-23德昌-会理铜铅锌锡镍铂金铁矿远景区找矿靶区特征表

主攻矿种	主攻类型	典型矿床	V级找矿远景区	面积（km²）	找矿靶区	编号	面积（km²）	远景
铅锌锡铁铜	矽卡岩型、热液型、沉积变质型、砂岩型	岔河锡矿、天宝山铅锌矿、小石房铅锌矿、凤山营铁矿、大铜厂铜矿	V40普格县地坪河-干海子铅锌矿找矿远景区	419				
			V41岔河复式背斜锡铅锌铁矿找矿远景区	830	A梅子沟铅锌矿找矿靶区	PbZn-A-7	2.07	铅锌小型
					A天宝山铅锌矿找矿靶区	PbZn-A-8	3.07	铅小型锌中型
					A岔河锡矿找矿靶区	Sn-A-2	9.92	中型
					C兴隆铁矿找矿靶区	Fe-C-20	3.54	铁中型
					C大富村铁矿找矿靶区	Fe-C-21	12.6	铁小型
			V42凤山营褶断带-江舟盆地铅锌铁铜找矿远景区	230	A小石房铅锌矿找矿靶区	PbZn-A-6	2.87	铅锌中型
					B凤山营铁矿找矿靶区	Fe-B-15	50.72	铁中型
					A大铜厂铜矿找矿靶区	Cu-A-2	1.65	铜中型
					A鹿厂铜矿找矿靶区	Cu-A-3	0.53	铜小型

（四）Ⅳ-24宁南铅锌铜银铁矿远景区

1. 地质背景

范围：远景区大致处于四川省布拖县城、普格县城、云南省巧家县城三点之间。呈南北向展布，主体位于南北向小江断裂带西侧、南北向德干断裂-黑水河断裂两侧，东西两侧地层老中间地层较新，总体呈一南北向向斜展布，并被多条断裂错断破坏。远景区南北长100多千米，东西宽约25km。含矿地层为中奥陶统大箐组，为一套浅海相碳酸盐建造，含矿岩石为灰色微晶白云岩，形成著名的乌依式铅锌矿集区。远景区内另外一著名矿种为华弹式铁矿，含矿地层为中奥陶统巧家组。坐标极值范围：为E102°36′—102°53′，N26°49′—27°44′。总面积约0.22万km²。

大地构造位置：Ⅲ扬子陆块区-Ⅲ₁上扬子陆块-Ⅲ₁₋₄康滇基底断隆带-Ⅲ₁₋₄₋₂峨眉-昭觉断陷盆地带南段小江断裂带西侧、则木河断裂黑水河断裂-德干断裂带东侧。在深部构造上，处于攀枝花幔隆与昭觉-巧家幔拗之间的过渡区域，区域深大断裂十分发育，从西向东依次有安宁河深断裂带、德干大断裂、则木河大断裂、宁会大断裂、黑水河断裂、小江深断裂带及金阳-巧家大断裂带。断裂以南北向、北西向最为明显，二者以明显的联合、复合关系交织在一起。区域褶皱构造主要有日肯底-西溪河背斜、龙恩河向斜、拖觉来-干田里向斜、骑骡沟背斜等。

地层分区：华南地层大区（Ⅱ）-扬子地层区（Ⅱ₂）-康滇地层分区（Ⅱ₂³）。远景区具有基底与盖层的双层结构。基底包括结晶基底和褶皱基底两部分。盖层包括下震旦统晋宁造山后裂谷沉积过渡性盖层、晚震旦世—晚三叠世中期的海相沉积盖层和晚三叠世末—第四纪陆相沉积盖层。区域出露地层最老为中元古界，震旦系发育齐全，分布较广，古生界除石炭系缺失外，其余各系均有分布，中生界以陆相沉积为主，第三系零星分布于新生代断陷盆地中。与成矿作用密切相关的地层有震旦系灯影组麦地坪段和奥陶系大箐组,是区域内铅锌重要含矿层位;华弹式沉积型赤铁矿分布于康滇古陆东侧并与其平行展布的古凹陷带,含矿层为中奥陶统巧家组。

区域岩浆活动十分强烈、频繁,在安宁河断裂以东,尤其是小江断裂以东,岩浆活动相对较弱,但各期均有反映。远景区内岩浆岩不发育,主要有前震旦纪花岗斑岩和三叠纪霞石正长岩,前者出露在宁南跑马矿区北部;后者主要见于宁南黄草坪矿区,沿断裂产出,其南侧尚有两个小岩枝产出。跑马乡—联合乡一带有前震旦纪花岗斑岩分布;中部则发育大面积二叠纪峨眉山玄武岩。

区域重磁特征:区域布格重力异常全为负值,属攀西南北向重力异常区中段。从中南部攀枝花逐渐向西北至木里降低。攀枝花地区为近南北向相对重力高,推断由结晶基底引起;西边为北东向的重力异常梯级带,推断梯级带与北东向发育的深大断裂带相关;东部为北北西向条带状相对重力低,推断与隐伏、半隐伏酸性岩相关。远景区在剩余重力负异常背景上,局部正异常以条带状(南北向)、椭圆状为主。西北地区有较大范围的负异常区(南北向)。航磁△T异常在北部和南部为正异常区,中部为负异常区。

地球化学特征:区域Pb、Zn异常绝大多数分布于北西—北西西向断裂构造带上,异常沿一定方向成带、成群分布,反映了矿田、矿带的分布。异常带展布范围广,在不同构造带交接复合部位,异常群密集分布。Pb、Zn、Hg、As、Ag、Ba组合异常主要展布在上震旦统灯影组、中奥陶统大箐组、中志留统石门坎组出露区,成型的铅、锌矿床上有较高的Ba异常出现。Cu异常多分布在前震旦系及二叠系玄武岩中,Cu、Cr、Ni、Co、Mn组合异常与玄武岩分布范围基本一致。Ba异常主要分布在古生代地层中。远景区内1:20万Pb-Zn-Ag异常总体分布于北、南二段,Pb、Zn、Ag单元素或组合异常与大部分的已知矿床(点)套合。

区域矿产:区内矿产丰富,已知有铁、铜、铅锌、磷、煤等矿种。其中铁与铅锌矿是区内主要矿产。磷矿属沉积磷块岩矿床,矿体呈似层状产于灯影组麦地坪段下部白云岩中。铅锌矿属层控-改造型铅锌矿床。铅锌矿(化)在评价区内分布广泛,主要沿次级小断裂和层间破碎带产出,赋矿层位主要为灯影组、大箐组。铁矿产于奥陶纪巧家组中,层位稳定,矿石具鲕状构造。

2. 找矿方向

主攻矿种和主攻矿床类型:产于下寒武统麦地坪组碳酸盐建造中热液型似层状铅锌矿、产于上奥陶统大箐组碳酸盐建造中热液型脉状铅锌矿、产于中奥陶统上巧家组碳酸盐建造中沉积型赤铁矿床。

找矿方向:区内Pb、Zn矿多产于灯影组顶部层间破碎带中,受控于断裂带,化探异常明显,在骑骡区—银厂沟—雀珠山—四大块及宁南县—马路乡—炉铁乡一带已发现多个铅锌矿床、矿化点和含矿断裂带。水系沉积物异常和重砂异常位置与灯影组地层吻合;特别是Pb、Zn、Ag化探异常规模大、强度高、套合好,尚存在一系列未经查证的和具有水平分带特征的铅锌银多金属异常和铅锌矿化点。区内含矿层位广泛分布,区域铅锌异常成带展布,加之已评价矿体在倾向上控制程度极低,在走向上及附近尚有未评价的铅锌矿体。因此具有进一步找矿的远景。矿床规模有望扩大。

区内进一步划分为3个V级找矿远景区(表16-4),远景区北段沿小江断裂西侧划分为"V43洛乌-拖觉铅锌铁矿找矿远景区",面积206km²,圈定具中型找矿远景的C类铁矿找矿靶区2个;远景区西南部黑水河断裂两侧及其西部划分为"V44华弹-炉马铅锌铁矿找矿远景区",面积784km²,其内进一步圈定具中型潜力的C类找矿靶区1个,圈定铁矿靶区4个,其中A类1个、B类1个、C类2个,具中小型找矿远景;沿跑马-骑骡沟背斜断裂划分为"V45跑马-骑骡沟背斜铁铅锌矿找矿远景区",面积572km²,进一步圈定具大型铅锌矿找矿远景的A类靶区1个:跑马铅锌矿找矿靶区,C类铁矿靶区2个,具中大型潜力。

表16-4　Ⅳ-24宁南铅锌铜银铁矿远景区找矿靶区特征表

主攻矿种	主攻类型	典型矿床	Ⅴ级找矿远景区	面积（km²）	找矿靶区	编号	面积（km²）	远景
铅锌银铁	层控型、热卤水改造型、岩浆热液型、沉积型	跑马铅锌矿华弹铁矿	Ⅴ43 洛乌-拖觉铅锌铁矿找矿远景区	206	C 菠萝乡铁矿找矿靶区	Fe-C-23	8.83	铁中型
					C 拖觉铁矿找矿靶区	Fe-C-24	3.79	铁中型
			Ⅴ44 华弹-炉马铅锌铁矿找矿远景区	784	C 炉马铅锌矿找矿靶区	PbZn-C-4	6.36	铅锌中型
					A 华弹铁矿找矿靶区	Fe-A-14	6.75	铁小型
					B 棋树坪铁矿找矿靶区	Fe-B-16	10.64	铁中型
					C 骑门铁矿找矿靶区	Fe-C-25	24.7	铁中型
					C 俱乐铁矿找矿靶区	Fe-C-27	0.6	铁小型
			Ⅴ45 跑马-骑骡沟背斜铁铅锌矿找矿远景区	572	A 跑马铅锌矿找矿靶区	PbZn-A-9	23.5	铅锌大型
					C 包谷坪铁矿找矿靶区	Fe-C-22	5.97	铁中型
					C 后山铁矿找矿靶区	Fe-C-26	29.93	铁大型

（五）Ⅳ-25 会理-会东-东川铅锌铜铁金矿远景区

1. 地质背景

范围：远景区大致处于四川省会理县、会东县，云南省东川区。呈东西向展布，西以南北向绿汁江断裂带（磨盘山断裂带）为界，东至南北向小江深大断裂，北界为北东向菜子园-踩马水断裂，南以东西向宝九断裂为界，南北向罗茨-易门断裂北延段、安宁河断裂（普渡河断裂-德干断裂）、茂麓断裂、北东东向麻塘断裂穿过本区。远景区东西长约120km，南北宽约20～70km。坐标极值范围为E101°53′—103°09′，N26°05′—26°44′。总面积约0.53万km²。

大地构造位置：Ⅲ扬子陆块区-Ⅲ₁上扬子陆块-Ⅲ₁₋₄康滇基底断隆带，跨Ⅲ₁₋₄₋₃落雪褶皱基底隆起、Ⅲ₁₋₄₋₄禄丰-江舟上叠陆内盆地、Ⅲ₁₋₄₋₅嵩明上叠裂谷盆地三个四级单元。

区内地质构造复杂，褶皱、断裂极为发育，且对岩浆活动和矿产的形成起着显著的控制作用。据已有资料分析，区域地质构造具下列特征：基底构造由前南华系组成，构造线以近东西向为主，南北向和北西向次之；盖层包括南华系、震旦系到第四系，除志留系、泥盆系、石炭系和古近系、新近系缺失外，其余地层均有发育，构造线以南北向为主，北东向和北西向次之。按褶皱性质及其形成时间，大致可分为两类：一类为基底褶皱，形成于晋宁期；另一类为盖层褶皱，主要形成于喜马拉雅期。前者构造线主要呈东西，形成复式褶皱，后者构造线接近南北，多形成开阔平缓的向斜及较窄的背斜。

地层分区为：华南地层大区（Ⅱ）-扬子地层区（Ⅱ₂）-康滇地层分区（Ⅱ₂³）。区内自古元古界到新生界，除缺失上奥陶统中上部—上石炭统之外，其他地层均有分布。尤以元古宇和中生界最发育，是四川省研究前震旦系和中生界地质的重点地区之一。其中元古界基底在远景区内以近东西走向的菜子园-踩马水-麻塘断裂为界线，分属两个地层体系，并在中元古代末期后形成统一的盖层，合二为一。

区内菜子园-踩马水-麻塘断裂，对中元古界及新元古界沉积的控制明显。断裂以北叠层石稀少，以南丰富；麻塘断裂以北的中元古界属浅海至近海相沉积；以南除黑山组为浅海外，其余地层都为潮坪相沉积；以南沉积了较厚的澄江组（紫色长石砂岩夹火山岩），以北则完全缺失，观音崖组直接盖在中元古界之上。

区内岩浆岩极其发育,分布范围广,且时间跨度大,岩浆岩多沿大断裂交叉处、背斜构造核部、背斜与断层交会处等部位展布,内生金属、非金属矿产多沿大断裂两侧分布或赋存于大断裂交会处附近的次级构造带中,多与岩浆活动关系密切。

远景区晋宁运动(包括三风口运动)以后形成的盖层(包括南华系—白垩系),基本未经受变质,局部有碎裂变质作用;前南华系基底地层,出露有古元古代的汤丹群、古元古代河口群、古—中元古代东川群、中元古代会理群,为扬子地台基底的一部分,普遍经受变质作用,变质作用及其类型主要表现为区域低温动力变质、后期动力叠加变质和接触变质三种。变质带不具递增性质。

区域重磁特征:远景区位于川滇南北重力异常区东侧异常梯度带间,由近南北向的两个异常带组成宽缓负值异常,异常值变化不大,东部略高于西部。夹于大雪山和石棉-雷波重力梯度带之间北窄南宽的楔形重力异常区,在四川境内北端达石棉,由近南北向的两个异常带组成。东部以宽缓负异常为主;西部则以串珠状相对重力高值为主,异常中心分布于石棉—攀枝花一带。航磁异常以平稳的正异常为主,局部存在低缓负异常,呈北西和南北向展布。总体来看,异常可分为会理黎溪-姜驿、会东铁柳-野租、会理鹿厂三部分,以正异常值为主,负值异常分布在会东鲁南山地区,它们均具有以下共同特点:正或负重磁异常呈连续的带状展布,正负异常的过渡带走向长度大;重磁线性异常位于急剧变化的梯度带间;重磁异常表现出明显的分区性,即相邻的异常在走向、规模、强度等特征上有显著的不同分界线;重磁局部异常有规律的呈线状异常带分布;重磁异常沿走向可急剧中断、错开、拐折。

地球化学特征:据 1:20 万会理幅地球化学(水系沉积物测量)说明书资料,通过地球化学特征参数统计,其中离差较大的元素有 Cu、As、Sr、Cd、Pb、Sb、Hg、B、Mo、P、Mn、Na 等;而中部的通安地区和东部的沿江地区以 Cu、Pb、Zn、Cd、P、Ti、Ba、Au、As、Hg、Ni、Sn 等元素相对聚集成高背景区;K_2O、Al_2O_3、SiO_2、Th、Y、Be、Li、La 则相对较分散。对区内 39 种元素的测试数据,经因子分析、R 型聚类分析,主要元素有 5 种组合:①V、Ti、Fe、Co、Mn;②Y、Nb、Zr、La;③Be、W、Sn、K、B、Bi;④Sb、As、P、F、Pb、Zn、Ba、U、Mo、Cu、Ni;⑤Mg、Cu、Sr、Na、Cd。组合①、②、③显示出一套基性、超基性、偏碱性、中酸性岩浆分异地化作用特征,亦是组成区内地层、岩体的基本元素组合;组合④具中、低温热液地化作用特征,是区内的主要成矿元素组合;组合⑤显示出一套较典型的海相沉积地化作用特征。

区域矿产:主要金属矿种有铜、铅、锌、铁、金、镍、铂族等。铜矿主要有沉积变质改造型如油房沟铜矿呈似层状赋存于淌塘组碳质绢云千枚岩中;沉积变质热液叠加型如东川因民、落雪、汤丹铜矿呈似层状赋存于因民组和落雪组中(会理黎溪黑箐铜矿、中厂铜矿、通安大箐沟铜矿、红岩铜矿、会东新田铜矿等),含矿岩系严格受层位控制,与一定的岩性组合有关,同时受后期构造热液叠加蚀变,在适合部位富集成矿;火山-沉积变质热液改造型("拉拉式")铜矿,赋存于河口群落凼组(会理拉拉铜矿)、天生坝组(会理红泥坡铜矿)、马鞍山组(会东马鞍山铜矿)中;烂泥坪式古砂砾岩型铜矿产于震旦系中;中生界中的"大铜厂式"砂岩型铜矿床(点)。铅锌矿:沉积改造型铅锌矿("大渡河式"),赋存于下寒武统麦地坪组中(会东铁柳铅锌矿床、朱家村铅锌矿点);沉积-构造热液叠加铅锌矿("大梁子式"),主要赋存于震旦系上统灯影组中,下寒武统麦地坪组中少见(会东大梁子铅锌矿床)。铁矿:火山沉积变质改造型如满银沟产于青龙山组碎屑岩-碳酸盐建造中,矿体严格受断裂控制;接触交代热液型如菜园子铁矿产于力马河组中基性次火山岩-侵入岩与变质围岩的接触带及围岩捕房体中。播卡式构造蚀变岩型金矿产于元古宙浅变质岩中基性侵入岩体接触带、层间小断层及裂隙组成的破碎带中,矿床受岩体、地层、构造三重控制。

2. 找矿方向

主攻矿种和主攻矿床类型:拉拉式海相火山岩型铜铁矿、东川式沉积变质型铜矿、稀矿山式铁铜矿、滥泥坪式古砂砾岩型铜矿、力马河式岩浆型铜镍矿、黑区式层控热液型铅锌矿、大梁子式构控热液型铅锌矿、构造蚀变岩型播卡金矿。

找矿方向:以区内主干断裂及褶皱构造为单元,进一步划分了 5 个 V 级找矿远景区(表 16-5):北东向踩马水断裂带两侧划为"V 46 大梁子-铁柳铅锌铁矿找矿远景区",面积 891 km²,区内圈定铅锌矿

表 16-5　Ⅳ-25 会理-会东-东川铅锌铜铁金矿远景区找矿靶区特征表

主攻类型	典型矿床	V级找矿远景区	面积（km²）	找矿靶区	编号	面积（km²）	远景
沉积变质型、海相火山岩型、蚀变岩型、岩浆型、砂岩型	大梁子铅锌矿、东川式铜矿、稀矿山式铁铜矿、滥泥坪式铜矿、拉拉铜铁矿、播卡金矿、力马河铜镍矿	V46 大梁子-铁柳铅锌铁矿找矿远景区	891	A 大梁子铅锌矿找矿靶区	PbZn-A-10	3.35	铅小型、锌大型
				B 红光铅锌矿找矿靶区	PbZn-B-1	14	铅锌小型
				B 野租铅锌矿找矿靶区	PbZn-B-2	4.79	铅锌小型
				B 会东白石岩铅锌矿找矿靶区	PbZn-B-4	53	铅锌中型
				C 大银厂铅锌矿找矿靶区	PbZn-C-5	1.96	铅锌小型
				C 石碑-铅厂坡铅锌矿找矿靶区	PbZn-C-6	3.53	锌中型
				C 会东老鹰崖-铁柳铅锌矿找矿靶区	PbZn-C-7	100.97	铅锌小型
				C114 西铁矿找矿靶区	Fe-C-34	370.99	铁大型
				C114 东铁矿找矿靶区	Fe-C-35	109.52	铁中型
		V47 拉拉向斜铜铁矿找矿远景区	534	B 小黑菁铁矿找矿靶区	Fe-B-17	27.78	铁大型
				B 红泥坡铁矿找矿靶区	Fe-B-18	25.91	铁大型
				C 小黑菁西铁矿找矿靶区	Fe-C-29	7.19	铁中型
				C 小黑菁北铁矿找矿靶区	Fe-C-30	3.94	铁中型
				C 锅厂铁矿找矿靶区	Fe-C-31	2.99	铁中型
				C 石龙铁矿找矿靶区	Fe-C-32	5.99	铁大型
				A 落凼-板山头铜矿找矿靶区	Cu-A-6	8.69	铜中型
				B 红泥坡铜矿找矿靶区	Cu-B-4	6.71	铜中型
				C 力洪铜矿找矿靶区	Cu-C-2	4.13	铜小型
		V48 通安铁铜铅锌矿找矿远景区	848	C 德莫铅锌矿找矿靶区	PbZn-C-8	13	铅锌中型
				C 新发铅锌矿找矿靶区	PbZn-C-10	30	铅锌中型
				B 红岩铁矿找矿靶区	Fe-B-19	39.61	铁大型
				B 付腥田铁矿找矿靶区	Fe-B-20	6.53	铁中型
				C 新铺子铁矿找矿靶区	Fe-C-28	15.07	铁中型
				C 白岩子铁矿找矿靶区	Fe-C-33	46.46	铁大型
				A 大箐沟铜矿找矿靶区	Cu-A-4	0.48	铜小型
				A 会理通安老厂铜矿找矿靶区	Cu-A-12	121	铜大型
		V49 会东淌塘向斜铁矿找矿远景区	831	A 双水井铁矿找矿靶区	Fe-A-15	1.58	铁中型
				A 杨家村铁矿找矿靶区	Fe-A-16	1.13	铁小型
				A 满银沟铁矿找矿靶区	Fe-A-17	1.10	铁小型
				A 雷打牛铁矿找矿靶区	Fe-A-18	0.85	铁小型
				B 猴爬崖铁矿找矿靶区	Fe-B-21	0.50	铁小型
				B 肖水井铁矿找矿靶区	Fe-B-22	0.31	铁小型

续表 16-5

主攻类型	典型矿床	V级找矿远景区	面积（km²）	找矿靶区	编号	面积（km²）	远景
沉积变质型、海相火山岩型、蚀变岩型、岩浆型、砂岩型	大梁子铅锌矿、东川式铜矿、稀矿山式铁铜矿、滥泥坪式铜矿、拉拉铜铁矿、播卡金矿、力马河铜镍矿	V49 会东淌塘向斜铁矿找矿远景区	831	B 赵家梁子铁矿找矿靶区	Fe-B-23	0.35	铁小型
				B 丰家沟铁矿找矿靶区	Fe-B-24	0.77	铁中型
				B 沙子厂铁矿找矿靶区	Fe-B-25	0.26	铁小型
				B 老新山铁矿找矿靶区	Fe-B-26	0.60	铁小型
				C 大堆口铁矿找矿靶区	Fe-C-36	0.48	铁小型
				C 后山沟铁矿找矿靶区	Fe-C-37	0.34	铁小型
		V50 东川铁铜金铅锌矿找矿远景区	1184	A 播卡金矿找矿靶区	Au-A-20	33.42	金大型
				C 落雪金矿找矿靶区	Au-C-24	4.62	金小型
				C 九棵树金矿找矿靶区	Au-C-25	13.97	金中型
				C 二台坡金矿找矿靶区	Au-C-26	7.08	金小型
				B 麦地铅锌矿找矿靶区	PbZn-B-3	27	铅锌大型
				C 上石城铅锌矿找矿靶区	PbZn-C-9	30	铅锌中型
				B 包子铺铁矿找矿靶区	Fe-B-27	4.17	铁大型
				B 大营盘铁矿找矿靶区	Fe-B-28	9.09	铁中型
				C 双宝窑铁矿找矿靶区	Fe-C-38	9.77	铁中型
				C 腰棚子铁矿找矿靶区	Fe-C-39	1.92	铁中型
				C 小白水铁矿找矿靶区	Fe-C-40	1.88	铁中型
				C 老雪山铁矿找矿靶区	Fe-C-41	4.82	铁中型
				C 小米地铁矿找矿靶区	Fe-C-42	4.48	铁中型
				C 一四棵树铁矿找矿靶区	Fe-C-43	8.16	铁小型
				C 稀矿山铁矿找矿靶区	Fe-C-44	8.23	铁小型
				C 汤丹铁矿找矿靶区	Fe-C-45	8.14	铁小型
				C 杉木箐铁矿找矿靶区	Fe-C-46	7.28	铁小型
				C 黄水箐铁矿找矿靶区	Fe-C-47	5.00	铁中型
				A 淌塘铜矿找矿靶区	Cu-A-5	0.59	铜小型
				A 滥泥坪-中老龙铜矿找矿靶区	Cu-A-7	10.5	铜大型
				A 汤丹铜矿找矿靶区	Cu-A-8	1.43	铜大型
				A 面山铜矿找矿靶区	Cu-A-9	1.39	铜大型
				A 因民铜矿找矿靶区	Cu-A-10	0.9	铜大型
				A 落雪铜矿找矿靶区	Cu-A-11	0.5	铜大型
				B 九龙-帽壳山铜矿找矿靶区	Cu-B-5	8.56	铜中型
				B 一四棵树铜矿找矿靶区	Cu-B-6	0.76	铜大型
				B 新塘铜矿找矿靶区	Cu-B-7	0.25	铜中型
				B 会东新田铜矿找矿靶区	Cu-B-8	37	铜大型
				B 宜岔铜矿找矿靶区	Cu-B-9	28	铜中型
				B 黄坪铜矿找矿靶区	Cu-B-10	4	铜中型
				C 老屋居铜矿找矿靶区	Cu-C-3	0.4	铜中型
				C 后山沟铜矿找矿靶区	Cu-C-4	30	铜小型

找矿靶区7个,其中A类1个、B类3个、C类3个,大梁子锌矿仍具大型远景。圈定具大中型远景的C类铁矿找矿靶区2个;在南北向绿汁江断裂带(磨盘山断裂带)与南北向罗茨-易门断裂北延段之间划为"Ⅴ47拉拉向斜铜铁矿找矿远景区",面积534km²,区内圈定铁矿找矿靶区6个,其中B类2个、C类4个,小黑菁、红泥坡、石龙靶区具大型远景,其余3个靶区有中型潜力。圈定铜矿找矿靶区3个,其中A类1个、B类1个、C类1个,具中小型铜矿找矿远景;在南北向罗茨-易门断裂北延段与安宁河断裂(普渡河断裂-德干断裂)之间划为"Ⅴ48通安铁铜铅锌矿找矿远景区",面积848km²,区内圈定具中型远景的C类铅锌矿找矿靶区2个。圈定铁矿找矿靶区4个,其中B类2个、C类2个,红岩、白岩子靶区具大型找矿远景;在北东东向麻塘断裂以北淌塘向斜划为"Ⅴ49会东淌塘向斜铁矿找矿远景区",面积831km²,圈定铁矿找矿靶区12个,其中A类4个、B类6个、C类2个,双水井、丰家沟2个靶区具中型找矿潜力,其余为小型远景;在北东东向麻塘断裂以南、宝九断裂以北、安宁河断裂(普渡河断裂-德干断裂)以东、小江断裂以西之基多向斜划为"Ⅴ50东川铁铜金铅锌矿找矿远景区",面积1184km²,圈定金矿找矿靶区4个,其中A类1个、C类3个,播卡靶区具大型远景,九棵树靶区具中型找矿潜力,其余为小型远景。圈定铅锌矿找矿靶区2个,其中B类1个、C类1个,麦地靶区可达大型、上石城具中型远景。圈定铁矿靶区12个,其中B类2个、C类10个,除包子铺铁矿仍具大型远景外,其余均为中小型潜力。圈定铜矿靶区14个,其中A类6个、B类6个、C类2个,滥泥坪-中老龙、汤丹、面山、因民、落雪、一四棵树、会东新田等靶区具大型找矿潜力。

(六)Ⅳ-26禄丰-武定铁铜铅锌矿远景区

1. 地质背景

范围:远景区处于云南省武定县、禄劝县、禄丰县。呈北东向夹持于绿汁江断裂带与罗茨-普渡河断裂(安宁河断裂)之间,易门-罗次断裂纵贯全区。远景区长约90km,宽约35km。坐标极值范围为E101°57′—102°39′,N25°09′—25°45′。总面积约0.27万km²。

大地构造位置:Ⅲ扬子陆块区-Ⅲ₁上扬子陆块-Ⅲ₁₋₄康滇基底断隆带-Ⅲ₁₋₄₋₄禄丰-江舟上叠陆内盆地。远景区范围内褶皱不甚发育,主要分布于东部和西部,地处禄丰拱褶、禄劝断凹两个四级构造单元。区内断层发育,纵横交错,南北向或北北东向断层起主导控制作用,其多期次活动控制着本区地层、岩体及多金属矿产的分布,并派生较多分支构造,使本区构造复杂化,特别是中干河断裂的存在,造成评价区东西两侧岩相古地理差异,控制着两侧矿史的发展。区内主要纵断层有德古老断层、天生桥断层、中干河逆断层、贺铭厂断层、鱼子甸逆断层、大辑麻断层、小仓逆断层、兆乌-龙泉村断层、普渡河逆断层等,区内铅锌矿点及异常带主要沿中干河断裂及普渡河断裂带两侧分布;横断裂主要有迤纳厂横断层、龙街横断层等,虽然对本区地质构造起不到控制作用,但它的存在使区内构造复杂化。

地层分区:华南地层大区(Ⅱ)-扬子地层区(Ⅱ₂)-康滇地层分区(Ⅱ₂³)。远景区内地层从元古宇至第四系断续出露,自下而上分别为:元古宇、上震旦统、寒武系、奥陶系、二叠系、三叠系、侏罗系、白垩系、新近系和第四系。远景区内岩浆岩十分发育,前人以及岩浆岩与地层的侵入接触关系,将其划分为晋宁期、澄江期、海西期及燕山期。区内变质作用主要表现在迤纳厂组(因民组第一段)的片理化、绿泥石化,同时局部还发育石榴子石,而其他地层变质作用均较弱。

区域重磁特征:远景区所在区域重力为一南北向的低值带,布格重力异常分区属布拖-东川-建水复杂重力低异常区。布格重力局部异常变化上,呈现出在区域性负异常背景之上分布有局部重力正异常的总体特征。据《云南省区域物化探资料综合研究报告》(1990),远景区属于云南省磁场区带划分中属滇中磁场(Ⅲ)会东-易门变化负磁异常带,航磁极化异常显示昆阳裂谷带为一复杂磁异常区,磁异常展布方向不明显,区域磁异常值相对偏低,数值变化于-50~-10 nT之间,夹于东西两侧正异常区之间,空间分布与布格重力局部总体特征一致。正异常呈北东向展布于中部区域,北西角和南东部分为负异常。中、小型铁矿及铜(镍)矿矿床及矿点主要分布于正异常中,在负异常分布区及正负异常交界地带分布有铅锌矿床和矿点,负异常区域也见少量铜矿点分布。

地球化学特征:根据1:20万武定幅区化资料,以武定断陷盆地为中心形成3个综合异常浓集中心,并分布在元谋-绿汁江断裂与汤郎-易门断裂之间及普渡河断裂与小江断裂之间。Au、Ag衬度异常总体北西走向,单个浓集中心被北北东或北东走向,显示异常为多重叠加的结果;Cu异常浓集中心十分显著,主要分布在3个断陷盆地的边界部位,并明显受控于昆阳群的碳酸盐岩的展布;Pb、Zn异常与Au、Ag异常展布较为吻合。Cu元素主要在中元古界鹅头厂组、落雪组、因民组中富集;Pb、Zn、Ag元素主要在中元古界除落雪组外的其他地层以及晚元古界灯影组中富集,其中灯影组中Pb、Zn、Ag含量最高;Co、Fe_2O_3元素除在中元古界中富集外,还在侏罗纪妥甸组中富集;Mn元素除在中元古界中富集外,还在侏罗纪妥甸组、灯影组中富集。区内主要Cu、Pb、Zn、Ag、Cd化探异常显示良好,多沿中干河断裂及普渡河断裂两侧分布,并与已知矿点基本吻合。

区域矿产:区内及邻区主要矿产有铜、铁、铅锌、磷、钛砂、石棉等,尤以铁、铜、钛砂、铅锌等矿种分布最广,最具经济意义。

铁矿:分布于迤纳厂和鱼子甸一带,主要有三种类型。①"沉积变质"(迤纳厂型)型:矿床主要赋存于昆阳群迤纳厂组中,少数见于因民组、黑山头组、大龙口组。②"热液变质"(鹅头厂型)型:矿床产于昆明群落雪组下部之白云岩中,有禄丰鹅头厂铁矿和禄丰温泉铁矿。矿床均位于中干河断裂南端之西侧、次一级褶皱、断裂带,矿体产于一定层位、一定岩性中,呈透镜状、似层状,产状与围岩一致,矿物成分以磁铁矿、赤铁矿为主,TFe 45%~55%。③泥盆纪沉积(宁乡式)型:分布于评价区中南部鱼子甸—卓干山一带,矿体产于中泥盆统第一段中上部,由碳酸盐岩向砂页岩过渡部位。

铜矿:分布于西南部,主要有两种类型。①昆阳群中层状(东川式):含矿层本身就是昆阳群落雪组白云岩层;矿体赋存于落雪组中下部泥质白云岩及硅质白云岩中,矿体呈似层状、透镜状,产状与围岩一致;矿物组分简单,有黄铜矿、斑铜矿、孔雀石、硅孔雀石、黑铜矿,偶见辉铜矿;含铜品位一般较低,为0.3%~1.0%,局部最高可达2%~3%;围岩蚀变不显著。②中生代铜矿:该类铜矿赋存于中生代红层中的"杂色层",含铜岩石为浅灰、灰绿或黄色砂岩、泥灰岩、泥(页)岩中,呈扁豆状、透镜状或层状整合于其他岩石中,金属矿物成分简单,主要为孔雀石,个别见少量黄铜矿、辉铜矿、黝铜矿、铜兰等;含铜品位低,且不均匀,一般不超过0.4%~0.5%。

钛砂矿:分布于武定—禄劝一带,矿体赋存于富含钛铁矿之辉绿岩体的风化壳内,按矿石自然类型分为红土型砂矿、砂土型砂矿两类,矿体呈面型分布于第四系残积层中,地表受辉绿岩体出露形态控制。

铅锌矿:已知矿点23处,分布于普渡河断裂、中干河断裂及鱼子甸断裂西侧,基本与1:20万化探异常相吻合,矿体产于上震旦统灯影组顶部、昆阳群绿汁江组中部及中泥盆统白云岩、白云质灰岩断层破碎带及层间破碎带中。矿床总体特点为矿点均受断裂控制,矿体一般产于碳酸盐岩层中,呈细脉浸染状或团块状分布,金属矿物成分简单,主要为方铅矿、闪锌矿、菱锌矿、白铅矿、异极矿,局部含铜,围岩蚀变一般较强烈,具硅化、重晶石化。

2. 找矿方向

主攻矿种和主攻矿床类型:产于元古宙变质岩中沉积变质热液型铁铜矿、产于元古宙变质岩中构造热液脉型铅锌矿、产于中泥盆统中宁乡式沉积型赤铁矿。

找矿方向:以易门-罗次断裂为界,其西划分为"V51迤纳厂-观天厂铜铁铅锌矿找矿远景区",面积558km²,圈定具大型找矿远景的B类铅锌矿找矿靶区1个。圈定铁矿找矿靶区7个,其中B类2个、C类5个,大多具中型远景。圈定铜矿靶区3个,其中B类1个、C类2个,大多具中小型远景;易门-罗次断裂以东划分为"V52鱼子甸铁矿找矿远景区",面积442km²,圈定铁矿靶区2个,其中A类1个、B类1个,具中型远景(表16-6)。

表 16-6　Ⅳ-26 禄丰-武定铁铜铅锌矿远景区找矿靶区特征表

主攻矿种	主攻类型	典型矿床	Ⅴ级找矿远景区	面积（km²）	找矿靶区	编号	面积（km²）	远景
铁铜铅锌	沉积变质型、宁乡式、构造热液脉型	迤纳厂铜铁矿、鱼子甸铁矿、杨柳河中型铅锌矿	V51 迤纳厂-观天厂铜铁铅锌矿找矿远景区	558	B 新村铅锌矿找矿靶区	PbZn-B-5	32	铅锌大型
					B 迤纳厂铁矿找矿靶区	Fe-B-29	10.67	铁中型
					B 核桃箐铁矿找矿靶区	Fe-B-30	12.35	铁中型
					C 牛德庄铁矿找矿靶区	Fe-C-48	13.26	铁中型
					C 会川营铁矿找矿靶区	Fe-C-49	15.29	铁中型
					C 观天厂铁矿找矿靶区	Fe-C-50	17.03	铁中型
					C 中村铁矿找矿靶区	Fe-C-51	17.68	铁中型
					C 夏家营铁矿找矿靶区	Fe-C-52	12.97	铁小型
					B 小新厂-牛德庄铜矿找矿靶区	Cu-B-11		
					C 金花铜矿找矿靶区	Cu-C-5		
					C 老吾哨-观天厂铜矿找矿靶区	Cu-C-6		
			V52 鱼子甸铁矿找矿远景区	442	A 鱼子甸南铁矿找矿靶区	Fe-A-19	8.88	铁中型
					B 鱼子甸北铁矿找矿靶区	Fe-B-31	6.21	铁中型

（七）Ⅳ-27 昆明-玉溪铝土矿远景区

1. 地质背景

范围：远景区大致呈等轴状分布于云南省昆明市周围，包括了嵩明县、富民县、呈贡县、安宁市、晋宁县等地区。远景区长宽约 80km。坐标极值范围为 E102°19′—103°12′，N24°44′—25°40′。总面积约 0.69 万 km²。

大地构造位置：Ⅲ扬子陆块区-Ⅲ₁上扬子陆块-Ⅲ₁₋₄康滇基底断隆带-Ⅲ₁₋₄₋₅嵩明上叠裂谷盆地、Ⅲ₁₋₄₋₆玉溪褶皱基底隆起。西以南北向罗茨-易门断裂为界，东界为南北向小江断裂带，南北向安宁河断裂（普渡河断裂）从远景区中部穿过。区内大型变形构造主要呈南北向展布，不但破坏了两侧地层的展布，并对两侧地层及沉积环境、岩浆活动均有明显的控制作用，被卷入的地层有元古宇到中生代红层，同时又控制了新近系含煤盆地、第四系谷地和湖泊的分布。

最显著的南北走向构造带在昆明以北向南经滇池而进入玉溪地区，长度超过 70km。由延伸很长的南北走向的断层和一些紧密褶皱构成。在昆明以北共有 8 个以上近南北走向的褶皱，以大三家向斜规模最大，在向斜内侏罗系和二叠系一起褶皱，轴向近南北。大三家之东为一个古生界构成的背斜，其轴向大体与向斜平生，但因北西西和东西向断层的影响而被截成四段。大三家向斜之西，高冲以南古生界构成的紧密褶皱更多，轴向为南北走向，南端一般都略偏东。高冲之东大三家向斜西北另有两个褶皱，亦由古生界构成，它们的走向变化颇大，北端可能与东西向构造相复合。

地层分区：华南地层大区（Ⅱ）-扬子地层区（Ⅱ₂）-康滇地层分区（Ⅱ₂³）。总体上来看，地层西老东新,中间老四周较新,为玉溪褶皱基底隆起。区域出露地层为前震旦纪基底地层、震旦系—下寒武统、下奥陶统、中上泥盆统、下石炭统、二叠系及中生界、新生界。大部缺失奥陶系、志留系及部分晚古生代地层。

区内的火山活动中晚二叠世最为发育。以峨眉山玄武岩为代表的海西晚期火山岩大面积分布于本区,以基性熔岩为主体,在滇东及滇东北地区分布面积达4.2万km²,厚度达1000~4500m,属拉斑玄武岩系列。基性岩、超基性岩分布零星,规模较小。

昆阳变质地带位于远景区西部,由中元古界昆阳群组成,主要岩性有板岩、变质砂岩、变质粉砂岩、灰岩。其上被下震旦统澄江组角度不整合覆盖。主要变质矿物为绢云母、少量绿泥石,变质程度低大致相当于低绿片岩相。变质作用时期为晋宁期。

在沉积成铝期岩相古理方面,远景区位于中二叠世梁山期滇中古陆和牛首山古陆中间的滨海沼泽环境。铝土矿赋存于二叠系中统梁山组上部,为一套灰黑色页岩、砂岩、铝土矿、铝土质泥岩夹煤层。铝土矿的分布明显受大地构造单元和地层控制,主要分布在扬子地台和华南褶皱系的中晚二叠世。

区域矿产:矿床通常产于嵩明上叠裂谷盆地及玉溪褶皱基底隆起带上,石炭系—二叠系底部沉积层,受下伏碳酸盐岩之上存在的古风化壳、(不)假整合面控制,为滨浅海-沼泽相沉积。含矿岩系为一套灰黑色页岩、砂岩、铝土矿、铝土质泥岩夹煤层,下伏地层为晚古生代碳酸盐岩沉积。

2. 找矿方向

主攻矿种和主攻矿床类型:产于中二叠统梁山组砂页岩建造中的老煤山式沉积型铝土矿。

找矿方向:以区内相对独立的中二叠统梁山组含铝岩系分布块段如向斜构造或断块为单元,进一步划分为4个Ⅴ级铝土矿找矿远景区(表16-7):Ⅴ53昆明西山铝土矿找矿远景区,面积936km²,圈定B类找矿靶区4个,均具小型找矿远景;Ⅴ54嵩明铝土矿找矿远景区,面积940km²,圈定B类找矿靶区2个,其中梁王山靶区具中型找矿远景;Ⅴ55安宁铝土矿找矿远景区,面积771km²,圈定B类找矿靶区2个、C类靶区1个,均具中型找矿远景;Ⅴ56呈贡-晋宁铝土矿找矿远景区,面积1183km²,圈定B类找矿靶区3个、C类靶区1个,大板桥、七旬-马头山靶区具中型找矿远景。

表16-7 Ⅳ-27昆明-玉溪铝土矿远景区找矿靶区特征表

主攻矿种	主攻类型	典型矿床	Ⅴ级找矿远景区	面积(km²)	找矿靶区	编号	面积(km²)	远景
铝土矿	沉积型	老煤山铝土矿	Ⅴ53昆明西山铝土矿找矿远景区	936	B干河山铝土矿找矿靶区	Al-B-5	64	小型
					B散旦铝土矿找矿靶区	Al-B-6	47	小型
					B沙朗铝土矿找矿靶区	Al-B-7	12	小型
					B老煤山铝土矿找矿靶区	Al-B-9	30	小型
			Ⅴ54嵩明铝土矿找矿远景区	940	B阿子营铝土矿找矿靶区	Al-B-8	53	小型
					B梁王山铝土矿找矿靶区	Al-B-12	107	中型
			Ⅴ55安宁铝土矿找矿远景区	771	B温泉-发乐村铝土矿找矿靶区	Al-B-10	106	中型
					B下哨铝土矿找矿靶区	Al-B-11	68	中型
					C普坪村铝土矿找矿靶区	Al-C-2	80	中型
			Ⅴ56呈贡-晋宁铝土矿找矿远景区	1183	B大板桥铝土矿找矿靶区	Al-B-13	100	中型
					B七旬-马头山铝土矿找矿靶区	Al-B-14	82	中型
					B李家大坟铝土矿找矿靶区	Al-B-15	30	小型
					C阳宗海铝土矿找矿靶区	Al-C-1	74	小型

(八) Ⅳ-28 易门-峨山铁铜矿远景区

1. 地质背景

范围：远景区北至云南省禄丰县城，南到峨山县以南，东达安宁县城—玉溪县城一线，西到双柏县城—易门县城之间。远景区长约 130km，最宽约 60km。坐标极值范围为 E101°56′—102°33′，N23°53′—25°08′。总面积约 0.54 万 km²。

大地构造位置：Ⅲ扬子陆块区-Ⅲ₁ 上扬子陆块-Ⅲ₁₋₄ 康滇基底断隆带-Ⅲ₁₋₄₋₄ 禄丰-江舟上叠陆内盆地、Ⅲ₁₋₄₋₆ 玉溪褶皱基底隆起。区内南北向的元谋-绿汁江断裂、汤郎-易门深大断裂、北西向的小江口-米茂断裂、脚家店-峨山断裂等深大断裂构造发育。其次，还有与之相配套的北东向、东西向断裂构造，将该区切割成大小不等的地质块体。东部主要构造有狮子山-绿宝冲弧形褶皱带、杨家庄褶皱带、铜厂褶皱带；西部有三家厂褶皱带。该区南部位于红河深断裂以东，绿汁江断裂（脚家甸-峨山-元江断裂）以西，属于滇中拗陷南缘的易门至峨山隆断束内。总的构造形式为褶皱舒缓开阔，保存完整，断裂不发育。靠边缘受绿汁江断裂（脚家甸至化念至元江断裂）制约，褶皱形态相对较紧密对称，以北西走向及北东走向最发育。断层一般与褶皱方向一致。

地层分区：华南地层大区（Ⅱ）-扬子地层区（Ⅱ₂）-康滇地层分区（Ⅱ₂³）。区内地层以元古宙大昆阳群为主，南北两段有三叠系—侏罗系—古近系覆盖。昆阳群（在四川境内被称为会理群）分布于扬子地台西南缘，康滇地轴中南段的滇中、滇东、会理、会东、盐边、俄边一带，主要为一套由碎屑岩和碳酸盐岩组成的基底岩系。容矿层位以沉积-浅变质层为主，著名的东川式铜矿和滇中式富铁矿就赋存于该套地层之中。区内岩浆活动频繁，火山岩主要为玄武-安山岩-凝灰岩类，分布于老吾街-峨腊厂、小假足-贡山村、黑母云村等地昆阳群中；侵入岩主要是变辉绿辉长岩脉，少量煌斑岩和闪长岩脉，常成群分布于背斜与断裂带中，分布上与晋宁期构造关系紧密，主要分布于狮子山-万宝厂等地的昆阳群内；花岗岩分布于调查区浦贝东部—六街的九道湾，呈小侵入体产出，属晋宁期的产物。

区域重磁特征：远景区布格重力异常的总体特征是北低南高，北部为昆明玉溪大重力低边部的两个局部重力低（玉溪重力和德滋低重力低），中部的富良棚—塔甸街—化念镇一带为重力由低变高的过渡带，南部为重力高异常；剩余重力异常表现了同样的特征，北部为以剩余重力负异常为主，中部为正负异常过渡带，南部同样以正异常为主，其间也有小的负异常。远景区磁场区带划分中属滇中磁场之会东-易门变化负磁异常带，航磁极化异常显示昆阳裂谷带为一复杂磁异常区，磁异常展布方向不明显，区域磁异常值相对偏低，夹于东西两侧正异常区之间，空间分布与布格重力局部总体特征一致。

地球化学特征：在元谋-绿汁江断裂与汤郎-易门断裂之间及普渡河断裂与小江断裂之间为与裂陷槽相对应两条以 Cu 为主的 Cu、Pb、Zn 组合异常带。两条 Cu 组合异常带 Cu、Fe 及相关元素具有继承性的演化机理，从大红山群富 Cu、Fe 基性火山岩→昆阳群→古生界→中生界，Cu、Fe 及相关元素继承性转移特征明显。区内 Cu 异常广布，具有面积大、浓度高及元素组合形式多样的特征，异常面积一般数十平方千米，个别达百平方千米以上。

区域矿产：区域内矿产以铜、铁为主，其他还有铅锌矿、钨锡矿、铁锰矿等。东川式铜矿主要产于中元古界东川群落雪组中，具有含矿层位稳定、规模大、品位低等特点。矿体呈似层状或透镜状产出，产状与围岩一致，含矿岩性主要为白云岩。铁矿产于元古宙地层中，各矿区围岩不一；铅锌矿主要有产于各类岩石中的热液脉状、含铅石英脉两类，前者如石屏县育英村铅锌矿与燕山二期花岗岩有关，后者如石屏县左合莫、法乌铅矿产于燕山二期花岗岩的内、外接触带上，同时在其透辉石角岩及矽卡岩中亦产出有白钨矿、锡石等。

2. 找矿方向

主攻矿种和主攻矿床类型：产于中元古界因民组、落雪组浅变质岩建造中沉积变质改造型铜（铁）

矿、产于中元古界大龙口组碳酸盐岩中的层状菱铁矿（赤铁矿），其他还有与燕山期花岗岩有关的热液脉状铅锌矿、钨锡矿等。

找矿方向：大致以罗茨-易门断裂为界划分为2个V级找矿远景区（表16-8），其西落雪组-因民组地层分布区范围"V57易门铜铁矿找矿远景区"，面积1474km²，圈定铁矿靶区5个，其中A类1个、B类1个、C类3个，均具中型找矿远景。圈定铜矿靶区7个，其中A类2个、B类2个、C类3个，铜厂靶区具大型潜力，其余靶区均具中型找矿远景；其东黄草岭组-美党组地层分布区为"V58峨山铁多金属矿找矿远景区"，面积2822km²，圈定铁矿靶区6个，其中A类3个、B类1个、C类2个，均具中型找矿远景。

表16-8　Ⅳ-28易门-峨山铁铜矿远景区找矿靶区特征表

主攻矿种	主攻类型	典型矿床	V级找矿远景区	面积（km²）	找矿靶区	编号	面积（km²）	远景
铁铜	沉积变质型、海相火山岩型	铜厂铜矿、王家滩铁矿、鲁奎山铁矿	V57易门铜铁矿找矿远景区	1474	A 鲁奎山铁矿找矿靶区	Fe-A-23	50.60	铁中型
					B 富良棚铁矿找矿靶区	Fe-B-32	50.14	铁中型
					C 易门铁矿找矿靶区	Fe-C-53	72.90	铁中型
					C 老吾街铁矿找矿靶区	Fe-C-54	55.09	铁中型
					C 大龙潭铁矿找矿靶区	Fe-C-55	40.89	铁中型
					A 狮山铜矿找矿靶区	Cu-A-13	0.3	铜中型
					A 铜厂铜矿找矿靶区	Cu-A-14	0.8	铜大型
					B 里士铜矿找矿靶区	Cu-B-12	0.2	铜中型
					B 峨腊厂铜矿找矿靶区	Cu-B-13	0.3	铜中型
					C 铜厂箐铜矿找矿靶区	Cu-C-7	0.6	铜中型
					C 山后村铜矿找矿靶区	Cu-C-8	0.5	铜中型
					C 一都厂铜矿找矿靶区	Cu-C-9	0.2	铜小型
			V58峨山铁多金属矿找矿远景区	2822	A 练山坡-矿硐箐铁矿找矿靶区	Fe-A-20	40.22	铁中型
					A 山后厂-大六龙铁矿找矿靶区	Fe-A-21	62.19	铁中型
					A 火石坡-化念铁矿找矿靶区	Fe-A-22	9.88	铁中型
					B 莫期黑铁矿找矿靶区	Fe-B-33	27.58	铁中型
					C 春和铁矿找矿靶区	Fe-C-56	44.79	铁中型
					C 法冲铁矿找矿靶区	Fe-C-57	39.75	铁中型

（九）Ⅳ-29建水苏租-暮阳铅锌矿远景区

1. 地质背景

范围：远景区呈北东向分布于云南省建水县北东部。构造上位于南北向小江断裂带最南段西侧。远景区北东长约30km，宽约15km。坐标极值范围为E102°58′—103°09′，N23°54′—24°08′。总面积约320km²。

大地构造位置：Ⅲ扬子陆块区-Ⅲ₁上扬子陆块-Ⅲ₁₋₄康滇基底断隆带-Ⅲ₁₋₄₋₇建水陆块周缘坳陷。处于南北向小江断裂带最南段西侧,主体构造线方向在南北向大构造背景下呈北东—北北东向展布。暮阳矿区控矿构造为走向NE30°的百里背斜,北起于居中寨,南至建水县李伍公社,长20km。核背为昆阳群美党组(Pt_2m),两翼为FL1与FL2纵断层,使D_{2+3}地层与Pt_2m地层呈断层接触,Pt_2m地层呈"地垒状"突起。暮阳、苏租矿区分布在背斜NW翼,再向NW为与背斜平行的由$Zbdn+\in$地层组成的NE向向斜构造。

地层分区:华南地层大区(Ⅱ)-扬子地层区($Ⅱ_2$)-康滇地层分区($Ⅱ_2^3$)。区域布露地层有前震旦系美党组板岩夹灰岩,震旦系澄江组砂砾岩夹火山岩、灯影组白云岩夹灰岩,下寒武统筇竹寺组、沧浪铺组、龙王庙组并层,中上泥盆统碳酸盐岩,下石炭统黄龙组碳酸盐岩,二叠系阳新组碳酸盐岩、峨眉山玄武岩,下三叠统飞仙关组等。缺失奥陶系、志留系,各地层间多以断块接触产出。区内含矿层为中泥盆统古木组下段(D_2g^1),岩性为碳泥质白云岩。区内未见岩浆岩与火山岩产出,据含矿围岩网脉状白云岩化、硅化蚀变,推侧深部可能存在隐伏中酸性岩体。

区域重磁特征:远景区中部秧草塘—阿已白一线为北东走向的重力梯级带,梯级带西以重力低为主,梯级带东以重力高为主。区内中北部、中部、东南、东北部为剩余重力正异常区(带);西部、西南及东部为负异常区(带)。在远景区西北部低缓的正背景场上,存在两个地质原因不明的低缓正异常;东南部在负背景场上推测为半隐伏玄武岩引起的异常。

地球化学特征:苏租、暮阳铅锌矿异常地球化学特征表现为高、大、全,与Pb、Zn、Ag、Cd综合异常之间存在极好的关联性、对应性,主矿体产于综合异常浓集中心,卫星状矿床、矿点产于异常边部、尖天端,属中心式异常。主成矿元素异常面积100~200km^2,以Cd异常面积最大达207km^2,V异常面积最小,仅46.4km^2。Zn异常强度最高,达45 360×10^{-6},Pb异常极大值4386.3×10^{-6},Ag异常面积最小,为46.41km^2,远景区内仅Ag、Cd前缘指示元素异常发育,存在找隐伏矿的可能性。

区域矿产:主要为产于中泥盆统碳酸盐岩中的铅锌矿。

2. 找矿方向

主攻矿种和主攻矿床类型:产于中泥盆统古木组下段碳酸盐建造中似层状脉状热液型铅锌矿。

找矿方向:远景区西部,除暮阳外,对铜厂、百里、白拉箐、黑暮、扯拉碑、大冲、丁家冲等矿点均应再次进行深部评价,其中铜厂远景最好;远景区东部,对苏租-恒格矿带,应在深部找硫化矿带(过去勘探深度全为氧化矿);远景区南部横路-暮菇次生晕异常,应进行由浅而深的评价。该Pb、Zn次生晕异常,长1.5km,其中单Zn异常长5km,应为苏租矿化带的南延。

本Ⅳ级远景区面积偏小,未再进一步划分Ⅴ级找矿远景区。区内圈定B类铅锌矿找矿靶区2个,其中暮阳靶区具中型找矿远景,苏租靶区有小型潜力(表16-9)。

表16-9 Ⅳ-29建水苏租-暮阳铅锌矿远景区找矿靶区特征表

主攻矿种	主攻类型	典型矿床	找矿靶区	编号	面积(km^2)	远景
铅锌	碳酸盐岩建造热液型	苏租、暮阳	B暮阳铅锌矿找矿靶区	PbZn-B-6	40.2	铅锌中型
			B苏租铅锌矿找矿靶区	PbZn-B-7	24.4	铅锌小型

(十)Ⅳ-30元江铜铁金矿远景区

1. 地质背景

范围:远景区分布于云南省元江县城与石屏县城之间。构造上位于绿汁江断裂以东,北西向建水-

石屏断裂与红河断裂带之间。远景区北西长约50km,宽约30km。坐标极值范围为E101°55′—102°24′,N23°31′—23°55′。总面积约1400km²。

大地构造位置:Ⅲ扬子陆块区-Ⅲ₁上扬子陆块-Ⅲ₁₋₄康滇基底断隆带-Ⅲ₁₋₄₋₇建水陆块周缘坳陷。本区地处扬子地台西南缘,金沙江-红河深断裂东侧,南北向绿汁江深断裂经杨武、青龙厂在本工作区交会于红河断裂上。南北构造带具有多期次、多体制、多类型、多层次的构造活动。区域总体构造变形以断裂发育为特征,各方向均有,各断裂(带)之间交切关系错综复杂。推覆构造表现为大红山群、昆阳群变质岩系逆冲到中生代地层之上,由于大红山岩群出露区紧靠红河断裂,因此主要的逆冲推覆构造主要为北西向,昆阳群分布区的逆冲推覆构造则主要表现为南北向或北北东向。断裂(带)对区内地层的分布、岩浆活动、成矿作用和构造格局有着明显的控制作用,并具有多期活动特征。褶皱由于断裂的破坏而显得相对不太发育,总体变形具浅—表部层次特征。

地层分区为:华南地层大区(Ⅱ)-扬子地层区(Ⅱ₂)-康滇地层分区(Ⅱ₂³)。区域上出露地层主要有古元古界大红山群、中元古界昆阳群及中生界三大套,其他古生界及新生界不太发育,仅有零星分布。古元古界大红山岩群主要分布在撮科以东的,仅有老厂河组和曼岗河岩组出露。古元古界东川群主要分布在远景区北西侧的青龙厂—鸡关山—西拉河—甘庄城一带,中元古界昆阳群,有黄草岭组、黑山头组、大龙口组、美党组。古生界区域上分布在南部洼垤街、他才吉等处,为泥盆系、志留系,岩性为砂岩、泥岩、灰岩、白云岩等。中生界广泛分布,由三叠系—侏罗系构成,为一套河—湖相及三角洲相沉积。新生界:第三系、第四系均有出露,主要沿红河河谷一带分布,其他低凹地方零星分布。

区域上岩浆活动比较强烈,具多期性特征,重要的岩浆活动主要有古元古代中基性富钠岩浆喷发、震旦纪酸性岩浆及晋宁期、燕山期超基性、基性岩浆侵入。主要分布在撮科周围、撮科至龙潭及龙潭周边一带,总体成南北向展布。

区内区域变质作用总体上较浅,仅以撮科地区大红山群老厂河组变质程度较高,以片理化为主;昆阳群和东川群变质程度相对较浅;接触变质作用主要发生在花岗岩与围岩的接触带上。

区域重磁特征:远景区区域重力背景为北西向的新平-元阳重力高。区域重力均为负值,总体表现为南高北低的波状起伏。远景区所在区域磁场分为绿汁江断裂与红河断裂之间的永仁-新平强磁力高值区和绿汁江断裂以东的武定-易门平缓正磁场区,其中前者呈南北向展布,后者磁场值一般为10～20nT,区内50nT上下的小异常零星分布,是昆阳群浅变质岩系及侵入其中的基性岩体的综合反映。

地球化学特征:根据1:20万化探数据对远景区内各主要地层统计,Cu元素主要在元古宇落雪组、鹅头厂组、绿汁江组、大红山岩群中富集,其中落雪组中Cu含量最高,远高于其他地层;Pb、Zn、Ag元素主要在元古宇大龙口组、黑山头组及泥盆系曲靖组中富集,Pb在黑山头组中含量最高,Zn、Ag在大龙口组中含量最高;Co元素主要在元古宇及泥盆系曲靖组中富集,黑山头组中含量最高;Mn元素主要在元古宇落雪组、黑山头组、黄草岭组、泥盆系曲靖组及第四系中富集,落雪组和第四系中含量最高;Fe_2O_3在各地层中变化不明显,在元古界黄草岭组中含量最高。主要综合异常有杨武镇异常、青龙厂镇异常、岔河异常、上寨异常和寒及冲异常。

区域矿产:区内产出有著名的"大红山式"铜铁矿和"东川式"铜矿床。"大红山式"铁铜矿含矿层位主要为大红山群曼岗河岩组、红山岩组,老厂河岩组及底巴都组局部也见有铜矿(化)体,远景区主要有岔河撮科地区岔河铜矿(小型)等;"东川式"铜矿含矿层位为中元古界昆阳群下亚群的因民组及落雪组,主要分布于绿汁江断裂东侧、青杨断裂西侧,在两条断裂夹持下呈北东向带状展布,远景区内主要矿床有元江红龙厂、青龙厂等,矿体多呈层状、似层状、透镜状产出,或呈不规则状、囊状、柱状产于由因民组、落雪组构成的刺穿构造中;除以上两种类型的铁铜矿外,区域上还有产于昆阳群因民组中的"峨头厂式"铁矿,产于大龙口组灰岩中"鲁奎山式"铁矿,产于元古宙黑山头组中部之硅质板岩中的构造热液充填型铅锌矿如石屏新寨铅锌矿点,矿区见多处基性岩呈岩墙、岩枝状产出,与花岗岩内外接触带有关的钨锡铅锌多金属矿等。

2. 找矿方向

主攻矿种和主攻矿床类型：产于中元古界因民组、落雪组浅变质岩建造中沉积变质改造型铜（铁）矿、产于中元古界大龙口组碳酸盐岩中的层状菱铁矿（赤铁矿），其他还有与燕山期花岗岩有关的热液脉状铅锌矿、钨锡矿等。

找矿方向：区内进一步划分为2个Ⅴ级找矿远景区（表16-10），西部靠近绿汁江断裂因民组-绿汁江组地层分布区为"Ⅴ59元江青龙厂-铜厂冲铜矿找矿远景区"，面积316km²，圈定铜矿找矿靶区2个，其中青龙厂B类铜矿找矿靶区具中型远景、铜厂冲C类铜矿找矿靶区有小型潜力；东部黄草岭组-美党组地层及燕山期花岗岩体分布区为"Ⅴ60石屏龙潭-木梳铁多金属找矿远景区"，面积451km²，圈定具中型远景的鲁奎山式铁矿C类找矿靶区1个，木梳铁矿找矿靶区。

表16-10　Ⅳ-30元江铜铁金矿远景区找矿靶区特征表

主攻矿种	主攻类型	典型矿床	Ⅴ级找矿远景区	面积(km²)	找矿靶区	编号	面积(km²)	远景
铁铜	沉积变质型、海相火山岩型	东川式铜矿	Ⅴ59元江青龙厂-铜厂冲铜矿找矿远景区	316	B青龙厂铜矿找矿靶区	Cu-B-14	1.3	铜中型
					C铜厂冲铜矿找矿靶区	Cu-C-10	0.4	铜小型
			Ⅴ60石屏龙潭-木梳铁多金属找矿远景区	451	C木梳铁矿找矿靶区	Fe-C-58	24.08	铁中型

（十一）Ⅳ-31攀西地区钒钛磁铁矿远景区

1. 地质背景

范围：远景区北起四川省西昌县民胜乡，南至会理县绿水，西达攀枝花市兰尖火山，东到西昌市—会理县一线，呈南北向带状展布，长约200km，宽约10～60km。坐标极值范围为E101°32′—102°20′，N26°16′—28°07′。总面积约6600km²。

大地构造位置：Ⅲ扬子陆块区-Ⅲ₁上扬子陆块-Ⅲ₁₋₄康滇基底断隆带-Ⅲ₁₋₄₋₁康滇前陆逆冲带。区内地质构造极其复杂，总体上由绿汁江、安宁河、小江等南北向断裂带及其间的基底和盖层组成，对岩体和矿床（体、点）的控制作用十分明显。区内地质构造总体可分为两大体系，即基底与盖层。其中，基底具"双层"结构，"双层"指结晶基底与褶皱基底两种不同类型基底。结晶基底构造总体显示由阜平-中条运动定型的NNE向卵形或穹状构造特征；褶皱基底显示由晋宁运动定型的近东西向较紧密线型褶皱构造特征；盖层构造以南北向较宽缓褶皱和断裂为主。远景区及邻区主要分布有金河-箐河深大断裂带、攀枝花深大断裂带和米易-昔格达深大断裂带。

地层分区：华南地层大区（Ⅱ）-扬子地层区（Ⅱ₂）-康滇地层分区（Ⅱ₂³）。区内地层出露比较齐全，从最古老的太古宙至古元古代的深变质至中深变质岩系、中元古代的浅变质岩系直到未变质的沉积盖层震旦系及古生代、中生代地层都有较广泛的出露，另有少量新近纪及第四纪沉积零星出露，总厚度在$2×10^4$m以上。局部缺失志留纪至石炭纪的地层，而广大范围内则缺失除二叠系以外的古生代，三叠系为陆相沉积。

本区岩浆岩发育，出露面积约占本区总面积的5%。区内岩浆岩以前寒武纪及晚二叠世两大岩浆旋回为主,岩石类型以基性、超基性岩为主,占岩浆岩分布面积的60%以上,尤以基性火山岩分布最广。沿南北向的磨盘山-元谋断裂和攀枝花断裂带发育一系列含Fe-Ti-V矿的层状基性—超基性岩体,从北向南依次为太和岩体、白马岩体、新街岩体、红格岩体、攀枝花岩体和力马河岩体。

区域重磁特征:远景区位于宽大的龙门山重力异常梯级带南部,布格重力异常全为负值,呈南北向展布,沿安宁河断裂带西侧重力高,东侧相对重力低,向北收敛,向南撒开的鼻状异常。攀枝花地区为近南北向相对重力高,西边为北东向的重力异常梯级带,东部为北北西向条带状相对重力低,区内布格重力异常总体上反映了康滇地轴的基本地质构造特点。

远景区航磁异常走向与裂谷构造线方向一致,总体南北向展布,沿裂谷轴部基底隆起地带的海西—印支期岩浆杂岩带,形成一个规模宏大的强正异常带,长达500余千米,异常强度达160~4800nT。航磁总体分布呈现出明显的分带性和方向性,可明显地划分为两个磁场区和几个高磁异常集中带,全区磁场以东西两侧分布平稳的负磁场为背景,中间呈现场值升高,由多条北西、北东向磁异常组成南北向正磁异常区为平面展布特征。

地球化学特征:化探钛、磷异常对钒钛磁铁矿有间接指示作用。攀西地区的钒钛磁铁矿区域内,有低缓的局部地球化学异常显示,基本上都存在Au、Ag、Sb、Pb、Nb、Ca、Bi、Zr、Zn等指标低缓且规模较小的异常,Sr、Na的低缓成片异常,P、Hg的高强度异常。Fe、V、Ti、Co、Ni、Cr等指标有局部异常显现。综合异常图中的异常外带与典型矿床的含矿体展布较一致,中带和内带区域多为基性、超基性岩体、岩脉,或地层。

区域矿产:据统计,攀枝花市境内目前共发现矿种76种,其中查明资源储量矿产47种,主要矿产地296处。其中,区内却蕴藏着全国20%的铁、63%的钒、93%的钛。区内的钛资源占世界的35%,位居世界第一,且具有资源种类多、分布集中、埋藏浅、开发条件优越、综合利用价值高、选矿性能好、组合配套能力强等特点,被誉为"中国的乌拉尔"或"矿产资源聚宝盆"。钒钛磁铁矿不仅是一种重要的铁矿资源,而且含有多种可供利用的有益组分,现已查明在矿石中有铁、钛、钒、铬、钴、镍、铜、锰、钪、镓、硫、硒、碲和铂族元素14种元素能综合利用。除伴生有上述多种有益组分外,在有些矿区内,如红格等地还共生有与碱性伟晶岩有关的铌、钽、锆稀土矿床,已查明的储量也可供矿山设计综合开发。稀有稀土金属(稀有金属铌、钽及稀土金属铈族、钇族矿产)较集中分布在安宁河断裂带的西侧樟木—乱石滩—高草一带,呈南北向展布,在成因上与印支期碱性岩密切相关。含矿脉岩常沿岩体内或其外接触带的节理裂隙贯入。矿床成因类型可分为碱性伟晶岩型、石英脉型和碱性花岗岩热液接触交代(或自交)型三类。其中以碱性伟晶岩型为重要类型,石英脉型次之。

2. 找矿方向

主攻矿种和主攻矿床类型:产于海西期富铁质基性岩—超基性岩中之攀枝花式岩浆型钒钛磁铁矿。

找矿方向:大致以相对独立含矿地质体组成的矿集区为划分原则,从北至南进一步划分为4个V级找矿远景区(表16-11),远景区最北段南北向磨盘山断裂带与仰天窝断裂带之间圈定为"V61太和钒钛磁铁矿找矿远景区",面积290km²,含A类靶区1个、C类靶区1个,均具大型找矿潜力;远景区中段昔格达断裂及安宁河断裂夹持的南北向茨达-撒莲背斜轴部圈定为"V62白马钒钛磁铁矿找矿远景区",面积960km²,含A类靶区2个、B类靶区2个、C类靶区1个,均具大型找矿潜力;远景区南东段昔格达与安宁河两大断裂所夹"地块"内的米易至红格地段圈定为"V63红格钒钛磁铁矿找矿远景区",面积2216km²,含A类靶区5个、B类靶区1个、C类靶区1个,其中红格、潘家田、白沙坡、彭家梁子、新桥5个靶区具大型找矿潜力,其余2个靶区有中型远景;远景区南西段南北向攀枝花断裂带与昔格达断裂带间圈定为"V64攀枝花钒钛磁铁矿找矿远景区",面积851km²,含A类靶区1个、B类靶区3个、C类靶区1个,均具大型找矿潜力。

表 16-11　Ⅳ-31 攀西地区钒钛磁铁矿远景区找矿靶区特征表

主攻矿种	主攻类型	典型矿床	Ⅴ级找矿远景区	面积（km²）	找矿靶区	编号	面积（km²）	远景
钒钛磁铁矿	岩浆型	攀枝花	Ⅴ61 太和钒钛磁铁矿找矿远景区	290	A 太和钒钛磁铁矿找矿靶区	Fe-A-24	0.99	大型
					C 蜂子岩钒钛磁铁矿找矿靶区	Fe-C-59	1	大型
			Ⅴ62 白马钒钛磁铁矿找矿远景区	960	A 白马钒钛磁铁矿找矿靶区	Fe-A-25	7.11	大型
					A 新街钒钛磁铁矿找矿靶区	Fe-A-26	7	大型
					B 巴洞钒钛磁铁矿找矿靶区	Fe-B-34	12	大型
					B 棕树湾钒钛磁铁矿找矿靶区	Fe-B-35	3	大型
					C 大象坪钒钛磁铁矿找矿靶区	Fe-C-60	4	大型
			Ⅴ63 红格钒钛磁铁矿找矿远景区	2216	A 红格钒钛磁铁矿找矿靶区	Fe-A-28	1.24	大型
					A 潘家田钒钛磁铁矿找矿靶区	Fe-A-29	2.61	大型
					A 白沙坡钒钛磁铁矿找矿靶区	Fe-A-30	0.5	大型
					A 普隆钒钛磁铁矿找矿靶区	Fe-A-31	0.41	中型
					A 半山钒钛磁铁矿找矿靶区	Fe-A-32	0.25	中型
					B 彭家梁子钒钛磁铁矿找矿靶区	Fe-B-39	0.75	大型
					C 新桥钒钛磁铁矿找矿靶区	Fe-C-62	6.6	大型
			Ⅴ64 攀枝花钒钛磁铁矿找矿远景区	851	A 攀枝花钒钛磁铁矿找矿靶区	Fe-A-27	7	大型
					B 麻陇钒钛磁铁矿找矿靶区	Fe-B-36	7.3	大型
					B 务本钒钛磁铁矿找矿靶区	Fe-B-37	1.2	大型
					B 萝卜地钒钛磁铁矿找矿靶区	Fe-B-38	3	大型
					C 黑古田钒钛磁铁矿找矿靶区	Fe-C-61	1	大型

（十二）Ⅳ-32 大姚-牟定铁铜金铅锌矿远景区

1. 地质背景

范围：远景区北起云南省永仁县团山，南至楚雄市，东界为永仁县城—元谋县城一线，西界为大姚县城—姚安县城一线，南北长约160km，东西宽约60km。坐标极值范围为 E101°07′—101°50′，N25°00′—26°28′。总面积约7000km²。

大地构造位置：Ⅲ扬子陆块区-Ⅲ₁上扬子陆块-Ⅲ₁₋₅楚雄陆内盆地-Ⅲ₁₋₅₋₁元谋-盐边基底断隆、Ⅲ₁₋₅₋₂大姚-新平坳陷盆地。区内构造复杂，根据沉积建造、变形变质作用、接触关系及含矿特征等，总体可将区内划分为基底和盖层两个构造体系。

（1）盖层构造：褶皱断裂均较发育，其方向和构造形态多数与基底构造一致，表现出明显的继承性。盖层褶皱以北北东—北北西向构造线为主，高角度的正、逆断层发育，褶皱形态特点是短轴与长轴、开阔与紧密的褶皱同等发育。

（2）基底构造：基底构造较为复杂，受北西-南东或南北向应力作用，主要表现为北东或近东西向褶皱构造、近南北、北东、北西向三组断裂构造，沿近南北、北东断裂带侵入的基性—超基性岩体，北西向断裂构造为成岩后平移断裂，错断岩体和矿体。褶皱主要有海资哨-新田向斜、苴林背斜等，断裂主要有元谋-绿汁江深大断裂和与其平行的次级断裂：新田断裂带、伏龙基-凹溪河断裂等。

元谋-绿汁江深大断裂为区域性主干断裂构造，呈南北向纵贯全区，构成盐边元谋基底断隆带东部边界。断裂倾向东，陡倾角，局部近于直立。且具继承性、复活性、多旋回特征。

地层分区：华南地层大区（Ⅱ）-扬子地层区（Ⅱ$_2$）-康滇地层分区（Ⅱ$_2^3$）。区内地层主要表现为盖层系和基底系两种不同的岩性地层。盖层系主要由中、新生界泥砂质细碎屑岩和少量新元古界震旦系碳酸盐岩组成。分布于区内南部、东部，以河湖相沉积作用和发育浅部构造层内的大型皱褶与"X"形断裂系为特征。其沉积作用属台内裂谷河湖相沉积，时代为上三叠统—侏罗系—始新统，岩性为红色含膏盐、含煤、铜的碎屑岩建造。

基底系主要由元古宇结晶基底岩系苴林岩群（龙川群）海子哨组（$PtLh$）、凤凰山组（$PtLf$）、路古模组（$PtLl$）、普登组（$PtLp$）等变质岩地体。苴林岩群路古模组为一套绿片岩-低角闪岩相的中浅变质岩系，原岩为含钠质火山碎屑岩系，其时代见本节岩浆岩部分。

本远景区岩浆岩非常发育，种类也较多，侵入岩大致呈南北向展布于元谋-绿汁江深大断裂的西侧。前人将区内岩浆活动划分为吕梁、晋宁、海西、印支、燕山、喜马拉雅期，时期以海西期为主，次为加里东期及印支—燕山期，岩性从基性、超基性至酸性岩均有。

区内变质作用，以中低压区域动力热流变质及浅层区域低温动力变质为作用主体，变质岩相多为低角闪岩相-低绿片岩相。岩石类型有板岩类、千枚岩类、片岩类、石英岩类及大理岩类等。变质原岩为晋宁期及以前的所有地质体，以沉积岩、火山沉积岩为主，花岗岩类次之。变质岩主要岩石类型有绿泥石英片岩、石英片岩、片麻岩、大理岩、混合岩、石英岩、千枚岩、板岩等。

区域重磁特征：远景区在重力分区上属滇中重力异常区之宁蒗-永胜-大姚重力低异常带、永仁-双柏重力高异常带、大麦地-新平-扯直重力高异常带。重力场总趋势是由南向北逐渐降低，且沿东经102°分布的巨大重力高带使其沿东西向呈起伏变化。远景区航磁分区为滇中异常区之永仁-元谋异常区，磁场面貌复杂多变，线性特征不明显，异常主体走向近南北，除红河北东侧有北西向串珠状异常带与红河平行分布外，其余则表现为几个大的异常区，异常强度亦较大，以西昌-元谋正异常为中心，向东西两侧磁场符号呈对称性变化，显示出地垒式异常特征。

地球化学特征：化探异常以Cr、Ni、Co、Fe、Ti、V、Cu、Pb、Zn、Au为主，地球化学差异性显著，局部异常发育程度差，如大红山大型铁铜矿，异常规模小，元素含量低；西部中生代盆地异常十分微弱。远景区所在滇中地区是我国少有的大面积铜地球化学异常区。总体上来看，盆地中生代地层的Cu、Ag、Pb、Zn等金属元素的丰度均高于地壳砂岩中上述元素的丰度，属富集元素；中生代地层中的Ni、Co、Cr、V等元素的含量也大于地壳砂岩中的平均含量。姚安地区金元素背景总体情况是中部、东部高，西部、南部低，大约以韩家—努耐各一线为界，分为中北部高背景区和西南部低背景区两部分。安益铁矿北、西各出露两个基性、超基性岩体，地球化学异常元素组合为Fe、Cr、Co、V、Ti、Ni、P，与侵入岩型铁矿预测要素相对比，缺少Cu元素异常。

区域矿产：区内矿点密集，矿产丰富，金属矿产以铜、铅、铁、钨、锡为主，非金属矿产有煤、黏土、石灰岩、油页岩、石膏等。与地槽发育酸碱性火山岩喷发和后期热液作用相联系的铜、镍、铁矿产，在本区内有拉拉厂式铜矿、会理石头河铁矿；与地台区的振荡运动和侵蚀堆积而形成各时期的铁、磷、石膏、油页岩和黏土矿等；中生代坳陷的陆相沉积而形成铜、煤、铁及盐矿产，其代表有大村铜矿、团山铜矿、宝顶山煤矿等；构造控制了岩浆活动，而岩浆与矿产又具密切关系，晋宁期花岗岩中以钨、锡矿化为主；海西期基性、超基性岩形成了铁矿床和铜、镍、铂的矿化，碱性岩富含稀土元素；燕山—喜马拉雅期的正长斑岩中有铜、钼、铅矿化。整个斑岩带广泛发育中酸性钙碱—碱钙性火山-斑岩建造，伴随铜、钼、金、铅锌多金属矿化。金属元素组合与岩浆岩的酸碱度有关，富钾的正长斑岩体的金属矿化与铅银为主，富钾偏中酸性的石英二长斑岩-二长斑岩-花岗闪长斑岩与金矿化和铜（钼）矿化为主。

2. 找矿方向

主攻矿种和主攻矿床类型：产于中生代内陆红色盆地中砂岩型铜矿、产于海西期基性岩—超基性岩中之攀枝花式岩浆型钒钛磁铁矿、与燕山期-喜马拉雅期斑岩有关的热液交代型铜钼铅锌金铁多金属矿。

找矿方向：以区内相对独立的中生界含铜砂岩分布单元块段如向斜构造或断块或含矿岩体群为单元，进一步划分为5个V级找矿远景区(表16-12)：远景区北部划分为"V65六苴-团山铜钼矿找矿区远景区"，面积1446km²，圈定铜(钼)找矿靶区4个，A类2个、B类1个、C类1个，直苴斑岩型铜钼矿具中大型找矿远景，六苴砂岩型铜矿尚具中型潜力；远景中部划分为"V66牟定-大姚铜矿找矿远景区"，面积1107km²，圈定砂岩型铜找矿靶区3个，A类1个、C类2个，除牟定砂岩铜矿尚具中型潜力外，其余靶区仅小型远景；远景区中东部划分为"V67牟定安益钒钛磁铁矿找矿远景区"，面积451km²，进一步圈定具大型远景的牟定安益B类钒钛磁铁矿找矿靶区1个，但该靶区经整装勘查工作证实其找矿潜力已极为有限；远景西南部姚安老街斑岩群分布区划分为"V68姚安老街子-南华五街金铅锌多金属找矿远景区"，面积832km²，圈定金矿找矿靶区2个，A类1个、C类1个，白马苴金矿找矿靶区具大型找矿远景，张家金矿找矿靶区具小型潜力；远景区南东部划分为"V69禄丰广通铜矿找矿远景区"，面积321km²，圈定具小型潜力的A类靶区1个，广通砂岩型铜矿找矿靶区。

表16-12 Ⅳ-32大姚-牟定铁铜金铅锌矿远景区找矿靶区特征表

主攻矿种	主攻类型	典型矿床	V级找矿远景区	面积(km²)	找矿靶区	编号	面积(km²)	远景
铁铜金铅锌	变质岩型/岩浆型铁矿、砂岩型铜矿、斑岩型铜钼铅锌金多金属矿	牟定安益、路古模铁矿、大姚铜矿、姚安老街铅锌矿、永仁直苴铜钼矿	V65六苴-团山铜钼矿找矿区远景区	1446	A六苴铜矿找矿靶区	Cu-A-15	85.90	铜中型
					B团山铜矿找矿靶区	Cu-B-15	86.85	铜小型
					C三家村铜矿找矿靶区	Cu-C-11	118.49	铜小型
					A永仁直苴铜钼矿找矿靶区	Cu-A-23	33.00	铜中型钼大型
			V66牟定-大姚铜矿找矿远景区	1107	A牟定铜矿找矿靶区	Cu-A-16	83.33	铜中型
					C龙街铜矿找矿靶区	Cu-C-12	79.45	铜小型
					C庄科-老虎箐铜矿找矿靶区	Cu-C-13	76.93	铜小型
			V67牟定安益钒钛磁铁矿找矿远景区	451	B牟定安益钒钛磁铁矿找矿靶区	Fe-B-40	35.26	铁大型
			V68姚安老街子-南华五街金铅锌多金属找矿远景区	832	A白马苴金矿找矿靶区	Au-A-21	43.66	金大型
					C张家金矿找矿靶区	Au-C-27	3.94	金小型
			V69禄丰广通铜矿找矿远景区	321	A广通铜矿找矿靶区	Cu-A-17	64.44	铜小型

(十三)Ⅳ-33楚雄小水井金矿远景区

1. 地质背景

范围：远景区位于云南省楚雄市南西约60km，紧邻哀牢山构造带东侧呈北西向带状展布，北西长约75km，宽约6km。坐标极值范围为E100°43′—101°12′，N24°34′—25°05′。总面积约500km²。

大地构造位置：Ⅲ扬子陆块区-Ⅲ₁上扬子陆块-Ⅲ₁₋₅楚雄陆内盆地-Ⅲ₁₋₅₋₂大姚-新平坳陷盆地。处于北西向哀牢山变质带及金沙江-红河断裂带的东侧边缘，主体构造线方向呈北西向展布。区域性的金沙江-哀牢山大型变形构造带是一个复杂的、颇具特色的构造变形带。哀牢山断裂两侧岩石均强烈糜棱岩化，构成一宽达数千米的韧性-脆韧性剪切带。从平面上来讲以哀牢山断裂为中心向北东和南西，其变形的构造层次由深到浅,由韧性→脆韧性→脆性的变化。在形成的时间上,从早到晚,同样,也反映出由韧性→脆韧性→脆性的变化规律。哀牢山构造变形带由于受晚海西—印支期开始的逆冲推覆作用,将哀牢山断裂两侧本来分属不同构造单元、不同地质时代的地质体纳入了一个统一的变形-变质体系,构成由东向西变质程度降低、由强弱应变域交替出现且总体向西减弱的、由一系列构造透镜体(含超基性岩)和向东缓倾的叠瓦状推覆构造组成的特殊而又具有其独立性格的地质体。该带是构造-改造、构造蚀变岩型金矿的主要产出地区之一。

地层分区:华南地层大区(Ⅱ)-扬子地层区($Ⅱ_2$)-康滇地层分区($Ⅱ_2^3$)。楚雄凹陷内地台具典型的结晶基底和盖层双层结构特点。结晶基底由古元古界哀牢山群、大红山群复理石和钠质火山岩建造(细碧-角斑岩建造等)组成,具优地槽特征,经吕梁运动固结形成结晶基底。区域布露地层从西至东有元古宙清水河岩组黑云斜长片麻岩、矽线黑云斜长片麻岩、黑云斜长变粒岩、夹角闪斜长片麻岩、角闪斜长变粒岩、大理岩,大红山岩群片岩、石英片岩、大理岩、浅粒岩夹板岩、钠长岩、钠长斑岩、磁铁矿;志留系康廊组白云质灰岩、白云岩;晚三叠世花果山组灰、黄灰色含长石英砂岩、细砂岩,粉砂质页岩、页岩夹煤层,底部砾岩,云南驿组灰绿、黄绿色页岩夹粉砂岩、泥灰岩。中部灰色灰岩、泥灰岩夹页岩,罗家大山组上部泥岩、粉砂质泥岩夹细砂岩;下部砂岩、细砂岩夹凝灰岩、火山角砾凝灰岩;第三系砂砾岩等。上三叠统云南驿组浊流相碎屑岩是该区赋矿地层。

岩浆岩主要有时代不明的环状超基性—基性岩,岩性为单辉(二辉)橄榄岩-辉橄岩-辉石岩-辉长(辉绿)岩。

区域重磁特征:远景区1∶25万布格重力异常总体表现为南高、北低的重力场特征,最高值位于东南部者格乡东侧,最低值位于西北部多依厂新村附近。从西向东,重力高与重力低异常带总体呈NW向相间展布;在异常带的不同部位,由等值线同形扭曲或圈闭形成了若干局部重力高和局部重力低。1∶25万剩余重力正、负异常与布格重力高、低异常一一对应。航磁ΔT化极后,全区处于负的背景场上。在负背景场上,异常主要于东南—西北部一带呈NW走向的条带状展布,异常带上分布的主要局部异常特征与ΔT异常特征相似,但位置不同程度地有所位移,位移距离约2~5km。航磁ΔT化极垂向一阶导数异常总体表现为在负的背景场之上正异常呈带状展布为其特征。

地球化学特征:远景区金高背景区分布于凹子—大龙潭—石头寨一线北东地区,无固定走向,主要呈东西向、北西向、北东向展布,金含量高,为高背景和正异常,局部间夹低背景,如龙顶寺、苦菜地、黑桃村-杨家、干海子-田坝等地。赤河-铜厂Au、Ag、As、Cu、Pb、Sb、Zn元素组合异常,异常沿红河断裂带分布,异常元素组合较好较全,金异常规模宏大,具有明显的浓集中心和清晰的浓度分带;异常区分布小水井、大龙塘两个已知矿床。小水井金矿元素地球化学组合为Au、As、Sb、Hg、Cu、Ag,外围有铅锌异常显示,为一组以中-低温热液为主的元素组合异常;元素分带情况为Au-As、Sb、Cu-Ag、Hg-Pb、Zn,As、Sb、Cu等元素异常与Au异常相互套合较好,极值点相对较统一,其余元素均有不同程度的偏离;Au、As、Sb、Cu异常强度均较高、规模大、浓集中心明显、浓度分带清晰、均具三级浓度分带,异常呈椭圆状、长椭圆状分布,走向北西向,与构造线基本一致;Pb、Zn、Ag、Hg异常弱、规模小,仅具二级浓度分带,Pb、Zn异常与金矿床不套合,偏离较远。

区域矿产:金矿产于上三叠统云南驿组浊流相碎屑岩建造中,矿体受构造控制,属韧性剪切构造蚀变岩型。

2. 找矿方向

主攻矿种和主攻矿床类型:产于上三叠统云南驿组浊流相碎屑岩建造中构造蚀变岩型金铅锌矿床。

找矿方向:本Ⅳ级远景区面积偏小,未再进一步划分Ⅴ级找矿远景区。区内圈定金矿找矿靶区8个,其中A类2个,B类1个,C类5个,除官郎山-大龙潭、小水井、八石租3个靶区具中型找矿远景外,其余5个靶区有小型潜力(表16-13)。

表 16-13　Ⅳ-33 楚雄小水井金矿远景区找矿靶区特征表

主攻矿种	主攻类型	典型矿床	金矿找矿靶区	编号	面积(km²)	远景
金	韧性剪切带型	小水井	A 官郎山-大龙潭金矿找矿靶区	Au-A-22	24.87	金中型
			A 小水井金矿找矿靶区	Au-A-23	10.05	金中型
			B 西舍路金矿找矿靶区	Au-B-14	10.54	金小型
			C 八石租金矿找矿靶区	Au-C-28	29.41	金中型
			C 五顶山金矿找矿靶区	Au-C-29	12.39	金小型
			C 大龙潭-大村金矿找矿靶区	Au-C-30	10.7	金小型
			C 西西郎金矿找矿靶区	Au-C-31	5.71	金小型
			C 米糠被米金矿找矿靶区	Au-C-32	12.63	金小型

区内铅锌金多金属矿体产于上三叠统云南驿组二、三段碎屑碳酸盐岩中，矿带长60km，宽约2~6km，具矿源层沉积建造特征，铅、锌、银、铜的丰度值含量较高，带上矿点星罗棋布，区内矿化点密集，铅锌矿从八角老厂—新村小水井一带有八角老厂、蚂蚁角麦底、菜园河、厂房田、峨苴、小水井等铅锌金银多金属矿床（点）多个。成矿条件有利。另一方面，碳酸盐岩化学性质活泼，具较强的容矿、储矿作用。矿区内应围绕诸葛营黑云母花岗岩开展综合评价，矿点上目前只评价了1100m标高以上，下一步应对1100m标高以下开展系统勘查工作。目前已探明铅锌资源量20多万吨，金金属量8200kg，尚有更大的找矿潜力。

（十四）Ⅳ-34 新平大红山铜铁金矿远景区

1. 地质背景

范围：远景区辖属云南省新平县，位于新平县城以西约35km。构造上属大姚-新平坳陷盆地南缘、紧邻哀牢山构造带东侧呈北西向带状展布，北西长约40km，宽约20km。坐标极值范围为E101°32′—101°49′，N23°54′—24°12′。总面积约800km²。

大地构造位置：Ⅲ扬子陆块区-Ⅲ₁上扬子陆块-Ⅲ₁₋₅楚雄陆内盆地-Ⅲ₁₋₅₋₂大姚-新平坳陷盆地。该区是一个经长期构造演化和多期构造叠加的构造成矿带，发育多种类型的构造形迹，具有优越的成矿环境。南北构造带具有多期次、多体制、多类型、多层次的构造活动。区域上主要断裂有红河断裂、绿汁江断裂；在大红山矿区发育一系列近东西向的向斜构造和断裂构造，如大红山向斜、肥味河向斜，这些构造明显与北西向构造作用关系不大，应为更早期的构造。

地层分区为：华南地层大区（Ⅱ）-扬子地层区（Ⅱ₂）-康滇地层分区（Ⅱ₂³）。区内主要地层为大红山群及中生界。大红山群见于大红山、腰街、漠沙、希拉河、撮科等地，以大红山矿区出露最全，其他地区仅部分出露，中生界是区内盖层发展阶段的产物，广泛分布，由三叠系—侏罗系构成，为一套河-湖相及三角洲相沉积。

区域上岩浆活动较强烈，且具多期性特征，重要的岩浆活动主要有古元古代中基性富钠岩浆喷发、震旦纪酸性岩浆及晋宁期、燕山期超基性、基性岩浆侵入。古元古代基性岩浆喷发活动较为强烈，形成了曼岗河组、红山组厚大的基性火山岩层，具有多期喷发性质，也是目前研究程度较高的岩浆活动，主要分布在大红山地区。晋宁期超基性、基性岩浆侵入活动分布比较广泛，但岩体规模一般比较小，呈岩株、岩脉产出，岩石类型主要为花岗岩、辉长岩、辉绿岩，少量辉石岩，主要分布在远景区的南东侧。

本远景区大红山群为一套深变质岩，变质作用主要表现为基性岩的角闪化、碳酸盐岩的大理岩化、碎屑岩的片理化、石榴子石化，总体上由下自上变质程度降低，底部的底巴都岩组强烈的糜棱岩化。超伏于大红山群之上的中生代地层变质程度相对较低。

区域重磁特征：在区域重力上本区总体位于北西走向的红河重力梯级带及其北东侧。水塘—腰街一带显示为北西向重力梯级带，梯度达 $2.0×10^{-5}m/s^2$ 以上；大红山铁矿区表现为重力高，矿区北老厂一带为局部重力低；剩余重力异常则表现为东西走向之大红山剩余重力正异常，异常长度大于 13km、宽约 3km，强度达 $7×10^{-5}m/s^2$ 以上，北部老厂为强度 $-5×10^{-5}m/s^2$ 的剩余重力负异常。区域航磁上远景区处于云南省哀牢山邦马山地区"滇C1-1959-24"航磁 ΔT 异常之上。该异常规模大，南正、北负，呈近东西走向的椭圆状，南部正异常强度达300多纳特，北部负异常值为-120余纳特。ΔT 化极异常为圆形正异常，异常强度达700多纳特，异常中心较 ΔT 异常北移约5km。ΔT 垂向一阶导数呈东西向的长条状局部异常，强度达 90nT/km。

1：5万普查区磁异常特征：磁测 ΔZ 总体表现为南正、北负的异常特征，与航磁 ΔT 异常特征基本相符，但北部负异常区内镶嵌了一定规模的正异常。普查区南部 ΔZ 区域背景场呈东西走向的长条状，长大于20km（东部未圈闭），宽 8~10km。在宽缓的正背景场之上叠加了东么（滇DC-1966-4）、捆龙河（滇DC-1966-2）、黄土坡（滇DC-1966-1）和坡头（滇DC-1966-3）4个局部异常。普查区北部 ΔZ 区域背景场呈中部正、四周负的"岛弧"状，北部和东部未圈闭，在此低缓的区域背景场之上叠加了底嘎母（滇DC-1966-5）、底巴都（滇DC-1966-6）2个局部异常。

地球化学特征：1：20万水系沉积物测量结果表明，区内主要以 Pb、Zn、Sb 组合异常为主，发育于远景区西、北部比里河及老厂一带。而在大红山及外围地区，则以铜的单元素异常出现。同时，根据前人所做的两次土壤地球化学测量结果，区内总体特征是：大红山岩群、昆阳群分布区以铜晕为主；哀牢山岩群分布区以铬、铌、钽异常为常见；三叠系—侏罗系分布区则以铅、锌异常较多。

区域矿产："大红山式"铁铜矿产于古元古代大红山群，系一套富含铁、铜的浅—中等变质的钠质火山岩系。大红山群至上而下由坡头组、肥味河组、红山组、曼岗河组、老厂河组5个地层组构成，主要分布于大红山地区及其外围的河口、漠沙、南甘及红光农场一带，分布面积约 $120km^2$。

2. 找矿方向

主攻矿种和主攻矿床类型：产于元古宇变质岩及岩浆角砾岩体中海相火山沉积变质改造型铜铁矿。

找矿方向：由于本Ⅳ级远景区面积偏小，未再进一步划分Ⅴ级找矿远景区，圈定铁铜矿找矿靶区9个。其中B类7个，C类2个，均具中大型铁铜矿找矿远景（表16-14）。

表16-14　Ⅳ-34新平大红山铜铁金矿远景区找矿靶区特征表

主攻矿种	主攻类型	典型矿床	铁铜矿找矿靶区	编号	面积（km²）	远景
铁铜金	沉积变质型、海相火山岩型	大红山铁铜矿	B红山铁铜矿找矿靶区	Fe-B-41	9.58	铁大型铜中型
			B大哈铁铜矿找矿靶区	Fe-B-42	14.57	铁大型铜大型
			B东么铁铜矿找矿靶区	Fe-B-43	10.39	铁中型铜中型
			B底巴都铁铜矿找矿靶区	Fe-B-44	12.41	铁大型铜中型
			B底嘎母铁铜矿找矿靶区	Fe-B-45	8.72	铁中型铜中型
			B秀水铁铜矿找矿靶区	Fe-B-46	7.6	铁中型铜中型
			B语文滴铁铜矿找矿靶区	Fe-B-47	6.29	铁中型铜中型
			C腰街铁铜矿找矿靶区	Fe-C-63	10.79	铁大型铜中型
			C漠沙铁铜矿找矿靶区	Fe-C-64	11.65	铁大型铜中型

第十七章 上扬子成矿带

本成矿带全称为"Ⅲ-77 上扬子中东部(台褶带)PbZnCuAgFeMnHgSb 磷铝土矿硫铁矿成矿带",大致以北西向垭都断裂转向贵州毕节、云南镇雄一线,进一步划分为 2 个成矿亚带:西部的Ⅲ-77-①滇东-川南-黔西 PbZnFeREE 磷硫铁矿钙芒硝煤和煤层气成矿亚带(约 9.3 万 km^2)、东部的Ⅲ-77-②湘鄂西-黔中南 HgSbAuFeMn(SnW)磷铝土矿硫铁矿石墨成矿亚带(约 13.5 万 km^2)。成矿带范围位于东经 $102°10′\sim110°10′$,北纬 $23°50′\sim32°25′$ 之间,呈"H"形展布于上扬子陆块南部碳酸盐台地上,北邻四川中生代盆地,南以开远-平塘断裂、弥勒-师宗断裂转接紫云断裂与华南陆块交界,西抵南北向小江断裂,东以玉屏—镇远—凯里—三都一线与雪峰山基底逆推带相邻,纵横约 700km,行政区划涉及四川省西南部泸定、荥经、汉源、甘洛、峨边、马边、雷波、美姑、昭觉、布拖、金阳等县,云南省东北部昭通地区、东部曲靖地区,贵州省除黔东南、黔西南之外的大部分地区,重庆市东南部、东北部地区,成矿带范围总面积约 23 万 km^2。

第一节 区域地质矿产特征

一、区域地质

(一)地层

自中元古界至第四系均有出露,各地区发育(保留)程度不同,如峨边—马边缺失石炭系;泸定—荥经—汉源一带缺失泥盆系、石炭系;镇雄—毕节一带泥盆系全区缺失、志留系仅见下统、石炭系仅见下统九架炉组;赫章-彝良地区缺失中上奥陶统,上、下志留统,上侏罗统,白垩系和新近系;习水-仁怀地区缺失泥盆系;纳雍—织金一带志留系全区均未出露,中、上寒武统、奥陶系、泥盆系在大部分地区缺失;黔中一带缺失泥盆系和大部分石炭系;酉阳-秀山-铜仁地区缺失上志留统,中、下泥盆统,下石炭统,下二叠统,上、中白垩系及第三系;凯里-都匀-龙里地区缺失中、上奥陶统、上志留统及下二叠统;所谓结晶基底深变质岩系在区内未有布露,仅在其西部康滇地区分布。整个古生代以海相沉积岩发育和古生物化石丰富为主要特色。中、新元古代沉积物以海相陆源碎屑岩为主,夹火山碎屑岩及碳酸盐岩;古生代至晚三叠世中期沉积物由海相碳酸盐岩夹碎屑岩组成;晚三叠世晚期以后全为陆相沉积。地史上经历了武陵、雪峰—加里东、海西—燕山以及喜马拉雅 4 个发展阶段。

上扬子地层分区结晶基底为康定群杂岩,褶皱基底为中、新元古界大红山岩群、苴林岩群、河口群、昆阳群、会理群、梵净山群、板溪群组成的活动或较活动型复理石、类复理石沉积,中元古界与新元古界之间由武陵运动形成的不整合面分隔。

(二)岩浆岩

带内岩浆火山活动相对较弱,以海西晚期峨眉山大火成岩活动最为强烈,古元古界,在扬子陆块的西缘,米仓山-龙门山-攀西地区,晚期扩散至该带西侧盐边—平武及木里—若尔盖一线,该时期以大规模火山喷溢为主,伴有基性—超基性岩浆侵入。中—新元古界(晋宁—澄江期),火山岩在龙门山-攀西带上广泛分布,厚度大而岩类齐全,构成了近南北向延长达千余千米的火山岩带。早古生界(加里东期及海西早期),该时期的岩浆活动较为微弱,仅在局部地区发育。晚古生界(海西晚期),在上扬子西缘,海西晚期的基性火山岩广布于攀西及峨眉山等几个岩浆岩带上。

(三)变质岩及变质作用

带内中、新元古代地层中的层状岩石和其他岩石均已变质,其主体属低绿片岩相。区域变质岩主要岩类有变质泥质岩(板岩、千枚岩、片岩)、变质碎屑岩(变质砂岩、变质砾岩和变质石英岩)、变质碳酸盐岩(大理岩)、变质火山碎屑岩(变余凝灰岩、变火山集块岩)和变质火山岩(变细碧岩)以及变辉绿岩和变超基性岩,以变质泥质岩和变质碎屑岩厚度最大,分布最广。

(四)区域构造

成矿带所在上扬子陆块内基底由太古宙—古元古代结晶基底及中—新元古代褶皱基底双层结构的基底岩系组成,沉积盖层基本完整而稳定,厚逾万米。成矿带围限于南北向小江断裂、北东向开远-平塘断裂、弥勒-师宗断裂、四川中生代盆地南部、玉屏-镇远-凯里-三都北东转北北西向弧形构造范围内,带内又分布有如北西向紫云-水城构造带、东西向纳雍-贵阳断裂带以及不同地史时期存在的古陆如黔中古陆、牛首山古陆等,其区域性构造方向受上述边界构造的影响从西向东逐渐从近南北—北西—北北东—北东变化,地层的展布、次级断裂的方向、盖层发育的叠加褶皱轴向亦随之变化,相应的各主要矿产如铅锌锰铝金锑汞等次级矿带亦随构造地层的展布方向变化而变化。

二、主要矿床类型及代表性矿床

区域主要矿产资源有:外生沉积矿产有锰、铝、煤、铁、钴、磷、稀土、菱铁矿、褐铁矿、硫铁矿、铀、钒、钼、镍钼多金属矿、钾、铌、钽、镍、石膏、熔剂灰岩、建筑用灰岩、含钾页岩、黏土、大理岩、辉绿岩、板岩、紫袍玉带石、热矿泉水资源;内生矿产有铅锌银、汞矿、金矿、铊矿、砷矿、锑矿、钨锡、铜、菱镁矿、重晶石、萤石矿、钼矿、铀矿等。

前震旦系峨边群柊担桥组中产出有大白岩式沉积变质型锰矿;下南华统大塘坡组中大塘坡式海相沉积型菱锰矿;上奥陶统大箐组中轿顶山式海相沉积型锰矿;遵义式-格学式海相沉积型锰矿锰矿主要产于两次玄武岩之间的茅口组第二段上部。

铝土矿:均为沉积型或古风化壳型。早石炭世九架炉组中猫场式-后槽式沉积型铝土矿主要产于早石炭世九架炉组中,分布于区内各向斜中,产出与分布与黔中隆起周缘有密切关系,其储量大,质量好;中二叠世大竹园式-大佛岩式沉积型铝土矿,勘查程度最高,矿体为似层状、透镜状;晚二叠世宣威组中还有新华式沉积型铝土矿。

铁矿:中泥盆统宁乡式海相沉积型铁矿如重庆巫山桃花铁矿主要赋存于上泥盆统黄家磴组上部及写经寺组中部,多呈层状、似层状产出,贵州独山平黄山铁矿产于大河口组石英砂岩中;中泥盆统中与海西期辉绿岩有关的菜园子式层控内生型铁矿有两种类型。沉积铁矿产于赫章县小河边地区,为赋存于中泥盆统邦寨组的滨海相沉积矿床。热液菱铁矿分布在赫章县菜园子、铁矿山,产于中泥盆统独山组鸡泡段下部白云岩和龙洞水组泥质白云岩中,矿体呈似层状,矿床规模中等,水城观音山海西期岩浆热液型菱铁矿为代表,产于威水背斜倾没端,下石炭统大埔组白云岩层中,矿体受背斜轴部的走向高角度断层控制,呈脉状或不规则状产出;中二叠统梁山组下部之苦李井式沉积型铁矿常呈透镜体、结核状产出,规模一般不大。

铅锌矿：主要为产于古生代碳酸盐建造中低温热液型矿床，又以赋存于早古生代寒武系碳酸盐岩地层中最为广泛，其次为晚古生代泥盆系、石炭系，再次为二叠系、下三叠统碳酸盐建造中仅有重庆白鹤洞脉状铅锌矿，元古宙浅变质碎屑岩建造中有南省脉状铅锌矿。与赋矿地层一起，铅锌矿带往往分布于不同方向背斜近轴部，矿体受不同方向的断裂和层间破碎带的控制，呈脉状、似层状沿构造富集。其中四川黑区/雪区、团宝山、唐家赵阿沟、黑区、雪区、放马坪、云南巧家茂租、云南永善金沙厂、云南鲁甸乐红、贵州小木拉、贵州习水县谢家坝、贵州织金杜家桥、水东、以则孔、箱子、屯背后铅锌矿床、新麦等铅锌矿产出于震旦系—下寒武统碳酸盐建造中的似层状脉状铅锌矿；下寒武统碳酸盐建造中的脉状-似层状铅锌矿有贵州牛角塘、嗅脑、习水县银厂、重庆石柱老厂坪等；中上寒武统碳酸盐建造中的脉状-似层状铅锌矿如贵州大硐喇、沿河三角塘、重庆小坝、云南盐津县乐可坝；上寒武统耿家店组灰质白云岩中似层状-脉状铅锌矿——重庆黔江五峰山；下奥陶统红花园组碳酸盐建造中的铅锌矿——贵州福泉市高坡窑；中奥陶统碳酸盐建造中的层控型铅锌矿床——四川乌依；中-上奥陶统碳酸盐建造中的脉状铅锌矿——四川荣经宝贝凼；晚古生代泥盆系-石炭系碳酸盐建造中的脉状-似层状铅锌矿有云南会泽、云南彝良毛坪、云南鲁甸乐马厂、贵州赫章天桥、贵州赫章猫猫厂、贵州水城杉树林、贵州普安绿卯坪、贵州贵定半边街等；中二叠统碳酸盐建造中与火山岩有关的铅锌矿——云南富乐厂。

金矿：以微细浸染型为主。产出于梵净山群与板溪群之角度不整合接触界面上下附近的变质岩及辉绿岩中的金矿分布于梵净山穹状背斜的北西翼，其类型有石英脉型、蚀变岩型两类，已发现的矿床（点）有10余处，规模较大的为印江金厂金矿、江口金盏坪金矿；早古生代碳酸盐建造中的苗龙式卡林型金矿主要分布于三都—丹寨一带从加里东期地堑式构造转变而来的燕山期逆冲断层带中，赋矿地层为中、上寒武统，奥陶系，在独山-佳荣走滑-伸展构造带泥盆系中亦见分布；中二叠统阳新组/峨眉山玄武岩不整合面之胜境关式卡林型金矿往往与汞、铊矿，锑、萤石矿、钼、铀矿、砷矿关系密切。金矿层主要是含金凝灰岩风化而成的黏土及岩石碎块，金主要赋存在高岭石、伊利石和褐铁矿中，以游离金为主。

锑矿：主要为低温热液脉型锑矿。有产于独山-佳荣走滑-伸展构造带下泥盆统丹林群陆缘碎屑岩层中断裂型脉状锑矿如贵州独山县半坡以及江南造山型褶皱区板溪群浅变质岩中脉状锑矿。

汞矿：主要有寒武系碳酸盐建造中的低温热液汞矿-贵州丹寨水银厂、贵州三都交梨、贵州务川、贵州开阳白马洞、重庆羊石坑、坝竹坨，主要赋矿地层为下寒武统清虚洞组、中统高台组、石冷水组，个别地段上震旦统灯影组见汞矿化。

铜矿-钨锡矿：主要为岩浆-火山型，其次为砂岩型，规模均较小。仅在极少量布露的基底浅变质地层地区如梵净山穹隆产出有在基性岩（辉绿岩）和变质碎屑岩中的电英岩型和云英岩型钨（锡）矿床（标水岩小型钨锡铜矿）；在上震旦统灯影组上部也普遍见及细脉状铜矿化；与海西期峨眉山玄武岩有关的乌坡式陆相火山岩型铜矿；三叠系砂岩铜矿。

磷：为沉积型。呈稳定的层状产于陡山沱组下段第2层（a层矿）和上段第4、5、6层（b层矿），磷块岩在纵、横相列上，均处于碎屑岩至化学岩的过渡相内，与白云岩、硅质岩密切共伴；灯影组上段及下寒武统筇竹寺组下部地层有磷矿（化）层位，在果化背斜、打麻厂背斜有新华磷-稀土矿和打麻磷-稀土矿产出，达到超大型；稀土产于宣威组底部灰—深灰色氧化稀土高岭石黏土岩及页岩中。

铀钒矿：为沉积型。下寒武统下部牛蹄塘组中有钒矿产出；峨眉山玄武岩组上部之沉积夹层（含铀钒生物硅质岩及水云母页岩）中有铀钒矿，含稀土磷矿石中亦有产出，规模甚小。

硫铁矿：为沉积型。石炭系九架炉组中铝土矿顶底的铝土岩或黏土岩中以不稳定的小透镜体状、团块状、结核状或星散状、细脉状产出；在晚二叠纪煤系地层和茅口组顶部之石英粉砂岩中亦有硫铁矿。

镍钼矿：产于下寒武统牛蹄塘组下部黑色碳质页岩"黑层"中，呈层状产出，含矿层位稳定，矿石矿物为辉钼矿、针镍矿、方硫镍矿、黄铜矿、黄铁矿、闪锌矿等。

煤矿：产于上二叠统龙潭（或吴家坪）组、宣威组中，属海陆交互相沉积及陆相沉积类型，常形成大中型矿床。

重晶石、萤石:主要赋存于下奥陶统红花园组、桐梓组中,少数展布在中奥陶统大湾组、上寒武统毛田组、下寒武统清虚洞组中;在茅口灰岩和石炭系摆佐组白云岩中,除个别为似层状、大透镜状或沿断层呈脉状产出外,一般为大团块状包体或小透镜体。

第二节 找矿远景区-找矿靶区的圈定及特征

一、Ⅳ级找矿远景区划分

本区带大致以北西向垭都断裂转向贵州毕节、云南镇雄一线,进一步划分为2个成矿亚带:西部的Ⅲ-77-①滇东-川南-黔西 PbZnFeREE 磷硫铁矿钙芒硝煤和煤层气成矿带(约9.3万 km²)、东部的Ⅲ-77-②湘鄂西-黔中南 HgSbAuFeMn(SnW)磷铝土矿硫铁矿石墨成矿亚带(约13.5万 km²)。依次划分了Ⅳ级远景区19个、Ⅴ级远景区70个,圈定找矿靶区270个,其中A类靶区87个、B类靶区101个、C类靶区82个。

 Ⅰ-4 滨太平洋成矿域
  Ⅱ-15 扬子成矿省-Ⅱ-15B 上扬子成矿亚省
   Ⅲ-77 上扬子中东部(台褶带)PbZnCuAgFeMnHgSb 磷铝土矿硫铁矿成矿带
    Ⅲ-77-①滇东-川南-黔西 PbZnFeREE 磷硫铁矿钙芒硝煤煤层气成矿亚带
     Ⅳ-35 泸定-荥经-汉源铅锌铜矿远景区(Ⅴ70、Ⅴ71)
     Ⅳ-36 峨边-马边铅锌铜铝土矿远景区(Ⅴ72、Ⅴ73、Ⅴ74)
     Ⅳ-37 雷波-金阳铅锌铁铝土矿远景区(Ⅴ75、Ⅴ76、Ⅴ77)
     Ⅳ-38 永善-盐津铅锌矿远景区(Ⅴ78、Ⅴ79、Ⅴ80)
     Ⅳ-39 镇雄-毕节铅锌矿远景区(Ⅴ81、Ⅴ82、Ⅴ83、Ⅴ84)
     Ⅳ-40 赫章-彝良铁矿铅锌矿远景区(Ⅴ85~Ⅴ90)
     Ⅳ-41 鲁甸铅锌矿远景区(Ⅴ91、Ⅴ92)
     Ⅳ-42 会泽铅锌矿远景区(Ⅴ93、Ⅴ94)
     Ⅳ-43 威宁-水城铁锰铅锌矿远景区(Ⅴ95、Ⅴ96、Ⅴ97)
     Ⅳ-44 普安-猴场铅锌矿远景区(Ⅴ98、Ⅴ99、Ⅴ100)
     Ⅳ-45 富源-盘县金矿远景区(Ⅴ101、Ⅴ102)
     Ⅳ-46 寻甸-陆良铅锌矿远景区(Ⅴ103、Ⅴ104、Ⅴ105)
    Ⅲ-77-②湘鄂西-黔中南 HgSbAuFeMn(SnW)磷铝土矿硫铁矿石墨成矿亚带
     Ⅳ-47 巫山马驿山-金狮赤铁矿远景区
     Ⅳ-48 黔江-南川-正安铅锌铁铝土矿远景区(Ⅴ106~Ⅴ121)
     Ⅳ-49 习水-仁怀铅锌矿远景区(Ⅴ122、Ⅴ123)
     Ⅳ-50 酉阳-秀山-铜仁汞锰铅锌矿远景区(Ⅴ124~Ⅴ129)
     Ⅳ-51 黔中铝土矿锰矿远景区(Ⅴ130、Ⅴ131、Ⅴ132)
     Ⅳ-52 纳雍-织金铅锌矿远景区(Ⅴ133、Ⅴ134)
     Ⅳ-53 凯里-都匀-龙里铅锌金锑铝铁矿远景区(Ⅴ135~Ⅴ139)

二、Ⅳ级找矿远景区特征及找矿方向

(一) Ⅳ-35 泸定-荥经-汉源铅锌铜矿远景区

1. 地质背景

范围：远景区地处四川泸定—荥经—汉源—金口河一带，构造上位于康滇基底断隆带北端东侧、川中前陆盆地西缘之间。南北长约85km，东西宽约45km，呈北西向展布，极值坐标范围为E102°12′—103°27′，N29°09′—30°02′，总面积约0.37万km²。

大地构造位置：Ⅲ扬子陆块区-Ⅲ$_1$上扬子陆块-Ⅲ$_{1-7}$扬子陆块南部碳酸盐台地-Ⅲ$_{1-7-9}$峨眉山断块。区内构造发育，主要有北西向、北东向、南北向3个展布方向。以凰仪断裂为界，其西侧构造线以北西向为主，褶皱相对较陡，对称性差，断层多为压扭性逆冲断层；其东侧构造线以北东和南东向为主，交错展布，褶皱较平缓，对称性好，断层以张扭性正断层为主。万里、马烈、红花铅锌矿区位于该界线西侧，硝水坪铅锌矿区位于该界线东侧。北西向的主要有大相岭背斜、马烈背斜、磨房沟背斜、轿顶山向斜、凰仪断层、马烈断层等。北东向的构造主要有七百步背斜、七百步断层、丛林岗断层。南北向的构造主要有宋家沟背斜、花板树向斜、大田坝向斜、冷桶沟向斜。

地层分区：华南地层大区(Ⅱ)-扬子地层区(Ⅱ$_2$)之上扬子地层分区(Ⅱ$_2^4$)。具有基底与盖层的双层结构，基底为褶皱基底。盖层包括下震旦统晋宁造山后裂谷沉积过渡性盖层、上震旦纪—晚三叠世中期的海相沉积盖层和晚三叠世末—第四纪陆相沉积盖层。区内地层除泥盆系、石炭系缺失外，其余自前震旦系至白垩系均有出露。其中上震旦统灯影组和下寒武统麦地坪组是区内铅锌矿的主要赋矿地层。前震旦系峨边群(Pt$_2$e)仅分布于评价区东侧洪雅-金口河区交界附近和万里矿区的北侧，呈零星分布，主要为一套变质火山岩、大理岩、砂岩，未见底，其中枷担桥组一段(Pt$_2j^1$)为灰—深灰、灰黑色变质灰岩与同色板岩、碳质片岩组成的韵律互层，中部产大白岩式锰矿。灯影组(Zbdn)为一套灰、浅灰、灰白、深灰色微至粉晶白云岩，葡萄状白云岩，常产出有脉状铅锌矿，地层厚660~923m。麦地坪组($\in_1$m)为浅灰色、灰色厚层状细晶含磷白云岩、硅质白云岩、瘤状白云岩，中部夹黑色燧石条带、磷质条带或薄层，为铅锌矿的主要赋矿层位，厚37.56~68.26m。五峰组(O$_3$w)为深灰色薄至中层状微至粉晶含锰灰岩夹少量黏土岩，普遍含锰结核，大瓦山、轿顶山、刘坪大岗等地夹锰矿层。在荥经地区中—上奥陶统宝塔组和临湘五峰组(相当于大箐组)碳酸盐岩中还产出有宝贝卤式陡立切层柱状铅锌矿体。上二叠统峨眉山玄武岩组和宣威组有乌坡式铜矿产出。

区内岩浆活动主要有一次侵入活动和两次喷发活动。第一次喷发是产于下震旦统的中酸性火山熔岩，如英安岩、流纹斑岩等，区内零星分布；第二次喷发产于上二叠统的峨眉山玄武岩。区内脉岩不发育，仅局部见辉绿岩脉、碳酸盐岩脉、闪长玢岩脉及石英二长岩脉等。

区域重磁特征：区域重力处于四川盆地重力高异常区与川西高原重力低异常区之间的攀西南北向重力异常区上。剩余重力正、负异常相间排列，以条带状(南北向)为主。推断正异常与老地层和火山岩相关。负异常与酸性岩(中酸性岩)相关。航磁ΔT以正异常为主，局部正异常以条带状(北西向)为主。航磁ΔT化极垂向一阶导数正异常以条带状(北西向)、椭圆状为主。推断局部正异常与基性岩和基性火山岩相关。

区域地球化学：据1:20万化探资料统计，白云岩中铅、锌元素的地球化学背景值高，其中麦地坪白云岩铅、锌含量较灯影组白云岩高，为地壳沉积碳酸盐岩的8.7倍和10.7倍，属高背景值地球化学岩石。

区域化探铅异常主要分布于汉源皇木-乌斯河以西。区内有4个异常，主要为赵阿沟-团宝山-红花异常,与已知的赵阿沟、马烈、团宝山、水桶沟、裸裸岗等铅锌矿床(点)相吻合。区域锌异常分布在东经$102°55'$以西,与铅异常分布基本套合,只不过在铅异常范围内,锌异常有所分解,见有5个异常,主要为赵阿沟-团宝山-红花异常和硝水坪-老汞山-永利两个异常。异常元素组合为以Ag、Pb、As、Hg、P、Zn、Mn元素为主,与铅异常相似,同样显示出中低温热液地化作用特征,Zn元素含量高,梯度陡,浓集中心同样明显,极大值$4920×10^{-6}$,$9970×10^{-6}$。

在洪雅-金口河地区1:20万区域化探Mn元素异常显示为高值异常,其含量为全省平均值的1.9倍。在洪雅-金口河地区的10个异常中,Mn异常最高为$35700×10^{-6}$(轿顶山锰矿),次为干天池($8080×10^{-6}$)和冷桶沟($1824×10^{-6}$)。

区域矿产:外生沉积矿产有钴、锰、煤、铁、磷;内生矿产有铅、锌、菱镁矿、银等;另外还有建筑用石材花岗石、大理石、白云石等。其中工业意义较大的为铅、锌、锰。区内铅锌矿分布广泛,现已发现有团宝山、唐家赵阿沟、黑区、雪区、放马坪等铅锌矿床,白沙河、千家山等20余个铅锌矿点,铅锌矿赋存于震旦系上统灯影组第二段($Zbdn^2$)、第三段($Zbdn^3$)、第四段($Zbdn^4$)和下寒武统麦地坪组($\in_1 m$)的粉晶白云岩、葡萄状白云岩和硅质白云岩中。矿体顶、底板均为微晶白云岩、葡萄状白云岩、硅质条带白云岩、磷质条带白云岩。铅锌矿体充填于北西向断裂破碎带、断层次级裂隙和上震旦统灯影组第二段($Zbdn^2$)葡萄状白云岩及下寒武统麦地坪组硅质条带白云岩中。矿体呈似层状、透镜状和脉状。矿石以含锌为主、次为铅,伴生有银。围岩蚀变有硅化、白云石化及菱镁矿化。

2. 找矿方向

主攻矿种和主攻矿床类型:产于早古生代碳酸盐建造中层控型-热卤水改造型铅锌矿、大白岩式及轿顶山式沉积型锰矿、乌坡式陆相火山岩型铜矿。

找矿方向:区内划分Ⅴ级找矿远景区2个(表17-1)。

表17-1 Ⅳ-35泸定-荥经-汉源铅锌铜矿远景区找矿靶区特征表

主攻矿种	主攻类型	典型矿床	Ⅴ级找矿远景区	面积(km²)	找矿靶区	编号	面积(km²)	远景
铅锌锰铜	层控型-热卤水改造型、沉积型、火山岩型	唐家,团宝山铅锌矿、大白岩式及轿顶山式沉积型锰矿、乌坡式	Ⅴ70 香炉山弧形构造带铅锌矿找矿远景区	465				
			Ⅴ71 黑区-雪区铅锌矿找矿远景区	1338	A 黑区铅锌矿找矿靶区	PbZn-A-11	2	铅中型锌大型
					B 红花铅锌矿找矿靶区	PbZn-B-8	0.69	铅小型锌中型
					B 牛心山-宝水溪铅锌矿找矿靶区	PbZn-B-9	3.6	铅锌中型

Ⅴ70 香炉山弧形构造带铅锌矿找矿远景区,面积465km²,区内宝贝凼铅锌矿已达中型规模,尚有荥经县仙人洞、火房上2处小型铅锌矿,四人同-莲花石小型锰矿。

Ⅴ71 黑区-雪区铅锌矿找矿远景区,面积1338km²,圈定黑区式铅锌矿找矿靶区3个,均具中型及以上找矿远景,其中A类靶区1个:黑区铅锌矿找矿靶区;B类靶区2个:红花铅锌矿找矿靶区、牛心山-宝水溪铅锌矿找矿靶区。

（二）Ⅳ-36 峨边-马边铅锌铜铝土矿远景区

1. 地质背景

范围：远景区地处四川峨边——马边一带，构造上位于康滇基底断隆带北端东侧、川中前陆盆地西缘之间。南北长约 100km，东西宽约 50km，呈南北向展布。极值坐标范围为 E103°01′—103°40′，N28°27′—29°29′，总面积约 0.24 万 km²。

大地构造位置：Ⅲ扬子陆块区-Ⅲ₁上扬子陆块-Ⅲ₁₋₇扬子陆块南部碳酸盐台地-Ⅲ₁₋₇₋₉峨眉山断块及Ⅲ₁₋₇₋₁₀叙永-筠连叠加褶皱带。跨峨边穹断束、瓦山断穹、美姑凹褶束、雷波穹褶束四个次级构造单元。区内构造、褶皱、断裂繁多，以峨边-金沙江大断裂、峨眉-越西断裂和宁会断裂及大型穹隆和坳陷为主要构造格架。断裂构造主要有甘洛-小江断裂、雷波-峨边断裂、美姑-金口河断裂、寿屏山断裂、金口河断裂等。远景区北部峨边地区构造线以南北向为主，北西、北东向次之，峨边金岩铅锌矿区构造简单，主要构造为亦切泊洛背斜，无断层构造。

地层分区：华南地层大区（Ⅱ）-扬子地层区（Ⅱ₂）之上扬子地层分区（Ⅱ₂⁴）。区内地层除石炭系缺失外，其余自震旦系至第四系均有出露。下震旦统为一套中基性、酸性火山岩、火山碎屑岩；上统下部为山间湖泊相凝灰质砂、砾岩及黏土岩；上部为滨海-浅海相碳酸盐台地白云岩、石灰岩，夹少许硅质条带白云岩。下寒武统为深海还原相黏土岩、粉砂岩、砂岩与浅海-滨海相黏土岩、碎屑岩、碳酸盐岩，底部为磷矿；中、上统以滨海为主的碳酸盐岩夹砂、页岩。奥陶系为一套滨海-浅海相碎屑岩、碳酸盐岩沉积。志留系下统为浅海-半深海相黑色笔石页岩及砂岩；中统为疙瘩状灰岩、泥灰岩；上统缺失。泥盆系分布范围局限于甘洛—昭觉一线，下统多为碎屑岩，上部夹泥质灰岩及灰岩；中、上统多为碳酸盐岩夹砂、页岩。下二叠统为浅海相碳酸盐岩，上统为峨眉山玄武岩及陆相砂页岩。中、下三叠统为海相碳酸盐岩和碎屑岩，上统为海陆交替相及陆相碎屑岩。侏罗系为一套河湖、沼泽相红色碎屑岩夹黏土岩。白垩系为一套干旱、炎热气候环境下的山间盆地河湖相碎屑岩。第三系为山间盆地河湖相碎屑岩。

区内岩浆岩活动主要有同源岩浆多次涌动、脉动上侵活动定位形成的侵入岩和两次喷发活动。第一次喷发是产于下震旦统的中酸性火山熔岩，如英安岩、流纹斑岩等，区内零星分布；第二次喷发产于上二叠统的峨眉山玄武岩。上二叠统峨眉山玄武岩为区内铜矿的重要含矿层位。

区域重磁特征：据布格重力资料表明区内是深大断裂密集带，有壳断层和岩石圈断裂 5～6 条，主要为南北向，次为北西、北东向，具有明显的方向性和等距性特征。

区域地球化学：1：20 万区域化探测量成果表明，区内化探异常均以铜、铅锌为主，次为镍和汞异常，Ag 异常的分布多数与 Pb、Zn 异常基本吻合，且均为已知铅锌点（床）的分布区。Ag、Cu、Pb、Zn、P、Cd、As、Sb、Hg、Mn、Ba、W、F、Li、Rb、B 等元素在区内聚集形成高背景场，其中 Cu、Ag、Pb、Zn、P 等元素构成醒目的南北向和北东向异常带是区内重要的铜、铅锌成矿地球化学带。根据 1：20 万化探扫面 Cu、Pb、Zn 异常资料，Cu 最大值为 $326×10^{-6}$、$502×10^{-6}$、$282×10^{-6}$；Pb 最大值 $1000×10^{-6}$、$800×10^{-6}$、$2285×10^{-6}$；Zn 最大值为 $1740×10^{-6}$、$1130×10^{-6}$、$2080×10^{-6}$。分布范围、形态严格受震旦系灯影组、寒武系、二叠系峨眉山玄武岩及南北向、北东向构造的次级褶皱控制，并与相应的矿床产出位置相吻合。

区域矿产：远景区内矿产资源已知有铅锌矿、铜矿、铁矿、锰矿、钴矿、砂金、煤矿、含钾磷矿、菱镁矿、铝土矿、硫铁矿、石膏矿、高铝钒土、硬质耐火黏土、石灰岩、白云岩、石棉、矿泉水和花岗石板材等。其中工业意义较大的为铅、锌、磷、锰矿等。

2. 找矿方向

主攻矿种和主攻矿床类型：产于早古生代碳酸盐建造中层控型-热卤水改造型铅锌矿、新华式沉积型铝土矿、沉积型锰矿、乌坡式陆相火山岩型铜矿。

找矿方向:区内划分Ⅴ级找矿远景区3个(表17-2),Ⅴ72细石坝-新华铅锌矿铝土矿找矿远景区,面积566km²,圈定具中型远景的B类黑区式铅锌矿找矿靶区1个——杨河铅锌矿找矿靶区,具小型潜力的B类铝土矿靶区1个——铁匠山铝土矿找矿靶区;Ⅴ73干溪埂-金岩铅锌矿找矿远景区,面积526km²,圈定具中型远景的C类铅锌矿靶区1个——金岩铅锌矿找矿靶区;Ⅴ74二坝-分银沟铅锌矿找矿远景区,面积210km²,圈定具中型远景的B类铅锌矿靶区1个——山水沟铅锌矿找矿靶区。

表17-2 Ⅳ-36峨边-马边铅锌铜铝土矿远景区找矿靶区特征表

主攻矿种	主攻类型	典型矿床	Ⅴ级找矿远景区	面积(km²)	找矿靶区	编号	面积(km²)	远景
铅锌铜	层控型-热卤水改造型/海底喷流热水沉积	山水沟铅锌矿、宝水溪铅锌矿、乌坡式	Ⅴ72细石坝-新华铅锌矿铝土矿找矿远景区	566	B杨河铅锌矿找矿靶区	PbZn-B-10	0.68	铅小型锌中型
					B铁匠山铝土矿找矿靶区	Al-B-16	8	铝土矿小型
			Ⅴ73干溪埂-金岩铅锌矿找矿远景区	526	C金岩铅锌矿找矿靶区	PbZn-C-11	0.9	铅锌中型
			Ⅴ74二坝-分银沟铅锌矿找矿远景区	210	B山水沟铅锌矿找矿靶区	PbZn-B-11	1.9	铅小型锌中型

(三)Ⅳ-37雷波-金阳铅锌铁铝土矿远景区

1. 地质背景

范围:远景区地处四川雷波—金阳—布拖、云南永善—巧家一带,构造上位于康滇基底断隆带中段东侧、川中前陆盆地西南缘之间。北东南西长约170km,东西宽约30km,呈北北东向展布。极值坐标范围为E102°53′—103°47′,N27°00′—28°32′,总面积约0.43万km²。

大地构造位置:Ⅲ扬子陆块区-Ⅲ$_1$上扬子陆块-Ⅲ$_{1-7}$扬子陆块南部碳酸盐台地-Ⅲ$_{1-7-10}$叙永-筠连叠加褶皱带及Ⅲ$_{1-7-11}$威宁-昭通褶-冲带。本区地壳具多层结构,分别由古元古(可能下延至新太古)代结晶基底(本区未出露)、中—新元古代褶皱基底和后晋宁期盖层组成。地壳表层构造表现为北东向褶皱及断裂所组成的"多"字形构造。区内主要构造为北东向的巧家-莲峰大断裂及乐马厂逆断层夹持的杨国老-药山向斜及小寨向斜等组成,具有重要的控岩及控矿作用。

区内主要褶皱构造有金阳-东坪背斜(杨柳背斜)、松林坪向斜、杨国老-药山向斜、半箐背斜、狮山向斜、水坪子背斜、熊家坪子背斜、阿鲁坝向斜等。区内主要断裂构造有巧家-跑马山乡-交际河断裂(亦称小江深大断裂)、茂租断裂、包家坪子-绵纱湾断裂、小田坝断裂、漆树坪断裂、大兴包断裂、小河街断裂、山王庙断裂、大箐断裂、荞麦地断裂等。

区域东西向构造还有石棉-峨边、西昌-金阳两个一级断裂带和越西-马边、松林-甲谷两个二级断裂带。构造生成顺序依次为东西向构造、南北向构造、北东向构造及北西向构造。

地层分区:华南地层大区(Ⅱ)-扬子地层区(Ⅱ$_2$)之上扬子地层分区(Ⅱ$_2^4$)。进一步划分为昆明昭觉分区、峨边、雷波永善小区。区内出露地层主要有:元古宇(前震旦系/长城系)通安组/黄草岭组,下震旦统澄江组,上震旦统,古生界寒武系、奥陶系、志留系、石炭系、泥盆系、二叠系,中生界三叠系、侏罗系、白垩系,新生界第四系等。主要地层岩石组合特征为:峨边群为变质玄武岩、火山碎屑岩、大理岩、千枚岩、碳质板岩及少量火成岩脉。下震旦统苏雄组、开建桥组为火山碎屑岩夹酸、中性火山岩。上震旦统列古六组至三叠系须家河组,除峨眉山玄武岩为火山岩外,其余以碳酸盐岩为主,碎屑岩次之;侏罗系至白垩系以碎屑岩为主,碳酸盐岩少量。区内已知赋存铅锌矿的地层有震旦系灯影组,寒武系麦地坪组、筇竹寺组、沧浪铺组、龙王庙组、二道水组,奥陶系宝塔组及志留系大关组。区内岩浆岩不发育,仅东川下田坝有似斑状黑云二长花岗岩岩体,晚二叠世有玄武岩喷发,广泛分布于会泽、巧家、鲁甸、昭通等地区。变质岩主要分布在东川附近及巧家棉纱湾、老街子的基底岩系—中元古代昆阳群中,变质程度达低绿片岩相,岩石类型为板岩、变质砂岩、结晶灰岩为主。变质矿物主要为绢云母、方解石,次为绿泥石。

区域重磁特征:在昭通-盐津地区,表现为北西向重力梯度带,它是川滇黔毗邻区巨大重力梯度带的东南段,南东起自水城,向北西经大关、雷波在康定附近与北东向龙门山-木里-丽江重力梯度带交会。水城-大关-雷波段重力梯度带宽100km以上,水平梯度每千米达$0.7\times10-5m/s$。此重力梯度带在水城附近转向南西,与师宗-弥勒带交会,即构成弧形构造带。

航磁异常反映,在东经103°—105°,北纬28°—30°是一个由南东向北西磁场陡降的梯度带,并处于两个一级大地构造单元分界上。扬子准地台为正磁场为主的变高磁场区,强度达105nT,呈椭圆形大范围正负异常镶嵌排列的特征,这是盆地基底刚性断块结构的反映。西部沿102°E线展布的西昌-昆明南北向磁异常带,由强大的块状磁异常排列组成,强度高达400nT,反映康滇地轴隆起带基性—超基性杂岩分布,此外东部甘洛-东川-通海磁异常带则反映大面积分布的二叠系玄武岩;以康滇南北构造带为轴线,其中安宁河、攀枝花、甘洛-昭觉、金河-箐河等深大断裂有明显的异常反映。在水城—大关—雷波一线航磁也表现出一个明显的变异带。其南西侧为强度高的跃变场,主要由海西期基性火山岩引起;而北东侧为缓变磁场,具典型的地台型磁场特征。磁场的这种变化特征也反映北西向构造带的存在。在鲁甸-东川地区,是大范围重力低,航磁为强度高的跃变异常集中分布区,反映地壳深部较强烈的坳陷活动,沿小江、普渡河等断裂海西期基性火山岩大量喷发,构成扬子地台西缘活动地块的一部分。

区域地球化学:区域内为多种成矿元素异常集中分布的地区,与优势金属矿产有关的元素异常(1:20万水系沉积物测量成果)是Pb、Zn、Ag、Cd组合异常。各元素异常彼此套合好,范围大,含量高,成群成带密集分布:昭通以北地区,异常主要出露于碳酸盐岩分布区,如镇雄芒部、牛场,彝良龙街等地。鲁甸附近及以南地区,异常主要为北东向,明显的有火德红-彝良毛坪带、会泽-汤丹-禄劝带、矿山厂-雨碌-东川白龙潭带、德泽-寻甸带。远景区附近区域,异常带走向表现为两个方向,一是北西向的鲁甸乐马厂、乐红-巧家小河、东坪带,二是北东向、近南北向的巧家-茂租带。雷波地区可划分出两种组合异常,一种为Pb-Zn-Ag组合(24处),另一种为Cu-Au组合(6处)。区内主要的1:20万化探异常有邵家包包异常、马家湾异常、雷波曲依6号异常、雷波曲依4号异常。

区域矿产:区内铅锌(银)矿主要沿巧家-金沙厂铅锌成矿带及乐马厂-乐红铅锌银成矿带分布。从前述主要矿区情况看,矿床成因有沉积-构造热液蚀变层控型、沉积-地下热卤水(热液)改造型、低温热液充填型等。区内已发现的铜矿床(点)主要产出层位有二叠系峨眉山玄武岩及昆阳群中,但规模较小。近年发现的沥青质玄武岩型铜矿床在区内值得注意,特别是构造发育的地方。磷矿(化)层位为灯影组上段及下寒武统筇竹寺组下部地层,但含磷层较薄,且矿化差,迄今为止尚未发现规模矿床。成矿与沉积作用关系密切,构造作用影响有限。区内尚有极少量的铁矿(化)点、铝矿化点等,其成矿多与断裂构造有关,但矿化差,规模极小,意义不大,仅可为本次工作提供一定的找矿线索。

2. 找矿方向

主攻矿种和主攻矿床类型:产于早古生代碳酸盐建造中层控型-热卤水改造型铅锌矿、晚二叠世宣威期新华式沉积型铝土矿。

找矿方向:区内划分Ⅴ级找矿远景区3个(表17-3)。Ⅴ75雷波大谷堆-团结村铝土矿找矿远景区,面积101km²,圈定具小型远景的C类铝土矿找矿靶区1处——和平村铝土矿找矿靶区;Ⅴ76雷波那里沟-罗布坪铜铅锌矿找矿远景区,面积967km²,区内沿早古生代地层呈北北东向密集分布有众多的小型铜铅锌矿床点,具进一步工作价值;Ⅴ77永善金沙厂-巧家茂租-松梁铅锌矿找矿远景区,面积1572km²,圈定铅锌矿找矿靶区4个,其中B类靶区3个具中大型潜力,茂租-东坪、金沙厂、乌依,C类靶区1个具小型远景,小牛栏-羊角脑。

表17-3 Ⅳ-37雷波-金阳铅锌铁铝土矿远景区找矿靶区特征表

主攻矿种	主攻类型	典型矿床	V级找矿远景区	面积(km²)	找矿靶区	编号	面积(km²)	远景
铅锌、铝土矿	层控型-热卤水改造型、沉积型	龙头沟铅锌矿、新华式	V75雷波大谷堆-团结村铝土矿找矿远景区	101	C 和平村铝土矿找矿靶区	Al-C-3	5.4	铝土矿小型
			V76雷波那里沟-罗布坪铜铅锌矿找矿远景区	967				
			V77永善金沙厂-巧家茂租-松梁铅锌矿找矿远景区	1572	B 茂租-东坪铅锌矿找矿靶区	PbZn-B-12	0.62	铅锌大型
					B 金沙厂铅锌矿找矿靶区	PbZn-B-13	1.42	铅锌大型
					B 乌依铅矿找矿靶区	PbZn-B-14	32.27	铅中型
					C 小牛栏-羊角脑铅锌矿找矿靶区	PbZn-C-12	0.3	铅锌小型

(四)Ⅳ-38永善-盐津铅锌矿远景区

1. 地质背景

范围:远景区地处云南永善-盐津地区,构造上位于康滇基底断隆带中段东侧、川中前陆盆地西南缘之间。东西长约90km,南北宽约40km,呈近东西向展布。极值坐标范围为E103°32′—104°29′,N27°53′—28°20′,总面积约0.20万 km²。

大地构造位置:Ⅲ扬子陆块区-Ⅲ₁上扬子陆块-Ⅲ$_{1-7}$扬子陆块南部碳酸盐台地-Ⅲ$_{1-7-11}$威宁-昭通褶冲带。地壳表层构造表现为北东向褶皱及断裂所组成的"多"字形构造,全区由4条近等间距(30~40km)排布的北东向构造带组成,具有重要的控盆、控岩及控矿作用。远景区内构造总体表现为北东向的褶皱和断裂,褶皱为背斜紧密向斜宽缓和隔挡式褶皱,断裂发育于背斜核部,为逆冲断裂,呈等距排列。其东部构造线以近东西向为主体,并出现北西向构造。西部以北东向构造占主导地位。

地层分区:华南地层大区(Ⅱ)-扬子地层区(Ⅱ₂)之上扬子地层分区(Ⅱ$_2^4$)。属上扬子陆块盖层发育最完全的地区之一,震旦系—第三系在区内普遍存在,各地区发育(保留)程度不同。下震旦统澄江组为河湖相磨拉石建造,上震旦统到下二叠统以滨海-浅海相碳酸盐建造为主,其间夹厚度不大的砂泥质建造及几个特殊的含矿建造。灯影组、中上寒武统、中上泥盆统及石炭系—二叠系均为区域内铅锌银矿的容矿层。中上寒武统碳酸盐岩是本区铅锌矿主要矿化层位。

区内侵入岩不发育,晚二叠世有玄武岩喷发,基性火山岩大面积分布。

区域重磁特征:区域重力属滇东重力异常区——绥江-盐津-镇雄重力梯级带,为北西向重力梯度带,它是川滇黔毗邻区巨大重力梯度带的东南段,南东起自水城,向北西经大关达雷波,重力梯度带宽100km以上,水平梯度每千米达 0.7×10^{-5} m/s²。

布格重力异常以一条向东突出的弧形重力梯级带上叠加不同方向圈闭的重力高、低异常为主要特征。重力梯级带即乌蒙山重力梯级带,中心位置在盐津、水城、罗平一线,宽度15~40km,梯度0.6×

$10^{-5}\,\mathrm{m\cdot s^{-2}\cdot km^{-1}}$左右。滇东乌蒙山弧形重力梯级带,长约 600km,宽约 60～100km,平均变化率约 $0.6\times 10^{-5}\,\mathrm{m\cdot s^{-2}\cdot km^{-1}}$;此梯级带北西段往北西方向延伸即与龙门山重力梯级带相连,往南西延出国。

区域航磁属滇东异常区——水富-高桥乡-新街乡异常带,是在明显、平静的负磁场背景上叠加南北向及北东向串珠状异常带,显示地台区沉积特点。区内沿水城—大关—雷波一线航磁也表现出一个明显的变异带。其南西侧为强度高的跃变场,主要为海西期基性火山岩引起;而北东侧为缓变磁场,具典型的地台型磁场特征,远景区大部分位于缓变磁场内。磁场的这种变化特征也反映北西向构造带的存在。

北纬 27°20′以北的滇东北地区,无圈闭正异常的弱磁异常区,由南往北场值逐渐升高,至省界最高可达 25nT。磁异常区与地表地质构造差异极大,但处于四川盆地南部边缘,正磁异常区反映了此区与四川盆地具有相同的磁性基底。

区域航磁 ΔT 总体以走向杂乱的等值线密集展布、梯度和强度变化较大为其磁场特征,是区内基性火山岩建造特征的具体表现。北部为正值区,在正背景场之上以规模较大的正异常或正、负伴生区域异常为主,局部异常零星展布为其特征;南部为负值区,在负磁场背景之上以范围狭窄的近 SN 和 NNE 走向的局部高值负异常或正异常(带)为其展布特征。

区域性重磁资料及遥感信息显示本区存在北西向隐伏断裂,地表标志不明显,但矿化关系十分密切,断裂构造对本区银铅锌矿形成具有重要意义。

区域地球化学:区域上化探异常可分为两组,Pb、Zn、Ag 组合异常和 Cu、Au、Mo 组合异常。

Pb、Zn、Ag 组合异常:各元素异常彼此套合好,范围大,含量高,成群成带密集分布,受区域性构造控制明显,主体呈北东向和北西向展布,具有一定的等距性,异常分布与主要含矿建造分布基本一致,多有矿化发现。北东向异常带明显,北西向异常带较隐蔽。异常主要出露于碳酸盐岩分布区,远景区异常展布为乐可坝北西向带。

Cu、Au、Mo 组合异常:Cu 元素在区内表现高势态,与二叠纪玄武岩关系密切,两侧 Cu 异常差异反映了二叠纪玄武岩发育程度与厚度的变化。区内玄武岩中 Au 平均含量为 2.9×10^{-9},是其他地区的 3～4 倍。

1:20 万水系沉积物测量圈定了 4 个铅锌异常区。其中,乐可坝异常规模最大,该异常东西长 40km,南北宽平均 5km,异常面积约 200km²,呈近东西向展布,异常以 Pb、Zn 为主,伴有 Cu、Ag、As、Sb、Hg 异常,规模大,强度高,浓集中心明显,浓度分带清楚,Pb、Zn 最高值大于 1000×10^{-6}。浓集中心总体沿背斜轴与背斜核部及其伴生断裂的分布和走向大体一致。

区域矿产:主要有铅锌、银、铜、磷、煤等。矿产的形成,与沉积(或火山)盆地关系密切。铅、锌、银、金、铜矿产大体可归入两个成矿系列,即沉积-改造和构造热型铅锌银成矿系列及(大陆溢流)火山岩型自然铜成矿系列。

2. 找矿方向

主攻矿种和主攻矿床类型:产于早古生代碳酸盐建造中层控型-热卤水改造型铅锌矿。

找矿方向:区内以出露早古生代地层的相对独立的背斜构造划分了 V 级找矿远景区 3 个(表 17-4)。V 78 永善佛滩-烂包湾铅锌矿找矿远景区,面积 519km²;V 79 米滩子背斜铅锌矿找矿远景区,面积 459km²;V 80 盐津银厂铅锌矿找矿远景区,面积 156km²。远景区内有良好的岩性和构造条件,已发现较多数量的铅锌矿点。到目前为止,远景区内未取得找矿上的重大突破,乐可坝铅锌矿Ⅲ号(矿)化体走向长约 2700m,宽 16～62m,物探测量发现矿致异常。因此,盐津乐可坝成矿远景区内值得进一步开展地质工作,有望发现中型以上的铅锌矿床,可作为部署 1:5 万矿产远景调查的备选区域。

表 17-4　Ⅳ-38 永善-盐津铅锌矿远景区特征简表

主攻矿种	主攻类型	典型矿床	Ⅴ级找矿远景区	面积(km²)
铅锌	层控型-热卤水改造型	乐可坝	Ⅴ78 永善佛滩-烂包湾铅锌矿找矿远景区	519
			Ⅴ79 米滩子背斜铅锌矿找矿远景区	459
			Ⅴ80 盐津银厂铅锌矿找矿远景区	156

(五) Ⅳ-39 镇雄-毕节铅锌矿远景区

1. 地质背景

范围：远景区地处云南彝良-镇雄-贵州毕节地区，构造上位于川中前陆盆地西南缘、垭都北西向深大断裂以北。东西长约 200km，南北宽约 25km，呈近东西向展布。极值坐标范围为 E104°07′—106°05′，N27°12′—27°50′，总面积约 0.50 万 km^2。

大地构造位置：Ⅲ扬子陆块区-Ⅲ$_1$ 上扬子陆块-Ⅲ$_{1-7}$ 扬子陆块南部碳酸盐台地-Ⅲ$_{1-7-11}$ 威宁-昭通褶冲带及Ⅲ$_{1-7-2}$ 金佛山-毕节前陆褶皱带。区域构造主要表现为燕山期形成的北东向褶皱-断裂系，主要特征是背斜相对宽缓，向斜相对紧闭，背斜核部常被同向断层所破坏，沿该组断裂带水系沉积物铅锌异常呈面状分布，且已知铅锌矿床点均分布于断裂带旁侧的背斜核部。区内褶皱和断裂都比较发育，构造线方向主要为北东向。贵州境内主要发育由太极场向斜、吉场背斜及瓢井向斜组成的侏罗山式褶皱组合，区内已发现铅锌矿均产出于背斜构造近轴部。区内断裂构造以北东向为主，多沿吉场背斜轴部延展，常破坏背斜核部，使背斜形态不完整，其旁侧次级断层及岩性有利部位有铅锌矿体产出。

地层分区：华南地层大区(Ⅱ)-扬子地层区(Ⅱ$_2$)之上扬子地层分区(Ⅱ$_2^4$)。区域出露地层有寒武系、奥陶系、志留系、石炭系、二叠系、三叠系、侏罗系及第四系，共划分 30 个组，累计厚度大于 6000m。其中，泥盆系全区缺失；志留系仅见下统，分布于测区西北角太极场向斜两翼；石炭系仅见下统九架炉组。寒武系至中三叠统主要为海相沉积组合，上三叠统上部至侏罗系为内陆盆地河湖相沉积组合，第四系为内陆山地多成因松散堆积。其中，石炭系与上、下地层均呈不整合接触，二叠系呈微角度不整合覆于奥陶系至石炭系不同层位之上，其余地层均为整合或假整合接触。

区域重磁特征：区域重力属滇东重力异常区——绥江-盐津-镇雄重力梯级带，为北西向重力梯度带，它是川滇黔毗邻区巨大重力梯度带的东南段，南东起自水城，向北西经大关达雷波，重力梯度带宽 100km 以上，水平梯度每千米达 $0.7×10^{-5}m/s^2$，推断深部为莫霍面呈北东高、南西低的巨大地幔斜坡带，同时反映存在北西向隐伏深断裂。

航磁异常为变化较缓的弱正磁异常，中北部异常呈等轴状，南部异常呈北东向。从航磁△T平面等值线上看，铅锌矿(点)床分布主要集中在封闭的航磁异常边部。

区域地球化学：远景区属黔北隆起地球化学区，该区地表以 F、CaO、MgO 地球化学高背景分布最为典型。其次有 As、B、Ba、Be、Cd、Co、Cr、Cu、Hg、La、Li、Mn、Mo、Nb、Ni、P、Pb、Sr、Ti、U、V、W 和 Fe_2O_3、K_2O、Na_2O 地球化学高背景。高背景带或异常带均呈 NNE、NE 向展布。与铅锌矿分布有直接指示作用的 Pb、Zn、Ag 异常组合以近东西向分布有 4 个浓集中心，西端彝良以勒坝及东端吉场异常较弱，中部镇雄庆坝珙山、镇雄芒部银厂坪两个异常最强，套合最好。其中毕节吉场地区 Pb 异常有 3 个浓集中心，具 3 级异常分带，其 3 个浓集中心分别反映的是已知的大吉场铅锌矿、小木拉铅锌矿、野那沟铅锌矿。异常浓集中心出露寒武系清虚洞组和娄山关组白云岩，异常呈北东向展布。锌异常主要是分布在铅异常范围内，其中在大吉—普宜镇一带，异常较强且均具 3 级分带，浓集中心是大吉场铅锌矿、野那沟铅锌矿的反映。Ag 异常均较弱，在普宜、格里河一带有分布，异常均为 1 级异常，异常出露地层为寒武系娄山关组和三叠系关岭组。

3. 找矿方向

主攻矿种和主攻矿床类型：产于早古生代碳酸盐建造中层控型-热卤水改造型铅锌矿。

找矿方向：区内以出露早古生代地层的相对独立的背斜构造划分了Ⅴ级找矿远景区4个（表17-5）。Ⅴ81镇雄庆坝琪山铅锌矿找矿远景区，面积644km²；Ⅴ82镇雄芒部铅锌矿找矿远景区，面积284km²；Ⅴ83毕节黄泥冲铅锌矿找矿远景区，面积543km²；Ⅴ84吉场背斜铅锌矿找矿远景区，面积305km²，圈定具中型找矿远景的B类铅锌矿找矿靶区1处：小木拉铅锌矿找矿靶区。

表17-5　Ⅳ-39镇雄-毕节铅锌矿远景区找矿靶区特征表

主攻矿种	主攻类型	典型矿床	Ⅴ级找矿远景区	面积（km²）	找矿靶区	编号	面积（km²）	远景
铅锌	层控型-热卤水改造型	大吉场铅锌矿、毛坪铅锌矿	Ⅴ81镇雄庆坝琪山铅锌矿找矿远景区	644				
			Ⅴ82镇雄芒部铅锌矿找矿远景区	284				
			Ⅴ83毕节黄泥冲铅锌矿找矿远景区	543				
			Ⅴ84吉场背斜铅锌矿找矿远景区	305	B 小木拉铅锌矿找矿靶区	PbZn-B-15	46.35	铅小型锌中型

（六）Ⅳ-40 赫章-彝良铁矿铅锌矿远景区

1. 地质背景

范围：远景区地处贵州赫章至云南彝良地区，沿垭都北西向深大断裂展布。长约200km，宽约25km，呈北西向展布。极值坐标范围为E103°36′—105°08′，N26°43′—27°47′，总面积约0.41万km²。

大地构造位置：Ⅲ扬子陆块区-Ⅲ₁上扬子陆块-Ⅲ₁₋₇扬子陆块南部碳酸盐台地-Ⅲ₁₋₇₋₇曲靖-水城褶冲带。远景区主构造为六盘水断陷威宁北西向构造变形区北东边界之垭都-蟒硐断裂。该变形区是一强烈挤压变形的构造带，褶皱紧密，局部倒转，叠瓦状逆冲断层发育，且局部有北东向构造穿插其间。北东侧和南西侧分别以垭都-蟒硐断裂和水城断裂为界，围限成一深坳陷带，称其为六盘水断陷盆地。垭都-蟒硐断裂带总体走向NW310°，从滇黔省界起，经赫章县垭都-蟒硐，到紫云县，斜贯本区，该构造带由一系列走向北西、倾向南西的叠瓦状逆冲断层、圆滑背斜及北东向小断层叠加构成。

地层分区：华南地层大区（Ⅱ）-扬子地层区（Ⅱ₂）之上扬子地层分区（Ⅱ₂⁴）。区域出露地层从上震旦统至第四系均有，但其中缺失中、上奥陶统，上、下志留统，上侏罗统，白垩系和新近系。区内地层以泥盆系、石炭系、二叠系分布最广，发育最完全，厚度最大。早二叠世晚期至晚二叠世早期峨眉山玄武岩分布亦较普遍。各时代地层岩性主要为碳酸盐建造（灰岩为主，白云岩为次），泥质岩和碎屑岩仅见于少数组、群地层中。泥盆系、石炭系出现台-盆相间、错落有致的地层格架。志留系和三叠系分布较少，前者仅见于区内中部草子坪—长地一线，后者见于南东角鼠场、则雄一带。晚中生代以前主要是海相碳酸盐岩及陆源硅质碎屑岩，以后则主要为陆相沉积。除第四系不整合覆于各地层之上外，各地层间接触关系均为整合或假整合接触。

区内岩浆活动不发育，主要为早二叠世晚期至晚二叠世早期基性岩浆喷溢形成的峨眉山玄武岩以及与其时间相近的同源、浅成侵入辉绿岩。区内已发现辉绿岩体有110余个。主要分布在威宁县、水城县和赫章县境内。

区域重磁特征：本区在区域综合地球物理场中位于我国第二条重力梯度带上，即龙门山重力梯度带，属幔隆与幔坳的变化区，总体上来讲，是一条规模宏大的向西倾斜的幔坡带，可称为乌蒙山幔坡带。区内的布格重力值从东侧107°00′的-150×10^{-5} m/s² 变化到西边的-250×10^{-5} m/s²，变化达100×10^{-5} m/s²，在东部107°00′—105°30′之间变化相对较缓，具零星的圈闭布格异常，西边靠云南重力梯度加大。2002年完成的1∶20万威宁幅区域重力调查，结果发现存在可乐-清水重力高值异常(G3)带，初步推断为基性—超基性岩引起。本远景区中长坪子、五里坪铅锌矿区即位于该异常带之西南边部。

从全国1∶100万航空磁测ΔT平剖图上看，在区内的二叠系玄武岩出露区为跳跃火山场。1∶50万航磁测量(1958—1959年)在本区获得两个异常区：威水异常和黔北异常。威水航磁异常区磁场变化剧烈，在区域负磁场背景上出现大量局部正异常。异常呈线性分布，幅度变化100～200γ，变化梯度大。黔北异常区中，赫章、织金有一片负磁场分布。

区域地球化学：据1∶20万和部分1∶5万水系沉积物测量，本区地球化学场以Pb、Zn高背景值为特征。区内Pb、Zn元素异常均沿主要褶皱、断裂带呈带状群体态势，主要可分为两个异常带：江子山-猫猫厂-榨子厂异常带、垭都-蟒硐异常带。异常一般含量Pb$(35.4\sim141.6)\times10^{-6}$，Zn$(186.1\sim372.2)\times10^{-6}$；最高Pb$528.0\times10^{-6}$，Zn$744.8\times10^{-6}$。断裂交会部位常出现异常浓集中心。2001年由中国地质调查局发展研究中心牵头，组织西部10省(区、市)，用谢学锦院士的地球化学块体理论对包括Au、Ag、Cu、Pb、Zn、Sb、Hg、Sn、Ni、Co、Mo等14个元素进行了研究和成矿预测。本远景区处于赫章(10 000号)锌地球化学块体上，该块体分布于贵州西南—西北的兴义—安顺—威宁一带，块体面积35 694.58 km²，为一地球化学巨省。该块体的浓集趋势明显，在4级含量水平该块体浓集形成2个地球化学省及3个区域地球化学异常，且成串珠状分布，分布方向为北西向，展布方向与威宁北西向构造方向一致。

区域矿产：区内主要矿产有煤、铁、铅锌和铜，是我省主要的煤、铁、铅锌矿产区和我国南方最重要的煤炭生产基地。煤矿产于上二叠统龙潭组(P_2l)地层中，属海陆交互相沉积类型。铁矿分布集中在赫章县小河边—菜园子一带，铁矿有两种类型，沉积铁矿产于赫章县小河边地区，为赋存于中泥盆统邦寨组的滨海相沉积矿床。热液菱铁矿分布在赫章县菜园子、铁矿山，产于中泥盆统独山组鸡泡段下部白云岩和龙洞水组泥质白云岩中，矿体呈似层状，矿床规模中等。铅锌矿赋存与断裂或层间构造有关，矿体呈似层状或脉状。铜矿有两种类型，二叠系峨眉山玄武岩铜矿和三叠系砂岩铜矿。

2. 找矿方向

主攻矿种和主攻矿床类型：产于晚古生代碳酸盐建造中低温热液型铅锌矿、产于泥盆系碎屑岩建造中宁乡式沉积型铁矿、与二叠纪辉绿岩有关的菜园子式层控内生型铁矿。

找矿方向：远景区自西向东划分了6个V级找矿远景区(表17-6)。V85大关玉碗-大箐山铅锌矿找矿远景区，面积213 km²，圈定具小型远景的C类铅锌矿找矿靶区1个——大箐山-玉碗水铅锌矿找矿靶区；V86昭通放马坝-奕良笋叶厂铅锌矿找矿远景区，面积168 km²，有铅锌矿床点6个，铁点1个；V87彝良毛坪-威宁石门铅锌矿找矿远景区，面积252 km²，圈定毛坪、云炉河坝2个具中大型远景的B类铅锌矿靶区2个；V88洛泽河-云贵桥铅锌矿找矿远景区，面积376 km²，圈定B类、C类靶区各1个，其中云贵桥铅锌矿找矿靶区具大型潜力；V89江子山铅锌矿铁矿找矿远景区，面积476 km²，圈定具大型远景的A类铅锌矿靶区2个，五里坪、猫榨厂，圈定铁矿靶区A类、B类各1个，天桥铁矿找矿靶区具大型远景；V90垭都-蟒硐铅锌矿铁矿找矿远景区，面积523 km²，圈定铅锌矿靶区8个，其中B类6个、C类2个，大多具中型找矿潜力，圈定铁矿靶区7个，其中A类4个、B类1个、C类2个，菜园子-雄雄戛、小河边、法倮等具大型远景，其余达中型潜力。

表 17-6　Ⅳ-40 赫章-彝良铁矿铅锌矿远景区铅锌找矿靶区特征表

主攻矿种	主攻类型	典型矿床	Ⅴ级找矿远景区	面积(km²)	找矿靶区	编号	面积(km²)	远景
铅锌铁	层控型-热卤水改造型	小河、毛坪、洛泽河、乐红\赫章榨子厂、猫猫厂、垭都、天桥等铅锌矿	Ⅴ85 大关玉碗-大箐山铅锌矿找矿远景区	213	C 大箐山-玉碗水铅锌矿找矿靶区	PbZn-C-13	12.5	铅锌小型
			Ⅴ86 昭通放马坝-彝良笋叶厂铅锌矿找矿远景区	168				
			Ⅴ87 彝良毛坪-威宁石门铅锌矿找矿远景区	252	B 毛坪铅锌矿找矿靶区	PbZn-B-16	32.34	铅锌大型
					B 云炉河坝铅锌矿找矿靶区	PbZn-B-17	30.6	铅小型、锌中型
			Ⅴ88 洛泽河-云贵桥铅锌矿找矿远景区	376	B 云贵桥铅锌矿找矿靶区	PbZn-B-18	32.34	铅锌大型
					C 洛泽河-龙街铅锌矿找矿靶区	PbZn-C-14	3.94	铅锌小型
			Ⅴ89 江子山铅锌矿铁矿找矿远景区	476	A 五里坪铅锌矿找矿靶区	PbZn-A-12	34.57	铅小型、锌大型
					A 猫榨厂铅锌矿找矿靶区	PbZn-A-13	23.82	铅小型、锌大型
					A 天桥铁矿找矿靶区	Fe-A-37	19.13	铁大型
					B 板底乡铁矿找矿靶区	Fe-B-48	70.42	铁小型
			Ⅴ90 垭都-蟒硐、铅锌矿铁矿找矿远景区	523	B 草子坪铅锌矿找矿靶区	PbZn-B-19	18.55	铅小型、锌中型
					B 垭都铅锌矿找矿靶区	PbZn-B-20	12.58	铅小型、锌中型
					B 蟒硐铅锌矿找矿靶区	PbZn-B-21	15.09	铅小型、锌中型
					B 亮岩铅锌矿找矿靶区	PbZn-B-22	8.12	铅锌小型
					B 张口硐铅锌矿找矿靶区	PbZn-B-23	16.56	铅小型、锌中型
					B 白腊厂铅锌矿找矿靶区	PbZn-B-24	21.82	铅锌中型
					C 连发厂铅锌矿找矿靶区	PbZn-C-15	11.14	铅锌小型
					C 野古都铅锌矿找矿靶区	PbZn-C-16	8.5	铅小型、锌中型
					A 小河边铁矿找矿靶区	Fe-A-35	32.52	铁大型
					A 法保铁矿找矿靶区	Fe-A-36	32.56	铁大型
					B 蟒硐-奢石块铁矿找矿靶区	Fe-B-49	11.78	铁中型
					C 赵子沟铁矿找矿靶区	Fe-C-65	14.96	铁中型
					C 许家岩铁矿找矿靶区	Fe-C-66	41.88	铁中型
					A 菜园子铁矿找矿靶区	Fe-A-33	72.69	铁中型
					A 菜园子-雄雄戛铁矿找矿靶区	Fe-A-34	31.64	铁大型

(七) IV-41 鲁甸铅锌矿远景区

1. 地质背景

范围：远景区地处云南巧家县、鲁甸县，沿小江南北向深大断裂东侧展布。极值坐标范围为E102°58′—103°43′，N26°44′—27°22′，总面积约0.20万km²。

大地构造位置：III扬子陆块区-III$_1$上扬子陆块-III$_{1-7}$扬子陆块南部碳酸盐台地-III$_{1-7-11}$威宁-昭通褶冲带。本区地壳具多层（主要为三层）结构，其中结晶基底未出露，褶皱基底主要沿小江断裂带暴露，盖层普遍发育较好，因此纵向上可划分为前晋宁（基底）构造层和后晋宁（盖层）构造层，后者又以澄江运动、晚加里东运动、晚海西运动和燕山运动等界面（地层界面分别为震旦系/寒武系，泥盆系/志留系，三叠系/二叠系）为标志划分出相应的亚构造层。

断裂与褶皱相间出现。展布方向有南北、北东、北西向。西部以近南北向、北东向的为主，东部主要是北东向的，少数为北西向及东西向的；褶皱特点是背斜紧闭，向斜宽缓，多具不对称性；断裂多为压扭性断裂并表现为高角度。区内主要褶皱构造有金阳-东坪背斜（杨柳背斜）、松林坪向斜、杨国老-药山向斜、半箐背斜、狮山向斜、水坪子背斜、熊家坪子背斜、阿鲁坝向斜等。区内主要断裂构造有巧家-跑马山乡-交际河断裂（亦称小江深大断裂）、茂租断裂、包家坪子-绵纱湾断裂、小田坝断裂、漆树坪断裂、大兴包断裂、小河街断裂、山王庙断裂、大箐断裂、荞麦地断裂等。

地层分区：华南地层大区（II）-扬子地层区（II$_2$）之上扬子地层分区（II$_2^4$）。区内出露地层主要有震旦系，古生界寒武系、奥陶系、志留系、石炭系、泥盆系、二叠系，中生界三叠系、侏罗系、白垩系，新生界第四系等。其中震旦系与元古宇昆阳群呈角度不整合接触，为稳定的盖层沉积，主要由白云岩、灰岩、砂岩、紫色页岩、砾岩组成，是滇东北铅锌矿最重要的赋矿层位之一，同时尚有沉积型磷矿产出。地层总厚度超过9500m。石炭系以碳酸盐岩为主，局部出现砂泥质岩石。与泥盆系呈平行不整合接触。中石炭统白云岩是区内最重要的铅锌矿（会泽矿山厂）赋矿层位之一。地层厚447～822m。峨眉山玄武岩组与宣威组是铜矿含矿层位。

本区岩浆活动以基性火山岩喷发为主，侵入活动微弱。中—晚二叠世峨眉山玄武岩以熔岩为主，在每一喷发旋回的早期可出现火山角砾岩和集块岩；晚期有厚数米至10～20m的火山质凝灰岩，构成"红顶"。

区域重磁特征：鲁甸-东川地区，是大范围重力低，反映地壳深部较强烈的坳陷活动；航磁为强度高的跃变异常集中分布区，沿小江、普渡河等断裂海西期基性火山岩大量喷发，构成扬子地台西缘活动地块的一部分。

区域地球化学：区域内为多种成矿元素异常集中分布的地区，与优势金属矿产有关的元素异常（1：20万水系沉积物测量成果）是Pb、Zn、Ag、Cd组合异常。各元素异常彼此套合好，范围大，含量高，成群成带密集分布。异常带走向表现为两个方向，一是北西向的鲁甸乐马厂、乐红-巧家小河、东坪带；二是北东向、近南北向的巧家-茂租带。区内主要的1：20万化探异常有乐红街异常，元素组合为Pb、Zn、Ag、Cd、As、Sb、Hg、P。呈条带状沿北西向延伸，主要元素异常长约12km，宽约7km。规模大，Pb异常面积达80km，其次为Ag、Zn、Cd、Sb、Hg，面积也达30～50km²，以上元素衬度为2.4～3.5，Hg最大为5.1，均具三级浓度分带，并具突出的浓集中心。As异常规模最小。P异常可能为含磷地层引起，强度不高。该异常以Pb、Zn、Ag为主。异常浓集中心出露上震旦统，向外围连续出露有寒武系等重要含矿层位，围岩中Pb、Zn、Ag含量较碳酸盐岩中高数倍；异常沿乐红街断裂带展布；经异常查证及后期地质工作证实：乐红街异常为矿致异常。

区域矿产：铅锌矿含矿地层时代有震旦系灯影组（是最重要的含矿地层），寒武系龙王庙组（娄山关组，仅见乐可坝铅锌矿），泥盆系曲靖组、宰格组（重要的含矿地层），各含矿地层均为不纯的碳酸盐岩，铅锌矿体形态严格受构造控制，矿体一般在破背斜近断裂一侧，且多发育于断层的破碎带或其附近；含矿围岩以深色镁质碳酸盐岩为主夹含有机质的细碎屑岩,生物作用明显。独立银矿床仅发现鲁甸县乐马厂一处;铜矿床(点)主要产出层位有二叠系峨眉山玄武岩,但规模较小;磷矿(化)层位为灯影组上段及寒武系下统筇竹寺组下部,区内已发现两个中型矿床,均产于梅树村组中;在下二叠统梁山组与上二叠统宣威组底部均有铝土矿形成,但厚度较薄、矿石品级较低,仅局部地段具工业价值;煤矿资源十分丰富,有产于第三系的特大型褐煤,二叠系宣威组的煤、梁山组鸡窝状无烟煤及石炭系大塘组的煤。

2. 找矿方向

主攻矿种和主攻矿床类型:产于早、晚古生代碳酸盐建造中层控型-热卤水改造型铅锌银矿。

找矿方向:本远景区划分Ⅴ级找矿远景区2个(表17-7),Ⅴ91私立坪-乐红铅锌矿找矿远景区,面积1046km²,圈定4个铅锌矿找矿靶区,其中B类2个、C类2个,乐红、白牛厂、私立坪、乐马厂等找矿靶区具大型找矿远景;Ⅴ92火德红铅锌矿找矿远景区,面积375km²,圈定具小型潜力的C类铅锌矿靶区1个——火德红铅锌矿找矿靶区。

表17-7　Ⅳ-41鲁甸铅锌矿远景区找矿靶区特征表

主攻矿种	主攻类型	典型矿床	Ⅴ级找矿远景区	面积(km²)	找矿靶区	编号	面积(km²)	远景
铅锌	层控型-热卤水改造型	乐马厂	Ⅴ91私立坪-乐红铅锌矿找矿远景区	1046	B乐红铅锌矿找矿靶区	PbZn-B-25	1.5	铅锌大型
					B白牛厂铅锌矿找矿靶区	PbZn-B-26	1.41	铅锌大型
					C私立坪铅锌矿找矿靶区	PbZn-C-17	0.8	铅锌大型
					C乐马厂铅锌矿找矿靶区	PbZn-C-18	0.61	铅锌大型
			Ⅴ92火德红铅锌矿找矿远景区	375	C火德红铅锌矿找矿靶区	PbZn-C-19	13.39	铅锌小型

(八)Ⅳ-42会泽铅锌矿远景区

1. 地质背景

范围:远景区地处云南省东川市、会泽县、寻甸县北部和贵州威宁县西部,沿小江南北向深大断裂东侧呈北东向展布。北东长约160km,宽约30km。极值坐标范围为E103°01′—103°54′,N25°45′—27°10′,总面积约0.50万km²。

大地构造位置:Ⅲ扬子陆块区-Ⅲ₁上扬子陆块-Ⅲ₁₋₇扬子陆块南部碳酸盐台地-Ⅲ₁₋₇₋₁₁威宁-昭通褶冲带。构造上位于小江深大断裂以东、莲峰-巧家断裂带以南、师宗-弥勒断裂带以北。受北东向迤车-五星厂断褶带、北北东向石门-海晏断裂的控制,呈北东向延伸。小江断裂是区内控制性断裂,其东侧为一系列的北东、北北东的断褶。北东向的断裂往往近于等距出现。除小江断裂和师宗-弥勒断裂以外,区内次级区域性断裂,主要为走向断裂,多数发生在褶皱轴部,多为走向逆断层,如矿山厂发育一组走向逆断层,形成叠瓦状构造。

地层分区:华南地层大区(Ⅱ)-扬子地层区(Ⅱ₂)之上扬子地层分区(Ⅱ₂⁴)。该区上古生界最为发育,其次下古生界、上震旦统灯影组和中新生代地层也有一定的分布。区内主要铅锌矿赋矿层位有上震旦统灯影组浅海碳酸盐岩,厚900～1250m,上部为含硅质条带的粉晶白云岩、内碎屑白云岩,为铅锌含矿层位,下石炭统在昆明-昭通地区下石炭统的中下部为灰岩、泥灰岩夹碎屑岩,上部为晶质白云岩、鲕状灰岩、生物碎屑灰岩为铅锌的重要含矿层。

区域重磁特征：区域重力场上位于大兴安岭-太行山-武陵山重力梯级带和青藏高原周边环型重力梯级带之间，布格重力值从东边 $107°00'$ 的 $-150×10^{-5}\,m/s^2$ 变化到西边的 $-250×10^{-5}\,m/s^2$，变化达 $100×10^{-5}\,m/s^2$，在东部 $107°00'—105°30'$ 之间变化相对较缓，具零星的圈闭布格异常，反映了地台区的布格重力异常特征，西边靠云南重力梯度加大，表现了从地台向地槽过渡的重力场特征。

区域航磁异常主要以由二叠系玄武岩产生的火山跳场和由沉积盖层产生的低缓负磁场为主，与区内出露地层及火山岩分布区相对应。在化极后的 ΔT 航磁异常上异常轴向大多呈东西向。

区域地球化学：1：20 万水系沉积物测量 Pb、Zn 元素反映较好，含量较高，其次是 Cu 元素、Ag 元素局部含量较高，Co、V 元素则以一种大面积低值异常出现。Pb、Zn 多与重砂异常重叠，主要异常沿北东向断裂，呈带状分布，且受次级北西向、北北西向断裂、裂隙控制，与已知铅锌成矿带及矿床（点）关系较为密切，具较好的找矿指示意义；Cu、Co、V 异常主要沿保存有玄武岩及宣威组的向斜构造分布。铅锌银异常沿北东向的断裂-背斜构造带分布，异常位于上震旦统—下古生界—上古生界中。异常均围绕相关的矿集区如北东端的会泽翻身村、中部的五星至矿山厂、南部的寻甸-会泽雨碌，其中以五星、矿山厂、会泽银厂、寻甸白龙潭地区，异常规模较大，铅、锌、银具二至三级浓度分带，异常套合好。

2. 找矿方向

主攻矿种和主攻矿床类型：产于早、晚古生代碳酸盐建造中层控型-热卤水改造型铅锌银矿。

找矿方向：本远景区划分 V 级找矿远景区 2 个（表 17-8）：V 93 五星厂背斜-翻身村铅锌矿找矿远景区，面积 912 km^2，圈定 2 个铅锌矿找矿靶区，其中 B 类 1 个，C 类 1 个，其中大海找矿靶区具中型找矿远景；V 94 麒麟厂-金牛厂铅锌矿找矿远景区，面积 1810 km^2，圈定 5 个铅锌矿找矿靶区，其中 A 类 3 个，C 类 2 个，矿山厂、麒麟厂、银厂坡、烂泥箐、老独岩等找矿靶区具大型找矿远景。

表 17-8　Ⅳ-42 会泽铅锌矿远景区找矿靶区特征表

主攻矿种	主攻类型	典型矿床	V 级找矿远景区	面积（km^2）	找矿靶区	编号	面积（km^2）	远景
铅锌	层控型-热卤水改造型	会泽铅锌矿	V 93 五星厂背斜-翻身村铅锌矿找矿远景区	912	B 五星铅锌矿找矿靶区	PbZn-B-27	21	铅小型、锌小型
					C 大海铅锌矿找矿靶区	PbZn-C-20	20.6	铅锌中型
			V 94 麒麟厂-金牛厂铅锌矿找矿远景区	1810	A 矿山厂铅锌矿找矿靶区	PbZn-A-14	1.6	铅锌大型
					A 麒麟厂铅锌矿找矿靶区	PbZn-A-15	2.2	铅锌大型
					A 银厂坡铅锌矿找矿靶区	PbZn-A-16	21.9	铅大型、锌中型
					C 烂泥箐铅锌矿找矿靶区	PbZn-C-21	3.68	铅锌大型
					C 老独岩铅锌矿找矿靶区	PbZn-C-22	2.77	铅锌大型

（九）Ⅳ-43 威宁-水城铁锰铅锌矿远景区

1. 地质背景

范围：远景区西起贵州威宁县耿家寨，南东到贵州水城杉树林，沿北西向六盘水断陷区南西边界之威宁-水城断裂带展布。北西—南东长约 150km，宽约 15km。极值坐标范围为 $E103°58'—105°21'$，$N26°14'—26°50'$，总面积约 0.23 万 km^2。

大地构造位置：Ⅲ扬子陆块区-Ⅲ$_1$ 上扬子陆块-Ⅲ$_{1-7}$ 扬子陆块南部碳酸盐台地-Ⅲ$_{1-7-7}$ 曲靖-水城褶

冲带。区域西以小江断裂带与康滇陆块相邻,东南则以师宗-弥勒断裂带与右江造山带相接,属扬子陆块构造单元。震旦纪以来尤以晚古生代至三叠纪大陆边缘海相浅水碳酸盐岩地层发育;表层构造变形较为强烈,定形于印支—燕山期,喜马拉雅期仍有活动,其构造方位比较复杂多样,但以北东、北西向最为醒目,构成了扬子陆块西南缘特殊的构造轮廓,并显示了从陆块至造山带的过渡特色。

地层分区:华南地层大区(Ⅱ)-扬子地层区($Ⅱ_2$)之上扬子地层分区($Ⅱ_2^4$)。扬子地台西南缘在前震旦系以后的整个历史时期为一个相对稳定的构造单元,处于地槽系包围之中,四周边缘长期隆起,中央部分长期坳陷形成巨大海盆,本区域为该海盆的一部分,接收了从震旦系到二叠系的海相沉积,古生代以海相碳酸盐岩沉积为主,二叠纪以后为陆相碎屑岩沉积,早二叠世晚期至晚二叠世早期出现广泛的玄武岩喷溢和同源同期辉绿岩侵入。区内出露地层有寒武系、奥陶系、志留系、泥盆系、石炭系、二叠系、三叠系、侏罗系、第三系和第四系,铅锌矿主要产在二叠系以前各时代地层内,三叠系以后各时代地层未发现铅锌矿产出。石炭系广泛分布,大面积出露,是铅锌矿的主要含矿层位。二叠系在北西部广泛分布,大面积出露,是铅锌矿的次要含矿层位,分为中、上统。区内岩浆岩主要为玄武岩和同期的辉绿岩。

区域重磁特征:黔西北在大兴安岭-太行山-武陵山重力梯级带和青藏高原周边环型重力梯级带之间,布格重力值从东边107°00′的-150×10^{-5} m/s^{2}变化到西边的-250×10^{-5} m/s^2,变化达100×10^{-5} m/s^2,在东部107°00′—105°30′之间变化相对较缓,具零星的圈闭布格异常,反映了地台区的布格重力异常特征,西边靠云南重力梯度加大,表现了从地台向地槽过渡的重力场特征。布格异常从东向西逐渐减小,说明地壳厚度逐渐加厚,基底埋藏逐渐加深,与黔西北地层出露从东向西逐渐变新大致相符。区内1:100万航磁异常主要在由二叠系玄武岩产生的火山跳场边部,区内主要由沉积盖层产生的低缓负磁场为主,在局部地区具两个弱小磁异常,分别在其北东部和西部,估计是由浅部局部磁性物富集引起。在化极后的ΔT航磁异常上异常轴向呈东西向,远景区在一东西向负磁异常边部。

区域地球化学:远景区1:20万地球化学场以Pb、Zn、Ag、Cd、Au、Cu、Co、Hg、As、Sb、Mn、Mo等成矿元素富集为特征,与区内产出的主要矿产具有一致性。通过对1:20万化探资料的综合整理,区内共圈出PbZn异常9处、Cu异常6处、Mn异常1处、Mo异常1处。在区内划分为6个异常集中区,结理-保毕近东西向Cu、Pb、Au异常集中区、三块田-白马洞北西向Cu、Pb、Zn异常集中区、阿都戛-舍戛北西向Cu、Pb、Zn、Mn异常集中区、威宁县么站乡白岩庆-盐仓镇么站北东向Cu、V、Pn、Zn异常集中区、威宁县草海镇十里铺至响水Cu、Pb、Zn异常集中区、张湾屯Mo异常集中区。

区域矿产:煤矿产于上二叠统龙潭组(P_2l)地层中,属海陆交互相沉积类型。铁矿以水城观音山海西期岩浆热液型菱铁矿为代表。铅锌矿赋存与断裂或层间构造有关,矿体呈似层状或脉状。区内锰矿主要产于两次玄武岩之间的茅口组第二段上部,矿床类型主要为锰帽型次生氧化锰矿床,主要分布在沙沟、滥坝、坛罐窑一带,以坛罐窑锰矿床为代表。铜矿有两种类型:二叠系峨眉山玄武岩铜矿和三叠系砂岩铜矿。其他矿产尚有:稀土产于宣威组底部灰-深灰色氧化稀土高岭石黏土岩及页岩中;铀钒矿产于峨眉山玄武岩上部之沉积夹层(含铀钒生物硅质岩及水云母面岩)中;黏土矿产于宣威组(P_3x)、龙潭组(P_3l)底部。

2. 找矿方向

主攻矿种和主攻矿床类型:产于晚古生代碳酸盐建造中低温热液型铅锌矿、海西期岩浆热液型菱铁矿、二叠纪沉积型锰矿等。

找矿方向:本远景区划分Ⅴ级找矿远景区3个(表17-9),Ⅴ95威宁耿家寨-新山铅锌矿找矿远景区,面积328km^2,位于威水构造带西段,区内有铅锌矿点3个;Ⅴ96水城锰矿找矿远景区,面积432km^2,圈定具中型锰矿找矿远景的C类靶区2个,徐家寨、营盘-陈家寨;Ⅴ97杉树林-青山铁矿铅锌矿找矿远景区,面积310km^2,圈定4个铅锌矿找矿靶区,其中A类2个、B类1个、C类1个,均具大中型找矿远景;圈定铁矿找矿靶区1个;Fe-A-38观音山铁矿找矿靶区具中型找矿潜力。

表 17-9　Ⅳ-43 威宁-水城铁锰铅锌矿远景区铅锌矿找矿靶区特征表

主攻矿种	主攻类型	典型矿床	Ⅴ级找矿远景区	面积(km²)	找矿靶区	编号	面积(km²)	远景
铅锌、铁、锰矿	层控型-热卤水改造型、沉积型	杉树林、老青山等铅锌矿、格学锰矿	Ⅴ95 威宁耿家寨-新山铅锌矿找矿远景区	328				
			Ⅴ96 水城锰矿找矿远景区	432	C 徐家寨锰矿找矿靶区	Mn-C-11	3.288	锰中型
					C 营盘-陈家寨锰矿找矿靶区	Mn-C-12	5.221	锰中型
			Ⅴ97 杉树林-青山铁矿铅锌矿找矿远景区	310	A 杉树林铅锌矿找矿靶区	PbZn-A-17	18.12	铅小型、锌中型
					A 青山铅锌矿找矿靶区	PbZn-A-18	39.36	铅中型、锌大型
					B 上石桥铅锌矿找矿靶区	PbZn-B-28	10.69	铅小型、锌中型
					C 高炉冲铅锌矿找矿靶区	PbZn-C-23	14.61	铅小型、锌中型
					A 观音山铁矿找矿靶区	Fe-A-38	22.91	铁中型

(十) Ⅳ-44 普安-猴场铅锌矿远景区

1. 地质背景

范围:远景区北西起贵州水城猴场,南东到贵州普安—晴隆一线。北西-南东长约 100km,宽约 23km。极值坐标范围为 E104°29′—105°13′,N25°49′—26°36′,总面积约 0.23 万 km²。

大地构造位置:Ⅲ扬子陆块区-Ⅲ₁ 上扬子陆块-Ⅲ$_{1-7}$扬子陆块南部碳酸盐台地-Ⅲ$_{1-7-7}$曲靖-水城褶冲带。区域西以小江断裂带与康滇陆块相邻,东南则以师宗-弥勒断裂带与右江造山带相接,水城-南丹断裂带以南。属扬子陆块构造单元,基底为"三层式"结构,即下层为太古宙—古元古代的中深变质杂岩;中层是中元古代的变质火山沉积岩系;上层则是由新元古代浅变质岩组成。震旦纪以来为盖层,尤以晚古生代至三叠纪被动大陆边缘海相浅水碳酸盐岩地层发育;表层构造变形较为强烈,据最新贵州区域构造研究成果,区内构造多表现为浅层次构造,即所谓表层构造,这些表层构造定形于印支—燕山期,喜马拉雅期仍有活动,其构造方位比较复杂,但以北东、西向最为醒目,构成了扬子陆块西南缘特殊的构造轮廓,并显示了从陆块至造山带的过渡特色。

区内主构造为六盘水断陷威宁北西向构造变形区的一部分——普安旋扭构造体系由一系列弧形褶皱及断层共同构成。正对着前弧之顶内侧的前弧脊柱,为一南北向构造带。由一系列的南北向褶曲及压扭性断层组成。由西向东,褶曲主要有厨子寨向斜、格所背斜、猴子地向斜、绿卯坪背斜、北西向猴子场背斜、北西向布坑底背斜组成。与褶曲一致的压性或压扭性断层如有蜂岩-白石岩、绿卯坪断层等。

地层分区:华南地层大区(Ⅱ)-扬子地层区(Ⅱ₂)之上扬子地层分区(Ⅱ$_2^4$)之黔西北地层小区。区内出露最老地层为中泥盆统火烘组至三叠系杨柳井组及白垩系和第四系。其中以石炭系、二叠系、三叠系分布最广,发育最完全,厚度最大。中二叠世晚期至晚二叠世早期峨眉山玄武岩分布亦较普遍。泥盆系仅见于普安旋扭背斜核部。各时代地层岩性主要为碳酸盐建造(灰岩为主,白云岩次之),泥质岩和碎屑岩仅见于少数组、群地层中。发育台地相、斜坡相、台盆相等各类沉积,岩石类型多样。以石炭系、二叠系等较为丰富。铅锌矿产于石炭系、泥盆系岩层中,尤以石炭系岩关组及黄龙组中矿化较强。

区域上岩浆岩主要为广泛分布的二叠纪大陆溢流拉斑玄武岩及同源浅成侵入岩(辉绿岩)组合。

区域重磁特征:远景区布格重力异常梯度较陡,处在全国青藏高原环型重力梯级带东南段,区内异常等值线北东向凸起,即主要为局部正重力异常带。在布格重力异常图上,铅锌(银)矿点主要沿着中部北西向的布格重力异常梯级带两侧相对较缓地带分布,在南部集中在布格重力异常梯级带转折处。在剩余重力异常图上,铅锌矿分布主要在正负重力异常的过渡带上。从重力场推断地质构造,铅锌矿分布主要在断夹块以及推断的基性—超基性岩体与酸性岩体的过渡带内,推测隐伏断裂对铅锌矿的成矿与富集具有一定控制作用,这对在该区寻找隐伏矿产具有指导意义。

区域航磁异常为由玄武岩产生的跳跃磁异常,异常变化较大,正负交织,总体来说,航磁变化较杂乱。在航磁△T平面等值线上,铅锌矿(点)床主要分布在正磁异常上,少数不在负磁异常区,对成矿预测来说,指导意义不大。从航磁推断构造,铅锌(银)矿床点分布在推测的两条北西向隐伏断裂带之间,这两条断裂带对成矿具有一定控制作用。

区域地球化学:据1:20万区域化探水系沉积物测量资料,远景区地球化学场以Pb、Zn、Ag、Cd、Au、Cu等成矿元素富集为特征,与区内产出的主要矿产具有一致性。成矿元素在空间分布上明显受构造背景和地层单元的控制。各异常具有面积大、强度高、浓集中心明显、各元素异常套合好等特征,异常明显受构造控制,异常多分布在构造活动强烈的地质环境中,成矿作用以构造蚀变岩型的铁、铜、铅锌矿化为主,显示出较好的找矿前景。Pb、Zn、Ag、Cd、Sb、Hg元素异常浓集中心出露地层主要为石炭系威宁组、南丹组、打屋坝组、睦化组,其次为泥盆系中火烘组、榴江组、五指山组。岩性主要为白云岩-泥亮晶生物屑灰岩。与典型矿床——杉树林式碳酸盐岩型铅锌(银)矿地球化学特征具有可类比性,即主要成矿元素异常组合为Pb - Zn - Ag;直接指示元素异常组合为Pb - Zn - Ag - Cd - Sb。也就是说分布在石炭系和泥盆系中的Pb - Zn - Ag异常组合及有利的断裂构造是寻找铅锌(银)矿的重要靶区。

区域矿产:区内主要矿有煤、铁、铅锌、锰、铜等。煤含煤地层主要有二叠系龙潭组,常形成大中型矿床,可采煤层层数为12~16层,可采煤层总厚度一般为22.3~40.7m。调查区二叠系梁山组分布广泛,大多煤层均不可采,而不具工业价值。煤矿资源在调查区不作为此次工作重点。铁矿类型有沉积铁矿、风化残余褐铁矿及热液型铁矿。沉积型铁矿主要产于上二叠统含煤岩系中,常呈透镜体、结核状产出,规模一般不大。

2. 找矿方向

主攻矿种和主攻矿床类型:产于晚古生代碳酸盐建造中低温热液型铅锌矿、海西期岩浆热液型菱铁矿、二叠纪沉积型锰矿等。

找矿方向:本远景区划分V级找矿远景区3个(表17-10)。V 98格学-曹家屋基锰铅锌矿找矿远景区,面积576km²,圈定具中型锰矿找矿远景的C类靶区1个,坛罐窑;V 99猴子厂-绿卵坪铅锌矿找矿远景区,面积903km²,圈定4个铅锌矿B类找矿靶区,除猴子厂小型远景外,其余均具中型找矿远景;V 100顶头山铅锌矿找矿远景区,面积90km²,圈定1个具中型潜力的铅锌矿B类找矿靶区-顶头山。

表17-10 Ⅳ-44普安-猴场铅锌矿远景区找矿靶区特征表

主攻矿种	主攻类型	典型矿床	V级找矿远景区	面积(km²)	找矿靶区	编号	面积(km²)	远景
铅锌锰	层控型-热卤水改造型、沉积型	绿卵坪、丁头山等铅锌矿、格学式锰矿	V 98格学-曹家屋基锰铅锌矿找矿远景区	576	C坛罐窑锰矿找矿靶区	Mn - C - 13	6.17	中型
			V 99猴子厂-绿卵坪铅锌矿找矿远景区	903	B猴子厂铅锌矿找矿靶区	PbZn - B - 29	5.61	铅锌小型
					B凉水井铅锌矿找矿靶区	PbZn - B - 30	6.76	铅锌中型
					B白沙铅锌矿找矿靶区	PbZn - B - 31	10.66	铅锌中型
					B青山铅锌矿找矿靶区	PbZn - B - 32	7.86	铅小型锌中型
			V 100顶头山铅锌矿找矿远景区	90	B顶头山铅锌矿找矿靶区	PbZn - B - 33	15.04	铅小型锌中型

(十一)Ⅳ-45 富源-盘县金矿远景区

1. 地质背景

范围:远景区西起云南曲靖、富源,东到贵州盘县-普安县之间。东西长约90km,宽约50km。极值坐标范围为E103°56′—104°53′,N25°20′—25°56′,总面积约0.43万 km^2。

大地构造位置:Ⅲ扬子陆块区-Ⅲ$_1$上扬子陆块-Ⅲ$_{1-7}$扬子陆块南部碳酸盐台地-Ⅲ$_{1-7-7}$曲靖-水城褶冲带。表层构造变形较为强烈,其主体属前陆冲断褶皱带。在平面上,应变的分带现象明显,强应变域多呈线性延伸;弱应变域则呈菱形或三角形块体。其构造方位比较复杂,但以NWW、NW、NE、SN向最为醒目,构成了扬子陆块西南缘特殊的构造轮廓,并显示了从陆块至造山带的过渡特色。区域主要构造格架呈NEE向展布,早期屉状褶皱发育,且多被后期断裂破坏。构造样式主要为一系列高角度逆冲断层及由紧闭背斜和宽缓向斜构成的隔档式褶皱。主要断裂可分为三组:主干断裂为压性断裂组,多构成断块边界;次为呈NW向展布的张扭性和呈EW向展布的张性断裂组,多叠加在受边缘主干断裂控制、已发生褶皱变形的断块之上,或因海西期不整合面上下岩块间的韧性差异特征,使之发生具层间性质、不同强度的搓碎变形。整体形成一幅在边缘主干断裂控制下、由叠瓦状逆冲断裂组和呈阶梯状展布的三角断块组成的构造变形景观。

地层分区:华南地层大区(Ⅱ)-扬子地层区(Ⅱ$_2$)之上扬子地层分区(Ⅱ$_2^4$)。区内出露最老地层主要为上古生界中、上泥盆统,向上依次为石炭系、二叠系、三叠系、古近系、新近系和第四系。其中三叠系分布最广。与金矿有密切关系的二叠系分布范围仅次于三叠系,且出露齐全,并常构成各背斜的核部。二叠系自下而上依次是梁山组砂页岩夹灰岩,栖霞组和茅口组石灰岩,大厂层次生石英岩,峨眉山玄武岩组的拉斑玄武岩及凝灰岩,龙潭组海陆交互相或宣威组陆相含煤岩系。二叠系阳新组由一套开阔台地相向局限台地相或潮坪相沉积过渡的灰岩、生物碎屑灰岩和具条带状含碳泥质、含黄铁矿白云质灰岩组成。由于该组晚期沉积环境的不稳定,使顶界多次暴露地表,形成有别于其他地域、发育古喀斯特溶槽、溶沟地貌的不整合面。晚二叠世峨眉山期海底裂隙式基性玄武质熔浆喷发,侧向堆积在阳新组灰岩顶界之不整合面上,构成具有鲜明特色的上二叠统峨眉山玄武岩组(Pe)。金矿主要产于大厂层次生石英岩上部含凝灰岩部分、峨眉山玄武岩组底部和玄武岩中所夹的凝灰岩及龙潭组底部硅质岩(硅化灰岩)和龙潭组上部细碎屑岩中。

区域岩浆活动较强,表现在沿断块东南边缘弥勒-师宗大断裂海底裂隙式喷发的海西期基性玄武岩浆漫溢,以及玄武岩喷发后期、具同源异相的辉绿岩体侵入。

区域重磁特征:区域重力场总的变化趋势是由东向西逐步下降,普安约为 $-175mGal$,盘县为 $-190mGal$。在黔西北赫章-水城滥坝-盘县-罗平,存在一条重力梯级带,它属于我国西部贺兰山-龙门山-乌蒙山重力异常梯级带的南段。其异常部位正是康氏面与莫霍界面深度变化最剧烈的地段,结合其他因素,推测赫章—滥坝—盘县—罗平一线存在一条深大断裂带。区内1:250 000布格重力异常总体表现为东南高、西部和北部低的重力场特征,最高值位于远景区西南部的发石岩东侧,为 $-178\times10^{-5}m/s^2$,最低值位于中西部的桂花北侧,为 $-252\times10^{-5}m/s^2$,场值变化达 $74\times10^{-5}m/s^2$。布格重力异常等值线总体呈NE或NNE向展布,并在不同部位同形扭曲或圈闭形成重力高或重力低异常相间展布。

区内航磁 ΔT 总体为负值区,在负的背景场上,ΔT 相对高、低值异常(带)总体以SN向或近SN向相间展布为其特征。异常多推测为隐伏或半隐伏的玄武岩引起。航磁 ΔT 化极较 ΔT 异常场值有所增强,西部仍为负的背景场,而东部则以正值为主。

区域地球化学:区域化学场以Au的高背景为特征,含金丰度值高的上二叠统下部的黏土质岩石及中三叠统下部的粉砂岩、黏土岩中,与金关系密切的As、Sb、Hg、Cu、Pb、Zn、Co、Cr、V等元素的丰度值亦高。Au、As、Sb、Hg组合异常的分布与区域性背斜构造的展布相一致,几个较大的套合、叠加的组合异常均分布在区域性的背斜构造之上。与区内金矿田的分布吻合。金矿常常与汞、锑、砷矿密切共生或伴生。远景区东部之 Au-As-Sb-Hg 组合异常主要分布于燕子岩、莲花山,有一定规模金矿产出。如莲花山背斜上 Au 异常面积 137km², 具外、中、内三级浓度分带,峰值为 36.1×10^{-9}。As、Sb、Hg 异常均具外、中、内带,异常面积均在 300km² 以上,其中 Sb 异常面积最大(461km²)。Pb-Zn-Ag 组合异常则主要分布于燕子岩、莲花山背斜二叠系碳酸盐岩之上(以 Zn 异常为主)。胜境关小型金矿床、凉水井金矿点均有相应异常反映。

区域矿产:区内及其四周扬子陆块范围内,热液矿产有汞矿、铊矿、锑矿、萤石矿、钼矿、铀矿、铅锌矿、砷矿和金矿等。金矿往往与汞、铊矿、锑、萤石矿、钼、铀矿、砷矿关系密切。"红土型"金矿主要分布在晴隆、安龙、盘县、普安等地,区内主要为原地或准原地残积型亚类;在假整合面上常有含金的凝灰岩或卡林型金矿体存在。金矿层主要是含金凝灰岩风化而成的黏土及岩石碎块,金主要赋存在高岭石、伊利石和褐铁矿中,以游离金为主。

2. 找矿方向

主攻矿种和主攻矿床类型:产于晚古生代不纯碳酸盐岩及凝灰岩中的微细浸染型金矿、红土型金矿等。

找矿方向:本远景区划分Ⅴ级找矿远景区 2 个(表 17-11)。Ⅴ101 富源胜境关金矿找矿远景区,面积 2488km²,圈定 7 个金矿找矿靶区,其中 A 类 3 个、C 类 4 个,壁板坡、哈播、火石坡等找矿靶区具中型找矿潜力,其余可达小型;Ⅴ102 莲花山背斜金矿找矿远景区,面积 704km²,圈定 3 个金矿找矿靶区,其中 A 类 1 个、B 类 2 个,莲花山-Ⅰ金矿找矿靶区(Au-B-15)具大型找矿远景,金豆山、莲花山-Ⅱ等找矿靶区具中型找矿潜力。

表 17-11 Ⅳ-45 富源-盘县金矿远景区找矿靶区特征表

主攻矿种	主攻类型	典型矿床	Ⅴ级找矿远景区	面积(km²)	找矿靶区	编号	面积(km²)	远景
金	微细浸染型、红土型	胜境关、泥堡	Ⅴ101 富源胜境关金矿找矿远景区	2488	A 壁板坡金矿找矿靶区	Au-A-24	11.53	金中型
					A 胜境关金矿找矿靶区	Au-A-25	14.28	金小型
					A 哈播金矿找矿靶区	Au-A-27	15.27	金中型
					C 熬家屯金矿找矿靶区	Au-C-33	7.68	金小型
					C 牛皮洞金矿找矿靶区	Au-C-34	9.94	金小型
					C 上村金矿找矿靶区	Au-C-35	11.46	金小型
					C 火石坡金矿找矿靶区	Au-C-36	16.06	金中型
			Ⅴ102 莲花山背斜金矿找矿远景区	704	A 金豆山金矿找矿靶区	Au-A-26	10.94	金中型
					B 莲花山-Ⅰ金矿找矿靶区	Au-B-15	17.02	金大型
					B 莲花山-Ⅱ金矿找矿靶区	Au-B-16	8.16	金中型

(十二)Ⅳ-46 寻甸-陆良铅锌矿远景区

1. 地质背景

范围:远景区西起云南寻甸—路南一线,东到云南罗平富乐厂铅锌矿,北达云南沾益天车坝(兰花山)铅锌矿,南至云南陆良县。东西长约 120km,宽约 100km。极值坐标范围为 E103°12′—104°27′,

N24°49′—25°47′，总面积约 0.58 万 km²。

大地构造位置：Ⅲ扬子陆块区-Ⅲ₁ 上扬子陆块-Ⅲ₁₋₇ 扬子陆块南部碳酸盐台地-Ⅲ₁₋₇₋₇ 曲靖-水城褶冲带之富乐厂断褶带。远景区夹持于区域性小江深断裂与弥勒师宗断裂之间，受宣威-牛首山等北东向断裂褶皱带的控制。小江断裂带由北部四川进入云南省东川小江，向南可分成两支，呈南北向延伸，全长 530 km，古生代以张性为主，有强烈的火山活动，并控制了两侧沉积建造。中、新生代挤压、扭动表现强烈，形成南北向的湖泊和新生界盆地，而且是一条重要的地震活动带。弥勒-师宗断裂带呈北东向展布于本区的南东，是上扬子陆块与华南陆块之间的一条分划性边界断裂，全长 310 km。由数条平行的断裂组成。晚古生代时期曾有基性岩浆侵入和火山活动，中生代控制了本区三叠纪西北界及内部的沉积建造。为一条多期活动的复合成因（压性、扭性）的壳断裂。矿体受不同方向的断裂和层间破碎带的控制，呈脉状、透镜状、似层状。围岩蚀变为白云石化、方解石化。

地层分区：华南地层大区（Ⅱ）-扬子地层区（Ⅱ₂）之上扬子地层分区（Ⅱ₂⁴）之宣威小区。石炭纪末，地壳普遍上升，除部分残留海外，皆露出水面，至早二叠世栖霞早期受海侵，至茅口中晚期海侵达到高峰；茅口晚期至晚二叠世乐平期，又大规模海退；晚二叠世海侵，仅发生在乐平晚期至长兴期，规模小。茅口晚期滇东全区皆为浅海相云朵状白云质灰岩、白云岩、生物碎屑灰岩，区域上沉积厚 315～1530 m。茅口晚期，开始基性火山（玄武岩）喷发。滇东全区火山岩面积约 4.2 万 km²。始于早二叠世末，止于晚二叠世早期，以小江断裂以西至武定一带最发育，厚达 2700 m；小江断裂以东，仅有晚二叠世火山岩，且厚度向东递减，至镇雄乌峰山厚仅 66 m。火山岩划分 3～4 个喷发韵律，红色凝灰岩常产出在韵律层之顶，构成明显的"红顶"现象。在富乐厂矿区阳新组中见岩盘状辉绿岩。

赋矿围岩主要为灯影组、寒武系、石炭系、中二叠统碳酸盐岩。

区域重磁特征：远景区所在的滇东地区（鲁甸、曲靖以东），布格重力异常以一条向东突出的弧形重力梯级带上叠加不同方向圈闭的重力高、低异常为主要特征。重力梯级带即前述的乌蒙山重力梯级带，中心位置在盐津、水城、罗平一线，宽 15～40 km，梯度 0.6×10^{-5} m·s⁻²·km⁻¹ 左右。弥勒－师宗一线为宽约 20～30 km 的重力梯级带，其上叠加局部重力高和低。在重力异常分区上远景区属：滇东重力异常区——炎山-待补-马龙重力高异常带、昭通-曲靖-陆良重力低异常带以及滇东南重力异常区之弥勒－师宗重力梯级带。区内布格重力异常以总体呈 NE 走向的等值线 SE 或 NW 向同形扭曲并局部圈闭形成的重力高、低异常（带）相间展布为其特征。剩余重力正、负异常与布格重力高、低异常一一对应，区内西南—中部、东部—西北部为连续贯通的正异常带，其他部位为负异常区。根据异常区地质特征推测，西南部正异常为基底局部隆起所致；中部正异常由玄武岩引起；东部正异常由隐伏的基性火山岩引起；东南部负异常为基底坳陷和煤系地层共同引起。西部负异常可能为基底局部坳陷、含煤岩系地层及断裂破碎带综合引起；西北部负异常主要为基底坳陷部位新生界低密度地层所致，同时叠加了煤系地层的作用。

远景区所在的滇东地区磁异常主要表现为明显、平静的负背景场上叠加南北向及北东向串珠状异常带，显示地台区沉积特点。异常带多数呈近南北向的弧形，滇东北地区则呈北东向，异常亦主要是滇东玄武岩的反映。异常分区上属滇东异常区梭山-待补-寻甸-阳宗-江城异常带、宣威-富源-墨红异常带以及滇东南异常区之师宗-开远异常带。在富乐厂东部乐峰—亦佐一带展布呈东西向排列的 5 个相对高、低值异常伴生的局部负异常。

区域地球化学：反映基性火山岩及风化残留物，具有继承性的上二叠统、三叠系的 Ni、Co、Fe、V、Ti、Cu 异常几乎遍布全区，仅牛首山古陆及周边、古陆以南地区无异常；异常具有面型特征，伴生 Zn、Mn 等元素，呈北东向带状排列。在曲靖以南先为北东向、后转为北北东向，由震旦系、下古生界引起，局部构造有利地段形成小型铅锌矿床和矿点。铅锌银异常分布于上震旦统—下古生界—上古生界中，单个异常的规模较小，但铅、锌、银异常的浓集中心明显，具有二至三级浓度分带，不同元素异常套合好。其中以富乐厂铅锌矿区异常最强，与 Pb、Zn、Cd、Ag 综合异常之间存在极好的关联性，矿床位于异常中心，属同心式异常，低温元素 Au、As、Sb、Hg 异常不发育，Pb、Zn、Ag、Cd 异常极为发育，高温元素 Mo

异常较 W、Sn 异常发育,属高、大型异常,成矿元素 Pb、Zn、Cd 异常面积大于 $100km^2$,前缘指示元素 Ag 异常面积 $52.6km^2$,指示矿体剥蚀程度深,矿体多在潜水面附近,异常强度高,Zn 异常最大值 2913×10^{-6},Pb 异常最大值 $14\,192\,913\times10^{-6}$,以锌镉矿为主,镉为大型矿床。以 Ag 为指示元素,炭山以北、纳娃以东的 Ag 异常及远景区西侧的李家村 Ag 异常伴有低缓的 Pb、Zn 异常,可作为找隐伏矿的远景区,炭山(北)Ag 异常面积 $24km^2$,中带面积 $5.44km^2$,异常最高值 0.172×10^{-6}。李家村 Ag 异常面积(不完整)$19.9km^2$,中带面积 $2.67km^2$,最高值 0.238×10^{-6}。位于阿岗至曲靖东山公路附近,峨眉山玄武岩大范围出露,玄武岩之下有寻找富乐厂式铅锌矿的条件。

2. 找矿方向

主攻矿种和主攻矿床类型:产于古生代碳酸盐建造中(可能与火山岩有关的)热液型铅锌矿等。

找矿方向:区内划分Ⅴ级找矿远景区3个(表17-12)。Ⅴ103 沾益天车坝-寻甸小碗冲铅锌矿找矿远景区,面积 $853km^2$,区内在背斜出露的古生代碳酸盐岩中密集产出有铜铅锌矿点13个;Ⅴ104 马龙牛首山-路南螺丝圹铁矿铅锌矿找矿远景区,面积 $2185km^2$,分布有铜铅锌矿点9个、铁矿床点5个;Ⅴ105 罗平富乐厂铅锌矿找矿远景区,面积 $241km^2$,圈定 C 类找矿靶区1个:云南罗平富乐厂铅锌矿找矿靶区,具中型找矿潜力。

表 17-12 Ⅳ-46 寻甸-陆良铅锌矿远景区找矿靶区特征表

主攻矿种	主攻类型	典型矿床	Ⅴ级找矿远景区	面积(km^2)	找矿靶区	编号	面积(km^2)	远景
铅锌	层控型-热卤水改造型	富乐厂铅锌矿	Ⅴ103 沾益天车坝-寻甸小碗冲铅锌矿找矿远景区	853				
			Ⅴ104 马龙牛首山-路南螺丝圹铁矿铅锌矿找矿远景区	2185				
			Ⅴ105 罗平富乐厂铅锌矿找矿远景区	241	C 富乐铅锌矿找矿靶区	PbZn-C-24	40	铅锌中型

(十三)Ⅳ-47 巫山马驿山-金狮赤铁矿远景区

1. 地质背景

范围:远景区沿重庆巫山县—奉节县一线、七曜山深断裂南东侧直抵渝鄂省界,呈北东向带状展布,长约100km,宽约20km。极值坐标范围为 $E109°15'—110°11'$,$N30°27'—31°19'$,总面积约 0.18 万 km^2。

大地构造位置:Ⅲ扬子陆块区-Ⅲ$_1$上扬子陆块-Ⅲ$_{1-7}$扬子陆块南部碳酸盐台地-Ⅲ$_{1-7-1}$武隆-道真滑脱褶皱带(武隆凹褶束)之向北东延伸部分。武隆凹褶束西以七曜山断裂与川中前陆盆地分界。七曜山断裂带为一基底断裂,北起湖北,经巫山、武隆、南川进入贵州,横贯七曜山、金佛山。重庆境内全长大于350km,是扬子陆块南部边缘被动褶冲带与万州红色盆地的分界线。该带东侧古生代地层广泛分布,并出现少量板溪群,西侧为中生代地层分布区,断裂带对古生代地层及岩相控制较明显。构造上,西侧为典型隔挡式褶皱,东为背斜向斜等宽的城垛状褶皱。重力异常图上,该带为一梯度变化带;航磁异常图上,该带位于磁异常分区界线上;卫片上,断裂带线性影像特征明显,两则地貌、山形、水系和构造线方向均呈角度交截。

远景区以褶皱构造为主,褶皱为燕山期形成,为一系列北北东向褶皱群呈有规律的带状分布,褶皱多为城垛状褶皱→隔槽式,褶皱轴部宽坦,两翼岩层倾角较陡,局部倒转,形成典型的箱形褶曲,区内主要褶皱为邓家复式背斜,由贺家坪背斜、石碛槽向斜及和尚头背斜组成。伴随褶皱产生的北东—南西向走向断层较发育。铁矿主要分布于邓家复式背斜(贺家坪背斜-石碛槽向斜-和尚头背斜)构造带内。

地层分区:华南地层大区(Ⅱ)-扬子地层区($Ⅱ_2$)之上扬子地层分区($Ⅱ_2^4$)。区内出露志留系—三叠系沉积岩地层,为碳酸盐岩、碎屑岩、铁质页岩及含煤沉积建造。主要含矿层有:中泥盆统云台观组(D_2y)、上泥盆统黄家磴组(D_3h)。

区域重磁特征:布格重力异常均为负值,从东到西异常值总体逐渐降低,场值变化较缓,局部地方具圈闭重力异常,具地台内重力异常特征。桃花铁矿在剩余重力异常平面图上位于近南北走向椭圆形负异常东侧梯级带中(-3×10^{-5}m/s^2),未形成单独局部异常,难以判断矿体存在地段。区内剩余重力异常推断与下伏老地层($Ar—Pt_1$)相关。沉积铁矿分布于正异常边部。

该区在化极后航磁异常平面等值线图上均为正磁异常。该区属于重力值异常航磁正异常区。航磁$\triangle T$显示为平缓正异常($20\sim150$nT),航磁化极垂向一阶导数图上,东部为近南北向正异常区,西部为负异常区(其中有沉积铁矿分布)。

区域地球化学:属七曜山以东地球化学分区,水系沉积物中除 Cu 呈显著低背景、负异常外,多数指标呈高背景或正异常,元素/指标含量起伏变化较大,局部异常显著。As、Au、B、Ba、Be、Bi、Cd、Co、Cr、Cu、F、Fe_2O_3、Hg、La、Li、Mn、Mo、Na、Nb、Ni、Pb、Sb、Th、Ti、U、V、W、Y、Zn 等指标呈显著高背景和局部正异常。水铝石重砂汇水盆地高值异常集中在示范区东部和南部部分地区,低值异常在示范区西部和中部,北部虽有已知矿点,却无重砂异常。高值异常由1~3个高值点的异常形成,且异常远离已知矿点(含矿层位)。桃花铁矿所在地无显著化探异常显示,其含矿地层分布区域亦无显著的局部化探异常显示,区域化探资料难以判断赋矿地层和矿体存在地段。含矿地层出露的地方,各项指标均有局部正异常显示,但异常区域远大于相应地层的出露区域,局部异常不能明确反映矿体及含矿地质体。巫山-奉节调查评价工作区,镍、钒、钛、氧化铝、氧化铁、钇等指标均无显著局部异常显示。但异常区域显著大于含矿地质体出露区域,且显著异常区域与含矿地层不相关。因此化探资料对宁乡式沉积型铁矿响应不显著,异常不能明确指示矿体和含矿地质体。

区域矿产:铁矿主要赋存于上泥盆统黄家磴组上部及写经寺组中部,多呈层状、似层状产出,在桃花矿区为黄家磴组顶部,矿层为一层,在邓家、矿洞及金狮矿区,另有写经寺组矿层出现,矿层为2~3层;煤矿分别产出于中二叠统梁山组及上二叠统吴家坪组。呈透镜状及鸡窝状产出,厚度0~0.7m,为无烟煤;石英岩状砂岩赋存于中泥盆统云台观组下部;硫铁矿所产矿石层位为上二叠统吴家坪组煤层之下的砂岩和黏土岩中。

2. 找矿方向

主攻矿种和主攻矿床类型:产于泥盆系中宁乡式沉积型赤铁矿。

找矿方向:区内未再划分Ⅴ级找矿远景区。圈定赤铁矿找矿靶区5个(表17-13),其中A类3个、B类1个、C类1个。桃花、邓家2个靶区具大型找矿潜力,其余3个靶区具中型矿床远景。

(十四)Ⅳ-48 黔江-南川-正安铅锌铁铝土矿远景区

1. 地质背景

范围:远景区位于七曜山深断裂南东侧,北起重庆石柱县、南到贵州桐梓县,西抵重庆南川—南川—贵州省桐梓一线、东至重庆黔江县—贵州务川县一线,呈北东向展布,长约250km,宽约100km。极值坐标范围为 E106°41′—108°54′，N28°02′—30°02′，总面积约 2.22 万 km²。

表 17-13 Ⅳ-47 巫山马驿山-金狮赤铁矿远景区找矿靶区特征表

主攻矿种	主攻类型	典型矿床	找矿靶区	编号	面积	远景
赤铁矿	沉积型	宁乡式铁矿	A 和尚头背斜桃花铁矿找矿靶区	Fe-A-39	49.22	铁大型
			A 和尚头背斜北西翼邓家铁矿找矿靶区	Fe-A-40	43.92	铁大型
			A 和尚头背斜南东翼邓家铁矿找矿靶区	Fe-A-41	26.35	铁中型
			B 和尚头背斜南东翼金狮铁矿找矿靶区	Fe-B-50	38.22	铁中型
			C 和尚头背斜北西翼金狮铁矿找矿靶区	Fe-C-67	16.45	铁中型

大地构造位置：Ⅲ扬子陆块区-Ⅲ$_1$上扬子陆块-Ⅲ$_{1-7}$扬子陆块南部碳酸盐台地-Ⅲ$_{1-7-1}$武隆-道真滑脱褶皱带（武隆凹褶束）及凤冈南北向褶皱区四级构造单元的北部，北西以七曜山深大断裂为界。区内主体构造由一系列北北东—南南西向褶皱构造和压扭性断裂组成，同时发育有北西—南东向的张性断裂。代表性褶皱自西向东，由南向北有道真向斜、洛龙背斜、大塘向斜、桃源向斜、鹿池向斜以及自西向东还有老厂坪背斜、都督向斜、都督背斜、后坪向斜、后坪背斜、接龙场背斜、中梁子背斜、石柱向斜、青杠向斜、普子向斜等。总体特点是向斜褶皱较为宽缓，背斜褶皱比较紧密，类似隔挡式褶皱。代表性断裂从西往东分布有潘家湾断层、堰塘断层、黄泥堡断层、周盖垭断层、芙蓉江断裂、桃子园断层、黄家垭断层、鹿池断层及长坝断层、马武正断层、洗脚溪正断层、烂泥坝正断层、接龙场正断层。其特征是断层大多与褶皱方向平行或近于平行，即呈北北东向或近南北向排列，局部见有北西向断层。以高角度逆冲断裂居多，常派生一系列大小不一、性质不明、呈北北东向紧密排列的断裂带。

地层分区：华南地层大区（Ⅱ）-扬子地层区（Ⅱ$_2$）之上扬子地层分区（Ⅱ$_2^4$）。区内出露地层主要为：上震旦统灯影组；下寒武统牛蹄塘组、明心寺组、清虚洞组、中统高台组、石冷水组、平井组，上统耿家店组、毛田组；奥陶系下统桐梓组、红花园组、大湾（湄潭）组、中统十字铺组、宝塔组、上统临湘组、五峰组；志留系下统龙马溪组、小河坝（石牛栏）组、中统韩家店组、回星哨组；泥盆系上统水车坪组；石炭系上统（黄龙）组；二叠系中统梁山组、栖霞组、茅口组、上统龙潭组（吴家坪组）、长兴组；三叠系下统飞仙关组（大冶组）、嘉陵江组，中统雷口坡组（巴东组），上统须家河组；侏罗系下统珍珠冲组、自流井组、中统新田沟组、沙溪庙组（下部），上统遂宁组、遂莱镇组；白垩系上统正阳组（均零星出露向斜核部）。

主要赋矿地层有上震旦统灯影组，下寒武统清虚洞组，中寒武统高台组、石冷水组、平井组，上寒武统耿家店组、毛田组，中二叠统梁山组。

区域重磁特征：在分区上属七曜山-金佛山重力异常带、航磁正、负异常区以及酉阳重磁负异常区。区内布格重力异常均为负值，从东到西异常值总体逐渐降低，最高值−118mGal，最低−132mGal，场值变化较缓，局部地方具圈闭重力异常，具地台内重力异常特征，异常走向总体呈北东和北北东向。该区在化极后航磁异常平面等值线图上均为正磁异常，在一范围较大的负磁异常西部，异常总体呈东西向，向上延拓后场值降低，负磁异常范围加大且更加明显。

区域地球化学：据现有的地球化学成果资料统计，本地区 Pb、Zn、Ag、As、Sb、Hg 等元素的背景含量比类似地区同类岩石元素背景含量平均值高 2 倍以上。各元素的背景及异常分布与不同的地质构造背景密切相关。铅、锌、银、汞等元素的高背景区主要分布于下寒武统清虚洞组，中寒武统高台组、石冷水组、平井组，上寒武统耿家店组，以及中奥陶统宝塔组及下奥陶统桐梓组等碳酸盐岩地层中；而铜元素的高背景则主要分布于二叠系中；其他元素则与构造关系紧密关联。异常多具有各元素相互套合、成群成带分布的特点。通过 1∶5 万水系沉积物测量所圈定的各类化探异常来看，铅、银、砷、锑 4 个元素多伴生,均呈现正相关关系。一般铅单元素异常峰值(542~6989)×10^{-6},锌单元素异常峰值(1295~3533)×10^{-6},部分异常为矿化所致。该区元素地球化学异常既有共同特征,又有明显的区别。其共同特征为:各矿点异常主要局限于寒武系;各矿点异常中均有强度不一、规模不等的Pb、Zn、As、Hg元素异常组合;Hg异常峰值均很高,达1.102×10^{-6}以上,最高为32×10^{-6};异常套合好,浓集趋势和浓集中心明显。区别为:整个接龙背斜分布区,没有元素的大面积富集,只是在局部有Pb、Zn、As、Sb、Hg的较强富集,而在老厂坪背斜,As、Sb、Hg、F、B、P、MgO等伴生元素和矿化剂元素大面积强烈富集,有覆盖大部分背斜的特征,局部形成高强异常;区域上其他异常还有石柱大堰铅锌异常、石柱桃子坪银多金属异常、武隆王家嘴铅锌异常以及贵州群乐-平胜、国家湾、洛龙-三桥以北一带分布有4个Pb、Zn、Cd综合异常,异常多沿背斜及断层附近展布。在黔北隆起与黔南台陷、江南造山带相接壤地带,如松桃-江口断裂带、黔中断裂带发育有强度很高的Hg、Pb、Zn、Ag、Mo、Ba、U、Th、As、Sb、Au等成矿元素地球化学异常带。

区域矿产:有铝、铅锌、铜、煤、汞、重晶石、萤石、菱铁矿、硫铁矿、石膏、熔剂灰岩、建筑用灰岩、含钾页岩和黏土等。铝土矿产于下二叠统梁山组中上部,勘查程度最高;铅锌矿主要产于老厂坪背斜近轴部中下寒武统碳酸盐建造中,常呈脉状与构造关系密切;铜矿主要产出于老厂坪背斜近轴部上震旦统灯影组上部;煤矿层产于上二叠统底部铝质岩以上;煤、熔剂灰岩、黏土亦具有一定规模,其余矿种规模小,但可供地方开发利用。

2. 找矿方向

主攻矿种和主攻矿床类型:产于二叠纪地层中大竹园式沉积型铝土矿、产于早古生代碳酸盐建造中的低温热液型铅锌矿、产于泥盆纪地层中宁乡式沉积型赤铁矿。

找矿方向:大致以区内褶皱构造为单元划分V级找矿远景区16个(表17-14)。

V106老厂坪背斜铅锌矿找矿远景区,面积1100km^2,圈定铅锌矿找矿靶区5个,其中A类2个、B类2个、C类1个,老厂坪找矿靶区具中型找矿潜力,其余靶区可达小型规模。

V107武隆羊角-南川九井向斜铝土矿找矿远景区,面积677km^2,圈定铝土矿找矿靶区7个,其中A类3个、B类1个、C类3个,重庆南川区九井向斜、南川区川洞湾-大佛岩等2个靶区具大型找矿潜力。

V108武隆青杠向斜-普子向斜铝土矿找矿远景区,面积1250km^2,圈定铝土矿找矿靶区7个,其中A类3个、C类4个,重庆南川区九井向斜、南川区川洞湾-大佛岩2个靶区具大型找矿潜力。

V109石滚槽向斜-普子向斜铁矿铅锌矿铝土矿找矿远景区,面积952km^2,圈定铝土矿找矿靶区5个,其中A类1个、B类3个、C类1个,贵州瓦厂坪靶区具大型找矿潜力;圈定具小型远景的A类铅锌矿找矿靶区1个;张家垭口-安家堡铅锌找矿靶区;圈定铁矿找矿靶区3个,其中B类2个、C类1个,均具中型找矿潜力。

V110平桥-白果坝铅锌矿找矿远景区,面积1087km^2,圈定铅锌矿找矿靶区2个,其中B类1个、C类1个,可达小型规模。

V111黔江水田坝铝土矿找矿远景区,面积322km^2,圈定具中小型远景的铝土矿找矿靶区3个,其中A类1个、B类1个、C类1个。

V112彭水龙嘴岩-万足铝土矿找矿远景区,面积626km^2,圈定具中小型远景的C类铝土矿找矿靶区4个。

V113车盘向斜-安场向斜铝土矿找矿远景区,面积874km^2,圈定具大型远景的C类铝土矿找矿靶区3个,其中A类1个、C类2个,武隆车盘向斜、安场、平木等。

V114大塘向斜铝土矿找矿远景区,面积318km^2,圈定铝土矿找矿靶区3个,其中A类1个、B类1个、C类1个,大塘靶区具大型找矿潜力。

表 17-14　Ⅳ-48 黔江-南川-正安远景区找矿靶区特征表

主攻矿种	主攻类型	典型矿床	V级找矿远景区	面积（km²）	找矿靶区	编号	面积（km²）	远景
铅锌铁铝土矿	层控型-热卤水改造型铅锌矿、沉积型铝土矿铁矿	接龙、老厂坪铅锌矿、大竹园铝土矿、宁乡式铁矿	V106 老厂坪背斜铅锌矿找矿远景区	1100	A 三战营铅锌找矿靶区	PbZn-A-19	26	铅锌小型
					A 老厂坪铅锌找矿靶区	PbZn-A-20	43	铅锌中型
					B 木坪铅锌找矿靶区	PbZn-B-34	54	铅锌小型
					B 接龙铅锌找矿靶区	PbZn-B-35	47.7	铅锌小型
					C 冒水孔电站铅锌找矿靶区	PbZn-C-25	49.5	铅锌小型
			V107 武隆羊角-南川九井向斜铝土矿找矿远景区	677	A 南川区九井向斜铝土矿找矿靶区	Al-A-3	27.7	铝土矿大型
					A 南川区吴家湾背斜南东翼铝土矿找矿靶区	Al-A-4	11.5	铝土矿中型
					A 南川区川洞湾-大佛岩铝土矿找矿靶区	Al-A-5	22.38	铝土矿大型
					B 武隆赵家坝背斜东翼铝土矿找矿靶区	Al-B-18	5.24	铝土矿中型
					C 南川区肖家沟铝土矿找矿靶区	Al-C-7	8.91	铝土矿小型
					C 武隆赵家坝背斜西翼铝土矿找矿靶区	Al-C-8	7.22	铝土矿中型
					C 武隆羊角铝土矿找矿靶区	Al-C-20	11.47	铝土矿小型
			V108 武隆青杠向斜-普子向斜铝土矿找矿远景区	1250	A 武隆清水乡铝土矿找矿靶区	Al-A-7	7.83	铝土矿小型
					A 武隆土坎-青杠堡铝土矿找矿靶区	Al-A-8	24.88	铝土矿大型
					A 武隆焦村坝-堰田沟铝土矿找矿靶区	Al-A-9	24.76	铝土矿小型
					C 武隆白岩湾铝土矿找矿靶区	Al-C-9	11.92	铝土矿中型
					C 武隆张家山-峭顶铝土矿找矿靶区	Al-C-11	37.23	铝土矿大型
					C 武隆青杠向斜北翼东段铝土矿找矿靶区	Al-C-12	12.72	铝土矿中型
					C 武隆普子向斜西翼铝土矿找矿靶区	Al-C-13	17.34	铝土矿小型

续表 17-14

主攻矿种	主攻类型	典型矿床	Ⅴ级找矿远景区	面积（km²）	找矿靶区	编号	面积（km²）	远景
铅锌铁铝土矿	层控型-热卤水改造型铅锌矿、沉积型铝土矿铁矿	接龙、老厂坪铅锌矿、大竹园铝土矿、宁乡式铁矿	Ⅴ109 石滚槽向斜-普子向斜铁矿铅锌矿铝土矿找矿远景区	952	A 张家垭口-安家堡铅锌找矿靶区	PbZn-A-21	20.3	铅锌小型
					B 锅厂坝背斜锅厂坝铁矿找矿靶区	Fe-B-51	34.18	铁中型
					B 石滚槽向斜西翼石柳铁矿找矿靶区	Fe-B-52	38.54	铁中型
					C 石滚槽向斜东翼连湖铁矿找矿靶区	Fe-C-68	23.74	铁中型
					A 瓦厂坪铝土矿找矿靶区	Al-A-10	36.6	铝土矿大型
					B 彭水普子向斜东翼中段铝土矿找矿靶区	Al-B-21	22.66	铝土矿中型
					B 彭水马槽坝向斜北西翼东段铝土矿找矿靶区	Al-B-22	19.03	铝土矿小型
					B 彭水普子向斜西翼中段铝土矿找矿靶区	Al-B-23	9.24	铝土矿小型
					C 彭水高谷镇铝土矿找矿靶区	Al-C-14	7.67	铝土矿小型
			Ⅴ110 平桥-白果坝铅锌找矿远景区	1087	B 平桥电站铅锌找矿靶区	PbZn-B-36	33.5	铅锌小型
					C 白果坝铅锌找矿靶区	PbZn-C-26	53.8	铅锌小型
			Ⅴ111 黔江水田坝铝土矿找矿远景区	322	A 黔江水田坝铝土矿找矿靶区	Al-A-13	5.72	铝土矿中型
					B 黔江中塘铝土矿找矿靶区	Al-B-24	10.31	铝土矿小型
					C 黔江水车坪铝土矿找矿靶区	Al-C-19	14.19	铝土矿中型
			Ⅴ112 彭水龙嘴岩-万足铝土矿找矿远景区	626	C 彭水万足乡铝土矿找矿靶区	Al-C-15	2.79	铝土矿中型
					C 彭水新田铝土矿找矿靶区	Al-C-16	15.89	铝土矿中型
					C 彭水鹿角铝土矿找矿靶区	Al-C-17	11	铝土矿中型
					C 彭水龙嘴岩铝土矿找矿靶区	Al-C-18	8.51	铝土矿小型
			Ⅴ113 车盘向斜-安场向斜铝土矿找矿远景区	874	A 武隆车盘向斜铝土矿找矿靶区	Al-A-6	27.69	铝土矿大型
					C 道真-安场铝土矿找矿靶区	Al-C-21	28.6	铝土矿大型
					C 平木铝土矿找矿靶区	Al-C-22	18.4	铝土矿大型
			Ⅴ114 大塘向斜铝土矿找矿远景区	318	A 大塘铝土矿找矿靶区	Al-A-12	51.36	铝土矿大型
					B 武隆子母岩南段铝土矿找矿靶区	Al-B-20	4.99	铝土矿小型
					C 武隆子母岩北段铝土矿找矿靶区	Al-C-10	4.08	铝土矿中型

续表 17-14

主攻矿种	主攻类型	典型矿床	V级找矿远景区	面积 (km²)	找矿靶区	编号	面积 (km²)	远景
铅锌铁铝土矿	层控型-热卤水改造型铅锌矿、沉积型铝土矿、宁乡式铁矿	接龙、老厂坪铅锌矿、大竹园铝土矿、宁乡式铁矿	V115 浩口向斜-桃源向斜铝土矿找矿远景区	222	B 武隆浩口向斜铝土矿找矿靶区	Al-B-19	14.87	铝土矿中型
					B 桃源铝土矿找矿靶区	Al-B-25	18.16	铝土矿大型
			V116 南川柏梓山铝土矿找矿远景区	769	A 南川区娄家山铝土矿找矿靶区	Al-A-1	6.28	铝土矿中型
					A 南川区菜竹坝铝土矿找矿靶区	Al-A-2	7.07	铝土矿中型
					B 南川区柏梓山铝土矿找矿靶区	Al-B-17	12.92	铝土矿大型
					C 南川区包家坪铝土矿找矿靶区	Al-C-4	2.69	铝土矿中型
					C 南川区龙塘铝土矿找矿靶区	Al-C-5	1.85	铝土矿小型
					C 南川区干河沟铝土矿找矿靶区	Al-C-6	1.83	铝土矿小型
			V117 浣溪向斜铝土矿找矿远景区	112	B 浣溪铝土矿找矿靶区	Al-B-26	22.6	铝土矿大型
			V118 栗园向斜铝土矿找矿远景区	333	A 大竹园铝土矿找矿靶区	Al-A-11	30.8	铝土矿大型
			V119 道真-安场向斜南段铝土矿找矿远景区	193	C 道真-安场铝土矿找矿靶区	Al-C-21	28.6	铝土矿大型
			V120 新模向斜铝土矿找矿远景区	301	B 新模铝土矿找矿靶区	Al-B-28	10.9	铝土矿中型
			V121 张家院向斜铝土矿找矿远景区	121	B 张家院铝土矿找矿靶区	Al-B-27	25.4	铝土矿大型

V115 浩口向斜-桃源向斜铝土矿找矿远景区，面积 22km²，圈定具中大型远景的 B 类铝土矿找矿靶区 2 个：武隆浩口向斜、桃源。

V116 南川柏梓山铝土矿找矿远景区，面积 769km²，圈定铝土矿找矿靶区 7 个，其中 A 类 2 个、B 类 1 个、C 类 4 个，柏梓山靶区具大型找矿潜力。

V117 铝土矿找矿远景区，面积 112km²，圈定具大型远景的 B 类铝土矿找矿靶区 1 个：浣溪向斜。

V118 栗园向斜铝土矿找矿远景区，面积 333km²，圈定具大型远景的 A 类铝土矿找矿靶区 1 个：大竹园。

V119 道真-安场向斜南段铝土矿找矿远景区，面积 193km²，圈定具大型远景的 C 类铝土矿找矿靶区1个:道真-安场。

Ⅴ120新模向斜铝土矿找矿远景区,面积301km²,圈定具中型远景的B类铝土矿找矿靶区1个:新模。

Ⅴ121张家院向斜铝土矿找矿远景区,面积121km²,圈定具大型远景的B类铝土矿找矿靶区1个:张家院。

总计,Ⅳ-48黔江-南川-正安远景区圈定铝土矿找矿靶区44个,其中A类13个、B类12个、C类19个,重庆南川区九井向斜、南川区川洞湾-大佛岩、武隆车盘向斜、武隆土坎-青杠堡、南川区柏梓山、武隆张家山-峭顶、贵州瓦厂坪、大竹园、大塘、桃源、浣溪、张家院、安场、平木14个靶区具大型找矿潜力,具中型矿床远景的靶区17个;圈定铅锌矿找矿靶区8个,其中A类3个、B类3个、C类2个,老厂坪找矿靶区具中型找矿潜力,其余靶区可达小型规模;圈定铁矿找矿靶区3个,其中B类2个、C类1个,均具中型找矿潜力。

(十五)Ⅳ-49习水-仁怀铅锌矿远景区

1. 地质背景

范围:远景区位于桑木场背斜分布范围,北起贵州省习水县城,南到仁怀县城,南北长约60km,东西宽约30多千米。极值坐标范围为$E106°08'—106°34'$,$N27°47'—28°27'$,总面积约0.2万km²。

大地构造位置:Ⅲ扬子陆块区-Ⅲ₁上扬子陆块-Ⅲ$_{1-7}$扬子陆块南部碳酸盐台地-Ⅲ$_{1-7-2}$金佛山-毕节前陆褶皱带。区域构造主要表现为燕山期形成的北东—近南北向褶皱-断裂系,主要特征是背斜相对宽缓,向斜相对紧闭,背斜核部被平行于褶皱轴的断层破坏,沿该组断层水系沉积物铅锌异常呈孤岛状分布,且已知铅锌矿床点均分布于断裂带旁侧的背斜核部。

褶皱主要发育桑木场背斜、太极场向斜、官店向斜,区内已发现铅锌矿均产出于桑木场背斜近轴部。区内断裂构造以北东向为主,次为北西向,多分布于背斜核部。其中,桑木场断层是区内规模最大的断层。

地层分区:华南地层大区(Ⅱ)-扬子地层区(Ⅱ₂)之上扬子地层分区(Ⅱ$_2^4$)。区域出露地层有震旦系、寒武系、奥陶系、志留系、石炭系、二叠系、三叠系、侏罗系、白垩系及第四系,共划分35个组,累计厚度大于10 000m。寒武系至中三叠统主要为海相沉积组合,上三叠统上部至白垩系为内陆盆地河湖相沉积组合,第四系为内陆山地多成因松散堆积。其中,石炭系与上、下地层均呈不整合接触,二叠系呈微角度不整合覆于奥陶系至石炭系不同层位之上,其余地层均为整合或假整合接触。铅锌矿主要赋矿地层有:灯影组、清虚洞组、娄山关组。

区域重磁特征:区域重力上处于东部榕江—剑河—三穗一带为大型南北向重力梯级带与西部龙门山-乌蒙山重力梯度带南段转接师宗-弥勒重力梯级带,以及北部成都重力高(四川盆地)与云贵高原过渡带之间,布格重力异常等值线呈近南北向,总体东高西低。远景区位于罗甸-贵阳(龙里)-遵义-务川南北向重力异常突变带以西。以该带为界,以东等值线稀疏,以西等值线较密集;以南北向为界,以东地区地质体走向为北东向,以西地区大多数走向为北西向,这与地表地层走向、背、向斜轴基本一致。而在深部基底内的密度块体走向为北东向,这与该区内布格重力异常的变化及基底出露情况一致,正负密度块体可能为东西向基底背、向斜同时伴随侵入岩体所产生。远景区局部航磁异常为变化较缓的弱正磁异常。铅锌矿(点)床分布主要集中在封闭的航磁异常相对平缓或航磁异常鞍部。铅锌矿分布沿航磁推断的南北向断裂分布,其周围应该是寻找铅锌矿的有力部位。

区域地球化学:远景区位于黔北隆起地球化学区,该区地表以F、CaO、MgO地球化学高背景分布最为典型。其次有As、B、Ba、Be、Cd、Co、Cr、Cu、Hg、La、Li、Mn、Mo、Nb、Ni、P、Pb、Sr、Ti、U、V、W和Fe_2O_3、K_2O、Na_2O地球化学高背景。高背景带或异常带均呈NNE、NE向展布。区内Pb、Zn、Ag、Cd、Sb、Hg元素异常主要分布在桑木背斜核部,出露地层主要为震旦系灯影组,寒武系牛蹄塘组、明心寺组、金顶山组、清虚洞组、高台组、石冷水组、高台组。异常带发育北东向断裂构造,远景区中部银厂—大岩—润南一带Pb、Zn、Ag元素异常套合极好。Pb、Zn、Ag作为直接指示元素。

区域矿产:区内分布有银厂、谢家坝、河坝大岩、金车井、润南、羊化狮子洞6处铅锌矿矿产地。铅锌矿主要赋存在震旦系灯影组、寒武系清虚洞组中,而娄山关组中仅见矿化点。

2. 找矿方向

主攻矿种和主攻矿床类型:产于早古生代碳酸盐建造中的低温热液型铅锌矿。

找矿方向:区内以背斜出露早古生代地层区为单元划分了Ⅴ级找矿远景区2个(表17-15)。

表17-15 Ⅳ-49习水-仁怀铅锌矿远景区找矿靶区特征表

主攻矿种	主攻类型	典型矿床	Ⅴ级找矿远景区	面积(km²)	找矿靶区	编号	面积(km²)	远景
铅锌萤石重晶石	层控型-热卤水改造型	桑木镇银厂铅锌矿	Ⅴ122习水桑木背斜铅锌矿找矿远景区	500	B谢家坝铅锌矿找矿靶区	PbZn-B-37	43.06	铅锌中型
			Ⅴ123仁怀铅锌矿找矿远景区	500	C喜头山铅锌矿找矿靶区	PbZn-C-27	16.13	铅锌小型
					C中枢铅锌矿找矿靶区	PbZn-C-28	12.93	铅锌小型

Ⅴ122习水桑木背斜铅锌矿找矿远景区,面积500km²,圈定具中型潜力的B类铅锌靶区1个:谢家坝。

Ⅴ123仁怀铅锌矿找矿远景区,面积500km²,圈定具中型潜力的C类铅锌靶区2个:喜头山、中枢。

(十六)Ⅳ50酉阳-秀山-铜仁汞锰铅锌矿远景区

1. 地质背景

范围:远景区北起重庆黔江区,南至贵州镇远、施秉县,西至贵州沿河、思南、石阡一线,东抵湘渝、湘黔省界,涵盖重庆酉阳、秀山、贵州松桃、铜仁、江口、印江、万山、玉屏、三穗、岑巩等县。呈北北东向展布,长约250km,东西宽约100km。极值坐标范围为E107°51′—109°31′,N26°52′—29°36′,总面积约2.57万km²。

大地构造位置:Ⅲ扬子陆块区-Ⅲ₁上扬子陆块-Ⅲ₁₋₇扬子陆块南部碳酸盐台地-Ⅲ₁₋₇₋₄秀山-凤冈滑脱褶皱带、Ⅲ₁₋₇₋₅铜仁逆冲带,在重庆境内包括黔江凹褶束及秀山穹褶束等。远景区大致以保铜玉断裂为界,以西为扬子准地台之黔北台隆,以东则为华南褶皱带。扬子准地台之黔北台隆又大致以红石断裂为界,以西划属为遵义断拱凤岗北北东向构造变形区,以东为贵阳复杂构造变形区。

区域构造主要表现为燕山期形成的北北东向褶皱-断裂系,定形于印支—燕山期,喜马拉雅期仍有活动,以地台盖层浅层褶皱构造为主。主要特征是背斜相对宽缓,向斜相对紧闭,背斜核部被平行于褶皱轴的断层破坏,轴向北5°~45°东,轴线延伸几千米至数十千米不等。主要构造包括天馆背斜、丁市背斜、咸丰背斜带、桐麻岭背斜带、酉酬背斜及秀山背斜带、凉桥向斜、三角塘背斜、庙坝复式向斜、沿河菱环状背斜-板场背斜、松桃背斜、松桃-盘山背斜、坝盘背斜、孟溪向斜、和田向斜等。与铅锌矿化关系密切的褶皱有:咸丰背斜、天馆背斜、桐麻岭背斜、酉酬背斜、秀山背斜、三角塘背斜、沿河菱环状背斜-板场背斜、松桃背斜、松桃-盘山背斜。矿床(点)一般分布于褶皱构造轴部、轴部和翼部转折部位或背斜的倾伏端。

地层分区:华南地层大区(Ⅱ)-扬子地层区(Ⅱ₂)之上扬子地层分区(Ⅱ₂⁴)。区内均为沉积岩,属稳定地台型建造。地层除缺失上志留统,中、下泥盆统,下石炭统,下二叠统,上、中白垩系及第三系外,从蓟县系(梵净山群)、清白口系(板溪群或下江群)到第四系均有出露。

区域出露前震旦系是中新元古代的蓟县系(梵净山群)、青白口系板溪群和南华系南沱冰碛组、大塘坡组。梵净山群仅分布于黔东北梵净山区;板溪群为一套浅海相碎屑岩,浅变质属本区褶皱基底,产出有石英脉型金矿;南华系为一套砂、砾建造;震旦系以一套浅海碳酸盐岩和碎屑岩为主;寒武系以一套浅海碳酸盐岩为主;奥陶系以一套潮间-浅海相碳酸盐岩与碎屑岩互层产出为主;中、下志留统为一套滨海-浅海相碎屑岩;上泥盆统水车坪组,以一套陆原碎屑-滨海沉积岩为主;上石炭统黄龙组以一套滨海陆棚相碳酸盐岩为主;中二叠统早期梁山组一段由风化残积相黏土岩、铝土岩(矿)、铁质黏土岩(铁矿)组成;中、上二叠统其余各组地层均为一套滨海-浅海相碳酸盐岩夹碎屑岩、含煤建造;三叠系为一套开阔海-湖滨沼泽相碳酸盐岩与碎屑岩互层、夹煤层建造;侏罗系为一套湖滨沼泽-河流、洪泛盆地碎屑岩相沉积;上白垩统正阳组为一套山间盆地粗粒碎屑岩相沉积。

区内岩浆岩主要出露于最古老的中、新元古代地层分布区——梵净山地区。梵净山地区出露的岩浆岩以喷溢相的火山熔岩和爆发相的火山碎屑岩为主,具有分布广、厚度大(总厚度4000~5000m左右)的特点,以基性熔岩占绝对优势,并细分为细碧岩-角斑岩组合、细碧岩-超基性岩组合、辉绿岩-超基性岩组合三大类,其间常夹有海相沉积砂页岩及少量火山碎屑岩、条带状硅质岩。构成典型的蛇绿岩套。梵净山区的侵入岩主要为酸性的白岗岩,分布于梵净山背斜的北西翼,并有若干与花岗岩同期的酸性脉岩,如花岗伟晶岩、石英钠长斑岩、长英岩、钠长岩等。

区域重磁特征:远景区在全国布格重力异常上处在大兴安岭-太行山-武陵山重力梯级带的南段。布格重力异常总体呈南东高、北西低的特征,从南东到北西,场值从-74mGal降到-118mGal,在江口—普觉一带以东呈北北东向梯级带,闵孝—寨英一线北西存在两个异常范围大、强度高的负布格异常,西南部异常宽缓,异常等值线从东南的北北东扭变成北西向,西部范围大、强度高的负布格异常可能是由酸性体或基底凹陷引起。总体上,研究区布格异常除西南部变化较缓外,其余地区布格重力异常变化均较陡,表现为地槽区重力异常特征。

远景区航磁异常变化较小,异常等值线主要为北东向,圈闭负磁异常走向大多为北东向和东西向。以普觉—英寨—闵孝一带磁异常变化最小,两侧变化较大,闵孝—英寨一线北西存在一个异常范围大的负磁异常,与负布格重力异常范围稳合较好,应该是同源物质产生。

区域地球化学:区内铅、锌、银、汞等元素的高背景区主要分布于寒武系碳酸盐岩地层中,与一系列北东、北北东向背斜构造及断裂构造关系紧密。高背景带或异常带均呈NNE、NE向展布。区内各个Pb、Zn综合异常区(带)上的单个Pb、Zn异常上多有铅锌矿点出露,说明异常与铅锌的密切关系。在远景区北段,Pb、Zn、Ag异常主要沿咸丰背斜、天馆背斜、桐麻岭背斜、酉酬背斜、秀山背斜轴部寒武系碳酸盐岩地层展布,并与现已发现的铅锌矿床点如黔江五峰山、酉阳小坝、铅厂盖、秀山石堤等套合极好。在远景区中段沿河片区,Pb、Zn异常主要发育于官舟背斜、沿河复式背斜核部,沿三角塘-官舟断裂带、钟南断裂带异常最强,浓度分带明显,套合较好,异常较强具2~3级异常分带,异常带上发育北东向断裂构造,为已知三角塘铅锌矿导致的矿致异常。Au异常与Pb、Zn、Ag异常总体套合较差,主要分布于区内梵净山穹状背斜的北西部及天柱Ag、Au、Pb、Zn异常区内。除此之外,在铜(仁)-凤(凰)及万山至玉屏多金属矿带上有较好的Au异常分布,其他异常区内,也分布有零星的低缓Au异常。

区域矿产:区内矿产资源较为丰富,计有汞、锰、铅锌、钨锡铜、金、锑、铀、钒、钾、铌、钽、镍等金属矿产和大理岩、辉绿岩、板岩、紫袍玉带石、磷块岩、硫铁矿、水泥灰岩、制砖页岩等非金属矿产,以及煤炭能源资源、热矿泉水资源等。金矿主要分布于梵净山穹状背斜的北西翼,沿其梵净山群与板溪群之不整合面附近分布,其类型有石英脉型、蚀变岩型两类,已发现的矿床(点)有10余处,规模较大的为印江金厂金矿、江口金盏坪金矿;锰矿以菱锰矿为主,产于南华系大塘坡组;钒矿产于下寒武统下部牛蹄塘组;汞矿主要赋存于下寒武统清虚洞组、中寒武统高台组、石冷水组中,个别地段上震旦统灯影组见汞矿化;重晶石、萤石主要赋存于下奥陶统红花园组、桐梓组中,少数展布在中奥陶统大湾组、上寒武统毛田组、下寒武统清虚洞组中;铅锌矿含矿层位多,区内铅锌矿有近10个含矿层位,主要赋存于上震旦统灯影组,寒武系、下奥陶统桐梓组、红花园组中,最老地层为青白口系板溪群,最新地层为奥陶系大湾组。铝土矿产于下二叠统底部梁山组中,具有工业意义的矿床分布于黔江地区,矿体为似层状、透镜状,部分已开发利用。

2. 找矿方向

主攻矿种和主攻矿床类型：产于南华系大塘坡组之海相沉积型锰矿、产于早古生代碳酸盐建造中的低温热液型铅锌矿。

找矿方向：大致以区内北北东向褶皱断裂构造为单元划分了Ⅴ级找矿远景区6个（表17－16）。

表17－16　Ⅳ－50酉阳-秀山-铜仁汞锰铅锌矿远景区找矿靶区特征表

主攻矿种	主攻类型	典型矿床	Ⅴ级找矿远景区	面积（km²）	找矿靶区	编号	面积（km²）	远景
汞锰铅锌	海相沉积型锰矿、层控型-热卤水改造型铅锌矿、层控型-热卤水改造型铅锌汞矿	大塘坡锰矿、嗅脑铅锌矿，小坝、五峰山、高洞子（中型）、铺子边、三角塘（小型）、牯牛洞、坝竹坨（小型）	Ⅴ124咸丰背斜铅锌矿找矿远景区	544	A 五峰山铅锌矿找矿靶区	PbZn－A－22	36.4	铅锌中型
					A 小坝铅锌矿找矿靶区	PbZn－A－23	58.15	铅锌中型
					B 金洞铅锌矿找矿靶区	PbZn－B－38	38	铅锌小型
					B 荆竹堡铅锌矿找矿靶区	PbZn－B－39	33.87	铅锌小型
					C 黑水-马鹿池铅锌矿找矿靶区	PbZn－C－29	73.3	铅锌小型
					C 钟多镇-冯家铅锌矿找矿靶区	PbZn－C－31	50.3	铅锌小型
			Ⅴ125天馆背斜铅锌矿找矿远景区	1279	A 丁市铅锌矿找矿靶区	PbZn－A－24	17.7	铅锌小型
					A 铅厂盖铅锌矿找矿靶区	PbZn－A－25	60	铅锌中型
					B 后坝铅锌矿找矿靶区	PbZn－B－42	42.56	铅锌小型
					B 三角塘铅锌矿找矿靶区	PbZn－B－47	12.7	铅小型、锌中型
					C 任家槽-中坝铅锌矿找矿靶区	PbZn－C－33	88.8	铅锌小型
					C 宜居铅锌矿找矿靶区	PbZn－C－34	67	铅锌小型
			Ⅴ126桐麻岭背斜-鸡公岭背斜锰铅锌矿找矿远景区	1439	A 李溪铅锌找矿靶区	PbZn－A－26	68	铅锌中型
					A 牯牛洞铅锌矿找矿靶区	PbZn－A－27	26.8	铅锌小型
					B 银岭铅锌矿找矿靶区	PbZn－B－40	54	铅锌小型
					C 郑家湾铅锌矿找矿靶区	PbZn－C－30	37.5	铅锌小型
					C 龙洞沱铅锌矿找矿靶区	PbZn－C－32	45.4	铅锌小型
					A 酉阳县楠木锰矿找矿靶区	Mn－A－19	17.45	锰中型
					A 酉阳县枫香堡锰矿找矿靶区	Mn－A－20	14.70	锰中型
					A 秀山县平溪锰矿找矿靶区	Mn－A－21	17.99	锰大型
					A 秀山县马家寨锰矿找矿靶区	Mn－A－22	18.18	锰中型
					A 秀山县卷厂沟锰矿找矿靶区	Mn－A－23	11.53	锰中型
					A 秀山县西池盖锰矿找矿靶区	Mn－A－24	14.29	锰中型
					A 秀山县二台坡锰矿找矿靶区	Mn－A－25	12.60	锰中型
					A 秀山县黄土坎锰矿找矿靶区	Mn－A－26	14.01	锰中型
					A 秀山县桐子坪锰矿找矿靶区	Mn－A－27	3.13	锰中型
					B 酉阳县狮子岩锰矿找矿靶区	Mn－B－9	7.00	锰中型
					B 酉阳县杉树坪锰矿找矿靶区	Mn－B－10	7.37	锰中型
					C 秀山县乌鸦盖锰矿找矿靶区	Mn－C－10	1.8062	锰中型

续表 17-16

主攻矿种	主攻类型	典型矿床	Ⅴ级找矿远景区	面积（km²）	找矿靶区	编号	面积（km²）	远景
汞锰铅锌	海相沉积型锰矿、层控型-热卤水改造型铅锌矿、层控型-热卤水改造型铅锌汞矿	大塘坡锰矿、嗅脑铅锌矿，小坝、五峰山、高洞子（中型）、铺子边、三角塘（小型）、牯牛洞、坝竹坨（小型）	Ⅴ127 酉酬背斜-秀山背斜-梵净山穹隆锰铅锌矿找矿远景区	3877	B 石堤铅锌矿找矿靶区	PbZn-B-41	32	铅锌小型
					A 瓦屋-下溪锰矿找矿靶区	Mn-A-38	27.10	锰中型
					A 秀山县沙子坳锰矿找矿靶区	Mn-A-28	3.83	锰中型
					A 秀山县大草坪锰矿找矿靶区	Mn-A-29	4.70	锰中型
					A 秀山县平茶锰矿找矿靶区	Mn-A-30	2.13	锰中型
					A 黑水溪锰矿找矿靶区	Mn-A-31	15.88	锰中型
					A 杨家湾锰矿找矿靶区	Mn-A-32	4.42	锰大型
					A 牛家湾-杨立掌锰矿找矿靶区	Mn-A-33	31.17	锰大型
					A 石塘-大屋锰矿找矿靶区	Mn-A-34	20.58	锰中型
					A 白石溪锰矿找矿靶区	Mn-A-35	16.30	锰中型
					A 大塘坡锰矿找矿靶区	Mn-A-36	10.90	锰大型
					B 秀山县骄子顶锰矿找矿靶区	Mn-B-11	13.76	锰中型
					B 秀山县龙凤锰矿找矿靶区	Mn-B-12	5.06	锰中型
					B 秀山县云台山锰矿找矿靶区	Mn-B-13	9.30	锰中型
					B 秀山县孝溪锰矿找矿靶区	Mn-B-14	7.93	锰中型
					B 秀山县北香沟锰矿找矿靶区	Mn-B-15	12.96	锰中型
					B 秀山县莲花山锰矿找矿靶区	Mn-B-16	7.95	锰中型
					B 秀山县天坪锰矿找矿靶区	Mn-B-17	10.77	锰中型
					B 秀山县曾家湾锰矿找矿靶区	Mn-B-18	10.57	锰中型
					B 秀山县六池-凤凰锰矿找矿靶区	Mn-B-19	43.47	锰中型
					B 秀山县六池锰矿找矿靶区	Mn-B-20	23.50	锰中型
					B 牛家湾-杨立掌锰矿找矿靶区	Mn-B-21	51.08	锰大型
					B 酉阳县狮子岩锰矿找矿靶区	Mn-B-9	8.68	锰中型
					C 秀山县新屯锰矿找矿靶区	Mn-C-14	3.11	锰中型
					C 秀山县老将坡锰矿找矿靶区	Mn-C-15	11.68	锰中型
					C 举贤锰矿找矿靶区	Mn-C-16	13.73	锰中型
			Ⅴ128 松桃-铜仁锰铅锌矿找矿远景区	2400	B 五星铅锌矿找矿靶区	PbZn-B-43	20.95	铅小型、锌小型
					B 嗅脑铅锌矿找矿靶区	PbZn-B-44	30.12	铅小型、锌中型
					B 塘边坡铅锌矿找矿靶区	PbZn-B-46	33.43	铅小型、锌中型
					A 西溪堡锰矿找矿靶区	Mn-A-37	50.36	锰中型
					C 普觉锰矿找矿靶区	Mn-C-17	3.92	锰中型
			Ⅴ129 铜仁大硐喇-万山锰铅锌矿找矿远景区	1136	B 大硐喇铅锌矿找矿靶区	PbZn-B-45	36.43	锌中型
					A 瓦屋-下溪锰矿找矿靶区	Mn-A-38	27.10	锰中型

V124 咸丰背斜铅锌矿找矿远景区,面积 544km²,圈定铅锌矿找矿靶区 6 个,其中 A 类 2 个、B 类 2 个、C 类 2 个,五峰山、小坝 2 个找矿靶区具中型找矿潜力,其余靶区仅具小型远景。

V125 天馆背斜铅锌矿找矿远景区,面积 1279km²,圈定铅锌矿找矿靶区 6 个,其中 A 类 2 个、B 类 2 个、C 类 2 个,铅厂盖、三角塘 2 个找矿靶区具中型找矿潜力,其余靶区仅具小型远景。

V126 桐麻岭背斜-鸡公岭背斜锰铅锌矿找矿远景区,面积 1439km²,圈定铅锌矿找矿靶区 5 个,其中 A 类 2 个、B 类 1 个、C 类 2 个,李溪找矿靶区具中型找矿潜力,其余靶区仅具小型远景;圈定锰矿找矿靶区 25 个,其中 A 类 10 个、B 类 12 个、C 类 3 个,平溪找矿靶区具大型找矿潜力,其余靶区具中型远景。

V127 酉酬背斜-秀山背斜-梵净山穹隆锰铅锌矿找矿远景区,面积 3877km²,圈定具小型远景的 B 类铅锌矿找矿靶区 1 个,石堤;圈定锰矿找矿靶区 12 个,其中 A 类 9 个、B 类 2 个、C 类 1 个,杨家湾、牛家湾-杨立掌、大塘坡 3 个找矿靶区具大型找矿潜力,其余靶区具中型远景。

V128 松桃-铜仁锰铅锌矿找矿远景区,面积 2400km²,圈定具中小型远景的 B 类铅锌矿找矿靶区 3 个;圈定锰矿找矿靶区 2 个,其中 A 类 1 个、C 类 1 个,普觉、西溪堡等靶区具中型远景。

V129 铜仁大硐喇-万山锰铅锌矿找矿远景区,面积 1136km²,圈定具中型远景的 B 类铅锌矿找矿靶区 1 个,大硐喇;圈定具中型潜力的 A 类锰矿找矿靶区 1 个,瓦屋-下溪。

总计,Ⅳ-50 酉阳-秀山-铜仁汞锰铅锌矿远景区共圈定铅锌矿找矿靶区 22 个,其中 A 类 6 个、B 类 10 个、C 类 6 个,五峰山、小坝、铅厂盖、三角塘、李溪、嗅脑、大硐喇、塘边坡 8 个找矿靶区具中型找矿潜力,其余 14 个靶区仅具小型远景;圈定锰矿找矿靶区 38 个,其中 A 类 20 个、B 类 13 个、C 类 5 个,其中平溪、杨家湾、牛家湾-杨立掌、大塘坡 4 个找矿靶区具大型找矿潜力,其余 34 个靶区具中型远景。

(十七) Ⅳ-51 黔中铝土矿锰矿远景区

1. 地质背景

范围:远景区北起贵州遵义市、南至贵阳市,西到金沙、黔西、织金一线,东抵瓮安县。呈近等轴状分布于贵州中部,东西长约 160km,宽约 130km。极值坐标范围为 E105°55′—107°44′,N26°23′—27°51′,总面积约 1.8 万 km²。

大地构造位置:Ⅲ扬子陆块区-Ⅲ₁上扬子陆块-Ⅲ₁₋₇扬子陆块南部碳酸盐台地-Ⅲ₁₋₇₋₂金佛山-毕节前陆褶皱带、Ⅲ₁₋₇₋₃黔江-遵义滑脱褶皱带、Ⅲ₁₋₇₋₄秀山-凤冈滑脱褶皱带、Ⅲ₁₋₇₋₆黔中隆起、Ⅲ₁₋₇₋₈都匀滑脱褶皱带。以黔中隆起为核心,跨凤岗南北向褶断区、织金宽缓褶皱带、都匀南北向褶皱、毕节前陆褶皱带、黔中隆起等次级构造单元,属稳定的陆块区,广泛发育隔槽式、类隔槽式、隔挡式、疏密波状和箱状等形式多样的褶皱,是贵州典型的前陆褶皱-冲断带的一部分,侏罗山式褶皱发育。大致以酒坪镇—站街—平坝一线为界,西部为织金宽缓褶皱区,东部为凤岗南向褶断区;再以水田坝—沙子哨—清镇—平坝一线为界,北西面为凤岗南北向褶断区,南东面为都匀南北向褶皱区。

地层分区:华南地层大区(Ⅱ)-扬子地层区(Ⅱ₂)之上扬子地层分区(Ⅱ₂⁴)。本区地层布露主要从中元古界至中生界,以下古生界为主体,从老到新主要有:青白口系下江群清水江组。南华系澄江组、南沱组。震旦系陡山沱组、灯影组。寒武系下统牛蹄塘组、明心寺组、金顶山组、清虚洞组、中统高台组、石冷水组,中上统娄山关组。奥陶系下统桐梓组、红花园组、湄潭组,中上统十字铺组和宝塔组。志留系下统龙马溪组、新滩组、松坎组、石牛栏组和韩家店组。下石炭统九架炉组、下石炭统大铺组。二叠系梁山组、栖霞组、茅口组及峨眉山玄武岩、龙潭组、长兴+大隆组。三叠系下统夜郎组、嘉陵江组,中统关岭组、杨柳井组,上统二桥组。侏罗系主要分布于向斜核部,分为下统自流井组,中统沙溪庙组,上统遂宁组以及第四系。加里东期一度隆起,在黔中一带缺失泥盆系和大部分石炭系。以海相沉积为主,其中又以浅海台地相碳酸盐建造占绝对优势。

下石炭统九架炉组是区内的含铝岩系;中二叠统茅口组第三段为含锰岩系。

区域重磁特征:远景区南侧沿威宁—纳雍—织金—贵阳—黄平—镇远—玉屏近500km范围为向东弯曲的"V"字形重力梯级带,从南到北布格重力异常等值线呈"S"形展布,为成都重力高(四川盆地)与云贵高原过渡带的反映。布格重力异常总体东高西低,西部具一规模较小的北东向梯度带,该梯度带北西和南东均为范围较小的圈闭重力异常。结合地质资料解译远景区重力构造特征,锰矿床点周边布格重力异常梯级带由断裂构造引起,锰矿点大多沿重力推断的南北向隐伏断裂分布,同时重力推断有隐伏基性—超基性岩体分布。与锰矿形成有关海底喷流活动可能与隐伏深部构造、隐伏岩体的控制作用有关。

航磁上远景区属威宁-遵义-松桃磁异常变化复杂区,靠西部威宁方向,磁场特征为杂乱的火山跳跃场区,与地表玄武岩分布相吻合,在毕节—贵阳—遵义一带,以正磁异常为主,部分地区存在隐伏或小面积出露玄武岩,航磁推断隐伏断裂构造呈北东、北西向分布。

区域地球化学:远景区属黔北隆起地球化学分区,地表以F、CaO、MgO地球化学高背景分布最为典型。其次有As、B、Ba、Be、Cd、Co、Cr、Cu、Hg、La、Li、Mn、Mo、Nb、Ni、P、Pb、Sr、Ti、U、V、W和Fe_2O_3、K_2O、Na_2O地球化学高背景。Ag、As、Ba、Cd、Co、Cr、Cu、F、Li、Nb、Ni、Sr、Th、Ti、Hg、Pb、U、V、Y、Zn及K_2O、SiO_2、Fe_2O_3等高背景带或异常带均呈NNE—NE向沿燕山期造山形成的NNE—NE向雁形相间、平行排列的一系列紧密向斜和平缓背斜以及与褶皱轴(主要是背斜轴)平行的冲断层而展布。特别是黔北隆起与黔南台陷相接壤地带,如黔中断裂带发育有强度很高的Hg、Pb、Zn、Ag、Mo、Ba、U、Th、As、Sb、Au等成矿元素地球化学异常带。

区域矿产较为丰富,已发现矿产达数十种。主要是铝土矿,次有锰矿、铁锰、菱铁矿、褐铁矿、硫铁矿、铅锌矿、压电水晶、烟煤、无烟煤、石灰岩、高岭土、白云岩其中,另外有少量汞、铅锌矿,同时还有水泥用灰岩、砖瓦用页岩、黏土等。铝土矿主要产于下石炭统九架炉组中,分布于区内各向斜中,其储量大,质量好。铁矿常以透镜体状、结核状产于九架炉组的铝土矿之下部,由于其变化大,规模小,一般只形成工业价值不大的小型伴生矿床,且铁矿石杂质铝、硅含量高,属难冶酸性矿石。近地表部分有一定数量的矿(TFe>50%),可与碱性矿石配合进行冶炼,在黔中铝土矿分布区的南部长冲河、麦坝、黄泥田、老黑山、猫场、窑上、马桑林等矿床中均有此类铁矿产出;硫铁矿是以不稳定的小透镜体状、团块状、结核状或星散状、细脉状产于铝土矿顶底的铝土岩或黏土岩中,矿物成分为黄铁矿,矿石平均品位(TS)15%左右,多为Ⅲ级品矿石。可在铝土矿的开采中顺便回收利用,地表风化淋滤后形成褐铁矿,主要在猫场、老黑山、窑上、马桑岭矿床中产出。在铝土矿矿体中均伴生有益元素镓,在铝工业生产中可综合回收;磷矿层呈稳定的层状产于陡山沱组下段第2层(a层矿)和上段第4、5、6层(b层矿);煤矿主要产于上二叠统龙潭(或吴家坪)组中。

2. 找矿方向

主攻矿种和主攻矿床类型:产于下石炭统九架炉组中古风化壳沉积型铝土矿、产于中二叠统茅口组中遵义式海相沉积型锰矿。

找矿方向:区内划分Ⅴ级找矿远景区3个(表17-17)。

Ⅴ130遵义锰矿找矿远景区,面积788km²,圈定锰矿找矿靶区4个,其中A类1个、B类3个,其中铜锣井找矿靶区具大型找矿潜力。

Ⅴ131遵义-息烽-开阳锰矿铝土矿找矿远景区,面积2123km²,圈定铝土矿找矿靶区7个,其中A类2个、B类1个、C类4个,其中后槽、仙人岩、乌江、坑底3个找矿靶区具中型找矿潜力;圈定锰矿找矿靶区2个,其中A类1个、C类1个,和尚场找矿靶区具大型找矿潜力。

Ⅴ132贵阳-修文-清镇-织金铝土矿找矿远景区,面积3156km²,圈定铝土矿找矿靶区7个,其中A类2个、B类3个、C类2个,其中猫场、小山坝、马桑林、克老坝-牛场、黄泥田5个找矿靶区具大型找矿潜力。

表 17-17　Ⅳ-51 黔中铝土矿锰矿远景区找矿靶区特征表

主攻矿种	主攻类型	典型矿床	Ⅴ级找矿远景区	面积 (km²)	找矿靶区	编号	面积 (km²)	远景
锰铝	沉积型	猫场铝土矿、遵义锰矿	Ⅴ130 遵义锰矿找矿远景区	788	A 铜锣井锰矿找矿靶区	Mn-A-39	112.6	大型
					B 冯家湾锰矿找矿靶区	Mn-B-22	20.32	中型
					B 共清湖-天井台锰矿找矿靶区	Mn-B-23	37.85	中型
					B 张家湾锰矿找矿靶区	Mn-B-24	32.67	小型
			Ⅴ131 遵义-息烽-开阳锰矿铝土矿找矿远景区	2123	A 后槽铝土矿找矿靶区	Al-A-14	11.35	铝中型
					A 仙人岩铝土矿找矿靶区	Al-A-15	16.7	铝中型
					B 苟江铝土矿找矿靶区	Al-B-29	8.67	铝小型
					C 乌江铝土矿找矿靶区	Al-C-23	20.25	铝中型
					C 尚稽铝土矿找矿靶区	Al-C-24	12.7	铝小型
					C 坑底铝土矿找矿靶区	Al-C-25	28.35	铝中型
					C 赵家湾铝土矿找矿靶区	Al-C-26	11.75	铝小型
					A 和尚场锰矿找矿靶区	Mn-A-40	43.32	锰大型
					C 五龙-长滩-白杨坝锰矿找矿靶区	Mn-C-18	31.39	锰小型
			Ⅴ132 贵阳-修文-清镇-织金铝土矿找矿远景区	3156	A 猫场铝土矿找矿靶区	Al-A-16	193.8	铝大型
					A 小山坝铝土矿找矿靶区	Al-A-17	186.5	铝大型
					B 马桑林铝土矿找矿靶区	Al-B-30	156	铝大型
					B 牛奶冲-长冲河铝土矿找矿靶区	Al-B-31	186.4	铝中型
					B 麦西铝土矿找矿靶区	Al-B-32	88	铝中型
					C 克老坝-牛场铝土矿找矿靶区	Al-C-27	199.3	铝大型
					C 黄泥田铝土矿找矿靶区	Al-C-28	170	铝大型

总计,Ⅳ-51 黔中铝土矿锰矿远景区圈定铝土矿找矿靶区 14 个,其中 A 类 4 个、B 类 4 个、C 类 6 个,其中猫场、小山坝、马桑林、克老坝-牛场、黄泥田 5 个找矿靶区具大型找矿潜力;圈定锰矿找矿靶区 6 个,其中 A 类 2 个、B 类 3 个、C 类 1 个,其中铜锣井、和尚场等 2 个找矿靶区具大型找矿潜力。

(十八)Ⅳ-52 纳雍-织金铅锌矿远景区

1. 地质背景

范围:远景区北起贵州纳雍县、织金县,南到六枝-普定县,东抵织金县布苗,西至纳雍县城。呈近等轴状偏南北向分布于贵州西部,南北长约 70km,宽约 30km。极值坐标范围为 E105°19′—105°55′,N26°13′—26°48′,总面积约 0.2 万 km²。

大地构造位置:Ⅲ扬子陆块区-Ⅲ₁上扬子陆块-Ⅲ$_{1-7}$扬子陆块南部碳酸盐台地-Ⅲ$_{1-7-6}$黔中隆起西缘。黔中隆起是指位于遵义—毕节一线以南,余庆—黄平一线以西,清镇—福泉一线以北,西界抵紫云-垭都断裂,地势上高于周边的古构造古地貌单元。区内褶皱和断裂都比较发育,构造线方向主要为北东向,变形强度呈现块带相间。区域构造除西北角属近东西向的纳雍-息烽断裂带一部分外,其余地段主要表现为燕山期形成的隔挡式褶皱及北东向叠瓦式逆冲推覆构造系,主要特征是向斜宽缓,背斜相对紧闭,且核部常被同向逆冲断层系破坏,沿该组断裂带水系沉积物铅锌异常呈带状、串珠状分布,且已知铅锌矿床点均分布于断裂带旁侧的背斜核部。褶皱主要发育水东穹状背斜及由一系列相对紧闭背斜和宽缓向斜组成的侏罗山式褶皱组合如戈仲伍背斜、五指山背斜、打麻厂背斜。区内断裂构造以北东向为主,次为北东东向。北东向断层多沿区域性的背斜构造轴部延展,常破坏背斜核部,使背斜形态不完整;而北东东向断层则斜切区域褶皱轴产出。另外,背斜核部位于由北东向断层组成的断夹块中,发育一系列受其限制的北西向断层,局部有铅锌矿体产出。北东东向断层主要有纳雍断层、北东向断层主要有锅戛正断层、帕那正断层、水东正断层、果化断层、五指山断层、熊家场断层。北西向断层为数众多但规模较小,多分布于背斜核部北东向断层夹持的断块中,表现为一系列的阶梯状正断层,两端分别受北东向断层限制,倾向北东(水东地区)或南西(五指山地区),倾角71°～88°,破碎带内主要发育棱角状、次棱角状的构造角砾岩和碎裂白云岩,部分断层中见铅锌矿化或矿体,是区内铅锌矿的容矿断层。

地层分区:华南地层大区(Ⅱ)-扬子地层区(Ⅱ$_2$)之上扬子地层分区(Ⅱ$_2^4$)。区域出露震旦系至白垩系,其中志留系全区均未出露,中、上寒武统、奥陶系、泥盆系在大部分地区缺失,仅见于远景区西南部五指山背斜核部南西段。震旦系至三叠系主要为海相沉积组合,上三叠统上部为内陆盆地河湖相沉积组合,白垩系为山间盆地沉积,第四系为内陆山地多成因松散堆积,二叠系有大陆溢流拉斑玄武岩喷发。上白垩统与下伏地层为角度不整合,上、下古生代地层局部为角度不整合,其余地层均为整合或假整合接触。岩浆岩仅见大陆溢流拉斑玄武岩及其同源侵入的浅成辉绿岩。铅锌矿主要赋矿地层有震旦系灯影组和寒武系清虚洞组。

区域重磁特征:依据1:20万区域重力资料,远景区布格重力异常处在全国青藏高原环形重力梯级带与大兴安岭-太行山重力梯级带的过渡带上,从布格重力异常图上看,铅锌矿分布在布格重力异常陡度带附近。在剩余重力异常图上,铅锌矿分布在负重力异常或正负重力异常的过渡带上。从推断地质构造图来看,铅锌矿沿区内重力场推断的北东向隐伏断裂关系密切,铅锌矿(点)床分布在推断的隐伏酸性岩体周围。

从全国1:100万航磁 ΔT 平面剖面图上可知,区内航磁异常主要是由二叠系玄武岩产生的火山跳跃场边缘,区内主要以沉积盖层产生的低缓负磁场为主,纳雍县城以东、盘县附近等地出现反磁化场,其余地区多为斜磁化场。在远景区北东部和西部局部地区具两个弱小磁异常,估计是由浅部局部磁性物富集引起。该区的磁场直接反映了二叠系玄武岩在地表的出露情况。在化极后的 ΔT 航磁异常上异常轴向呈东西向。远景区航磁异常为由玄武岩产生的跳跃磁异常,总体来说,航磁变化较杂乱。

区域地球化学:远景区属黔北隆起 Ag-As-Ba-Hg-Pb-Zn-Mo 地球化学高背景或异常地球化学亚区。Pb、Zn、Ag、Cd、Sb、Hg 元素异常主要分布在水东乡一带、桂果镇—实兴乡一带、白泥乡—熊家场一带,异常浓集中心出露地层主要为震旦系灯影组、寒武系清虚洞组,岩性为灰至灰白色厚层至块状白云岩,异常带上发育北东向断裂构造。其中 Pb、Zn、Ag 元素异常套合较好,反映了已知铅锌矿点的 Pb、Zn、Ag 组合异常。区内1:20万化探异常主要有新麦铅锌异常、水东异常。

1:5万水系沉积物(贵州以那架-小猫场地区矿产远景调查项目)表明,异常处于五指山背斜核部及两翼,区内北东、北西向断裂均非常发育。有已知铅锌矿床4处(织金杜家桥铅锌矿床、织金屯背后铅锌矿床、织金渔塘坡铅锌矿床、织金观音山铅锌矿床),铅锌矿点9处,磷矿点1处。异常沿北东向展布,异常带长约18.5km,宽2.5～5km,面积75.43km²。异常以 Pb、Zn、Ag、Cd 为主,异常面积分布较大、套合较好,浓度分带明显。整个矿致异常区 Pb、Zn、Ag、Cd 元素异常含量高、变化大。

区域矿产:沉积矿产以煤、磷-稀土为主,热液矿产主要有金、铅锌、菱铁矿、镍钼多金属矿为主,铜、锑矿、铀矿次之,尚有汞、萤石、重晶石等。已知的铅锌矿床(点)均分布于北东向断裂抬升和剥蚀作用所产生的背斜核部,其中张维背斜分布有水东铅锌矿床、以则孔铅锌矿床、箱子铅锌矿床及许多铅锌矿点,五指山背斜分布有杜家桥铅锌矿床、屯背后铅锌矿床、新麦铅锌矿床和若干铅锌矿点。区内铜矿体规模小、矿化极不均匀、厚度变化大,远景区内仅发现一些矿点和矿化点。煤矿是本区最重要的矿种,工作程度高,到目前为止,已探明煤炭资源/储量数百亿吨,主要含煤地层为上二叠统龙潭组及宣威组,为过渡相区及陆相沉积。已知的磷-稀土矿分布于北东部的果化背斜、打麻厂背斜等,重要矿床有新华磷-稀土矿和打麻磷-稀土矿,经预查、普查、详查估算磷资源/储量巨大,预达13亿t,稀土氧化物资源量144.6万t,达到超大型矿床。铝土矿产出、分布与黔中隆起周缘有密切关系,典型矿床为织金县马桑林铝土矿。镍钼矿产于下寒武统牛蹄塘组下部黑色碳质页岩"黑层"中,矿体厚0.04~1.0m,一般0.10m,走向出露大于3000m,呈层状产出,含矿层位稳定,矿石矿物为辉钼矿、针镍矿、方硫镍矿、黄铜矿、黄铁矿、闪锌矿等,含钼0.01%~8%,一般3%~4%,含镍0.1%~6%,一般2%~3%,伴生金、铂、镉、银、铱、铼、铀、铜、铅、锌等组分。铀钒矿产于峨眉山玄武岩组上部之沉积夹层(含铀钒生物硅质岩及水云母页岩)中。含稀土磷矿石中亦有产出,规模甚小。重晶石产于茅口灰岩和石炭系摆佐组白云岩(水东)中,除个别为似层状、大透镜状或沿断层呈脉状产出外,一般为大团块状包体或小透镜体。硫铁矿产于晚二叠纪煤系地层和茅口组顶部之石英粉砂岩中。

2. 找矿方向

主攻矿种和主攻矿床类型:产于早古生代碳酸盐建造中的铅锌矿。

找矿方向:以区内褶皱断裂构造矿集区为单元圈定Ⅴ级找矿远景区2个(表17-18)。

Ⅴ133水东穹状背斜铅锌矿找矿远景区,面积209km^2,圈定具中型远景的B类铅锌矿靶区1个:水东。

Ⅴ134五指山背斜铅锌矿找矿远景区,面积130km^2,圈定铅锌矿找矿靶区2个,其中A类1个、B类1个,五指山、以则孔2个找矿靶区具大型找矿潜力。

总计,Ⅳ-52纳雍-织金铅锌矿远景区圈定铅锌矿找矿靶区3个,其中A类1个、B类2个,其中五指山、以则孔2个找矿靶区具大型找矿潜力,水东靶区有中型远景。

表17-18 Ⅳ-52纳雍-织金铅锌矿远景区找矿靶区特征表

主攻矿种	主攻类型	典型矿床	Ⅴ级找矿远景区	面积(km^2)	找矿靶区	编号	面积(km^2)	远景
铅锌	层控型-热卤水改造型	杜家桥、那润铅锌矿	Ⅴ133水东穹状背斜铅锌矿找矿远景区	209	B水东铅锌矿找矿靶区	PbZn-B-49	32.11	铅小型、锌中型
			Ⅴ134五指山背斜铅锌矿找矿远景区	130	A五指山铅锌矿找矿靶区	PbZn-A-28	35	铅锌大型
					B以则孔铅锌矿找矿靶区	PbZn-B-48	48.7	铅小型、锌大型

(十九)Ⅳ-53凯里-都匀-龙里铅锌金锑铝铁矿远景区

1. 地质背景

范围:远景区北起贵州黄平县,南到荔波县,东抵台江县—雷山县—三都县,西至贵阳—惠水一线,呈南北向向西凸出之弧形分布于贵州南东部,南北长约150km,宽约50~120km。极值坐标范围为E106°38′—108°26′,N25°23′—26°53′,总面积约1.2万km^2。

大地构造位置:Ⅲ扬子陆块区-Ⅲ$_1$上扬子陆块-Ⅲ$_{1-7}$扬子陆块南部碳酸盐台地-Ⅲ$_{1-7-8}$都匀滑脱褶皱带,北东跨入Ⅲ$_{1-7-5}$铜仁逆冲带,东邻Ⅲ$_{1-8}$雪峰山基底逆推带。大致以野记-地祥断层为界可划分为雪峰山基底逆冲推覆带和上扬子古陆块南部被动边缘褶冲带。远景区东南侧的雪峰山基底逆冲推覆带主要为一系列过渡性-韧性剪切带构成的伸展-滑脱构造,远景区内则主要表现为燕山期近南北向的褶皱-逆冲断裂系及燕山期前的北东向、北西向及近东西向构造构成的复杂构造组合。远景区西南侧的右江地区,晚古生代曾发生强烈的陆内裂谷活动,并于印支期褶皱关闭,形成右江造山带,对区内晚古生代地质演化造成了深远的影响,其强烈的构造-岩浆活动与区内成矿关系密切。

在远景区北部凯里炉山地区以四级构造单元边界为界分为东、西两部分,东部为铜仁—凯里基底边缘冲断带,构造方向以北北东及北东向为主,近南北及东西向次之;西部为黔南褶皱带,构造方向以近南北向为主,北西及近东西向次之。区内断裂发育,褶皱多被断裂所破坏,向斜保存不全,背斜轴线不清,常为断裂。在铜仁-凯里基底边缘冲断带区自东向西保存较好的向斜有:马平向斜、金凤山-巴毛冲向斜、白腊向斜、后庄向斜及东部的重新背斜。

据有关资料分析,区内存在一系列深切地壳的基底断裂,依其形成顺序有东西向、北东向、南北向、北西向四组,其中较为重要的有东西向滥坝-贵阳-三穗断裂、罗甸-从江断裂、北东向铜仁-罗甸断裂、三穗-独山断裂、南北向都匀-平塘断裂、雷山-三都断裂和北西向三都-罗城断裂、平塘-荔波断裂等。另外,在区域西南侧存在一条北西向延伸的区域性大断裂(紫云-垭都断裂),是著名的南丹-河池断裂带北延部分,区域上是右江造山带的西北边界。这些区域性的断裂(带)和基底断裂对区内地质演化、沉积盆地分布、浅层构造格局及矿产分布起着重要的控制作用。

地层分区:华南地层大区(Ⅱ)-扬子地层区($Ⅱ_2$)之上扬子地层分区($Ⅱ_2^4$)之黔中地层小区及江南地层分区和东南地层区(右江地层分区及桂湘赣地层分区)的接合部。瓮安县城以北属上扬子地区分区黔北地层小区;至贵阳-凯里连线一带属上扬子地层分区黔中地层小区;贵阳-凯里连线以南地区则属于右江地层分区。岩性、岩相变化较大,除寒武系外,各系地层均发育不全。区域出露前震旦系、震旦系、寒武系、奥陶系、志留系、泥盆系、石炭系、二叠系、三叠系以及白垩系和第四系,其中缺失中、上奥陶统,上志留统及下二叠统。区域地层分布总体东部较老,西部较新;北部较老,南部较新,各系由南向北变薄。

区域重磁特征:远景区布格重力异常处在全国大兴安岭-太行山重力梯级带南段与地台区宽缓重力异常的过渡带上,位于大兴安岭-太行山-武陵山-苗岭东段重力梯级带南段西侧和滥坝-贵阳-三穗重力低异常带南侧。区域布格异常值全为负值,总体具东高西低的趋势。异常形态复杂,有椭圆状、舌状、线状等;展布方向多样,北东、北北东、北西走向均见。北东部麻江隆昌重力低异常、雷公山重力低异常等呈雁行排列,与邻区从江宰便、南加等重力低异常构成一个北西向的重力低异常带,推测由一系列酸性侵入体引起;中部江洲—独山—佳荣一带则为一个北西向的重力高值带,与该区晚古生代沉积盆地相吻合;西南部平塘—荔波一线西南,重力异常值又有降低的趋势,其位置与邻区紫云-垭都(丹-池)断裂及沿该断裂分布的岩浆岩带吻合。在剩余重力异常图上,铅锌矿分布在负重力异常或正负重力异常的过渡带上。在重力场推断地质构造上,推断的南北向隐伏断裂把远景区划分为东、西两部分,西部铅锌矿沿着这条南北向断裂分布,显示出这条南北向断裂对西部铅锌矿的控制作用。东部铅锌矿分布在北东向隐伏断裂周边,且与重力推断的隐伏酸性花岗岩体对应较好,重力反演酸性花岗岩体深度在0.04~4.17km左右。航磁异常为由沉积岩和变质岩出露产生的均缓负磁异常和弱正磁异常,区域东部晚元古界浅变质基底出露区磁场以正缓场为特征,雷山一带具正磁异常,范围与根据重力异常推断的酸性侵入体一致。总体来说,南边和西北角变化相对较陡,中部及西边变化较缓,东边变化相对较大,西边及北部变化较缓。铅锌矿分布在正磁异常外围相对平缓或陡缓交变带,沿着正磁异常外围相对平缓或陡缓交变带的其他地段应该是寻找铅锌矿的有利部位。

区域地球化学:远景区位于黔北隆起地球化学区与黔南台陷地球化学区交接带上,向东跨入江南造山带地球化学区。黔北隆起地球化学区地表以F、CaO、MgO地球化学高背景分布最为典型。其次有As、B、Ba、Be、Cd、Co、Cr、Cu、Hg、La、Li、Mn、Mo、Nb、Ni、P、Pb、Sr、Ti、U、V、W和Fe_2O_3、K_2O、Na_2O地球化学高背景。高背景带或异常带均呈NNE、NE向展布;黔南台陷地球化学区地表以Cd、Hg、Th、Bi地球化学高背景为主,其次有Ag、As、B、Mo、Nb、Pb、Sb、U、Zr和SiO_2、CaO等均高于全省地球化学背景。

Pb、Zn、Ag异常主要分布在三都杨拱乡—中和镇—三都县—丹寨扬武乡—南皋乡、麻江下司镇—凯里三棵树镇—凯棠乡—台江施洞镇—镇远、台江—剑河革东镇—镇远报京乡—三穗、福泉道坪镇—龙昌镇—地松镇、都匀大坪镇—坝固镇一带，异常较强、分带明显、套合较好，是牛角塘铅锌矿、同子园铅锌矿、独牛铅锌矿导致的矿致异常。异常浓集中心出露地层主要为寒武系，断裂构造较发育。

与微细粒浸染型金矿有关的Au-As-Sb-Hg组合异常：面积最大（553km²）的Au-As-Sb-Hg组合异常的是丹寨异常，其次为中和Au-As-Sb-Hg组合异常，异常面为122km²。丹寨Au-As-Sb-Hg组合异常内分布有5个Au元素异常，其中丹寨Au元素异常面积较大，异常面积为357km²，异常强度达三级浓度分带，外带Au异常含量$(1.28～2.4)×10^{-9}$，中带$(2.4～3.71)×10^{-9}$，内带$(3.71～68.17)×10^{-9}$。其他4个Au元素异常面积在0.6～16.4km²之间，最高异常值为$28.12×10^{-9}$。中和Au-As-Sb-Hg组合异常内分布有两个Au元素异常，异常面积分别为7.8km²和2km²，异常强度均为一级浓度分带，最高Au异常含量$2.79×10^{-9}$。另外一个Au-As-Sb-Hg组合异常中的Au元素异常面积为3.1km²，异常强度为一级。其他Au单元素异常为面积较小的弱异常。

Sb异常主要分布于福泉道坪镇—龙昌镇—地松镇一带、都匀甘塘镇—大坪镇一带，其中Hg元素在福泉道坪镇—龙昌镇—地松镇一带异常较强具3级异常分带，二者异常套合较好。Sb-Hg异常主要分布于独山—独山基长镇一带、三都坝街乡—三都—丹寨扬武乡一带，二者异常均较强具3级异常分带，套合较好。

区域矿产：区内矿产主要有沉积型煤磷铝铁、中-低温热液型汞锑锌铅金等。汞、金矿主要分布于三都—丹寨一带从加里东期地堑式构造转变而来的燕山期逆冲断层带中，赋矿地层为中、上寒武统、奥陶系，在独山-佳荣走滑-伸展构造带泥盆系中亦见分布；锑矿主要分布于独山-佳荣走滑-伸展构造带泥盆系和江南造山型褶皱区；铅锌则主要分布于凯里-都匀伸展走滑构造带中、下寒武统及独山-佳荣走滑-伸展构造带和黄丝-江洲地垒-地堑构造带内奥陶系及泥盆系中。其中远景区内内生多金属矿可进一步划分为6个次级矿带：凯里-都匀铅锌矿带、雷山-丹寨铜铅锌多金属矿带、黄丝-江洲锌矿带、牛场-佳荣铅锌矿带、平塘-周覃汞锑矿带、三都-丹寨汞金矿带。

2. 找矿方向

主攻矿种和主攻矿床类型：产于早、晚古生代碳酸盐建造中的铅锌矿-汞矿-金矿-锑矿；中泥盆统大河组砂页岩地层中的"宁乡式"沉积型铁矿；产于中二叠统梁山组沉积型铝土矿铁矿。

找矿方向：区内以断裂褶皱构造矿集区为单元划分Ⅴ级找矿远景区5个（表17-19）。

Ⅴ135 黄平-凯里-福泉铁矿铝土矿找矿远景区，面积1116km²，圈定铝土矿找矿靶区4个，其中A类1个、B类1个、C类2个，其中鱼洞、矮蹬2个找矿靶区具大型找矿潜力，其余2个靶区有小型远景；圈定铁矿找矿靶区9个，其中A类4个、B类3个、C类2个，其中敖寨-鸭寨找矿靶区具大型找矿潜力，其余靶区有中型远景。

Ⅴ136 福泉-贵定-都匀锌矿找矿远景区，面积1235km²，圈定铅锌矿找矿靶区4个，其中B类3个、C类1个，具中小型找矿潜力。

Ⅴ137 台江-凯里-都匀锌矿找矿远景区，面积1808km²，圈定铅锌矿找矿靶区5个，其中A类2个、B类3个，其中独牛、牛角塘、同子园3个找矿靶区具大型找矿潜力。

Ⅴ138 丹寨-三都金铁铅锌找矿远景区，面积1073km²，圈定金矿找矿靶区12个，其中A类2个、B类4个、C类6个，其中宏发厂-四相厂、苗龙、新发厂、高屯、平寨、古任6个找矿靶区具中型找矿潜力，其余6个靶区具小型远景；圈定铅锌矿找矿靶区3个，其中B类2个、C类1个，具中小型找矿潜力；圈定具中型潜力的B类铁矿靶区1个：中和-行赏。

Ⅴ139 丹寨-独山铁矿铅锌找矿远景区，面积1540km²，圈定铁矿找矿靶区8个，其中A类7个、C类1个，其中大粮田-黎山找矿靶区具大型找矿潜力，其余靶区有中型远景；圈定铅锌矿找矿靶区2个，其中B类2个,具中小型找矿潜力。

总计,Ⅳ-53凯里-都匀-龙里铅锌金锑铝铁矿远景区圈定金矿找矿靶区12个,其中A类2个、B类4个、C类6个,其中宏发厂-四相厂、苗龙、新发厂、高屯、平寨、古任6个找矿靶区具中型找矿潜力,其余6个靶区具小型远景;圈定铅锌矿找矿靶区14个,其中A类2个、B类10个、C类2个,其中独牛、牛角塘、同子园3个找矿靶区具大型找矿潜力;圈定铝土矿找矿靶区4个,其中A类1个、B类1个、C类2个,其中鱼洞、矮蹬2个找矿靶区具大型找矿潜力,其余2个靶区有小型远景;圈定铁矿找矿靶区18个,其中A类11个、B类4个、C类3个,其中熬寨-鸭寨、大粮田-黎山2个找矿靶区具大型找矿潜力,其余16个靶区有中型远景。

表17-19 Ⅳ-53凯里-都匀-龙里铅锌金锑铝铁矿远景区找矿靶区特征表

主攻矿种	主攻类型	典型矿床	V级找矿远景区	面积(km²)	找矿靶区	编号	面积(km²)	远景
铅锌金锑铝铁	层控型-热卤水改造型、微细浸染型、风化沉积型	竹根寨锌矿、牛角塘锌矿、苗龙金矿、凯里王家寨铝土矿、黄平铝土矿	V135 黄平-凯里-福泉铁矿铝土矿找矿远景区	1116	A 鱼洞铁矿找矿靶区	Fe-A-49	46.61	铁中型
					A 龙场-大塘铁矿找矿靶区	Fe-A-50	46.36	铁中型
					A 苦李井-后庄铁矿找矿靶区	Fe-A-51	51.68	铁中型
					A 兴隆-哲港铁矿找矿靶区	Fe-A-52	55.34	铁中型
					B 岩登铁矿找矿靶区	Fe-B-54	44.02	铁中型
					B 莽城铁矿找矿靶区	Fe-B-55	43.11	铁中型
					B 大粮田-黎山铁矿找矿靶区	Fe-B-56	103.1	铁大型
					C 碧波铁矿找矿靶区	Fe-C-70	40.83	铁中型
					C 鸟田铁矿找矿靶区	Fe-C-71	14.3	铁中型
					A 鱼洞铝土矿找矿靶区	Al-A-18	78.9	铝大型
					B 苦李井铝土矿找矿靶区	Al-B-33	25.9	铝小型
					C 炉山铝土矿找矿靶区	Al-C-29	11.9	铝小型
					C 矮蹬铝土矿找矿靶区	Al-C-30	121.6	铝大型
			V136 福泉-贵定-都匀锌矿找矿远景区	1235	B 高坡窑锌矿找矿靶区	PbZn-B-50	20.55	锌中型
					B 半边街锌矿找矿靶区	PbZn-B-51	25.72	锌中型
					B 老熊洞锌矿找矿靶区	PbZn-B-52	26.23	锌中型
					C 牛屯锌矿找矿靶区	PbZn-C-35	20.52	锌小型
			V137 台江-凯里-都匀锌矿找矿远景区	1808	A 独牛锌矿找矿靶区	PbZn-A-29	43.43	锌大型
					A 牛角塘锌矿找矿靶区	PbZn-A-30	40.78	锌大型
					B 同子园锌矿找矿靶区	PbZn-B-53	18.87	锌大型
					B 南省铅锌矿找矿靶区	PbZn-B-55	42.34	铅小型、锌中型
					B 柏松铅锌矿找矿靶区	PbZn-B-56	38.48	铅小型、锌中型

续表 17-19

主攻矿种	主攻类型	典型矿床	Ⅴ级找矿远景区	面积（km²）	找矿靶区	编号	面积（km²）	远景
铅锌金锑铝铁	层控型-热卤水改造型、微细浸染型、风化沉积型	竹根寨锌矿、牛角塘锌矿、苗龙金矿、凯里王家寨铝土矿、黄平铝土矿	Ⅴ138 丹寨-三都金铁铅锌找矿远景区	1073	A 宏发厂-四相厂金矿找矿靶区	Au-A-28	7.48	金中型
					A 苗龙金矿找矿靶区	Au-A-29	7.66	金中型
					B 新发厂金矿找矿靶区	Au-B-17	6.52	金中型
					B 高屯金矿找矿靶区	Au-B-18	8.56	金中型
					B 四恒厂金矿找矿靶区	Au-B-19	2.83	金小型
					C 坝桥金矿找矿靶区	Au-C-40	2.05	金小型
					C 平寨金矿找矿靶区	Au-C-37	12.52	金中型
					C 上羊忙金矿找矿靶区	Au-C-38	4.26	金小型
					C 翁排金矿找矿靶区	Au-C-39	7.14	金小型
					C 坝桥金矿找矿靶区	Au-C-40	2.05	金小型
					C 古任金矿找矿靶区	Au-C-41	6.8	金中型
					C 朱砂场金矿找矿靶区	Au-C-42	33.22	金小型
					B 脚皋铅锌矿找矿靶区	PbZn-B-57	46.28	铅小型、锌中型
					B 牛场铅锌矿找矿靶区	PbZn-B-58	42.83	锌中型
					C 乌江铅锌矿找矿靶区	PbZn-C-36	33.02	铅小型、锌小型
					B 中和-行赏铁矿找矿靶区	Fe-B-53	28.35	铁中型
			Ⅴ139 丹寨-独山铁矿铅锌矿找矿远景区	1540	B 江州锌矿找矿靶区	PbZn-B-54	15.34	锌小型
					B 万富山铅锌矿找矿靶区	PbZn-B-59	47.16	锌中型
					A 下沙芹-甲揽铁矿找矿靶区	Fe-A-42	55.24	铁中型
					A 熬寨-鸭寨铁矿找矿靶区	Fe-A-43	102.6	铁大型
					A 翁台铁矿找矿靶区	Fe-A-44	19.09	铁中型
					A 甲定铁矿找矿靶区	Fe-A-45	22.76	铁中型
					A 唐立寨铁矿找矿靶区	Fe-A-46	46.03	铁中型
					A 平黄山-花园村铁矿找矿靶区	Fe-A-47	85.53	铁中型
					A 尧寨铁矿找矿靶区	Fe-A-48	49.7	铁中型
					C 里翁-包阳-牛角田铁矿找矿靶区	Fe-C-69	172.8	铁中型

第十八章 江南隆起西段成矿区

本成矿区全称为"Ⅲ-78 江南隆起西段 SnWAuSbCu 重晶石滑石成矿区",范围位于 E107°50′—109°30′,N27°17′—25°19′之间,呈近等轴状,东西宽约140km,南北长约190km,行政区划全部为贵州东南部地区,成矿区范围总面积约2.2万 km^2。

第一节 区域地质矿产特征

本成矿区所处大地构造位置为:Ⅲ扬子陆块区-Ⅲ$_1$ 上扬子陆块-Ⅲ$_{1-8}$雪峰山基底逆推带,地层分区为:华南地层大区(Ⅱ)-扬子地层区(Ⅱ$_2$)-黔东南地层分区(Ⅱ$_3^3$)。矿产以浅变质碎屑岩热液型金矿、(石英脉型)型金矿、沉积型锰矿、岩浆热液型铜多金属矿以及岩浆热液型的钨锡矿为特点。

一、区域地质

(一)地层

区域出露地层主要有蓟县系、青白口系、南华系、震旦系、寒武系,其次有少量石炭系、二叠系、三叠系、侏罗系、白垩系及第四系零星分布。青白口系是区内出露最广的地层,也是该区主要的含矿层位。番召组以火山碎屑岩为主,主要岩性为凝灰质层纹状板岩或凝灰质绢云母板岩;清水江组下、中段为变余沉凝灰岩和凝灰质砂岩,上部由砂质板岩和砂质绢云母板岩组成;平略组为灰色板岩夹凝灰质板岩、变余砂岩,下部夹变余沉凝灰岩,上部夹紫红色板岩;隆里组由复理式变余砂岩、绢云母板岩组成。震旦系以碳质岩、硅质岩、页岩为主,是区内锰矿的主要含矿层位;寒武系主要分布在南明—坪地一带,龙额有少量出露,岩性有深灰色硅质岩、含磷硅质岩、页岩和泥岩、粉砂岩、泥灰岩、灰岩、白云岩等。晚古生代以来的地层主要分布于加里东期后形成的断陷盆地中,且由于后期构造作用和剥蚀作用,使其残存不全。其中,石炭系主要呈带状出露在墩寨—贯洞一带,下部为细碎屑岩,上部为碳酸盐岩;二叠系零星分布在天柱地区和墩寨地区,主要为一套碳酸盐岩和碎屑岩组合;三叠系只在墩寨出露,岩性为薄层状灰岩;侏罗系仅在天柱帮洞出露,岩性为石英长石砂岩、长石石英砂岩;白垩系分布在榕江县城附近,其岩性为一套砾岩、黏土岩;第四系零星出露在相对低洼处和河床两侧,主要为残坡积物和冲积物。

(二)岩浆岩

区内岩浆岩出露面积较小,但岩石类型复杂,主要有元古宙的超基性岩、基性岩、花岗岩及基性火山岩,其次是古生代的偏碱性超基性岩侵入体。

元古宙的超基性岩、基性岩、花岗岩及基性火山岩主要分布在从江以南地区。花岗岩为摩天岭花岗岩体北缘部分,矿物成分以碱性长石和石英为主,暗色矿物少;本区出露的花岗岩体是铜多金属矿的主要赋矿岩体。

古生代的偏碱性超基性脉岩,主要分布在三穗、剑河、雷山、从江等县境内,岩体多呈脉状侵入在早古生代内或构造裂隙中,岩石化学成分以低硅、高钾钠为特点,部分岩体产金刚石。

(三)变质岩及变质作用

区内岩石都经过不同程度的变质作用,按变质作用类型可划分为区域变质岩、接触变质岩、动力变质岩、蚀变岩四大类。

区域变质岩分布广泛,系指四堡群和下江群的浅变质岩,为一套低绿片岩相的浅变质岩。岩石类型有板岩、变余砂岩、千枚岩、大理岩、片岩及变超基性岩、变基性岩等。按泥质岩变质程度的不同,结合变晶矿物组分、结构构造,可划分出3个连续过渡亚带,即绢云母亚带、绢云母-白云母亚带、二云母亚带。

接触变质岩主要分布于摩天岭花岗岩体内外侧,外接触带因围岩性质差异而形成两个互为消长的亚带,即角岩亚带和石榴子石片岩亚带。内接触带以电英岩化、云英岩化、硅化为特征。沿接触变质带有铜矿产出,如地虎小型铜矿床,其矿体就主要产于接触变质带内。

动力变质岩可划分为构造角砾岩类、碎裂岩类、糜棱岩类、构造片岩类。

蚀变岩主要有蛇纹石化、滑石化、次闪石化、绿泥石化等,系火成岩经退变质和次生蚀变而成。

本区产出于区域变质岩内的动力变质岩是构造蚀变岩型金矿和石英脉型金矿的主要赋矿岩石,产于花岗岩体中的动力变质岩、岩体与围岩的接触变质岩是铜矿的主要赋矿岩石。

(四)区域构造

总观该区的构造变形,其特点主要表现为:一是以NE、NNE向两组褶皱断裂构造为主,伴有少量近EW和近NW向线状构造;二是NE及NNE向两组构造彼此相交、联合,将本区分割成若干大小不等的菱形、矩形块体,这样的线状强应变带与菱形或矩形弱应变域的规律组合,构造成了本区构造变形的基本格架;三是由前寒武系构成的基底岩层变形强烈,以形成区域性的紧密线状褶皱和断裂为主,褶皱断裂往往相伴产出,构造线主要呈NE及NNE向展布,区域性的劈理(板劈理等)构造普遍发育,大型平卧褶曲和扇状褶曲屡见不鲜,并在一些地段发生较大规模的倒转,地层普遍发生低绿片岩-绿片岩相的区域变质作用。由上古生界组成的盖层岩层变形则相对较弱,其褶皱较为开阔,褶曲轴线及断裂构造主要为NNE向;四是从近年来所获得的线状分布的糜棱岩、强直的流劈理或板劈理、膝折、剪切透镜体和云母鱼等众多的韧性剪切证据,初步表明NE及NNE向两组断裂很可能是两套区域性的大型韧性剪切系统;五是由NE及NNE向两组线状构造分割所形成的菱形或矩形块体部分被后期的近EW向和近NW向构造破坏;六是由于受多期多次构造作用的影响,地层之间多次发生角度不整合接触或平行不整合接触。在雷山西江和台江革东等地发现有脆-韧过渡性剪切带或劈理密集带。武陵造山运动和加里东运动对本区构造演化具深刻影响,形成"双重基底"是有别于其他地区的主要特色。

二、区域物化遥

区内重力异常形态具多样化,但总体走向以北北东向为主。本区重力场具典型的大陆异常特征,异常全为负值,总体表现为"东高西低"的态势。最大重力场值为$-60\times10^{-5}\mathrm{m/s^2}$,分布于北东部天柱、白市附近,最小重力场值为$(-110\sim-100)\times10^{-5}\mathrm{m/s^2}$,分布于剑河、榕江、宰便一线。

区域航磁平面图上,本区表现为3个变化的磁场带(区),全区以正缓场变化为背景,异常强度变化最大达150nT。3个变化的磁异常带是:一为从江-南加-宰便正磁异常带(延至境外),幅值为0~150nT,以串珠状圈闭异常出现,异常形态呈椭圆状,异常规模大小不一,梯度较大,从地面表现的异常强度和梯度来看,从江南加地区的岩浆岩侵入活动较强,岩浆岩分布面积较大;二为黎平县洪洲-水口正磁异常带,幅值为25~100nT,异常呈条带状,延伸不远、规模不大;三为剑河-锦屏-天柱一带的平缓磁场区,磁异常扰动为0~25nT变化。

区域地球化学方面,Au含量浓集区带主要分布于天柱、锦屏、黎平、水口镇等东部边缘地带,主要沿北东向断裂带呈带状、串珠状分布;Cu、Ag元素的区域性地球化学特征极为相似,高含量带多沿断裂带附近分布。Ag元素高含量带主要分布于本区的北部和南部地区,中部仅零星见及,Cu元素高含量区亦主要为北部和南部。在北部的三穗、天柱一带和南部从江县境内,Cu元素异常与Ag异常相伴生。

三、主要矿床类型及代表性矿床

区内构造运动和岩浆活动频繁,矿产资源丰富。主要有金、砷、锑、铜、银、铅锌、锰、铁、钨锡铌钽、钒镍钴、钾等金属矿产和煤、重晶石、硅石、蛇纹石、大理岩、高岭土等非金属矿产资源。该区矿点(床)明显存在分带性,北部天柱-锦屏地区以低—中温热液及沉积矿床为主,为Au、As、V、Ni、Co、Ba及重晶石、水晶、煤的有利成矿地带;南部以中—高温热液矿床为主,为W、Sn、Cu、Au、Ag、Pb、Zn的有利成矿带。其中以热液型矿为主,尤以金、铜矿成矿条件最有利。如产于新元古代浅变质碎屑岩系中的石英脉型金矿与构造蚀变岩金矿——铜鼓小型金矿、产于南华系大塘坡组大塘坡式海相沉积型锰矿——芭扒小型锰矿、产于新元古代摩天岭花岗岩体外接触带的下江群甲路组中构造热液脉型铜铅锌多金属矿——地虎小型铜金多金属矿。

该区金矿有构造蚀变岩型金矿和石英脉型金矿,两种类型常相互共生产出,具生成联系。构造蚀变岩型金矿主要受脆韧性剪切带、滑脱构造带控制;石英脉型金矿主要受背斜核部或近核部的层间石英脉控制。两种类型金矿共生的金矿主要有水口金矿、同古金矿、八客金矿、平秋金矿、辣子坪金矿、坑头金矿、主山冲金矿等;构造蚀变岩型金矿有地虎铜金银矿、翁浪金矿等;石英脉型金矿有三什江金矿、金井金矿等。

锰矿主要为沉积型,分布于从江和黎平,发现小型矿床4处。

与滑脱构造带有关的岩浆热液型铜多金属矿主要分布在地虎、九星、鸡脸、陇雷等地,矿床多为矿(化)点产出,区内目前探明的仅有地虎、九星2个铜多金属矿床。其中以地虎最具代表。产于花岗岩体中近东西向、北西向断裂构造带中石英脉型铜矿床,以南加、高华、舒家湾等铜矿床点为代表。

第二节 找矿远景区-找矿靶区的圈定及特征

一、找矿远景区划分及找矿靶区圈定

本Ⅲ级成矿区带划分Ⅳ级找矿远景区4个、Ⅴ级找矿远景区8个,进一步圈定找矿靶区27个,其中A类靶区3个、B类靶区8个、C类靶区16个。

Ⅰ-4 滨太平洋成矿域
  Ⅱ-15 扬子成矿省-Ⅱ-15B 上扬子成矿亚省
    Ⅲ-78 江南隆起西段SnWAuSbCu重晶石滑石成矿区
      Ⅳ-54 雷公山金锑矿远景区(Ⅴ140)
      Ⅳ-55 天柱-锦屏金矿远景区(Ⅴ141~Ⅴ145)
      Ⅳ-56 黎平锰矿金矿远景区(Ⅴ146、Ⅴ147)
      Ⅳ-57 从江铜金钨锡铅锌银矿远景区

二、Ⅳ级找矿远景区特征及找矿方向

(一)Ⅳ-54 雷公山金锑矿远景区

1. 地质背景

范围:远景区北起贵州台江县—剑河县,南到贵州三都县,西至贵州雷山县,呈北东向展布,主体位于万山-三都-荔波断裂带东侧,属雪峰山基底逆推带之雷公山复式背斜及雷公山过渡性剪切带,北东长约 90km,宽约 30km。极值坐标范围为 E108°00′—108°36′,N25°57′—26°44′,总面积约 0.23 万 km²。

大地构造位置:Ⅲ扬子陆块区-Ⅲ₁上扬子陆块-Ⅲ$_{1-8}$雪峰山基底逆推带。雪峰山基底逆冲推覆带是华南褶皱带的一部分,分布于黔东南地区的黎平、榕江、从江、剑河、锦屏和雷山等县,向南和向东延入广西和湖南。卷入构造带最老地层为中元古界四堡群,主要地层为青白口系及南华系浅变质的陆源碎屑岩系,其次为零星分布的古生代及中生代地层。

区内按构造走向可分为北东向及北北东(近南北)两类,大致以西江断裂为界。加里东期褶皱轴线呈北东(或北北东)向,轴面多数向北西倾斜,褶皱开阔平缓,两翼倾角多在 10°～30°,其形态多为长条状,少数为短轴状,常被次一级褶皱复杂化,轴线反映较模糊。北东向褶皱有再瓦背斜、雷山向斜等。北北东向褶皱有雷公山复式背斜,洛里向斜及八开复式背斜及其他的次一级褶皱如新寨、提庆背斜及雷公坪向斜,雷公山复式背斜轴线不清,轴向大致为北北东向,两翼被断层破坏,保存不全。岩层倾角南东东翼 20°～30°,北西西翼 10°～50°。次一级褶皱主要有新寨背斜、雷公坪向斜、提庆背斜,单个褶皱一般延伸约 30～60km。

该地区各地质历史阶段的岩浆活动相对强烈,武陵期有基性岩—超基性岩侵位,雪峰期有小型的基性岩浆活动,加里东期有碰撞型花岗岩和后造山钾镁煌斑岩侵位,燕山期有后造山钙碱性煌斑岩侵位。

地层分区:华南地层大区(Ⅱ)-东南地层区(Ⅱ₃)-黔东南地层分区(Ⅱ$_3^3$)。区内以雷公山复式背斜之提庆短轴背斜为核心,出露最老地层为青白口系下江群甲路组(Pt₃j)二段,其上为乌叶组(Pt₃w),外围大面积分布番召组(Pt₃f)、清水江组、平略组(Pt₃q—p)并层。青白口系分布广,厚度大,为浅海复理石韵律的砂泥(页)岩,经轻度区域变质为一套绿泥石石英片岩、石英绢云母片岩、千枚岩及钙质千枚岩等,总厚 3116～14 015m。在远景区的东南角为一套斜坡-盆地相沉积灰绿色砂页岩,经轻变质为绢云母板岩、石英千枚岩夹变质砂岩等。厚 2700～3650m。新元古代下江群平略组中、上部,岩性为浅灰、灰色薄纹层状和厚层状的含变余石英粉砂绢云母绿泥石板岩互层。属深水相碎屑重力流沿积,厚 900～2200m。武陵运动以后,本区处于陆缘冒地槽部位,在低拗地区沉积一套页岩、砂岩、火山碎屑及少量砾岩及钙质岩等组成。均经区域轻变质。

雷公山南东的黔桂边境地区,四堡群中有基性熔岩,另出露有侵位于四堡群至下江群甲路组的基性、超基性侵入岩和中—酸性侵入岩。志留纪偏碱性超基性岩,主要为斑状云母橄榄岩、橄辉云煌岩及苦橄汾岩等。通过重磁资料结合地质分析推断,雷公复式背斜深部可能存在摩天岭式隐伏花岗岩。

本区含矿围岩为一套砂岩、泥岩复理石浅变质沉积建造,是区内锑的主要赋矿层位,"八蒙式"浅变质岩中热液型锑矿就赋存于平略组中的北北东向断裂带及旁侧影响带内。

区域重磁特征:远景区布格重力异常处在全国大兴安岭-太行山重力梯级带南段边部的较强区域负重力异常及东边变化较缓的区域内,沿雷公山复式背斜分布有雷公山重力低异常,与邻区从江宰便、南加等重力低异常构成一个北西向的重力低异常带,推测由一系列酸性侵入体引起,重力反演酸性花岗岩体深度在 0.04～4.17km 左右。锑矿、金多金属矿可能与由酸性侵入岩体产生的负异常有关。晚元古代浅变质基底出露区磁场以正缓场为特征,雷山一带具正磁异常,范围与根据重力异常推断的酸性侵入体一致。总体来说,中部梯度较陡,单个异常走向为北东、北西、南北等,总体呈一弧状磁异常,远景区东边为单个异常较小、异常走向为北东、南北向的串珠状或雁型排列异常。锑矿、金多金属矿可能与由侵入岩体产生的正磁异常有关。

区域地球化学:远景区属江南造山带地球化学区,位于地祥断层以东,高背景分布的元素有 As、Au、Sb,背景分布的元素有 Pb、Zn、Ag,低背景分布的元素有 Hg、Cu;呈强离散分布的元素主要有 Au、As、Sb、Zn、Pb 等,主要成矿元素为 Sb、Au、Zn、Pb 等。根据1:20万和1:5万水系沉积物地球化学测量分析数据统计结果,雷公山地区呈现为明显的 Sb、As、Au 高背景区,其平均值较周围地区平均值高3～13倍,而 Cu、Pb、Zn、Hg、Ag、W 等元素仅高1～1.5倍。雷公山地区 Sb、As、Au 3个元素的富集度为1.46～13.07,离散度为14～246.1,具高度富集和高度离散的特点,表明部分地段存在矿化富集。Sb 在雷公山地区一般含量$(10\sim20)\times10^{-6}$,最高 2480×10^{-6}。高含量地段主要分布在北部和南部,中部少有高含量显示,分布态势呈现为高含量地段作近 SN 向带状延展。As 在雷公山地区一般含量$(10\sim25)\times10^{-6}$,最高 2799×10^{-6}。含量变化趋势与 Sb 基本一致,只是 As 高含量范围较小,并大部分落于 Sb 高含量范围之内。Au 在雷公山地区一般含量$(0.5\sim1)\times10^{-9}$,最高 125×10^{-9}。高含量地段主要出现在北部的提庆-开屯、永乐-雅灰以及南部的兴华和五坳坡等地。Au 与 Sb、As 在开屯地区几乎不相关,而与 Pb、Cu 的相关系数达0.7,表明 Au 与多金属矿有关,另有 W 的反映,元素组合具成矿温度相对较高的特征;在南部的兴华地区 Au 与 Sb、As 呈负相关,与 Pb、Cu 关系也不明显,元素组合具成矿温度相对较低的特征。

区域矿产:区内矿产以产于中新元古代浅变质岩系中之构造热液脉型锑矿(如八蒙)、铅锌矿(如南省)、石英脉型及蚀变岩型金多金属矿(如翁浪)等。其中锑矿、铅锌矿呈脉状产于以新元古代浅变质碎屑岩为围岩的断裂构造中,已有铅锌矿点3个、锑矿床(点)21个;目前仅在提庆短轴背斜之甲路组二段浅变质碎屑岩中发现石英复脉状金铅锌矿化点1个。

2. 找矿方向

主攻矿种和主攻矿床类型:产于中新元古代浅变质岩系中之构造热液脉型锑矿及蚀变岩型金多金属矿。

找矿方向:区内进一步圈定Ⅴ级找矿远景区1个(表18-1),Ⅴ140雷公山复式背斜提庆短轴背斜核部金多金属找矿远景区,面积 $176km^2$。其中圈定具中—小型C类金矿找矿靶区1个,提庆短轴背斜核部金矿找矿靶区。另据《贵州省锑矿潜力评价报告》(2011),区内:冷竹山-交腊(108°11′48″,26°18′27″,$28km^2$)、开屯-大槽(108°12′25″,26°17′23″,$34km^2$)、摆背-小脑(108°09′23″,25°54′03″,$31km^2$)、脚车(108°12′49″,25°55′28″,$11km^2$)、拢西(108°13′00″,25°50′30″,$18km^2$)等锑矿找矿靶区具中型找矿潜力。

表 18-1　Ⅳ-54雷公山金锑矿远景区金矿找矿靶区特征表

主攻矿种	主攻类型	典型矿床	Ⅴ级找矿远景区	面积(km^2)	找矿靶区	编号	面积(km^2)	远景
金锑	变质热液型	翁浪金矿	Ⅴ140雷公山复式背斜核部金多金属找矿远景区	176	C提庆短轴背斜核部金矿靶区	Au-C-94	4.5	金中小型

(二)Ⅳ-55天柱-锦屏金矿远景区

1. 地质背景

范围:远景区地处贵州省南东部,主要涉及天柱县、锦屏县,呈北东带状展布,主体位于万山-三都-

荔波断裂带东侧，属雪峰山基底逆推带西缘，远景区长约110km，宽约50km。极值坐标范围为E108°44′—109°35′，N26°06′—27°12′，总面积约5285km²。

大地构造位置：Ⅲ扬子陆块区-Ⅲ₁上扬子陆块-Ⅲ₁₋₈雪峰山基底逆推带，黔东南金矿位于雪峰古陆的西南段，远景区所在的天柱-锦屏构造变形区以发育NE线状褶皱断裂及NW、EW向断层构造为特征，并伴随北东向顺层过渡性剪切带，NNE向构造不甚发育，仅在变形区的北部及南东部见及。该构造变形区是金的主要成矿远景区，区内产出有3个EW向的金矿带，即剑河南加-八客-同古金矿带，踏溪-平秋-铜锣团金矿带，坑头-蓝田-江东金矿带。

远景区北部之坑头地区：主要褶皱构造有注溪背斜、溪口背斜、锦屏向斜、月亮脑背斜和铜古向斜等。其中背斜构造在本区为主要控矿构造。区内断裂主要发育有4组：北东向、东西向、北西西向和南北向。远景区中部平秋地区：构造以北东向褶皱和断裂为主，次为背斜轴部叠加于劈理化带中的近东西向的脆性断裂破碎带和发育于背斜轴部的层间滑动断层。远景区中南部之铜鼓地区：矿床产于加里东期山洞背斜带上，矿体受山洞背斜层间虚脱空间和伴生断裂控制。远景区南部之黎平三什江地区：构造格架由北东东向三什江断层和北东向黎平复式背斜组成。北东向和北东东向的次级褶皱、断裂、劈理发育，具有多期活动的特点。

地层分区：华南地层大区（Ⅱ）-扬子地层区（Ⅱ₂）-黔东南地层分区（Ⅱ₂³）。该区是一个早古生代的褶皱带，上层基底为新元古界—下古生界的浅变质岩，它不整合于中层基底之上；中层基底为中元古界浅变质火山-沉积岩系，本区仅出露上部，区域出露地层主要有蓟县系、青白口系、南华系、震旦系、寒武系，其次有少量石炭系、二叠系、三叠系、侏罗系、白垩系及第四系零星分布。总体南部老北部新，以青白口系最为发育，次为南华系、震旦系、寒武系，其他地层仅有零星分布。

蓟县系主要出露于南部刚边—南加一带，岩性为厚度巨大的变砂岩、板岩、千枚岩、石英片岩和蚀变基性火山岩；青白口系是区内出露最广的地层，也是该区主要的含矿层位。包括甲路组、乌叶组、番召组、清水江组、平略组、隆里组及拱洞组7个岩石地层单位，岩性主要由厚度巨大的浅变质海相砂页岩、凝灰岩及少量碳酸盐岩、火山岩组成；南华系、震旦系主要分布在从江-黎平、三穗地区，寒武系主要分布在南明-坪地一带；晚古生代以来的地层主要分布于加里东期后形成的断陷盆地中，石炭系主要呈带状出露在墩寨—贯洞一带；二叠系零星分布在天柱地区和墩寨地区；三叠系只在墩寨出露；侏罗系仅在天柱帮洞出露；白垩系分布在榕江县城附近；第四系零星出露在相对低洼处和河床两侧。

远景区内尚无岩浆岩分布，仅在该区以南从江地区出露有元古宙的超基性岩、基性岩、花岗岩及基性火山岩，其次是古生代的偏碱性超基性岩侵入体。

区域重磁特征：根据区域1∶20万区域重力资料，本区北部为重力变化陡度较大的南北向重力布格异常梯级带，南部则表现为较平缓并向东弯曲的重力梯级带，且布格重力异常值从北东向北西逐渐减小，变化范围在-58×10^{-5}m/s²到-100×10^{-5}m/s²，变化幅值42×10^{-5}m/s²，反映了本区地质构造在北部较陡，南部变缓，且莫霍面从东向西逐渐变深的特征。布格重力异常图中，金矿床点分布在预测区中北部地区重力梯级带上和中部布格重力异常平缓区域梯级带上。

全区以正缓场变化为背景，异常强度变化最大达150nT。3个变化的磁异常带是：一为从江-南加-宰便正磁异常带（延至境外），幅值为0～150nT，以串珠状圈闭异常出现，异常形态呈椭圆状，异常规模大小不一，梯度较大；二为黎平县洪洲-水口正磁异常带，幅值为25～100nT，异常呈条带状，延伸不远、规模不大；三为剑河-锦屏-天柱一带的平缓磁场区，磁异常扰动为0～25nT变化。

区域地球化学：1∶20万区域化探成果反映，本区地球化学特征是以矿产的成矿元素Au、Cu、Pb、Zn及与成矿关系密切的伴生组分As、Sb、Hg、Ag局部富集，特别是在一定的构造区带或构造部位形成浓集区带为特征。Au含量浓集区带主要分布于天柱、锦屏、黎平、水口镇等东部边缘地带。北部天柱、锦屏一带，Au异常主要分布于下江群番召组和清水江组中；在中部三什江一带，Au异常主要分布于平略组中；而南部水口镇一带，Au异常则与震旦系关系密切。Ag元素高含量带主要分布于本区的北部和南部地区，中部仅零星见及，Cu元素高含量区亦主要为北部和南部。

远景区中部白市远口地区开展的1:50 000白市幅、远口幅水系沉积物地球化学测量成果表明,在白市远口地区,除Ag元素平均值低于全国平均值外,Au、As、Sb、Hg平均含量均高于其在全国水系沉积物中的平均含量,特别是Au元素,在测区的平均值是全国平均值的70倍,富集程度极高;Au、As、Sb元素的变化系数均大于1.00,最高的Au元素变化系数达5.61,离散程度极高,Hg元素变化系数为0.86,含量分布变化也较大,Ag元素变化系数为0.33,含量分布较均匀。

区域矿产:该区金矿有构造蚀变岩型金矿和石英脉型金矿,两种类型常相互共生产出,具生成联系。构造蚀变岩型金矿主要受脆韧性剪切带、滑脱构造带控制;石英脉型金矿主要受背斜核部或近核部的层间石英脉控制。两种类型金矿共生的金矿主要有水口金矿、同古金矿、八客金矿、平秋金矿、辣子坪金矿、坑头金矿、主山冲金矿等;构造蚀变岩型金矿有地虎铜金银矿、翁浪金矿等;石英脉型金矿有三什江金矿、金井金矿等。天柱大河边重晶石矿床位于贡溪复向斜中,产出在下寒武统牛蹄塘组。

2. 找矿方向

主攻矿种和主攻矿床类型:产于新元古代浅变质碎屑岩系中的石英脉型金矿与构造蚀变岩金矿。

找矿方向:以区内次一级北东向背斜及断裂构造为依据,从北至南划分了5个V级找矿远景区(表18-2),V141坑头背斜金矿找矿远景区,面积251km²,圈定具中型找矿远景的B类找矿靶区1个:天柱坑头;V142辣子坪-渡马金矿找矿远景区,面积131km²,圈定B类找矿靶区2个,其中天柱金银洞金矿找矿靶区具中型潜力、天柱辣子坪金矿找矿靶区具小型找矿远景;V143南加背斜-磨山背斜金矿找矿远景区,面积1184km²,圈定找矿靶区6个,其中A类1个、B类3个、C类2个,除天柱金井金矿找矿靶区具大型找矿潜力外,其余均具中型远景;V144稳江背斜-山洞背斜金矿找矿远景区,面积1348km²,圈定找矿靶区8个,其中B类2个、C类6个,均具中型远景;V145黎平背斜金矿找矿远景区,面积243km²,圈定具中型远景的C类靶区2个:黎平丘团、三什江。

(三) IV-56 黎平锰矿金矿远景区

1. 地质背景

范围:远景区地处贵州省东部黎平县,呈北东带状展布,主体位于万山-三都-荔波断裂带东侧,属雪峰山基底逆推带西缘,远景区长约60km,宽约40km。极值坐标范围为E108°48′—109°31′,N25°44′—26°20′,总面积约2425km²。

大地构造位置:III扬子陆块区-III₁上扬子陆块-III₁₋₈雪峰山基底逆推带,区域上位于扬子地块与江南造山带过渡带的雪峰山韧性剪切-推覆构造带(贾宝华,1994)上,该区地质构造复杂,不同规模、不同期次的构造对金等矿产的形成和产出具显著的控制作用。活动历史悠久、规模大、对沉积岩相变化、岩浆活动、构造变形乃至区域成矿均具有控制作用的断层控制了区内矿产出的大地构造位置;金矿田主要位于北东向、北西向及东西向多组断裂交会处;而矿体主要产于北东向断层带、北西向滑脱带、北东向剪切带及顺层剪切带中;其次是区域性的北东向、北西向、东西向断层交会位置控制着金矿田的分布;再次是矿田级的背斜加逆断层或剪切带、滑脱构造控制铜金银矿床;最后是矿区级的次级断层带、剪切带、层间剥离空间等控制了矿体的分布和产出。远景区进一步划属贯洞-龙安构造构造变形区,以发育一系列相互平行的NNE向断层褶皱为主,伴有部分EW、NE向断裂构造和北北东向过渡性剪切带。变形区内,于古邦、水口一带有金矿点产出。

地层分区为:华南地层大区(II)-扬子地层区(II₂)-黔东南地层分区(II₂³)。该区是一个早古生代的褶皱带,上层基底为新元古界—下古生界的浅变质岩。晚古生代以来,本区主要处于隆起状态,有发育不太完整的盖层沉积,其组分以碳酸盐岩为主。主要出露地层有元古宇青白口系清水江组、平略组、乌叶组、拱洞组,震旦系长安组、南沱组、陡山沱组、老堡组,古生界寒武系渣拉沟组、牛蹄塘组、污泥塘组,另外还出露有石炭系祥摆组、旧司组、上司组、黄龙组、马平组以及二叠系梁山组、栖霞组、茅口组等地层。区内主要赋矿层位金矿为元古宇震旦系长安组,锰矿为南华系大塘坡组。

表 18-2　Ⅳ-55 天柱-锦屏金矿远景区找矿靶区特征表

主攻矿种	主攻类型	典型矿床	Ⅴ级找矿远景区	面积(km²)	找矿靶区	编号	面积(km²)	远景
金	变质热液型	天柱下达、八克、同古金矿	Ⅴ141 坑头背斜金矿找矿远景区	251	B 天柱坑头金矿找矿靶区	Au-B-21	20.41	金中型
			Ⅴ142 辣子坪-渡马金矿找矿远景区	131	B 天柱金银洞金矿找矿靶区	Au-B-22	19.2	金中型
					B 天柱辣子坪金矿找矿靶区	Au-B-23	11.08	金小型
			Ⅴ143 南加背斜-磨山背斜金矿找矿远景区	1184	A 天柱金井金矿找矿靶区	Au-A-30	30.08	金大型
					B 天柱下达-美引金矿找矿靶区	Au-B-24	16.63	金中型
					B 锦屏平秋金矿找矿靶区	Au-B-25	17.41	金中型
					B 剑河南加-锦屏南路金矿找矿靶区	Au-B-26	13.27	金中型
					C 天柱磨山金矿找矿靶区	Au-C-43	13.03	金中型
					C 剑河盘乐金矿找矿靶区	Au-C-45	6.62	金小型
			Ⅴ144 稳江背斜-山洞背斜金矿找矿远景区	1348	B 锦屏八客-皎云金矿找矿靶区	Au-B-27	10.92	金中型
					B 锦屏铜鼓金矿找矿靶区	Au-B-28	13.2	金中型
					C 天柱七眼井-元田金矿找矿靶区	Au-C-44	4.52	金小型
					C 天柱天华山-梅子湾金矿找矿靶区	Au-C-46	18.61	金中型
					C 锦屏乌坡金矿找矿靶区	Au-C-47	10.89	金小型
					C 锦屏地稠金矿找矿靶区	Au-C-48	3.97	金小型
					C 锦屏地茶金矿找矿靶区	Au-C-49	11.48	金中型
					C 黎平罗里金矿找矿靶区	Au-C-50	7.45	金小型
			Ⅴ145 黎平背斜金矿找矿远景区	243	C 黎平丘团金矿找矿靶区	Au-C-51	11.33	金中型
					C 黎平三什江-大坡脚金矿找矿靶区	Au-C-52	12.04	金中型

区内未见岩浆岩出露。

区域重磁特征:远景区布格重力异常是变化相对缓的地区,布格异常场值总体东高西低。区内剩余重力异常均较弱,基本在 -1×10^{-5} m/s² ~ $+1\times10^{-5}$ m/s² 之间,从剩余重力异常图上来看,该预测区锰矿床点均分布在弱剩余重力异常区内,剩余重力异常与锰矿床分布关系不明显。从收集的航磁资料上看,南部黎平边界出现一个较大的圈闭正航磁异常,中北部天柱和锦屏地区则为相对平缓的航磁异常区。金矿床(点)分布在航磁平面图圈闭异常中及异常边部。黎平、水口一带金矿床(点)分布在化极后航磁平面图圈闭或半圈闭负磁异常边部。

区域地球化学:本远景区范围内,Au 发育 4 个异常浓集区,分别在水口、雷洞、古帮地区,锰矿有 2

个异常区,但已知锰矿床(点)上均没有 $Mn-Fe_2O_3-Cr-Ni-V$ 组合异常。$Mn-Fe_2O_3-Cr-Ni-V$ 组合异常的分布及强弱情况与沉积型锰矿关系具有一定的不确定性,沉积型锰矿(床)点的分布与 Mn 及 $Mn-Fe_2O_3-Cr-Ni-V$ 组合异常的相关性较差。

沿水口背斜在龙额断层两侧依次出现的几个 Au 异常,仍然是在隆起带 Au 含量增高带中圈定的,自南西向北东依次展布的古邦、雷洞、水口、务孖 Au、As、Sb、Cu、Pb 异常,往北东继续延伸入黎平幅与洪洲 Sb 异常相连,组成北东向延伸的 Au、Sb 多金属异常区,面积近 $300km^2$。综合 1:20 万三江幅区调及区域地球化学异常初步查证资料,已在黎平水口务孖 Au、Sb 异常发现铅矿化、水口 Au 异常发现构造蚀变岩型金矿化,从而为该区寻找 Au、Sb 多金属矿提供了有利线索。

在 1:20 万水口、雷洞、古邦 3 个 Au 异常区进行的土壤测量结果,在水口、古邦进一步缩小了异常范围,圈定了新异常,浓集中心较明显,雷洞土壤测量效果较差,无明显浓集中心。

2. 找矿方向

主攻矿种和主攻矿床类型:产于新元古代浅变质碎屑岩系中的石英脉型金矿与构造蚀变岩金矿、产于南华系大塘坡组海相沉积型锰矿。

找矿方向:以区内次一级构造及矿化集中区为单元,从西至东划分了 2 个 V 级找矿远景区(表 18-3),V146 雷公岭向斜锰矿找矿远景区,面积 $227km^2$,圈定锰矿找矿靶区 2 个,均为 C 类靶区,已咳靶区具中型找矿远景,十八当靶区具小型找矿远景;V147 黎平水口-古帮金矿找矿远景区,面积 $476km^2$,圈定铜鼓式金矿找矿靶区 3 个,均为 C 类靶区,其中黎平古帮找矿靶区具有中型找矿远景;黎平水口、黎平雷洞靶区具小型找矿远景。

表 18-3 Ⅳ-56 黎平锰矿金矿远景区找矿靶区特征表

主攻矿种	主攻类型	典型矿床	V级找矿远景区	面积(km^2)	找矿靶区	编号	面积(km^2)	远景
金、锰	变质热液型、沉积型	铜鼓式金矿、大塘坡式锰矿	V146雷公岭向斜锰矿找矿远景区	227	C已咳锰矿找矿靶区	Mn-C-19	3.85	锰中型
					C十八当锰矿找矿靶区	Mn-C-20	2.81	锰小型
			V147黎平水口-古帮金矿找矿远景区	476	C黎平水口金矿找矿靶区	Au-C-53	6.92	金小型
					C黎平雷洞金矿找矿靶区	Au-C-54	6.24	金小型
					C黎平古帮金矿找矿靶区	Au-C-55	17.22	金中型

(四)Ⅳ-57 从江铜金钨锡铅锌银矿远景区

1. 地质背景

范围:远景区地处贵州省东南部从江县,呈近东西向展布,长约 60km,宽约 20km。极值坐标范围为 E108°23′—109°06′,N 25°18′—25°44′,总面积约 $1261km^2$。

大地构造位置:Ⅲ扬子陆块区-Ⅲ₁上扬子陆块-Ⅲ$_{1-8}$雪峰山基底逆推带,主体位于摩天岭花岗岩体北缘,属雪峰山基底逆推带南西缘,区内构造特征主要表现为褶皱和断裂,以吉羊穹隆、加车鼻状背斜、宰便逆断层最为典型,并发育规模不等、方向各异的韧性剪切带。褶皱主要为早期构造运动形成的摩天岭复式背斜,呈南北向展布,宰便、刚边两个近南北向背斜为摩天岭复式背斜的组成部分,断裂主要分为早期断裂和晚期断裂,早期断裂构造主要为南北向的宰便断裂带,沿南北向宰便背斜轴部分布,延长数十千米；晚期以加车北西西向背斜轴部的轴向断裂为主，有党扭断裂带、刚边断裂带。区内多金属矿受构造控制甚为明显，矿床(点)主要分布于北北东向宰便断层西盘，北西西向陇雷断层、党扭断层以及次一级节理裂隙中。

地层分区：华南地层大区(Ⅱ)-扬子地层区(Ⅱ$_2$)-黔东南地层分区(Ⅱ$_3^3$)。区域出露地层主要为中元古界四堡群文通组、唐柳岩组、鱼溪组和新元古界青白口系下江群甲路组、乌叶组、番召组、拱洞组，震旦系富禄组、长安组以及第四系，主要呈环带状分布于摩天岭花岗岩体的北部边缘，少量为飞来峰残留于岩体之上或呈捕虏体残存于花岗岩体中。受区域变质和构造改造作用，地层面理置换和构造变形较为强烈，普遍发育各种塑性流变构造，致使多数层段的原有岩貌与接触关系及其层序难以恢复，地层总体表现为无序，而仅局部有序。新元古界青白口系下江群与中元古界四堡岩群呈角度不整合接触，由于后期构造作用影响，多数地段表现为断层接触。

远景区位于摩天岭花岗岩岩体北缘。岩浆活动强烈，岩石类型复杂，主要有元古宙的超基性岩、基性岩、花岗岩及基性火山岩，其次是古生代的偏碱性超基性岩侵入体等。

区域重磁特征：远景区在布格重力异常上处在大兴安岭-太行山重力梯级带南段，具典型的大陆异常特征，异常全为负值，总体表现为"东高西低"的态势。最大重力场值为-60×10^{-5} m/s^2，分布于北东部天柱、白市附近，最小重力场值为$(-110\sim-100)\times10^{-5}$ m/s^2，分布于剑河、榕江、宰便一线。在布格重力异常图上，铜矿床点主要分布在布格重力异常梯级带上及附近。在剩余重力异常图上，铜钨锡矿床点主要分布负重力异常上。远景区位于摩天岭花岗岩体的北缘及区域重力异常梯度带由南北向往南东向的转折部位和区域磁异常变化最大的从江-南加-宰便正磁异常带的中心地带。区域航磁异常以洪州-水口、从江-宰便、达地-雷山航磁异常总体呈环状分布。各地航磁异常强弱、特征各异：洪州-水口航磁异常呈北东向展布，从江-宰便近南北向展布，达地-雷山呈北北东向展布，该远景区在从江-宰便航磁异常区内。

2000—2001年，贵州省地质调查院物化遥调查部在南加铜矿点开展了物探找矿可行性试验工作，试验方法为直流激电法，取得了较好的地质效果，2002年又在高武铜矿点开展物探激电找矿工作。两次物探工作对评价区部分岩(矿)石电性进行了测定，初步查明了评价区岩(矿)石电性特征及南加铜矿点F14、高华铜矿点F17含矿断裂的产状。

区域地球化学：区内Cu、Pb、Zn、Ag、Au、As、Sb、Hg、K$_2$O、Na$_2$O等元素或氧化物相对于全省均有不同程度的富集。1∶20万榕江幅水系沉积物测量锡元素的高值区与摩天岭花岗岩体的位置吻合非常好，砷元素的高值区主要分布在摩天岭岩体的周边，且向北西方向延伸，反映了岩体周边热接触带向北西延伸。

在远景区东部南加-高武铜矿地区，1∶20万化探成果显示Cu、Pb、Zn、Ag、Au、As、Sb、Hg等元素背景含量总体偏低，元素主要沿花岗岩岩体周边形成零星的弱异常。2001年在翠里-高武及平正两地开展了1∶2.5万土壤测量，其结果显示，在花岗岩分布区仅Pb、Zn背景含量较高，而Cu、Ag、Au均为低背景分布。四堡群和下江群分布区，Cu、Ag、Au呈高背景分布，Pb、Zn背景含量则相对较低。

在远景区中部翁浪-地虎金银矿地区，根据1∶20万区域化探成果，地虎-翁浪评价区Cu、Pb、Zn、Ag、Au、As、Sb、Hg等元素含量均属背景分布，一般含量较低，仅在翁浪附近形成明显的Cu、Pb、Zn、Ag、Au、As、Hg富集区。2001年于翁浪东部至九星一带，沿翁浪地虎滑脱构造带开展了1∶1万土壤地球化学测量，圈定Au异常7处，Au、Ag、Hg综合异常2处，Au异常峰值一般为$(40\sim120)\times10^{-6}$之间，最高达280×10^{-6}，异常沿翁浪地虎滑脱带展布，分布面积大，Au、Ag、Hg异常套合好，在地虎及九星一带已发现了较好的含矿带，具有较好的找矿前景。

区域矿产：区内矿产资源较为丰富，以中—高温热液矿床为主，为W、Sn、Cu、Au、Ag、Pb、Zn的有利成矿带。已探明和正在开发利用的有地虎-九星铜金银多金属矿、翁浪金矿、大平钨锡矿，近期发现的有那哥铜铅锌金多金属矿床、友能铅锌矿、乌牙钨锡矿、陇雷金矿、摆荣、引略、顶优、归眼铜铅锌多金属矿(点)等。铜矿有构造蚀变岩型和岩浆期后热液脉型两种类型。构造蚀变岩型铜矿主要分布于翁浪-

地虎滑脱带中,以地虎铜矿床为代表;岩浆期后热液脉型主要分布在早期侵入花岗岩中发育的北西向、近东西向、北东向断层带内,南加铜矿、高华铜矿、舒家湾铜矿均属于此类。

2. 找矿方向

主攻矿种和主攻矿床类型:产于新元古代摩天岭花岗岩体内外接触带的岩浆期后热液脉型铜矿、产于新元古代摩天岭花岗岩体外接触带的四堡群与下江群甲路组之间的层间滑脱构造蚀变岩带以及四堡群组层间破碎蚀变岩带或花岗岩体与围岩接触带中的钨锡矿、产于新元古代摩天岭花岗岩体外接触带的四堡群与下江群甲路组之间的层间滑脱构造蚀变岩带中的构造蚀变岩金银铜铅锌多金属矿、产于新元古代摩天岭花岗岩体外接触带的下江群甲路组中构造热液脉型铜铅锌多金属矿。

找矿方向:本Ⅳ级远景区面积偏小,未再进一步划分Ⅴ级找矿远景区。区内圈定地虎铜铅锌金银矿找矿靶区1个,乌牙钨矿找矿靶区1个,均为A类靶区(表18-4),其中地虎找矿靶区金具中型、铜具小型、铅锌具小型找矿远景,乌牙找矿靶区具中型找矿远景。

表18-4 Ⅳ-57从江铜金钨锡铅锌银矿远景区找矿靶区特征表

主攻矿种	主攻类型	典型矿床	找矿靶区	编号	面积(km²)	远景
金铜银钨锡	构造蚀变岩型、岩浆型	九星铜矿、翁浪金银矿、乌牙钨矿	A 地虎铜铅锌金银矿找矿靶区	Cu-A-18	3.5	金中型、铜小型、铅锌小型
			A 乌牙钨矿找矿靶区	W-A-1	10.75	钨中型

第十九章　黔西南-滇东成矿区

本成矿区全称为"Ⅲ-88 桂西-黔西南-滇东南北部(右江地槽)AuSbHgAg 水晶石膏成矿区(Ⅰ;Y)",范围位于东经 $102°14'00''—106°59'31''$,北纬 $23°06'47''—26°02'21''$ 之间,呈近椭圆状,东西长约 430km,南北宽约 137km,行政区划包括贵州省西南部兴仁、兴义、贞丰、安龙、册亨、望谟等县市以及云南省东南部个旧、丘北、广南等区域,成矿区范围总面积约 4.8 万 km^2。

第一节　区域地质矿产特征

本成矿区所处大地构造位置为:Ⅲ扬子陆块区-Ⅲ$_2$ 华南陆块-Ⅲ$_{2-1}$ 南盘江-右江前陆盆地。地层分区为:华南地层大区(Ⅱ)-东南地层区(Ⅱ$_3$)-右江地层分区(Ⅱ$_3^1$)和黔南地层分区(Ⅱ$_3^2$)。矿产以微细浸染型金矿、沉积型锰矿、堆积型铝土矿、陆相火山岩型铅锌矿、矽卡岩型铜铅锌锡多金属矿为特点。

一、区域地质

(一)地层

本区出露地层从下古生界寒武系到中生界三叠系,缺失奥陶系。主要地层组有寒武系田蓬组,泥盆系坡脚、曲靖、革当组,石炭系黄龙、马平、祥摆组、南丹组、四大寨组,二叠系梁山组、栖霞组、茅口组、阳新组,三叠系法郎组、飞仙关组、嘉陵江组、个旧组、边阳组等。

(二)岩浆岩

本区岩浆岩主要分布在滇东南个旧地区,从基性至碱性、从喷出岩至侵入岩均有分布,其基性喷出岩主要产于中三叠统法郎组内,酸性至碱性岩则大面积出露。个旧杂岩体,主要的晚期岩浆侵入活动控制了大中型锡铜铅锌银矿床的展布。主要含矿围岩为中寒武统田蓬组、龙哈组及中三叠统个旧组,矿化于碳酸盐岩中。

(三)变质岩及变质作用

右江造山带的泥质岩,在中三叠世以来的碰撞造山进程中,发生区域变质作用,属葡萄石-绿纤石相。反映其所处特殊的物理环境,即低温低压浅层区域变质地体或变质带。

(四)区域构造

本区贵州黔西南地区构造变形强烈,主要为印支—燕山期形成的造山型褶皱和断裂,以紧闭线状复式褶皱为主,并伴有冲断层,且岩石有明显的缩短应变,区域性劈理比较发育。划分为南北向前陆冲断褶皱构造、东西向造山型构造带、北西向挤压-走滑构造带、大型逆冲推覆构造及高角度网状断裂系统5个世代的构造变形及其组合样式。其中以南北向、东西向及北西向三组构造最为醒目,该区金矿则主要产于三组构造所构成的三角形变形区的顶点部位。

本区滇东南地区成矿带内主要构造格架,受边界深大断裂严格控制,发育北东、北北东及北西向几组断裂,走向北西-南东的金沙江-红河断裂是滇东南成矿区的南部边界,也是南盘江-右江盆地与哀牢山地块(推覆体)的南西分界线,在省内自南涧向南东顺红河经河口延伸至越南河内附近,沿断裂带发育有1~2km宽的糜棱岩和片理、劈理带,旁侧牵引构造发育;文山-麻栗坡断裂带:北西-南东向延伸,向北消失在三叠纪盆地中;另外走向南北的小江断裂穿过本区;文山-麻栗坡断裂带:北西-南东向延伸,向北消失在三叠纪盆地中,向南延入越南境内。是一条长期间断性活动、控制岩相和地层类型分布的断裂。

二、区域物化特征

本区贵州黔西南地区,根据物探资料,磁场十分平稳和单调,属典型的沉积岩弱磁场。地处区域性的重力梯度异常区,大致在关岭—册亨一线,分为东西两地区。西部地区呈NNE向异常梯度变化较快,等值线较密,东部地区呈NE向,向异常梯度变化较慢,等值线较稀。产于右江盆地内的微细粒型金矿,如该、丫他、板其及高龙等金矿床均沿变异常分区线总体呈南北向展布。

化探方面,位于扬子陆块地球化学分区西南部,因受古裂谷作用形成的火山-沉积坳陷盆地构造控制,发育了黔西南断陷Au、As、Sb、Hg、Pb、Zn及亲基性元素强富集、高地球化学背景的地球化学亚区。

Au-As-Sb-Hg组合异常的分布及强弱情况与本区微细粒浸染型金矿的分布、规模具有很好的相关性,是寻找微细粒浸染型金矿的主要组合元素异常。本区Au-As-Sb-Hg组合异常主要分布于燕子岩、莲花山、碧痕营、灰家堡、楼下、岔河、戈塘、雄武等背斜之上,以及兴义-郑屯、陇纳、永和、雨樟、安龙、央有、乐旺、百地、乐康、板庚、包树等地。

本区云南滇东南部分,布格重力异常则较简单,主体是东西向规模大的重力低异常区,其北西部是北东向弥勒-师宗重力梯级带构成重力低的北西边界,南西部则是以北西向为主的重力高异常带,东部是东突之环形梯级带,与区内构造特征一致。地球化学分区属滇东南W、Sn、Ag、Pb、Zn、Ag、Sb、Hg、Mn地球化学区(带),花岗岩分布区多元素异常密集,构成明显异常区,如个旧,Sn、W、Bi、Cu、Mo、Pb、Zn、Ag异常规模大,含量高,伴生Au、As、Sb、Hg异常,均有大、中型锡、铅锌矿床分布。

三、主要矿床类型及代表性矿床

本区代表性矿床如产于中三叠统法郎组白云岩中与燕山期酸性侵入岩有关的个旧式锡铅锌铜多金属矿——个旧大型锡矿、个旧老厂大型铅锌矿、产于中三叠统法郎期碎屑岩建造斗南式沉积型锰矿——砚山县斗南中型锰矿、产于第四系松散层中卖酒坪式堆积型铝土矿-西畴县卖酒坪中型铝土矿、产于二叠系—三叠系不纯碳酸盐岩中之微细浸染型金矿-贞丰水银洞大型金矿、产于二叠系茅口组灰岩中与峨眉山组玄武岩组有关的陆相火山岩型铅锌矿-建水县荒田大型铅锌矿。

微细浸染型金矿主要分布在黔西南贞丰-兴义和册亨-望谟地区,赋矿层位主要为二叠系龙潭组茅口组和阳新组;陆相火山岩型铅锌矿分布于个旧断褶带西端建水虾洞、荒田和石屏大冷山一带,区内与成矿作用有关的地层为下二叠统茅口组,下二叠统玄武岩组,玄武岩底部与灰岩接触面是矿区内铅锌矿化的主要层位;矽卡岩型铜铅锌锡多金属矿多为共(伴)生多金属矿床,主要分布在个旧矿田以个旧老厂铜锡多金属矿为典型矿床的个旧酸性花岗岩体周围;沉积型锰矿主要分布在云南,以砚山斗南、建水白显为代表性矿床;堆积型铝土矿主要分布在云南丘北一带,主要含矿地层为二叠系龙潭组和吴家坪组。

风化壳型铁矿分布在贵州兴仁兴义安龙一带,热液型仅有一个小矿点分布在本区西南角,本区不做重点。

第二节 找矿远景区-找矿靶区的圈定及特征

一、找矿远景区划分及找矿靶区圈定

本Ⅲ级成矿区划分Ⅳ级找矿远景区5个、Ⅴ级找矿远景区13个,进一步圈定找矿靶区97个,其中A类靶区26个、B类靶区37个、C类靶区34个。

Ⅰ-4 滨太平洋成矿域
 Ⅱ-16 华南成矿省
  Ⅲ-88 桂西-黔西南-滇东南北部(右江地槽)AuSbHgAg水晶石膏成矿区
   Ⅳ-58 贞丰-兴义金砷锑汞铅锌矿远景区(Ⅴ148～Ⅴ151)
   Ⅳ-59 册亨-望谟金矿远景区(Ⅴ152～Ⅴ157)
   Ⅳ-60 丘北-广南锰金铝土矿远景区(Ⅴ158、Ⅴ159、Ⅴ160)
   Ⅳ-61 个旧锡铅锌银铜锰矿远景区
   Ⅳ-62 石屏大冷山-建水虾硐铅锌银铁矿远景区

二、找矿远景区特征

(一)Ⅳ-58 贞丰-兴义金砷锑汞铅锌矿远景区

1. 地质背景

范围:远景区位于贵州省西南部,以兴仁县城为中心,大致沿关岭县城、晴隆县城、罗平县城、兴义市、安龙县城、贞丰县城连线范围呈北东向带状展布,主体位于弥勒-师宗断裂带和紫云-六盘水断裂带交会部位南侧。北东长约140km,宽约110km。极值坐标范围为E104°23′—105°45′,N24°49′—25°53′,总面积约0.76万 km^2。

大地构造位置:Ⅲ扬子陆块区-Ⅲ$_2$华南陆块-Ⅲ$_{2-1}$南盘江-右江前陆盆地-Ⅲ$_{2-1-3}$丘北-兴义断陷,靠近特提斯-喜马拉雅与濒太平洋两大全球构造域结合部位的东侧,位于弥勒-师宗断裂带和紫云-六盘水断裂带的夹持地带南侧,属滇黔桂"金三角"的重要组成部分,是由扬子被动边缘碳酸盐台地演化而成的一个中、晚三叠世周缘前陆盆地。区域内弥勒-师宗断裂、水城-紫云断裂、开远-平塘断裂及镇宁-册亨等深大断裂展布方向分别呈北东向、北西向、东西向和南北向,而位于上述深断裂围限的中间地带,构造线展布主要呈近东西向。叠加褶皱对区域内金矿田有明显控制作用,多数矿田分布在叠加褶皱形成的构造穹隆顶部或其附近,后者主要呈NW-SE、NE-SW向排列且具等距性(吴德超等,2003)。

地层分区:华南地层大区(Ⅱ)-扬子地层区(Ⅱ$_2$)-上扬子地层分区(Ⅱ$_{24}$)之黔西南地层小区。远景区以台地浅水碳酸盐岩沉积发育齐全为特征,出露地层主要是泥盆系至三叠系。以二叠系、三叠系发育最全,泥盆系、石炭系仅分布于区域内北西部的新马场背斜、南西部的雄武背斜核部。另有侏罗系、白垩系、古近系的陆相沉积零星分布。其中泥盆系至二叠系中统,以台地碳酸盐岩沉积为主,夹少量细碎屑岩和硅质岩。二叠系上统为潮坪相含煤细碎屑岩系,早三叠世至晚三叠世卡尼早期以台地碳酸盐岩沉积为主;晚三叠世卡尼中期赖石科组、把南组为深海陆棚相浊流沉积;火把冲组为岩屑砂岩、泥岩与煤系

地层组成海陆交互相沉积。二桥组为岩屑石英细—粗砂岩、含砾石英砂岩夹粉砂岩及泥岩组成陆相、河流相沉积。白垩系上统分布局限,为内陆河湖相砂砾岩沉积。第四系为黏土、砂砾石冲积、坡积。

赋金层位主要是中二叠统的大厂层,峨眉山玄武岩底部和玄武岩之间的凝灰岩,上二叠统龙潭组及下三叠统夜郎组。

岩浆岩:本区及其周围地区岩浆活动不强烈。出露地表的岩浆岩包括扬子陆块二叠纪大陆溢流拉斑玄武岩-峨眉山玄武岩,以及少量零星分布的与玄武岩同期同源的岩床状(少数为岩墙状)次火山岩-辉绿岩;在右江造山带有少量二叠纪的偏碱性辉绿岩;在本区以东,扬子陆块与右江造山带接合处附近,有晚白垩世的偏碱性超基性岩。与峨眉山玄武岩同源的次火山岩-辉绿岩,侵位时间与玄武岩第二阶段同时或稍后。

区域重磁特征:远景区处于属我国著名的鄂尔多斯-龙门山-乌蒙山重力梯级带南段,布格重力异常呈北东向展布。根据1:20万区域重力调查成果,本区区域布格重力场值皆为负值,重力场等值线走向呈近南北向,其变化的总体趋势是由北东往北西逐渐下降;金矿床点沿着剩余重力异常零值线分布。大部分金矿床分布在剩余重力异常低缓负异常中,但一部分金矿床分布在剩余重力异常零值线附近。本区磁场十分平稳和单调,属典型的沉积岩弱磁场。

区域地球化学:岩石地球化学上属扬子地球化学区(Ⅱ),大致以晴隆—泥堡一线为界,分为2个地球化学亚区:北西为晴隆-盘县亚区(Ⅱ$_1$)东南为贞丰-兴义亚区(Ⅱ$_2$)。本区1:20万水系测量Au-As-Sb-Hg组合异常分布极其广泛,主要分布于燕子岩、莲花山、碧痕营、灰家堡、楼下、岔河、戈塘、雄武等背斜之上及兴义-郑屯、陇纳、永和、雨樟、安龙等地;其中,碧痕营、灰家堡、楼下、戈塘等背斜是区内重要的金矿区,燕子岩、莲花山、岔河、雄武等背斜及郑屯、陇纳等地也有一定规模金矿产出。安龙—德卧一带未发现有价值的金矿(床)点。Pb-Zn-Ag组合异常则主要分布于黔西南断陷靠近右江造山带的边缘部位三叠系中,及燕子岩、莲花山背斜二叠系碳酸盐岩之上(以Zn异常为主)。

区域矿产:区域低温热液矿床发育,广泛产出有赋存于陆源火山碎屑岩系、形成于燕山期的金矿和铅锌、锑矿矿床。金及锑、汞、砷矿化均主要沿燕山期的背斜或穹隆构造分布,形成延伸方向各异的矿带或矿化带。金矿往往与汞、铊矿,锑、萤石矿、钼、铀矿、砷矿关系密切。金矿主要产于上二叠统—中三叠统碎屑岩-泥岩建造或碳酸盐建造中。均属卡林型金矿,具有分布广、规模大、矿化较稳定等特点。

2. 找矿方向

主攻矿种和主攻矿床类型:产于二叠系—三叠系不纯碳酸盐岩中之微细浸染型金矿、产于中上二叠统火山碎屑岩(凝灰岩)中之微细浸染型金矿、产于第四纪松散堆积物中红土型金矿。

找矿方向:区内进一步圈定Ⅴ级找矿远景区4个(表19-1),Ⅴ148碧痕营穹状背斜金矿找矿远景区,面积792km^2,圈定找矿靶区4个,其中B类靶区3个、C类靶区1个,碧痕营-Ⅵ号靶区具大型找矿远景,其余为中小型潜力;Ⅴ149灰家堡背斜及贞丰背斜金矿找矿远景区,面积505km^2,圈定找矿靶区2个,其中A类靶区1个、B类靶区1个,灰家堡背斜靶区已达大型—超大型规模,贞丰背斜靶区具中型远景;Ⅴ150泥堡-戈塘金矿找矿远景区,面积730km^2,圈定找矿靶区4个,其中A类靶区2个、B类靶区2个,泥堡-Ⅰ、大垭口找矿靶区具大型找矿远景,戈塘-Ⅰ找矿靶区具中型找矿远景,泥堡-Ⅱ找矿靶区具小型找矿远景;Ⅴ151雄武背斜金矿找矿远景区,面积214km^2,圈定找矿靶区2个,其中B类靶区1个、C类靶区1个,均具大型远景。

表 19-1　Ⅳ-58 贞丰-兴义金砷锑汞铅锌矿远景区金矿找矿靶区特征表

主攻矿种	主攻类型	典型矿床	V级找矿远景区	面积（km²）	找矿靶区	编号	面积（km²）	远景
金	微细浸染型	紫木凼金矿、水银硐金矿、泥堡金矿、戈塘金矿、老万场金矿	V148 碧痕营穹状背斜金矿找矿远景区	792	B 碧痕营-Ⅰ金矿找矿靶区	Au-B-33	3.2	金中型
					B 碧痕营-Ⅴ金矿找矿靶区	Au-B-34	21.32	金中型
					B 碧痕营-Ⅵ金矿找矿靶区	Au-B-35	31.72	金大型
					C 碧痕营-Ⅳ金矿找矿靶区	Au-C-57	3.68	金小型
			V149 灰家堡背斜及贞丰背斜金矿找矿远景区	505	A 灰家堡背斜金矿找矿靶区	Au-A-31	46.3	金大型
					B 贞丰背斜金矿找矿靶区	Au-B-29	11.26	金中型
			V150 泥堡-戈塘金矿找矿远景区	730	A 戈塘-Ⅰ金矿找矿靶区	Au-A-32	33.61	金中型
					A 泥堡-Ⅰ金矿找矿靶区	Au-A-33	9.5	金大型
					B 大垭口金矿找矿靶区	Au-B-30	28.85	金大型
					B 泥堡-Ⅱ金矿找矿靶区	Au-B-32	2.87	金小型
			V151 雄武背斜金矿找矿远景区	214	B 雄武-Ⅰ金矿找矿靶区	Au-B-31	28.84	金大型
					C 雄武-Ⅱ金矿找矿靶区	Au-C-56	12.8	金大型

（二）Ⅳ-59 册亨-望谟金矿远景区

1. 地质背景

范围：远景区位于贵州省西南部，以望谟县城、册亨县城为中心，大致沿罗甸县城、贞丰县城、安龙县城连线范围以南直至省界呈近等轴状展布，主体位于紫云-六盘水断裂带与贞丰-安龙-兴义-罗平三叠系相变线以南。东西长约 100km，宽约 90km。极值坐标范围为 E105°25′—106°50′，N24°36′—25°30′，总面积约 0.65 万 km²。

大地构造位置：Ⅲ扬子陆块区-Ⅲ₂ 华南陆块-Ⅲ₂₋₁ 南盘江-右江前陆盆地-Ⅲ₂₋₁₋₃ 丘北-兴义断陷，靠近特提斯-喜马拉雅与濒太平洋两大全球构造域接合部位的东侧，位于弥勒-师宗断裂带和紫云-六盘水断裂带的夹持地带南侧，属滇黔桂"金三角"的重要组成部分，是由扬子被动边缘碳酸盐台地演化而成的一个中、晚三叠纪周缘前陆盆地。远景区所处右江造山带的基底亦属"三层式"结构。其下层与中层基底的组成与扬子陆块相似，唯上层基底为新元古代至早古生代，常缺失奥陶纪和志留纪地层。远景区所在南盘江构造域以一系列 EW—NWW 向延伸的复式褶皱为特征，并伴生有一系列东西向的走向断裂。这一构造域主要与来自南部的越北地块向北及 NNE 向的挤压有关，也是南岭纬向构造带的主体构造形迹，由于基底结晶程度低，凹陷较深，盖层为碎屑沉积岩，以塑性变形为主，因此线性褶皱变形发育。本区及其周围地区除基底"三层式"特征外，该区地壳还具有不均一性，即地壳与上地幔之间的莫霍面深度不一。

构造变形主要形成于印支—燕山期，并经初步分析，划分为南北向前陆冲断褶皱构造、东西向造山型构造带、北西向挤压-走滑构造带、大型逆冲推覆构造及高角度网状断裂系统 5 个世代的构造变形及其组合样式。其中以南北向、东西向及北西向三组构造最为醒目，该区金矿则主要产于上述三组构造所构成的三角形变形区的顶点部位。

地层分区：华南地层大区（Ⅱ）-东南地层区（Ⅱ$_3$）-右江地层分区（Ⅱ$_3^1$）。区域出露地层为中泥盆统至上白垩统及第四系，其中缺失侏罗系。石炭系出露于央坪-烂泥沟一线以西及包树-望谟以东地区，为一套台地-台地边缘浅水碳酸盐岩；二叠系分布范围及沉积环境同石炭系大体一致；远景区内三叠系分布较广，发育较齐全。以册阳—尼罗一线为沉积分界线，可分为东、西部地层区。东部地层区在早中三叠世为盆缘斜坡至深水槽盆沉积环境，沉积了厚大的含金背景值高的深水重力流与陆源碎屑浊积岩；西部地层区则主要为一套半局限台地至台缘礁滩相的碳酸盐岩。白垩系上统分布局限，为内陆河湖相砂砾岩沉积。第四系为黏土、砂、砾岩冲积、坡积沉积。

岩浆岩：区内岩浆活动微弱，在区内贞丰白层有燕山期偏碱性超基性岩小岩体出露。在望谟巧相、桑郎一带可见辉绿岩小岩体出露。偏碱性辉绿岩组合分布于望谟县乐康、双河口一带，其岩性以辉绿岩为主，局部有辉长-辉绿岩。偏碱性超基性岩组合分布于册亨-镇宁南北向深部构造的贞丰、望谟和镇宁三县交界的白层、鲁容和杨家寨等地，岩性包括辉石岩、黑云母和橄榄岩三类的若干岩种，偶有爆发角砾岩。岩石蚀变强烈，原岩成分发生很大变化，但仍可大致确定其化学成份为低镁、相对富钠钾的基本特征，偏碱性—碱性超基性岩。

区域重磁特征：根据1∶20万区域重力调查成果，本区区域布格重力场值皆为负值，重力场等值线走向呈北东向，其变化的总体趋势是由东往西逐渐下降；布格重力异常从东向西逐渐减小。金矿床点分布在重力梯级带东部。在剩余重力异常上，金矿床点沿着剩余重力异常零值线分布。黔西南磁场总体特点是磁场十分平静和单调，属典型的沉积岩弱磁场。

区域地球化学：远景区属右江地球化学区，Au及相关元素As、Hg、Sb等的背景值较高。据地球化学土壤测量和岩石测量成果，在册亨-望谟地区，凡金矿床（点）上都有面积大、强度高的金异常。且砷、锑、汞、银等异常与这相伴出现且套合良好，并常比金异常范围略大。册亨-望谟金矿远景区Au-As-Sb-Hg组合异常分布广泛，异常数量众多，根据元素的套合情况共圈定Au-As-Sb-Hg地球化学组合异常13处。

区域矿产：区内矿产资源丰富，矿种多，蕴藏量大。在发现和已探明的矿种中，金矿资源量位居全省之首，煤、汞、锑、铅锌矿等矿为本州的优势矿产。远景区内金矿主要以硅质碎屑岩为容矿岩石的微细浸染型金矿床，如贞丰县烂泥沟、册亨板其-丫他以及望谟大观。

2. 找矿方向

主攻矿种和主攻矿床类型：产于中三叠统硅质碎屑岩建造中受构造控制的微细浸染型金矿。

找矿方向：区内进一步圈定Ⅴ级找矿远景区5个（表19-2），Ⅴ152卡务背斜金矿找矿远景区，面积242km^2，圈定C类找矿靶区3个，其中鲁容金矿找矿靶区具大型找矿远景，其余为中型潜力；Ⅴ153板莫-交相金矿找矿远景区，面积944km^2，圈定找矿靶区7个，其中B类靶区2个、C类靶区5个，乐康金矿找矿靶区具大型找矿远景，其余为中小型潜力；Ⅴ154赖子山背斜金矿找矿远景区，面积502km^2，圈定找矿靶区6个，其中A类靶区1个、B类靶区5个，烂泥沟、洛帆-岩碰、凤堡-册阳找矿靶区具大型找矿远景，其余具中型找矿远景；Ⅴ155尾怀-纳根金矿找矿远景区，面积387km^2，圈定具小型潜力的C类找矿靶区3个；Ⅴ156丫他金矿找矿远景区，面积327km^2，圈定找矿靶区3个，其中A类靶区2个、C类靶区1个，丫他、纳板穹隆找矿靶区具大型找矿远景，其余具小型找矿远景；Ⅴ157百地金矿找矿远景区，面积120km^2，圈定找矿靶区2个，其中A类靶区1个、C类靶区1个，百地找矿靶区具大型找矿远景，卡马山具小型找矿远景。

表 19-2　Ⅳ-59 册亨-望谟金矿远景区找矿靶区特征表

主攻矿种	主攻类型	典型矿床	Ⅴ级找矿远景区	面积（km²）	找矿靶区	编号	面积（km²）	远景
金	微细浸染型	烂泥沟式金矿	Ⅴ152 卡务背斜金矿找矿远景区	242	C 卡务金矿找矿靶区	Au-C-58	12.9	金中型
					C 白层金矿找矿靶区	Au-C-67	3.92	金中型
					C 鲁容金矿找矿靶区	Au-C-68	15.55	金大型
			Ⅴ153 板莫-交相金矿找矿远景区	944	B 大观豆芽井金矿找矿靶区	Au-B-41	8.24	金中型
					C 乐康金矿找矿靶区	Au-C-64	21.27	金大型
					C 交相金矿找矿靶区	Au-C-65	5.26	金中型
					C 岜赖金矿找矿靶区	Au-C-66	4.33	金中型
					C 板莫金矿找矿靶区	Au-C-69	1.92	金小型
					C 董万金矿找矿靶区	Au-C-70	8.71	金中型
			Ⅴ154 赖子山背斜金矿找矿远景区	502	B 罗甸冗决金矿找矿靶区	Au-B-42	3.17	金小型
					A 烂泥沟金矿找矿靶区	Au-A-34	25.73	金大型
					B 洛帆-岩碰金矿找矿靶区	Au-B-36	11.32	金大型
					B 沙子井金矿找矿靶区	Au-B-37	3.5	金中型
					B 风堡-册阳金矿找矿靶区	Au-B-38	25.28	金大型
					B 洛东金矿找矿靶区	Au-B-39	3.7	金中型
					B 塘新寨金矿找矿靶区	Au-B-40	8.07	金中型
			Ⅴ155 尾怀-纳根金矿找矿远景区	387	C 尾怀金矿找矿靶区	Au-C-59	2.54	金小型
					C 花冗金矿找矿靶区	Au-C-60	2.57	金小型
					C 纳根金矿找矿靶区	Au-C-63	8.74	金小型
			Ⅴ156 丫他金矿找矿远景区	327	A 丫他金矿找矿靶区	Au-A-35	46.1	金大型
					A 纳板穹隆金矿找矿靶区	Au-A-36	33.31	金大型
					C 纳下金矿找矿靶区	Au-C-61	5.82	金小型
			Ⅴ157 百地金矿找矿远景区	120	A 百地金矿找矿靶区	Au-A-37	17.8	金大型
					C 卡马山金矿找矿靶区	Au-C-62	9.94	金中型

（三）Ⅳ-60 丘北-广南锰金铝土矿远景区

1. 地质背景

范围：远景区位于云南省东南部，以丘北县城为中心，东至广南县城、西抵弥勒县城—蒙自县城一线、北到罗平县城以南、南达广南县城—蒙自县城连线，向南大致以蒙自—砚山—广南一线与滇东南逆冲-推覆构造带分界，主体呈北东向位于弥勒-师宗深大断裂带以南，为由一系列向北突出的弧形褶皱和断裂组成的文山巨型旋扭构造之北西缘的丘北-广南褶皱带。北东长约 160km，宽约 80km。极值坐标范围为 E103°27′—105°14′，N23°33′—24°39′，总面积约 1.18 万 km²。

大地构造位置：Ⅲ扬子陆块区-Ⅲ₂华南陆块-Ⅲ₂₋₁南盘江-右江前陆盆地-Ⅲ₂₋₁₋₃丘北-兴义断陷，靠近特提斯-喜马拉雅与濒太平洋两大全球构造域结合部位的东侧,位于弥勒-师宗断裂带和紫云-六盘水断裂带的夹持地带南侧,上扬子陆块南缘、越北古陆的北缘、右江凹陷西缘,为陆块与凹陷交互地区,具过渡性质,总体形成一个环绕越北古陆作同心环状展布的NE—EW向弧形构造。次一级构造单元主要有文山-富宁断褶束、丘北-广南褶皱束等。区内构造以断裂为主,褶皱次之,为平缓的帚蓝式褶皱,轴向多为NWW—SEE和NEE—SWW两组。

区域地质构造的突出特征为:加里东褶皱基底与晚古生代—早中生代沉积盖层组成的被动大陆陆缘带受金沙江-哀牢山北西向碰撞造山带动力作用形成的印支期(T_3)前陆盆地逆冲-推覆大型变形构造带,其后受到由喜马拉雅期北西向金沙江-哀牢山陆内走滑-拉分构造动力作用诱发的北西—北北西向走滑-拉分构造的叠加改造。前陆盆地逆冲-推覆变形前缘带的近东西向大型逆冲断裂带是主要控矿构造,与近南北向断裂交会部位或牵引褶皱核部、两翼对金矿成矿更为有利。

地层分区:华南地层大区(Ⅱ)-东南地层区($Ⅱ_3$)-右江地层分区($Ⅱ_3^1$)。金矿主要赋矿围岩为下三叠统洗马塘组、中三叠统板纳组细砂岩、泥质粉砂岩;主要含锰地层中三叠统个旧组广泛分布在滇东南之个旧、文山、丘北、广南一带,总体为一套浅灰—深灰色碳酸盐岩为主,夹少量泥质岩石的沉积。中三叠统法郎组总体为一套灰白色薄层泥质、硅质灰岩及黄绿色砂纸页岩、钙质粉砂岩的地层,自北而南、由东向西厚度增厚。砚山斗南、文山老回龙一带,属水体较深的陆架内缘斜坡环境,是滇东南地区最重要的含锰地层。滇东南地区铝土矿含矿岩系主要为晚二叠世地层与下伏地层之间沉积间断面上的滨海沼泽相陆源碎屑沉积建造层,地层名称为"吴家坪组"(在滇东则称"宣威组""龙潭组")。原生沉积型铝土矿赋存于龙潭组与石炭纪或二叠纪沉积间断面上。堆积型铝土矿主要分布在上二叠统含铝土矿岩系及铝土矿床的出露区。

区域重磁特征:本区布格重力异常则较简单,主体是东西向规模大的重力低异常区,其北西部是北东向弥勒-师宗重力梯级带构成重力低的北西边界,南西部则是以北西向为主的重力高异常带,东部是东突之环形梯级带,与区内构造特征一致。航磁ΔT在西南部为正值区,西北部为负值区,中西部、南部和东部以负值为主,北部和中东部以正值为主。

区域地球化学:地球化学分区属滇东南W、Sn、Ag、Pb、Zn、Ag、Sb、Hg、Mn地球化学区广南、富宁Au、Sb(Mz,Kz)地球化学分区,以Au、As、Sb、Hg等元素异常为主,伴生有Pb、Zn、Ag异常,近东西向展布,异常呈簇状成群出现,中三叠统Mn异常较高。远景区金背景分布大约可分为西北角高背景区和中北部低背景区2个背景区块。远景区酒房—当别一带,包含5个异常,为Au、As、Sb元素组合异常,少数异常有Hg元素显示,异常走向为北东向。金异常强度高、规模大、浓集中心明显、浓度分带清晰。

区域矿产:产于二叠系—三叠系碎屑岩建造那能式类卡林型金矿;产于中三叠统法郎期碎屑岩建造斗南式沉积型锰矿;产于上二叠统早期吴家坪组(龙潭组)铁厂式沉积型铝土矿;产于第四系松散层中卖酒坪式堆积型铝土矿。远景区内金矿床点有8个,其中小型4个,矿点4个;锰矿床点10个,其中中型2个,小型6个,矿点2个;铝土矿床点7个,其中中型2个,小型1个,矿点4个。

2. 找矿方向

主攻矿种和主攻矿床类型:产于二叠系—三叠系碎屑岩建造那能式类卡林型金矿;产于中三叠统法郎期碎屑岩建造斗南式沉积型锰矿;产于上二叠统早期吴家坪组(龙潭组)铁厂式沉积型铝土矿;产于第四系松散层中卖酒坪式堆积型铝土矿。

找矿方向:区内进一步圈定Ⅴ级找矿远景区3个(表19-3),Ⅴ158弋勒-出水洞金矿找矿远景区,面积2472km²,圈定金矿找矿靶区6个,其中A类靶区3个、B类靶区1个、C类靶区2个,戈寒金矿金矿找矿靶区具大型找矿远景,其余为中小型潜力。Ⅴ159丘北金锰铝土矿找矿远景区,面积4036km²,圈定具中型潜力的金矿找矿靶区2个,其中A类靶区1个、C类靶区1个。圈定铝土矿找矿靶区4个,其中A类靶区3个、B类靶区1个,飞尺角卖酒坪式堆积型铝土矿找矿靶区具大型找矿远景,其余为中小型潜力。圈定具中型潜力的锰矿找矿靶区3个,其中A类靶区1个、C类靶区2个;Ⅴ160广南金矿铝土矿找矿远景区,面积 2835km²,圈定金矿找矿靶区 8 个,其中 A 类靶区 2 个、B 类靶区 2 个、C 类靶区 4 个,斗月金矿找矿靶区具大型找矿远景,其余具中小型找矿远景。圈定铝土矿找矿靶区 2 个,其中 A 类靶区 1 个、B 类靶区 1 个,板茂铝土矿找矿靶区具大型找矿远景。

表 19-3　Ⅳ-60 丘北-广南锰金铝土矿远景区找矿靶区特征表

主攻矿种	主攻类型	典型矿床	Ⅴ级找矿远景区	面积(km²)	找矿靶区	编号	面积(km²)	远景
锰金汞铝土矿	微细浸染型、沉积型	洗马塘汞矿、那能金矿、斗南锰矿、卖酒坪式堆积型铝土矿	Ⅴ158 弋勒-出水洞金矿找矿远景区	2472	A 别力金矿金矿找矿靶区	Au-A-38	47.46	金中型
					A 堂上金矿金矿找矿靶区	Au-A-39	40.53	金中型
					A 戈寒金矿金矿找矿靶区	Au-A-40	54.53	金大型
					B 茅草坪金矿找矿靶区	Au-B-43	38.21	金大型
					C 弋勒金矿找矿靶区	Au-C-71	6.44	金小型
					C 出水洞金矿找矿靶区	Au-C-72	27.44	金小型
			Ⅴ159 丘北金锰铝土矿找矿远景区	4036	A 绿塘子金矿找矿靶区	Au-A-43	20.23	金中型
					C 干巴寨金矿找矿靶区	Au-C-75	51.78	金中型
					A 邱北县水米冲铝土矿找矿靶区	Al-A-19	167.15	铝小型
					A 砚山县永和铝土矿找矿靶区	Al-A-20	83.67	铝小型
					A 飞尺角卖酒坪式堆积型铝土矿找矿靶区	Al-A-22	43.5	铝大型
					B 邱北县席子塘铝土矿找矿靶区	Al-B-34	373.58	铝中型
					A 斗南-老乌锰矿找矿靶区	Mn-A-41	52.59	锰中型
					C 清水塘锰矿找矿靶区	Mn-C-21	28.04	锰中型
					C 梭罗底锰矿找矿靶区	Mn-C-22	21.32	锰中型
			Ⅴ160 广南金矿铝土矿找矿远景区	2835	A 底圩金矿找矿靶区	Au-A-41	18.68	金中型
					A 斗月金矿找矿靶区	Au-A-42	54.97	金大型
					B 大箐塘金矿找矿靶区	Au-B-44	23.41	金中型
					B 者太金矿找矿靶区	Au-B-45	11.69	金小型
					C 马安山金矿找矿靶区	Au-C-73	24.08	金小型
					C 达连塘金矿找矿靶区	Au-C-74	26.47	金小型
					C 倮倮衣金矿找矿靶区	Au-C-76	15.11	金小型
					C 茂克金矿找矿靶区	Au-C-77	14.52	金小型
					A 板茂铝土矿找矿靶区	Al-A-21	34.7	铝大型
					B 广南县板茂铝土矿找矿靶区	Al-B-35	142.5	铝小型

(四)Ⅳ-61个旧锡铅锌银铜锰矿远景区

1. 地质背景

范围：远景区位于云南省东南部，大致以个旧市为中心，东至蒙自县城、西抵建水县城—元阳县城一线、北到开远市、南达元阳县城—蒙自县城连线，向北西以红河-开远-弥勒-师宗深大断裂带与扬子陆块相邻，向南东大致以蒙自—砚山—广南一线与滇东南逆冲-推覆构造带分界，南部紧靠红河断裂，东大致以小江断裂南延部分为界，主体呈三角形围限于弥勒-师宗深大断裂带（西南延伸至开远、红河）、小江断裂（南延部份）、红河断裂之间。南北长约75km，东西平均宽约50km。极值坐标范围为E$102°47'$—$103°26'$，N$23°09'$—$23°52'$，总面积约0.35万km^2。

大地构造位置：Ⅲ扬子陆块区-Ⅲ$_2$华南陆块-Ⅲ$_{2-1}$南盘江-右江前陆盆地-Ⅲ$_{2-1-1}$个旧凹陷。远景区位于云南"山"字型构造、青藏"歹"字型构造、南岭EW向及川滇SN向构造的复合部位，处于欧亚板块、印度板块俯冲碰撞相接的部位，属于欧亚板块中的华夏古板块之中国东南微板块西南缘右江陆缘盆地中的南盘江断褶束之西南隅，处在环球两个巨型锡矿带，即特提斯巨型锡矿带和环太平洋巨型锡矿带的交会点。

远景区所在区域性断裂十分发育，控制着区内构造格局、盆地结构及沉积作用演化及沉积体系的类型与展布，对岩浆活动及成矿作用也有重要控制作用，与滇东南盆区的裂陷作用及发展演化紧密相关。按断裂性质、活动程度、规模以及影响和限制盆地发生发展，断裂可分为两种类型：第一类是长期活动的深切地壳的大型断裂，如盆地西界的红河断裂；第二类是继承基底间歇性活动的同沉积断裂。这些断裂具有长期间歇性活动的特点，在经早海西期活动之后，印支期重新活动，控制着盆地沉积体系的类型及其展布与转化以及盆地的轮廓和延伸，如弥勒-师宗断裂带、开远-邱北、文山-麻栗坡、广南-富宁等断裂。区内主要断裂按延伸方向可分为北东向或北东东向、北西向、南北向及东西向四组，它们在盆地演化过程中同时活动，但活动方式和时间长短不同。北东向、南北向、东西向断裂规模大，活动频率低，主要控制盆地主体格局和大的地层分布；北西向断裂在区内规模相对较小，但活动频繁，控制着同一时期沉积体系和岩相的分布。

地层分区为：华南地层大区（Ⅱ）-东南地层区（Ⅱ$_3$）-右江地层分区（Ⅱ$_{31}$）。远景区所在滇东南区域沉积岩广泛发育，约占全区面积的80%以上，地层发育较齐全，除白垩系缺失外，从元古宇至新生界的地层均有出露，元古宙地层主要分布在个旧外围金平-元阳地区及石屏-建水地区，屏边县也有少量出露。古生界地层广泛发育。其中寒武纪地层分布于石屏、建水、蒙自至文山麻栗坡等地，蒙自至麻栗坡一带出露较全；奥陶系、志留系区内普遍缺失；泥盆系东岗岭组、革当组；石炭系黄龙组；下二叠统阳新组、上统龙潭组；中生界以三叠系最为完整；白垩系则全区缺失。

在个旧地区出露的地层为大面积三叠系及少量的二叠系（庄永秋等，1996），自下而上是二叠纪火山岩（峨眉山溢流玄武岩的一部分），厚约2400m；上二叠统龙潭组细粒碎屑岩及煤系地层，厚度大于332m；下三叠统飞仙关杂色砂页岩，厚173～389m；下三叠统永镇组砂泥岩，厚408～457m；中三叠统个旧组碳酸盐岩，其下部夹有基性火山岩，厚140～400m；中三叠统法郎组细粒碎屑岩及一些碳酸盐岩，在下部和上部分别夹有基性火山岩，厚1800～2800m；上三叠统鸟格组和火把冲组细粒碎屑岩，厚约500～1200m。上述各地层间除了二叠纪飞仙关组与龙潭组、个旧组与法郎组之间为假整合接触外，其余均为整合接触。中三叠统个旧组和法郎组是个旧地区分布最广泛的地层，主要分布在以个旧断裂为界的东区。新近系黏土层、砂页岩层和砂砾岩层以及第四系沉积物主要出现在沿红河断裂和个旧断裂分布以及在东北部的蒙自盆地。

岩浆岩：区域岩浆岩活动具有多期、多阶段性，自元古宙至新生代的各主要构造活动时期中，均有强度不等、类型不同的岩浆活动。其中，以海西期的海底基性火山喷发活动和印支、燕山期的基性（超基性）酸性岩浆侵入活动最为强烈，分布广泛。在个旧地区除了二叠纪和三叠纪两次基性火山喷溢作用外,在白垩纪还发生了大规模的岩浆侵位事件。

区域重磁特征:根据区域重磁异常资料(庄永秋等,1996),滇东南地区莫霍面等深线大致呈北东向平行分布,由南东的马关—广南一带为44 km,往北西的石屏—弥勒一带为47 km,在个旧—兴义—晴隆一带处于幔坡由缓变陡地带,印支期存在着大致与弥勒-师宗岩石圈断裂(控制石炭纪—二叠纪基性火山作用的断裂)平行北东向的个旧-兴义-晴隆同生大断裂,早—中三叠世裂谷下沉(庄永秋等,1996),伴随多次基性火山活动和火山沉积成矿及喷流热水沉积成矿作用,形成了厚约3000~5200m,呈北东向狭长状分布的含矿碳酸盐岩、细粒碎屑岩和基性火山岩。

布格重力异常主要特征为区内中部有一显著的重力低,该重力低中心与个旧出露或隐伏花岗岩相对应,外围重力值逐渐增高,与局部基性岩对应。在剩余重力图上重力负异常与布格重力低相吻合,异常中心呈椭圆状。主要航磁异常是与重力低对应的正异常区,并由多个椭圆状高值中心组成,该异常区规模大、峰值高(数百纳特)、梯度陡、曲线圆滑,主要由中酸性花岗岩及局部基性岩引起。

区域地球化学:远景区Bi、W、Sn、Pb、Cu、Zn、Mo、Ag均属富集元素,其富集系数均大于1.2,其中Bi富集系数最大,为8.10,其次为W、Sn、Pb元素,富集系数均大于3.0,可见该区是锡铜铅锌多金属矿的重要成矿区。对个旧地区内各主要地层统计结果,Cu、Pb、Zn、Ag、W、Sn、Mo、Bi元素主要在4个层位中富集,分别为侏罗纪花岗岩、三叠系个旧组、把南组以及第四系,其中侏罗纪花岗岩、三叠系个旧组为全区富集元素最全、含量最高的层位,也是个旧矿区重要的赋矿层位,其次是三叠系把南组,主要富集Pb、W、Ag元素,第四系主要富集元素为Bi、Cu、Pb、W、Sn,第四系富集元素可能与当地开矿炼采有关,可能为污染。按照Cu、Pb、Zn、Ag、W、Sn、Mo、Bi元素及地层分布规律,在该区内共圈定落水洞、宝山寨、他衣白、勐米、个旧东矿区5个异常。花岗岩分布区多元素异常密集,构成明显异常区,如个旧Sn、W、Bi、Cu、Mo、Pb、Zn、Ag异常规模大、含量高,伴生Au、As、Sb、Hg异常,均有大、中型锡、铅锌等矿床分布。

区域矿产:区内矿产资源十分丰富。已知矿种达58种之多,其中有色金属矿产有Sn、Cu、Pb、Zn、Au、Ag、W、Mo、Ni、Co、Bi、Sb、Hg、Pt、Al等,稀有金属矿产有Ta、Nb、Be、Li、Zr等及其他稀土金属,分散元素矿产有Ge、Ga、In、Cd等,放射性元素矿产有U、Th等,黑色金属矿产有Fe、Cr、Mn等,燃料矿产有煤,并有耐火黏土、白云岩、灰岩、萤石、石英砂等冶金辅助原料,非金属矿产有水晶、冰洲石、云母、玛瑙、P、S、As、重晶石、石棉、石墨、石膏、滑石等。

2. 找矿方向

主攻矿种和主攻矿床类型:产于中三叠统法郎组白云岩中与燕山期酸性侵入岩有关的个旧式锡铅锌铜多金属矿;产于中三叠统法郎组碳酸盐建造中白显式沉积岩型锰矿;产于喜马拉雅期霞石正长岩中白云山式岩浆型Al-K矿。

找矿方向:本远景区面积偏小,未再进一步圈定Ⅴ级找矿远景区,共圈定铅锌、铝、铜、锰、锡找矿靶区30个(表19-4)。铅锌矿找矿靶区9个,其中A类靶区2个,B类靶区5个,C类靶区2个,个旧市卡房、个旧市宝山寨、个旧市马拉格、个旧市牛坝坑、个旧市云掌寨、个旧市戈贾铅锌矿找矿靶区具中型找矿远景,个旧市老厂、个旧市松树脚、个旧市阿西寨铅锌矿找矿靶区具小型找矿远景;铝矿找矿靶区2个,其中B类靶区1个,C类靶区1个,都具大型找矿远景;铜矿找矿靶区6个,其中A类靶区2个,B类靶区4个,个旧市老厂、个旧市卡房、个旧市老坝坑铜矿找矿靶区具大型找矿远景,个旧市松树脚、个旧市阿西寨铜矿找矿靶区具中型找矿远景,个旧市马拉格铜矿找矿靶区具小型找矿远景;锰矿找矿靶区4个,其中A类靶区1个,C类靶区3个,都具中型找矿远景;锡矿找矿靶区10个,其中A类靶区2个,B类靶区6个,C类靶区2个,都具大型找矿远景。

表 19-4　Ⅳ-61个旧锡铅锌银铜锰矿远景区找矿靶区特征表

主攻矿种	主攻类型	典型矿床	找矿靶区	编号	面积	远景
锡铅锌银铜锰	矽卡岩型、岩浆型、沉积型	个旧锡矿、个旧老厂铅锌矿、白云山铝矿、白显锰矿	A 个旧市老厂铅锌矿找矿靶区	PbZn-A-31	26.37	铅锌小型
			A 个旧市卡房铅锌矿找矿靶区	PbZn-A-32	27.35	铅锌中型
			B 个旧市宝山寨铅锌矿找矿靶区	PbZn-B-60	8.86	铅锌中型
			B 个旧市马拉格铅锌矿找矿靶区	PbZn-B-61	9.69	铅锌中型
			B 个旧市松树脚铅锌矿找矿靶区	PbZn-B-62	15.23	铅锌小型
			B 个旧市阿西寨铅锌矿找矿靶区	PbZn-B-63	7.14	铅锌小型
			B 个旧市牛坝坑铅锌矿找矿靶区	PbZn-B-64	9.51	铅锌中型
			C 个旧市云掌寨铅锌矿找矿靶区	PbZn-C-37	10.27	铅锌中型
			C 个旧市戈贾铅锌矿找矿靶区	PbZn-C-38	11.45	铅锌中型
			B 白云山霞石矿找矿靶区	Al-B-36	9.4	铝大型
			C 长岭岗霞石矿找矿靶区	Al-C-31	7	铝大型
			A 个旧市老厂铜矿找矿靶区	Cu-A-19	26.37	铜大型
			A 个旧市卡房铜矿找矿靶区	Cu-A-20	25.89	铜大型
			B 个旧市马拉格铜矿找矿靶区	Cu-B-16	3.48	铜小型
			B 个旧市松树脚铜矿找矿靶区	Cu-B-17	4.39	铜中型
			B 个旧市阿西寨铜矿找矿靶区	Cu-B-18	4.79	铜中型
			B 个旧市老坝坑铜矿找矿靶区	Cu-B-19	17.42	铜大型
			A 白显-梅子树锰矿找矿靶区	Mn-A-42	20.17	锰中型
			C 大沟村-定占锰矿找矿靶区	Mn-C-23	41.97	锰中型
			C 摩依帕锰矿找矿靶区	Mn-C-24	12.61	锰中型
			C 七棵树预测区	Mn-C-25	50.18	锰中型
			A 老厂锡矿找矿靶区	Sn-A-3	26.46	锡大型
			A 卡房锡矿找矿靶区	Sn-A-4	27.44	锡大型
			B 宝山寨锡矿找矿靶区	Sn-B-1	8.88	锡大型
			B 马拉格锡矿找矿靶区	Sn-B-2	9.72	锡大型
			B 松树脚锡矿找矿靶区	Sn-B-3	15.28	锡大型
			B 阿西寨锡矿找矿靶区	Sn-B-4	7.16	锡大型
			B 牛坝坑锡矿找矿靶区	Sn-B-5	9.54	锡大型
			B 陡岩锡矿找矿靶区	Sn-B-6	11.73	锡大型
			C 戈贾锡矿找矿靶区	Sn-C-1	11.48	锡大型
			C 云掌寨锡矿找矿靶区	Sn-C-2	10.30	锡大型

(五) Ⅳ-62 石屏大冷山-建水虾硐铅锌银铁矿远景区

1. 地质背景

范围:远景区位于云南省东南部建水县城、红河县城、元阳县城三点连线之间,呈北西向条带状夹持于红河断裂与弥勒-师宗深大断裂带(西南延伸至开远、红河)之间。北西长约50km,宽约15km。极值坐标范围为E102°23′—102°52′,N23°13′—23°27′,面积约0.05万 km²。

大地构造位置:Ⅲ扬子陆块区-Ⅲ₂华南陆块-Ⅲ₂₋₁南盘江-右江前陆盆地-Ⅲ₂₋₁₋₃丘北-兴义断陷。远景区处于上扬子陆块与华南陆块结合线西端、与红河深大断裂交会处,由于挤压拼合作用的影响,沿红河深大断裂、个旧断褶带西端,建水虾洞、荒田、石屏大冷山一带,呈北西向分布有海西期海相岩浆喷溢基性岩浆岩(峨眉山玄武岩组),使中低温热液沿基性火山变质玄武岩与下伏碳酸盐岩接触带及其附近交代充填,形成以铅锌为主的多金属矿床。远景区内以北西向、近东西向断褶发育为主要特征。由上古生界、三叠系组成背斜或复式背斜。如郎桑背斜、邵家山背斜,虾洞-马南背斜、他达-荒田-新寨复背斜等。

地层分区:华南地层大区(Ⅱ)-东南地层区(Ⅱ₃)-右江地层分区(Ⅱ₃¹)。与成矿关系密切的地层有:下二叠统茅口组灰白色厚层灰岩,部分变质为大理岩,厚大于400m;二叠纪峨眉山组,下部为中基性、中酸性火山岩,含似层状铅锌矿,中部为基性火山岩,厚400~1000m;下三叠统洗马塘组,下部为页岩、泥灰岩,中部为深灰色碎裂灰岩,是大冷山矿区的含矿层位,上部为钙质页岩,厚150~200m。

岩浆岩:本区火山岩主要是以基性为主的喷发岩,与铅锌银成矿有关的中基性岩、中酸性岩和次火山岩,产于火山岩的底部。海西期基性喷出岩体(峨眉山玄武岩组)根据岩性组合特征可划分为2个喷发旋回,11个韵律层,每个旋回按致密块状玄武岩-气孔状或杏仁状玄武岩-凝灰熔岩的序列演化,显示该地区多期次火山喷发活动。火山喷发的形式为链式喷发:喷发中心常是北北西和北东向断裂交会部位,且多处于背斜轴部;有椭圆形航磁异常及物化探锑砷异常。大致与此位置重合。荒田以中基性喷出岩为主,矿物组分属中—低温组合。铅锌矿体往往产于火山岩底部的角砾岩中;海西期侵入强蚀变辉绿岩岩脉。仅出露于荒田村北部。

区域重磁特征:远景区主体位于滇东南东西向规模大的重力低异常区内的北西部,是北东向弥勒-师宗重力梯级带构成重力低的北西边界。远景区内布格重力异常以圈闭异常为主,等值线同形扭曲及梯度由陡变缓形成的异常次之。西部及东南部的大片区域总体以NW走向的重力高、低异常带相间展布为其特征;东北部以总体NE走向的重力高、低异常相间展布为其特征。1:25万剩余重力正、负异常(带)与布格重力高、低异常(带)一一对应。远景区ΔT在正背景场之上以NW向的正异常带相间展布为其特征,东南局部地段镶嵌规模相对较小的负异常(带);东北部,除东部ΔT为正值区外,其余大片区域为负值区。在负磁场区的东南-西北部、中部—东北部,以等值线密集展布形成的梯度陡、强度大的NW和NE走向的负异常带为其表现形式;北部则以平稳的负背景场之上展布的低缓正异常为其表现形式。东部正值区以在高背景之上展布的强度大的正异常为主,局部镶嵌规模较小的负异常为其表现形式。

区域地球化学:本区地球化学分区属于滇东南 W、Sn、Ag、Pb、Zn、W、Sb、Hg、Mn、Au 带之石屏、建水 Pb、Zn、Ag(Pz₂)亚带,发育 Cu、Pb、Zn、Ag 多元素异常。建水荒田铅锌银矿床与荒田 Pb、Zn、Ag、Cd、Sb 组合异常之间存在极好地关联性、对应性,矿床位于组合异常中心部位,属中心式异常。铅锌矿异常组合特征为 Pb、Zn、Ag、Cd、Sb。1:20万水系测量圈定综合异常11个:龙潭异常与龙潭、启吉铅锌矿、钨矿、金矿吻合,属甲类异常;热水塘异常与热水塘铅锌矿吻合,属甲类异常;它吉异常与它吉克锌矿吻合,属甲类异常;莫冲异常与莫冲铅锌矿吻合,属甲类异常;石头寨异常与填头、玛朗锑矿点吻合,属乙类异常;黄草坝以东大面积异常内,铅锌矿多有人开采,属甲类异常;新寨异常与大深沟、新寨铅锌矿点吻合,属乙类异常,可作为找隐伏铅锌矿首选异常;大冷山异常与大冷山小型铅锌矿吻合,属甲类异常;虾洞、马南异常与虾洞、马南铅锌矿吻合,属甲类异常;翁居、小郎施、埧安、绿春(北)异常推断为矿异常,但异常规模小,强度低,浓度分带差,矿产、地质背景与荒田式典型矿床差异较大,可能为矿点、矿化点级远景。

区域矿产:区内已有陆相火山岩型铅锌矿点3个,大型1个,中型1个,小型1个。

2. 找矿方向

主攻矿种和主攻矿床类型:产于二叠系茅口组灰岩中与峨眉山组玄武岩组有关的陆相火山岩型铅锌矿。

找矿方向:本远景区面积偏小,未再进一步划分Ⅴ级找矿远景区。区内共圈定找矿铅锌矿找矿靶区5个(表19-5),其中A类靶区1个,B类靶区2个,C类靶区2个,荒田铅锌矿找矿靶区具大型找矿远景;大冷山、虾洞、回新铅锌找矿靶区具中型找矿远景;他衣白铅锌找矿靶区具小型找矿远景。

周伟家等(2010)对荒田铅锌矿区开展了找矿预测工作,认为该区进一步开展地质找矿,应重点考虑已探明或开采铅锌矿体外围附近及其深部,并圈定了深部找矿的有利靶区有3个。

(1)一号靶区:位于荒田铅锌矿区西部,桂袍山村-棵树底-者孔山-上一碗水一带。该靶区地表大面积分布峨眉山组($P_2\beta$)玄武岩层,在其下部与下二叠统茅口组(P_1m)接触带及其附近的玄武质-灰质角砾岩含矿层中,有可能寻找到新的铅锌矿体。深度约600~1100m。构造上处于桂袍山复式背斜轴部西段及其隐伏端,由于易形成次级断裂构造、挠曲以及层间滑脱等,目前,发现地表多处分布有铜矿化体(点)出露。桂袍山背斜轴部、北翼与者孔山-次平寨大断裂构造深部相交。是含矿热液的主要运移通道与成矿元素的富集空间。是寻找荒田铅、锌金属矿床向西延伸的有利部位。

(2)二号靶区:位于荒田铅锌矿区东部及东南部,即老寨南-普同井村-坎平寨南一带。地表也同样大面积分布峨眉山玄武岩层,其底部与下二叠统茅口组灰岩接触带及其附近角砾岩含矿层中,可能寻找到新的铅锌矿体。构造上位于桂袍山复式背斜轴部东段与南翼,易形成有次一级断褶构造存在。桂袍山复式背斜轴部与北西向者孔山-次平寨大断裂构造相交部位或断裂构造转折部位,是含矿热液运移的通道与成矿元素富集的场所。

(3)三号靶区:位于荒田村南部,即九干箐村-荒田村-团脑村-玉沟寨一带。构造上位于桂袍山复式背斜南翼,可寻找荒田铅锌矿床边部附近新矿化体及其向深部倾伏部分矿化体。深部隐伏岩体与围岩接触带及其附近,是寻找接触带铅、锌、铜等多金属矿床的有利部位。

表19-5 Ⅳ-62石屏大冷山-建水虾硐铅锌银铁矿远景区找矿靶区特征表

主攻矿种	主攻类型	典型矿床	找矿靶区	编号	面积(km²)	远景
铅锌银铁	陆相火山-气液型	荒田铅锌矿	荒田铅锌矿找矿靶区	PbZn-A-33	32.29	铅锌大型
			B大冷山铅锌矿找矿靶区	PbZn-B-65	10.74	铅锌中型
			B虾洞铅锌矿找矿靶区	PbZn-B-66	19.98	铅锌中型
			C回新铅锌矿找矿靶区	PbZn-C-39	7.21	铅锌中型
			C他衣白铅锌矿找矿靶区	PbZn-C-40	3.82	铅锌小型

第二十章 滇东南成矿区

本成矿带全称为"Ⅲ-89 滇东南 SnAgPbZnWSbHgMn 成矿区(I;Y)"。成矿区范围位于东经 103°08′08″—106°11′50″,北纬 22°30′20″—24°15′00″之间,呈北东东向分布于滇东南逆冲-推覆构造带,北大致以蒙自—砚山—广南一线与南盘江-右江前陆盆地分界,向南西直达金沙江-红河断裂带,东至滇桂省界,南到国界。东西长约 300km,南北宽约 100km,行政区划涉及云南省蒙自、屏边、文山、砚山、马关、麻栗坡、西畴、广南、富宁等地区,成矿区范围总面积约 2.6 万 km^2。

第一节 区域地质矿产特征

一、区域地质

(一)地层

本成矿带大地构造位置处于Ⅲ扬子陆块区-Ⅲ₂华南陆块-Ⅲ₂₋₂滇东南逆冲-推覆构造带。地层分区为华南地层大区(Ⅱ)-东南地层区(Ⅱ₃)之右江地层分区(Ⅱ₃¹)。元古宇出露在元江北岸河口县一带的瑶山群,主要由各类片麻岩、变粒岩夹角闪岩、大理岩组成,岩石普遍混合岩化,总厚度大于 3500m,其时代为古元古代。猛洞岩群主要出露在麻栗坡—马关县南秧田、洒西、拔梅、大丫口、漫铳一带,主要岩性为各种片岩类、千枚岩类和板岩类岩石。震旦系屏边群仅在屏边断裂东侧出露,面积不大,是一套厚度巨大(>5092m)、岩性单调、几乎全由轻微变质的泥质岩和极细的碎屑岩系组成,中部夹多层紫灰、灰白色的含砾板岩。下古生界以寒武系出露较全,奥陶系只有下统和中统,缺失上奥陶统及志留系。寒武系—奥陶系以碳酸盐建造为主,岩性及生物群均可与扬子地块同期沉积对比,除厚度稍大外,有些标志性沉积特征如中寒武统上部发育的石盐假晶层,下奥陶统近底部的"层状叠层石灰岩"等,通过最近的工作都在滇东宜良-曲靖地区及滇东南屏边-文山地区发现。早古生代末期除了缺失上奥陶统及志留系外,下泥盆统陆相磨拉石沉积和浅海砂泥质沉积以平行不整合(主)及角度不整合(次)覆于下古生界之上。中生代沉积极为发育,其建造类型较为复杂。西部为碳酸盐岩(主)稳定型沉积,沉积特征及古生物面貌与滇东、黔西完全相同;东部(黔桂滇毗邻区)则属以砂页岩、火山碎屑岩为主的复理石沉积,可见鲍马序列和底模印痕,属深水—半深水盆地浊流沉积。下三叠统有火山灰流型浊积岩(石炮组)、中三叠统多为陆源碎屑型浊积岩(板纳组、蓝木组),海相浮游生物菊石和半浮游生物双壳类(海浪蛤、鱼鳞蛤)丰富。

(二)岩浆岩

1. 火山岩

本区火山岩按时代主要为海西—印支期,喜马拉雅期次之;从岩石类型来讲,主要以基性火山岩为主；岩石化学成分属钙碱性、碱性玄武岩系列。

海西—印支期：早二叠世晚期火山岩主要分布在麻栗坡八布一带，为玄武岩或安山玄武岩，岩石化学成分属钙碱性玄武岩系列，中—晚二叠世火山岩在区内大面积分布，岩性以玄武岩为主，次为玄武质火山碎屑岩，属碱性-钙碱性玄武岩系列。此外，在下泥盆统坡松冲组、坡脚组、上泥盆统榴江组及下石炭统坝达组中也有少量玄武岩-安山岩产出。三叠纪火山岩分布于个旧、开远、丘北、富宁一带。其中早三叠世火山岩在丘北以东为玄武质晶屑、玻屑凝灰岩、钠长石化酸性凝灰岩、玄武质沉凝灰岩及少量玄武岩；富宁以东为钛辉玄武岩，夹于下三叠统罗楼组中。中三叠世火山岩见于个旧、开远、富宁，为玄武岩或安山玄武岩，岩石化学成分属钙碱性玄武岩系列。

喜马拉雅期岩浆活动产于古近纪陆相盆地内，岩性主要为流纹质集块岩、凝灰岩及流纹斑岩（砚山）；在马关-八寨以南的中越边境一带出露新近纪基性火山角砾岩及玄武岩体 40 余个，呈岩筒、岩管、岩脉产出，岩筒直径一般约 100m，已发现宝石级紫牙乌、橄榄石等矿物，上述岩筒曾一度为寻找金刚石之对象；此外，在屏边还有呈溢流相产出，并保留有良好火山机构的第四纪白榴石碧玄岩，属碱性玄武岩系列。

2. 侵入岩

本区侵入岩的时代主要有加里东期、海西期、燕山期，其次为印支期。加里东期以片麻状混合花岗岩为主，主要分布于麻栗坡南温河穹隆一带，属斋江花岗岩（Song Chay Granites）的核心部位，主要岩性为灰色斑状、片麻状黑云母二长花岗岩、片麻状中粒花岗岩，具鳞片花岗变晶结构、变余似斑状结构，片麻状、块状构造。海西期以镁铁质侵入岩为特征，主要分布于马关-富宁地区。燕山期（侏罗纪、白垩纪）在全区最具特色，个旧、簿竹山、都龙 3 个复式岩基组成一个近东西向的花岗岩带。海西—印支早期以喷发相凝灰岩、火山熔岩为主，晚期以侵入相之钛辉长辉绿岩为主，称半瓦型，印支早期以喷发相安山玄武岩为主，称龙康型，晚期以闪长岩、苏长岩、含橄辉长岩为主。

（三）变质岩及变质作用

除稳定型三叠系及零星分布的第三系、第四系未变质外，其他地层均发生了程度不同的区域变质，其中以古元古界瑶山岩群及都龙变质带中的新远古界猛洞岩群变质程度最高，可达角闪岩相。但最普遍的是泥盆系坡松冲组、坡脚组及浊积相三叠系的区域变质作用（八布及丘北变质岩带），一般仅表现为泥质岩变为板岩、千枚岩，可达低绿片岩相。

（四）区域构造

滇东南成矿区在大地构造位置上，处在康滇、江南、屏马-越北三大古陆之间，位于上扬子古陆块的南西和扬子西缘多岛-弧盆系的北东地区，是海西—印支期右江陆缘裂谷盆地（杜远生，2012）西端的一个断（凹）陷盆地。北西向的红河大断裂、北东向的弥勒-师宗大断裂与南北向的小江-个旧大断裂的交会地带。在红河断裂与师宗-弥勒断裂之间形成强烈的北东向褶皱-断裂带，南至国境线，由一系列、大致平行的、等间距的北东向向北西突出弧形逆冲断裂和褶皱组成-文山巨型旋扭构造，其被一组晚期北西向断裂切割。

文山巨型旋扭构造由一系列向北突出的弧形褶皱和断裂组成，由北西向南东分为丘北-广南褶皱带，长岭街-旧莫沉降带、文山-那洒褶皱带、董马沉降带。北西向构造亦为本区比较广泛存在的一种构造形式，以富宁断裂和文山-麻栗坡断裂最为显著，规模巨大，分别构成"文山巨型旋扭构造"的东、西部边界。两条断裂均具有多期活动特点，断裂旁侧有大量基性岩浆喷发或侵入，沿断裂带发育有新生代断陷盆地，对本区地层、构造、矿产及岩浆活动具有一定的控制作用，并形成了富宁地区与基性岩浆密切相关的侵入岩体型铁矿。东西向、南北向构造以北部和东部地区较为明显，南部地区由于旋扭构造的强烈改造变得模糊不清，但仍可见其踪迹。

二、区域物化特征

滇东南地区区域重力场显示长轴为东西走向之椭圆形区域重力低，长约 200km，宽约 120km，强度不大，其上叠加有局部重力高和重力低。布格重力异常主体是东西向规模大的重力低异常区，其北西部是北东向弥勒-师宗重力梯级带构成重力低的北西边界，南西部则是以北西向为主的重力高异常带，东部是东突之环形梯级带，与区内构造特征一致。其重力异常区带可进一步划分为弥勒-师宗重力梯级带、普雄-屏边-河口重力高异常带、丘北-富宁重力低异常带。

滇东南地区大致以东经 $105°25'$ 为界，东西两侧磁场背景截然相反；东侧为平静的负背景场，其上叠加一些弱小的正异常，其场源体主要为区内分布的基性岩体或隐伏基性岩体；西侧为正背景场，其上叠加北东向异常带和范围较大的正磁异常带（南东侧），滇东南航磁异常区可进一步划分为师宗-开远异常带、旧屋基-龙庆-坡头（东）异常带、阿科-温浏-腻脚-草坝-个旧异常带、珠琳-马塘-冷泉异常带、富宁负磁异常区。

滇东南区域地球化学特征为 W、Sn、Ag、Pb、Zn、Ag、Sb、Hg、Mn 地球化学区（带）。区内 Cu、Pb、Zn、Ag、Au、As、Sb、Hg 等多元素异常十分发育，Sn、W、Bi、Mo 异常与出露或推测隐伏花岗岩密切相关，Cu、Pb、Zn、Ag、Au、As、Sb、Hg 与区内中低温热液活动有关，酸性岩体外接触带也有较好异常显示。可进一步划分为罗平-开远-富宁 Au、As、Sb、Hg 异常区，个旧-文山-广南 Sn、W、Bi、Cu、Mo、Pb、Zn、Ag 异常区。

在滇东、滇东南卡林型、类卡林型金矿区，元素组合为 Au、As、Sb、Hg、Cu、Ag、W 等。在铝土矿分布区不仅有沿含矿地层分布较大面积的铝异常，还经常发育 Fe、La、Y、U、Th、Si、V、Ti 等异常。岩浆型铝矿（霞石型）区发育 Sn、W、Bi、Mo、La、Y、U、Th、Nb、Ta 异常等，同时 Al_2O_3、K_2O、Na_2O 元素异常发育。在丘北—文山一带，红河断裂以北，黄泥河-朋普断裂以东的范围内，区内 Sb 异常规模较大，浓度分带清晰，浓集中心明显，绝大部分异常分布于背斜构造上，与褶皱构造的关系较为密切，区内的锑矿床（点）与异常有一定的对应性，广南木利大型锑矿；富宁理达中型锑矿；西畴小锡板中型锑矿都产于此区带内，同时在该区产于薄竹山和老君山花岗岩体及接触带上的 W 异常规模极大，浓度分带清晰，浓集中心明显；产于弧形构造带上的异常其内带较弱，或只具中外带分布，由多个异常组成弧形带状，与构造的形状相一致。区内的钨矿床（点）与异常的对应性非常好。

三、主要矿床类型及代表型矿床

滇东南成矿区位于华南陆块滇东南逆冲-推覆构造带，处在康滇、江南、屏马-越北三大古陆之间，是海西—印支期右江被动陆缘裂谷盆地西端的一个断（凹）陷盆地。本区在漫长的地质历史时期中，经历了多期次构造运动，各种不同规模、不同序次的构造形迹表现得十分复杂。其矿产以内生型为主，如与花岗岩有关的侵入岩型银锡钨铅锌铜多金属矿（如白牛厂式、都龙式、南秧田式）、印支期基性—超基性侵入岩型铁铜镍矿（如尾洞式铜镍矿、板仓式磁铁矿）、产于下泥盆统碳酸盐建造铅锌矿（如芦柴冲式）、产于碎屑岩建造中的类卡林型金矿（如老寨湾式、那能式）；其次尚产出有外生沉积型锰矿（如斗南式、白显式）、铝土矿（如铁厂式、卖酒坪式）等。

钨锡铅锌银铜多金属矿主要分布于蒙自、文山、麻栗坡、马关都龙地区，围绕薄竹山岩体和都龙岩体形成矽卡岩型、热液型矿床，构成一个钨、锡、铜、铅锌成矿系列。此类矿床的就位又受一定地层层位控制，主要含矿围岩为中寒武统田蓬组、龙哈组，矿化于碳酸盐岩中。具有岩控、层控的复控特点，已形成大、中型矿床多处，均与燕山期的酸性侵入岩有关。在麻栗坡-都龙地区南温河变质核杂岩之猛洞岩群中产出有南秧田式层状矽卡岩型（变粒岩）白钨矿，认为其赋矿岩层为本区古老的矿源层，与当时的海底火山热液沉积有关,并经后期变质热液活动叠加改造后形成本区分布范围广的矿层。

铁矿主要分布于富宁县南东部板仑一带,产于印支期基性—超基性侵入岩中,与矿床有关的岩石类型主要为矽卡岩、橄榄辉长岩、辉绿岩;矿体主要产出于矽卡岩、辉长岩、辉绿岩与碳酸盐岩接触带,少量为岩体内部裂隙;富宁-板仑断裂,既是矿液通道,又是成矿控矿断裂;与矿化有关的蚀变主要为矽卡岩化和大理岩化。

铜矿除了前述与花岗岩相关的多金属矿之外,其他主要为与印支期基性—超基性侵入岩有关的尾洞式铜矿,分布于富宁县南东地区,在印支期经过分异的岩浆沿着断裂系统上升到地壳,形成一系列基性—超基性岩体,较晚侵位的富含硫化物的熔浆团经过再一次的岩浆液态重力分异和分离作用,最终形成上层的沿裂隙贯入的含钛磁铁矿以及下层岩浆熔离型铜镍矿。

金矿主要分布于砚山—富宁一线以北广大地区,有产于下泥盆坡松冲组碎屑岩建造中的老寨湾式类卡林型金矿、二叠系—三叠系碎屑岩建造中的那能式类卡林型金矿。成矿受印支、燕山期构造岩浆活动控制。

铅锌矿除了前述与花岗岩相关的多金属矿之外,主要分布于砚山芦柴冲地区、广南田尾至大桥坝地区。主要赋矿地层为花岗岩基外围中寒武统田蓬组、龙哈组碳酸盐建造中以及下泥盆统古木组下部芭蕉箐组碳酸盐岩中的芦柴冲式铅锌矿。

锰矿主要分布于薄竹山岩体北缘蒙自-文山地区以及富宁县新华、洞波乡、花甲乡一带,均为产于中三叠统法郎组中的沉积型锰矿,按含矿建造又可分为斗南式碎屑岩建造沉积型锰矿、白显式碳酸盐建造沉积岩型锰矿。

铝土矿床点较集中分布于砚山、文山、西畴、麻栗坡、富宁地区,其中铁厂式沉积型铝土矿产于上二叠统早期吴家坪组(龙潭组),在高温多雨的气候条件下,原生沉积铝土矿在地表水的作用下,经或未经短距离搬运,在利于聚集的岩溶洼地、谷地和坡地中堆积成为极具开采利用价值的卖酒坪式岩溶堆积铝土矿。

第二节 找矿远景区-找矿靶区的圈定及特征

一、找矿远景区划分及找矿靶区圈定

滇东南成矿区(Ⅲ-89)内划分Ⅳ级找矿远景区3个、Ⅴ级找矿远景区7个,进一步圈定找矿靶区140个,其中A类靶区40个、B类靶区50个、C类靶区50个。

Ⅰ-4 滨太平洋成矿域
  Ⅱ-15 扬子成矿省-Ⅱ-15B 上扬子成矿亚省
    Ⅲ-89 滇东南 SnAgPbZnWSbHgMn 成矿区
      Ⅳ-63 砚山-富宁铁铜金铅锌锑铝土矿远景区(Ⅴ161~Ⅴ167)
      Ⅳ-64 蒙自白牛厂锡钨铅锌银锰矿远景区
      Ⅳ-65 马关-麻栗坡锡铅锌银铜矿远景区

二、找矿远景区特征

(一) Ⅳ-63 砚山-富宁铁铜金铅锌锑铝土矿远景区

1. 地质背景

范围：远景区范围为云南省广南县城—砚山县城—文山县城—麻栗坡县城一线以东、以南地区，涵盖西畴县，主体为富宁县全境。北东东长约200km，南北宽约70m，主要拐点坐标为E107°00′，N28°12′；E107°00′，N28°12′。总面积约1.48万km²。

大地构造位置：Ⅲ扬子陆块区-Ⅲ₂华南陆块-Ⅲ₂₋₂滇东南逆冲-推覆构造带。位于上扬子陆块南缘、越北古陆的北缘、右江凹陷西缘，为陆块与凹陷交互地区，具过渡性质，总体形成一个环绕越北古陆作同心环状展布的弧形构造。区内构造以断裂为主，褶皱次之，为平缓的帚蓝式褶皱，轴向多为NWW-SEE和NEE-SWW两组。断裂除贯通全区的富宁-睦边等深断裂外，区内与上述主断裂呈45°角羽状断裂也相当发育，主断裂方向为NW-SE，其次有S-N和E-W向两组，主断裂控制了基性—超基性岩的分布。S-N和E-W向限制了岩盆的规模大小和方向。

区域地质构造的突出特征为：由盆地基底岩系（∈—O）及盖层（D—P）为主构成的逆冲-推覆构造带，并伴有辉绿-辉长岩（βμ）岩（脉）体侵入，显现出属于印支期（T₃）逆冲-推覆变形构造根部带的特征；受到NW向喜马拉雅期走滑-拉分断裂（文山-麻栗坡断裂和富宁断裂）强烈改造。近东西向推覆断裂构造、弧形构造弧顶部位、短轴背斜核部及两翼是金矿主要控矿构造，多组构造叠加部位成矿尤为有利。

地层分区：华南地层大区（Ⅱ）-东南地层区（Ⅱ₃）之右江地层分区（Ⅱ₃¹）之富宁小区。远景区由南向北地层由老至新，在南部文山—西畴一带，加里东褶皱基底与晚古生代—早中生代（D—T₂）沉积盖层（含裂陷槽岩系）组成的被动大陆陆缘带，加里东不整合面之上的坡松冲组、坡脚组硅化石英砂岩，下三叠统洗马塘组泥质砂岩与上二叠统吴家坪组灰岩不整合面之上的洗马塘组泥质砂岩，上寒武统博莱田组石英砂岩是主要金矿赋矿地层。在远景区北部丘北-富宁地区，出露地层主要为中、下三叠统较稳定深海-半深海相浊流沉积的碎屑岩，主要金矿赋矿围岩为下三叠统洗马塘组、中三叠统板纳组细砂岩、泥质粉砂岩；受推覆构造影响，在三叠系地质背景上散布一系列古生界短轴背斜，出露地层主要有寒武系—石炭系，岩石类型包括碎屑岩、碳酸盐岩等，下二叠统的阳新组灰岩与上二叠统玄武岩组沉凝灰岩、凝灰质玄武岩的不整合接触面也是主要赋矿层位。多期次偏碱性辉长辉绿岩、苏长辉长岩等岩浆活动对成矿比较有利，岩体（脉）本身就含矿；晚二叠世峨眉山玄武岩中Au、As、Sb、Hg含量呈高背景，也是金矿的主要来源。

区内岩浆活动主要为晚二叠世峨眉山玄武岩、印支期基性岩。印支期基性岩沿富宁及广西周边一带数千平方千米的面积内分布，产出有铜矿、铁矿。

区内区域性的变质作用不明显，主要为接触变质作用。

区域重磁特征：1:25万区域布格重力异常总体表现为东高、西低的重力场特征，布格重力异常等值线自南而北，总体呈NE转NW向展布，整体形成一个向东凸的区域重力高。在此区域重力高背景之上，不同区域或不同部位，以等值线同形扭曲或圈闭形成的局部重力高或重力低异常星罗棋布。1:25万重力剩余异常的正、负异常与布格重力高、低异常一一对应。

1:10万航磁ΔT在西南部为正值区，西北部为负值区，中西部、南部和东部以负值为主，北部和中东部以正值为主。航磁ΔT化极异常较ΔT异常场值有所增强，异常总体特征与ΔT异常特征相似，局部异常的位置均不同程度地有所北移。航磁ΔT化极垂向一阶导数异常主要集中分布于预测远景区的西南部、中西部、中北部、东南部和东部，其他区域分布零星，范围小、强度弱。

区域地球化学：属滇东南W、Sn、Ag、Pb、Zn、Ag、Sb、Hg、Mn地球化学区（带）-罗平-开远-富宁地区 Au、As、Sb、Hg 元素异常组合。伴生有 Pb、Zn、Ag 异常,近东西向展布,异常呈簇成群出现,由西向东有 4 个异常带,即腻脚-亮山、干石洞-者太、广南-八达、者桑-板伦,已知有木利、高梁等锑矿(点),异常查证发现那能、金坝等金矿。

2. 找矿方向

主攻矿种和主攻矿床类型:以石炭系碎屑岩夹碳酸盐岩为主要围岩的尾洞式印支期基性—超基性侵入岩型铜矿如尾洞小型硫化铜镍矿、以石炭系大理岩为主要围岩的板仓式印支期基性—超基性侵入岩体型铁矿如富宁县板仓小型磁铁矿、产于下泥盆统碳酸盐建造中芦柴冲式似层状透镜状层控热液型铅锌矿如砚山芦柴冲大型铅锌矿、产于下泥盆统坡松冲组碎屑岩建造中老寨湾式类卡林型金矿如广南县老寨湾大型金矿、产于二叠纪—三叠纪碎屑岩建造那能式类卡林型金矿如富宁县那能大型金矿、产于上二叠统早期吴家坪组(龙潭组)铁厂式沉积型铝土矿如麻栗坡县铁厂中型铝土矿、产于第四系松散层中卖酒坪式堆积型铝土矿如西畴县卖酒坪中型铝土矿。

找矿方向:区内大致以次级弧形构造为单元划分了Ⅴ级找矿远景区 7 个(表 20-1)。

Ⅴ161 富宁那使-西京金矿找矿远景区,面积 276km^2,圈定具中小型远景的 C 类找矿靶区 2 个:那使、西京。

Ⅴ162 广南老寨湾-富宁者桑铝土矿金矿找矿远景区,面积 5058km^2。圈定具小型远景的 C 类找矿靶区 1 个:谷桃。圈定金矿靶区 25 个,其中 A 类 10 个、B 类 6 个、C 类 9 个,那能、老寨湾等靶区具大型找矿远景。

Ⅴ163 砚山芦柴冲铅锌矿找矿远景区,面积 203km^2。圈定具中型潜力的 A 类铅锌矿靶区 1 个:芦柴冲。圈具大型潜力的 A 类铝土矿靶区 1 个:红舍克。

Ⅴ164 广南田尾-富宁革档铅锌矿金矿找矿远景区,面积 1479km^2。圈定具中小型远景的 A 类金矿靶区 2 个:革档、峨里。圈定铅锌矿靶区 4 个,其中 A 类 2 个、B 类 1 个、C 类 1 个,大桥坝、田尾靶区具中型远景。

Ⅴ165 文山-砚山-富宁铝土矿金矿找矿远景区,面积 2816km^2,圈定铝土矿靶区 3 个,其中 A 类 2 个、B 类 1 个,南林苛、瓦百冲-者五舍具中型远景;圈定金矿靶区 10 个,其中 A 类 2 个、B 类 5 个、C 类 3 个,下格乍、曼龙-木榔、小洒鲁、双龙井等靶区具中型远景。

Ⅴ166 富宁金铁铜找矿远景区,面积 657km^2,圈定具中型远景的金矿靶区 2 个,B 类 1 个、C 类 1 个;圈定铁矿靶区 4 个(A 类 1 个、B 类 2 个、C 类 1 个),均具大中型找矿远景;圈定铜矿靶区 1 个,为 A 类,具小型找矿潜力。

Ⅴ167 文山-西畴县-麻栗坡金矿铝土矿找矿远景区,面积 1431km^2,圈定具中小型潜力的金矿靶区 2 个,B 类 1 个、C 类 1 个;圈定铝土矿靶区 9 个,其中 A 类 6 个、B 类 3 个,西畴大地-卖酒坪-麻栗坡太平街、杨柳井、铁厂-黄家塘等靶区具大型找矿远景。

总计,Ⅳ-63 砚山-富宁铁铜金铅锌锑铝土矿远景区内共圈定找矿靶区 67 个(A 类 28 个、B 类 20 个、C 类 19 个)。按矿种分:金矿靶区 43 个(A 类 14 个、B 类 13 个、C 类 16 个),其中,那能、老寨湾、渭窝等靶区具大型找矿远景;铅锌矿靶区 5 个(A 类 3 个、B 类 1 个、C 类 1 个),其中,砚山芦柴冲、广南大桥坝、广南田尾等靶区具中型潜力;铝土矿靶区 14 个(A 类 9 个、B 类 4 个、C 类 1 个),其中,西畴大地-卖酒坪-麻栗坡太平街、杨柳井、铁厂-黄家塘、红舍克等靶区具大型找矿远景;铁矿靶区 4 个(A 类 1 个、B 类 2 个、C 类 1 个),均具大中型找矿远景;铜矿靶区 1 个,为 A 类,具小型找矿潜力。

表20-1　Ⅳ-63砚山-富宁铁铜金铅锌锑铝土矿远景区找矿靶区特征表

主攻矿种	主攻类型	典型矿床	Ⅴ级找矿远景区	面积(km²)	找矿靶区	编号	面积(km²)	远景
铁铜金铅锌锑铝土矿	微细浸染型、喷流沉积型、风化沉积型	老寨湾、那能金矿、广南木利锑矿、砚山铅锌矿、芦柴冲、卖酒坪铝土矿	Ⅴ161富宁那使-西京金矿找矿远景区	276	C 那使金矿找矿靶区	Au-C-79	13.01	金中型
					C 西京金矿找矿靶区	Au-C-80	19.64	金小型
			Ⅴ162广南老寨湾-富宁者桑铝土矿金矿找矿远景区	5058	C 谷桃卖酒坪式堆积型铝土矿找矿靶区	Al-C-32	6.25	铝土矿小型
					A 根那金矿找矿靶区	Au-A-44	29.28	金中型
					A 叭飞-里往金矿找矿靶区	Au-A-45	35.53	金中型
					A 那能金矿金矿找矿靶区	Au-A-46	42.58	金大型
					A 弄歪金矿金矿找矿靶区	Au-A-47	19.24	金中型
					A 者桑金矿金矿找矿靶区	Au-A-48	43.72	金中型
					A 那坪金矿金矿找矿靶区	Au-A-49	14.9	金中型
					A 弄央金矿金矿找矿靶区	Au-A-50	17.69	金中型
					A 洒拉冲金矿金矿找矿靶区	Au-A-51	11.62	金小型
					A 韭菜坪金矿金矿找矿靶区	Au-A-52	9.97	金小型
					A 老寨湾金矿金矿找矿靶区	Au-A-53	42.82	金大型
					B 木利金矿找矿靶区	Au-B-47	19.99	金中型
					B 坝恩金矿找矿靶区	Au-B-48	33.33	金中型
					B 西牛塘金矿找矿靶区	Au-B-49	22.89	金中型
					B 龙街坝子金矿找矿靶区	Au-B-50	20.03	金中型
					B 大多保金矿找矿靶区	Au-B-51	17.26	金中型
					B 黑达金矿找矿靶区	Au-B-52	24.73	金中型
					C 哈夺金矿找矿靶区	Au-C-78	23.9	金小型
					C 渭窝金矿找矿靶区	Au-C-81	64.63	金大型
					C 董弄金矿找矿靶区	Au-C-82	22.04	金小型
					C 下寨金矿找矿靶区	Au-C-83	21.99	金小型
					C 龙代金矿找矿靶区	Au-C-84	20.49	金小型
					C 那勒金矿找矿靶区	Au-C-85	13.53	金小型
					C 木都金矿找矿靶区	Au-C-86	17.03	金小型
					C 龙也-龙劳金矿找矿靶区	Au-C-87	38.88	金中型
					C 老路金矿找矿靶区	Au-C-89	12.85	金小型
			Ⅴ163砚山芦柴冲铅锌矿找矿远景区	203	A 砚山芦柴冲铅锌矿找矿靶区	PbZn-A-34	33.45	铅锌中型
					A 红舍克铝土矿找矿靶区	Al-A-30	24.94	铝土矿大型
			Ⅴ164广南田尾-富宁革档铅锌矿金矿找矿远景区	1479	A 革档金矿金矿找矿靶区	Au-A-55	17.21	金中型
					A 峨里金矿找矿靶区	Au-A-57	11.54	金小型
					A 广南大桥坝铅锌矿找矿靶区	PbZn-A-35	16.46	铅锌中型
					A 广南田房铅锌矿找矿靶区	PbZn-A-36	4.04	铅锌小型
					B 广南田尾铅锌矿找矿靶区	PbZn-B-67	21.85	铅锌中型
					C 广南那比铅锌矿找矿靶区	PbZn-C-41	3.86	铅锌小型

续表 20-1

主攻矿种	主攻类型	典型矿床	V级找矿远景区	面积（km²）	找矿靶区	编号	面积（km²）	远景
铁铜金铅锌锑铝土矿	微细浸染型、喷流沉积型、风化沉积型	老寨湾、那能金矿、广南木利锑矿、砚山铅锌矿、芦柴冲、卖酒坪铝土矿	V165 文山-砚山-富宁铝土矿金矿找矿远景区	2816	A 南林苛卖酒坪式堆积型铝土矿找矿靶区	Al-A-27	25	铝土矿中型
					A 瓦百冲-者五舍卖酒坪式堆积型铝土矿找矿靶区	Al-A-31	22.75	铝土矿中型
					B 砚山县红舍克铝土矿找矿靶区	Al-B-37	30.05	铝土矿小型
					A 下格乍金矿金找矿靶区	Au-A-54	28.26	金中型
					A 曼龙-木榔金矿找矿靶区	Au-A-56	33.56	金中型
					B 小洒鲁金矿找矿靶区	Au-B-53	14.26	金中型
					B 双龙井金矿找矿靶区	Au-B-54	19.73	金中型
					B 甘龙潭金矿找矿靶区	Au-B-55	12.34	金小型
					B 牛角山金矿找矿靶区	Au-B-57	8.51	金小型
					B 那榔-坪寨金矿找矿靶区	Au-B-58	23.56	金中型
					C 白石岩金矿找矿靶区	Au-C-90	9.29	金小型
					C 凹塘金矿找矿靶区	Au-C-91	10.83	金小型
					C 苦竹堡金矿找矿靶区	Au-C-92	12.36	金小型
			V166 富宁金铁铜找矿远景区	657	C 下木利金矿找矿靶区	Au-C-88	23.5	金中型
					B 里达金矿金找矿靶区	Au-B-46	13.25	金中型
					A 板仑铁矿找矿靶区	Fe-A-59	5.83	铁大型
					B 莫勺铁矿找矿靶区	Fe-B-68	1.66	铁中型
					B 牙牌铁矿找矿靶区	Fe-B-69	2.30	铁中型
					C 木舍铁矿找矿靶区	Fe-C-80	4.14	铁大型
					A 龙楼-那谢铜矿找矿靶区	Cu-A-21	22.6	铜小型
			V167 文山-西畴县-麻栗坡金矿铝土矿找矿远景区	1431	B 莲花塘金矿找矿靶区	Au-B-56	16.42	金中型
					C 奎魁金矿找矿靶区	Au-C-93	10.29	金小型
					A 文山县杨柳井铝土矿找矿靶区	Al-A-23	30	铝土矿小型
					A 麻栗坡县铁厂铝土矿找矿靶区	Al-A-24	34.73	铝土矿小型
					A 新发寨-追栗冲铝土矿找矿靶区	Al-A-25	11.4	铝土矿中型
					A 西畴大地-卖酒坪-麻栗坡太平街铝土矿找矿靶区	Al-A-26	51.3	铝土矿大型
					A 杨柳井铝土矿找矿靶区	Al-A-28	21.6	铝土矿大型
					A 铁厂-黄家塘卖酒坪式堆积型铝土矿找矿靶区	Al-A-29	14.1	铝土矿大型
					B 西畴大马路铝土矿找矿靶区	Al-B-38	22	铝土矿小型
					B 西畴烈士墓-英代铝土矿找矿靶区	Al-B-39	7.2	铝土矿小型
					B 西畴大吉厂卖酒坪式堆积型铝土矿找矿靶区	Al-B-40	6.35	铝土矿中型

(二) Ⅳ-64 蒙自白牛厂锡钨铅锌银锰矿远景区

1. 地质背景

范围:远景区地处云南蒙自县—文山县之间,围绕薄竹山花岗岩体呈近等轴状展布,东西长约70km,南北宽约50km,主要拐点坐标 E107°00′,N28°12′;E107°00′,N28°12′。总面积约 0.30 万 km²。

大地构造位置:Ⅲ扬子陆块区-Ⅲ₂华南陆块-Ⅲ₂₋₂滇东南逆冲-推覆构造带。区内北东向断褶构造发育,以老回龙向斜、薄竹山穹隆、大黑山向斜、白牛厂背斜以及沙坝断层、倮破断层、茅山洞断层等为代表,构成区内强大的北东向构造主体。北东向构造对本区的沉积环境,基性岩浆活动和构造变形起着重要的控制作用,北西向断裂则控制了花岗岩岩体和矿床的空间展布,在北东向背斜和北西向断裂的交会处,往往是花岗岩体的突起部位和矿床的赋存场所。

地层分区:华南地层大区(Ⅱ)-东南地层区(Ⅱ₃)之右江地层分区(Ⅱ₃¹)。主要地层为中上寒武统、泥盆系、石炭系、二叠系。铅锌银锡矿的含矿围岩为中寒武统田蓬组白云质灰岩,部分产于龙哈组的白云岩,其他层位仅出现矿点。与成矿有关的薄竹山岩体为中粒斑状黑云母二长花岗岩,玄武岩分布于大黑山向斜的核部和老回龙向斜的两翼,辉绿岩仅在老寨街和白牛厂等地呈直立岩墙和岩脉沿北东向断裂充填,分布范围小。

区域重磁特征:以北西向薄竹山-都龙 1:25 万区域重力低异常带为主要异常,南部、东部的边缘以圆弧形展布(沿良子、燕子弯、龙岭冲、上地都等地的圆弧形),在重力低背景上叠加局部的重力高和重力低,局部重力低多数是已知花岗岩或隐伏花岗岩所引起,在东部及南部重力高异常区,异常宽缓,在重力高背景上叠加局部幅值较小的重力高和重力低,局部重力高推测与玄武岩、基性岩体有关。1:25 万航磁异常可分为 3 个异常片区:在达子咪、戈白、白者以西异常主要由玄武岩所致;在达子咪、戈白、白者以东,独店坝、三家坡、龙路以西以玄武岩异常为主,有部分异常与岩体有关;在独店坝、三家坡、龙路以东等地异常区是以与岩体有关的异常为主。

区域地球化学:区内共圈定的综合异常,总体趋势呈弧形、不规则团块状分布在薄竹山花岗岩体及接触带周围。白牛厂-薄竹山 Cu、Ag、Sn、Pb、Zn、W、Mo、Bi 异常走向为北东-南西向不规则状,分布范围约 1000km²。

2. 找矿方向

主攻矿种和主攻矿床类型:以中寒武统田蓬组白云质灰岩为主要围岩的白牛厂式与花岗岩有关的侵入岩型银锡铅锌多金属矿如白牛厂大型铅锌矿、产于中三叠统法郎组碎屑岩建造斗南式沉积型锰矿如砚山县斗南中型锰矿。

找矿方向:区内未再划分Ⅴ级找矿远景区。共圈定找矿靶区 33 个(A 类 2 个、B 类 14 个、C 类 17 个)(表 20-2~表 20-6)。按矿种分:钨矿靶区 5 个,均为 B 类靶区,其中,白牛厂阿尾、冬瓜林、关房具大型找矿远景,岩羊坡、仓蒲塘具中型远景;锡矿靶区 9 个,A 类靶区 1 个、B 类靶区 4 个、C 类靶区 4 个,其中,白牛厂、乐诗冲靶区具大型找矿远景区,其他靶区具中型潜力;铅锌矿靶区 14 个,A 类靶区 1 个、B 类靶区 4 个、C 类靶区 9 个,其中,白牛厂、舍所坝、乐诗冲、虎山城、杨柳河、小平坝、石莫底、龙人寨等靶区具大型找矿远景区,其他靶区具中型潜力;铜矿靶区 3 个,均为 C 类,具小型远景;锰矿靶区 2 个,B 类靶区 1 个、C 类靶区 1 个,具中型找矿潜力。

表20-2　Ⅳ-64蒙自白牛厂锡钨铅锌银锰矿远景区钨矿找矿靶区特征表

主攻矿种	主攻类型	典型矿床	找矿靶区	编号	面积(km²)	远景
锡钨铅锌银锰	矽卡岩型	白牛厂	B蒙自县白牛厂阿尾钨矿找矿靶区	W-B-2	9.26	钨大型
			B蒙自县冬瓜林钨矿找矿靶区	W-B-3	0.53	钨大型
			B蒙自县岩羊坡钨矿找矿靶区	W-B-4	3.37	钨中型
			B蒙自县仓蒲塘钨矿找矿靶区	W-B-5	1.46	钨中型
			B蒙自县关房钨矿找矿靶区	W-B-6	6.36	钨大型

表20-3　Ⅳ-64蒙自白牛厂锡钨铅锌银锰矿远景区锡矿找矿靶区特征表

主攻矿种	主攻类型	典型矿床	找矿靶区	编号	面积(km²)	远景
锡钨铅锌银锰	矽卡岩型	白牛厂	A白牛厂锡矿找矿靶区	Sn-A-5	28.04	大型
			B官房锡矿找矿靶区	Sn-B-10	6.25	中型
			C衣格白锡矿找矿靶区	Sn-C-3	4.64	中型
			C腰店锡矿找矿靶区	Sn-C-4	5.23	中型
			C小平坝锡矿找矿靶区	Sn-C-5	13.36	中型
			C老君山锡矿找矿靶区	Sn-C-6	5.59	中型
			B舍所坝锡矿找矿靶区	Sn-B-7	6.25	中型
			B乐诗冲锡矿找矿靶区	Sn-B-8	14.77	大型
			B虎山城锡矿找矿靶区	Sn-B-9	8.96	中型

表20-4　Ⅳ-64蒙自白牛厂锡钨铅锌银锰矿远景区铅锌矿找矿靶区特征表

主攻矿种	主攻类型	典型矿床	找矿靶区	编号	面积(km²)	远景
锡钨铅锌银锰	矽卡岩型	白牛厂	A蒙自县白牛厂铅锌矿找矿靶区	PbZn-A-37	27.96	铅锌大型
			B蒙自县舍所坝铅锌矿找矿靶区	PbZn-B-68	6.24	铅锌大型
			B文山县乐诗冲铅锌矿找矿靶区	PbZn-B-69	14.73	铅锌大型
			B文山县虎山城铅锌矿找矿靶区	PbZn-B-70	8.93	铅锌大型
			B文山县官房铅锌矿找矿靶区	PbZn-B-71	6.23	铅锌中型
			C蒙自县杨柳河铅锌矿找矿靶区	PbZn-C-42	13.71	铅锌大型
			C文山县衣格白铅锌矿找矿靶区	PbZn-C-43	4.63	铅锌中型
			C文山县小平坝铅锌矿找矿靶区	PbZn-C-44	13.32	铅锌大型
			C蒙自县石莫底铅锌矿找矿靶区	PbZn-C-45	18.51	铅锌大型
			C蒙自县龙人寨铅锌矿找矿靶区	PbZn-C-46	13.37	铅锌大型
			C文山县腰店铅锌矿找矿靶区	PbZn-C-47	5.21	铅锌中型
			C文山县老君山铅锌矿找矿靶区	PbZn-C-48	5.57	铅锌中型
			C文山县新街铅锌矿找矿靶区	PbZn-C-49	8.48	铅锌中型
			C文山县所得克铅锌矿找矿靶区	PbZn-C-50	7.22	铅锌中型

表 20-5　Ⅳ-64 蒙自白牛厂锡钨铅锌银锰矿远景区铜矿找矿靶区特征表

主攻矿种	主攻类型	典型矿床	找矿靶区	编号	面积(km²)	远景
锡钨铅锌银锰	矽卡岩型	白牛厂	B 蒙自县白牛厂铜矿找矿靶区	Cu-B-20	19.79	铜小型
			B 蒙自县乐诗冲铜矿找矿靶区	Cu-B-21	14.73	铜小型
			C 蒙自县茅山洞铜矿找矿靶区	Cu-C-14	12.23	铜小型

表 20-6　Ⅳ-64 蒙自白牛厂锡钨铅锌银锰矿远景区锰矿找矿靶区特征表

主攻矿种	主攻类型	典型矿床	找矿靶区	编号	面积(km²)	远景
锡钨铅锌银锰	沉积型	斗南锰矿	B 赶马底-岩子脚锰矿找矿靶区	Mn-B-25	12.73	中型
			C 兔瓦锰矿找矿靶区	Mn-C-26	29.74	中型

(三) Ⅳ-65 马关-麻栗坡锡铅锌银铜矿远景区

1. 地质背景

范围：远景区地处云南省马关县、麻栗坡县，围绕老君山花岗岩体呈近等轴状展布，东西长约 50km，南北宽约 35km，主要拐点坐标 E107°00′，N28°12′；E107°00′，N28°12′。总面积约 0.17 万 km²。

大地构造位置：Ⅲ 扬子陆块区-Ⅲ₂ 华南陆块-Ⅲ₂₋₂ 滇东南逆冲-推覆构造带。区域构造主要由老君山穹隆和八布坳陷构成。老君山穹隆总体上呈南北向展布，断裂构造以北西向的文山-麻栗坡大断裂、马关-都龙断裂为代表，分布于老君山花岗岩体北东侧和南西侧，对成矿区内地质构造的发展演化和矿产分布，具有明显的控制作用，铅、锌、银、锡等矿床(点)的产出，大部分分布在马关断裂与文山-麻栗坡断裂围限的三角区域内。

地层分区：华南地层大区(Ⅱ)-东南地层区(Ⅱ₃)之右江地层分区(Ⅱ₃¹)。除缺失上奥陶统、志留系、上三叠统、侏罗系、白垩系外，其余地层均有出露。出露地层以中下三叠统及寒武系为主，中下三叠统主要分布于文山-麻栗坡断裂北东的八布坳陷。而寒武系分布于文山-麻栗坡断裂南西老君山穹隆两翼及北部。花岗岩主要分布于马关老君山地区，属燕山晚期花岗岩(118～89)Ma，侵位于中下寒武统区域变质岩、混合岩中，构成老君山穹隆的核部。

区域重磁特征：布格重力场属个旧-富宁东西向重力低的组成部分，场值由北西向南东逐渐增高，中南部花岗岩分布区形成重力低值带，两侧的沉积岩区形成重力高值带，总体呈北西向延伸至文山一带。航磁异常在区内总体特征为负背景场上叠加少数正异常，在花岗岩体北部边缘和断层交错部位形成 1×100nT 的正异常。

区域地球化学：位于个旧-马关 Sn、W、Ag、Au 多金属地球化学区南东端属老君山 Sn、Zn、Ag、W、Sb 多金属地球化学分区。1∶20 万水系测量元素分布以下特征：①中高温热液型元素 W、Sn、Bi、Cu、As 等在老君山穹隆构造的花岗岩体及接触带的变质岩系(都龙)集聚形成高含量区，在有利的构造部位形成异常或富集成矿；②中低温热液型的 Pb、Zn、Ag、(Cu)、Au、Sb、Hg 等在晚古生代地层及浅变质岩(小坝子-小锡板和桥头)的矿化和蚀变集中区形成高含量区(异常)和相应的矿产；③Cu、Ni、Co、Cr 在玄武岩地区(八布)形成高含量区并富集成矿等。

2. 找矿方向

主攻矿种和主攻矿床类型：以中寒武统田蓬组变质类复理石式沉积建造为主要围岩的都龙式与花岗岩有关的侵入岩型锡铅锌铜矿多金属矿如马关县都龙大型铅锌矿、以元古宇猛洞岩群深变质岩为主要围岩的南秧田式层状矽卡岩-岩浆热液型钨锡铅锌铜多金属矿如南秧田大型白钨矿床。

找矿方向:区内未再划分Ⅴ级找矿远景区。区内共圈定找矿靶区40个(A类10个、B类16个、C类14个)(表20-7～表20-10)。按矿种分:钨矿靶区14个,A类靶区6个,B类靶区6个,C类靶区2个,均具大中型找矿远景;锡矿靶区11个,A类靶区1个,B类靶区4个,C类靶区6个,其中,都龙、新寨、田冲、大丫口靶区具大型找矿远景,其他靶区具中型潜力;铅锌矿靶区12个,A类靶区2个,B类靶区4个,C类靶区6个,其中,都龙、新寨、大丫口等靶区具大型找矿远景区,其他靶区具中小型潜力;铜矿靶区3个,A类靶区1个,B类靶区2个,具中小型远景。

表20-7 Ⅳ-65 马关-麻栗坡锡铅锌银铜矿远景区钨矿找矿靶区特征表

主攻矿种	主攻类型	典型矿床	找矿靶区	编号	面积(km²)	远景
铅锌银钨铜	矽卡岩型锡锌沉积改造型/层控型	都龙锡锌矿	A 麻栗坡南秧田钨矿找矿靶区	W-A-2	8.13	钨大型
			A 新寨锡多金属矿找矿靶区	W-A-3	15.00	锡锌大型
			A 老君山钨锡矿找矿靶区	W-A-4	14.00	钨锡大型
			A 金竹林钨锡矿找矿靶区	W-A-5	5.00	钨锡大型
			A 高桂槽钨矿找矿靶区	W-A-6	7.00	钨大型
			A 保良街钨矿找矿靶区	W-A-7	18.00	钨大型
			B 麻栗坡县瓦渣钨矿找矿靶区	W-B-7	6.05	钨大型
			B 麻栗坡县荒田钨矿找矿靶区	W-B-8	1.43	钨中型
			B 麻栗坡县丫口寨钨矿找矿靶区	W-B-9	3.04	钨中型
			B 马关县南松钨矿找矿靶区	W-B-10	1.82	钨中型
			B 文家冲钨锡矿找矿靶区	W-B-11	10.50	钨锡大型
			B 那发钨矿找矿靶区	W-B-12	10.50	钨锡锌中型
			C 马关县老厂坡钨矿找矿靶区	W-C-2	11.10	钨大型
			C 马关县三棵树钨矿找矿靶区	W-C-3	8.27	钨大型

表20-8 Ⅳ-65 马关-麻栗坡锡铅锌银铜矿远景区锡矿找矿靶区特征表

主攻矿种	主攻类型	典型矿床	找矿靶区	编号	面积(km²)	远景
铅锌银钨铜	矽卡岩型锡锌沉积改造型/层控型	都龙锡锌矿	A 都龙锡矿找矿靶区	Sn-A-6	26.01	大型
			B 新寨锡矿找矿靶区	Sn-B-11	20.84	大型
			B 蚂蚁树锡矿找矿靶区	Sn-B-12	2.14	中型
			B 中寨锡矿找矿靶区	Sn-B-13	3.31	中型
			B 龙塘锡矿找矿靶区	Sn-B-14	1.95	中型
			C 丫口田锡矿找矿靶区	Sn-C-7	6.53	中型
			C 田冲锡矿找矿靶区	Sn-C-8	9.52	大型
			C 大丫口锡矿找矿靶区	Sn-C-9	27.13	大型
			C 南亮锡矿找矿靶区	Sn-C-10	8.26	中型
			C 田头锡矿找矿靶区	Sn-C-11	3.70	中型
			C 滑石板锡矿找矿靶区	Sn-C-12	2.21	中型

表 20-9　Ⅳ-65 马关-麻栗坡锡铅锌银铜矿远景区铅锌矿找矿靶区特征表

主攻矿种	主攻类型	典型矿床	找矿靶区	编号	面积(km^2)	远景
铅锌银钨铜	矽卡岩型锡锌沉积改造型/层控型	都龙锡锌矿	A 马关县都龙铅锌矿找矿靶区	PbZn-A-38	25.88	铅锌大型
			A 芭蕉箐铅锌矿找矿靶区	PbZn-A-39	13.00	铅锌中型
			B 麻栗坡新寨铅锌矿找矿靶区	PbZn-B-72	20.74	铅锌大型
			B 麻栗坡蚂蚁树铅锌矿找矿靶区	PbZn-B-73	2.13	铅锌小型
			B 麻栗坡中寨铅锌矿找矿靶区	PbZn-B-74	3.29	铅锌中型
			B 麻栗坡龙塘铅锌矿找矿靶区	PbZn-B-75	1.94	铅锌小型
			C 西畴县丫口田铅锌矿找矿靶区	PbZn-C-51	6.50	铅锌中型
			C 西畴县田冲铅锌矿找矿靶区	PbZn-C-52	9.48	铅锌中型
			C 马关县大丫口铅锌矿找矿靶区	PbZn-C-53	27.01	铅锌大型
			C 马关县南亮铅锌矿找矿靶区	PbZn-C-54	8.22	铅锌中型
			C 马关县田头铅锌矿找矿靶区	PbZn-C-55	3.68	铅锌中型
			C 麻栗坡滑石板铅锌矿找矿靶区	PbZn-C-56	2.20	铅锌小型

表 20-10　Ⅳ-65 马关-麻栗坡锡铅锌银铜矿远景区铜矿找矿靶区特征表

主攻矿种	主攻类型	典型矿床	找矿靶区	编号	面积(km^2)	远景
铅锌银钨铜	矽卡岩型锡锌沉积改造型/层控型	都龙锡锌矿	A 马关县都龙铜矿找矿靶区	Cu-A-22	25.89	铜中型
			B 马关县南亮铜矿找矿靶区	Cu-B-22	11.24	铜小型
			B 麻栗坡新寨铜矿找矿靶区	Cu-C-15	20.74	铜小型

第二十一章 中长期工作部署

第一节 部署依据

川滇黔相邻区是我国较早确定的19个重要成矿区带之一，按国土资源部要求，中国地质调查局编制的《地质矿产保障工程总体方案》(2010)明确指出："在冈底斯、西昆仑、川滇黔相邻区、天山-北山等重点成矿区带加强区域找矿"。区内的优势矿种铁、铜、铅、锌、金、银、锡、锰、钒、钛、铝土矿、磷、煤等在我国占有重要地位，为西南地区的经济发展提供了大量的矿产资源。

《国务院关于加强地质工作的决定》(国发〔2006〕4号)明确了与地质调查相关的主要任务为：一是突出能源矿产勘查，必须放在地质勘查的首要位置；二是加强国内急缺的重要矿产资源，兼顾部分优势矿产资源勘查；三是积极开展矿产远景调查和综合研究，加大西部地区矿产资源调查评价力度，科学评估区域矿产资源潜力；四是在重要经济区域、重点成矿区带、重大地质问题地区，提高基础地质调查程度，建立地质图文更新机制，为社会提供有效快捷的地质信息服务。

国务院于2011年批准实施"找矿突破战略行动纲要"，明确主要任务包括三大方面：一是加强基础地质调查与研究。重点开展1∶5万区域地质调查、航空磁法测量和地球化学调查，更新一批国家基础地质图件，加快推进重点成矿区带的矿产远景调查。二是加强石油、天然气、铁、铜、铝、钾盐等重要矿产勘查，力争十年新增一批资源储量。三是实施矿产资源节约与综合利用工程。围绕重点矿种、重点领域，提高资源综合利用效益，促进增强矿产资源保障能力。

"十三五"全国矿产资源规划(草案)：国土资源部组织开展的"十三五"全国矿产资源规划(草案)，设置了基础地质调查、重要矿产勘查、矿产资源节约与综合利用、地质科技、地质资料信息服务五方面的工作。

第二节 部署原则及主要任务

根据中国地质调查局2015年7月编制的《基础性公益性地质矿产调查一级项目总体方案》，明确下一阶段主要工作任务为：坚持国家地质调查工作的"基础性、公益性地质调查和战略性矿产勘查"定位，开展区域地质调查、矿产地质调查、航空物探、基础地质调查、矿产资源调查评价及"一带一路"基础地质调查等陆域基础性公益性地质调查评价，解决经济社会发展大局中的重大地质问题。结合上扬子成矿区资源禀赋及工作程度，确定部署原则如下：

(1)开展上扬子成矿区基础地质调查；
(2)以重点勘查区、找矿远景区及周边地区为重点开展矿产地质调查；
(3)针对重点矿种重点地区、整装勘查区开展基础地质调查、矿产资源潜力评价与攻关示范；
(4)开展新能源新材料等重要矿产调查评价；
(5)矿产资源集中区资源环境综合地质调查。

第三节 中长期工作部署

1. 开展上扬子成矿区基础地质调查

开展上扬子成矿区1∶5万区域地质调查,重点解决成矿地质背景等制约找矿重大地质问题,重点部署在矿集区、找矿远景区外围或资源潜力较好地区。具体而言,要加强诸如"滇东南砚山-富宁地区、马尔康地区、龙门山构造带、盐源-丽江地区及楚雄盆地周缘、黔东地区"等1∶5万区调工作程度较低地区,进一步部署开展1∶5万区域地质调查。要进一步加强上扬子陆块区基础地质研究尤其是基底地质成矿作用和新生代地质成矿作用的研究。

2. 以重点勘查区、找矿远景区及周边地区为重点开展矿产地质调查

以本文圈定的65个Ⅳ级找矿远景区及周边地区为重点,查清重要成矿区带成矿条件、成矿规律和资源潜力,圈定新的成矿远景区、重点勘查区和找矿靶区,编制成矿预测图。对于野外调查工作已达到1∶5万矿产地质调查要求的地区,开展1∶5万精度的潜力评价工作;对于野外调查工作尚未达到1∶5万矿产地质要求的地区,补充必要的野外工作(包括专项地质填图、物化探、少量钻探验证等),并在项目周期内同步开展1∶5万潜力评价。在陆内成矿作用、成矿理论、成矿规律和成矿预测研究要进一步系统深化。

3. 针对重点矿种重点地区、整装勘查区开展基础地质调查、矿产资源潜力评价与攻关示范

以云南省鹤庆县北衙金矿、云南省广南-丘北-砚山地区铝土矿、云南牟定安益地区铁矿、云南省鲁甸县乐马厂-巧家县茂租铅锌银多金属矿、云南省马关县都龙矿区外围锌锡铜多金属矿、四川省攀西地区钒钛磁铁矿、贵州务正道铝土矿、贵州省贞丰普安金矿、贵州省铜仁松桃锰矿、贵州省遵义锰矿、贵州省开阳磷矿、重庆铝土矿、重庆市秀山锰矿、重庆市城口锰矿、四川省若尔盖铀矿15个整装勘查区为重点,开展基础地质调查与潜力评价。在整装勘查区开展专项地质调查、找矿预测与技术应用示范,对于整装勘查区中成矿条件有利、成矿集中、1∶5万基础地质调查程度较高,但找矿前景不太明朗的区域,重点开展1∶5万潜力评价并圈定重点勘查区;在整装勘查区之外,选择成矿条件有利、但近几十年没有更大找矿进展的矿集区,根据其工作程度和研究程度,开展专项地质调查及1∶5万资源潜力评价。

围绕大型—超大型矿集区,以三维立体填图、大比例尺物探-构造测量及深穿透地球化学测量等为主要工作内容和手段,开展中深部矿产远景调查,实现1∶5万精度的潜力评价、大比例尺找矿预测;开展行之有效的勘查技术方法手段组合的研究,加强中深部第二空间(500~2000m)找矿预测及勘查实践。

4. 新能源新材料等重要矿产调查评价

在找矿领域上,新区、新类型、新矿种、新用途矿产工作薄弱,有待加强;在强化大宗工业原料矿产勘查的同时,着力开展稀土、稀有、稀散金属资源战略调查,在已发现稀土、稀有、稀散矿产资源的重要矿产地,开展必要的勘查以进行资源储备。开展高纯石英、晶质石墨远景调查和重点勘查。

重点对扬子盐类成矿域的四川主要含盐盆地,部署开展钾盐选区评价与勘查示范工作;重点对四川西部伟晶岩型稀有金属如甲基卡式锂铍矿开展针对性的调查评价,积极推进各类矿产共(伴)生稀有稀散元素综合提取技术和对低品位、难选冶矿产的可利用性评价工作。

5. 矿产资源集中区资源环境综合地质调查

探索开展大型资源基地资源开发综合评价:针对新的大型矿产资源基地,根据资源禀赋、相关基础设施、生态环境等外部条件,分析未来一定时期内进行工业开发利用的经济价值和经济社会效益,进行技术经济评估与环境效应评价,评价可能引发的次生地质灾害等,为大型矿产基地建设提供决策依据。

开展资源节约集约综合利用调查:查明矿产开发与生态效应对应关系等"三率"调查的系统性工作;研发适合资源自身特点的矿产资源节约与综合利用技术和支撑战略新兴产业原料供给的利用技术,大幅盘活难用资源。工业指标与社会经济发展需求及选冶技术进步之间已不相适应,开发利用技术水平需要提高。

结　语

本书是在依托"川滇黔相邻区重要矿产成矿规律和找矿方向研究"(2010—2015)、"西南地区矿产资源潜力评价与综合"(2006—2013)两个地调专项工作项目研究成果的基础上,参阅引用了1999—2015年大调查及地调专项在川滇黔相邻区按排的138个矿产调查评价类项目各工作项目成果报告,历时六年而编著的。

全书对上扬子陆块区区域地质背景、区域岩相古地理与典型沉积矿床、上扬子陆块及周缘各构造单元的地史演化与典型热液型金属矿床、层控矿床的成矿专属性及其特点、地壳活动性与矿床的分布规律及内在机理、成矿时空分布、矿床类型划分、成矿系列及成矿谱系、各成矿区带地物化特征及找矿方向等方面,首次较系统地进行了尝试性地梳理、总结和集成。

需要强调的是,限于时间、人力、经费、资料收集的完整程度以及编者的水平等因素,这项工作只是阶段性和概略性的,尚存在诸多的不足甚至错误。但在编写框架上尽量使其具有较好的系统性,以便在未来的工作中不断完善深入。

(1)各类数据、资料收集统计和编图的范围仅限于上扬子之西南地区部分且包含了松潘前陆盆地,未涵盖湘西和鄂西地区。

(2)在矿种上仅以金、铜、铅锌、钨锡、铁、锰、铝土矿为主,较少涉及其他矿种。

(3)对工作程度、研究程度的统计只是阶段性地截至2015年,且以国家财政投入的为主,对商业性的勘查程度难以收集,且限于篇幅作了大量精简。

(4)矿床点基本数据的收集以"西南地区矿产资源潜力评价综合研究"工作资料为基础,根据各省矿产志、区域矿产图、1∶20万区调报告、各工作项目资料及公开发表的文献进行补充,但对商业性的矿产勘查发现收集不全。

(5)相关基础地质、典型矿床研究数据也只是尽可能地以能收集到的公开发表文献、各类成果报告为准,且存在诸多不确定性和争议之处,难以概全,因此在矿床类型划分、地史演化与成矿作用等表述方面也只能是阶段性的。

(6)本项目重点对上扬子西缘基底基础地质及铜铁矿典型矿床成矿作用、上扬子东缘外生矿床成矿系列-内生矿床成矿系列等做了较多的实地调研、采样测试研究,对于其他内容仍然以收集资料、归纳总结为主。

(7)大量"层控"低温热液型矿床的年代学-成矿机理及成矿作用、扬子地台基底演化、岩相古地理与沉积成矿作用、陆块周缘岩浆-火山成矿作用、大规模陆内成矿作用、深大构造控矿作用等方面的研究,以及中深部矿产远景调查、三维立体填图、大比例尺找矿预测及方法试验、大型矿产资源基地潜力评价与攻关示范、新型矿产资源调查评价、矿产资源集中区资源环境综合地质调查等方面应是本区未来的重点工作方向。

主要参考文献

白金刚,池三川,梅建明.云南白牛厂超大型银多金属矿床黄铁矿的标型特征及其成因意义[J].贵金属地质,1995(04):302-306.

白金刚,池三川,覃功炯.云南白牛厂沉积喷流型银多金属矿床沉积环境分析[J].有色金属矿产与勘查,1996(03):140-145.

蔡新平,刘秉光,季成云,等.滇西北衙金矿床特征及成因初探[J].黄金地质科技,1991(7):15-20.

曹鸿水.黔西南"大厂层"形成环境及其成矿作用的探讨[J].贵州地质,1991,8(1):5-12.

常向阳,朱炳泉,孙大中,等.东川铜矿床同位素地球化学研究:I.地层年代与铅同位素地化应用[J].地球化学,1997,26(2):32-38.

陈翠华,何斌斌,顾雪祥,等.一种典型的同生沉积型微细浸染型金矿床——桂西北高龙金矿床[J].吉林大学学报,2003,33(3):290-295.

陈懋弘,毛景文,屈文俊,等.贵州贞丰烂泥沟卡林型金矿床含砷黄铁矿Re-Os同位素测年及地质意义[J].地质论评,2007,53(3):371-382.

陈学明,林棕,谢富昌.云南白牛厂超大型银多金属矿床叠加成矿的地质地化特征[J].地质科学,1998(01):116-125.

陈毓川,王登红,朱裕生,等.中国成矿体系与区域成矿评价[M].北京:地质出版社,2007.

陈毓川,王登红.重要矿产和区域成矿规律研究技术要求[M].北京:地质出版社,2010.

陈毓川,王登红.重要矿产预测类型划分方案[M].北京:地质出版社,2010.

陈毓川,翟裕生,等.中国矿床成矿模式[M].北京:地质出版社,1993.

陈毓川,朱裕生,等.中国矿床成矿系列图[M].北京:地质出版社,1999.

陈毓川.当代矿产勘查评价的理论与方法[M].北京:地震出版社,1999.

陈毓川.矿床成矿系列[J].地学前缘,1994(3):90-94.

陈毓川.中国主要成矿区带矿产资源远景评价[M].北京:地质出版社,1999.

成都地质调查中心.北衙金矿远景区深部调查评价项目总体设计及2012年工作方案[R].成都:成都地质调查中心,2012.

成都地质调查中心.云南金平-元阳地区金多金属矿集区深部构造与隐伏矿找矿方法研究总体设计[R].成都:成都地质调查中心,2013.

成都地质调查中心.北衙金矿远景区深部调查评价项目总体设计及2012年工作方案[R].成都:成都地质调查中心,2012.

成都地质调查中心.西南地区地质调查工作部署研究报告(2010-2011、2012-2013)[R].成都:成都地质调查中心,2013.

成都地质调查中心.西南地区整装勘查区跟踪与评估年度研究报告(2011-2012)[R].成都:成都地质调查中心,2013.

成都地质矿产研究所.西昌-滇中地区主要矿产成矿规律及找矿方向[R].成都:成都地质矿产研究所,1985.

崔萍萍,黄肇敏,周素莲.我国铝土矿资源综述[J].轻金属,2008(2):6-8.

戴婕,张林奎,潘晓东,等.滇东南南秧田白钨矿矿床矽卡岩矿物学特征及成因探讨[J].岩矿测试,2011, 30(3):269-275.

邓玉书.云南个旧锡矿和构造的关系[J].地质论评,1951(02):57-66.

杜利林,耿元生,杨崇辉,等.扬子地台西缘盐边群玄武质岩石地球化学特征及SHRIMP锆石U-Pb年龄[J].地质学报,2005,79(6):850-813.

杜利林,耿元生,杨崇辉,等.扬子地台西缘康定群的再认识:来自地球化学和年代学证据[J].地质学报,2007,81(11):1562-1577.

杜利林,耿元生,杨崇辉,等.扬子地台西缘新元古代TTG的厘定及其意义[J].矿物岩石学杂志,2006, 25(4):273-281.

杜利林,杨崇辉,耿元生,等.扬子地台西南缘高家村岩体成因:岩石学、地球化学和年代学证据[J].岩石学报,2009,25(8):1897-1908.

范永香,阳正熙.成矿规律与成矿预测[J].江苏徐州:中国矿业大学出版社,2003.

傅敏军.攀西红格钒钛磁铁矿床地质特征及控矿因素分析[D].成都:成都理工大学,2012.

高怀忠.关于热水沉积物稀土配合模式的讨论[J].地质科技情报,1999,18(3):40-42.

高振敏,李红阳,等.滇黔地区主要类型金矿的成矿与找矿[M].北京:地质出版社,2002.

高子英.蒙自白牛厂银多金属矿床的成因研究[J].云南地质,1996(01):91-102.

耿元生,柳永清,高林志,等.扬子克拉通西南缘中元古代通安组的形成时代——锆石LA-ICP-MS U-Pb年龄[J].地质学报,2012,86(9):1479-1490.

耿元生,杨崇辉,杜利林,等.天宝山组形成的时代和形成环境——锆石SHRIMP U-Pb年龄和地球化学证据[J].地质论评,2007,53(4):556-562.

耿元生,杨崇辉,王新社,等.扬子地台西缘变质基底演化[M].北京:地质出版社,2008.

龚荣洲,於崇文,岑况.成矿元素富集机制的量子地球化学研究——以攀枝花钒钛磁铁矿矿床为例[J].地学前缘,2000,01:43-51.

顾雪祥,李葆华,徐仕海,等.右江盆地含油气成矿流体性质及其成藏-成矿作用[J].地学前缘,2007,14(5):133-146.

关俊雷,郑来林,刘建辉,等.四川省会理县河口地区辉绿岩体的锆石SHRIMP U-Pb年龄及其地质意义[J].地质学报,2011,85(4):482-490.

贵州国土资源厅.贵州找矿突破战略行动实施方案(2011—2020年)[R].贵阳:贵州国土资源厅,2012.

贵州省地质调查院.贵州省资源潜力评价成果报告[R].贵阳:贵州省地质调查院,2011.

贵州省地质矿产局.贵州省区域矿产志[M].北京:地质出版社,1992.

贵州省国土资源厅.贵州省重要矿种矿产预测成果总结报告(全国矿产资源潜力评价项目)[R].贵阳:贵州省国土资源厅,2013.

郭阳,王生伟,孙晓明,等.武定铁铜矿区古元古代辉绿岩锆石U-Pb年龄及其成矿的关系[J].矿床地质,2012,31(增刊):545-546.

郭阳,王生伟,孙晓明,等.云南武定迤纳厂铁铜矿区古元古代辉绿岩锆石的U-Pb年龄及其地质意义[J].大地构造与成矿学,2014,38(1):208-215.

郭阳,王生伟,孙晓明,等.扬子地台西南缘古元古代末的裂解事件——来自武定地区辉绿岩锆石U-Pb年龄和地球化学证据[J].地质学报,2014,88(9):1651-1666.

韩润生,刘丛强,黄智龙,等.论云南会泽富铅锌矿床成矿模式[J].矿物学报,2001,21(4):674-680.

韩至钧,王砚耕,冯济舟,等.黔西南金矿地质与勘探[M].贵阳:贵州科技出版社,1999.

何登发,李德生,张国伟,等.四川多旋回叠合盆地的形成与演化[M].地质科学,2011.

何国琦,李茂松.关于岩浆型被动陆缘[J].北京地质,1996(S1):29-33.

何政伟.四川攀枝花深部找矿疑难问题研究2013年度工作方案[R].成都:成都理工大学,2013.

主要参考文献

和文言,莫宣学,喻学惠,等.滇西北衙金多金属矿床锆石 U-Pb 和辉钼矿 Re-Os 年龄及其地质意义[J].岩石学报,2013(04):1301-1310.

侯兵德,吴志成,占朋才.松桃杨立掌锰矿地质特征及深部找矿潜力分析[J].化工矿产地质,2011,33(2):93-99.

侯兵德,袁良军,占朋才.贵州松桃杨立掌锰矿地质特征及找矿潜力分析[J].矿产与地质,2011,25(1):47-52.

侯林,丁俊,邓军,等.滇中武定迤纳厂铁铜矿床磁铁矿元素地球化学特征及其成矿意义[J].岩石矿物,2013,32(2):154-166.

侯林,丁俊,邓军,等.云南武定迤纳厂铁铜矿岩浆角砾岩 LA-ICP-MS 锆石 U-Pb 年龄及其地质意义[J].地质通报,2013,32(4):580-588.

侯林,丁俊,王长明,等.云南武定迤纳厂铁-铜-金-稀土矿床成矿流体与成矿作用[J].岩石学报,2013,29(4):1187-1202.

侯林,丁俊.云南武定迤纳厂岩浆热液型铁-铜-金-稀土矿床流体特征研究.西北地质[J].2012,45(4):39-50.

胡彬,韩润生,马德云,等.云南毛坪铅锌矿区Ⅰ号矿体分布区断裂构造岩稀土元素地球化学特征及找矿意义[J].地质地球化学,2003,31(4):22-28.

胡受权,曹运江,郭文平.滇西北宁蒗县白牛厂铅锌矿成矿地质条件[J].火山地质与矿产,1998(01):47-52.

胡云中,任天祥,马振东,等.中国地球化学场及其与成矿关系[M].北京:地质出版社,2006.

黄汲清,任纪舜,姜春发,等.中国大地构造基本轮廓[J].地质学报,1977(2):117-135

黄汲清.中国主要地质构造单位[M].北京:地质出版社,1954.

黄小文,漆亮,赵新福,等.云南东川汤丹铜矿硫化物的 Re-Os 年代学研究[J].矿物学报,2011(S1):594.

黄永平,吴健民,王滋平.东川铜矿田因民组热水沉积岩地质地球化学[J].地质与勘探,1999,35(4):15-18.

黄智龙,陈进,韩润生,等.云南会泽铅锌矿床脉石矿物方解石 REE 地球化学[J].矿物学报,2001,21(4):659-666.

黄智龙,陈进,刘丛强,等.峨眉山玄武岩与铅锌矿床成矿关系初探——以云南会泽铅锌矿床为例[J].矿物学报,2001,21(4):681-688.

贾润幸.云南个旧锡矿集中区地质地球化学研究(博士)[D].西安:西北大学,2005:1-150.

江鑫培.白牛厂银多金属矿床银的赋存形式及银矿物特征[J].岩石矿物学杂志,1994a(03):278-284.

江鑫培.蒙自白牛厂银多金属矿床银赋存形式及其矿物特征[J].云南地质,1994b(01):74-85.

江鑫培.蒙自白牛厂银-多金属矿矿床特征和成矿作用探讨[J].云南地质,1990(04):291-307.

蒋小芳,王生伟,廖震文,等.四川会东油房沟铜矿床 Re-Os 同位素年龄及其地质意义[J].大地构造与成矿学,2015,39(5):866-875.

蒋小芳,王生伟,廖震文,等.元谋县路古模组变质基性火山岩锆石的 U-Pb 年龄及其对苴林群沉积时代的制约[J].地层学杂志,2013(增刊):624-625.

金祖德.个旧层间赤铁矿型锡矿热液成因之否定[J].地质与勘探,1991(01):19-20.

李宝龙,季建清,王丹丹,等.滇南新元古代的岩浆作用:来自瑶山群深变质岩 SHRIMP 锆石 U-Pb 年代学证据[J].地质学报,2012,86(10):1584-1591.

李家和.个旧锡矿花岗岩特征及成因研究[J].云南地质,1985(04):327-352.

李开文,庚建珍,刘卉,等.滇东南燕山晚期与岩浆作用有关的多金属成矿作用[J].矿物学报,2011(S1):607-608.

李开文,张乾,王大鹏,等.滇东南白牛厂多金属矿床铅同位素组成及铅来源新认识[J].地球化学,2013(02):116-130.

李开文,张乾,王大鹏,等.云南蒙自白牛厂多金属矿床锡石原位 LA-MC-ICP-MS U-Pb 年代学[J].矿物学报,2013(02):3-209.

李开文,张乾,王大鹏,等.云南蒙自白牛厂银多金属矿床同位素地球化学研究[J].矿床地质,2010(S1):462-463.

李文博,黄智龙,陈进,等.云南会泽超大型铅锌矿床硫同位素和稀土元素地球化学研究[J].地质学报,2004,8:507-518.

李文博,黄智龙,陈进,等.会泽超大型铅锌矿床成矿时代研究[J].矿物学报,2004,24(2):112-116.

李文博,黄智龙,王银喜,等.会泽超大型铅锌矿田方解石 Sm-Nd 等时线年龄及其地质意义[J].地质论评,2004,50(2):189-195.

李文博,黄智龙,张冠,等.云南会泽铅锌矿田成矿物质来源:Pb、S、C、H、O、Sr 同位素制约[J].岩石学报,2006,22(10):2568-2580.

李文尧.云南麻栗坡新寨锡矿物化探异常特征[J].云南地质,2002(1):72-82.

李献华,李正祥,周汉文,等.川西关刀山岩体的 SHRIMP 锆石 U-Pb 年龄、元素和 Nd 同位素地球化学——岩石成因与构造意义[J].中国科学(D辑),2002a,32(增刊):60-68.

李献华,李正祥,周汉文,等.川西新元古代玄武质岩浆岩的锆石 U-Pb 年代学、元素和 Nd 同位素研究:岩石成因与地球动力学意义[J].地学前缘,2002b,9(4):329-338.

李献华,周汉文,李正祥,等.川西新元古代双峰式火山岩成因的微量元素和 Sm-Nd 同位素制约及其大地构造意义[J].地质科学,2002c,37(3):264-276.

李献华,周汉文,李正祥,等.扬子地块西缘新元古代双峰式火山岩的锆石 U-Pb 年龄和岩石化学特征[J].地球化学,2001,30(4):315-322.

李志钧.云南鹤庆北衙金多金属矿床成矿地质条件[M].矿产与地质,2010.

廖士范,梁同荣,等.中国铝土矿地质学[M].贵阳:贵州科技出版社,1991.

廖震文,王生伟,孙晓明,等.黔东北地区 MVT 型铅锌矿床闪锌矿的 Rb-Sr 定年及其地质意义[J].矿床地质,2015,34(4):769-785.

林方成,潘桂棠.四川大渡河谷灯影期层状铅锌矿床中震积岩的发现及其成矿意义[J].中国科学(D辑地球科学),2006,36(11):998-1008.

林方成.论扬子地台西缘层状铅锌矿床热水沉积成矿作用[D].成都:成都理工大学,2005.

凌文黎,高山,程建萍,等.扬子陆核与陆缘新元古代岩浆事件对比及其构造意义——来自黄陵和汉南侵入杂岩 ELA-ICPMS 锆石 U-Pb 同位素年代学的约束[J].岩石学报,2006,22(2):387-396.

刘爱民,张命桥.黔东地区含锰岩系中微量元素 Mn/Cr 比值与锰矿成矿预测[J].贵州地质,2007,24(1):60-63.

刘才泽,秦建华,李明雄,等.四川攀西地区钒钛磁铁矿成矿元素富集过程模拟与资源潜力评价[J].吉林大学学报(地球科学版),2013,03:758-764.

刘长龄.中国铝土矿的成因类型[J].中国科学(B辑),1987,5:535-544.

刘春学.个旧锡矿区高松矿田综合信息成矿预测[D].昆明:昆明理工大学,2002.

刘继顺,张洪培,方维萱,等.云南蒙自白牛厂银多金属矿床若干地质问题探讨[J].中国工程科学,2005(S1):238-244.

刘家军,刘建明,顾雪祥,等.黔西南微细浸染型金矿床的海底喷流沉积成因[J].科学通报,1997,42(19):126-2127.

刘建明,刘家军,郑明华,等.微细浸染型金矿床的稳定同位素特征与成因探讨[J].地球化学,1998,27(6):585-591.

刘建明,叶杰,刘家军,等.论我国微细浸染型金矿床与沉积盆地演化的关系[J].矿床地质,2001,20(4):367-377.

刘建中,邓一明,刘川勤,等.贵州省贞丰县水银洞层控特大型金矿成矿条件与成矿模式[J].中国地质,2006,33(1):169-177.

刘建中,刘川勤.贵州省贞丰县水银洞金矿床地质特征及控矿因素研究[R].贵阳:贵州省地质矿产勘查开发局,2003.

刘建中,刘川勤.贵州省贞丰县水银洞金矿床稀土元素地球化学特征[J].矿物岩石地球化学通报,2005,24(02):135-139.

刘建中,夏勇,邓一明,等.贵州水银洞SBT研究及区域找矿意义探讨[J].黄金科学技术,2009,17(3):1-5.

刘平,李沛刚,李克庆,等.黔西南金矿成矿地质作用浅析[J].贵州地质,2006,23(02):83-93.

刘平.八论贵州之铝土矿-黔中-渝南铝土矿成矿背景及成因探讨[J].贵州地质,2001,18(4):238-243.

刘平.五论贵州之铝土矿——黔中-川南成矿带铝土矿含矿岩系[J].贵州地质,1995,12(3):185-203.

刘文凯.遵义后槽铝土矿床内的三期构造运动[J].贵州地质,1992,9(3):255-260.

刘文周.云南茂租铅锌矿矿床地质地球化学特征及成矿机制分析[J].成都理工大学学报(自然科学版),2009,36(5):480-486.

刘巽峰,王庆生,陈有能,等.黔北铝土矿成矿地质特征及成矿规律[M].贵阳:贵阳人民出版社,1990:101-102.

刘巽锋,王庆生,高兴基,等.贵州锰矿地质[M].贵阳:贵州人民出版社,1989.

刘玉平,李正祥,李惠民,等.都龙锡锌矿床锡石和锆石U-Pb年代学:滇东南白垩纪大规模花岗岩成岩-成矿事件[J].岩石学报,2007(5):967-976.

刘玉平,李正祥,叶霖,等.滇东南老君山矿集区钨成矿作用Ar-Ar年代学[J].矿物学报,2011(S1):617-618.

刘玉平,叶霖,李朝阳,等.滇东南发现新元古代岩浆岩:SHRIMP锆石U-Pb年代学和岩石地球化学证据[J].岩石学报,2006,22(4):916-926.

吕仁生,隗合明.秦岭热水沉积铅锌矿床中硅质岩特征及成因[J].岩石矿物学杂志,1992,11(1):14-21.

罗君烈.滇东南锡、钨、铅锌、银矿床的成矿模式[J].云南地质,1995a(04):319-332.

罗君烈.云南超大型矿床的形成特征[J].云南地质,1995b(04):276-280.

罗小军.攀枝花钒钛磁铁矿矿床韵律层特征及其研究意义[D].成都理工大学,2003.

骆耀南.曹志敏.石棉县大水沟脉型碲化物矿床地球化学--世界首例独立碲矿床成因[J].四川地质学报,1996,16(1):80-84.

骆耀南.康滇构造带的古板块历史演化[J].地球科学,1983(3):93-102.

骆耀南.攀西古裂谷研究中的认识和进展[J].中国地质,1985(1):29-35.

骆耀南.俞如龙,侯立纬,等.龙门山-锦屏山陆内造山带[M].成都:四川科学技术出版社,1998:1-171.

马昌前,余振兵,张金阳,等.地壳根、造山热与岩浆作用[J].地学前缘,2006,13(2):30-139.

马更生,胡彬 韩润生,等.毛坪铅锌矿床地质地球化学特征[J].云南地质,2006,25(4):474-480.

马更生,胡彬,韩润生,等.毛坪铅锌矿床地质地球化学特征[J].第二届全国地球化学学术讨论会论文专辑,2010,25:474-480.

马铁球 陈立新,柏道远,等.湘东北新元古代花岗岩体锆石SHRIMP U-Pb年龄及地球化学特征[J].中国地质,2009,36(1):65-73.

马文璞.被动大陆边缘地质[J].中国区域地质,1986(3):239-248.

毛光源.个旧锡矿是何时最早开采的? [J].职大学报(哲学社会科学),2006(03):117-118.

毛景文,程彦博,郭春丽,等.云南个旧锡矿田:矿床模型及若干问题讨论[J].地质学报,2008(11):1455-1467.

牟传龙,林仕良,余谦.四川会理天宝山组 U-Pb 年龄[J].地层学杂志,2003,27(3):216-219.

潘桂棠,徐强,侯增谦,等.西南"三江"多岛弧造山过程成矿系统与资源评价[M].北京:地质出版社,2003.

攀西地质队.攀枝花-西昌地区钒钛磁铁矿成矿规律与预测研究[R].西昌:攀西地质队,1982.

彭张翔.个旧锡矿成矿模式商榷[J].云南地质,1992(04):362-368.

秦德先,黎应书,范柱国,等.个旧锡矿地球化学及成矿作用演化[J].中国工程科学,2006(01):30-39.

秦德先,黎应书,谈树成,等.云南个旧锡矿的成矿时代[J].地质科学,2006(01):122-132.

秦建华,吴应林,颜仰基,等.南盘江盆地海西-印支期沉积构造演化[J].地质学报,1996,70(2):99-107.

任光明,庞维华,孙志民,等.扬子西缘登相营群基性岩墙锆石 U-Pb 年代学及岩石地球化学特征[J].成都理工大学学报(自然科学版),2013,40(1):66-79.

任治机,等.中国云南鹤庆北衙金矿地质[R].昆明:云南省地质调查局,1995.

申屠良义,韩润生,李波,等.云南昭通毛坪铅锌矿床同位素地球化学性质研究[J].矿产与地质,2011,25(3):211-226.

沈渭洲,高剑峰,徐士进,等.四川盐边冷水菁岩体的形成时代和地球化学特征[J].岩石学报,2003,19(1):27-37.

沈渭洲,高剑峰,徐士进.扬子板块西缘泸定桥头基性杂岩体的地球化学特征和成因[J].高校地质学报,2002a,8(4):380-389.

沈渭洲,李惠民,徐士进,等.扬子板块西缘黄草山和下索子花岗岩体锆石 U-Pb 年代学研究[J].高校地质学报,2000,6(3):412-416.

沈渭洲,徐士进,高剑峰,等.四川石棉蛇绿岩套的 Sm-Nd 及 Nd-Sr 同位素特征[J].科学通报,2002b,47(20):1592-1595.

石洪召,张林奎,任光明,等.云南麻栗坡南秧田白钨矿床层控似矽卡岩成因探讨[J].中国地质,2011,38(3):673-680.

四川省地质调查院.四川省潜力评价成果报告[R].成都:四川省地质调查院,2011.

四川省地质调查院.四川省重要矿种区域成矿规律矿产预测课题成果报告[R].成都:四川省地质调查院,2013.

四川省地质局.四川省构造体系及其与铁、铜、地震分布规律的研究图[R].成都:四川省地质局,1980.

四川省地质矿产勘查开发局.攀西裂谷带主要地质构造特征及其矿产的控制[R].成都:四川省地矿局1986.

四川省地质矿产勘查开发局.四川省区域矿产总结[M].北京:地质出版社.1990.

四川省地质矿产勘查开发局 109 地质队.四川省稀土矿潜力资源评价报告[R].成都:四川省地质矿产勘查开发局 109 地质队,2011.

四川省国土资源厅.四川省重要矿种矿产预测成果总结报告(全国矿产资源潜力评价项目)[R].成都:四川省国土资源厅,2013.

四川省国土资源厅.四川找矿突破战略行动实施方案(2011—2020 年)[R].成都:四川省国土资源厅,2012.

宋焕斌,金世昌.滇东南都龙锡矿床的控矿因素及区域找矿方向[J].云南地质,1987(4):298-304.

宋焕斌.老君山含锡花岗岩的特征及其成因[J].矿产与地质,1988,2(3):45-53.

宋焕斌.云南东南部都龙锡石-硫化物型矿床的成矿特征[J].矿床地质,1989(4):29-38.

孙超.锡矿产业链下的云南个旧工业建筑遗产保护更新研究[D].重庆:重庆大学,2012:59.

孙志明,尹福光,关俊雷,等.云南东川地区昆阳群黑山组凝灰岩锆石 SHRIMP U-Pb 测年及其地层学意义[J].地质通报,2009,28(7):896-900.

索书田,侯光久,张明发,等.黔西南盘江大型多层次席状逆冲-推覆构造[J].中国区域地质,1993,3:239-247.

谈树成,秦德先,赵筱青,等.个旧锡矿印支中晚期海底基性火山-沉积 Sn-Cu-Zn(Au)矿床成矿刍议[J].地质与勘探,2006(01):43-50.

谈树成.个旧锡-多金属矿床成矿系列研究[D].昆明:昆明理工大学,2004:378.

陶平,李沛刚,李克庆.贵州泥堡金矿区矿床构造及其与成矿的关系[J].贵州地质,2002,19(4):221-227.

陶平,朱华,陶勇.黔西南凝灰岩型金矿的层控特征分析[J].贵州地质,2004,21(1):30-37.

陶琰,马德云,高振敏.个旧锡矿成矿热液活动的微量元素地球化学指示[J].地质地球化学,2002(02):34-39.

涂光炽.我国西南地区两个别具一格的成矿带(域)[J].矿物岩石地球化学通报,2002(01):1-2.

汪志芬.关于个旧锡矿成矿作用的几个问题[J].地质学报,1983(02):154-163.

王超伟,李元,罗海燕,等.云南毛坪铅锌矿床的成因探讨[J].昆明理工大学学报(理工版),2009,34(1):7-11.

王冬兵,孙志明,尹福光,等.扬子地块西缘河口群的时代:来自火山岩锆石 LA-ICP-MS U-Pb 年龄的证据[J].地层学杂志,2012,36(3):82-87.

王国芝等.滇-黔-桂地区右江盆地流体流动与成矿作用[J].中国科学(D辑),2002,32:78-86.

王剑,刘宝珺,潘桂棠.华南新元古代裂谷盆地演化及其全球构造意义[J].矿物岩石,2001,21(3):133-145.

王剑.华南新远古代裂谷盆地沉积演化——兼论与 Rodinia 解体的关系[M].北京:地质出版社,2000:1-146.

王力娟.我国卡林型金矿的基本特征[J].科技信息,2009(32):125-125.

王乾,安匀玲,顾雪祥,等.四川大梁子铅锌矿床分散元素镉、锗、镓的富集规律[J].沉积与特提斯地质,2010,30(1):78-84.

王乾,顾雪祥,付绍洪,等.云南会泽铅锌矿床分散元素镉锗镓的富集规律[J].沉积与特提斯地质,2008,28(4):69-73.

王生伟,孙晓明,周邦国,等.西南地区岩浆硫化物矿床的 Cu/Pd、Cu/Pt 比值差异及找矿意义[J].矿物学报,2009,29(S1):96-97.

王生伟,廖震文,孙晓明,等.会东菜园子花岗岩的年龄、地球化学——扬子地台西缘格林威尔造山运动的机制探讨[J].地质学报,2013,87(1):55-70.

王生伟,廖震文,孙晓明,等.康滇地区燕山期岩石圈演化——来自东川基性岩脉 SHRIMP 锆石 U-Pb 年龄和地球化学制约[J].地质学报,2014,88(3):299-317.

王生伟,廖震文,孙晓明,等.云南东川铜矿区古元古代辉绿岩地球化学——Columbia 超级大陆裂解在扬子陆块西缘的响应[J].地质学报,2013,87(12):1834-1852.

王生伟,孙晓明,蒋小芳,等.东川铜矿原生黄铜矿的 Re-Os 年龄及其成矿背景[J].矿床地质,2012,31(增刊):609-610.

王生伟,孙晓明,廖震文,等.会理菜子园镍矿方辉橄榄岩铂族元素、Re-Os 同位素地球化学及其地质意义[J].矿床地质,2013,32(3):515-532.

王生伟,孙晓明,廖震文,等.云南金宝山铂钯矿床铂族元素地球化学及找矿意义[J].矿床地质,2012,31(6):1259-1276.

王生伟,孙晓明,周邦国,等.峨眉山玄武岩中岩浆硫化物矿床 Cu/Pd 和 Cu/Pt 比值差异及意义[J].矿床地质,2009,28(增刊):49-66.

王世霞,朱祥坤,宋谢炎.攀枝花钒钛磁铁矿 Fe 同位素分布特征及其意义[J].矿物学报,2011(S1):1020-1021.

王新光,朱金初,沈渭洲.个旧锡矿的成矿物质来源[J].桂林冶金地质学院学报,1992(02):164-170.

王砚耕,索书田,张明发.黔西南构造与卡林型金矿[M].北京:地质出版社,1994:512-516.

王砚耕,王立亭,张明发,等.南盘江地区浅层地壳结构与金矿分布模式[J].贵州地质,1995,11(02):91-183.

王砚耕.黔西南及邻区两类赋金层序与沉积环境[J].岩相古地理,1990,6:8-13.

王正允.四川攀枝花含钒钛磁铁矿层状辉长岩体的岩石学特征及其成因初探[J].矿物岩石,1982,01:49-64.

王子正,郭阳,杨斌,等.扬子克拉痛西缘 1.73Ga 非造山型花岗岩的发现及其意义[J].地质学报,2013,(87)7:931-942.

韦天姣.猫场特大型铝土矿的产出特征及其勘查发现[J].贵州地质,1995,12(1),48-52.

魏泽权,雄敏.遵义地区锰矿成矿模式及找矿前景分析[J].贵州地质,2011,28(2):104-107.

温泉,温春齐,黄于鉴.四川攀枝花铁矿区辉石 $^{40}Ar/^{39}Ar$ 快中子活化年龄及地质意义[J].矿物学报,2011(s1):647-648.

吴德超,刘家铎,刘显凡,等.黔西南地区叠加褶皱及其对金矿成矿的意义[J].地质与勘探,2003,39(2):16-20.

吴开兴,胡瑞忠,毕献武,等.滇西北衙金矿蚀变斑岩中的流体包裹体研究[J].矿物岩石,2005,02:20-26.

吴孔文,钟宏,朱维光,等.云南大红山层状铜矿床成矿流体研究[J].岩石学报,2008,24(9):2045-2057.

西南地质科研所.西昌泸沽地区前震旦纪地层构造之初步研究[R].成都:西南地质科研所,1965.

西南有色地质勘查局310队.大理剑川-弥渡斑岩系列矿床成矿条件及选区预测研究[R].昆明:西南有色地质勘查局310队,1992.

西南有色地质勘查局地质研究所.扬子地台西缘富碱斑岩铜多金属矿床成矿条件及找矿前景研究[R]昆明:西南有色地质勘查局地质研究所,1994.

夏勇,苏文超,张兴春,等.黔西南水银洞层控卡林型金矿床成矿机理初探[J].矿物岩石地球化学通报,2006,25(增刊):146-149.

夏勇,张瑜,苏文超,等.黔西南水银洞层控超大型卡林型金矿床成矿模式及成矿预测研究[J].地质学报,2009,83(10):1473-1482.

肖骑彬,蔡新平,徐兴旺.云南北衙表生金矿形成与保存探讨[J].矿床地质,2003,22(4):401-407.

肖荣阁,陈卉泉,范军.滇黔桂地区微细浸染型金矿控矿地质条件分析[J].矿物学报,1998,18(3):344-349.

肖晓牛,喻学惠,莫宣学,等.滇西北衙金多金属矿床流体包裹体研究[J].地学前缘,2009(2):250-261.

忻建刚,袁奎荣.云南都龙隐伏花岗岩的特征及其成矿作用[J].桂林冶金地质学院学报,1993(2):121-129.

徐开礼,朱志澄.构造地质学[M].北京:地质出版社,1998.

徐受民,莫宣学,曾普胜,等.滇西北衙富碱斑岩的特征及成因[J].现代地质,2006.(4):527-535.

徐受民.滇西北衙金矿床的成矿模式及与新生代富碱斑岩的关系[D].北京:中国地质大学(北京),2007.

徐新煌,刘文周,王小春.康滇地轴东缘震旦系层控铅锌矿床地质特征地球化学特征成因[C]//夏文杰.

中国南方震旦纪岩相古地理文集.成都:成都科技大学出版社,1991:128-148.

徐兴旺,蔡新平,宋保昌,等.滇西北衙金矿区碱性斑岩岩石学、年代学和地球化学特征及其成因机制[J].岩石学报,2006(3):631-642.

徐志刚,陈毓川,等.中国成矿区带划分方案[M].北京:地质出版社,2008.

薛传东.个旧超大型锡铜多金属矿床时空结构模型[D].昆明:昆明理工大学,2002:195.

严鑫熔,李元.会泽铅锌矿床的地质特征及成因探讨[J].地下水,2006,28(6):123-125.

颜丹平,宋鸿林,傅昭仁,等.四川九龙江浪变质穹隆体"地层"新解[C]//骆耀南.扬子地台西南缘陆内造山带地质与矿产论文集.成都:四川科学技术出版社,1996:58-66.

颜丹平,周美夫,宋鸿林,等.华南在Rodinia古陆中位置的讨论——扬子地块西缘变质-岩浆杂岩证据及其与Seychelles地块的对比[J].地学前缘,2002,9(4):249-256.

阳正熙,Anthony E Williams2Jones,蒲广平.四川冕宁牦牛坪轻稀土矿床地质特征[J].矿物岩石,2000,20(2):28-34.

杨崇辉,耿元生,杜利林,等.扬子地块西缘Grenville期花岗岩的厘定及其意义[J].中国地质,2009,36(3):647-657.

杨瀚海,杨勤生.滇东南大型超大型矿床成矿规律及找矿远景[J].云南地质,2010(3):245-250.

杨红,刘福来,杜利林,等.扬子地块西南缘大红山群老厂河组变质火山岩的锆石U-Pb定年及其地质意义[J].岩石学报,2012,28(8):2994-3014.

杨科佑,陈丰,苏文超,等.滇黔桂地区卡林型金矿的地质地球化学特征及找矿前景[M]//中科学院地球化学研究所,中国科学院矿床地化开放实验室.中加金矿床对比研究——CIDA项目Ⅱ-17文集,北京:地震出版社,1994:17-30.

杨世瑜.滇东南锡矿带矿床类型及其组合特征[J].矿床地质,1990a(1):35-48.

杨世瑜.滇东南锡矿时空分布特征及成矿模式[J].地质科学,1990b(2):137-148.

杨耀民,涂光炽,胡瑞忠,等.武定迤纳厂Fe-Cu-REE矿床Sm-Nd同位素年代学及其地质意义[J].科学通报,2005,50(12):1253-1258.

杨宗喜,毛景文,陈懋弘,等.云南个旧卡房矽卡岩型铜(锡)矿Re-Os年龄及其地质意义[J].岩石学报,2008(08):1937-1944.

杨宗喜,毛景文,陈懋弘,等.云南个旧老厂细脉带型锡矿白云母$^{40}Ar-^{39}Ar$年龄及其地质意义[J].矿床地质,2009(03):336-344.

杨宗永,何斌.南盘江盆地中三叠统碎屑锆石地质年代学:物源及其地质意义[J].大地构造与成矿学,2012,36(4):581-596.

叶现韬,朱维光,钟宏,等.云南无定迤纳厂Fe-Cu-Ree矿床的锆石U-Pb和黄铜矿Re-Os年代学、稀土元素地球化学及其地质意义[J].岩石学报,2013,29(4):1167-1186.

尹崇玉,刘敦一,高林志,等.南华系底界与古城冰期的年龄:SHRIMP Ⅱ定年证据[J].科学通报,2003,48(16):1721-1725.

尹福光,孙志明,任光明,等.上扬子陆块西南缘早-中元古代造山运动的地质记录.地质学报,2012,12:1917-1932.

应汉龙,蔡新平.云南北衙矿区富碱斑岩正长石和白云母的$^{40}Ar-^{39}Ar$年龄[J].地质科学,2004(1):107-110.

于在平,崔海峰.造山运动与秦岭造山[J].西北大学学报(自然科学版),2003,33(1):65-69.

袁忠信,施泽民,白鸽,等.四川冕宁牦牛坪轻稀土矿床[M].北京:地震出版社,1995.

云南国土资源厅,云南地质调查局.云南找矿突破战略行动实施方案(2011—2020年)[R].昆明:云南国土资源厅,云南地质调查局,2012.

云南省地质调查局.云南省鹤庆县北衙矿区及外围金矿评价报告(1999—2000)[R].昆明:云南省地质

调查局,2003.
云南省地质调查局.云南省铝矿资源潜力评价成果报告[R].昆明:云南省地质调查局,2011.
云南省地质调查局.云南省铜、铅锌、金、钨、锑、稀土矿资源潜力评价成果报告[R].昆明:云南省地质调查局,2011.
云南省地质矿产局.云南省区域地质志[M].北京:地质出版社,1990.
云南省地质矿产局.云南省区域矿产志[M].北京:地质出版社,1993:1-658.
云南省地质矿产局.云南省区域矿产总结[M].北京:地质出版社,1993.
云南省国土资源厅.云南省重要矿种矿产预测成果总结报告(全国矿产资源潜力评价项目)[R].昆明:云南省国土资源厅,2013.
云南有色地质勘查院.云南省宁蒗-祥云斑岩铜矿评价成果报告[R].昆明:云南有色地质勘查院,2006.
曾志刚,李朝阳,刘玉平,等.滇东南南秧田两种不同成因类型白钨矿的稀土元素地球化学特征[J].地质地球化学,1998(2):34-38.
曾志刚,李朝阳,刘玉平,等.老君山成矿区变质成因夕卡岩的地质地球化学特征[J].矿物学报,1999(1):48-55.
翟裕生,等.区域成矿研究方法[M].北京:中国大地出版社,2004.
张长青,李向辉,余金杰,等.四川大梁子铅锌矿床单颗粒闪锌矿铷-锶测年及其地质意义[J].地质论评,2008,54(4):532-538.
张长青,毛景文,刘峰,等.云南会泽铅锌矿床粘土矿物 K-Ar 测年及其地质意义[J].矿床地质,2005b,24(3):317-324.
张长青,毛景文,吴锁平,等.川滇黔地区 MVT 铅锌矿床分布、特征及成因[J].矿床地质,2005a,24(3):336-348.
张传恒,王志强,贾维民.论造山运动的时间特征[J].地质学报,1997,77(1):18-26.
张洪培,刘继顺,李晓波,等.滇东南花岗岩与锡、银、铜、铅、锌多金属矿床的成因关系[J].地质找矿论丛,2006(02):87-90.
张洪培.云南蒙自白牛厂银多金属矿床——与花岗质岩浆作用有关的超大型矿床[D].长沙:中南大学,2007.
张欢,童祥,武俊德,等.个旧锡矿——红海型热水沉积登陆的实例[J].矿物学报,2007(Z1):335-341.
张建东.个旧锡矿花岗岩接触-凹陷带空间展布特征、控矿机理及空间信息成矿预测研究[D].长沙:中南大学,2007:188.
张启明,江新胜,秦建华,等.黔北-渝南地区中二叠世早期梁山组的岩相古地理特征和铝土矿成矿效应[J].地质通报,2012,31(4):558-568.
张乾,李开文,王大鹏,等.滇东南白牛厂多金属矿床成因的地质地球化学新证据[J].矿物学报,2009(S1):355-356.
张晓琪,张加飞,宋谢炎,等.斜长石和橄榄石成分对四川攀枝花钒钛磁铁矿床成因的指示意义[J].岩石学报,2011,27(12):3675-3688.
张亚辉,张世涛,刘红卫.滇东南薄竹山地区大型多金属矿床控矿因素对比研究[J].昆明理工大学学报(自然科学版),2012(06):1-7.
张振亮,黄智龙,饶冰,等.会泽铅锌矿床成矿流体研究[J].地质找矿论丛,2005,20(2):115-122.
赵会庆.中国卡林型金矿成矿构造环境及热液特征[J].地质找矿论丛,1999,14(3):34-41.
赵一鸣,等.中国主要金属矿床成矿规律[M].北京:地质出版社.2004.
郑永飞.新元古代超大陆构型中华南的位置[J].科学通报,2004,49(8):715-716.
中国地质大学(北京),云南财经大学,云南地矿资源股份有限公司.北衙地区金铜矿床成矿模型及深部斑岩金铜矿潜力研究报告[R].北京:中国地质大学(北京),2008.

中国地质调查局.国土资源大调查矿产资源调查评价成果集成报告(1999—2010年)[R].北京:中国地质调查局,2010.

中国地质调查局.国土资源地质大调查成果总结报告(1999—2010年)[M].北京:地质出版社,2012.

中国地质调查局发展研究中心.中国地质矿产工作中长期发展战略与宏观部署研究[M].北京:地质出版社,2010.

重庆地质矿产研究院.重庆市潜力评价成果报告[R].重庆:重庆地质矿产研究院,2011.

重庆市国土资源局.重庆市重要矿种矿产预测成果总结报告(全国矿产资源潜力评价项目)[R].重庆:重庆市国土资源局,2013.

周邦国,王生伟,孙晓明,等.四川会东新田金矿矿床地质及找矿远景[J].地质与勘探,2013,49(5):872-881.

周邦国,王生伟,孙晓明,等.云南东川地区辉绿岩锆石的SHRIMP U-Pb年龄及其意义[J].地质论评,2012,58(2):360-368.

周家喜,黄智龙,高建国,等.滇东北茂租大型铅锌矿床成矿物质来源及成矿机制[J].矿物岩石,2012,32(3):62-69.

周家喜,黄智龙,周国富,等.黔西北赫章天桥铅锌矿床成矿物质来源:S、Pb同位素和REE制约[J].地质论评,2010,56(4):513-524.

周家云,毛景文,刘飞燕,等.扬子地台西缘河口群钠长岩锆石SHRIMP年龄及岩石地球化学特征[J].矿物岩石,2011,31(3):66-73.

周家云,王以明,李建忠,等.会理元古代Fe-Cu岩系的年代格架及其成矿约束[J].矿床地质,2012,31(增刊):81-82.

周建平,徐克勤,华仁民,等.滇东南喷流沉积块状硫化物特征与矿床成因[J].矿物学报,1998a(02):158-168.

周建平,徐克勤,华仁民,等.滇东南喷流沉积块状硫化物特征与矿床成因[J].矿物学报,1998b(2):158-168.

周建平,徐克勤,华仁民,等.滇东南锡多金属矿床成因商榷[J].云南地质,1997(04):309-349.

朱华平,范文玉,周邦国,等.论东川地区前震旦系地层层序:来自锆石SHRIMP及LA-ICP-MS测年的证据[J].高校地质学报,2011,17(3):452-461.

朱华平,周邦国,王生伟,等.扬子地台西缘康滇克拉痛中碎屑锆石的LA-ICP-MS U-Pb定年及其地质意义[J].矿物岩石,2011,31(1):70-74.

朱赖民,金景福,何明友,等.黔西南微细浸染型金矿床深部物质来源的同位素地球化学研究[J].长春科技大学学报,1998,28(1):37-42.

朱赖民,袁海华,栾世伟,等.四川底苏、大梁子铅锌矿床同位素地球化学特征及成矿物质来源探讨[J].矿物岩石,1995,15(1):72-79.

朱启金.个旧大马芦锡矿层间氧化矿矿床特征及成矿模式[J].云南地质,2012(01):26-31.

朱维光,邓海琳,刘秉光,等.四川盐边高家村镁铁-超镁铁质杂岩的形成时代:单颗粒锆石U-Pb和角闪石40Ar-39Ar年代学制约[J].科学通报,2004,49(10):985-992.

祝朝辉,刘淑霞,张乾,等.云南白牛厂银多金属矿床成矿作用特征的稀土元素地球化学约束[J].矿物岩石地球化学通报,2009(4):365-376.

祝朝辉,刘淑霞,张乾,等.云南白牛厂银多金属矿床喷流沉积成因证据:容矿岩石的地球化学约束[J].现代地质,2010(1):120-130.

祝朝辉,张乾,何玉良.滇东南白牛厂银多金属矿床成矿元素特征[J].矿物岩石地球化学通报,2005(4):327-332.

祝朝辉,张乾,邵树勋,等.云南白牛厂银多金属矿床成因[J].世界地质,2006(4):353-359.

Chen W T, Sun W H, Wang W, et al. "Grenvillian" intra-plate mafic magmatism in the southwestern Yangtze Block, SW China[J]. Precambrian Research, 2014, 242: 138-153.

Chen W T, Zhou M F. Paragenesis, stable isotopes, and molybdenite Re-Os isotope age of the Lala Iron-Copper Deposit, Southwest China[J]. Economic Geology, 2012, 107(3): 459-480.

Greentree M R, Li Z X, Li X H, et al. Late Mesoproterozoic to earliest Neoproterozoic basin record of the Sibao orogenesis in western South China and relationship to the assembly of Rodinia[J]. Precambrian Research, 2006, 151: 79-100.

Greentree M R, Li Z X. The oldest known rocks in south-western China: SHRIMP U-Pb magmatic crystallisation age and detrital provenance analysis of the Paleoproterozoic Dahongshan Group[J]. Journal of Asian Earth Sciences, 2008, 33(5-6): 289-302.

Li Z X, Li X H, Kinny P D, et al. Geochronology of Neoproterozoic syn-rift magmatism in the Yangtze Craton, South China and correlations with other continents: evidence for a mantle superplume that broke up Rodinia[J]. Precambrian Research, 2003, 122(1-4): 85-109.

Li Z X, Li X H, Kinny P D, et al. The breakup of Rodinia: did it start with a mantle plume beneath South China? [J]. Earth and Planetary Science Letters, 1999, 173(3): 171-181.

Roger F, Calassou S, Lancelot J, et al. Miocene emplacement and deformation of the Konga Shan granite(Xianshui He fault zone, west Sichuan, China): Geodynamic implications[J]. Earth and Planetary Science Letters, 1995, 130(1-4): 201-216.

Sun W H, Zhou M F, Gao J F, et al. Detrital zircon U-Pb geochronological and Lu-Hf isotopic constraints on the Precambrian magmatic and crustal evolution of the western Yangtze Block, SW China[J]. Precambrian Research, 2009, 172(1-2): 99-126.

Wang J, Li Z X. History of Neoproterozoic Rift Basins in South China: Implications for Rodinia Breakup[J]. Precambrian Research, 2003, 122: 141-158.

Williams H M, Turner S P, Pearce J A, et al. Nature of the source regions for post collisional, potassic magmatism in southern and northern Tibet from geochemical varations and inverse element modeling[J]. Journal of Petrology, 2004, 45: 555-607.

Williams H M, Turner S, Kelley S, et al Age and composition of dikes in Southern Tibet: new constrains on the timing of east-west extension and its relationship to post-collisional volcanism[J]. Geology, 2001, 29: 339-342.

Zhao X F, Zhou M F, Li J W, et al. Late Paleoproterozoic to early Mesoproterozoic Dongchuan Group in Yunnan, SW China: Implications for tectonic evolution of the Yangtze Block[J]. Precambrian Research, 2010, 182(1-2): 57-69.

Zhao X F, Zhou M F. Fe-Cu deposits in the Kangdian region, SW China: a proterozoic IOCG (iron-oxide-copper-gold) metallogenic province[J]. Mineral Deposita, 2011, 46: 731-747.

Zhou J X, Huang Z L, Zhou M F, et al. Constraints of C-O-S-Pb isotopic compositions and Rb-Sr isotopic age on the origin of Tianqiao carbonate-hosted Pb-Zn deposit, SW China[J]. Ore Geology Reviews, 2013, 53: 77-92.

Zhou J, Huang Z, Yan Z. The origin of the Maozu carbonate-hosted Pb-Zn deposit, southwest China: Constrained by C-O-S-Pb isotopic compositions and Sm-Nd isotopic age[J]. Journal of Asian Earth Sciences, 2013, 73(1): 39-47.

Zhou J, Huang Z, Zhou M, et al. Constraints of C-O-S-Pb isotope compositions and Rb-Sr isotopic age on the origin of the Tianqiao carbonate-hosted Pb-Zn deposit, SW China[J]. Ore Geology Reviews, 2013, 53(8): 77-92.

Zhou M F, Yan D P, Kennedy A K, et al. SHRIMP U–Pb zircon geochronological and geochemical evidence for Neoproterozoic arc–magmatism along the western margin of the Yangtze block, south China[J]. Earth and Planetay Science Letters, 2002, 196: 51–57.

Zhu Z M, Sun Y L. Direct Re–Os dating of chalcopyrite form the Lala IOCG depsosit in the Kangdian copper belt, China[J]. Economic Geology, 2013, 108: 871–882.